Física II

Texto basado en cálculo

TERCERA EDICIÓN

Raymond A. Serway

James Madison University

John W. Jewett, Jr.

California State Polytechnic University—Pomona

THOMSON

Australia • Brasil • Canadá • España • Estados Unidos • México • Reino Unido • Singapur

THOMSON

Física II, 3ª. Ed.
Texto basado en cálculo
Raymond A. Serway y John W. Jewett, Jr.

Vicepresidente editorial y de producción:
Miguel Ángel Toledo Castellanos

Editor de desarrollo:
Pedro de la Garza Rosales

Traducción:
Despacho de traductores especializados Vuelapluma

Gerente de producción:
René Garay Argueta

Editor de producción:
Alma Castrejón Alcocer

Supervisora de manufactura:
Claudia Calderón Valderrama

Revisión Técnica:
Mirna Villavicencio Torres
UNAM-Facultad de ciencias

Eduardo Roa Neri
UAM-Campus Azcapotzalco

José García Solé y
Francisco Jaque Arjona
Universidad Autónoma de Madrid

Impreso en México
Printed in Mexico
1 2 3 4 05 04 03

Para mayor información contáctenos en: Séneca 53
Col. Polanco
México, D. F. 11560

Puede visitar nuestro sitio en
http://www.thomsonlearning.com.mx

Traducido del libro *Principles of Physics, 3rd. A calculus based text,* publicado en inglés por Brooks Cole, ©2002
ISBN 0-030-27157-6
Datos para catalogación bibliográfica:
Serway, Raymond A. y Jewett, John W., Jr. *Física II,* 3a edición.
Texto basado en cálculo.
ISBN 970-686-340-0
1. Física II. 2. Texto basado en cálculo.
Electricidad, magnetismo, física moderna.

División Iberoamericana

México y América Central:
Thomson Learning
Séneca 53
Col. Polanco
México, D.F. 11560
Tel 52 (55) 52 81 29 06
Fax 52 (55) 52 81 26 56
editor@thomsonlearning.com.mx

América del Sur:
Thomson Learning
Calle 39 No. 24-09
La Soledad
Bogotá, Colombia
Tel (571) 340 94 70
Fax (571) 340 94 75
cliente@thomsonlearning.com.co

El Caribe:
Thomson Learning
598 Aldebarán
Altamira San Juan,
Puerto Rico
Zip Code: 00920
Tel (787) 641 11 12
Fax (787) 641 11 19

España:
Thomson Learning
Calle Magallanes 25
28015 Madrid, España
Tel 34 (0)91 446 33 50
Fax 34 (0)91 445 62 18
clientes@paraninfo.es

Cono Sur:
Buenos Aires, Argentina
thomson@thomsonlearning.com.ar

Esta obra se terminó de imprimir en el mes de Septiembre del 2003, en los talleres de Editorial Impresora Apolo, S.A de C.V.

Dedicatoria

EN MEMORIA DE

John Vondeling

querido amigo y compañero,

por su gran sabiduría y entusiasmo como editor,

y por su reflexiva guía a través de los años

Y

Sally Kusch

editora de primera clase,

quien trabajó en las primeras versiones

de éste y otros libros de física.

Los extrañaremos.

Contenido breve

FÍSICA II

Contenido

FÍSICA II

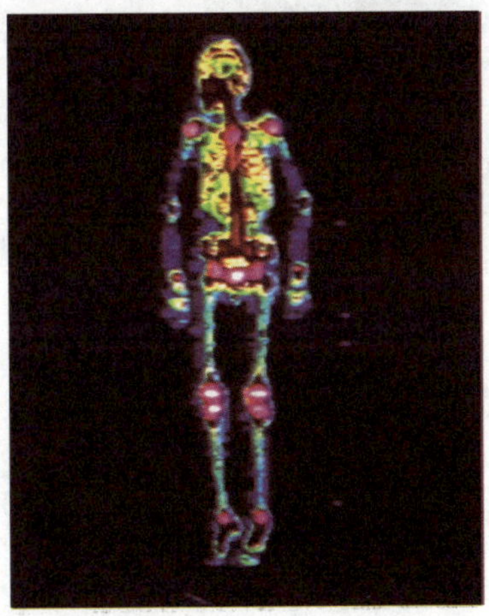

Prefacio

Este libro está diseñado para impartir un curso de introducción a la física basado en cálculo y de un año de duración. El libro está pensado para estudiantes de ingeniería y de ciencias, y para estudiantes de medicina que estén siguiendo un curso riguroso de física. Esta tercera edición contiene muchas características pedagógicas nuevas, entre las cuales podemos citar un enfoque contextual para mejorar la motivación de los estudiantes, un mayor énfasis en las formas de evitar los errores comunes sobre conceptos físicos, y una estrategia de resolución de problemas que utiliza un enfoque basado en modelos. A partir de los comentarios realizados por los lectores de la segunda edición y por los profesores que han utilizado este texto, y a partir también de las sugerencias de los revisores, se ha hecho un gran esfuerzo para mejorar la organización de los temas, la claridad de la presentación, la precisión del lenguaje y el cuidado de los detalles a lo largo de todo el texto.

Este proyecto fue concebido para superar los problemas que existen en la enseñanza de un curso introductorio de física basado en el cálculo. El contenido de los temarios y, por tanto el tamaño de los libros, continúa creciendo, mientras que el número de horas de contacto con los estudiantes ha bajado o permanece invariable. Además, los cursos tradicionales de un año de duración cubren sólo una pequeña parte de los conceptos físicos del siglo XX, si es que los tocan.

La principal motivación para escribir este libro fue el creciente interés por reformar el curso introductorio de física; esto último a través de los esfuerzos de la American Association of Physics Teachers y del American Institute of Physics por desarrollar el programa universitario sobre física introductoria (Introductory University Physics Project, IUPP), cuyos principales lineamientos y objetivos son:

- Reducir el contenido del curso a fin de profundizar más en los temas.
- Incorporar de manera natural la física contemporánea.
- Organizar el curso sobre el contexto de uno a más "hilos conductores".
- Tratar con equidad a todos los estudiantes.

Cuando desde hace varios años reconocimos la necesidad de un libro que siguiera estos lineamientos, analizamos numerosos modelos del IUPP y los reportes de los comités de este mismo proyecto. Finalmente, uno de nosotros (Raymond A. Serway) participó en la revisión y planeación de un modelo específico que al principio se desarrolló en la academia de la fuerza aérea de Estados Unidos y fue titulado *A Particles Approach to Introductory Physics*. RAS pasó buena parte del verano de 1990 trabajando en dicha academia con el coronel James Head, el teniente coronel Rolf Enger –principales autores del modelo–, y demás miembros de ese departamento. Esta labor fue el detonador más importante para el proyecto de esta obra.

A su vez, el coautor (John W. Jewett) se vio involucrado con un modelo del IUPP titulado *Physics in Context* (que podría traducirse como física en contexto), desarrollado por John Ridgen (American Institute of Physics), David Griffiths

(Oregon State University) y por Lawrence Coleman (University of Arkansas at Little Rock). El fruto de este esfuerzo de JWJ es el esquema contextual del presente libro; más adelante en este mismo prefacio se describe detalladamente.

El enfoque combinado del IUPP en este libro tiene las siguientes características:

- El tratamiento es de evolución (no de revolución), lo cual debe llenar las demandas actuales de la comunidad de física.
- Se eliminaron algunos temas de física clásica (como circuitos de corriente alterna e instrumentos ópticos) y hace menor hincapié en movimiento de cuerpos rígidos, óptica y termodinámica.
- En los primeros capítulos del libro de introducen temas de física moderna tales como la teoría especial de la relatividad, energía de las partículas y el modelo de Bohr del átomo de hidrógeno.
- Se hizo un esfuerzo deliberado para mostrar la unidad de la física.
- Y como herramienta motivacional, el libro relaciona los principios de física con temas de interés social, con fenómenos naturales y con avances tecnológicos.

OBJETIVOS

Este libro tiene dos objetivos principales: uno, proporcionar al estudiante una presentación clara y lógica de los principios y conceptos básicos de la física, y dos, reforzar la comprensión de los mismos a través de diversas e interesantes aplicaciones del mundo real. Para satisfacer estos objetivos, hemos puesto un énfasis especial en la utilización de razonamientos de física y metodologías efectivas de resolución de problemas. Al mismo tiempo, hemos tratado de motivar al estudiante proporcionando ejemplos prácticos que demuestren el papel de la física en otras disciplinas, incluyendo la ingeniería, la química y la medicina.

CAMBIOS EN LA TERCERA EDICIÓN

En la tercera edición realizamos una amplia serie de cambios y mejoras. Mucho de todo esto intenta responder a las tendencias educativas actuales dentro del campo de la ciencia, así como a los comentarios y sugerencias proporcionados por los revisores del manuscrito y por los profesores que han utilizado las primeras dos ediciones. Los cambios principales son los siguientes:

Contenido. Aunque en general el contenido del libro es similar al de la segunda edición, se han llevado a cabo diversos cambios. En el capítulo 6 se presenta un enfoque global al estudio de la energía y de la transferencia de energía, y ese enfoque se ha incorporado a lo largo de todo el libro. Al capítulo 17 se le han añadido, por un lado, una explicación de los calores específicos molares de los gases y, por otro, la primera ley de la termodinámica está escrita en la forma $\Delta E_{\text{int}} = Q + W$, en lugar de emplear la fórmula común que aparece en muchos libros de texto sobre física: $\Delta E_{\text{int}} = Q - W$. Esta forma se sigue de manera natural del enfoque global sobre la energía presentado en el capítulo 6, y es coherente con la forma de la ley que se utiliza en la mayor parte de los libros de química. Finalmente, muchas secciones se simplificaron, se eliminaron o se combinaron con otras, a fin de hacer la presentación más equilibrada.

Organización. Hemos incorporado el enfoque de *física en contexto* a través de las secciones "Contexto", "Relación con el contexto" y "Conclusiones sobre el contexto", para añadir aplicaciones interesantes del material cubierto en la tercera edición. Hemos desarrollado esta característica de manera flexible, de modo que los profesores que no deseen seguir este enfoque puedan ignorar dichas secciones, sin por ello dejar de cubrir completamente todo el material existente. Sin embargo, opinamos que los estudiantes pueden obtener un gran beneficio utilizando este enfoque contextual.

La organización en contextos divide el contenido del libro en ocho secciones, a partir del capítulo 1, que son las siguientes:

Número de Contexto	Título	Temas de física	Volumen y capítulos
1	Misión a Marte	Mecánica clásica	Vol. I, 2–11
2	Terremotos	Vibraciones y ondas	Vol. I, 12–14
3	En busca del *Titanic*	Fluidos	Vol. I, 15
4	Calentamiento global	Termodinámica	Vol. I, 16–18
1	Rayos	Electricidad	Vol. II, 1–3
2	Vehículos de levitación magnética	Magnetismo	Vol. II, 4–5
3	Láseres	Óptica	Vol. II, 6–9
4	La conexión cósmica	Física moderna	Vol. II, 10–13

Cada "Contexto" comienza con una introducción, que conduce a una "pregunta central" que sirve de motivación para el estudio del mismo tema. La sección final de cada capítulo es una "Relación con el contexto", que explica cómo se relaciona el material del capítulo con el "Contexto" de esa parte del libro y con la pregunta central respectiva. El capítulo final de cada parte está seguido por la sección "Conclusiones sobre el contexto". Cada una de ellas utiliza los principios aprendidos para tratar de responder completamente la pregunta. Cada capítulo, así como las secciones de conclusiones, incluyen problemas relacionados con el material analizado.

¡Advertencia! Estas nuevas notas al margen analizan errores comunes de los estudiantes y situaciones en las que los estudiantes siguen, a menudo, vías de razonamiento no productivas. Se proporcionan en el libro más de 200 secciones ¡Advertencia!, para ayudar a los estudiantes a evitar los errores y malos entendidos más frecuentes.

Preguntas rápidas. En cada capítulo se incluyen varias preguntas rápidas para permitir a los estudiantes comprobar su comprensión de los conceptos físicos presentados. Las interrogantes exigen a los estudiantes tomar decisiones basadas en razonamientos correctos. Algunas de ellas ayudan a evitar caer en errores comunes. Al final del capítulo se proporciona la respuesta a todas las cuestiones breves.

Modelado. En el libro se presenta un enfoque basado en modelos, en el que se emplean cuatro tipos de modelos comúnmente usados por los físicos, con el fin de ayudar a los estudiantes a entender que lo que están resolviendo son problemas que representan aproximaciones a la realidad. Los estudiantes deben entonces aprender a comprobar la validez de los modelos que emplean. Este enfoque también ayuda a los estudiantes a ver la unidad subyacente en la física, ya que un gran porcentaje de los problemas se puede resolver utilizando sólo un pequeño número de modelos. En el capítulo 1 se presenta una estrategia general de resolución de problemas basada en la utilización de modelos.

Representaciones alternativas. Se hace un énfasis especial en las representaciones alternativas de la información, incluyendo representaciones mentales, visuales, gráficas, tabulares y matemáticas. Muchos problemas son más fáciles de resolver si se presenta la información de varias formas alternativas, con el fin de cubrir la multitud de métodos diferentes que los estudiantes utilizan para aprender.

Revisión exhaustiva. Hemos editado el texto cuidadosamente para mejorar la claridad de la presentación y la precisión del lenguaje. Esperamos que el resultado sea un libro que resulte, a la vez, preciso y de agradable lectura.

Problemas. En un esfuerzo para mejorar la claridad y la calidad del libro, hemos revisado sustancialmente los problemas situados al final de cada capítulo. Hay aproximadamente un 40% de problemas (unos 575) que son nuevos en esta edición, y la mayor parte de estos nuevos problemas son de nivel intermedio (como indica el color azul del número del problema). Muchos de ellos requieren que los estudiantes realicen cálculos de órdenes de magnitud y todos han sido cuidadosamente revisados y reescritos donde ha sido necesario. En la página web **http://www.brookscole.com/index.html** se proporciona la solución a algunos de los problemas no resueltos al final del libro; el icono web los identifica. Para accesar a las soluciones, en la página de internet mencionada digite el ISBN de la versión en inglés: 0-030-27157-6 en el buscador y le aparecerá la referencia para hacer clik y abrir la página de este libro. Ahí encontrará los recursos para profesores y estudiantes. Los primeros requieren de clave de acceso; mayores informes en la sección complementos de este prefacio. Consulte la siguiente sección para ver una descripción completa de otras características pedagógicas empleadas en el conjunto de problemas.

Enlaces web. En determinadas partes del texto se proporcionan direcciones web de utilidad en forma de notas al margen (están indicadas mediante el icono WEB, para animar a los estudiantes a explorar material de ampliación de los temas cubiertos en el libro. En particular, las diferentes secciones de contexto proporcionan numerosas oportunidades para explorar los temas más en profundidad a través de la Web.

Aplicaciones biomédicas. Para los estudiantes de biología y medicina, los iconos indican varias aplicaciones prácticas de los principios físicos que pueden resultar interesantes en biología y medicina.

CARACTERÍSTICAS DEL LIBRO

La mayoría de los profesores estarán de acuerdo en que el libro de texto seleccionado para un curso debería ser la guía principal del estudiante a la hora de comprender y aprender la materia objeto del curso. Además, el libro de texto debe ser claro y estar escrito de forma atractiva y que facilite la enseñanza y el aprendizaje. Teniendo todo esto presente, hemos incluido muchas características pedagógicas que pretenden mejorar la utilidad del libro tanto para los estudiantes como para los profesores. Estas características son las siguientes:

Estilo. Para facilitar una rápida compresión de los conceptos, hemos tratado de escribir el libro con un estilo claro, lógico y atrayente. El estilo un poco informal y relajado pretende incrementar el interés de la lectura. Los nuevos términos se definen cuidadosamente, y hemos tratado de evitar la utilización de jerga científica.

Resúmenes iniciales. La mayor parte de los capítulos comienzan con un breve resumen donde se explican el contenido y los objetivos de ese capítulo concreto.

Enunciados y ecuaciones importantes. La mayoría de las definiciones y enunciados importantes se muestran en negritas o están resaltados de algún otro modo, para hacer énfasis en ellos y para facilitar la revisión por parte del estudiante. Las ecuaciones importantes están también resaltadas, para facilitar su localización.

Sugerencias de resolución de problemas. Hemos incluido estrategias generales para resolver los tipos de problemas presentados tanto en los ejemplos como al final de cada capítulo. Esta característica ayuda a los estudiantes a identificar los pasos necesarios a la hora de resolver problemas y eliminar cualquier duda que puedan tener. Las estrategias de resolución de problemas están resaltadas con un fondo coloreado para enfatizarlas y facilitar su localización.

Notas al margen. Los comentarios y notas que aparecen en el margen pueden utilizarse para localizar conceptos, ecuaciones y enunciados importantes dentro del texto.

Ilustraciones y tablas. La legibilidad y efectividad del texto y de los ejemplos resueltos se ha mejorado mediante un gran número de figuras, diagramas, fotografías y tablas. El uso de color añade claridad a las figuras y hace que las ilustraciones sean lo más realistas posible. Por ejemplo, los vectores tienen diferentes colores y las curvas de las gráficas también se muestran en color. El aspecto tridimensional de muchas de las ilustraciones ha sido mejorado en esta tercera edición. Las fotografías en color han sido cuidadosamente seleccionadas y sus textos de acompañamiento están pensados para servir como herramienta de enseñanza adicional.

Nivel matemático. En el libro se introducen las herramientas de cálculo gradualmente, teniendo presente que los estudiantes siguen a menudo cursos de introducción al cálculo y a la física de manera simultánea. Cuando se desarrollan ecuaciones básicas, se muestran la mayoría de los pasos, y a menudo se hace referencia a los apéndices matemáticos situados al final del libro. Los productos de vectores se explican en detalle allí donde son necesarios para las aplicaciones físicas. El producto escalar se explica en el capítulo 6, donde se trata el tema del trabajo y la energía; el producto vectorial se presenta en el capítulo 10, que está dedicado a la dinámica rotacional.

Ejemplos resueltos. Se ha incluido un gran número de ejemplos resueltos, con un grado de dificultad variable, para mejorar la comprensión de los conceptos por parte de los estudiantes. En muchos casos, los ejemplos sirven como modelos para la resolución de los problemas del final del capítulo. Dado el mayor énfasis en la compresión de los conceptos físicos, muchos de los ejemplos son conceptuales por naturaleza. Los números de estos ejemplos están *recuadrados*, y las respuestas a los ejemplos que incluyen soluciones numéricas están resaltadas con un fondo especial.

Ejercicios para los ejemplos resueltos. Muchos de los ejemplos resueltos están seguidos por ejercicios, para los cuales se proporcionan las respuestas. El objetivo de estos ejercicios es promover la interacción entre el estudiante y el libro de texto, y reforzar de manera inmediata la comprensión de los conceptos y de las técnicas de resolución de problemas. Los ejercicios representan ampliaciones de los ejemplos resueltos.

Preguntas. Al final de cada capítulo se proporciona una serie de preguntas que requieren respuestas verbales. En esta edición se han incluido más de 500 preguntas. Algunas proporcionan al estudiante un medio de comprobar por sí mismo su comprensión de los conceptos presentados en el capítulo. Otras preguntas podrían servir como base para iniciar discusiones específicas dentro del aula.

Cifras significativas. Hemos tratado de tener un gran cuidado con las cifras significativas, tanto en los ejemplos resueltos como en los problemas del final de cada capítulo. La mayor parte de los problemas y ejemplos numéricos están resueltos con dos o tres cifras significativas, dependiendo de la precisión de los datos proporcionados.

Problemas. En esta edición es mayor el número de problemas al final de cada capítulo y son bastante más variados (en total, se proporcionan más de 1 800 problemas a lo largo del texto). Para comodidad del estudiante y del profesor, aproximadamente dos terceras partes de los problemas están explícitamente relacionados a secciones específicas del capítulo, incluyendo las secciones de Relación con el contexto. Los problemas restantes, denominados "Problemas adicionales", no están explícitamente relacionados con ninguna sección específica. Un icono identifica los problemas relacionados con aplicaciones de las ciencias biológicas y médicas. Dentro de cada capítulo hay uno o más problemas donde se pide a los estudiantes que realicen cálculos de órdenes de magnitud, basados en sus propios datos estimados. Otros tipos de problemas se describen con mayor detalle más abajo. Al final del libro se proporcionan las respuestas a los problemas impares de cada capítulo.

Normalmente, los problemas correspondientes a una sección dada se presentan de modo que los problemas más sencillos (aquéllos cuyo número está escrito en negro) aparecen primero; estos problemas sencillos están seguidos por otros de mayor dificultad. Para facilitar la identificación, los números de los problemas de nivel intermedio aparecen en azul y los de los problemas más difíciles aparecen en magenta.

Algunos problemas están identificados con iconos especiales, que indican que sus soluciones pueden encontrarse en la World Wide Web, en la dirección **http://www.brookscole.com/index.html**.

Problemas de repaso. Muchos capítulos incluyen problemas de repaso que requieren que el estudiante relacione los conceptos cubiertos en el capítulo con los conceptos analizados en capítulos anteriores. Los estudiantes pueden utilizar estos problemas a la hora de preparar los exámenes, y los profesores pueden emplearlos para asignar trabajos especiales o motivar las discusiones dentro del aula.

Problemas emparejados. Como ayuda para los estudiantes que estén intentando aprender a resolver problemas simbólicamente, en los capítulos 1 a 4 del tomo I y 1 a 6 del tomo II se han incluido problemas emparejados, compuestos por un problema numérico y otro simbólico. Los problemas emparejados se identifican por un fondo de texto especial, común a los dos problemas relacionados.

Problemas basados en el uso de computadora. La mayor parte de los capítulos incluyen uno o más problemas cuya solución requiere el uso de una computadora o una calculadora científica. El modelado de fenómenos físicos permite a los estudiantes obtener representaciones gráficas de variables y realizar análisis numéricos.

Unidades. Se ha utilizado a lo largo de todo el texto el Sistema Internacional de unidades (SI). El sistema de unidades británico se emplea sólo de manera limitada en los capítulos dedicados a la mecánica y a la termodinámica.

Resúmenes finales. Cada capítulo contiene un resumen final, donde se repasan las ecuaciones y conceptos de importancia explicados en dicho capítulo.

Apéndices. Al final del libro se proporcionan diversos apéndices. La mayor parte del material allí contenido representa un repaso de los conceptos y técnicas matemáticas utilizados en el texto, incluyendo los temas de notación científica, álgebra, geometría, trigonometría, cálculo diferencial y cálculo integral. A lo largo del texto se hace referencia a estos apéndices. La mayor parte de las secciones de repaso matemático de los apéndices incluyen ejemplos resueltos y ejercicios con sus respuestas. Además de los resúmenes matemáticos, los apéndices contienen tablas de datos físicos, factores de conversión, masas atómicas y las unidades SI empleadas para las distintas cantidades físicas, así como una tabla periódica de los elementos y una lista de premios Nobel. Al final del libro se incluye otra información de utilidad, incluyendo las constantes fundamentales, datos físicos, datos planetarios, una lista de prefijos estándar, símbolos matemáticos, el alfabeto griego y abreviaturas estándar de las unidades de medida.

COMPLEMENTOS

Este libro cuenta con una serie de complementos para el profesor, los cuales están en inglés y sólo se proporcionan a los docentes que adopten la presente obra como texto para sus cursos. Para mayor información, favor de comunicarse con las oficinas de nuestros representantes o a los siguientes correos electrónicos:

Thomson México y Centroamérica clientes@thomsonlearning.com.mx
Thomson América del Sur clithomson@andinet.com
Thomson Caribe amy.reyes@thomsonlearning.com

OPCIONES DE IMPARTICIÓN DEL CURSO

Aunque en este libro se han omitido algunos de los temas que normalmente se incluyen en los libros de texto tradicionales, los profesores podrán ver que el texto actual sigue conteniendo más material del que puede cubrirse en una secuencia de dos semestres. Por esta razón, nos gustaría ofrecer las siguientes sugerencias. Si desea poner un mayor énfasis en las áreas contemporáneas de la física, puede omitir parcial o totalmente los capítulos 15, 16, 17 y 18 del volumen I y los capítulos 6, 7 y 8 del volumen II. Por el contrario, si quiere seguir un enfoque más tradicional, que ponga un mayor énfasis en la física clásica, puede omitir los capítulos 9 y 11 del volumen I y los capítulos 10, 11, 12 y 13 del volumen II. Puede utilizarse cualquiera de los dos enfoques sin perder la continuidad del texto. Otros profesores pueden elegir opciones de impartición que caigan en algún punto intermedio entre estos dos extremos, omitiendo total o parcialmente las siguientes secciones, que pueden ser consideradas como opcionales:

- I.3.6 Velocidad relativa
- I.7.7 Diagramas de energía y equilibrio estable
- I.9.9 Relatividad general
- I.10.11 Movimiento de rodadura de cuerpos rígidos
- I.12.6 Oscilaciones amortiguadas
- I.12.7 Oscilaciones forzadas
- I.14.7 Patrones de onda no senoidales
- I.15.8 Otras aplicaciones de la dinámica de fluidos
- I.16.6 Distribución de las magnitudes de rapidez moleculares
- I.17.7 Calor específico molar de los gases ideales
- I.17.8 Procesos adiabáticos en un gas ideal
- I.19.9 Calor específico molar y equipartición de la energía
- II.2.10 Condensadores con dieléctricos
- II.4.11 El magnetismo en la materia
- II.8.5 Aberración óptica
- II.9.9 Difracción de rayos X por cristales
- II.10.13 Tunelaje a través de barreras de potencial

AGRADECIMIENTOS

La tercera edición de este libro de texto ha sido preparada con la guía y la asistencia de muchos profesores que han revisado total o parcialmente el manuscrito, el texto de pre-revisión, o ambos. Queremos agradecer su esfuerzo a los siguientes profesores y expresar nuestra sincera gratitud por sus sugerencias, críticas y palabras de aliento:

Yildirim M. Aktas, *University of North Carolina—Charlotte*
Alfonso M. Albano, *Bryn Mawr College*
Michael Bass, *University of Central Florida*
James Carolan, *University of British Columbia*
Kapila Clara Castoldi, *Oakland University*
Michael Dennin, *University of California, Irvine*
Madi Dogariu, *University of Central Florida*
William Fairbank, *Colorado State University*
Marco Fatuzzo, *University of Arizona*
Patrick Gleeson, *Delaware State University*
Christopher M. Gould, *University of Southern California*
James D. Gruber, *Harrisburg Area Community College*
John B. Gruber, *San Jose State University*
Gail Hanson, *Indiana University*
Dieter H. Hartmann, *Clemson University*
Michael J. Hones, *Villanova University*
Roger M. Mabe, *United States Naval Academy*
Thomas P. Marvin, *Southern Oregon University*
Martin S. Mason, *College of the Desert*
Wesley N. Mathews, Jr., *Georgetown University*
Ken Mendelson, *Marquette University*
Allen Miller, *Syracuse University*
John W. Norbury, *University of Wisconsin—Milwaukee*
Romulo Ochoa, *The College of New Jersey*
Melvyn Oremland, *Pace University*
Steven J. Pollock, *University of Colorado—Boulder*
Rex D. Ramsier, *The University of Akron*
Charles R. Rhyner, *University of Wisconsin—Green Bay*
Dennis Rioux, *University of Wisconsin—Oshkosh*
Gregory D. Severn, *University of San Diego*
Shirvel Stanislaus, *Valparaiso University*
Randall Tagg, *University of Colorado at Denver*
Robert Watkins, *University of Virginia*

La precisión de este libro ha sido cuidadosamente comprobada por Edward Gibson (California State University, Sacramento), Chris Vuille (Embry-Riddle Aeronautical University), y Ronald Jodoin (Rochester Institute of Technology).

Queremos agradecer a las siguientes personas sus sugerencias y su ayuda durante la preparación de las ediciones anteriores de este libro:

Edward Adelson, *Ohio State University*
Subash Antani, *Edgewood College*
Harry Bingham, *University of California, Berkeley*
Anthony Buffa, *California Polytechnic State University, San Luis Obispo*
Ralph V. Chamberlin, *Arizona State University*
Gary G. DeLeo, *Lehigh University*
Alan J. DeWeerd, *Creighton University*
Gordon Emslie, *University of Alabama at Huntsville*
Donald Erbsloe, *United States Air Force Academy*
Philip Fraundorf, *University of Missouri—St. Louis*
Todd Hann, *United States Military Academy*
Gerald Hart, *Moorhead State University*
Richard W. Henry, *Bucknell University*
Laurent Hodges, *Iowa State University*
Joey Huston, *Michigan State University*
Herb Jaeger, *Miami University*
David Judd, *Broward Community College*
Thomas H. Keil, *Worcester Polytechnic Institute*
V. Gordon Lind, *Utah State University*
David Markowitz, *University of Connecticut*
John W. McClory, *United States Military Academy*
L. C. McIntyre, Jr., *University of Arizona*
Alan S. Meltzer, *Rensselaer Polytechnic Institute*
Roy Middleton, *University of Pennsylvania*
Clement J. Moses, *Utica College of Syracuse University*
Anthony Novaco, *Lafayette College*
Desmond Penny, *Southern Utah University*
Prabha Ramakrishnan, *North Carolina State University*
Rogers Redding, *University of North Texas*
Perry Rice, *Miami University*
Janet E. Seger, *Creighton University*
Antony Simpson, *Dalhousie University*
Harold Slusher, *University of Texas at El Paso*
J. Clinton Sprott, *University of Wisconsin at Madison*
Cecil Thompson, *University of Texas at Arlington*
Chris Vuille, *Embry–Riddle Aeronautical University*
James Whitmore, *Pennsylvania State University*

Queremos agradecer a quienes desarrollaron los modelos IUPP "Una aproximación con partículas a la física introductoria" y "Física en contexto" en los cuales se basa gran parte de la aproximación pedagógica de este texto. Ralph McGrew ha coordinado los problemas del final de cada capítulo. Los problemas nuevos en esta edición han sido escritos por Michael Browne, Michael Hones, Robert Forsythe, John Jewett, Ralph McGrew, Laurent Hodges, Boris Korsunsky, Richard Cohen, John DiNardo, Ronald Bieniek y Raymond Serway. Robert Beichner y John Gerty proporcionaron diversas ideas para los problemas. Los estudiantes Eric Peterman, Kart Payne y Alexander Coto han realizado correcciones a los problemas de las ediciones anteriores, como también lo hicieron los profesores Vasili Haralambous, Frank Hayes, Eugene Mosca, David Aspnes y Erika Hermon.

Queremos expresar nuestra gratitud a John R. Gordon, Ralph McGrew, Jeffery Saul y Charles Teague por la escritura de material pedagógico adicional, y a Michael Rudmin por el atractivo diseño gráfico del mismo. Durante el desarrollo de este texto, los autores han podido sacar un enorme provecho de muchas discusiones de gran utilidad con colegas y profesores de física, incluyendo Robert Barman, William Beston, Don Chodrow, Jerry Faughn, John R. Gordon, Kevin Giovanetti, Dick Jacobs, Harvey Leff, Clem Moses, Dorn Peterson, Joseph Rudmin y Gerald Taylor. Nuestra especial gratitud y reconocimiento a los profesionales de Harcourt College Publishers, y en particular a Ed Dodd, Frank Messina, Bonnie Boehme, Carol Bleistine y Kathleen S. McLellan. Valoramos enormemente la corrección de pruebas efectuada por Margaret Mary Anderson, las tareas de edición final que llevó a cabo Linda Davoli, las excelentes ilustraciones producidas por Rolin Graphics y la incansable búsqueda de fotografías llevada a cabo por Dena Digilio-Betz. Echaremos de menos a nuestro buen amigo, el finado John Vondeling, que fue toda una leyenda como editor de productos pedagógicos de alta calidad para la educación científica.

Finalmente, estamos enormemente en deuda con nuestras esposas e hijos por su amor, por su apoyo y por su continuo sacrificio.

Raymond A. Serway
Leesburg, Virginia

John W. Jewett, Jr.
Pomona, California

Al estudiante

Resulta apropiado ofrecer algunas palabras de consejo que puedan servir de ayuda al estudiante. Antes de hacerlo, suponemos que el lector habrá leído el Prefacio, que describe las distintas características del texto que podrán servirle como ayuda a lo largo del texto.

CÓMO ESTUDIAR

A menudo, los estudiantes preguntan a los profesores "¿Cómo debería estudiar la física y prepararme para los exámenes?". No hay una respuesta simple a esta pregunta, pero nos gustaría ofrecer algunas sugerencias basadas en nuestras propias experiencias a la hora de aprender y enseñar a lo largo de los años.

En primer lugar, es preciso mantener una actitud positiva hacia la materia objeto de estudio, teniendo presente que la física es la más fundamental de todas las ciencias naturales. Otros cursos sobre materias científicas que el estudiante pueda seguir en el futuro utilizarán los mismos principios físicos, así que es importante comprender y ser capaz de aplicar los distintos contextos y teorías analizadas en el texto.

Los contextos del libro le ayudarán a comprender cómo se relacionan los principios físicos con las aplicaciones, fenómenos y problemas reales. Asegúrese de leer las introducciones a los contextos, las secciones de Relación con el contexto y las secciones de conclusiones del contexto. Esto le servirá de motivación en su estudio de la física.

CONCEPTOS Y PRINCIPIOS

Es esencial que comprenda los conceptos y principios básicos antes de intentar resolver los problemas asignados. La mejor forma de conseguir este objetivo consiste en leer atentamente el texto antes de las clases. A la hora de leer el texto, marque aquellos puntos que no estén claros. Hemos dejado a propósito unos amplios márgenes en el libro como espacio para realizar anotaciones. Asegúrese también de intentar responder a las preguntas rápidas a medida que las encuentre durante la lectura. Hemos trabajado intensamente en preparar preguntas que ayuden al estudiante a juzgar por sí mismos hasta qué punto entiende el material del capítulo. Preste una atención cuidadosa a las muchas advertencias repartidas por todo el texto. Esto le ayudará a evitar malos entendidos y errores comunes, así como a maximizar la eficiencia de su tiempo de estudio, evitando seguir rutas de razonamiento erróneas. Durante la clase, tome las notas necesarias y pregunte sobre aquellas ideas que no le hayan quedado claras. Recuerde que pocas personas son capaces de absorber todo el significado de un texto científico después de una única lectura. Puede que necesite realizar varias lecturas tanto del libro como de las notas que haya tomado. Las clases y el trabajo de laboratorio complementan la lectura del libro y deberían clarificar al menos una parte del material más difícil. Debe tratar de no memorizar el contenido del libro. Una memorización de determinados párrafos del texto, de ecuaciones y de procedimientos de deducción no indica necesariamente que comprenda el material de forma adecuada. Su comprensión de la materia será mayor si combina hábitos de estudio eficientes y discusiones con otros estudiantes y con los profesores, y si practica en la solución de los problemas presentados en el libro. Pregunte a sus profesores y compañeros siempre que necesite clarificar un concepto.

PROGRAMA DE TRABAJO

Es importante establecer un programa de trabajo periódico, preferiblemente diario. Asegúrese de leer los objetivos de su curso académico y de cumplir con la programación establecida por el profesor. Las clases serán mucho más comprensibles si lee el material correspondiente antes de asistir a las mismas. Como regla general, debería dedicar unas dos horas de estudio por cada hora de clase.

Si tiene problemas con el curso, solicite consejo a su profesor o a otros estudiantes que hayan seguido el curso antes que usted. Puede que necesite acudir a clases adicionales proporcionadas por estudiantes experimentados. A menudo los profesores ofrecen también sesiones de repaso además de las clases normales. Es importante que el estudiante evite la práctica de retrasar el estudio hasta que sólo quedan uno o dos días para el examen. La mayoría de las veces, esta forma de proceder tiene resultados desastrosos. En lugar de realizar sesiones de estudio que duran toda la noche, repase brevemente los conceptos y ecuaciones básicas y duerma adecuadamente.

UTILICE LAS DISTINTAS CARACTERÍSTICAS PEDAGÓGICAS

El lector debe tratar de utilizar las distintas características pedagógicas del texto, de las que ya hemos hablado en el prefacio. Por ejemplo, las notas al margen resultan útiles para localizar y describir ecuaciones y conceptos importantes, y el texto en **negritas** indica enunciados y definiciones significativos. Los apéndices contienen muchas tablas de utilidad, pero la mayoría de las tablas están incorporadas en el texto, allí donde se les hace referencia más a menudo. El apéndice B proporciona un repaso de las técnicas matemáticas básicas

Al final del libro se proporciona la respuesta a los problemas impares de cada capítulo. Las respuestas a las preguntas rápidas están incluidas al final de cada capítulo. Los ejercicios (con sus correspondientes respuestas) insertados a continuación de algunos de los ejemplos resueltos representan ampliaciones de dichos ejemplos; en la mayoría de estos ejercicios, lo que se pide al estudiante es que realice un simple cálculo. Su propósito es verificar la capacidad de resolución de problemas de los estudiantes, a medida que van progresando en el texto. Las estrategias de resolución de problemas y las sugerencias incluidas en determinados capítulos a lo largo del libro proporcionan información adicional acerca de cuál es la mejor forma de resolver problemas. La tabla de contenidos proporciona una panorámica del libro completo, mientras que el Índice permite localizar de forma rápida material específico. En algunos lugares, se utilizan notas al pie para complementar el texto o para citar otras referencias que tratan sobre la materia objeto de discusión en ese capítulo.

Después de leer un capítulo, el estudiante debería ser capaz de definir cualquier nueva cantidad que se haya introducido en ese capítulo y de discutir los principios y suposiciones utilizados para llegar a ciertas fórmulas clave. En algunos casos, puede ser necesario hacer referencia al índice del libro para localizar ciertos temas. El estudiante debería ser capaz de asociar correctamente con cada cantidad física el símbolo utilizado para representarla y la unidad en la que la cantidad se especifica. Además, debería ser capaz de expresar cada fórmula importante en forma textual, de una manera concisa y precisa.

RESOLUCIÓN DE PROBLEMAS

R. P. Feynman, premio Nobel de física, dijo en una ocasión: "No se puede saber nada hasta que no se lo ha practicado". Siguiendo la filosofía contenida en esta frase, aconsejamos a los estudiantes que desarrollen las capacidades necesarias para resolver un amplio rango de problemas. La capacidad de resolución de problemas será una de las pruebas principales de su conocimiento de física; por tanto, debería tratar de resolver tantos problemas como sea posible. Resulta esencial que comprenda los principios y conceptos básicos antes de intentar resolver ningún problema. A menudo, resulta conveniente tratar de encontrar soluciones alternativas al mismo problema. Por ejemplo, se pueden resolver problemas mecánicos utilizando las leyes de Newton, pero a menudo resulta más directo un método alternativo, basado en consideraciones energéticas. No trate de engañarse a sí mismo pensando que comprende un problema simplemente porque lo ha visto resolver en clase. Debería ser capaz de resolver ese problema y otros similares por sí mismo.

El enfoque de resolución de problemas debe planificarse cuidadosamente. Un plan sistemático resulta de especial importancia cuando un problema involucra diversos conceptos. En primer lugar, lea el problema varias veces hasta que esté seguro de entender qué es lo que le preguntan. Busque cualesquiera palabras clave que le ayuden a interpretar el problema y, quizá, a hacer ciertas suposiciones. La habilidad para interpretar una pregunta adecuadamente es una parte fundamental de las técnicas de resolución de problemas. En segundo lugar, debería adquirir el hábito de escribir la información proporcionada en un problema y aquellas cantidades que haya que averiguar; por ejemplo, podría construir una tabla donde se enumeraran tanto las cantidades proporcionadas como datos, como las cantidades cuyo valor hay que encontrar. Este procedimiento se usa, en ocasiones, en los ejemplos resueltos del libro. Finalmente, después de haber decidido qué método resulta apropiado para un determinado problema, proceda a encontrar la solución. En el libro se incluyen diversas estrategias generales de resolución de problemas, las cuales están resaltadas con un fondo de texto especial. También hemos desarrollado una estrategia general de resolución de problemas basada en el uso de modelos, que puede servirle como ayuda para la resolución de problemas complejos. Esta estrategia se presenta al final del capítulo 1. Si sigue los pasos de este procedimiento, verá que le resulta más fácil averiguar la solución y también sacar mayor provecho de sus esfuerzos.

A menudo, los estudiantes no son conscientes de las limitaciones de ciertas ecuaciones o leyes físicas en una situación concreta. Es muy importante comprender y recordar las suposiciones que subyacen a una teoría o formalismo concretos. Por ejemplo, ciertas ecuaciones cinemáticas sólo se aplican a partículas que se mueven bajo aceleración constante. Estas ecuaciones no son válidas para describir movimientos cuya aceleración no sea constante, como puede ser el movimiento de un objeto conectado a un resorte o el movimiento de un objeto a través de un fluido.

EXPERIMENTOS

La física es una ciencia basada en observaciones experimentales. A la vista de este hecho, recomendamos que intente complementar el texto mediante diferentes tipos de experimentos prácticos, bien en su casa o bien en el laboratorio. Por ejemplo, una pelota atada al extremo de una cuerda puede emplearse para investigar el movimiento de los péndulos; varias masas fijas al extremo de un resorte vertical o de una tira de goma pueden utilizarse para investigar la naturaleza elástica de dichos elementos; unos anteojos, una lupa o un cristal de aumento permiten llevar a cabo distintos experimentos ópticos; y puede determinarse un valor aproximado de la aceleración de la gravedad simplemente midiendo con un cronómetro el tiempo que una bola tarda en caer desde una altura conocida. La lista de tales experimentos sería interminable. Cuando no haya modelos físicos disponibles, sea imaginativo y trate de desarrollar sus propios modelos.

Confiamos en que el estudiante encuentre que la física es una experiencia excitante y agradable y que saque provecho de esa experiencia, independientemente de cuál sea su profesión. ¡Bienvenido al excitante mundo de la física!

> *El científico no estudia la Naturaleza porque sea útil; la estudia porque encuentra placer en ello, y encuentra placer en ello porque es hermosa. Si la Naturaleza no fuera hermosa, no merecería la pena conocerla, y si no mereciera la pena conocer la Naturaleza, la vida no merecería la pena de vivirse.*
>
> **Henri Poincaré**

Lista de problemas de aplicación en ciencias de la vida

CAPÍTULO 1: Fuerzas eléctricas y campos eléctricos

Pregunta 1.5

CAPÍTULO 2: Potencial eléctrico y capacitancia

Problema 2.47
Problema 2.49
Problema 2.52

CAPÍTULO 3: Corriente y circuitos de corriente continua

¡Error electrizante!
Problema 3.28

CAPÍTULO 4: Fuerzas magnéticas y campos magnéticos

Usos de ciclotrón
Problema 4.54

CAPÍTULO 5: La ley de Faraday y la inductancia

Problema 5.52

CAPÍTULO 6: Ondas electromagnéticas

Frecuencia de máxima sensibilidad del ojo
Pinzas ópticas
Pregunta 6.12
Problema 6.32
Problema 6.45
Problema 6.54

CAPÍTULO 7: Reflexión y refracción de la luz

Visión bajo el agua

CAPÍTULO 8: Formación de imagénes por espejos y lentes

Usos del endoscopio en la medicina
Usos médicos del fibroscopio
La radiación electromagnética en la medicina
Lentes correctivas en mascarillas para bucear
Empleo del láser en el tratamiento de la hidrocefálea
Pregunta 8.10
Problema 8.14
Problema 8.20
Problema 8.39
Problema 8.40

CAPÍTULO 9: Óptica ondulatoria

Problema 9.45

CAPÍTULO 10: Física cuántica

El efecto Compton y los técnicos en rayos X
Problema 10.4

CAPÍTULO 12: Física nuclear

Imagen por resonancia magnética
Datación con carbono
Datación con carbono y el Hombre de hielo
Problema 11.18
Problema 11.19
Problema 11.47

CAPÍTULO 13: Física de partículas

Tomografía de la emisión de positrones
Problema 12.2

Acerca de los autores

RAYMOND A. SERWAY es doctor por el Instituto Tecnológico de Illinois y profesor emérito en la Universidad James Madison. En 1990, recibió el premio Madison Scholar Award en dicha universidad, donde enseñó durante 17 años. El Dr. Serway comenzó su carrera como profesor en la Universidad Clarkson, donde trabajó como investigador y profesor entre 1967 y 1980. En 1977 recibió allí el premio al mejor profesor y en 1985 recibió el premio Alumni Achievement Award de Utica Collage. Como científico asociado en el Laboratorio de investigación de IBM en Zurich, Suiza, trabajó con K. Alex Müller, premio Nobel en 1987. El Dr. Serway también ha colaborado como investigador en Argonne National Laboratory, donde trabajó con su mentor y amigo, Sam Marshall. Además de las anteriores ediciones de este libro de texto, el Dr. Serway es coautor de *Physics for Scientists and Engineers, 5a. Ed.; College Physics, 5a. Ed.;* y *Modern Physics, 2a. Ed.* También es autor del libro de texto universitario *Physics*, publicado por Holt, Rinehart & Winston. Además, el Dr. Serway ha publicado más de 40 artículos de investigación en el campo de la Física de la materia condensada y ha hecho más de 70 presentaciones en conferencias de carácter profesional. El Dr. Serway y su esposa Elizabeth disfrutan viajando, jugando al golf y dedicando su tiempo a sus cuatro hijos y cinco nietos.

JOHN W. JEWETT, JR., es doctor por la Universidad del Estado de Ohio, especializado en propiedades ópticas y magnéticas de la materia condensada. Es actualmente profesor de física en la Universidad Politécnica del Estado de California en Pomona. Durante su carrera como profesor, el Dr. Jewett ha dedicado una gran cantidad de esfuerzo a promocionar la educación científica. Además de conseguir cuatro proyectos de la National Science Fundation, ayudó a fundar y a dirigir el instituto SCAMPI (Southern California Area Modern Physics Institute). También es el director de Science IMPACT (Institute for Modern Pedagogy and Creative Teaching), que trabaja con profesores y escuelas para desarrollar curricula de científicos más efectivos. Entre los galardones recibidos por el Dr. Jewett se encuentran cuatro premios Meritorious Performance and Professional Promise, una selección como profesor destacada en la Universidad Politécnica del Estado de California en 1991–1992, y un premio a la excelencia en la enseñanza universitaria de Física, concedido por la AAPT (American Association of Physics Teachers) en 1998. Ha realizado numerosas presentaciones tanto en los Estados Unidos como en otros países, incluyendo numerosas presentaciones en reuniones nacionales de la AAPT. El Dr. Jewett es el autor de *The World of Physics – Mysteries, Magic and Myth*, que proporciona muchas conexiones entre la Física y las experiencias cotidianas. Además de su trabajo como coautor de la tercera edición de este libro, también ha contribuido a la redacción de los libros *Physics for Scientists and Engineers, 5a. Ed.*, y es el coautor de *Global Issues*, una serie de manuales formativos integrados sobre materias científicas para cursos universitarios, en cuatro volúmenes. El Dr. Jewett disfruta tocando el piano, viajando y coleccionando aparatos médicos antiguos, así como dedicando tiempo a su esposa Lisa y a sus hijos.

Carta pedagógica de colores

Mecánica

Vectores de desplazamiento y de posición

Vectores de velocidad lineal (**v**) y angular (**ω**)

Vectores componentes de velocidad

Vectores de fuerza (**F**)

Vectores componentes de fuerza

Vectores de aceleración (**a**)

Vectores componentes de aceleración

Vectores de momentum (**p**) y momentum angular (**L**)

Vectores de momento de torsión

Direcciones de movimiento lineal o rotacional

Resortes

Poleas

Electricidad y magnetismo

Campos eléctricos

Campos magnéticos

Cargas positivas

Cargas negativas

Resistencias

Baterías y otras fuentes de corriente continua

Interruptores

Condensadores

Inductores (bobinas)

Voltímetros

Amperímetros

Galvanómetros

Generadores de corriente alterna

Símbolo de tierra

Óptica

Rayos luminosos

Lentes y prismas

Espejos

Objetos

Imágenes

Física II

Texto basado en cálculo

TERCERA EDICIÓN

Contexto 1 Física II

Rayos

Los rayos caen en todas partes del mundo, pero son más frecuentes en unos lugares que en otros. En Florida, por ejemplo, las tormentas eléctricas son muy habituales, mientras que rara vez caen rayos en el sur de California. Empezaremos este contexto estudiando las características de un rayo de manera *cualitativa.* Según avancemos a lo largo del contexto, volveremos a esta descripción del rayo para añadir datos cuantitativos.

En general, podemos considerar un rayo como una descarga eléctrica (una chispa de gran magnitud) que se produce entre una nube cargada y el suelo. Pero puede producirse un rayo en *cualquier* situación en la que una gran carga eléctrica (hablaremos de la carga eléctrica en el capítulo 1) provoque la ruptura dieléctrica del aire; como es el caso, por ejemplo, de una tormenta de nieve, de una tormenta de arena o de la erupción de un volcán. Si estudiamos los rayos asociados a las nubes, podemos observar descargas entre la nube y el suelo, descargas entre nube y nube, descargas en el interior de una nube y descargas entre la nube y el aire. En este contexto estudiaremos únicamente la descarga más ampliamente descrita, *entre la nube y el suelo.* De hecho, son más comunes las descargas en el interior de la nube, pero no son el tipo de descarga que observamos normalmente.

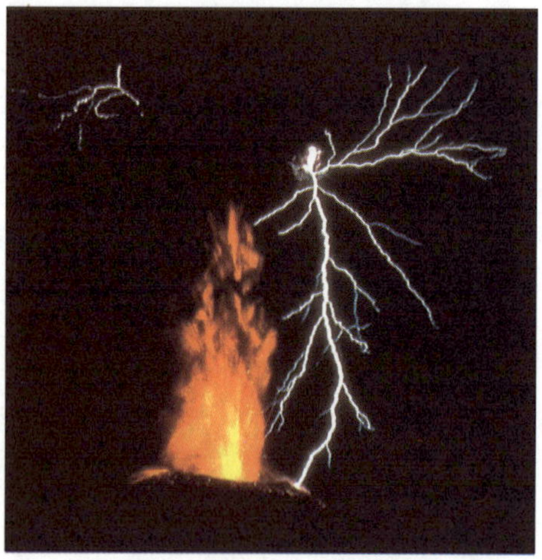

Durante una erupción del volcán Sakurajima en Japón, se observan numerosos rayos en la atmósfera cargada sobre el volcán. Aunque los rayos se producen en ésta y otras muchas situaciones, en este contexto estudiaremos el caso, más familiar, de los rayos que se producen durante una tormenta eléctrica. *(M. Zhilin/M. Newman/Photo Researchers, Inc.)*

Puesto que el rayo tiene una duración muy corta, la estructura del proceso no es visible para el ojo humano. El *rayo* en sí consta de varias *descargas* individuales, separadas unas decenas de milisegundos. El número típico de descargas es de unas tres o cuatro, aunque se han llegado a medir hasta 26 descargas (con una duración total de 2 segundos).

Aunque cada descarga del rayo parece un único suceso repentino, el proceso consta de varias etapas. Se inicia cuando se llega a la ruptura dieléctrica del aire cerca de la nube, lo cual provoca que una columna de carga negativa, denominada *descarga guía,* se mueva hacia el suelo a una velocidad de unos 10^5 m/s. Dicha descarga guía tiene una forma quebrada, como de escalera, porque el movimiento se produce a saltos discretos de unos 50 m, con un intervalo de unos 50 μs entre salto y salto. Este proceso discontinuo se debe a las variaciones aleatorias de la densidad de electrones libres en el aire. La descarga guía es muy poco luminosa y no es la descarga brillante con la que normalmente asociamos un rayo. El radio de la columna de carga transferida por la descarga guía es normalmente de unos cuantos metros.

Cuando el extremo de la descarga guía se acerca al suelo, puede provocar una segunda ruptura dieléctrica del aire cerca del suelo, normalmente en el extremo de un objeto con punta. El resultado es que una columna de carga positiva se desplaza hacia arriba. Es el comienzo de la *descarga de retorno.* La descarga de retorno se encuentra con la descarga guía a una altura de entre 20 y 200 m del suelo, lo cual provoca un cortocircuito entre la nube y el suelo. Como consecuencia de esto, los electrones se desplazan de la nube hacia el suelo, con el extremo de la región de transferencia de electrones moviéndose hacia arriba a velocidades que pueden alcanzar la mitad de la velocidad de la luz. Esto provo-

Los rayos conectan eléctricamente una nube con el suelo. En este contexto estudiaremos la estructura de un rayo, y estimaremos cuántos rayos caen sobre la Tierra un día cualquiera. *(Paul y Lindamarie Ambrose/FPG International)*

ca que una corriente eléctrica enorme se mueva a través de una región del espacio de sólo unos pocos centímetros de radio. Esta inmensa corriente hace que la temperatura del aire aumente muy rápidamente, ionizando átomos y produciendo el resplandor brillante que asociamos con los rayos. El espectro de emisión del rayo muestra muchas líneas espectrales de oxígeno y nitrógeno, los principales componentes del aire.

Esta fotografía muestra una descarga individual de un rayo, así como los componentes de la descarga. La línea brillante muestra que está teniendo lugar una descarga, justo después de que la descarga guía y la de retorno se hayan encontrado, cerrando la conexión eléctrica. Pueden verse varias descargas guía en la parte superior de la fotografía, separándose de la descarga principal. Dichas descargas son menos luminosas que la central, puesto que aún no se han encontrado con las descargas de retorno. Puede verse una descarga de retorno a la izquierda de la descarga principal, moviéndose hacia arriba desde el árbol, en busca de una descarga guía. Puede verse también otra descarga de retorno muy débil subiendo desde el extremo de la torre eléctrica de la izquierda de la fotografía. *(© Johnny Autery)*

Después de producirse la descarga de retorno, el canal de conexión creado mantiene su conductividad durante un tiempo muy corto (unas decenas de milisegundos). Si hay más carga negativa disponible en la nube cerca del inicio del canal de conexión, ésta puede moverse hacia abajo en una nueva descarga. En este caso, puesto que el canal conductor está ya "abierto", no hay una descarga guía que se mueva hacia abajo a saltos discretos, sino que se mueve de manera rápida y continua. Por tanto, suele denominarse *guía rápida.* Una vez más, cuando la guía rápida se acerca al suelo, se inicia una descarga de retorno y se produce un nuevo destello de luz.

Justo después de que la corriente atraviese el canal conductor, el aire se convierte en plasma a una temperatura típica de unos 30 000 K. Como consecuencia, hay un aumento de presión muy brusco que provoca la expansión rápida del plasma, y genera una onda de choque en el aire que lo rodea. Es el origen del *trueno* asociado con un rayo.

Una vez que hemos realizado esta descripción cualitativa del comportamiento de un rayo, tratemos de alcanzar un mayor nivel de detalle. Tras estudiar la física de los rayos, trataremos de responder a nuestra pregunta central:

¿Cómo podemos determinar el número de rayos que caen sobre la Tierra en un día cualquiera?

capítulo

1

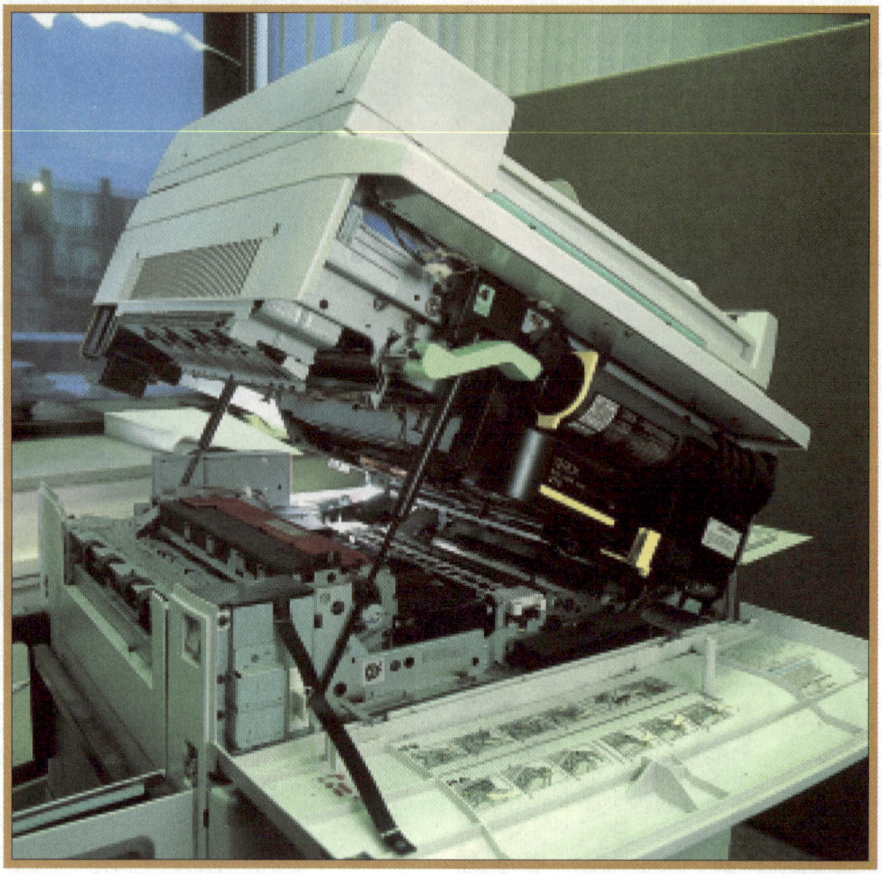

En una fotocopiadora se crea sobre un tambor recubierto de selenio una imagen del documento original, como un patrón de carga eléctrica positiva. Las partículas de un polvo negro llamado *tóner* se cargan negativamente, de modo que son atraídas por las regiones del panel que se corresponden con las zonas oscuras de la imagen original. Entonces, el *tóner* se transfiere a una hoja de papel en blanco, que tiene carga positiva mayor, de modo que se forma una copia del documento original.

(Charles D. Winters)

contenido del capítulo

Fuerzas eléctricas y campos eléctricos

Éste es el primero de los tres capítulos dedicados a la *electricidad.* Probablemente el lector haya experimentado procesos relacionados con la electricidad, como por ejemplo la estática que se forma en la ropa recién salida de la secadora. Tal vez haya sentido la chispa que salta de su mano a la perilla de una puerta después de haber caminado por una alfombra. En nuestra vida cotidiana, trabajamos a menudo con aparatos que funcionan con energía transferida hasta ellos en forma de corriente eléctrica, suministrada a través de la red eléctrica.

Este capítulo comienza con un repaso de algunas de las propiedades básicas de la fuerza electrostática que se definió en el capítulo 5 del volumen I, así como de algunas propiedades del campo eléctrico asociado a cargas eléctricas estacionarias. Nuestro estudio de la electrostática continuará con el concepto de campo eléctrico asociado con una distribución continua de carga y el efecto de este campo sobre otras partículas cargadas. Para estudiar estos conceptos, tendremos en cuenta el comportamiento de una partícula en un campo y el comportamiento de una partícula sometida a una fuerza neta, comportamientos que ya hemos estudiado en capítulos anteriores.

1.1 • INTRODUCCIÓN HISTÓRICA

Las leyes de la electricidad y el magnetismo juegan un papel fundamental en el funcionamiento de aparatos tales como la radio, la televisión, los motores eléctricos, las computadoras, los aceleradores de partículas y muchos aparatos electrónicos empleados en medicina. Sin embargo, es más importante aún el hecho de que las fuerzas interatómicas e intermoleculares responsables de la formación de sólidos y líquidos tienen un origen eléctrico. Es más, las fuerzas resultantes de empujar o tirar de un cuerpo, o la fuerza elástica de un resorte, provienen de fuerzas eléctricas que se producen en el nivel atómico.

Existen documentos chinos que sugieren que el magnetismo era ya conocido alrededor del año 2000 a.C. Los antiguos griegos observaron por primera vez fenómenos eléctricos y magnéticos probablemente alrededor del año 700 a.C.; descubrieron que, al frotar un trozo de ámbar, éste atraía trozos de paja o plumas. La existencia de fuerzas magnéticas fue deducida al observar que los fragmentos de una piedra llamada *magnetita* (Fe_3O_4) eran atraídos por el hierro. (La palabra *eléctrico* proviene de *elektron,* "ámbar" en griego; la palabra *magnético* proviene de *Magnesia,* en la costa de Turquía, lugar en el que abundaba la magnetita.)

En 1600, el inglés William Gilbert descubrió que el fenómeno de la electrificación no estaba restringido al ámbar, sino que era un fenómeno general. Los científicos procedieron entonces a electrificar diversos objetos, ¡incluso gallinas y personas! Los experimentos de Charles Coulomb en 1785 confirmaron la ley del inverso cuadrado para la fuerza electrostática.

Fue hasta el comienzo del siglo XIX cuando los científicos descubrieron que la electricidad y el magnetismo eran dos fenómenos relacionados. En 1820, Hans Oersted descubrió que la aguja de una brújula, que está magnetizada, se desvía cuando se coloca cerca de una corriente eléctrica. En 1831, Michael Faraday en Inglaterra y, casi simultáneamente, Joseph Henry en los Estados Unidos demostraron que cuando se coloca un aro de alambre cerca de un imán (o cuando se mueve un imán cerca de un aro de alambre), aparece una corriente eléctrica en el alambre. En 1873, James Clerk Maxwell utilizó estas observaciones y otros hechos experimentales como base para formular las leyes del electromagnetismo, tal como las conocemos hoy. Poco tiempo después (alrededor de 1888), Heinrich Hertz comprobó las predicciones de Maxwell al producir ondas electromagnéticas en el laboratorio. Este logro fue seguido por aplicaciones prácticas como la radio y la televisión.

La contribución de Maxwell a la ciencia del electromagnetismo fue especialmente significativa, porque las leyes que formuló son válidas para *cualquier* clase de fenómeno electromagnético. La importancia de su trabajo es comparable al descubrimiento de las leyes del movimiento y la teoría de la gravitación por parte de Newton.

Figura 1.1

Si se frota un globo contra el pelo en un día seco, se cargan eléctricamente el globo y el pelo. *(Charles D. Winters)*

1.2 • PROPIEDADES DE LA CARGA ELÉCTRICA

Hay muchos experimentos sencillos que demuestran la existencia de fuerzas electrostáticas. Por ejemplo, después de peinarse el pelo, puede comprobarse que el peine atrae trocitos de papel. La fuerza de atracción electrostática es a veces tan intensa que puede suspender los trocitos de papel en el aire. Se produce el mismo efecto cuando se frotan otros materiales, como el vidrio o el caucho.

Otro experimento sencillo consiste en frotar un globo inflado con lana o con pelo (figura 1.1). En un día seco, el globo que se ha frotado se quedará pegado a la pared de una habitación, a menudo durante horas. Cuando los materiales se comportan de este modo, decimos que están **cargados eléctricamente**. Puede cargar su propio cuerpo eléctricamente al caminar sobre una alfombra de lana o

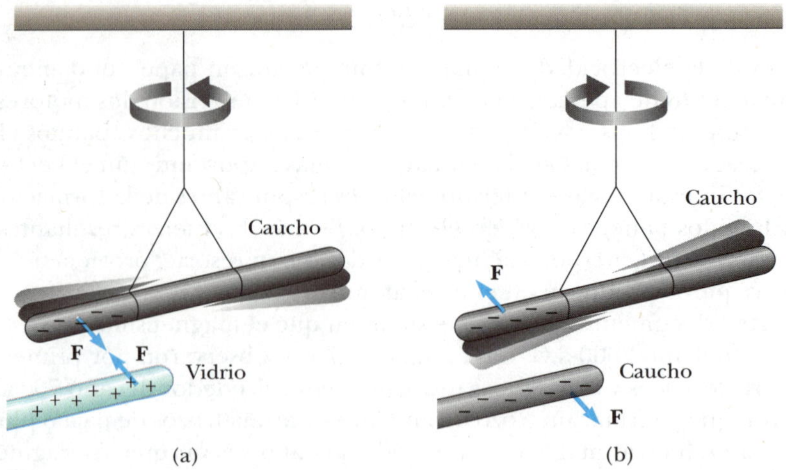

Figura 1.2

(a) Una varilla de caucho cargada negativamente, suspendida de un hilo, es atraída por una varilla de vidrio cargada positivamente. (b) Una varilla de caucho cargada negativamente es repelida por otra varilla de caucho cargada negativamente.

deslizarse sobre el asiento de un coche. Puede entonces sentir y eliminar la carga de su cuerpo tocando a otra persona. En las condiciones adecuadas, será visible una pequeña chispa cuando toca a la otra persona, y ambos sentirán un ligero cosquilleo. (Este experimento funciona mejor si el tiempo es seco, puesto que, si el aire está excesivamente húmedo, puede proporcionar un camino para que la carga salga del cuerpo.)

WEB

Para obtener información sobre Benjamin Franklin, visite **library.thinkquest.org/22254/**

Los experimentos demuestran también que hay dos tipos de carga eléctrica, denominados carga **positiva** y **negativa** por Benjamin Franklin (1706–1790). La figura 1.2 muestra la interacción entre los dos tipos de carga. Una varilla de caucho (o plástico) que se ha frotado con pelo de un animal (o un tejido acrílico) se suspende de un hilo. Cuando se acerca a la varilla de caucho una varilla de vidrio que se ha frotado con seda, la varilla de caucho es atraída hacia la de vidrio (figura 1.2a). Por el contrario, si se acercan dos varillas de caucho (o dos varillas de vidrio), como se observa en la figura 1.2b, la fuerza que aparece entre ambas es repulsiva. Este hecho experimental demuestra que el caucho y el vidrio tienen tipos diferentes de carga. Usaremos la convención propuesta por Franklin: la carga eléctrica de la varilla de vidrio se denomina positiva y la de la varilla de caucho se denomina negativa. A partir de observaciones como ésta, podemos generalizar diciendo que **las cargas del mismo signo se repelen y las cargas de signo contrario se atraen.**

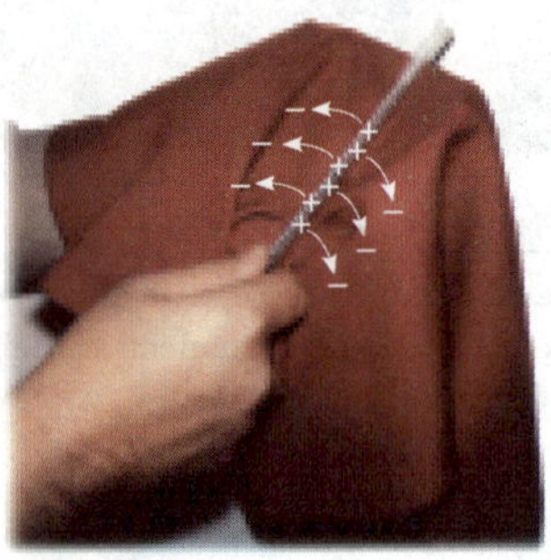

Figure 1.3

Cuando se frota una varilla de vidrio con seda, se transfieren electrones del vidrio a la seda. Debido al principio de conservación de la carga, cada electrón añade carga negativa a la seda, y deja una carga positiva equivalente en la varilla. Además, puesto que la carga se transfiere en paquetes discretos, las cargas de ambos objetos son $\pm e$, $\pm 2e$, $\pm 3e$, etcétera.

Sabemos que sólo existen dos tipos de carga porque cualquier carga desconocida para la que se observa experimentalmente que es atraída por una carga positiva es también repelida por una carga negativa. Nadie ha observado nunca que un objeto cargado sea repelido por cargas positivas y negativas, o atraído por ambas.

Otra característica importante de la carga eléctrica es que **la carga neta de un sistema aislado siempre se conserva.** Ésta es una versión del modelo de sistema aislado, referida a la carga eléctrica. Hemos hablado por primera vez de los modelos de sistema aislado en el capítulo 7 del volumen I, en el que estudiamos la conservación de la energía; aquí podemos ver que existe, asimismo, un principio de **conservación de la carga eléctrica** para un sistema aislado. Cuando dos objetos, inicialmente descargados, se cargan frotando uno contra el otro, no se crea carga en el proceso. Los objetos se cargan porque hay una *transferencia de electrones* de un objeto a otro. Un objeto gana una cantidad determinada de carga negativa gracias a los electrones recibidos, mientras que el otro pierde una cantidad equivalente de carga negativa y, por tanto, resulta cargado positivamente. Para el sistema aislado formado por ambos objetos, no hay transferencia de carga a través de la frontera del sistema; el único cambio es que se ha transferido carga entre dos partes del sistema. Por ejemplo, cuando se frota una varilla de vidrio con seda, como en la figura 1.3, la seda obtiene carga negativa que es de igual magnitud que la carga positiva que aparece en el vidrio, al transferirse electrones desde el vidrio a la seda. De igual modo, cuando se frota caucho con pelo de un animal, se transfieren electrones desde el pelo al caucho. Un *objeto descargado* contiene un número enorme de electrones (del orden de 10^{23}), pero por cada electrón de carga negativa hay presente un protón de carga positiva. Por tanto, un objeto descargado no tiene carga neta de ningún signo.

¡ADVERTENCIA! 1.1

Cargas iguales

En ocasiones, se utiliza la frase "cargas iguales" para hacer referencia a cargas del mismo signo, sin que ello signifique que las cargas deban ser necesariamente de igual magnitud. Para evitar confusiones, en este texto procuraremos utilizar la frase "cargas del mismo signo" en lugar de "cargas iguales".

Pregunta rápida 1.1

Dos varillas aisladas se encuentran cargadas con cargas de signo contrario en sus dos extremos. Las dos varillas están apoyadas sobre sus centros, de modo que pueden girar libremente, y colocadas en la posición que se muestra en la figura 1.4, vista desde arriba. El plano de rotación de las varillas es el plano del papel. ¿Vuelven las varillas a dicha posición si se las separa ligeramente y luego se las libera? Si no es así, ¿a qué posición se moverán? ¿Representa la posición final (o posiciones finales, si hay más de una) un equilibrio estable?

Figura 1.4

(Pregunta rápida 1.1) Si se perturba el sistema, ¿volverá a esta posición?

1.3 • AISLANTES Y CONDUCTORES

Hemos estudiado la transferencia de carga de un objeto a otro. Las cargas eléctricas pueden también desplazarse de una posición a otra dentro de un objeto; este desplazamiento de carga se denomina **conducción eléctrica**. Es conveniente clasificar las sustancias dependiendo de la facilidad con la que permiten que la carga se desplace en su interior:

Un **conductor** es un material en el que la carga puede moverse de manera relativamente libre; un **aislante** es un material en el que la carga no puede moverse libremente.

Materiales como el vidrio, el caucho o la resina son aislantes. Cuando se carga uno de estos materiales frotándolo contra otro, sólo la región frotada se carga, y la carga no tiende a desplazarse a otras partes del objeto. Sin embargo, los materiales como el cobre, el aluminio o la plata son buenos conductores. Cuando se carga una región pequeña de estos materiales, la carga se distribuye rápidamente por toda la superficie del material. Si se sostiene una varilla de cobre en la mano y se frota con un trozo de lana o pelo de animal, no atraerá trocitos de papel. Eso podría sugerir que un metal no puede cargarse, pero si sostiene el cobre por medio de un material aislante y se lo frota, entonces el cobre permanece cargado y atrae los trocitos de papel. En el primer caso, la carga eléctrica producida al frotar el cobre pasa rápidamente a nuestro cuerpo, que es conductor, y finalmente al suelo. En el segundo caso, el material aislante con el que se sujeta el cobre evita el flujo de carga hacia la mano.

Los *semiconductores* son un tercer tipo de materiales, y sus propiedades eléctricas son un término medio entre las de los aislantes y las de los conductores. Las cargas pueden moverse con una cierta libertad en el interior de un semiconductor, pero en un semiconductor se desplazan muchas menos cargas que en un conductor. El silicio y el germanio son ejemplos bien conocidos de semiconductores que se utilizan ampliamente en la fabricación de diversos aparatos electrónicos. Las propiedades eléctricas de un semiconductor pueden cambiar muchos órdenes de magnitud si se añaden al material cantidades controladas de otros átomos.

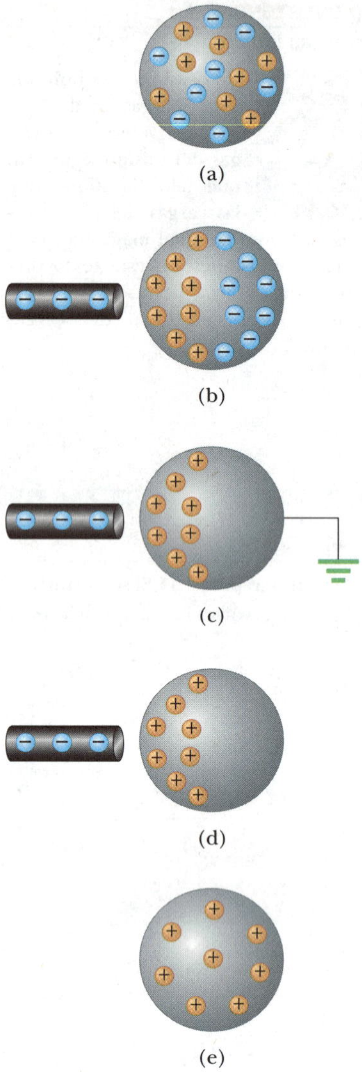

Figura 1.5

Carga de un objeto metálico por inducción. (a) Una esfera metálica neutra, con igual número de cargas positivas y negativas. (b) La carga de la esfera neutra se redistribuye al situar una varilla de caucho cargada cerca de la esfera. (c) Cuando se conecta la esfera a tierra, algunos electrones la abandonan a través del cable conductor. (d) Cuando se retira la conexión a tierra, la esfera resulta cargada positivamente, con distribución de carga no uniforme. (e) Al retirar la varilla de caucho, la carga positiva en exceso se redistribuye uniformemente sobre la superficie de la esfera.

Carga por inducción

Cuando se conecta un conductor a tierra por medio de un cable o un tubo, se dice que el conductor está **conectado a tierra**. Podemos considerar que la Tierra es una reserva infinita de electrones, es decir, que puede aceptar o ceder una cantidad de electrones ilimitada. En este contexto, la Tierra actúa de forma similar a los focos térmicos mencionados en el capítulo 17 del volumen I. Teniendo esto en cuenta, podemos entender cómo puede cargarse un conductor por el proceso denominado **carga por inducción**.

Suponga que tenemos una esfera conductora neutra (sin carga) que se encuentra aislada, de modo que no hay conexión eléctrica a tierra (figura 1.5a). Se sitúa una varilla de caucho cargada negativamente cerca de la esfera. La fuerza repulsiva entre los electrones de la varilla y los de la esfera causa una redistribución de carga en la esfera, de modo que algunos electrones se desplazan al extremo de la esfera más alejado de la varilla (figura 1.5b). La región de la esfera más cercana a la varilla tiene un exceso de carga positiva debido a la migración de electrones hacia la región opuesta. Si entonces se conecta a la esfera un cable conductor con toma de tierra cerca de la acumulación de electrones, como se ve en la figura 1.5c, algunos electrones abandonan la esfera y se desplazan hacia la tierra. Al retirar el cable conductor (figura 1.5d), la esfera queda cargada positivamente. Finalmente, cuando se retira la varilla de caucho de las cercanías de la esfera (figura 1.5e) la carga positiva inducida permanece en la esfera aislada. Este exceso de carga positiva se distribuye uniformemente sobre la superficie de la esfera debido a las fuerzas repulsivas entre las cargas de igual signo y a la gran movilidad de los portadores de carga en un metal.

En el proceso de inducción de carga en la esfera, la varilla de caucho no pierde su carga negativa, puesto que nunca llega a estar en contacto con la esfera. **La carga de un objeto por inducción no requiere contacto con el objeto que induce la carga**. En este aspecto es diferente de la carga por frotamiento, que requiere contacto entre ambos objetos.

Con los aislantes tiene lugar un proceso similar al primer paso de inducción de carga en los conductores. En la mayor parte de los átomos y moléculas, la posición media de la carga positiva coincide con la posición media de la carga negativa. Sin embargo, en presencia de un objeto cargado, estas posiciones pueden variar ligeramente, debido a las fuerzas atractivas y repulsivas del objeto cargado, de modo que aparece más carga positiva en un extremo de la molécula que en el otro. Este efecto se denomina **polarización**. La polarización de las moléculas individuales produce una capa de carga sobre la superficie del aislante, como se muestra en la figura 1.6a, en la que un globo cargado se coloca contra una pared. En la figura, la capa de carga negativa de la pared está más cerca del globo cargado positivamente que las cargas positivas situadas en los extremos opuestos de las moléculas. Por tanto, la fuerza atractiva entre las cargas positivas y negativas es mayor que la fuerza repulsiva entre las cargas positivas. El resultado es una fuerza neta atractiva entre el globo cargado y el aislante neutro. Este efecto de polarización explica por qué un peine que se ha frotado con pelo (al peinarse) atrae trocitos de papel neutro (figura 1.6b), o por qué un globo que se ha frotado con la mano puede pegarse a una pared con carga neutra.

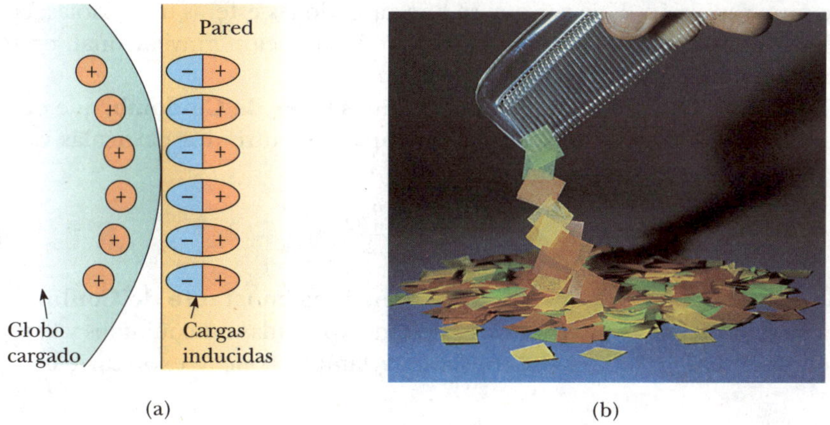

Figura 1.6

(a) Un globo cargado induce cargas en la superficie de una pared. (b) Un peine cargado atrae trocitos de papel porque las cargas del papel se desplazan. El papel es neutro, pero está polarizado. *(Fundamental Photographs, NYC)*

PIENSE EN LA FÍSICA 1.1

Una esfera cargada positivamente, pendiente de un hilo, se sitúa cerca de un objeto no conductor. La esfera es atraída por el objeto. A partir de este experimento, no es posible determinar si el objeto está cargado negativamente o es neutro. ¿Por qué no? ¿Qué experimento adicional sería de ayuda para decidir entre ambas posibilidades?

Razonamiento. La atracción entre la esfera y el objeto puede ser una atracción de cargas de signo contrario o también puede ser la atracción entre un objeto cargado y uno neutro debido a la polarización de las moléculas del objeto neutro. Hay dos posibles experimentos adicionales que ayudarían a determinar si el objeto está cargado o no. En primer lugar, puede situarse una esfera de la que se sabe que es neutra cerca del objeto; si la esfera es atraída por el objeto, el objeto estará cargado negativamente. Otra posibilidad consiste en situar una esfera cargada negativamente cerca del objeto; si la esfera es repelida por el objeto, éste estará cargado negativamente. Si la esfera es atraída por él, el objeto tendrá una carga neutra.

1.4 • LEY DE COULOMB

Las fuerzas eléctricas entre objetos cargados fueron medidas cuantitativamente por Charles Coulomb utilizando la balanza de torsión, que él mismo inventó (figura 1.7). Coulomb confirmó que la fuerza eléctrica entre dos pequeñas esferas cargadas es inversamente proporcional al cuadrado de la distancia que las separa r, es decir, $F_e \propto 1/r^2$. El principio de funcionamiento de la balanza de torsión es el mismo que el del aparato utilizado por Cavendish para medir la constante de gravitación (sección 11.1 del volumen I), con las esferas eléctricamente neutras remplazadas por esferas cargadas. La fuerza eléctrica entre las esferas cargadas A y B en la figura 1.7 hace que las esferas se atraigan o repelen la una a la otra, y el movimiento resultante hace que el hilo del que penden sufra una torsión. Puesto que la fuerza de restitución del hilo torcido es proporcional al ángulo de giro, el valor de este ángulo proporciona una medida cuantitativa de la fuerza eléctrica de

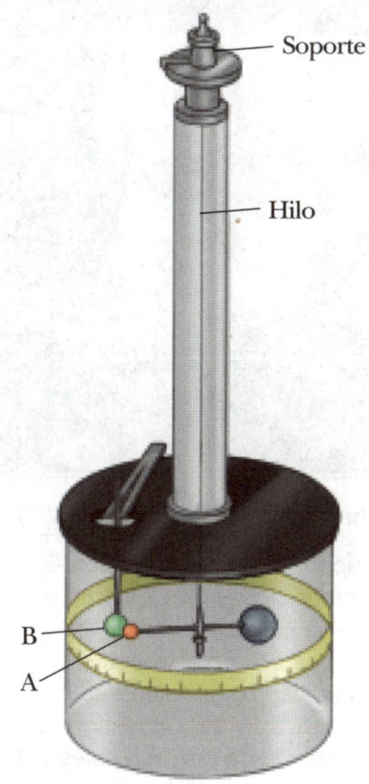

Figura 1.7

Balanza de torsión de Coulomb, empleada para establecer la vigencia de la ley del cuadrado inverso para la fuerza electrostática entre dos cargas.

atracción o repulsión. Una vez que se han cargado las esferas frotándolas, la fuerza eléctrica entre ellas es mucho mayor que la atracción gravitacional, de modo que ésta puede despreciarse.

En el capítulo 5 del volumen I enunciamos la **ley de Coulomb**, que describe el módulo de la fuerza electrostática que aparece entre dos partículas cargadas con cargas q_1 y q_2 y separadas una distancia r:

• *Ley de Coulomb*

$$F_e = k_e \frac{|q_1||q_2|}{r^2} \qquad [1.1]$$

donde k_e ($=8.99 \times 10^9$ N·m^2/C^2) y se denomina **constante de Coulomb**, y la fuerza se mide en newtons si las cargas están expresadas en coulombs y la separación entre ambas en metros. La constante k_e también puede expresarse como

$$k_e = \frac{1}{4\pi\epsilon_0}$$

donde la constante ϵ_0 es la **permitividad del vacío**, y tiene un valor de

• *Permitividad de vacío*

$$\epsilon_0 = 8.8542 \times 10^{-12}\ \mathrm{C^2/N \cdot m^2}$$

Es importante tener en cuenta que la ecuación 1.1 sólo informa acerca de la magnitud de la fuerza. La dirección de la fuerza sobre una partícula debe determinarse a partir de la posición relativa de las distintas partículas y el signo de cada carga. Por tanto, es muy importante realizar una representación gráfica de cualquier problema de electrostática para poder resolverlo correctamente.

La carga del electrón es $q = -e = -1.60 \times 10^{-19}$ C, y el protón tiene una carga $q = +e = 1.60 \times 10^{-19}$ C; por tanto, una carga de 1 C es equivalente a la carga de $(1.60 \times 10^{-19})^{-1} = 6.25 \times 10^{18}$ electrones. Es importante observar que 1 C es una cantidad de carga bastante grande. En los experimentos clásicos de electrostática, donde se carga una varilla de caucho o vidrio por frotamiento, la carga neta es del orden de 10^{-6} C ($=1\ \mu$C). En otras palabras, sólo una proporción muy pequeña de los electrones disponibles (del orden de 10^{23} en 1 cm^3 de muestra) se transfieren entre la varilla y el material con el que se frota. Los valores de la carga y masa del protón, electrón y neutrón medidos experimentalmente se muestran en la tabla 1.1.

Charles Coulomb (1736–1806)

Físico francés. Las principales contribuciones de Coulomb a la ciencia se produjeron en los campos de la electrostática y el magnetismo. También dedicó parte de su vida a investigar la resistencia de los materiales y determinar las fuerzas que afectan a las vigas, contribuyendo al campo de la mecánica de estructuras. En el campo de la ergonomía, sus investigaciones proporcionaron una gran comprensión acerca del modo en el que los animales y las personas pueden trabajar más efectiva y cómodamente.

(Fotografía cortesía de AIP Niels Bohr Library/E. Scott Barr Collection)

Cuando se aplique la ley de Coulomb, debe tenerse en cuenta que la fuerza es una cantidad *vectorial* y debe tratarse como tal. Por otro lado, **la ley de Coulomb sólo es exacta para partículas**.* La fuerza electrostática ejercida por q_1 sobre q_2, denominada $\mathbf{F}_{12}$, puede expresarse en forma vectorial como†

$$\mathbf{F}_{12} = k_e \frac{q_1 q_2}{r^2} \hat{\mathbf{r}}_{12} \qquad [1.2]$$

TABLA 1.1 Carga y masa del electrón, protón y neutrón

Partícula	Carga (C)	Masa (kg)
Electrón (e)	$-1.602\,191\,7 \times 10^{-19}$	$9.109\,5 \times 10^{-31}$
Protón (p)	$+1.602\,191\,7 \times 10^{-19}$	$1.672\,61 \times 10^{-27}$
Neutrón (n)	0	$1.674\,92 \times 10^{-27}$

* La ley de Coulomb puede también utilizarse para objetos más grandes que puedan aproximarse como una partícula.

† Tenga en cuenta que usamos "q_2" como notación abreviada de "la partícula de carga q_2". Ésta es la manera normal de referirse a las partículas cuando se trata con partículas cargadas, igual que se hace en mecánica al utilizar "m_2" para hacer referencia a "la partícula de masa m_2". El contexto de la frase indica si el símbolo representa el valor de una carga o la partícula que tiene esa carga.

donde $\hat{\mathbf{r}}_{12}$ es el vector unitario en la dirección que une ambas cargas y con sentido desde q_1 hasta q_2, como se muestra en la figura 1.8a. La ecuación 1.2 puede utilizarse para calcular la dirección de la fuerza en el espacio, aunque también se necesita una representación gráfica cuidadosa para identificar claramente la dirección de $\hat{\mathbf{r}}_{12}$. A partir de la tercera ley de Newton, podemos ver que la fuerza eléctrica ejercida por q_2 sobre q_1 es de igual magnitud que la fuerza ejercida por q_1 sobre q_2, y de sentido contrario; es decir, $\mathbf{F}_{21} = -\mathbf{F}_{12}$. A partir de la ecuación 1.2 vemos que, si q_1 y q_2 tienen el mismo signo, el producto q_1q_2 es positivo, y la fuerza es entonces repulsiva, como se muestra en la figura 1.8a. La fuerza sobre q_2 tiene la dirección de $\hat{\mathbf{r}}_{12}$ y se aleja de q_1. Si q_1 y q_2 tienen signo contrario, como se muestra en la figura 1.8b, entonces el producto q_1q_2 es negativo, y la fuerza es atractiva. En este caso, la fuerza sobre q_2 tiene la dirección opuesta a $\hat{\mathbf{r}}_{12}$.

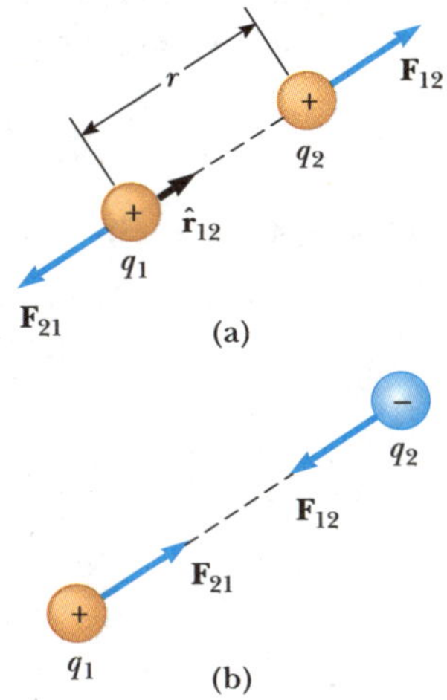

Figura 1.8

Dos cargas puntuales separadas una distancia *r* ejercen una fuerza, la una sobre la otra, que viene dada por la ley de Coulomb. Debe tenerse en cuenta que la fuerza $\mathbf{F}_{21}$ ejercida por q_2 sobre q_1 es de igual magnitud que la fuerza $\mathbf{F}_{12}$ ejercida por q_1 sobre q_2, y de sentido opuesto. (a) Cuando las cargas son del mismo signo, la fuerza es repulsiva. (b) Cuando las cargas son de signo contrario, la fuerza es atractiva.

Pregunta rápida 1.2

El objeto A tiene una carga de $+2\ \mu$C, y el objeto B tiene una carga de $+6\ \mu$C. ¿Cuál de las siguientes afirmaciones es correcta? (a) $\mathbf{F}_{AB} = -3\mathbf{F}_{BA}$ (b) $\mathbf{F}_{AB} = -\mathbf{F}_{BA}$ (c) $3\mathbf{F}_{AB} = -\mathbf{F}_{BA}$.

Cuando hay más de dos partículas cargadas presentes, la fuerza entre cada par de partículas viene dada por la ecuación 1.2. Por tanto, **la fuerza resultante sobre cada partícula es la suma *vectorial* de cada fuerza individual ejercida por cada una de las demás partículas**. Este **principio de superposición** aplicado a la fuerza electrostática es un hecho experimentalmente comprobado, y representa simplemente la suma de vectores tradicional aplicada a las fuerzas, como se estudió en el capítulo 4 del volumen I. Como ejemplo, si hay cuatro partículas cargadas presentes, la fuerza resultante sobre la partícula 1 debida a las partículas 2, 3 y 4 viene dada por la suma vectorial

$$\mathbf{F}_1 = \mathbf{F}_{21} + \mathbf{F}_{31} + \mathbf{F}_{41}$$

Ejemplo 1.1 ¿Dónde se anula la fuerza resultante?

Tres partículas cargadas se encuentran sobre el eje *x* como se muestra en la figura 1.9. La partícula de carga $q_1 = +15.0\ \mu$C se encuentra en $x = 2.00$ m, y la partícula de carga $q_2 = +6.00\ \mu$C se encuentra en el origen. ¿Dónde debe colocarse una partícula de carga negativa q_3 sobre el eje de las *x* para que la fuerza resultante sobre ella sea cero?

Razonamiento. La fuerza resultante nula indica que q_3 está en equilibrio, de modo que las dos fuerzas sobre ella se cancelan. Puesto que q_3 es negativa y tanto q_1 como q_2 son positivas, las fuerzas $\mathbf{F}_{13}$ y $\mathbf{F}_{23}$ son ambas atractivas. Para cancelarse, las fuerzas sobre q_3 deben tener sentidos opuestos. Si q_3 se coloca a la izquierda de q_2 o a la derecha de q_1, las fuerzas sobre q_3 tendrán el mismo sentido. Por tanto, la única posibilidad de que las fuerzas se cancelen es situar q_3 entre q_1 y q_2, como se muestra en la figura 1.9.

Solución. Si llamamos *x* a la coordenada de q_3, las fuerzas $\mathbf{F}_{13}$ y $\mathbf{F}_{23}$ pueden expresarse como

$$\mathbf{F}_{13} = k_e \frac{q_1q_3}{(2.00 - x)^2}\hat{\mathbf{r}}_{13} = -k_e \frac{q_1q_3}{(2.00 - x)^2}\mathbf{i}$$

$$\mathbf{F}_{23} = k_e \frac{q_2q_3}{x^2}\hat{\mathbf{r}}_{23} = k_e \frac{q_2q_3}{x^2}\mathbf{i}$$

donde hemos tenido en cuenta que $\hat{\mathbf{r}}_{13} = -\mathbf{i}$ para la fuerza debida a q_1, puesto que q_1 está a la derecha de q_3. Al sumar ambas fuerzas e igualar la resultante a cero, obtenemos:

$$\sum \mathbf{F} = \mathbf{F}_{13} + \mathbf{F}_{23} = -k_e \frac{q_1q_3}{(2.00 - x)^2}\mathbf{i} + k_e \frac{q_2q_3}{x^2}\mathbf{i} = 0$$

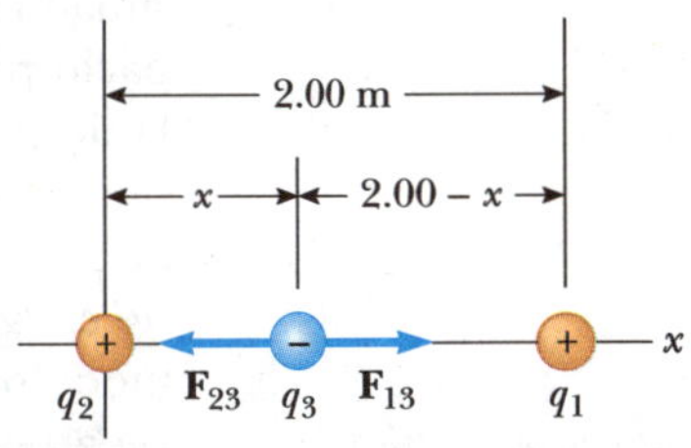

Figura 1.9

(Ejemplo 1.1). Tres cargas puntuales se sitúan sobre el eje *x*. Si la fuerza neta sobre q_3 es cero, la fuerza $\mathbf{F}_{13}$ ejercida por q_1 sobre q_3 debe ser de igual magnitud, y sentido opuesto, que la fuerza $\mathbf{F}_{23}$ ejercida por q_2 sobre q_3.

Puesto que k_e y q_3 son comunes a ambos términos, se cancelan, y podemos despejar x:

$$\frac{q_1}{(2.00 - x)^2} = \frac{q_2}{x^2}$$

$$(4.00 - 4.00x + x^2)(6.00 \times 10^{-6}\ \text{C}) = x^2(15.0 \times 10^{-6}\ \text{C})$$

que puede simplificarse, quedando

$$9.00x^2 + 24.0x - 24.0 = 0$$

Al resolver esta ecuación cuadrática, obtenemos el valor $x = 0.775$ m. ¿Por qué no es válida la solución con valor negativo?

Ejemplo 1.2 El átomo de hidrógeno

El electrón y el protón de un átomo de hidrógeno están separados (en promedio) una distancia de aproximadamente 5.3×10^{-11} m. Calcule la magnitud de la fuerza electrostática y la fuerza gravitacional que cada partícula ejerce sobre la otra.

Solución. A partir de la ley de Coulomb, tenemos que la magnitud de la fuerza eléctrica atractiva es

$$F_e = k_e \frac{e^2}{r^2} = (8.99 \times 10^9\ \text{N}\cdot\text{m}^2/\text{C}^2)\frac{(1.60 \times 10^{-19}\ \text{C})^2}{(5.3 \times 10^{-11}\ \text{m})^2} = 8.2 \times 10^{-8}\ \text{N}$$

Utilizando la ley de la gravitación universal de Newton (sección 5.6 del volumen I) y la Tabla 1.1 para encontrar la masa de las partículas, tenemos que la magnitud de la fuerza gravitacional es

$$F_g = G\frac{m_e m_p}{r^2} = (6.7 \times 10^{-11}\ \text{N}\cdot\text{m}^2/\text{kg}^2)\frac{(9.11 \times 10^{-31}\ \text{kg})(1.67 \times 10^{-27}\ \text{kg})}{(5.3 \times 10^{-11}\ \text{m})^2}$$

$$= 3.6 \times 10^{-47}\ \text{N}$$

El cociente $F_g/F_e \approx 4 \times 10^{-40}$. Por tanto, la fuerza gravitacional entre partículas atómicas cargadas es despreciable comparada con la fuerza eléctrica.

EJERCICIO. Dos cargas puntuales de valor 3.0 nC y 6.0 nC se encuentran separadas por una distancia de 0.30 m. Calcule la magnitud de la fuerza eléctrica que cada una ejerce sobre la otra.

Respuesta: 1.8×10^{-6} N.

1.5 • CAMPO ELÉCTRICO

El campo gravitacional **g** en un punto del espacio se definió en el capítulo 5 del volumen I como el cociente entre la fuerza gravitacional $\mathbf{F}_g$ que actúa sobre una partícula de prueba de masa m_0 y la masa de la partícula de prueba: $\mathbf{g} = \mathbf{F}_g/m_0$. Ésta es la versión gravitacional del modelo de comportamiento de una partícula situada en un campo. De manera similar, un campo eléctrico en un punto del espacio puede definirse a partir de la fuerza eléctrica que actúa sobre una partícula de prueba de carga q_0 situada en dicho punto. Puesto que la carga tiene dos signos posibles, debemos seleccionar una convención de signos para la partícula de prueba. Elegiremos la convención de que **la partícula de prueba siempre es de carga positiva**. Con esta convención, podemos definir la versión eléctrica del modelo de comportamiento de una partícula en el interior de un campo: el **campo eléctrico E** en un punto del espacio se define como **el cociente entre la fuerza eléctrica $\mathbf{F}_e$ que actúa sobre una partícula de prueba de carga q_0 y la carga de la partícula de prueba:**

• *Definición de campo eléctrico*

$$\mathbf{E} \equiv \frac{\mathbf{F}_e}{q_0} \qquad [1.3]$$

Por tanto, **el campo eléctrico en un punto es distinto de cero si una carga de prueba situada en dicho punto siente una fuerza eléctrica.** Puesto que la fuerza es un vector, el campo eléctrico también lo es. Tenga en cuenta que **E** es el campo eléctrico creado por partículas cargadas separadas de la partícula de prueba, *no es* el campo eléctrico producido por la partícula de prueba. A las partículas cargadas que crean el campo eléctrico se las denomina **partículas fuente**. Es un caso análogo al del campo gravitacional generado por un cuerpo como la Tierra. Dicho campo gravitacional existe independientemente de si hay una masa de prueba m_0 o no. De modo similar, el campo eléctrico creado por las partículas fuente existe, sin importar si hay una partícula de prueba en el interior del campo. La partícula de prueba se utiliza únicamente para medir la fuerza y, por tanto, detectar la presencia del campo y calcular su intensidad.

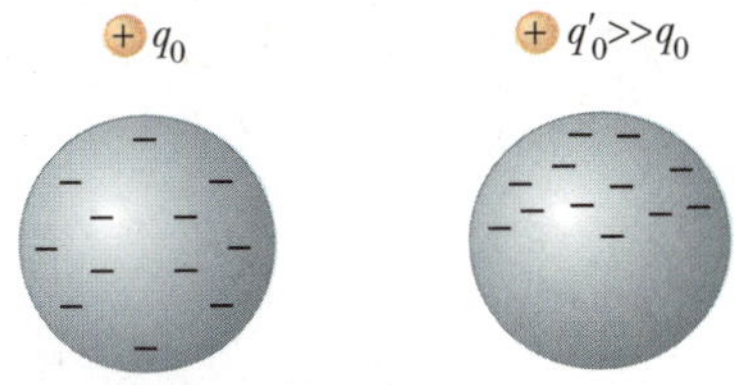

(a) (b)

Figura 1.10

(a) Para una carga de prueba q_0 suficientemente pequeña, la distribución de carga sobre la esfera no se ve perturbada. (b) Si la carga de prueba q'_0 es mayor, la distribución de carga sobre la esfera varía como resultado de la proximidad de q'_0.

Al usar la ecuación 1.3, debemos suponer que la carga de prueba q_0 es suficientemente pequeña, de modo que no perturba la distribución de cargas responsable de la creación del campo. Si una carga de prueba q_0 infinitamente pequeña se sitúa cerca de una esfera metálica uniformemente cargada, como en la figura 1.10a, la carga de la esfera metálica permanece distribuida uniformemente. Si, por el contrario, la carga de prueba es suficientemente grande ($q'_0 \gg q_0$), como en la figura 1.10b, la carga de la esfera metálica se redistribuye y el cociente entre la fuerza y la carga de prueba varía ($F'_e/q'_0 \neq F_e/q_0$). Es decir, debido a la redistribución de carga sobre la esfera metálica, el campo eléctrico creado por ésta es diferente del campo eléctrico que crea en presencia de la carga q_0 mucho más pequeña.

La unidad del vector **E** en el S.I. es newton dividido por coulomb (N/C), de modo análogo a las unidades N/kg para el campo gravitacional. La dirección de **E** es la dirección de $\mathbf{F}_e$, puesto que hemos utilizado la convención de suponer una carga de prueba positiva.

Una vez que se conoce el campo eléctrico en un punto determinado, la fuerza ejercida sobre *cualquier* partícula de carga q situada sobre dicho punto puede calcularse reordenando la ecuación 1.3:

$$\mathbf{F}_e = q\mathbf{E} \qquad [1.4]$$

¡ADVERTENCIA! 1.2

Sólo para partículas

Tenga en cuenta que la ecuación 1.4 sólo es válida para una *partícula* cargada, un objeto sin tamaño. Para un objeto cargado de tamaño finito situado en el interior de un campo eléctrico, el campo puede tener distinta magnitud y dirección en diferentes puntos del objeto, de modo que la ecuación de la fuerza total resultante puede ser más complicada.

Una vez que se evalúa la fuerza eléctrica la situación puede describirse con el modelo de una partícula sometida a una fuerza neta (la fuerza eléctrica puede combinarse con otras fuerzas que actúan sobre la partícula) y pueden utilizarse las técnicas de los capítulos anteriores para determinar el movimiento de la partícula.

Sea una carga puntual* q situada a una distancia r de una partícula de prueba de carga q_0. De acuerdo con la ley de Coulomb, la fuerza ejercida sobre la partícula de prueba por q es

$$\mathbf{F}_e = k_e \frac{q q_0}{r^2}\,\hat{\mathbf{r}}$$

Utilizando la ecuación 1.3, tenemos que el campo eléctrico creado por q en el punto P, en el que se encuentra q_0, es

$$\mathbf{E} = k_e \frac{q}{r^2}\,\hat{\mathbf{r}} \qquad [1.5]$$

• *Campo eléctrico de una carga puntual.*

* Hasta ahora, hemos utilizado las expresiones "partícula cargada" o "partícula con carga". La expresión "carga puntual" es algo engañosa, porque la carga es una propiedad de las partículas, y no una entidad física por sí misma. Este caso es similar a las expresiones engañosas en Mecánica (que hemos tratado de evitar), como por ejemplo "se coloca una masa *m*...", en vez de "se coloca una partícula de masa *m*...". Sin embargo, este tipo de expresiones están tan extendidas en la física que las usaremos también en este texto, esperando que esta nota al pie sirva para aclarar su uso correcto.

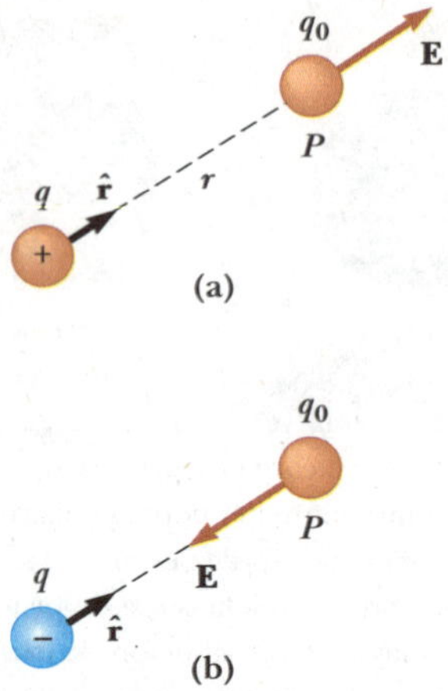

Figura 1.11

Una carga de prueba q_0 en un punto P está situada a una distancia r de una carga puntual q. (a) Si q es positiva, el campo eléctrico en P debido a q apunta radialmente hacia *fuera* desde q. (b) Si q es negativa, el campo eléctrico en P debido a q apunta radialmente hacia *dentro* (hacia q). El campo eléctrico debido a q existe independientemente de si q_0 existe o no.

donde $\hat{\mathbf{r}}$ es el vector unitario dirigido de q hacia P (figura 1.11). Si q es positiva, como en la figura 1.11a, el campo eléctrico se dirige radialmente hacia fuera de la carga. Si q es negativa, como en la figura 1.11b, el campo se dirige hacia ella.

Para calcular el campo eléctrico en un punto P debido a un grupo de cargas puntuales, calculamos primero los vectores de campo eléctrico individuales debidos a cada carga, y luego los sumamos vectorialmente. En otras palabras, **el campo eléctrico total en un punto del espacio debido a un grupo de partículas cargadas es igual al vector suma de los campos eléctricos producidos por cada partícula.** Este principio de superposición aplicado al campo eléctrico es una consecuencia de la propiedad de adición vectorial de la fuerza. Por tanto, el campo magnético en un punto P debido a un grupo de cargas puntuales puede expresarse como

$$\mathbf{E} = k_e \sum_i \frac{q_i}{r_i^2} \hat{\mathbf{r}}_i \qquad [1.6]$$

donde r_i es la distancia de la carga q_i al punto P (el punto en el que calculamos el campo), y $\hat{\mathbf{r}}_i$ es el vector unitario dirigido de q_i a P.

Pregunta rápida 1.3

Una carga de prueba puntual de $+3\ \mu$C se encuentra situada en un punto P, donde el campo eléctrico debido a una serie de cargas fuente se dirige hacia la derecha y tiene una magnitud de 4×10^6 N/C. Si la carga de prueba se sustituye por una carga de $-3\ \mu$C, ¿qué le sucede al campo eléctrico en P?

Pregunta rápida 1.4

Una pelota de plástico muy pequeña, recubierta de metal y de carga neutra, está suspendida en el espacio entre dos placas metálicas verticales, donde existe un campo eléctrico uniforme. Si las dos placas están cargadas, una positiva y la otra negativamente, describa el movimiento de la pelota después de ponerla en contacto con una de las placas.

Ejemplo 1.3 Campo eléctrico de un dipolo

Un **dipolo eléctrico** consta de una carga puntual q y una carga puntual $-q$ separadas una distancia $2a$, como se muestra en la figura 1.12. Como veremos en capítulos posteriores, los átomos y las moléculas neutros se comportan como dipolos cuando se someten a un campo eléctrico externo. Es más, algunas moléculas, como la de HCl, son dipolos permanentes (el HCl puede representarse de forma bastante eficaz como un ión H^+ combinado con un ión Cl^-). El efecto de dichos dipolos sobre el comportamiento de los materiales sometidos a un campo eléctrico se estudiará en el capítulo 2. (a) Calcule el vector de campo eléctrico $\mathbf{E}$ debido al dipolo en el punto P situado a una distancia y del origen a lo largo del eje y. (b) Calcule el campo eléctrico en los puntos muy alejados del dipolo, es decir, que cumplen $y \gg a$.

Solución. (a) En el punto P, los campos $\mathbf{E}_1$ y $\mathbf{E}_2$ debidos a cada una de las partículas son de igual magnitud, puesto que P se encuentra equidistante de ambas cargas. El campo total en P es $\mathbf{E} = \mathbf{E}_1 + \mathbf{E}_2$, donde las magnitudes de los campos son

$$E_1 = E_2 = k_e \frac{q}{r^2} = k_e \frac{q}{y^2 + a^2}$$

Las componentes y de los campos $\mathbf{E}_1$ y $\mathbf{E}_2$ son de igual magnitud y signo contrario, de modo que se cancelan. Las componentes x son iguales y se suman, puesto que tienen el mismo signo. El campo total $\mathbf{E}$ es, por tanto, paralelo al eje x, y su magnitud es

$$E = 2k_e \frac{q}{y^2 + a^2} \cos\theta$$

Observando la figura 1.12, podemos ver que $\cos\theta = a/r = a/(y^2 + a^2)^{1/2}$. Por tanto,

$$E = 2k_e \frac{q}{y^2 + a^2} \cos\theta = 2k_e \frac{q}{(y^2 + a^2)} \frac{a}{(y^2 + a^2)^{1/2}}$$

$$= k_e \frac{2qa}{(y^2 + a^2)^{3/2}}$$

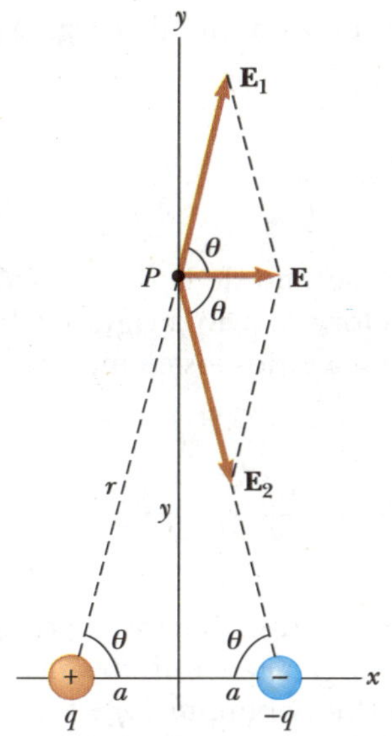

Figura 1.12

(Ejemplo 1.3) El campo eléctrico total **E** en el punto *P* debido a las dos cargas de igual magnitud y signos opuestos (un dipolo eléctrico) es igual a la suma vectorial $\mathbf{E} = \mathbf{E}_1 + \mathbf{E}_2$. El campo $\mathbf{E}_1$ se debe a la carga positiva *q*, y el campo $\mathbf{E}_2$ se debe a la carga negativa $-q$.

(b) La ecuación anterior proporciona el valor del campo eléctrico para cualquier valor de *y*. Para puntos alejados del dipolo, para los cuales $y \gg a$, podemos ignorar el término a^2 en el denominador y escribir

$$E \approx k_e \frac{2qa}{y^3}$$

Por tanto, vemos que el campo creado por el dipolo a lo largo del eje *y* en un punto muy alejado varía proporcionalmente a $1/r^3$, mientras que el campo creado por una carga puntual varía más lentamente, de modo proporcional a $1/r^2$. (*Nota:* En la geometría de este ejemplo, $r = y$). Esto se debe a que, para puntos lejanos, los campos creados por ambas cargas del dipolo casi se cancelan. La proporcionalidad del campo *E* del dipolo con respecto a $1/r^3$ también puede establecerse para un punto muy alejado situado en el eje *x* (problema 15), y para un punto muy alejado cualquiera.

EJERCICIO. Un trozo de papel de aluminio de masa 5.0×10^{-2} kg está suspendido de un hilo en el interior de un campo eléctrico que se dirige verticalmente hacia arriba. Si la carga del papel de aluminio es de 3.0 μC, calcule la intensidad del campo que reduciría la tensión del hilo a cero.

Respuesta: 1.6×10^5 N/C.

EJERCICIO. El núcleo de un átomo de hidrógeno (un protón) crea un campo eléctrico. La distancia media entre el protón y el electrón en un átomo de hidrógeno es de aproximadamente 5.3×10^{-11} m. ¿Cuál es la intensidad del campo eléctrico a dicha distancia del protón?

Respuesta: 5.1×10^{11} N/C.

Campo eléctrico debido a distribuciones continuas de carga

En la mayor parte de las situaciones prácticas (por ejemplo, un objeto cargado por frotamiento), la separación media entre las cargas fuente es muy pequeña comparada con la distancia de cada una hasta el punto en el que se calcula el campo. En dichos casos, el sistema de cargas fuente puede representarse como si fuera *continuo*. Es decir, imaginamos que el sistema de cargas muy cercanas unas a otras es equivalente a una carga total distribuida de manera continua a lo largo de un volumen o una superficie.

Para calcular el campo eléctrico de una distribución continua de carga, se utiliza el siguiente procedimiento. En primer lugar, dividimos la distribución de carga fuente en elementos muy pequeños, cada uno de los cuales contiene una pequeña cantidad de carga Δq, como se muestra en la figura 1.13. A continuación, suponiendo que dicho elemento es una carga puntual, utilizamos la ecuación 1.15 para calcular el campo eléctrico $\Delta\mathbf{E}$ en el punto *P* debido al elemento. Finalmente, calculamos el campo total en *P* debido a la distribución de carga realizando una suma vectorial de las contribuciones de cada uno de los elementos de carga (es decir, aplicamos el principio de superposición).

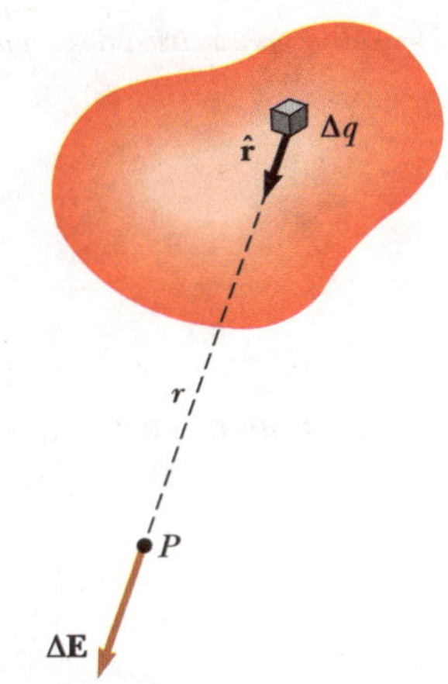

Figura 1.13

El campo eléctrico en *P* debido a una distribución continua de carga es la suma vectorial de los campos creados por cada uno de los elementos Δq de la distribución de carga.

El campo eléctrico en P creado por un elemento de carga Δq_i viene dado por la expresión

$$\Delta \mathbf{E}_i = k_e \frac{\Delta q_i}{r_i^2} \hat{\mathbf{r}}_i$$

donde el índice i se refiere al elemento i-ésimo de la distribución, r_i es la distancia del elemento al punto P, y $\hat{\mathbf{r}}_i$ es el vector unitario dirigido del elemento al punto. El campo eléctrico total $\mathbf{E}$ en P debido a todos los elementos de la distribución de carga es, aproximadamente,

$$\mathbf{E} \approx k_e \sum_i \frac{\Delta q_i}{r_i^2} \hat{\mathbf{r}}_i$$

Ahora, aplicamos la simplificación de que la distribución de carga es continua, es decir, hacemos que los elementos de carga sean infinitesimalmente pequeños. Con esta suposición, el campo total en P, en el límite $\Delta q_i \rightarrow 0$, se convierte en

• *Campo eléctrico de una distribución continua de carga*

$$\mathbf{E} = \lim_{\Delta q_i \rightarrow 0} k_e \sum_i \frac{\Delta q_i}{r_i^2} \hat{\mathbf{r}}_i = k_e \int \frac{dq}{r^2} \hat{\mathbf{r}} \qquad [1.7]$$

donde dq es una carga infinitesimalmente pequeña, y la integración se realiza para toda la distribución de carga que está creando el campo eléctrico. La integración es una operación *vectorial* y debe ser realizada cuidadosamente. Puede calcularse en términos de componentes, o pueden utilizarse argumentos de simetría para reducirla a una integral escalar. Ilustraremos este tipo de cálculo con varios ejemplos, en los que supondremos que la carga se encuentra distribuida *uniformemente* a lo largo de una línea, de una superficie o de un volumen. Al realizar cálculos de este tipo, es conveniente utilizar el concepto de *densidad de carga*, con la convención siguiente:

- Si una carga total Q está distribuida uniformemente en un volumen V, la **densidad volumétrica de carga** ρ se define como

• *Densidad volumétrica de carga*

$$\rho \equiv \frac{Q}{V} \qquad [1.8]$$

donde las unidades de ρ son coulombs por metro cúbico.

- Si Q está distribuida uniformemente sobre una superficie de área A, la **densidad superficial de carga** σ se define como

• *Densidad superficial de carga*

$$\sigma \equiv \frac{Q}{A} \qquad [1.9]$$

donde las unidades de ρ son coulombs por metro cuadrado.

- Si Q está distribuida uniformemente a lo largo de una línea de longitud ℓ, la **densidad lineal de carga** λ se define como

• *Densidad lineal de carga*

$$\lambda \equiv \frac{Q}{\ell} \qquad [1.10]$$

donde las unidades de λ son coulombs por metro.

ESTRATEGIA PARA LA RESOLUCIÓN DE PROBLEMAS

Cálculo del campo eléctrico

1. *Unidades:* Al realizar cálculos en los que aparece la constante de Coulomb, $k_e = (1/4\pi\epsilon_0)$, las cargas deben expresarse en coulombs y las distancias en metros. Si aparecen en otras unidades, deben convertirse al SI.
2. *Aplicación de la ley de Coulomb a cargas puntuales:* Es importante utilizar el principio de superposición adecuadamente cuando se trata con un conjunto de cargas puntuales. Cuando hay varias cargas puntuales presentes, la fuerza resultante sobre cualquiera de ellas es la *suma vectorial* de cada fuerza individual debida a cada una de las otras cargas puntuales. Es preciso ser cuidadoso en las operaciones de cálculo vectorial. Puede resultarle útil al lector revisar la suma de vectores estudiada en el capítulo 1 del volumen I.
3. *Cálculo del campo eléctrico debido a cargas puntuales:* Recuerde que el principio de superposición es aplicable al campo eléctrico, puesto que es una cantidad vectorial. Para calcular el campo eléctrico total en un punto dado, calcule en primer lugar el campo eléctrico en dicho punto debido a cada una de las cargas puntuales. El campo resultante en el punto dado será la suma vectorial de todos los campos debidos a las cargas individuales.
4. *Distribuciones continuas de carga:* Cuando se enfrente a problemas en los que aparece una distribución continua de carga, en algún momento debe remplazar las sumas vectoriales por integrales vectoriales para calcular el campo eléctrico total. La distribución de carga se divide en partes infinitesimales, y la suma vectorial se realiza integrando a lo largo de toda la distribución de carga. Los ejemplos 1.4 y 1.5 muestran cómo realizar este proceso.
5. *Simetría:* Cuando el problema incluya una distribución de cargas puntuales o una distribución continua de carga, aprovéchese de cualquier simetría del sistema para simplificar los cálculos. La cancelación de las componentes del campo paralelas al eje y en el ejemplo 1.3 y de las componentes perpendiculares a dicho eje en el ejemplo 1.5 son dos ejemplos de la aplicación de los principios de simetría.

¡ADVERTENCIA! 1.3

Paso al límite

El uso del paso al límite en el ejemplo 1.4 [(distancia desde la partícula fuente)/(tamaño de la distribución de carga) → ∞] es a menudo un buen método para comprobar la validez de una expresión algebraica. El hecho de que este límite tienda al campo de una carga puntual no demuestra que el resultado sea correcto, pero si dicho límite *no* tiende al campo de una carga puntual, entonces el resultado es incorrecto.

Ejemplo 1.4 Campo eléctrico de una varilla cargada

Una varilla de longitud ℓ está cargada con una densidad lineal de carga λ y una carga total Q. Calcule el campo eléctrico en un punto P situado a lo largo del eje de la varilla, a una distancia a de un extremo (figura 1.14).

Razonamiento. Para que el ejemplo sea más claro, describiremos primero los pasos necesarios para realizar una integración de este tipo, y después la llevaremos a cabo explícitamente. En primer lugar, elegimos un elemento de la distribución de carga cuyas partes sean equidistantes al punto en el que se desea calcular el campo. A continuación, se expresa la carga diferencial dq de dicho elemento en función de otras variables de la integral (en este ejemplo, hay una única variable, x). Si es necesario, se expresa la integral

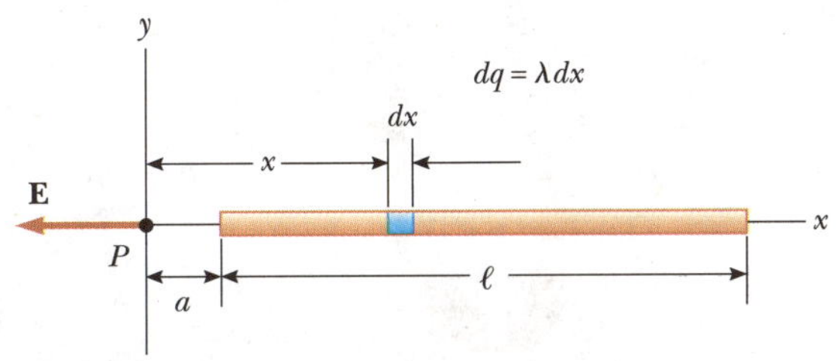

Figura 1.14

(Ejemplo 1.4) Campo eléctrico en P debido a una varilla cargada uniformemente y situada sobre el eje x. El campo en P debido al segmento de carga dq es $k_e dq/x^2$. El campo total en P es la suma vectorial de las aportaciones de todos los segmentos de la varilla.

en forma de sus componentes vectoriales. Entonces, se reduce la integral a una sola variable de integración (o se realizan varias integrales, cada una con una variable de integración).

Solución. Para este cálculo, elegimos el eje x como el eje situado a lo largo de la varilla. Sea dx la longitud de un segmento diferencial de la varilla, y dq la carga de dicho segmento. La carga dq del segmento es $dq = \lambda\, dx$.

El campo eléctrico $d\mathbf{E}$ creado por este segmento en el punto P está dirigido en el sentido negativo del eje x, y su magnitud es

$$dE = k_e \frac{dq}{x^2} = k_e \frac{\lambda\, dx}{x^2}$$

Cada elemento de la distribución de carga produce un campo eléctrico en el sentido negativo del eje x, de modo que la suma vectorial de todas las contribuciones se reduce a una suma algebraica. El campo total en P creado por todos los segmentos de la varilla, que se encuentran a distintas distancias de P, viene dado por la ecuación 1.7, que en este caso se convierte en

$$E = \int_a^{\ell+a} k_e\lambda \frac{dx}{x^2}$$

donde los límites de integración son ambos extremos de la varilla ($x = a$, $x = \ell + a$). Puesto que k_e y λ son constantes, pueden sacarse fuera de la integral. Por tanto, tenemos que

$$E = k_e\lambda \int_a^{\ell+a} \frac{dx}{x^2} = k_e\lambda \left[-\frac{1}{x} \right]_a^{\ell+a}$$

$$= k_e\lambda \left(\frac{1}{a} - \frac{1}{\ell + a} \right) = \frac{k_e Q}{a(\ell + a)}$$

donde hemos utilizado el hecho de que la densidad lineal de carga es $\lambda = Q/\ell$.

A partir de este resultado vemos que, si el punto P está muy alejado de la varilla ($a \gg \ell$), podemos despreciar ℓ en el denominador, de modo que $E \approx k_e Q/a^2$. Este resultado es precisamente el que se obtendría para una carga puntual. Por tanto, para valores grandes de a, la distribución de carga aparece como una carga puntual de valor Q, como era de esperar.

Ejemplo 1.5 Campo eléctrico de un anillo cargado uniformemente

Un anillo de radio a está cargado positivamente de manera uniforme, con una carga total Q. Calcule el campo eléctrico en un punto P situado sobre el eje del anillo, a una distancia x del centro del anillo (figura 1.15a).

Razonamiento y solución. La magnitud del campo eléctrico en P debido a un segmento de carga dq es

$$dE = k_e \frac{dq}{r^2}$$

Este campo tiene una componente $dE_x = dE \cos\theta$ a lo largo del eje del anillo, y una componente $dE_\perp$ perpendicular a dicho eje. La componente perpendicular de cualquier elemento se cancela con la componente perpendicular del elemento situado en el extremo opuesto del anillo, como sucede con los elementos 1 y 2 en la figura 1.15b. Por tanto, la suma de las componentes perpendiculares para todo el anillo es cero, y el campo resultante en P debe estar dirigido a lo largo del eje x. Puesto que $r = (x^2 + a^2)^{1/2}$ y $\cos\theta = x/r$, tenemos que

$$dE_x = dE\cos\theta = \left(k_e \frac{dq}{r^2}\right)\left(\frac{x}{r}\right) = \frac{k_e x}{(x^2 + a^2)^{3/2}}\, dq$$

Integramos esta expresión para calcular el valor del campo total en P. En este caso, todos los segmentos del anillo apor-

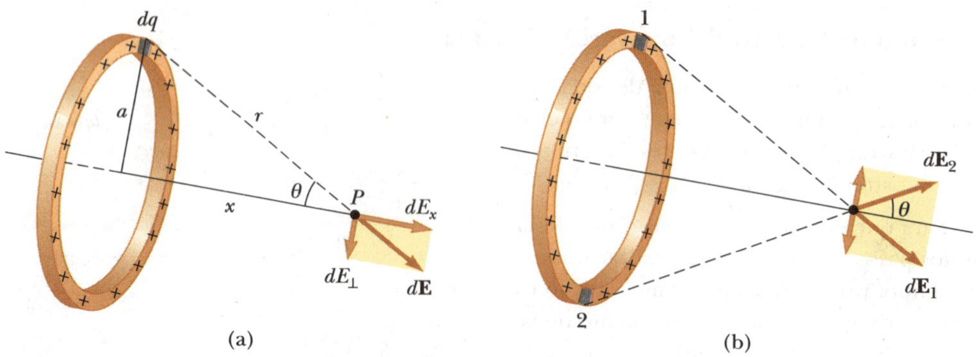

Figura 1.15

(Ejemplo 1.5) Un anillo de radio a cargado uniformemente. (a) El campo en P sobre el eje x creado por un diferencial de carga dq. (b) El campo total en P está dirigido a lo largo del eje x. La componente perpendicular del campo en P debida al segmento 1 se cancela con la componente perpendicular debida al segmento 2.

tan la misma contribución al campo total en P, puesto que todos ellos son equidistantes al punto. Por tanto,

$$E_x = \int \frac{k_e x}{(x^2 + a^2)^{3/2}}\, dq = \frac{k_e x}{(x^2 + a^2)^{3/2}} \int dq$$

$$= \frac{k_e x}{(x^2 + a^2)^{3/2}}\, Q$$

Este resultado muestra que el campo eléctrico se anula en el centro del anillo, $x = 0$. ¿Es esto una sorpresa?

EJERCICIO. Demuestre que, a grandes distancias del anillo ($x \gg a$), el campo eléctrico sobre el eje x tiende al debido a una carga puntual de valor Q.

1.6 • LÍNEAS DE CAMPO ELÉCTRICO

Puede realizarse una representación gráfica que resulta muy conveniente para visualizar el campo eléctrico, dibujando líneas que muestren la dirección del vector de campo eléctrico en cada punto. Estas líneas, denominadas **líneas de campo eléctrico**, están relacionadas con el campo eléctrico en cualquier región del espacio de la siguiente manera:

- El vector del campo eléctrico **E** es *tangente* a la línea de campo eléctrico en cada punto.
- El número de líneas de campo eléctrico por unidad de superficie perpendicular a dichas líneas es proporcional a la magnitud del campo en esa región del espacio. Es decir, E es grande cuando las líneas están cercanas unas a otras, y pequeño cuando están alejadas entre sí.

Estas propiedades se muestran en la figura 1.16. La densidad de líneas a través de la superficie A es mayor que la densidad de líneas a través de la superficie B. Por tanto, la magnitud del campo eléctrico sobre la superficie A es mayor que la magnitud del campo eléctrico sobre la superficie B. Además, el campo representado en la figura 1.16 no es uniforme, puesto que las líneas que pasan por puntos diferentes tienen direcciones distintas.

En la figura 1.17a se representan algunas líneas de campo significativas para el caso de una carga puntual positiva. Tenga en cuenta que en esta representación bidimensional sólo mostramos las líneas de campo que se encuentran en el plano

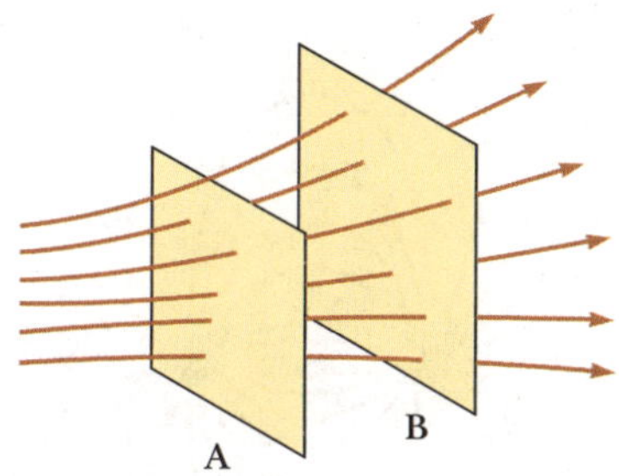

Figura 1.16

Líneas de campo eléctrico que atraviesan dos superficies. La magnitud del campo es mayor sobre la superficie A que sobre la superficie B.

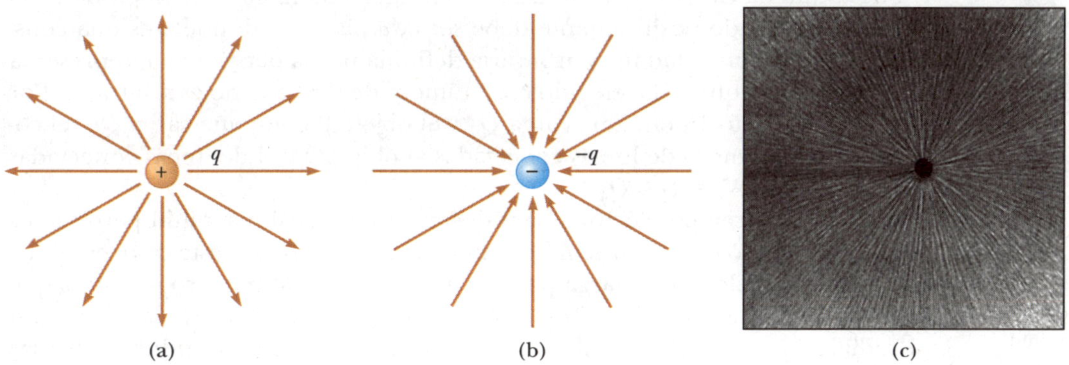

Figura 1.17

Líneas de campo eléctrico de una carga puntual. (a) Para una carga puntual positiva, las líneas se dirigen radialmente hacia fuera. (b) Para una carga puntual negativa, las líneas se dirigen radialmente hacia dentro. Tenga en cuenta que las figuras sólo muestran las líneas que se encuentran sobre el plano del papel. (c) Las regiones oscuras son pequeños trozos de hilo metálico flotando en aceite, que se alinean con el campo eléctrico producido por un pequeño conductor cargado, situado en el centro de la imagen. *(© Courtesy of Harold M. Waage, Princeton University)*

¡ADVERTENCIA! 1.4

Las líneas de campo eléctrico no son trayectorias de partículas

Las líneas de campo eléctrico representan el campo en cada punto. Excepto en casos muy especiales, *no representan* la trayectoria de una partícula cargada que se coloque en el interior del campo eléctrico.

del papel. En la realidad, las líneas se dirigen radialmente hacia fuera en *todas* direcciones desde la carga, de forma parecida a como lo hacen las espinas de un puercoespín. Puesto que una carga de prueba positiva situada en este campo sería repelida por la carga q, las líneas se alejan radialmente de q. De modo similar, las líneas de campo eléctrico creadas por una carga puntual negativa se dirigen hacia la carga (figura 1.17b). En ambos casos, las líneas son radiales y se extienden hasta el infinito. Como puede verse, las líneas se encuentran más cercanas unas a otras cerca de la carga, indicando que la magnitud del campo aumenta.

Pregunta rápida 1.5

Cuando hace buen tiempo, aparece un campo eléctrico sobre la superficie de la Tierra, que apunta hacia el interior de ésta. ¿Cuál es el signo de la carga del suelo en dicho caso?

Las reglas para representar las líneas de campo eléctrico para cualquier distribución de carga son las siguientes:

- Las líneas de un grupo de cargas puntuales deben salir de las cargas positivas y terminar en las cargas negativas. En el caso de que haya un exceso de un tipo de carga, algunas líneas saldrán o terminarán infinitamente lejos.
- El número de líneas representadas que salen de una carga positiva o terminan en una carga negativa es proporcional a la carga de la partícula.
- Las líneas de campo nunca pueden cruzarse.

¿Es esta representación del campo eléctrico en forma de líneas de campo coherente con la ecuación 1.5? Para responder esta pregunta, supongamos una superficie esférica imaginaria de radio r, concéntrica con la carga. Aplicando argumentos de simetría, podemos ver que la magnitud del campo eléctrico es la misma en cualquier punto de la superficie de la esfera. El número de líneas N que salen de la carga es igual al número de líneas que atraviesan la superficie esférica. Por tanto, el número de líneas que atraviesan la esfera por unidad de superficie es $N/4\pi r^2$ (puesto que la superficie de la esfera es $4\pi r^2$). Puesto que E es proporcional al número de líneas por unidad de superficie, vemos que E varía proporcionalmente a $1/r^2$. Esto concuerda con el resultado obtenido de la ecuación 1.5, es decir, $E = k_e q/r^2$.

Puesto que la carga está cuantizada, el número de líneas que salen de cualquier objeto cargado positivamente debe ser 0, ae, $2ae$, ..., donde a es una constante de proporcionalidad fija y arbitraria definida por la persona que representa las líneas. Una vez que se ha elegido a, el número de líneas ya no es arbitrario. Por ejemplo, si el objeto 1 tiene una carga Q_1 y el objeto 2 tiene una carga Q_2, el cociente entre el número de líneas conectadas al objeto 2 y el de líneas conectadas al objeto 1 es $N_2/N_1 = Q_2/Q_1$.

Las líneas de campo eléctrico para dos cargas de igual magnitud pero signos distintos (un dipolo eléctrico) se muestran en la figura 1.18. En este caso, el número de líneas que salen de la carga positiva debe ser igual al número de líneas que terminan en la carga negativa. En puntos muy cercanos a las cargas, las líneas son casi radiales. La gran densidad de líneas en la región comprendida entre las dos cargas representa una región de campo eléctrico muy intenso. La naturaleza atractiva de la fuerza que aparece entre las cargas también se muestra en la figura 1.18, con las líneas de una partícula terminando en la otra partícula.

La figura 1.19 representa las líneas de campo eléctrico en las proximidades de dos cargas puntuales positivas iguales. Una vez más, cerca de cada carga las líneas son casi radiales. De cada carga sale el mismo número de líneas, porque ambas cargas tienen la misma magnitud. A distancias muy grandes de ambas partículas, el campo es aproximadamente igual al que crearía una única carga puntual de va-

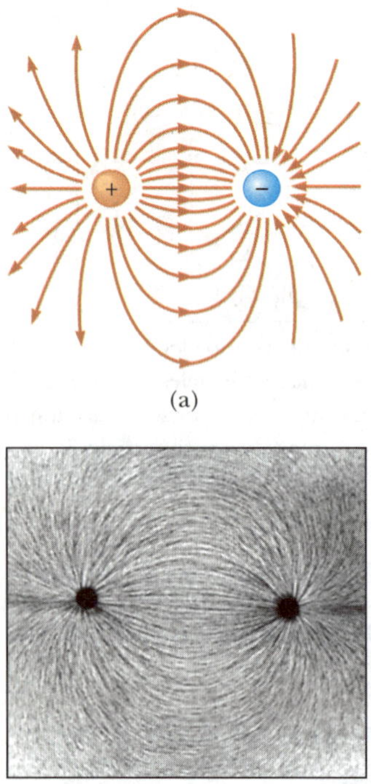

(a)

(b)

Figura 1.18

(a) Líneas de campo eléctrico creadas por dos cargas de igual magnitud y signo contrario (un dipolo eléctrico). Fíjese en que el número de líneas que salen de la carga positiva es igual al de líneas que terminan en la carga negativa. (b) Una serie de pequeños trozos de hilo metálico flotando en aceite se alinea con el campo eléctrico. *(b, Cortesía de Harold M. Waage, Princeton University)*

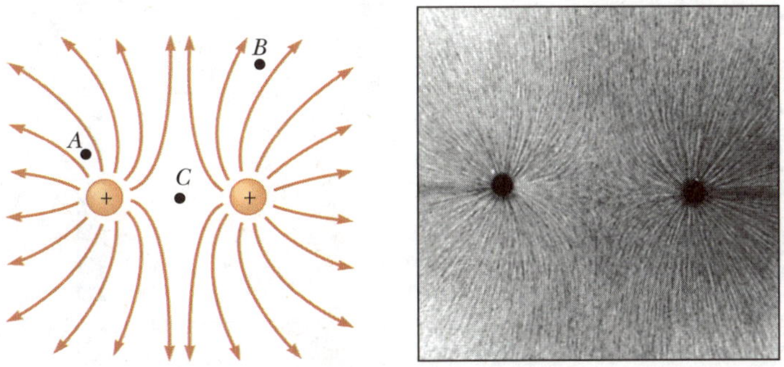

(a) (b)

Figura 1.19

(a) Líneas de campo eléctrico creadas por dos cargas puntuales positivas. (Los puntos *A*, *B* y *C* se estudian en la pregunta rápida 1.6). (b) Una serie de pequeños trozos de hilo metálico flotando en aceite se alinean con el campo eléctrico. *(b, Cortesía de Harold M. Waage, Princeton University)*

¡ADVERTENCIA! 1.5

Las líneas de campo eléctrico no son reales

Las líneas de campo eléctrico no son objetos físicos. Se utilizan sólo como una representación gráfica que proporciona una descripción cualitativa del campo eléctrico. Una desventaja de esta representación es el hecho de que sólo es posible dibujar un número finito de líneas asociadas a cada carga, lo cual parece sugerir que el campo está cuantizado y sólo existe en ciertas regiones del espacio. El campo es en realidad continuo: existe en cualquier punto. Otra desventaja de esta representación es que el lector puede adquirir una impresión errónea al ver una representación bidimensional de las líneas de campo, cuando el sistema es en realidad tridimensional.

lor $2q$. La naturaleza repulsiva de la fuerza eléctrica existente entre ambas partículas puede verse en la figura, en el hecho de que las líneas no conectan las partículas y se desvían hacia fuera de la región situada entre ambas cargas.

Finalmente, en la figura 1.20 esbozamos las líneas de campo eléctrico asociadas con una carga puntual positiva de valor $+2q$ y una carga puntual negativa de valor $-q$. En este caso, el número de líneas que salen de $+2q$ es el doble del número de líneas que terminan en $-q$. Por tanto, sólo la mitad de las líneas que salen de la carga positiva terminan en la carga negativa. La mitad restante termina en cargas negativas hipotéticas situadas infinitamente lejos. A grandes distancias de las partículas (grandes comparadas con la separación entre ambas), las líneas de campo eléctrico son equivalentes a las de una única carga puntual positiva $+q$.

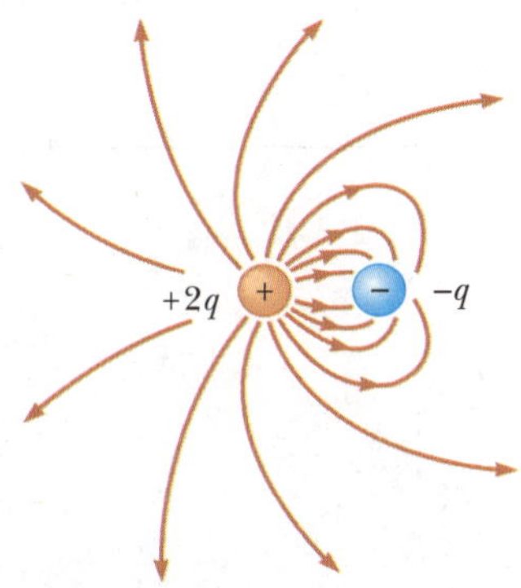

Figura 1.20

Líneas de campo eléctrico creadas por una carga puntual $+2q$ y una segunda carga puntual $-q$. Fíjese en que hay dos líneas que salen de $+2q$ por cada línea que entra en $-q$.

Pregunta rápida 1.6

Ordene los valores de la magnitud del campo eléctrico en los puntos *A*, *B* y *C* de la figura 1.19, de mayor a menor.

1.7 • MOVIMIENTO DE PARTÍCULAS CARGADAS EN UN CAMPO ELÉCTRICO UNIFORME

Cuando se coloca una partícula de carga q y masa m de un campo eléctrico $\mathbf{E}$, la fuerza eléctrica ejercida sobre la carga viene dada por la ecuación 1.4, $\mathbf{F}_e = q\mathbf{E}$. Si dicha fuerza es la única ejercida sobre la partícula, será la fuerza neta que experimente la partícula. Esa fuerza neta provoca que la partícula acelere; es el mismo caso de una partícula sometida a una fuerza neta distinta de cero, que ya hemos estudiado en el capítulo 4 del volumen I. En este caso, la segunda ley de Newton aplicada a la partícula resulta ser

$$\mathbf{F}_e = q\mathbf{E} = m\mathbf{a}$$

La aceleración de la partícula será, por tanto,

$$\mathbf{a} = \frac{q\mathbf{E}}{m} \qquad [1.11]$$

Si $\mathbf{E}$ es uniforme (es decir, constante en magnitud, dirección y sentido) la aceleración será constante. Si la partícula tiene carga positiva, la aceleración tendrá el mismo sentido del campo eléctrico. Si la partícula tiene carga negativa, la aceleración tendrá sentido contrario al campo eléctrico.

Ejemplo 1.6 Una carga positiva acelerada

Una partícula de carga positiva q y masa m parte del reposo en un campo eléctrico uniforme **E** paralelo al eje x, como se muestra en la figura 1.21. Describa su movimiento.

Solución. La aceleración es constante y viene dada por $q\mathbf{E}/m$ (ecuación 1.11). El movimiento es, por tanto, rectilíneo a lo largo del eje x. Podemos considerar que la partícula experimenta una aceleración constante y utilizar las ecuaciones de la cinemática en una dimensión (véase el capítulo 2 del volumen I):

$$x_f = x_i + v_i t + \tfrac{1}{2}at^2$$
$$v_f = v_i + at$$
$$v_f{}^2 = v_i^2 + 2a(x_f - x_i)$$

Eligiendo $x_i = 0$ y $v_i = 0$, tenemos

$$x_f = \tfrac{1}{2}at^2 = \frac{qE}{2m}t^2$$

$$v_f = at = \frac{qE}{m}t$$

$$v_f{}^2 = 2ax_f = \left(\frac{2qE}{m}\right)x_f$$

La energía cinética de la partícula después de moverse una distancia $x = x_f - x_i$ es

$$K = \tfrac{1}{2}mv^2 = \tfrac{1}{2}m\left(\frac{2qE}{m}\right)x = qEx$$

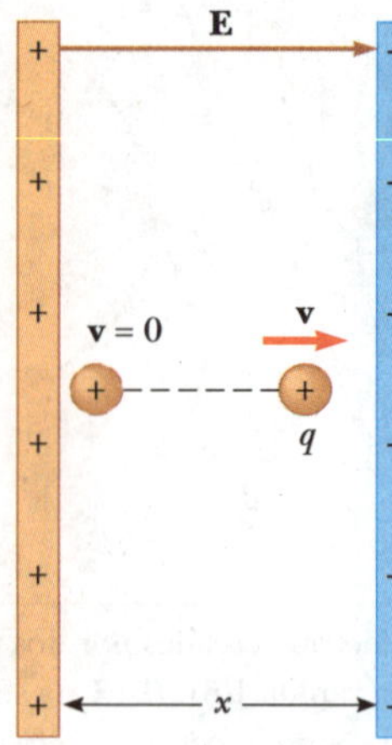

Figura 1.21

(Ejemplo 1.6) Una carga puntual positiva q en un campo eléctrico uniforme **E** sufre una aceleración constante en la dirección y sentido del campo.

Este resultado también puede obtenerse considerando la partícula como un sistema no aislado y aplicando el modelo de sistema no aislado. En este caso, se transfiere energía desde el entorno (el campo eléctrico) a la partícula en forma de trabajo, de modo que el teorema del trabajo y la energía proporciona el mismo resultado que el obtenido arriba. ¡Inténtelo!

El campo eléctrico en la región situada entre dos placas planas de metal cargadas es aproximadamente uniforme (figura 1.22). Supongamos que un electrón de carga $-e$ se libera en dicha región con una velocidad inicial $v_i\mathbf{i}$ en sentido horizontal. Puesto que el campo eléctrico **E** de la figura 1.22 se dirige en el sentido positivo del eje y, el electrón sufrirá una aceleración en sentido contrario. Es decir,

$$\mathbf{a} = -\frac{eE}{m}\mathbf{j} \qquad [1.12]$$

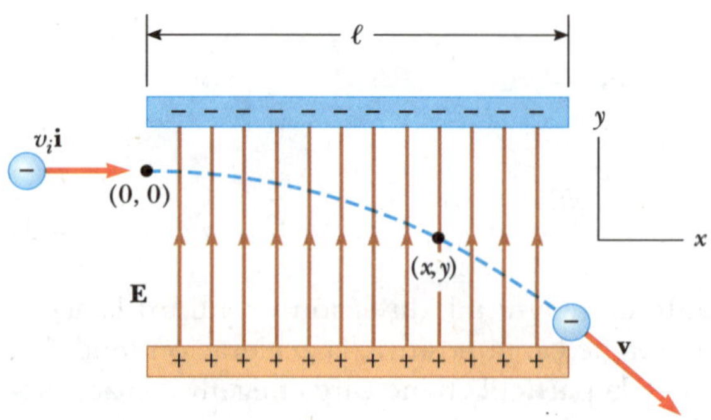

Figura 1.22

Un electrón se libera con una determinada velocidad horizontal en un campo eléctrico producido por dos placas metálicas cargadas. El electrón sufre una aceleración dirigida hacia abajo (opuesta a **E**) y su trayectoria describe una parábola mientras se encuentra en el interior de las placas.

Puesto que la aceleración es constante, podemos utilizar las ecuaciones cinemáticas del capítulo 3 del volumen I con $v_{xi} = v_i$ y $v_{yi} = 0$. En el instante t, las componentes de la velocidad del electrón son

$$v_x = v_i = \text{constante} \qquad [1.13]$$

$$v_y = a_y t = -\frac{eE}{m}t \qquad [1.14]$$

Las coordenadas del electrón en el instante t son

$$x_f = v_i t \qquad [1.15]$$

$$y_f = \tfrac{1}{2}a_y t^2 = -\tfrac{1}{2}\frac{eE}{m}t^2 \qquad [1.16]$$

Sustituyendo el valor $t = x_f/v_i$ de la ecuación 1.15 en la ecuación 1.16, vemos que y_f es proporcional a x_f^2. Por tanto, la trayectoria es una parábola. La trayectoria del electrón en un campo eléctrico uniforme **E** bajo la acción de una fuerza constante de magnitud qE tiene la misma forma que la de una partícula en un campo gravitacional uniforme **g** bajo la acción de una fuerza constante de magnitud mg. Una vez que el electrón ha abandonado el campo eléctrico, continúa moviéndose en línea recta de acuerdo con la primera ley de Newton, con una velocidad $v > v_i$.

Fíjese en que hemos despreciado el efecto de la fuerza gravitacional sobre el electrón. Ésta es una buena aproximación cuando se trabaja con partículas atómicas. Para un campo eléctrico de 10^4 N/C, el cociente entre la magnitud de la fuerza eléctrica eE y la magnitud de la fuerza gravitacional mg es del orden de 10^{14} para un electrón, y del orden de 10^{11} para un protón.

¡ADVERTENCIA! 1.6

Fíjese en la conexión con nuestros anteriores conocimientos

Asegúrese de comprender la conexión entre nuestro nuevo conocimiento de los campos eléctricos y el estudio anterior de las fuerzas y el movimiento. Aunque $\mathbf{F}_e$ es un nuevo tipo específico de fuerza que no conocíamos, hace que una partícula se mueva del mismo modo que si la fuerza fuera gravitacional o una fuerza de contacto como las que se estudiaron en los capítulos 4 y 5 del volumen I. La fuerza eléctrica puede ser abstracta, pero es simplemente una fuerza.

Ejemplo 1.7 Un electrón acelerado

Un electrón penetra en una región en la que existe un campo eléctrico uniforme como el de la figura 1.22, con $v_i = 3.00 \times 10^6$ m/s y $E = 200$ N/C. La longitud horizontal de las placas es $\ell = 0.100$ m. (a) Calcule la aceleración del electrón mientras se encuentra en el seno del campo eléctrico.

Solución. La carga del electrón es $-e$ y su masa es $m_e = 9.11 \times 10^{-31}$ kg. Por tanto, la ecuación 1.12 se convierte en

$$\mathbf{a} = -\frac{eE}{m_e}\mathbf{j} = -\frac{(1.60 \times 10^{-19}\text{ C})(200\text{ N/C})}{9.11 \times 10^{-31}\text{ kg}}\mathbf{j}$$
$$= -3.51 \times 10^{13}\,\mathbf{j}\text{ m/s}^2$$

(b) Calcule el tiempo que tarda el electrón en cruzar el campo.

Solución. La distancia horizontal a través del campo es $\ell = 0.100$ m. Tratando el electrón como una partícula con velocidad horizontal constante, tenemos que el tiempo que tarda en cruzar el campo es

$$\Delta t = \frac{\ell}{v_i} = \frac{0.100\text{ m}}{3.00 \times 10^6\text{ m/s}} = 3.33 \times 10^{-8}\text{ s}$$

(c) ¿Cuál es el desplazamiento vertical Δy del electrón mientras se encuentra en el interior del campo?

Solución. Tratando al electrón como una partícula con aceleración constante a lo largo del eje y y utilizando los resultados de (a) y (b), tenemos que

$$\Delta y = y_f - y_i = \tfrac{1}{2}a_y t^2$$
$$= -\tfrac{1}{2}(3.51 \times 10^{13}\text{ m/s}^2)(3.33 \times 10^{-8}\text{ s})^2$$
$$= -0.0195\text{ m} = -1.95\text{ cm}$$

EJERCICIO. Calcule la velocidad del electrón cuando sale del campo.

Respuesta: 3.22×10^6 m/s

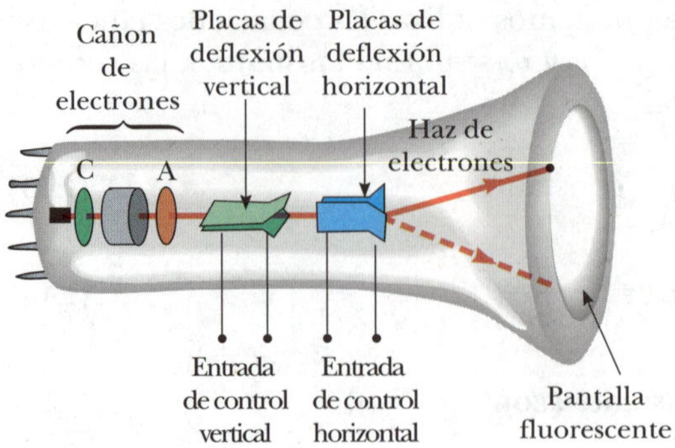

Figura 1.23

Diagrama esquemático de un tubo de rayos catódicos. Los electrones que salen del cátodo caliente C se aceleran hacia el ánodo A. Además de acelerar los electrones, el cañón de electrones también se utiliza para enfocar el haz de electrones, y las placas se encargan de desviar el haz.

El tubo de rayos catódicos

El ejemplo anterior describe una parte del funcionamiento de un tubo de rayos catódicos (TRC). Dicho tubo, representado en la figura 1.23, se utiliza normalmente en osciloscopios, radares, televisores y monitores de computadoras para obtener una imagen visual a partir de información electrónica. El TRC es un tubo de vacío en el que se acelera y desvía un haz de electrones bajo la influencia de campos eléctricos o magnéticos. El haz de electrones se crea con un *cañón de electrones* localizado en el cuello del tubo. Estos electrones, si no se los desvía, viajan en línea recta hasta que impactan contra la "pantalla" del TRC. La pantalla está recubierta de un material que emite luz visible al ser bombardeado con electrones.

WEB

Para obtener más información sobre la estructura y funcionamiento de un tubo de rayos catódicos, visite **www.montest.com/mon-apps.html**

En un osciloscopio, los electrones son deflectados en varias direcciones por medio de dos pares de placas situados perpendicularmente el uno al otro en el cuello del tubo. (El TRC de un televisor controla el haz de electrones mediante un campo magnético, como veremos en el capítulo 4). Se utiliza un circuito eléctrico externo para controlar la cantidad de carga existente en las placas. Si se añade carga positiva a una de las placas horizontales y carga negativa a la otra, se crea un campo eléctrico entre las placas, lo que permite desviar el haz de un lado a otro. Las placas verticales actúan de igual manera, excepto que al cambiar su carga el haz se deflecta verticalmente.

1.8 • FLUJO ELÉCTRICO

Una vez que hemos descrito cualitativamente el concepto de líneas de campo eléctrico, vamos a introducir un concepto nuevo, el de *flujo eléctrico*, para analizar las líneas de campo eléctrico de manera cuantitativa. El flujo eléctrico es una cantidad proporcional al número de líneas de campo eléctrico que atraviesan una superficie (únicamente podemos definir una proporcionalidad, puesto que el número de líneas que decidimos representar es arbitrario).

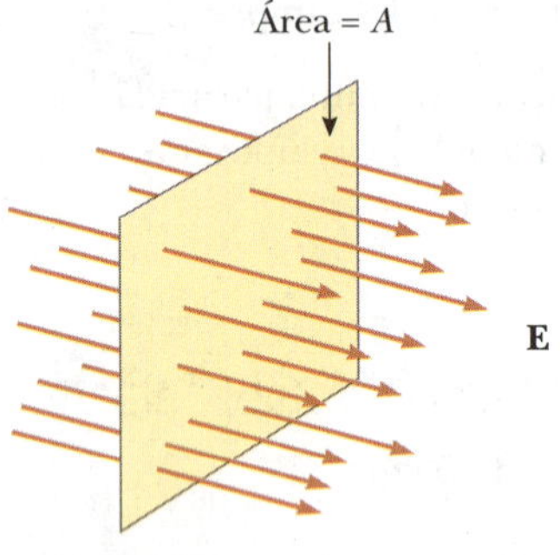

Figura 1.24

Líneas de un campo eléctrico uniforme que atraviesa una superficie plana A perpendicular al campo. El flujo eléctrico Φ_E a través de dicha área es igual a EA.

En primer lugar, supongamos un campo eléctrico uniforme en magnitud y dirección, como el de la figura 1.24. Las líneas de campo atraviesan una superficie rectangular plana de área A, que es perpendicular al campo. Recuerde que el número de líneas por unidad de superficie es proporcional a la magnitud del campo eléctrico. El número de líneas que atraviesan la superficie de área A es, por tanto, proporcional al producto EA. El producto de la magnitud del campo E por el área de una superficie A perpendicular a él se denomina **flujo eléctrico** Φ_E:

$$\Phi_E = EA \qquad [1.17]$$

A partir de las unidades de E y A en el SI, vemos que las unidades del flujo eléctrico son $N \cdot m^2/C$.

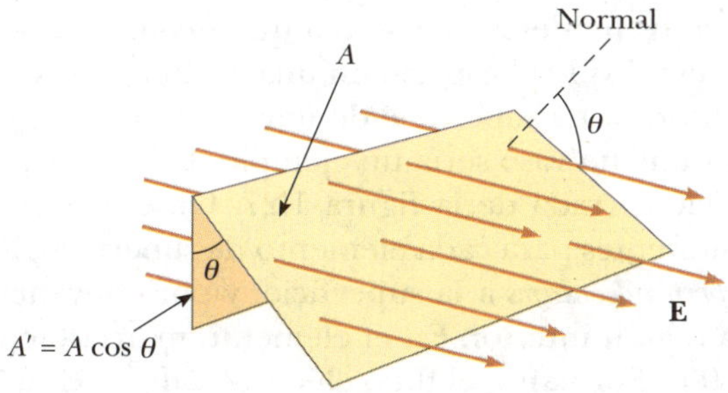

Figura 1.25

Líneas de un campo eléctrico uniforme que atraviesa una superficie de área A que forma un ángulo θ con el campo. Puesto que el número de líneas que atraviesan la zona sombreada A' es el mismo que el número de líneas que atraviesan A, podemos deducir que el flujo total a través de A' es el mismo que el flujo a través de A, y viene dado por la expresión $\Phi_E = EA\cos\theta$.

Si la superficie que consideramos no es perpendicular al campo, el número de líneas que la atraviesan será menor que el obtenido con la ecuación 1.17. Esto puede entenderse observando la figura 1.25, donde la normal a la superficie A forma un ángulo θ con el campo eléctrico uniforme $\mathbf{E}$. Fíjese en que el número de líneas que cruzan la superficie es el mismo que el número de líneas que cruzan la superficie proyectada A', que es perpendicular al campo. A partir de la figura 1.25 vemos que las dos áreas están relacionadas mediante la expresión $A' = A\cos\theta$. Puesto que el flujo a través de la superficie A es igual al flujo a través de la superficie A', podemos deducir que el flujo que estamos intentando calcular es

$$\Phi_E = EA\cos\theta \qquad [1.18]$$

A partir de este resultado vemos que el flujo que atraviesa una superficie de área fija tiene un valor máximo, igual a EA, cuando la superficie es perpendicular al campo (en otras palabras, cuando la *normal* a la superficie es paralela al campo, es decir, $\theta = 0°$); el flujo es nulo cuando la superficie es paralela al campo (cuando la normal a la superficie es perpendicular al campo, es decir, $\theta = 90°$).

En situaciones más generales, el campo eléctrico puede variar en magnitud, dirección y sentido a lo largo de la superficie en cuestión. Si el campo no es uniforme, nuestra definición de flujo dada por la ecuación 1.18 sólo tendrá sentido para un elemento de área pequeño. Consideremos una superficie general dividida en gran número de pequeños elementos de área, cada uno de área igual a ΔA. La variación del campo eléctrico sobre cada elemento de área puede despreciarse si el elemento es suficientemente pequeño. Resulta conveniente definir un vector $\Delta\mathbf{A}_i$ cuya magnitud es el área del elemento de superficie *i*-ésimo, y cuya dirección es la de la normal a la superficie, como se muestra en la figura 1.26. El flujo eléctrico $\Delta\Phi_E$ a través de este pequeño elemento de superficie será

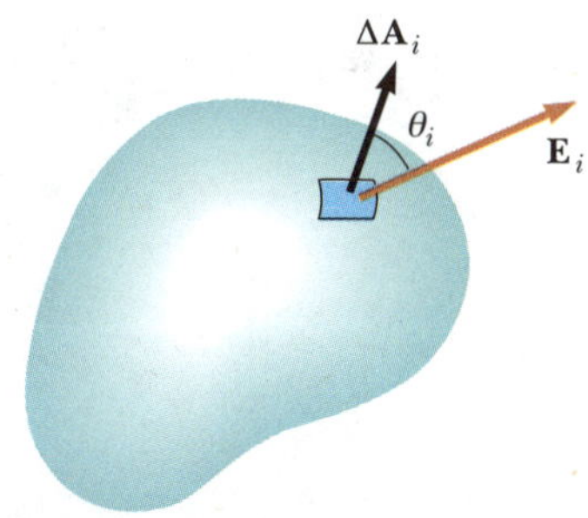

Figura 1.26

Un pequeño elemento de superficie de área ΔA_i. El campo eléctrico forma un ángulo θ_i con la normal a la superficie (la dirección de $\Delta\mathbf{A}_i$), y el flujo a través de dicho elemento de superficie es igual a $E_i\,\Delta A_i\cos\theta_i$.

$$\Delta\Phi_E = E_i\,\Delta A_i\cos\theta_i = \mathbf{E}_i\cdot\Delta\mathbf{A}_i$$

donde hemos utilizado la definición de producto escalar de dos vectores ($\mathbf{A}\cdot\mathbf{B} = AB\cos\theta$). Al sumar la contribución de cada elemento, obtendremos el flujo total a través de la superficie. Si hacemos tender a cero el área de cada elemento de superficie, el número de elementos tiende a infinito y la suma se convierte en una integral. La definición general del flujo eléctrico es por tanto

• *Flujo eléctrico*

$$\Phi_E \equiv \lim_{\Delta A_i\to 0}\sum \mathbf{E}_i\cdot\Delta\mathbf{A}_i = \int_{\text{superficie}} \mathbf{E}\cdot d\mathbf{A} \qquad [1.19]$$

La ecuación 1.19 es una integral de superficie, que debe calcularse a lo largo de toda la superficie en cuestión. En general, el valor de Φ_E depende tanto de la estructura del campo como de la geometría de la superficie que atraviesa.

A menudo, resulta interesante calcular el flujo eléctrico a través de una *superficie cerrada.* Una superficie cerrada se define como aquella que divide el espacio completamente en una región interior y otra exterior, de modo que uno no puede moverse de una región a la otra sin atravesar la superficie. Esto es similar a la

¡ADVERTENCIA! 1.7

Las líneas de campo eléctrico son sólo una representación

Las representaciones gráficas de las líneas de campo eléctrico pueden tener inexactitudes, debido al hecho de que sólo es posible dibujar un número finito de líneas de campo y no el campo completo. Por tanto, una superficie pequeña puede (dependiendo de su posición) ser cruzada por un número de líneas mayor o menor de lo apropiado. En cualquier caso, recuerde que la definición fundamental de flujo eléctrico es $\int \mathbf{E} \cdot d\mathbf{A}$. El uso de líneas de campo es únicamente una herramienta para visualizar el concepto.

frontera de un sistema en los modelos de sistema que hemos considerado hasta ahora, en los que la frontera divide el espacio en una región dentro del sistema y una región exterior, el entorno. La superficie de una esfera es un ejemplo de superficie cerrada, mientras que un vaso sería un ejemplo de superficie abierta.

Considere la superficie cerrada de la figura 1.27. Observe que los vectores $\Delta\mathbf{A}_i$ tienen direcciones diferentes para cada elemento de superficie. En cada punto, dichos vectores son *perpendiculares* a la superficie, y por convención apuntan siempre *hacia fuera* de la región interior. En el elemento marcado como ①, $\mathbf{E}$ se dirige hacia fuera y $\theta_i < 90°$. Por tanto, el flujo eléctrico $\Delta\Phi_E = \mathbf{E} \cdot \Delta\mathbf{A}$ a través de este elemento es positivo. Para el elemento ②, las líneas de campo son tangentes a la superficie (perpendiculares al vector $\Delta\mathbf{A}_i$); por tanto, $\theta_i = 90°$, y el flujo es cero. En el caso de elementos como ③, donde las líneas de campo atraviesan la superficie de fuera hacia dentro, $180° > \theta_i > 90°$, y el flujo es negativo ya que $\cos\theta_i$ es negativo. El flujo neto a través de la superficie es proporcional al número neto de líneas que atraviesan la superficie, siendo dicho número neto igual **al número de líneas que salen del volumen rodeado por la superficie menos el número de líneas que entran en el volumen**. Si hay más líneas saliendo del volumen de las que entran, entonces el flujo neto es positivo. Si hay más líneas que entran en el volumen de las que salen, el flujo es negativo. Utilizando el símbolo $\oint$ para representar la integral sobre una superficie cerrada, podemos formular el flujo neto Φ_E a través de una superficie cerrada como

$$\Phi_E = \oint \mathbf{E} \cdot d\mathbf{A} = \oint E_n \, dA \qquad [1.20]$$

donde E_n representa la componente del campo perpendicular a la superficie.

El cálculo del flujo neto a través de una superficie cerrada puede ser muy tedioso. Sin embargo, si el campo es perpendicular a la superficie en cada punto y es constante en magnitud, el cálculo resulta sencillo. El siguiente ejemplo ilustra este punto.

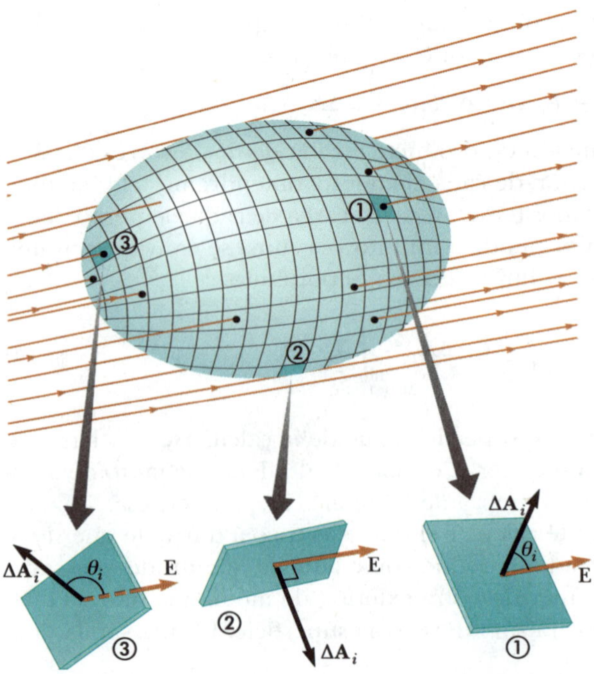

Figura 1.27

Superficie cerrada en un campo eléctrico. Los vectores de superficie $\Delta\mathbf{A}_i$ son, por convención, normales a la superficie y se dirigen hacia fuera. El flujo a través de un elemento de superficie puede ser positivo (elemento ①), nulo (elemento ②), o negativo (elemento ③).

Ejemplo 1.8 Flujo a través de un cubo

Considere un campo eléctrico uniforme **E** dirigido en el sentido positivo del eje $+x$. Calcule el flujo eléctrico neto a través de la superficie de un cubo de lado ℓ orientado según se muestra en la Figura 1.28.

Solución. El flujo neto puede calcularse sumando el flujo a través de cada una de las caras del cubo. En primer lugar, observe que el flujo a través de cuatro de las caras es cero, puesto que **E** es perpendicular a $d\mathbf{A}$ en ellas. En particular, la orientación de $d\mathbf{A}$ es perpendicular a **E** para las caras marcadas en la figura 1.28 como ③ y ④. Por tanto, $\theta = 90°$, de modo que $\mathbf{E} \cdot d\mathbf{A} = E\,dA \cos 90° = 0$. El flujo a través de las caras paralelas al plano xy también es cero por la misma razón.

Ahora veamos qué ocurre en las caras marcadas ① y ②. El flujo neto a través de estas caras es

$$\Phi_E = \int_1 \mathbf{E} \cdot d\mathbf{A} + \int_2 \mathbf{E} \cdot d\mathbf{A}$$

Para la cara ①, **E** es constante y se dirige hacia dentro, mientras que $d\mathbf{A}$ se dirige hacia fuera ($\theta = 180°$), de modo que el flujo a través de esta cara es

$$\int_1 \mathbf{E} \cdot d\mathbf{A} = \int_1 E\,dA \cos 180° = -E \int_1 dA = -EA = -E\ell^2$$

puesto que el área de cada cara es $A = \ell^2$.

De igual modo, para la cara ②, **E** es constante y se dirige hacia fuera en el mismo sentido que $d\mathbf{A}$ ($\theta = 0°$), de modo que el flujo a través de esta cara es

$$\int_2 \mathbf{E} \cdot d\mathbf{A} = \int_2 E\,dA \cos 0° = E \int_2 dA = +EA = E\ell^2$$

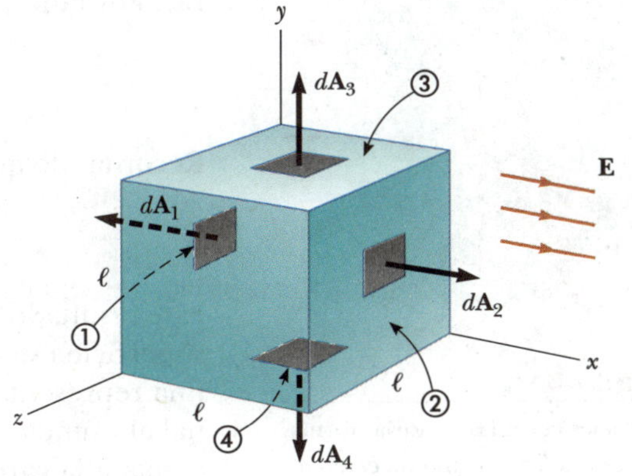

Figura 1.28

(Ejemplo 1.8) Superficie hipotética en forma de cubo en un campo eléctrico uniforme paralelo al eje x. El flujo neto a través de la superficie del cubo es cero. La cara ④ es la parte inferior del cubo y la cara ① es la cara opuesta a ②.

Por tanto, el flujo neto a través de todas las caras es nulo, puesto que

$$\Phi_E = -E\ell^2 + E\ell^2 = 0$$

EJERCICIO. Una superficie plana de área 3.20 m^2 se sitúa orientada de varias formas en un campo eléctrico uniforme de magnitud $E = 6.20 \times 10^5$ N/C. Calcule el flujo eléctrico a través de esta superficie cuando el campo eléctrico es (a) perpendicular a la superficie; (b) paralelo a la superficie; (c) forma un ángulo de 75° con el plano de la superficie.

Respuesta: (a) 1.98×10^6 N·m^2/C (b) cero (c) 1.92×10^6 N·m^2/C

1.9 • LEY DE GAUSS

En esta sección describiremos una relación general entre el flujo eléctrico neto que atraviesa una superficie cerrada y la carga *encerrada* por la superficie. Esta relación, conocida como **ley de Gauss**, tiene una importancia fundamental en el estudio del campo eléctrico.

En primer lugar, consideremos una carga puntual positiva q situada en el centro de una superficie esférica de radio r, como se muestra en la figura 1.29. Las líneas de campo apuntan radialmente hacia fuera y son, por tanto, perpendiculares (normales) a la superficie en cada punto. Es decir, para cada punto de la superficie, **E** es paralelo al vector $\Delta\mathbf{A}_i$ que representa al elemento local de área ΔA_i. Por tanto, para cualquier punto de la superficie,

$$\mathbf{E} \cdot \Delta\mathbf{A}_i = E_n\,\Delta A_i = E\,\Delta A_i$$

y a partir de la ecuación 1.20 tenemos que el flujo neto a través de la superficie es

$$\Phi_E = \oint E_n\,dA = \oint E\,dA = E \oint dA = EA$$

puesto que E es constante sobre la superficie. Sabemos, por la ecuación 1.5, que la magnitud del campo eléctrico en cualquier punto de la superficie de la esfera

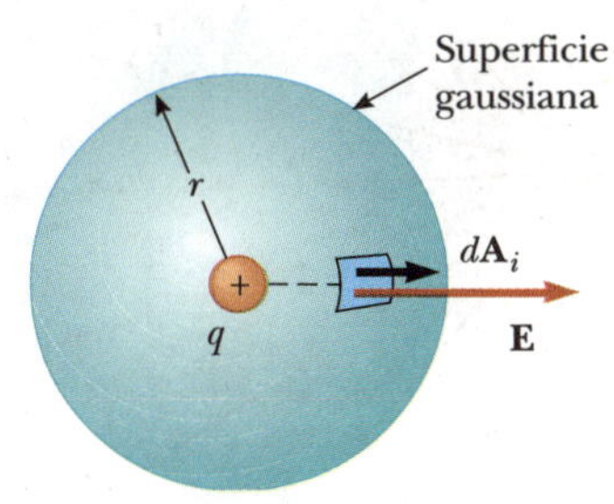

Figura 1.29

Superficie gaussiana esférica de radio r que encierra una carga puntual q. Si la carga se encuentra en el centro de la esfera, el campo eléctrico es normal a la superficie y de magnitud constante en cualquier punto de la superficie.

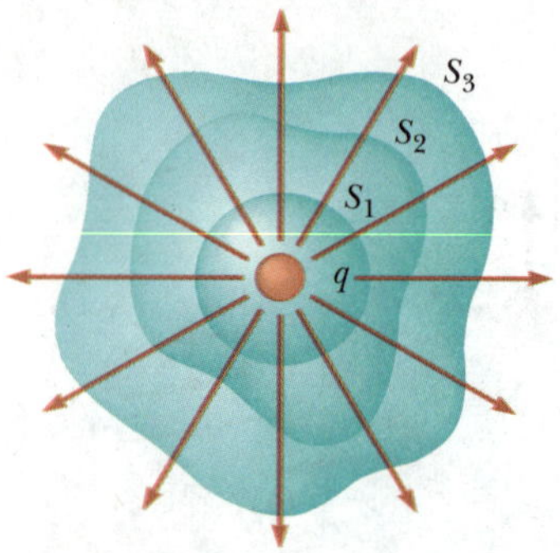

Figura 1.30

Superficies cerradas de varias formas distintas que encierran una carga q. El flujo eléctrico neto a través de cualquiera de ellas es el mismo.

es $E = k_e q/r^2$. Además, para una superficie esférica $A = 4\pi r^2$ (área de una esfera). Por tanto, el flujo neto a través de la superficie es

$$\Phi_E = EA = \left(\frac{k_e q}{r^2}\right)(4\pi r^2) = 4\pi k_e q$$

Recordando que $k_e = 1/4\pi\epsilon_0$, podemos escribir la expresión anterior de la forma

$$\Phi_E = \frac{q}{\epsilon_0} \qquad [1.21]$$

Este resultado, que es independiente de r, afirma que el flujo neto a través de una superficie esférica es proporcional a la carga q *encerrada* por la superficie. Ésta es una representación matemática del hecho de que (1) el flujo neto es proporcional al número de líneas de campo, (2) el número de líneas de campo es proporcional a la carga encerrada por la superficie y (3) toda línea de campo que sale de la carga atraviesa la superficie. El hecho de que el flujo neto sea independiente del radio es una consecuencia de la dependencia en términos del recíproco del cuadrado para el campo eléctrico, dada por la ecuación 1.5. Es decir, E varía proporcionalmente a $1/r^2$, pero el área de la superficie esférica varía proporcionalmente a r^2. El efecto combinado de estas dos expresiones produce un flujo que no depende de r.

Ahora consideremos varias superficies cerradas que rodean una carga q, como se muestra en la figura 1.30. La superficie S_1 es esférica, mientras que las superficies S_2 y S_3 no lo son. El flujo que atraviesa la superficie S_1 tiene un valor igual a q/ϵ_0. Como hemos estudiado en la sección anterior, el flujo es proporcional al número de líneas de campo eléctrico que atraviesan la superficie. La representación de la figura 1.30 muestra que el número de líneas de campo eléctrico que atraviesan la superficie esférica S_1 es el mismo que el número de líneas de campo eléctrico que atraviesan las superficies no esféricas S_2 y S_3. Por tanto, es razonable concluir que el flujo neto a través de cualquier superficie cerrada es independiente de la forma de dicha superficie (puede probarse que es así debido a que $E \propto 1/r^2$). De hecho, **el flujo neto a través de cualquier superficie cerrada que contiene en su interior una carga puntual q es q/ϵ_0.**

Ahora consideremos una carga puntual situada *fuera* de una superficie cerrada de forma arbitraria, como se muestra en la figura 1.31. Como puede verse en esa representación, hay líneas de campo que entran en la superficie, y líneas de campo que salen de ella. Sin embargo, **el número de líneas de campo eléctrico que entran en la superficie es igual al número de líneas que salen de ella.** Por tanto, podemos concluir que **el flujo eléctrico neto a través de una superficie cerrada que no rodea a ninguna carga es cero.** Si aplicamos este resultado al ejemplo 1.8, vemos que el flujo neto a través del cubo debe ser cero, porque partíamos del hecho de que el cubo no contenía ninguna carga en su interior.

Extendamos estos argumentos al caso general de muchas cargas puntuales. Podemos una vez más utilizar el principio de superposición, es decir, podemos expresar el flujo neto a través de una superficie cerrada cualquiera como

$$\oint \mathbf{E} \cdot d\mathbf{A} = \oint (\mathbf{E}_1 + \mathbf{E}_2 + \mathbf{E}_3) \cdot d\mathbf{A}$$

donde $\mathbf{E}$ es el campo eléctrico total en cualquier punto de la superficie y $\mathbf{E}_1$, $\mathbf{E}_2$ y $\mathbf{E}_3$ son los campos producidos por cada carga individual en ese punto. Considere el sistema de cargas mostrado en la figura 1.32. La superficie S sólo encierra una carga, q_1; por tanto, el flujo neto que atraviesa S es q_1/ϵ_0. El flujo que atraviesa S debido a las cargas exteriores a ella es nulo, puesto que cada línea de campo proveniente de estas cargas que entra en S por un punto sale de ella por otro punto. La superficie S' encierra las cargas q_2 y q_3; por tanto, el flujo neto a través de S' es $(q_2 + q_3)/\epsilon_0$. Finalmente, el flujo neto a través de la superficie S'' es nulo puesto

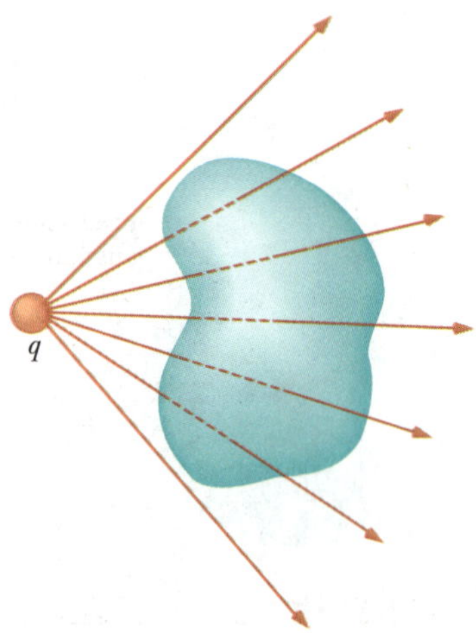

Figura 1.31

Carga puntual situada en el *exterior* de una superficie cerrada. El número de líneas que entran en la superficie es igual al de líneas que salen de la misma.

que no hay cargas encerradas por dicha superficie. Es decir, *todas* las líneas de campo que entran en S'' por un punto la abandonan por algún otro punto.

La **ley de Gauss**, que es una generalización de la discusión anterior, afirma que el flujo neto a través de *cualquier* superficie cerrada es

$$\Phi_E = \oint \mathbf{E} \cdot d\mathbf{A} = \frac{q_{\text{in}}}{\epsilon_0} \qquad [1.22]$$

donde q_{in} representa la *carga neta encerrada por la superficie* y $\mathbf{E}$ representa el campo eléctrico en cualquier punto de la superficie. Expresado con palabras, la ley de Gauss afirma que **el flujo eléctrico neto a través de cualquier superficie cerrada es igual a la carga neta encerrada por la superficie dividida por ϵ_0.**

En principio, la ley de Gauss es válida para el campo eléctrico de cualquier sistema de cargas puntuales o distribución continua de carga. Sin embargo, en la práctica, **esta ley resulta útil para calcular el campo sólo en situaciones en las que existe un alto grado de simetría**. Como veremos en la siguiente sección, **la ley de Gauss puede utilizarse para calcular el campo eléctrico de distribuciones de carga que tengan simetría esférica, cilíndrica o plana**. Realizamos este proceso eligiendo una superficie gaussiana adecuada que permita sacar $\mathbf{E}$ de la integral de la ley de Gauss y resolver la integral de forma sencilla. Tenga en cuenta que una superficie gaussiana es una superficie matemática y no tiene por qué coincidir con ninguna superficie física real.

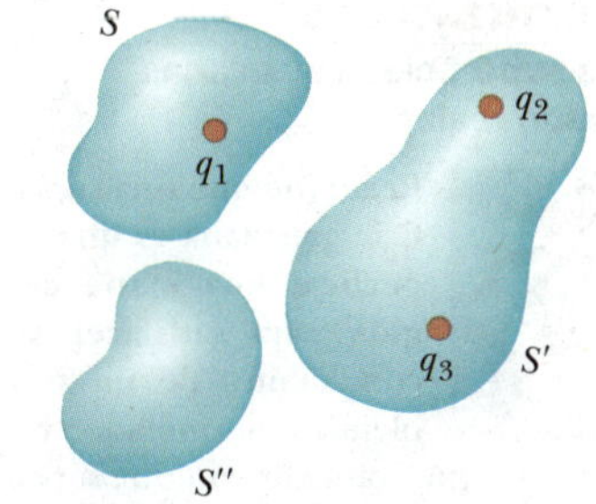

Figura 1.32

El flujo eléctrico neto a través de cualquier superficie cerrada depende únicamente de la carga *encerrada* por dicha superficie. El flujo neto a través de la superficie S es q_1/ϵ_0, el flujo neto a través de la superficie S' es $(q_2 + q_3)/\epsilon_0$, y el flujo neto a través de la superficie S'' es cero.

¡ADVERTENCIA! 1.8

No es lo mismo flujo nulo que campo nulo

En esta sección, hemos visto dos situaciones distintas en las que hay un flujo nulo a través de una superficie cerrada: o bien no hay partículas cargadas en el interior de la superficie, o hay partículas cargadas pero la carga neta es cero. En cualquiera de los dos casos, *no caiga* en la trampa de afirmar que, puesto que el flujo es nulo, el campo en el interior de la superficie también lo es. Recuerde que la ley de Gauss afirma que es el *flujo* eléctrico lo que es proporcional a la carga neta encerrada, no el *campo* eléctrico.

Pregunta rápida 1.7

Para una superficie gaussiana a través de la cual el flujo neto sea cero, las siguientes cuatro afirmaciones *podrían ser* ciertas. ¿Cuáles de ellas *deben ser necesariamente* ciertas? (a) No hay cargas en el interior de la superficie. (b) La carga neta en el interior de la superficie es cero. (c) El campo eléctrico es cero en todos los puntos de la superficie. (d) El número de líneas de campo eléctrico que entran en la superficie es igual al número de líneas de campo que salen de ella.

PIENSE EN LA FÍSICA 1.2

Una superficie gaussiana esférica encierra una carga puntual q. Describa qué le ocurre al flujo neto a través de la superficie si (a) se triplica la carga, (b) se duplica el volumen de la esfera, (c) la superficie se convierte en un cubo, y (d) la carga se mueve a otro punto en el *interior* de la superficie.

Razonamiento. (a) Si se triplica la carga, el flujo neto a través de la superficie también se triplica, puesto que el flujo neto es proporcional a la carga encerrada por la superficie. (b) El flujo neto permanece constante si el volumen varía puesto que la superficie sigue encerrando la misma carga, sin importar su volumen. (c) El flujo neto no varía cuando varía la forma de la superficie cerrada. (d) El flujo neto a través de la superficie cerrada permanece constante si la carga se mueve a otro punto, mientras este segundo punto se encuentre en el interior de la superficie.

1.10 • APLICACIÓN DE LA LEY DE GAUSS A DISTRIBUCIONES SIMÉTRICAS DE CARGA

Como se ha mencionado anteriormente, la ley de Gauss es útil para determinar el campo eléctrico cuando la distribución de carga tiene un alto grado de simetría.

¡ADVERTENCIA 1.9

Las superficies gaussianas no son reales

Recuerde que una superficie gaussiana es una superficie imaginaria elegida para satisfacer las condiciones de un problema determinado. No tiene por qué coincidir con una superficie física real del sistema estudiado.

Los siguientes ejemplos muestran algunas maneras de elegir una superficie gaussiana sobre la cual puede simplificarse la integral de superficie dada por la ecuación 1.22 y a partir de ella determinarse el campo eléctrico. La superficie siempre debería ser elegida de modo que pueda aprovecharse la simetría de la distribución de carga, de modo que pueda sacarse E de la integral y resolverla. El objetivo de este tipo de cálculo es determinar una superficie que satisfaga una o más de las siguientes condiciones:

1. Puede demostrarse que el valor del campo eléctrico es constante sobre la superficie.
2. El producto escalar de la ecuación 1.22 puede expresarse como un simple producto algebraico $E\,dA$ ya que $\mathbf{E}$ y $d\mathbf{A}$ son paralelos.
3. El producto escalar de la ecuación 1.22 es cero porque $\mathbf{E}$ y $d\mathbf{A}$ son perpendiculares.
4. Puede demostrarse que el campo se anula en cualquier punto de la superficie.

Veremos ejemplos de cada una de estas condiciones a lo largo de los ejercicios realizados en el resto del capítulo.

Ejemplo 1.9 Campo eléctrico debido a una carga puntual

Calcule, por medio de la ley de Gauss, el campo eléctrico debido a una carga puntual aislada de valor q.

Solución. Una carga puntual es la distribución de carga más sencilla posible, de modo que usaremos este ejemplo conocido para mostrar cómo se desarrolla la técnica de resolución de problemas utilizando la ley de Gauss. Elegimos una superficie gaussiana esférica de radio r centrada en la carga puntual, como se muestra en la figura 1.33. El campo eléctrico de una carga puntual positiva es radial hacia fuera, por simetría, y es por tanto normal a la superficie en cualquier punto. Como en la condición (2) descrita arriba, $\mathbf{E}$ es por tanto paralelo a $d\mathbf{A}$ en cualquier punto de la superficie, y $\mathbf{E}\cdot d\mathbf{A} = E\,dA$, de modo que la ley de Gauss se expresa como

$$\Phi_E = \oint \mathbf{E}\cdot d\mathbf{A} = \oint E\,dA = \frac{q}{\epsilon_0}$$

Por simetría, E es constante sobre la superficie, lo cual satisface la condición (1), y por tanto podemos sacar E de la integral. De modo que tenemos

$$\oint E\,dA = E\oint dA = E(4\pi r^2) = \frac{q}{\epsilon_0}$$

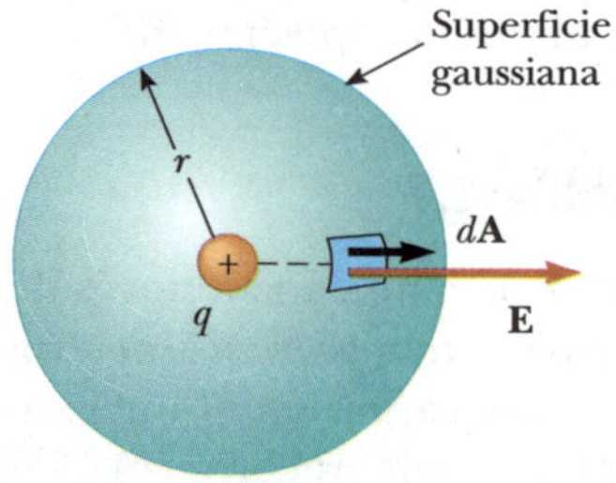

Figura 1.33

(Ejemplo 1.9) La carga puntual q se encuentra en el centro de la superficie gaussiana esférica, y $\mathbf{E}$ es paralelo a $d\mathbf{A}$ en cualquier punto de la superficie.

donde hemos utilizado el hecho de que el área de una esfera es $4\pi r^2$. Ahora resolvemos esta ecuación para obtener el campo eléctrico:

$$E = \frac{q}{4\pi\epsilon_0 r^2} = k_e\frac{q}{r^2}$$

que es la expresión ya conocida del campo eléctrico debido a una carga puntual, la misma que obtuvimos a partir de la ley de Coulomb en este mismo capítulo.

Ejemplo 1.10 Una distribución de carga con simetría esférica

Una esfera sólida aislante de radio a tiene densidad de carga uniforme ρ y carga total Q (figura 1.34). (a) Calcule la magnitud del campo eléctrico en un punto fuera de la esfera.

Solución. Puesto que la distribución de carga tiene simetría esférica, elegimos una vez más una superficie gaussiana esférica de radio r concéntrica con la esfera, como se muestra en la figura 1.34a. Con esta elección, se satisfacen las condiciones (1) y (2), como ocurría en el caso de la carga puntual del ejemplo 1.9. Siguiendo el mismo razonamiento que se utilizó en el ejemplo 1.9, tenemos que

$$E = k_e\frac{Q}{r^2} \quad (\text{para } r > a)$$

Observe que este resultado es el mismo que se obtuvo para una carga puntual. Podemos entonces concluir que, para una esfera uniformemente cargada, el campo en la región exterior a la esfera es *equivalente* al campo de una carga puntual situada en el centro de la esfera.

(b) Calcule la magnitud del campo eléctrico en un punto interior a la esfera.

Solución. En este caso elegimos una superficie gaussiana esférica de radio $r < a$, concéntrica con la esfera aislante (figura 1.34b). Denotemos el volumen de esta esfera interior como V'. Para poder aplicar la ley de Gauss en este caso, es importante entender que la carga q_{int} encerrada por la superficie gaussiana esférica de volumen V' es menor que Q. Para calcular q_{int}, utilizaremos el hecho de que $q_{\text{in}} = \rho V'$:

$$q_{\text{in}} = \rho V' = \rho(\tfrac{4}{3}\pi r^3)$$

Por simetría, la magnitud del campo eléctrico es constante sobre la superficie gaussiana esférica, y el campo es normal a la superficie en cada punto, satisfaciéndose las condiciones (1) y (2). Por tanto, la ley de Gauss para la región $r < a$ puede escribirse como

$$\oint E\,dA = E\oint dA = E(4\pi r^2) = \frac{q_{\text{in}}}{\epsilon_0}$$

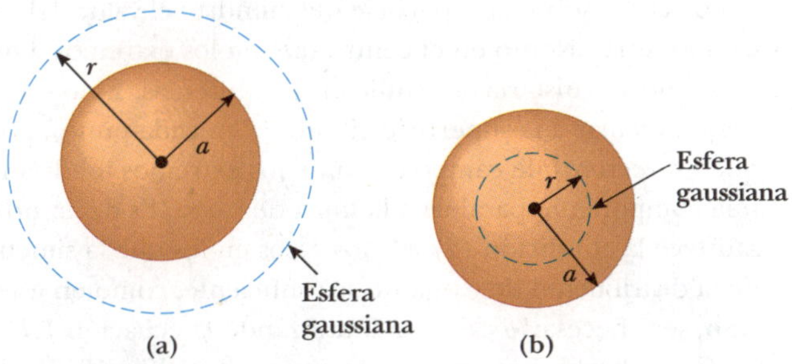

Figura 1.34

(Ejemplo 1.10) Esfera aislante de radio uniformemente cargada con carga Q. (a) La magnitud del campo eléctrico en un punto exterior a la superficie es k_eQ/r^2. (b) La magnitud del campo eléctrico en el interior de la esfera se debe únicamente a la carga contenida *en el interior* de la superficie gaussiana (el círculo punteado) y viene dado por la expresión k_eQr/a^3.

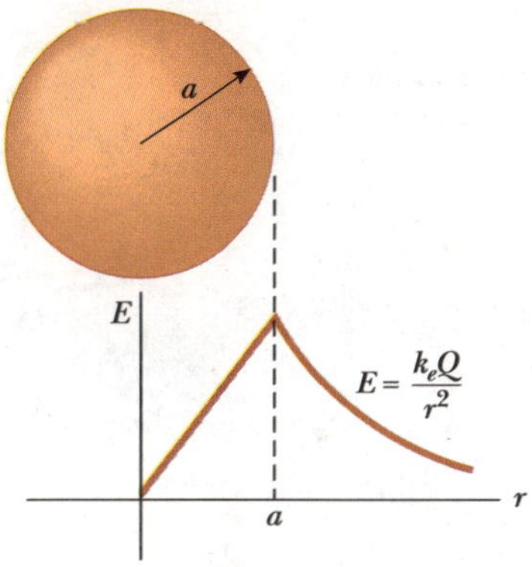

Figura 1.35

(Ejemplo 1.10) Gráfica (E, r) para una esfera aislante uniformemente cargada. El campo eléctrico en el interior de la esfera $(r < a)$ varía linealmente con r. El campo eléctrico en el exterior de la esfera $(r > a)$ es el mismo que el de una carga puntual Q situada en $r = 0$.

Despejando E tenemos

$$E = \frac{q_{\text{in}}}{4\pi\epsilon_0 r^2} = \frac{\rho(\frac{4}{3}\pi r^3)}{4\pi\epsilon_0 r^2} = \frac{\rho}{3\epsilon_0}r$$

Puesto que, por definición, $\rho = Q/\frac{4}{3}\pi a^3$ y $k_e = 1/4\pi\epsilon_0$, podemos escribir esta expresión como

$$E = \frac{Qr}{4\pi\epsilon_0 a^3} = \frac{k_eQ}{a^3}r \quad (\text{para } r < a)$$

Este valor de E difiere del obtenido en el apartado (a). En este caso, $E \to 0$ cuando $r \to 0$. Se muestra una gráfica (E, r) en la figura 1.35. Observe que las expresiones de los apartados (a) y (b) coinciden cuando $r = a$.

EJERCICIO. El campo eléctrico en la atmósfera terrestre es de $E = 1.0 \times 10^2$ N/C, dirigido hacia abajo. Determine la carga eléctrica de la Tierra.

Respuesta: -4.5×10^5 C.

Ejemplo 1.11 Una distribución de carga con simetría cilíndrica

Calcule el campo eléctrico a distancia r de una línea de carga positiva de longitud infinita y densidad lineal de carga λ. (figura 1.36a).

Solución. La simetría de la distribución de carga exige que **E** sea perpendicular a la línea de carga y dirigido hacia fuera, como se muestra en las figuras 1.36a y 1.36b. Para adecuarnos a la simetría de la distribución de carga, elegimos una superficie gaussiana cilíndrica de radio r y altura ℓ coaxial con la línea de carga. En la superficie lateral curva del cilindro, **E** es constante en magnitud y paralelo a la superficie en cada punto, satisfaciéndose las condiciones (1) y (2). Además, el flujo a través de los extremos del cilindro gaussiano es cero, puesto que **E** es paralelo a la superficie y,

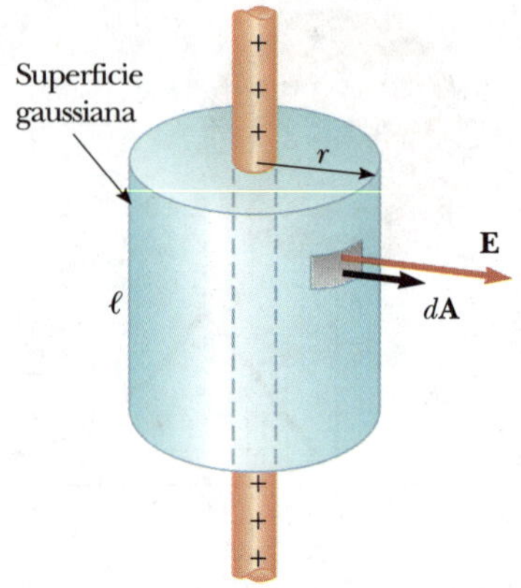

(a)

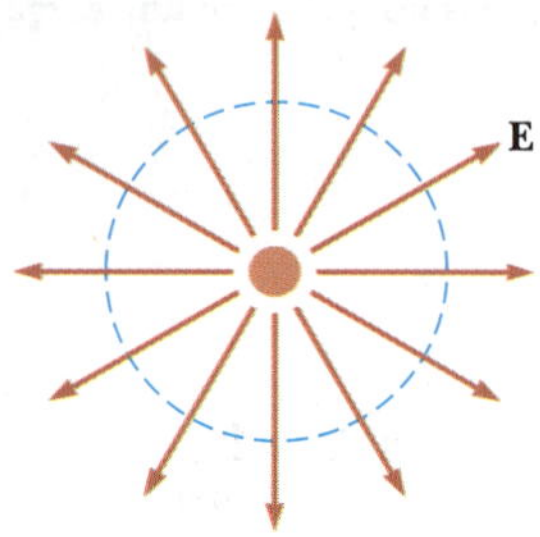

(b)

Figura 1.36

(Ejemplo 1.11) (a) Línea infinita de carga rodeada por una superficie gaussiana cilíndrica concéntrica con la línea cargada. (c) Esta vista superior muestra que el campo eléctrico sobre la superficie cilíndrica es constante en magnitud y perpendicular a la superficie.

por tanto, perpendicular al vector $d\mathbf{A}$ (el primer caso que vemos de aplicación de la condición 3).

La integral de superficie en la ley de Gauss se realiza para toda la superficie. Sin embargo, puesto que en los extremos del cilindro $\mathbf{E}\cdot d\mathbf{A}$ es cero, podemos restringir nuestra atención a la superficie lateral del cilindro.

La carga total en el interior de la superficie gaussiana es $q_{\text{int}} = \lambda\ell$. Aplicando la ley de Gauss y las condiciones (1) y (2), para la superficie lateral tenemos que

$$\Phi_E = \oint \mathbf{E}\cdot d\mathbf{A} = E\oint dA = EA = \frac{q_{\text{in}}}{\epsilon_0} = \frac{\lambda\ell}{\epsilon_0}$$

El área de la superficie lateral del cilindro es $A = 2\pi r\ell$. Por tanto,

$$E(2\pi r\ell) = \frac{\lambda\ell}{\epsilon_0}$$

$$E = \frac{\lambda}{2\pi\epsilon_0 r} = 2k_e\frac{\lambda}{r} \qquad [1.23]$$

Vemos de este modo que el campo eléctrico creado por una distribución de carga con simetría cilíndrica varía proporcionalmente a $1/r$, mientras que el campo creado por una distribución de carga con simetría esférica varía proporcionalmente a $1/r^2$. Podemos también obtener la ecuación 1.23 utilizando la ecuación 1.7; sin embargo, los cálculos matemáticos necesarios para hacerlo son mucho más tediosos.

Si la línea de carga de este ejemplo fuera de longitud finita, no podríamos obtener el valor de E aplicando la ecuación 1.23. Una línea de carga finita no tiene la suficiente simetría como para poder utilizar la ley de Gauss. La razón es que, en ese caso, la magnitud del campo eléctrico ya no es constante sobre la superficie del cilindro: el valor del campo sería distinto en el centro que en los extremos. Por tanto, no se satisfaría la condición (1). Además, **E** no sería perpendicular a la superficie cilíndrica en cada punto, porque los vectores de campo cerca de los extremos tendrían una componente paralela a la línea de carga. Es decir, no se satisface la condición (2). En los casos en los que la simetría de la distribución de carga no sea suficiente, como en este caso, será necesario calcular **E** utilizando la ecuación 1.7.

Sin embargo, para puntos cercanos a una línea finita de carga pero que estén alejados de los extremos, la ecuación 1.23 proporciona una buena aproximación del valor del campo.

Se deja como ejercicio (Problema 37) demostrar que el campo eléctrico en el interior de una varilla uniformemente cargada con longitud infinita y grosor finito es proporcional a r.

Ejemplo 1.12 Una lámina cargada no conductora

Calcule el campo eléctrico creado por una lámina aislante plana, con densidad superficial de carga σ.

Solución. La simetría nos indica que **E** debe ser perpendicular al plano cargado y que tendrá la misma magnitud en puntos situados a ambos lados de la lámina y a la misma distancia de ésta.

El hecho de que **E** siempre está dirigido alejándose de las cargas positivas nos indica que el sentido de **E** a un lado de la lámina debe ser opuesto al que tiene en el lado opuesto, como se muestra en la figura 1.37. Una superficie gaussiana que refleja la simetría del problema es un pequeño cilindro perpendicular al plano cuyos extremos tienen área A y son equidistantes de la lámina. Puesto que **E** es paralelo a la superficie lateral, y por tanto perpendicular al vector $d\mathbf{A}$ en cada punto de la superficie, se satisface la condición (3) y la superficie lateral no contribuye a la integral total de superficie. En el caso de los extremos planos del cilindro, se

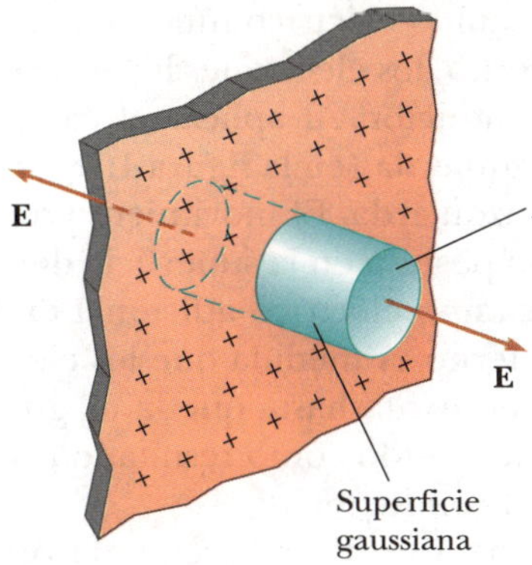

Figura 1.37

(Ejemplo 1.12) Superficie gaussiana cilíndrica que atraviesa una lámina plana cargada infinita. El flujo a través de cada extremo de la superficie gaussiana es *EA*, y cero a través de la superficie lateral.

satisfacen las condiciones (1) y (2). El flujo a través de cada extremo del cilindro es *EA*; por tanto, el flujo total a través de la superficie gaussiana es $\Phi_E = 2EA$.

Teniendo en cuenta que la carga total de la superficie es $q_{\text{int}} = \sigma A$, podemos utilizar la ley de Gauss para obtener

$$\Phi_E = 2EA = \frac{q_{\text{in}}}{\epsilon_0} = \frac{\sigma A}{\epsilon_0}$$

$$E = \frac{\sigma}{2\epsilon_0} \qquad [1.24]$$

Puesto que la distancia entre el extremo del cilindro y la lámina no aparece en la ecuación 1.24, podemos concluir que $E = \sigma/2\epsilon_0$ a *cualquier* distancia de la lámina plana. Es decir, el campo es uniforme en todo el espacio.

Una configuración de carga muy importante relacionada con este ejemplo es la de dos láminas planas paralelas con densidad de carga σ cada una, pero una de ellas cargada positivamente y la otra negativamente (Problema 60). En dicho caso, los campos eléctricos de ambas láminas se suman entre sí en la región comprendida entre las dos láminas, obteniéndose un campo eléctrico de módulo σ/ϵ_0, mientras que en las regiones exteriores ambos se cancelan, obteniéndose un campo total nulo.

1.11 • CONDUCTORES EN EQUILIBRIO ELECTROSTÁTICO

Un buen conductor eléctrico, como el cobre, contiene cargas (electrones) que no se encuentran ligadas a ningún átomo, sino que son libres de moverse por todo el metal. Si no hay desplazamiento de cargas en el interior del conductor, se dice que éste se encuentra en **equilibrio electrostático**. En esta situación, *todas* las cargas del conductor se consideran partículas en equilibrio, experimentando una fuerza total nula. Como veremos, un conductor aislado (es decir, no conectado a tierra) en equilibrio electrostático tiene las siguientes propiedades:

1. El campo eléctrico se anula en cualquier punto situado en el interior del conductor.
2. Si el conductor aislado tiene una carga neta, la carga neta se encuentra distribuida únicamente sobre su superficie.
3. El campo eléctrico justo en el exterior del conductor cargado es perpendicular a la superficie de éste y tiene magnitud σ/ϵ_0, donde σ es la densidad superficial de carga en dicho punto.
4. Si el conductor tiene forma irregular, la densidad superficial de carga es máxima en los puntos en los que el radio de curvatura es mínimo.

Comprobaremos las primeras tres propiedades en el siguiente análisis. La cuarta propiedad se presenta aquí para disponer de una lista completa de propiedades de un conductor en equilibrio electrostático; sin embargo, la verificación de dicha propiedad requiere conceptos del capítulo 2, de modo que pospondremos su demostración hasta entonces.

La primera propiedad puede entenderse considerando un bloque conductor rectangular situado en un campo eléctrico externo **E** (figura 1.38). El campo eléctrico en el interior del conductor *debe* ser cero, puesto que hemos supuesto que el conductor se encuentra en equilibrio electrostático. Si el campo fuera distinto de cero, las cargas libres del conductor se acelerarían bajo la acción de la fuerza eléctrica. Sin embargo, este movimiento de electrones significaría que el conductor no se encuentra en equilibrio electrostático. Por tanto, la existencia de equilibrio electrostático sólo tiene sentido si el campo eléctrico es cero en el interior del conductor.

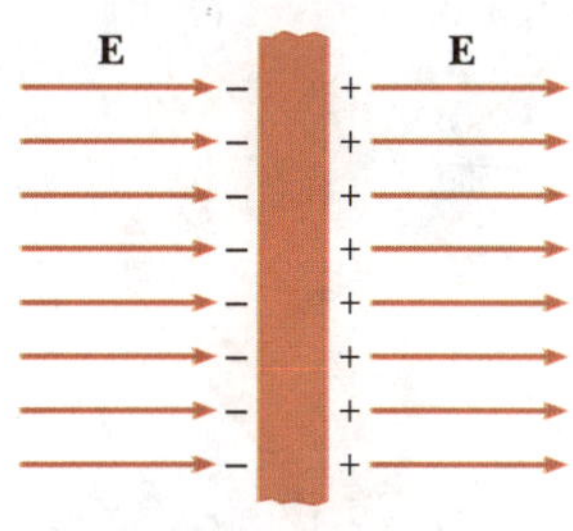

Figura 1.38

Bloque conductor rectangular situado en un campo eléctrico externo **E**. Las cargas inducidas sobre la superficie del bloque producen un campo eléctrico que se opone al exterior, con lo que el campo eléctrico neto en el *interior* del conductor es cero.

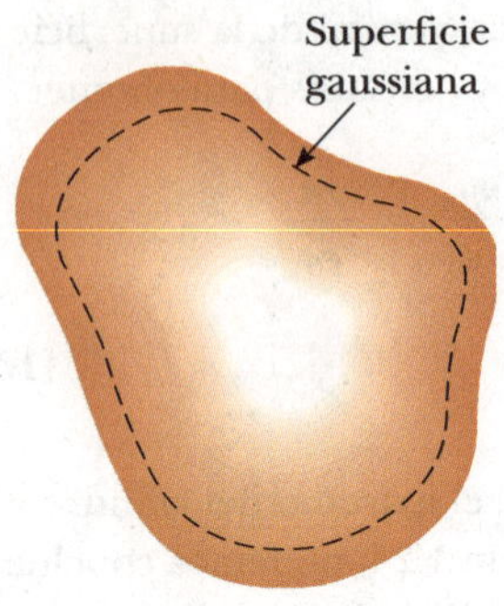

Figura 1.39

Conductor aislado con forma arbitraria. La línea discontinua representa una superficie gaussiana situada en el interior de la superficie física del conductor.

Veamos cómo puede tenerse un campo eléctrico nulo en el interior del conductor. Antes de aplicar el campo externo, los electrones libres se encuentran distribuidos uniformemente sobre el conductor. Al aplicar el campo externo, los electrones libres se aceleran hacia la izquierda (en la figura 1.38), creando un plano de carga negativa en la superficie izquierda. El movimiento de electrones hacia la izquierda crea un plano de carga positiva en la superficie derecha. Estos dos planos de carga, a su vez, crean un campo eléctrico adicional en el interior del conductor que se opone al campo externo. A medida que los electrones se mueven, la densidad superficial de carga aumenta hasta que la magnitud del campo interno es igual a la del campo externo, dando como resultado un campo eléctrico neto que se anule en el interior del conductor.

Podemos utilizar la ley de Gauss para verificar la segunda propiedad de los conductores en equilibrio electrostático. La figura 1.39 muestra un conductor de forma arbitraria. Se ha dibujado una superficie gaussiana en el interior del conductor tan próxima a la superficie de éste como deseemos. Como hemos visto, el campo en cualquier punto del interior del conductor en equilibrio electrostático es cero. Por tanto, el campo eléctrico debe ser cero en cada punto de la superficie gaussiana [la condición (4) de la sección 1.10]. A partir de este resultado y de la ley de Gauss, podemos concluir que la carga neta en el interior de la superficie gaussiana es cero. Puesto que no hay carga neta en el interior de la superficie gaussiana (que se encuentra arbitrariamente cerca de la superficie física del conductor), cualquier carga neta existente en el conductor debe encontrarse sobre la superficie. La ley de Gauss no indica cómo está distribuida dicha carga sobre la superficie, sino únicamente que debe encontrarse en la superficie.

Podemos entender conceptualmente el hecho de que las cargas se sitúen sobre la superficie imaginando que colocamos muchas cargas en el centro del conductor. La repulsión mutua entre las cargas haría que se alejaran unas de otras tanto como pudieran, es decir, hasta la superficie.

Para comprobar la tercera propiedad, podemos usar una vez más la ley de Gauss. Dibujamos una superficie gaussiana con forma de pequeño cilindro, con sus extremos paralelos a la superficie del conductor (figura 1.40). Parte del cilindro se encuentra en el exterior del conductor, mientras que otra parte se encuentra dentro. El campo es normal a la superficie del conductor, porque el conductor se encuentra en equilibrio electrostático: si **E** tuviera una componente paralela a la superficie, las cargas libres se moverían por la superficie en la dirección de dicha componente, con lo que el conductor no se encontraría en equilibrio. Por tanto, se satisface la condición (3) de la sección 1.10 para toda la superficie lateral del cilindro: no hay flujo eléctrico a través de esta parte de la superficie gaussiana, puesto que **E** es paralelo a la superficie lateral. Tampoco hay flujo a través del extremo del cilindro que se encuentra en el interior del conductor porque $\mathbf{E} = 0$ [condición (4) de la sección 1.10]. Por tanto, el flujo neto a través de la superficie gaussiana se produce a través del extremo externo del cilindro, donde el campo es perpendicular a la superficie. Utilizando las condiciones (1) y (2) para esta cara, vemos que el flujo es EA, donde E es la magnitud del campo eléctrico justo en el exterior del conductor, y A es el área del extremo plano del cilindro. Al aplicar la ley de Gauss a esta superficie, tenemos

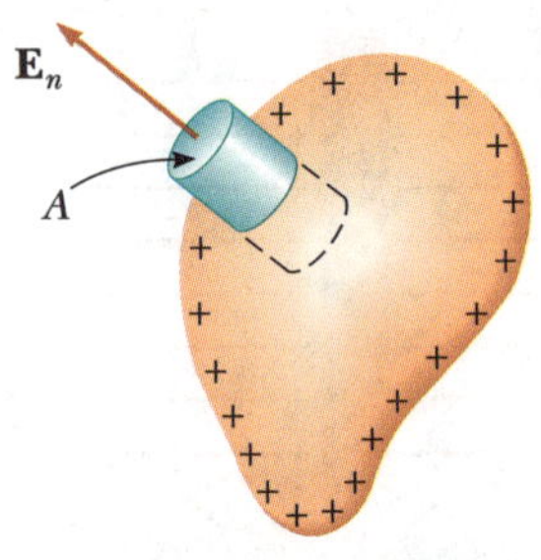

Figura 1.40

Superficie gaussiana con forma de pequeño cilindro utilizada para calcular el campo eléctrico justo en el exterior de un conductor cargado. El flujo a través de la superficie gaussiana es EA.

$$\Phi_E = \oint E\, dA = EA = \frac{q_{\text{in}}}{\epsilon_0} = \frac{\sigma A}{\epsilon_0}$$

donde hemos utilizado el hecho de que $q_{\text{int}} = \sigma A$. Despejando E, obtenemos

$$E = \frac{\sigma}{\epsilon_0} \qquad [1.25]$$

PIENSE EN LA FÍSICA 1.3

Considere una carga puntual $+Q$ situada en el espacio vacío. Se rodea la carga con cascarón esférico conductor, de modo que la carga se encuentre en el centro de la esfera. ¿Qué efecto tiene esto sobre las líneas de campo creadas por la carga?

Razonamiento. Al rodear la carga con el cascarón esférico conductor, las cargas de la superficie conductora se desplazarán para satisfacer las condiciones de un conductor en equilibrio electrostático, así como la ley de Gauss. Aparecerá una carga neta $-Q$ sobre la superficie interior del conductor, de modo que el campo eléctrico en el interior del conductor se anula (una superficie gaussiana esférica en el interior de la lámina conductora rodeará una carga *neta* igual a cero). Por tanto, aparecerá una carga neta $+Q$ sobre la superficie exterior del cascarón. De este modo, una superficie gaussiana situada en el exterior del cascarón encerrará una carga neta $+Q$, la misma que habría si el cascarón no hubiera estado allí. Por tanto, el único cambio en las líneas de campo es la ausencia de líneas en el interior del cascarón conductor.

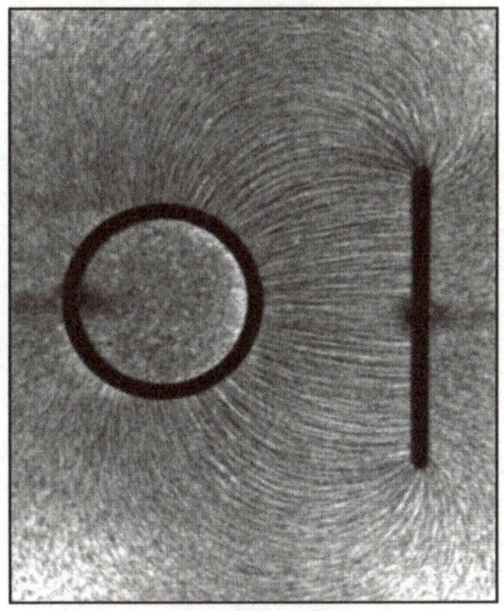

Estructura de las líneas de campo creadas por una placa conductora cargada cerca de un cilindro conductor con carga de signo contrario. Los pequeños trozos de hilo metálico flotando en aceite muestran las líneas de campo eléctrico. Observe que (1) las líneas de campo son perpendiculares a los conductores y (2) no hay líneas de campo en el interior del cilindro ($E = 0$). *(Cortesía de Harold M. Waage, Princeton University)*

Relación con el contexto

1.12 • EL CAMPO ELÉCTRICO ATMOSFÉRICO

En este capítulo hemos estudiado el campo eléctrico creado por distintas distribuciones de carga. Existen diversos procesos en la superficie de la Tierra y en la atmósfera que crean distribuciones de carga, produciendo un campo eléctrico en la atmósfera. Algunos de estos procesos son los rayos cósmicos que penetran en la atmósfera, los decaimientos radiactivos en la superficie de la Tierra y los rayos, que son el objeto de estudio en el presente contexto.

El resultado de estos procesos es que aparece una carga negativa promedio sobre la superficie de la Tierra, de aproximadamente 5×10^5 C, que es una cantidad de carga enorme. (La Tierra en su conjunto es neutra; las cargas positivas correspondientes se distribuyen por la atmósfera, como estudiaremos en el capítulo 2). Podemos calcular la densidad de carga media sobre la superficie de la Tierra, que tendrá un valor:

$$\overline{\sigma} = \frac{Q}{A} = \frac{Q}{4\pi r^2} = \frac{5 \times 10^5 \text{ C}}{4\pi(6.37 \times 10^6 \text{ m})^2} \sim 10^{-9} \text{ C/m}^2$$

A lo largo de este contexto, adoptaremos una serie de aproximaciones. Por tanto, nuestros cálculos serán estimaciones del orden de magnitud de las cantidades estudiadas, como se indica en la ecuación anterior mediante el símbolo $\sim$.

La Tierra es un buen conductor. Por tanto, podemos utilizar la tercera propiedad de los conductores en equilibrio electrostático de la sección 1.11 para estimar la magnitud promedio del campo eléctrico sobre la superficie de la Tierra:

$$\overline{E} = \frac{\overline{\sigma}}{\epsilon_0} = \frac{10^{-9} \text{ C/m}^2}{8.85 \times 10^{-12} \text{ C}^2/\text{N}\cdot\text{m}^2} \sim 10^2 \text{ N/C}$$

Esta cantidad es un valor típico del **campo eléctrico con condiciones climatológicas buenas** que existe sobre la Tierra, en ausencia de fenómenos tormentosos. Dicho campo eléctrico está dirigido hacia abajo, porque la carga sobre la superficie de la Tierra es negativa. Durante una tormenta eléctrica, el campo eléctrico bajo la nube de tormenta es bastante más intenso que el campo eléctrico con condiciones climatológicas buenas, debido a la distribución de carga de la nube.

La figura 1.41 muestra una distribución de carga típica en una nube de tormenta. Puede aproximarse la distribución de carga de la nube como un *tripolo*,

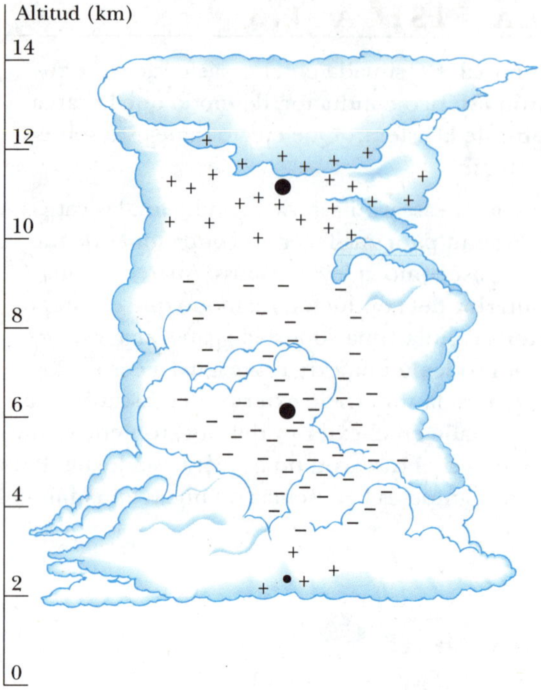

Figura 1.41

Distribución de carga tripolar típica de una nube de tormenta. La carga positiva en la cima y la negativa (en la parte media de la nube) son aproximadamente iguales, pero la carga positiva de la parte inferior de la nube es menor.

aunque la carga positiva en el extremo inferior de la nube tiende a ser menor que las otras dos cargas. No se conoce bien el mecanismo de carga de una nube de tormenta, porque sigue siendo un campo de investigación muy activo.

Esta gran concentración de carga en la nube es la responsable de los intensos campos eléctricos que originan los rayos entre la nube y el suelo. El valor del campo eléctrico durante una tormenta puede alcanzar los 25 000 N/C.

Pueden medirse los campos eléctricos atmosféricos con un instrumento denominado **rotor de campo**. La figura 1.42 muestra el funcionamiento de uno de estos dispositivos. En la figura 1.42a, una placa metálica se encuentra conectada a tierra por medio de un cable. Un amperímetro mide el flujo de carga a través del cable. Puesto que la tierra tiene carga negativa, los electrones fluyen desde el suelo hasta la placa metálica. Dichos electrones representan el final de algunas de las líneas del campo eléctrico existente en la atmósfera.

A continuación, como se muestra en la figura 1.42b, esta placa metálica se cubre con una segunda placa también conectada a tierra. Las líneas de campo eléctrico que antes acababan en la placa inferior ahora acaban en la placa superior. Las cargas de la placa inferior son repelidas por las de la placa superior, y pasan a través del amperímetro hasta el suelo. El amperímetro mide la cantidad de carga que fluye a través del cable. Esta carga está relacionada con la carga de la placa inferior, la cual a su vez está relacionada con la magnitud del campo eléctrico. Estas placas funcionan de manera similar a las aspas de un ventilador. Cuando un conjunto de aspas gira sobre un segundo grupo estacionario, se producen una serie de pulsos de carga en uno y otro sentido a través del amperímetro.

En este capítulo hemos analizado la atmósfera en términos del campo eléctrico. En el capítulo 2, estudiaremos el potencial eléctrico y volveremos a analizar la atmósfera en términos de este nuevo concepto.

WEB

Existen efectos recientemente descubiertos que están relacionados con el campo eléctrico atmosférico, denominados *red sprites* (capas rojas) y *blue jets* (chorros azules). Para obtener información y fotografías de estos fascinantes fenómenos, visite **umbra.nascom.nasa.gov/spd/sprites.html** y **elf.gi.alaska.edu/**

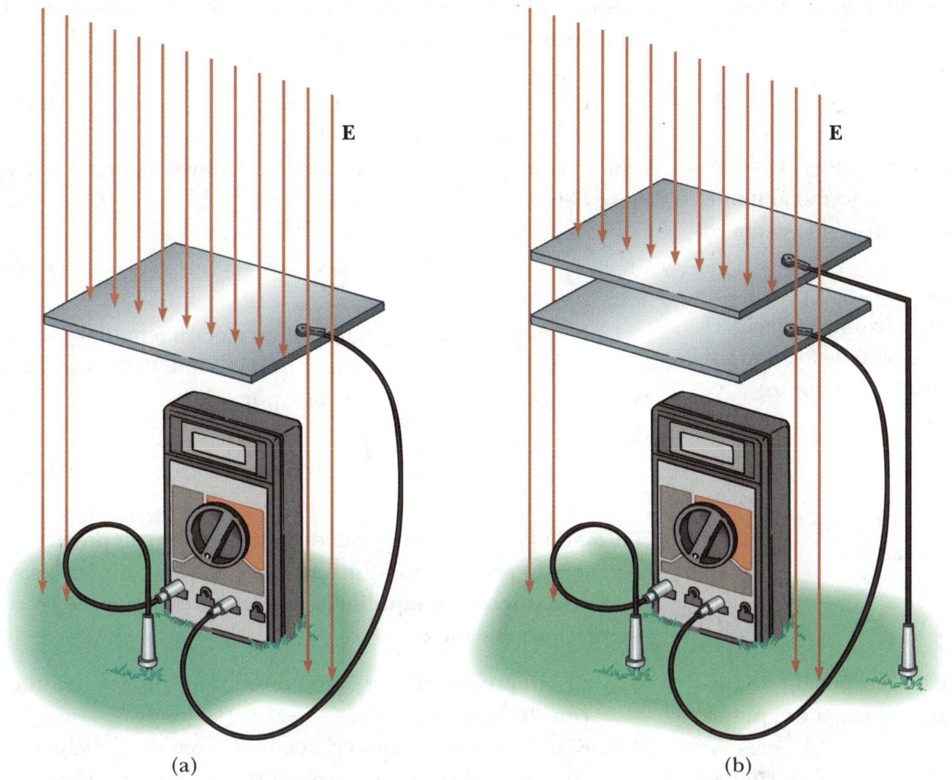

Figura 1.42

Rotor de campo para medir el campo eléctrico atmosférico. Cuando se sitúa la placa superior sobre la inferior, se produce un flujo de carga a través del amperímetro.

RESUMEN

Las **cargas eléctricas** cumplen las siguientes propiedades fundamentales:

- Existen dos tipos de cargas en la naturaleza, **positivas** y **negativas**, con la propiedad de que las cargas de signo contrario se atraen y las del mismo signo se repelen.
- La fuerza entre partículas cargadas es inversamente proporcional al cuadrado de la distancia que las separa.
- La carga se conserva.
- La carga está cuantizada.

Un **conductor** es un material en el que las cargas se mueven con relativa libertad. Un **aislante** es un material en el que las cargas no se mueven libremente.

La **ley de Coulomb** afirma que la fuerza electrostática entre dos cargas puntuales estacionarias separadas una distancia r tiene una magnitud:

$$F_e = k_e \frac{|q_1||q_2|}{r^2} \qquad [1.1]$$

donde la constante de Coulomb tiene el valor $k_e = 8.99 \times 10^9$ $\mathrm{N \cdot m^2/C^2}$. La forma vectorial de la ley de Coulomb es

$$\mathbf{F}_{12} = k_e \frac{q_1 q_2}{r^2} \hat{\mathbf{r}}_{12} \qquad [1.2]$$

Existe un **campo eléctrico** en un punto del espacio si una carga de prueba q_0 situada en dicho punto experimenta una fuerza eléctrica. Se define el campo eléctrico como

$$\mathbf{E} \equiv \frac{\mathbf{F}_e}{q_0} \qquad [1.3]$$

La fuerza que sufre una partícula cargada q situada en un campo eléctrico $\mathbf{E}$ es

$$\mathbf{F}_e = q\mathbf{E} \qquad [1.4]$$

El campo eléctrico debido a una carga puntual q a una distancia r de la carga es

$$\mathbf{E} = k_e \frac{q}{r^2}\hat{\mathbf{r}} \qquad [1.5]$$

donde $\hat{\mathbf{r}}$ es el vector unitario que va desde la carga hasta el punto en cuestión. El campo eléctrico se dirige radialmente hacia fuera si la carga es positiva, y hacia dentro si la carga es negativa.

El campo eléctrico debido a un grupo de cargas puede obtenerse mediante el principio de superposición. Es decir, el campo eléctrico total es igual a la suma vectorial de los campos eléctricos creados por cada carga individual en el punto:

$$\mathbf{E} = k_e \sum_i \frac{q_i}{r_i^2}\hat{\mathbf{r}}_i \qquad [1.6]$$

De manera similar, el campo eléctrico creado por una distribución continua de carga en un punto es

$$\mathbf{E} = k_e \int \frac{dq}{r^2}\hat{\mathbf{r}} \qquad [1.7]$$

donde dq es la carga de un elemento de la distribución de carga y r es la distancia entre dicho elemento de carga y el punto en cuestión.

Las **líneas de campo eléctrico** son útiles para describir el campo eléctrico en una región del espacio. El vector de campo eléctrico **E** es siempre tangente a las líneas de campo eléctrico en cada punto. Además, el número de líneas por unidad de área que atraviesan una superficie perpendicular a ellas es proporcional a la magnitud del campo **E** sobre la superficie.

El **flujo eléctrico** es proporcional al número de líneas de campo que atraviesan una superficie. Si el campo eléctrico es uniforme y forma un ángulo θ con la normal a la superficie, el flujo eléctrico a través de ella es

$$\Phi_E = EA\cos\theta \qquad [1.18]$$

Para un caso general, el flujo eléctrico a través de una superficie se define como

$$\Phi_E = \int_{\text{superficie}} \mathbf{E}\cdot d\mathbf{A} \qquad [1.19]$$

La **ley de Gauss** afirma que el flujo eléctrico neto Φ_E a través de una superficie gaussiana cerrada es igual a la *carga neta encerrada* por la superficie, dividida por ϵ_0:

$$\Phi_E = \oint \mathbf{E}\cdot d\mathbf{A} = \frac{q_{\text{in}}}{\epsilon_0} \qquad [1.22]$$

Utilizando la ley de Gauss, puede calcularse el campo eléctrico generado por diversas distribuciones de carga simétricas.

Un **conductor en equilibrio electrostático** cumple las siguientes propiedades:

1. El campo eléctrico es cero en todos los puntos del interior del conductor.
2. Si el conductor aislado posee una carga neta, dicha carga neta se distribuye únicamente sobre su superficie.
3. El campo eléctrico precisamente afuera del conductor cargado es perpendicular a la superficie de éste, y su magnitud es σ/ϵ_0, donde σ es la densidad superficial de carga en dicho punto.
4. En el caso de un conductor con forma irregular, la densidad superficial de carga es máxima en los puntos en los que el radio de curvatura de la superficie es mínimo.

PREGUNTAS

1. Explique, desde un punto de vista atómico, por qué la carga suele transferirse por los electrones.

2. Al sacar la ropa de una secadora en un día seco suelen verse (u oírse) chispas, si no hay mucha luz. Explique por qué.

3. Se carga un globo negativamente por frotamiento, y a continuación se pega a una pared. ¿Significa esto que la pared se encuentra cargada positivamente? ¿Por qué llega un momento en el que el globo se cae?

4. Un peine cargado suele atraer pequeños trozos de papel seco que, una vez que tocan el peine, caen de nuevo. Explique por qué.

5. El personal de quirófano debe utilizar un calzado conductor especial cuando trabaja con oxígeno. ¿Por qué? Compare dicha situación con lo que ocurriría si el personal utilizara calzado con suela de goma.

6. ¿Sería la vida diferente si los electrones tuvieran carga positiva y los protones tuvieran carga negativa? ¿Tiene alguna consecuencia física o química la elección de signos? Explique por qué.

7. Explique las similitudes y diferencias entre la ley de la gravitación universal de Newton y la ley de Coulomb.

8. Al definir el campo eléctrico, ¿por qué es necesario especificar que el valor de la carga de prueba debe ser muy pequeño?

9. Considere dos cargas puntuales iguales separadas una distancia d. ¿En qué punto (además de ∞) una tercera carga de prueba no experimentaría ninguna fuerza neta?

10. Una carga puntual negativa $-q$ se sitúa en el punto P cerca del anillo cargado positivamente que aparece en la figura 1.15 (ejemplo 1.5). Si $x \ll a$, describa el movimiento de la carga puntual si se libera partiendo del reposo.

11. Una carga de valor $4q$ se encuentra a una distancia r de otra carga de valor $-q$. Compare el número de líneas de campo eléctrico que salen de la carga $4q$ con el número de líneas que acaban en $-q$. ¿Dónde acaban las líneas que parten de $4q$ y no acaban en $-q$?

12. Una placa de aluminio muy grande y fina, de área A, tiene una carga total Q distribuida uniformemente sobre sus superficies. Se distribuye la misma carga únicamente sobre la superficie *superior* de una segunda lámina de vidrio, por lo demás idéntica a la primera. Compare el campo eléctrico existente justo sobre el centro de las superficies superiores de cada una de las dos láminas.

13. Si hay más líneas de campo saliendo de una superficie gaussiana que entrando en ella, ¿qué puede deducirse acerca de la carga neta encerrada por dicha superficie?

14. En una región del espacio sin cargas existe un campo eléctrico uniforme. ¿Qué puede decirse acerca del flujo eléctrico *neto* que atraviesa una superficie gaussiana situada en dicha región del espacio?

15. Si la carga total encerrada por una superficie cerrada es conocida, pero no se conoce la distribución espacial de dicha carga, ¿puede utilizarse la ley de Gauss para calcular el campo eléctrico? Explique por qué.

16. Explique por qué el flujo eléctrico a través de una superficie cerrada que encierra una carga determinada es independiente del tamaño o la forma de la superficie.

17. Una comprobación usual de las leyes de la electrostática consiste en frotarse un globo, que es un aislante, contra la cabeza, y entonces poner el globo en contacto con una pared o el techo, también aislantes. La atracción eléctrica entre el globo cargado y la pared neutra hace que el globo se pegue a la pared. Imagine ahora que tenemos dos láminas planas infinitas de un material aislante. Una está cargada y la otra es neutra. Si ambas se ponen en contacto, ¿aparecerá una fuerza atractiva entre ellas, como ocurría con el globo y la pared?

18. Explique por qué la carga en exceso de un conductor aislado debe distribuirse sobre su superficie, utilizando la naturaleza repulsiva de la fuerza eléctrica entre cargas de igual signo y la libertad de movimiento de las cargas en el interior del conductor.

19. ¿Cuándo es posible aproximar una distribución de carga como una carga puntual?

20. Una persona se encuentra en el interior de una gran esfera metálica hueca que se encuentra aislada de tierra. Si se añade una gran carga eléctrica a la esfera, ¿es peligroso para la persona tocar la superficie interior de la esfera? Explique qué ocurrirá si la persona tiene una carga inicial de signo opuesto al de la carga de la esfera.

21. Imagine dos dipolos eléctricos en el espacio vacío. Cada dipolo tiene carga neta cero. ¿Hay una fuerza eléctrica entre ambos dipolos? Es decir, ¿pueden dos objetos con *carga neta nula* ejercer una fuerza eléctrica el uno sobre el otro? Si es así, ¿es la fuerza atractiva o repulsiva?

22. Dos esferas sólidas, ambas de radio R, tienen igual carga total Q. Una esfera es un buen conductor y la otra es un aislante. Si la carga de la esfera aislante se encuentra distribuida uniformemente sobre su volumen total, compare el campo eléctrico creado por cada esfera. ¿Es el valor del campo eléctrico igual en el interior de ambas esferas?

PROBLEMAS

1, 2, 3 = fácil, intermedio, difícil   web = solución publicada en **http://www.harcourtcollege.com/physics/**

= se recomienda el uso de computadora para la resolución del problema

= problemas numérico/simbólico emparejados   = aplicaciones biomédicas

Sección 1.2 Propiedades de la carga eléctrica

Sección 1.3 Aislantes y conductores

Sección 1.4 Ley de Coulomb

1. (a) Calcule el número de electrones que hay en un pequeño alfiler de plata eléctricamente neutro con masa de 10.0 g. La plata tiene 47 electrones por átomo, y su masa molar es de 107.87 g/mol. (b) Se añaden electrones al alfiler hasta que la carga negativa neta es de 1.00 μC. ¿Cuántos electrones se han añadido por cada 1.00×10^9 electrones presentes?

2. Suponga que 1.00 g de hidrógeno se separa en electrones y protones. Suponga además que los protones se colocan en el polo Norte de la Tierra y los electrones en el polo Sur. ¿Cuál es la fuerza de compresión que aparecería sobre la Tierra?

3. El premio Nobel Richard Feynman dijo una vez que si dos personas estuvieran a una distancia de un brazo la una de la otra, y cada una de ellas tuviera un 1% más de electrones que de protones, la fuerza repulsiva entre ellas sería suficiente para "levantar" un peso igual al de la Tierra entera. Realice un cálculo estimativo del orden de magnitud de la fuerza para verificar esta afirmación.

4. Dos pequeñas esferas conductoras idénticas se sitúan con sus centros separados por una distancia de 0.300 m. A una de ellas se le proporciona una carga de 12.0 nC y a la otra una carga de -18.0 nC. (a) Calcule la fuerza eléctrica ejercida por una esfera sobre la otra. (b) Las esferas se conectan mediante un cable conductor. Calcule la fuerza eléctrica entre ellas una vez que han alcanzado el equilibrio.

5. En un núcleo atómico, la distancia entre dos protones es de aproximadamente 2×10^{-15} m. La fuerza de repulsión entre los protones es enorme, pero la fuerza nuclear de atracción entre ellos es aún mayor y evita que el núcleo se desintegre. ¿Cuál es la magnitud de la fuerza eléctrica de repulsión entre dos protones separados 2.00×10^{-15} m?

6. **Problema de repaso.** En la teoría de Bohr del átomo de hidrógeno, un electrón se mueve en una órbita circular alrededor de un protón, con un radio orbital de 5.29×10^{-11} m. (a) Calcule la fuerza eléctrica entre ambos. (b) Si dicha fuerza es la causante de la aceleración centrípeta del electrón, ¿cuál es su velocidad?

7. Tres cargas puntuales se encuentran en los vértices de un triángulo equilátero, como se muestra en la figura P1.7. Calcule la fuerza eléctrica neta sobre la carga de 7.00 μC.

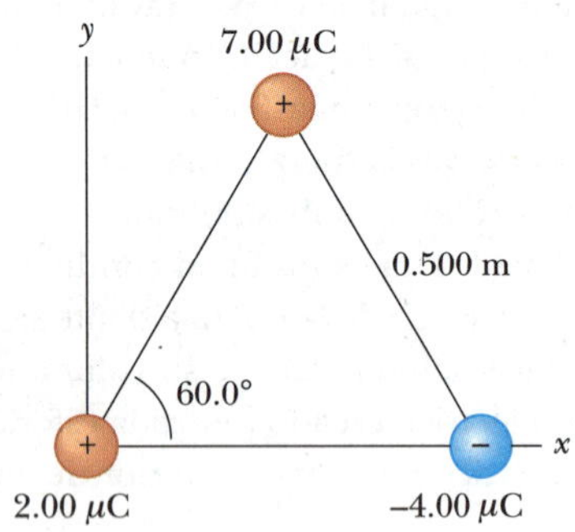

Figura P1.7

Sección 1.5 Campo eléctrico

8. ¿Cuál es la magnitud y dirección del campo eléctrico que equilibra el peso de (a) un electrón y (b) un protón? (Utilice los datos de la tabla 1.1).

9. En la figura P1.9, calcule el punto (además del infinito) en el que el campo eléctrico es cero.

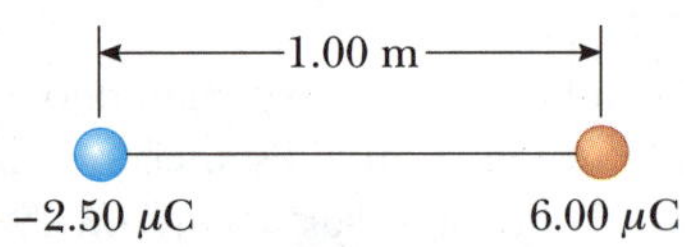

Figura P1.9

10. Tres cargas puntuales se encuentran situadas como se indica en la figura P1.10. (a) Calcule el vector de campo eléctrico en el origen que cargas de 6.00 nC y −3.00 nC generan conjuntamente. (b) Calcule el vector de la fuerza experimentada por la carga de 5.00 nC.

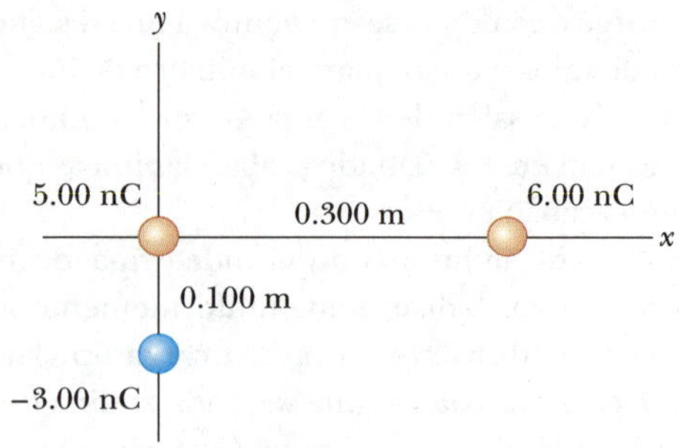

Figura P1.10

11. Tres cargas positivas iguales q se encuentran en los vértices de un triángulo equilátero de lado a, como se muestra en la figura P1.11. (a) Suponiendo que las tres cargas juntas crean un campo eléctrico, calcule la posición del punto (además del infinito) en el que el campo eléctrico es cero. (*Pista:* Dibuje las líneas de campo en el plano de las cargas.) (b) ¿Cuál es la magnitud y dirección del campo eléctrico en P debido a las dos cargas de la base del triángulo?

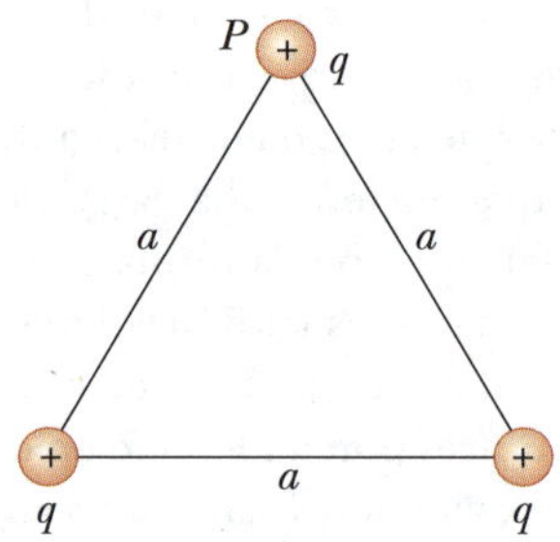

Figura P1.11

12. Dos cargas puntuales de 2.00 μC se encuentran situadas sobre el eje x. Una de ellas está en $x = 1.00$ m, y la otra en $x = -1.00$ m. (a) Calcule el valor del campo eléctrico sobre el eje y para $y = 0.500$ m. (b) Calcule la fuerza eléctrica sobre una carga de -3.00 μC situada sobre el eje y, en la posición $y = 0.500$ m.

13. Cuatro cargas puntuales están situadas en los vértices de un cuadrado de lado a como el que se muestra en la figura P1.13. (a) Calcule la magnitud y dirección del campo eléctrico en la posición de la carga q. (b) ¿Cuál es la fuerza resultante sobre q?

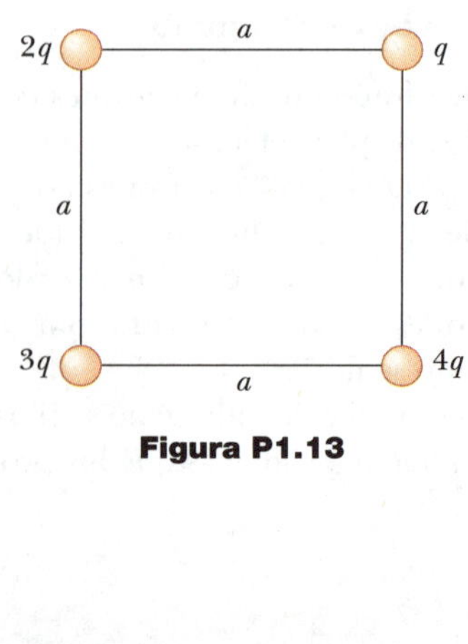

Figura P1.13

14. Una varilla de longitud 14.0 cm está cargada uniformemente con una carga total de $-22.0\ \mu C$. Calcule la magnitud y dirección del campo eléctrico sobre el eje de la varilla a una distancia de 36.0 cm de su centro.

15. Considere el dipolo eléctrico de la figura P1.15. Demuestre que el campo eléctrico en un punto *lejano* situado sobre el eje x es $E_x \approx 4k_e qa/x^3$.

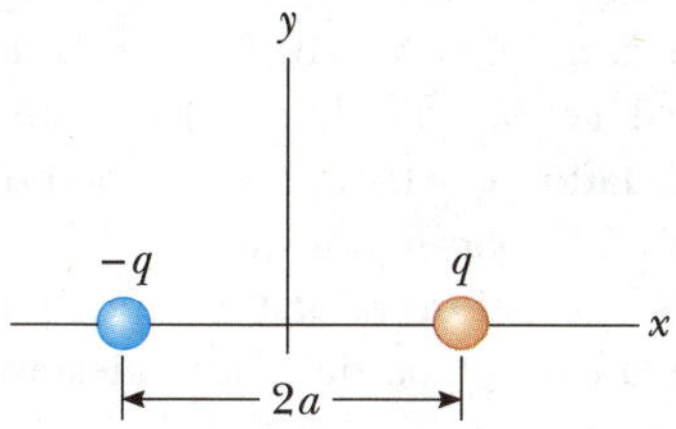

Figura P1.15

16. Un anillo de 10.0 cm de radio está cargado uniformemente con una carga total de 75.0 μC. Calcule el campo eléctrico sobre el eje del anillo a una distancia de (a) 1.00 cm, (b) 5.00 cm, (c) 30.0 cm y (d) 100 cm del centro del anillo.

17. web Una varilla aislante de 14.0 cm de longitud cargada uniformemente se dobla hasta darle forma semicircular, como se ve en la figura P1.17. La varilla tiene una carga total de $-7.50\ \mu C$. Calcule la magnitud y dirección del campo eléctrico en *O*, el centro del semicírculo.

Figura P1.17

18. Una línea continua de carga está situada a lo largo del eje x, desde $x = +x_0$ hasta $x = +\infty$. La línea tiene una densidad lineal de carga λ_0. ¿Cuál es la magnitud y dirección del campo eléctrico en el origen?

19. Una varilla fina de longitud ℓ y densidad lineal de carga λ está situada a lo largo del eje x, como se muestra en la figura P1.19. (a) Demuestre que el campo eléctrico en *P*, a una distancia y de la varilla según la bisectriz perpendicular a ésta, no tiene componente x, y viene dado por $E = 2k_e\lambda \operatorname{sen} \theta_0/y$. (b) Utilizando el resultado del inciso (a), demuestre que el campo creado por una varilla de longitud infinita es $E = 2k_e\lambda/y$. (*Pista:* En primer lugar, calcule el campo en *P* debido a un elemento de longitud dx, con carga $\lambda\, dx$. A continuación, realice un cambio de variable de x a θ utilizando las relaciones $x = y \tan \theta$ y $dx = y \sec^2\theta\, d\theta$, e integre sobre θ.)

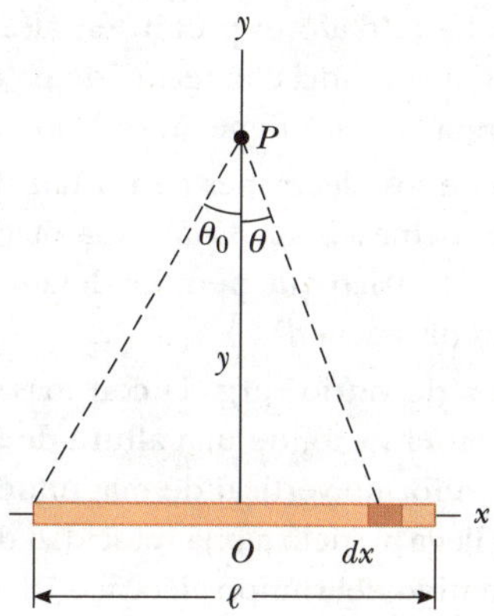

Figura P1.19

20. Tres cilindros sólidos de plástico tienen un radio de 2.50 cm y una longitud de 6.00 cm. El primero (a), tiene densidad superficial de carga de 15.0 nC/m^2 a lo largo de toda su superficie. El segundo (b), tiene la misma densidad superficial de carga a lo largo de su superficie lateral y no tiene carga en los extremos planos. El tercero (c), tiene una densidad volumétrica de carga de 500 nC/m^3, repartida uniformemente por todo el cilindro. Calcule la carga de cada cilindro.

Sección 1.6 Líneas de campo eléctrico

21. Una varilla de longitud infinita cargada negativamente tiene densidad lineal de carga uniforme. Dibuje las líneas de campo eléctrico en un plano que contenga a la varilla.

22. La figura P1.22 muestra las líneas de campo eléctrico debidas a dos cargas puntuales separadas una pequeña distancia. (a) Calcule el cociente q_1/q_2. (b) ¿Cuál es el signo de q_1 y q_2?

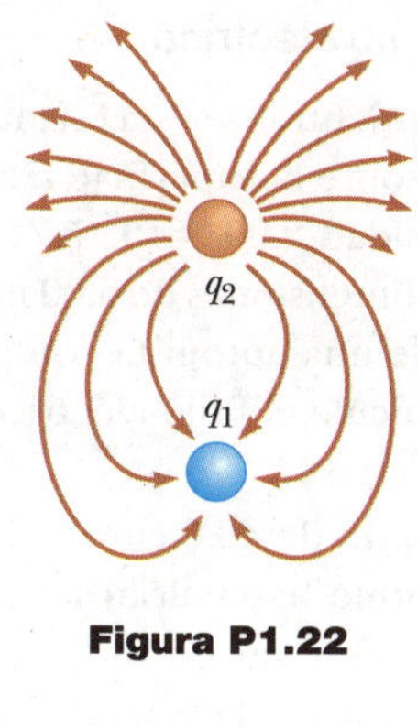

Figura P1.22

Sección 1.7 Movimiento de partículas cargadas en un campo eléctrico uniforme

23. Un protón se acelera desde el reposo en un campo eléctrico uniforme de valor 640 N/C. En un momento determinado, su velocidad es de 1.20×10^6 m/s (velocidad no relativista, puesto que v es mucho menor que la velocidad de la luz). (a) Calcule la aceleración del protón. (b) ¿Cuánto tiempo ha tardado el protón en alcanzar dicha velocidad? (c) ¿Qué distancia ha recorrido en dicho tiempo? (d) ¿Qué energía cinética tiene en ese momento?

24. Cada uno de los electrones de un haz de partículas tiene una energía cinética K. ¿Cuál es la magnitud y dirección del campo eléctrico que permite detener a dichos electrones en una distancia d?

25. Una cuenta de vidrio cargada con masa 1.00 g cae desde el reposo en el vacío, de una altura de 5.00 m, en campo eléctrico uniforme vertical de magnitud 1.00×10^4 N/C. La cuenta llega al suelo a una velocidad de 21.0 m/s. Calcule (a) el sentido del campo eléctrico (hacia arriba o abajo) y (b) la carga de la cuenta de vidrio.

26. Un protón se mueve en dirección horizontal con velocidad 4.50×10^5 m/s. Entra en una región en la que existe un campo eléctrico uniforme vertical con magnitud de 9.60×10^3 N/C. Ignorando los efectos gravitacionales, calcule (a) el tiempo que tarda el protón en recorrer 5.00 cm horizontalmente, (b) su velocidad vertical después de recorrer 5.00 cm horizontalmente y (c) las componentes horizontal y vertical de la velocidad después de recorrer 5.00 cm horizontalmente.

27. Dos placas metálicas horizontales de área 100 mm^2 cada una están separadas una distancia de 10.0 mm, con una de ellas situada sobre la otra. Se cargan ambas con una carga de igual valor y signos opuestos, de modo que aparece un campo eléctrico de 2 000 N/C entre las placas. Una partícula de masa 2.00×10^{-16} kg y carga positiva de 1.00×10^{-6} C parte del centro de la placa inferior, cargada negativamente, con una velocidad inicial de 1.00×10^5 m/s que forma un ángulo de 37.0° con la horizontal. Describa la trayectoria de la partícula. ¿Con cuál de las dos placas choca? ¿Dónde choca con ella, respecto a su punto de partida?

Sección 1.8 Flujo eléctrico

28. En cierto día, mientras se está formando una nube de tormenta, existe sobre la superficie terrestre un campo eléctrico de intensidad 2.00×10^4 N/C. Un coche de forma rectangular y dimensiones de 6.00 m por 3.00 m se desplaza a lo largo de una autopista con pendiente descendente de 10.0°. Calcule el flujo eléctrico a través del piso del coche.

29. Se gira una espira de 40.0 cm de diámetro en un campo eléctrico uniforme hasta alcanzar la posición de máximo flujo eléctrico. El flujo en dicha posición es de 5.20×10^5 N·m^2/C. ¿Cuál es la magnitud del campo eléctrico?

Sección 1.9 Ley de Gauss

30. El campo eléctrico sobre cualquier punto de la superficie de un cascarón esférico muy delgado de radio 0.750 m es de 890 N/C, dirigido radialmente hacia el centro de la esfera. (a) ¿Cuál es la carga neta encerrada por la superficie de la esfera? (b) ¿Qué puede deducirse acerca de la distribución de la carga en el interior de la superficie esférica?

31. Las siguientes cargas se encuentran en el interior de un submarino: 5.00 μC, -9.00 μC, 27.0 μC y -84.0 μC. (a) Calcule el flujo eléctrico neto a través del casco del submarino. (b) ¿Es el número de líneas de campo que salen del submarino mayor, igual o menor que el número de líneas que entran?

32. Una carga de 170 μC se encuentra en el centro de un cubo de 80.0 cm de arista. (a) Calcule el flujo total que atraviesa cada cara del cubo. (b) Calcule el flujo a través de la superficie del cubo completo. (c) ¿Cambiarían las respuestas del apartado (a) y (b) si la carga no estuviera en el centro del cubo? Explique por qué.

33. web Una carga puntual de valor Q se encuentra justo sobre el centro de la cara plana de una semiesfera de radio R, como se muestra en la figura P1.33. ¿Cuál es el flujo eléctrico (a) a través de la superficie curva y (b) a través de la cara plana?

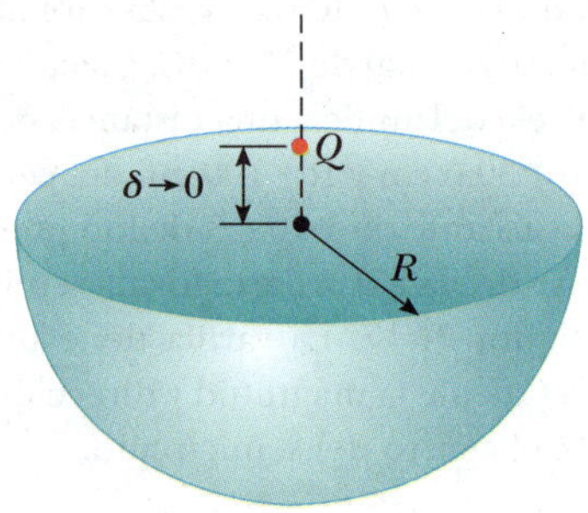

Figura P1.33

Sección 1.10 Aplicación de la ley de Gauss a distribuciones simétricas de carga

34. Una esfera sólida de radio 40.0 cm tiene una carga total positiva de 26.0 μC distribuida uniformemente en todo su volumen. Calcule la magnitud del campo eléctrico a una distancia de (a) 0 cm, (b) 10.0 cm, (c) 40.0 cm y (d) 60.0 del centro de la esfera.

35. Considere un cascarón esférico muy delgado de 14.0 cm de radio con carga total de 32.0 μC distribuida uniformemente sobre su superficie. Calcule el campo eléctrico a una distancia de (a) 10.0 cm y (b) 20.0 cm del centro de la distribución de carga.

36. Un cascarón cilíndrico de 7.00 cm de radio y 240 cm de longitud tiene una carga uniformemente distribuida por toda su superficie lateral. La longitud del campo eléctrico en un punto situado a una distancia de 19.0 cm radialmente hacia fuera desde el eje del cilindro (medidos desde el punto medio de dicho eje) es de 36.0 kN/C. Calcule (a) la carga neta en el cascarón y (b) el campo eléctrico a una distancia de 4.00 cm del eje, medidos radialmente hacia fuera desde el punto medio del mismo.

37. web Considere una distribución de carga con forma de cilindro de gran longitud, de radio R y densidad volumétrica de carga uniforme ρ. Calcule el valor del campo eléctrico a una distancia r del eje, con $r < R$.

38. Un trozo de poliestireno de 10.0 g tiene una carga neta de $-0.700\ \mu C$ y flota sobre el centro de una gran lámina horizontal de plástico que tiene una densidad de carga uniforme por toda su superficie. ¿Cuál es la densidad superficial de carga de la lámina?

39. En un reactor nuclear de fusión, un núcleo de uranio 235, que contiene 92 protones, se divide en dos esferas más pequeñas, cada una de ellas con 46 protones y un radio de 5.90×10^{-15} m. ¿Cuál es la magnitud de la fuerza de repulsión que separa ambas esferas?

Sección 1.11 Conductores en equilibrio electrostático

40. Una varilla larga y recta de metal tiene un radio de 5.00 cm y una densidad lineal de carga de 30.0 nC/m. Calcule el campo eléctrico a una distancia de (a) 3.00 cm, (b) 10.0 cm y (c) 100 cm del eje de la varilla, donde la distancia se mide perpendicularmente a la varilla.

41. Una placa cuadrada de cobre de 50.0 cm de lado tiene una carga neta igual a cero y se sitúa en una región en la cual existe un campo eléctrico uniforme de 80.0 kN/C dirigido perpendicularmente hacia la placa. Calcule (a) la densidad de carga en cada cara de la placa y (b) la carga total en cada cara.

42. El campo eléctrico sobre la superficie de un conductor de forma irregular varía de 56.0 kN/C a 28.0 kN/C. Calcule la densidad superficial de carga en el punto de la superficie donde el radio de curvatura es (a) máximo y (b) mínimo.

43. web Una lámina conductora fina y cuadrada, de 50.0 cm de lado, se encuentra sobre el plano *xy*. Si se da a la lámina una carga total de 4.00×10^{-8} C, calcule (a) la densidad superficial de carga de la lámina, (b) el valor del campo eléctrico justo sobre la superficie de la lámina y (c) el valor del campo eléctrico justo bajo la superficie de la lámina. Puede suponerse que la densidad de carga es uniforme.

44. Un cable largo y recto se rodea con un cilindro metálico hueco cuyo eje coincide con el del cable. El cable tiene una densidad lineal de carga λ, y el cilindro tiene una densidad lineal neta de carga 2λ. A partir de esta información, utilice la ley de Gauss para calcular (a) la densidad lineal de carga sobre las superficies interior y exterior del cilindro y (b) el campo eléctrico en el exterior del cilindro a una distancia r de su eje.

45. Una esfera conductora sólida de 2.00 cm de radio tiene una carga de 8.00 μC. Un cascarón esférico conductor de 4.00 cm de radio interior y 5.00 cm de radio exterior, concéntrico a la esfera maciza, tiene una carga total de -4.00 μC. Calcule el campo eléctrico a una distancia de (a) $r =$ 1.00 cm, (b) $r =$ 3.00 cm, (c) $r =$ 4.50 cm y (d) $r =$ 7.00 del centro de esta distribución de carga.

Sección 1.12 Relación con el contexto. El campo eléctrico atmosférico

46. Cuando las condiciones climatológicas son buenas, el campo eléctrico en el aire en un punto determinado justo sobre la superficie terrestre es de 120 N/C dirigido hacia abajo. (a) ¿Cuál es el valor de la densidad superficial de carga sobre la superficie del suelo? ¿Es positiva o negativa? (b) Si las condiciones climatológicas fueran buenas en todas partes y la densidad superficial de carga fuera uniforme, ¿cuál sería la carga total de la Tierra? ¿Cuántos electrones (o protones) en exceso habría sobre la superficie de la Tierra para crear un campo eléctrico de 120 N/C dirigido hacia abajo?

47. El campo eléctrico en un punto determinado del suelo, a una altitud de 500 m sobre éste, es de 120 N/C dirigido hacia abajo. A 600 m sobre el suelo, el campo eléctrico es de 100 N/C dirigido hacia abajo. ¿Cuál es la densidad volumétrica de carga media en la capa atmosférica comprendida entre ambas altitudes? ¿Es positiva o negativa?

48. El campo eléctrico en la atmósfera terrestre sugiere que la superficie sólida y líquida de la Tierra tiene una carga de alrededor de -5×10^5 C. Imagine que el planeta en su conjunto tuviera una carga neta de -5.00×10^5 C, y que la Luna, con un radio igual al 27.3% del de la Tierra, tuviera una carga de -1.37×10^5 C. (a) Calcule la fuerza eléctrica que la Tierra ejercería sobre la Luna. (b) Compárela con la fuerza gravitacional que la Tierra ejerce sobre la Luna. Como se observa en este cálculo, al estudiar los movimientos de los astros pueden considerarse a las fuerzas como simplemente gravitacionales. Podemos afirmar que los astros tienen una carga total despreciable.

Problemas adicionales

49. Una pequeña pelota de plástico de 2.00 g se encuentra suspendida de un hilo de 20.0 cm de longitud en un campo eléctrico uniforme, como se muestra en la figura P1.49. Si la pelota se encuentra en equilibrio cuando el hilo forma un ángulo de 15.0° con la vertical, ¿cuál es la carga neta de la pelota?

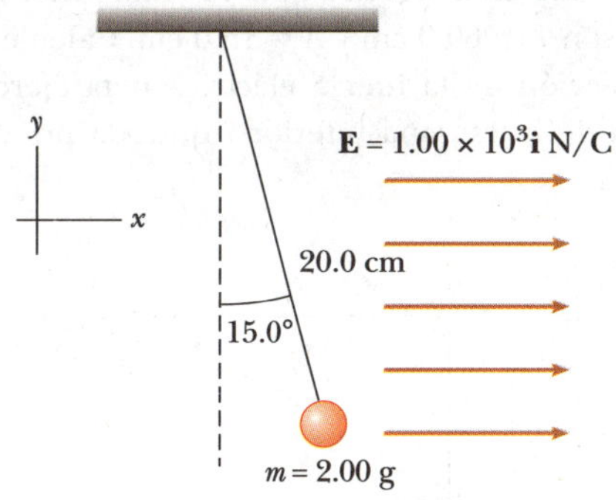

Figura P1.49

50. Tres pequeñas pelotas de poliestireno idénticas ($m =$ 2.00 g) se encuentran colgando de un punto fijo por medio de tres hilos aislantes, cada uno de 50.0 cm de longitud y de masa despreciable. En equilibrio, los tres hilos forman un triángulo equilátero de 30.0 cm de lado. ¿Cuál es la carga q que tiene cada pelota?

51. Dos bloques metálicos idénticos se encuentran sobre una superficie horizontal sin rozamiento, y están conectados a un resorte metálico de constante de restitución de 100 N/m y 0.300 m de longitud de equilibrio como se muestra en la figura P1.51a. Se añade lentamente al sistema una carga Q, que hace que el resorte se alargue hasta alcanzar el equilibrio con una longitud de 0.400 m, como se observa en la figura P1.51b. Calcule el valor de Q, suponiendo que toda la carga se encuentra contenida en los bloques y que éstos se comportan como cargas puntuales.

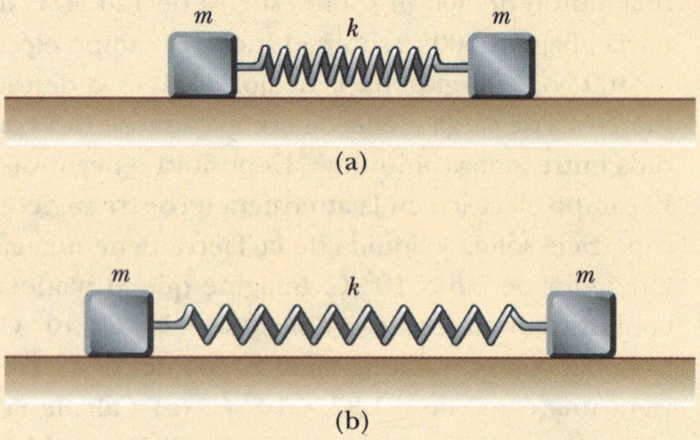

Figura P1.51 Problemas 51 y 52.

52. Dos bloques metálicos idénticos se encuentran sobre una superficie horizontal sin rozamiento, y están conectados a un resorte metálico de constante de restitución k y longitud de equilibrio L_0, como se muestra en la figura P1.51a. Se añade lentamente al sistema una carga Q, que hace que el resorte se alargue hasta alcanzar el equilibrio con una longitud L, como se observa en la figura P1.51b. Calcule el valor de Q, suponiendo que toda la carga se encuentra contenida en los bloques y que éstos se comportan como cargas puntuales.

53. Cuatro cargas puntuales idénticas ($q = +10.0\ \mu C$) se encuentran situadas en los vértices de un rectángulo, como se muestra en la figura P1.53. Las dimensiones del rectángulo son $L = 60.0$ cm y $A = 15.0$ cm. Calcule la magnitud y dirección de la fuerza eléctrica neta ejercida sobre la carga de la esquina inferior izquierda por las otras tres cargas.

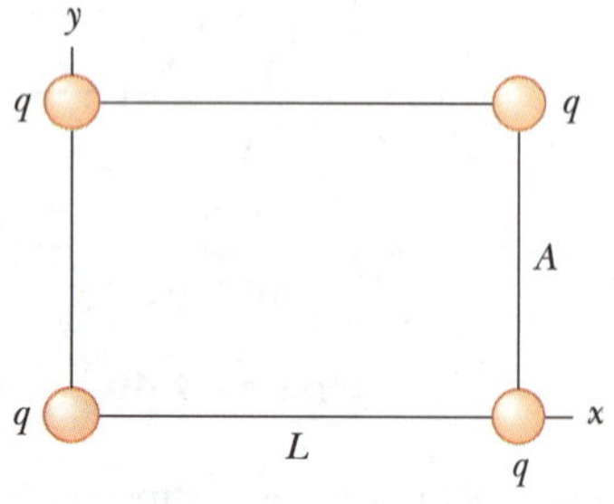

Figura P1.53

54. Tres cargas puntuales de igual valor q se encuentran fijas en los vértices de un triángulo equilátero (figura P1.54). Una cuarta carga Q puede moverse libremente sobre el eje positivo de las x bajo la influencia de las fuerzas ejercidas por las tres cargas fijas. Calcule el valor s para el cual Q se encuentra en equilibrio. Necesitará resolver una ecuación trascendente.

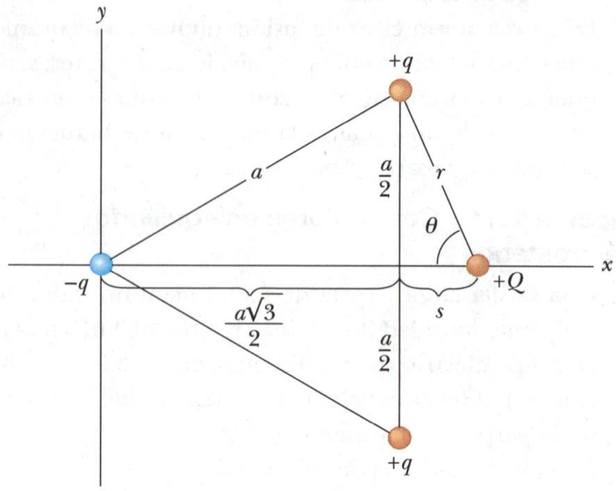

Figura P1.54

55. Dos pequeñas esferas de masa m se encuentran suspendidas de hilos de longitud ℓ conectados a un punto común. Una de las esferas tiene carga Q; la otra tiene carga $2Q$. Suponga que los ángulos θ_1 y θ_2 formados por los hilos con la vertical son pequeños. (a) ¿Cuál es la relación entre θ_1 y θ_2? (b) Demuestre que la distancia r entre ambas esferas es

$$r \approx \left(\frac{4k_eQ^2\ell}{mg}\right)^{1/3}$$

56. Un hilo con densidad lineal de carga de 30.0 nC se encuentra situado sobre la línea $y = -15.0$ cm, entre los puntos de coordenadas $x = 0$ y $x = 40.0$ cm. Calcule el campo eléctrico en el origen.

57. Considere la distribución de cargas mostrada en la figura P1.57. (a) Demuestre que la magnitud del campo eléctrico en el centro de cualquier cara del cubo tiene un valor de $2.18k_eq/s^2$.

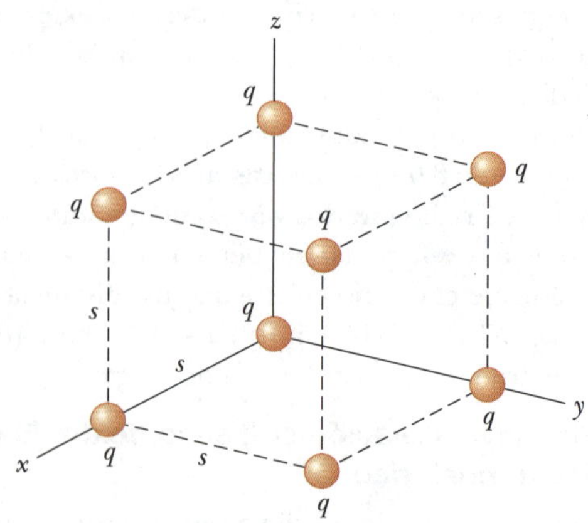

Figura P1.57

(b) ¿Cuál es la dirección del campo eléctrico en el centro de la cara superior del cubo?

58. **Problema de repaso.** Una partícula con carga negativa, de valor $-q$, se encuentra situada en el centro de un anillo cargado uniformemente, con carga positiva total Q, como en el ejemplo 1.5. La partícula, que está restringida a moverse sobre el eje x, se separa una pequeña distancia x a lo largo de dicho eje (con $x \ll a$) y luego se deja en libertad. Demuestre que la partícula inicia un movimiento armónico simple cuya frecuencia viene dada por

$$f = \frac{1}{2\pi}\left(\frac{k_e qQ}{ma^3}\right)^{1/2}$$

59. Una esfera aislante sólida de radio a tiene una densidad de carga uniforme ρ y una carga total Q. Concéntrica a la primera hay una esfera conductora neutra hueca de radios interior y exterior b y c respectivamente, como se muestra en la figura P1.59. (a) Calcule la magnitud del campo eléctrico en las regiones $r < a$, $a < r < b$, $b < r < c$ y $r > c$. (b) Determine la carga inducida por unidad de área sobre las superficies interior y exterior de la esfera hueca.

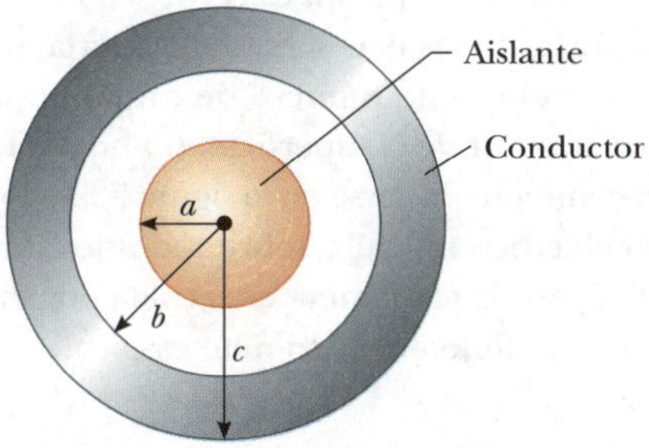

Figura P1.59

60. Dos láminas infinitas no conductoras con carga se encuentran situadas paralelas entre sí, como se ilustra en la figura P1.60. La lámina de la izquierda tiene una densidad superficial de carga uniforme σ, y la de la derecha tiene una densidad superficial de carga uniforme $-\sigma$. Calcule el campo eléctrico en las siguientes regiones: (a) a la izquierda de las placas, (b) entre las dos placas y (c) a la derecha de las placas. (*Pista*: Repase el ejemplo 1.12.)

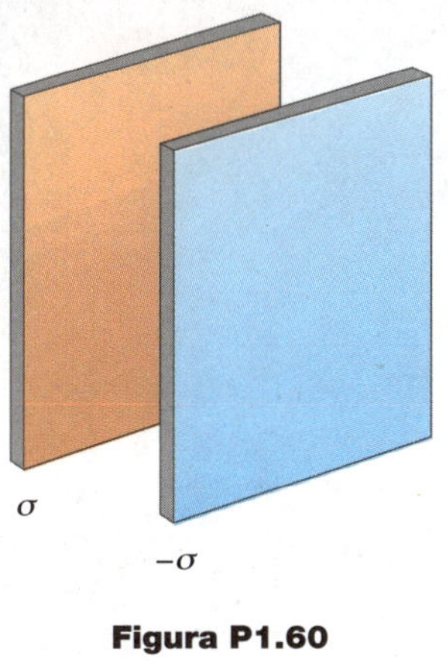

Figura P1.60

61. Repita el cálculo del problema 60 si ambas láminas tienen una densidad superficial de carga uniforme *positiva* σ.

62. Una esfera de radio $2a$ está construida con un material aislante de densidad volumétrica de carga ρ (suponga que el material no afecta al campo eléctrico). Se hace una cavidad esférica de radio a en la esfera, como se observa en la figura P1.62. Demuestre que el campo eléctrico en el interior de la cavidad es uniforme y está dado por $E_x = 0$ y $E_y = \rho a/3\epsilon_0$. (*Pista:* El campo en el interior de la cavidad es la superposición del campo debido a la esfera original sin cavidad y el campo debido a una esfera del tamaño de la cavidad y densidad volumétrica de carga negativa $-\rho$.)

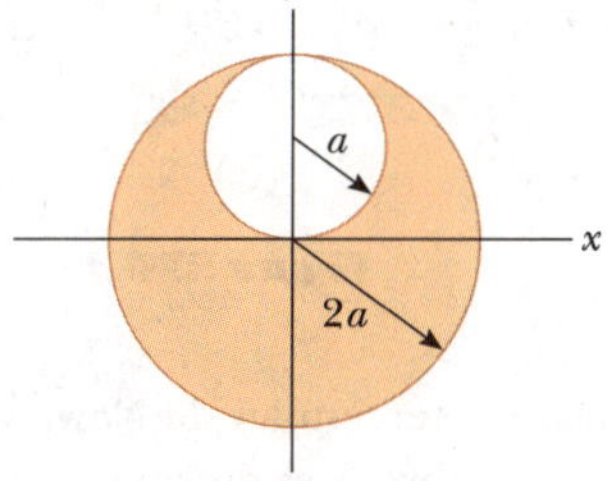

Figura P1.62

63. Una esfera sólida no conductora de radio R tiene una densidad de carga no uniforme, que varía proporcionalmente a r de acuerdo con la relación $\rho = Ar^2$, donde A es una constante y $r < R$ es la distancia al centro de la esfera. (a) Demuestre que el campo eléctrico fuera de la esfera ($r > R$) es $E = AR^5/5\epsilon_0 r^2$. (b) Demuestre que el campo eléctrico en el interior de la esfera ($r < R$) es $E = Ar^3/5\epsilon_0$. (*Pista:* Tenga en cuenta que la carga total Q de la esfera es igual a la integral de ρdV, donde r se integra de 0 a R. Además, tenga en cuenta que la carga q en el interior de un radio $r < R$ es menor que Q. Para calcular las integrales, observe que el elemento de volumen dV para una superficie esférica de radio r y espesor dr es igual a $4\pi r^2\, dr$.)

RESPUESTAS A LAS PREGUNTAS RÁPIDAS

1.1 La configuración es inherentemente inestable. Las cargas negativas se repelen. Cualquier ligera rotación de una de las varillas podría producir una rotación adicional que alejaría al sistema de su posición inicial. En el siguiente diagrama se muestran tres posibles configuraciones finales. La configuración (a) es estable: si se acercan los extremos superiores cargados positivamente, se repelerán y devolverán el sistema a su posición inicial. La configuración (b) representa un equilibrio inestable: si se acercan los extremos superiores, la atracción entre ellos será mayor que la de los extremos inferiores, acabándose en la configuración (c). La configuración (c) es estable.

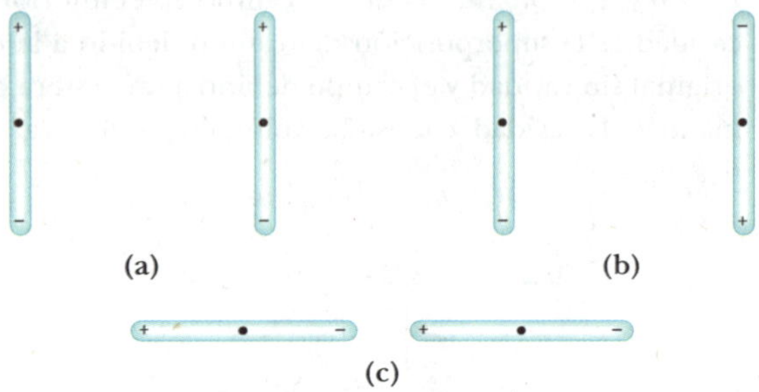

Figura RPR.1

1.2 (b) A partir de la tercera ley de Newton, la fuerza eléctrica que B ejerce sobre A es de igual magnitud, igual dirección y sentido contrario a la que A ejerce sobre B, es decir, $\mathbf{F}_{AB} = -\mathbf{F}_{BA}$.

1.3 Nada, suponiendo que las cargas fuente que crean el campo no sean perturbadas por nuestras acciones. Recuerde que el campo eléctrico no es creado por la carga de $+3\ \mu$C ni por la carga de $-3\ \mu$C, sino por las tres cargas fuente.

1.4 Las dos placas cargadas crean una región de campo eléctrico uniforme entre ellas, dirigido desde la positiva hacia la negativa. Si la pelota se perturba de modo que toque una de las placas, por ejemplo la negativa, una cierta carga negativa se transferirá a la pelota, que experimentará una fuerza de repulsión que la acelerará hacia la placa positiva. Cuando toque la placa positiva, cederá su carga negativa y adquirirá carga positiva, y se acelerará de nuevo hacia la carga negativa. La pelota continuará realizando este movimiento de un lado a otro hasta que haya transferido la carga neta entre ellas, dejando ambas placas en estado eléctricamente neutro.

1.5 Negativa. Puesto que las líneas de campo eléctrico apuntan hacia abajo, el suelo debe tener cargas negativas.

1.6 *A, B, C.* El campo es máximo en *A*, puesto que las líneas se encuentran más juntas. El hecho de que no haya líneas en *C* indica que el campo allí es cero.

1.7 (b) y (d). (a) no es necesariamente cierta, puesto que podría haber el mismo número de cargas positivas y negativas en el interior de la superficie. (c) no es necesariamente cierta, como puede verse en la figura 1.31, donde existe un campo eléctrico no nulo sobre todos los puntos de la superficie, pero la carga neta encerrada por ésta es cero, de modo que el flujo eléctrico neto es cero.

capítulo

2

Este dispositivo es un *condensador variable*, utilizado para sintonizar una radio con el fin de captar una emisora determinada. Cuando se gira un conjunto de placas para que encaje entre el conjunto de placas fijo, la *capacitancia* del condensador varía. La capacitancia es un parámetro que depende del *potencial eléctrico*, el tema de estudio principal de este capítulo. *(George Semple)*

Potencial eléctrico y capacitancia

contenido del capítulo

El concepto de energía potencial se introdujo en el capítulo 7 del volumen I, en conexión con fuerzas conservativas como la gravedad y la fuerza elástica de un resorte. Utilizando el principio de conservación de la energía para un sistema aislado, a menudo puede evitarse el trabajar directamente con fuerzas al resolver problemas mecánicos. En este capítulo, utilizaremos el concepto de energía en nuestro estudio de la electricidad. Puesto que la fuerza electrostática (dada por la ley de Coulomb) es conservativa, los fenómenos electrostáticos pueden describirse convenientemente en términos de una función de energía potencial *eléctrica.* Este concepto nos permite definir una magnitud denominada *potencial eléctrico,* que es una función escalar de la posición y por tanto permite describir algunos fenómenos electrostáticos de manera más sencilla que el campo eléctrico. Como veremos en capítulos posteriores, el concepto de potencial eléctrico tiene una gran utilidad práctica.

Este capítulo también estudia las propiedades de los condensadores, que son dispositivos que permiten almacenar carga. La medida en la que un condensador puede almacenar carga se denomina *capacitancia.* Los condensadores se utilizan en aplicaciones tan comunes como, por ejemplo, sintonizadores de frecuencia en los receptores de radio, filtros en las fuentes de alimentación, circuitos amortiguadores para eliminar chispas en el sistema de encendido de los automóviles, o como mecanismo de almacenamiento de energía en los flashes electrónicos de las cámaras fotográficas.

Tanto el potencial eléctrico como la capacitancia son conceptos abstractos, algo diferentes de los que hemos estudiado anteriormente. Por otro lado, ambos son ampliaciones de conceptos que ya hemos visto. Puesto que se trata de ideas con un alto grado de abstracción, propondremos un mayor número de cuestiones breves y notas de prevención de errores, para hacer más fácil la comprensión de estos conceptos.

2.1 • DIFERENCIA DE POTENCIAL Y POTENCIAL ELÉCTRICO

Cuando se sitúa una carga puntual q_0 en un campo eléctrico **E**, la fuerza eléctrica neta que actúa sobre la partícula es $q_0\mathbf{E}$. Esta fuerza es la suma vectorial de las fuerzas individuales ejercidas sobre q_0 por las cargas que producen el campo eléctrico **E**. Puesto que cada una de las fuerzas individuales ejercidas por cada carga fuente, regidas por la ley de Coulomb, es conservativa, la fuerza total sobre la carga q_0 será también conservativa (véase la sección 7.3 del volumen I para repasar los conceptos relativos a las fuerzas conservativas). Consideremos un sistema formado por una carga puntual y las cargas que crean el campo eléctrico. Puesto que el campo representa el efecto de las cargas fuente, podemos también considerar al sistema como constituido por el campo y la carga q_0 que situamos en su interior, sin referirnos explícitamente a las cargas que crean el campo. Cuando la partícula cargada se mueve debido a la fuerza ejercida sobre ella por el campo, dicho campo realiza un trabajo sobre la partícula. El trabajo realizado por el campo eléctrico sobre la carga puntual q_0, en un desplazamiento infinitesimal $d\mathbf{s}$, está dado por $\mathbf{F}_e \cdot d\mathbf{s} = q_0\mathbf{E} \cdot d\mathbf{s}$.

El trabajo realizado por el campo sobre una carga puntual es similar al trabajo realizado por la fuerza gravitacional sobre un objeto que cae. Vimos en el capítulo 7 del volumen I que la energía potencial gravitacional de un sistema aislado campo-objeto varía en una cantidad igual (pero de signo opuesto) al trabajo realizado por el campo sobre el objeto (ecuación 7.3). De manera similar, el trabajo realizado por el campo eléctrico sobre una partícula cargada modifica la energía potencial del sistema aislado carga-campo en una cantidad $dU = -dW = -q_0\mathbf{E} \cdot d\mathbf{s}$. Para el caso de un desplazamiento finito de una partícula de prueba q_0 entre los puntos A y B, el **cambio en la energía potencial** del sistema carga-campo es

• *Variación de energía potencial*

$$\Delta U = U_B - U_A = -q_0 \int_A^B \mathbf{E} \cdot d\mathbf{s} \qquad [2.1]$$

La integral de la ecuación 2.1 se realiza a lo largo de la trayectoria que sigue la partícula para desplazarse del punto A al punto B, y se denomina **integral de trayectoria** o **integral de línea**. Puesto que la fuerza $q_0\mathbf{E}$ es conservativa, **esta integral no depende de la trayectoria elegida entre *A* y *B*.**

Pregunta rápida 2.1

Si el camino entre A y B no influye sobre la integral de la ecuación 2.1, ¿por qué no utilizamos simplemente la expresión $\Delta U = -q_0Ed$, donde d es la distancia en línea recta entre A y B?

La energía potencial U por unidad de carga q_0 del sistema es independiente del valor de q_0 y tiene un valor único para cada punto en un campo eléctrico. La magnitud U/q_0 se denomina **potencial eléctrico** V (o simplemente **potencial**):

• *Potencial eléctrico*

$$V \equiv \frac{U}{q_0} \qquad [2.2]$$

Puesto que la energía potencial es un escalar, el potencial eléctrico también es una magnitud escalar. Tenga en cuenta que el potencial no es una propiedad del sistema carga-campo, puesto que hemos dividido la energía potencial por la carga. Es una propiedad únicamente del campo; en una situación física cualquiera, podemos imaginar lo que sucedería si retiramos la carga de prueba del campo: el potencial continuará existiendo en el punto que ocupaba la carga de prueba, y se debe a las cargas fuente que crean el campo eléctrico.

La **diferencia de potencial** $\Delta V = V_B - V_A$ entre los puntos A y B se define como el cambio de la energía potencial del sistema carga-campo cuando la carga de prueba se mueve entre ambos puntos, dividida entre el valor de la carga de prueba q_0:

$$\Delta V = \frac{\Delta U}{q_0} = -\int_A^B \mathbf{E} \cdot d\mathbf{s} \qquad [2.3]$$

• *Diferencia de potencial entre dos puntos*

No debe confundirse la diferencia de potencial con la diferencia de energía potencial. La diferencia de potencial entre dos puntos en un campo eléctrico es *proporcional* a la diferencia de energía potencial del sistema carga-campo cuando la carga se mueve de un punto a otro, como se indica en la ecuación 2.3, ambas se relacionan a través de la expresión $\Delta U = q_0\,\Delta V$.

La ecuación 2.3 define únicamente la diferencia de potencial. Por convención, suele elegirse un punto de potencial nulo, normalmente denominado *tierra*. Dicho punto de potencial nulo suele tomarse, para el sistema formado por varias cargas fuente, en el infinito (es decir, un punto infinitamente alejado de las cargas que crean el campo). Con esta elección, podemos afirmar que **el potencial eléctrico en un punto cualquiera generado por una serie de cargas fuente es igual al trabajo requerido para trasladar una partícula de prueba desde el infinito hasta dicho punto, dividido entre la carga de dicha partícula de prueba**. Por tanto, si elegimos $V_A = 0$ en el infinito en la ecuación 2.3, podemos definir el potencial en un punto P como

$$V_P = -\int_{\infty}^{P} \mathbf{E} \cdot d\mathbf{s} \qquad [2.4]$$

donde **E** es el campo eléctrico generado por las cargas fuente. En realidad, V_P representa la diferencia de potencial entre el punto P y un punto situado en el infinito (la ecuación 2.4 es un caso particular de la ecuación 2.3). Al estudiar potenciales en un circuito eléctrico, elegiremos $V = 0$ en un punto determinado del circuito.

Puesto que el potencial es una medida de energía por unidad de carga, las unidades en el SI para el potencial eléctrico son joules por coulombs, unidad a la que se denomina **volt** (V):

$$1\ \text{V} \equiv 1\ \text{J/C}$$

Es decir, si liberamos una partícula de 1 C en un campo eléctrico y ésta se mueve desde un punto de mayor potencial a otro de menor potencial a través de una diferencia de potencial de -1 V, el campo habrá realizado un trabajo de 1 J sobre dicha partícula y, por tanto, ésta adquirirá una energía cinética de 1 J (de acuerdo con el teorema trabajo-energía cinética). Dicho de otra manera, un agente externo debe realizar un trabajo de 1 J sobre una partícula de 1 C de carga para llevarla a través de una diferencia de potencial de $+1$ V a velocidad constante (de acuerdo con el modelo de sistemas no aislados). La ecuación 2.3 indica que la diferencia de potencial también tiene unidades de campo eléctrico multiplicado por distancia. Es decir, las unidades del SI para el campo eléctrico (newtons por coulombs), pueden expresarse como volts por metro:

$$1\ \text{N/C} = 1\ \text{V/m}$$

Esto sugiere que puede considerarse el campo eléctrico como la razón de cambio del potencial eléctrico en el espacio. Un campo eléctrico intenso se relaciona a un potencial que varía rápidamente en el espacio, mientras que un campo débil se relaciona a un potencial que varía lentamente en el espacio.

¡ADVERTENCIA! 2.1

Potencial y energía potencial

La distinción entre potencial y energía potencial resulta a menudo difícil para los estudiantes. El potencial depende únicamente del campo, siendo independiente de cualquier partícula de prueba que pueda colocarse en el campo. Por el contrario, la energía potencial es una característica del sistema carga-campo debida a la interacción entre el campo eléctrico y la carga de prueba situada en su interior. A pesar de las similitudes entre el campo eléctrico y el campo gravitacional, en nuestro estudio de la mecánica no llegamos a definir un potencial gravitacional (aunque podríamos haberlo hecho), porque no es una herramienta útil en el estudio de los problemas gravitacionales. Sin embargo, sí lo es para la solución de problemas eléctricos.

Como vimos en la sección 9.7 del volumen I, el **electrón-volt** (eV) es una unidad frecuentemente utilizada en física:

• *El electrón-volt*

$$1 \text{ eV} = (1e)(1 \text{ V}) = (1.60 \times 10^{-19} \text{ C})(1 \text{ J/C}) = 1.60 \times 10^{-19} \text{ J} \qquad \textbf{[2.5]}$$

Un eV es la energía cinética ganada por una partícula de carga e cuando es acelerada a través de una diferencia de potencial de 1 V. La ecuación 2.5 puede utilizarse para convertir cualquier energía en joules a electrón-volts. Por ejemplo, un electrón en el haz de un cinescopio de TV puede tener una rapidez de 3.5×10^7 m/s. Ésta corresponde a una energía cinética de 5.6×10^{-16} J, equivalente a 3.5×10^3 eV. Dicho electrón debe acelerarse desde el reposo a través de una diferencia de potencial de 3.5 kV para poder alcanzar esa rapidez.

¡ADVERTENCIA! 2.2

De nuevo el electrón-volt

Una vez que hemos definido el volt, conviene recordar la ¡Advertencia! 9.1 del volumen I. El término "electrón-volt" puede sonar como una unidad de potencial, pero recuerde que es una unidad de *energía*.

PIENSE EN LA FÍSICA 2.1

Supongamos que los científicos hubieran decidido medir pequeñas energías utilizando los *protón-volts* en vez de los electrón-volts. ¿Qué diferencia habría?

Razonamiento. No habría ninguna diferencia. Un electrón-volt es la energía ganada por un electrón que es acelerado a través de una diferencia de potencial de un volt. Un protón acelerado a través de la misma diferencia de potencial tendrá la misma energía cinética, puesto que su carga es de la misma magnitud que la del electrón. El protón se moverá más lentamente después de acelerarse a través de un volt, puesto que su masa es mayor, pero aún así habrá ganado una energía cinética de un electrón-volt o un protón-volt.

2.2 • DIFERENCIA DE POTENCIAL EN UN CAMPO ELÉCTRICO UNIFORME

En esta sección, estudiaremos la diferencia de potencial entre dos puntos situados en un campo eléctrico *uniforme*. Considere un campo eléctrico uniforme dirigido a lo largo del eje de las y negativas como se muestra en la figura 2.1a. Vamos a calcular la diferencia de potencial entre dos puntos A y B, separados una distancia d, donde d es medida paralela a las líneas de campo. Aplicando la ecuación 2.3 a esta situación, tenemos

$$V_B - V_A = \Delta V = -\int_A^B \mathbf{E} \cdot d\mathbf{s} = -\int_A^B E \cos 0° \, ds = -\int_A^B E \, ds$$

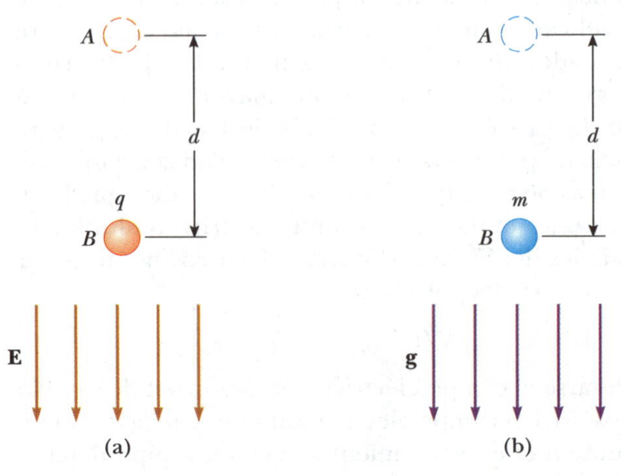

Figura 2.1

(a) Si el campo eléctrico **E** se dirige hacia abajo, el punto B se encuentra a un potencial menor que A. Si una carga de prueba positiva se mueve desde A hasta B, el sistema carga-campo pierde energía potencial eléctrica. (b) Si un objeto de masa m se mueve hacia abajo en la dirección del campo gravitacional **g**, el sistema objeto-campo pierde energía potencial gravitacional.

Puesto que E es constante, puede sacarse fuera de la integral, obteniendo

$$\Delta V = -E\int_A^B ds = -Ed \qquad \textbf{[2.6]}$$

• *Diferencia de potencial entre dos puntos en un campo eléctrico uniforme* **E**

El signo negativo se debe al hecho de que el punto B se encuentra a menor potencial que el punto A, es decir, $V_B < V_A$. En general, **las líneas de campo eléctrico siempre están dirigidas hacia los puntos de menor potencial.**

Supongamos ahora que una partícula de prueba de carga q_0 se mueve desde A hasta B. El cambio en la energía potencial eléctrica del sistema carga-campo puede calcularse a partir de las ecuaciones 2.3 y 2.6:

$$\Delta U = q_0\,\Delta V = -q_0 Ed \qquad \textbf{[2.7]}$$

De este resultado vemos que, si q_0 es positiva, ΔU es negativa. Esto significa que **cuando una carga positiva se mueve en el sentido del campo eléctrico, la energía potencial eléctrica del sistema carga-campo disminuye.** (Este caso es análogo al cambio de la energía potencial gravitacional, mgh, de un sistema objeto-campo cuando un objeto de masa m cae una altura h en un campo gravitacional uniforme, como se muestra en la figura 2.1b). Si se libera desde el reposo una partícula de carga positiva q_0 en un campo eléctrico, ésta experimenta una fuerza eléctrica $q_0\mathbf{E}$ en el sentido de $\mathbf{E}$ (hacia abajo en la figura 2.1a). Por tanto, ésta se acelera hacia abajo, ganando energía cinética. **Cuando la partícula gana energía cinética, el sistema carga-campo pierde igual cantidad de energía potencial.** Este resultado, que le resultará familiar al lector, es similar al de aquellas situaciones en las que interviene la gravedad (figura 2.1b). Este enunciado es simplemente el principio de conservación de la energía mecánica en el modelo de sistema aislado para los campos eléctricos.

¡ADVERTENCIA! 2.3

Tensión y voltaje

En la práctica se usan diversas expresiones para referirse a la diferencia de potencial entre dos puntos, las más comunes de las cuales son **tensión** y **voltaje** (término que se deriva de la unidad de potencial eléctrico). Cuando se dice que se *aplica* una tensión o un voltaje a un dispositivo, como un televisor, se está hablando de la diferencia de potencial a través del dispositivo. Por ejemplo, si decimos que el voltaje aplicado a una bombilla es de 120 V, queremos decir que la diferencia de potencial entre los dos polos eléctricos de la bombilla es de 120 V.

Si q_0 es negativa, entonces ΔU en la ecuación 2.7 es positiva y la situación se invierte. Si se libera desde el reposo una partícula de carga negativa en un campo eléctrico $\mathbf{E}$, ésta se acelera en la dirección opuesta al campo eléctrico. **El sistema carga-campo pierde energía potencial eléctrica cuando una carga negativa se mueve en la dirección opuesta al campo eléctrico.** No existe una analogía de esta situación para el campo gravitacional, puesto que no existen masas negativas.

Ahora consideremos el caso más general de una partícula cargada que se desplaza entre dos puntos cualesquiera en un campo eléctrico uniforme, como en la figura 2.2. Si $\Delta\mathbf{r}$ representa el vector de desplazamiento entre los puntos A y B, la ecuación 2.3 se convierte en

$$\Delta V = -\int_A^B \mathbf{E}\cdot d\mathbf{s} = -\mathbf{E}\cdot\int_A^B d\mathbf{s} = -\mathbf{E}\cdot\Delta\mathbf{r} \qquad \textbf{[2.8]}$$

donde, una vez más, podemos sacar $\mathbf{E}$ fuera de la integral, puesto que es constante. Además, el cambio en la energía potencial eléctrica del sistema carga-campo es

$$\Delta U = q_0\,\Delta V = -q_0\mathbf{E}\cdot\Delta\mathbf{r} \qquad \textbf{[2.9]}$$

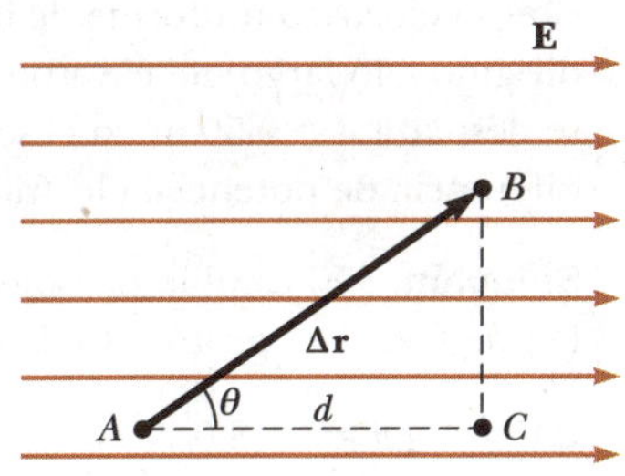

Figura 2.2

Una partícula se desplaza en un campo eléctrico. El punto B se encuentra a menor potencial que el punto A. Los puntos B y C están al *mismo* potencial.

Finalmente, estos resultados muestran que todos los puntos situados en un plano *perpendicular* a un campo eléctrico uniforme se encuentran al mismo potencial. Podemos observar esto en la figura 2.2, donde la diferencia de potencial es $V_B - V_A = -\mathbf{E}\cdot\Delta\mathbf{r} = -E\,\Delta r\cos\theta = -Ed = V_C - V_A$. Por tanto, $V_B = V_C$. Se denomina **superficie equipotencial** a cualquier superficie constituida por una distribución continua de puntos que se encuentran al mismo potencial eléctrico. Observe que, puesto que $\Delta U = q_0\,\Delta V$, no es necesario realizar trabajo para desplazar una partícula de prueba entre dos puntos cualesquiera de una superficie equipotencial. Las superficies equipotenciales de un campo eléctrico uniforme son la familia de planos perpendiculares al campo. Las superficies equipotenciales de campos con otras simetrías se describirán en las secciones posteriores.

Pregunta rápida 2.2

Si se libera un electrón desde el reposo en un campo eléctrico uniforme, ¿la energía potencial eléctrica del sistema carga-campo aumenta, disminuye o permanece constante?

Ejemplo 2.1 Campo eléctrico entre dos placas paralelas de cargas opuestas

Una batería de 12 V está conectada a dos placas paralelas como se muestra en la figura 2.3. La separación entre las dos placas es de 0.30 cm, y podemos considerar que el campo eléctrico entre ellas es uniforme. (Esta aproximación es razonable si la separación entre placas es pequeña comparada con el tamaño de las placas y si no estudiamos los puntos cercanos al borde de las placas). Calcule la magnitud del campo eléctrico existente entre las placas.

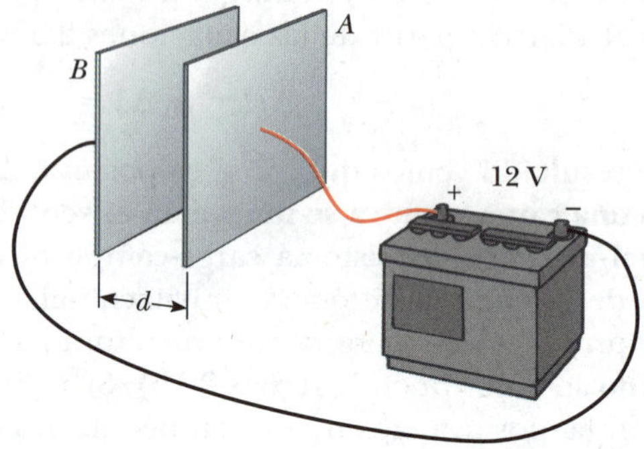

Figura 2.3

(Ejemplo 2.1) Batería de 12 V conectada a dos placas paralelas. La magnitud del campo eléctrico entre las placas está dada por el cociente entre la diferencia de potencial entre las placas y la distancia que las separa, *d*.

Solución. El campo eléctrico está dirigido desde la placa positiva hacia la negativa, estando aquella a mayor potencial que ésta. Observe que la diferencia de potencial entre las placas debe ser igual a la diferencia de potencial entre las terminales de la batería. Esto puede entenderse a partir del hecho de que todos los puntos sobre un conductor en equilibrio deben estar al mismo potencial,* de aquí se deduce que no puede haber diferencia de potencial entre la terminal de la batería y cualquier punto en la placa a la que está conectada. La magnitud del campo eléctrico uniforme entre las placas es, por tanto,

$$E = \frac{|V_B - V_A|}{d} = \frac{12\text{ V}}{0.30 \times 10^{-2}\text{ m}} = 4.0 \times 10^3\text{ V/m}$$

Este dispositivo, denominado *condensador de placas paralelas*, se estudiará en detalle más adelante en este mismo capítulo.

Ejemplo 2.2 Movimiento de un protón en un campo eléctrico uniforme

Se libera un protón desde el reposo en el interior de un campo eléctrico uniforme de intensidad 8.0×10^4 V/m, dirigido a lo largo del eje *x* positivo (figura 2.4). El protón se desplaza $d = 0.50$ m en el sentido de **E**. (a) Calcule la diferencia de potencial eléctrico entre los puntos *A* y *B*.

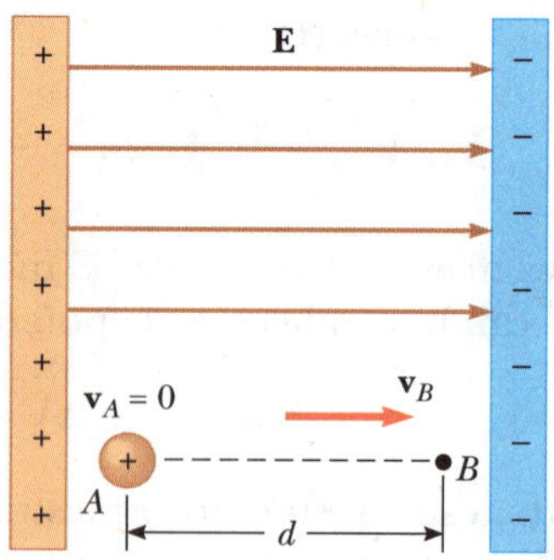

Figura 2.4

(Ejemplo 2.2) Un protón se acelera desde *A* hasta *B* en la dirección del campo eléctrico.

Solución. El cambio de potencial eléctrico no depende de la presencia del protón. De la ecuación 2.6, tenemos

$$\Delta V = -Ed = -(8.0 \times 10^4\text{ V/m})(0.50\text{ m}) = -4.0 \times 10^4\text{ V}$$

Este resultado negativo indica que el potencial disminuye entre *A* y *B*.

(b) Calcule el cambio en la energía potencial del sistema carga-campo para este desplazamiento.

* El campo eléctrico desaparece en el interior de un conductor en equilibrio electrostático, y por tanto la integral de trayectoria $\int \mathbf{E} \cdot d\mathbf{s}$ entre dos puntos cualesquiera del conductor debe ser cero. Se realizará un análisis más detallado de este aspecto en la sección 2.6.

Solución. A partir de la ecuación 2.3, sabemos que

$$\Delta U = q\Delta V = e\Delta V$$
$$= (1.6 \times 10^{-19}\text{ C})(-4.0 \times 10^{4}\text{ V}) = \boxed{-6.4 \times 10^{-15}\text{ J}}$$

El signo negativo indica que la energía potencial del sistema disminuye cuando el protón se mueve en la dirección del campo eléctrico. Este hecho concuerda con el principio de conservación de la energía en un sistema aislado: cuando el protón acelera en la dirección del campo, adquiere energía cinética y al mismo tiempo el sistema pierde energía potencial eléctrica. El aumento de energía cinética de una partícula cargada en un campo eléctrico se utiliza en muchos dispositivos, como los cañones de electrones de los tubos de imagen de los televisores y los aceleradores de partículas utilizados en las investigaciones de física de partículas.

EJERCICIO. Aplique el principio de conservación de la energía para calcular la velocidad del protón una vez que se ha desplazado 0.50 m partiendo del reposo.

Respuesta: 2.8×10^{6} m/s

2.3 • POTENCIAL ELÉCTRICO Y ENERGÍA POTENCIAL ELÉCTRICA DEBIDOS A CARGAS PUNTUALES

Al establecer el concepto de potencial eléctrico, hemos imaginado que situamos una partícula de prueba en un campo eléctrico creado por una serie de cargas fuente indeterminadas. En la sección 2.2 supusimos, como un modelo simplificado para comprender el concepto de potencial eléctrico, que el campo eléctrico era uniforme. Ahora trasladaremos nuestra atención a las cargas puntuales, que sabemos que generan campos eléctricos no uniformes.

Considere una carga positiva aislada q (figura 2.5). Recuerde que una carga de este tipo es la fuente de un campo eléctrico dirigido radialmente hacia fuera de la carga. Para calcular el potencial eléctrico a una distancia r de la carga, partiremos de la expresión general para la diferencia de potencial, la ecuación 2.3:

$$V_B - V_A = -\int_A^B \mathbf{E}\cdot d\mathbf{s}$$

Puesto que el campo eléctrico debido a la carga puntual es $\mathbf{E} = k_e q\hat{\mathbf{r}}/r^2$ (ecuación 1.5) donde $\hat{\mathbf{r}}$ es un vector unitario en la dirección que va de la carga al punto estudiado, la cantidad $\mathbf{E}\cdot d\mathbf{s}$ puede expresarse como

$$\mathbf{E}\cdot d\mathbf{s} = k_e \frac{q}{r^2}\,\hat{\mathbf{r}}\cdot d\mathbf{s}$$

El producto escalar $\hat{\mathbf{r}}\cdot d\mathbf{s}$ es igual a $ds\cos\theta$, donde θ es el ángulo formado por $\hat{\mathbf{r}}$ y $d\mathbf{s}$, como se muestra en la figura 2.5. Además, observe que $ds\cos\theta$ es la proyección de $d\mathbf{s}$ sobre $\mathbf{r}$, de modo que $ds\cos\theta = dr$. Utilizando estas sustituciones, tenemos que $\mathbf{E}\cdot d\mathbf{s} = (k_e q/r^2)\,dr$, de modo que la expresión para la diferencia de potencial se convierte en

$$V_B - V_A = -\int_{r_A}^{r_B} k_e\frac{q}{r^2}\,dr = -k_e q\int_{r_A}^{r_B}\frac{dr}{r^2} = \frac{k_e q}{r}\bigg]_{r_A}^{r_B}$$

$$= k_e q\left[\frac{1}{r_B} - \frac{1}{r_A}\right] \qquad \textbf{[2.10]}$$

La integral de línea de $\mathbf{E}\cdot d\mathbf{s}$ es *independiente* de la trayectoria entre A y B, como cabría esperar, puesto que el campo eléctrico creado por una carga puntual es conservativo.* Además, la ecuación 2.10 expresa el resultado fundamental de que la diferencia de potencial entre dos puntos cualesquiera A y B depende *únicamente*

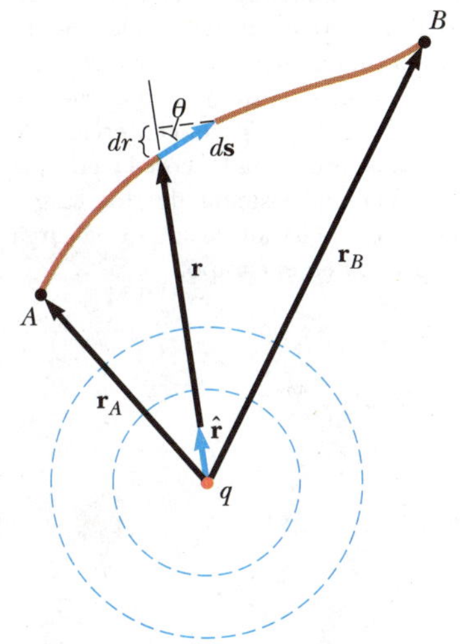

Figura 2.5

La diferencia de potencial entre dos puntos A y B debida a una carga puntual q depende *únicamente* de las coordenadas radiales r_A y r_B. Los dos círculos puntuados representan secciones transversales de superficies equipotenciales esféricas.

* Un campo conservativo es aquel que ejerce una fuerza conservativa sobre un objeto situado en él. Tanto el campo gravitacional como el eléctrico son conservativos.

¡ADVERTENCIA! 2.4

Cuidado con las ecuaciones similares

Asegúrese de evitar confusiones entre la ecuación 2.11 del potencial eléctrico de una carga puntual y la ecuación 1.5 del campo eléctrico de una carga puntual. Las ecuaciones parecen muy similares, pero el potencial es proporcional a $1/r$, mientras que el campo es proporcional a $1/r^2$. El efecto de una carga sobre el espacio que la rodea puede describirse de dos maneras: la carga crea un campo eléctrico **E** vectorial, que está relacionado con la fuerza experimentada por una carga de prueba situada en el campo; también crea un potencial escalar V, que está relacionado con la energía potencial del sistema de dos cargas que se crea cuando se sitúa una carga de prueba en el campo.

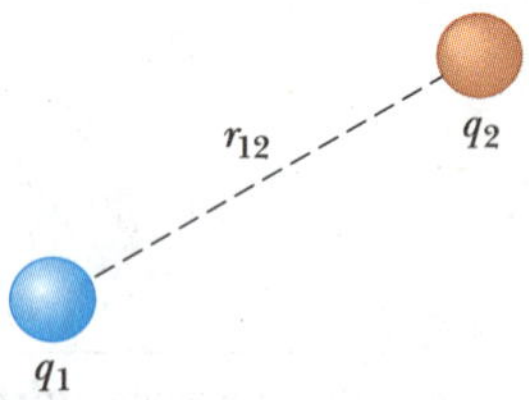

Figura 2.6

Si dos cargas puntuales se encuentran separadas una distancia r_{12}, la energía potencial eléctrica del par de cargas viene dada por la relación $k_e q_1 q_2/r_{12}$.

de las coordenadas *radiales* r_A y r_B. Como vimos en la sección 2.1, es habitual elegir el potencial de referencia como cero en $r_A = \infty$. Con esta elección, el potencial debido a una carga puntual a una distancia r de la carga es

$$V = k_e \frac{q}{r} \qquad [2.11]$$

A partir de este resultado, vemos que V es constante sobre una superficie esférica de radio r centrada en la carga puntual. Por tanto, concluimos que **las superficies equipotenciales para una carga puntual aislada son la familia de esferas concéntricas con la carga**, como se muestra en la figura 2.5. Observe que las superficies equipotenciales son perpendiculares a las líneas de campo eléctrico, como en el caso del campo eléctrico uniforme.

El potencial eléctrico de dos o más cargas puntuales se obtiene aplicando el principio de superposición, es decir, el potencial total en un punto P debido a una serie de cargas puntuales es la suma de los potenciales debidos a cada carga individual. Para un grupo de cargas, podemos escribir el potencial total en P como

$$V = k_e \sum_i \frac{q_i}{r_i} \qquad [2.12]$$

donde, una vez más, el potencial es cero en el infinito, y r_i es la distancia del punto P a la carga q_i. Observe que la suma de la ecuación 2.12 es una suma *algebraica* de escalares y no una suma *vectorial* (como la que se utiliza para calcular el campo eléctrico de una serie de cargas en la ecuación 1.6). Por tanto, es mucho más fácil calcular V que **E** para un sistema de muchas cargas.

Consideremos ahora la energía potencial eléctrica de interacción de un sistema de partículas cargadas. Si V_1 es el potencial eléctrico en el punto P debido a la carga q_1, el trabajo requerido para trasladar una segunda carga q_2 desde el infinito hasta un punto P sin aceleración es $q_2\,\Delta V = q_2 V_1$. Por definición, este trabajo es igual a la energía potencial U del sistema de dos partículas (figura 2.6) cuando las partículas están separadas una distancia r_{12}: el agente externo ha cambiado la energía del sistema realizando trabajo sobre él. Por tanto, podemos expresar la energía potencial como

$$U = q_2 V_1 = k_e \frac{q_1 q_2}{r_{12}} \qquad [2.13]$$

Observe que, si las cargas son del mismo signo, U es positiva. Esto concuerda con el hecho de que las cargas del mismo signo se repelen, por lo que debe realizarse un trabajo positivo sobre el sistema para acercar ambas cargas entre sí, y la energía potencial del sistema aumenta a causa de este trabajo. Si las cargas son de signo contrario, la fuerza es atractiva y U es negativa. Esto significa que se realiza

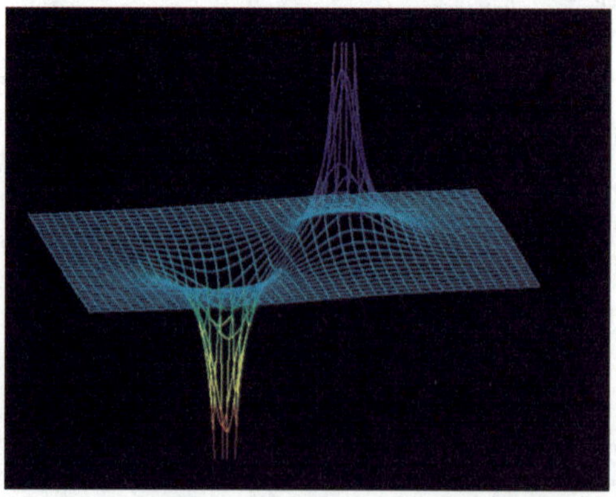

Gráfica tridimensional generada por computadora del potencial eléctrico asociado a un dipolo. Los valores del potencial se representan verticalmente en la figura. Las cargas se encuentran en el plano horizontal, en los centros de los picos de potencial. La carga positiva del dipolo se encuentra a la derecha y la negativa a la izquierda. Las líneas de contorno ayudan a visualizar la función potencial. (*Richard Megna 1990, Fundamental Photographs*)

trabajo negativo cuando dos cargas de signo contrario se acercan la una a la otra. Puesto que la fuerza es atractiva, las partículas se acercarán de forma natural. En este caso, el sistema realiza trabajo sobre el agente externo (o el agente externo realiza un trabajo negativo) cuando las partículas se acercan. Esto representa una transferencia de energía hacia fuera del sistema, con lo que la energía potencial del sistema disminuye.

Si el sistema consta de más de dos partículas cargadas, la energía potencial eléctrica total puede obtenerse calculando U para cada par de partículas. La energía potencial eléctrica total de un sistema de cargas puntuales es igual al trabajo necesario para desplazar las cargas, una por una, desde el infinito hasta el punto que ocupan.

¡ADVERTENCIA! 2.5

¿Qué trabajo?

Tenga en cuenta la diferencia entre el trabajo realizado *por una parte del sistema sobre otra parte* y el trabajo realizado *por un agente externo sobre el sistema.* En nuestro análisis, consideramos que el grupo de cargas es el sistema y que un agente externo realiza trabajo sobre el sistema para mover las cargas de tener una distancia infinita entre ellas hasta otra relativamente pequeña.

Pregunta rápida 2.3

Si el potencial eléctrico de un punto es cero, ¿significa que no hay cargas en las proximidades del punto?

Pregunta rápida 2.4

Un globo esférico contiene una partícula cargada positivamente en su centro. Si se infla el globo para hacerle ocupar un volumen mayor, mientras la partícula cargada permanece en el centro, ¿cuáles de las siguientes cantidades varían: (a) el potencial eléctrico sobre la superficie del globo, (b) la magnitud del campo eléctrico sobre la superficie del globo, (c) el flujo eléctrico a través del globo?

Ejemplo 2.3 Potencial debido a dos cargas puntuales

Una carga puntual de 2.00 μC se localiza en el origen y una segunda carga puntual de -6.00 μC se coloca en la posición (0, 3.00) m sobre el eje y, como se muestra en la figura 2.7a. (a) Calcule el potencial eléctrico total debido a ambas cargas en el punto P, de coordenadas (4.00, 0) m.

Solución. Para dos cargas puntuales, la ecuación 2.12 se convierte en

$$V_P = k_e\left(\frac{q_1}{r_1} + \frac{q_2}{r_2}\right)$$

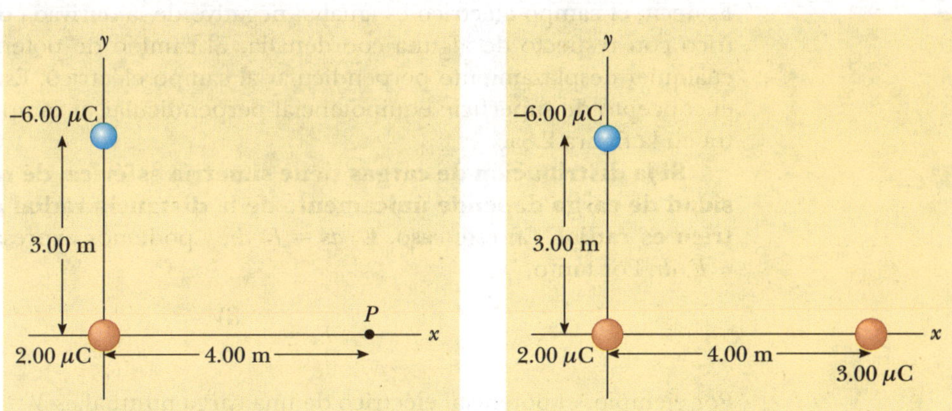

(a) (b)

Figura 2.7

(Ejemplo 2.3) (a) El potencial eléctrico en el punto P debido a las dos cargas puntuales q_1 y q_2 es la suma algebraica de los potenciales creados por ambas cargas. (b) ¿Qué trabajo se realiza para traer una carga de 3.00-μC desde el infinito hasta el punto P?

En este ejemplo, $q_1 = 2.00\ \mu C$, $r_1 = 4.00$ m, $q_2 = -6.00\ \mu C$, y $r_2 = 5.00$ m. Por tanto, V_P tiene el valor

$$V_P = (8.99 \times 10^9\ N\cdot m^2/C^2)$$
$$\times \left(\frac{2.00 \times 10^{-6}\ C}{4.00\ m} + \frac{-6.00 \times 10^{-6}\ C}{5.00\ m}\right) = -6.29 \times 10^3\ V$$

(b) ¿Qué trabajo se realiza para traer una carga puntual de 3.00-μC desde el infinito hasta el punto P (figura 2.7b)?

Solución. El trabajo realizado es igual al cambio de energía potencial dado por la ecuación 2.3:

$$W = \Delta U = q_3\, \Delta V = q_3(V_P - 0)$$
$$= (3.00 \times 10^{-6}\ C)(-6.29 \times 10^3\ V)$$
$$= -18.9 \times 10^{-3}\ J$$

El signo negativo se debe al hecho de que la carga de 3.00 μC es atraída por la combinación de q_1 y q_2, que tiene carga neta negativa. La carga de 3.00 μC se mueve espontáneamente hacia las otras cargas cuando es liberada, de modo que el agente externo no necesita hacer nada para acercarla a las otras cargas. Sin embargo, para evitar que la carga se acelere, el agente externo necesita aplicar una fuerza *en sentido opuesto* al movimiento hacia P. Por tanto, la fuerza ejercida por el agente externo se opone al desplazamiento de la carga, lo cual implica que el trabajo realizado es negativo. Un agente externo necesitaría realizar un trabajo positivo para alejar la carga desde P hasta el infinito.

EJERCICIO. Calcule la energía potencial total del sistema de tres cargas de la figura 2.7b.

Respuesta: -5.48×10^{-2} J

2.4 • CÁLCULO DEL CAMPO ELÉCTRICO A PARTIR DEL POTENCIAL ELÉCTRICO

El campo eléctrico **E** y el potencial eléctrico V están relacionados por la ecuación 2.3. Ambas cantidades están determinadas por la distribución específica de cargas fuente. Mostraremos ahora cómo calcular el campo eléctrico si se conoce el valor del potencial eléctrico en una región determinada del espacio.

A partir de la ecuación 2.3, podemos expresar la diferencia de potencial dV entre dos puntos que distan ds como

$$dV = -\mathbf{E}\cdot d\mathbf{s} \qquad [2.14]$$

Si el campo eléctrico tiene una única componente, por ejemplo E_x, entonces $\mathbf{E}\cdot d\mathbf{s} = E_x\, dx$. Por tanto, la ecuación 2.14 se convierte en $dV = -E_x\, dx$, o bien

• *Relación entre campo eléctrico y potencial eléctrico*

$$E_x = -\frac{dV}{dx} \qquad [2.15]$$

Es decir, el campo eléctrico es igual al negativo de la derivada del potencial eléctrico con respecto de alguna coordenada. El cambio de potencial es cero para cualquier desplazamiento perpendicular al campo eléctrico. Esto concuerda con el concepto de superficie equipotencial perpendicular al campo, como se muestra en la figura 2.8a.

Si la distribución de cargas tiene simetría esférica, de modo que la densidad de carga depende únicamente de la distancia radial r, el campo eléctrico es radial. En este caso, $\mathbf{E}\cdot d\mathbf{s} = E_r\, dr$, y podemos expresar dV como $dV = -E_r\, dr$. Por tanto,

$$E_r = -\frac{dV}{dr} \qquad [2.16]$$

Por ejemplo, el potencial eléctrico de una carga puntual es $V = k_e q/r$. Puesto que V es una función que depende únicamente de r, el potencial es una función con simetría esférica. Al aplicar la ecuación 2.16, encontramos que la magnitud del campo eléctrico debido a la carga puntual es $E_r = k_e q/r^2$, un resultado conocido. Observe que el potencial sólo varía en la dirección radial, no en una dirección perpendicular a r. Por tanto, V (y también E_r) es una función que depende sólo de r.

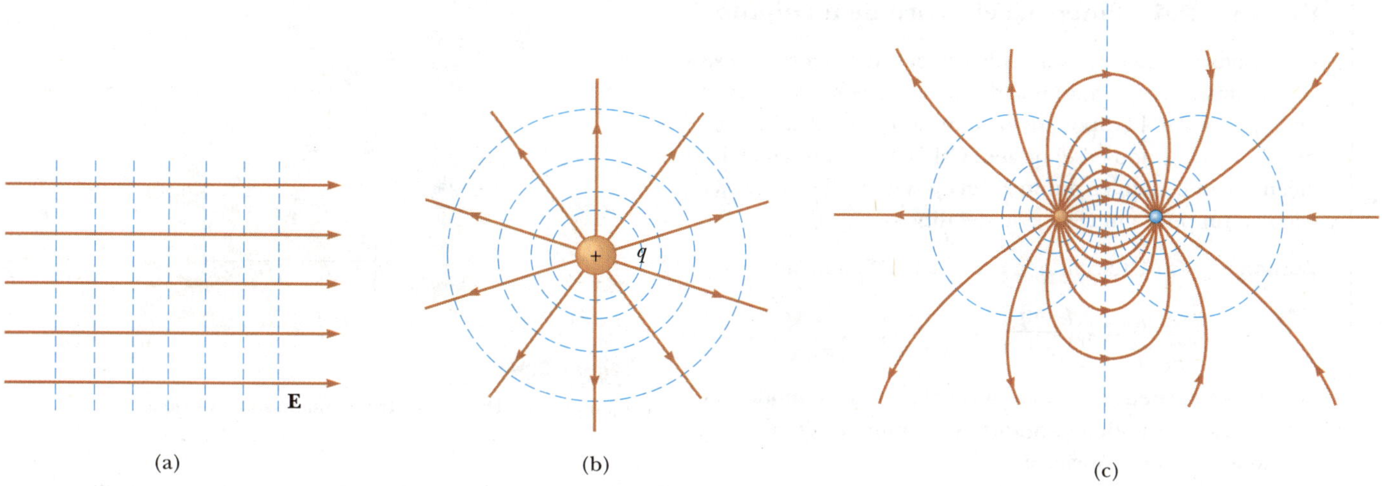

Figura 2.8

Superficies equipotenciales (líneas discontinuas) y líneas de campo eléctrico (flechas continuas) de (a) un campo eléctrico uniforme generado por un plano infinito de carga, (b) una carga puntual y (c) un dipolo eléctrico. En todos los casos, las superficies equipotenciales son *perpendiculares* a las líneas de campo eléctrico en cada punto.

Una vez más, este resultado es consistente con el hecho de que las superficies equipotenciales son perpendiculares a las líneas de campo eléctrico. En este caso, las superficies equipotenciales son la familia de esferas concéntricas con la distribución de carga de simetría esférica (figura 2.8b). Las superficies equipotenciales del dipolo eléctrico se esbozan en la figura 2.8c.

En general, el potencial eléctrico es una función de las tres coordenadas espaciales. Si V está dado en términos de las tres coordenadas rectangulares, las componentes del campo eléctrico E_x, E_y, y E_z pueden calcularse a partir de $V(x, y, z)$ tomando derivadas parciales:

$$E_x = -\frac{\partial V}{\partial x} \qquad E_y = -\frac{\partial V}{\partial y} \qquad E_z = -\frac{\partial V}{\partial z}$$

Por ejemplo, si $V = 3x^2y + y^2 + yz$, entonces

$$E_x = -\frac{\partial V}{\partial x} = -\frac{\partial}{\partial x}(3x^2y + y^2 + yz) = -\frac{\partial}{\partial x}(3x^2y) = -3y\frac{d}{dx}(x^2) = -6xy$$

Pregunta rápida 2.5

Suponga que se conoce el valor del potencial eléctrico en un punto. ¿Puede calcularse el valor del campo eléctrico en dicho punto únicamente con esa información?

Pregunta rápida 2.6

Si el potencial eléctrico es constante en una región, ¿qué puede deducirse acerca del campo eléctrico en esa misma región? Si el campo eléctrico es nulo en una región, ¿qué puede deducirse acerca del potencial eléctrico en esa misma región?

Ejemplo 2.4 Potencial eléctrico de un dipolo

Un dipolo eléctrico consta de dos cargas de igual valor y signos contrarios, separadas una distancia $2a$, como se muestra en la figura 2.9. El dipolo se encuentra orientado a lo largo del eje x y centrado en el origen. Calcule (a) el potencial eléctrico en cualquier punto P del eje x y (b) el campo eléctrico en un punto muy alejado del dipolo.

Solución. (a) Utilizando la ecuación 2.12, tenemos que

$$V = k_e \sum_i \frac{q_i}{r_i} = k_e\left(\frac{q}{x-a} + \frac{-q}{x+a}\right) = \frac{2k_e qa}{x^2 - a^2}$$

(b) Si P se encuentra muy alejado del dipolo, de modo que $x \gg a$, entonces podemos ignorar el término a^2 en $x^2 - a^2$, de modo que V se convierte en

$$V \approx \frac{2k_e qa}{x^2} \quad (x \gg a)$$

Utilizando la ecuación 2.15 y este resultado, podemos calcular el campo eléctrico en el punto P:

$$E_x = -\frac{dV}{dx} = \frac{4k_e qa}{x^3} \quad \text{para } x \gg a$$

Si comparamos este resultado con el que obtuvimos en el ejemplo 1.3, vemos que difieren en un factor de 2 para puntos muy alejados del dipolo. En el ejemplo citado, calculábamos el campo eléctrico sobre una línea perpendicular a la línea definida por el dipolo. Como vemos en la figura 1.10, las componentes verticales del campo se cancelan. Por tanto, sólo las componentes horizontales de ambos campos (que tienen una magnitud muy pequeña) contribuyen al campo total. En este ejemplo, por el contrario, estudiamos el campo sobre la prolongación de la línea que conecta las dos cargas del dipolo. Para los puntos situados sobre dicha línea, los vectores de campo eléctrico sólo tienen componente sobre la línea, de modo que ambos vectores de campo se combinan para producir el campo eléctrico total. Como resultado, el campo eléctrico es mayor que el de la dirección perpendicular al dipolo en un factor de 2.

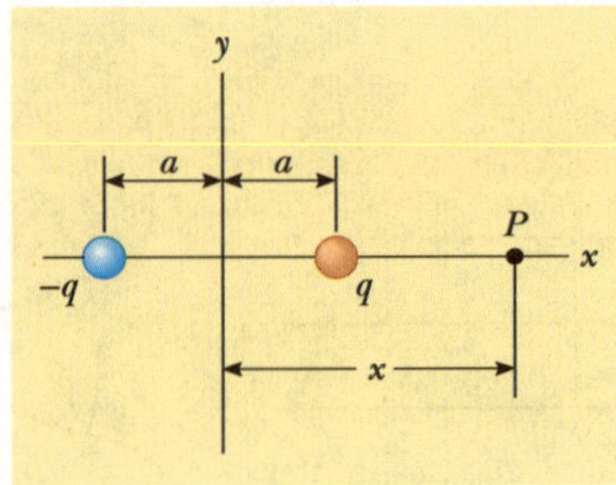

Figura 2.9
(Ejemplo 2.4) Dipolo eléctrico situado sobre el eje x.

2.5 • POTENCIAL ELÉCTRICO DEBIDO A DISTRIBUCIONES CONTINUAS DE CARGA

El potencial eléctrico creado por una distribución continua de carga puede calcularse de dos maneras. Si la distribución de carga es conocida, partiremos de la ecuación 2.11, que nos da el potencial de una carga puntual. Si consideramos el potencial creado por un pequeño elemento de carga dq, podemos tratar dicho elemento como una carga puntual (figura 2.10). El potencial dV creado por dq en un punto P es

$$dV = k_e \frac{dq}{r} \tag{2.17}$$

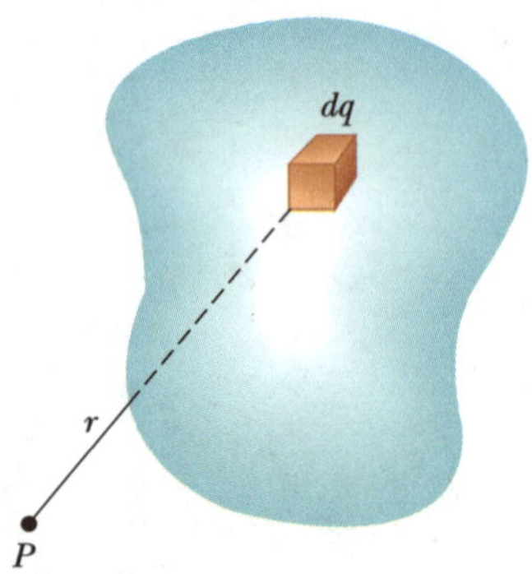

Figura 2.10
El potencial eléctrico en el punto P debido a una distribución continua de carga puede calcularse dividiendo la distribución de carga en elementos de carga dq y sumando las contribuciones individuales de cada elemento al potencial eléctrico total.

donde r es la distancia del elemento de carga a P. Para calcular el potencial total en P, integramos la ecuación 2.17 para incluir la contribución de todos los elementos de carga de la distribución considerada. Puesto que cada elemento de carga está, en general, a una distancia diferente de P, y puesto que k_e es una constante, podemos expresar V como

$$V = k_e \int \frac{dq}{r} \tag{2.18}$$

Como puede ver, hemos remplazado la suma de la ecuación 2.12 por una integral.

El segundo método para calcular el potencial de una distribución continua de carga utiliza la ecuación 2.3. Este procedimiento es útil cuando se conoce el campo eléctrico de antemano por algún medio como la ley de Gauss. En este caso, podemos sustituir el campo eléctrico en la ecuación 2.3 para calcular la diferencia de potencial entre dos puntos. Después, elegiremos un punto conveniente en el que el potencial es igual a uno. A continuación realizaremos ejemplos de ambos métodos de cálculo.

ESTRATEGIA PARA LA RESOLUCIÓN DE PROBLEMAS **Cálculo del potencial eléctrico**

1. Al resolver problemas en los que esté implicado el potencial eléctrico, recuerde que es una *magnitud escalar*, de modo que no es necesario considerar ninguna componente vectorial. Por tanto, al utilizar el principio de superposición para calcular el potencial eléctrico total en un punto debido a un sistema de cargas puntuales, simplemente realice la suma algebraica de los potenciales creados por cada carga. Por otro lado, no olvide incluir los signos.
2. Como sucede en mecánica con la energía potencial, lo único importante son las *diferencias* de potencial eléctrico. Por tanto, el punto en el que se define el origen de potencial es arbitrario. Al estudiar sistemas de cargas puntuales o distribuciones finitas de carga, suele elegirse $V = 0$ en un punto infinitamente alejado de las cargas. Sin embargo, si la distribución de carga se extiende hasta el infinito, debe elegirse algún punto cercano como origen de potencial.
3. El potencial eléctrico en un punto P debido a una distribución continua de carga puede calcularse dividiendo la distribución de carga en elementos diferenciales de carga dq, situados a una distancia r del punto P. Cada elemento se trata entonces como una carga puntual, de modo que el potencial en P generado por cada elemento es $dV = k_e\, dq/r$. El potencial total en P se obtiene integrando dV sobre la distribución de carga completa. Para muchos ejercicios, es posible expresar dq y r en función de una única variable para poder realizar la integral. Para simplificar la integración, es importante considerar de manera cuidadosa la simetría del problema. Consulte el ejemplo 2.5, que le puede servir de guía para realizar este proceso.
4. Otro método que puede utilizarse para obtener el potencial generado por una distribución de carga continua y finita es empezar el cálculo a partir de la definición de diferencia de potencial dada por la ecuación 2.3. Si se conoce $\mathbf{E}$ o es posible calcularlo fácilmente (por ejemplo, mediante la ley de Gauss), puede calcularse la integral de línea de $\mathbf{E}\cdot d\mathbf{s}$. El ejemplo 2.6 utiliza este método.
5. Una vez que se tiene una descripción funcional del potencial eléctrico, es posible calcular el campo eléctrico si se recuerda que **el campo eléctrico es igual al negativo de la derivada del potencial eléctrico respecto a una coordenada**. El ejemplo 2.5 muestra cómo realizar este proceso.

Ejemplo 2.5 Potencial debido a un anillo uniformemente cargado

Calcule el potencial y el campo eléctrico en un punto P situado sobre el eje de un anillo de radio a cargado uniformemente, con carga total Q. El plano del anillo es perpendicular al eje x (figura 2.11).

Razonamiento y solución. Sea x la distancia entre P y el centro del anillo, como se muestra en la figura 2.11. El elemento de carga dq se encuentra a una distancia del punto P igual a $r = \sqrt{x^2 + a^2}$. Por tanto, podemos expresar V como

$$V = k_e \int \frac{dq}{r} = k_e \int \frac{dq}{\sqrt{x^2 + a^2}}$$

En este caso, cada elemento de carga dq se encuentra a la misma distancia de P. Por tanto, podemos sacar el término

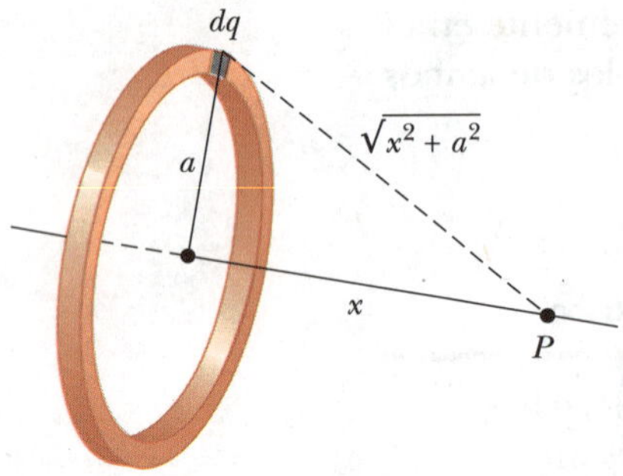

Figura 2.11

(Ejemplo 2.5) Anillo de radio a uniformemente cargado, cuyo plano es perpendicular al eje x. Cada segmento del anillo de carga dq se encuentra a la misma distancia de cualquier punto P situado sobre el eje x.

$\sqrt{x^2 + a^2}$ de la integral, y V se reduce a

$$V = \frac{k_e}{\sqrt{x^2 + a^2}} \int dq = \frac{k_e Q}{\sqrt{x^2 + a^2}}$$

La única variable en dicha expresión de V es x. Aplicando consideraciones de simetría, vemos que a lo largo del eje x **E** sólo puede tener componente en x. Por tanto, podemos utilizar la ecuación 2.15 para calcular la magnitud del campo eléctrico en P:

$$E_x = -\frac{dV}{dx} = -k_e Q \frac{d}{dx}(x^2 + a^2)^{-1/2}$$

$$= -k_e Q(-\tfrac{1}{2})(x^2 + a^2)^{-3/2}(2x)$$

$$= \frac{k_e Q x}{(x^2 + a^2)^{3/2}}$$

Este resultado coincide con el que obtuvimos a través de la integración directa (véase el ejemplo 1.5).

EJERCICIO. ¿Cuál es el potencial eléctrico en el centro del anillo uniformemente cargado? ¿Qué puede deducirse del valor del campo eléctrico en dicho punto?

Respuesta: $V = k_e Q/a$ en $x = 0$. Puesto que $E_x = 0$ en el centro del anillo, V debe tener un valor máximo o mínimo; de hecho, el valor es máximo en $x = 0$.

Ejemplo 2.6 Potencial creado por una esfera uniformemente cargada

Una esfera maciza aislante de radio R tiene una carga total Q, distribuida uniformemente por todo su volumen (figura 2.12a). (a) Calcule el potencial eléctrico en un punto exterior a la esfera, es decir, $r > R$. Tome el potencial como uno en $r = \infty$.

Solución. En el ejemplo 1.8 calculamos, a partir de la ley de Gauss, que la magnitud del campo eléctrico en el exterior de una distribución de carga con simetría esférica es

$$E_r = k_e \frac{Q}{r^2} \quad (\text{para } r > R)$$

donde el campo está dirigido radialmente hacia fuera si Q es positiva. Para obtener el potencial en un punto exterior, como por ejemplo el punto B en la figura 2.12a, sustituimos esta expresión de E en la ecuación 2.4. Puesto que en este

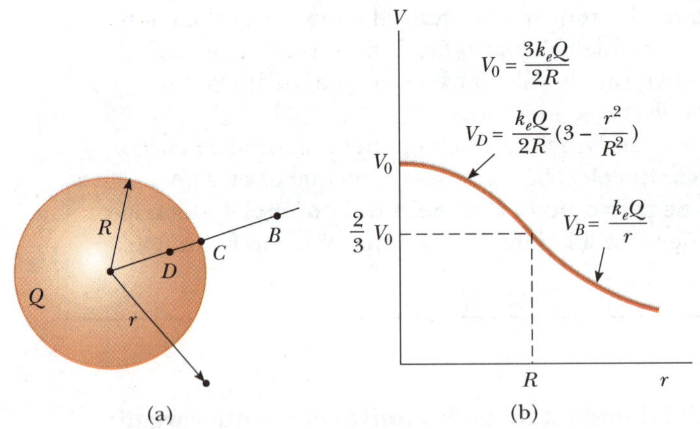

Figura 2.12

(Ejemplo 2.6) (a) Esfera sólida aislante de radio R cargada uniformemente con carga total Q. El potencial eléctrico en los puntos B y C coincide con el generado por una carga puntual Q situada en el centro de la esfera. (b) Gráfica del potencial V en función de la distancia r al centro de una esfera aislante maciza de radio R cargada uniformemente. La curva para V_D en el interior de la esfera es una parábola, y se une de manera suave con la curva de V_B en el exterior de la esfera, lo cual es una hipérbola. El potencial tiene un valor máximo V_0 en el centro de la esfera.

caso $\mathbf{E} \cdot d\mathbf{s} = E$, tenemos

$$V_B = -\int_{\infty}^{r} E_r\, dr = -k_e Q \int_{\infty}^{r} \frac{dr}{r^2}$$

$$= k_e \frac{Q}{r} \quad (\text{para } r > R)$$

Observe que el resultado es el mismo que el del potencial debido a una carga puntual. Puesto que el potencial debe ser continuo en $r = R$, podemos utilizar esta expresión para obtener el potencial sobre la superficie de la esfera. Es decir, en un punto como C en la figura 2.12a, el potencial es

$$V_C = k_e \frac{Q}{R} \quad (\text{para } r = R)$$

(b) Calcule el potencial en un punto situado en el interior de la esfera cargada, es decir, $r < R$.

Solución. En el ejemplo 1.8 calculamos el campo eléctrico en el interior de una esfera cargada, obteniendo

$$E_r = k_e \frac{Q}{R^3} r \quad (\text{para } r < R)$$

Podemos utilizar este resultado y la ecuación 2.3 para calcular la diferencia de potencial $V_D - V_C$, donde D es un punto en el interior de la esfera:

$$V_D - V_C = -\int_{R}^{r} E_r\, dr = -\frac{k_e Q}{R^3} \int_{R}^{r} r\, dr = \frac{k_e Q}{2R^3} (R^2 - r^2)$$

Sustituyendo $V_C = k_e Q/R$ en esta expresión, y despejando V_D, tenemos

$$V_D = \frac{k_e Q}{2R} \left(3 - \frac{r^2}{R^2}\right) \quad (\text{para } r < R)$$

Para $r = R$, esta expresión proporciona un valor del potencial idéntico a V_C. En la figura 2.12b se muestra una gráfica de V en función de r para esta distribución de carga.

EJERCICIO. ¿Cuál es el valor del potencial y del campo eléctrico en el centro de una esfera uniformemente cargada?

Respuesta: $E = 0$ y $V = 3k_e Q/2R$.

2.6 • POTENCIAL ELÉCTRICO DE UN CONDUCTOR CARGADO

En el capítulo 1 vimos que, cuando un conductor sólido en equilibrio electrostático tiene una carga neta distinta de cero, la carga se distribuye sobre la superficie externa del conductor. Además, vimos que el campo eléctrico justo sobre la superficie de un conductor en equilibrio es perpendicular a la superficie, mientras que el campo eléctrico en el *interior* del conductor es nulo.

Ahora demostraremos que **todos los puntos de la superficie de un conductor cargado en equilibrio electrostático se encuentran al mismo potencial eléctrico**. Consideremos dos puntos A y B sobre la superficie de un conductor cargado, como se muestra en la figura 2.13. A lo largo de cualquier línea que conecte dichos puntos, trazada sobre la superficie, el campo $\mathbf{E}$ es siempre perpendicular al desplazamiento $d\mathbf{s}$; por tanto, $\mathbf{E} \cdot d\mathbf{s} = 0$. Utilizando este resultado y la ecuación 2.3, vemos que la diferencia de potencial entre A y B es necesariamente cero. Es decir,

$$V_B - V_A = -\int_{A}^{B} \mathbf{E} \cdot d\mathbf{s} = 0$$

Este resultado se aplica a *cualquier* par de puntos situados sobre la superficie. Por tanto, V es constante en toda la superficie de un conductor cargado en equilibrio, y dicha superficie es una superficie equipotencial. Además, puesto que el campo eléctrico es nulo en el interior del conductor, podemos concluir que el potencial eléctrico es constante en todos los puntos del interior del conductor e igual al valor de dicho potencial sobre la superficie. Así pues, no es necesario realizar trabajo para desplazar una carga de prueba desde el interior de un conductor cargado hasta su superficie.

Por ejemplo, consideremos una esfera metálica sólida de radio R y carga positiva total Q, como la de la figura 2.14a. El campo eléctrico en el exterior de la esfera tiene magnitud $k_e Q/r^2$ y apunta radialmente hacia fuera. Siguiendo el ejemplo 2.6, el potencial en el interior y en la superficie de la esfera debe ser $k_e Q/R$ respecto al infinito. El potencial en el exterior de la esfera es $k_e Q/r$. La figura 2.14b muestra una gráfica del potencial como función de r, y la figura 2.14c muestra la variación del campo eléctrico en función de r.

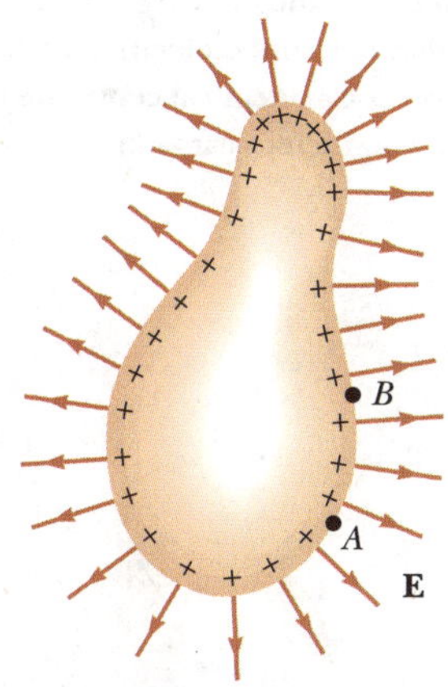

Figura 2.13

Conductor de forma arbitraria con una carga neta positiva. Si el conductor se encuentra en equilibrio electrostático, toda la carga se encuentra sobre la superficie, $\mathbf{E} = 0$ en el interior del conductor y el campo eléctrico precisamente afuera del conductor es perpendicular a la superficie. El potencial es constante en el interior del conductor e igual al potencial de la superficie. La densidad superficial de carga no es uniforme.

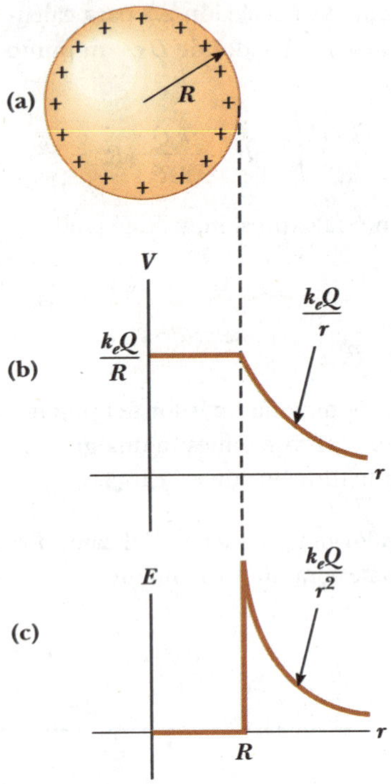

Figura 2.14

(a) El exceso de carga de una esfera conductora de radio R se distribuye uniformemente sobre su superficie. (b) Gráfica del potencial eléctrico en función de la distancia r al centro de la esfera conductora cargada. (c) Intensidad del campo eléctrico en función de la distancia r al centro de la esfera conductora cargada.

Cuando un conductor esférico tiene carga neta distinta de cero, la densidad superficial de carga es uniforme, como se muestra en la figura 2.14a. Sin embargo, si el conductor no es esférico, como en la figura 2.13, la densidad superficial de carga no es uniforme. Para determinar cómo se distribuye la carga sobre un conductor no esférico, imagine un modelo simplificado en el que un conductor no esférico se representa mediante el sistema de la figura 2.15. El sistema consiste en dos esferas conductoras cargadas de radios r_1 y r_2, donde $r_1 > r_2$, conectadas por un fino alambre conductor. Imagine que ambas esferas están suficientemente alejadas entre sí, de forma que el campo eléctrico de una no afecte a la otra (mucho más lejos de lo que se muestra en la figura 2.15). Como resultado, el campo eléctrico de cada esfera puede aproximarse como el campo debido a una distribución de carga con simetría esférica, que es el mismo que el de una carga puntual.

Puesto que ambas esferas se encuentran conectadas por un cable conductor, el sistema entero es un único conductor y todos sus puntos se encuentran al mismo potencial. En particular, el potencial sobre la superficie de ambas esferas debe ser el mismo. A partir de la ecuación 2.11 para el potencial eléctrico de una carga puntual, podemos igualar el potencial sobre la superficie de las esferas:

$$k_e\frac{q_1}{r_1} = k_e\frac{q_2}{r_2} \quad \longrightarrow \quad \frac{q_1}{q_2} = \frac{r_1}{r_2}$$

Por tanto, la esfera mayor tiene mayor carga. Sin embargo, si comparamos la densidad superficial de ambas esferas,

$$\frac{\sigma_2}{\sigma_1} = \frac{\left(\dfrac{q_2}{4\pi r_2^{\,2}}\right)}{\left(\dfrac{q_1}{4\pi r_1^{\,2}}\right)} = \frac{q_2}{q_1}\frac{r_1^{\,2}}{r_2^{\,2}} = \frac{r_2}{r_1}\frac{r_1^{\,2}}{r_2^{\,2}} = \frac{r_1}{r_2}$$

Es decir, aunque la esfera mayor tiene una mayor carga total, la esfera menor tiene mayor densidad superficial de carga. Ésta es la cuarta propiedad mencionada en la sección 1.11 (véase el capítulo anterior). La ecuación 1.18 indica que el campo eléctrico cerca de la superficie de un conductor es proporcional a la densidad superficial de carga. Por tanto, el campo eléctrico cerca de la esfera más pequeña es mayor que el campo cerca de la esfera más grande.

Podemos generalizar este resultado diciendo que **el campo eléctrico generado por un conductor cargado es mayor cerca de las superficies convexas del conductor que tienen un radio de curvatura pequeño, y es menor cerca de las superficies convexas con radio de curvatura grande**. Las zonas puntiagudas de un conductor son regiones con radios de curvatura muy pequeños, por lo que el campo eléctrico es muy grande cerca de dichas zonas.

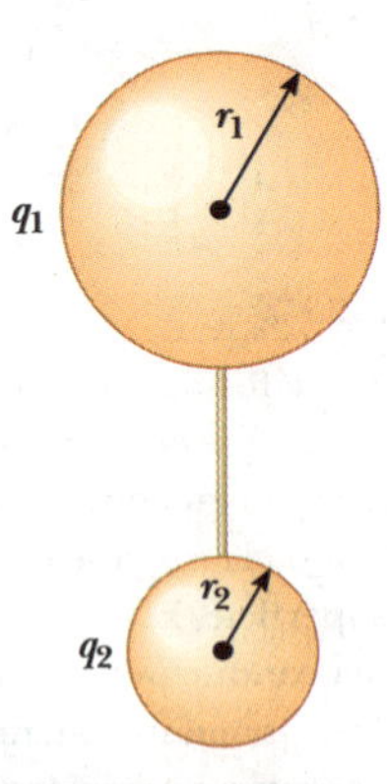

Figura 2.15

Dos conductores esféricos cargados conectados por un cable conductor. Las esferas se encuentran al mismo potencial V.

PIENSE EN LA FÍSICA 2.2

¿Por qué el extremo de un pararrayos es puntiagudo?

Razonamiento. La función de un pararrayos es servir de atracción a los rayos, de modo que la carga liberada por el rayo pueda desviarse hasta el suelo de forma segura. Si el pararrayos es puntiagudo, el campo eléctrico es muy intenso cerca del extremo, puesto que el radio de curvatura del conductor es muy pequeño. Este gran campo eléctrico aumenta mucho la probabilidad de que la descarga del rayo se produzca cerca del extremo del pararrayos, en vez de en cualquier otro sitio.

Una cavidad en el interior de un conductor en equilibrio

Consideremos ahora un conductor de forma arbitraria con una cavidad como el de la figura 2.16. Supongamos que no hay cargas en el interior de la cavidad. Demostraremos que **el campo eléctrico en el interior de la cavidad debe ser nulo**, independientemente de la distribución de carga sobre la superficie exterior del conductor. Es más, el campo eléctrico en el interior del hueco es cero incluso si hay un campo eléctrico en el exterior del conductor.

Para demostrar esta afirmación, haremos uso del hecho de que en cualquier punto sobre el conductor se tiene el mismo potencial y, por tanto, dos puntos cualesquiera de la superficie de la cavidad, A y B, deben encontrarse al mismo potencial. Supongamos que existe un campo eléctrico **E** en la cavidad; podemos calcular la diferencia de potencial $V_B - V_A$, definida por la expresión

$$V_B - V_A = -\int_A^B \mathbf{E} \cdot d\mathbf{s}$$

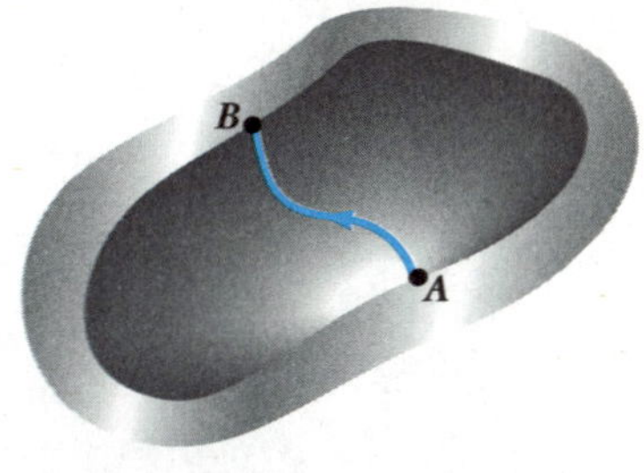

Figura 2.16

Conductor en equilibrio electrostático con una cavidad vacía. El campo eléctrico en la cavidad es nulo, independientemente de la carga total del conductor.

Si **E** no es cero, siempre podemos encontrar una trayectoria entre A y B a lo largo de la cual $\mathbf{E} \cdot d\mathbf{s}$ siempre es un número positivo (una trayectoria en la dirección de **E**), con lo que la integral debe ser positiva. Pero puesto que $V_B - V_A = 0$, la integral también debe ser cero. Esta contradicción sólo puede evitarse si $\mathbf{E} = 0$ en el interior de la cavidad. Por tanto, podemos concluir que una cavidad rodeada por paredes conductoras es una región libre de campo eléctrico si no hay cargas en el interior de la cavidad.

Este resultado tiene algunas aplicaciones interesantes. Por ejemplo, es posible proteger un dispositivo electrónico o incluso un laboratorio entero de campos eléctricos externos rodeándolos con paredes conductoras. Este blindaje es necesario muy a menudo cuando se realizan medidas eléctricas muy precisas. Otra consecuencia es que el lugar más seguro durante una tormenta eléctrica es el interior de un automóvil. Incluso si cae un rayo sobre el automóvil, la carrocería metálica garantiza que no habrá descarga en el interior, puesto que $\mathbf{E} = 0$.

2.7 • CAPACITANCIA

Al continuar nuestro estudio sobre la electricidad y (en capítulos posteriores) el magnetismo, construiremos *circuitos* compuestos por *elementos de circuito*. Un circuito consta, generalmente, de una serie de componentes eléctricos (elementos de circuito) conectados entre sí por cables conductores, formando uno o más bucles cerrados. Dichos circuitos pueden considerarse como sistemas que tienen un tipo de comportamiento determinado. El primer elemento de circuito que estudiaremos es el **condensador**.

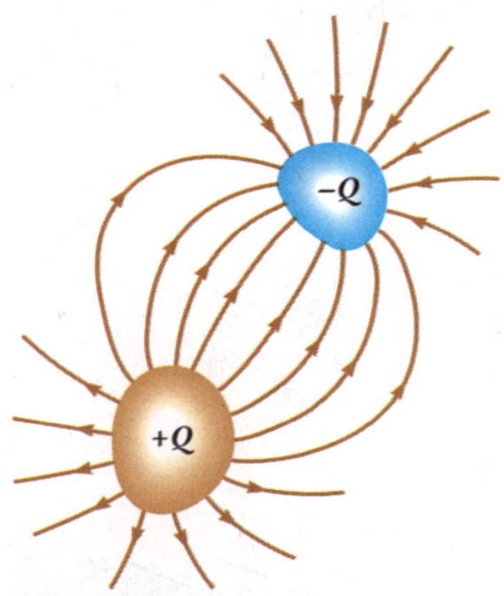

Figura 2.17

Un condensador consta de dos conductores eléctricamente aislados uno de otro y de su entorno. Después de cargar el condensador, ambos conductores tienen cargas de igual magnitud y signo contrario.

En general, un condensador consta de dos conductores de forma arbitraria. Considere dos conductores con una diferencia de potencial ΔV entre ellos. Supongamos que ambos conductores tienen cargas iguales de signo contrario, como se muestra en la figura 2.17. Esto puede conseguirse conectando dos conductores descargados a las terminales de una batería. Después de hacer esto y desconectar la batería, la carga permanece en los conductores. Describiremos este comportamiento diciendo que **el condensador es capaz de almacenar carga**.

La diferencia de potencial ΔV en el condensador es la magnitud de la diferencia de potencial entre ambos conductores. Dicha diferencia de potencial es proporcional a la carga Q del condensador, que se define como la magnitud de la carga en *uno* de los dos conductores. La **capacitancia** C del condensador se define como el cociente entre la carga del condensador y el valor de la diferencia de potencial del mismo.

$$C \equiv \frac{Q}{\Delta V} \qquad [2.19]$$

• *Definición de capacitancia*

Por definición, **la capacitancia es siempre una cantidad positiva**. Puesto que la diferencia de potencial es siempre proporcional a la carga, el cociente $Q/\Delta V$ es constante para un condensador dado. La ecuación 2.19 indica que la capacitancia de un sistema es una medida de la cantidad de carga que puede almacenarse en el condensador para una diferencia de potencial determinada.

• *Definición de faradio*

A partir de la ecuación 2.19, vemos que las unidades de la capacitancia en el SI son coulombs por volt, lo que se denomina **faradio** (F) en honor a Michael Faraday. El faradio es una unidad de capacidad muy grande. En la práctica, los dispositivos típicos tienen capacitancias que van de los microfaradios a los picofaradios.

La capacitancia de un dispositivo depende del arreglo geométrico de los conductores. Para ilustrar este punto, calculemos la capacitancia de un conductor esférico aislado de radio R y carga Q. (Basándonos en la forma de las líneas de campo de un conductor esférico, podemos considerar al segundo conductor como una superficie esférica concéntrica a la primera, pero de radio infinito.) Puesto que el potencial de la esfera es simplemente k_eQ/R (y $V = 0$ para la superficie esférica de radio infinito), la capacitancia de la esfera es

¡ADVERTENCIA! 2.6

La capacitancia indica la capacidad de almacenamiento de carga

Para comprender más fácilmente el concepto de capacitancia, piense en conceptos similares que emplean un término similar. La *capacidad* de una botella de leche es el volumen de leche que puede almacenar. La *capacidad calorífica* de un objeto es la cantidad de energía que puede almacenar por unidad de diferencia de temperatura. La *capacitancia* de un condensador es la cantidad de carga que puede almacenar por unidad de diferencia de potencial.

$$C = \frac{Q}{\Delta V} = \frac{Q}{k_eQ/R} = \frac{R}{k_e} = 4\pi\epsilon_0 R \qquad \textbf{[2.20]}$$

(Recuerde, de la sección 1.4, que la constante de Coulomb es $k_e = 1/4\pi\epsilon_0$). La ecuación 2.20 muestra que la capacitancia de una esfera cargada aislada es proporcional al radio de la esfera, y es independiente de la carga y de la diferencia de potencial.

La capacitancia de un par de conductores cargados con cargas opuestas puede calcularse de la siguiente manera. Se supone una carga de magnitud Q, y se determina la diferencia de potencial utilizando las técnicas de la sección 2.5. Una vez hecho esto, se utiliza la definición $C = Q/\Delta V$ para calcular la capacitancia. Como puede suponerse, el cálculo es sencillo si la geometría del condensador es simple.

Ilustraremos este proceso con dos geometrías conocidas: dos placas paralelas y dos cilindros concéntricos. En estos ejemplos, supondremos que los conductores cargados se encuentran separados por el vacío. (El efecto de introducir un material entre los conductores se estudiará en la sección 2.10.)

Condensador de placas paralelas

Un condensador de placas paralelas consta de dos placas paralelas de igual superficie A, separadas una distancia d, como se muestra en la figura 2.18. Una placa tiene una carga igual a Q y la otra, una carga igual a $-Q$. La magnitud de la densidad superficial de carga en cada placa es $\sigma = Q/A$. Si las placas se encuentran muy próximas (en relación con su anchura y longitud), podemos considerar un modelo simplificado en el que el campo es uniforme entre las placas y nulo en cualquier otro punto, como se vio en el ejemplo 1.12. De acuerdo con el ejemplo 1.12, el campo eléctrico entre las placas es

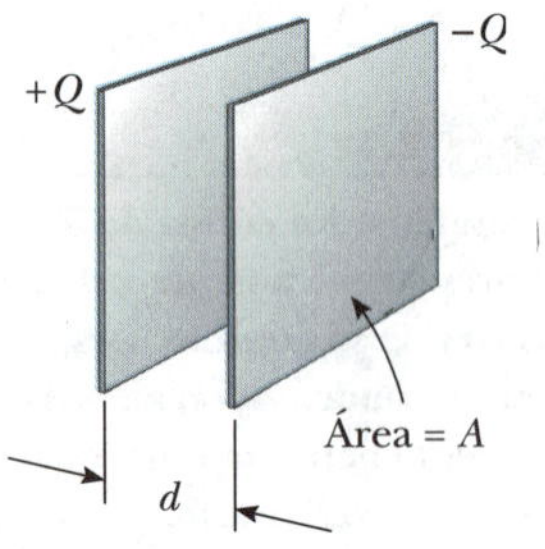

Figura 2.18

Un condensador de placas paralelas consta de dos placas conductoras paralelas, cada una de ellas de área A, separadas entre sí una distancia d. Cuando se carga el condensador, las placas tienen cargas de igual magnitud pero signo contrario.

$$E = \frac{\sigma}{\epsilon_0} = \frac{Q}{\epsilon_0 A}$$

Puesto que el campo es uniforme, la diferencia de potencial entre las placas puede calcularse a partir de la ecuación 2.6, de modo que

$$\Delta V = Ed = \frac{Qd}{\epsilon_0 A}$$

Sustituyendo este resultado en la ecuación 2.19, tenemos que la capacitancia es

$$C = \frac{Q}{\Delta V} = \frac{Q}{Qd/\epsilon_0 A}$$

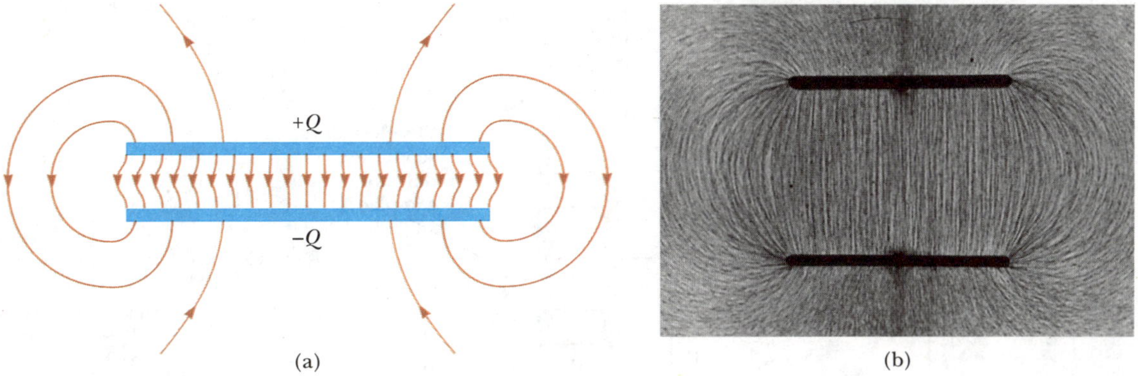

(a) (b)

Figura 2.19

(a) El campo eléctrico entre las placas de un condensador de placas paralelas es uniforme cerca del centro, pero no lo es cerca de los bordes. (b) Líneas de campo eléctrico creadas por dos placas conductoras paralelas cargadas con cargas de signo contrario. Los pequeños trozos de hilo metálico flotando sobre aceite se alinean con el campo eléctrico. *(b, Cortesía de Harold M. Waage, Princeton University)*

$$C = \frac{\epsilon_0 A}{d} \quad [2.21]$$

Es decir, **la capacitancia de un condensador de placas paralelas es proporcional a la superficie de las placas e inversamente proporcional a la distancia que las separa.**

Como puede observarse en la definición de capacitancia, $C = Q/\Delta V$, la cantidad de carga que un condensador dado puede almacenar para una diferencia de potencial dada entre sus placas aumenta a medida que se incrementa la capacitancia. Parece, por tanto, razonable que un condensador construido con placas de gran superficie sea capaz de almacenar una gran cantidad de carga.

Un estudio cuidadoso de las líneas de campo eléctrico en un condensador de placas paralelas revela que el campo es uniforme en la región central entre las placas, pero no lo es cerca de los bordes de las mismas. La figura 2.19 muestra las líneas de campo eléctrico de un condensador de placas paralelas, y en ella se observa el campo no uniforme cerca del borde de las placas. Si la separación entre placas es pequeña comparada con las dimensiones de las placas (al contrario de lo que ocurre en la figura 2.19b), el efecto de borde puede ignorarse, y podemos utilizar el modelo simplificado en el que el campo eléctrico es uniforme entre las placas.

La figura 2.20 muestra una batería conectada a un condensador de placas paralelas con un interruptor en el circuito. Trataremos el circuito como un sistema. Cuando se cierra el interruptor, la batería crea un campo eléctrico en los cables y la carga fluye desde éstos al condensador. Mientras esto ocurre, se transforma la energía del sistema. Antes de cerrar el interruptor, la energía se encuentra almacenada como energía química en el interior de la batería. Este tipo de energía está asociada con los enlaces químicos y se transforma durante la reacción química que se produce en el interior de la batería cuando funciona como parte de un circuito eléctrico. Cuando se cierra el circuito, parte de la energía química de la batería se convierte en energía potencial eléctrica relacionada con la separación entre cargas positivas y negativas en las placas. Por tanto, podemos describir un condensador como un dispositivo que almacena energía, además de carga. Estudiaremos este almacenamiento de energía en más detalle en la sección 2.9.

¡ADVERTENCIA! 2.7

La diferencia de potencial es ΔV, no V

En este libro utilizaremos el símbolo ΔV para denotar la diferencia de potencial en un elemento de circuito o dispositivo, ya que concuerda con nuestra definición de diferencia de potencial y el uso tradicional del signo delta. Sin embargo, es bastante común que en otros libros se utilice el símbolo V, sin el signo delta, para referirse a la diferencia de potencial entre las terminales de un elemento de circuito. Creemos que este uso lleva a confusiones, de modo que utilizaremos ΔV, que es más correcto. Sin embargo, recuerde esta prevención de errores si utiliza otros textos.

¡ADVERTENCIA! 2.8

Demasiadas Ces

Asegúrese de no confundir la *C* cursiva de la capacitancia con la C normal de la unidad de carga, el coulomb.

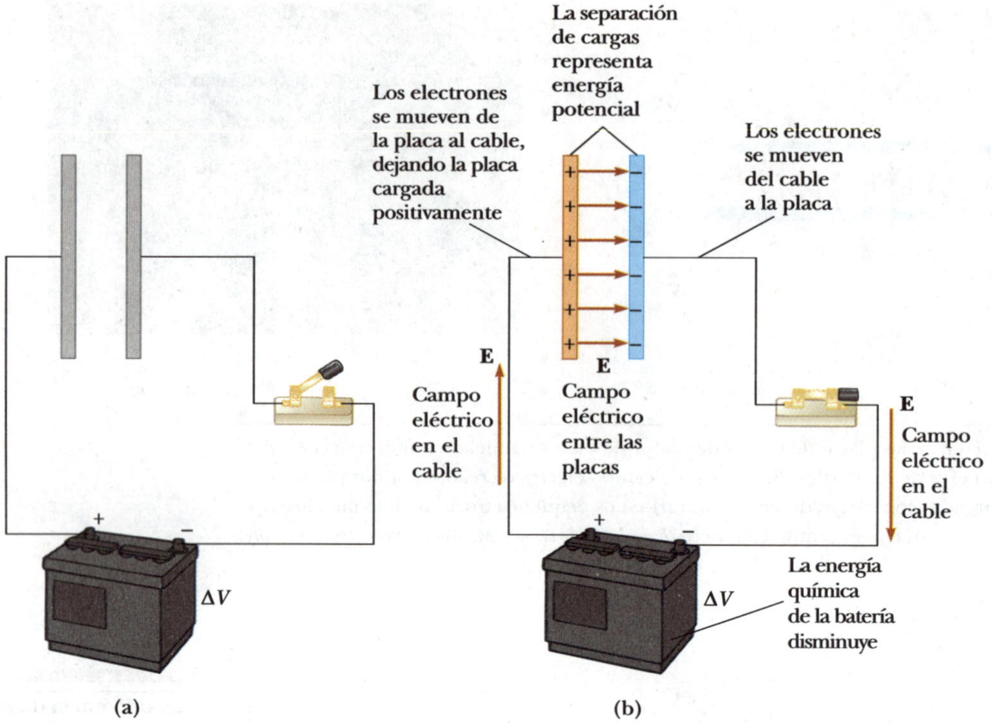

Figura 2.20

(a) Circuito que consta de un condensador, una batería y un interruptor. (b) Cuando se cierra el interruptor, la batería establece un campo eléctrico en el cable que hace que los electrones se muevan desde la placa izquierda al cable, y del cable a la placa derecha. Como resultado se produce una separación de la carga entre las placas, que representa una energía potencial eléctrica. Dicha energía en el sistema del circuito se ha obtenido como transformación de la energía química de la batería.

Pregunta rápida 2.7

¿Por qué es peligroso tocar los extremos de un condensador de alto voltaje, incluso después de desconectarlo de la fuente utilizada para cargar el condensador? ¿Qué puede hacerse para que sea seguro manipular el condensador después de desconectar la fuente de voltaje?

Ejemplo 2.7 Condensador de placas paralelas

Un condensador de placas paralelas tiene un área $A = 2.00 \times 10^{-4}\ \text{m}^2$ y una separación entre las placas $d = 1.00$ mm. Calcule su capacitancia.

Solución. De la ecuación 2.21, tenemos

$$C = \frac{\epsilon_0 A}{d} = (8.85 \times 10^{-12}\ \text{C}^2/\text{N}\cdot\text{m}^2)\left(\frac{2.00 \times 10^{-4}\ \text{m}^2}{1.00 \times 10^{-3}\ \text{m}}\right)$$

$$= 1.77 \times 10^{-12}\ \text{F} = 1.77\ \text{pF}$$

EJERCICIO. Si la separación entre placas aumenta a 3.00 mm, calcule la capacitancia.

Respuesta: 0.590 pF.

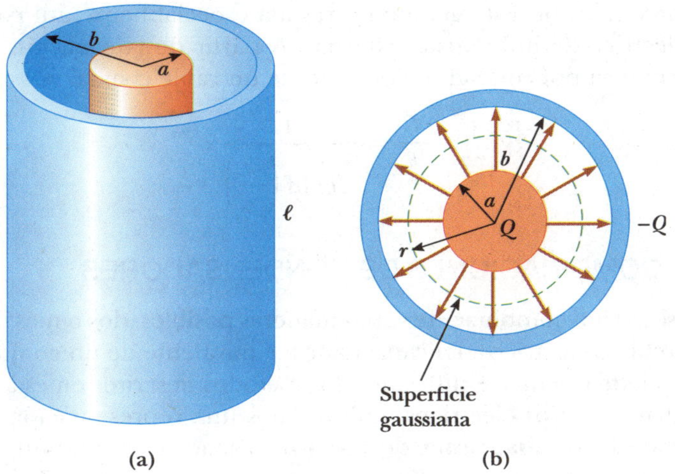

Figura 2.21

(a) Un condensador cilíndrico consta de un conductor cilíndrico sólido de radio *a* y longitud ℓ rodeado por un cascarón cilíndrico coaxial de radio *b*. (b) Vista superior. La línea discontinua representa el extremo de la superficie gaussiana cilíndrica de radio *r* y longitud ℓ.

Condensador cilíndrico

Un condensador cilíndrico consta de un conductor cilíndrico de radio a y carga Q coaxial a un cascarón cilíndrico de mayor radio b y carga $-Q$ (figura 2.21a). Vamos a calcular la capacidad de dicho condensador si su longitud es ℓ. Si suponemos que ℓ es grande comparada con a y b, podemos ignorar los efectos de borde y adoptar un modelo simplificado. En este caso, el campo es perpendicular al eje de los cilindros y se encuentra confinado al espacio entre ellos (figura 2.21b). Calculamos en primer lugar la diferencia de potencial entre los dos cilindros, que en general está dado por

$$V_b - V_a = -\int_a^b \mathbf{E} \cdot d\mathbf{s}$$

donde $\mathbf{E}$ es el campo eléctrico en la región $a < r < b$. En el capítulo 1, haciendo uso de la ley de Gauss, demostramos que el campo eléctrico de un cilindro con densidad lineal de carga λ tiene una magnitud $E = 2k_e\lambda/r$. Podemos aplicar este resultado aquí, puesto que el cilindro exterior no contribuye al campo eléctrico en el interior. Utilizando este resultado y teniendo en cuenta que $\mathbf{E}$ está dirigido radialmente hacia fuera del cilindro interior, como se ve en la figura 2.21b, tenemos que

$$V_b - V_a = -\int_a^b E_r\, dr = -2k_e\lambda \int_a^b \frac{dr}{r} = -2k_e\lambda \ln\left(\frac{b}{a}\right)$$

Sustituyendo este valor en la ecuación 2.19 y utilizando el hecho de que $\lambda = Q/\ell$, tenemos

$$C = \frac{Q}{|\Delta V|} = \frac{Q}{\dfrac{2k_eQ}{\ell}\ln\left(\dfrac{b}{a}\right)} = \frac{\ell}{2k_e \ln\left(\dfrac{b}{a}\right)} \qquad [2.22]$$

donde hemos sustituido ΔV en la ecuación 2.19 por el valor de la diferencia de potencial calculada. Este valor de C muestra que la capacitancia es proporcional a la longitud de los cilindros. Como podría esperarse, la capacitancia también depende de los radios de los dos conductores cilíndricos. Como ejemplo, un cable coaxial consta de dos conductores cilíndricos concéntricos de radios a y b separados por un aislante. El cable conduce corriente en sentidos opuestos por los conduc-

Una serie de condensadores utilizados en diversas aplicaciones. (*Henry Leap y Jim Lehman*)

tores interior y exterior. Esta geometría resulta especialmente útil para proteger una señal eléctrica de influencias externas. A partir de la ecuación 2.22, vemos que la capacitancia por unidad de longitud de un cable coaxial es

$$\frac{C}{\ell} = \frac{1}{2k_e \ln\left(\frac{b}{a}\right)}$$

2.8 • COMBINACIONES DE CONDENSADORES

A menudo, se suelen combinar, de varias maneras posibles, dos o más condensadores en los circuitos eléctricos. La capacitancia equivalente de un conjunto de condensadores puede calcularse utilizando los métodos descritos en esta sección.

Al estudiar circuitos eléctricos, utilizaremos una representación gráfica simplificada denominada **diagrama de circuito**. Dicho diagrama utiliza **símbolos de circuito** para representar los diferentes elementos de circuito. Los símbolos de circuito se conectan por medio de líneas rectas que representan los cables entre dichos elementos. La figura 2.22 muestra los símbolos de un condensador, una batería y un interruptor abierto. Observe que el símbolo de circuito de un condensador consta de dos líneas paralelas de igual longitud que representan las placas de un condensador de placas paralelas, mientras que las líneas del símbolo de circuito de la batería son de diferente longitud. El polo positivo es el de mayor potencial y se representa mediante la línea más larga del símbolo de batería.

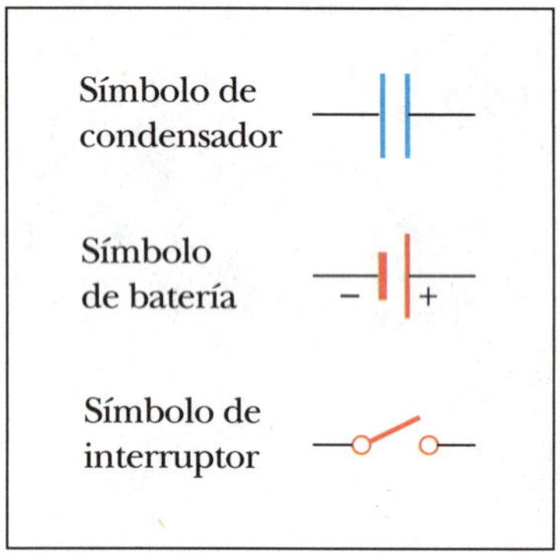

Figura 2.22

Símbolos de circuito de un condensador, una batería y un interruptor abierto.

Combinación en paralelo

Dos condensadores conectados como se muestra en la representación gráfica de la figura 2.23a forman lo que se denomina una **combinación de condensadores en paralelo.** La figura 2.23b muestra el diagrama de circuito de esta combinación.

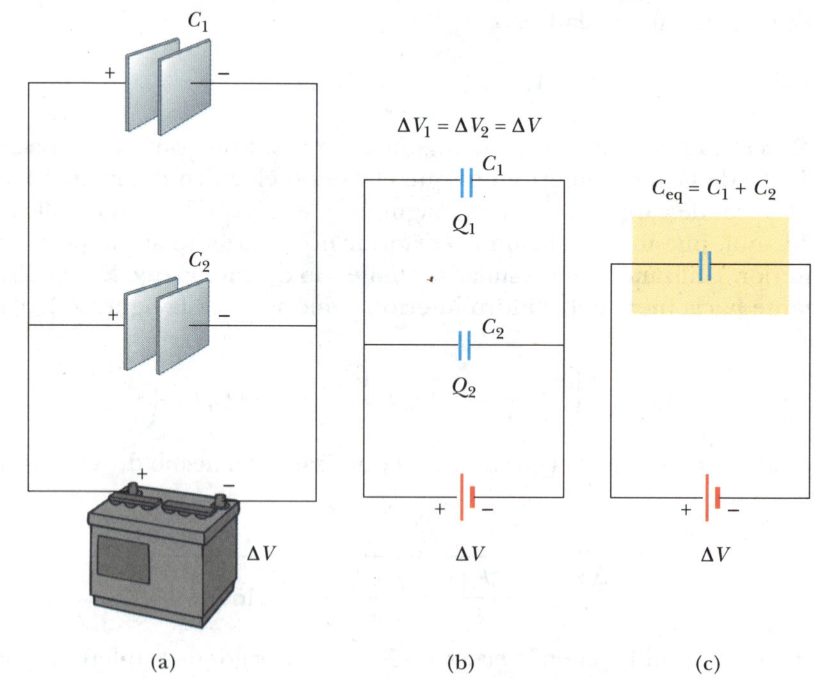

Figura 2.23

(a) Combinación en paralelo de dos condensadores conectados a una batería. (b) Diagrama de circuito de la combinación en paralelo. La diferencia de potencial es la misma a través de ambos condensadores. (c) Capacitancia equivalente $C_{eq} = C_1 + C_2$.

Las placas izquierdas de ambos condensadores están conectadas por cables conductores a la terminal positiva de la batería, de modo que ambas placas se encuentran al mismo potencial de tal terminal. De igual manera, ambas placas derechas se encuentran conectadas al polo negativo de la batería, y están por tanto al mismo potencial que dicha terminal. El voltaje aplicado a través de la combinación de condensadores es por tanto el voltaje de la batería.* Es más, el voltaje a través de *cada condensador* es igual al voltaje de la batería.

Cuando ambos condensadores se conectan por primera vez al circuito, se transfieren electrones entre los cables y las placas, haciendo que las placas izquierdas se carguen positivamente y las placas derechas se carguen negativamente. El flujo de carga cesa cuando el voltaje a través de los condensadores es igual al de la batería. En ese momento, los condensadores habrán alcanzado su carga máxima. Denominemos a la carga máxima de cada condensador Q_1 y Q_2, respectivamente. Entonces, la *carga total* Q almacenada por ambos condensadores es

$$Q = Q_1 + Q_2 \qquad \textbf{[2.23]}$$

Supongamos que deseamos remplazar ambos condensadores de la figura 2.23b por un solo condensador equivalente de capacitancia C_{eq}. Dicho condensador equivalente (figura 2.23c) debe tener exactamente el mismo efecto en el circuito que los dos originales, es decir, debe almacenar una carga Q cuando se conecta a la batería. En la figura 2.23c vemos que el voltaje a través del condensador equivalente es ΔV. Por tanto, tenemos que

$$Q = C_{eq}\,\Delta V$$

y para cada condensador individual,

$$Q_1 = C_1\,\Delta V \qquad Q_2 = C_2\,\Delta V$$

Sustituyendo estos resultados en la ecuación 2.23 tenemos

$$C_{eq}\,\Delta V = C_1\,\Delta V + C_2\,\Delta V$$

o, lo que es lo mismo,

$$C_{eq} = C_1 + C_2 \quad \text{(combinación en paralelo)} \qquad \textbf{[2.24]}$$

Si extendemos este resultado a una combinación en paralelo de tres o más condensadores, la capacitancia equivalente es

$$C_{eq} = C_1 + C_2 + C_3 + \cdots \quad \text{(combinación en paralelo)} \qquad \textbf{[2.25]}$$

• *Capacitancia equivalente de una combinación de condensadores en paralelo*

Es decir, vemos que **la capacitancia equivalente de una combinación en paralelo de condensadores es la suma de las capacitancias individuales de cada condensador, y es mayor que todas ellas**.

EJERCICIO. Dos condensadores, de capacitancias $C_1 = 5.0\ \mu\text{F}$ y $C_2 = 12\ \mu\text{F}$, están conectados en paralelo, y la combinación correspondiente se encuentra conectada a una batería de 9.0 V. ¿Cuál es (a) el valor de la capacitancia equivalente de la combinación, (b) la diferencia de potencial a través de cada condensador y (c) la carga almacenada en cada condensador?

Respuesta. (a) 17 μF (b) 9.0 V (c) 108 μC y 45 μC.

¡ADVERTENCIA! 2.9

Micro- puede ser "u" en la documentación eléctrica

Para evitar el uso de letras griegas, a veces se utiliza en la industria eléctrica la unidad "uF" para expresar 10^{-6} F, en vez de "μF."

* En algunos casos, la combinación en paralelo puede hacerse dentro de un circuito en el que existan otros elementos de circuito, de modo que la diferencia de potencial a través de la combinación no es la de la batería del circuito, sino que debe determinarse analizando el circuito completo.

Combinación en serie

Consideremos ahora dos condensadores conectados **en serie**, como se muestra en la figura 2.24a. La figura 2.24b muestra el diagrama del circuito. Para esta combinación de condensadores en serie, **la magnitud de la carga almacenada es igual en todas las placas**.

Para comprobar por qué es esto cierto, estudiemos el proceso de transferencia de carga en detalle. Inicialmente, los condensadores están descargados, y a continuación se conecta la batería al circuito. Cuando se realiza esta conexión, la placa derecha de C_1 y la placa izquierda de C_2 forman un conductor aislado. Por tanto, la carga negativa que entra en una placa, procedente del cable que une a las dos, deberá ser igual a la carga positiva de la otra placa, para que el conductor aislado siga siendo neutro (es una aplicación del modelo de sistema aislado al caso particular de la carga eléctrica). Como resultado, ambos condensadores deben tener la misma carga Q.

Supongamos que se desea determinar la capacitancia de un condensador equivalente que produzca el mismo efecto sobre el circuito que la combinación en serie. Es decir, cuando se cargue el condensador equivalente, deberá entrar una carga $-Q$ en la placa derecha desde el cable, y la carga de la placa izquierda deberá ser $+Q$. Aplicando la definición de capacitancia al circuito de la figura 2.24c, tenemos que

$$\Delta V = \frac{Q}{C_{eq}}$$

donde ΔV es la diferencia de potencial entre las terminales de la batería y C_{eq} es la capacitancia equivalente.

Puesto que la placa derecha de C_1 y la placa izquierda de C_2 forman un conductor aislado, ambas placas están al mismo potencial V_{ai}, donde *ai* indica que el conductor está *ai*slado. Representaremos el potencial de la placa izquierda de C_1 como V_{izq} y el potencial de la placa derecha de C_2 como V_{der}. Puesto que estas pla-

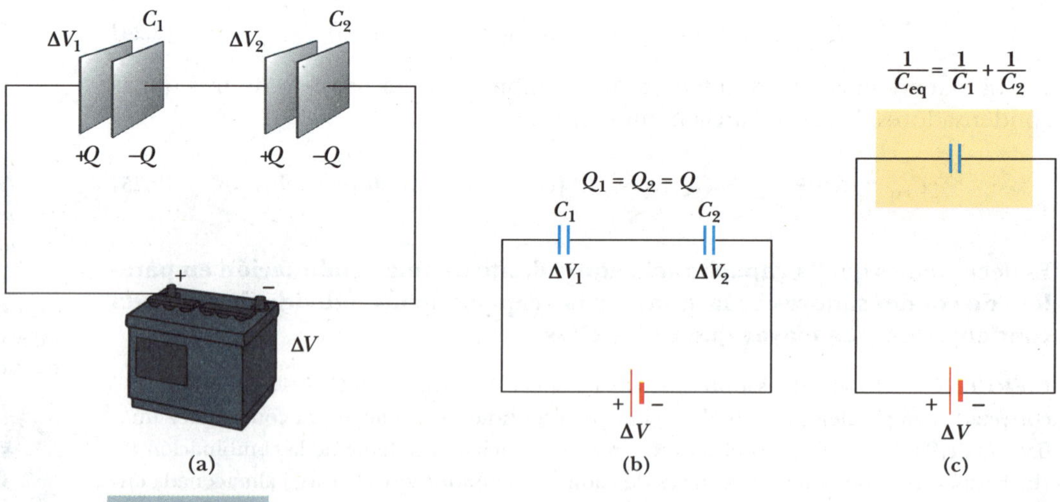

Figura 2.24

(a) Combinación en serie de dos condensadores conectados a una batería. (b) Diagrama de circuito de la combinación en serie. La carga de cada condensador es la misma. (c) La capacitancia equivalente puede calcularse utilizando la relación

$$\frac{1}{C_{eq}} = \frac{1}{C_1} + \frac{1}{C_2}$$

cas están conectadas directamente a la batería, la diferencia de potencial entre ellas debe ser

$$\Delta V = V_{izq} - V_{der}$$

Si sumamos y restamos V_{ai} a esta relación, tenemos

$$\Delta V = (V_{izq} - V_{ai}) + (V_{ai} - V_{der})$$

que podemos escribir como

$$\Delta V = \Delta V_1 + \Delta V_2 \qquad \textbf{[2.26]}$$

donde ΔV_1 y ΔV_2 son las diferencias de potencial a través de los condensadores C_1 y C_2. En general, la diferencia de potencial a través de un conjunto de condensadores en serie es igual a la suma de las diferencias de potencial a través de cada uno de ellos. Puesto que puede aplicarse $Q = C\Delta V$ para cada uno de los condensadores, la diferencia de potencial a través de cada uno es

$$\Delta V_1 = \frac{Q}{C_1} \qquad \Delta V_2 = \frac{Q}{C_2}$$

Sustituyendo estas expresiones en la ecuación 2.26 y recordando que $\Delta V = Q/C_{eq}$, tenemos

$$\frac{Q}{C_{eq}} = \frac{Q}{C_1} + \frac{Q}{C_2}$$

Eliminando Q, obtenemos la relación

$$\frac{1}{C_{eq}} = \frac{1}{C_1} + \frac{1}{C_2} \quad \text{(combinación en serie)} \qquad \textbf{[2.27]}$$

Si aplicamos este análisis a un conjunto de tres o más condensadores conectados en serie, la capacitancia equivalente resulta ser

$$\frac{1}{C_{eq}} = \frac{1}{C_1} + \frac{1}{C_2} + \frac{1}{C_3} + \cdots \quad \text{(combinación en serie)} \qquad \textbf{[2.28]}$$

• *Capacidad equivalente de una combinación de condensadores en serie*

Esta expresión muestra que **la inversa de la capacitancia equivalente es igual a la suma algebraica de las inversas de las capacitancias de cada condensador, y la capacitancia equivalente de una combinación de condensadores en serie es siempre menor que cada una de las capacitancias de la combinación.**

Ejemplo 2.8 Capacitancia equivalente

Calcule la capacitancia equivalente entre *a* y *b* para la combinación de condensadores mostrada en la figura 2.25a. Todas las capacitancias se expresan en microfaradios.

Solución. Utilizando las ecuaciones 2.25 y 2.28, reducimos la combinación paso a paso, como se muestra en la figura. Los condensadores de 1.0 μF y 3.0 μF están conectados en paralelo y se combinan de acuerdo con $C_{eq} = C_1 + C_2$. Su capacitancia equivalente es 4.0 μF. De igual manera, los condensadores de 2.0 μF y 6.0 μF están conectados en paralelo y su capacitancia equivalente es de 8.0 μF. La rama superior de la figura 2.25b consta ahora de dos condensadores de 4.0 μF en serie, que se combinan de acuerdo con

$$\frac{1}{C_{eq}} = \frac{1}{C_1} + \frac{1}{C_2} = \frac{1}{4.0\ \mu\text{F}} + \frac{1}{4.0\ \mu\text{F}} = \frac{1}{2.0\ \mu\text{F}}$$

$$C_{eq} = 2.0\ \mu\text{F}$$

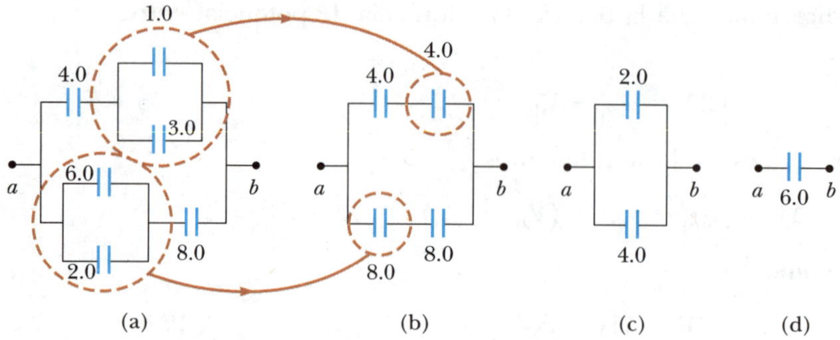

Figura 2.25

(Ejemplo 2.28) Para calcular la capacitancia equivalente de la combinación de condensadores en (a), cada una de las asociaciones se reduce paso a paso como se muestra en (b), (c) y (d), utilizando las reglas de combinación en serie y en paralelo descritas en el texto.

De igual modo, la rama inferior de la figura 2.25b consta de dos condensadores de 8.0 μF en serie, con una capacitancia equivalente de 4.0 μF. Finalmente, los condensadores de 2.0 μF y 4.0 μF de la figura 2.25c están conectados en paralelo, y tienen una capacitancia equivalente de 6.0 μF. Por tanto, la capacitancia equivalente del circuito es de 6.0 μF, como se muestra en la figura 2.25d.

EJERCICIO. Considere tres condensadores con capacitancias de 3.0 μF, 6.0 μF y 12 μF. Calcule su capacitancia equivalente si están conectados (a) en paralelo y (b) en serie.

Respuesta: (a) 21 μF; (b) 1.7 μF.

2.9 • ENERGÍA ALMACENADA EN UN CONDENSADOR CARGADO

Cualquiera que haya trabajado con dispositivos electrónicos habrá comprobado alguna vez que un condensador almacena energía. Si las placas de un condensador cargado se conectan utilizando un conductor, como un cable, la carga se transfiere a lo largo del cable hasta que ambas placas se descargan. A menudo puede observarse la descarga como una chispa visible. Si toca accidentalmente las placas de un condensador, sus dedos actuarán como conductores a través de los cuales se descarga el condensador, por lo que el resultado sería un toque eléctrico. La intensidad de la descarga depende de la capacitancia y del voltaje aplicados al condensador. Cuando se aplican altos voltajes al sistema, como en el caso de la fuente de alimentación de un televisor, la descarga puede ser mortal.

Considere un condensador de placas paralelas inicialmente descargado, de modo que la diferencia de potencial entre las placas es cero. A continuación, se conecta el condensador a una batería hasta que almacena una carga máxima Q. La diferencia de potencial final en el condensador será $\Delta V = Q/C$.

Para calcular la energía almacenada en el condensador, imagine que cargamos el condensador de una manera diferente que lleve al mismo resultado: un agente externo toma elementos diferenciales de carga y los transfiere de una placa a la otra. Suponga que la carga del condensador en un instante determinado de este proceso de carga es q. En ese instante, la diferencia de potencial a través del condensador es de $\Delta V = q/C$. Ahora imagine que el agente externo transfiere una carga diferencial dq de la placa $-q$ a la placa $+q$ (que está a un mayor potencial) aplicando una fuerza para mover la carga dq a través del campo eléctrico existente entre las placas. El trabajo requerido para transferir un elemento de carga dq de una placa a la otra es

$$dW = \Delta V\, dq = \frac{q}{C}\, dq$$

Por tanto, el trabajo total requerido para cargar el condensador desde $q = 0$ hasta $q = Q$ será

$$W = \int_0^Q \frac{q}{C}\,dq = \frac{Q^2}{2C}$$

Podemos considerar el condensador como un sistema no aislado para realizar este análisis. El trabajo realizado sobre el sistema por el agente externo, empleado en cargar el condensador, aparece en forma de energía potencial U almacenada en el condensador. En realidad, por supuesto, esta energía no es el resultado de un trabajo mecánico realizado por un agente externo que mueve cargas de una placa a la otra, sino que se debe a la transformación de la energía química de la batería. Hemos utilizado el modelo del trabajo realizado por un agente externo porque nos proporciona un resultado que es válido para la situación que nos ocupa. Utilizando $Q = C\,\Delta V$, la energía almacenada en el interior de un condensador cargado puede expresarse de varias maneras alternativas:

$$U = \frac{Q^2}{2C} = \tfrac{1}{2}\,Q\,\Delta V = \tfrac{1}{2}\,C(\Delta V)^2 \qquad [2.29]$$

• *Energía almacenada en un condensador cargado*

Este resultado puede aplicarse a *cualquier* condensador, independientemente de su geometría. Vemos que la energía almacenada se incrementa cuando C aumenta y cuando la diferencia de potencial aumenta. En la práctica, la energía máxima (y la carga máxima) que puede almacenarse es limitada. Esto se debe al hecho de que, para un valor de ΔV suficientemente grande, se produce una descarga eléctrica entre las placas. Por esta razón, los condensadores suelen etiquetarse con el máximo voltaje de operación.

En el caso de una masa unida a un resorte estirado, la energía potencial clásica puede considerarse almacenada *en el resorte*. La energía interna de una sustancia asociada a su temperatura se encuentra *en el interior de la sustancia*. ¿Dónde está la energía almacenada en un condensador? La energía almacenada en un condensador puede considerarse almacenada *en el campo eléctrico existente entre las placas del condensador*. En el caso de un condensador de placas paralelas, la diferencia de potencial está relacionada con el campo eléctrico según la relación $\Delta V = Ed$. Además, $C = \epsilon_0 A/d$. Sustituyendo ambas expresiones en la ecuación 2.29, tenemos que

$$U = \tfrac{1}{2}\left(\frac{\epsilon_0 A}{d}\right)(Ed)^2 = \tfrac{1}{2}\,(\epsilon_0 A d)E^2 \qquad [2.30]$$

Puesto que el volumen ocupado por el campo en un condensador de placas paralelas es Ad, la energía por unidad de volumen $u = U/Ad$, denominada **densidad de energía**, es

$$u = \tfrac{1}{2}\epsilon_0 E^2 \qquad [2.31]$$

• *Densidad de energía en un campo eléctrico*

Aunque la ecuación 2.31 se ha obtenido para un condensador de placas paralelas, la expresión es válida para el caso general. Es decir, **la densidad de energía en un campo eléctrico es proporcional al cuadrado del módulo del campo eléctrico en un punto dado.**

¡ADVERTENCIA! 2.10

No se trata de una nueva forma de energía

La energía de la ecuación 2.29 no es una nueva forma de energía. Es la energía potencial eléctrica que ya conocemos, asociada a la separación de cargas en un sistema. La ecuación 2.30 proporciona una nueva *interpretación*, o una nueva *manera* de representar la energía. Podemos pensar en la energía de la manera anterior, como energía potencial eléctrica de cargas separadas, o de esta nueva forma, como la energía asociada a un campo eléctrico. La ventaja de la nueva forma es que nos permite asignar energía a un campo eléctrico incluso si no sabemos qué distribución de carga está generando dicho campo.

Pregunta rápida 2.8

Suponga que tiene tres condensadores y una batería. ¿Cómo debe conectar los condensadores y la batería de modo que los condensadores almacenen la mayor cantidad de carga posible?

PIENSE EN LA FÍSICA 2.3

Se carga un condensador y a continuación se retira de la batería. El condensador consiste en un conjunto de grandes placas móviles con aire entre ellas. Se retiran las placas de modo que la distancia entre ellas sea algo mayor. ¿Qué ocurre con la carga del condensador? ¿Y con la diferencia de potencial? ¿Y con la energía almacenada en el condensador? ¿Y con la capacitancia? ¿Y con el campo eléctrico existente entre las placas? ¿Se realiza trabajo al alejar las placas?

Razonamiento. Dado que se retira el condensador de la batería, la carga de las placas no tiene adónde ir. Por tanto, la carga del condensador permanece constante cuando se alejan las placas. Puesto que el campo eléctrico asociado a placas de gran tamaño no depende de la distancia para los campos uniformes, el campo eléctrico permanece constante. Dado que el campo eléctrico es una medida del cambio del potencial con la distancia, la diferencia de potencial entre las placas aumenta cuando aumenta la separación entre placas. Ya que se almacena la misma carga pero a un potencial mayor, la capacitancia disminuye. Puesto que la energía almacenada es proporcional a la carga y a la diferencia de potencial, la energía almacenada en el condensador aumenta. Dicha energía debe ser transferida al sistema desde alguna parte; las placas se atraen entre sí, de modo que se realiza trabajo al alejar las placas.

Ejemplo 2.9 Reconectando dos condensadores cargados

Dos condensadores de capacitancias C_1 y C_2 (con $C_1 > C_2$) se cargan con la misma diferencia de potencial ΔV_{ai}. Los condensadores cargados se retiran de la batería, y se conectan sus placas como se muestra en la figura 2.26a. A continuación, se cierran los dos interruptores S_1 y S_2, como se observa en la figura 2.26b. (a) Calcule la diferencia de potencial final ΔV_f entre *a* y *b* después de haber cerrado los interruptores.

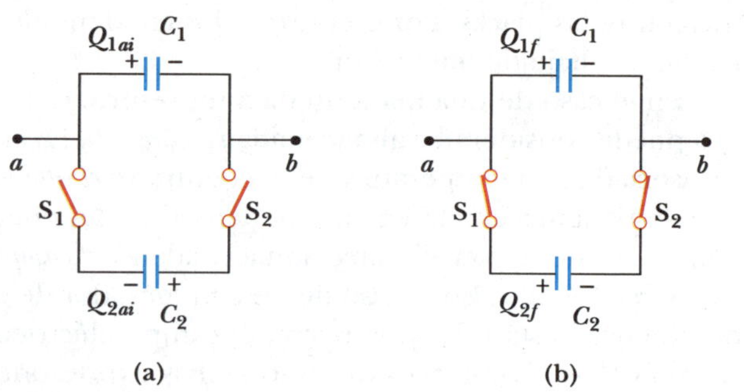

Figura 2.26
(Ejemplo 2.9)

Solución. Trataremos las placas izquierdas de los condensadores como un sistema aislado, puesto que no están conectadas a las placas derechas por medio de un conductor. La carga de las placas izquierdas antes de que se cierren los interruptores es

$$Q_{1ai} = C_1 \, \Delta V_{ai} \qquad \text{y} \qquad Q_{2ai} = -\, C_2 \, \Delta V_{ai}$$

El signo negativo de Q_2 es necesario porque la carga de la placa izquierda del condensador C_2 es negativa. La carga total Q del sistema es

$$Q = Q_{1ai} + Q_{2ai} = (C_1 - C_2)\Delta V_{ai} \qquad \textbf{(1)}$$

Una vez que se cierran los interruptores, aplicamos el modelo de sistema aislado para la carga eléctrica, lo que nos indica que la carga total de las placas izquierdas debe permanecer constante:

$$Q = Q_{1f} + Q_{2f} \qquad \textbf{(2)}$$

Las cargas se redistribuirán sobre las placas izquierdas hasta que todo el conductor en el sistema se encuentre al mismo potencial en todos sus puntos, V_{izq}. De modo similar, las cargas se redistribuirán sobre las placas derechas hasta que todo el conductor en el sistema se encuentre al mismo potencial en todos sus puntos, V_{der}. Por tanto, la diferencia de potencial final $\Delta V_f = |\, V_{\text{izq}} - V_{\text{der}} \,|$ a través de ambos condensadores es la misma. Para satisfacer este requisito, las cargas de ambos condensadores, una vez que se cierran los interruptores, deben ser

$$Q_{1f} = C_1 \, \Delta V_f$$

$$Q_{2f} = C_2 \, \Delta V_f$$

Si dividimos ambas ecuaciones, obtenemos

$$\frac{Q_{1f}}{Q_{2f}} = \frac{C_1 \, \Delta V_f}{C_2 \, \Delta V_f} = \frac{C_1}{C_2} \longrightarrow Q_{1f} = \frac{C_1}{C_2} Q_{2f} \qquad \textbf{(3)}$$

Combinando (2) y (3),

$$Q = Q_{1f} + Q_{2f} = \frac{C_1}{C_2} Q_{2f} + Q_{2f} = Q_{2f}\left(1 + \frac{C_1}{C_2}\right)$$

$$Q_{2f} = Q\left(\frac{C_2}{C_1 + C_2}\right) \quad \textbf{(4)}$$

Para hallar Q_{1f}, utilizamos (3) y (4), obteniendo

$$Q_{1f} = \frac{C_1}{C_2} Q_{2f} = \frac{C_1}{C_2} Q\left(\frac{C_2}{C_1 + C_2}\right) = Q\left(\frac{C_1}{C_1 + C_2}\right)$$

Finalmente, utilizamos la ecuación 2.19 para calcular el voltaje a través de cada condensador:

$$\Delta V_{1f} = \frac{Q_{1f}}{C_1} = \frac{Q\left(\frac{C_1}{C_1 + C_2}\right)}{C_1} = \boxed{\frac{Q}{C_1 + C_2}}$$

$$\Delta V_{2f} = \frac{Q_{2f}}{C_2} = \frac{Q\left(\frac{C_2}{C_1 + C_2}\right)}{C_2} = \boxed{\frac{Q}{C_1 + C_2}}$$

Observe que $\Delta V_{1f} = \Delta V_{2f} = \Delta V_f$, que es el resultado esperado.

(b) Calcule la energía total almacenada en los condensadores antes y después de cerrar los interruptores, y la relación entre la energía final y la energía inicial.

Solución. Antes de cerrar los interruptores, la energía total almacenada en los condensadores es

$$U_{ai} = \tfrac{1}{2}C_1(\Delta V_{ai})^2 + \tfrac{1}{2}C_2(\Delta V_{ai})^2 = \tfrac{1}{2}(C_1 + C_2)(\Delta V_{ai})^2$$

Una vez que se cierran los interruptores, la energía total almacenada en los condensadores es

$$U_f = \tfrac{1}{2}C_1(\Delta V_f)^2 + \tfrac{1}{2}C_2(\Delta V_f)^2 = \tfrac{1}{2}(C_1 + C_2)(\Delta V_f)^2$$

$$= \tfrac{1}{2}(C_1 + C_2)\left(\frac{Q}{C_1 + C_2}\right)^2 = \boxed{\tfrac{1}{2}\frac{Q^2}{C_1 + C_2}}$$

Utilizando (1), podemos expresarlo como

$$U_f = \tfrac{1}{2}\frac{Q^2}{C_1 + C_2} = \boxed{\tfrac{1}{2}\frac{(C_1 - C_2)^2(\Delta V_{ai})^2}{C_1 + C_2}}$$

Por tanto, el cociente entre la energía final y la inicial es

$$\frac{U_f}{U_{ai}} = \frac{\left(\frac{1}{2}\frac{(C_1 - C_2)^2(\Delta V_{ai})^2}{C_1 + C_2}\right)}{\left(\frac{1}{2}(C_1 + C_2)(\Delta V_{ai})^2\right)} = \boxed{\left(\frac{C_1 - C_2}{C_1 + C_2}\right)^2}$$

Este resultado muestra que la energía final es menor que la inicial. Por tanto, incluso utilizando correctamente un modelo de sistema aislado para la carga eléctrica, vemos que *no* es un sistema aislado en términos de energía. Esta conclusión lleva a preguntarse cómo se transfiere la energía hacia fuera del sistema. La transferencia se realiza en forma de radiación electromagnética, lo cual puede no resultar claro por ahora, pero lo será una vez que estudiemos dicho concepto en el capítulo 6.

EJERCICIO. Un condensador de 3.00 μF se conecta a una batería de 12 V. ¿Qué energía se almacena en el condensador?

Respuesta: 2.2×10^{-4} J

EJERCICIO. Un condensador de placas paralelas se carga mediante una batería, y a continuación se desconecta de ésta. ¿En qué fracción varía la energía almacenada (aumentando o disminuyendo) cuando se duplica la separación entre las placas?

Respuesta: La energía almacenada se duplica.

2.10 • CONDENSADORES CON DIELÉCTRICOS

Un **dieléctrico** es un material no conductor, como el caucho, el vidrio o el papel encerado. Cuando se coloca un material dieléctrico entre las placas de un condensador, la capacitancia aumenta. Si el dieléctrico llena completamente el espacio entre las placas, la capacitancia aumenta en un factor adimensional κ, denominado **constante dieléctrica** del material.

Puede realizarse el siguiente experimento para comprender el efecto de un dieléctrico en un condensador. Considere un condensador de placas paralelas con carga Q_0 y capacidad C_0, en ausencia de dieléctrico. La diferencia de potencial a través del condensador medida con un voltímetro es $\Delta V_0 = Q_0/C_0$ (figura 2.27a). Observe que el circuito del condensador está *abierto*, es decir, las placas del condensador *no* están conectadas a una batería y la carga no puede fluir a través de un voltímetro ideal. Por tanto, como *no* hay ningún camino por el que la carga pueda fluir, el valor de la carga del condensador no varía. Si se inserta ahora

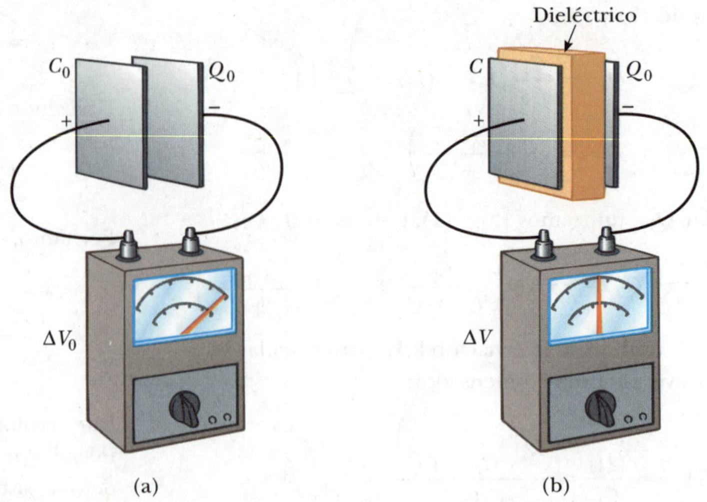

Figura 2.27

Condensador cargado (a) antes y (b) después de insertar un dieléctrico entre las placas. La carga de las placas no varía, pero la diferencia de potencial disminuye de ΔV_0 a $\Delta V = \Delta V_0/\kappa$. Por tanto, la capacidad aumenta de C_0 a κC_0.

un dieléctrico entre las placas, como se muestra en la figura 2.27b, la lectura del voltaje *disminuye* en un factor κ hasta el valor *fV*, donde

$$\Delta V = \frac{\Delta V_0}{\kappa}$$

Puesto que $\Delta V < \Delta V_0$, vemos que $\kappa > 1$.

La carga Q_0 del condensador *no varía*; por tanto, podemos concluir que la capacitancia debe variar hasta adoptar el valor

$$C = \frac{Q_0}{\Delta V} = \frac{Q_0}{\Delta V_0/\kappa} = \kappa\frac{Q_0}{\Delta V_0}$$

$$= \kappa C_0 \qquad [2.32]$$

donde C_0 es la capacitancia en ausencia del dieléctrico. Es decir, la capacitancia *aumenta* en un factor κ cuando el dieléctrico llena completamente el espacio entre las placas.* En el caso de un condensador de placas paralelas, donde $C_0 = \epsilon_0 A/d$, podemos expresar la capacitancia cuando el condensador tiene un dieléctrico entre las placas como

$$C = \kappa\frac{\epsilon_0 A}{d} \qquad [2.33]$$

A partir de este resultado, podría parecer que la capacitancia puede aumentarse indefinidamente disminuyendo d, la distancia entre placas. Sin embargo, en la práctica, el valor mínimo de d está limitado por la descarga eléctrica que puede producirse entre las placas, a través del dieléctrico que las separa. Para una separación dada d, el voltaje máximo que puede aplicarse al condensador sin causar

¡ADVERTENCIA! 2.11

¿Está el condensador conectado a una batería?

Es necesario ser cuidadoso al trabajar con problemas en los que se modifica un condensador. Es importante tener en cuenta si las modificaciones del condensador se realizan mientras éste se encuentra conectado a un generador o batería, o mientras el condensador está desconectado. Si el condensador permanece conectado a la batería, el voltaje a través del condensador no varía (es igual al de la batería), y la carga es proporcional a la capacitancia *independientemente de cómo se modifique el condensador* (por ejemplo, insertando un dieléctrico entre las placas). Por el contrario, si se desconecta el condensador de la batería antes de realizar cualquier modificación, el condensador es un sistema aislado y la carga permanece constante. En este caso, al modificar la capacitancia, el voltaje a través del condensador varía en proporción inversa a la capacidad, de acuerdo con $\Delta V = Q/C$.

* Si se realiza otro experimento en el que se introduce el dieléctrico mientras la diferencia de potencial permanece constante (por medio de una batería), la carga aumenta hasta el valor $Q = \kappa Q_0$. La carga adicional es transferida desde los cables conductores, y la capacitancia aumenta en un factor κ como en el caso anterior.

TABLA 2.1 **Constante dieléctrica y resistencia dieléctrica de varios materiales a temperatura ambiente**

Material	Constante dieléctrica κ	Campo de ruptura[a] (V/m)
Vacío	1.00000	—
Aire (seco)	1.00059	3×10^6
Baquelita	4.9	24×10^6
Cuarzo fundido	3.78	8×10^6
Cristal Pyrex	5.6	14×10^6
Poliestireno	2.56	24×10^6
Teflón	2.1	60×10^6
Neopreno	6.7	12×10^6
Nylon	3.4	14×10^6
Papel	3.7	16×10^6
Titanato de estroncio	233	8×10^6
Agua	80	—
Aceite de silicón	2.5	15×10^6

[a] La resistencia dieléctrica es igual al campo eléctrico máximo que puede existir en un dieléctrico sin que se produzca una descarga eléctrica..

una descarga depende del valor de la **resistencia dieléctrica** (máximo campo eléctrico) del dieléctrico, que en el caso del aire seco es de 3×10^6 V/m. Si el campo eléctrico en el medio excede la resistencia dieléctrica, las propiedades aislantes del material desaparecen y el material será conductor. La mayor parte de los materiales aislantes tienen resistencias dieléctricas y constantes dieléctricas mayores que los del aire, como se observa en la tabla 2.1. Por tanto, vemos que un dieléctrico proporciona las siguientes ventajas:

- Aumenta la capacitancia del condensador.
- Aumenta el máximo voltaje de operación del condensador.
- Puede proporcionar una estructura mecánica de soporte entre las placas conductoras.

Podemos entender el efecto de un dieléctrico considerando la polarización de moléculas mencionada en la sección 1.3. La figura 2.28a muestra moléculas polarizadas de un dieléctrico, orientadas azarosamente en ausencia de campo eléctrico. La figura 2.28b muestra la polarización de las moléculas cuando el dieléctrico se sitúa entre las placas cargadas de un condensador: las moléculas polarizadas tienden a alinearse paralelamente a las líneas del campo eléctrico. Las placas crean un campo eléctrico $\mathbf{E}_0$ dirigido hacia la derecha en la figura 2.28b. En el interior del dieléctrico existe una distribución más o menos homogénea de la carga, pero observe los bordes: hay una capa de carga negativa sobre el borde izquierdo del dieléctrico, y una capa de carga positiva sobre el borde derecho. Dichas capas de carga pueden considerarse, aproximadamente, como placas paralelas cargadas, como se muestra en la figura 2.28c. Puesto que su polaridad es opuesta a la de las placas reales, estas placas crean un campo eléctrico inducido $\mathbf{E}_{\text{ind}}$ dirigido hacia la izquierda en el diagrama. Este campo inducido cancela parcialmente el campo generado por las placas reales. Por tanto, en el caso de un condensador cargado que se desconecta de la batería, el campo eléctrico y el voltaje entre las placas, disminuyen al introducir el dieléctrico. La carga de las placas sigue almacenada con una diferencia de potencial menor, con lo que la capacitancia aumenta.

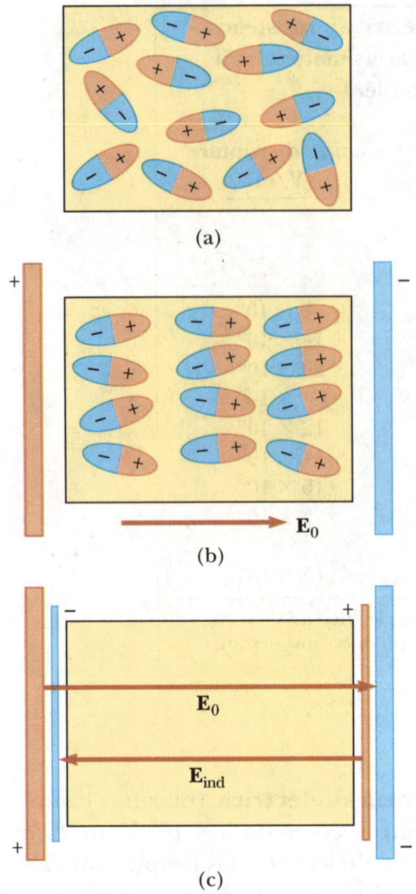

Figura 2.28

(a) Moléculas polares orientadas azarosamente en ausencia de un campo eléctrico externo. (b) Cuando se aplica un campo eléctrico externo, las moléculas se alinean parcialmente con el campo. (c) Los bordes cargados del dieléctrico pueden considerarse aproximadamente como dos placas paralelas cargadas, que crean un campo eléctrico $\mathbf{E}_{ind}$ de sentido opuesto a $\mathbf{E}_0$.

Tipos de condensadores

Los condensadores comerciales suelen estar fabricados de láminas metálicas alternadas con un dieléctrico, como por ejemplo finas láminas de papel impregnado de parafina. Estas láminas alternadas de metal y dieléctrico se enrollan formando un cilindro, para que ocupen menos espacio (figura 2.29a). Los condensadores de alto voltaje suelen constar de placas metálicas en forma de greca, inmersas en aceite de silicona (figura 2.29b). Los condensadores pequeños suelen fabricarse con materiales cerámicos. Los condensadores variables (normalmente de 10–500 pF) suelen constar de dos conjuntos de placas alternadas, uno de ellos fijo y el otro móvil, utilizando como dieléctrico el aire.

Los *condensadores electrolíticos* suelen utilizarse para almacenar gran cantidad de carga a voltajes relativamente pequeños. Un dispositivo de este tipo, como el mostrado en la figura 2.29c, consta de una lámina de metal en contacto con un electrólito —una solución que conduce la electricidad debido al movimiento de los iones contenidos en ella. Cuando se aplica una diferencia de potencial entre la lámina metálica y el electrólito, se forma una fina capa de óxido metálico (aislante) sobre el metal, y dicha capa de óxido actúa de dieléctrico. Pueden alcanzarse valores de capacitancia muy altos, puesto que la capa de dieléctrico es muy fina.

Cuando se emplean condensadores electrolíticos en los circuitos, deben montarse con la polaridad adecuada. Si la polaridad del voltaje aplicado es opuesta a la debida, la capa de óxido desaparece del metal y el condensador no puede almacenar ninguna carga.

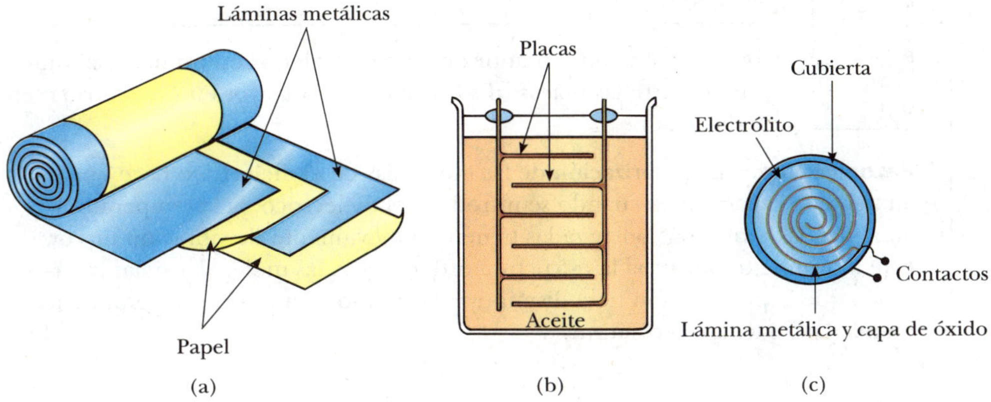

Figura 2.29

Tres diseños de condensadores comerciales. (a) Condensador tubular cuyas placas están separadas por papel y enrolladas en forma de cilindro. (b) Condensador de alto voltaje que consta de varias placas metálicas paralelas separadas por un aceite aislante. (c) Condensador electrolítico.

Pregunta rápida 2.9

El localizador eléctrico de columnas de madera utilizado por los carpinteros sirve para localizar columnas de madera en algunos tipos de pared. Consta de un condensador de placas paralelas, con las placas muy cerca una de otra, como se muestra en la figura 2.30. ¿Aumenta o disminuye la capacitancia cuando el dispositivo se mueve sobre una columna de madera?

Pregunta rápida 2.10

Un condensador de placas paralelas completamente cargado se mantiene conectado a la batería mientras se introduce un dieléctrico entre las placas. ¿Aumentan, disminuyen, o permanecen constantes las siguientes cantidades: (a) C; (b) Q; (c) E entre las placas; (d) ΔV; (e) la energía almacenada en el condensador?

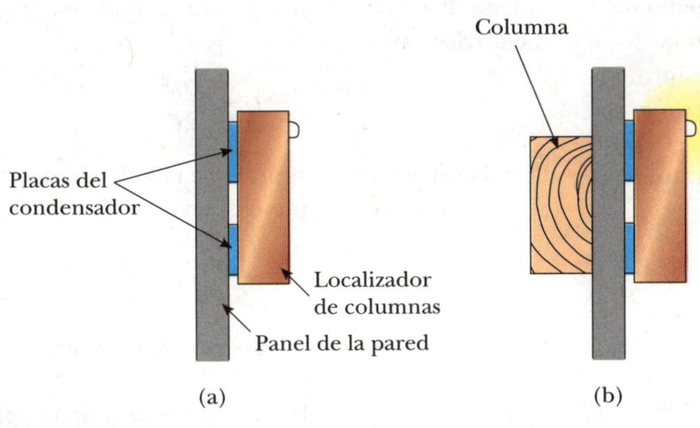

Figura 2.30

(Pregunta rápida 2.9) Localizador de columnas eléctrico. (a) Los materiales entre las placas del condensador son el panel de la pared y el aire. (b) Cuando el condensador se mueve sobre una columna de madera colocada en el interior de la pared, los materiales entre las placas son el panel de la pared y la columna de madera. La variación en la constante dieléctrica hace que brille una señal luminosa.

PIENSE EN LA FÍSICA 2.4

Considere un condensador de placas paralelas con un material dieléctrico entre las placas. ¿Es la capacitancia mayor en un día frío o en un día cálido?

Razonamiento. La polarización de las moléculas en el dieléctrico hace que aumente la capacitancia cuando se introduce el dieléctrico. Si la temperatura aumenta, las moléculas polarizadas tienen un movimiento de vibración mayor. Este movimiento perturba la estructura ordenada de las moléculas polarizadas, de modo que la polarización neta disminuye. Por tanto, cuando la temperatura aumenta, la capacitancia disminuye.

Ejemplo 2.10 Condensador con dieléctrico de papel

Un condensador de placas paralelas tiene placas de dimensiones 2.0 cm × 3.0 cm, separadas por una hoja de papel de 1.0 mm de espesor. (a) Calcule su capacitancia.

Solución. Puesto que para el papel $\kappa = 3.7$ (véase la tabla 2.1), tenemos que

$$C = \kappa \frac{\epsilon_0 A}{d}$$

$$= 3.7\,(8.85 \times 10^{-12}\ \mathrm{C^2/N \cdot m^2}) \left(\frac{6.0 \times 10^{-4}\ \mathrm{m^2}}{1.0 \times 10^{-3}\ \mathrm{m}} \right)$$

$$= 20 \times 10^{-12}\ \mathrm{F} = \boxed{20\ \mathrm{pF}}$$

(b) ¿Cuál es la carga máxima que puede almacenarse en el condensador?

Solución. Vemos en la tabla 2.1 que la resistencia dieléctrica del papel es de 16×10^6 V/m. Puesto que el espesor del papel es de 1.0 mm, el voltaje máximo que puede aplicarse antes de producirse la ruptura es

$$\Delta V_{\text{máx}} = E_{\text{máx}} d = (16 \times 10^6\ \mathrm{V/m})(1.0 \times 10^{-3}\ \mathrm{m})$$

$$= 16 \times 10^3\ \mathrm{V}$$

Por tanto, la carga máxima es

$$Q_{\text{máx}} = C\,\Delta V_{\text{máx}} = (20 \times 10^{-12}\ \mathrm{F})(16 \times 10^3\ \mathrm{V}) = \boxed{0.32\ \mu\mathrm{C}}$$

EJERCICIO. ¿Cuál es la máxima energía que puede almacenar el condensador?

Respuesta: 2.5×10^{-3} J.

Ejemplo 2.11 Energía almacenada antes y después

Un condensador de placas paralelas se carga por medio de una batería hasta una carga Q_0, como se muestra en la figura 2.31a. A continuación se retira la batería, y se introduce entre las placas un material de constante dieléctrica κ, como se observa en la figura 2.31b. Calcule la energía almacenada en el condensador antes y después de introducir el dieléctrico.

Solución. La energía almacenada en el condensador en ausencia de dieléctrico es

$$U_0 = \tfrac{1}{2} C_0 (\Delta V_0)^2$$

Puesto que $\Delta V_0 = Q_0 / C_0$, podemos expresar esto como

$$U_0 = \boxed{\frac{Q_0^2}{2C_0}}$$

Después de retirar la batería e insertar el dieléctrico entre las placas, la carga del condensador permanece constante, puesto que el condensador desconectado es un sistema aislado. Por tanto, la energía almacenada en presencia del dieléctrico es

$$U = \frac{Q_0^2}{2C}$$

Pero la capacitancia en presencia de dieléctrico viene dada por $C = \kappa C_0$, con lo que U es igual a

$$U = \frac{Q_0^2}{2\kappa C_0} = \boxed{\frac{U_0}{\kappa}}$$

Puesto que $\kappa > 1$, la energía final es menor que la energía inicial, por un factor $1/\kappa$.

Podemos explicar la energía perdida de la siguiente manera. Identificamos el sistema como el formado por el condensador más el dieléctrico. Cuando se acerca el dieléctrico al condensador, de modo que las líneas de campo eléctrico de las placas pasan a través del dieléctrico, las moléculas del dieléctrico se polarizan. Los bordes del dieléctrico adquieren una carga opuesta a la de la placa más cercana

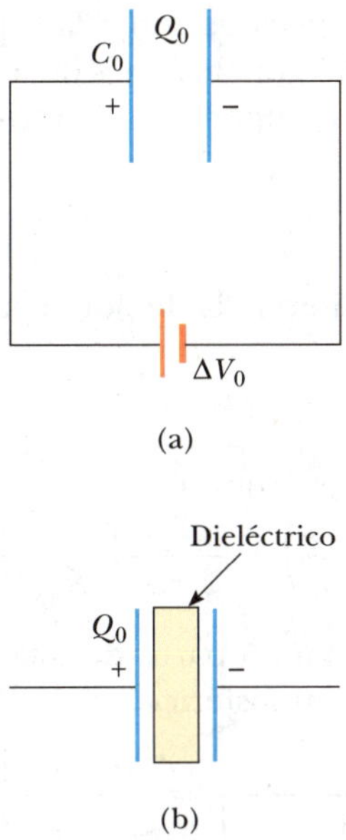

Figura 2.31

(Ejemplo 2.11)

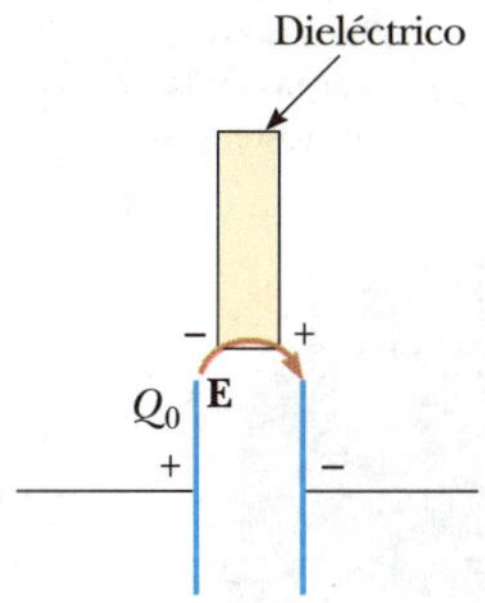

Figura 2.32

(Ejemplo 2.11) Cuando en dieléctrico se acerca a un condensador la distribución de la carga inducida sobre los bordes causa una atracción entre el dieléctrico y el condensador.

al borde, como se observa en la figura 2.32. Por tanto, existe una fuerza de atracción entre el dieléctrico y las placas. Si se liberase el dieléctrico, sería atraído hacia las placas y pasaría entre ellas con una cierta energía cinética, emergiendo por el otro lado y realizando un movimiento oscilatorio. Si un agente externo (como su mano) sujeta el dieléctrico, permitiendo que se mueva hacia las placas con velocidad constante, el agente realiza un trabajo negativo sobre el sistema: el desplazamiento del dieléctrico es hacia las placas, pero la fuerza aplicada es de sentido contrario. Esto representa una disminución de la energía del sistema, de modo que el cambio en la energía es $\Delta U = U - U_0$. Por tanto, el condensador desconectado y el dieléctrico forman un sistema aislado para la carga eléctrica, pero al considerar la energía, se trata de un sistema no aislado.

EJERCICIO. Suponga que la capacitancia en ausencia de dieléctrico es de 8.50 pF y se carga el condensador con una diferencia de potencial de 12.0 V. Si a continuación se desconecta la batería y se introduce entre las placas un bloque de poliestireno ($\kappa = 2.56$), calcule la diferencia de energía $U_0 - U$.

Respuesta: 373 pJ.

EJERCICIO. (a) ¿Cuánta carga puede almacenarse en un condensador con aire entre las placas sin que se produzca una descarga, si el área de cada placa es de 5.00 cm^2?
(b) Calcule la carga máxima si entre las placas hay poliestireno en vez de aire.

Respuesta: (a) 13.3 nC; (b) 272 nC.

Relación con el contexto

2.11 • LA ATMÓSFERA COMO CONDENSADOR

En la relación con el contexto del capítulo 1 mencionamos algunos procesos que tienen lugar sobre la superficie de la Tierra y en la atmósfera, los cuales producen distribuciones de carga. El resultado es que la superficie de la Tierra queda cargada negativamente, y las cargas positivas se distribuyen en el aire.

Esta separación de cargas puede modelarse como un condensador. La superficie de la Tierra es una placa, y la carga positiva del aire es la otra placa. La carga positiva de la atmósfera no se sitúa a una única altura, sino que está extendida por la atmósfera. Por tanto, la posición de la placa superior debe aproximarse, basándose en la distribución de carga. Los modelos de la atmósfera muestran que una altura efectiva apropiada de la placa superior es de aproximadamente 5 km sobre la superficie. Este modelo de condensador atmosférico se muestra en la figura 2.33.

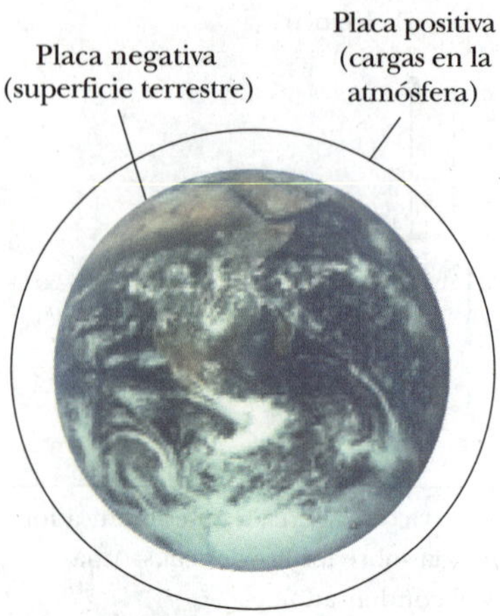

Figura 2.33

El condensador atmosférico. La Tierra funciona como placa negativa, y se establece una aproximación para la placa positiva a determinada altura; esta aproximación representa la carga positiva distribuida por toda la atmósfera.

Si consideramos que la distribución de carga sobre la superficie de la Tierra tiene simetría esférica, podemos utilizar las conclusiones del ejemplo 2.6 para afirmar que el potencial en un punto sobre la superficie terrestre es

$$V = k_e \frac{Q}{r}$$

donde Q es la carga de la superficie. La diferencia de potencial entre las placas de nuestro condensador atmosférico será

$$\Delta V = \frac{Q}{4\pi\epsilon_0}\left(\frac{1}{r_{\text{superficie}}} - \frac{1}{r_{\text{placa superior}}}\right)$$

$$= \frac{Q}{4\pi\epsilon_0}\left(\frac{1}{R_E} - \frac{1}{R_E + h}\right) = \frac{Q}{4\pi\epsilon_0}\left(\frac{h}{R_E(R_E + h)}\right)$$

donde R_E es el radio de la Tierra y $h = 5$ km. A partir de esta expresión podemos calcular la capacitancia del condensador atmosférico:

$$C = \frac{Q}{\Delta V} = \frac{Q}{\dfrac{Q}{4\pi\epsilon_0}\left[\dfrac{h}{R_E\,(R_E + h)}\right]} = \frac{4\pi\epsilon_0 R_E\,(R_E + h)}{h}$$

Sustituyendo los valores numéricos, tenemos que

$$C = \frac{4\pi\epsilon_0 R_E\,(R_E + h)}{h}$$

$$= \frac{4\pi(8.85 \times 10^{-12}\,\text{C}^2/\text{N}\cdot\text{m}^2)(6.4 \times 10^3\text{ km})(6.4 \times 10^3\text{ km} + 5\text{ km})}{5\text{ km}}\left(\frac{1000\text{ m}}{1\text{ km}}\right)$$

$$\approx 0.9\text{ F}$$

Este valor es extremadamente grande comparado con los *picofaradios* y *microfaradios* que constituyen valores normales para los condensadores utilizados en los circuitos eléctricos, ¡especialmente para el caso de un condensador cuyas placas están separadas 5 km! Utilizaremos este modelo de la atmósfera como condensador en la conclusión del contexto, en la cual calcularemos el número de rayos que caen sobre la Tierra en un día cualquiera.

EJERCICIO. Considere la Tierra y una capa de nubes de 800 m de altitud como las "placas" de un condensador. Calcule la capacitancia si la capa nubosa tiene un área de 1.0 km^2. Si la resistencia dieléctrica de la atmósfera (es decir, el campo necesario para crear un rayo) es de 3.0×10^6 N/C, ¿cuál es la carga máxima que puede almacenar la nube?

Respuesta: $C = 11$ nF; $Q = 27$ C.

RESUMEN

Cuando una carga de prueba positiva q_0 se mueve en el interior de un campo eléctrico **E** entre los puntos A y B, el **cambio en la energía potencial** es

$$\Delta U = -q_0 \int_A^B \mathbf{E}\cdot d\mathbf{s} \qquad [2.1]$$

La **diferencia de potencial** ΔV entre los puntos A y B en el interior de un campo eléctrico **E** se define como el cambio en la energía potencial dividida por la carga q_0:

$$\Delta V = \frac{\Delta U}{q_0} = -\int_A^B \mathbf{E}\cdot d\mathbf{s} \qquad [2.3]$$

donde el **potencial** V es una magnitud escalar cuyas unidades son los joules por coulombs, definidos como **volts** (V).

La diferencia de potencial entre dos puntos A y B en el interior de campo eléctrico uniforme **E** es

$$\Delta V = -\mathbf{E}\cdot\Delta\mathbf{r} \qquad [2.8]$$

donde $\Delta\mathbf{r}$ es el vector de desplazamiento entre A y B.

Las **superficies equipotenciales** son superficies sobre las que el potencial eléctrico permanece constante. Las superficies equipotenciales son *perpendiculares* a las líneas de campo eléctrico.

El potencial eléctrico creado por una carga puntual q a una distancia r de la carga es

$$V = k_e \frac{q}{r} \qquad \textbf{[2.11]}$$

El potencial eléctrico debido a un grupo de cargas puntuales se obtiene sumando los potenciales debidos a cada carga individual. Puesto que el potencial es un escalar, la suma se realiza de forma algebraica.

La **energía potencial eléctrica de dos cargas puntuales** separadas una distancia r_{12} es

$$U = k_e \frac{q_1 q_2}{r_{12}} \qquad \textbf{[2.13]}$$

Dicha energía representa el trabajo necesario para traer las cargas desde una separación infinita hasta una separación r_{12}. La energía potencial de una distribución de cargas puntuales se obtiene sumando términos como el de la ecuación 2.13 para *cada par* de partículas.

Si se conoce el potencial eléctrico en función de las coordenadas x, y, z, pueden obtenerse las componentes del campo eléctrico derivando el potencial respecto de cada coordenada y cambiando el signo. Por ejemplo, la componente x de un campo eléctrico en la dirección x es

$$E_x = -\frac{dV}{dx} \qquad \textbf{[2.15]}$$

El **potencial eléctrico creado por una distribución continua de carga** es

$$V = k_e \int \frac{dq}{r} \qquad \textbf{[2.18]}$$

Cada punto en la superficie de un conductor cargado en equilibrio electrostático tiene el mismo potencial. Además, el potencial es constante en todos los puntos del interior del conductor y tiene el mismo valor que el potencial en la superficie.

Un condensador es un dispositivo que almacena carga. Consta de dos conductores con cargas iguales de signo contrario y con una diferencia de potencial ΔV entre ellos. La **capacitancia** C de un condensador se define como la razón de la magnitud de la carga Q en uno de los conductores y el valor de la diferencia de potencial ΔV:

$$C \equiv \frac{Q}{\Delta V} \qquad \textbf{[2.19]}$$

Las unidades de la capacitancia en el SI son los coulombs por volts, lo que se denomina **faradio** (F), donde 1 F = 1 C/V.

Si se conectan dos o más condensadores en paralelo, las diferencias de potencial a través de cada uno de ellos deben ser iguales. La capacitancia equivalente de la combinación de condensadores en paralelo es

$$C_{\text{eq}} = C_1 + C_2 + C_3 + \cdots \qquad \textbf{[2.25]}$$

Si se conectan dos o más condensadores en serie, las cargas en cada uno de ellos deben ser iguales. La capacitancia equivalente de la combinación de condensadores en serie es

$$\frac{1}{C_{\text{eq}}} = \frac{1}{C_1} + \frac{1}{C_2} + \frac{1}{C_3} + \cdots \qquad \textbf{[2.28]}$$

Se requiere energía para cargar un condensador, puesto que el proceso de carga es equivalente a transferir cargas desde el conductor a menor potencial hasta el otro conductor a mayor potencial. La energía potencial eléctrica U almacenada en el condensador es

$$U = \frac{Q^2}{2C} = \tfrac{1}{2} Q\Delta V = \tfrac{1}{2} C(\Delta V)^2 \qquad \textbf{[2.29]}$$

Cuando se introduce un material dieléctrico entre las placas de un condensador, la capacitancia aumenta por factor adimensional κ, denominado **constante dieléctrica**. Es decir,

$$C = \kappa C_0 \qquad \textbf{[2.32]}$$

donde C_0 es la capacitancia en ausencia de dieléctrico.

PREGUNTAS

1. Explique la diferencia entre potencial eléctrico y energía potencial eléctrica.
2. Explique físicamente la razón de que la energía potencial de dos cargas del mismo signo sea positiva, mientras que la energía potencial de dos cargas de signo contrario es negativa.
3. Explique por qué en condiciones de equilibrio todos los puntos de un conductor deben encontrarse al mismo potencial.
4. ¿Por qué es importante evitar los filos o puntas en los conductores utilizados en los equipos eléctricos de alto voltaje?
5. ¿En qué condiciones atmosféricas es más probable que se descargue la batería de un coche y por qué?
6. ¿Cómo protegería un circuito electrónico o un laboratorio de campos eléctricos no deseados? ¿Cómo funciona dicho mecanismo?
7. Si se tienen tres condensadores de capacitancias diferentes C_1, C_2 y C_3, ¿cuántas combinaciones de capacitancias diferentes pueden obtenerse?
8. Las placas de un condensador se encuentran conectadas a una batería. ¿Qué le sucede a la carga de las placas si se desconectan los cables de la batería? ¿Qué le sucede a la carga si se desconectan los cables de la batería y se conectan entre sí?
9. Se desea aumentar el voltaje máximo de operación de un condensador de placas paralelas. Explique cómo puede conseguirse con una separación fija entre placas.
10. Si se duplica la diferencia de potencial a través de un condensador, ¿en qué factor varía la energía almacenada?
11. Puesto que las cargas de las placas de un condensador de placas paralelas son de signo contrario, se atraen. Por tanto, se requiere un trabajo positivo para aumentar la sepa-

ración entre placas. ¿Qué ocurre con el trabajo externo realizado en este proceso? (Suponga que las placas del condensador se desconectan de la batería utilizada para cargarlas).

12. Se le pide que construya un condensador de tamaño pequeño y gran capacitancia. ¿Qué factores son importantes en el diseño?

13. Explique por qué un dieléctrico aumenta el máximo voltaje de operación de un condensador sin necesidad de cambiar el tamaño físico de éste.

14. Dos condensadores se encuentran conectados en paralelo, y otros dos condensadores idénticos se encuentran conectados en serie. ¿Cuál de los dos pares sería más peligroso de manipular si están conectados al mismo voltaje? Justifique su respuesta.

15. Se cuadruplica la energía almacenada en un condensador. ¿Cuál es el cambio que se produce en (a) la carga y (b) la diferencia de potencial entre las placas?

PROBLEMAS

1, 2, 3 = fácil, intermedio, difícil   web = solución publicada en **http://www.harcourtcollege.com/physics/**

= se recomienda el uso de computadora para la resolución del problema

= problemas numérico/simbólico emparejados   = aplicaciones biomédicas

Sección 2.1 Diferencia de potencial y potencial eléctrico

1. (a) Calcule la rapidez de un protón acelerado desde el reposo a través de una diferencia de potencial de 120 V. (b) Calcule la rapidez de un electrón que se acelera a través de la misma diferencia de potencial.

2. ¿Qué trabajo se realiza (por una batería, un generador o cualquier otra fuente de energía) para mover un número de electrones igual al número de Avogadro desde un punto inicial donde el potencial eléctrico es de 9.00 V hasta un punto donde el potencial es de −5.00 V? (El potencial en cada caso se mide respecto de un origen común.)

3. **Problema de repaso.** ¿A través de qué diferencia de potencial debe acelerarse un electrón para que alcance una rapidez igual al 40.0% de la rapidez de la luz, partiendo del reposo? La rapidez de la luz es $c = 3.00 \times 10^8$ m/s; revise el capítulo 9 del volumen I.

4. **Problema de repaso.** Un electrón parte del reposo y es acelerado a través de una diferencia de potencial de 20.0 kV. (a) Calcule la rapidez relativista del electrón. (b) Calcule la rapidez predicha para el electrón por la física clásica. ¿Cuál es el porcentaje de error de dicha predicción?

Sección 2.2 Diferencia de potencial en un campo eléctrico uniforme

5. Un campo eléctrico uniforme de magnitud 250 V/m se dirige en el sentido positivo del eje x. Una carga de +12.0 μC se mueve desde el origen hasta el punto (x, y) = (20.0 cm, 50.0 cm). (a) ¿Cuál es el cambio en la energía potencial del sistema carga-campo? (b) ¿A través de qué diferencia de potencial se mueve la carga?

6. La diferencia de potencial entre las placas de aceleración del cañón de electrones de un televisor es de aproximadamente 25 000 V. Si la distancia entre dichas placas es de 1.50 cm, calcule la magnitud del campo eléctrico uniforme existente en dicha región.

7. web Un electrón se mueve paralelo al eje x, con una rapidez inicial de 3.70×10^6 m/s en el origen. Su rapidez se reduce hasta 1.40×10^5 m/s en el punto $x = 2.00$ cm. Calcule la diferencia de potencial entre el origen y dicho punto. ¿Cuál de los dos puntos se encuentra a mayor potencial?

8. Suponga que se libera desde el reposo un electrón en un campo eléctrico uniforme de intensidad 5.90×10^3 V/m. (a) A través de qué diferencia de potencial habrá pasado después de recorrer 1.00 cm? (b) ¿A qué rapidez se moverá el electrón después de recorrer 1.00 cm?

9. **Problema de repaso.** Un bloque de masa m y carga Q se encuentra conectado a un resorte de constante de recuperación k. El bloque reposa sobre una superficie horizontal sin rozamiento, y el sistema se encuentra en un campo eléctrico uniforme de magnitud E, dirigido según se observa en la figura P2.9. Si se libera el bloque desde el reposo cuando el resorte está en equilibrio ($x = 0$), (a) ¿cuál es el valor de la máxima elongación del resorte? (b) ¿Cuál es la posición

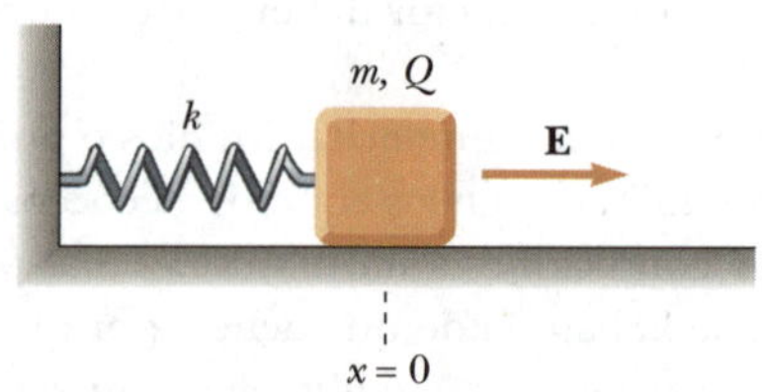

Figura P2.9

de equilibrio del bloque? (c) Demuestre que el movimiento del bloque es un movimiento armónico simple y calcule su periodo. (d) Repita el inciso (a) si el coeficiente de rozamiento dinámico entre el bloque y la superficie es μ_k.

Sección 2.3 Potencial eléctrico y energía potencial eléctrica debidos a cargas puntuales

Nota: Si no se indica lo contrario, suponga que el origen de potencial $V = 0$ se encuentra en $r = \infty$.

10. (a) Calcule el potencial a una distancia de 1.00 cm de un protón. (b) ¿Cuál es la diferencia de potencial entre dos puntos situados a 1.00 cm y 2.00 cm del protón? (c) Repita los incisos (a) y (b) para el caso de un electrón.

11. Dadas dos cargas de 2.00 μC como las de la figura P2.11, y una carga de prueba positiva $q = 1.28 \times 10^{-18}$ C situada en el origen, (a) ¿cuál es la fuerza neta ejercida sobre q por las otras dos cargas? (b) ¿Cuál es el valor del campo eléctrico en el origen debido a las dos cargas de 2.00 μC? (c) ¿Cuál es el potencial eléctrico en el origen creado por las dos cargas de 2.00 μC?

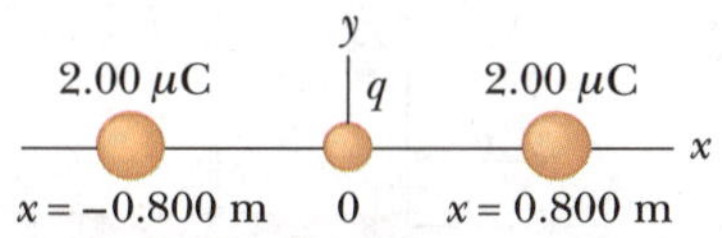

Figura P2.11

12. Una carga de valor $+q$ se encuentra situada en el origen. Una carga de valor $-2q$ se encuentra sobre el eje x, en el punto $x = 2.00$ m. ¿Para qué valor o valores finitos de x se anula (a) el campo eléctrico, (b) el potencial eléctrico?

13. Las tres cargas de la figura P2.13 se encuentran en los vértices de un triángulo isósceles. Calcule el potencial eléctrico en el punto medio de la base, suponiendo que $q = 7.00$ μC.

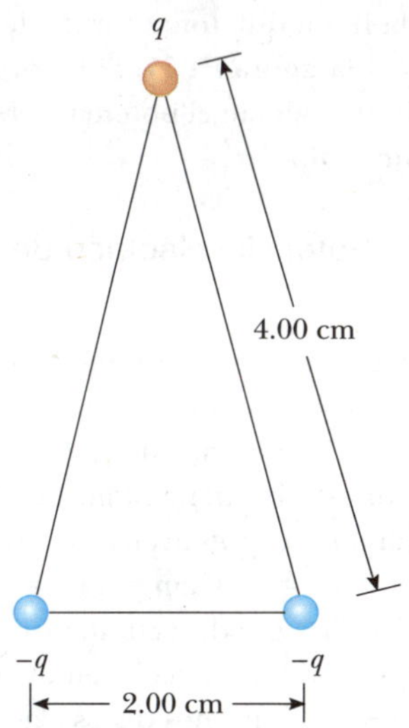

Figura P2.13

14. El modelo de Bohr para el átomo de hidrógeno afirma que un electrón sólo puede ocupar determinadas órbitas alrededor del protón. El radio de cada órbita de Bohr viene dado por $r = n^2(0.052\,9 \text{ nm})$ donde $n = 1, 2, 3, \ldots$. Calcule la energía potencial eléctrica de un átomo de hidrógeno cuando el electrón se encuentra en (a) la primera órbita permitida, $n = 1$; (b) la segunda órbita permitida, $n = 2$; (c) cuando el electrón ha escapado del átomo, $r = \infty$. Exprese las respuestas en electrón-volts.

15. *Compare este problema con el problema 53 del capítulo 1.* Cuatro cargas puntuales idénticas ($q = +10.0$ μC) se encuentran en las esquinas de un rectángulo, como se muestra en la figura P1.53. Las dimensiones del rectángulo son $L = 60.0$ cm y $W = 15.0$ cm. Calcule la energía potencial eléctrica de la carga situada en la esquina inferior izquierda debida a las otras tres cargas.

16. *Compare este problema con el problema 12 del capítulo 1.* Dos cargas puntuales de valor 2.00 μC se encuentran situadas sobre el eje x. Una de ellas está en $x = 1.00$ m y la otra en $x = -1.00$ m. (a) Calcule el potencial eléctrico sobre el eje y, en el punto $y = 0.500$ m. (b) Calcule el cambio en la energía potencial eléctrica del sistema de estas dos partículas y una tercera partícula si la tercera partícula, de carga -3.00 μC, se lleva desde una distancia infinita hasta el punto $y = 0.500$ m sobre el eje y.

17. web Demuestre que el trabajo necesario para situar cuatro cargas puntuales idénticas de valor Q sobre las esquinas de un cuadrado de lado s es $5.41 k_e Q^2/s$.

18. *Compare este problema con el problema 11 del capítulo 1.* Tres cargas positivas de valor q se encuentran en las esquinas de un triángulo equilátero de lado a, como se muestra en la figura P1.11. (a) ¿En qué punto, si hay alguno, del plano de las cargas el potencial eléctrico se anula? (b) ¿Cuál es el potencial eléctrico en el punto P debido a las dos cargas en la base del triángulo?

19. Problema de repaso. Dos esferas aislantes tienen radios de 0.300 cm y 0.500 cm, masas de 0.100 kg y 0.700 kg, y se encuentran cargadas uniformemente con cargas de -2.00 μC y 3.00 μC. Se liberan desde el reposo cuando sus centros están separados una distancia de 1.00 m. (a) ¿Qué velocidad tendrá cada una cuando choquen? (*Sugerencia:* tenga en cuenta la conservación de la energía y del momento lineal.) (b) Si las esferas fueran conductoras, ¿serían las velocidades mayores o menores que las calculadas en el inciso (a)? Razone la respuesta.

20. Problema de repaso. Dos esferas aislantes tienen radios r_1 y r_2, masas m_1 y m_2, y se encuentran cargadas uniformemente con cargas $-q_1$ y q_2. Se liberan desde el reposo cuando sus centros están separados una distancia d. (a) ¿Qué velocidad tendrá cada una cuando choquen? (*Sugerencia:* tenga en cuenta la conservación de la energía y del momento lineal.) (b) Si las esferas fueran conductoras, ¿serían las velocidades mayores o menores que las calculadas en el apartado (a)? Razone la respuesta.

21. En 1911, Ernest Rutherford y sus ayudantes Geiger y Marsden realizaron un experimento en el que dispersaron partículas alfa utilizando láminas de oro muy finas. Una partícula alfa, de carga $+2e$ y masa 6.64×10^{-27} kg, se crea como producto de ciertas desintegraciones radiactivas. El resultado del experimento llevó a Rutherford a la idea de que la mayor parte de la masa del átomo se encuentra en un núcleo pequeño, con electrones en órbita alrededor de éste —su modelo planetario del átomo. Suponga que una partícula alfa, inicialmente a una gran distancia de una lámina de oro, se dispara con una velocidad de 2.00×10^7 m/s contra un núcleo (carga $+79e$). ¿Hasta qué distancia se acercará la partícula al núcleo antes de ser desviada? Suponga que el núcleo de oro permanece en reposo.

22. Dos partículas de cargas 20.0 nC y −20.0 nC se encuentran en los puntos de coordenadas (0 cm, 4.00 cm) y (0 cm, −4.00 cm), como se muestra en la figura P2.22. Una partícula de carga 10.0 nC se encuentra situada en el origen. (a) Calcule la energía del sistema formado por las tres cargas. (b) Una cuarta partícula, de masa 2.00×10^{-13} kg y carga 40.0 nC, se libera desde el reposo en el punto (3.00 cm, 0 cm). Calcule su velocidad una vez que se ha desplazado libremente hasta una gran distancia del sistema.

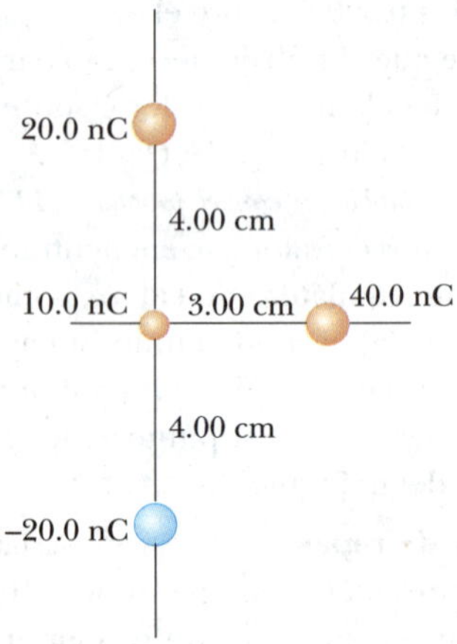

Figura P2.22

Sección 2.4 Cálculo del campo eléctrico a partir del potencial eléctrico

23. El potencial en una región comprendida entre $x = 0$ y $x = 6.00$ m es $V = a + bx$, donde $a = 10.0$ V y $b = -7.00$ V/m. Calcule (a) el potencial en $x = 0$, 3.00 m, 6.00 m y (b) la magnitud y dirección del campo eléctrico en $x = 0$, 3.00 m, 6.00 m.

24. El potencial eléctrico en el interior de un conductor esférico cargado de radio R viene dado por $V = k_eQ/R$, y en el exterior viene dado por $V = k_eQ/r$. Utilizando $E_r = -dV/dr$, calcule el campo eléctrico (a) en el interior y (b) en el exterior de esta distribución de carga.

25. web En una cierta región del espacio, el potencial eléctrico viene dado por $V = 5x - 3x^2y + 2yz^2$. Calcule las expresiones de las componentes x, y y z del campo eléctrico en dicha región. ¿Cuál es la magnitud del campo en el punto P de coordenadas (1, 0, −2) m?

Sección 2.5 Potencial eléctrico debido a distribuciones continuas de carga

26. Considere un anillo de radio R con carga total Q distribuida uniformemente por todo su perímetro. ¿Cuál es la diferencia de potencial entre el centro del anillo y un punto de su eje a distancia $2R$ del centro?

27. Una varilla de longitud L (figura P2.27) está alineada sobre el eje x, con su extremo izquierdo en el origen. Tiene una densidad de carga no uniforme $\lambda = \alpha x$, donde α es una constante positiva. (a) ¿Cuáles son las unidades de α? (b) Calcule el potencial eléctrico en A.

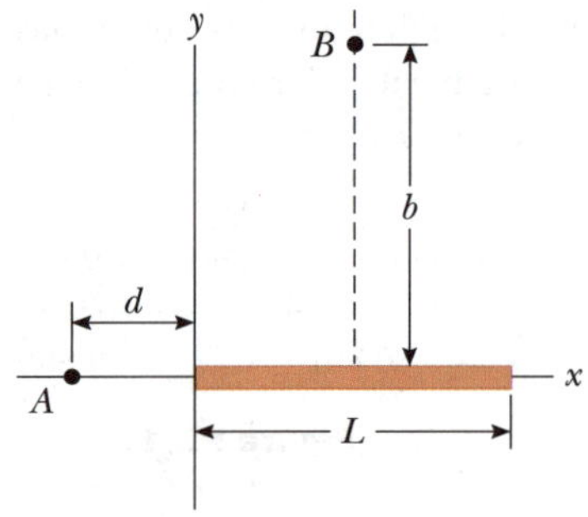

Figura P2.27 Problemas 27 y 28.

28. En la distribución descrita en el problema anterior, calcule el potencial eléctrico en el punto B que se encuentra en la bisectriz de la varilla, a una distancia b por encima del eje x.

29. *Compare este problema con el problema 17 del capítulo 1.* Una varilla aislante cargada uniformemente, de longitud 14.0 cm, se dobla hasta que toma forma de semicírculo, como se muestra en la figura P1.17. Si la carga total de la varilla es de -7.50 μC, calcule el potencial eléctrico en O, el centro del semicírculo.

Sección 2.6 Potencial eléctrico de un conductor cargado

30. ¿Cuántos electrones deben retirarse de un conductor esférico de radio 0.300 m, inicialmente descargado, para producir un potencial eléctrico de 7.50 kV sobre su superficie?

31. web Un conductor esférico tiene radio 14.0 cm y carga 26.0 μC. Calcule el campo y el potencial eléctrico a una distancia (a) $r = 10.0$ cm, (b) $r = 20.0$ cm y (c) $r = 14.0$ cm del centro.

32. La carga eléctrica puede acumularse sobre un avión en vuelo. Si alguna vez ha viajado en avión, puede que haya observado que los extremos de las alas y la cola de los aviones tienen unas extensiones metálicas en forma de aguja.

Su función es permitir que la carga escape antes de que se acumule una gran cantidad. El campo eléctrico alrededor de la aguja es mucho mayor que alrededor del cuerpo central del avión y puede llegar a ser tan grande que se produzca una ruptura dieléctrica del aire, descargando el avión. Podemos aproximar este proceso suponiendo que dos conductores esféricos cargados se encuentran conectados mediante un cable largo, y que se proporciona una carga de 1.20 μC al conjunto. Una esfera, que representa el cuerpo del avión, tiene radio 6.00 cm, y la otra, que representa el extremo de la aguja, tiene radio 2.00 cm. (a) ¿Cuál es el potencial eléctrico de cada esfera? (b) ¿Cuál es el valor del campo eléctrico sobre la superficie de cada esfera?

Sección 2.7 Capacitancia

33. (a) ¿Qué carga hay sobre cada placa de un condensador de 4.00 μF si está conectado a una batería de 12.0 V? (b) Si se conecta el mismo condensador a una batería de 1.50 V, ¿qué carga se almacena?

34. Dos conductores con cargas netas $+10.0\ \mu$C y $-10.0\ \mu$C tienen una diferencia de potencial de 10.0 V. Calcule (a) la capacitancia del sistema y (b) la diferencia de potencial entre los dos conductores si se aumenta su carga hasta $+100\ \mu$C y $-100\ \mu$C.

35. Un condensador con aire como dieléctrico consta de dos placas paralelas, cada una de ellas de 7.60 cm^2 de superficie, separadas una distancia de 1.80 mm. Si se aplica una diferencia de potencial de 20.0 V a las placas, calcule (a) el campo eléctrico entre las placas, (b) la densidad superficial de carga, (c) la capacitancia y (d) la carga de cada placa.

36. Una esfera conductora aislada de radio 12.0 cm crea un campo eléctrico de 4.90×10^4 N/C a una distancia de 21.0 cm de su centro. (a) ¿Cuál es su densidad superficial de carga? (b) ¿Cuál es su capacitancia?

37. Un condensador variable con aire como dieléctrico utilizado en un circuito de sintonización de radio consta de N placas semicirculares, cada una de radio R y situada a una distancia d de las placas vecinas, a las que está conectada eléctricamente. Como se observa en la figura P2.37, un segundo conjunto de placas idénticas está superpuesto con el primero, de modo que parte de cada placa se superpone con las placas estacionarias. El segundo conjunto de placas puede girar como una unidad. Calcule la capacitancia en función del ángulo de rotación θ, donde $\theta = 0$ corresponde a la capacitancia máxima.

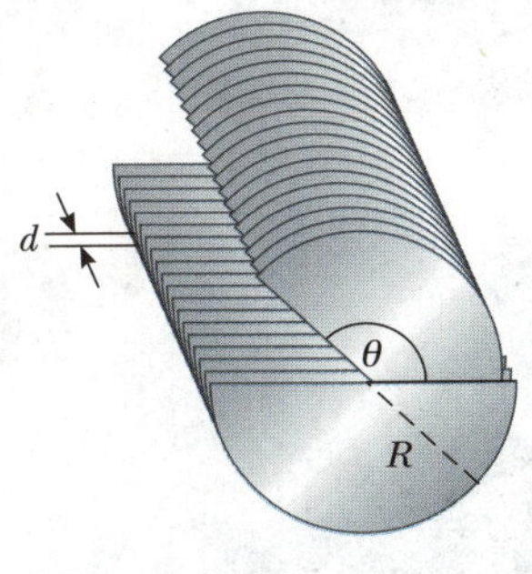

Figura P2.37

38. Un trozo de cable coaxial de 50.0 m de longitud tiene un conductor interno de diámetro 2.58 mm y carga 8.10 μC. El conductor que lo rodea tiene un diámetro interno de 7.27 mm y carga $-8.10\ \mu$C. (a) ¿Cuál es la capacitancia del cable? (b) ¿Cuál es la diferencia de potencial entre ambos conductores? Suponga que entre ambos conductores hay aire.

39. Un pequeño objeto de masa m tiene carga q y se encuentra suspendido de un hilo entre las placas verticales de un condensador de placas paralelas. La separación entre placas es d. Si el hilo forma un ángulo θ con la vertical, ¿cuál es la diferencia de potencial entre las placas?

40. Un *condensador esférico* consta de una lámina esférica conductora de radio b y carga $-Q$, concéntrica con una esfera conductora más pequeña de radio a y carga $+Q$ (figura P2.40). (a) Demuestre que su capacitancia es

$$C = \frac{ab}{k_e\,(b - a)}$$

(b) Demuestre que cuando b tiende a infinito, la capacitancia tiende al valor $a/k_e = 4\pi\epsilon_0 a$.

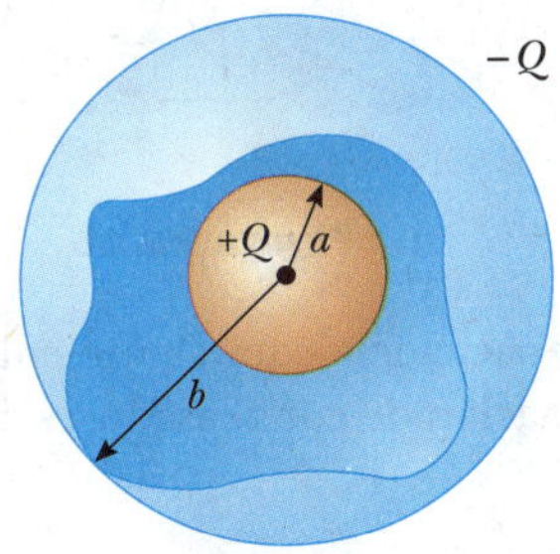

Figura P2.40

Sección 2.8 Combinaciones de condensadores

41. Dos condensadores de capacitancias $C_1 = 5.00\ \mu$F y $C_2 = 12.0\ \mu$F se encuentran conectados en paralelo, y la combinación resultante se conecta a una batería de 9.00 V. (a) ¿Cuál es la capacitancia equivalente de la combinación? ¿Cuál es (b) la diferencia de potencial a través de cada condensador y (c) la carga almacenada en cada condensador?

42. Se conectan los dos condensadores del problema 41 en serie y a una batería de 9.00 V. Calcule (a) la capacitancia equivalente de la combinación, (b) el voltaje a través de cada condensador y (c) la carga almacenada en cada condensador.

43. web Cuatro condensadores están asociados como se muestra en la figura P2.43. (a) Calcule la capacitancia equivalente entre los puntos a y b. (b) Calcule la carga de cada condensador si $\Delta V_{ab} = 15.0$ V.

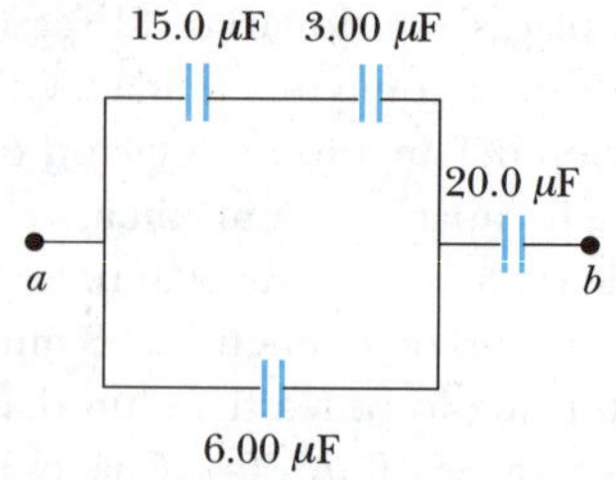

Figura P2.43

44. Dos condensadores conectados en paralelo tienen una capacitancia equivalente C_P, mientras que al conectarse en serie tienen una capacitancia equivalente C_S. ¿Cuál es la capacitancia de cada condensador?

45. Considere el circuito mostrado en la figura P2.45, donde $C_1 = 6.00\ \mu F$, $C_2 = 3.00\ \mu F$ y $\Delta V = 20.0$ V. El condensador C_1 se carga inicialmente cerrando el interruptor S_1. A continuación se abre el interruptor S_1, y el condensador cargado se conecta al condensador descargado cerrando S_2. Calcule la carga inicial de C_1 y la carga final de cada condensador.

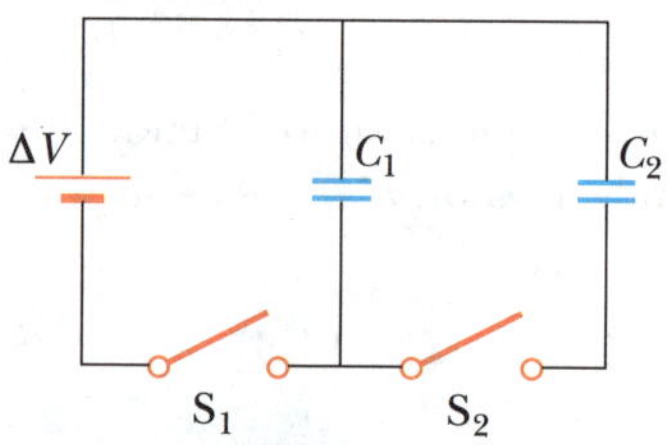

Figura P2.45

46. Calcule la capacitancia equivalente entre los puntos *a* y *b* de la combinación de condensadores mostrada en la figura P2.46.

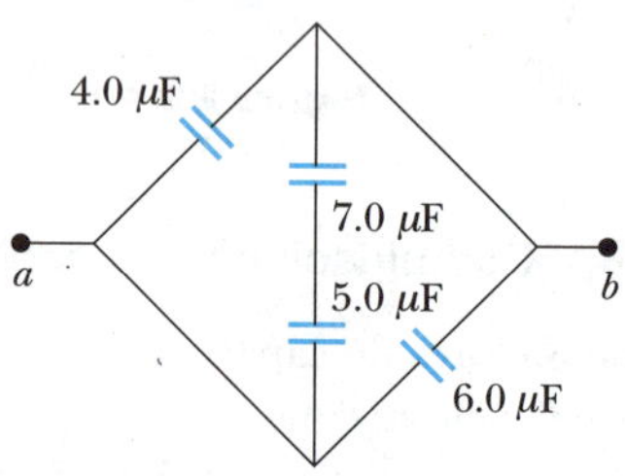

Figura P2.46

47. Algunos sistemas físicos que poseen una capacitancia distribuida de manera continua por el espacio pueden aproximarse mediante un conjunto infinito de elementos de circuito discretos. Algunos ejemplos serían la guía de ondas de un microondas o el axón de una neurona. Para practicar el análisis de una distribución continua de capacitancia, calcule la capacitancia equivalente C entre las terminales X y Y del conjunto infinito de condensadores representado en la figura P2.47. Cada condensador tiene una capacitancia C_0. (*Sugerencia*: imagine que se corta la escalera por la línea AB, y observe que la capacitancia equivalente de la sección infinita de la derecha también es C).

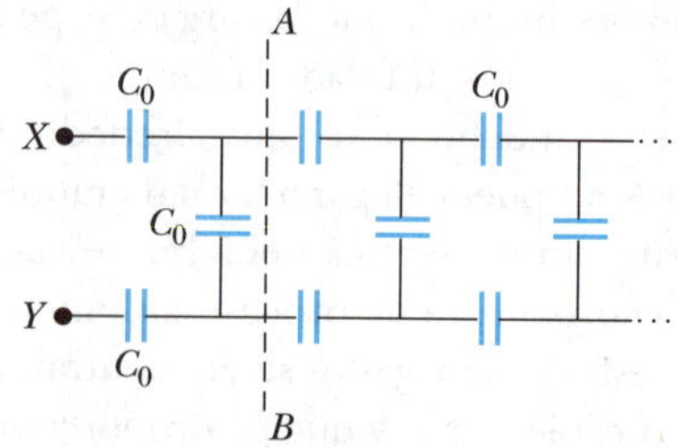

Figura P2.47

Sección 2.9 Energía almacenada en un condensador cargado

48. (a) Un condensador de 3.00 μF se encuentra conectado a una batería de 12.0 V. ¿Qué energía se almacena en el condensador? (b) Si el condensador se hubiera conectado a una batería de 6.00 V, ¿qué energía se habría almacenado?

49. La causa directa de muchas muertes es la fibrilación ventricular, una convulsión espasmódica del corazón que se produce en vez de un latido controlado. Una descarga eléctrica en el pecho puede causar una parálisis temporal del músculo del corazón, después de la cual el corazón puede, a veces, empezar a latir de manera regular una vez más. Un *desfibrilador* (figura P2.49) es un dispositivo que aplica una fuerte descarga eléctrica en el pecho durante unos cuantos milisegundos. El dispositivo contiene un condensador de varios microfaradios de capacitancia, cargado a varios miles de volts. Los electrodos o almohadillas, de unos 8 cm de largo, cubiertos de una sustancia conductora, se presionan contra el pecho a ambos lados del corazón. Sus mangos son aislantes para proteger al que los sostiene, que avisa a los que le rodean que nadie debe tocar al paciente y presiona un botón en una de las almohadillas para descargar el condensador a través del pecho del paciente. Suponga que se descarga una energía de 300 J desde un condensador de

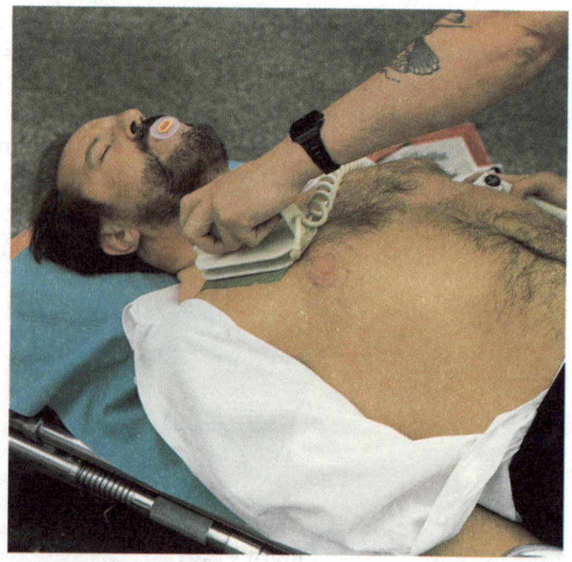

Figura P2.49 (*Adam Hart-Davis/Science Photo Library/Photo Researchers, Inc.*)

capacitancia 30.0 μF. ¿Con qué diferencia de potencial fue cargado dicho condensador?

50. Dos condensadores, $C_1 = 25.0\ \mu\text{F}$ y $C_2 = 5.00\ \mu\text{F}$, se encuentran conectados en paralelo y conectados a un generador de 100 V. (a) Dibuje el diagrama del circuito y calcule la energía total almacenada en ambos condensadores. (b) ¿Qué diferencia de potencial se necesita a través de los mismos condensadores, pero conectados en serie, para que el conjunto almacene la misma energía que en el apartado (a)? Dibuje un diagrama de este circuito.

51. Un condensador de placas paralelas tiene carga Q y placas de área A. ¿Qué fuerza atractiva se ejerce sobre cada placa hacia la otra? Puesto que el campo eléctrico entre las placas $E = Q/A\epsilon_0$, podría pensarse que la fuerza es $F = QE = Q^2/A\epsilon_0$, pero no es así, porque el campo eléctrico E incluye contribuciones de ambas placas, y el campo creado por la placa positiva no puede ejercer ninguna fuerza sobre la placa positiva. Demuestre que la fuerza ejercida sobre cada placa es realmente $F = Q^2/2\epsilon_0 A$. (*Sugerencia:* Sea $C = \epsilon_0 A/x$ para una distancia entre placas arbitraria x; a continuación, haga que el trabajo realizado al separar las placas cargadas sea $W = \int F\,dx$.) La fuerza ejercida por una placa sobre la otra se utiliza a veces en los talleres de maquinaria para mantener una pieza fija en un punto durante la fabricación.

52. Cuando una persona se mueve en un entorno seco, se acumula carga eléctrica en su cuerpo. Cuando el voltaje alcanza un valor alto, ya sea positivo o negativo, el cuerpo puede descargarse mediante chispas o pequeñas descargas. Considere un cuerpo humano bien aislado del suelo, con una capacidad típica de 150 pF. (a) ¿Qué carga debe contener el cuerpo para producir un potencial de 10.0 kV? (b) Las descargas eléctricas de un cuerpo humano pueden destruir los equipos electrónicos sensibles. Suponga que un dispositivo electrónico determinado se destruye si recibe una descarga de energía de 250 μJ. ¿A qué voltaje del cuerpo corresponde esta energía?

53. En una cierta región del espacio existe un campo eléctrico uniforme de magnitud $E = 3\ 000$ V/m. ¿Qué volumen de espacio contiene una energía de 1.00×10^{-7} J? Exprese la respuesta en metros cúbicos y litros.

Sección 2.10 Condensadores con dieléctricos

54. Determine (a) la capacidad y (b) la diferencia de potencial máxima que puede aplicarse a un condensador de placas paralelas con teflón como dieléctrico, con superficie de placas igual a 1.75 cm^2 y con una separación entre placas de 0.040 0 mm.

55. (a) ¿Qué carga puede almacenarse en un condensador con aire como dieléctrico antes de producirse una ruptura dieléctrica, si el área de las placas es de 5.00 cm^2? (b) Calcule la carga máxima si se emplea poliestireno entre las placas en vez de aire.

56. Un condensador comercial determinado se construye como se muestra en la figura 2.29a. Dicho condensador está formado por dos láminas de aluminio enrolladas separadas, por dos láminas de papel impregnado de parafina. Cada lámina de aluminio y papel tiene 7.00 cm de ancho. El aluminio tiene un espesor de 0.00400 mm, y el papel tiene un espesor de 0.0250 mm y constante dieléctrica 3.70. ¿Qué longitud deben tener las láminas si se desea una capacitancia de 9.50×10^{-8} F? (Suponga que el condensador tiene placas paralelas).

57. Un condensador de placas paralelas se construye utilizando un material dieléctrico cuya constante dieléctrica es 3.00 y cuya resistencia dieléctrica es 2.00×10^8 V/m. Se desea una capacidad de 0.250 μF, y el condensador debe ser capaz de soportar un voltaje máximo de 4 000 V. Calcule la superficie mínima de las placas del condensador.

58. Un condensador de placas paralelas con aire tiene una separación entre placas de 1.50 cm y una superficie de placa de 25.0 cm^2. Las placas se cargan a un potencial de 250 V, y a continuación se desconectan de la fuente. Si el condensador se sumerge en agua destilada, calcule (a) la carga de las placas antes y después de sumergirlo, (b) la capacitancia y voltaje después de sumergirlo, (c) la variación de energía en el condensador. Suponga que el líquido es aislante.

Sección 2.11 Relación con el contexto. La atmósfera como condensador

59. Los rayos pueden estudiarse mediante un generador de Van de Graaff, esencialmente compuesto de una cúpula esférica sobre la que se va depositando carga continuamente a través de una cinta móvil. Puede añadirse carga hasta que el campo eléctrico sobre la superficie de la cúpula sea igual a la resistencia dieléctrica del aire. Cualquier exceso de carga sobre ese valor provocará una fuga de carga en forma de chispa. Suponga que la cúpula tiene un diámetro de 30.0 cm y que está rodeada por aire seco. (a) ¿Cuál es el potencial máximo de la cúpula? (b) ¿Cuál es la carga máxima de la cúpula?

60. **Problema de repaso.** Una cierta nube de tormenta tiene una diferencia de potencial de 1.00×10^8 V respecto a un árbol. Si, durante una tormenta eléctrica, se transfieren 50.0 C de carga a través de dicha diferencia de potencial y el 1.00% de la energía es absorbida por el árbol, ¿cuánta savia del árbol puede evaporarse? Suponga que la savia es agua, inicialmente a 30.0°C. El agua tiene un calor específico de 4 186 J/kg · °C, una temperatura de ebullición de 100°C y un calor latente de vaporización de 2.26×10^6 J/kg.

Problemas adicionales

61. El eje x es el eje de simetría de un anillo de radio R uniformemente cargado, con una carga Q (figura P2.61). Hay una carga puntual con carga Q y masa M en el centro del anillo. Cuando la carga se desplaza levemente, se acelera en la dirección del eje x hasta el infinito. Demuestre que la velocidad de la carga en el infinito es

$$v = \left(\frac{2k_eQ^2}{MR}\right)^{1/2}$$

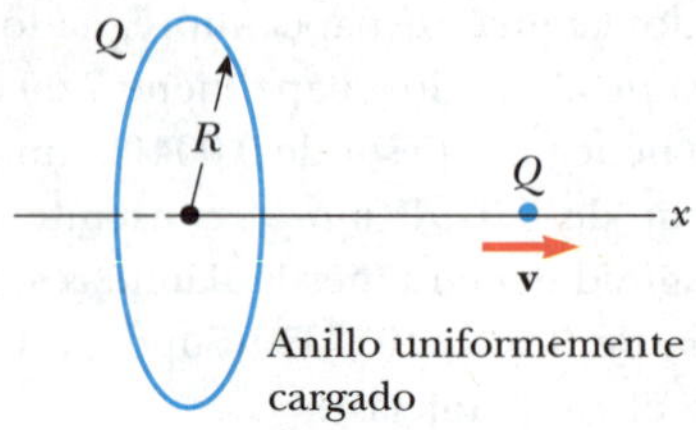

Figura P2.61

62. En un día seco de invierno, frotamos nuestros zapatos de suela de piel contra una alfombra y sentimos una descarga cuando nuestro dedo se aproxima a la perilla de metal de una puerta. En una habitación oscura, se puede observar una chispa de unos 5 mm de largo. Realice estimaciones del orden de magnitud de (a) el potencial eléctrico del cuerpo y (b) la carga del cuerpo cuando toca la perilla. Justifique sus respuestas.

63. Calcule el trabajo que debe realizarse para cargar una superficie esférica hueca de radio R hasta adquirir una carga total Q.

64. Un condensador de 10.0 μF tiene vacío entre sus placas. Cada placa tiene una carga de 1 000 μC. Una partícula de carga -3.00 μC y masa 2.00×10^{-16} kg se dispara desde la placa positiva hacia la negativa con una velocidad inicial de 2.00×10^6 m/s. ¿Alcanzará la placa negativa? Si es así, calcule su velocidad de impacto. Si no lo es, ¿qué fracción de la distancia entre las placas recorre?

65. Un condensador de placas paralelas de 2.00 nF se carga con una diferencia de potencial inicial $\Delta V_i = 100$ V, y se aísla a continuación. El material dieléctrico entre las placas es mica, de constante dieléctrica 5.00. (a) ¿Qué trabajo se requiere para retirar la placa de mica? (b) ¿Cuál es la diferencia de potencial a través del condensador una vez que se ha retirado la mica?

66. Un condensador consta de dos placas cuadradas de lado ℓ separadas una distancia d. Un material de constante dieléctrica κ se introduce una distancia x en el interior del condensador, como se muestra en la figura P2.66. Suponga que $d \ll x$. (a) Calcule la capacitancia equivalente del condensador. (b) Calcule la energía almacenada en el condensador si la diferencia de potencial es ΔV. (c) Calcule la dirección y magnitud de la fuerza ejercida sobre el dieléctrico, suponiendo una diferencia de potencial constante ΔV. Ignore la fricción. (d) Obtenga un valor numérico de la fuerza suponiendo que $\ell = 5.00$ cm, $\Delta V = 2\,000$ V, $d = 2.00$ mm y que el dieléctrico es vidrio ($\kappa = 4.50$). (*Sugerencia*: puede considerarse el sistema como dos condensadores conectados en paralelo.)

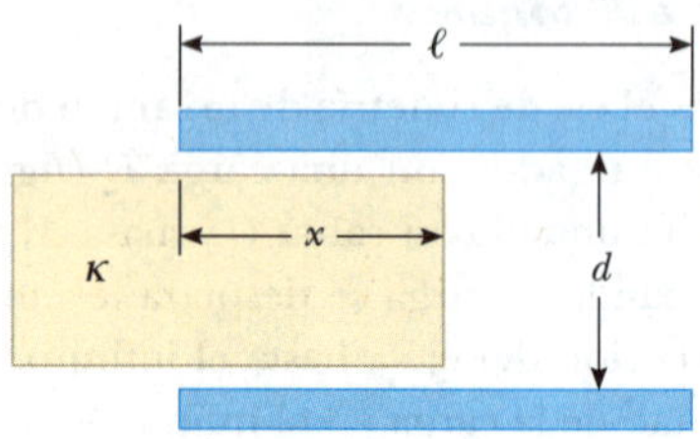

Figura P2.66 Problemas 66 y 67.

67. Un condensador consta de dos placas paralelas de lado ℓ separadas una distancia d, como se representa en la figura P2.66. Puede suponer que $d \ll \ell$. Las placas tienen cargas $+Q_0$ y $-Q_0$. Un bloque de metal tiene anchura ℓ, longitud ℓ y un espesor algo menor que d. Se introduce dicho bloque de metal una distancia x en el interior del condensador. Las cargas de las placas no varían al introducir el bloque. En una situación de equilibrio, un metal evita que un campo eléctrico externo penetre en él. Puede considerarse el metal como un dieléctrico perfecto, de $\kappa \to \infty$. (a) Calcule la energía almacenada en función de x. (b) Calcule la magnitud y dirección de la fuerza que actúa sobre el bloque metálico. (c) El área de la cara del bloque que avanza en el interior del condensador es aproximadamente igual a ℓd. Considerando que la fuerza que actúa sobre el bloque se ejerce sobre dicha cara, calcule la presión (fuerza por unidad de superficie) ejercida sobre ella. (d) Exprese en términos de Q_0, ℓ, d, y ϵ_0 la densidad de energía almacenada en el campo eléctrico existente entre las caras del condensador.

68. Calcule la capacitancia equivalente de la combinación de condensadores mostrada en la figura P2.68. (*Sugerencia:* observe la simetría del sistema.)

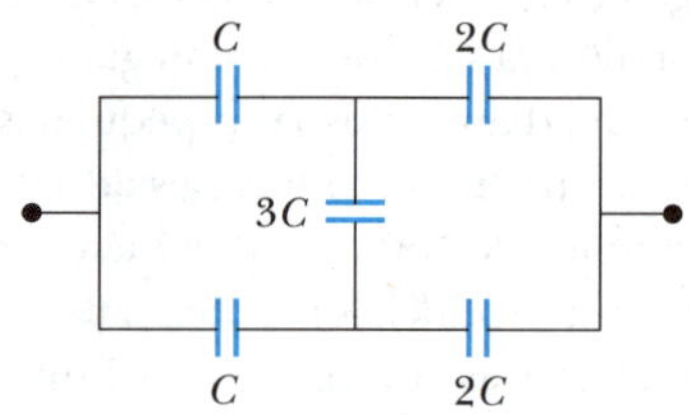

Figura P2.68

69. Al considerar el suministro de energía de un automóvil, un parámetro importante es la energía por unidad de masa de la fuente de energía. Utilizando los siguientes datos, compare la energía por unidad de masa (J/kg) de la gasolina, de las baterías de plomo-ácido y de los condensadores. (El ampere, A, se estudiará en el siguiente capítulo como la unidad del SI para la corriente eléctrica. Tenga en cuenta que 1 A = 1 C/s.)

Gasolina: 126 000 Btu/gal; densidad = 670 kg/m^3.

Batería de plomo-ácido: 12.0 V; 100 A · h; masa = 16.0 kg.

Condensador: diferencia de potencial a carga completa = 12.0 V; capacitancia = 0.100 F; masa = 0.100 kg.

70. Se carga un condensador de 10.0 μF a 15.0 V. A continuación se conecta en serie con un condensador de 5.00 μF. La combinación en serie se conecta entonces con una batería de 50.0 V como se muestra en la figura P2.70. Calcule la diferencia de potencial final a través de cada condensador.

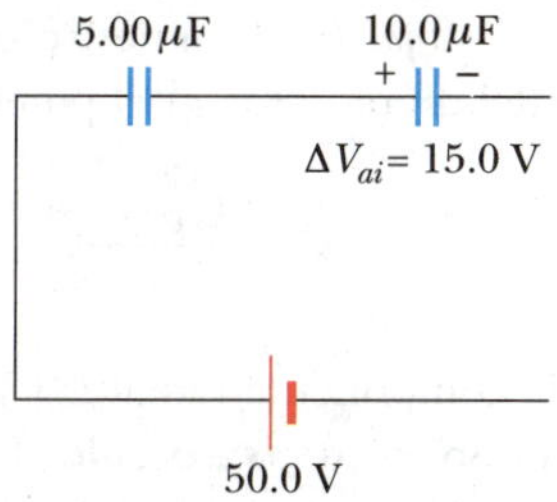

Figura P2.70

71. Es posible obtener grandes diferencias de potencial cargando en primer lugar un conjunto de condensadores conectados en paralelo, y entonces activando un sistema de interruptores que desconecten los condensadores de la fuente de energía y de los demás condensadores, y los conecten en serie. A continuación, el grupo de condensadores se descarga en serie. ¿Cuál es la máxima diferencia de potencial que puede obtenerse de esta manera usando diez condensadores de 500 μF y una fuente de energía de 800 V?

72. Un tubo de Geiger-Mueller es un detector de radiación que consta esencialmente de un cilindro de metal hueco y cerrado (el cátodo), de radio interior r_a, y un conductor cilíndrico coaxial (el ánodo) de radio r_b (figura P2.72). La densidad lineal de carga del ánodo es λ, y la densidad lineal de carga del cátodo es $-\lambda$. Un gas llena el espacio entre los electrodos. Cuando una partícula elemental de alta energía pasa a través de dicho espacio, puede ionizar un átomo del gas. El intenso campo eléctrico hace que el ión y el electrón resultantes aceleren en direcciones opuestas. Al moverse, chocan con otras moléculas del gas y las ionizan, produciendo una descarga eléctrica en cadena. El flujo de energía entre el conductor y el cilindro se mide mediante un circuito externo. (a) Demuestre que la diferencia de potencial entre el conductor y el cilindro es

$$\Delta V = 2k_e\lambda \ln\left(\frac{r_a}{r_b}\right)$$

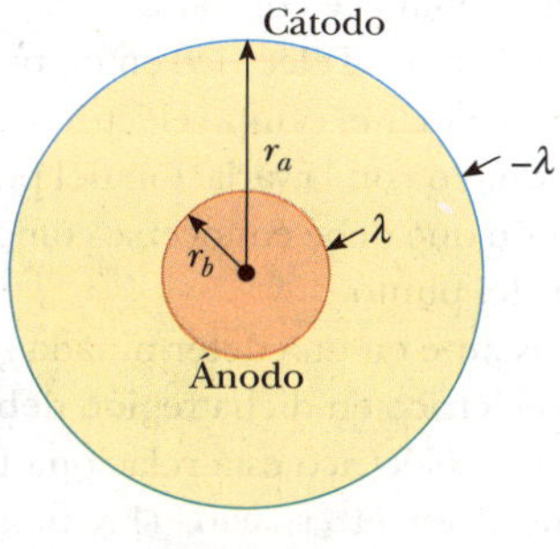

Figura P2.72

(b) Demuestre que la magnitud del campo eléctrico en el espacio existente entre el cátodo y el ánodo viene dado por

$$E = \frac{\Delta V}{\ln(r_a/r_b)}\left(\frac{1}{r}\right)$$

donde r es la distancia entre el eje de ánodo y el punto donde se calcula el campo.

73. Suponga que el diámetro interior del tubo de Geiger-Mueller descrito en el problema 72 es de 2.50 cm y que el conductor de su eje tiene un diámetro de 0.200 mm. El campo de ruptura del gas contenido entre el conductor central y el cilindro es de 1.20×10^6 V/m. Utilice los resultados del problema 72 para calcular el voltaje máximo que puede aplicarse entre el conductor y el cilindro antes de que se produzca la ruptura dieléctrica en el gas.

74. Los resultados del problema 72 también son aplicables a un precipitador electrostático (figura P2.74). Este dispositivo de control de contaminación consta de un conducto cilíndrico vertical, con un cable a lo largo de su eje que se encuentra a un voltaje negativo muy alto. La descarga de corona ioniza el aire alrededor del cable y produce electrones libres e iones moleculares positivos y negativos. Los electrones e iones negativos se aceleran hacia fuera. Cuando el aire pasa a través del cilindro, las partículas de polvo quedan cargadas eléctricamente debido a las colisiones y a la captura de iones, tras lo cual son arrastradas fuera de la corriente de aire por el campo eléctrico horizontal que existe entre el cable y el cilindro. En un caso particular, un voltaje de $\Delta V = 50.0$ kV produce un campo eléctrico de intensidad 5.50 MV/m sobre la superficie del cable central. La pared exterior del cilindro tiene radio uniforme $r_a = 0.850$ m. (a) ¿Cuál debe ser el radio r_b del cable central? (Será necesario resolver una ecuación trascendente.) (b) ¿Cuál es la magnitud del campo eléctrico sobre la pared exterior?

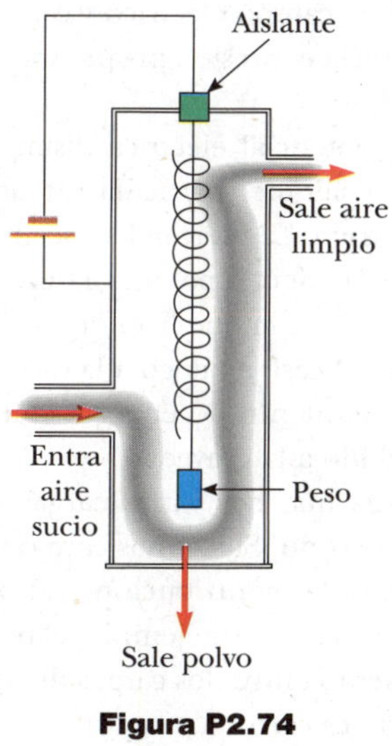

Figura P2.74

75. El modelo de gota líquida del núcleo atómico sugiere que las oscilaciones de altas energías de algunos núcleos pueden fisionarlos en fragmentos desiguales y algunos neutrones. Los productos de la fisión adquieren energía cinética debido a la repulsión de Coulomb mutua. Calcule la energía potencial eléctrica (en electrón-volts) de dos fragmentos esféricos procedentes de un núcleo de uranio, con las siguientes cargas y radios: $38e$ y 5.50×10^{-15} m; $54e$ y 6.20×10^{-15} m. Suponga que la carga se distribuye uniformemente sobre el volumen de cada fragmento esférico, y que inmediatamente antes de la separación se encuentran en reposo con sus superficies en contacto. Los electrones que rodean el núcleo pueden ser ignorados.

76. Un dipolo eléctrico se encuentra alineado con el eje y como se muestra en la figura P2.76. Se define el momento dipolar como $p = 2qa$. (a) Demuestre que en un punto P muy alejado del dipolo ($r \gg a$) el potencial eléctrico es

$$V \approx \frac{k_e p \cos\theta}{r^2}$$

(b) Calcule la componente radial E_r y la componente normal E_θ del campo eléctrico asociado. Tenga en cuenta que $E_\theta = -(1/r)(\partial V/\partial\theta)$. ¿Parecen razonables estos resultados para $\theta = 90°$ y $0°$? ¿Y para $r = 0$? (c) Para la disposición dipolar mostrada, exprese V en términos de coordenadas cartesianas, utilizando $r = (x^2 + y^2)^{1/2}$ y la expresión

$$\cos\theta = \frac{y}{(x^2 + y^2)^{1/2}}$$

Utilizando estos resultados y una vez más suponiendo $r \gg a$, calcule las componentes del campo E_x y E_y.

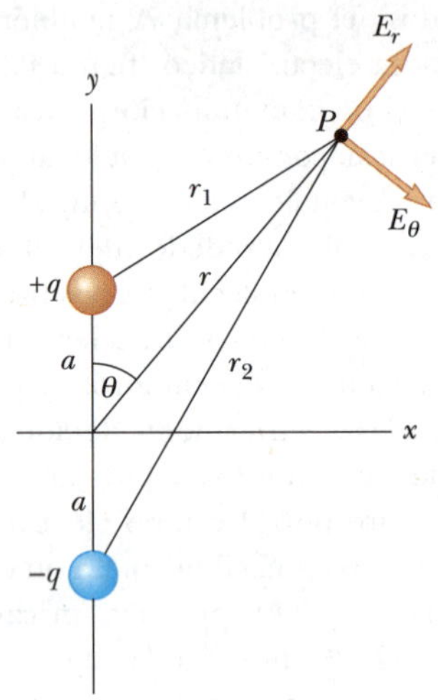

Figura P2.76

77. Un condensador de placas paralelas con separación entre placas d se carga con una diferencia de potencial ΔV_0. A continuación se introduce una placa de dieléctrico de espesor d y constante dieléctrica κ entre las placas *mientras el condensador continúa conectado a la batería.* (a) Demuestre que el cociente entre la energía almacenada en el condensador después de introducir el dieléctrico y la energía almacenada sin dieléctrico es $U/U_0 = \kappa$. Explique físicamente la razón del aumento de energía almacenada. (b) ¿Qué le ocurre a la carga del condensador? (*Nota:* esta situación no es la misma que la del problema 2.11, en el que se desconectaba la batería del circuito antes de introducir el dieléctrico.)

RESPUESTAS A LAS PREGUNTAS RÁPIDAS

2.1 En general, el campo eléctrico varía de un punto a otro, de modo que la expresión propuesta no produce el resultado correcto.

2.2 La energía potencial eléctrica disminuye si un electrón (de hecho, cualquier partícula cargada) se libera en un campo eléctrico. La fuerza eléctrica hace que el electrón se acelere, y la energía potencial del sistema carga-campo disminuye a medida que la energía cinética del electrón aumenta. Es el caso análogo a la disminución de energía potencial y aumento de energía cinética de un cuerpo que cae debido a la gravedad.

2.3 No. Suponga que hay varias cargas en la vecindad del punto en cuestión. Si algunas cargas son positivas y otras son negativas, las contribuciones al potencial del punto pueden cancelarse. Por ejemplo, el potencial eléctrico en el punto medio entre dos cargas de igual magnitud y signo contrario es cero.

2.4 (a), (b). El potencial eléctrico es inversamente proporcional al radio (ecuación 2.11). La magnitud del campo eléctrico es inversamente proporcional al cuadrado del radio (ecuación 1.5). Puesto que pasa el mismo número de líneas de campo a través de la superficie, independientemente del tamaño, el flujo eléctrico a través de la superficie permanece constante.

2.5 El valor del potencial eléctrico en un punto no es suficiente para determinar el campo eléctrico. El campo eléctrico está relacionado con la variación del potencial en el espacio, de modo que debe conocerse cómo varía el potencial alrededor del punto.

2.6 Si V es constante en una determinada región del espacio, el campo eléctrico en dicha región debe ser nulo, puesto que el campo eléctrico está relacionado con la variación del potencial en el espacio. (En una dimensión, $E_x = -dV/dx$, de modo que si $V =$ constante $E = 0$.) De igual modo, si $E = 0$ en una determinada región del espacio, V debe ser constante en dicha región (por ejemplo, el interior de un conductor cargado en equilibrio).

2.7 El condensador a menudo permanece cargado mucho tiempo después de que la fuente de voltaje se desconecta. Esta carga residual puede ser mortal. El condensador puede manipularse de manera segura después de descargar las placas cortocircuitando el dispositivo con un conductor, como por ejemplo un destornillador con un mango aislante.

2.8 La energía almacenada en un condensador es proporcional a la capacitancia y al cuadrado de la diferencia de potencial. Por tanto, deberíamos buscar una capacitancia equivalente máxima; la diferencia de potencial es la de la batería, de modo que no tenemos control sobre ella. Podemos conseguir una capacitancia equivalente máxima si conectamos los tres condensadores *en paralelo*, de modo que las capacitancias se sumen.

2.9 Aumenta. Las líneas de campo eléctrico penetran en la pared. La constante dieléctrica de la madera (y cualquier otro material aislante) es mayor que 1; por tanto, la capacitancia aumenta (ecuación 2.32). Este aumento se detecta mediante un circuito especial que hace que se encienda la luz.

2.10 (a) C aumenta (ecuación 2.32). (b) Q aumenta. Puesto que la batería mantiene una diferencia de potencial constante ΔV, Q debe aumentar si $C\ (= Q/\Delta V)$ aumenta. (c) E entre las placas permanece constante, puesto que $\Delta V = Ed$, y tanto ΔV como d permanecen constantes. El campo eléctrico generado por la carga de las placas aumenta, porque hay más carga en ellas. Las cargas inducidas en la superficie del dieléctrico crean un campo que se opone al aumento del campo debido a la mayor carga de las placas. (d) La batería mantiene una ΔV constante. (e) La energía almacenada en el condensador aumenta (ecuación 2.29). Necesitaría empujar el dieléctrico hacia el interior del condensador, igual que necesitaría realizar un trabajo positivo para elevar una masa y aumentar su energía potencial gravitacional.

capítulo

3

Estas líneas de alta tensión transfieren energía desde la compañía de energía eléctrica hasta las casas y los edificios de oficinas. La energía se transmite a un voltaje muy alto, posiblemente cientos de miles de volts en algunos casos. A pesar de que esto hace que estas líneas sean muy peligrosas, el alto voltaje da lugar a una menor pérdida de potencia debido a la resistencia de los cables. En este capítulo vamos a estudiar los conceptos de resistencia y potencia.

(Telegraph Colour Library/FPG)

Corriente y circuitos de corriente continua

contenido del capítulo

Hasta el momento, nuestra exposición sobre los fenómenos eléctricos se ha centrado en las cargas en reposo, es decir, en el estudio de la *electrostática*. Ahora vamos a ocuparnos de situaciones que implican cargas eléctricas en movimiento. El término *corriente eléctrica*, o simplemente *corriente*, se usa para describir el flujo de carga a través de una cierta región del espacio. La mayor parte de las aplicaciones prácticas de la electricidad implican corrientes eléctricas. Por ejemplo, cuando una luz está encendida, las cargas fluyen a través del filamento del foco después de activar el interruptor. En la mayoría de situaciones comunes, el flujo de cargas tiene lugar a través de un conductor, como por ejemplo, un hilo de cobre. Sin embargo, también es posible que existan corrientes que no circulan por el interior de un conductor. Por ejemplo, un haz de electrones en un tubo de imagen de TV constituye una corriente en la que la carga fluye a través del vacío.

En el capítulo anterior hemos presentado el concepto de *circuito*. A medida que avancemos en nuestro estudio sobre circuitos en el capítulo, presentaremos un nuevo elemento de circuito: la *resistencia*.

3.1 • CORRIENTE ELÉCTRICA

Cuando fluye carga, se dice que existe una **corriente**. Para definir matemáticamente la corriente, suponemos que las partículas se mueven perpendicularmente a una superficie de área A, como se muestra en la figura 3.1. (Esta área podría ser el área de la sección transversal de un hilo, por ejemplo.) La corriente se define como el **ritmo al que fluye la carga eléctrica a través de esta superficie**. Si ΔQ es la cantidad de carga que pasa a través de esta área en un intervalo de tiempo Δt, la corriente promedio I_{prom} en dicho intervalo de tiempo es el cociente entre la cantidad de carga y el intervalo de tiempo:

$$I_{\text{prom}} = \frac{\Delta Q}{\Delta t} \qquad [3.1]$$

El ritmo al que la carga fluye puede variar con el tiempo. Definimos la **corriente instantánea** I como el límite de la expresión anterior cuando Δt tiende a cero:

$$I \equiv \lim_{\Delta t \to 0} \frac{\Delta Q}{\Delta t} = \frac{dQ}{dt} \qquad [3.2]$$

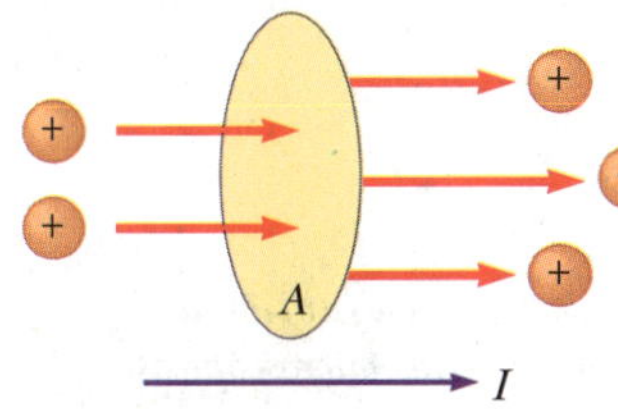

Figura 3.1

Cargas en movimiento a través de un área A. El número de cargas que fluyen por unidad de tiempo a través del área se define como la corriente I. La dirección de la corriente es la dirección en la que fluyen las cargas positivas cuando son libres de moverse.

La unidad en el sistema SI para la corriente es el **ampere** (A):

$$1 \text{ A} = 1 \text{ C/s} \qquad [3.3]$$

Es decir, 1 A de corriente es equivalente a 1 C de carga que atraviesa una superficie en 1 s.

La partículas que fluyen a través de una superficie, como la mostrada en la figura 3.1, pueden tener carga positiva o negativa, o puede haber dos o más tipos de partículas en movimiento, con cargas de ambos signos dentro de un mismo flujo. **Por convención, definimos la dirección de la corriente como la dirección del flujo de la carga positiva**, independientemente del signo real que tengan las cargas en movimiento.* En un conductor como el cobre, físicamente, la corriente se debe al movimiento de los electrones con carga negativa. Por tanto, cuando hablamos de corriente en un conductor de este tipo, **la dirección de la corriente es opuesta a la dirección del flujo de electrones**. Por el contrario, si consideramos un haz de protones cargados positivamente en un acelerador de partículas, la corriente tiene la dirección del movimiento de los protones. En algunos casos, como por ejemplo en gases y electrólitos, la corriente es el resultado del flujo de partículas cargadas tanto positiva como negativamente. Es habitual denominar a una partícula cargada en movimiento (sea positiva o negativa) **portador de carga** móvil. Por ejemplo, los portadores de carga en un metal son los electrones.

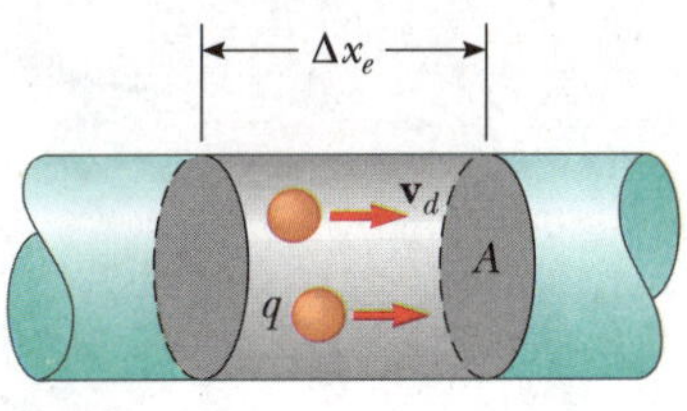

sFigura 3.2

Sección de un conductor cilíndrico uniforme con área transversal A. Los portadores de carga se mueven con una velocidad v_d y la distancia que recorren en un intervalo de tiempo Δt viene dada por $\Delta x = v_d \Delta t$. El número de portadores de carga en movimiento en el elemento de longitud Δx_e viene dado por $nA\,\Delta x_e$, donde n es el número de portadores de carga por unidad de volumen.

Ahora vamos a crear un modelo estructural que nos permita relacionar la corriente macroscópica con el movimiento de las partículas cargadas. Considere una serie de partículas con idéntica cantidad de carga, moviéndose en un conductor de sección A (figura 3.2). El volumen de un elemento del conductor de longitud Δx_e es $A\,\Delta x_e$, donde el subíndice e indica que hacemos referencia a la longitud del elemento del conductor. Si n representa el número de portadores de carga móviles por unidad de volumen, entonces el número de portadores en el elemento de volumen es $nA\,\Delta x_e$. Por tanto, la carga móvil ΔQ en este elemento es

$$\Delta Q = \text{número de portadores} \times \text{carga por portador} = (nA\,\Delta x_e)\,q$$

* Aunque hablemos de la dirección de la corriente, ésta no es un vector. Como veremos más adelante en el capítulo, las corrientes se suman algebraicamente y no vectorialmente.

¡ADVERTENCIA! 3.1

El término flujo de corriente es redundante

La frase *flujo de corriente* se usa habitualmente, aunque es incorrecta, estrictamente hablando, ya que la corriente *es* un flujo (de cargas). Esta frase es similar a la frase *transferencia de calor*, que también es redundante, ya que el calor *es* una transferencia (de energía). Evitaremos el uso de esta frase y hablaremos de *flujo de carga.*

donde q es la carga de cada portador. Si los portadores se mueven a lo largo del conductor y atraviesan su sección con una rapidez promedio constante denominada **rapidez de arrastre** v_d, la distancia que recorren en un intervalo de tiempo Δt es $\Delta x_d = v_d \Delta t$.

Ahora imaginemos que se elige Δt de modo que durante este intervalo de tiempo todos los portadores de carga contenidos en el elemento del conductor se mueven hacia la derecha una distancia igual a la longitud del elemento. En este caso, $\Delta x_d = \Delta x_e$. En la figura 3.2, este proceso sería equivalente a mover el cilindro gris hacia la derecha una distancia igual a su propia longitud. De este modo, toda carga contenida en el elemento del conductor pasa a través de la sección transversal de área A de la figura 3.2. La cantidad de carga que atraviesa esta área es:

$$\Delta Q = (nA\,\Delta x_e)\,q = (nA\,\Delta x_d)\,q = (nAv_d\,\Delta t)\,q$$

Si dividimos ambos lados de la ecuación entre el intervalo de tiempo Δt durante el que se produce el flujo de carga, vemos que la corriente en el conductor es*

• *Corriente en función de parámetros microscópicos*

$$I = \frac{\Delta Q}{\Delta t} = nqv_dA \qquad [3.4]$$

La ecuación 3.4 relaciona una corriente I medida macroscópicamente con el origen microscópico de la corriente (la densidad de los portadores de carga n, la carga por portador q y la rapidez de arrastre v_d).

Pregunta rápida 3.1

Considere una serie de cargas positivas y negativas que se mueven en sentido horizontal a través de las cuatro regiones mostradas en la figura 3.3. Clasifique las corrientes de estas cuatro regiones de menor a mayor.

Vamos a estudiar con más detalle el concepto de rapidez de arrastre. La hemos definido como una rapidez promedio a lo largo del hilo, pero, en realidad, los portadores de carga no se mueven en línea recta con una rapidez v_d. Considere un conductor en el que los portadores de carga son electrones libres. En ausencia de una diferencia de potencial en el conductor, estos electrones se mueven aleatoriamente de forma similar a como se mueven las moléculas de gas en el modelo estructural de la teoría cinética que hemos estudiado en el capítulo 16 del volumen I. Este movimiento aleatorio está relacionado con la temperatura del conductor. Los electrones están sometidos a colisiones continuas con los átomos de metal y el resultado es un complejo movimiento en zigzag (figura 3.4). Cuando se aplica una diferencia de potencial al conductor, se crea un campo eléctrico

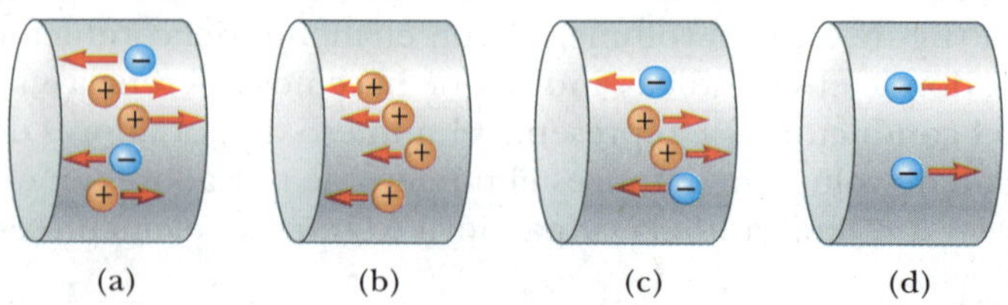

Figura 3.3

(Pregunta rápida 3.1)

* Dado que hemos supuesto que la velocidad de arrastre promedio es constante, la corriente es constante y, a su vez, la corriente promedio en cualquier intervalo de tiempo es igual a la corriente instantánea en cualquier momento dado.

en el conductor.* El campo eléctrico ejerce una fuerza eléctrica sobre los electrones (ecuación 1.4). Esta fuerza acelera los electrones y, por tanto, genera una corriente. El movimiento de los electrones debido a la fuerza eléctrica se superpone a su movimiento aleatorio para proporcionar una velocidad promedio cuya magnitud es la rapidez de arrastre.

Cuando los electrones colisionan con átomos de metal durante su movimiento, transfieren energía a los átomos. Esta transferencia de energía produce un aumento de la energía vibracional de los átomos y el correspondiente aumento de temperatura del conductor.† Se trata de un proceso en tres etapas en el que intervienen los tres tipos de almacenamiento de energía implicados en la ecuación de conservación de la energía, ecuación 6.20 del volumen I de esta obra. Si consideramos el sistema formado por los electrones, los átomos de metal y el campo eléctrico (el cual queda definido por una fuente externa, como por ejemplo una batería), entonces la energía en el instante en el que se aplica una diferencia de potencial a lo largo del conductor es la energía potencial eléctrica asociada con el campo eléctrico y los electrones. Esta energía se transforma en energía cinética de los electrones, debido al trabajo realizado sobre éstos por el campo eléctrico. Cuando los electrones chocan con los átomos del metal, parte de la energía cinética se transfiere a los átomos, incrementando la energía interna del sistema.

La **densidad de corriente** J en el conductor se define como la corriente por unidad de área. A partir de la ecuación 3.4, la densidad de corriente es

$$J \equiv \frac{I}{A} = nqv_d \qquad \textbf{[3.5]}$$

donde las unidades de J en el sistema SI son amperes por metro cuadrado.

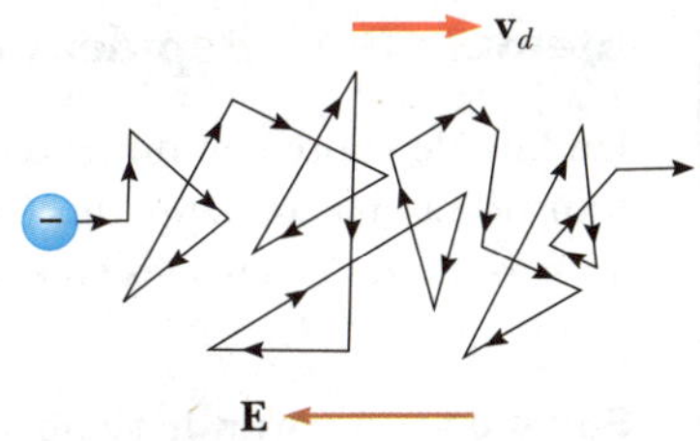

Figura 3.4

Representación esquemática del movimiento en zigzag de un portador de carga en un conductor. Los cambios de dirección se deben a las colisiones con los átomos del conductor. Observe que el movimiento neto de electrones es opuesto a la dirección del campo eléctrico. Debido a la aceleración de los portadores de carga como consecuencia de la fuerza eléctrica, las trayectorias son en realidad parabólicas. Sin embargo, la rapidez de arrastre es mucho menor que la rapidez promedio, por lo que la forma parabólica no es visible a esta escala.

¡ADVERTENCIA! 3.2

La rapidez de arrastre no contribuye a la energía interna

No debemos pensar que el movimiento asociado con la rapidez de arrastre de los electrones contribuye a la energía interna, ya que este movimiento no es aleatorio. Éste es un punto sutil e interesante, en el que el movimiento aleatorio de los electrones cuando rebotan en el interior del conductor se identifica como energía interna, sin embargo no ocurre lo mismo con el movimiento asociado a la rapidez de arrastre superpuesta a este movimiento aleatorio.

PIENSE EN LA FÍSICA 3.1

Supongamos un hilo conductor por el que fluye una corriente y que tiene una cierta sección transversal que gradualmente se hace más estrecha a lo largo del cable, de modo que éste tiene la forma de un cono muy largo. ¿Cómo varía la rapidez de arrastre de los electrones a lo largo del cable?

Razonamiento. Cada porción del hilo transporta la misma cantidad de corriente (si no fuera así, se estaría creando o eliminando carga en algún lugar a lo largo del hilo). Por tanto, para que la ecuación 3.4 se satisfaga, cuando la sección del hilo disminuya, la velocidad de arrastre debe aumentar para mantener una corriente constante. Este aumento de la rapidez de arrastre es el resultado de que las líneas del campo eléctrico en el cable tienen que distribuirse en un área menor, por lo que la magnitud del campo aumenta y, como consecuencia, aumenta la fuerza eléctrica ejercida sobre los electrones.

* El lector podría sentirse tentado de decir que el campo eléctrico en un conductor es cero, de acuerdo con lo que se ha visto en el capítulo 1. Pero el campo es cero sólo en un conductor en *equilibrio*, es decir, un conductor en el que las cargas se encuentran en reposo después de haberse movido para alcanzar sus posiciones de equilibrio. En un conductor en el que se tiene un flujo de cargas, las cargas no están en reposo, por lo que el requisito de campo cero no se cumple. El campo eléctrico en un conductor que forma parte de un circuito se debe a una distribución de carga sobre la superficie del conductor, que puede ser bastante complicada. Consulte el capítulo 6 del libro de R. Chabay y B. Sherwood, *Electric and Magnetic Interactions*, Wiley, 1995, para conocer más detalles acerca de esta distribución de carga.

† Este aumento de la temperatura se denomina a veces *calentamiento de Joule*, aunque es una denominación errónea, ya que no implica calor. Por tanto, no emplearemos este término.

Ejemplo 3.1 Rapidez de arrastre en un hilo de cobre

Un hilo de cobre con una sección de área 3.00×10^{-6} m^2 transporta una corriente de 10.0 A. Calcular la rapidez de arrastre de los electrones en el hilo. La densidad del cobre es 8.95 g/cm^3.

Solución. A partir de la tabla periódica de los elementos que se proporciona en el apéndice C, obtenemos la masa molar del cobre, que es 63.5 g/mol. Sabiendo la densidad del cobre, podemos calcular el volumen ocupado por 63.5 g de cobre:

$$V = \frac{M}{\rho} = \frac{63.5 \text{ g/mol}}{8.95 \text{ g/cm}^3} = 7.09 \text{ cm}^3\text{/mol}$$

Recuerde que 1 mol de cualquier sustancia contiene un número de átomos igual al número de Avogrado: 6.02×10^{23} átomos. Si ahora suponemos que cada átomo de cobre contribuye con un electrón libre al conjunto del material, la densidad de los electrones libres es:

$$n = \frac{6.02 \times 10^{23} \text{ electrones/mol}}{7.09 \text{ cm}^3\text{/mol}}$$

$$= (8.48 \times 10^{22} \text{ electrones/cm}^3)\left(\frac{10^6 \text{ cm}^3}{1 \text{ m}^3}\right)$$

$$= 8.48 \times 10^{28} \text{ electrones/m}^3$$

A partir de la ecuación 3.4, obtenemos la rapidez de arrastre:

$$v_d = \frac{I}{nqA}$$

$$= \frac{10.0 \text{ C/s}}{(8.48 \times 10^{28} \text{ m}^{-3})(1.60 \times 10^{-19} \text{ C})(3.00 \times 10^{-6} \text{ m}^2)}$$

$$= 2.46 \times 10^{-4} \text{ m/s}$$

EJERCICIO. Un alambre de aluminio con una sección de área 4.0×10^{-6} m^2 transporta una corriente de 5.0 A. Calcular la rapidez de arrastre de los electrones en el cable. La densidad del aluminio es 2.7 g/cm^3. (Suponga que cada átomo proporciona un electrón libre.)

Respuesta: 0.13 mm/s

¡ADVERTENCIA! 3.3

Hay electrones en todas partes

Vamos a hacer hincapié en una cuestión: *los electrones no tienen que viajar desde el interruptor de la luz hasta el foco para que éste se ilumine.* Los electrones que hay en el filamento del foco se mueven en respuesta al campo eléctrico creado por la batería. Observe que el cometido de una batería es establecer el campo eléctrico que ejerce una fuerza sobre los electrones ya existentes en los cables y en los elementos del circuito.

El ejemplo 3.1 muestra que las rapideces de arrastre típicas en los conductores son muy pequeñas. De hecho, la rapidez de arrastre es mucho menor que la rapidez promedio entre colisiones. Por ejemplo, los electrones que viajan con la rapidez de arrastre calculada en el ejemplo 3.1 tardarían aproximadamente 68 minutos en recorrer 1 m. En vista de esta baja rapidez, podría preguntarse por qué la luz se enciende casi instantáneamente cuando se activa el interruptor. En un conductor, el campo eléctrico que excita a los electrones libres se crea en toda la longitud del conductor de forma prácticamente instantánea. Por tanto, cuando se activa el interruptor de la luz, la fuerza eléctrica que hace que los electrones comiencen a moverse a través del alambre aparece inmediatamente. Los electrones que están en el filamento del foco empiezan a moverse en respuesta a esta fuerza y el foco empieza a emitir luz.

3.2 • RESISTENCIA Y LEY DE OHM

La rapidez de arrastre de los electrones en un hilo que transporta corriente está relacionada con el campo eléctrico existente en el hilo; si el campo aumenta, la fuerza eléctrica ejercida sobre los electrones es mayor y la rapidez de arrastre aumenta. En la sección 3.4 veremos que se trata de una relación lineal, en la que la rapidez de arrastre es directamente proporcional al campo eléctrico. Para un campo uniforme en un conductor de sección uniforme, la diferencia de potencial en el conductor es proporcional al campo eléctrico, como indica la ecuación 2.6. Por tanto, cuando se aplica una diferencia de potencial ΔV a los extremos de un conductor metálico, como el mostrado en la figura 3.5, la corriente en el conductor resulta ser proporcional a dicha diferencia de potencial; es decir $I \propto \Delta V$. Podemos escribir esta proporcionalidad como $\Delta V = IR$, donde la constante de proporcionalidad R es la **resistencia** del conductor. Definimos esta resistencia, de acuerdo con la ecuación que acabamos de escribir, como el cociente entre la diferencia potencial en

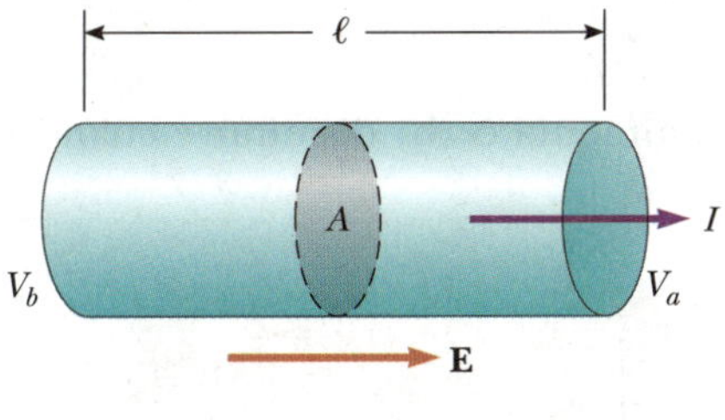

Figura 3.5

Conductor uniforme de longitud ℓ y sección transversal A. Se mantiene una diferencia de potencial $V_b - V_a$ a lo largo del conductor, de modo que existe un campo eléctrico **E** en el conductor y dicho campo produce una corriente I que es proporcional a la diferencia de potencial.

el conductor y la corriente que transporta:

$$R \equiv \frac{\Delta V}{I} \qquad [3.6]$$

• *Definición de resistencia*

Las unidades de resistencia en el sistema SI son volts por amperes, lo que se denomina **ohms** (Ω). Por tanto, si una diferencia de potencial de 1 V en un conductor produce una corriente de 1 A, la resistencia de dicho conductor es 1 Ω. Otro ejemplo: si un dispositivo eléctrico conectado a una fuente de 120 V transporta una corriente de 6.0 A, su resistencia será de 20 Ω.

La resistencia es la cantidad que determina la corriente debido a un determinado voltaje en un circuito simple. Si la resistencia aumenta, la corriente disminuye. Si la resistencia disminuye, la corriente aumenta.

Puede resultar útil imaginar la corriente, la tensión y la resistencia, comparando estos conceptos con conceptos análogos al flujo del agua en un río. Cuando el agua fluye colina abajo por un río de profundidad y anchura constantes, la velocidad del flujo de agua (analogía con la corriente) depende del ángulo que el fondo del río forma con la horizontal (analogía con el voltaje) y de la anchura, la profundidad y los efectos de las rocas, las orillas y otras posibles obstrucciones (analogía con la resistencia). Del mismo modo, la corriente eléctrica en un conductor uniforme depende del voltaje aplicado y de la resistencia del conductor debida a las colisiones de los electrones con los átomos del conductor.

En muchos materiales, incluyendo la mayoría de los metales, los experimentos demuestran que la resistencia es constante para un amplio rango de voltajes aplicados. Este comportamiento se conoce como **ley de Ohm** en honor a Georg Simon Ohm (1787-1854), que fue el primero que llevó a cabo un estudio sistemático de la resistencia eléctrica.

La ley de Ohm *no* es una ley fundamental de la Naturaleza, sino una relación empírica que sólo es válida para determinados materiales y dispositivos, y sólo en un rango limitado de condiciones. Los materiales y dispositivos que obedecen a la ley de Ohm, y que tienen por tanto una resistencia constante en un amplio rango de voltajes, se denominan **óhmicos**. Los materiales o dispositivos que no obedecen a la ley de Ohm se denominan **no óhmicos**. Los materiales y dispositivos óhmicos presentan una relación corriente-voltaje lineal para un amplio rango de voltajes, como se muestra en la representación gráfica de la figura 3.6a. Los materiales y dispositivos no óhmicos presentan una relación corriente-voltaje no lineal, como la mostrada en la figura 3.6b. Un dispositivo semiconductor no óhmico bastante común es el *diodo*, un elemento de circuito que actúa como una válvula que sólo deja pasar la corriente en un sentido. Su resistencia para las corrientes es pequeña en una determinada dirección (ΔV positivo) y grande para la dirección opuesta (ΔV negativo). Los dispositivos electrónicos más modernos, como los transistores, presentan relaciones corriente-voltaje no lineales; su funcionamiento depende de la manera concreta en que violan la ley de Ohm.

¡ADVERTENCIA! 3.4

Hemos visto anteriormente algo similar a la ecuación 3.6

En el capítulo 4 del volumen I de esta obra hemos introducido la segunda ley de Newton, $\Sigma F = ma$, para una fuerza neta ejercida sobre un objeto de masa *m*. Esta expresión se puede escribir del siguiente modo:

$$m = \frac{\Sigma F}{a}$$

En dicho capítulo, definimos la masa como la *resistencia a una variación en el movimiento como respuesta a una fuerza externa*. La masa como resistencia a las variaciones de movimiento es análoga a la resistencia eléctrica al flujo de carga, y la ecuación 3.6 es análoga a esta forma de la segunda ley de Newton mostrada aquí.

¡ADVERTENCIA! 3.5

La ecuación 3.6 no es la ley de Ohm

Muchas personas denominan a la ecuación 3.6 ley de Ohm, pero esto es incorrecto. Esta ecuación es simplemente la definición de resistencia y proporciona una importante relación entre el voltaje, la corriente y la resistencia. La ley de Ohm hace referencia a una relación lineal existente entre la corriente y el voltaje, el cual, teniendo en cuenta la ecuación 3.6, indica que la resistencia es constante e independiente del voltaje aplicado.

Pregunta rápida 3.2

En la figura 3.6b, la resistencia del diodo (a) ¿aumenta o (b) disminuye cuando la diferencia de potencial positiva ΔV aumenta?

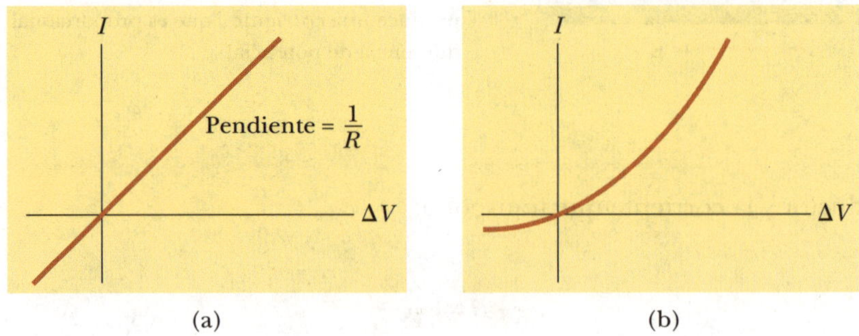

Figura 3.6

(a) Curva corriente–voltaje de un dispositivo óhmico. La curva es lineal y la pendiente proporciona la resistencia del conductor. (b) Curva corriente–voltaje no lineal para un diodo semiconductor. Este dispositivo no obedece la ley de Ohm.

Una **resistencia** es un componente que proporciona un valor de resistencia especificado en un circuito eléctrico. El símbolo de una resistencia en los diagramas de circuito es una línea quebrada (—⩘⩘—). Podemos expresar la ecuación 3.6 del siguiente modo:

$$\Delta V = IR \qquad [3.7]$$

Esta ecuación establece que la diferencia de potencial entre los extremos de una resistencia es el producto del valor de la misma por la corriente que la atraviesa.

La resistencia de un hilo conductor óhmico es proporcional a su longitud e inversamente proporcional al área de su sección transversal. Es decir,

• *Relación entre resistencia y resistividad*

$$R = \rho \frac{\ell}{A} \qquad [3.8]$$

donde la constante de proporcionalidad ρ se denomina **resistividad** del material,* y se mide en unidades de ohm-metro ($\Omega \cdot \text{m}$). Para comprender esta relación entre resistencia y resistividad, observe que todo material óhmico tiene una resistividad característica, un parámetro que depende de las propiedades del ma-

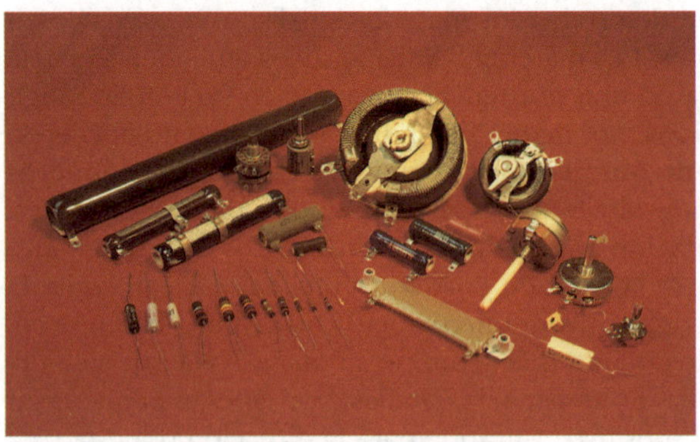

Distintas resistencias utilizadas en circuitos eléctricos. *(Henry Leap y Jim Lehman)*

¡ADVERTENCIA! 3.6

Resistencia y resistividad

La resistividad es una propiedad de una *sustancia*, pero la resistencia es una propiedad de un *objeto* que tiene lugares concretos de entrada y salida de la corriente. Anteriormente ya hemos visto parejas similares de variables. Por ejemplo, la densidad es una propiedad de una sustancia, mientras que la masa es una propiedad de un objeto. La ecuación 3.8 relaciona la resistencia y la resistividad, y una ecuación anterior (ecuación 1.1 del volumen I) relaciona la masa y la densidad.

* El símbolo ρ, utilizado para la resistividad, no debe confundirse con el mismo símbolo empleado anteriormente en el texto para designar la densidad de masa y la densidad volumétrica de carga.

TABLA 3.1 Resistividades y coeficientes de temperatura de la resistividad para diversos materiales.

Material	Resistividad[a] ($\Omega \cdot m$)	Coeficiente de temperatura $\alpha[(°C)^{-1}]$
Plata	1.59×10^{-8}	3.8×10^{-3}
Cobre	1.7×10^{-8}	3.9×10^{-3}
Oro	2.44×10^{-8}	3.4×10^{-3}
Aluminio	2.82×10^{-8}	3.9×10^{-3}
Tungsteno	5.6×10^{-8}	4.5×10^{-3}
Hierro	10×10^{-8}	5.0×10^{-3}
Platino	11×10^{-8}	3.92×10^{-3}
Plomo	22×10^{-8}	3.9×10^{-3}
Nicromo[b]	1.50×10^{-6}	0.4×10^{-3}
Carbono	3.5×10^{-5}	-0.5×10^{-3}
Germanio	0.46	-48×10^{-3}
Silicio	640	-75×10^{-3}
Vidrio	$10^{10} - 10^{14}$	
Goma dura	$\sim 10^{13}$	
Sulfuro	10^{15}	
Cuarzo (fundido)	75×10^{16}	

[a] Todos los valores son para una temperatura de 20°C.
[b] Aleación de níquel-cromo comúnmente utilizada en dispositivos de calefacción.

terial y de la temperatura. Por el contrario, como puede deducir de la ecuación 3.8, la resistencia de un conductor depende tanto de su tamaño y forma, como de la resistividad del material. La tabla 3.1 proporciona una lista de las resistividades de diversos materiales a 20°C.

El parámetro inverso de la resistividad se define* como la **conductividad σ**. Por tanto, la resistencia de un conductor óhmico puede expresarse en función de su conductividad como sigue

$$R = \frac{\ell}{\sigma A} \qquad [3.9]$$

donde σ $(= 1/\rho)$ se mide en $(\Omega \cdot m)^{-1}$.

La ecuación 3.9 muestra que la resistencia de un conductor es proporcional a su longitud e inversamente proporcional al área de su sección transversal, de forma similar al flujo de líquido a través de una tubería. Cuando la longitud de la tubería aumenta y la diferencia de presión entre los extremos de la misma se mantiene constante, la diferencia de presión entre dos puntos cualesquiera separados una distancia fija disminuye, y una fuerza menor empuja al fluido que se encuentra entre estos puntos. Cuando el área de la sección transversal aumenta, la tubería puede transportar más fluido en un intervalo de tiempo dado, por lo que su resistencia disminuye.

Para ver otra analogía más entre los circuitos eléctricos y los estudios realizados anteriormente, combinemos las ecuaciones 3.6 y 3.9:

$$R = \frac{\ell}{\sigma A} = \frac{\Delta V}{I} \longrightarrow I = \sigma A \frac{\Delta V}{\ell} \longrightarrow \frac{Q}{\Delta t} = \sigma A \frac{\Delta V}{\ell}$$

* De nuevo, no debe confundirse el símbolo σ para la conductividad con el mismo símbolo empleado anteriormente para designar la constante de Stefan–Boltzmann y la densidad superficial de carga.

Figura 3.7

Las bandas de colores de una resistencia representan un código que permite determinar el valor de la misma. Los primeros dos colores proporcionan los dos primeros dígitos del valor de la resistencia. El tercer color representa la potencia de diez utilizada como multiplicador del valor de la resistencia. El último color es la tolerancia del valor de la resistencia. Por ejemplo, los cuatro colores señalados en la fotografía son rojo (= 2), negro (= 0), naranja ($= 10^3$) y oro (= 5%), por tanto, el valor de la resistencia es $20 \times 10^3\ \Omega = 20\ \text{k}\Omega$ con una tolerancia del $5\% = 1\ \text{k}\Omega$. (Los valores correspondientes a cada color se detallan en la tabla 3.2). *(SuperStock)*

donde Q es la cantidad de carga que pasa en un intervalo de tiempo Δt. Comparemos esta ecuación con la ecuación 17.34 del volumen I de esta obra, para la conducción de energía a través de un bloque de material de área A, longitud ℓ y conductividad térmica k, la cual reproducimos a continuación:

$$\mathcal{P} = kA\frac{(T_{\text{H}} - T_{\text{C}})}{L} \longrightarrow \frac{Q}{\Delta t} = kA\frac{\Delta T}{L}$$

En esta ecuación, Q es la cantidad de energía transferida en forma de calor en un intervalo de tiempo Δt. Las dos ecuaciones anteriores tienen exactamente la misma forma matemática. En el lado izquierdo de la ecuación indican un ritmo de variación y en el lado derecho especifican el producto de una conductividad, un área y un cociente entre el incremento de una variable y una longitud. Este tipo de ecuación es una *ecuación de transporte* (se transporta energía en un caso y carga en el otro). La variable especificada en el incremento es la que controla el transporte: una diferencia de temperatura controla el flujo de energía en forma de calor y una diferencia de potencial controla el flujo de carga.

La mayor parte de los circuitos eléctricos utilizan resistencias para controlar el nivel de corriente en las distintas partes del circuito. Dos tipos habituales de resistencias son las resistencias de *compuesto* de carbón y las resistencias *devanadas*, que constan de un devanado de hilo metálico. Normalmente, las resistencias utilizan un código de colores para indicar sus valores en ohmios, como se muestra en la figura 3.7 y en la tabla 3.2.

Pregunta rápida 3.3

Los dispositivos eléctricos domésticos a menudo se especifican mediante un voltaje y una corriente nominales, como por ejemplo 220 V, 5 A. Sin embargo, las baterías sólo se especifican mediante su voltaje nominal, por ejemplo 1.5 V. ¿Por qué en una batería no se indica la corriente?

APLICACIÓN

¡Descargas eléctricas!

Pregunta rápida 3.4

En los artículos de los periódicos a menudo aparecen afirmaciones como "10 000 volts de electricidad recorrieron el cuerpo de la víctima". ¿Qué es erróneo en esta afirmación?

TABLA 3.2 Código de colores de las resistencias

Color	Número	Multiplicador	Tolerancia (%)
Negro	0	1	
Café	1	10^1	
Rojo	2	10^2	
Naranja	3	10^3	
Amarillo	4	10^4	
Verde	5	10^5	
Azul	6	10^6	
Violeta	7	10^7	
Gris	8	10^8	
Blanco	9	10^9	
Oro		10^{-1}	5
Plata		10^{-2}	10
Sin color			20

Ejemplo 3.2 Resistencia de un hilo de nicromo

(a) Calcular la resistencia por unidad de longitud de un hilo de nicromo de calibre 22, que tiene un radio de 0.321 mm.

Solución. El área de la sección transversal de este hilo es

$$A = \pi r^2 = \pi(0.321 \times 10^{-3}\ \text{m})^2 = 3.24 \times 10^{-7}\ \text{m}^2$$

La resistividad del nicromo es $1.5 \times 10^{-6}\ \Omega \cdot \text{m}$ (consulte la tabla 3.1). Utilizamos la ecuación 3.8 para calcular la resistencia por unidad de longitud:

$$\frac{R}{\ell} = \frac{\rho}{A} = \frac{1.5 \times 10^{-6}\ \Omega \cdot \text{m}}{3.24 \times 10^{-7}\ \text{m}^2} = 4.6\ \Omega/\text{m}$$

(b) Si se mantiene una diferencia de potencial de 10 V a lo largo de una longitud de 1.0 m del hilo de nicromo, ¿cuál será la corriente en el hilo?

Solución. Puesto que 1.0 m de este hilo tiene una resistencia de 4.6 Ω, tenemos que

$$I = \frac{\Delta V}{R} = \frac{10\ \text{V}}{4.6\ \Omega} = 2.2\ \text{A}$$

Puede observar en la tabla 3.1 que la resistividad del hilo de nicromo es dos órdenes de magnitud mayor que la del cobre. Un hilo de cobre del mismo radio tendría una resistencia por unidad de longitud de sólo 0.052 Ω/m. Un hilo de cobre de 1.0 m de longitud del mismo radio transportaría la misma corriente (2.2 A) con un voltaje aplicado de sólo 0.11 V.

Debido a su alta resistividad y a su resistencia a la oxidación, el nicromo se usa con frecuencia para construir elementos de calefacción en tostadoras, planchas y calentadores eléctricos.

EJERCICIO. Calcular la densidad de corriente y el campo eléctrico en el hilo, suponiendo que transporta una corriente de 2.2 A.

Respuesta: $6.7 \times 10^6\ \text{A/m}^2$; 10 N/C

EJERCICIO. ¿Qué resistencia presenta un hilo de nicromo de calibre 22 y 6.0 m de longitud? ¿Qué corriente transportará si se conecta a una fuente de poder o batería de 120 V?

Respuesta: 28 Ω; 4.3 A.

EJERCICIO. Se mantiene una diferencia de potencial de 0.90 V en un alambre de tungsteno de longitud 1.5 m que tiene una sección transversal de área igual a 0.60 mm^2. ¿Cuál es la corriente en el alambre?

Respuesta: 6.4 A.

Variación de la resistividad con la temperatura

La resistividad depende de una serie de factores, uno de los cuales es la temperatura. En la mayoría de los metales, la resistividad aumenta de forma aproximadamente lineal cuando la temperatura aumenta en un rango de temperaturas limitado, de acuerdo con la expresión

$$\rho = \rho_0[1 + \alpha(T - T_0)] \qquad [3.10]$$

Variación de la resistividad con la temperatura

donde ρ es la resistividad a una cierta temperatura T (en grados Celsius), ρ_0 es la resistividad a una determinada temperatura de referencia T_0 (usualmente, 20°C) y α es el **coeficiente de temperatura para la resistividad** (no debe confundir este coeficiente con el coeficiente medio de dilatación lineal α visto en el capítulo 16 del volumen I). A partir de la ecuación 3.10, vemos que α se puede expresar del siguiente modo

$$\alpha = \frac{1}{\rho_0}\frac{\Delta\rho}{\Delta T} \qquad [3.11]$$

Coeficiente de temperatura para la resistividad

donde $\Delta\rho = \rho - \rho_0$ es la variación de la resistividad en el intervalo de temperatura $\Delta T = T - T_0$.

En la tabla 3.1 se enumeran las resistividades y los coeficientes de temperatura de algunos materiales. Observe el amplio rango de resistividades, desde valores muy bajos para los buenos conductores, tales como el cobre y la plata, hasta valores muy altos para los buenos aislantes, tales como el vidrio y la goma. Un conductor ideal o "perfecto" tendrá resistividad cero y un aislante ideal tendrá resistividad infinita.

Dado que la resistencia es proporcional a la resistividad de acuerdo con la ecuación 3.8, la variación de la resistencia con la temperatura se puede expresar del siguiente modo

Variación de la resistencia con la temperatura

$$R = R_0[1 + \alpha(T - T_0)] \qquad [3.12]$$

A menudo se realizan medidas de temperatura precisas utilizando esta propiedad, como muestra el ejemplo 3.3.

Pregunta rápida 3.5

Unos alienígenas con extraños poderes visitan la Tierra y duplican las dimensiones lineales de todos los objetos que hay sobre la superficie del planeta. ¿El alambre que va desde el enchufe de la pared a la lámpara del techo tendrá ahora (a) más resistencia que antes, (b) menos resistencia o (c) la misma resistencia? ¿El filamento del foco (d) brillará más que antes, (e) brillará menos o (f) brillará igual? (Suponga que las resistividades de los materiales permanecen constantes antes y después de la duplicación).

Ejemplo 3.3 Termómetro de resistencia de platino

Un termómetro de resistencia, que permite medir las temperaturas midiendo la variación de la resistencia de un conductor, está construido con platino y tiene una resistencia de 50.0 Ω a 20.0°C. Cuando se sumerge en un recipiente que contiene indio fundido, su resistencia aumenta a 76.8 Ω. Suponiendo que la resistencia varía linealmente con la temperatura en el rango de temperaturas en cuestión, ¿cuál es el punto de fusión del indio?

Solución. Utilizando la ecuación 3.12 para despejar ΔT y obteniendo α de la tabla 3.1, tenemos

$$\Delta T = \frac{R - R_0}{\alpha R_0} = \frac{76.8\ \Omega - 50.0\ \Omega}{[3.92 \times 10^{-3}\ (°C)^{-1}](50.0\ \Omega)} = 137°C$$

Dado que $T_0 = 20.0°C$, obtenemos que $T =$ 157°C.

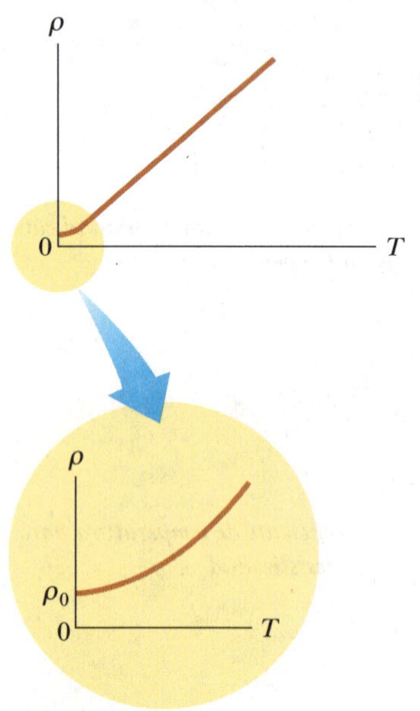

Figura 3.8

Resistividad en función de la temperatura para un metal normal, como por ejemplo el cobre. La curva es lineal en un amplio rango de temperaturas y ρ aumenta al aumentar la temperatura. Cuando T se aproxima al cero absoluto (ampliación), la resistividad tiende a un valor finito ρ_0.

En diversos metales, la resistividad es prácticamente proporcional a la temperatura, como se muestra en la figura 3.8. Sin embargo, en la práctica, existe siempre una región no lineal a muy bajas temperaturas y la resistividad normalmente se aproxima a ciertos valores finitos en las proximidades del cero absoluto (véase la ampliación en la figura 3.8). Esta resistividad residual cerca del cero absoluto se debe fundamentalmente a las colisiones de los electrones con las impurezas y a las imperfecciones del metal. Por el contrario, la resistividad a alta temperatura (la región lineal) está dominada por las colisiones de los electrones con los átomos vibrantes del metal. Describiremos este proceso más detalladamente en la sección 3.4.

EJERCICIO. Un determinado foco tiene un filamento de tungsteno con una resistencia de 19.0 Ω cuando está fría y una resistencia de 140 Ω cuando está caliente. Suponiendo que se puede utilizar la ecuación 3.10 en un amplio rango de temperaturas, calcule la temperatura del filamento cuando está caliente. Suponga una temperatura inicial de 20.0°C.

Respuesta: 1.44×10^3°C

3.3 • SUPERCONDUCTORES

En una clase de metales y compuestos conocidos como **superconductores**, la resistencia tiende a cero por debajo de una cierta **temperatura crítica** T_c. La gráfica resistencia-temperatura para un superconductor es como la de un metal normal para temperaturas por encima de T_c. Cuando se alcanza la temperatura T_c, la resistividad disminuye de repente hasta cero (véase la figura 3.9). Este fenómeno fue descubierto por el físico alemán Heike Kamerlingh-Onnes en 1911 cuando trabajaba con el mercurio, que es un superconductor para temperaturas por debajo de 4.2 K. Medidas recientes han demostrado que las resistividades de los superconductores por debajo de T_c. son menores que $4 \times 10^{-25}\ \Omega \cdot m$, lo que es aproximadamente 10^{17} veces menos que la resistividad del cobre y, en la práctica, se puede considerar igual a cero.

Actualmente, se conocen miles de superconductores. Algunos metales comunes como el aluminio, el estaño, el plomo, el zinc y el indio son superconductores. En la tabla 3.3 se enumeran las temperaturas críticas de varios superconductores. El valor de T_c depende de la composición química, la presión y la estructura cristalina. Resulta interesante mencionar que el cobre, la plata y el oro, que son excelentes conductores a temperatura ambiente, no presentan superconductividad.

Una de las características más sobresalientes de los superconductores es el hecho de que, una vez que se establece una corriente a su través, ésta se mantiene *sin aplicar ninguna diferencial de potencial* (dado que $R = 0$). De hecho, ¡se ha observado que estas corrientes estacionarias pueden persistir en bucles superconductores durante años sin ninguna disminución aparente!

Un desarrollo importante en la física, que generó una gran excitación en la comunidad científica en la última parte del siglo XX, fue el descubrimiento de los superconductores a altas temperaturas basados en óxido de cobre. El interés se despertó en 1986 con la publicación de un artículo de Georg Bednorz y K. Alex Müller, científicos del laboratorio de investigación de IBM en Zurich, Suiza, en el que informaban que habían conseguido pruebas de superconductividad a una temperatura próxima a 30 K en un óxido de bario, lantano y cobre. Bednorz y Müller obtuvieron el Premio Nobel de Física en 1987 por este importante descubrimiento. Poco tiempo después, se disponía de una nueva familia de componentes para su investigación en el campo de la superconductividad que se desarrollaron de forma importante. A principios de 1987, dos grupos de investigación de la Universidad de Alabama en Huntsville y de la Universidad de Houston anunciaron el descubrimiento de la superconductividad a una temperatura de unos 92 K en un óxido de ytrio, bario y cobre ($YBa_2Cu_3O_7$). En ese mismo año, equipos de científicos de Japón y los Estados Unidos descubrieron la superconductividad a 105 K en un óxido de bismuto, estroncio, calcio y cobre. Más recientemente, los científicos han descubierto superconductividad a temperaturas de hasta 134 K en un compuesto que contiene mercurio. Actualmente, no se puede descartar la posibilidad de que exista superconductividad a temperatura ambiente y la investigación de nuevos materiales superconductores continúa. Ésta es una investigación importante tanto por razones científicas como por el hecho de que las aplicaciones prácticas se multiplican a medida que la temperatura crítica se incrementa.

Los imanes superconductores son una importante y útil aplicación, en los que la magnitud de los campos magnéticos es aproximadamente diez veces más grande que en los electroimanes normales. Estudiaremos el magnetismo en el capítulo 4. Tales imanes superconductores se están investigando actualmente como medio para almacenar energía. La idea de utilizar superconductores en las líneas de alimentación para transmitir la energía de forma eficiente también se está considerando. Asimismo, se han construido modernos dispositivos electrónicos super-

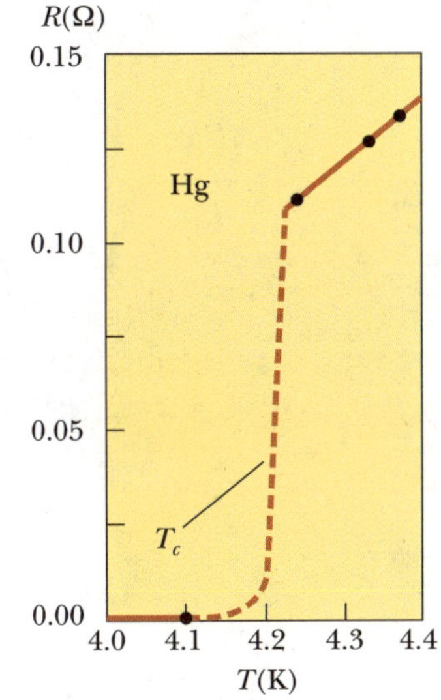

Figura 3.9

Resistencia en función de la temperatura para una muestra de mercurio. La gráfica es como la de un metal normal por encima de la temperatura crítica T_c. La resistencia cae a cero para T_c, que es 4.2 K para el mercurio.

Un pequeño imán permanente levita por encima de un disco de superconductor $YBa_2Cu_3O_7$, que está a una temperatura de 77 K. *(Cortesía de IBM Research Laboratory)*

WEB

Para conocer las últimas novedades sobre los desarrollos en superconductividad, visite **www.iitap.iastate.edu/htcu/htcu.html**

TABLA 3.3

Temperaturas críticas para varios superconductores

Material	T_c (K)
$HgBa_2Ca_2Cu_3O_8$	134
Tl-Ba-Ca-Cu-O	125
Bi-Sr-Ca-Cu-O	105
$YBa_2Cu_3O_7$	92
Nb_3Ge	23.2
Nb_3Sn	21.05
Nb	9.46
Pb	7.18
Hg	4.15
Sn	3.72
Al	1.19
Zn	0.88

conductores que constan de dos superconductores de película delgada, separados mediante un aislante fino. Entre ellos se incluyen magnetómetros (dispositivos de medida del campo magnético) y diversos dispositivos de microondas.

3.4 • MODELO ESTRUCTURAL PARA LA CONDUCCIÓN ELÉCTRICA

En la sección 3.1 hemos desarrollado un modelo estructural de la conducción eléctrica, relacionando la corriente macroscópica con la velocidad de arrastre de los portadores de carga microscópicos en un material. Esta sección amplía dicho modelo presentando el origen microscópico de la resistencia. Una vez que el modelo esté completo, compararemos sus estimaciones con las medidas experimentales.

Considere un conductor como si fuera un conjunto regular de átomos que contiene electrones libres (algunas veces denominados electrones *de conducción*). Tales electrones pueden moverse libremente a través del conductor (como hemos visto en nuestra explicación anterior sobre la velocidad de arrastre en la sección 3.1) y son, aproximadamente, igual en número al de átomos del conductor. En ausencia de un campo eléctrico, los electrones libres se mueven en direcciones aleatorias con velocidades promedio del orden de 10^6 m/s. La situación es similar al movimiento de las moléculas de un gas confinado en un recipiente, lo que hemos estudiado al hablar de la teoría cinética en el capítulo 16 del volumen I de esta obra. De hecho, los electrones de conducción en un metal se denominan a menudo *gas de electrones.*

Los electrones de conducción no son totalmente libres ya que están confinados en el interior del conductor y sufren colisiones frecuentes con el conjunto de átomos. Las colisiones son los mecanismos predominantes que contribuyen a la resistividad de un metal a temperaturas normales. Observe que en un conductor no existe ninguna corriente en ausencia de un campo eléctrico, ya que la velocidad promedio de los electrones libres es igual a cero. Como promedio, tantos electrones se mueven en una dirección como en la dirección opuesta y, por tanto, no existe un flujo neto de carga.

Sin embargo, la situación varía cuando se aplica un campo eléctrico al metal. Además del movimiento térmico aleatorio, los electrones libres se arrastran lentamente en la dirección opuesta a la del campo eléctrico, con una rapidez de arrastre promedio de v_d, que es mucho menor (típicamente 10^{-4} m/s; véase el ejemplo 3.1) que la velocidad promedio entre colisiones (típicamente 10^6 m/s).

En este modelo estructural, supondremos que el exceso de energía cinética adquirida por los electrones debido al campo eléctrico se transfiere al conductor durante el proceso de colisión. La energía proporcionada a los átomos en las colisiones aumenta la energía vibracional total de los átomos, lo que hace que el conductor se caliente. Este modelo también supone que el movimiento de un electrón después de una colisión es independiente de su movimiento antes de la misma.

Dadas estas bases para nuestro modelo, ahora vamos a dar el primer paso para obtener una expresión para la rapidez de arrastre. Cuando una partícula cargada móvil de masa m y carga q está sometida a un campo eléctrico $\mathbf{E}$, experimenta una fuerza $q\mathbf{E}$. La fuerza sobre cada electrón en el manual es $\mathbf{F}_e = -e\mathbf{E}$. El movimiento de un electrón se puede determinar a partir de la segunda ley de Newton, $\Sigma\,\mathbf{F} = m_e\mathbf{a}$. La aceleración del electrón será

$$\mathbf{a} = \frac{\Sigma\mathbf{F}}{m_e} = \frac{\mathbf{F}_e}{m_e} = \frac{-e\mathbf{E}}{m_e} \qquad [3.13]$$

Esta aceleración, que sólo se produce durante un corto intervalo de tiempo entre colisiones, hace que varíe la velocidad del electrón. Dado que la fuerza es constante, la aceleración es constante y podemos considerar el electrón como una partícula sometida a una aceleración constante. Si $\mathbf{v}_0$ es la velocidad del electrón justo después de una colisión, para la cual tomaremos el instante $t = 0$, la velocidad del electrón en el instante t será

$$\mathbf{v} = \mathbf{v}_0 + \mathbf{a}t = \mathbf{v}_0 - \frac{e\mathbf{E}}{m_e}t \qquad [3.14]$$

El movimiento del electrón a través del metal se caracteriza por un número muy alto de colisiones por segundo. En consecuencia, podemos considerar que la velocidad de arrastre $\mathbf{v}_d$ es el valor promedio de $\mathbf{v}$ en un intervalo que sea largo comparado con t. Dado que suponemos que la velocidad del electrón después de una colisión es independiente de su velocidad antes de la colisión, la dirección de los vectores de velocidad inicial estará distribuida aleatoriamente, de modo que el valor promedio de $\mathbf{v}_0$ es igual a cero. En el segundo término del lado derecho de la ecuación 3.14, la carga, el campo eléctrico y la masa son constantes. Por tanto, el único factor afectado por el cálculo del promedio es el tiempo. El valor promedio de este término es $(-e\mathbf{E}/m_e)\tau$, donde τ es *el tiempo promedio entre colisiones.* Por tanto, la ecuación 3.14 puede expresarse del siguiente modo, después de promediar,

$$\mathbf{v}_d = \frac{-e\mathbf{E}}{m_e}\tau \qquad [3.15]$$

• *Rapidez de arrastre*

Sustituyendo la magnitud de esta rapidez de arrastre en la ecuación 3.4, tenemos que

$$I = nev_dA = ne\left(\frac{eE}{m_e}\tau\right)A = \frac{ne^2E}{m_e}\tau A \qquad [3.16]$$

De acuerdo con la ecuación 3.6, la corriente se relaciona con las variables macroscópicas de diferencia de potencial y resistencia del siguiente modo:

$$I = \frac{\Delta V}{R}$$

Usando la ecuación 3.8, podemos escribir esto del siguiente modo:

$$I = \frac{\Delta V}{\left(\rho\frac{\ell}{A}\right)} = \frac{\Delta V}{\rho\ell}A$$

En el conductor, el campo eléctrico es uniforme, de modo que utilizamos la ecuación 3.6, $\Delta V = E\ell$, para sustituir la magnitud de la diferencia de potencial en los extremos del conductor:

$$I = \frac{E\ell}{\rho\ell}A = \frac{E}{\rho}A \qquad [3.17]$$

Igualando las ecuaciones 3.16 y 3.17, podemos diferenciar la resistividad:

$$I = \frac{ne^2E}{m_e}\tau A = \frac{E}{\rho}A \longrightarrow \rho = \frac{m_e}{ne^2\tau} \qquad [3.18]$$

• *Resistividad en función de parámetros microscópicos*

De acuerdo con este modelo estructural, la resistividad no depende del campo eléctrico ni, por tanto, de la diferencia de potencial; sólo depende de parámetros fijos asociados con el material y el electrón. Esta propiedad es característica de los conductores que cumplen la ley de Ohm. El modelo demuestra que la resistividad se puede calcular a partir de la densidad de los electrones, su carga, su masa y el tiempo promedio τ entre colisiones, que está relacionado con la distancia promedio entre colisiones $\bar{\ell}$ (*camino libre medio*) y la rapidez promedio $\bar{v}$ a través de la expresión*

$$\tau = \frac{\bar{\ell}}{\bar{v}} \quad [3.19]$$

Ejemplo 3.4 Colisiones de electrones en el cobre

(a) Utilizando los datos y los resultados del ejemplo 3.1 y el modelo estructural de conducción electrónica, estimar el tiempo promedio entre colisiones para los electrones en un conductor de cobre a 20°C.

Solución. A partir de la ecuación 3.18, tenemos que

$$\tau = \frac{m_e}{ne^2\rho}$$

donde $\rho = 1.7 \times 10^{-8}\ \Omega \cdot \mathrm{m}$ para el cobre y la densidad de los portadores es $n = 8.48 \times 10^{28}$ electrones/m^3 para el hilo descrito en el ejemplo 3.1. Sustituyendo estos valores en la expresión anterior, obtenemos

$$\tau = \frac{9.11 \times 10^{-31}\ \mathrm{kg}}{(8.48 \times 10^{28}\ \mathrm{m}^{-3})(1.6 \times 10^{-19}\ \mathrm{C})^2(1.7 \times 10^{-8}\ \Omega \cdot \mathrm{m})} = 2.5 \times 10^{-14}\ \mathrm{s}$$

Observe que este tiempo es muy pequeño: los electrones colisionan una gran cantidad de veces por segundo.

(b) Suponiendo que la velocidad promedio de los electrones libres en el cobre es de 1.6×10^6 m/s y utilizando el resultado obtenido en el apartado (a), calcular el camino libre medio de los electrones en el cobre.

Solución. Usando la ecuación 3.19,

$$\bar{\ell} = \bar{v}\tau = (1.6 \times 10^6\ \mathrm{m/s})(2.5 \times 10^{-14}\ \mathrm{s}) = 4.0 \times 10^{-8}\ \mathrm{m}$$

lo que es equivalente a 40 nm (comparado con la distancia atómica de, aproximadamente, 0.2 nm). Por tanto, aunque el tiempo entre colisiones es muy pequeño, los electrones viajan aproximadamente 200 distancias atómicas antes de colisionar con un átomo.

Aunque este modelo estructural de conducción es coherente con la ley de Ohm, no estima correctamente los valores de la resistividad o el comportamiento de la misma con la temperatura. Por ejemplo, los resultados de los cálculos clásicos para $\bar{v}$ utilizando el modelo de gas ideal para los electrones son aproximadamente diez veces más pequeños que los valores reales, lo que da lugar a estimaciones incorrectas de los valores de la resistividad a partir de la ecuación 3.18. Además, de acuerdo con las ecuaciones 3.18 y 3.19, la resistividad varía con la temperatura de la misma forma que $\bar{v}$, que, de acuerdo con el modelo de los gases ideales (capítulo 16, ecuación 16.22 del volumen I) es proporcional a $\sqrt{T}$. Esto está en desacuerdo con la dependencia lineal de la resistividad con la temperatura para los metales puros (figura 3.8a). Dado que estas estimaciones son incorrectas, debemos modificar el modelo estructural. Llamaremos al modelo que hemos desarrollado hasta el momento modelo *clásico* de conducción eléctrica. Para evitar las estimaciones incorrectas del modelo clásico, es preciso desarrollar un modelo basado en la *mecánica cuántica,* el cual describiremos brevemente.

En los capítulos anteriores hemos visto dos importantes modelos simplificados, el modelo de partículas y el modelo de ondas. Aunque hemos analizado estos dos modelos simplificados por separado, la física cuántica nos dice que esta separación no es tan clara como parece. Como veremos en el capítulo 10, las partículas exhiben propiedades ondulatorias. Las estimaciones de algunos modelos sólo pueden hacerse corresponder con los resultados experimentales si se incluyen en el modelo los comportamientos ondulatorios de las partículas. El modelo estructural para la conducción eléctrica en los metales es uno de estos casos.

Imaginemos que los electrones se mueven a través de un metal que tiene propiedades ondulatorias. Si los átomos en un conductor están separados de forma

* Recuerde que la rapidez promedio es la rapidez que tiene una partícula como consecuencia de la temperatura de su entorno (capítulo 16 del volumen I).

regular (es decir, de forma periódica), el carácter ondulatorio de los electrones hace posible que éstos se muevan libremente a través del conductor y que resulte improbable que se produzca una colisión con un átomo. En un conductor ideal, no se produce ninguna colisión, la longitud de movimiento libre sería infinita y la resistividad sería igual a cero. Los electrones sólo se dispersan si la disposición atómica es irregular (no periódica), por ejemplo como resultado de defectos en la estructura o impurezas. A bajas temperaturas, la resistividad del metal está dominada por la dispersión debida a las colisiones entre los electrones y las impurezas. A altas temperaturas, la resistividad está dominada por la dispersión debida a las colisiones entre los electrones y los átomos del conductor, que están continuamente sufriendo desplazamientos como resultado de la agitación térmica, destruyendo la periodicidad perfecta. El movimiento térmico de los átomos da lugar a una estructura irregular (comparada con una estructura atómica en reposo), reduciendo la longitud de movimiento libre de los electrones.

Aunque queda fuera del ámbito de este texto analizar estos aspectos en detalle, el modelo clásico modificado como consecuencia del carácter ondulatorio de los electrones proporciona estimaciones para los valores de resistividad que concuerdan con los valores medidos y predice una dependencia lineal con la temperatura. Cuando analizamos el átomo de hidrógeno en el capítulo 11 del volumen I de esta obra, tuvimos que introducir algunos conceptos cuánticos para comprender determinadas observaciones experimentales, como las de los espectros atómicos. Del mismo modo, en el capítulo 17 del volumen I se introdujeron conceptos cuánticos para explicar el comportamiento respecto a la temperatura de los calores específicos molares de los gases. Aquí nos encontramos con otro caso en el que la física cuántica es necesaria para que el modelo concuerde con los resultados experimentales. Aunque la física clásica puede explicar un amplio rango de fenómenos, vemos que es necesario incorporar a nuestros modelos los conceptos de la física cuántica. Estudiaremos la física cuántica en detalle en los capítulos 10 a 13 de este volumen.

3.5 • ENERGÍA ELÉCTRICA Y POTENCIA

En la sección 3.1 hemos analizado las transformaciones de energía que se producen en un circuito. Si se utiliza una batería para establecer una corriente eléctrica en un conductor, se produce una transformación continua de energía química de la batería en energía cinética de los electrones y luego en energía interna del conductor, lo que da lugar a un aumento de la temperatura en éste.

En los circuitos eléctricos típicos, la energía se transfiere desde un generador, tal como una batería, a algún dispositivo, como por ejemplo un foco o un receptor de radio. Vamos a determinar una expresión que nos permita calcular la velocidad de transferencia de esta energía. En primer lugar, considere el sencillo circuito mostrado en la figura 3.10, donde suponemos que se está suministrando energía a una resistencia. Dado que los cables que conectan los dispositivos también tienen resistencia, parte de la energía es suministrada a los cables y otra parte a la resistencia. A menos que se indique lo contrario, adoptaremos un modelo simplificado en el que la resistencia de los cables es mucho más pequeña que el valor de la resistencia incluida en el circuito, por lo que ignoraremos la energía suministrada a los cables.

Ahora vamos a analizar los aspectos energéticos del circuito, en el que una batería está conectada a una resistencia R, como se muestra en la figura 3.10. Vamos a seguir el camino de una cantidad positiva de carga Q alrededor del circuito, desde el punto a, atravesando la batería y la resistencia y volviendo a dicho punto a. El punto a es un punto de referencia en el que definimos el potencial como cero, y consideramos en nuestro análisis el sistema formado por el circuito completo. Cuando la carga se mueve desde a hasta b pasando por la batería, cuya diferencia de potencial es ΔV, la energía potencial eléctrica del sistema aumenta en una can-

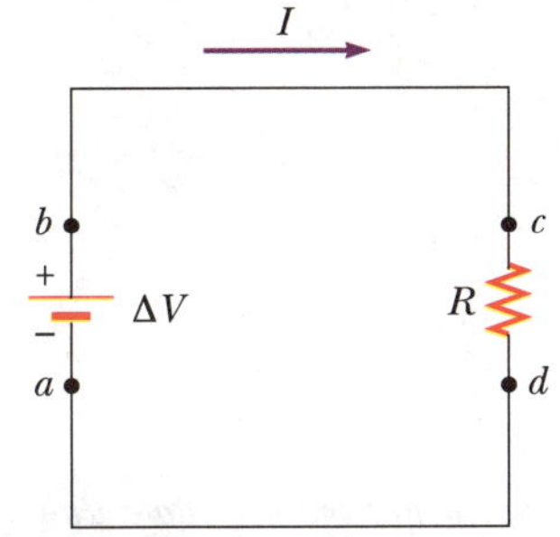

Figura 3.10

Circuito formado por una resistencia de valor R y una batería con una diferencia de potencial ΔV entre sus terminales. Las cargas positivas fluyen en la dirección de las manecillas del reloj.

¡ADVERTENCIA! 3.7

Conceptos erróneos acerca de la corriente

Hay diversos conceptos erróneos comúnmente asociados con la corriente que atraviesa un circuito eléctrico como el mostrado en la figura 3.10. Uno de ellos es que la corriente sale de una terminal de la batería y "se gasta" a medida que pasa a través de la resistencia. Desde este punto de vista, la corriente sólo existiría en una parte del circuito. Sin embargo, la interpretación correcta es que la corriente es la misma en *cualquier lugar* del circuito. Un concepto erróneo relacionado sería pensar que la corriente que sale de la resistencia es menor que la que entra, porque parte de la corriente "se gasta". Otro concepto erróneo es el de pensar que la corriente sale de ambas terminales de la batería en direcciones opuestas y luego "choca" en la resistencia, suministrando la energía de este modo. Sabemos que esto no es así, sino que la carga fluye en el mismo sentido en *todos* los puntos del circuito. Asegúrese de comprender correctamente los conceptos relativos a la corriente.

tidad $Q\Delta V$ y la energía química de la batería disminuye en la misma cantidad. (Recuerde del capítulo 2 que $\Delta U = q\Delta V$). Sin embargo, cuando la carga se mueve desde *c* hasta *d* pasando por la resistencia, el sistema pierde esta energía potencial eléctrica durante las colisiones con los átomos de la resistencia. En este proceso, la energía se transforma en energía interna, correspondiente a un aumento del movimiento vibratorio de los átomos de la resistencia. Dado que hemos ignorado la resistencia de los cables de interconexión, no se produce ninguna transformación de energía en los trayectos *bc* y *da*. Cuando la carga vuelve al punto *a*, el resultado neto es que parte de la energía química de la batería ha sido suministrada a la resistencia y se encuentra en dicho elemento como energía interna asociada con la vibración molecular.

Normalmente, la resistencia se encuentra en contacto con el aire, por lo que su aumento de temperatura da lugar a una transferencia de energía al aire en forma de calor. Además, se produce una cierta radiación térmica en la resistencia, lo que representa otro medio de escape de la energía. Después de transcurrido cierto tiempo, la resistencia permanece a una temperatura constante, cuando la energía entregada por la batería se equilibra con la energía que sale en forma de calor y radiación. Algunos dispositivos eléctricos utilizan *disipadores* de calor* conectados a diferentes elementos del circuito para evitar que estos elementos alcancen temperaturas peligrosamente altas. Los disipadores son dispositivos de metal con numerosas aletas. La alta conductividad térmica del metal permite una rápida transferencia de energía en forma de calor, extrayéndola del componente caliente, y las aletas proporcionan una superficie grande de contacto con el aire, por lo que la energía puede transferirse al aire por radiación y en forma de calor de manera muy rápida.

Consideremos ahora la velocidad a la que el sistema pierde energía potencial eléctrica a medida que la carga Q atraviesa la resistencia:

$$\frac{dU}{dt} = \frac{d}{dt}(Q\Delta V) = \frac{dQ}{dt}\Delta V = I\Delta V$$

donde I es la corriente del circuito. Por supuesto, el sistema vuelve a ganar esta energía potencial cuando la carga atraviesa la batería, a expensas de la energía química de ésta. El ritmo al que el sistema pierde energía potencial cuando la carga atraviesa la resistencia es igual al ritmo al que dicho sistema gana energía interna en la resistencia. Por tanto, la potencia $\mathcal{P}$, que representa el ritmo de suministro de energía a la resistencia, es

- *Potencia suministrada a un dispositivo*

$$\mathcal{P} = I\Delta V \qquad [3.20]$$

Hemos desarrollado este resultado considerando una batería que suministra energía a una resistencia. Sin embargo, la ecuación 3.20 se puede utilizar para determinar la potencia transferida desde una fuente de poder a *cualquier* dispositivo que transporte una corriente I y que tenga una diferencia de potencial ΔV entre sus terminales.

Utilizando la ecuación 3.20 y el hecho de que $\Delta V = IR$ para una resistencia, podemos expresar la potencia suministrada a la resistencia de la siguiente forma alternativa

- *Potencia suministrada a una resistencia*

$$\mathcal{P} = I^2R = \frac{(\Delta V)^2}{R} \qquad [3.21]$$

La unidad de potencia en el sistema SI es el watt, introducido en el capítulo 6 del volumen I. Si analiza las unidades de las ecuaciones 3.20 y 3.21, verá que el resultado de los cálculos proporciona como unidad el watt. La potencia suministrada a un conductor de resistencia R se denomina en ocasiones *pérdida* I^2R.

* Éste es otro mal uso de la palabra *calor*, que resulta habitual en el lenguaje coloquial.

Como vimos en la sección 6.8 del volumen I, la unidad de energía que utilizan las compañías eléctricas para calcular la transferencia de energía es el kilowatt hora, que es la cantidad de energía transferida en 1 h a un ritmo constante de 1 kW. Dado que 1 W = 1 J/s, tenemos

$$1 \text{ kWh} = (1.0 \times 10^3 \text{ W})(3\,600 \text{ s}) = 3.6 \times 10^6 \text{ J} \qquad \textbf{[3.22]}$$

Pregunta rápida 3.6

Para los dos focos mostrados en la figura 3.11, clasificar de mayor a menor las corrientes en los puntos $a - f$.

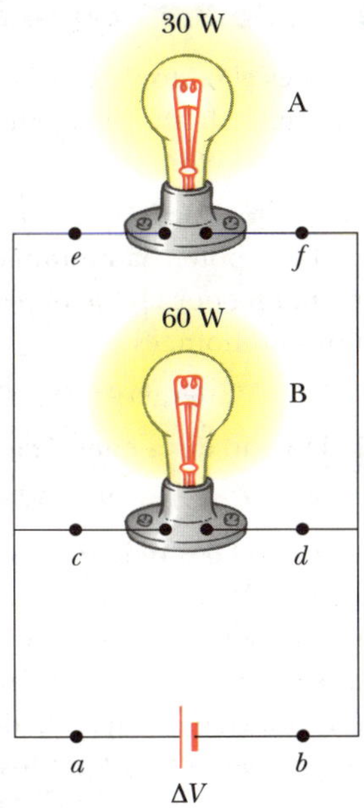

Figura 3.11

(Pregunta rápida 3.6 y Piense en la física 3.2)

PIENSE EN LA FÍSICA 3.2

Los dos focos A y B están conectados a la misma diferencia de potencial, como se muestra en la figura 3.11. También se muestra la potencia eléctrica suministrada a los focos. ¿Qué foco presenta la mayor resistencia? ¿Cuál de ellos transporta la mayor corriente?

Razonamiento. Dado que el voltaje en cada uno de los focos es la misma y que el ritmo de suministro de energía a una resistencia es $\mathcal{P} = (\Delta V)^2/R$, el foco con la resistencia más pequeña presenta el mayor ritmo de transferencia de energía. En este caso, la resistencia de A es mayor que la de B. Además, dado que $\mathcal{P} = I\Delta V$, vemos que la corriente en el foco B es mayor que la corriente en A.

¡ADVERTENCIA! 3.8

La energía no se "disipa"

En algunos libros, podemos ver la ecuación 3.20 descrita como la potencia "disipada en" una resistencia. Evitaremos utilizar esta terminología, ya que parece sugerir que la energía desaparece. Hablaremos, en lugar de ello, de la energía que se "suministra a" una resistencia, como hemos hecho en la sección de Piense en la física 3.3. El concepto de disipación surge del hecho de que una resistencia caliente expulsa energía en forma de radiación y de calor, por lo que la energía suministrada por la batería abandona el circuito, pero nosotros preferimos evitar las connotaciones que este término tiene.

PIENSE EN LA FÍSICA 3.3

¿Cuándo es mayor el ritmo de suministro de energía a un foco, justo después de encenderlo, cuando el brillo del filamento comienza a aumentar, o después de que lleva encendido unos pocos segundos y el brillo ha alcanzado su valor permanente?

Razonamiento. Cuando se cierra el interruptor, aparece una diferencia de potencial a través del foco. La resistencia es baja en un filamento frío. Por tanto, la corriente es alta y se suministra una cantidad de energía relativamente grande al foco por unidad de tiempo. Cuando el filamento se calienta, su resistencia aumenta y la corriente disminuye. Como resultado, el ritmo al que se suministra energía al foco disminuye. La razón por la que los focos fallan a menudo justo en el momento de encenderlos es por el pico de corriente que tiene lugar al principio del proceso.

Ejemplo 3.5 Valores nominales eléctricos de un foco

Un foco tiene los valores nominales 120 V/75 W, lo que quiere decir que su voltaje de operación es de 120 V, y que su potencia nominal es de 75.0 W. El foco está conectado a una fuente de alimentación de corriente continua de 120 volts. Calcular la corriente en el foco y su resistencia.

Solución. Dado que la potencia nominal del foco es de 75.0 W y el voltaje de operación es de 120 V, podemos usar la fórmula $\mathcal{P} = I\Delta V$ para calcular la corriente:

$$I = \frac{\mathcal{P}}{\Delta V} = \frac{75.0 \text{ W}}{120 \text{ V}} = \boxed{0.625 \text{ A}}$$

Utilizando la expresión $\Delta V = IR$, calculamos la resistencia:

$$R = \frac{\Delta V}{I} = \frac{120 \text{ V}}{0.625 \text{ A}} = \boxed{192\ \Omega}$$

EJERCICIO. ¿Cuál es la resistencia en una lámpara cuyos valores nominales son 120 V y 100 W?

Respuesta: 144 Ω

Ejemplo 3.6 Costo de operación de un foco

¿Cuál es el costo de funcionamiento de un foco de 100 W durante 24 horas, si el costo de la electricidad es de 12 centavos/kWh?

Solución. Dado que la energía suministrada al foco es igual a la potencia multiplicada por el tiempo, la cantidad de energía por la que debemos pagar, expresada en kilovatios hora, es

$$\text{Energía} = (0.100 \text{ kW})(24 \text{ h}) = 2.4 \text{ kWh}$$

Si el precio de la energía es de 12 centavos/kWh, el costo es

$$\text{Costo} = (2.4 \text{ kWh})(\$0.12/\text{kWh}) = \boxed{\$0.29}$$

Es decir, el costo de funcionamiento del foco durante un día es de 29 centavos. Esta cantidad es muy pequeña, pero cuando se utilizan dispositivos más potentes y complejos, el costo se incrementa rápidamente.

La creciente demanda de energía ha hecho necesario tener en cuenta los requisitos de energía de nuestros dispositivos eléctricos. Esto se debe no sólo a que resulta más caro hacerlos funcionar, sino también a que, por el agotamiento de las reservas de carbón y de petróleo, se hace necesaria una mayor conciencia medioambiental. Cada dispositivo eléctrico dispone de una etiqueta en la que se especifica la información necesaria para calcular sus requisitos de potencia. A menudo se indica directamente el consumo de potencia en watts, como en el caso de un foco. En otros casos, los datos que se proporcionan son la cantidad de corriente en el dispositivo y la diferencia de potencial a la que opera. Esta información y la ecuación 3.20 son suficientes para calcular el costo de operación de cualquier dispositivo eléctrico.

EJERCICIO. Si el costo de electricidad es de 12.0¢/kWh, ¿cuál es el costo de funcionamiento de un horno que funciona a 20.0 A y 220 V durante 5.00 h?

Respuesta: $2.64

Ejemplo 3.7 Electricidad y termodinámica

¿Cuál es la resistencia que debe tener un calefactor de inmersión para aumentar la temperatura de 1.50 kg de agua desde 10.0°C a 50.0°C en 10.0 minutos, si funciona con una diferencia potencial de 110 V?

Razonamiento. Este ejemplo nos permite relacionar nuestros conocimientos sobre la potencia eléctrica con lo que sabemos del calor específico gracias al estudio de la termodinámica en el capítulo 17 del volumen I. Un calefactor de inmersión es una resistencia que se introduce en un contenedor de agua. A medida que se suministra energía a dicho dispositivo, su temperatura aumenta y la energía sale de la superficie de la resistencia en forma de calor, pasando al agua. Cuando este dispositivo alcanza una temperatura constante, el ritmo de suministro de energía a la resistencia por transmisión eléctrica es igual al ritmo de suministro de energía en forma de calor al agua.

Solución. Como simplificación, vamos a ignorar el periodo inicial durante el que la temperatura de la resistencia aumenta y también ignoraremos cualquier variación de la resistencia con la temperatura. Por tanto, suponemos un ritmo constante de transferencia de energía durante el intervalo de 10.0 minutos. Estableciendo que el ritmo de suministro de energía a la resistencia es igual al ritmo de suministro de energía al agua en forma de calor, tenemos

$$\mathcal{P} = \frac{(\Delta V)^2}{R} = \frac{Q}{\Delta t}$$

donde Q representa la transferencia de energía en forma de calor al agua y hemos utilizado la ecuación 3.21 para expresar la potencia eléctrica. La transferencia de energía en forma de calor necesaria para aumentar la temperatura del agua viene dada por la ecuación 17.3 (volumen I), $Q = mc\,\Delta T$. Por tanto,

$$\frac{(\Delta V)^2}{R} = \frac{mc\,\Delta T}{\Delta t} \longrightarrow R = \frac{(\Delta V)^2\,\Delta t}{mc\,\Delta T}$$

Sustituyendo los valores dados en el enunciado del problema, tenemos que

$$R = \frac{(110 \text{ V})^2(600 \text{ s})}{(1.50 \text{ kg})(4\,186 \text{ J/kg}\cdot{}^\circ\text{C})(50.0^\circ\text{C} - 10.0^\circ\text{C})} = \boxed{28.9\ \Omega}$$

3.6 • FUENTES DE ENERGÍA

La entidad que mantiene la diferencia de potencial constante en la figura 3.12 se denomina **fuente de fem** o **fuente de energía**.* Las fuentes de energía son dispositivos (por ejemplo, baterías y generadores) que aumentan la energía potencial de un circuito manteniendo una diferencia de potencial entre puntos del mismo

* El término *fem* era originalmente una abreviatura de *fuerza electromotriz*, pero no se trata de una fuerza. El nombre de fuerza electromotriz era utilizado antiguamente en el estudio de la electricidad, antes de que la comprensión de los principios de funcionamiento de las baterías fuera tan completa como hoy en día.

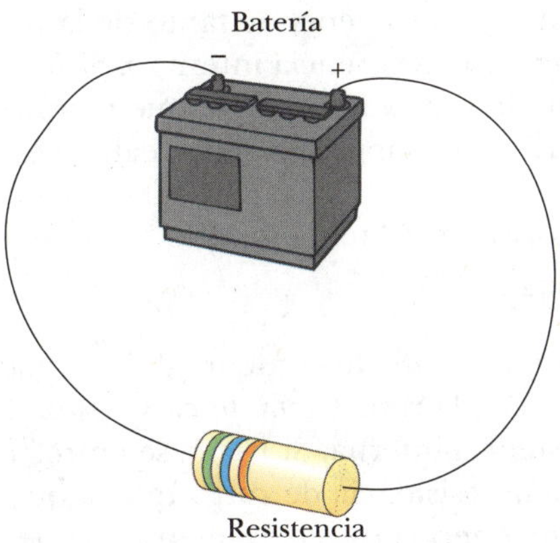

Figura 3.12

Circuito formado por una resistencia conectada a las terminales de una batería.

mientras que las cargas se mueven a través del circuito. Podemos pensar en una fuente de energía como en una "bomba de carga", que fuerza a que los electrones se muevan en dirección opuesta al campo eléctrico existente dentro de la fuente. La fem $\mathcal{E}$ de una fuente describe el trabajo realizado por unidad de carga y, por tanto, su unidad en el sistema SI es el volt.

En este momento, el lector podría preguntarse por qué necesitamos definir una segunda magnitud, la fem, que utiliza el volt como unidad, cuando ya hemos definido la diferencia de potencial. Para ver la necesidad de esta nueva magnitud, considere el circuito mostrado en la figura 3.12, que consta de una batería conectada a una resistencia. Supondremos que los alambres que conectan ambos dispositivos no presentan ninguna resistencia. Podríamos estar tentados de establecer que la diferencia de potencial entre las terminales de la batería es igual a la fem de la batería. Sin embargo, una batería real siempre presenta una cierta **resistencia interna** r. Como resultado, la diferencia de potencial entre las terminales no es igual a la fem, como vamos a demostrar.

El circuito mostrado en la figura 3.12 puede describirse mediante el esquema de circuito mostrado en la figura 3.13a. La batería, que está dentro del rectángulo de línea discontinua, se representa mediante una fuente ideal con resistencia cero y de fem en serie con una resistencia interna r. Ahora imagine que nos movemos desde el punto a hasta el punto b en la figura 3.13a. Cuando pasamos de la terminal negativa a la positiva de la batería, el potencial eléctrico aumenta en $\mathcal{E}$. Sin embargo, al pasar a través de la resistencia r, el potencial eléctrico disminuye en una cantidad Ir, donde I es la corriente que atraviesa el circuito. Por tanto, entre las terminales de la batería* se tiene que $\Delta V = V_b - V_a$,

$$\Delta V = \mathcal{E} - Ir \qquad [3.23]$$

Observe que, en esta expresión, $\mathcal{E}$ es equivalente al **voltaje en circuito abierto, es decir, el voltaje entre las terminales cuando la corriente es cero**. La figura 3.13b es una representación gráfica de los cambios del potencial a medida que se recorre el circuito en el sentido de las agujas del reloj. Inspeccionando la figura 3.13a, vemos que el voltaje entre las terminales ΔV también debe ser igual a la diferencia de potencial entre los extremos de la resistencia externa R, a menudo denominada **resistencia de carga**; es decir, $\Delta V = IR$. Combinando esto con la ecuación 3.23, obtenemos

$$\mathcal{E} = IR + Ir \qquad [3.24]$$

Despejando la corriente se tiene que

$$I = \frac{\mathcal{E}}{R + r} \qquad [3.25]$$

* En este caso, el voltaje entre las terminales es menor que la fem en una cantidad Ir. En determinadas situaciones, el voltaje entre las terminales puede *ser mayor* que la fem en una cantidad Ir. Esto ocurre cuando la dirección de la corriente es *opuesta* a la de la fem, como en el caso en el que la batería está siendo cargada a partir de otra fuente de energía.

¡ADVERTENCIA! 3.9

Cuidado con los símbolos similares

Observe en el ejemplo 3.7 la posible confusión cuando nos enfrentamos a un problema que mezcla conceptos vistos en diferentes partes del libro. En este caso, por ejemplo, utilizamos ΔV para representar una diferencia de potencial. Sin embargo, en termodinámica, ΔV fue utilizado para designar una variación de volumen. En este ejemplo, hemos utilizado también la variable Q de la termodinámica para representar el calor, no la carga, que es lo que representa en este capítulo. También hemos utilizado Δt y ΔT que, aunque no son idénticos, podrían dar lugar a confusión si no se tiene en cuenta la diferencia entre mayúsculas y minúsculas. Asegúrese de comprender lo que representa cada símbolo en el problema concreto que esté resolviendo.

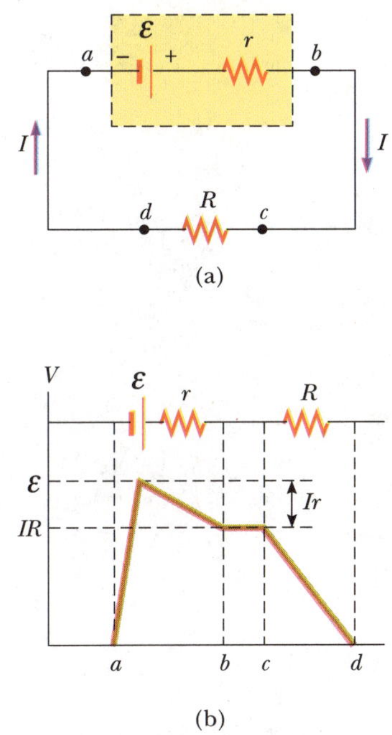

Figura 3.13

(a) Esquema de circuito de una fuente de energía $\mathcal{E}$ (en este caso, una batería) con una resistencia interna r, conectada a una resistencia externa de valor R. (b) Representación gráfica que muestra cómo varía el potencial a medida que se recorre el circuito de la figura (a) en el sentido de las agujas del reloj.

¡ADVERTENCIA! 3.10

¿Qué es constante en una batería?

Observe que la ecuación 3.25 nos muestra que la corriente en el circuito depende de la resistencia conectada a la batería. Un concepto erróneo bastante habitual consiste en considerar a una batería como una fuente de corriente constante. La ecuación 3.25 muestra claramente que esto no es cierto. Tampoco es cierto que una batería sea una fuente de voltaje constante. La ecuación 3.23 demuestra que esto tampoco es cierto. **Una batería es una fuente de fem constante**.

Esto demuestra que la corriente en este sencillo circuito depende tanto de la resistencia externa R conectada a la batería como de la resistencia interna r. Si R es mucho mayor que r, podemos adoptar un modelo simplificado en el que ignoraremos r en el análisis. En muchos circuitos, será perfectamente válido realizar esta simplificación.

Si multiplicamos la ecuación 3.24 por la corriente $I\mathcal{E}$ tenemos que

$$I\mathcal{E} = I^2R + I^2r$$

Esta ecuación nos dice que la potencia total de salida $I\mathcal{E}$ de la fuente de energía es igual al ritmo I^2R al que se suministra energía a la resistencia de carga *más* el ritmo I^2r al que se suministra energía a la resistencia interna. Si $r \ll R$, se entrega mucha más energía procedente de la batería a la resistencia de carga que la que permanece en la batería, aunque la cantidad de energía es relativamente pequeña, ya que la resistencia de carga es grande, lo que da lugar a una corriente pequeña. Si $r \gg R$, una fracción significativa de la energía procedente de la fuente de energía permanece en la batería, dado que se suministra a la resistencia interna. Por ejemplo, si se conectan entre sí las terminales de una batería mediante un alambre, la batería comenzará a calentarse. Esto representa una transferencia de energía desde la fuente de energía a la resistencia interna, donde aparece como energía interna asociada con la temperatura. El problema 54 explora las condiciones necesarias para transferir la máxima cantidad de energía desde la batería a la resistencia de carga.

Pregunta rápida 3.7

Si la energía transferida a una batería durante la carga es E, ¿será también igual a E la energía total transferida desde la batería a una carga eléctrica durante la operación, suponiendo que la batería se descarga completamente?

Pregunta rápida 3.8

Si al arrancar un automóvil se tienen las luces encendidas, ¿por qué se reduce la intensidad luminosa durante el arranque?

EJERCICIO. (a) ¿Cuál es la corriente en una resistencia de 5.60 Ω conectada a una batería que tiene una resistencia interna de 0.200 Ω, si la tensión entre las terminales de la batería es de 10.0 V? (b) ¿Cuál es la fem de la batería?

Respuesta: (a) 1.79 A (b) 10.4 V

3.7 • RESISTENCIAS EN SERIE Y EN PARALELO

Cuando dos o más resistencias se conectan extremo con extremo, como se muestra en la figura 3.14a, decimos que están conectadas en *serie*. (Compare esto con los condensadores conectados en serie mostrados en la figura 2.24). Observe que la corriente es la *misma* en las dos resistencias, ya que cualquier carga que fluya a través de R_1 también debe fluir a través de R_2. Dado que la diferencia de potencial entre a y b en el esquema del circuito de la figura 3.14b es igual a IR_1 y la diferencia de potencial entre b y c es igual a IR_2, la diferencia de potencial entre a y c es

$$\Delta V = IR_1 + IR_2 = I(R_1 + R_2)$$

Esta diferencia de potencial en la batería también se puede aplicar a la **resistencia equivalente** mostrada en la figura 3.14c:

$$\Delta V = IR_{eq}$$

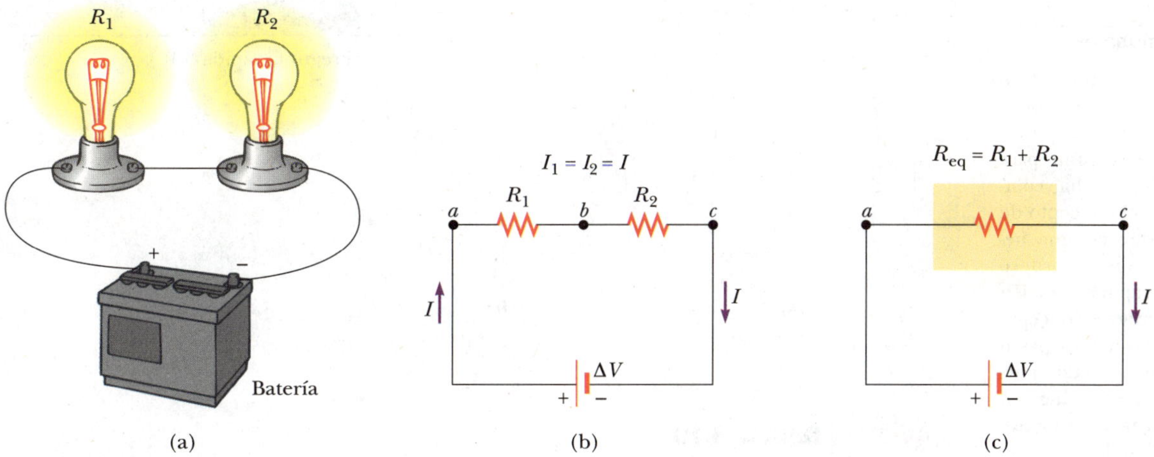

Figura 3.14

(a) Conexión en serie de dos focos con resistencias R_1 y R_2. (b) Esquema para el circuito de dos resistencias. La corriente en R_1 es la misma que en R_2. (c) Las resistencias se han remplazado por una sola resistencia cuyo valor es $R_{eq} = R_1 + R_2$.

La resistencia equivalente tiene el mismo efecto en el circuito, ya que da lugar a la misma corriente en la batería que la combinación de dos resistencias. Combinando estas ecuaciones, vemos que podemos remplazar las dos resistencias en serie por una única resistencia equivalente cuyo valor es la *suma* de las resistencias individuales:

$$\Delta V = IR_{eq} = I(R_1 + R_2) \longrightarrow R_{eq} = R_1 + R_2 \qquad [3.26]$$

La resistencia equivalente de tres o más resistencias conectadas en serie es sencillamente

$$R_{eq} = R_1 + R_2 + R_3 \cdots \qquad [3.27]$$

• *Resistencia equivalente de una serie de resistencias conectadas en serie*

Por tanto, **la resistencia equivalente de una conexión en serie de resistencias es la suma algebraica de las resistencias individuales y siempre es mayor que cualquiera de dichas resistencias.**

Si volvemos a fijarnos en la ecuación 3.25, comprobamos que el denominador es la suma algebraica de las resistencias externa e interna. Esto es coherente con el hecho de que dichas resistencias están conectadas en serie, como se ve en el circuito de la figura 3.13a.

Observe que, si el filamento de un foco de la figura 3.14 fallara, el circuito ya no estaría completo (se produciría un circuito abierto) y el segundo foco tampoco funcionaría.

¡ADVERTENCIA! 3.11

Los focos no se queman

Describiremos el final de la vida de un foco diciendo que el filamento ha fallado, en lugar de decir que el foco "se ha quemado". La palabra quemado sugiere un proceso de combustión, que no es lo que ocurre en un foco.

Pregunta rápida 3.9

Si se usa un hilo para conectar los puntos *b* y *c* de la figura 3.14b, ¿el brillo del foco con resistencia R_1 aumenta, disminuye o permanece igual? ¿Qué ocurre con el brillo del foco con resistencia R_2?

¡ADVERTENCIA! 3.12

Cambios locales y globales

La pregunta rápida 3.10, así como algunas otras preguntas rápidas que seguirán, le servirán para comprobar si ha comprendido el concepto de combinación de resistencias que hemos presentado. La respuesta apropiada a estas preguntas rápidas también depende de un importante concepto que a menudo los estudiantes pasan por alto: **un cambio local en una parte de un circuito puede dar lugar a un cambio global en todo el circuito**. Por ejemplo, si se cambia una sola resistencia, la corriente en la batería, las corrientes en todas las resistencias, el voltaje entre las terminales de la batería y las diferencias de potencial en las resistencias pueden variar como resultado de ello. En general, por tanto, no suponga que las corrientes o las diferencias de potencial que haya determinado antes de realizar el cambio permanecerán igual una vez hecha dicha modificación. Probablemente tendrá que analizar de nuevo el circuito utilizando los valores que permanecen constantes: los valores de las resistencias, las fem de las baterías y las resistencias internas de las mismas.

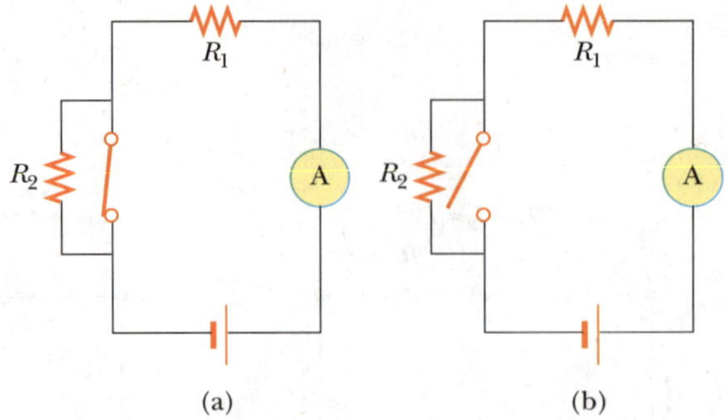

Figura 3.15

(Pregunta rápida 3.10)

Pregunta rápida 3.10

Con el interruptor del circuito de la figura 3.15a cerrado, no circula corriente a través de R_2, dado que la corriente encuentra un camino alternativo de resistencia cero a través del interruptor. Sí existe corriente en R_1 y esta corriente se mide con un amperímetro (un dispositivo de medida de corriente) situado en la parte derecha del circuito. Si el interruptor se abre (véase la figura 3.15b), circulará corriente a través de R_2. ¿Qué ocurrirá con la lectura del amperímetro cuando se abra el interruptor? (a) La lectura es mayor. (b) La lectura es menor. (c) La lectura no varía.

Ahora consideremos dos resistencias conectadas en *paralelo*, como se muestra en la figura 3.16a. En este caso, las diferencias de potencial en las resistencias son iguales, ya que cada resistencia está conectada directamente a las terminales de la batería. Sin embargo, las corrientes no son generalmente iguales. Cuando las cargas alcanzan el punto *a* (denominado *nodo*) en el diagrama de circuito de la figura 3.16b, la corriente se divide en dos partes: I_1 a través de R_1 e I_2 a través de R_2.

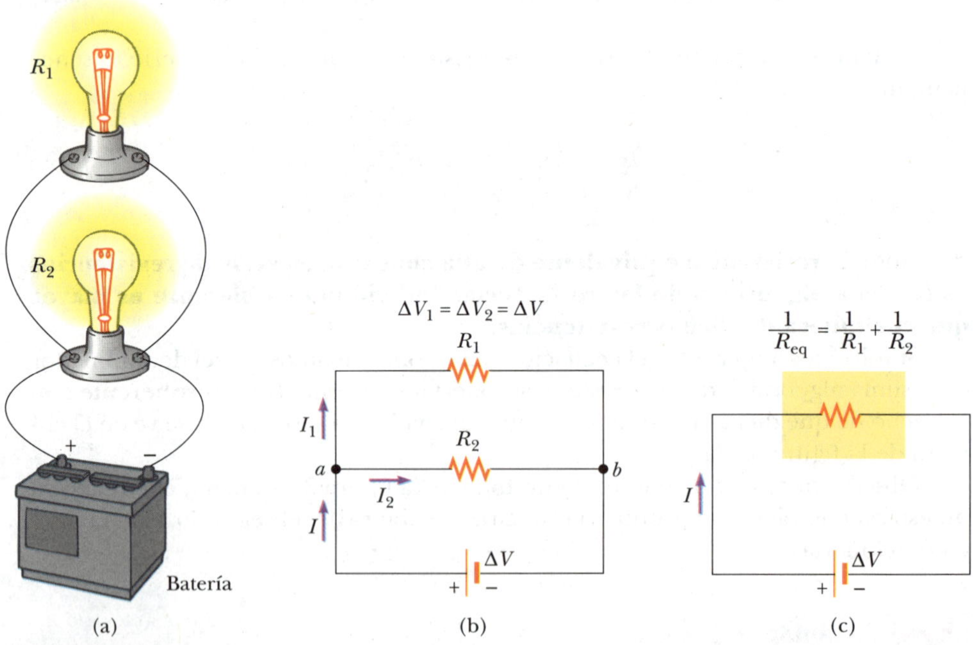

Figura 3.16

(a) Conexión en paralelo de dos focos con resistencias R_1 y R_2. Diagrama para el circuito de dos resistencias. La diferencia de potencial en R_1 es igual que la diferencia de potencial en R_2. (c) Las resistencias se remplazan por una única resistencia que tiene un valor equivalente $R_{eq} = (1/R_1 + 1/R_2)^{-1}$.

Si R_1 es mayor que R_2, entonces I_1 es menor que I_2. Dado que la carga debe conservarse, la corriente I que entra en el punto a debe ser igual a la corriente total que sale del punto a:

$$I = I_1 + I_2$$

Dado que las diferencias de potencial en las resistencias son iguales, $I = \Delta V/R$ nos da

$$I = I_1 + I_2 = \frac{\Delta V}{R_1} + \frac{\Delta V}{R_2} = \Delta V\left(\frac{1}{R_1} + \frac{1}{R_2}\right) = \frac{\Delta V}{R_{eq}}$$

donde R_{eq} es una sola resistencia equivalente que tiene el mismo efecto en el circuito, es decir, da lugar a la misma corriente en la batería (figura 3.16c). A partir de este resultado, vemos que la resistencia equivalente de dos resistencias conectadas en paralelo viene determinada por

$$\frac{1}{R_{eq}} = \frac{1}{R_1} + \frac{1}{R_2} \quad [3.28]$$

Una ampliación de este análisis a tres o más resistencias en paralelo proporciona la siguiente expresión general:

$$\frac{1}{R_{eq}} = \frac{1}{R_1} + \frac{1}{R_2} + \frac{1}{R_3} \cdots \quad [3.29]$$

• *Resistencia equivalente de una serie de resistencias en paralelo*

A partir de esta expresión podemos ver que **el inverso de la resistencia equivalente de dos o más resistencias conectadas en paralelo es la suma algebraica de los inversos de las resistencias individuales, y la resistencia equivalente siempre es menor que la más pequeña de las resistencias del grupo**.

Un circuito complicado con varias resistencias puede a menudo reducirse a un circuito simple formado por sólo una resistencia. Para ello, examine el circuito inicial y remplace cualquier resistencia en serie o cualquier resistencia en paralelo por sus resistencias equivalentes, utilizando las ecuaciones 3.27 y 3.29. Dibuje un esquema del nuevo circuito después de realizar estos cambios. Examine el nuevo circuito y remplace cualquier nueva combinación en serie o en paralelo que haya aparecido ahora. Continúe con este proceso hasta obtener una sola resistencia equivalente para el circuito completo. (Esto puede no ser posible en ciertas circunstancias, en cuyo caso deberá recurrir a las técnicas descritas en la sección 3.8.)

Si hay que calcular la corriente que entra en una resistencia o la diferencia de potencial que cae en ella en un circuito complicado, comience con el circuito final y vuelva gradualmente hacia atrás utilizando los circuitos equivalentes, calculando las corrientes y las diferencias de potencial en las resistencias utilizando la expresión $\Delta V = IR$ y los principios de combinación en serie y en paralelo.

Los circuitos domésticos siempre se cablean de modo que los dispositivos eléctricos se conecten en paralelo, como se muestra en la figura 3.16a. De este modo, cada dispositivo opera de forma independiente de los demás, por lo que, si uno de ellos no está en funcionamiento, los demás pueden estarlo. Por ejemplo, si uno de los focos de la figura 3.16 fuera quitado, el otro continuaría funcionando. También es muy importante que cada dispositivo funcione con el mismo voltaje. Si los dispositivos se conectaran en serie, el voltaje aplicado a la combinación se repartiría entre dichos dispositivos, de modo que el voltaje aplicado a cualquiera de ellos dependería de cuántos dispositivos forman la combinación.

En muchos circuitos domésticos, se utilizan interruptores de seguridad en serie con otros elementos del circuito, con propósitos de seguridad. Un interruptor de seguridad está diseñado para conmutar, abriendo el circuito, cuando se alcanza una corriente límite (típicamente 15 A o 20 A), cuyo valor depende de la naturaleza del circuito. Si no se emplea un interruptor de seguridad, las altas corrientes que se pro-

¡ADVERTENCIA! 3.13

La corriente no toma el camino que ofrece menor resistencia

Puede haber escuchado una frase del tipo "la corriente toma el camino de menor resistencia". Esta frase hace referencia a una combinación en paralelo de caminos de corriente tales que la corriente puede tomar dos o más caminos. Sin embargo, la frase es incorrecta. La corriente toma todos los caminos. Los caminos con menor resistencia tendrán mayores corrientes, pero incluso los caminos de más alta resistencia transportarán parte de la corriente.

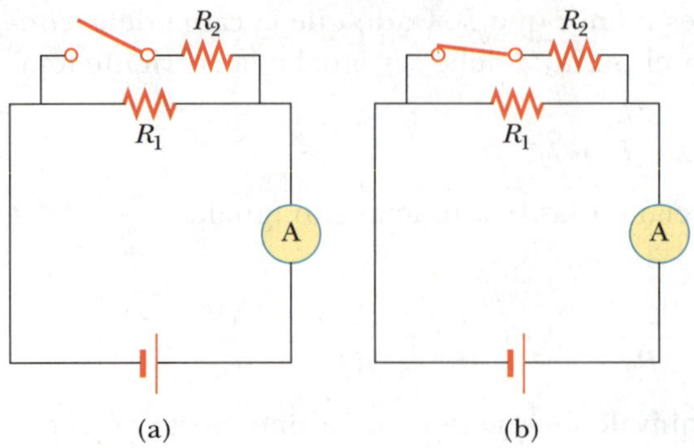

Figura 3.17

(Pregunta rápida 3.11)

ducen cuando se activan muchos dispositivos darían lugar a temperaturas muy altas en los cableados, que quizá pudieran provocar un incendio. En las casas antiguas se utilizaban fusibles en lugar de interruptores de seguridad. Cuando la corriente del circuito excedía un determinado valor, el conductor del fusible se fundía, haciendo que se abriera el circuito. La desventaja de los fusibles es que se destruyen al abrir el circuito, mientras que los interruptores de seguridad pueden reinicializarse.

Pregunta rápida 3.11

Con el interruptor del circuito de la figura 3.17a abierto, no circula corriente en R_2. Sin embargo, sí circula corriente en R_1 y dicha corriente se mide con un amperímetro situado en la parte derecha del circuito. Si el interruptor se cierra (véase la figura 3.17b), habrá flujo de corriente en R_2. ¿Qué ocurre con la lectura del amperímetro cuando se cierra el interruptor? (a) La lectura es superior. (b) La lectura es inferior. (c) La lectura no varía.

Pregunta rápida 3.12

Se dispone de una serie de focos y una batería. Se comienza con un foco conectado a la batería y se observa su brillo. A continuación se añade otro foco y cada nuevo foco que se va añadiendo se conecta en serie con el anterior. A medida que se añaden focos, (a) ¿qué ocurre con el brillo de los focos? (b) ¿Y con la corriente de los focos? (c) ¿Y con la potencia transferida por la batería? (d) ¿Y con el tiempo de vida de la batería? (e) ¿Y con el voltaje entre las terminales de la batería? Responda a estas mismas preguntas si los focos se añaden uno por uno en paralelo con el primero.

PIENSE EN LA FÍSICA 3.4

Compare el brillo de los cuatro focos idénticos mostrados en la figura 3.18. ¿Qué ocurre si el foco A falla, de modo que deja de conducir? ¿Qué ocurre si falla el foco C? ¿Qué ocurre si falla el foco D?

Razonamiento. Los focos A y B están conectados en serie con la fem de la batería y el foco C está conectado en paralelo con dicha fem. Por tanto, la fem se divide entre los focos A y B. Como resultado, el foco C brillará más que los focos A y B, los cuales brillarán del mismo modo. El foco D tiene conectado un cable en paralelo. Por tanto, no hay ninguna diferencia de potencial entre los extremos de D y éste no se encenderá nunca. Si el foco A falla, B tampoco funcionará, pero C permanecerá encendido. Si el foco C falla, no tendrá ningún efecto sobre los focos restantes. Si el foco D falla, el suceso tampoco será detectado, dado que D inicialmente no está encendido.

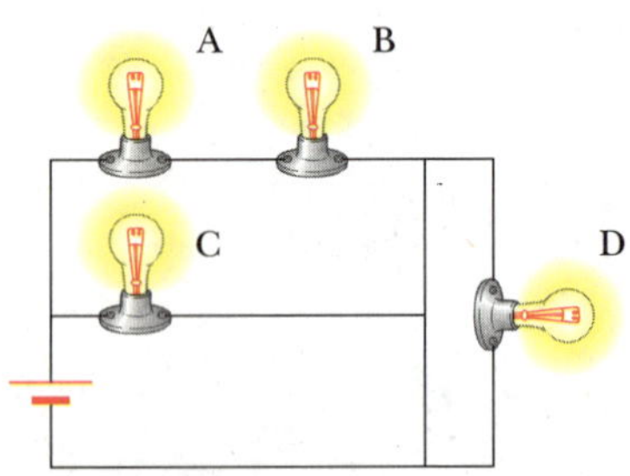

Figura 3.18

(Piense en la física 3.4)

PIENSE EN LA FÍSICA 3.5

La figura 3.19 ilustra cómo se ha fabricado un foco para proporcionar tres niveles de intensidad de luz. El enchufe de la lámpara está equipado con un interruptor de tres posiciones que permite seleccionar diferentes intensidades de luz. El foco tiene dos filamentos. ¿Por qué los filamentos se conectan en paralelo? Explique cómo se utilizan los dos filamentos para proporcionar tres intensidades de luz diferentes.

Razonamiento. Si los filamentos estuvieran conectados en serie y uno de ellos fallara, no circularía corriente por el foco y éste no se iluminaría, independientemente de la posición del interruptor. Sin embargo, cuando los filamentos se conectan en paralelo y uno de ellos (por ejemplo el filamento de 75 W) falla, el foco todavía funciona en una de las posiciones del interruptor, dado que existe corriente en el otro filamento (el de 100 W). Las tres intensidades de luz son posibles seleccionando uno de los tres valores de resistencia de filamento, utilizando un único valor de 120 V para el voltaje aplicado. El filamento de 75 W ofrece un valor de resistencia, el filamento de 100 W ofrece un segundo valor y la tercera resistencia se obtiene combinando los dos filamentos en paralelo. Cuando el interruptor S_1 se cierra y el interruptor S_2 se abre, sólo circula corriente por el filamento de 75 W. Cuando el interruptor S_1 se abre y el interruptor S_2 se cierra, sólo circula corriente por el filamento de 100 W. Cuando ambos interruptores se cierran, ambos filamentos transportan corriente y la iluminación es la que corresponde a una potencia total de 175 W.

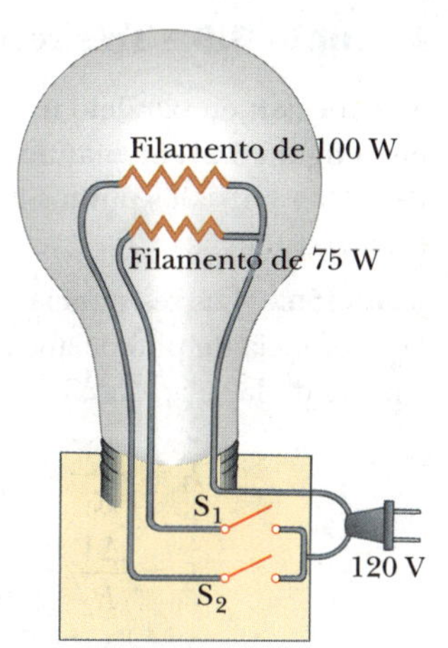

Figura 3.19

(Piense en la física 3.5)

Ejemplo 3.8 Cálculo de la resistencia equivalente

Cuatro resistencias se conectan como se muestra en la figura 3.20a. (a) Calcular la resistencia equivalente entre *a* y *c*.

Solución. El circuito se puede reducir como se muestra en la figura 3.20. Las resistencias de 8.0 Ω y 4.0 Ω están conectadas en serie y, por tanto, la resistencia equivalente entre los puntos *a* y *b* es de 12.0 Ω (ecuación 3.27). Las resistencias de 6.0 Ω y 3.0 Ω están conectadas en paralelo y, a partir de la ecuación 3.29, podemos calcular la resistencia equivalente entre *b* y *c*, la cual es igual a 2.0 Ω. Por tanto, la resistencia equivalente entre *a* y *c* es 14.0 Ω.

(b) ¿Cuál es la corriente en cada resistencia si se mantiene una diferencia de potencial de 42 V entre *a* y *c*?

Solución. La corriente I en las resistencias de 8.0 Ω y 4.0 Ω es la misma, ya que están conectadas en serie. Utilizando la relación $\Delta V = IR$ y el resultado del apartado (a), tenemos

$$I = \frac{\Delta V_{ac}}{R_{\text{eq}}} = \frac{42\text{ V}}{14.0\ \Omega} = 3.0\text{ A}$$

Cuando esta corriente entra en el nodo *b*, se divide. Parte de ella (I_1) pasa a través de la resistencia de 6.0 Ω y otra parte (I_2) pasa a través de la resistencia de 3.0 Ω. Dado que las diferencias de potencial ΔV_{bc} en estas resistencias son iguales (están en paralelo), vemos que $6.0I_1 = 3.0I_2$ es decir $I_2 = 2.0I_1$ Utilizando este resultado y el hecho de que $I_1 + I_2 = 3.0$ A, obtenemos que $I_1 =$ 1.0 A y $I_2 =$ 2.0 A. Podríamos haber deducido esto observando que la corriente en la resistencia de 3.0 Ω tiene que ser dos veces la corriente en la resistencia de 6.0 Ω, en vista de sus resistencias relativas y del hecho de que tienen aplicada la misma tensión.

Como última comprobación, observe que $\Delta V_{bc} = 6.0I_1 = 3.0I_2 = 6.0$ V y $\Delta V_{ab} = 12I = 36$ V; por tanto, $\Delta V_{ac} = \Delta V_{ab} + \Delta V_{bc} = 42$ V, que es lo que debe ser.

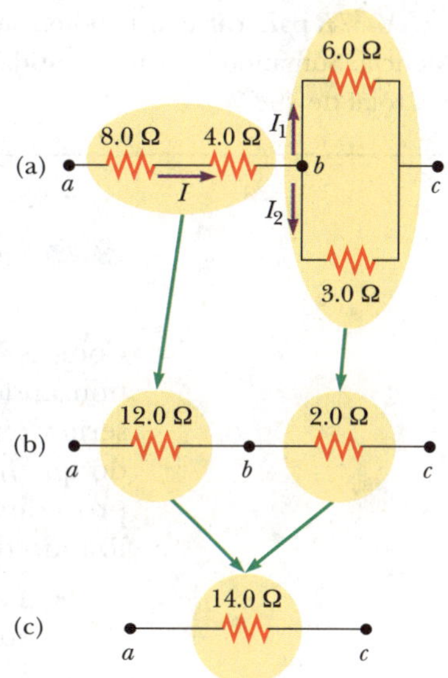

Figura 3.20

(Ejemplo 3.8) Las cuatro resistencias mostradas en la figura (a) se pueden reducir a una resistencia equivalente de valor 14.0 Ω como se muestra en la figura (c).

Ejemplo 3.9 Tres resistencias en paralelo

Se conectan en paralelo tres resistencias como se muestra en la figura 3.21. Se mantiene una diferencia de potencial de 18.0 V entre los puntos *a* y *b*. (a) Calcular la corriente en cada resistencia.

Solución. Las resistencias están conectadas en paralelo y la diferencia de potencial en cada una de ellas es de 18.0 V Aplicando la relación $\Delta V = IR$ a cada resistencia, se obtiene

$$I_1 = \frac{\Delta V}{R_1} = \frac{18.0\ \text{V}}{3.00\ \Omega} = 6.00\ \text{A}$$

$$I_2 = \frac{\Delta V}{R_2} = \frac{18.0\ \text{V}}{6.00\ \Omega} = 3.00\ \text{A}$$

$$I_3 = \frac{\Delta V}{R_3} = \frac{18.0\ \text{V}}{9.00\ \Omega} = 2.00\ \text{A}$$

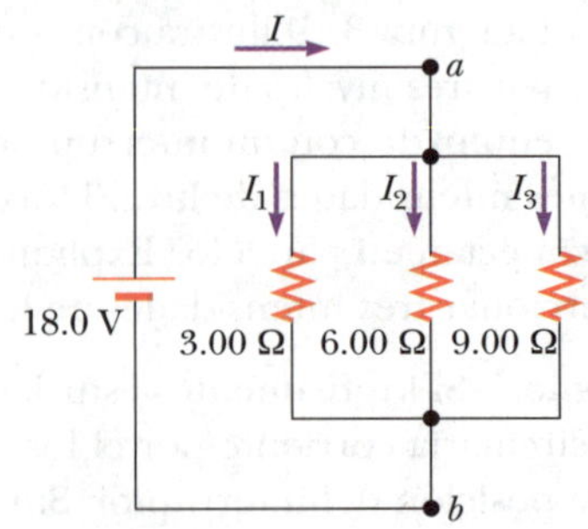

Figura 3.21

(Ejemplo 3.9) Tres resistencias conectadas en paralelo. El voltaje en cada una de ellas es de 18.0 V.

(b) Calcular la potencia suministrada a cada resistencia y la potencia total suministrada a las tres resistencias.

Solución. Aplicando la relación $\mathcal{P} = I^2R$ a cada resistencia se obtiene

$$3.00\ \Omega:\quad \mathcal{P}_1 = I_1^2R_1 = (6.00\ \text{A})^2(3.00\ \Omega) = 108\ \text{W}$$

$$6.00\ \Omega:\quad \mathcal{P}_2 = I_2^2R_2 = (3.00\ \text{A})^2(6.00\ \Omega) = 54.0\ \text{W}$$

$$9.00\ \Omega:\quad \mathcal{P}_3 = I_3^2R_3 = (2.00\ \text{A})^2(9.00\ \Omega) = 36.0\ \text{W}$$

Esto demuestra que la resistencia más pequeña disipa la máxima potencia. Observe que también puede utilizar la relación $\mathcal{P} = (\Delta V)^2/R$ para calcular la potencia suministrada a cada resistencia. Sumando estas tres cantidades, se obtiene una potencia total de 198 W.

(c) Calcular la resistencia equivalente de la combinación de las tres resistencias.

Solución. Podemos utilizar la ecuación 3.29 para calcular R_{eq}:

$$\frac{1}{R_{\text{eq}}} = \frac{1}{3.00\ \Omega} + \frac{1}{6.00\ \Omega} + \frac{1}{9.00\ \Omega}$$

$$R_{\text{eq}} = \frac{18.0\ \Omega}{11.0} = 1.64\ \Omega$$

EJERCICIO. Utilice R_{eq} para calcular la potencia total suministrada al circuito.

Respuesta: 198 W

3.8 • REGLAS DE KIRCHHOFF Y CIRCUITOS SIMPLES DE CORRIENTE CONTINUA

Como se estudió en la sección anterior, los circuitos sencillos se pueden analizar utilizando la relación $\Delta V = IR$ y las reglas para la combinación de resistencias en serie y en paralelo. Sin embargo, las resistencias pueden estar conectadas de modo que los circuitos no puedan reducirse a una única resistencia equivalente. El procedimiento para analizar estos circuitos puede simplificarse enormemente utilizando dos sencillas reglas, denominadas **reglas de Kirchhoff**.

- La suma de las corrientes entrantes en cualquier nodo debe ser igual a la suma de las corrientes que salen de dicho punto. Esta regla se denomina a menudo **regla de Kirchhoff para los nodos**.
- La suma de las diferencias de potencial entre los extremos de cada elemento a lo largo de cualquier malla cerrada del circuito debe ser igual a cero. Usualmente, esta regla se denomina **regla de Kirchhoff para las mallas**.

Generalmente, las reglas de Kirchhoff se utilizan para determinar la corriente en cada elemento del circuito. Empleando estas reglas, primero dibujaremos el esquema del circuito y estableceremos una dirección para la corriente en cada dispositivo del circuito. Dibujaremos una flecha que represente dicha dirección junto al dispositivo y asignaremos un símbolo a cada corriente independiente, como por ejemplo, I_1, I_2, etc. Tenga en cuenta que las corrientes de los dispositivos conectados en serie son iguales, de modo que las corrientes de estos dispositivos tendrán asignado el mismo símbolo.

La regla de Kirchhoff para los nodos es una regla de **conservación de la carga**. Cuando la corriente entra en un determinado punto de un circuito, debe salir de dicho punto, ya que la carga no puede crearse ni desaparecer en dicho punto. Si aplicamos esta regla a la unión en la figura 3.22a, tenemos

$$I_1 = I_2 + I_3$$

La figura 3.22b representa una analogía hidráulica de esta situación, en la que el agua fluye a través de una tubería que se divide en dos ramas, no existiendo pérdidas en el circuito. El flujo entrante en la tubería es igual al flujo total que sale por las dos ramas.

La segunda regla es equivalente a la ley de **conservación de la energía**. Suponga que una carga se mueve alrededor de una malla cerrada en un circuito (la carga empieza y termina su recorrido en el mismo punto). En este caso, el circuito debe obtener tanta energía como entrega. Aplicando el modelo de sistema aislado al sistema constituido por el circuito, ninguna energía se transfiere a través de los límites del sistema, sino que las transformaciones de energía se producen dentro del propio sistema (ignorando la transferencia de energía por radiación y la transferencia de energía hacia el aire en forma de calor procedente de los elementos calientes del circuito). La energía del circuito puede disminuir debido a una caída de potencial $-IR$ cuando una carga se mueve a través de una resistencia, o como resultado de hacer que una carga se mueva en dirección inversa a través de una fuente de alimentación. En este último caso, la energía potencial eléctrica se convierte en energía química a medida que la batería se carga. La energía aumenta cuando la carga se mueve a través de una batería en la misma dirección que la fem.

Otro sistema para comprender la regla de Kirchhoff para las mallas consiste en recordar la definición de fuerza conservativa vista en el capítulo 7 del volumen I. Una de las características matemáticas de una fuerza conservativa es que el trabajo realizado por dicha fuerza cuando un elemento del sistema se mueve alrededor de un camino cerrado es igual a cero. Una malla en un circuito es un camino cerrado. Si imaginamos que una carga se mueve alrededor de una malla, el trabajo total realizado por la fuerza eléctrica conservativa debe ser igual a cero. El trabajo total es la suma de los trabajos positivos y negativos a medida que la carga atraviesa varios elementos del circuito. Dado que el trabajo está relacionado con las variaciones de la energía potencial y puesto que las variaciones de energía potencial están relacionadas con las diferencias de potencial (ecuación 2.3), el hecho de que la suma de todos los trabajos sea igual a cero es equivalente a decir que la suma de todas las diferencias de potencial es igual a cero, que es la regla de Kirchhoff para las mallas.

Para aplicar la regla de las mallas se utiliza el siguiente convenio de signos. Ya hemos dibujado las flechas para las corrientes sobre nuestro diagrama y hemos asignado nombres a las corrientes para aplicar la regla de los nodos. Para establecer el convenio de signos, seleccionamos una dirección de desplazamiento alrededor de cada malla, que imaginaremos que transporta una carga positiva, en

Gustav Kirchhoff (1824–1887)

Kirchhoff, profesor en Heidelberg (Alemania) y Robert Bunsen inventaron el espectroscopio y fundaron la ciencia de la espectroscopia, que llevó al descubrimiento de los espectros atómicos, tal como vimos en el capítulo 11 del volumen I. Ambos descubrieron los elementos cesio y rubidio e inventaron el espectroscopio astronómico. Kirchhoff formuló una regla más que establecía que "una sustancia fría absorberá luz de la misma longitud de onda que la que emite cuando está caliente".

(AIP ESVA/W. F. Meggers Collection)

¡ADVERTENCIA! 3.14

Las cargas no pueden recorrer todo el circuito en un corto intervalo de tiempo.

Al principio de la sección 3.5 y en la presente explicación sobre conservación de la energía, hemos imaginado una carga que se mueve recorriendo por completo una malla de conducción. Tenga en cuenta que, en realidad, las cargas no se mueven alrededor del circuito, a menos que se considere un periodo muy largo. Debido al muy bajo valor de la velocidad de arrastre, puede llevar horas que un electrón haga un viaje completo alrededor del circuito. Sin embargo, en términos de transferencia de energía en el circuito, resulta útil imaginar que la carga se mueve alrededor del circuito completo.

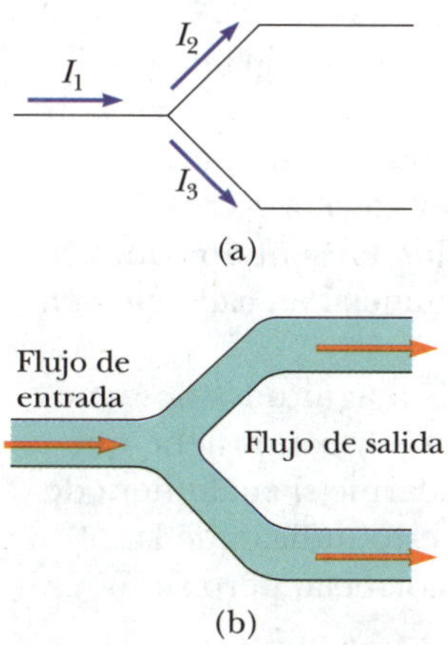

Figura 3.22

(a) Diagrama esquemático que ilustra la regla de Kirchhoff para los nodos. La conservación de la carga requiere que toda la corriente que entre en un nodo salga del mismo. Por tanto, en este caso, $I_1 = I_2 + I_3$. (b) Analogía mecánica de la regla de Kirchhoff para los nodos: la cantidad de agua que sale por las ramas de la derecha debe ser igual a la cantidad de agua que entra a través de la única rama situada a la izquierda.

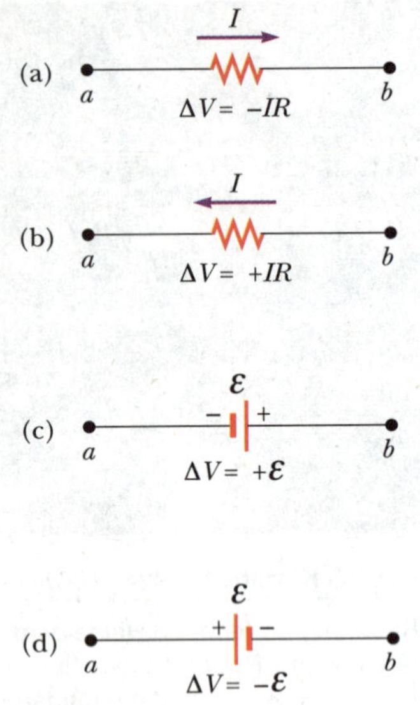

Figura 3.23

Reglas para determinar las diferencias de potencial en una resistencia y en una batería (se supone que la batería no tiene resistencia interna). Cada elemento del circuito se atraviesa desde el punto *a* hasta el punto *b*.

el sentido de las agujas del reloj o en sentido contrario. Por tanto, para todo dispositivo del circuito, es necesario considerar dos direcciones: una para la corriente seleccionada y otra para la dirección de movimiento a través del dispositivo. En la figura 3.23 se resumen los convenios de signos basados en estas dos direcciones para las diferencias de potencial en las resistencias y baterías, habiéndose supuesto que el desplazamiento se produce desde el punto *a* hasta el punto *b:*

- Si una resistencia se atraviesa en la dirección de la corriente, la diferencia de potencial en la resistencia es $-IR$ (figura 3.23a).
- Si una resistencia se atraviesa en la dirección *opuesta* a la corriente, la diferencia de potencial en la resistencia es $+IR$ (figura 3.23b).
- Si una fuente de fem se atraviesa en la dirección de la fem (de la terminal − a la terminal +), la diferencia de potencial es $+\mathcal{E}$ (figura 3.23c).
- Si una fuente de fem se atraviesa en la dirección opuesta a la fem (de la terminal + a la terminal −) la diferencia de potencial es $-\mathcal{E}$ (figura 3.23d).

El uso de la regla de los nodos y de la regla de las mallas tiene sus limitaciones. Puede utilizar la regla de los nodos tan frecuentemente como sea necesario, con la condición de que, cada vez que escriba una ecuación, incluya en ella una corriente que no haya sido utilizada en ninguna ecuación anterior de nodo. En general, el número de veces que se puede utilizar la regla de los nodos es igual al número de nodos existentes en el circuito, menos uno. La regla de las mallas se puede utilizar tan a menudo como sea necesario, siempre que en cada nueva ecuación aparezca un nuevo elemento del circuito (una resistencia o una batería) o una nueva corriente. En general, **el número de ecuaciones independientes debe ser igual al número de corrientes desconocidas para poder resolver un circuito en particular**.

Los siguientes ejemplos ilustran el uso de las reglas de Kirchhoff en el análisis de circuitos. En todos los casos, se ha supuesto que los circuitos han alcanzado el estado estacionario, es decir, las corrientes en los distintos elementos del circuito son constantes. Si se incluye un condensador en una de las ramas del circuito, **éste actúa como un circuito abierto: la corriente en la rama que contiene el condensador es igual a cero en condiciones de estado estacionario**.

ESTRATEGIA PARA LA RESOLUCIÓN DE PROBLEMAS — Reglas de Kirchhoff

1. Dibujar el diagrama del circuito y asignar etiquetas a todas las magnitudes conocidas y símbolos a todas las magnitudes desconocidas. Debe asignar *direcciones* a las corrientes en cada parte del circuito. Aunque la asignación de direcciones de corriente es arbitraria, debe adherirse *rigurosamente* a las direcciones que haya asignado cuando luego aplique las reglas de Kirchhoff.
2. Aplicar la regla de los nodos (la primera regla de Kirchhoff) a todos los nodos del circuito excepto a uno.
3. A continuación, aplicar la regla de las mallas (la segunda regla de Kirchhoff) a tantas mallas existentes en el circuito como sea necesario para obtener, en combinación con el paso 2, tantas ecuaciones como incógnitas. Para aplicar esta regla, debe elegir una dirección en la cual recorrer la malla (bien en el sentido de las agujas del reloj, bien en sentido contrario) e identificar correctamente la variación de potencial en cada elemento del circuito. ¡Atención a los signos!
4. Resuelva el sistema de ecuaciones para obtener las magnitudes desconocidas. Tenga cuidado con las operaciones algebraicas y compruebe que las respuestas numéricas son congruentes. No se alarme si cualquiera de las corrientes resultantes tiene un valor negativo: esto indica que la dirección seleccionada para dicha corriente es incorrecta, pero su *magnitud es correcta.*

Ejemplo 3.10 Aplicación de las reglas de Kirchhoff

(a) Calcular las corrientes I_1, I_2 e I_3 en el circuito mostrado en la figura 3.24.

Razonamiento. Seleccionamos las direcciones de las corrientes como se indica en la figura 3.24. Aplicando la primera regla de Kirchhoff al nodo *c* tenemos

$$I_1 + I_2 = I_3 \quad (1)$$

El circuito tiene tres mallas: *abcda*, *befcb* y *aefda* (la malla exterior). Sólo es necesario establecer dos ecuaciones de malla para determinar las corrientes desconocidas. La ecuación de la tercera malla no proporcionaría ninguna información nueva. Aplicando la segunda regla de Kirchhoff a las mallas *abcda* y *befcb* y recorriendo dichas mallas en el sentido de las agujas del reloj, obtenemos las expresiones

Malla *abcda*: $10.0\text{ V} - (6.0\ \Omega)I_1 - (2.0\ \Omega)I_3 = 0 \quad (2)$

Malla *befcb*: $-14.0\text{ V} - 10.0\text{ V} + (6.0\ \Omega)I_1 - (4.0\ \Omega)I_2 = 0 \quad (3)$

Observe que en la malla *befcb* se obtiene un signo positivo cuando se atraviesa la resistencia de 6.0 Ω, dado que la dirección del recorrido es opuesta a la dirección de I_1. La ecuación para la tercera malla *aefda* nos da $-14.0\text{ V} - (2.0\ \Omega)I_3 - (4.0\ \Omega)I_2 = 0$, que es exactamente la suma de las expresiones (2) y (3).

Solución. Las expresiones (1), (2) y (3) representan tres ecuaciones independientes con tres incógnitas. Podemos resolver el problema del siguiente modo: Sustituimos (1) en (2), y se eliminan, por simplicidad, las unidades, obtenemos

$$10.0 - 6.0I_1 - 2.0(I_1 + I_2) = 0$$

$$10.0 = 8.0I_1 + 2.0I_2 \quad (4)$$

Dividiendo cada término de la ecuación (3) entre 2 y reordenando la ecuación, se obtiene

$$-12.0 = -3.0I_1 + 2.0I_2 \quad (5)$$

Restando la expresión (5) de (4) se elimina I_2, obteniendo

$$22.0 = 11.0I_1$$

$$I_1 = 2.0\text{ A}$$

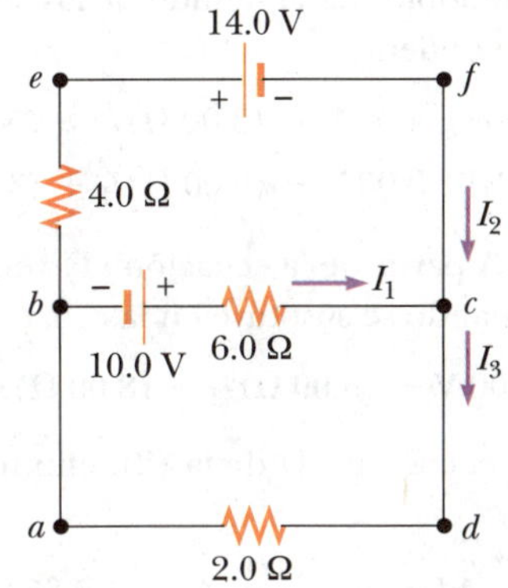

Figura 3.24

(Ejemplo 3.10). Circuito que va a ser analizado aplicando las reglas de Kirchhoff.

Utilizando este valor de I_1 en la ecuación (5) se obtiene el valor para I_2:

$$2.0I_2 = 3.0I_1 - 12.0 = 3.0(2.0) - 12.0 = -6.0$$

$$I_2 = -3.0\text{ A}$$

Por último, $I_3 = I_1 + I_2 = -1.0$ A. Por tanto, las corrientes tienen los valores siguientes:

$$I_1 = \boxed{2.0\text{ A}} \qquad I_2 = \boxed{-3.0\text{ A}} \qquad I_3 = \boxed{-1.0\text{ A}}$$

El hecho de que I_2 e I_3 sean negativas únicamente indica que hemos elegido direcciones erróneas para dichas corrientes. Sin embargo, los valores numéricos son correctos.

(b) Calcular la diferencia de potencial entre los puntos *b* y *c*.

Solución. Recorriendo el camino desde *b* hasta *c* siguiendo la rama central, tenemos

$$V_c - V_b = +10.0\text{ V} - (6.0\ \Omega)I_1$$
$$= +10.0\text{ V} - (6.0\ \Omega)(2.0\text{ A}) = \boxed{-2.0\text{ V}}$$

EJERCICIO. Calcular la diferencia de potencial entre los puntos *b* y *c* siguiendo un camino que pase por *a* y *d*.

Respuesta: $V_c - V_b = -2.0$ V

Ejemplo 3.11 Circuito con múltiples mallas

En condiciones de estado estacionario, calcular las corrientes desconocidas en el circuito con múltiples mallas mostrado en la figura 3.25.

Razonamiento. En primer lugar, observe que el condensador representa un circuito abierto y, por tanto, no fluye corriente a lo largo del camino *ghab* en condiciones de estado estacionario. Por tanto, $I_{fg} = I_{gb} = I_{bc} \equiv I_1$. Etiquetaremos las corrientes como se indica en la figura 3.25 y aplicaremos la primera regla de Kirchhoff al nodo *c*, con lo que tenemos

$$I_1 + I_2 = I_3 \quad (1)$$

La segunda regla de Kirchhoff se aplica a los bucles *defcd* y *cfgbc*, recorriéndolos en el sentido de las agujas del reloj, de modo que se obtiene

$$\text{Malla } defcd: \quad 4.00\text{ V} - (3.00\ \Omega)I_2 - (5.00\ \Omega)I_3 = 0 \qquad \textbf{(2)}$$

$$\text{Malla } cfgbc: \quad 8.00\text{ V} - (5.00\ \Omega)I_1 + (3.00\ \Omega)I_2 = 0 \qquad \textbf{(3)}$$

Solución. A partir de la ecuación (1) vemos que $I_1 = I_3 - I_2$, lo que, cuando se sustituye en la ecuación (3) da

$$8.00\text{ V} - (5.00\ \Omega)I_3 + (8.00\ \Omega)I_2 = 0 \qquad \textbf{(4)}$$

Restando la ecuación (4) de la (2), eliminamos I_3 y obtenemos

$$I_2 = -\frac{4.00}{11.00}\text{ A} = -0.364\text{ A}$$

Dado que I_2 es negativa, concluimos que I_2 circula desde *c* a *f* a través de la resistencia de 3.00 Ω. Utilizando este valor de I_2 en las expresiones (3) y (1) se obtienen los siguientes valores para I_1 e I_3:

$$I_1 = 1.38\text{ A} \qquad I_3 = 1.02\text{ A}$$

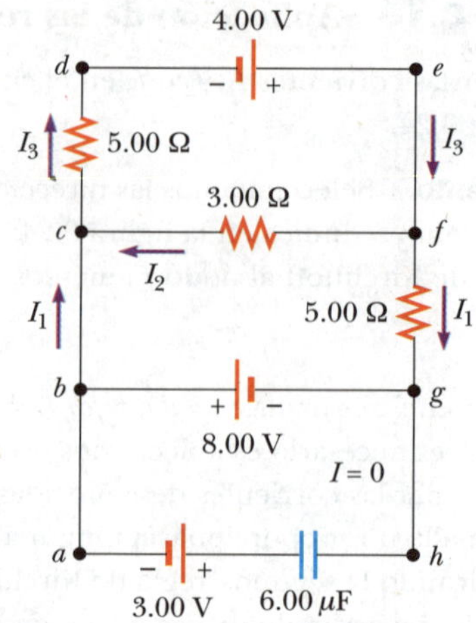

Figura 3.25

(Ejemplo 3.11) Circuito con múltiples mallas.

3.9 • CIRCUITOS *RC*

Hasta el momento, hemos visto circuitos con corrientes constantes, los denominados *circuitos en estado estacionario.* Ahora vamos a considerar circuitos que contienen condensadores, en los que las corrientes pueden variar con el tiempo.

Carga de un condensador

Considere el circuito serie mostrado en la figura 3.26. Supongamos que el condensador está inicialmente descargado. No existe ninguna corriente cuando el interruptor S está abierto (véase la figura 3.26b). Si el interruptor se cierra en $t = 0$, la carga comienza a fluir estableciendo una corriente en el circuito* y el condensador comienza a cargarse (véase la figura 3.26c). Observe que, durante el proceso de carga, las cargas no se mueven entre las placas del condensador, ya que la separación entre las mismas representa un circuito abierto. En su lugar, debido al campo eléctrico que crea la batería en los cables, los electrones se mueven hacia la placa superior desde los cables y salen de la placa inferior a través de los cables, hasta que el condensador queda completamente cargado. El valor de la carga máxima depende de la fem de la batería. Una vez que la carga máxima se alcanza, la corriente en el circuito es cero.

Para dar a esta explicación una base cuantitativa, aplicaremos la segunda regla de Kirchhoff al circuito después de que se haya cerrado el interruptor. En nuestro convenio de signos, no hemos establecido un convenio para la diferencia de potencial en un condensador. Sin embargo, a partir del estudio de los condensadores llevado a cabo en el capítulo 2, debería estar claro que transportar una carga positiva desde la terminal negativa (−) a la terminal positiva (+) debería representar un aumento de la energía potencial del circuito, una diferencia de potencial positiva. Recorrer el condensador en la dirección opuesta daría lugar a una disminución de la energía potencial, una diferencia de potencial negativa.

* Por "corriente en el circuito" queremos decir corriente en todas las partes del circuito *excepto* en la región comprendida entre las placas del condensador.

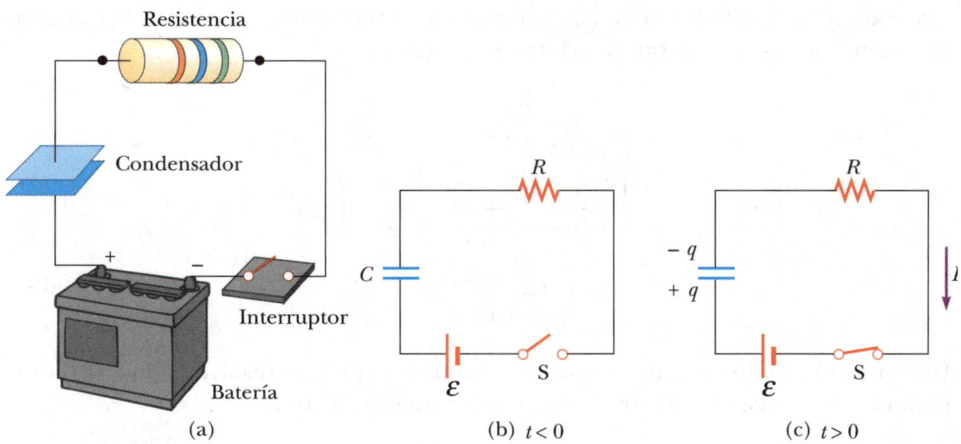

Figura 3.26

(a) Condensador en serie con una resistencia, un interruptor y una batería. (b) Diagrama de circuito que representa el sistema para $t < 0$, antes de cerrar el interruptor. (c) Diagrama de circuito para $t > 0$, después de haber cerrado el interruptor.

Seleccionando el sentido de las agujas de reloj como dirección en la que se recorrerá el circuito de la figura 3.26 y aplicando el convenio de signos para los condensadores que acabamos de comentar, tenemos

$$\mathcal{E} - \frac{q}{C} - IR = 0 \qquad \textbf{[3.30]}$$

donde $-q/C$ es la diferencia de potencial en el condensador y $-IR$ es la diferencia de potencial en la resistencia, lo que es consistente con la dirección del recorrido. Observe que q y I son los valores *instantáneos* de la carga y de la corriente, respectivamente, mientras el condensador se está cargando.

Podemos utilizar la ecuación 3.30 para calcular la corriente inicial del circuito y la carga máxima en el condensador. En $t = 0$, cuando el interruptor se cierra, la carga en el condensador es igual a cero y a partir de la ecuación 3.30 podemos ver que la corriente inicial del circuito I_0 es máxima e igual a:

$$I_0 = \frac{\mathcal{E}}{R} \qquad \textbf{[3.31]}$$

En dicho instante, **la diferencia de potencial cae totalmente en la resistencia**. Más tarde, cuando el condensador se carga hasta su valor máximo Q, la carga deja de fluir y la corriente en el circuito es cero, y **la diferencia de potencial cae totalmente en el condensador**. Sustituyendo $I = 0$ en la ecuación 3.30, se obtiene la siguiente expresión para Q:

$$Q = C\mathcal{E} \qquad \text{(carga máxima)} \qquad \textbf{[3.32]}$$

Para determinar expresiones analíticas que nos proporcionen la dependencia de la carga y la corriente respecto al tiempo, debemos resolver la ecuación 3.30. Para ello, sustituimos $I = dq/dt$ y reordenamos la ecuación:

$$\frac{dq}{dt} = \frac{\mathcal{E}}{R} - \frac{q}{RC}$$

Ésta es una ecuación diferencial cuya solución da la carga del condensador en función del tiempo. Se puede obtener una expresión para q de la siguiente forma: reordenamos la ecuación colocando los términos que contienen q en el lado izquierdo y aquellos que contienen el término t en el lado derecho; a continuación, integramos ambos lados de la ecuación desde el momento en el que el conmutador se cierra hasta un instante arbitrario posterior:

$$\frac{dq}{(q - C\mathcal{E})} = -\frac{1}{RC}\,dt$$

$$\int_0^q \frac{dq}{(q - C\mathcal{E})} = -\frac{1}{RC}\int_0^t dt$$

$$\ln\left(\frac{q - C\mathcal{E}}{-C\mathcal{E}}\right) = -\frac{t}{RC}$$

Utilizando la definición del logaritmo natural, podemos resolver esta expresión para obtener la carga del condensador en función del tiempo:

• *Carga en función del tiempo para un condensador que se está cargando*

$$q(t) = C\mathcal{E}[1 - e^{-t/RC}] = Q[1 - e^{-t/RC}] \qquad [3.33]$$

donde e es la base del logaritmo natural (*no* la carga del electrón) y $Q = C\mathcal{E}$ es la carga máxima del condensador.

Puede obtenerse una expresión para la corriente diferenciando la ecuación 3.33 respecto del tiempo. Utilizando $I = dq/dt$, obtenemos

• *Corriente en función del tiempo para un condensador que se está cargando*

$$I(t) = \frac{\mathcal{E}}{R}\,e^{-t/RC} \qquad [3.34]$$

donde $\mathcal{E}/R$ es la corriente inicial del circuito.

En la figura 3.27 se muestran las gráficas de la carga y la corriente en función del tiempo. Observe que la carga es cero en $t = 0$ y se aproxima al valor máximo $C\mathcal{E}$ a medida que $t \rightarrow \infty$ (figura 3.27a). Además, la corriente tiene su valor máximo $I_0 = \mathcal{E}/R$ en $t = 0$ y cae exponencialmente a cero a medida que $t \rightarrow \infty$ (figura 3.27b). La magnitud RC que aparece en el exponente de las ecuaciones 3.33 y 3.34 se denomina **constante de tiempo** τ del circuito y representa el intervalo del tiempo que tarda la corriente en disminuir hasta $1/e$ de su valor inicial. Es decir,

WEB

Para ver un applet de java que muestra el comportamiento de un circuito *RC* , visite el sitio **www.phy.ntnu.edu.tw/java/rc/rc.html**

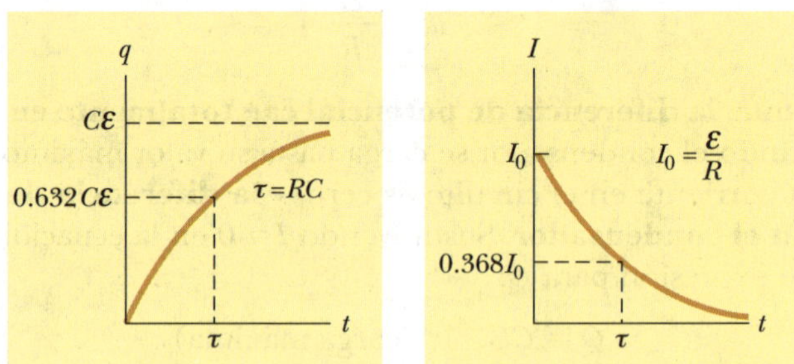

(a) (b)

Figura 3.27

(a) Gráfica de la carga de un condensador en función del tiempo para el circuito mostrado en la figura 3.26. Después de un intervalo de tiempo igual a una constante de tiempo τ, la carga es igual al 63.2% del valor máximo $C\mathcal{E}$. La carga se aproxima a su valor máximo a medida que t tiende a infinito. (b) Diagrama de la corriente en función del tiempo para el circuito RC mostrado en la figura 3.26. La corriente alcanza su valor máximo $I_0 = \mathcal{E}/R$ en $t = 0$ y cae a cero exponencialmente a medida que t se aproxima a infinito. Después de un intervalo de tiempo igual a una constante de tiempo τ, la corriente es igual al 36.8% de su valor inicial.

al final del intervalo de tiempo τ, $I = e^{-1}I_0 = 0.368I_0$; después de un intervalo de tiempo 2τ, $I = e^{-2}I_0 = 0.135I_0$, y así sucesivamente. Del mismo modo, en el intervalo de tiempo τ la carga aumenta desde cero hasta $C\mathcal{E}[1 - e^{-1}] = 0.632C\mathcal{E}$.

La disminución de energía de la batería durante el proceso de carga es el producto de la carga total por la fem, $Q\mathcal{E} = C\mathcal{E}^2$. Una vez que el condensador está completamente cargado, la energía almacenada en él es $\frac{1}{2}Q\mathcal{E} = \frac{1}{2}C\mathcal{E}^2$, que es justo la mitad de la disminución de energía de la batería. Dejamos para un problema del final del capítulo demostrar que la mitad restante de la energía suministrada por la batería aparece como energía interna en la resistencia (problema 58).

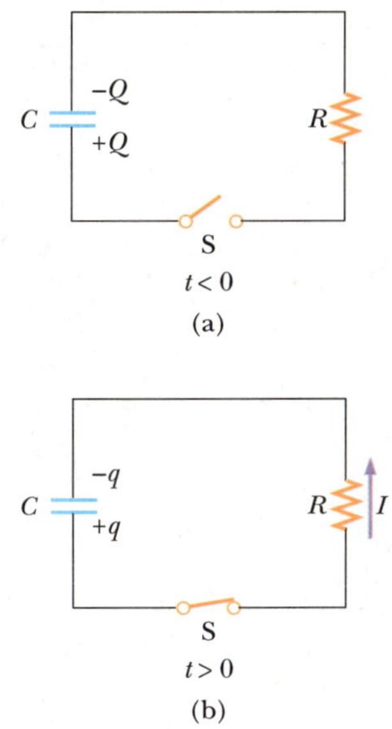

Figura 3.28

(a) Condensador cargado conectado a una resistencia y a un interruptor, que está abierto para $t < 0$. (b) Después de que el interruptor se cierra en $t = 0$, la corriente del circuito y la carga en el condensador disminuyen exponencialmente con el tiempo.

Descarga de un condensador

Ahora considere el circuito de la figura 3.28, que consta de un condensador con una carga inicial Q, una resistencia y un interruptor. Cuando el interruptor está abierto (figura 3.28a), aparece una diferencia de potencial Q/C en el condensador y en la resistencia hay una diferencia de potencial igual a cero, dado que $I = 0$. Si el interruptor se cierra en $t = 0$, el condensador comienza a descargarse a través de la resistencia. Durante el tiempo que dura la descarga, la corriente en el circuito es I y la carga en el condensador es q (figura 3.28b).

El circuito en la figura 3.28 es igual que el circuito de la figura 3.26, excepto por la ausencia de batería. Por tanto, modificamos la expresión de la regla de Kirchhoff de la ecuación 3.30, eliminando el factor correspondiente a la fem:

$$-\frac{q}{C} - IR = 0 \qquad \textbf{[3.35]}$$

Dado que $I = dq/dt$, la ecuación 3.35 puede expresarse del siguiente modo:

$$-R\frac{dq}{dt} = \frac{q}{C}$$

$$\frac{dq}{q} = -\frac{1}{RC}\,dt$$

Integrando esta expresión desde el instante en que se cierra el interruptor, para el cual $q = Q$, hasta un instante posterior arbitrario, se obtiene

$$\int_Q^q \frac{dq}{q} = -\frac{1}{RC}\int_0^t dt$$

$$\ln\left(\frac{q}{Q}\right) = -\frac{t}{RC}$$

• *Carga en función del tiempo para un condensador que se está descargando*

$$q(t) = Qe^{-t/RC} \qquad \textbf{[3.36]}$$

Diferenciando la ecuación 3.36 respecto del tiempo, obtenemos la corriente en función del tiempo:

• *Corriente en función del tiempo para un condensador que se está descargando*

$$I(t) = \frac{dq}{dt} = -I_0e^{-t/RC} \qquad \textbf{[3.37]}$$

donde la corriente inicial es $I_0 = Q/RC$. Así, vemos que tanto la carga del condensador como la corriente disminuyen exponencialmente a un ritmo caracterizado por la constante de tiempo $\tau = RC$. El signo negativo de la ecuación 3.37 indica la dirección de la corriente, que es opuesta a la del proceso de carga.

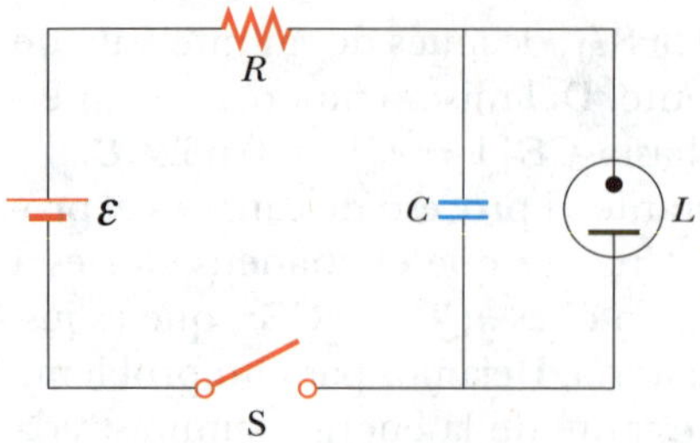

Figura 3.29

(Piense en la física 3.6). Circuito *RC* en una lámpara intermitente usada para señalizar una zona de obras en una autopista. Cuando el interruptor se cierra, la carga en el condensador aumenta, hasta que la diferencia de potencial cae en el condensador (y en la lámpara de descarga) es lo suficientemente alta como para que la lámpara se ilumine, descargando el condensador.

PIENSE EN LA FÍSICA 3.6

En muchas zonas de obra en las carreteras, se dispone de lámparas amarillas intermitentes para advertir a los automovilistas del posible peligro. ¿Qué hace que los focos se enciendan de forma intermitente?

Razonamiento. Un circuito típico para una lámpara intermitente se muestra en la figura 3.29. La lámpara *L* es una lámpara rellena de gas que actúa como un circuito abierto hasta que una diferencia de potencial grande produce una descarga eléctrica en el gas, la cual hace que se emita un brillante pulso luminoso. Durante esta descarga, la carga eléctrica fluye a través del gas entre los electrodos de la lámpara. Después de que el interruptor S se cierra, la batería carga el condensador de capacidad *C*. Al principio, la corriente es alta y la carga en el condensador es baja, por lo que la mayor parte de la diferencia de potencial cae en la resistencia *R*. A medida que el condensador se carga, aparece una mayor diferencia de potencial en él, reflejando el hecho de que existe una menor corriente y, por tanto, una menor diferencia de potencial entre los extremos de la resistencia. En un determinado momento, la diferencia de potencial en el condensador alcanza un valor para el cual la lámpara conducirá, haciendo que ésta se ilumine. De este modo, se descarga el condensador a través de la lámpara y el proceso de carga comienza de nuevo. El periodo de intermitencia puede ajustarse variando la constante de tiempo del circuito *RC*.

PIENSE EN LA FÍSICA 3.7

Muchos automóviles están equipados con limpiaparabrisas que se pueden utilizar de forma intermitente durante una lluvia ligera. ¿Cómo depende el funcionamiento de los limpiaparabrisas de la carga y descarga de un condensador?

Razonamiento. Los limpiaparabrisas son parte de un circuito *RC* cuya constante de tiempo puede variarse seleccionando diferentes valores de *R* mediante un interruptor de múltiples posiciones. El tiempo entre barridos de los limpiaparabrisas se determina mediante el valor de la constante de tiempo del circuito.

Ejemplo 3.12 Carga de un condensador en un circuito *RC*

Un condensador descargado y una resistencia se conectan en serie a una batería, como se muestra en la figura 3.26. Si $\mathcal{E} = 12.0$ V, $C = 5.00\ \mu$F y $R = 8.00 \times 10^5\ \Omega$, calcular la constante de tiempo del circuito, la carga máxima del condensador, la corriente máxima del circuito y la carga y la corriente en función del tiempo.

Solución. Dado que se trata de un sencillo circuito *RC*, la constante de tiempo del circuito es $\tau = RC = (8.00 \times 10^5\ \Omega)(5.00 \times 10^6\ \text{F}) =$ **4.00 s.** La carga máxima en el condensador es $Q = C\mathcal{E} = (5.00 \times 10^{-6}\ \text{F})(12.0\ \text{V}) =$ **60.0 μC.** La corriente máxima en el circuito es $I_0 = \mathcal{E}/R = (12.0\ \text{V})/(8.00 \times 10^5\ \Omega) =$ **15.0 μA.** Utilizando estos valores y las ecuaciones 3.33 y 3.34, obtenemos que

$$q(t) = (60.0\ \mu\text{C})[1 - e^{-t/4.00}]$$

$$I(t) = (15.0\ \mu\text{A})e^{-t/4.00}$$

EJERCICIO. Calcular la carga en el condensador y la corriente en el circuito después de que haya transcurrido una constante de tiempo.

Respuesta: 37.9 μC, 5.52 μA.

Ejemplo 3.13 Descarga de un condensador en un circuito *RC*

Considere un condensador *C* que se está descargando a través de una resistencia *R*, como se muestra en la figura 3.28. (a) ¿Después de cuántas constantes de tiempo será igual la carga del condensador a la cuarta parte de su valor inicial?

Solución. La carga del condensador varía con el tiempo de acuerdo con la ecuación 3.36, $q(t) = Qe^{-t/RC}$. Para calcular el instante en el que la carga q cae a la cuarta parte de su valor inicial, sustituimos $q(t) = Q/4$ en esta expresión y despejamos el valor de t:

$$\tfrac{1}{4}Q = Qe^{-t/RC}$$

$$\tfrac{1}{4} = e^{-t/RC}$$

Tomando el logaritmo natural en ambos lados de la ecuación, obtenemos

$$-\ln 4 = -\frac{t}{RC}$$

$$t = RC\ln 4 = 1.39RC$$

(b) La energía almacenada en el condensador disminuye con el tiempo durante la descarga. ¿Después de cuántas constantes de tiempo será igual la energía almacenada a la cuarta parte de su valor inicial?

Solución. Utilizando las ecuaciones 2.29 y 3.36, podemos expresar la energía almacenada en el condensador en cualquier instante t como

$$U = \frac{q^2}{2C} = \frac{Q^2}{2C}e^{-2t/RC} = U_0 e^{-2t/RC}$$

donde U_0 es la energía inicial almacenada en el condensador. De forma similar a como hemos hecho en el apartado (a), ahora establecemos que $U = U_0/4$ y obtenemos el valor de t:

$$\tfrac{1}{4}U_0 = U_0 e^{-2t/RC}$$

$$\tfrac{1}{4} = e^{-2t/RC}$$

De nuevo, tomando el logaritmo natural en ambos lados de la ecuación y despejando t obtenemos

$$t = \tfrac{1}{2}RC\ln 4 = 0.693RC$$

EJERCICIO. ¿Después de cuántas constantes de tiempo será igual la corriente en el circuito *RC* a la mitad de su valor inicial?

Respuesta: 0.693 *RC*

EJERCICIO. Un condensador de 10.0 μF es cargado mediante una batería de 10.0 V a través de una resistencia *R*. El condensador alcanza una diferencia de potencial de 4.00 V en 3.00 s después de iniciarse la carga. Calcular *R*.

Respuesta: 587 kΩ

Relación con el contexto

3.10 • LA ATMÓSFERA COMO CONDUCTOR

Cuando hemos visto los condensadores con aire entre las placas en el capítulo 2, hemos adoptado un modelo simplificado en el que el aire era un aislante perfecto. Aunque éste es un modelo adecuado para las diferencias de potencial típicas en los condensadores, sabemos que es posible que exista una corriente a través el aire. Los rayos son un ejemplo bastante notable de esta posibilidad, pero un ejemplo más mundano es la descarga que podemos recibir al tocar la perilla de una puerta después de andar descalzos sobre una alfombra.

Analicemos el proceso que se produce en la descarga eléctrica, que es el mismo para los rayos y para el caso de tocar la perilla de la puerta, excepto en lo que se refiere a la magnitud de la corriente. En un instante determinado, el aire contiene una serie de moléculas ionizadas, debido a las colisiones con los rayos cósmicos y a otros sucesos (figura 3.30a). En un campo eléctrico relativamente débil, tal como el campo eléctrico en condiciones atmosféricas normales, estos iones y electrones libres se aceleran lentamente debido a la fuerza eléctrica. Colisionan con otras moléculas sin ningún efecto y terminan por neutralizarse a medida que los electrones libres encuentran un ion y se combinan con él. Sin embargo, en un campo eléctrico fuerte, tal como el asociado con una tormenta, los electrones libres pueden acelerar a velocidades muy altas (figura 3.30b) antes de producirse una colisión con una molécula (figura 3.30c). Si el campo es lo suficientemente fuerte, el electrón puede adquirir la suficiente energía como para ionizar la molécula en esta colisión (figura 3.30d). Ahora el campo acelera dos electrones y cada uno de ellos puede chocar con otra molécula a alta velocidad (figura 3.30e). El resultado es un rápido incremento del número de portadores de carga dispo-

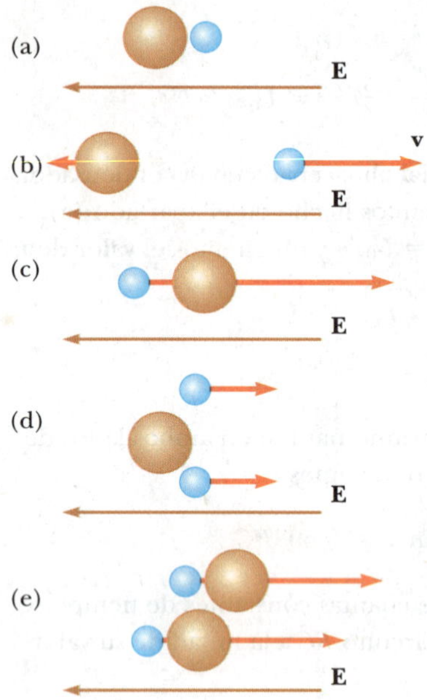

Figura 3.30

Anatomía de una descarga eléctrica (a) Un átomo se ioniza debido a un suceso aleatorio. (b) El ion acelera lentamente y el electrón acelera rápidamente debido a la fuerza del campo eléctrico. (c) El electrón acelerado se aproxima a alta velocidad a otro átomo. (d) El nuevo átomo se ioniza, y el electrón original y el nuevo electrón aceleran rápidamente. (e) Estos electrones se aproximan a otros átomos, liberando dos electrones más, y la avalancha de ionización continúa.

nibles en el aire y el correspondiente decrecimiento de la resistencia del aire. Como resultado, una corriente de gran intensidad en el aire tiende a neutralizar las cargas que establecieron la diferencia de potencial inicial, como por ejemplo las cargas de las nubes y del suelo. Cuando esto ocurre se producen los rayos.

Las corrientes típicas cuando los rayos atraviesan el aire pueden ser muy altas. Mientras que la descarga guía busca su camino hacia la tierra, la corriente es relativamente baja, en el rango de 200 a 300 A. Este valor es grande comparado con las corrientes típicas en los circuitos eléctricos domésticos, pero resulta pequeño comparado con los picos de corriente de las descargas de rayos. Una vez que se ha establecido la conexión entre la descarga guía y la descarga de retorno, la corriente aumenta rápidamente hasta un valor típico de 5×10^4 A. Considerando que las diferencias de potencial típicas entre las nubes y la tierra en una tormenta pueden ser de centenares de miles de volts, la potencia de un rayo se mide en miles de millones de watts. Gran parte de la energía del rayo es absorbida por el aire, dando lugar a un rápido aumento de la temperatura, a la aparición del rayo luminoso y al sonido del trueno resultante.

Incluso en ausencia de una tormenta, hay un flujo de carga a través del aire. Los iones del aire hacen que éste sea conductor, aunque su capacidad de conducción no sea especialmente buena. Las medidas atmosféricas indican una diferencia de potencial típica entre las "placas" de nuestro condensador atmosférico (sección 2.11) de unos 3×10^5 V. Como veremos en las Conclusiones sobre el contexto, la resistencia total del aire entre las placas del condensador atmosférico es, aproximadamente, de 300 Ω. Por tanto, la corriente promedio en el aire, en condiciones atmosféricas normales, es

$$I = \frac{\Delta V}{R} = \frac{3 \times 10^5 \text{ V}}{300\ \Omega} \approx 1 \times 10^3 \text{ A}$$

En estos cálculos hemos realizado una serie de simplificaciones, pero este resultado proporciona el orden de magnitud correcto para la corriente global. Aunque puede parecer sorprendentemente grande, recuerde que esta corriente se extiende sobre la superficie total de la Tierra. Por tanto, la densidad de corriente media en el aire es

$$J = \frac{I}{A} = \frac{I}{4\pi r^2} = \frac{1 \times 10^3 \text{ A}}{4\pi(6.4 \times 10^6 \text{ m})^2} \approx 2 \times 10^{-12} \text{ A/m}^2$$

En comparación, la densidad de corriente en un rayo es del orden de 10^5 A/m^2.

La corriente del aire en condiciones atmosféricas normales y la corriente de un rayo tienen direcciones opuestas. La primera suministra carga positiva a la tierra, mientras que la segunda suministra carga negativa. Estos dos efectos están en equilibrio,* que es el principio que utilizaremos en las Conclusiones sobre el contexto para estimar el número promedio de rayos que caen sobre la Tierra.

RESUMEN

La **corriente eléctrica** I en un conductor se define como

$$I \equiv \frac{dQ}{dt} \qquad \textbf{[3.2]}$$

donde dQ es la carga que atraviesa una sección transversal del conductor en el intervalo de tiempo dt. La unidad de corriente en el sistema SI de corriente es el ampere (A); 1 A = 1 C/s

La corriente en un conductor se relaciona con el movimiento de los portadores de carga a través de la relación

$$I = nqv_dA \qquad \textbf{[3.4]}$$

donde n es la densidad de los portadores de carga, q es su carga, v_d es la **rapidez de arrastre** y A es el área de la sección del conductor.

* Existen otros efectos, pero adoptaremos un modelo simplificado en el que sólo se tendrán los dos efectos mencionados. Para obtener más información, consulte "The Global Electric Circuit" por E. A. Bering, A. A. Few, y J. R. Benbrook en *Physics Today*, octubre 1998.

La **resistencia** R de un conductor se define como el cociente entre la diferencia de potencial en el conductor y su corriente:

$$R \equiv \frac{\Delta V}{I} \quad [3.6]$$

La unidad de resistencia en el sistema SI es el volt entre ampere, que se denomina ohmio (Ω); $1\ \Omega = 1\ \text{V/A}$.

Si la resistencia es independiente del voltaje aplicado, el conductor cumple la **ley de Ohm** y los conductores que tienen una resistencia constante en un amplio rango de tensiones se dice que son **óhmicos**.

Si un conductor tiene un área transversal uniforme A y una longitud ℓ, su resistencia es

$$R = \rho \frac{\ell}{A} \quad [3.8]$$

donde r es la **resistividad** del material del que está compuesto el conductor. La función inversa de la resistividad se denomina **conductividad** $\sigma = 1/\rho$.

La resistividad de un conductor varía con la temperatura de una forma aproximadamente lineal, es decir

$$\rho = \rho_0[1 + \alpha(T - T_0)] \quad [3.10]$$

donde a es el **coeficiente de temperatura de la resistividad** y p_0 es la resistividad a una determinada temperatura de referencia T_0.

En un modelo clásico de conducción electrónica en un metal, los electrones son tratados como moléculas de un gas. En ausencia de campo eléctrico, la velocidad promedio de los electrones es cero. Cuando se aplica un campo eléctrico, los electrones se mueven (como promedio) con una rapidez de arrastre $\mathbf{v}_d$, que es opuesta al campo eléctrico:

$$\mathbf{v}_d = \frac{-e\mathbf{E}}{m_e}\tau \quad [3.15]$$

donde τ es el tiempo promedio entre colisiones con los átomos del metal. La resistividad del material, de acuerdo con este modelo, es

$$\rho = \frac{m_e}{ne^2\tau} \quad [3.18]$$

donde n es el número de electrones libres por unidad de volumen.

Si se mantiene una diferencia de potencial ΔV entre los extremos de un elemento de un circuito, la **potencia**, o ritmo al que se suministra energía al elemento de circuito, es

$$\mathcal{P} = I\Delta V \quad [3.20]$$

Dado que la diferencia de potencial en una resistencia es $\Delta V = IR$, podemos expresar la potencia suministrada a una resistencia de la siguiente forma

$$\mathcal{P} = I^2R = \frac{(\Delta V)^2}{R} \quad [3.21]$$

La **fem** de una batería es el voltaje entre sus terminales cuando la corriente es cero. Debido a la caída de tensión en la **resistencia interna** r de una batería, el **voltaje entre las terminales** de la batería es menor que la fem cuando existe una corriente en la batería.

La **resistencia equivalente** de un conjunto de resistencias conectadas en **serie** es

$$R_{\text{eq}} = R_1 + R_2 + R_3 \cdots \quad [3.27]$$

La **resistencia equivalente** de un conjunto de resistencias conectadas en **paralelo** viene dada por

$$\frac{1}{R_{\text{eq}}} = \frac{1}{R_1} + \frac{1}{R_2} + \frac{1}{R_3} \cdots \quad [3.29]$$

Los circuitos complejos que incluyen más de una malla se analizan utilizando dos sencillas reglas, denominadas **reglas de Kirchhoff**:

- La suma de las corrientes que entran en cualquier nodo debe ser igual a la suma de las corrientes que salen de dicho nodo.
- La suma de las diferencias de potencial entre los extremos de los elementos, alrededor de cualquier malla cerrada del circuito, debe ser igual a *cero*.

Cuando se atraviesa una resistencia en la dirección de la corriente, la variación en el potencial ΔV de la resistencia es $-IR$. Si una resistencia se atraviesa en la dirección opuesta a la corriente, $\Delta V = +IR$.

Si una fuente de fem se atraviesa en la dirección de la fem (de la terminal negativa a la positiva) la variación de potencial es $+\mathcal{E}$. Si se atraviesa en dirección opuesta a la fem (de la terminal positiva a la negativa), la variación de potencial es $-\mathcal{E}$.

Si un condensador se carga con una batería de fem $\mathcal{E}$. a través de una resistencia R, la carga en el condensador y la corriente en el circuito varían con el tiempo de acuerdo con las expresiones siguientes:

$$q(t) = Q[1 - e^{-t/RC}] \quad [3.33]$$

$$I(t) = \frac{\mathcal{E}}{R}e^{-t/RC} \quad [3.34]$$

donde $Q = C\mathcal{E}$ es la carga *máxima* en el condensador. El producto RC se denomina **constante de tiempo** del circuito.

Si un condensador cargado se descarga a través de una resistencia R, la carga y la corriente disminuyen exponencialmente con el tiempo de acuerdo con las siguientes expresiones:

$$q(t) = Qe^{-t/RC} \quad [3.36]$$

$$I(t) = -I_0e^{-t/RC} \quad [3.37]$$

donde $I_0 = Q/RC$ es la corriente inicial del circuito y Q es la carga inicial en el condensador.

PREGUNTAS

1. En una analogía entre el tráfico de automóviles y la corriente eléctrica, ¿qué se correspondería con la carga Q? ¿Qué se correspondería con la corriente I?
2. ¿Qué factores afectan a la resistencia de un conductor?
3. Hemos visto que debe existir un campo eléctrico dentro de un conductor que transporta una corriente. ¿Cómo es esto posible, en vista del hecho de que en *electrostática* hemos concluido que E debe ser cero en el interior de un conductor?
4. Dos alambres A y B de sección circular están construidos con el mismo metal y tienen la misma longitud, pero la resistencia del alambre A es tres veces mayor que la del B. ¿Cuál es la relación entre sus áreas transversales? ¿Cuál es la relación entre sus radios?
5. Utilizando la teoría atómica de la materia, explique por qué la resistencia de un material debe aumentar cuando su temperatura aumenta.
6. Explique cómo puede mantenerse una corriente en un superconductor si no se aplica ninguna diferencia de potencial.
7. ¿Qué ocurriría con la velocidad de arrastre de los electrones en un cable y con la corriente en el cable si los electrones pudieran moverse libremente sin resistencia a través del mismo?
8. Si la carga fluye muy lentamente a través de un metal, ¿por qué no son necesarias varias horas para que una lámpara comience a iluminar cuando se cierra un interruptor?
9. Si tuviera que diseñar un calentador eléctrico utilizando un cable de nicromo como elemento calefactor, ¿qué parámetro del cable podría variar para obtener una potencia de salida específica, como por ejemplo 1 000 W?
10. A menudo, las baterías de coches se caracterizan por sus amperes-hora. ¿Qué es lo que esto indica: la cantidad de corriente, potencia, energía o carga que puede suministrar la batería?
11. ¿Cómo puede conectarse una serie de resistencias de modo que la resistencia equivalente sea mayor que cada una de las resistencias individuales? Proporcione un ejemplo en el que se utilicen dos o tres resistencias.
12. ¿Cómo podría conectar una serie de resistencias de modo que la resistencia equivalente fuera menor que cada una de las resistencias individuales? Proporcione un ejemplo en el que se empleen dos o tres resistencias.
13. ¿Por qué es posible que un pájaro se pose sobre un cable de alta tensión sin electrocutarse?
14. Un "cortocircuito" es un circuito que contiene un camino de muy baja resistencia en paralelo con algún otro elemento del circuito. Comente el efecto que tiene un cortocircuito sobre las zonas del circuito que están en paralelo con el mismo. Utilice una lámpara y un cable como ejemplo.
15. Un circuito en serie consta de tres lámparas idénticas conectadas a una batería, como se muestra en la figura Pg3.15. Cuando el interruptor S se cierra, ¿qué ocurre con las intensidades de las lámparas A y B?; (b) ¿y con la intensidad de la lámpara C?; (c) ¿y con la corriente en el circuito? y (d) ¿y con la diferencia de voltaje en las tres lámparas? (e) La potencia suministrada al circuito ¿aumenta, disminuye o permanece igual?

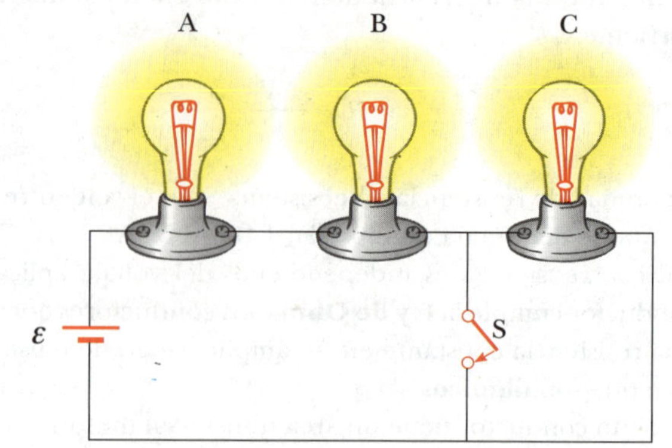

Figura Pg3.15

16. Dos focos operan a 110 voltios, pero uno tiene una potencia nominal de 25 W y el otro de 100 W. ¿Qué foco tendrá la mayor resistencia? ¿Qué foco transportará la mayor corriente?
17. Si la potencia eléctrica se transmite a largas distancias, la resistencia de los alambres pasa a ser significativa. ¿Por qué? ¿Qué modo de transmisión dará lugar a una menor pérdida de energía: alta corriente y bajo voltaje o baja corriente y alto voltaje? Explique su respuesta.
18. Se dispone de dos juegos de luces para un árbol de Navidad. Para el juego A, cuando un foco se elimina (o falla), los focos restantes continúan iluminados. En el juego B, cuando se quita un foco, los demás focos tampoco funcionan. Explicar la diferencia en el cableado de estos dos juegos de focos.
19. Las luces de un coche ¿están conectadas en serie o en paralelo? ¿Por qué?
20. Las reglas de Kirchhoff implican dos leyes de conservación. ¿Cuáles son?
21. En la figura Pg3.21, describa lo que ocurre en el foco después de cerrar el interruptor. Suponga que el condensador

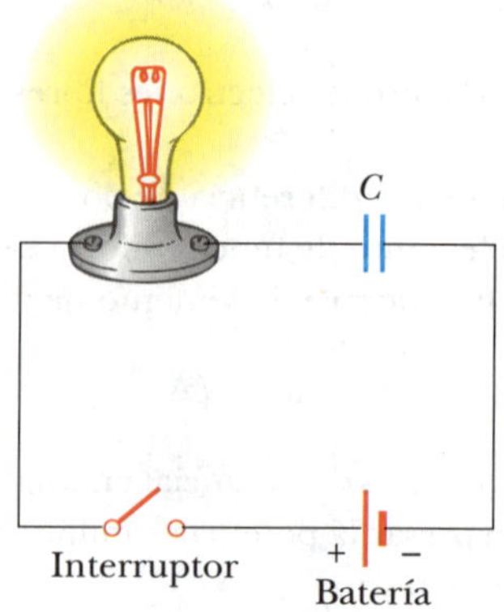

Figura Pg3.21

tiene una alta capacitancia y que inicialmente está descargado, y suponga también que el foco se ilumina cuando se le conecta directamente a las terminales de la batería.

22. La figura Pg3.22 muestra una conexión en serie de tres lámparas, todas ellas con un voltaje nominal de 120 V y potencias nominales de 60 W, 75 W y 200 W. ¿Por qué difieren las intensidades de las lámparas? ¿Qué lámpara presenta la mayor resistencia? ¿Cómo variarían sus intensidades si se conectaran en paralelo?

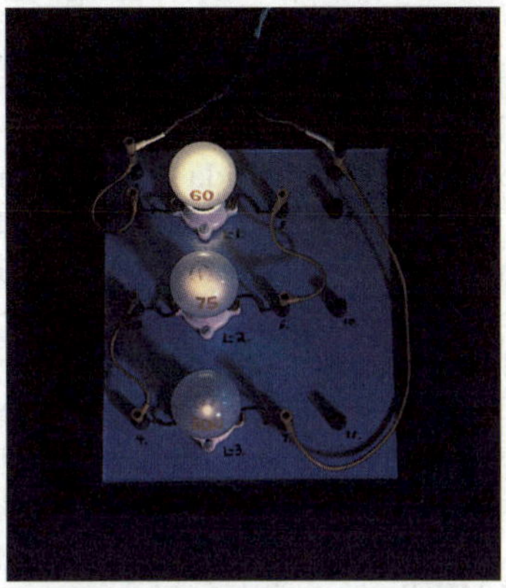

Figura Pg3.22 *(Henry Leap y Jim Lehman)*

23. Un estudiante afirma que un segundo foco conectado en serie con otro brilla menos que el primero, dado que el primero consume parte de la corriente. ¿Cómo respondería a esta afirmación?

24. Una estación de esquí consta de unos pocos ascensores o elevadores y varias pistas que discurren por la falda de una montaña. Los ascensores son análogos a baterías y las pistas son análogas a resistencias. Dibuje dos pistas en serie. Dibuje tres pistas en paralelo. Dibuje un nodo entre un ascensor y dos pistas. Enuncie la regla de Kirchhoff para los nodos aplicable a las estaciones de esquí. Uno de los esquiadores lleva consigo un altímetro. Dicho esquiador nunca utiliza dos veces el mismo conjunto de ascensores y pistas, pero pasa una y otra vez a nuestro lado, por el punto en el que estamos trabajando. Enuncie la regla de Kirchhoff para las mallas aplicable a las estaciones de esquí.

PROBLEMAS

1, 2, 3 = fácil, intermedio, difícil   web = solución publicada en **http://www.harcourtcollege.com/physics/**

= se recomienda el uso de computadora para la resolución del problema

= problemas numérico/simbólico emparejados   = aplicaciones biomédicas

Sección 3.1 Corriente eléctrica

1. En un tubo de rayos catódicos se mide la corriente del haz y resulta ser de 30.0 μA. ¿Cuántos electrones chocan con la pantalla del tubo cada 40.0 s?

2. Una tetera con un área superficial de 700 cm^2 está hecha de plata. Se conecta al electrodo negativo de una célula electrolítica que contiene nitrato de plata ($Ag^+NO_3^-$). Si la célula se alimenta con una batería de 12.0 V y tiene una resistencia de 1.80 Ω, ¿cuánto tarda en crearse una capa de 0.133 mm de plata sobre la tetera? (Tenga en cuenta que la densidad de la plata es de 10.5×10^3 kg/m^3.)

3. Una pequeña esfera que tiene una carga q se ata al extremo de una cuerda aislante. La frecuencia angular de rotación es ω. ¿Qué corriente promedio representa esta carga sometida a un movimiento de rotación?

4. La cantidad de carga q (en coulombs) que pasa a través de una superficie de área 2.00 cm^2 varía con el tiempo de acuerdo con la ecuación $q = 4t^3 + 5t + 6$, donde t se expresa en segundos. (a) ¿Cuál es la corriente instantánea a través de la superficie en $t = 1.00$ s? (b) ¿Cuál es el valor de la densidad de corriente?

5. web Suponga que la corriente en un conductor disminuye exponencialmente con el tiempo de acuerdo con la ecuación $I(t) = I_0 e^{-t/\tau}$, donde I_0 es la corriente inicial (en $t = 0$) y τ es una constante que tiene dimensiones de tiempo. Considere un punto de observación fijo dentro del conductor. (a) ¿Qué cantidad de carga pasa por este punto entre $t = 0$ y $t = \tau$? (b) ¿Cuánta carga pasa por este punto entre $t = 0$ y $t = 10.0\tau$? (c) ¿Cuánta carga pasa por este punto entre $t = 0$ y $t = \infty$?

6. Un alambre de aluminio que tiene un área transversal de 4.00×10^{-6} m^2 transporta una corriente de 5.00 A. Calcular la rapidez de arrastre de los electrones en el alambre. La densidad del aluminio es 2.70 g/cm^3. Suponga que hay un electrón libre por cada átomo.

Sección 3.2 Resistencia y ley de Ohm

7. Un foco tiene una resistencia de 240 Ω cuando funciona a una diferencia de potencial de 120 V. ¿Cuál es la corriente del foco?

8. Suponga que desea fabricar un alambre uniforme con un 1.00 g de cobre. Si el alambre debe tener una resistencia de $R = 0.500\ \Omega$ y si se utiliza todo el cobre, (a) ¿cuál será la longitud del alambre? (b) ¿Cuál será el diámetro del alambre?

9. web Se mantiene una diferencia de potencial de 0.900 V en un alambre de tungsteno de 1.50 m cuya sección transversal tiene un área de 0.600 mm^2. ¿Cuál es la corriente que circula por el alambre?

10. Mientras estaba tomando fotografías en el Valle de la Muerte un día con una temperatura de 58.0°C, Bill Hiker comprobó que, si aplicaba una determinada diferencia de potencial a un hilo de cobre, se producía una corriente de 1.000 A. Bill viajó después a la Antártida y aplicó la misma diferencia de potencial al mismo cable. ¿Qué corriente registró allí, si la temperatura era de −88.0°C? Suponga que no se produce ningún cambio ni en la forma ni en el tamaño del cable.

11. Un alambre de aluminio con un diámetro de 0.100 mm está en un campo eléctrico uniforme de 0.200 V/m en toda su longitud. La temperatura del cable es de 50.0°C. Suponga que existe un electrón libre por átomo. (a) Utilizando la información de la tabla 3.1, determinar la resistividad. (b) ¿Cuál es la densidad de corriente en el alambre? (c) ¿Cuál es la corriente total en el alambre? (d) ¿Cuál es la rapidez de arrastre de los electrones de conducción? (e) ¿Cuál es la diferencia de potencial que debe existir entre los extremos de un alambre con una longitud de 2.00 m para generar el campo eléctrico indicado?

12. **Problema de repaso.** Una varilla de aluminio tiene una resistencia de 1.234 Ω a 20.0°C. Calcular la resistencia de la varilla a 120°C teniendo en cuenta las variaciones tanto de la resistividad como de las dimensiones de la varilla.

Sección 3.4 Modelo estructural para la conducción eléctrica

13. Si la velocidad de arrastre de los electrones libres en un hilo de cobre es de 7.84×10^{-4} m/s, ¿cuál es el campo eléctrico en el conductor?

14. Si la corriente transportada por un conductor se duplica, (a) ¿qué ocurre con la densidad de los portadores de carga? (b) ¿Y con la densidad de corriente? (c) ¿Y con la rapidez de arrastre de los electrones? (d) ¿Y con el tiempo promedio entre colisiones?

Sección 3.5 Energía eléctrica y potencia

15. Una tostadora tiene una potencia nominal de 600 W cuando se conecta a una batería de 120 V. ¿Cuál es la corriente que circula por la tostadora y cuál es su resistencia?

16. En una instalación hidroeléctrica, una turbina suministra 1 500 hp a un generador, el cual convierte a su vez el 80.0 % de la energía mecánica en energía eléctrica. En estas condiciones, ¿qué corriente suministra el generador para una diferencia de potencial entre los terminales de 2 000 volts?

17. Suponga que en un determinado instante se produce un pico de voltaje de 140 V. ¿En qué porcentaje aumentará la potencia de salida de un foco de 120 V y 100 W? Suponga que su resistencia no cambia.

18. **Problema de repaso.** El elemento calefactor de una cafetera funciona a 120 volts y utiliza una corriente de 2.00 A. Suponiendo que el agua absorbe toda la energía convertida por la resistencia, calcule cuánto tiempo se tarda en calentar 0.500 kg de agua desde la temperatura ambiente (23.0°C) hasta el punto de ebullición.

19. Una tostadora tiene un elemento calefactor fabricado con un hilo resistivo de nicromo. Cuando la tostadora se conecta a una batería con una diferencia de potencial de 120 V (y el alambre se encuentra a una temperatura de 20.0°C), la corriente inicial es de 1.80 A. La corriente comienza a disminuir a medida que el elemento resistivo se calienta. Cuando la tostadora ha alcanzado su temperatura de funcionamiento final, la corriente ha disminuido a 1.53 A. (a) Calcular la potencia suministrada a la tostadora cuando se encuentra a su temperatura de operación. (b) ¿Cuál es la temperatura final del elemento calefactor?

20. Vamos a suponer que existen 270 millones de relojes eléctricos en los Estados Unidos, aproximadamente uno por persona. Los relojes tienen una potencia promedio nominal de 2.50 W. Para suministrar la energía que hace funcionar a estos relojes, ¿cuántas toneladas métricas de carbón deben quemarse por hora en las plantas de generación eléctrica por combustión de carbón, cuya eficiencia es de un 25.0%? El calor de combustión del carbón es de 33.0 MJ/kg.

21. Estime el costo del uso rutinario que hace una persona de un secador de pelo en un año. Si no utiliza un secador usted mismo, observe o entreviste a alguien que lo haga. Indique las magnitudes estimadas y sus valores.

22. El costo de la electricidad varía ampliamente en los diferentes países, pero un valor típico es 0.120 centavos de dólar por kWh. A este precio unitario, calcular el costo de (a) dejar encendidas las luces del porche (40.0 W) durante dos semanas mientras se está de vacaciones; (b) hacer una tostada en 3.00 minutos con una tostadora de 970 W y (c) secar la ropa en 40.0 minutos con una secadora de ropa de 5 200 W.

Sección 3.6 Fuentes de energía

23. Una batería tiene una fem de 15.0 V. El voltaje entre las terminales de la batería es de 11.6 V cuando se suministran 20.0 W de potencia a una resistencia de carga externa R. (a) ¿Cuál es el valor de R? (b) ¿Cuál es la resistencia interna de la batería?

24. Dos baterías de 1.50 V, con sus terminales positivas orientadas en la misma dirección, se conectan en serie con una lámpara de descarga. Una batería tiene una resistencia interna de 0.255 Ω y la otra tiene una resistencia interna de 0.153 Ω. Cuando se cierra el interruptor, una corriente de 600 mA atraviesa la lámpara. (a) ¿Cuál es la resistencia de la lámpara? (b) ¿Qué fracción de la energía química convertida aparece como energía interna en las baterías?

Sección 3.7 Resistencias en serie y en paralelo

25. (a) Calcular la resistencia equivalente entre los puntos a y b del circuito de la figura P3.25. (b) Si se aplica una diferencia de potencial de 34.0 V entre los puntos a y b, calcular la corriente en cada resistencia.

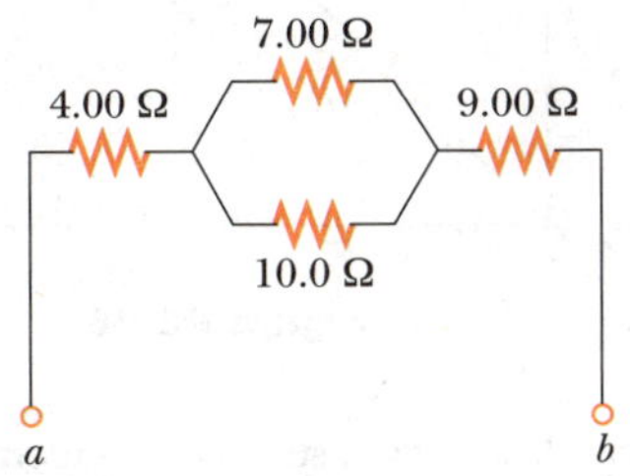

Figura P3.25

26. Un foco con potencia nominal de 75 W a 120 V se inserta en un enchufe situado en el extremo de un cable alargador, en el que cada uno de los dos conductores tiene una resistencia de 0.800 Ω. El otro extremo del cable está insertado en un enchufe de pared de 120 V. Dibujar un diagrama del circuito y calcular la potencia suministrada al foco en este circuito.

27. Considere el circuito mostrado en la figura P3.27. Determine (a) la corriente en la resistencia de 20.0 Ω y (b) la diferencia de potencial entre los puntos a y b.
web

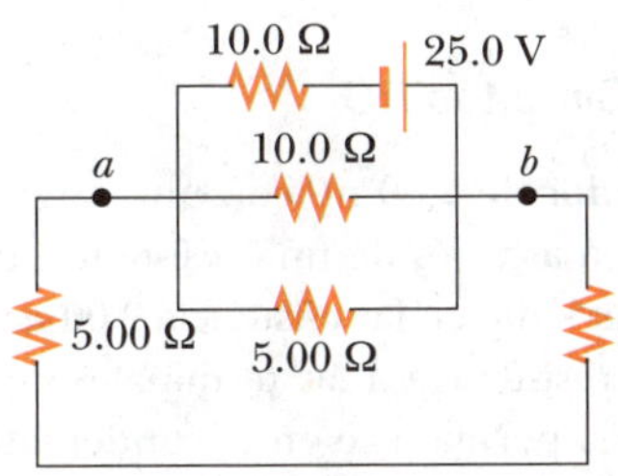

Figura P3.27

28. Con el fin de medir la resistencia eléctrica de los zapatos, desde el cuerpo de una persona hasta una placa metálica conectada a tierra, el ANSI (American National Standards Institute) especifica el circuito mostrado en la figura P3.28. La diferencia de potencial ΔV en la resistencia de 1.00 MΩ se mide con un voltímetro de alta resistencia. (a) Demostrar que la resistencia de los zapatos viene dada por

$$R_{\text{zapatos}} = 1.00\ \text{M}\Omega \left(\frac{50.0\ \text{V} - \Delta V}{\Delta V} \right)$$

(b) En una prueba médica, la corriente que circula a través del cuerpo humano no debería exceder los 150 μA. ¿Puede la corriente suministrada por el circuito especificado por el ANSI exceder los 150 μA? Para responder, considere una persona que se encuentre descalza sobre la placa conectada a tierra.

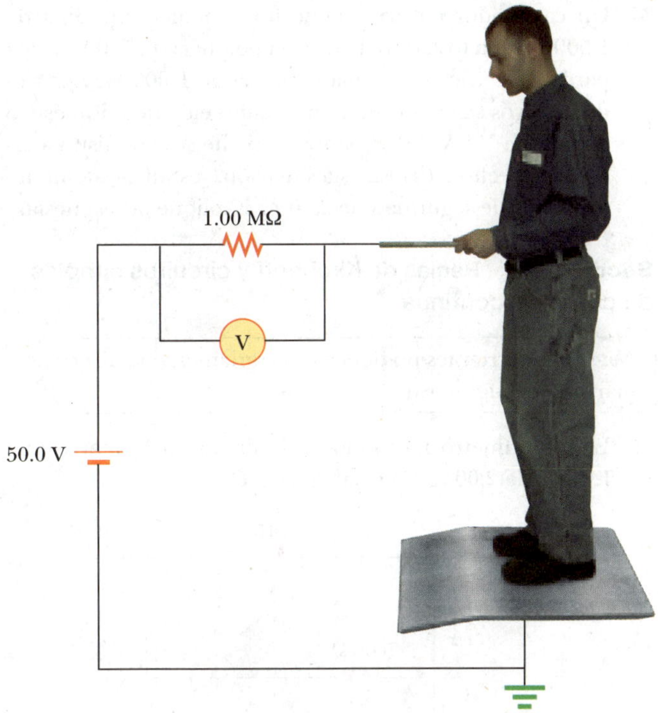

Figura P3.28

29. Calcular la potencia suministrada a cada resistencia del circuito mostrado en la figura P3.29.

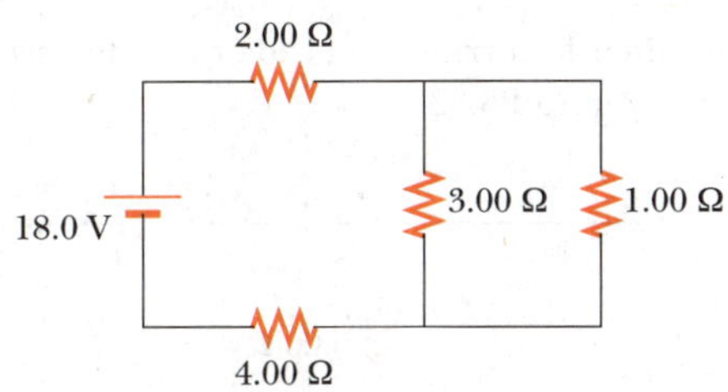

Figura P3.29

30. Tres resistencias de 100 Ω se conectan como se muestra en la figura P3.30. La potencia máxima que se puede suministrar de forma segura a cualquiera de las resistencias es de 25.0 W. (a) ¿Cuál es el voltaje máximo que se puede aplicar entre las terminales a y b? (b) Para la diferencia de potencial determinada en el inciso (a), ¿cuál es la potencia suministrada a cada resistencia? ¿Cuál es la potencia total suministrada?

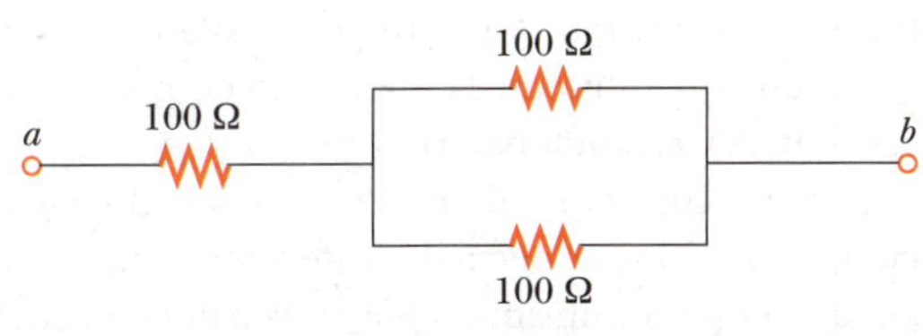

Figura P3.30

31. Un calentador eléctrico tiene una potencia nominal de 1 500 W, una tostadora tiene una potencia de 750 W y una parrilla eléctrica tiene una potencia de 1 000 W. Los tres dispositivos se conectan a un circuito eléctrico doméstico común de 120 V. (a) ¿Cuánta corriente se suministra a cada uno de ellos? (b) En esta situación, ¿es suficiente un interruptor de seguridad de 25.0 A? Explique la respuesta.

Sección 3.8 Reglas de Kirchhoff y circuitos simples de corriente continua

Nota: Las corrientes no tienen necesariamente la dirección marcada en algunos de los circuitos.

32. El amperímetro mostrado en la figura P3.32 marca una lectura de 2.00 A. Calcular I_1, I_2 y $\mathcal{E}$.

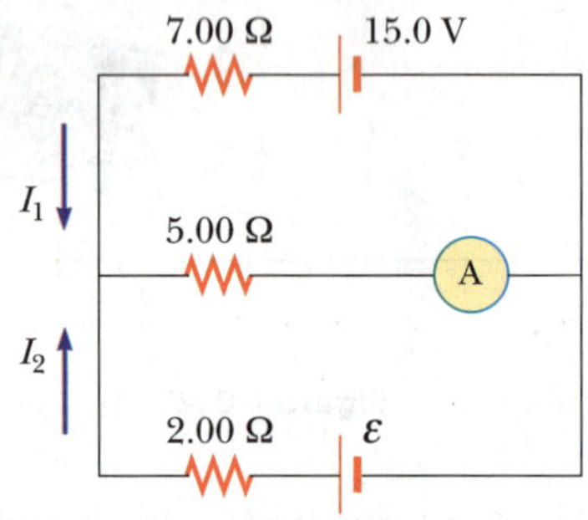

Figura P3.32

33. web Determinar la corriente en cada rama del circuito mostrado en la figura P3.33.

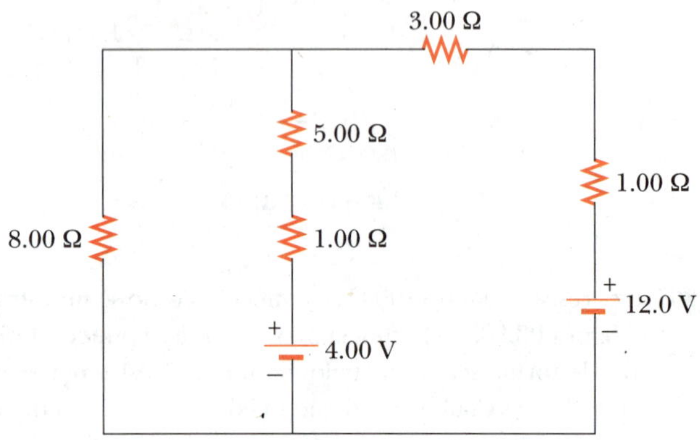

Figura P3.33 Problemas 33, 34 y 35.

34. En el circuito de la figura P3.33, muestre cómo añadir los suficientes amperímetros para medir cada corriente que fluye por el mismo. Muestre cómo añadir los suficientes voltímetros para medir la diferencia de potencial en cada resistencia y en cada batería.

35. El circuito considerado en el problema 33 y mostrado en la figura P3.33 se conecta durante 2.00 minutos. (a) Calcular la energía suministrada por cada batería al circuito. (b) Calcular la energía suministrada a cada resistencia. (c) Calcular la energía total transformada por el circuito.

36. Si $R = 1.00$ kΩ y $\mathcal{E} = 250$ V en el circuito de la figura P3.36, determinar la dirección y la magnitud de la corriente en el alambre horizontal que conecta los puntos *a* y *e*.

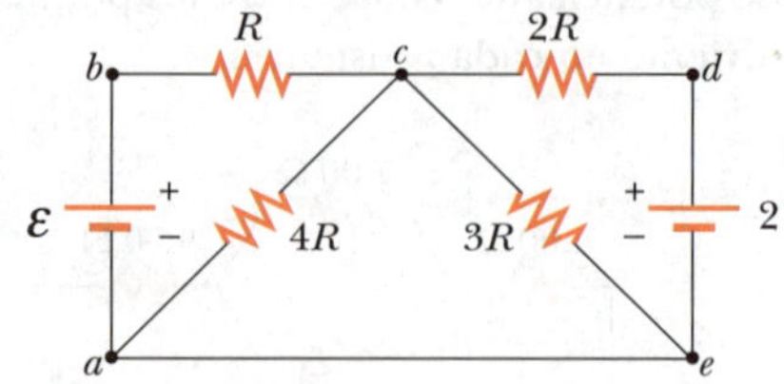

Figura P3.36

37. Una batería descargada se carga conectándola a la batería de otro coche mediante cables (véase la figura P3.37). Determinar la corriente en el motor de arranque y en la batería descargada.

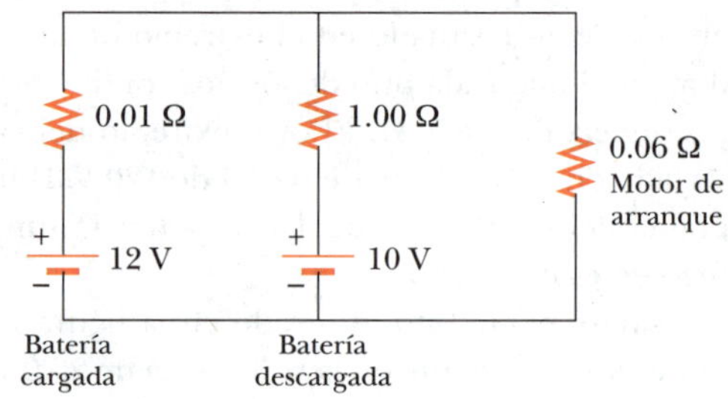

Figura P3.37

Sección 3.9 Circuitos *RC*

38. Un condensador de 2.00 nF con una carga inicial de 5.10 μC se descarga a través de una resistencia de 1.30 kΩ. (a) Calcular la corriente en la resistencia 9.00 μs después de conectar dicha resistencia a las terminales del condensador. (b) ¿Qué carga permanece en el condensador después de 8.00 μs? (c) ¿Cuál es la corriente máxima en la resistencia?

39. web Considere un circuito *RC* (véase la figura 3.26) en el que $R = 1.00$ MΩ, $C = 5.00$ μF y $\mathcal{E} = 30.0$ V. Calcular (a) la constante de tiempo del circuito y (b) la carga máxima en el condensador después de cerrar el interruptor. (c) Si el interruptor se cierra en $t = 0$, calcular la corriente en la resistencia 10.0 s más tarde.

40. En el circuito de la figura P3.40, el interruptor S ha estado abierto durante un largo periodo. En un instante determinado, se cierra el interruptor. Determinar la constante de tiempo (a) antes de que se cierre el interruptor y

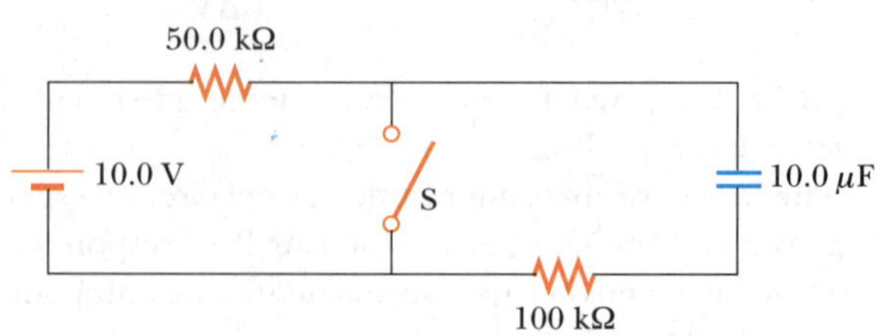

Figura P21.40

(b) después de cerrar el interruptor. (c) Si el interruptor se cierra en $t = 0$, determinar la corriente en el interruptor en función del tiempo.

41. El circuito de la figura P3.41 ha estado conectado durante un largo periodo. (a) ¿Cuál es la diferencia de potencial en el condensador? (b) Si se desconecta la batería, ¿cuánto tiempo tarda el condensador en descargarse hasta la décima parte de su voltaje inicial?

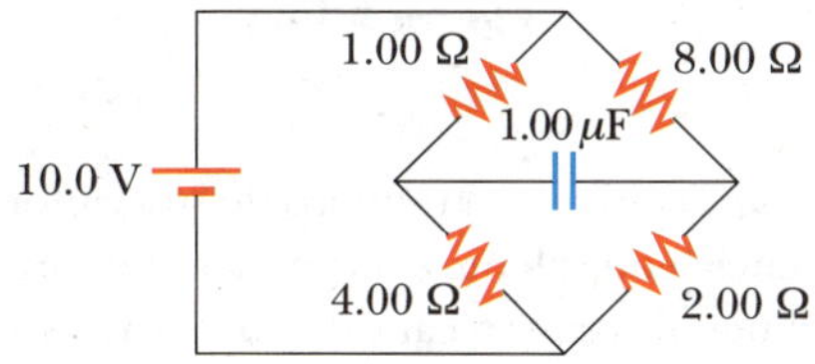

Figura P3.41

42. Un condensador de 10.0 μF se carga utilizando una batería de 10.0 V a través de una resistencia R. El condensador alcanza una diferencia de potencial de 4.00 V 3.00 s después de que se ha iniciado la carga. Calcular R.

Sección 3.10 Relación con el entorno. La atmósfera como conductor

43. En una región de la atmósfera donde el campo eléctrico es de 100 V/m, hay una densidad de corriente de 6.00×10^{-13} A/m^2. Calcular la conductividad eléctrica de la atmósfera de la Tierra en dicha región.

44. Suponiendo que el conjunto de todos los rayos que inciden sobre la Tierra dan lugar a una corriente constante de 1.00 kA entre la Tierra y una capa atmosférica situada a un potencial de 300 kV, (a) calcular la potencia total de los rayos. (b) Con propósitos de comparación, calcular la potencia de la luz del Sol que incide sobre la Tierra. La luz del Sol tiene una intensidad de 1 340 W/m^2 por encima de la atmósfera e incide perpendicularmente sobre el área circular proyectada que la Tierra presenta al Sol.

Problemas adicionales

45. Un foco tiene los valores nominales “25 W, 120 V” y otro, “100 W, 120 V”. Esto significa que ésa es la potencia entregada a cada foco cuando se les conecta a una diferencia de potencial constante de 120 V. (a) Calcular la resistencia de cada foco. (b) ¿Cuánto tiempo tarda 1.00 C en pasar del cable al foco menos luminoso? (c) ¿Cuánto tiempo se tarda en suministrar 1.00 J al foco menos luminoso? (d) Calcular el costo de funcionamiento del foco menos luminoso si está encendido continuamente durante 30.0 días y la compañía eléctrica tiene una tarifa de 0.070 0 dólar/kWh. ¿Cuál es el producto que la compañía eléctrica vende? ¿Cuál es su precio, para una unidad SI de este producto?

46. El interruptor S ha estado cerrado durante un largo periodo y el circuito eléctrico mostrado en la figura P3.46 transporta una corriente constante. Suponga que $C_1 = 3.00\ \mu$F, $C_2 = 6.00\ \mu$F, $R_1 = 4.00$ kΩ y $R_2 = 7.00$ kΩ. La potencia suministrada en R_2 es de 2.40 W. (a) Calcular la carga en C_1. (b) Ahora el interruptor se abre. Después de bastantes milisegundos, ¿cuánto ha variado la carga en C_2?

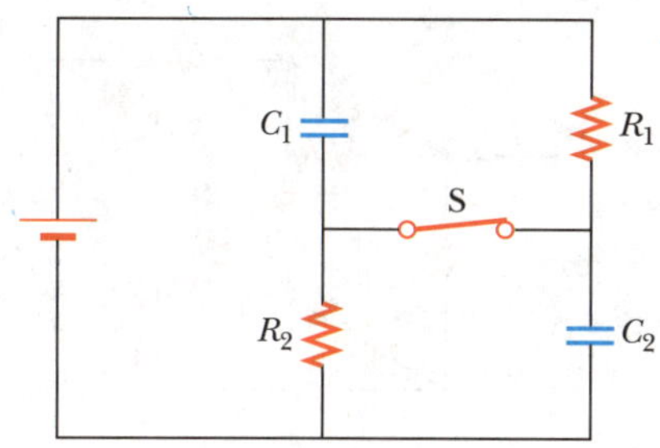

Figura P3.46

47. Un alambre cilíndrico y recto tiene una longitud de 0.500 m a lo largo del eje x y un diámetro de 0.200 mm. El alambre está formado por un material óhmico con una resistividad $\rho = 4.00 \times 10^{-8}\ \Omega \cdot$m. Suponga que se mantiene aplicando una diferencia de potencial de 4.00 V en $x = 0$ y que $V = 0$ para $x = 0.500$ m. Calcule (a) el campo eléctrico **E** en el alambre, (b) la resistencia del alambre, (c) la corriente eléctrica en el alambre y (d) la densidad de corriente **J** en el alambre. Exprese los vectores en notación vectorial. (e) Demuestre que $\mathbf{E} = \rho\mathbf{J}$.

48. Un alambre cilíndrico y recto tiene una longitud L a lo largo del eje ρ y un diámetro d. El alambre está formado por un material óhmico con una resistividad ρ. Suponga que se mantiene aplicando un potencial V en $x = 0$ y que el potencial es 0 para $x = L$. En función de L, d, V, ρ y las constantes físicas, deduzca las correspondientes expresiones para (a) el campo eléctrico en el alambre, (b) la resistencia del alambre, (c) la corriente eléctrica en el alambre y (d) la densidad de corriente en el alambre. Exprese los vectores en notación vectorial. (e) Demuestre que $\mathbf{E} = \rho\mathbf{J}$.

49. Se realiza un experimento para medir la resistividad eléctrica del nicromo en varios alambres con distintas longitudes y distintas áreas transversales. Para realizar un conjunto de medidas, un estudiante utiliza un alambre calibre 30, que tiene un área transversal de 7.30×10^{-8} m^2. El estudiante mide la diferencia de potencial en el alambre y la corriente que lo atraviesa con un voltímetro y un amperímetro, respectivamente. Para cada una de las medidas proporcionadas en la tabla, realizadas tomando alambres con tres longitudes diferentes, calcular la resistencia de los alambres y los valores correspondientes de resistividad. ¿Cuál es el valor medio de la resistividad y cómo es este valor, comparado con el indicado en la tabla 3.1?

L, m	ΔV, V	I, A	R, Ω	ρ, $\Omega \cdot$m
0.540	5.22	0.500		
1.028	5.82	0.276		
1.543	5.94	0.187		

50. (a) Utilizando argumentos de simetría, demostrar que la corriente en cualquier resistencia de la configuración mostrada en la figura P3.50 es $I/3$ o $I/6$. Todas las resistencias tienen el mismo valor r. (b) Demostrar que la resistencia equivalente entre los puntos a y b es $(5/6)r$.

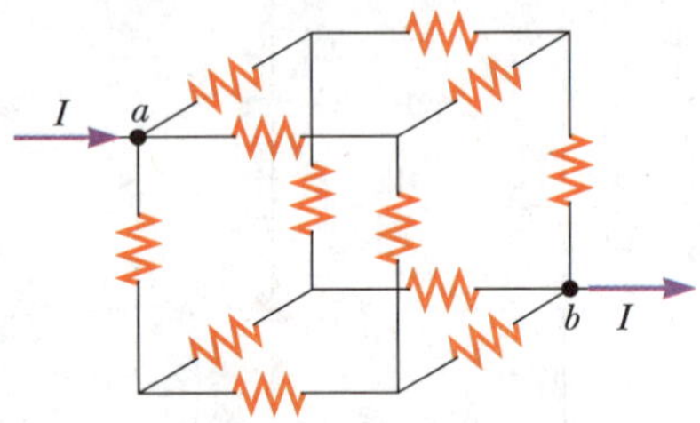

Figura P3.50

51. Un coche eléctrico está diseñado para funcionar con un banco de baterías de 12.0 V, con una energía total almacenada de 2.00×10^7 J. (a) Si el motor eléctrico suministra 8.00 KW, ¿cuál es la corriente en el motor? (b) Si el motor eléctrico suministra 8.00 kW cuando el coche se mueve a una velocidad constante de 20.0 m/s, ¿qué distancia recorrerá el coche antes de quedarse sin energía?

52. Cuatro resistencias están conectadas en paralelo a una batería de 9.20 V. Dichas resistencias tienen corrientes de 150 mA; 45.0 mA; 14.00 mA y 4.00 mA, respectivamente. (a) Si la resistencia de mayor valor se remplaza por otra resistencia del doble de su valor, ¿cuál es la relación entre la nueva corriente en la batería y la corriente original? (b) Si en lugar de la resistencia más pequeña se utiliza una que tenga el doble de su valor, ¿cuál es la relación entre la nueva corriente total y la corriente original? (c) En una noche de invierno, sale energía de una casa por varios puntos de pérdida, incluyendo los siguientes: 1 500 W por conducción a través del techo, 450 W por infiltración (flujo de aire) a través de las ventanas, 140 W por conducción a través del suelo y los cimientos y 40.0 W por conducción a través de las puertas. Para conseguir el mayor ahorro posible en la factura de la calefacción, ¿cuál de estas transferencias de energía debería reducirse primero?

53. La figura P3.53 muestra un modelo de circuito para la transmisión de una señal eléctrica, como por ejemplo televisión por cable, a una gran cantidad de suscriptores. Cada suscriptor representa una resistencia de carga R_L entre la línea de transmisión y tierra. Suponga que la toma de tierra se encuentra a potencial cero y presenta una resistencia despreciable. La resistencia de la línea de transmisión entre los puntos de conexión de los diferentes suscriptores se considera como una resistencia constante de valor R_T. Demuestre que la resistencia equivalente vista por la fuente de señal es

$$R_{eq} = \tfrac{1}{2}[(4R_TR_L + R_T^2)^{1/2} + R_T]$$

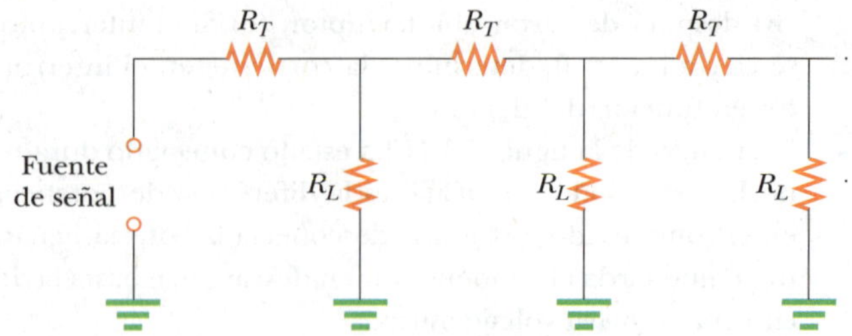

Figura P3.53

(*Sugerencia:* Dado que el número de suscriptores es grande, la resistencia equivalente no cambiará de forma apreciable si el primer suscriptor cancela su suscripción. En consecuencia, la resistencia equivalente de la sección del circuito situada a la derecha de la primera resistencia de carga es prácticamente igual a R_{eq}).

54. Una batería tiene una fem $\mathcal{E}$ y una resistencia interna r. Se conecta una resistencia de carga variable R entre las terminales de la batería. (a) Determinar el valor de R que hace que la diferencia de potencial entre sus terminales sea máxima. (b) Determinar el valor de R que maximizará la corriente en el circuito. (c) Determinar el valor de R que maximizará la potencia suministrada a la resistencia de carga. La selección de la resistencia de carga para obtener la máxima transferencia de potencia es un ejemplo de lo que se denomina *adaptación de impedancias.* La adaptación de impedancias es importante en los embragues de bicicleta, en la conexión de los altavoces a un amplificador de audio, en la conexión de un cargador de baterías a un banco de células solares fotoeléctricas y en otras muchas aplicaciones.

55. El circuito mostrado en la figura P3.55 se monta en un laboratorio para medir una capacitancia C desconocida mediante el uso de un voltímetro de resistencia $R = 10.0$ MΩ y una batería cuya fem es de 6.19 V. Los datos proporcionados en la tabla son las diferencias de potencial medidas en el condensador en función del tiempo, donde $t = 0$ representa el instante en el que se abre el interruptor. (a) Dibujar una gráfica de ln $(\mathcal{E}/\Delta V)$ en función de t y realizar un ajuste por mínimos cuadrados de los datos. (b) A partir de la pendiente de la gráfica, obtenga un valor para la constante de tiempo del circuito y un valor para la capacitancia.

ΔV, V	t, s	ln $(\mathcal{E}/\Delta V)$
6.19	0	
5.55	4.87	
4.93	11.1	
4.34	19.4	
3.72	30.8	
3.09	46.6	
2.47	67.3	
1.83	102.2	

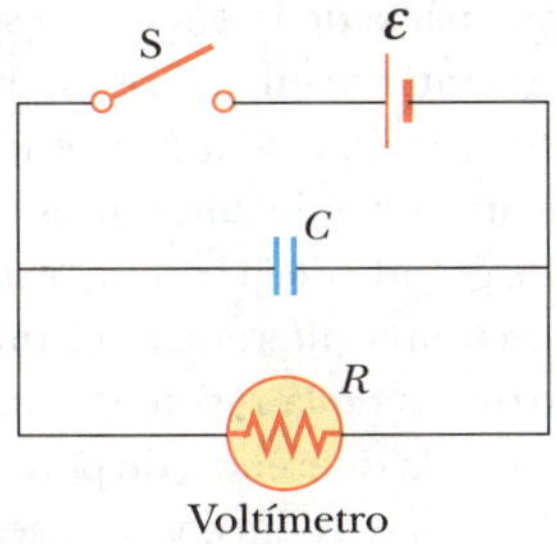

Figura P3.55

56. Los valores de las componentes en un circuito *RC* que contiene un interruptor (véase la figura 3.26) son $C = 1.00$ μF, $R = 2.00 \times 10^6\ \Omega$ y $\mathcal{E} = 10.0$ V. 10.0 s después de cerrar el interruptor, calcular (a) la carga en el condensador, (b) la corriente en la resistencia, (c) la velocidad a la que se almacena energía en el condensador y (d) la velocidad a la que la batería suministra energía.

57. El interruptor de la figura P3.57a se cierra cuando $\Delta V_c > 2\,\Delta V/3$ y se abre cuando $\Delta V_c < \Delta V/3$. El voltímetro marca una diferencia de potencial como la que se muestra en la gráfica de la figura P3.57b. ¿Cuál es el periodo *T* de la onda, en función de R_A, R_B y *C*?

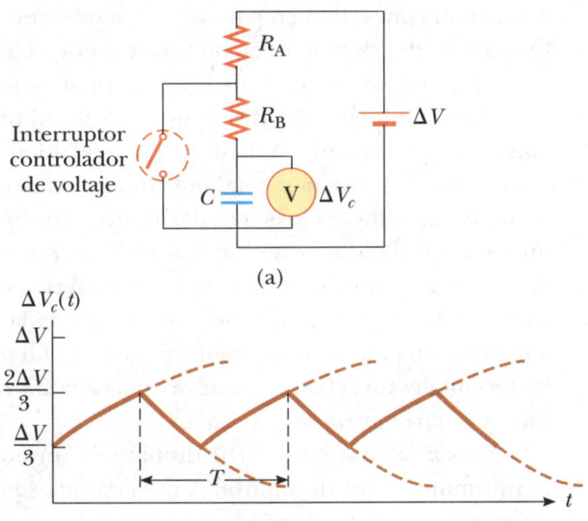

Figura P3.57

58. Se utiliza una batería para cargar un condensador a través de una resistencia, como se muestra en la figura 3.26. Demostrar que la mitad de la energía suministrada por la batería aparece como energía interna en la resistencia y que la otra mitad se almacena en el condensador.

59. Una batería tiene una fem de 9.20 V y una resistencia interna de 1.20 Ω. (a) ¿Qué resistencia en paralelo con la batería extraerá una potencia de 12.8 W? (b) ¿Y una potencia de 21.2 W?

60. Un oceanógrafo está estudiando cómo depende de la profundidad la concentración de iones en el agua del mar. La sonda de su aparato consta de un par de cilindros metálicos concéntricos situados en el extremo de un cable que se introduce en el mar. La resistencia entre estos cilindros se mide en función de la profundidad. El agua contenida entre los dos cilindros se muestra en la figura P3.60. El agua forma una superficie cilíndrica de radio interior r_a, radio exterior r_b y una longitud *L* mucho mayor que r_b. El científico aplica una diferencia de potencial D*V* entre las superficies interior y exterior, produciendo una corriente radial saliente *I*. Suponiendo que r representa la resistividad del agua, (a) calcular la resistencia del agua entre los cilindros en función de *L*, ρ, r_a y r_b. (b) Expresar la resistividad del agua en función de las magnitudes medidas *L*, r_a, r_b, ΔV y *I*.

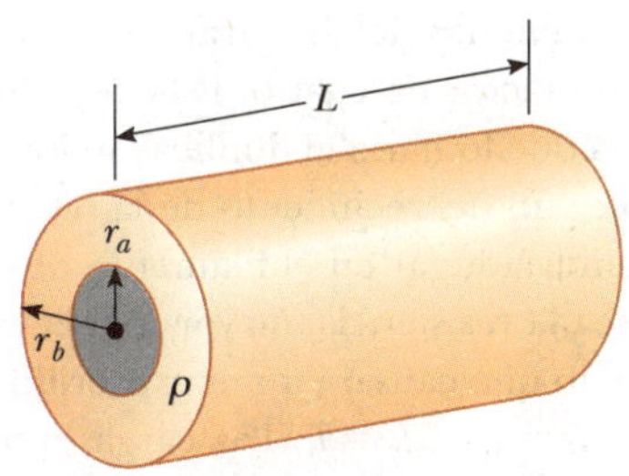

Figura P3.60

RESPUESTAS A LAS PREGUNTAS RÁPIDAS

3.1 d, b = c, a. La corriente en (d) es equivalente a dos cargas positivas moviéndose hacia la izquierda. Los incisos (b) y (c) representan cuatro cargas moviéndose en la misma dirección, ya que las cargas negativas que se mueven hacia la izquierda son equivalentes a las cargas positivas que se mueven hacia la derecha. La corriente en (a) es equivalente a cinco cargas positivas moviéndose hacia la derecha.

3.2 (b) De acuerdo con la ecuación 3.6, la resistencia es el cociente entre la diferencia de potencial en un dispositivo y la corriente que lo atraviesa. En la figura 3.6b, una línea dibujada desde el origen hasta un punto situado sobre la curva tendrá una pendiente igual a $I/\Delta V$, que es el inverso de la resistencia. Cuando ΔV aumenta, la pendiente de esta línea también aumenta, por lo que la resistencia disminuye.

3.3 Los dispositivos eléctricos domésticos están diseñados para funcionar a partir de una diferencia de potencial de 120 volts o 220 volts, disponible en los enchufes de toma de corriente. Partiendo de una de estas diferencias de potencial, la corriente en el dispositivo se puede calcular basándose en la resistencia del mismo. Una batería se puede utilizar para operar muchos dispositivos, con diferentes resistencias. Como consecuencia, la corriente en la batería variará dependiendo del dispositivo que esté operando.

3.4 Un voltaje no es algo que "recorra" un circuito. Un voltaje es una diferencia de potencial que se aplica *entre las terminales* de un dispositivo o circuito. Lo que atraviesa un dispositivo es el *campo eléctrico,* que hace que la carga fluya por el mismo, dando lugar a una corriente. Por tanto, sería más correcto decir que "1 coulomb de carga eléctrica recorrió el cuerpo de la víctima por segundo". Aunque esta corriente sería desastrosa para el cuerpo humano, un valor de 1 ampere no suena tan excitante en un artículo periodístico como un valor de 10 000 volts. Otra posibilidad sería escribir: "10 000 volts de diferencia de potencial fueron aplicados al cuerpo de la víctima", lo que no es aún muy impactante.

3.5 (b), (d). La longitud del cable de línea se duplica en esta situación. Esto tendería a incrementar la resistencia del cable. Pero duplicar el radio de dicho cable dará lugar a un aumento del área transversal, que se incrementará en un factor de cuatro. Esto reduciría la resistencia más de lo que lo haría el duplicar su longitud. El resultado neto es un decrecimiento de la resistencia. El mismo efecto tendría lugar en el filamento de un foco. Cuanto menor sea la resistencia, mayor será la corriente en el filamento, lo que causará un mayor brillo.

3.6 $I_a = I_b > I_c = I_d > I_e = I_f$. Las cargas que dan lugar a la corriente I_a salen de la terminal positiva de la batería y luego se dividen para fluir a través de los dos focos; por tanto, $I_a = I_c + I_e$ Dado que la diferencia de potencial ΔV es la misma en los dos focos y puesto que la potencia suministrada a un dispositivo es $\mathcal{P} = I\Delta V$, el foco de 60 W, con una mayor potencia nominal, debe transportar una mayor corriente. Dado que la carga no se acumula en los focos, sabemos que toda la carga que entra en el foco por la izquierda debe salir por la derecha; en consecuencia, $I_c = I_d$ y $I_e = I_f$. Las dos corrientes que salen de los focos se combinan de nuevo para formar la corriente que vuelve a la batería, $I_f + I_d = I_b$.

3.7 La energía total suministrada por la batería es menor que E. Recuerde que una batería real se puede considerar como una batería ideal sin resistencia, en serie con la resistencia interna. Durante el proceso de carga, la energía suministrada a la batería incluye la energía necesaria para cargar la batería ideal, más la energía que se invierte en aumentar la temperatura de la batería (mediante la resistencia interna). Esta última energía no está disponible durante el proceso de descarga de la batería. Durante la descarga, parte de la energía disponible se transforma en energía interna en la resistencia interna, reduciendo aún más (con respecto a E) la energía disponible.

3.8 El motor de arranque del automóvil extrae una corriente relativamente grande de la batería. Esta corriente da lugar a que aparezca una diferencia de potencial significativa entre los extremos de la resistencia interna de la batería. Como resultado, la diferencia de potencial entre las terminales de la batería se reduce y las luces se atenúan.

3.9 El foco R_1 brillaría más. Conectando el punto b con el punto c, "se cortocircuita" el foco R_2, lo que varía la resistencia total del circuito, del valor $R_1 + R_2$ a R_1. Dado que la resistencia ha disminuido (y la diferencia de potencial suministrada por la batería no cambia), la corriente en la batería aumenta. Esto significa que la corriente en el foco R_1 aumenta, haciéndolo brillar más. El foco R_2 deja de funcionar, ya que el nuevo segmento de alambre proporciona un camino de resistencia prácticamente nula para la corriente, por lo que la corriente que atraviesa el foco R_2 es prácticamente cero.

3.10 (b) Cuando se abre el interruptor, las resistencias R_1 y R_2 están conectadas en serie, por lo que la resistencia total del circuito es mayor que cuando el interruptor está cerrado. Como resultado, la corriente disminuye.

3.11 (a) Cuando se cierra el interruptor, las resistencias R_1 y R_2 quedan conectadas en paralelo, de modo que la resistencia total del circuito es menor que cuando el interruptor está abierto. Como resultado, la corriente aumenta.

3.12 *Serie*: (a) disminuye; (b) disminuye; (c) disminuye; (d) aumenta; (e) aumenta. A medida que se añaden más focos en *serie*, la resistencia total del circuito aumenta. Por tanto, la corriente en los focos disminuye, dando lugar a un menor brillo. Esta disminución de la corriente da lugar a una disminución en la potencia transferida desde la batería. Como resultado, el tiempo de vida de la batería aumenta. Cuando la corriente disminuye, el voltaje entre las terminales de la batería se aproxima cada vez más a la fuerza electromotriz de la misma.

Paralelo: (a) disminuye; (b) disminuye; (c) aumenta; (d) disminuye; (e) disminuye. A medida que se añaden más focos en *paralelo*, la resistencia global del circuito disminuye. La corriente que sale de la batería aumenta según se van añadiendo focos. Este aumento de corriente da lugar a un aumento de la potencia transferida desde la batería. Como resultado, el tiempo de vida de la batería disminuye. Cuando la corriente aumenta, el voltaje en las terminales de la batería disminuye por debajo de la fem de la misma. Debido a la disminución de la diferencia de potencial en las terminales, que es la que se aplica a cada foco, la corriente en cada foco disminuye, dando lugar a una reducción de su brillo. La reducción de brillo es mucho menor que en el caso de añadir focos en serie y puede no ser apreciable hasta que se hayan añadido varios focos.

Contexto 1 conclusión

Rayos

MODELO DE LA ATMÓSFERA PARA DETERMINAR EL NÚMERO DE RAYOS QUE CAEN

Ahora que ya hemos profundizado en los principios de la electricidad, estamos en condiciones de responder a nuestra pregunta central del contexto:

> ***¿Cómo podemos determinar el número de rayos que caen sobre la Tierra en un día cualquiera?***

Para llevar a cabo este cálculo, tenemos que combinar varios conceptos aprendidos durante nuestros estudios sobre electricidad. En el capítulo 2, se ha considerado la atmósfera como un condensador. Esto fue hecho por primera vez por Lord Kelvin, que consideró la ionosfera como la placa positiva, situada varias decenas de kilómetros por encima de la superficie de la Tierra. Modelos más complejos han demostrado que la altura efectiva de la placa positiva es de 5 km, y éste es el valor que hemos empleado en nuestros anteriores cálculos.

Las placas del condensador atmosférico están separadas por una capa de aire que contiene un gran número de iones libres, que pueden transportar corriente. Por supuesto, el aire no es un conductor perfecto; las medidas realizadas establecen que la resistividad del aire es de, aproximadamente, $3 \times 10^{13}\ \Omega\cdot\text{m}$. Vamos a calcular la resistencia del aire entre las placas de nuestro condensador. La forma de la resistencia es la de una capa esférica situada entre las placas del condensador atmosférico. Utilizaremos la ecuación 3.8, considerando que el área de la resistencia es la superficie de la Tierra y la longitud es igual a la distancia entre las placas:

$$R = \rho\frac{\ell}{A} = (3 \times 10^{13}\ \Omega\cdot\text{m})\,\frac{5 \times 10^{3}\ \text{m}}{4\pi(6.4 \times 10^{6}\ \text{m})^{2}} \approx 3 \times 10^{2}\ \Omega$$

La carga en el condensador atmosférico puede pasar desde la placa superior a la Tierra mediante la corriente eléctrica que atraviesa el aire que hay entre las placas. Por tanto, podemos considerar la atmósfera como un circuito *RC*, usando la capacitancia calculada en el capítulo 2 y la resistencia entre placas que acabamos de calcular (figura 1). La constante de tiempo para este circuito *RC* es

$$\tau = RC = (0.9\ \text{F})(3 \times 10^{2}\ \Omega) \approx 3 \times 10^{2}\ \text{s} = 5\ \text{min}$$

Por tanto, la carga en el condensador atmosférico debería disminuir hasta $e^{-1} = 37\%$ de su valor original después de sólo 5 minutos. Después de 30 min, ¡quedaría menos del 0.3% de la carga! ¿Por qué esto no sucede así realmente?, ¿Qué mantiene cargado al condensador atmosférico? La respuesta son los *rayos.* Los procesos que tienen lugar durante la carga de las nubes dan lugar a descargas de rayos que suministran carga negativa a la Tierra para remplazar a la carga neutralizada por la corriente existente a través del aire. Como promedio, la carga neta del condensador atmosférico es el resultado del equilibrio entre estos dos procesos.

Ahora vamos a utilizar este equilibrio para responder numéricamente a nuestra pregunta del contexto. En primer lugar, nos centraremos en la carga del condensador atmosférico. En el capítulo 1 hemos establecido que hay una carga de 5×10^{5} C distribuida sobre la superficie de la Tierra. Ésta es la carga del condensador atmosférico.

Un rayo típico proporciona aproximadamente 25 C de carga negativa a la tierra, siendo éste el proceso de carga del condensador. Dividiendo la carga del con-

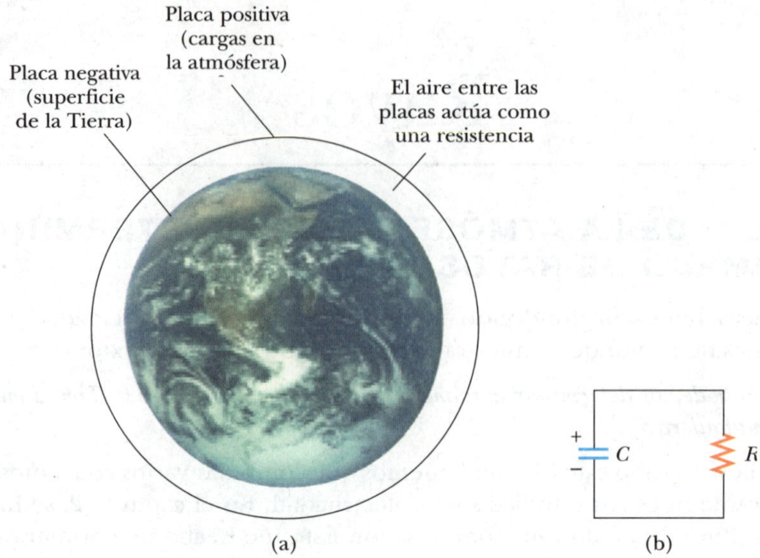

Figura 1

(a) La atmósfera puede considerarse como un condensador, con aire como conductor entre las placas. (b) Podemos imaginar un circuito equivalente *RC* para la atmósfera, estando la descarga natural del condensador en equilibrio con la carga del condensador mediante los rayos.

densador entre la carga por rayo que cae en la tierra, obtendremos el número necesario de rayos que tienen que caer para cargar el condensador:

WEB

Para obtener más información sobre los rayos, visite el sitio web de Weather Channel **www.weather.com/safeside/lightning/**

$$\text{Número de rayos que caen} = \frac{\text{Carga total}}{\text{carga por rayo que cae}}$$

$$= \frac{5 \times 10^5 \text{ C}}{25 \text{ C por rayo}} \approx 2 \times 10^4 \text{ rayos}$$

De acuerdo con nuestros cálculos del circuito *RC*, el condensador atmosférico se descarga casi completamente a través del aire en unos 30 minutos. Por tanto, 2×10^4 rayos deben caer cada 30 minutos o, lo que es lo mismo, 4×10^4/h, para mantener los procesos de carga y de descarga en equilibrio. Multiplicando esto por el número de horas de un día, tenemos:

$$\text{Número de rayos que caen por día} = (4 \times 10^4 \text{ rayos/h}) \left(\frac{24 \text{ h}}{1 \text{ d}}\right)$$

$$\approx 1 \times 10^6 \text{ rayos/día}$$

A pesar de las simplificaciones que hemos realizado en nuestros cálculos, este número establece un orden de magnitud correcto para el número real de rayos que caen sobre la Tierra en un día normal: ¡1 millón!

PROBLEMAS

1. Considere el condensador atmosférico descrito en el texto, siendo el suelo una placa y las cargas positivas de la atmósfera la otra. En un determinado día, la capacidad del condensador atmosférico es de 0.800 F. La distancia de separación efectiva entre placas es de 4.00 km y la resistividad del aire es 2.00×10^{13} $\Omega \cdot$m. Si no se produce ningún rayo, el condensador se descargará a través del aire. Si hay 4.00×10^4 C de carga en el con-

densador atmosférico en el instante $t = 0$, ¿en qué instante posterior se habrá reducido la carga (a) 2.00×10^4 C? (b) ¿Y a 5.00×10^3 C? (c) ¿Y a cero?

2. Considere el siguiente razonamiento alternativo para estimar el número de rayos que caen sobre la Tierra en un día. Usando la carga de la Tierra de 5×10^5 C y la capacidad atmosférica de 0.9 F, obtenemos que la diferencia de potencial en el condensador es $\Delta V = Q/C = 5 \times 10^5$ C/0.9 F $\approx 6 \times 10^5$ V. La corriente de pérdidas a través del aire es $I = \Delta V/R = 6 \times 10^5$ V/300 $\Omega \approx 2$ kA. (a) Si cada rayo que cae suministra 25 C de carga a la tierra, ¿cuál es el intervalo de tiempo promedio entre rayos, de modo que la corriente promedio debida a los rayos sea 2 kA? (b) Usando este intervalo de tiempo promedio entre rayos, calcule el número de rayos que caerán en un día.

3. Considere de nuevo el condensador atmosférico descrito en el texto. (a) Suponga que las condiciones atmosféricas son tales que, durante un día completo, los 2.50 km de aire inferiores entre las placas del condensador presentan una resistividad de 2.00×10^{13} $\Omega \cdot$m y los 2.50 km de aire superiores, una resistividad de 0.500×10^{13} $\Omega \cdot$m. ¿Cuántos rayos caerán sobre la Tierra en dicho día? (b) Suponga que las condiciones atmosféricas son tales que, durante todo el día, la resistividad del aire entre las placas en el hemisferio sur es de 2.00×10^{13} $\Omega \cdot$m y la resistividad entre las placas en el hemisferio norte es de 0.200×10^{13} $\Omega \cdot$m. ¿Cuántos rayos caerán sobre la Tierra en dicho día?

Contexto 2

Vehículos de levitación magnética

Todos los tipos de transporte terrestre comercial de larga distancia actuales están sujetos a la fuerza de fricción entre las ruedas y la carretera o los rieles. Recuerde que esta fuerza de fricción es una fuerza no conservativa, que transforma la energía cinética en energía interna. Como se explicó en el capítulo dedicado a la termodinámica, esta energía interna se desperdicia.

El Transrapid alemán. Aunque este vehículo tiene una tecnología diferente de la de los vehículos de levitación magnética japoneses, también puede viajar a velocidades muy elevadas. *(Regis Bossu/Corbis SYGMA)*

Como los vehículos de levitación magnética (maglev) están suspendidos mediante fuerzas magnéticas, no están en contacto físico con la carretera o los rieles. Esto elimina la fricción mecánica, que es la causa principal de transformación de la energía cinética en energía interna.

El famoso Robert Goddard publicó una historia en 1907 que describe muchas de las características de la levitación magnética. También publicó un artículo en *Scientific American* en 1909, que describía un vehículo de levitación magnética que podría operar dentro de un túnel entre Boston y Nueva York. Emile Bachelet publicó un artículo en 1912 que describía un vehículo de levitación magnética para la entrega de correo. Por este invento obtuvo una patente, pero su solución necesitaba demasiada energía como para resultar práctica.

Después de estas ideas no hubo ningún progreso significativo en el campo de la levitación magnética hasta los años 60. Entonces, los avances en imanes superconductores despertaron de nuevo el interés en la levitación magnética, debido a los posibles ahorros de energía respecto de los diseños previos, como el de Bachelet. En 1963, un físico del Laboratorio Nacional de Brookhaven propuso un sistema que utilizaba imanes superconductores. En pocos años, ya había proyectos en marcha en la Universidad de Stanford, el MIT, Raytheon, Ford Motor Company, la Universidad de Toronto y la Universidad McGill, en los EE.UU. Poco después, también se iniciaron proyectos en Japón, Alemania e Inglaterra.

Vehículo de pruebas japonés MLX01. Pruebas recientes han demostrado que este vehículo puede viajar a velocidades por encima de los 500 km/h. *(Noboru Hashimoto/Corbis SYGMA)*

A pesar de este prometedor comienzo por parte de varias compañías americanas, los fondos federales para la investigación de la levitación magnética se acabaron en 1975. La investigación continuó en otros países, principalmente en Alemania y Japón. Estos estudios y toda una variedad de pruebas con vehículos reales han demostrado que la tecnología de levitación magnética tiene mucho éxito. La investigación de la levitación magnética ha experimentado recientemente un cierto resurgimiento en los Estados Unidos, después de que la Iniciativa Maglev Nacional se convirtiera en ley en 1991, pero los Estados Unidos siguen estando muy por detrás de Alemania y Japón. Se han propuesto varias posibles rutas para vehículos de levitación magnética en los Estados Unidos utilizando tecnología de otros países.

El Shinkansen (tren bala) de Japón. En sistemas de transporte basados en rieles, como éste, la mayor parte de la energía se transforma en energía interna, debido a la fricción entre las ruedas y los rieles. *(Stone)*

En este entorno físico, investigaremos la física de los campos magnéticos y electromagnéticos y aplicaremos esos principios a la comprensión de los procesos de elevación, propulsión y frenado de un vehículo de levitación magnética. Hay dos mecanismos principales –los modelos de *atracción* y *repulsión*– que son la base de los actuales esfuerzos de investigación y desarrollo. Estudiaremos cada uno de estos modelos para poder responder a nuestra pregunta principal:

¿Cómo podemos elevar, impulsar y frenar un vehículo utilizando fuerzas magnéticas?

WEB

El desarrollo de la levitación magnética en los Estados Unidos todavía está muy por detrás de los esfuerzos en otros países. Para ver el último informe de la Iniciativa Nacional Maglev (1991), visite **www.bts.gov/NTL/DOCS/TNM.html**

Para obtener un informe actualizado de la levitación magnética en los Estados Unidos, elaborado por la Administración Federal de Ferrocarriles, visite **www.fra.dot.gov/o/hsgt/fedassist/maglev.htm**

Para ver un reportaje elaborado por la cadena americana ABC sobre la levitación magnética en los EE.UU., visite **abcnews.go.com/ABC2000/abc2000tech/maglev2000.html**

capítulo

4

Aurora boreal, las luces del norte. Estos espectáculos se deben a las partículas de los rayos cósmicos que son atrapadas por el campo magnético de la Tierra. Cuando las partículas colisionan con los átomos de la atmósfera, provocan la emisión de luz. *(Johnny Johnson/Stone)*

contenido del capítulo

Fuerzas magnéticas y campos magnéticos

La lista de las aplicaciones tecnológicas del magnetismo es muy larga. Por ejemplo, se utilizan grandes electroimanes para levantar cargas pesadas en los deshuesaderos (tiraderos de chatarra). Los imanes se utilizan en aparatos como medidores, motores y altavoces. Las cintas magnéticas se utilizan habitualmente en equipos de grabación de sonido y de video y para el almacenamiento de datos en las computadoras. Se utilizan campos magnéticos intensos generados por imanes superconductores como medio para contener el plasma, a temperaturas del orden de 10^8 K, que se utiliza en investigaciones sobre fusión nuclear controlada.

A medida que investiguemos el magnetismo en este capítulo, descubriremos que éste no puede desligarse de la electricidad. Por ejemplo, los campos magnéticos afectan a las cargas eléctricas en movimiento, y las cargas en movimiento producen campos magnéticos. Descubriremos que la fuente de todos los campos magnéticos es la corriente eléctrica.

La atracción entre los imanes y ciertos metales se utiliza en un deshuesadero, empleando un imán para mover toneladas de desechos de metal. (*Jeffrey Sylvester/FPG International*)

4.1 • INTRODUCCIÓN HISTÓRICA

Muchos historiadores de la ciencia creen que la brújula, que utiliza una aguja magnética, ya se utilizaba en China en el siglo XIII a.C., siendo su invención de origen árabe o hindú. El fenómeno del magnetismo era conocido por los griegos en el año 800 a.C. Los griegos descubrieron que ciertas piedras, hechas de un material hoy llamado *magnetita* (Fe_3O_4), atraían trozos de hierro.

En 1269, Pierre de Maricourt marcó las direcciones que tomaba una aguja cuando se situaba en varios puntos de la superficie de un imán esférico natural y descubrió que esas direcciones formaban líneas que rodeaban la esfera y atravesaban dos puntos diametralmente opuestos entre sí, a los que llamó **polos** del imán. Experimentos subsecuentes han demostrado que todo imán, independientemente de su forma, tiene dos polos, llamados **norte** y **sur**, que ejercen fuerzas entre sí de forma similar a las cargas eléctricas. Los polos tienen esos nombres a causa del comportamiento de un imán en presencia del campo magnético de la Tierra. Si se sujeta un imán en forma de barra por su centro por medio de un cordel, de forma que pueda oscilar libremente en un plano horizontal, el imán gira hasta que su polo "norte" apunta al polo norte geográfico de la Tierra (que es un polo sur magnético) y su polo "sur" apunta al polo sur geográfico de la Tierra (para la construcción de una brújula simple se aplica la misma idea).

En 1600, William Gilbert extendió estos experimentos a una variedad de materiales. Utilizando el hecho de que la aguja de una brújula se orienta en determinadas direcciones preferidas, sugirió que los imanes eran atraídos por masas de tierra. En 1750, John Mitchell (1724-1793) utilizó una balanza de torsión para demostrar que los polos magnéticos ejercen fuerzas repulsivas o atractivas entre sí, y que esas fuerzas varían como el inverso del cuadrado de su separación. Aunque la fuerza entre dos polos magnéticos es similar a la fuerza entre dos cargas eléctricas, hay una diferencia importante. Las cargas eléctricas se pueden aislar (observe el electrón y el protón), mientras que los polos magnéticos no

Hans Christian Oersted (1777-1851)

Físico danés. *(North Wind Picture Archives)*

pueden aislarse. Es decir, **los polos magnéticos siempre se encuentran por parejas**. Independientemente de cuántas veces se corte un imán permanente, cada pieza siempre tiene un polo norte y un polo sur (algunas teorías especulan sobre la existencia de monopolos magnéticos –polos norte o sur aislados– en la Naturaleza, y los intentos de detección son en la actualidad una línea de investigación experimental en marcha. Sin embargo, por el momento, ninguno de esos intentos ha tenido éxito).

La relación entre magnetismo y electricidad se descubrió en 1819, cuando, mientras se preparaba para una demostración en una conferencia, el científico danés Hans Oersted descubrió que una corriente eléctrica en un alambre afectaba la aguja de una brújula cercana. Poco después, André Ampère (1775-1836) dedujo las leyes cuantitativas de la fuerza magnética entre conductores que llevan corriente. También sugirió que las espiras de corriente eléctrica de tamaño molecular son las responsables de *todos* los fenómenos magnéticos.

Alrededor de 1820, Faraday y Joseph Henry (1797-1878) identificaron de forma independiente más conexiones entre la electricidad y el magnetismo. Demostraron que se podía generar una corriente eléctrica en un circuito moviendo un imán cerca del circuito o bien cambiando la corriente de un circuito próximo. Sus observaciones demostraron que un campo magnético variable produce un campo eléctrico. Años después, la obra teórica de James Clerk Maxwell demostró que lo contrario también es cierto: un campo eléctrico variable genera un campo magnético.

En este capítulo investigaremos los efectos de los campos magnéticos constantes sobre cargas y corrientes, y estudiaremos las fuentes de campos magnéticos. En el próximo capítulo exploraremos los efectos de los campos magnéticos que varían con el tiempo.

4.2 • EL CAMPO MAGNÉTICO

En capítulos anteriores describimos la interacción entre objetos cargados, en términos de campos eléctricos. Recuerde que un campo eléctrico rodea a toda carga eléctrica estacionaria. La región del espacio que rodea a una carga *en movimiento* incluye **un campo magnético**, además del campo eléctrico. Todo material con magnetización permanente también se halla rodeado por un campo magnético. Se puede observar experimentalmente que el campo magnético es un campo vectorial, similar al campo eléctrico.

Para describir cualquier tipo de campo vectorial, debemos definir su magnitud y su dirección. La dirección del vector de campo magnético **B** en cualquier lugar es la dirección en la cual apunta el polo norte de la aguja de una brújula en ese lugar. La figura 4.1 muestra cómo se puede trazar el campo magnético de

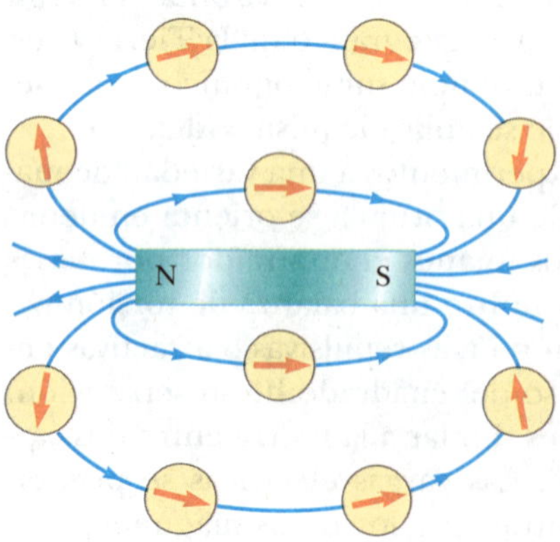

Figura 4.1
Se puede utilizar una pequeña brújula para trazar las líneas del campo magnético de un imán.

(a) (b) (c)

Figura 4.2

(a) Patrón del campo magnético que rodea un imán, mostrado mediante limaduras de hierro. (b) Patrón del campo magnético entre polos *distintos* de dos imanes. (c) Patrón del campo magnético entre polos iguales de dos imanes. *(Cortesía de Henry Leap y Jim Lehman)*

un imán en forma de barra con ayuda de una brújula, definiendo una **línea de campo magnético**, similar en muchos aspectos a las líneas del campo eléctrico que estudiamos en el capítulo 1. En la representación gráfica en dos dimensiones de la figura 4.1 se muestran algunas líneas del campo magnético de un imán, trazadas de esa manera. Es posible ver el patrón del campo magnético por medio de diminutas limaduras de hierro situadas en las proximidades de un imán, como se muestra en la figura 4.2.

Podemos cuantificar el campo magnético **B** (a veces llamado *inducción magnética*) utilizando el modelo de una partícula dentro de un campo. La existencia de un campo magnético en algún punto del espacio se puede determinar midiendo la fuerza $\mathbf{F}_B$ ejercida sobre una partícula de prueba apropiada situada en ese punto. Es el mismo proceso que seguimos para definir el campo eléctrico en el capítulo 1. Nuestra partícula de prueba será una partícula cargada eléctricamente, como un protón. Si realizamos el experimento, hallamos los siguientes resultados:

Propiedades de la fuerza magnética sobre una carga en movimiento en un campo **B**

- La fuerza magnética $\mathbf{F}_B$ es proporcional a la carga q de la partícula, así como a la velocidad v de la misma.
- La magnitud y la dirección de la fuerza magnética que actúa sobre la partícula depende de la dirección relativa entre el vector velocidad de la partícula y el vector del campo magnético.
- Cuando una partícula cargada se mueve en una dirección paralela al vector del campo magnético, la fuerza magnética $\mathbf{F}_B$ sobre la carga es cero.
- Cuando el vector velocidad forma un ángulo θ con el campo magnético, la fuerza magnética actúa en dirección perpendicular a **v** y a **B**; es decir, la fuerza magnética es perpendicular al plano formado por **v** y **B** (figura 4.3a).
- La fuerza magnética sobre una carga negativa tiene sentido opuesto a la fuerza sobre una carga positiva que se mueve en la misma dirección (figura 4.3b).
- Si el vector velocidad forma un ángulo θ con el campo magnético, la magnitud de la fuerza magnética es proporcional al seno de θ.

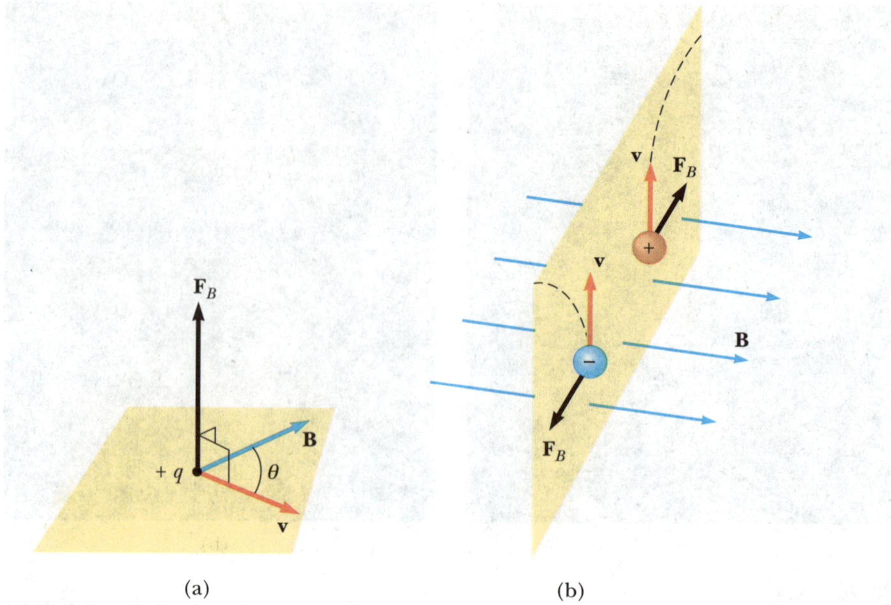

Figura 4.3

Dirección de la fuerza magnética ejercida sobre una partícula cargada que se mueve con una velocidad **v** en presencia de un campo magnético **B**. (a) Cuando **v** forma un ángulo θ con **B**, la fuerza magnética es perpendicular a **v** y **B**. (b) Se ejercen fuerzas de sentido opuesto sobre dos partículas cargadas de signo contrario que se mueven a la misma velocidad en el seno de un campo magnético.

Estos resultados muestran que la fuerza magnética sobre una partícula es más complicada que la fuerza eléctrica. La fuerza magnética es distinta, porque depende de la velocidad de la partícula y porque su dirección es perpendicular a **v** y **B**. A pesar de este complicado comportamiento, estas observaciones pueden resumirse expresando la fuerza magnética de la siguiente forma:

• *Fuerza magnética ejercida sobre una partícula cargada que se mueve en un campo magnético*

$$\mathbf{F}_B = q\mathbf{v} \times \mathbf{B} \quad \textbf{[4.1]}$$

Fuerza magnética sobre una partícula cargada en movimiento en un campo magnético donde la dirección de la fuerza magnética es $\mathbf{v} \times \mathbf{B}$,, la cual, por definición del producto vectorial, es perpendicular a **v** y a **B**. La ecuación 4.1 es análoga a la ecuación 19.4, $\mathbf{F}_e = q\mathbf{E}$, pero resulta claramente más complicada. Podemos considerar la ecuación 4.1 como una definición matemática del campo magnético en un punto del espacio. La unidad del SI para el campo magnético es el **tesla** (T), donde

$$1\ \text{T} = 1\ \text{N}\cdot\text{s/C}\cdot\text{m}$$

La figura 4.4 ilustra la regla de la mano derecha utilizada para determinar la dirección del producto vectorial $\mathbf{v} \times \mathbf{B}$. Apunte los cuatro dedos de su mano derecha hacia la dirección de **v**, luego cúrvelos hasta que apunten en la dirección de **B**. El pulgar que apunta hacia arriba indica la dirección de $\mathbf{v} \times \mathbf{B}$. Como $\mathbf{F}_B = q\mathbf{v} \times \mathbf{B}$, $\mathbf{F}_B$ tiene la dirección de $\mathbf{v} \times \mathbf{B}$ si q es positiva (figura 4.4a) y tiene la dirección *opuesta* a la de $\mathbf{v} \times \mathbf{B}$ si q es negativa (figura 4.4b).

La magnitud de la fuerza magnética es

$$F_B = |q|vB \operatorname{sen} \theta \quad \textbf{[4.2]}$$

donde q es el ángulo entre **v** y **B**. En esta expresión vemos que F_B es cero cuando **v** es paralela o antiparalela a **B** ($\theta = 0$ o $180°$). Más aún, la fuerza alcanza su valor máximo $F_B = |q|vB$ cuando **v** es perpendicular a **B** ($\theta = 90°$).

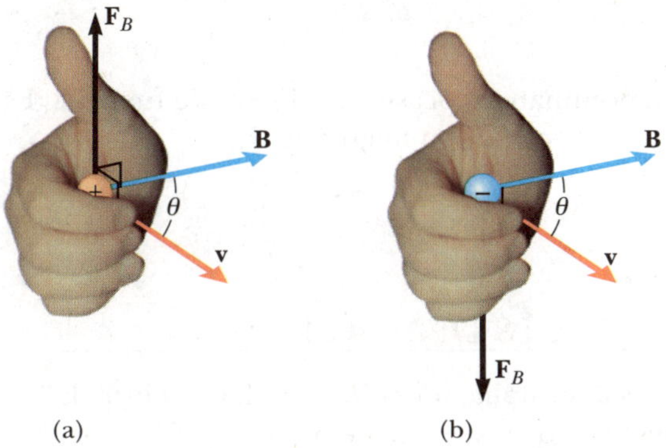

Figura 4.4

Regla de la mano derecha para determinar la dirección de la fuerza magnética $\mathbf{F}_B = q\mathbf{v} \times \mathbf{B}$ que actúa sobre una carga q que se mueve con una velocidad $\mathbf{v}$ en un campo magnético $\mathbf{B}$. La dirección de la fuerza es aquella a la que apunta el pulgar. Si q es positiva, $\mathbf{F}_B$ está orientada hacia arriba. Si q es negativa, $\mathbf{F}_B$ está orientada hacia abajo.

Pregunta rápida 4.1

Si una partícula cargada se mueve en línea recta a través de una región del espacio, ¿puede decirse que el campo magnético en esa región es cero?

La siguiente lista detalla las diferencias importantes entre las fuerzas eléctrica y magnética sobre partículas cargadas:

• *Diferencias entre los campos eléctrico y magnético*

- La fuerza eléctrica siempre es paralela o antiparalela a la dirección del campo eléctrico, mientras que la fuerza magnética es perpendicular al campo magnético.
- La fuerza eléctrica actúa sobre una partícula cargada independientemente de la velocidad de la partícula, mientras que la fuerza magnética actúa sobre una partícula cargada sólo cuando la partícula está en movimiento.
- La fuerza eléctrica ejerce un trabajo al desplazar una partícula cargada, mientras que la fuerza magnética asociada a un campo magnético estable *no* ejerce ningún trabajo cuando una partícula cargada se desplaza.

Esta última afirmación es consecuencia del hecho de que, cuando una carga se mueve en un campo magnético constante, la fuerza magnética siempre es *perpendicular* al desplazamiento. Es decir, $\mathbf{F}_B \cdot d\mathbf{s} = (\mathbf{F}_B \cdot \mathbf{v})\,dt = 0$, porque la fuerza magnética es un vector perpendicular a $\mathbf{v}$. A partir de esta propiedad y del teorema de trabajo y energía, concluimos que la energía cinética de una partícula cargada *no puede* verse alterada sólo por un campo magnético constante. En otras palabras, cuando una carga se mueve con una velocidad $\mathbf{v}$, un campo magnético aplicado puede alterar la dirección del vector velocidad, pero no puede cambiar la magnitud de la velocidad de la partícula.

El estudio de los campos magnéticos presenta complicaciones que no existían en los campos eléctricos. En nuestro estudio de los campos eléctricos, dibujábamos todos los vectores del campo eléctrico en el plano de la página o utilizábamos la perspectiva para representarlos formando un cierto ángulo con la página. El producto vectorial de la ecuación 4.1 nos obliga a pensar los problemas de magnetismo en tres dimensiones. Así, además de dibujar vectores que apunten a izquierda o derecha y arriba o abajo, necesitaremos un método para dibujar vectores hacia dentro o hacia fuera de la página. Este método se muestra en la figura 4.5. Un vector que sale de la página se representa con un punto, que podemos imaginar como la punta de la flecha que representa al vector que sale del papel hacia nosotros (figura 4.5a). Un vector que entra en la página se representa con una cruz, que podemos imaginar como las plumas de la cola de una flecha que entra en la página (figura 4.5b). Esta representación se puede utilizar para cualquier tipo de vector que encontremos: campo magnético, velocidad, fuerza, etcétera.

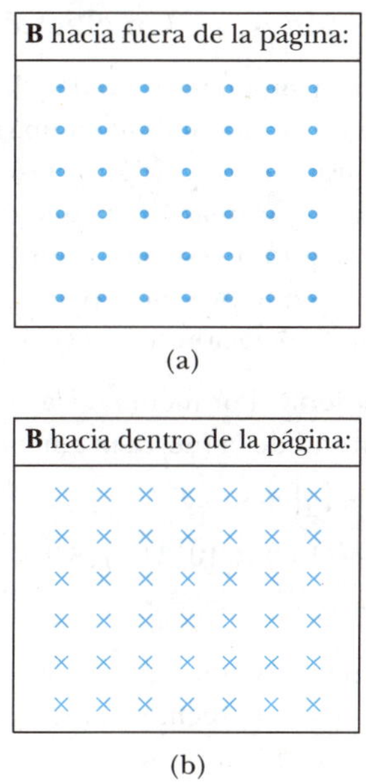

Figura 4.5

(a) Las líneas del campo magnético que salen del papel se indican con puntos, que representan las puntas de las flechas que salen. (b) Las líneas del campo magnético que entran en el papel se indican con cruces, que representan las plumas de las flechas que entran.

Pregunta rápida 4.2

Las líneas del campo eléctrico se denominan en ocasiones "líneas de fuerza". ¿Es éste un nombre correcto para las líneas del campo magnético?

PIENSE EN LA FÍSICA 4.1

En un viaje de negocios a Australia, un hombre se lleva la brújula fabricada en Europa que utilizó en sus días de boy scout. ¿Funcionará correctamente en Australia?

Razonamiento. La utilización de la brújula en Australia no presenta ningún problema. El polo norte del imán de la brújula se verá atraído por el polo sur magnético cercano al polo norte geográfico, al igual que en Europa. La única diferencia en las líneas de campo magnético es que en Australia tienen una componente que apunta hacia arriba, mientras que en Europa tienen una componente que apunta hacia abajo. Sin embargo, cuando se sujeta la brújula en un plano horizontal, la brújula no puede detectar la componente vertical del campo: sólo indica la dirección de la componente horizontal del campo magnético.

Ejemplo 4.1 Un electrón moviéndose en un campo magnético

Un electrón en un tubo de televisión se mueve hacia la parte delantera del tubo a una velocidad de 8.0×10^6 m/s a lo largo del eje x (figura 4.6). El cuello del tubo está rodeado por una bobina que crea un campo magnético con magnitud de 0.025 T, formando un ángulo de 60° con el eje x y que está en el plano xy. Calcule la fuerza magnética y la aceleración del electrón.

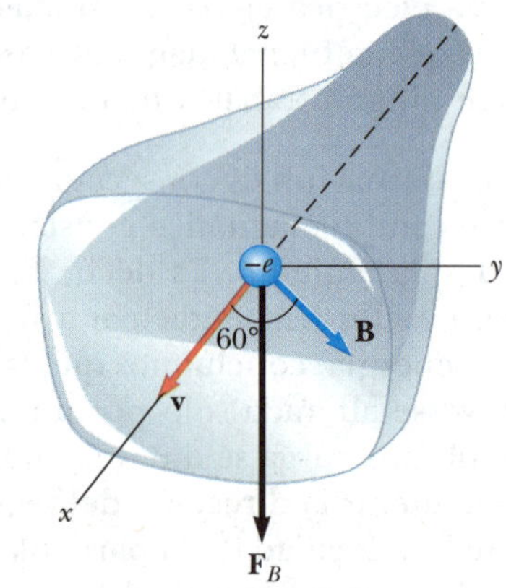

Figura 4.6

(Ejemplo 4.1) La fuerza magnética $\mathbf{F}_B$ sobre el electrón apunta en la dirección z negativa cuando $\mathbf{v}$ y $\mathbf{B}$ están sobre el plano xy.

Solución. Por medio de la ecuación 4.2, hallamos la magnitud de la fuerza magnética:

$$F_B = |q|vB \operatorname{sen} \theta$$
$$= (1.60 \times 10^{-19}\text{ C})(8.0 \times 10^6\text{ m/s})(0.025\text{ T})(\operatorname{sen} 60°)$$
$$= \boxed{2.8 \times 10^{-14}\text{ N}}$$

Como $\mathbf{v} \times \mathbf{B}$ apunta en la dirección z positiva (por la regla de la mano derecha) y la carga es negativa, $\mathbf{F}_B$ apunta en la dirección z negativa.

Una vez que hemos determinado la fuerza magnética, esto se convierte en un problema de Mecánica (véase el capítulo 4 del volumen I): la aceleración está determinada por la segunda ley de Newton. La masa del electrón es $m_e = 9.1 \times 10^{-31}$ kg, y por tanto su aceleración es

$$a = \frac{F_B}{m_e} = \frac{2.8 \times 10^{-14}\text{ N}}{9.1 \times 10^{-31}\text{ kg}} = \boxed{3.1 \times 10^{16}\text{ m/s}^2}$$

en la dirección z negativa.

EJERCICIO. Calcule el valor de la aceleración de un protón que se desplaza a través del mismo campo magnético a la misma velocidad que el electrón.

Respuesta: 1.7×10^{13} m/s^2

EJERCICIO. Un protón se mueve horizontalmente a una velocidad de 2.5×10^6 m/s, en ángulo recto con un campo magnético. ¿Qué campo magnético se requiere para equilibrar el peso del protón y mantener su movimiento horizontal?

Respuesta: 4.1×10^{-14} T en el plano horizontal.

4.3 • MOVIMIENTO DE UNA PARTÍCULA CARGADA EN UN CAMPO MAGNÉTICO

En la sección 4.2 vimos que la fuerza magnética que actúa sobre una partícula cargada que se mueve en un campo magnético es perpendicular a la velocidad de la partícula y que, consecuentemente, el trabajo realizado por la fuerza magnética sobre la partícula es cero. Considere ahora el caso especial de una partícula cargada positivamente que se mueve en un campo magnético uniforme cuando el vector de velocidad inicial de la partícula es perpendicular al campo. Supongamos que la dirección del campo magnético está dirigida hacia dentro de la página. La figura 4.7 muestra que la partícula se mueve en una trayectoria circular cuyo plano es perpendicular al campo magnético.

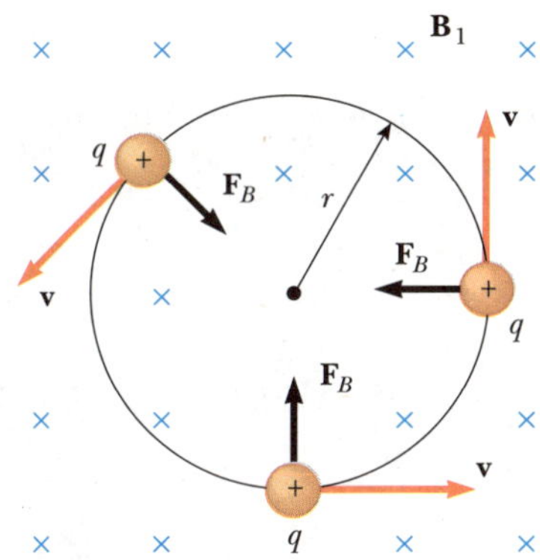

Figura 4.7

Cuando la velocidad de una partícula cargada es perpendicular a un campo magnético uniforme, la partícula se mueve describiendo una trayectoria circular en un plano perpendicular a **B**. La fuerza magnética $\mathbf{F}_B$ que actúa sobre la carga se dirige en todo momento hacia el centro del círculo.

La partícula se mueve así porque la fuerza magnética $\mathbf{F}_B$ es perpendicular a **v** y **B** y tiene un valor constante qvB. A medida que la fuerza cambia la dirección de **v**, la dirección de $\mathbf{F}_B$ cambia continuamente, como se ilustra en la figura 4.7. Como $\mathbf{F}_B$ siempre apunta hacia el centro del círculo, la partícula describe un movimiento circular uniforme. Como muestra la figura 4.7, la rotación es en sentido contrario a las agujas del reloj para una carga positiva en un campo magnético dirigido hacia dentro de la página. Si q fuera negativa, la rotación sería en el sentido de las agujas del reloj. Podemos utilizar la segunda ley de Newton para calcular el radio de la trayectoria circular:

$$\sum F = F_B = ma$$

$$qvB = \frac{mv^2}{r}$$

$$r = \frac{mv}{qB} \qquad [4.3]$$

Es decir, el radio de la trayectoria circular es proporcional al momento mv de la partícula e inversamente proporcional a la magnitud de la carga de la partícula y a la magnitud del campo magnético. La rapidez angular de la partícula es (a partir de la ecuación 10.10)

• *Frecuencia del ciclotrón*

$$\omega = \frac{v}{r} = \frac{qB}{m} \qquad [4.4]$$

El periodo del movimiento (el tiempo que tarda la partícula en completar una revolución) es igual a la circunferencia de la trayectoria circular, dividida entre la rapidez de la partícula:

$$T = \frac{2\pi r}{v} = \frac{2\pi}{\omega} = \frac{2\pi m}{qB} \qquad [4.5]$$

Estos resultados muestran que la velocidad angular de la partícula y el periodo del movimiento circular no dependen de la rapidez de traslación de la partícula o del radio de la órbita, para una partícula dada en un campo magnético uniforme dado. A la rapidez angular ω se le denomina a menudo **frecuencia de ciclotrón**,

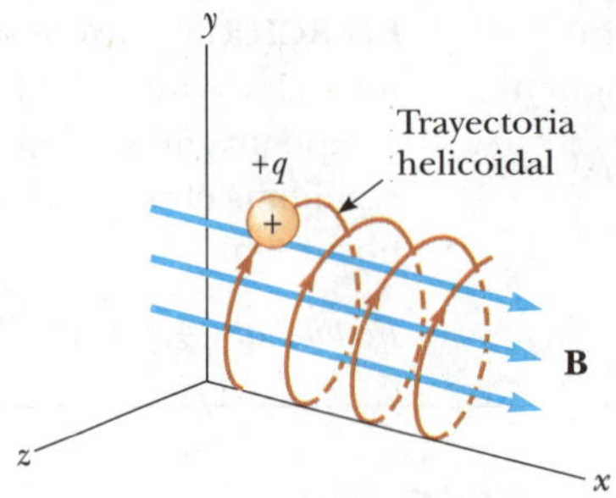

Figura 4.8

Una partícula cargada que tiene un vector velocidad con una componente paralela a un campo magnético uniforme se mueve en una trayectoria helicoidal.

porque las partículas cargadas circulan a esta rapidez en un tipo de acelerador llamado *ciclotrón*, del que hablaremos en la sección 4.4.

Si una partícula cargada se mueve en un campo magnético uniforme con su velocidad formando un ángulo arbitrario con **B**, su trayectoria es una hélice. Por ejemplo, si el campo está orientado en la dirección *x*, como se indica en la figura 4.8, no hay ninguna componente de la fuerza en la dirección *x*. Como resultado, $a_x = 0$, y por eso la componente *x* de la velocidad permanece constante. Sin embargo, la fuerza magnética $q\mathbf{v} \times \mathbf{B}$ hace que las componentes v_y y v_z cambien con el tiempo, y el movimiento resultante es una hélice que tiene su eje paralelo al campo magnético. La proyección de la trayectoria sobre el plano *yz* (mirando desde el eje *x*) es un círculo (¡las proyecciones de la trayectoria sobre los planos *xy* y *xz* son senoidales!). Las ecuaciones 4.3 a 4.5 todavía se pueden aplicar, a condición de que se sustituya v por $v_\perp = \sqrt{v_y^2 + v_z^2}$.

Pregunta rápida 4.3

Una partícula cargada se mueve describiendo una trayectoria circular en presencia de un campo magnético constante aplicado perpendicularmente a la velocidad de la partícula. ¿Adquiere la partícula energía del campo magnético?

Pregunta rápida 4.4

¿Cómo puede utilizarse el movimiento de una partícula cargada para diferenciar entre un campo magnético y un campo eléctrico en una determinada región?

PIENSE EN LA FÍSICA 4.2

Suponga que existe un campo magnético uniforme en una región finita del espacio, como se ilustra en la figura 4.9. ¿Puede introducirse una partícula cargada en esta región y hacer que permanezca atrapada en esa zona por medio de la fuerza magnética?

Razonamiento. Considere por separado las componentes (de la velocidad de la partícula) paralela y perpendicular a las líneas de campo en esa región. Para la componente paralela a las líneas de campo, no se ejerce ninguna fuerza sobre la partícula: ésta continúa moviéndose con el mismo valor de la componente paralela, hasta que abandona la región del campo magnético. Ahora considere la componente perpendicular a las líneas del campo. Esta componente da como resultado una fuerza magnética perpendicular a las líneas de campo y a la componente de la velocidad. Como se vio anteriormente, si la fuerza que actúa sobre una partícula cargada es siempre perpendicular a su velocidad, la partícula se mueve en una trayectoria circular. Así, la partícula traza la mitad de un arco circular y sale del campo en la otra parte del círculo, como se muestra en la figura 4.9. Por tanto, una partícula introducida en un campo magnético uniforme no puede permanecer atrapada en la región donde el campo actúa.

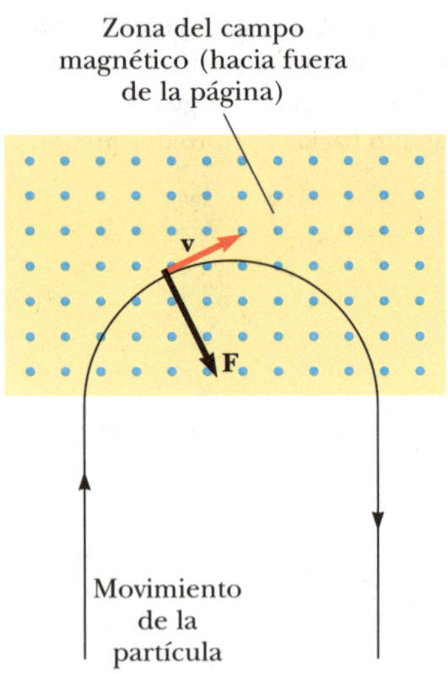

Figura 4.9

(Piense en la física 4.2) Una partícula cargada positivamente entra en una zona con un campo magnético dirigido hacia fuera de la página.

Ejemplo 4.2 Un protón moviéndose perpendicularmente a un campo magnético uniforme

Un protón se mueve en una órbita circular de radio 14.0 cm, en un campo magnético uniforme de 0.350 T y con dirección perpendicular a la velocidad del protón. Calcule la rapidez de traslación del protón.

Solución. A partir de la ecuación 4.3, hallamos

$$v = \frac{qBr}{m_p} = \frac{(1.60 \times 10^{-19}\ \text{C})(0.350\ \text{T})(14.0 \times 10^{-2}\ \text{m})}{1.67 \times 10^{-27}\ \text{kg}}$$

$$= 4.69 \times 10^{6}\ \text{m/s}$$

EJERCICIO. Si un electrón se mueve perpendicularmente al mismo campo magnético con la misma rapidez de traslación, ¿cuál será el radio de su órbita circular?

Respuesta: 7.63×10^{-5} m

Ejemplo 4.3 Curvatura de un haz de electrones

En un experimento diseñado para medir la intensidad de un campo magnético uniforme, se aceleran los electrones desde el reposo (por medio de un campo eléctrico) a través de una diferencia de potencial de 350 V. Después de abandonar la región del campo eléctrico, los electrones entran en un campo magnético y describen una trayectoria circular a causa de la fuerza magnética que se ejerce sobre ellos. El radio de la trayectoria es de 7.50 cm. La figura 4.10 muestra dicho haz curvado de electrones. Suponiendo que el campo magnético es perpendicular al haz, (a) ¿cuál es la magnitud del campo?

Figura 4.10

(Ejemplo 4.3) Curvatura de un haz de electrones en un campo magnético. *(Henry Leap y Jim Lehman)*

Razonamiento. Primero calculamos la velocidad de los electrones a partir de su aceleración en el campo eléctrico. Aplicamos la versión energética del modelo de sistema aislado: la suma del cambio en la energía cinética del electrón y el cambio en la energía potencial $q\,\Delta V$ del sistema electrón-campo es igual a cero. Después usamos la ecuación 4.3 para hallar la magnitud del campo magnético.

Solución. Como $K_i = 0$ y $K_f = \frac{1}{2}m_e v^2$, tenemos

$$\Delta K + \Delta U = 0 \longrightarrow \tfrac{1}{2}m_e v^2 + q\,\Delta V = 0$$

$$v = \sqrt{\frac{-2q\,\Delta V}{m_e}} = \sqrt{\frac{-2(-1.60 \times 10^{-19}\ \text{C})(350\ \text{V})}{9.11 \times 10^{-31}\ \text{kg}}}$$

$$= 1.11 \times 10^{7}\ \text{m/s}$$

$$B = \frac{m_e v}{|q|r} = \frac{(9.11 \times 10^{-31}\ \text{kg})(1.11 \times 10^{7}\ \text{m/s})}{(1.60 \times 10^{-19}\ \text{C})(0.0750\ \text{m})}$$

$$= 8.43 \times 10^{-4}\ \text{T}$$

(b) ¿Cuál es la rapidez angular de los electrones?

Solución. Utilizando la ecuación 10.10 del volumen I de esta obra, tenemos que

$$\omega = \frac{v}{r} = \frac{1.11 \times 10^{7}\ \text{m/s}}{0.0750\ \text{m}} = 1.48 \times 10^{8}\ \text{rad/s}$$

EJERCICIO. ¿Cuál es el periodo de revolución de los electrones?

Respuesta: 42.5 ns

4.4 • APLICACIONES DEL MOVIMIENTO DE PARTÍCULAS CARGADAS EN UN CAMPO MAGNÉTICO

Una carga moviéndose con una velocidad **v** en un campo eléctrico **E** y un campo magnético **B** experimenta una fuerza eléctrica $q\mathbf{E}$ y una fuerza magnética $q\mathbf{v} \times \mathbf{B}$. La fuerza total, llamada **fuerza de Lorentz**, que actúa sobre la carga es, por tanto:

$$\mathbf{F} = q\mathbf{E} + q\mathbf{v} \times \mathbf{B} \qquad [4.6]$$

En esta sección veremos tres aplicaciones relacionadas con partículas sometidas a la fuerza de Lorentz.

Selector de velocidad

En muchos experimentos que involucran partículas cargadas en movimiento, es importante disponer de partículas que se muevan todas básicamente con la misma velocidad. Esto se puede lograr aplicando la combinación de un campo eléctrico y un campo magnético, orientados como muestra la figura 4.11. Se dirige un campo eléctrico uniforme verticalmente hacia abajo (según el plano de la página en la figura 4.11) y se aplica un campo magnético uniforme perpendicular al campo eléctrico (hacia dentro de la página en la figura 4.11). Las partículas que se mueven por la región experimentan una fuerza de Lorentz, dada por la ecuación 4.6. Para una partícula cargada positivamente, la fuerza magnética $q\mathbf{v} \times \mathbf{B}$ se dirige hacia arriba y la fuerza eléctrica $q\mathbf{E}$ se dirige hacia abajo. Cuando se eligen los valores de los dos campos de forma que $qE = qvB$, la partícula se halla en equilibrio y se mueve describiendo una línea recta horizontal a través de la región donde actúan los dos campos. A partir de $qE = qvB$ encontramos que

$$v = \frac{E}{B} \qquad [4.7]$$

Únicamente las partículas que tienen esta velocidad no serán desviadas al atravesar los campos eléctrico y magnético perpendiculares, y podrán pasar por una pequeña abertura en el extremo del dispositivo. La fuerza magnética ejercida sobre las partículas que se mueven a velocidades mayores que ésta es más fuerte que la fuerza eléctrica, y estas partículas son desviadas hacia arriba. Las que se mueven a velocidades menores son desviadas hacia abajo.

El espectrómetro de masas

Un **espectrómetro de masas** separa los iones de acuerdo con su relación carga-masa. En una versión, conocida como *espectrómetro de masas de Bainbridge*, un haz

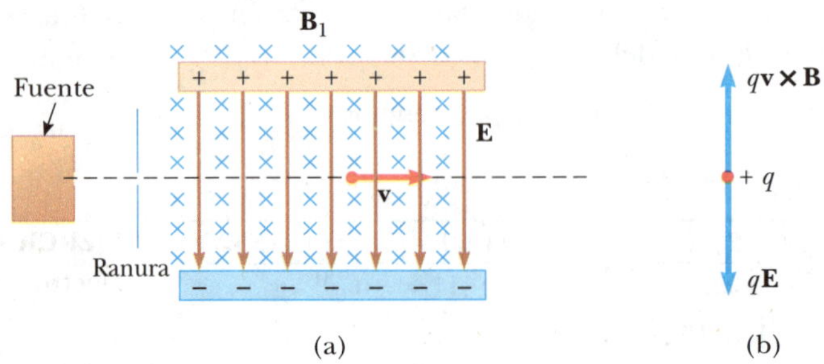

Figura 4.11

(a) Un selector de velocidad. Cuando una partícula cargada positivamente está en un campo magnético dirigido hacia dentro de la página y un campo eléctrico dirigido hacia abajo, experimenta una fuerza eléctrica hacia abajo de valor $q\mathbf{E}$ y una fuerza magnética $q\mathbf{v} \times \mathbf{B}$. (b) Cuando estas fuerzas se equilibran, la partícula se mueve en línea recta a través de los campos.

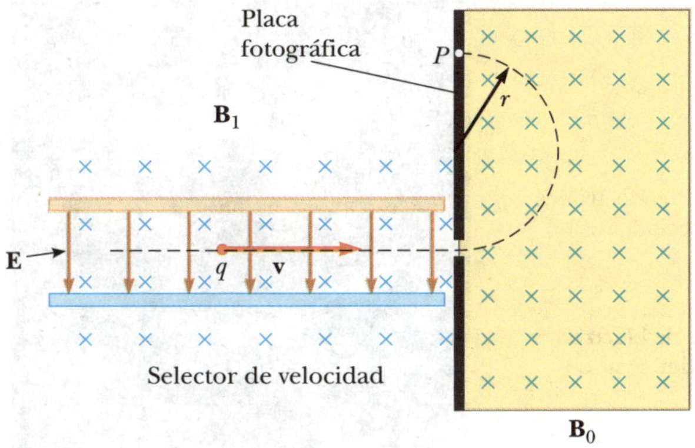

Figura 4.12

Un espectrómetro de masas. Las partículas cargadas positivamente se hacen pasar primero a través de un selector de velocidad y luego por una región en la que el campo magnético $\mathbf{B}_0$ hace que las partículas se muevan en una trayectoria semicircular e impacten sobre una película fotográfica en *P*.

de iones primero pasa por un selector de velocidad y luego entra en una segunda región sin campo eléctrico y con un campo magnético uniforme $\mathbf{B}_0$, que tiene la misma dirección que el campo magnético que actúa en el selector (figura 4.12). Al entrar en el segundo campo magnético, los iones se mueven describiendo un semicírculo de radio r antes de impactar sobre una placa fotográfica en *P*. Si los iones están cargados positivamente, el haz se desvía hacia arriba como se indica en la figura 4.12. Si los iones están cargados negativamente, el haz se desvía hacia abajo. A partir de la ecuación 4.3, podemos expresar la relación m/q como

$$\frac{m}{q} = \frac{rB_0}{v}$$

Utilizando la ecuación 4.7, se encuentra que

$$\frac{m}{q} = \frac{rB_0B}{E} \qquad [4.8]$$

Por tanto, m/q se puede calcular midiendo el radio de curvatura y conociendo los valores de los campos B, B_0, y E. En la práctica, se suelen medir las masas de varios isótopos de un determinado ion, con todos los iones portando la misma carga q. De esta forma, se pueden calcular las razones entre sus masas incluso sin conocer q.

J. J. Thomson (1856-1940) utilizó una variación de esta técnica en 1897 para medir la relación e/m_e para los electrones. La figura 4.13a muestra el dispositivo básico que empleó. Se aceleran los electrones desde el cátodo y se les hace pasar por dos ranuras. Luego llegan a una región donde los campos eléctrico y magnético son perpendiculares entre sí. Se ajusta primero el valor de los dos campos hasta conseguir que el haz no se desvíe. Cuando se elimina el campo magnético, el campo eléctrico produce una desviación apreciable del haz, que se registra en la pantalla fluorescente. A partir de la desviación y de los valores medidos de E y B, se puede determinar la relación carga-masa. Los resultados de este experimento crucial representaron el descubrimiento del electrón como partícula fundamental de la Naturaleza.

WEB

El ciclotrón se inventó en el Lawrence Berkeley National Laboratory. Para conocer la historia del laboratorio contada por el premio nobel Glenn Seaborg, incluyendo muchas fotos de ciclotrones, visite **www-itg.lbl.gov/Seaborg.talks/65th-anniv/complete.html**

El ciclotrón

Un **ciclotrón** puede acelerar partículas cargadas hasta velocidades muy elevadas. Tanto la fuerza magnética como la eléctrica juegan un papel clave en su funcionamiento. Las partículas energéticas así conseguidas se utilizan para bombardear núcleos atómicos y generar reacciones nucleares que interesan a los investigadores. Asimismo, diversos hospitales utilizan ciclotrones para producir sustancias radiactivas para diagnóstico y tratamientos.

APLICACIÓN

Usos del ciclotrón.

En la figura 4.14 se muestra un dibujo esquemático de un ciclotrón. Las cargas se mueven dentro de dos contenedores semicirculares D_1 y D_2, denominados

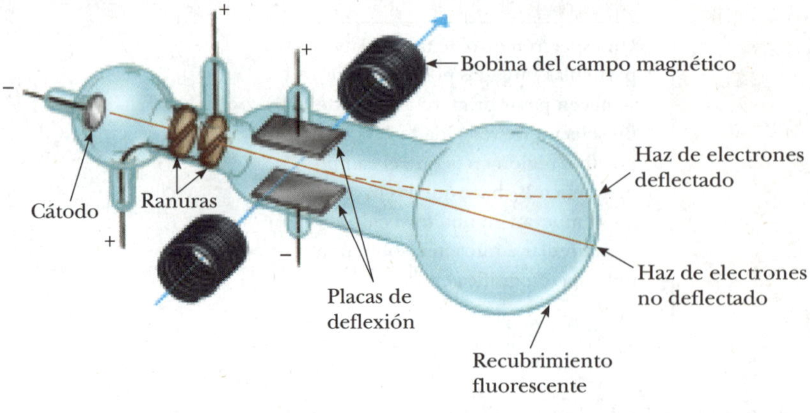

Figura 4.13

(a) El dispositivo de Thomson para medir e/m_e. Los electrones se aceleran desde el cátodo, pasan por dos ranuras y son deflectados por un campo eléctrico y otro magnético (perpendicular al campo eléctrico). Luego, los electrones impactan en una pantalla fluorescente. (b) J. J. Thompson *(izquierda)* en el Laboratorio Cavendish, Universidad de Cambridge. Como nota curiosa, la persona de la derecha, Frank Baldwin Jewett, es pariente lejano de John W. Jewett Jr., coautor de este texto. *(Bell Telephone Labs/Cortesía de Emilio Segrè Visual Archives)*

des porque tienen la forma de la letra "D". A estas "des" se les aplica una diferencia de potencial alterna de alta frecuencia y un campo magnético uniforme perpendicular a ellas. Un ion positivo liberado en P, cerca del centro del imán, se mueve describiendo una trayectoria semicircular en una "de" (indicada en el dibujo por la línea discontinua) y vuelve a la ranura central en un tiempo igual a $T/2$, donde T es el tiempo necesario para realizar un viaje completo alrededor de las dos "des", dado por la ecuación 4.5. La frecuencia de la diferencia de potencial aplicada se elige de forma tal que la polaridad de las "des" se invierta du-

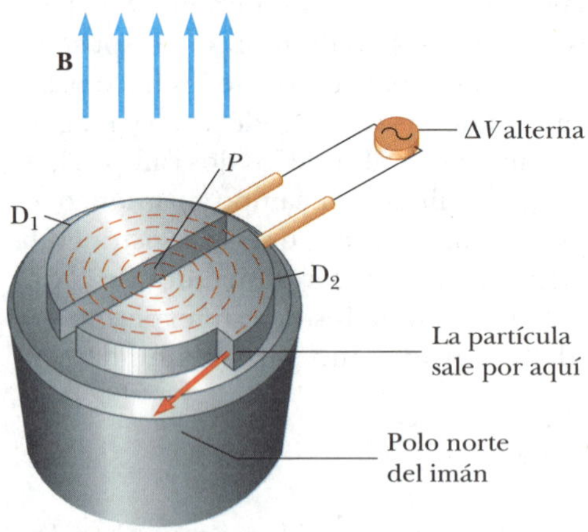

Figura 4.14

(a) Un ciclotrón consiste en una fuente de iones situada en P, dos secciones huecas llamadas "des", D_1 y D_2, entre las cuales se aplica una diferencia de potencial, y un campo magnético uniforme. (El polo sur del imán no se muestra). Las líneas curvas discontinuas representan la trayectoria de las partículas. (b) El primer ciclotrón, inventado por E. O. Lawrence y M. S. Livingston en 1934. *(Cortesía de Lawrence Berkeley Laboratory, University of California)* rante el intervalo de tiempo en el que el ion viaja por una "de". Si la diferencia de potencial aplicada se ajusta de forma que D_2 esté a un potencial más bajo que D_1 por una cantidad ΔV, el ion se acelerará a través de la ranura de separación hasta D_2 y su energía cinética aumentará una cantidad $q\Delta V$. Luego, el ion se desplazará alrededor de D_2 en una trayectoria semicircular con un radio mayor (porque ha aumentado su velocidad). Tras un tiempo $T/2$, llega de nuevo a la ranura situada entre las "des". En este punto, la polaridad entre las "des" se habrá invertido de nuevo y al ion se le da otro "empujón" para atravesar la ranura. El movimiento continúa de forma que, en cada viaje de medio círculo alrededor de una "de", el ion gana una energía cinética adicional igual a $q\Delta V$. Cuando el radio de su trayectoria es casi igual al de las "des", el ion "acelerado" abandona el sistema a través de la abertura de salida. Es importante hacer notar que el funcionamiento del ciclotrón se basa en el hecho de que T es independiente de la velocidad del ion y del radio de su trayectoria circular (ecuación 4.5).

Podemos obtener una expresión para la energía cinética del ion cuando sale del ciclotrón en términos del radio R de las "des". A partir de la ecuación 4.3, sabemos que $v = qBR/m$. Por tanto, la energía cinética es

$$K = \tfrac{1}{2}mv^2 = \frac{q^2B^2R^2}{2m} \qquad [4.9]$$

Cuando la energía de los iones en un ciclotrón supera los 20 MeV, entran en acción los efectos relativistas. Por esta razón, los iones en movimiento no permanecen en fase con la diferencia de potencial aplicada. Algunos aceleradores resuelven este problema modificando la frecuencia de la diferencia de potencial aplicada, para que permanezca en fase con los iones en movimiento.

¡ADVERTENCIA! 4.1

El ciclotrón no es una tecnología de vanguardia

El ciclotrón es importante históricamente porque fue el primer acelerador de partículas en conseguir velocidades de partículas muy elevadas. Los ciclotrones todavía se utilizan, por ejemplo, para acelerar partículas a altas velocidades en aplicaciones médicas. El ciclotrón también es importante como aplicación de las ideas de este capítulo. Sin embargo, la mayor parte de los aceleradores recientemente construidos y utilizados en la actualidad para investigación no son ciclotrones. Funcionan utilizando principios diferentes y se denominan *sincrotrones*.

4.5 • FUERZA MAGNÉTICA SOBRE UN CONDUCTOR QUE LLEVA UNA CORRIENTE ELÉCTRICA

Al igual que se ejerce una fuerza magnética sobre una partícula cargada cuando se desplaza a través de un campo magnético externo, no debería sorprender al lector el descubrir que un alambre portador de corriente también experimenta una fuerza magnética cuando se sitúa en un campo magnético externo. Esto se debe al hecho de que la corriente es un conjunto de muchas partículas cargadas en movimiento; por tanto, la fuerza magnética resultante sobre el alambre proviene de la suma de las fuerzas magnéticas individuales sobre las partículas cargadas. La fuerza sobre las partículas se transmite al "conjunto" del alambre por medio de colisiones con los átomos que forman dicho alambre.

La fuerza magnética sobre un conductor que lleva una corriente puede manifestarse colgando un alambre entre las caras de un imán, como se ilustra en la figura 4.15, donde el campo magnético se dirige hacia dentro de la página. El alambre se desvía a derecha o izquierda cuando lo atraviesa una corriente.

Cuantifiquemos este efecto considerando un segmento recto del alambre, de longitud ℓ y sección A, que transporta una corriente I en un campo magnético uniforme $\mathbf{B}$, como se ilustra en la figura 4.16. Para simplificar, ignoraremos el movimiento en zigzag a alta velocidad de las cargas en el alambre (simplificación que resulta perfectamente admisible, porque la velocidad neta asociada con dicho movimiento de zigzag es cero) y supondremos que las cargas se mueven simplemente con la velocidad de arrastre $\mathbf{v}_d$. La fuerza magnética sobre una carga q que se mueve a la velocidad de arrastre $\mathbf{v}_d$ es $q\mathbf{v}_d \times \mathbf{B}$. Para determinar la fuerza magnética total sobre el segmento del alambre, multiplicamos la fuerza magnética ejercida sobre una carga por el número de cargas que hay en el segmento. Como el volumen del segmento es $A\ell$, el número de cargas en el segmento es $nA\ell$, donde

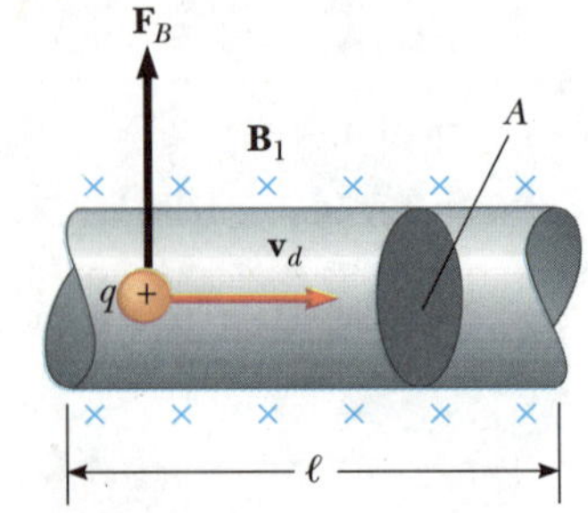

Figura 4.16

Sección de un cable que contiene cargas en movimiento en un campo magnético **B**. La fuerza magnética sobre cada carga es $q\mathbf{v}_d \times \mathbf{B}$, y la fuerza neta sobre un segmento de longitud ℓ es $I\boldsymbol{\ell} \times \mathbf{B}$.

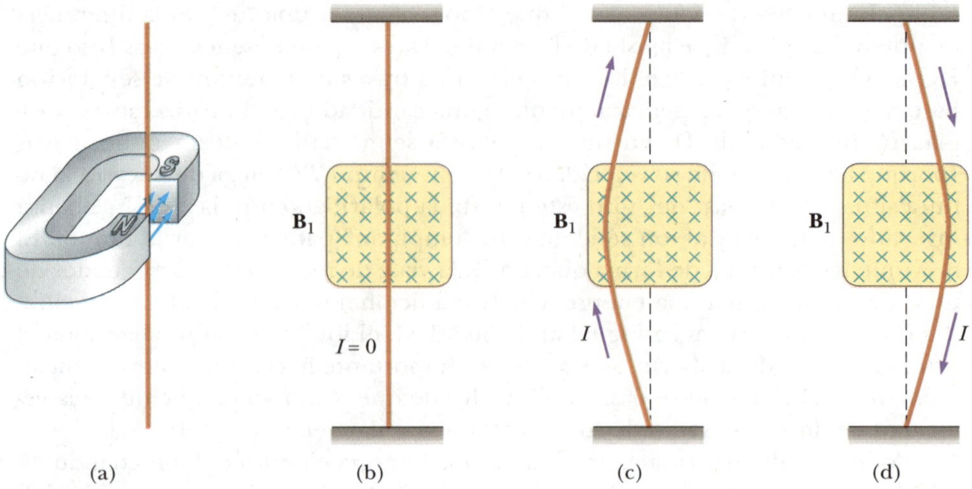

Figura 4.15

(a) Alambre suspendido verticalmente entre los polos de un imán. (b) La estructura mostrada en (a), vista mirando hacia el polo sur del imán, de manera que el campo magnético (cruces azules) se dirige hacia dentro de la página. Cuando no fluye ninguna corriente por el cable, éste permanece vertical. (c) Cuando la corriente es de sentido ascendente, el cable se desvía hacia la izquierda. (d) Cuando la corriente es de sentido descendente, el cable se desvía hacia la derecha.

n es el número de cargas por unidad de volumen. Por tanto, la fuerza magnética total sobre el alambre de longitud ℓ es

$$\mathbf{F}_B = (q\mathbf{v}_d \times \mathbf{B})nA\ell$$

Se puede escribir esto de forma más conveniente observando que, a partir de la ecuación 3.4, la corriente en el cable es $I = nqv_dA$. Por tanto, $\mathbf{F}_B$ se puede expresar como

$$\mathbf{F}_B = I\boldsymbol{\ell} \times \mathbf{B} \qquad [4.10]$$

• *Fuerza magnética sobre un conductor que lleva corriente*

donde $\boldsymbol{\ell}$ es un vector en la dirección de la corriente I; la magnitud de $\boldsymbol{\ell}$ es igual a la longitud del segmento. Observe que esta expresión únicamente se aplica a un segmento recto de alambre en el seno de un campo magnético externo uniforme.

Ahora considere un alambre de forma arbitraria, con sección transversal uniforme e inmerso en un campo magnético uniforme, como se ilustra en la figura 4.17. Vemos, a partir de la ecuación 4.10, que la fuerza magnética sobre un segmento muy pequeño del cable de longitud ds, en presencia de un campo magnético externo **B**, es

$$d\mathbf{F}_B = I\,d\mathbf{s} \times \mathbf{B} \qquad [4.11]$$

donde $d\mathbf{s}$ es un vector que representa la longitud del segmento, con su dirección igual a la de la corriente, y $d\mathbf{F}_B$ se dirige hacia fuera de la página según las direcciones supuestas en la figura 4.17. Podemos considerar la ecuación 4.11 como una definición alternativa de **B** a la de la ecuación 4.1. Es decir, el campo **B** se puede definir en términos de una fuerza mensurable sobre un elemento de corriente, donde la fuerza tiene una magnitud máxima cuando **B** es perpendicular al elemento y cero cuando **B** es paralela al elemento.

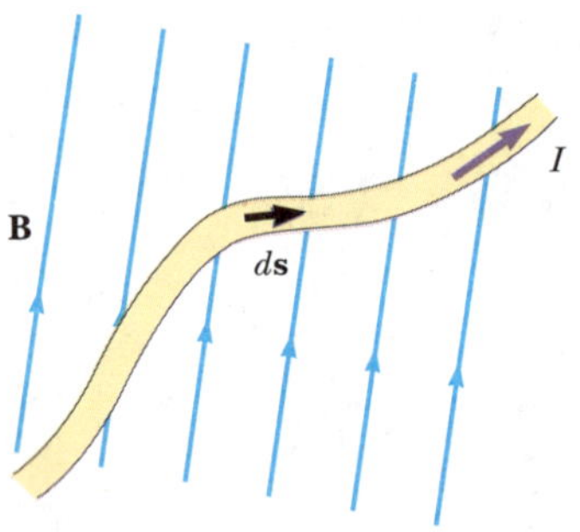

Figura 4.17

Un segmento de alambre de forma arbitraria que transporta una corriente I dentro de un campo magnético **B** experimenta una fuerza magnética. La fuerza sobre cualquier elemento de longitud $d\mathbf{s}$ es $I\,d\mathbf{s} \times \mathbf{B}$ y se dirige hacia fuera de la página.

Para obtener la fuerza magnética total $\mathbf{F}_B$ sobre una longitud de alambre entre dos puntos arbitrarios a y b, integramos la ecuación 4.11 para toda la longitud del alambre comprendida entre esos puntos:

$$\mathbf{F}_B = I\int_a^b d\mathbf{s} \times \mathbf{B} \qquad [4.12]$$

Cuando se lleva a cabo esta integración, la magnitud del campo magnético y el ángulo que forma el campo con el vector $d\mathbf{s}$ pueden variar entre un punto y otro.

Pregunta rápida 4.5

¿Cuál es la fuerza magnética neta sobre una espira cerrada de corriente en un campo magnético uniforme?

PIENSE EN LA FÍSICA 4.3

En un rayo, las cargas negativas se mueven rápidamente de una nube al suelo. ¿En qué dirección se desvía el rayo debido al campo magnético de la Tierra?

Razonamiento. El flujo descendente de carga negativa en un rayo es equivalente a una corriente ascendente. Así, el vector $d\mathbf{s}$ es ascendente, y el vector del campo magnético tiene una componente que apunta hacia el norte. Si determinamos el producto vectorial de la longitud del elemento y del campo magnético (ecuación 4.11), vemos que el rayo se desviaría hacia el *oeste*.

Ejemplo 4.4 Fuerza sobre un conductor semicircular

Un alambre con forma de semicírculo de radio R forma un circuito cerrado y transporta una corriente I. El circuito está sobre el plano xy, y en un campo magnético uniforme dirigido a lo largo del eje y como se indica en la figura 4.18. Calcule la fuerza magnética sobre la parte recta del cable y sobre la parte curva.

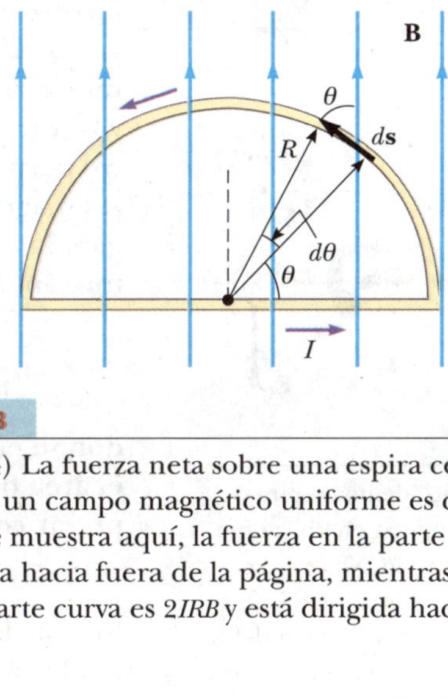

Figura 4.18

(Ejemplo 4.4) La fuerza neta sobre una espira cerrada de corriente en un campo magnético uniforme es cero. Para la espira que se muestra aquí, la fuerza en la parte recta es $2IRB$ y está dirigida hacia fuera de la página, mientras que la fuerza sobre la parte curva es $2IRB$ y está dirigida hacia dentro de la página

Razonamiento y solución. La fuerza en la parte recta del cable tiene magnitud $F_1 = I\ell B = 2IRB$, ya que $\ell = 2R$ y el alambre es perpendicular a $\mathbf{B}$. $\mathbf{F}_1$ está dirigida hacia fuera del papel, ya que $\boldsymbol{\ell} \times \mathbf{B}$ apunta hacia fuera (es decir, $\boldsymbol{\ell}$ apunta hacia la derecha, en la dirección de la corriente, y según la regla del producto vectorial, $\boldsymbol{\ell} \times \mathbf{B}$ está dirigido hacia fuera).

Para hallar la fuerza magnética en la parte curva, escribimos primero una expresión para la fuerza magnética $d\mathbf{F}_2$ sobre el elemento $d\mathbf{s}$. Si θ es el ángulo entre $\mathbf{B}$ y $d\mathbf{s}$ en la figura 4.18, el valor de $d\mathbf{F}_2$ es

$$dF_2 = I|\,d\mathbf{s} \times \mathbf{B}\,| = IB \operatorname{sen}\theta\, ds$$

Para integrar esta expresión, expresamos ds en términos de θ. Como $s = R\theta$, $ds = R\, d\theta$, y la expresión para dF_2 se puede escribir como

$$dF_2 = IRB \operatorname{sen}\theta\, d\theta$$

Para obtener la fuerza magnética total F_2 en la parte curva, integramos esta expresión para considerar la contribución de todos los elementos. Observe que la dirección de la fuerza magnética que actúa sobre todos los elementos es la misma: hacia dentro del papel (porque $d\mathbf{s} \times \mathbf{B}$ apunta hacia dentro). Por tanto, la fuerza magnética resultante $\mathbf{F}_2$ en el alambre curvo también debe estar orientada hacia dentro del papel. Integrando dF_2 entre los límites $\theta = 0$ hasta $\theta = \pi$ (es decir, todo el semicírculo) tenemos

$$F_2 = IRB \int_0^{\pi} \operatorname{sen}\theta\, d\theta = IRB[-\cos\theta]_0^{\pi}$$

$$= -IRB(\cos\pi - \cos 0) = -IRB(-1-1) = 2IRB$$

Como $F_2 = 2IRB$ y el vector $\mathbf{F}_2$ se dirige hacia dentro del papel y la fuerza en el alambre recto tiene magnitud $F_1 = 2IRB$ y sale del papel, vemos que la fuerza magnética neta sobre la espira cerrada es cero, como cabría esperar a partir de la Pregunta rápida 4.5.

EJERCICIO. Calcular el valor de la fuerza magnética por unidad de longitud ejercida sobre un conductor que lleva una corriente de 22.0 A en una zona en la que existe un campo magnético uniforme de valor 0.770 T perpendicular al conductor.

Respuesta: 16.9 N/m

4.6 • MOMENTO DE TORSIÓN SOBRE UNA ESPIRA DE CORRIENTE EN UN CAMPO MAGNÉTICO UNIFORME

En la sección anterior mostramos cómo se ejerce una fuerza magnética sobre un conductor que lleva una corriente, cuando el conductor se sitúa en un campo magnético externo. Partiendo de esto, mostraremos que se ejerce una torca sobre una espira de corriente situada en un campo magnético. Los resultados de este análisis son de un gran valor práctico para el diseño de motores y generadores.

Considere una espira rectangular con una corriente I en presencia de un campo magnético externo uniforme *en el plano de la espira,* como se ilustra en la figura 4.19a. Las fuerzas magnéticas en los lados ① y ③, de longitud b, son cero, porque esos alambres están paralelos al campo; por tanto, $d\mathbf{s} \times \mathbf{B} = 0$ para esos lados. Sin embargo, sobre los lados ② y ④ actúan fuerzas magnéticas que no son cero, ya que esos lados están orientados perpendicularmente al campo. El valor de estas fuerzas es

$$F_2 = F_4 = IaB$$

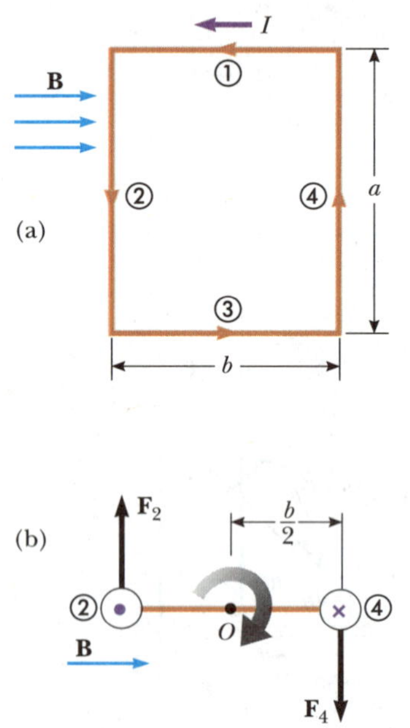

Figura 4.19

(a) Vista superior de una espira de corriente rectangular en un campo magnético uniforme. No se ejerce ninguna fuerza sobre los lados ① y ③, porque estos lados son paralelos a **B**. Sin embargo, se ejercen fuerzas sobre los lados ② y ④. (b) Una vista lateral de la espira, donde los lados ② y ④ son perpendiculares a la página, muestra que las fuerzas $\mathbf{F}_2$ y $\mathbf{F}_4$ ejercidas sobre esos lados crean un par que tiende a rotar la espira en el sentido de las manecillas del reloj. El punto en el círculo izquierdo representa la corriente en el cable ②, que sale hacia nosotros; la × en el círculo derecho representa la corriente en el cable ④, que entra en la página.

La dirección de $\mathbf{F}_2$, la fuerza magnética sobre el lado ②, es hacia fuera del papel, y la de $\mathbf{F}_4$, la fuerza magnética sobre el lado ④, es hacia dentro del papel. Si miramos la espira desde el lado ③, como en la figura 4.19b, vemos las fuerzas en ② y ④ dirigidas como se indica. Si suponemos que la espira puede rotar sobre un eje perpendicular a la página y que pasa por el punto O, vemos que esas dos fuerzas magnéticas producen un momento de torsión con respecto a ese eje que hace girar la espira en el sentido de las manecillas del reloj. La magnitud del momento de torsión, al que llamaremos $\tau_{\text{máx}}$, es

$$\tau_{\text{máx}} = F_2 \frac{b}{2} + F_4 \frac{b}{2} = (IaB) \frac{b}{2} + (IaB) \frac{b}{2} = IabB$$

donde el brazo de palanca con respecto a este eje es $b/2$ para cada fuerza. Como el área de la espira es $A = ab$, la magnitud del momento de torsión se puede expresar como

$$\tau_{\text{máx}} = IAB \qquad \textbf{[4.13]}$$

Recuerde que este resultado únicamente es válido cuando el campo **B** es paralelo al plano de la espira. El sentido de rotación es el de las manecillas del reloj cuando se ve a la espira como se indica en la figura 4.19b. Si se invirtiera la corriente, las fuerzas magnéticas invertirían sus direcciones y la tendencia de rotación sería en sentido contrario a las manecillas del reloj.

Ahora suponga que el campo magnético uniforme hace un ángulo θ con una línea perpendicular al plano de la espira, como se ilustra en la figura 4.20. Para facilitar la comprensión, supondremos que **B** es perpendicular a los lados ② y ④. (Ambos lados son perpendiculares a la página en la figura 4.20). En este caso, las fuerzas magnéticas en los lados ① y ③ se cancelan entre sí y no producen ningún momento de torsión, porque tienen la misma línea de acción. Sin embargo, las fuerzas magnéticas $\mathbf{F}_2$ y $\mathbf{F}_4$ que actúan sobre los lados ② y ④, producen un momento de torsión respecto a un eje que pase por el centro de la espira. Miran-

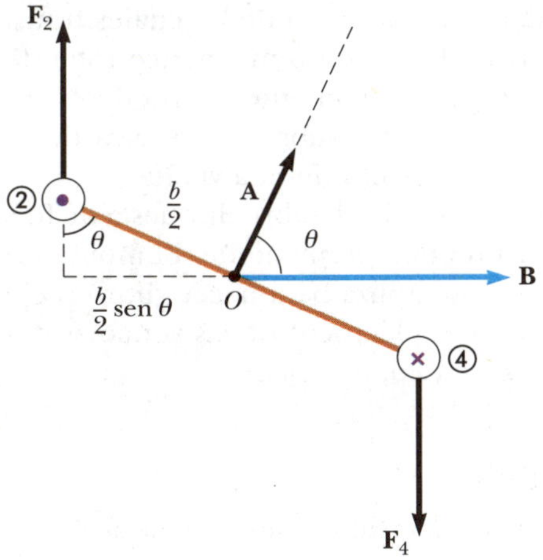

Figura 4.20

Vista superior de la espira de la figura 4.19b, girada un cierto ángulo con respecto al campo magnético. Si **B** forma un ángulo θ respecto al vector **A**, que es perpendicular al plano de el momento de torción es IAB sen θ.

do la figura 4.20, observamos que el brazo de palanca de $\mathbf{F}_2$ respecto a este eje es $(b/2)$ sen θ. De igual forma, el brazo de palanca de $\mathbf{F}_4$ también es $(b/2)$ sen θ. Como $F_2 = F_4 = IaB$, el momento de torsión neto τ tiene el valor

$$
\begin{aligned}
\tau &= F_2 \frac{b}{2} \operatorname{sen} \theta + F_4 \frac{b}{2} \operatorname{sen} \theta \\
&= (IaB)\left(\frac{b}{2} \operatorname{sen} \theta\right) + (IaB)\left(\frac{b}{2} \operatorname{sen} \theta\right) = IabB \operatorname{sen} \theta \\
&= IAB \operatorname{sen} \theta
\end{aligned}
$$

donde $A = ab$ es el área de la espira. Este resultado muestra que el momento de torsión tiene su valor máximo IAB (ecuación 4.13) cuando el campo es paralelo al plano de la espira ($\theta = 90°$) y es cero cuando el campo es perpendicular al plano de la espira ($\theta = 0$). Como vemos en la figura 4.20, la espira tiende a rotar en la dirección en que θ disminuye (de modo que la normal al plano de la espira trata de apuntar en la dirección del campo magnético). Una expresión vectorial conveniente para el momento de torsión es la siguiente:

$$\boldsymbol{\tau} = I\mathbf{A} \times \mathbf{B} \qquad [4.14]$$

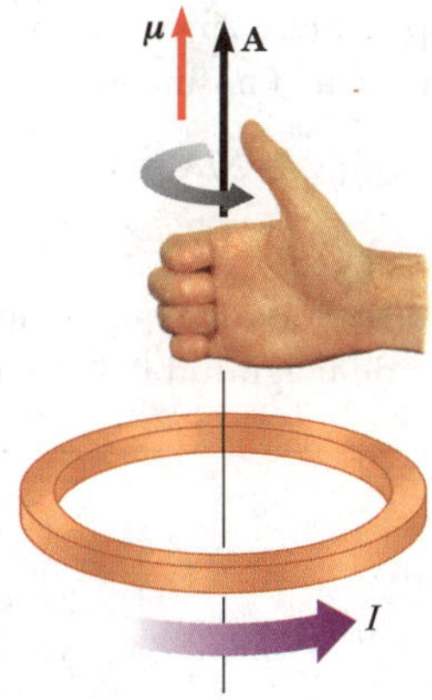

Figura 4.21

Regla de la mano derecha para determinar la dirección del vector **A**. La dirección del momento magnético $\boldsymbol{\mu}$ es la misma que la dirección de **A**.

donde **A**, un vector perpendicular al plano de la espira (figura 4.20), tiene magnitud igual al área de la espira. El sentido de **A** viene determinado por la regla de la mano derecha que se muestra en la figura 4.21. Cuando los cuatro dedos de la mano derecha se cierran en la dirección de la corriente de la espira, el pulgar apunta en la dirección de **A**. Al producto $I\mathbf{A}$ se le llama **momento magnético dipolar** $\boldsymbol{\mu}$ de la espira:

• *Momento magnético de una espira de corriente*

$$\boldsymbol{\mu} \equiv I\mathbf{A} \qquad [4.15]$$

Las unidades para el momento magnético dipolar en el SI son ampere-metro^2 ($\text{A} \cdot \text{m}^2$). Utilizando esta definición, se puede expresar el momento de torsión como

• *Momento de torsión ejercido sobre una espira de corriente*

$$\boldsymbol{\tau} = \boldsymbol{\mu} \times \mathbf{B} \qquad [4.16]$$

Aunque hemos calculado el momento de torsión para una orientación particular de **B** con respecto a la espira, la ecuación 4.16 es válida para cualquier orientación. Aún más, aunque la expresión del momento de torsión se derivó para una espira rectangular, el resultado es válido para una espira con cualquier forma. Una vez que se determina el momento de torsión, el movimiento de la espira puede estudiarse como el de un cuerpo rígido bajo la acción del momento de torsión neta.

Si una espira consiste de N vueltas de alambre, cada una de las cuales transporta la misma corriente y tiene la misma área, el momento magnético total de la espira es el producto del número de vueltas por el momento magnético para una vuelta, $\boldsymbol{\mu} = NI\mathbf{A}$. Así pues, el momento de torsión sobre una espira de N vueltas es N veces mayor que la ejercida sobre una espira de una vuelta.

Un motor eléctrico común consiste en una espira de alambre dispuesta de forma que puede girar en un campo creado por un imán permanente. El momento de torsión sobre la espira portadora de corriente se utiliza para hacer girar un eje que mueve un dispositivo mecánico: los elevadores eléctricos de las ventanas del coche, un ventilador doméstico o un cuchillo eléctrico, por ejemplo.

Ejemplo 4.5 Momento magnético y momento de torsión en una espira

Una espira rectangular de dimensiones 5.40 cm × 8.50 cm consta de 25 vueltas de alambre. La espira lleva una corriente de 15.0 mA. (a) Calcular el valor de su momento magnético.

Solución. La magnitud del momento magnético de una espira de corriente es $\mu = IA$ (ecuación 4.15). En este caso, $A = (0.0540 \text{ m})(0.0850 \text{ m}) = 4.59 \times 10^{-3} \text{ m}^2$. Como la espira tiene 25 vueltas, y suponiendo que cada vuelta encierra la misma área A, tenemos

$$\begin{aligned}\mu_{\text{espira}} &= NIA = (25)(15.0 \times 10^{-3} \text{ A})(4.59 \times 10^{-3} \text{ m}^2) \\ &= 1.72 \times 10^{-3} \text{ A}\cdot\text{m}^2\end{aligned}$$

(b) Suponga que se aplica un campo magnético uniforme de magnitud 0.350 T paralelo al plano de la espira. ¿Cuál es la magnitud del momento de torsión que actúa sobre la espira?

Solución. El momento de torsión viene dado por la ecuación 4.16, $\boldsymbol{\tau} = \boldsymbol{\mu} \times \mathbf{B}$. En este caso, $\mathbf{B}$ es perpendicular a $\boldsymbol{\mu}_{\text{espira}}$, por lo que

$$\begin{aligned}\tau = \mu_{\text{espira}} B &= (1.72 \times 10^{-3} \text{ A}\cdot\text{m}^2)(0.350 \text{ T}) \\ &= 6.02 \times 10^{-4} \text{ N}\cdot\text{m}\end{aligned}$$

EJERCICIO. Demostrar que las unidades del momento de torsión, $\text{A}\cdot\text{m}^2\cdot\text{T}$, se reducen a $\text{N}\cdot\text{m}$.

EJERCICIO. Calcular el valor del momento de torsión en la espira cuando el campo magnético de 0.350 T hace un ángulo de (a) 60.0° y (b) 0° con $\boldsymbol{\mu}$.

Respuesta: (a) $5.21 \times 10^{-4} \text{ N}\cdot\text{m}$ (b) Cero

4.7 • LEY DE BIOT-SAVART

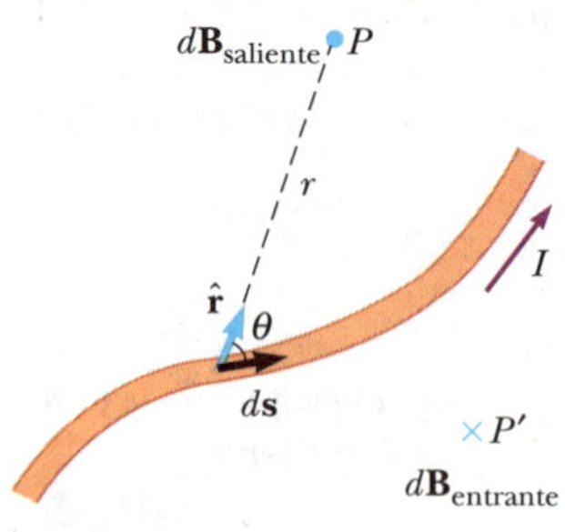

Figura 4.22

El campo magnético $d\mathbf{B}$ en un punto P debido a una corriente I que pasa a través de un elemento de longitud $d\mathbf{s}$ viene dado por la ley de Biot-Savart. El campo sale de la página en P y entra en la página en P'.

En secciones anteriores investigamos el resultado de situar un objeto en un campo magnético existente. Cuando una carga en movimiento atraviesa el campo, experimenta una fuerza magnética; un alambre portador de corriente situado en el campo también experimenta una fuerza magnética; una espira de corriente en el campo sufre la acción de un momento de torsión de fuerzas.

Ahora vamos a dar un giro a nuestros pensamientos e investigar el *origen* del campo magnético. El descubrimiento por Oersted en 1819 (sección 4.1) de que una corriente eléctrica en un alambre desvía la aguja de una brújula cercana indica que la corriente actúa como fuente de un campo magnético. A partir de sus investigaciones, a principios del siglo XIX, sobre la fuerza entre un conductor portador de corriente y un imán, Jean Baptiste Biot y Félix Savart llegaron a formular una expresión para el campo magnético en un punto del espacio en términos de la corriente que produce el campo. No existen corrientes puntuales comparables a una carga puntual (porque debe haber un circuito completo para que haya una corriente); por tanto, deberemos investigar el campo magnético debido a un elemento infinitesimalmente pequeño de corriente que forme parte de una distribución de corriente mayor. Suponga que la distribución de corriente es un alambre por el que fluye una corriente estacionaria I, como se indica en la figura 4.22. La ley **de Biot-Savart** dice que el campo magnético $d\mathbf{B}$ en un punto P creado por un elemento de longitud infinitesimal ds del alambre tiene las siguientes propiedades:

- El vector $d\mathbf{B}$ es perpendicular a $d\mathbf{s}$ (que apunta en la dirección de la corriente) y al vector unitario $\hat{\mathbf{r}}$ que se dirige desde el elemento hasta P.

- La magnitud de $d\mathbf{B}$ es inversamente proporcional a r^2, donde r es la distancia desde el elemento hasta el punto P.
- La magnitud de $d\mathbf{B}$ es proporcional a la corriente y a la longitud ds del elemento.
- La magnitud de $d\mathbf{B}$ es proporcional a sen θ, donde θ es el ángulo entre $d\mathbf{s}$ y $\hat{\mathbf{r}}$.

• *Propiedades del campo magnético creado por un elemento de corriente.*

La ley **de Biot-Savart** se puede resumir de la siguiente forma:

$$d\mathbf{B} = k_m \frac{I\, d\mathbf{s} \times \hat{\mathbf{r}}}{r^2} \qquad [4.17]$$

• *Ley de Biot-Savart*

Donde k_m es una constante que en unidades del SI es exactamente 10^{-7} T·m/A. La constante k_m se suele escribir $\mu_0/4\pi$, donde μ_0 es otra constante, llamada **permeabilidad del espacio libre**:

$$\frac{\mu_0}{4\pi} = k_m = 10^{-7}\ \mathrm{T\cdot m/A} \qquad [4.18]$$

$$\mu_0 = 4\pi k_m = 4\pi \times 10^{-7}\ \mathrm{T\cdot m/A} \qquad [4.19]$$

• *Permeabilidad del espacio libre*

Por tanto, la ley de Biot-Savart, ecuación 4.17, también se puede escribir

$$d\mathbf{B} = \frac{\mu_0}{4\pi} \frac{I\, d\mathbf{s} \times \hat{\mathbf{r}}}{r^2} \qquad [4.20]$$

Es importante observar que la ley de Biot-Savart nos proporciona el campo magnético en un punto únicamente para un elemento infinitesimal de conductor. Al producto $I\,d\mathbf{s}$ lo denominaremos **elemento de corriente.** Para determinar el campo magnético total **B** en un punto debido a un conductor de tamaño finito, debemos sumar todos los elementos de corriente que componen al conductor. Es decir, evaluamos **B** integrando la ecuación 4.20 a lo largo de todo el conductor.

Existen dos similitudes entre la ley de Biot-Savart del magnetismo y la ecuación 1.7 para el campo eléctrico creado por una distribución de cargas, y existen también dos importantes diferencias. El elemento de corriente $I\,d\mathbf{s}$ produce un campo magnético, mientras que el elemento de carga dq produce un campo eléctrico. Más aún, la magnitud del campo magnético varía como el inverso del cuadrado de la distancia al elemento de corriente, al igual que lo hace el campo eléctrico debido a un elemento de carga. Sin embargo, las direcciones de ambos campos son bastante diferentes. El campo eléctrico debido a una carga es radial; en el caso de una carga puntual positiva, **E** se dirige de la carga hacia el punto de observación. El campo magnético debido a un elemento de corriente es perpendicular al elemento de corriente y al vector radial. Por tanto, si el conductor se encuentra sobre el plano de la página, como se indica en la figura 4.22, $d\mathbf{B}$ apunta hacia fuera de la página en el punto P y hacia dentro de la página en P'. Otra diferencia importante es que un campo eléctrico puede ser el resultado de una única carga o de una distribución de cargas, pero un campo magnético sólo puede ser el resultado de una distribución de corriente.

La figura 4.23 muestra la regla de la mano derecha para determinar la dirección del campo magnético debido a una corriente. Observe que las líneas de campo normalmente rodean a la corriente. En el caso de una corriente a través de un alambre largo y recto, las líneas de campo forman círculos concéntricos con el alambre y descansan sobre un plano perpendicular al alambre. Si se toma el alambre con la mano derecha, con el pulgar apuntando en la dirección de la corriente, los dedos indican la dirección de **B**.

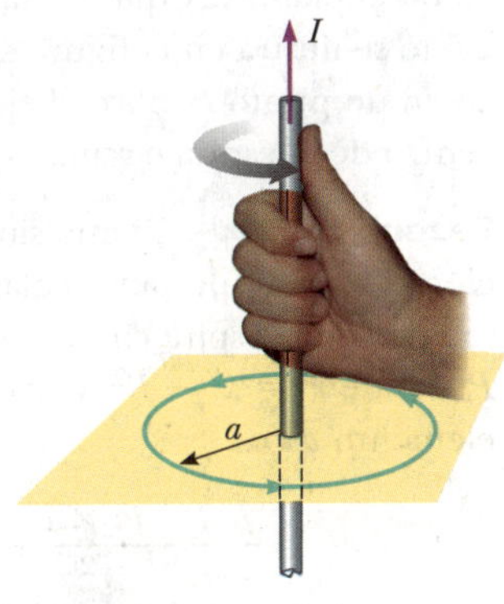

Figura 4.23

Regla de la mano derecha para determinar la dirección del campo magnético que rodea un alambre largo y recto portador de corriente. Observe que las líneas de campo magnético forman círculos alrededor del alambre.

Aunque se puede calcular el campo magnético debido a un alambre portador de corriente infinitamente largo utilizando la ley de Biot-Savart (problema 47), en la sección 4.9 utilizaremos un método diferente para mostrar que el valor de este campo a una distancia r del alambre es

• *Campo magnético creado por un alambre largo y recto*

$$B = \frac{\mu_0 I}{2\pi r} \quad [4.21]$$

¡ADVERTENCIA! 4.2

La ley de Biot-Savart

Cuando se aplica la ley de Biot-Savart, es importante darse cuenta de que el campo magnético descrito en estos cálculos es el **campo *debido a* un determinado conductor portador de corriente**. No hay que confundir este campo con cualquier campo *externo* que se pueda aplicar al conductor utilizando otras fuentes.

Pregunta rápida 4.6

Suponga que se mueve por una línea paralela a un alambre de metal, a una velocidad igual a la velocidad de arrastre de los electrones que forman la corriente eléctrica. ¿En esa circunstancia, medirá un campo magnético igual a cero?

PIENSE EN LA FÍSICA 4.4

En los circuitos eléctricos, se suelen trenzar los alambres que transportan corriente en direcciones opuestas. ¿Cuál es la ventaja de esta configuración?

Razonamiento. Si los alambres no se trenzaran, la combinación de los dos alambres formaría una espira de corriente y el campo magnético generado por la espira podría afectar a los circuitos o componentes adyacentes (En el ejemplo 4.6, veremos la expresión específica para el campo magnético creado por una espira circular de corriente). Si se trenzan los alambres, pueden considerarse como un único alambre que no transporta corriente, porque las corrientes de los dos alambres tienen direcciones opuestas. Por esa razón, ningún campo magnético debido a los alambres afectará a los circuitos adyacentes. (El campo magnético no es *exactamente* cero porque los alambres no están exactamente en la misma posición del espacio, al igual que el campo eléctrico de un dipolo eléctrico no es cero, porque las dos cargas están en posiciones ligeramente diferentes.)

Ejemplo 4.6 Campo magnético en el eje de una espira circular de corriente

Considere una espira circular de alambre de radio R situada en el plano yz y que porta una corriente estacionaria I, como se ilustra en la figura 4.24. Calcule el campo magnético en un punto P sobre el eje situado a una distancia x del centro de la espira circular.

Razonamiento. En esta situación, observe que cualquier elemento $d\mathbf{s}$ es perpendicular a $\hat{\mathbf{r}}$. Más aún, todos los elementos de la espira circular están a la misma distancia r de P, donde $r^2 = x^2 + R^2$. Por tanto, el valor de $d\mathbf{B}$ debido al elemento $d\mathbf{s}$ es

$$dB = \frac{\mu_0 I}{4\pi}\frac{|d\mathbf{s} \times \hat{\mathbf{r}}|}{r^2} = \frac{\mu_0 I}{4\pi}\frac{ds}{(x^2 + R^2)} \quad [4.22]$$

La dirección del campo magnético $d\mathbf{B}$ debido al elemento $d\mathbf{s}$ es perpendicular al plano formado por $\hat{\mathbf{r}}$ y $d\mathbf{s}$, como se ilustra en la figura 4.24. El vector $d\mathbf{B}$ se puede dividir en una componente dB_x, a lo largo del eje x, y una componente $dB_\perp$, que es perpendicular al eje x. Cuando se suman las componentes $dB_\perp$, a lo largo de toda la espira circular, el resultado es cero. Es decir, por simetría, cual-

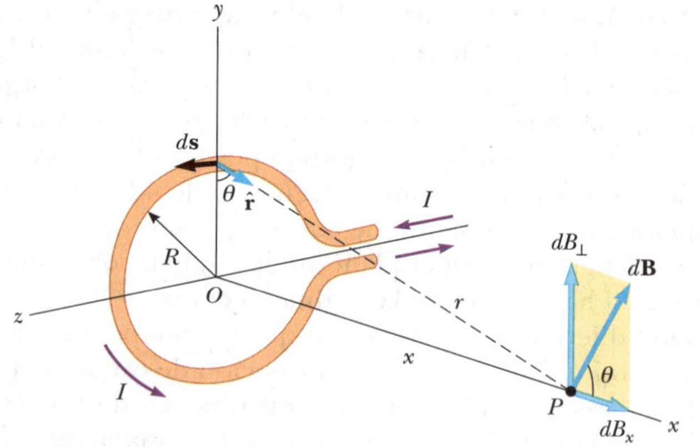

Figura 4.24

(Ejemplo 4.26) Construcción geométrica para calcular el campo magnético en un punto P situado sobre el eje de una espira circular de corriente. Por simetría, el campo total **B** deberá estar orientado a lo largo de este eje.

quier elemento en un lado de la espira circular posee una componente $dB_\perp$ que cancela la componente debida a un elemento diametralmente opuesto a él.

Solución. Por los motivos dados en el Razonamiento, el campo resultante en P debe estar orientado a lo largo del eje x y se puede calcular integrando $dB_x = dB \cos\theta$, donde esta expresión se obtiene descomponiendo al vector $d\mathbf{B}$ en sus componentes como se muestra en la figura 4.24. Es decir, $\mathbf{B} = B_x\mathbf{i}$, donde

$$B_x = \oint dB \cos\theta = \frac{\mu_0 I}{4\pi}\oint \frac{ds \cos\theta}{x^2 + R^2}$$

y se debe calcular la integral para toda la espira circular. Como θ, x, y R son constantes para todos los elementos de la espira circular y como $\cos\theta = R/(x^2 + R^2)^{1/2}$, obtenemos

$$B_x = \frac{\mu_0 IR}{4\pi(x^2 + R^2)^{3/2}}\oint ds = \frac{\mu_0 IR^2}{2(x^2 + R^2)^{3/2}} \qquad \textbf{[4.23]}$$

donde hemos utilizado el hecho de que $\oint ds = 2\pi R$ (la circunferencia de la espira circular).

Para calcular el campo magnético en el centro de la espira circular, hacemos $x = 0$ en la Ecuación 4.23. En este punto especial, esto nos da

$$B = \frac{\mu_0 I}{2R} \quad (\text{en } x = 0) \qquad \textbf{[4.24]}$$

También es interesante determinar el comportamiento del campo magnético lejos de la espira circular, es decir, cuando x es grande comparado con R. En este caso, podemos ignorar el término R^2 en el denominador de la ecuación 4.23 y encontramos que

$$B \approx \frac{\mu_0 IR^2}{2x^3} \quad (\text{por } x \gg R) \qquad \textbf{[4.25]}$$

Como el valor del momento magnético dipolar μ de la espira circular se define como el producto de la corriente por el área (ecuación 4.15), $\mu = I(\pi R^2)$, podemos expresar la ecuación 4.25 en la forma

$$B = \frac{\mu_0}{2\pi}\frac{\mu}{x^3} \qquad \textbf{[4.26]}$$

Este resultado es similar en su forma a la expresión del campo eléctrico debido a un dipolo eléctrico, $E = k_e(2qa)/y^3 = k_e p/y^3$ (Ejemplo 1.3), donde p es el momento dipolar eléctrico. El patrón de las líneas del campo magnético para una espira circular se muestra en la figura 4.25. Para mayor claridad, las líneas se han dibujado únicamente para un plano que contiene el eje de la espira circular. El patrón del campo tiene simetría axial.

EJERCICIO. Se forma una espira circular de una vuelta con un alambre que porta una corriente de 5.00 A. Si el valor requerido para el campo magnético en el centro de la espira circular es de 10.0 μT, ¿cuál es el radio necesario?

Respuesta: 31.4 cm

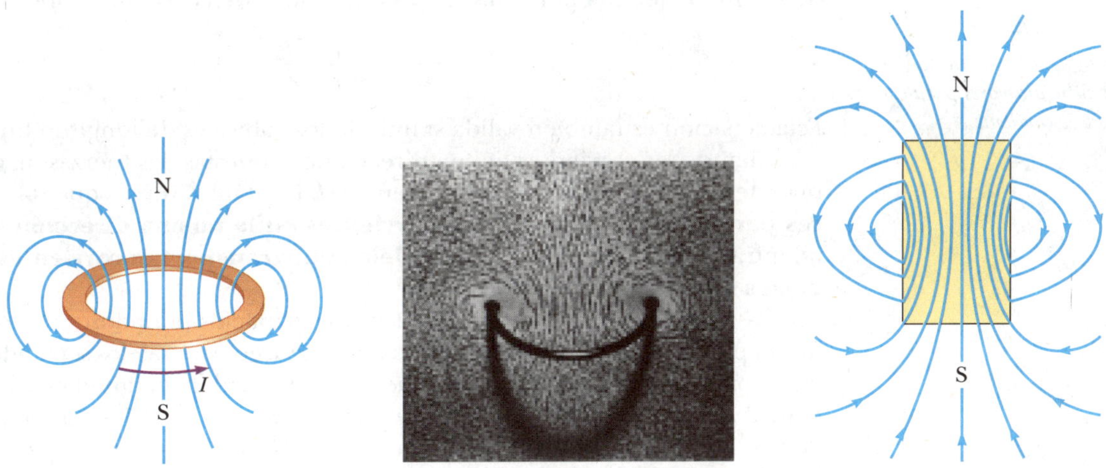

(a) (b) (c)

Figura 4.25

(Ejemplo 4.6) (a) Líneas del campo magnético en torno a una espira circular de corriente. (b) Líneas del campo magnético en torno a una espira circular de corriente, mostradas con limaduras de hierro. *(Education Development Center, Newton, Mass.).* (c) Líneas del campo magnético en torno a un imán. Observe la similitud entre este dibujo y el de la espira circular de corriente.

4.8 • FUERZA MAGNÉTICA ENTRE DOS CONDUCTORES PARALELOS

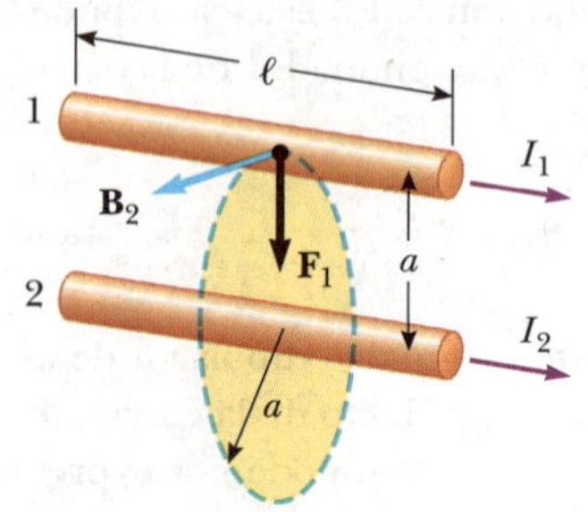

Figura 4.26

Dos alambres paralelos que portan una corriente estacionaria ejercen una fuerza entre sí. El campo $\mathbf{B}_2$ debido a la corriente en el alambre 2 ejerce una fuerza de valor $F_1 = I_1 \ell B_2$ sobre el alambre 1. La fuerza es atractiva si las corrientes son paralelas (como se muestra) y repulsiva si las corrientes son antiparalelas.

En la sección 4.5 describimos la fuerza magnética que actúa sobre un conductor portador de corriente cuando se sitúa el conductor en un campo magnético externo. Como una corriente en un conductor genera su propio campo magnético, es fácil comprender que dos conductores portadores de corriente ejercerán fuerzas magnéticas entre sí. Como veremos, se pueden utilizar esas fuerzas como base para definir el ampere y el coulomb.

Considere dos alambres paralelos rectos e infinitamente largos, separados una distancia a y que portan corrientes I_1 y I_2 en la misma dirección, como se ilustra en la figura 4.26. Adoptaremos un modelo simplificado en el que el radio de los alambres es mucho más pequeño que a, por lo que dicho radio no juega ningún papel en los cálculos. Vamos a determinar la fuerza en un alambre debida al campo magnético generado por el otro alambre. El alambre 2, que transporta la corriente I_2, genera un campo magnético $\mathbf{B}_2$ en la posición del alambre 1. La dirección de $\mathbf{B}_2$ es perpendicular al alambre, como se muestra en la figura 4.26. De acuerdo con la ecuación 4.10, la fuerza magnética ejercida sobre una longitud ℓ del alambre 1 es $\mathbf{F}_1 = I_1 \boldsymbol{\ell} \times \mathbf{B}_2$. Como $\boldsymbol{\ell}$ es perpendicular a $\mathbf{B}_2$, la magnitud de $\mathbf{F}_1$ es $F_1 = I_1 \ell B_2$ y dado que el campo debido al alambre 2 viene dado por la ecuación 4.21, vemos que

$$F_1 = I_1 \ell B_2 = I_1 \ell \left(\frac{\mu_0 I_2}{2\pi a} \right) = \frac{\ell \mu_0 I_1 I_2}{2\pi a}$$

Podemos reescribir esto en términos de la fuerza por unidad de longitud, como

$$\frac{F_1}{\ell} = \frac{\mu_0 I_1 I_2}{2\pi a}$$

La dirección de $\mathbf{F}_1$ es hacia abajo, hacia el alambre 2, ya que $\boldsymbol{\ell} \times \mathbf{B}_2$ apunta hacia abajo. Si consideramos el campo sobre el alambre 2 debido al alambre 1, la fuerza $\mathbf{F}_2$ en el alambre 2 resulta ser de igual magnitud y dirección opuesta a $\mathbf{F}_1$. Esto es lo que se podría esperar, ya que se debe cumplir la tercera ley de Newton. Así, podemos evitar el subíndice, de forma que la fuerza magnética por unidad de longitud ejercida por cada alambre portador de corriente sobre el otro es

• *Fuerza magnética por unidad de longitud entre alambres paralelos portadores de corriente*

$$\frac{F}{\ell} = \frac{\mu_0}{2\pi} \frac{I_1 I_2}{a} \qquad \textbf{[4.27]}$$

Esta ecuación es también válida si uno de los cables es de longitud finita.

Cuando las corrientes tienen direcciones opuestas, las fuerzas magnéticas se invierten, y los alambres se repelen entre sí. Por tanto, vemos que **los conductores paralelos que transportan corrientes en la misma dirección se atraen,** mientras que **los conductores paralelos que transportan corrientes en direcciones opuestas se repelen.**

La fuerza magnética entre dos alambres paralelos portadores de corriente, se utiliza para definir al **ampere**: si dos alambres largos y paralelos separados por 1 m transportan la misma corriente y la fuerza por unidad de longitud en cada alambre es de 2×10^{-7} N/m, entonces se dice que la corriente es de 1 A. El valor numérico de 2×10^{-7} N/m se obtiene de la ecuación 4.27, con $I_1 = I_2 = 1$ A y $a = 1$ m.

La unidad de carga del SI, el **coulomb**, se puede definir ahora en términos del ampere: si un conductor transporta una corriente estacionaria de 1 A, la cantidad de carga que fluye a través de una sección transversal del conductor en 1 s es de 1 C.

Pregunta rápida 4.7

Si $I_1 = 2$ A e $I_2 = 6$ A en la figura 4.26, ¿cuál de las siguientes afirmaciones es verdadera: (a) $F_1 = 3F_2$, (b) $F_1 = F_2/3$, (c) $F_1 = F_2$?

Pregunta rápida 4.8

Se conecta un resorte a una batería y a un interruptor. Cuando se cierra el interruptor, de modo que una corriente circula por el resorte, ¿éste se comprime o se expande?

4.9 • LEY DE AMPÈRE

Un experimento simple llevado a cabo por primera vez por Oersted en 1820 demuestra claramente que un conductor portador de corriente genera un campo magnético. En este experimento, se sitúan varias brújulas en un plano horizontal, cerca de un largo alambre vertical, como se indica en la figura 4.27a. Cuando el alambre no lleva corriente, todas las agujas apuntan en la misma dirección (la del campo magnético de la Tierra), como es de esperar. Sin embargo, cuando el cable lleva una gran corriente estacionaria, todas las agujas se desvían en una dirección tangencial a un círculo, como se muestra en la figura 4.27b. Estas observaciones muestran que la dirección de **B** es congruente con la regla de la mano derecha descrita en la sección 4.7. Cuando se invierte la corriente, las agujas de la figura 4.27b también se invierten.

Como las agujas apuntan en la dirección de **B**, llegamos a la conclusión de que las líneas de **B** forman círculos alrededor del alambre, como se explicó en la sección 4.7. Por simetría, la magnitud de **B** es la misma en todos los puntos de la trayectoria circular centrada en el alambre, y el vector está situado en un plano perpendicular al alambre. Variando la corriente y la distancia al alambre, se encuentra que **B** es proporcional a la corriente e inversamente proporcional a la distancia al alambre.

En el capítulo 1 hemos investigado la ley de Gauss, la cual establece una relación entre una carga eléctrica y el campo eléctrico que ésta genera. La ley de Gauss se puede utilizar para calcular el campo eléctrico en situaciones con alto grado de simetría. Ahora estamos considerando una relación análoga en magnetismo entre una corriente y el campo magnético que ésta genera. Se puede utilizar esta relación para calcular el campo magnético debido a una distribución de corriente con un alto grado de simetría.

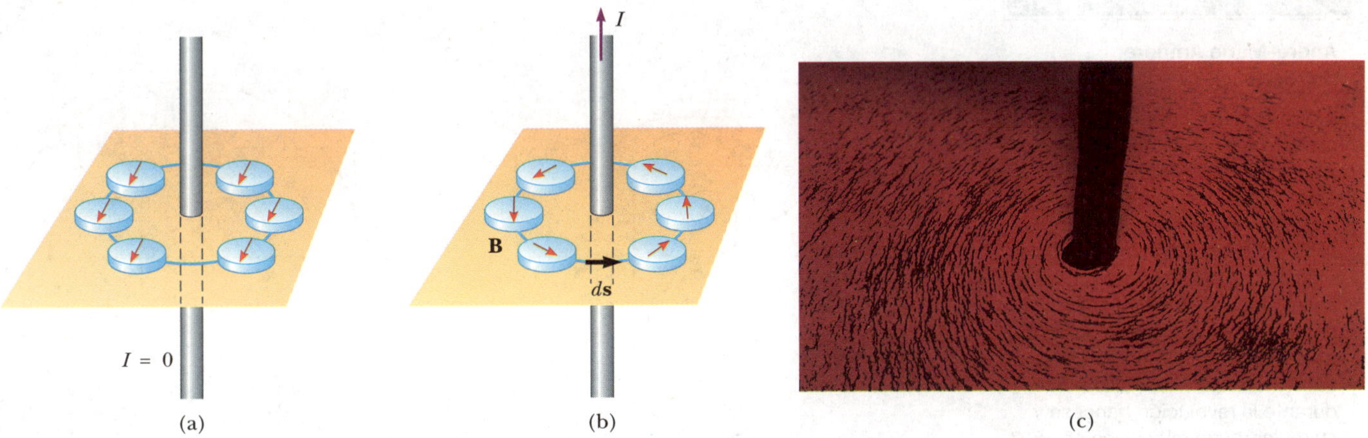

Figura 4.27

(a) Cuando no hay corriente en el alambre vertical, todas las agujas de las brújulas apuntan en la misma dirección (hacia el Polo Norte de la Tierra). (b) Cuando por el cable pasa una corriente elevada, las agujas se desvían en una dirección tangencial al círculo, que es la dirección del campo magnético debido a la corriente. (c) Líneas de campo magnético circulares en torno a un conductor de corriente, mostradas con limaduras de hierro. *(Henry Leap y Jim Lehman)*

Evaluemos el producto $\mathbf{B} \cdot d\mathbf{s}$ para un pequeño elemento de longitud $d\mathbf{s}$ en la trayectoria circular centrada en el alambre de la figura 4.27. A lo largo de toda esta trayectoria, los vectores $d\mathbf{s}$ y $\mathbf{B}$ son paralelos en cada punto (figura 4.27b), por lo que $\mathbf{B} \cdot d\mathbf{s} = Bds$. Más aún, por simetría, $\mathbf{B}$ tiene una magnitud constante a lo largo de este círculo y está dada por la ecuación 4.21. Por tanto, la suma de los productos $B\,ds$ a lo largo de la trayectoria cerrada, que es equivalente a la integral de línea de $\mathbf{B} \cdot d\mathbf{s}$, es

$$\oint \mathbf{B} \cdot d\mathbf{s} = B \oint ds = \frac{\mu_0 I}{2\pi r}(2\pi r) = \mu_0 I \qquad [4.28]$$

• *Ley de Ampère*

donde $ds = 2\pi r$ es la circunferencia del círculo.

Este resultado, conocido como ley **de Ampère**, se calculó para el caso especial de una trayectoria circular que rodea al alambre. Sin embargo, puede aplicarse también a un caso general donde una corriente estacionaria fluye a través del área delimitada por una trayectoria cerrada arbitraria. Es decir, la ley de Ampère dice que la integral lineal de $\mathbf{B} \cdot d\mathbf{s}$ alrededor de cualquier trayectoria cerrada es igual a $\mu_0 I$, donde I es la corriente estacionaria total que atraviesa cualquier superficie delimitada por la trayectoria cerrada:

$$\oint \mathbf{B} \cdot d\mathbf{s} = \mu_0 I \qquad [4.29]$$

André-Marie Ampère
(1775–1836)

Ampère, científico francés, se le considera el descubridor del electromagnetismo: esto es, relación entre las corrientes eléctricas y los campos magnéticos. El genio de Ampère, particularmente en matemáticas, se hizo evidente cuando tenía 12 años; su vida personal, sin embargo, estuvo marcada por la tragedia. Su padre, un rico funcionario municipal, fue guillotinado durante la revolución francesa y su mujer murió muy joven en 1803. Ampère murió de neumonía a la edad de 61 años. El juicio que hizo de su vida resulta claro a partir del epitafio que eligió para su tumba: *Tandem Felix* (Feliz por fin).
(AIP Emilio Segrè Visual Archive)

Pregunta rápida 4.9

Ordene de menor a mayor los valores de $\oint \mathbf{B} \cdot d\mathbf{s}$ para las trayectorias cerradas mostradas en la figura 4.28.

Pregunta rápida 4.10

Ordene de menor a mayor los valores de $\oint \mathbf{B} \cdot d\mathbf{s}$ para las trayectorias cerradas mostradas en la figura 4.29.

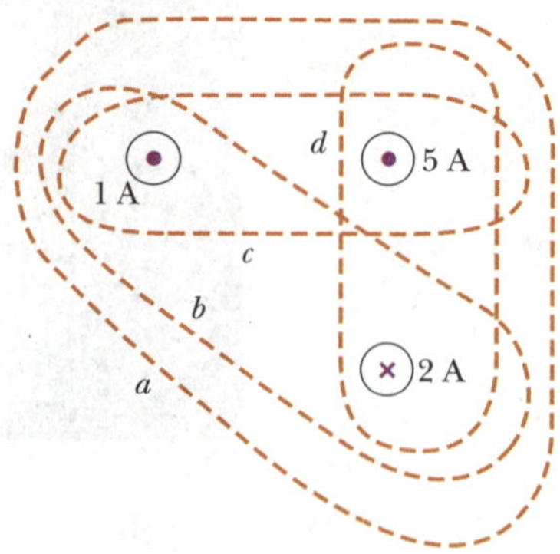

Figura 4.28
(Pregunta rápida 4.9) Cuatro trayectorias cerradas alrededor de tres alambres portadores de corriente.

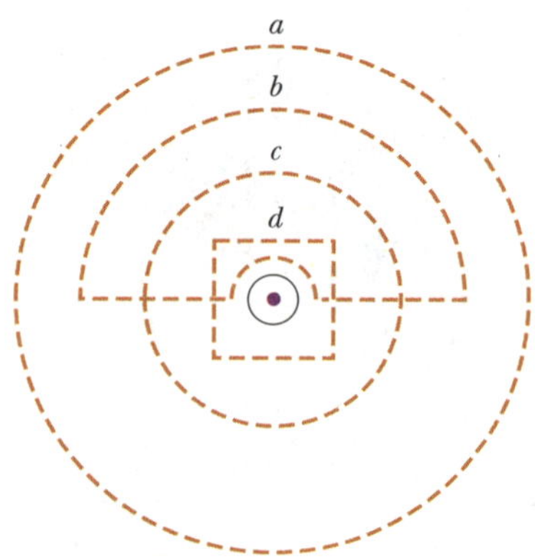

Figura 4.29
(Pregunta rápida 4.10) Varias trayectorias cerradas en las proximidades de un único alambre portador de corriente.

La ley de Ampère es válida únicamente para corrientes estacionarias. Más aún, incluso aunque la ley de Ampère es *cierta* para todas las configuraciones de corriente, sólo resulta *útil* para calcular los campos magnéticos de las configuraciones que exhiben un elevado grado de simetría.

En la sección 1.10 indicamos algunas condiciones que deberían buscarse a la hora de definir una superficie gaussiana. De igual forma, para aplicar la ecuación 4.29 con el fin de calcular un campo magnético, debemos determinar una trayectoria de integración (a veces llamada *espira de Ampère*) que satisfaga una o más de las siguientes condiciones:

1. Puede argumentarse, basados en la simetría, que la magnitud del campo magnético es constante en toda la trayectoria.
2. El producto punto en la ecuación 4.29 se puede expresar como un simple producto algebraico $B\,ds$, ya que $\mathbf{B}$ y $d\mathbf{s}$ son paralelos.
3. El producto punto en la ecuación 4.29 es cero ya que $\mathbf{B}$ y $d\mathbf{s}$ son perpendiculares.
4. Se puede argumentar que el campo magnético es cero en todos los puntos de la trayectoria.

Los siguientes ejemplos ilustran algunas configuraciones simétricas de corriente para las que resulta útil la ley de Ampère.

Ejemplo 4.7 Campo magnético debido a un alambre largo portador de corriente

Un alambre largo y recto de radio R transporta una corriente estacionaria I_0 que está distribuida uniformemente por la sección transversal del alambre (figura 4.30). Calcular el campo magnético a una distancia r del centro del alambre en las regiones $r \geq R$ y $r < R$.

Solución. Como se menciona en la sección 4.7, podríamos utilizar la ley de Biot-Savart para resolver este problema, pero la ley de Ampère ofrece una solución más sencilla. Para $r \geq R$, elijamos la trayectoria 1 de la figura 4.30: un círculo de radio r centrado en el alambre. Por simetría, vemos que $\mathbf{B}$ debe de tener magnitud constante (condición 1) y es paralelo a $d\mathbf{s}$ (condición 2) en todos los puntos del círculo. Como la corriente total que pasa por el plano del círculo es I_0, la ley de Ampère aplicada a la trayectoria circular nos da

$$\oint \mathbf{B}\cdot d\mathbf{s} = B\oint ds = B(2\pi r) = \mu_0 I_0$$

$$B = \frac{\mu_0 I_0}{2\pi r} \quad (\text{para } r \geq R)$$

Éste es el resultado (ecuación 4.21) al que se refiere la sección 4.7.

Ahora considere el interior del cable, donde $r < R$. Elegimos la trayectoria circular 2 mostrada en la figura 4.30. Aquí, la corriente I que pasa por el plano del círculo es menor que la corriente total I_0. Como la corriente es uniforme en toda la sección transversal del alambre, la fracción de corriente encerrada en el círculo de radio $r < R$ debe ser igual al cociente entre el área πr^2 delimitada por la trayectoria circular 2 y el área transversal del alambre πR^2:

$$\frac{I}{I_0} = \frac{\pi r^2}{\pi R^2}$$

$$I = \frac{r^2}{R^2} I_0$$

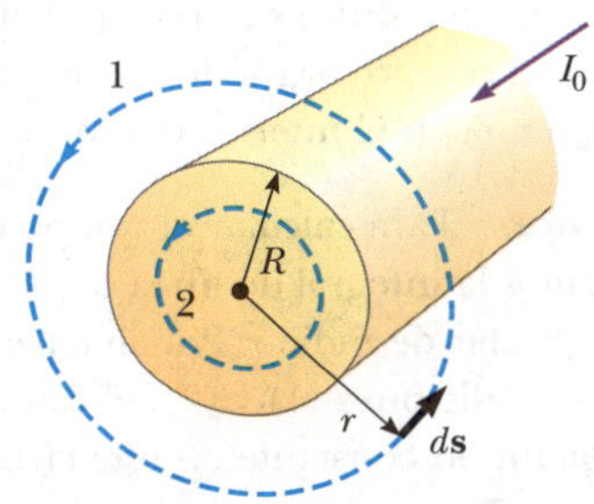

Figura 4.30

(Ejemplo 4.7) Un alambre largo y recto de radio R transporta una corriente estacionaria I_0 uniformemente distribuida por todo el alambre. El campo magnético en cualquier punto puede calcularse a partir de la ley de Ampère, utilizando una trayectoria circular de radio r concéntrica con el alambre.

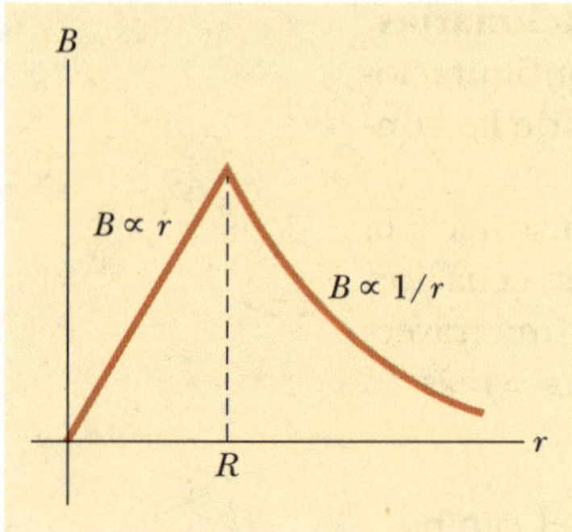

Figura 4.31

(Ejemplo 4.7) Valor del campo magnético en función de r para el alambre descrito en la figura 4.30. El campo es proporcional a r dentro del alambre y varía proporcionalmente a $1/r$ fuera del alambre.

Siguiendo el mismo procedimiento que para la trayectoria circular 1, aplicamos la ley de Ampère a la trayectoria circular 2:

$$\oint \mathbf{B} \cdot d\mathbf{s} = B(2\pi r) = \mu_0 I = \mu_0 \left(\frac{r^2}{R^2} I_0 \right)$$

$$B = \left(\frac{\mu_0 I_0}{2\pi R^2} \right) r \quad (\text{para } r < R) \qquad [4.30]$$

En la figura 4.31 se ha grabado la magnitud del campo magnético en función de r para esta configuración. Observe que, dentro del alambre, $B \rightarrow 0$ a medida que $r \rightarrow 0$. Este resultado es similar en su forma al del campo eléctrico dentro de una varilla cargada uniformemente.

Ejemplo 4.8 Campo magnético de un toroide

En ocasiones se utiliza un dispositivo llamado *toroide* (figura 4.32) para crear un campo magnético casi uniforme dentro de una cierta área cerrada. El dispositivo consiste en un cable conductor enrollado a un anillo (un *toro*) hecho de un material no conductor. Para un toroide compuesto por N vueltas muy cercanas entre sí, y con aire en el interior del toro, calcular el campo magnético, a una distancia r del centro del sistema en el interior del toro.

Razonamiento. Para calcular el campo dentro del toroide, evaluaremos la integral de línea de $\mathbf{B} \cdot d\mathbf{s}$ utilizando una trayectoria circular de radio r. Por simetría, vemos que se cumplen las condiciones (1) y (2): el campo magnético tiene una magnitud constante en este círculo, y es tangente a él, por lo que $\mathbf{B} \cdot d\mathbf{s} = B\,ds$.

Más aún, observe que la trayectoria cerrada rodea a un área circular a través de la cual pasan N vueltas de alambre, cada una de las cuales transporta una corriente I. Por tanto, en este caso, el lado derecho de la ecuación 4.29 es $\mu_0 NI$.

Solución. La ley de Ampère aplicada a la trayectoria circular nos da

$$\oint \mathbf{B} \cdot d\mathbf{s} = B \oint ds = B(2\pi r) = \mu_0 NI$$

$$B = \frac{\mu_0 NI}{2\pi r} \qquad [4.31]$$

Este resultado muestra que B varía proporcionalmente a $1/r$ y, por tanto, no es uniforme dentro de la bobina. Sin embargo, si r es grande comparado con el radio a de la sección transversal del toro, el campo es aproximadamente uniforme dentro de la bobina. Más aún, para un toroide ideal, en el que las vueltas están muy poco separadas, la magnitud del campo en el exterior del toroide es cero. Se puede ver esto observando que la corriente neta que atraviesa cualquier superficie delimitada por cualquier trayectoria circular que esté fuera del toroide es cero (incluyendo la región del agujero central). Por tanto, aplicando la ley de Ampère hallamos que $B = 0$ en las regiones exteriores a la bobina. En realidad, las vueltas de un toroide forman una hélice, en lugar de ser espiras circulares. En consecuencia, siempre existe un pequeño campo externo a la bobina.

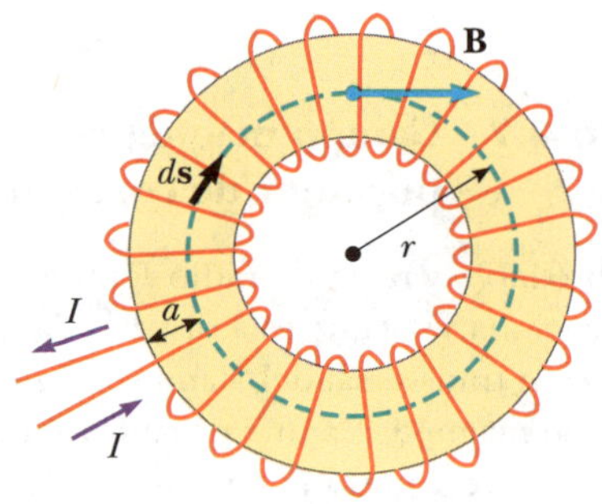

Figura 4.32

(Ejemplo 4.8) Un toroide está formado por un gran número de vueltas de alambre enrollado a una estructura en forma de toro. Si las espiras están muy cercanas entre sí, el campo en el interior del toroide es tangente al círculo discontinuo y varía proporcionalmente a $1/r$. El campo magnético fuera del toroide es cero. La dimensión a es el radio de la sección transversal del toroide.

4.10 • CAMPO MAGNÉTICO DE UN SOLENOIDE

Un solenoide es un alambre largo enrollado en forma de hélice. Si las vueltas están muy próximas, esta configuración puede generar un campo magnético razonablemente uniforme en todo el volumen delimitado por el solenoide, excepto cerca de los extremos. Cada una de las vueltas se puede considerar como una espira circular, y el campo magnético neto es la suma vectorial de los campos debidos a todas las espiras.

Si las espiras están muy próximas y el solenoide es de longitud finita, las líneas de campo forman un patrón como el que se muestra en la figura 4.33a. En este caso, las líneas de campo divergen en un extremo y convergen en el opuesto. Una inspección de esta distribución de campo exterior al solenoide muestra una similitud con el campo creado por un imán en forma de barra (figura 4.33b). Por tanto, un extremo del solenoide se comporta como el polo norte de un imán, mientras que el extremo opuesto se comporta como el polo sur. A medida que aumenta la longitud del solenoide, el campo dentro de él se hace más y más uniforme. Cuando las espiras del solenoide están muy cercanas y su longitud es grande comparada con su radio, se aproxima al caso de un *solenoide ideal*. Para un solenoide ideal, el campo en el exterior del solenoide es cero, y el campo en su interior es uniforme. Utilizaremos el solenoide ideal como un modelo simplificado de un solenoide real.

Podemos utilizar la ley de Ampère para obtener una expresión para el campo magnético dentro de un solenoide ideal. En la figura 4.34 se muestra una sección longitudinal de nuestro solenoide ideal, que transporta una corriente I. El campo $\mathbf{B}$ dentro del solenoide ideal es uniforme y paralelo al eje, mientras que $\mathbf{B}$ es cero en el exterior del solenoide. Considere una trayectoria rectangular de longitud ℓ y anchura w, como la que se muestra en la figura 4.34. Podemos aplicar la ley de Ampère a esta trayectoria evaluando la integral de $\mathbf{B}\cdot d\mathbf{s}$ en cada uno de los cuatro lados del rectángulo. La contribución en el lado 3 es claramente cero, ya que $\mathbf{B} = 0$ en esta región (condición 4 en la sección 4.9). Las contribucio-

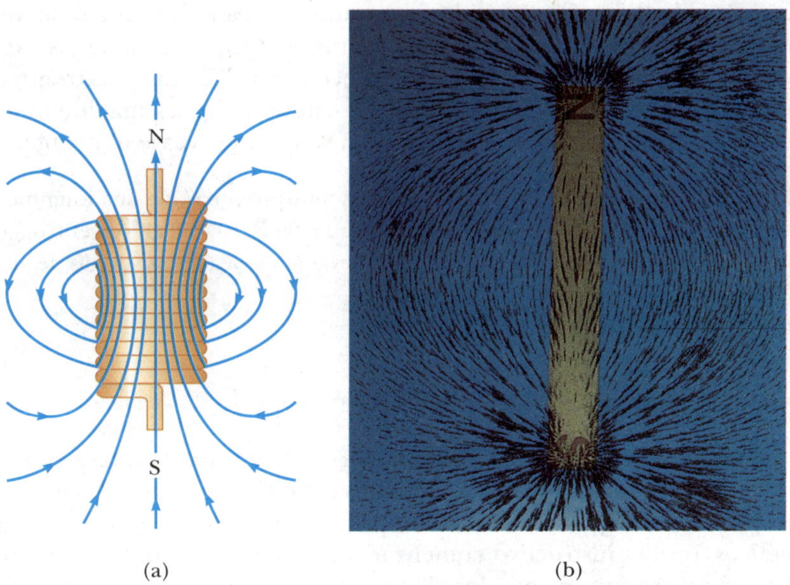

Figura 4.33

(a) Líneas de campo magnético para un solenoide de longitud finita, con espiras muy próximas y que transporta una corriente estacionaria. El campo en el espacio interior al solenoide es casi uniforme y de gran magnitud. Observe que las líneas de campo parecen las de un imán, por lo que el solenoide tiene de hecho polos norte y sur. (b) Patrón del campo magnético de un imán, representado por medio de limaduras de hierro. *(Henry Leap y Jim Lehman)*

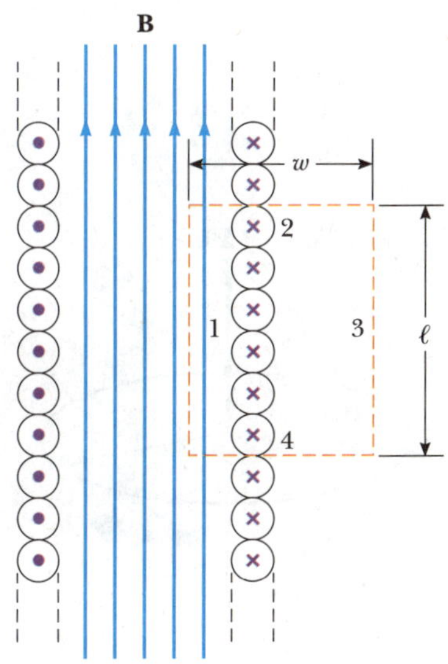

Figura 4.34

Vista de una sección longitudinal de un solenoide ideal. El campo magnético dentro del solenoide es uniforme, y el campo en el exterior es cero. La ley de Ampère aplicada a la trayectoria rectangular de líneas discontinuas se puede utilizar para calcular el valor del campo magnético dentro del solenoide.

nes de los lados 2 y 4 son cero, ya que **B** es perpendicular a $d\mathbf{s}$ en esas trayectorias (condición 3). El lado 1, cuya longitud es ℓ, contribuye a la integral con la cantidad $B\ell$, ya que **B** en esta sección de la trayectoria tiene un valor constante y es paralelo a $d\mathbf{s}$ (condiciones 1 y 2). La integral a lo largo de la trayectoria rectangular cerrada tiene por tanto el valor

$$\oint \mathbf{B}\cdot d\mathbf{s} = \int_{\text{lado 1}} \mathbf{B}\cdot d\mathbf{s} = B\int_{\text{lado 1}} ds = B\ell$$

El lado derecho de la ley de Ampère está relacionado con la corriente *total* que atraviesa la superficie delimitada por la trayectoria de integración. En nuestro caso, la corriente total a través de la trayectoria rectangular es igual a la corriente a través de cada vuelta del solenoide, multiplicada por el número de vueltas delimitadas por la trayectoria. Si N es el número de vueltas en la longitud, entonces la corriente total a través del rectángulo es igual a NI. La ley de Ampère aplicada a esta trayectoria nos da, por tanto,

$$\oint \mathbf{B}\cdot d\mathbf{s} = B\ell = \mu_0 NI$$

• *Campo magnético en el interior de un solenoide largo*

$$B = \mu_0 \frac{N}{\ell} I = \mu_0 nI \qquad [4.32]$$

Donde $n = N/\ell$ es el número de vueltas *por unidad de longitud* (no confundir con N, el número de vueltas).

También podríamos obtener este resultado de forma más sencilla reconsiderando el campo magnético de una bobina toroidal (ejemplo 4.8). Si el radio r de una bobina toroidal que tiene N vueltas es grande comparado con el radio a de su sección transversal, una pequeña sección de la bobina toroidal equivale, aproximadamente, a una pequeña sección de un solenoide, con $n = N/2\pi r$. En este límite, vemos que la ecuación 4.31 obtenida para la bobina toroidal coincide con la ecuación 4.32.

La ecuación 4.32 sólo es válida para puntos cercanos al centro de un solenoide de gran longitud. Como se podría esperar, el campo cerca de los extremos es menor que el valor proporcionado por la ecuación 4.32. En el extremo de un solenoide de gran longitud, la magnitud del campo es aproximadamente la mitad de la magnitud del campo en el centro del solenoide (véase el problema 42)

EJERCICIO. Un solenoide largo y con espiras muy próximas, de una longitud total de 30.0 cm, tiene un campo magnético de magnitud 5.00×10^{-4} T en su centro, generado por una corriente de 1.00 A que pasa por sus devanados. ¿Cuántas vueltas de alambre tiene el solenoide?
Respuesta: 120 vueltas

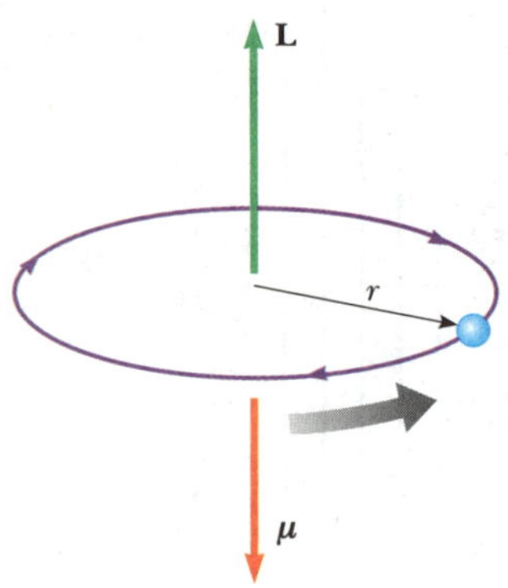

Figura 4.35
Un electrón que se mueve en una órbita circular de radio r tiene un momento angular **L** en una dirección y un momento magnético $\boldsymbol{\mu}$ en la dirección opuesta. El movimiento del electrón en la dirección de la flecha de mayor tamaño da como resultado una corriente en la dirección mostrada por la punta de las flechas incluidas en la trayectoria circular.

4.11 • MAGNETISMO EN LA MATERIA

El campo magnético generado por una corriente en una bobina de alambre nos proporciona una pista acerca de lo que causa que ciertos materiales muestren fuertes propiedades magnéticas. Para comprender por qué algunos materiales son magnéticos, resulta instructivo comenzar nuestro estudio con el modelo atómico Bohr, en el que se supone que los electrones se mueven en órbitas circulares alrededor del núcleo, que es mucho más masivo. La figura 4.35 muestra el momento angular asociado al electrón. En el modelo de Bohr, cada electrón, con su carga de 1.6×10^{-19} C, circunda al átomo una vez aproximadamente cada 10^{-16} s. Si dividimos la carga del electrón entre este intervalo de tiempo, encontramos que el electrón en movimiento orbital equivale a una corriente de 1.6×10^{-3} A. Cada electrón en órbita se ve por tanto como una diminuta espira de corriente con su correspondiente momento magnético. Como la carga del electrón es negativa, el momento magnético se dirige en sentido opuesto al momento angular, como se muestra en la figura 4.35.

En la mayoría de las sustancias, el momento magnético de un electrón en un átomo se cancela con el de otro electrón del átomo que orbita en la dirección contraria. El resultado neto es que **el efecto magnético producido por el movimiento orbital de los electrones es cero, o muy pequeño, para la mayoría de los materiales.**

Además de su momento angular orbital, un electrón tiene un **momento angular intrínseco**, llamado **espín**, que también contribuye a su momento magnético. El espín de un electrón es un momento angular diferente de su momento angular orbital, igual que el espín de la Tierra es diferente de su movimiento orbital alrededor del Sol. Incluso aunque el electrón se encuentre en reposo, todavía sigue teniendo un momento angular asociado a su espín. Investigaremos el espín con mayor profundidad en el capítulo 11.

En los átomos o iones que contienen muchos electrones, gran parte de ellos están por pares, con sus espines opuestos uno al otro, una disposición que da como resultado la cancelación de los momentos magnéticos de espín. Sin embargo, en un átomo con un número impar de electrones, debe haber al menos un electrón "sin pareja" y en consecuencia un momento magnético de espín. El momento magnético neto del átomo conduce a varios tipos de comportamientos magnéticos. En la tabla 4.1 se indican los momentos magnéticos de varios átomos e iones.

¡ADVERTENCIA! 4.3

El electrón no gira

No permita que la palabra *espín* (*spin* en inglés es giro) le haga creer que el electrón gira físicamente. El electrón tiene un momento angular intrínseco como si estuviera girando, pero el concepto de rotación para una partícula puntual no tiene significado; recuerde que en el capítulo 10 del volumen I hemos descrito la rotación de un cuerpo rígido, que ocupa un volumen de espacio finito. El momento angular de espín es, en realidad, un efecto relativista.

Materiales ferromagnéticos

El hierro, el cobalto, el níquel, el *gadolinio* y el *disprosio* son materiales fuertemente magnéticos y se les llama **ferromagnéticos**. Las sustancias ferromagnéticas, utilizadas para fabricar imanes permanentes, contienen átomos con momentos magnéticos de espín que tienden a alinearse paralelamente unos a otros entre sí aún en presencia de un campo magnético externo débil. Una vez que los momentos se alinean, la sustancia permanece magnetizada después de quitar el campo magnético externo. Esta alineación permanente se debe a un fuerte acoplamiento entre átomos vecinos, que sólo puede comprenderse utilizando la física cuántica.

Todos los materiales ferromagnéticos contienen regiones microscópicas llamadas **dominios**, dentro de las cuales todos los momentos magnéticos están alineados. Los dominios tienen un volumen que va desde 10^{-12} a 10^{-8} m^3 y contienen de 10^{17} a 10^{21} átomos. Los límites entre dos dominios que tienen orientaciones distintas se denominan **fronteras de dominio**. En una muestra sin magnetizar, los dominios están orientados al azar, de manera que el momento magnético neto es

TABLA 4.1 **Momentos magnéticos de algunos átomos e iones ($\times\ 10^{-24}$ J/T)**

Átomo (o ion)	Momento por átomo o ion
H	9.27
He	0
Ne	0
Fe	2.06
Co	16.0
Ni	5.62
Gd	65.8
Dy	92.7
Co^{2+}	44.5
Ni^{2+}	29.7
Fe^{2+}	50.1
Ce^{3+}	19.8
Yb^{3+}	37.1

cero, como se indica en la figura 4.36a. Cuando se coloca la muestra en un campo magnético externo, los dominios con vectores de momento magnético orientados inicialmente a lo largo del campo magnético externo crecen en tamaño a expensas de los otros dominios, lo que da como resultado una muestra magnetizada, como en las figuras 4.36b y 4.36c. Cuando se quita el campo externo, la muestra puede retener gran parte de su magnetización.

La persistencia con la que una sustancia ferromagnética retiene su magnetización se describe clasificándola como magnéticamente **dura** o **blanda**. Los materiales magnéticamente blandos, como el hierro, se magnetizan con facilidad, pero también tienden a perder fácilmente su magnetismo. Cuando se magnetiza un material magnético blando y se quita el campo magnético externo, la agitación térmica produce un movimiento de los dominios y el material vuelve rápidamente a su estado desmagnetizado. Por el contrario, los materiales magnéticos duros, como el níquel, son difíciles de magnetizar, pero suelen retener su magnetismo, y el alineamiento de los dominios persiste en ellos después de que se quita el campo magnético externo. A esos materiales magnéticos duros se les llama **imanes permanentes**. Los imanes permanentes de tierras raras, como el samario-cobalto, se suelen utilizar hoy en día de forma común en la industria.

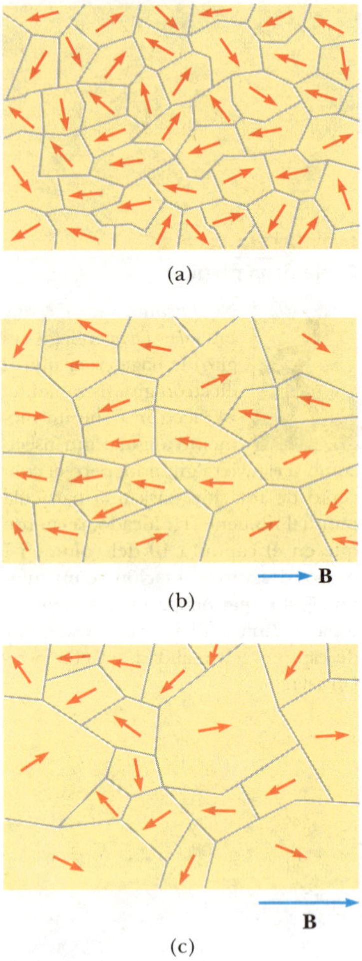

Figura 4.36

(a) Orientación al azar de los momentos dipolares magnéticos en los dominios de una sustancia sin magnetizar. (b) Cuando se aplica un campo magnético externo **B**, los dominios con componentes de momento magnético en la misma dirección que **B** se hacen mayores. (c) A medida que el campo se hace más fuerte, los dominios con vectores de momento magnético no alineados con el campo externo se hacen muy pequeños.

Relación con el contexto

4.12 • MODELO DE ATRACCIÓN PARA LA LEVITACIÓN MAGNÉTICA

Se han desarrollado diversos diseños para la levitación magnética. En esta sección describiremos un modelo de diseño llamado *sistema electromagnético (EMS)*. Este modelo es conceptualmente sencillo, porque depende sólo de la fuerza atractiva entre los imanes y los materiales ferromagnéticos. Sin embargo, presenta algunas complicaciones tecnológicas. El sistema EMS se utiliza en el diseño del sistema alemán Transrapid.

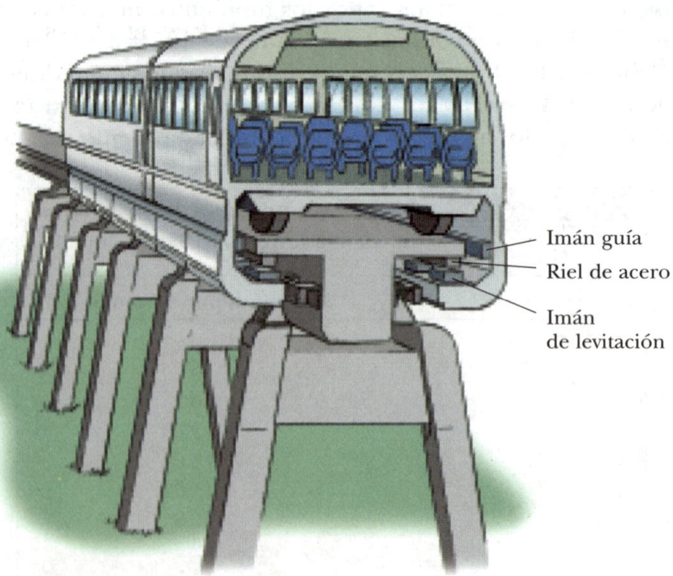

Figura 4.37

Diagrama esquemático del sistema de levitación del Transrapid alemán. Los imanes de levitación están unidos al vehículo y situados debajo de los rieles, por lo que la fuerza atractiva eleva al vehículo. Los imanes guía mantienen el vehículo centrado en los rieles.

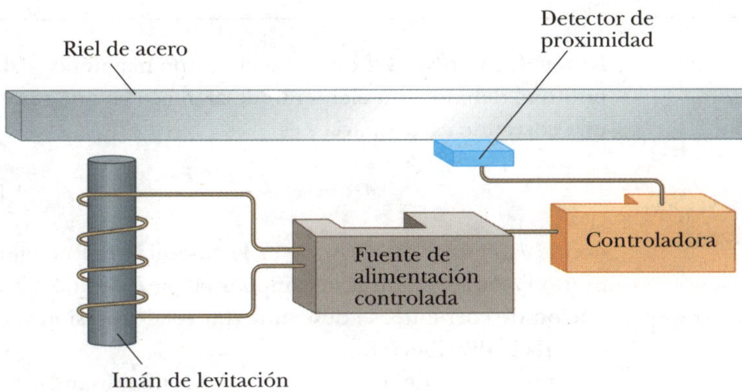

Figura 4.38

Sistema de control para mantener una distancia de separación fija entre los imanes y los rieles.

En un sistema EMS, los imanes del vehículo están situados bajo los rieles, ya que la fuerza atractiva entre esos imanes y los situados en los rieles debe elevar el vehículo. En la figura 4.37 se muestra un diagrama del sistema Transrapid alemán.

Los electroimanes unidos al vehículo son atraídos al riel de acero, elevando el vehículo. Una desventaja de este sistema es la *inestabilidad* del vehículo, provocada por la variación de la fuerza magnética con la distancia. Si el vehículo se eleva ligeramente, el imán se mueve más cerca del riel y la fuerza atractiva aumenta. Como resultado, el vehículo continúa moviéndose hacia arriba hasta que el imán hace contacto con el riel. De igual forma, si el vehículo desciende ligeramente, la fuerza magnética disminuye, y el vehículo continúa cayendo. Por estas razones, el sistema requiere un detector de proximidad y controles electrónicos que ajusten la corriente magnetizante, para mantener el vehículo en una posición constante respecto al riel.

La figura 4.38 muestra un método típico para controlar la separación entre los imanes y los rieles. El detector de proximidad es un dispositivo que utiliza la inducción magnética (que estudiaremos en el próximo capítulo) para medir la separación imán-riel. Si el vehículo desciende, con lo que el imán de levitación se aleja del riel, el detector hace que la fuente de alimentación envíe más corriente al imán, empujando de nuevo al vehículo hacia arriba. Si el imán se eleva, la distancia de separación disminuye y es detectada, y la fuente de alimentación envía menos corriente al imán, para que el vehículo descienda.

WEB

Para obtener más información del Transrapid, incluyendo películas descargables sobre varios componentes del vehículo, visite **www.transrapid.de/english/home.html**

Otra desventaja del sistema EMS es la separación relativamente pequeña entre los imanes de levitación y el riel, unos 10 mm. Esta pequeña separación requiere de una gran precisión en el montaje de los rieles y en el diseño de la curvatura, y un mantenimiento constante de los rieles para evitar problemas debidos a la nieve, el hielo o los cambios de temperatura.

Una gran ventaja del sistema EMS es que la levitación es independiente de la velocidad, por lo que no se necesitan ruedas: el vehículo levita incluso cuando se halla detenido en una estación. Sin embargo, las ruedas todavía siguen siendo necesarias como sistema de “aterrizaje” de emergencia en caso de una pérdida de energía.

El sistema Transrapid ha sido sometido a un gran número de pruebas en Alemania y ha conseguido velocidades de más de 450 km/h. Se ha conseguido la aprobación del gobierno alemán para la construcción de un vehículo de levitación magnética entre Berlín y Hamburgo. Los 292 km de distancia entre estas ciudades se cubrirán en un tiempo máximo de 1 h. Los planes de construcción estiman que se podrá comenzar a explotar comercialmente esta línea de alta velocidad en 2005.

RESUMEN

La **fuerza magnética** que actúa sobre una carga q que se mueve con una velocidad $\mathbf{v}$ en un **campo magnético B** es

$$\mathbf{F}_B = q\mathbf{v} \times \mathbf{B} \qquad [4.1]$$

Esta fuerza tiene una dirección perpendicular a la velocidad de la partícula y al campo. La magnitud de la fuerza magnética es de

$$F_B = |q|vB \operatorname{sen} \theta \qquad [4.2]$$

donde θ es el ángulo entre $\mathbf{v}$ y $\mathbf{B}$.

Una partícula con masa m y carga q que se mueve con una velocidad $\mathbf{v}$ perpendicular a un campo magnético uniforme $\mathbf{B}$ sigue una trayectoria circular de radio

$$r = \frac{mv}{qB} \qquad [4.3]$$

Si un conductor recto de longitud ℓ transporta una corriente I, la fuerza magnética sobre ese conductor cuando se sitúa en un campo magnético externo uniforme $\mathbf{B}$ es

$$\mathbf{F}_B = I\boldsymbol{\ell} \times \mathbf{B} \qquad [4.10]$$

donde $\boldsymbol{\ell}$ apunta en la dirección de la corriente y $|\boldsymbol{\ell}| = \ell$, es la longitud del conductor.

Si un alambre de forma arbitraria, que transporta de una corriente I, se sitúa en un campo magnético externo, la fuerza magnética sobre un elemento muy pequeño $d\mathbf{s}$ de longitud muy pequeña es

$$d\mathbf{F}_B = I\,d\mathbf{s} \times \mathbf{B} \qquad [4.11]$$

Para determinar la fuerza magnética total en el alambre, se debe integrar la ecuación 4.11 a lo largo del mismo.

El **momento magnético** $\boldsymbol{\mu}$ de una espira de corriente I es

$$\boldsymbol{\mu} = I\mathbf{A} \qquad [4.15]$$

donde $\mathbf{A}$ es perpendicular al plano de la espira y $|\mathbf{A}|$ es igual al área de la espira. La unidad en el SI de $\boldsymbol{\mu}$ es el $\text{A}\cdot\text{m}^2$.

El momento de torsión $\boldsymbol{\tau}$ ejercida sobre una espira circular de corriente cuando se sitúa la espira en un campo magnético uniforme $\mathbf{B}$ es

$$\boldsymbol{\tau} = \boldsymbol{\mu} \times \mathbf{B} \qquad [4.16]$$

La **ley de Biot-Savart** dice que el campo magnético $d\mathbf{B}$ en el punto P, debido a un elemento de alambre $d\mathbf{s}$ que transporta una corriente estacionaria I es

$$d\mathbf{B} = k_m \frac{I\,d\mathbf{s} \times \hat{\mathbf{r}}}{r^2} \qquad [4.17]$$

donde $k_m = 10^{-7}\,\text{T}\cdot\text{m/A}$ y r es la distancia del elemento al punto P. Para encontrar el campo total en P debido a la distribución de corriente, se debe integrar esta expresión vectorial en toda la distribución.

La magnitud del campo magnético a una distancia r de un cable largo y recto que transporta una corriente I es

$$B = \frac{\mu_0 I}{2\pi r} \qquad [4.21]$$

donde $\mu_0 = 4\pi \times 10^{-7}\,\text{T}\cdot\text{m/A}$ es la **permeabilidad del espacio libre.** Las líneas de campo son círculos concéntricos al alambre.

La fuerza magnética por unidad de longitud entre dos alambres paralelos (al menos uno de los cuales ha de ser de gran longitud), separados una distancia a y que transportan las corrientes I_1 e I_2, tiene la magnitud

$$\frac{F}{\ell} = \frac{\mu_0 I_1 I_2}{2\pi a} \qquad [4.27]$$

La fuerza es atractiva si las corrientes tienen la misma dirección y repulsiva si tienen direcciones opuestas.

La ley de Ampère dice que la integral de línea de $\mathbf{B}\cdot d\mathbf{s}$ a lo largo de cualquier trayectoria cerrada es igual a $\mu_0 I$, donde I es la corriente estacionaria total que atraviesa cualquier superficie delimitada por la trayectoria cerrada:

$$\oint \mathbf{B}\cdot d\mathbf{s} = \mu_0 I \qquad [4.29]$$

Utilizando la ley de Ampère, encontramos que los campos dentro de una bobina toroidal y un solenoide son:

$$B = \frac{\mu_0 NI}{2\pi r} \quad \text{(toroide)} \qquad [4.31]$$

$$B = \mu_0 \frac{N}{\ell} I = \mu_0 nI \quad \text{(solenoide)} \qquad [4.32]$$

donde N es el número total de vueltas y n es el número de vueltas por unidad de longitud.

PREGUNTAS

1. Se lanzan dos partículas cargadas a una región en la que el campo magnético es perpendicular a sus velocidades. Si las cargas se desvían en direcciones opuestas, ¿qué se puede decir de ellas?
2. Un conductor portador de corriente no experimenta ninguna fuerza magnética cuando se sitúa de cierta manera en un campo magnético uniforme. Explique por qué.
3. ¿Es posible orientar una espira circular de corriente en un campo magnético de forma que la espira no tienda a girar? Explique por qué.
4. El polo norte de una brújula es atraído por el Polo Norte geográfico de la Tierra. Sin embargo, los polos del mismo signo se repelen. ¿Cuál es la solución de este dilema?

5. ¿Hacia dónde apuntaría una brújula si estuviéramos situados en el Polo Norte magnético de la Tierra?
6. Un imán atrae a un trozo de hierro. El hierro puede entonces atraer a otra pieza de hierro. Basándose en la alineación de dominios, explicar qué sucede en cada pieza de hierro.
7. ¿Se verá atraído un clavo por los dos polos de un imán? Explique lo que sucede dentro del clavo cuando se sitúa cerca de un imán.
8. ¿Por qué se reduce el magnetismo cuando se golpea al imán con un martillo?
9. Los alambres paralelos conductores de corriente ejercen fuerzas magnéticas entre sí. ¿Qué pasa con los alambres perpendiculares? Imagine dos de esos alambres orientados perpendicularmente entre sí, y casi tocándose. ¿Existe una fuerza magnética entre los alambres?
10. Explicar por qué no es posible determinar por separado la carga y la masa de una partícula cargada por medio de las fuerzas magnética y eléctrica.
11. ¿Cómo puede utilizarse una espira circular de corriente para determinar la presencia de un campo magnético en una determinada región del espacio?
12. Se ha descubierto que las partículas cargadas provenientes del espacio exterior, llamadas rayos cósmicos, golpean la Tierra con más frecuencia en los polos que en el ecuador. ¿Por qué?
13. Explicar por qué dos alambres paralelos que transportan corrientes en direcciones opuestas se repelen.
14. Un tubo de cobre hueco transporta una corriente en sentido longitudinal. ¿Por qué $\mathbf{B} = 0$ dentro del tubo? ¿Es $\mathbf{B}$ distinto de cero fuera del tubo?
15. Describir el cambio que se produce en el campo magnético en el espacio encerrado por un solenoide que transporta una corriente estacionaria I si (a) se duplica la longitud del solenoide, pero el número de vueltas sigue siendo el mismo; (b) el número de vueltas se duplica, pero la longitud sigue siendo la misma.
16. Considere un electrón cercano al ecuador magnético de la Tierra. ¿En qué dirección tenderá a desviarse si su velocidad apunta (a) hacia abajo (b) hacia el Norte (c) hacia el Oeste (d) hacia el Sur?
17. Es usted un astronauta aislado en la superficie de un planeta y no dispone de ningún equipo para realizar pruebas con minerales. El planeta ni siquiera tiene campo magnético. Posee usted dos barras de hierro: una magnetizada, otra no. ¿Cómo podría determinar cuál es cuál?
18. Un dirigente hindú sugirió una vez que le enterraran en un ataúd magnético con una polaridad tal que estuviera siempre suspendido entre el cielo y la tierra. ¿Es posible semejante levitación? Explique su respuesta.
19. ¿Debería estar hecha la superficie de un disco de computadora de una sustancia ferromagnética dura o blanda?
20. La figura Pg4.20 muestra dos imanes permanentes, cada uno de los cuales tiene un agujero en su centro. Observe que el imán superior levita sobre el inferior. (a) ¿Por qué ocurre esto? (b) ¿Para qué sirve el lápiz? (c) ¿Que se puede decir de los polos de los imanes a partir de esta observación?.(d) Si se invirtiera el imán superior, ¿qué cree que pasaría?

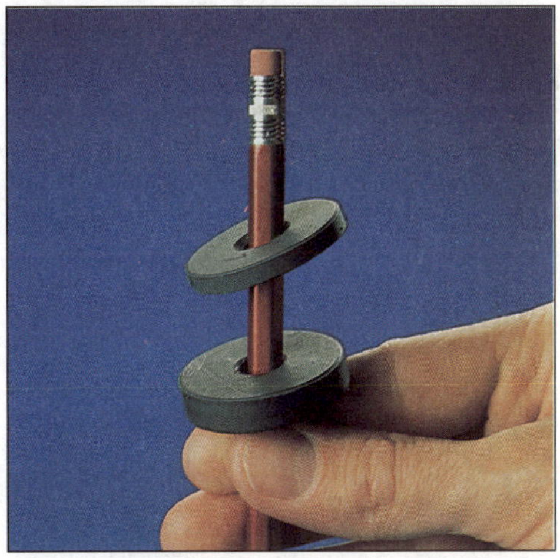

Figura Pg4.20 Levitación magnética utilizando dos imanes cerámicos. *(Cortesía de Central Scientific Company)*

21. La *cámara de burbujas* es un dispositivo utilizado para observar la trayectoria de las partículas que atraviesan la cámara, que se encuentra inmersa en un campo magnético. Si algunas de las trayectorias son espirales y otras son líneas rectas, ¿qué se puede decir de las partículas?
22. El haz de electrones de la figura Pg4.22 es proyectado hacia la derecha. El haz se desvía hacia abajo en presencia de un campo magnético generado por un par de bobinas conductoras de corriente. (a) ¿Cuál es la dirección del campo magnético? (b) ¿Qué le pasaría al haz si se invirtiera la corriente en las bobinas?

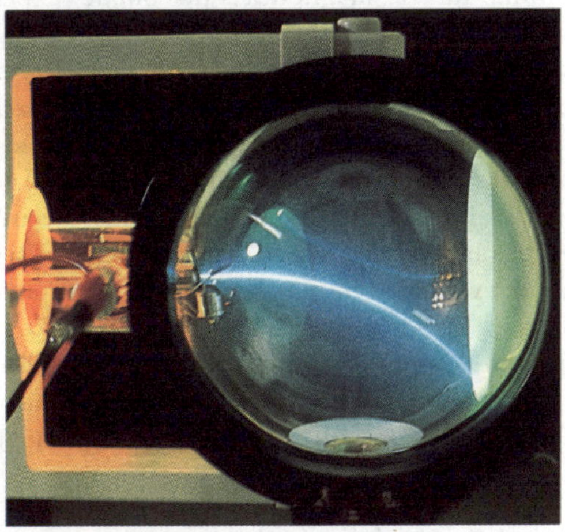

Figura Pg4.22 Curvatura de un haz de electrones en un campo magnético. *(Cortesía de Central Scientific Company)*

PROBLEMAS

1, 2, 3 = fácil, intermedio, difícil   web = solución publicada en **http://www.harcourtcollege.com/physics/**

= se recomienda el uso de computadora para la resolución del problema

= problemas numérico/simbólico emparejados   = aplicaciones biomédicas

Sección 4.2 El campo magnético

1. Determinar la dirección inicial de deflexión de las partículas cargadas cuando entran en los campos magnéticos que se muestran en la figura P4.1 (web)

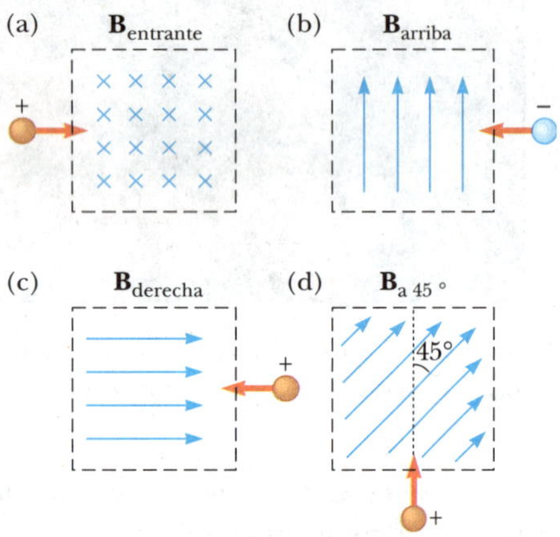

Figura P4.1

2. Un protón viaja con una velocidad de 3.00×10^6 en una dirección que forma un ángulo de 37.0° con un campo magnético de 0.300 T de magnitud y que apunta en la dirección $+y$. ¿Cuál es (a) la magnitud de la fuerza magnética en el protón y (b) su aceleración?
3. Un electrón se acelera desde el reposo a través de 2 400 V y luego entra en una región con un campo magnético uniforme de 1.70 T. ¿Cuáles son (a) la máxima y (b) la mínima fuerza magnética que puede experimentar esta carga?
4. En el ecuador, cerca de la superficie de la Tierra, el campo magnético es 50.0 μT aproximadamente hacia el norte, y el campo eléctrico es de aproximadamente 100 N/C hacia abajo en condiciones climatológicas normales. Hallar los valores de las fuerzas gravitacional, eléctrica y magnética sobre un electrón en estas condiciones, si se mueve con una velocidad instantánea de 6.00×10^6 m/s hacia el Este.
5. Un protón se mueve con una velocidad $\mathbf{v} = (2\mathbf{i} - 4\mathbf{j} + \mathbf{k})$ m/s en una región en la que el campo magnético tiene un valor $\mathbf{B} = (\mathbf{i} + 2\mathbf{j} - 3\mathbf{k})$ T. ¿Cuál es la magnitud de la fuerza magnética que experimenta esta carga?

Sección 4.3 Movimiento de una partícula cargada en un campo magnético

6. **Problema de repaso.** Un electrón se mueve describiendo una trayectoria circular perpendicular a un campo magnético constante con una magnitud de 1.00 mT. Si el momento angular del electrón con respecto al centro del círculo es de 4.00×10^{-25} J·s, determinar (a) el radio de la trayectoria circular y (b) la velocidad del electrón.
7. Un protón de un rayo cósmico en el espacio interestelar tiene una energía de 10.0 MeV y describe una órbita circular que tiene un radio igual al de la órbita de Mercurio alrededor del Sol (5.80×10^{10} m). ¿Cuál es el campo magnético en esa región del espacio?

Sección 4.4 Aplicaciones del movimiento de partículas cargadas en un campo magnético

8. Un selector de velocidad está formado por los campos eléctricos y magnéticos descritos por las expresiones $\mathbf{E} = E\mathbf{k}$ y $\mathbf{B} = B\mathbf{j}$, con $B = 15.0$ mT. Hallar el valor de E que hace que un electrón de 750 eV que se mueve a lo largo del eje x positivo no se desvíe.
9. Considere el espectrómetro de masas cuyo esquema se muestra en la figura 4.12. El campo eléctrico entre las placas del selector de velocidad es de 2500 V/m, y el campo magnético en el selector de velocidad y en la cámara de deflexión tiene magnitud de 0.035 T. Calcular el radio de la trayectoria de un ion simplemente cargado y masa $m = 2.18 \times 10^{-26}$ kg.
10. Un ciclotrón diseñado para acelerar protones tiene un radio exterior de 0.350 m. Los protones se emiten con velocidad casi nula desde una fuente situada en el centro y se aceleran a través de 600 V cada vez que cruzan la ranura entre las "des". Las "des" se encuentran entre los polos de un electroimán, teniendo el campo una magnitud de 0.800 T. (a) Encontrar la frecuencia del ciclotrón. (b) Encontrar la velocidad a la que los protones salen del ciclotrón. (c) Calcular su máxima energía cinética (d) ¿Cuántas revoluciones realiza un protón en el ciclotrón? (e) ¿Qué intervalo de tiempo permanece un protón en el ciclotrón?
11. El tubo de imagen de un televisor utiliza bobinas de deflexión magnética en lugar de placas de deflexión eléctricas. Suponga que un haz de electrones se acelera a través de una diferencia de potencial de 50.0 kV y luego pasa a través de una región de 1.00 cm de ancho con un campo magnético uniforme. La pantalla está situada a 10.0 cm del centro de las bobinas y tiene 50.0 cm de ancho. Cuando se desactiva el campo, el haz de electrones incide sobre el centro de la pantalla. ¿Qué valor del campo es necesario para desviar el haz hasta el extremo de la pantalla? Ignore la corrección relativista.
12. El *efecto Hall* tiene aplicaciones importantes en la industria electrónica. Se utiliza para calcular el signo y la densidad

de los portadores de carga en los chips semiconductores. La configuración correspondiente se muestra en la figura P4.12. Un semiconductor de espesor t y anchura d transporta una corriente I en la dirección x. Se aplica un campo magnético uniforme b en la dirección y. Si los portadores de carga son positivos, la fuerza magnética los desvía en la dirección z. La carga positiva se acumula en la superficie superior de la muestra y la carga negativa en la superficie inferior, creando un campo eléctrico que apunta hacia abajo. En equilibrio, la fuerza eléctrica que apunta hacia abajo sobre los portadores de carga compensa la fuerza magnética que apunta hacia arriba, y las cargas se mueven a través de la muestra sin desviarse. Si se mide el voltaje *Hall* $\Delta V_H = V_c - V_a$ entre las superficies superior e inferior, se puede calcular la densidad de los portadores de carga a partir de él. (a) Demostrar que, si los portadores de carga son negativos, el voltaje Hall será negativo. De este modo, el efecto Hall muestra el signo de los portadores de carga, por lo que se puede clasificar la muestra como de tipo p (con mayoría de portadores de carga positivos) o de tipo n (negativos). (b) Calcular el número de portadores de carga por unidad de volumen n en términos de I, t, B, ΔV_H y la magnitud q del portador de carga.

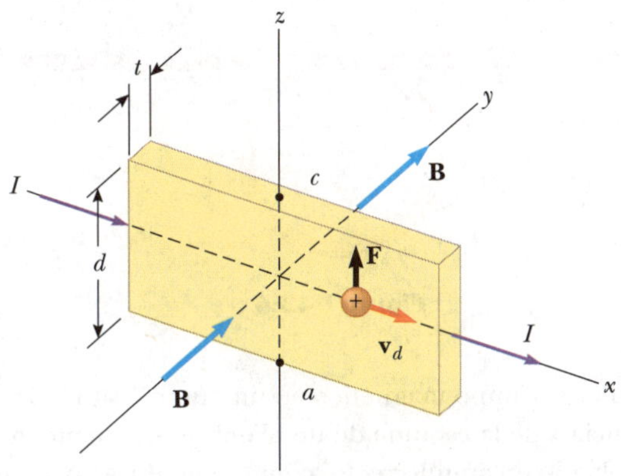

Figura P4.12

Sección 4.5 Fuerza magnética sobre un conductor portador que lleva una corriente eléctrica

13. Un alambre transporta una corriente estacionaria de 2.40 A. Una sección recta del alambre tiene 0.750 m de largo y está situado en la dirección del eje x dentro de un campo magnético uniforme, $\mathbf{B} = 1.60\mathbf{k}$ T Si la corriente está orientada en la dirección $+x$, ¿Cuál es la fuerza magnética sobre la sección de alambre?

14. Un conductor suspendido por dos cables flexibles, tal y como muestra la figura P4.14, tiene una masa por unidad de longitud de 0.040 0 kg/m. ¿Qué corriente debe existir en el conductor para que la tensión en los cables sea cero cuando el campo magnético es de 3.60 T hacia dentro de la página? ¿Cuál es la dirección requerida para la corriente?

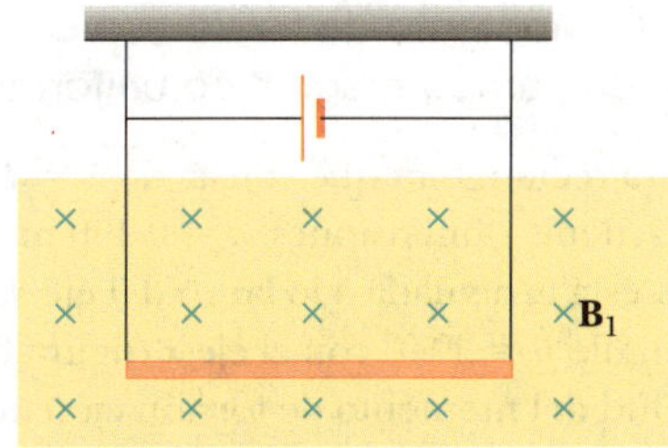

Figura P4.14

15. web *Un campo magnético no uniforme ejerce una fuerza neta sobre un dipolo magnético.* Se sitúa un potente imán bajo un anillo conductor horizontal de radio r que transporta una corriente I, como se muestra en la figura P4.15. Si el campo magnético B forma un ángulo θ con la vertical en la circunferencia del anillo, ¿cuál es la magnitud y la dirección de la fuerza resultante ejercida sobre el anillo?

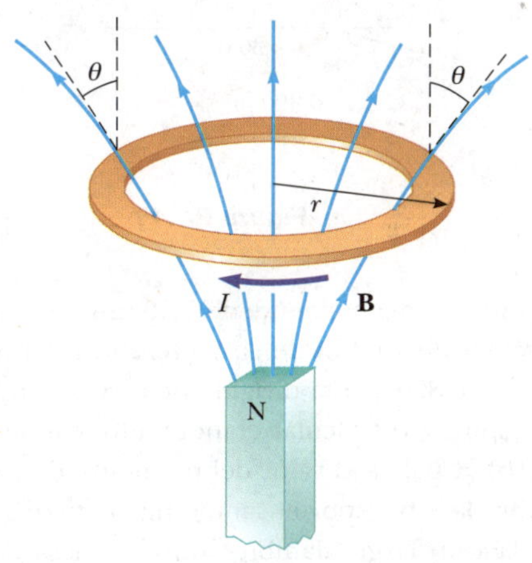

Figura P4.15

16. En la figura P4.16, el cubo tiene 40.0 cm de arista. Cuatro segmentos rectos de alambre —ab, bc, cd, y da— forman una espira cerrada que transporta una corriente I = 5.00 A, en la dirección mostrada. Se sitúa la espira en un campo magnético uniforme, de valor B = 0.0200 T en la dirección de las y positivas. Determinar la magnitud y la dirección de la fuerza magnética en cada segmento.

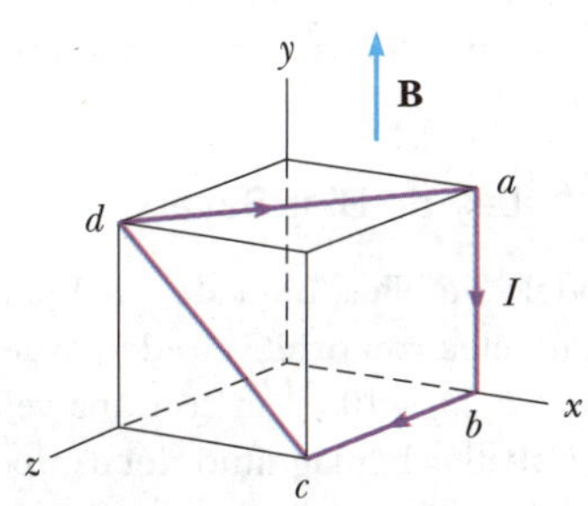

Figura P4.16

Sección 4.6 Momento de torsión en una espira de corriente en un campo magnético uniforme.

17. Una espira rectangular que consta de $N = 100$ vueltas muy próximas tiene dimensiones $a = 0.400$ m y $b = 0.300$ m. La espira está articulada a lo largo del eje y, y su plano forma un ángulo $\theta = 30.0°$ con el eje x (figura P4.17). ¿Cuál es la magnitud del momento de torsión ejercido sobre la espira por un campo magnético uniforme $B = 0.800$ T en la dirección del eje x, cuando la corriente es $I = 1.20$ A en la dirección mostrada? ¿Cuál es la dirección esperada de rotación de la espira?

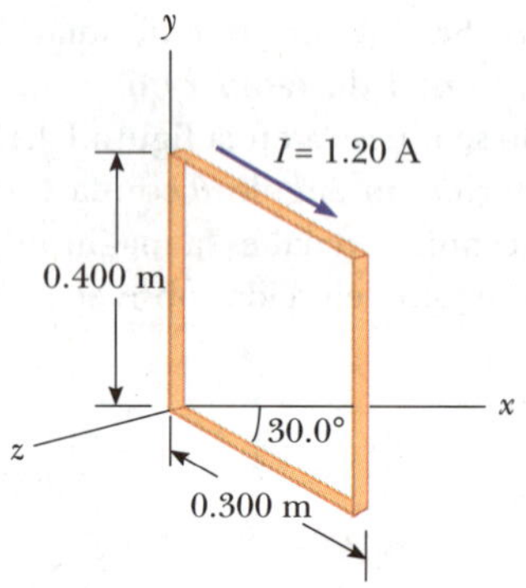

Figura P4.17

18. Se mantiene una corriente de 17.0 mA en una única espira circular de 2.00 m de circunferencia. Un campo magnético de 0.800 T está dirigido de forma paralela al plano de la espira. (a) Calcular el momento magnético de la espira. (b) ¿Cuál es el valor del momento de torsión ejercido sobre la espira por el campo magnético?

19. Se utiliza un largo alambre con una masa de 0.100 kg y una longitud total de 4.00 m para construir una bobina cuadrada de 0.100 m de lado. La bobina se cuelga por uno de los lados, transporta una corriente de 3.40 A y se sitúa en un campo magnético vertical con una magnitud de 0.0100 T. (a) Calcular el ángulo que forma la espira con la vertical cuando se encuentra en equilibrio. (b) Determinar el momento de torsión que actúa sobre la espira debido a la fuerza magnética, en equilibrio.

20. Una espira de corriente, con un momento magnético dipolar $\boldsymbol{\mu}$, se sitúa en un campo magnético uniforme $\mathbf{B}$, con su momento haciendo un ángulo θ con el campo. Eligiendo de forma arbitraria $U = 0$ para $\theta = 90°$, demostrar que la energía potencial del sistema dipolo-campo es $U = -\boldsymbol{\mu} \cdot \mathbf{B}$.

Sección 4.7 Ley de Biot-Savart

21. En el modelo de Niels Bohr de 1913 para el átomo de hidrógeno, un electrón orbita alrededor de un protón, a una distancia de 5.29×10^{-11} m con una velocidad de 2.19×10^{6} m/s. Calcular la magnitud del campo magnético en la posición del protón producido por este movimiento.

22. Una corriente cuya trayectoria tiene la forma de la figura P4.22 genera un campo magnético en P, el centro del arco. Si el arco subtiende un ángulo de 30.0° y el radio del arco es de 0.600 m, ¿cuál es la magnitud y la dirección del campo generado en P si la corriente es de 3.00 A?

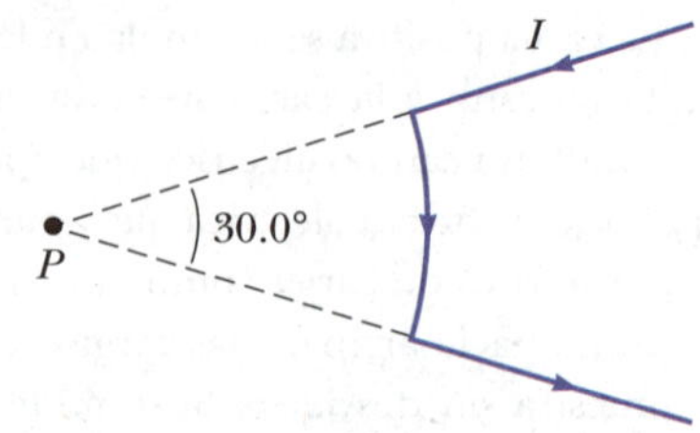

Figura P4.22

23. Calcular la magnitud del campo magnético en un punto situado a 100 cm de un conductor largo y delgado que transporta una corriente de 1.00 A.

24. Un conductor está formado por una espira circular de radio R y dos secciones largas y rectas, tal y como se muestra en la figura P4.24. El alambre descansa sobre el plano del papel y transporta una corriente I. Hallar una expresión para el campo magnético en el centro de la espira.

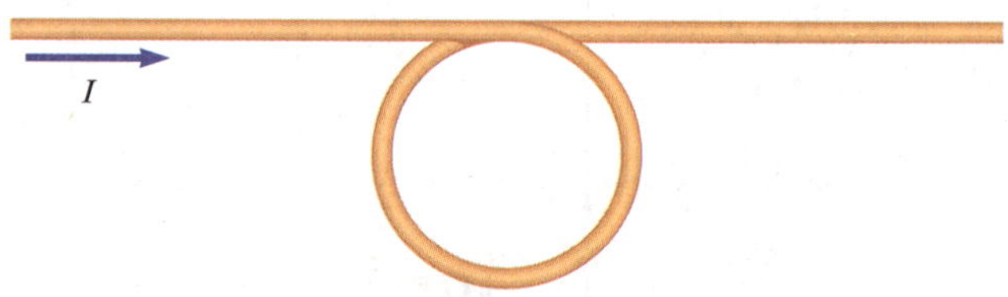

Figura P4.24

25. Calcular el campo magnético en un punto P situado a una distancia x de la esquina de un alambre infinitamente largo doblado en ángulo recto, como se muestra en la figura P4.25. El alambre transporta una corriente estacionaria I.

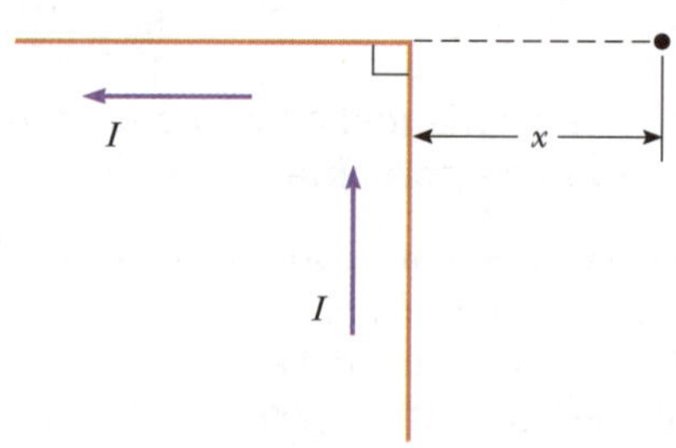

Figura P4.25

26. Considere una espira circular plana de corriente, con radio R y que transporta una corriente I. Seleccione el eje x de modo que coincida con el eje de la espira, con su origen en el centro de la espira. Haga una gráfica del cociente entre la magnitud del campo magnético a una distancia

x y el campo magnético en el origen, desde $x = 0$ hasta $x = 5R$. Puede resultar útil emplear una calculadora programable o una computadora para resolver este problema.

27. Tres conductores largos y paralelos transportan corrientes de valor $I = 2.00$ A. La figura P4.27 muestra una vista superior de los conductores, donde las corrientes salen de la página. Si $a = 1.00$ cm, calcular la magnitud y la dirección del campo magnético en los puntos A, B y C.

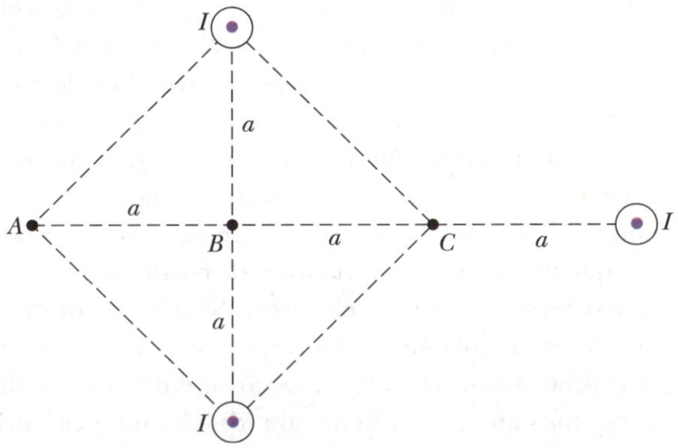

Figura P4.27

28. Un alambre largo y recto transporta una corriente I. El alambre se dobla en ángulo recto, teniendo el codo la forma de un arco circular de radio r, como se ilustra en la figura P4.28. Determinar el campo magnético en el centro del arco.

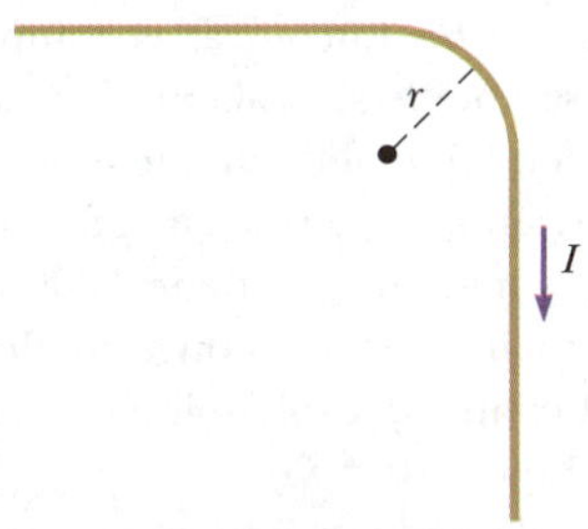

Figura P4.28

29. Un largo alambre conductor transporta una corriente de 30.0 A hacia la izquierda, a lo largo del eje x. Un segundo cable transporta una corriente de 50.0 A hacia la derecha, a lo largo de la línea ($y = 0.280$ m, $z = 0$). (a) ¿En qué lugar del plano formado por los dos alambres el campo magnético es igual a cero? (b) Una partícula que tiene una carga de $-2.00\ \mu$C se mueve con una velocidad de $150\mathbf{i}$ m/s a lo largo de la línea ($y = 0.100$ m, $z = 0$). Calcular la fuerza magnética que actúa sobre la partícula. (c) Se aplica un campo eléctrico uniforme para permitir que la partícula atraviese esta región sin desviarse. Calcular el campo eléctrico requerido.

Sección 4.8 Fuerza magnética entre dos conductores paralelos.

30. Dos conductores largos y paralelos, separados por una distancia de 10.0 cm, transportan corrientes en la misma dirección. El primer alambre transporta una corriente $I_1 = 5.00$ A y el segundo, $I_2 = 8.00$ A. (a) ¿Cuál es la magnitud del campo magnético generado por I_1 y que actúa sobre I_2? (b) ¿Cuál es la fuerza magnética por unidad de longitud que ejerce I_1 sobre I_2? (c) ¿Cuál es la magnitud del campo magnético generado por I_2 en la posición de I_1? (d) ¿Cuál es la fuerza magnética por unidad de longitud que ejerce I_2 sobre I_1?

31. En la figura P4.31, la corriente en el alambre largo y recto es $I_1 = 5.00$ A y el alambre se encuentra sobre el plano de la espira rectangular, que transporta una corriente de 10.0 A. Las dimensiones son $c = 0.100$ m, $a = 0.150$ m y $\ell = 0.450$ m. Encontrar la magnitud y la dirección de la fuerza neta ejercida sobre la espira por el campo magnético creado por el alambre.

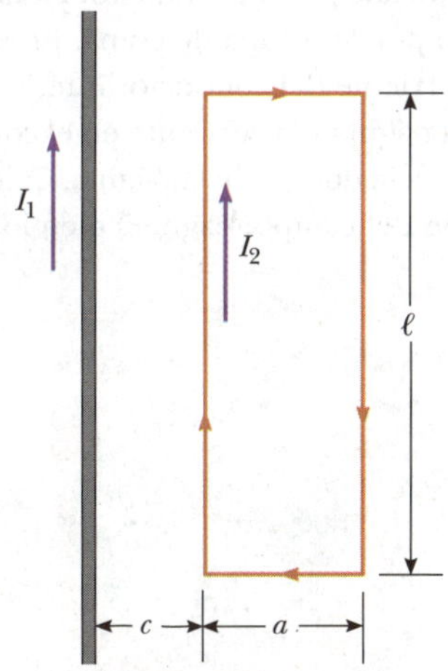

Figura P4.31

32. Dos alambres largos y paralelos se atraen entre sí con una fuerza magnética por unidad de longitud de 320 μN/m cuando están separados 0.500 m. La corriente en el alambre superior es de 20.0 A hacia la derecha. Determinar la línea en el plano formado por los dos cables a lo largo de la cual el campo magnético total es cero.

Sección 4.9 Ley de Ampère

33. Cuatro conductores largos y paralelos transportan corrientes iguales, de magnitud $I = 5.00$ A. La figura P4.33 muestra los conductores desde los extremos. La dirección de la corriente es hacia dentro de la página en los puntos A y B (indicados con cruces) y hacia fuera de la página en C y D (indicados con puntos). Calcular la magnitud y la dirección del campo magnético en el punto P, situado en el centro del cuadrado, cuyo lado es de 0.200 m.

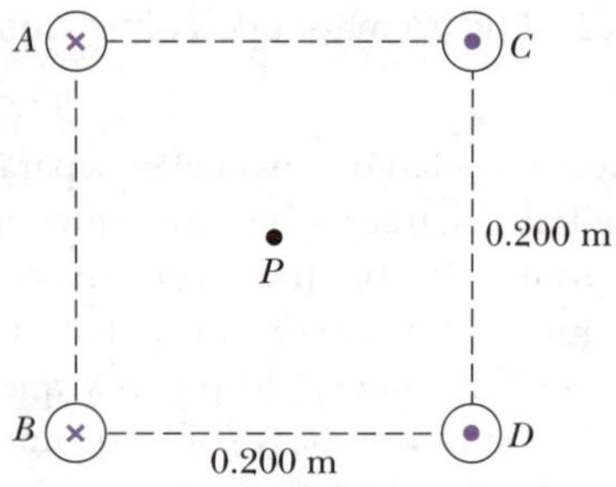

Figura P4.33

34. Un alambre largo y recto está situado sobre una tabla horizontal y transporta una corriente de 1.20 μA. En el vacío, un protón se mueve paralelo al alambre (en dirección contraria a la corriente) con una velocidad constante de 2.30×10^4 m/s, a una distancia *d* sobre el cable. Calcular el valor de *d*. Puede ignorar el campo magnético de la Tierra.

35. La figura P4.35 es una vista transversal de un cable coaxial. El conductor central está rodeado por una capa de goma, que está rodeada por un conductor exterior, que a su vez está rodeado por otra capa de goma. En una aplicación concreta, la corriente del conductor interior es de 1.00 A hacia fuera de la página y la corriente en el conductor exterior es de 3.00 A hacia dentro de la página. Calcular la magnitud y la dirección del campo magnético en los puntos *a* y *b*.

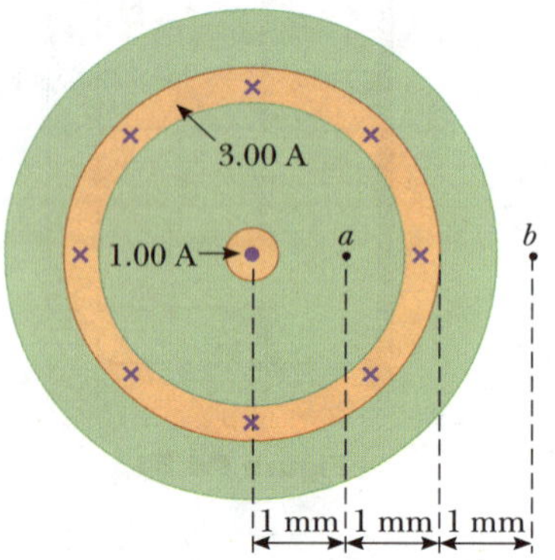

Figura P4.35

36. Un reactor de fusión tokamak tiene unas bobinas magnéticas en forma de toroide con un radio interior de 0.700 m y un radio exterior de 1.30 m. Si el toroide tiene 900 vueltas de alambre de gran diámetro, cada una de las cuales transporta una corriente de 14.0 kA, encontrar la magnitud del campo magnético dentro del toroide a lo largo (a) del radio interior y (b) del radio exterior.

37. web Un haz de 100 alambres largos, rectos y aislados forma un cilindro de radio $R = 0.500$ cm. (a) Si cada alambre transporta una corriente de 2.00 A, ¿cuál es la magnitud y la dirección de la fuerza magnética por unidad de longitud que actúa sobre un alambre situado a 0.200 cm del centro del haz? (b) Un alambre situado en el borde exterior del haz, ¿experimentaría una fuerza mayor o menor que el valor calculado en (a)?

38. El niobio, un metal, se convierte en superconductor cuando se enfría por debajo de 9 K.. Si su superconductividad desaparece cuando el campo magnético en su superficie supera los 0.100 T, calcular la corriente máxima que puede transportar un alambre de niobio de 2.00 mm de diámetro, sin perder sus propiedades superconductoras, en ausencia de un campo magnético externo.

39. Considere una columna de corriente eléctrica que atraviesa un plasma (gas ionizado). Los filamentos de corriente dentro de la columna se atraen magnéticamente entre sí, pudiendo agruparse hasta dar lugar a una elevada densidad de corriente, con la consiguiente aparición de un fuerte campo magnético en una pequeña región. A veces, se puede interrumpir momentáneamente la corriente debido a este efecto, llamado *efecto de estrangulamiento.* (En un cable metálico, el efecto de estrangulamiento no es importante, ya que los electrones portadores de corriente se repelen entre sí debido a la fuerza eléctrica.) Se puede mostrar el efecto de estrangulamiento haciendo pasar una corriente por un tubo metálico largo y hueco orientado verticalmente. Hacemos que *R* represente al radio del tubo cilíndrico e *I* a la corriente ascendente, distribuida de forma uniforme por sus paredes curvas. Determinar el campo magnético (a) justo dentro de la pared y (b) justo fuera de la misma. (c) Determinar la presión sobre la pared del conductor.

Sección 4.10 Campo magnético de un solenoide

40. **Problema resumen.** Un solenoide de radio $R = 5.00$ cm está formado por un largo alambre de radio $r = 2.00$ mm, longitud $\ell = 10.0$ m y resistividad $\rho = 1.70 \times 10^{-8}\ \Omega \cdot$m. (Observe que $\ell \gg R$). Encontrar el campo magnético en el centro del solenoide si el alambre se encuentra conectado a una batería que tiene una fem de 20.0 V.

41. ¿Cuál es la corriente requerida en el devanado de un solenoide de gran longitud, que tiene 1000 vueltas distribuidas uniformemente en una longitud de 0.400 m, para generar en el centro del solenoide un campo magnético de magnitud 1.00×10^{-4} T?

42. Considere un solenoide de longitud ℓ y radio *R*, que tiene *N* vueltas muy próximas entre sí y transporta una corriente estacionaria *I*. (a) En términos de esos parámetros, encuentre el campo magnético en un punto del eje en función de la distancia *a* al extremo del solenoide. (b) Demuestre que, a medida que ℓ crece, *B* se aproxima a $\mu_0 NI/2\ell$ en cada extremo del solenoide.

Sección 4.11 Magnetismo en la materia

43. En el modelo de Bohr de 1913 para el átomo de hidrógeno, el electrón tiene una órbita circular de radio 5.29 x 10^{-11} m y su velocidad es de 2.19×10^6 m/s. (a) ¿Cuál es la magnitud del momento magnético debido al movimiento del electrón? (b) Si el electrón orbita en sentido contrario a las agujas del reloj describiendo un círculo horizontal, ¿cuál es la dirección de este vector de momento magnético?

44. En *saturación*, cuando casi todos los átomos tienen sus momentos magnéticos alineados, el campo magnético en una muestra de hierro puede ser de 2.00 T. Si cada electrón contribuye con un momento magnético de 9.27×10^{-24} $A \cdot m^2$ (lo que se denomina magnetón de Bohr), ¿cuántos electrones por átomo contribuyen al campo saturado del hierro? (*Sugerencia:* el hierro contiene aproximadamente 8.50×10^{28} átomos/m^3).

Sección 4.12 Relación con contexto. Modelo de atracción para la levitación magnética

45. Lo que sigue representa un modelo simple de la levitación de un vehículo de transporte comercial. Suponga que la levitación se consigue montando pequeñas esferas cargadas eléctricamente debajo del vehículo. Las esferas pasan por un campo magnético generado por imanes permanentes situados a lo largo del riel. Supongamos que los imanes permanentes generan un campo magnético uniforme de 0.1 T en la posición de las esferas y que un sistema de control electrónico mantiene una carga de 1 μC en cada esfera. El vehículo tiene una masa de 5×10^4 kg y viaja a una velocidad de 400 km/h. ¿Cuántas esferas cargadas se requieren para soportar el peso del vehículo a esta velocidad? Su respuesta debería sugerir que este modelo simple no tendría éxito como medio de levitación magnética.

46. Los datos del sistema de levitación magnética Transrapid muestran que la energía eléctrica que se necesita para que funcione el vehículo es del orden de 10^2 kW. (a) Imagine que el vehículo Transrapid se desplaza a 400 km/h. ¿Cuánta energía en joules, aproximadamente, se utiliza en cada milla de viaje? (b) Calcule la energía por milla utilizada por un automóvil con un consumo de 22 millas/galón. La energía obtenible de la gasolina es de aproximadamente 40 MJ/kg, la eficacia de un motor normal de automóvil es del 20% y la densidad de la gasolina es de 754 kg/m^3. (c) Considerando que el automóvil tiene un pasajero y el Transrapid 100, la energía por milla necesaria para cada pasajero del Transrapid, ¿qué fracción de la de un automóvil representa?

Problemas adicionales

47. Considere un segmento de alambre largo y delgado que transporta una corriente constante *I* y que está situado a lo largo del eje *x*, como se muestra en la figura P4.47. (a) Utilice la ley de Biot-Savart para demostrar que el campo magnético total en el punto *P*, situado a una distancia *a* del alambre es de

$$B = \frac{\mu_0 I}{4\pi a} (\cos \theta_1 - \cos \theta_2)$$

(b) Si el alambre tiene longitud infinita, demostrar que el resultado obtenido en (a) proporciona un campo magnético que coincide con el que se obtiene utilizando la ley de Ampère en el ejemplo 4.7.

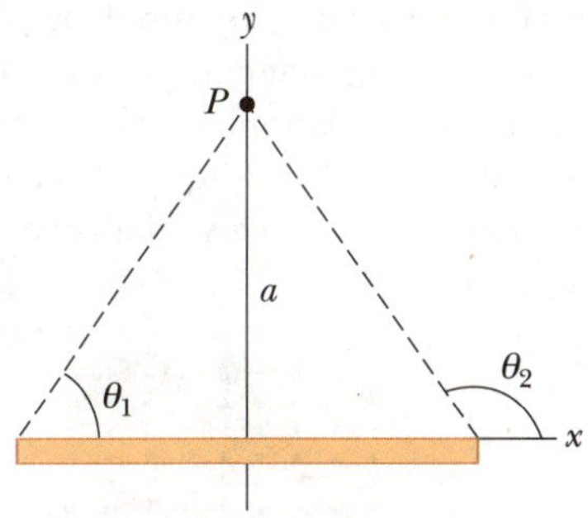

Figura P4.47

48. El sodio se funde a 99°C. El sodio líquido, un excelente conductor térmico, se utiliza en algunas reacciones nucleares para refrigerar el núcleo del reactor. El sodio líquido es transportado a través de tuberías por unas bombas que aprovechan la fuerza que una carga en movimiento experimenta en un campo magnético. El principio es el siguiente: suponga que el metal líquido se halla en una tubería aislada eléctricamente que tiene una sección transversal rectangular de anchura *w* y altura *h*. Un campo magnético uniforme perpendicular a la tubería afecta a una sección de longitud *L* (figura P4.48). Una corriente eléctrica de dirección perpendicular a la tubería y al campo magnético genera una densidad de corriente *J* en el sodio líquido. (a) Explicar por qué esta disposición produce una fuerza en el líquido dirigida a lo largo de la longitud del tubo. (b) Demostrar que la sección de líquido en el campo magnético experimenta un incremento de presión *JLB*.

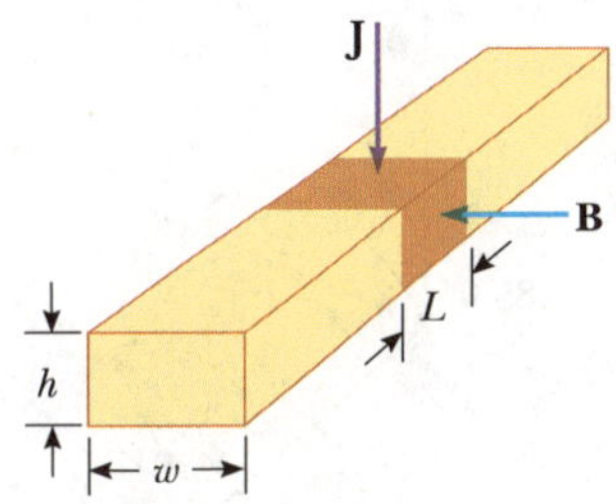

Figura P4.48

49. Un electrón penetra en una región donde existe un campo magnético de 1.00 mT de magnitud, viajando perpendicularmente a la superficie que delimita la región. La dirección del campo es perpendicular a la velocidad del electrón. (a) Determinar el tiempo que tarda el electrón en abandonar la región del campo, teniendo en cuenta que su trayectoria es un semicírculo. (b) Hallar la energía cinética del electrón si la profundidad máxima de penetración en el campo es de 2.00 cm.

50. Una serie de protones con una energía cinética de 5.00 MeV se desplaza en la dirección *x* positiva y entra en un campo magnético $\mathbf{B} = (0.050\,0\mathbf{k})$ T dirigido hacia fuera del plano de la página y que se extiende desde $x = 0$ hasta $x = 1.00$ m, como se muestra en la figura P4.50. (a) Calcular la componente y del momento de los protones cuando abandonan el campo magnético. (b) Hallar el ángulo a entre el vector velocidad inicial del haz de protones y el vector velocidad después de que el haz sale del campo. (*Sugerencia:* ignorar los efectos relativistas y tener en cuenta que $1 \text{ eV} = 1.60 \times 10^{-19}$ J).

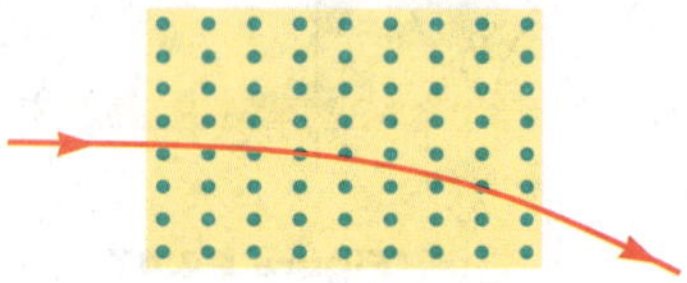

Figura P4.50

51. Una carga positiva $q = 3.20 \times 10^{-19}$ C se desplaza con una velocidad $\mathbf{v} = (2\mathbf{i} + 3\mathbf{j} - \mathbf{k})$ m/s por una región en la que existen un campo magnético uniforme y un campo eléctrico uniforme. (a) ¿Cuál es la fuerza total ejercida sobre la carga en movimiento (en notación vectorial) si $\mathbf{B} = (2\mathbf{i} + 4\mathbf{j} + \mathbf{k})$ T y $\mathbf{E} = (4\mathbf{i} - \mathbf{j} - 2\mathbf{k})$ V/m? (b) ¿Qué ángulo forma el vector fuerza con el eje x positivo?

52. Un campo magnético uniforme de 0.150 T de magnitud tiene la dirección del eje x positivo. Un positrón que se desplaza a 5.00×10^6 m/s entra en el campo siguiendo una dirección que forma un ángulo de 85.0° con el eje x (figura P4.52). El movimiento esperado de la partícula es helicoidal, tal y como se describe en la sección 4.3. Calcular (a) la distancia p y (b) el radio r de la trayectoria.

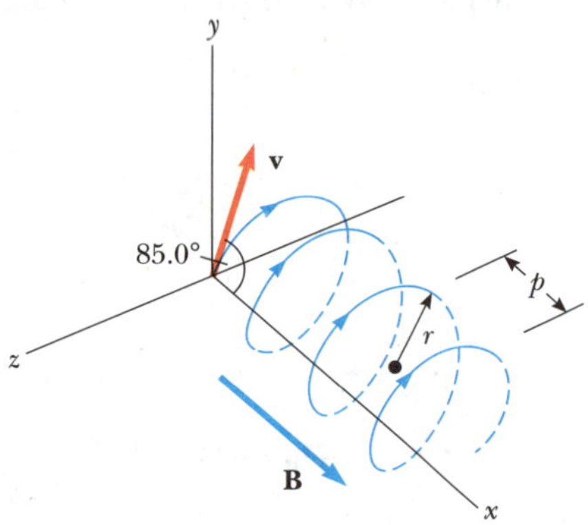

Figura P4.52

53. Una barra de metal de 0.200 kg que transporta una corriente de 10.0 A se desliza por dos rieles horizontales separados 0.500 m. ¿Cuál es el campo magnético vertical requerido para mantener la barra en movimiento con una velocidad constante, si el coeficiente cinético de fricción entre la barra y los rieles es 0.100?

54. Un cardiocirujano monitoriza el flujo sanguíneo en una arteria por medio de un medidor electromagnético de flujo (figura P4.54). Los electrodos A y B están en contacto con la superficie exterior del vaso sanguíneo, que tiene un diámetro interior de 3.00 mm. (a) Para un campo magnético de 0.0400 T, aparece una fem de 160 μV entre los electrodos. Calcular la velocidad de la sangre. (b) Verificar que el electrodo A es el positivo, tal y como se muestra. ¿Depende el signo de la fem de si los iones en movimiento de la sangre tienen predominantemente cargas positivas o negativas? Explique su respuesta.

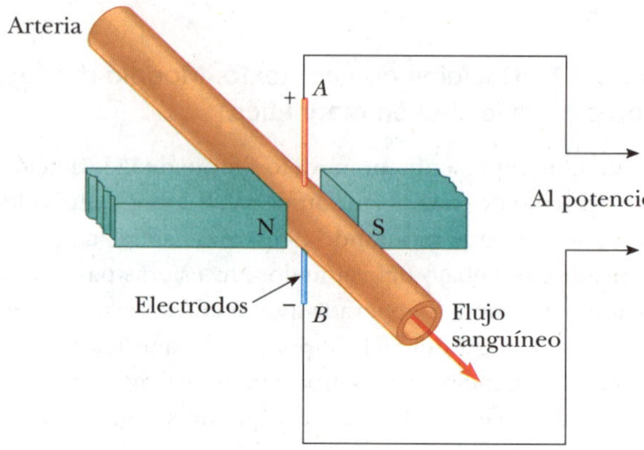

Figura P4.54

55. Una batidora de mano tiene un motor eléctrico. Considere el motor como una única bobina circular plana y compacta que transporta corriente eléctrica en una región en la que un imán externo permanente genera un campo magnético. Basta con que analice un instante de funcionamiento del motor. (Volveremos a considerar los motores en el capítulo 5). La bobina se mueve porque el campo magnético ejerce un momento de torsión sobre ella, como se describió en la sección 4.6. Realice una estimación del orden de magnitud del campo magnético, del momento de torsión ejercido sobre la bobina, de la corriente que la atraviesa, de su área y del número de vueltas, de forma que se relacionen de acuerdo con la ecuación 4.16. Tenga en cuenta que la potencia de entrada del motor es eléctrica, dada por $\mathcal{P} = I\Delta V$, y la potencia útil de salida es mecánica, dada por $\mathcal{P} = \tau\omega$.

56. Dos bobinas circulares de radio R son perpendiculares a un eje común. Los centros de las bobinas están separados por una distancia R y cada bobina transporta una corriente estacionaria I en la misma dirección que la que muestra la figura P4.56. (a) Demostrar que el campo magnético en el eje a una distancia x del centro de una bobina es

$$B = \frac{\mu_0 I R^2}{2}\left[\frac{1}{(R^2 + x^2)^{3/2}} + \frac{1}{(2R^2 + x^2 - 2Rx)^{3/2}}\right]$$

(b) Demostrar que dB/dx y d^2B/dx^2 son cero en el punto intermedio entre las dos bobinas. Esto significa que el campo magnético en la región situada a medio camino entre las bobinas es uniforme. Las bobinas dispuestas según este tipo de configuración se denominan *espiras de Helmholtz.*

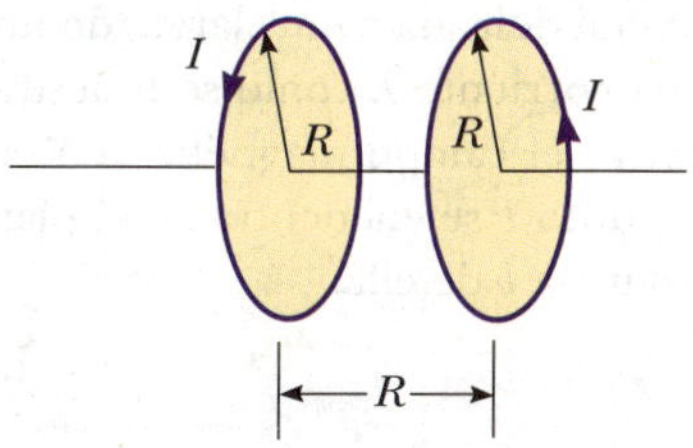

Figura P4.56

57. El momento magnético de la Tierra es aproximadamente de 8.00×10^{22} A · m^2. (a) Si éste fuera causado por la magnetización completa de un enorme depósito de hierro, ¿a cuántos electrones no emparejados correspondería? (b) ¿Cuántos kgs de hierro se requerirían, considerando dos electrones no emparejados por cada átomo de hierro? (El hierro tiene una densidad de 7 900 kg/m^3 y aproximadamente 8.50×10^{28} átomos de hierro/m^3.)

58. Dos espiras circulares paralelas y coaxiales están casi en contacto, a 1 mm de separación una de otra (figura P4.58). Cada espira tiene un radio de 10.0 cm. La espira superior transporta una corriente de 140 A en el sentido de las agujas del reloj. La espira inferior transporta una corriente de 140 A en sentido contrario a las agujas del reloj. (a) Calcular la fuerza magnética que ejerce la espira inferior sobre la espira superior. (b) La espira superior tiene una masa de 0.0210 kg. Calcular su aceleración, suponiendo que las únicas fuerzas que actúan sobre ella son la fuerza calculada en la parte (a) y su peso. (*Sugerencia:* piense qué aspecto tiene la espira para un insecto posado sobre la otra espira).

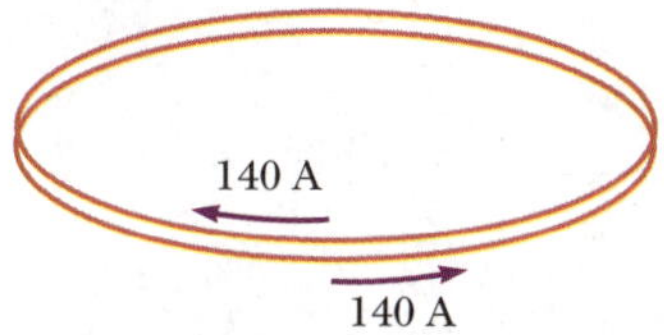

Figura P4.58

59. Un rayo puede transportar una corriente de 1.00×10^4 A durante un breve periodo. ¿Qué campo magnético existirá a 100 m de distancia del rayo? Suponga que el rayo se extiende muy por encima y muy por debajo del punto de observación.

60. Algunas personas han sugerido utilizar *cañones de rieles* para lanzar proyectiles al espacio sin necesidad de cohetes químicos, y también como armas antimisiles tierra-aire. Una versión en miniatura de un cañón de rieles (figura P4.60) está formada por dos largos rieles paralelos horizontales separados 3.50 cm, unidos por una barra *BD* con una masa de 3.00 gr. La barra se encuentra inicialmente en reposo en el punto central de los rieles y tiene libertad para deslizarse sin fricción. Cuando se cierra el interruptor, se establece rápidamente una corriente eléctrica en el circuito *ABCDEA*. Los rieles y la barra tienen una baja resistencia eléctrica, y una fuente de alimentación limita la corriente a 24.0 A constantes. (a) Hallar la magnitud del campo magnético a una distancia de 1.75 cm de un alambre largo y recto que transporta una corriente de 24.0 A. (b) Hallar el campo magnético en el punto *C* del diagrama, en el punto intermedio de la barra, inmediatamente después de que se haya cerrado el interruptor. (*Sugerencia:* considere las conclusiones que puede sacar de la ley de Biot-Savart). (c) En otros puntos a lo largo de la barra *BD*, el campo tiene la misma dirección que en el punto *C*, pero su magnitud es mayor. Suponga que el campo magnético promedio a lo largo de *BD* es cinco veces mayor que el campo en *C* y, con esta suposición, encuentre la fuerza ejercida sobre la barra. (d) Encuentre la aceleración con la que la barra comienza a moverse. (e) ¿Se mueve la barra con aceleración constante? (f) Halle la velocidad de la barra después de recorrer 130 cm hasta el extremo de los rieles.

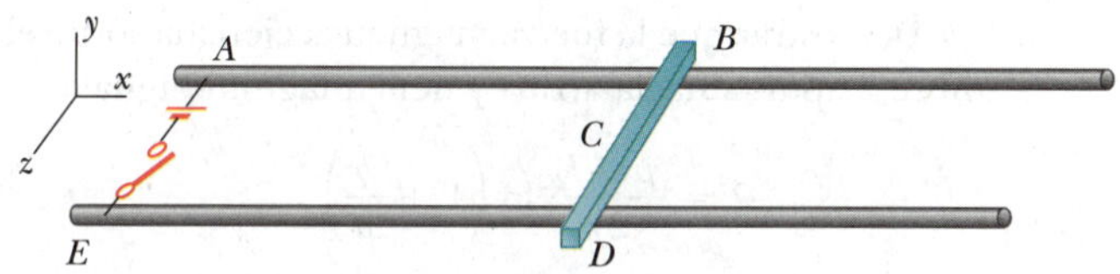

Figura P4.60

61. Un anillo no conductor de radio *R* está cargado uniformemente con una carga total positiva *q*. El anillo gira con una velocidad angular constante ω alrededor de un eje que pasa por su centro y que es perpendicular al plano del anillo. ¿Cuál es la magnitud del campo magnético en el eje del anillo, a una distancia $R/2$ de su centro?

62. Una lámina infinita de corriente, situada en el plano *yz*, transporta una corriente superficial de densidad $\mathbf{J}_s$. La corriente tiene la dirección del eje *y*, y J_s representa la corriente por unidad de longitud a lo largo del eje *z*. La figura P4.62 muestra una vista lateral de la lámina. Encontrar el campo magnético en las proximidades de la lámina. (*Sugerencia:* utilizar la ley de Ampère y evaluar la integral de línea para una trayectoria rectangular alrededor de la lámina, representada por la línea discontinua de la figura P4.62).

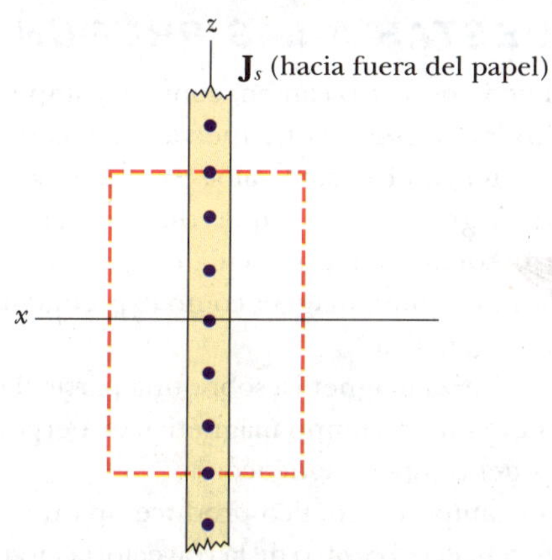

Figura P4.62

63. La magnitud del campo magnético de la Tierra en un polo es aproximadamente de 7.00×10^{-5} T. Suponga que el campo se desvanece, como preludio a una nueva inversión de los polos magnéticos. Exploradores, navegantes y políticos de todo el mundo se unen para poner en marcha un programa destinado a remplazar el campo perdido. Un plan consiste en utilizar una espira de corriente alrededor del ecuador, sin utilizar la magnetización de cualquier material contenido en el interior de la Tierra. Determinar la corriente capaz de generar ese campo si se llevara a cabo el plan. (El radio de la Tierra es $R_E = 6.37 \times 10^6$ m.)

64. Un alambre largo y recto —alambre 1— orientado a lo largo del eje y transporta una corriente estacionaria I_1, como se muestra en la figura P4.64. Un circuito rectangular situado a la derecha del cable transporta una corriente I_2. Considere el alambre 2, que es el segmento horizontal superior del circuito y que se extiende desde $x = a$ hasta $x = a + b$. Demostrar que la fuerza magnética ejercida sobre el alambre 2 apunta hacia arriba y tiene magnitud igual a

$$F = \frac{\mu_0 I_1 I_2}{2\pi} \ln\left(1 + \frac{b}{a}\right)$$

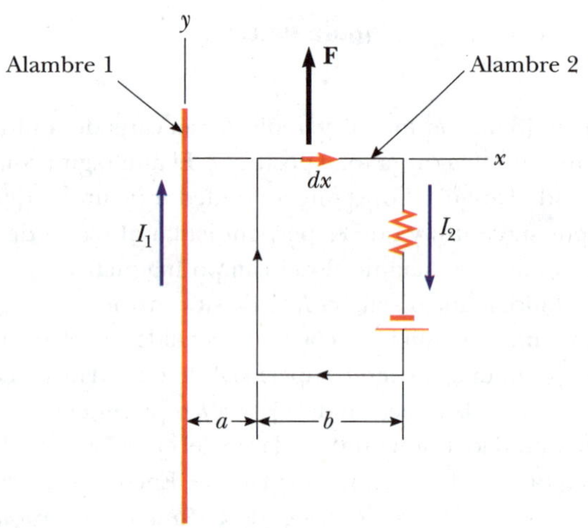

Figura P4.64

65. Una tira de metal delgada y muy larga, de una anchura w, transporta una corriente I, como se muestra en la figura P4.65. Encontrar el campo magnético en el punto P del diagrama. El punto P se encuentra en el plano de la tira y está a una distancia b de ella.

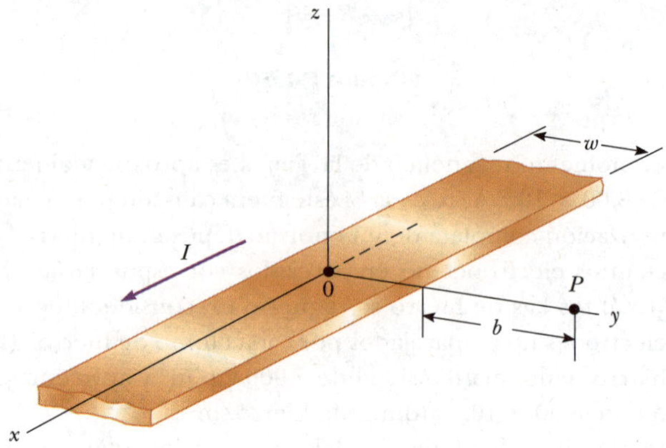

Figura P4.65

RESPUESTAS A LAS PREGUNTAS RÁPIDAS

4.1 No. Puede que otro campo, como el campo eléctrico o el gravitacional, genere otra fuerza sobre la partícula cargada que tenga el mismo valor pero que sea opuesta a la fuerza magnética, con lo que resulta una fuerza neta igual a cero. Además, una partícula cargada que se mueva paralela a un campo magnético no experimentaría ninguna fuerza magnética.

4.2 No. La fuerza magnética sobre una partícula cargada que se mueve en un campo magnético es perpendicular a las líneas del campo magnético.

4.3 No. El campo magnético produce una fuerza magnética dirigida hacia el centro de la trayectoria circular de la partícula, y esto provoca un cambio en la dirección del vector velocidad de la partícula. Sin embargo, como la fuerza magnética siempre es perpendicular al desplazamiento de la partícula, no se realiza ningún trabajo sobre la partícula, y su rapidez permanece constante. Por tanto, su energía cinética permanece también constante.

4.4 La fuerza magnética sobre una partícula cargada en movimiento siempre es perpendicular a la dirección del movimiento. No se ejerce ninguna fuerza magnética sobre la carga cuando ésta se mueve paralela a la dirección del campo magnético. Sin embargo, la fuerza eléctrica sobre una partícula cargada que se mueve en un campo eléctrico nunca es cero, y siempre es paralela a la dirección del campo eléctrico. Por tanto, proyectando la partícula cargada hacia distintas direcciones es posible determinar la naturaleza del campo.

4.5 Cero. Existe un momento de torsión neto, pero la fuerza neta es cero.

4.6 Si se mueve junto a los electrones, mediría una corriente igual a cero para los electrones, por lo que los electrones no generarían un campo magnético de acuerdo con sus observaciones. Por otra parte, los iones positivos de la retícula cristalina del metal se moverían hacia atrás en relación a usted y crearían una corriente equivalente al movimiento hacia delante de los electrones cuando usted se encuentra parado. Así, tendría el mismo campo magnético que cuando se halla parado, pero sería debido a los iones positivos de la retícula cristalina, que están en movimiento en su marco de referencia.

4.7 (c). La fuerza magnética que ejerce cada alambre sobre el otro depende del producto de las corrientes. Esta elección también puede argumentarse mediante la tercera ley de Newton.

4.8 Cada espira del resorte se convierte en un imán, porque una espira actúa como una espira de corriente. Como el sentido de la rotación de la corriente es el mismo en todas las espiras, cada una se convierte en un imán con igual orientación de los polos. Así, todas las espiras se atraen, y el resorte se comprime.

4.9 *b, d, a, c.* La ecuación 4.29 nos dice que el valor de la integral de línea sólo depende de la corriente neta que atraviesa cada trayectoria cerrada. La trayectoria *b* encierra 1 A, la trayectoria *d* encierra 3 A, la trayectoria *a* encierra 4 A y la trayectoria *c* encierra 6 A.

4.10 *b*, y luego $a = c = d$. Las trayectorias *a, c,* y *d* tienen todas el mismo valor $\mu_0 I$, distinto de cero, porque el tamaño y la forma de las trayectorias no importan. La trayectoria *b* no encierra ninguna corriente, y por eso su integral de línea es cero.

capítulo 5

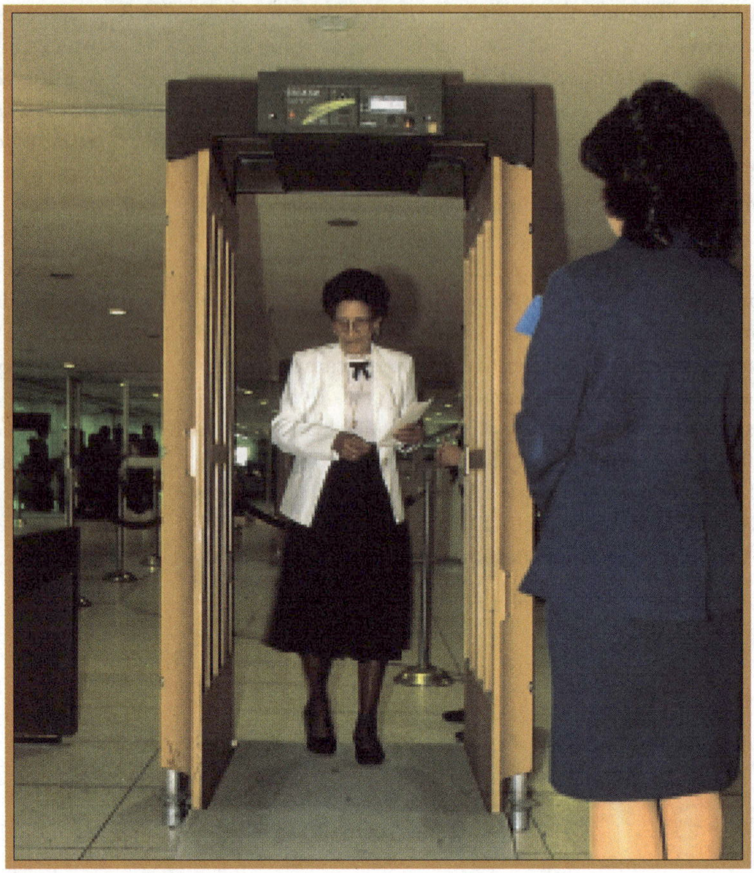

Un detector de metales de un aeropuerto contiene una bobina larga alrededor del marco. Esta bobina posee una propiedad llamada *inductancia*, que estudiaremos en este capítulo. Cuando un pasajero pasa un metal por el detector, la inductancia cambia y ese cambio hace sonar una alarma.

(Ryan Williams/ International Stock Photography)

contenido del capítulo

La ley de Faraday y la inductancia

Nuestro estudio del electromagnetismo ha estado relacionado hasta ahora con los campos eléctricos debidos a cargas estacionarias y los campos magnéticos producidos por cargas en movimiento. En este capítulo presentaremos un nuevo tipo de campo eléctrico: aquel debido a un campo magnético variable.

Como vimos en la sección 1.1, los experimentos llevados a cabo por Michael Faraday en Inglaterra a principios de 1800, y de forma independiente por Joseph Henry en los Estados Unidos demostraron que un campo magnético variable puede inducir una corriente eléctrica en un circuito. Los resultados de esos experimentos condujeron a una ley básica y muy importante del electromagnetismo, llamada *ley de inducción de Faraday*. La ley de Faraday explica cómo funciona un generador, así como otros dispositivos comunes.

5.1 • LEY DE INDUCCIÓN DE FARADAY

Comenzamos la discusión de los conceptos de este capítulo considerando un experimento sencillo basado en los conceptos presentados en el capítulo 4. Imagine que un alambre recto de metal se halla en un campo magnético uniforme que se dirige hacia adentro de la página, como se ilustra en la figura 5.1. En el interior del cable hay electrones libres. Suponga que el cable se mueve ahora con una velocidad **v** hacia la derecha. La ecuación 4.1 nos dice que una fuerza magnética actúa sobre los electrones del cable. La regla de la mano derecha nos dice que la fuerza sobre los electrones está dirigida hacia abajo en la figura 5.1 (recuerde que los electrones tienen una carga negativa). Puesto que esta dirección va a lo largo del alambre, los electrones se mueven a lo largo del cable en respuesta a esta fuerza. Así, se genera *una corriente* en el cable a medida que atraviesa un campo magnético.

Consideremos otro experimento sencillo que demuestra que un campo magnético puede generar una corriente eléctrica. Considere una espira de alambre conectada a un galvanómetro, un dispositivo que mide la corriente, como se ilustra en la figura 5.2. Si se mueve un imán hacia la espira, la aguja del galvanómetro se desvía en una dirección, como se indica en la figura 5.2a. Cuando se detiene el imán como muestra la figura 5.2b, la aguja no se desvía. Si el imán se aleja de la espira, como indica la figura 5.2c, la aguja del galvanómetro se desvía en la dirección opuesta a la causada por el movimiento del imán hacia el galvanómetro. Por último, si el imán se queda quieto y se mueve la espira acercándose o alejándose de él, la aguja se desvía. De estas observaciones se obtiene la conclusión de que, **siempre**

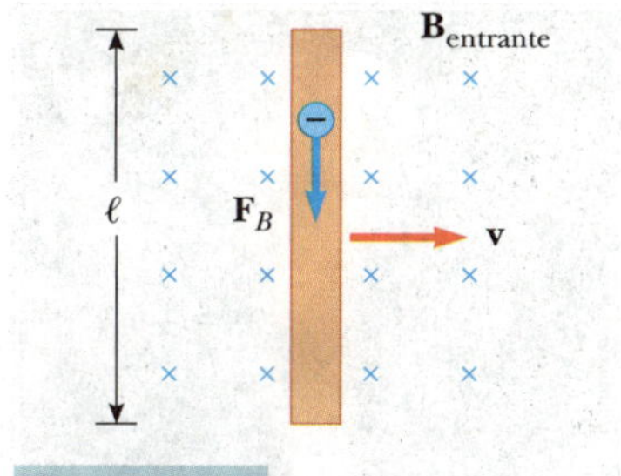

Figura 5.1

Un conductor eléctrico recto de longitud ℓ se mueve con una velocidad **v** por un campo magnético uniforme **B** de dirección perpendicular a **v**. En el conductor se induce una corriente debida a la fuerza magnética sobre las partículas cargadas del conductor.

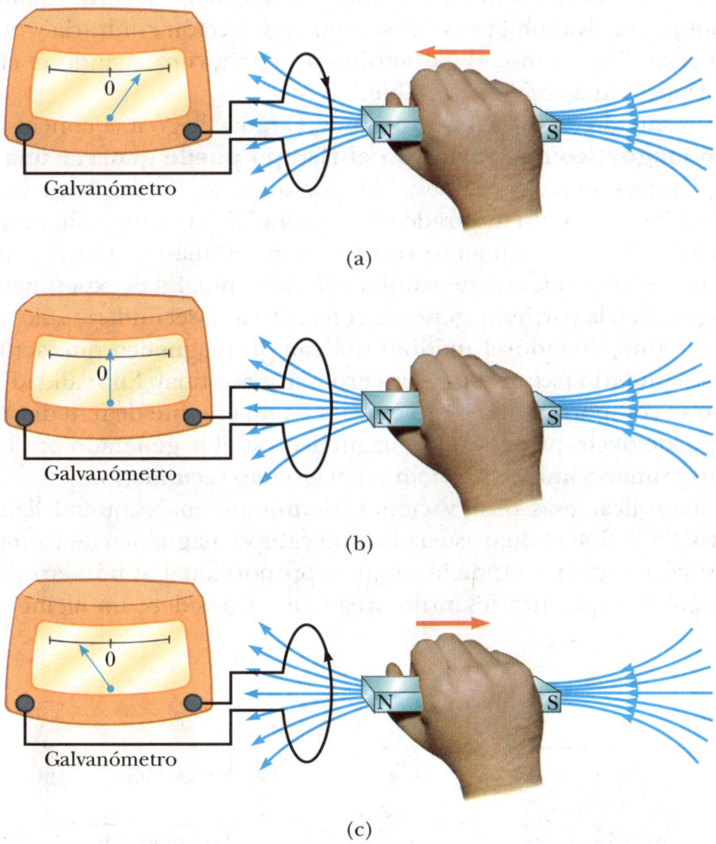

Figura 5.2

(a) Cuando un imán se mueve hacia una espira conectada a un galvanómetro, el galvanómetro se desvía, tal y como se muestra, indicando que se induce una corriente en la espira. (b) Cuando el imán se queda quieto, no se induce ninguna corriente en la espira, incluso aunque el imán esté dentro de la espira. (c) Cuando el imán se aleja de la espira, el galvanómetro se desvía en la dirección opuesta, indicando que la corriente inducida es la opuesta a la mostrada en la parte (a).

Michael Faraday (1791 -1867)

A Faraday, físico y químico inglés, se le suele considerar el mayor científico experimental del siglo XIX. Sus numerosas contribuciones al estudio de la electricidad incluyen la invención del motor eléctrico, del generador eléctrico y del transformador, así como el descubrimiento de la inducción electromagnética y las leyes de la electrólisis. Muy influenciado por sus creencias religiosas, rehusó trabajar en el desarrollo de gases venenosos para los militares británicos. *(Con permiso del presidente y del Consejo de la Royal Society)*

que hay un movimiento relativo entre el imán y la espira, se establece una corriente eléctrica en el circuito del galvanómetro.

Estos resultados son muy destacables, teniendo en cuenta el hecho de que se establece una corriente en un cable incluso aunque no haya ninguna batería conectada al mismo. A esa corriente la denominamos **corriente inducida** y está generada por lo que se denomina una **fem inducida.**

En la figura 5.3 se ilustra otro experimento, llevado a cabo por primera vez por Faraday. Parte del aparato consiste en una bobina de cable aislado conectada a un interruptor y a una batería. Llamaremos a ésta *bobina primaria* y al circuito correspondiente, circuito primario. La bobina está devanada alrededor de un anillo de hierro, para intensificar el campo magnético generado por la corriente que atraviesa la bobina. Una segunda bobina de cable aislado, a la derecha, también está devanada alrededor del anillo de hierro y conectada a un galvanómetro. La llamaremos *bobina secundaria* y al circuito correspondiente, circuito secundario. El circuito secundario no tiene batería y el devanado secundario no está conectado eléctricamente al devanado primario. El objetivo de este aparato es detectar cualquier corriente que se pueda producir en el circuito secundario debido a un cambio en el campo magnético producido por el circuito primario.

A primera vista, se podría pensar que nunca se detectaría ninguna corriente en el circuito secundario. Sin embargo, sucede algo sorprendente cuando se cierra o se abre el interruptor. En el momento en el que se cierra el interruptor, el galvanómetro se desvía en una dirección y luego vuelve a cero. Cuando se abre el interruptor, el galvanómetro se desvía en la dirección contraria y luego vuelve otra vez a cero. Por último, el galvanómetro marca cero cuando el circuito primario transporta una corriente estable.

Como resultado de estas observaciones, Faraday llegó a la conclusión de que **un campo magnético que varía con el tiempo puede generar una corriente eléctrica.** Un campo magnético estable, por su parte, no puede generar una corriente. En el experimento mostrado en la figura 5.2, el campo magnético variable es el resultado de un movimiento relativo entre el imán y la espira de alambre. Mientras dura el movimiento, se mantiene la corriente. En el experimento mostrado en la figura 5.3, la corriente generada en el circuito secundario sólo aparece durante un instante, cuando el módulo del campo magnético que actúa sobre el devanado secundario pasa de su valor cero a su valor final. En realidad, el circuito secundario se comporta como si se conectara a una fuente de fem durante un instante. Se puede decir que el campo magnético variable generado por la corriente del circuito primario induce una fem en el circuito secundario.

Para cuantificar esas observaciones, definimos una cantidad llamada **flujo magnético.** Se define el flujo asociado a un campo magnético de forma similar al flujo eléctrico (sección 1.8); dicho flujo es proporcional al número de líneas de campo magnético que atraviesan un área dada. Considere un elemento de área

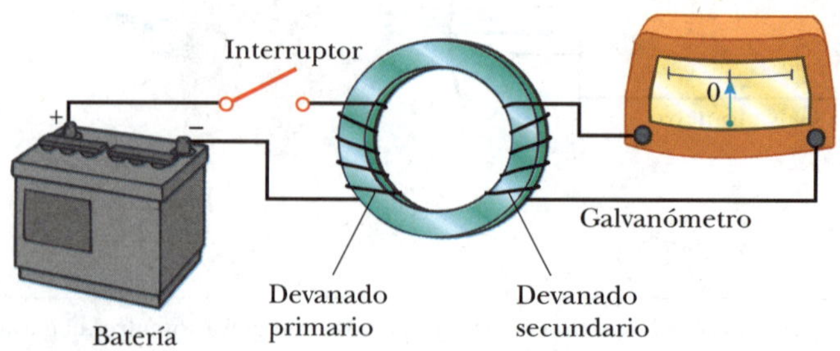

Figura 5.3

Experimento de Faraday. Cuando se cierra el interruptor del circuito primario, el galvanómetro del circuito secundario se desvía por un momento. La fem inducida en el circuito secundario la genera el campo magnético variable en el devanado secundario.

dA en una superficie abierta de forma arbitraria, como se ilustra en la figura 5.4. Si el campo magnético en este elemento es $\mathbf{B}$, el flujo magnético que atraviesa el elemento es $\mathbf{B} \cdot d\mathbf{A}$, donde $d\mathbf{A}$ es un vector perpendicular a la superficie cuya magnitud es igual al área dA. Por tanto, el valor total del flujo magnético Φ_B que atraviesa la superficie es

$$\Phi_B = \int \mathbf{B} \cdot d\mathbf{A} \qquad [5.1]$$

La unidad del SI para el flujo es la tesla-metro cuadrado, denominada *weber* (Wb): $1 \text{ Wb} = 1 \text{ T} \cdot \text{m}^2$.

Los dos experimentos mostrados en las figuras 5.2 y 5.3 tienen una cosa en común. En ambos casos, **cuando el flujo magnético que atraviesa la superficie limitada por el circuito cambia con el tiempo, se induce una fem en el circuito.** De hecho, esta afirmación general resume los experimentos relacionados con la fem inducida:

> La fem inducida en un circuito es igual a la variación con respecto al tiempo del flujo magnético que atraviesa el circuito.

Esta afirmación, conocida como **ley de inducción de Faraday**, se puede escribir

$$\mathcal{E} = -\frac{d\Phi_B}{dt} \qquad [5.2]$$

• *Ley de Faraday*

donde Φ_B es el flujo magnético que atraviesa la superficie limitada por el circuito y viene dado por la ecuación 5.1. El signo negativo de la ecuación 5.2 se discutirá en la sección 5.3. Si el circuito es una bobina compuesta por N espiras idénticas y concéntricas, y si las líneas de campo atraviesan todas las espiras, la fem inducida es

$$\mathcal{E} = -N\frac{d\Phi_B}{dt} \qquad [5.3]$$

La fem aumenta en un factor N porque todas las espiras están en serie, por lo que las fem en las espiras individuales se suman para dar la fem total.

Suponga que el campo magnético es uniforme en toda el área A limitada por una espira que descansa sobre un plano, como se ilustra en la figura 5.5. En este caso, el flujo magnético que atraviesa la espira es

$$\Phi_B = \int \mathbf{B} \cdot d\mathbf{A} = \int B\, dA \cos\theta = B\cos\theta \int dA = BA\cos\theta$$

Por tanto, la fem inducida es

$$\mathcal{E} = -\frac{d}{dt}(BA\cos\theta) \qquad [5.4]$$

Esta expresión muestra que se puede inducir una fem en un circuito cambiando el flujo magnético de varias maneras: (1) la magnitud de $\mathbf{B}$ puede variar con el tiempo; (2) el área A del circuito puede cambiar con el tiempo; (3) el ángulo θ entre $\mathbf{B}$ y la normal al plano puede cambiar con el tiempo, y (4) puede ocurrir cualquier combinación de las condiciones anteriores.

Pregunta rápida 5.1

Suponga que le gustaría robar energía eléctrica para su hogar a la compañía suministradora, situando una espira de cable cerca de una línea de transmisión, para inducir una fem en la espira (se trata de un procedimiento ilegal). ¿Debería usted orientar su espira de modo que el cable de transmisión atraviese la espira, o simplemente colocarla cerca del cable de transmisión?

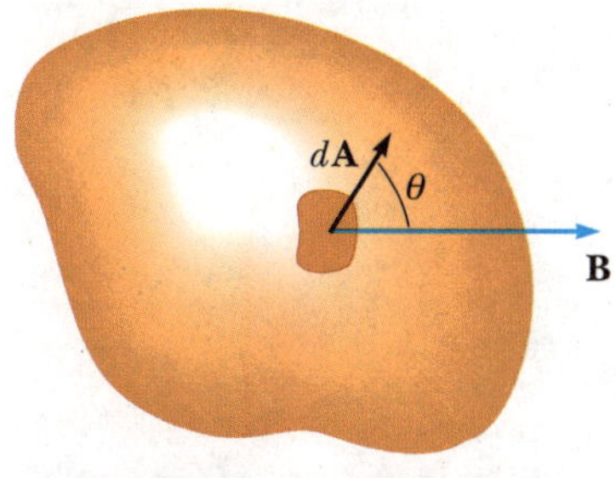

Figura 5.4

El flujo magnético que atraviesa un área de un elemento $d\mathbf{A}$ viene dado por $\mathbf{B} \cdot d\mathbf{A} = B\,dA\cos\theta$. Observe que el vector $d\mathbf{A}$ es perpendicular a la superficie.

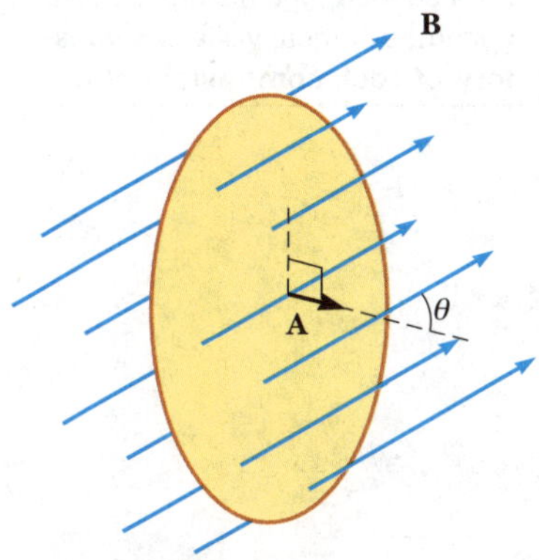

Figura 5.5

Espira conductora que delimita un área A en presencia de un campo magnético uniforme $\mathbf{B}$. El ángulo entre $\mathbf{B}$ y la normal a la espira es θ.

¡ADVERTENCIA! 5.1

La corriente inducida requiere un cambio en el flujo.

Recuerde que la *existencia* de un flujo magnético que atraviesa un área no es suficiente para crear una fem inducida. Debe haber un *cambio* en el flujo magnético para que haya una fem inducida.

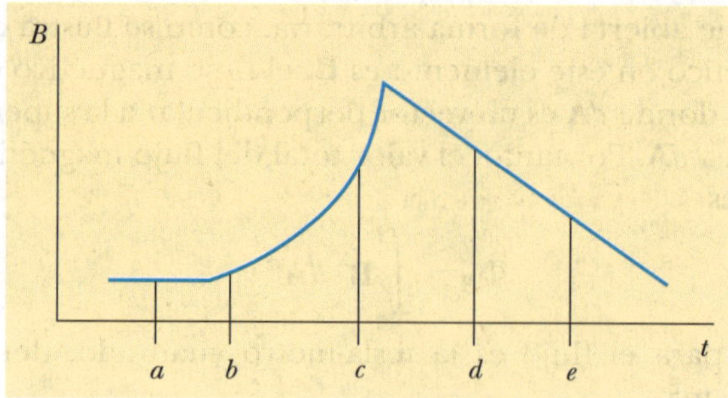

Figura 5.6

(Pregunta rápida 5.2) Variación con respecto al tiempo de un campo magnético que atraviesa una espira.

Pregunta rápida 5.2

La figura 5.6 es una gráfica de la variación temporal de la magnitud del campo magnético que atraviesa una espira fija y que está orientado perpendicularmente al plano de la espira. La magnitud del campo magnético en cualquier momento es uniforme en toda el área de la espira. Ordene los valores de la fem generada en la espira en los cinco instantes indicados, de mayor a menor.

WEB

Para conocer una historia de la guitarra eléctrica, visite **www.history-of-rock.com/guitars.htm**

Pregunta rápida 5.3

El dispositivo de una guitarra eléctrica para captar la vibración de las cuerdas (pick up) consiste en un imán permanente rodeado por una bobina de cable (figura 5.7). ¿Cómo detecta dicho dispositivo el movimiento de una cuerda de la guitarra?

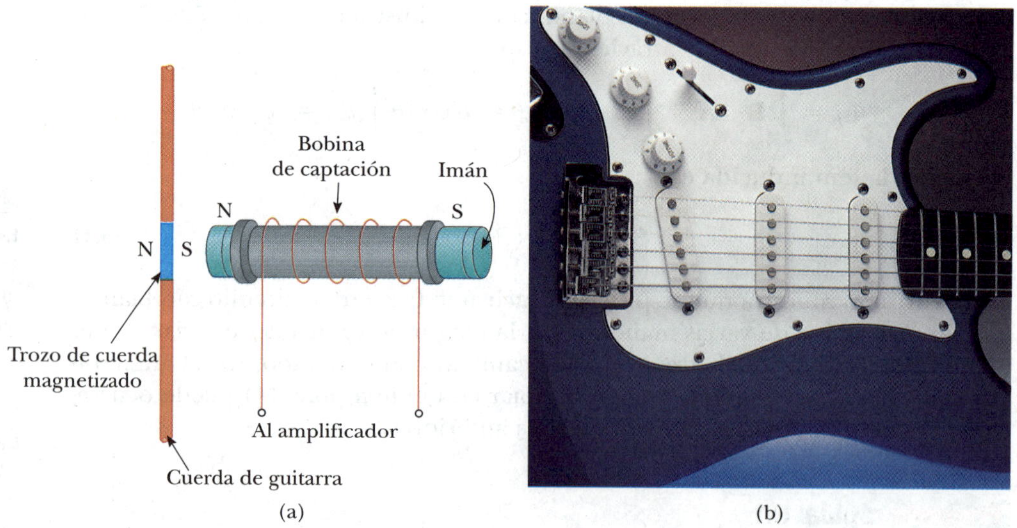

Figura 5.7

(Pregunta rápida 5.3). (a) En una guitarra eléctrica, se sitúa cerca de cada cuerda un dispositivo con una bobina devanada a un imán. (b) Varios dispositivos como ése permiten detectar la vibración en distintas posiciones de la cuerda. *(b, Charles D. Winters).*

PIENSE EN LA FÍSICA 5.1

Argentina tiene más área terrestre (2.8×10^6 km^2) que Groenlandia (2.2×10^6 km^2). Aun así, el flujo del campo magnético terrestre es mayor en Groenlandia que en Argentina. ¿Por qué?

Razonamiento. Hay mayor flujo magnético atravesando Groenlandia por dos razones. Groenlandia (latitud 60° Norte a 80° Norte) está más cerca de un polo magnético que Argentina (latitud 20° Sur a 50° Sur). Como resultado, el ángulo que forman las líneas de campo con la vertical es menor en Groenlandia que en Argentina. El producto escalar en la definición del flujo magnético que atraviesa un área incluye el coseno de este ángulo, y los ángulos menores tienen valores mayores de la función coseno. La segunda razón también se debe a la proximidad de Groenlandia al polo magnético. La magnitud del campo magnético es mayor en las proximidades de un polo magnético que lejos de él. Así, **B** en la ecuación 5.1 tiene una magnitud mayor en Groenlandia que en Argentina. Estas dos influencias prevalecen sobre la mayor área de Argentina.

PIENSE EN LA FÍSICA 5.2

El interruptor de seguridad para toma de tierra (GFI, ground fault interrupter) es un dispositivo que protege a los usuarios de aparatos eléctricos contra una posible descarga eléctrica mientras operan dichos dispositivos. En la figura 5.8 se muestran sus componentes esenciales. ¿De qué forma hace uso de la ley de Faraday este interruptor?

Razonamiento. El alambre 1 va del enchufe de la pared al aparato que se pretende proteger, y el alambre 2 vuelve del aparato al enchufe de la pared. Un anillo de hierro rodea a los dos alambres. Una bobina sensora devanada en torno a una parte del anillo activa un interruptor de seguridad del circuito cuando hay un cambio en el flujo magnético. Como las corrientes en los dos alambres tienen direcciones opuestas, durante el funcionamiento normal del aparato el campo magnético neto que atraviesa la bobina sensora debido a las corrientes es cero. Sin embargo, puede haber un cambio en el flujo magnético que atraviesa la bobina sensora si uno de los alambres en el aparato pierde su aislamiento y toca accidentalmente el encapsulado metálico del aparato, consiguiendo un acceso directo a tierra. Cuando ocurre ese cortocircuito a tierra, hay un flujo magnético neto que atraviesa la bobina sensora y que es alterno en el tiempo, ya que la corriente doméstica suele ser alterna. Esto provoca una fem inducida en la bobina. Dicha fem inducida dispara el interruptor de seguridad del circuito, deteniendo la corriente antes de que llegue a un nivel que pueda ser dañino para la persona que utiliza el aparato.

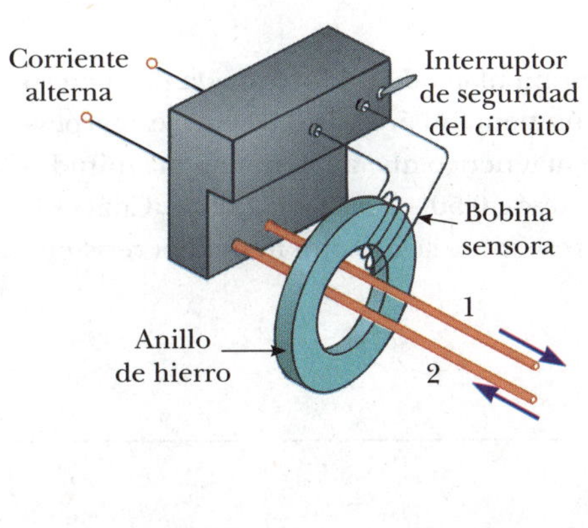

Figura 5.8

(Piense en la física 5.2). Componentes esenciales de un interruptor de seguridad para toma de tierra.

Ejemplo 5.1 Una manera de inducir una fem en una bobina

Una bobina está devanada con 200 vueltas de alambre en torno al perímetro de un marco cuadrado con lados de 18 cm. Cada vuelta tiene la misma área, igual a la del marco, y la resistencia total de la bobina es de 2.0 Ω. Existe un campo magnético perpendicular al plano de la bobina que tiene la misma magnitud en todos los puntos del área de la bobina en cualquier instante. Si la magnitud del campo cambia a una razón constante de 0 a 0.50 T en un tiempo de 0.80 s, halle el valor de la fem inducida en la bobina mientras el campo está variando.

Solución. Como el campo es uniforme en toda el área de la bobina y es perpendicular a las espiras del alambre, el flujo magnético en cualquier momento es sencillamente el producto de la magnitud del campo por el área de las espiras, y la ecuación 5.3 se convierte en

$$\mathcal{E} = -N\frac{d\Phi_B}{dt} = -N\frac{d(BA)}{dt} = -NA\frac{dB}{dt}$$

Como el campo magnético cambia a una razón constante, la derivada del campo es igual a la variación en la magnitud del campo dividida entre el intervalo de tiempo durante el cual ocurre esa variación:

$$|\mathcal{E}| = NA\frac{dB}{dt} = NA\frac{\Delta B}{\Delta t}$$

$$= (200)(0.18\text{ m})^2\frac{0.50\text{ T} - 0}{0.80\text{ s}} = 4.1\text{ V}$$

EJERCICIO. ¿Cual es el valor de la corriente inducida en la bobina mientras está cambiando el campo?

Respuesta: 2.0 A

Ejemplo 5.2 Un campo B que disminuye exponencialmente

Una espira plana de alambre con un área A está colocada en una región en la que hay un campo magnético que forma un ángulo θ con la normal al plano y tiene la misma magnitud en todos los puntos del área de la espira en todo momento. La magnitud del campo magnético varía con el tiempo de acuerdo con la expresión $B = B_{\text{máx}}e^{-at}$. Es decir, cuando $t = 0$ el campo es $B_{\text{máx}}$, y para $t > 0$, el campo disminuye exponencialmente con el tiempo (figura 5.9). Hallar la fem inducida en la espira en función del tiempo.

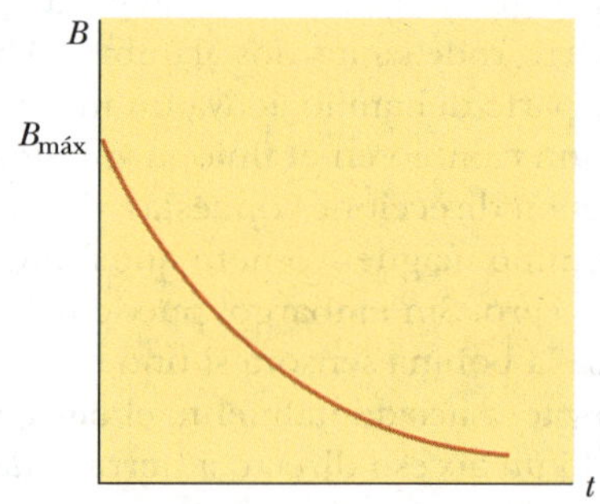

Figura 5.9 (Ejemplo 5.2) Disminución exponencial de la magnitud del campo magnético con el tiempo. La fem inducida y la corriente inducida varían con el tiempo de igual forma.

Solución. Como **B** es uniforme en toda el área de la espira, el flujo magnético a través de la espira cuando $t > 0$ es

$$\Phi_B = BA\cos\theta = AB_{\text{máx}}\cos\theta\, e^{-at}$$

Como el factor $AB_{\text{máx}}$ y el parámetro a son constantes, la fem inducida según la ecuación 5.2 es

$$\mathcal{E} = -\frac{d\Phi_B}{dt} = -AB_{\text{máx}}\cos\theta\frac{d}{dt}e^{-at}$$

$$= aAB_{\text{máx}}\cos\theta\, e^{-at}$$

Es decir, la fem inducida disminuye exponencialmente con el tiempo. Observe que la fem máxima ocurre cuando $t = 0$, donde $\mathcal{E}_{\text{máx}} = aAB_{\text{máx}}$. La curva de variación de $\mathcal{E}$ en función de t es similar a la curva de B en función de t mostrada en la figura 5.9.

EJERCICIO. Una espira plana de cable formada por una sola vuelta, cuya sección tiene un área de 8.00 cm^2, es perpendicular a un campo magnético que aumenta de magnitud de forma uniforme desde 0.50 a 2.50 T en 1.00 s. ¿Cuál es la corriente inducida resultante si la espira tiene una resistencia de 2.00 Ω?

Respuesta: 800 μA

5.2 • FEM INDUCIDA POR EL MOVIMIENTO

Los ejemplos 5.1 y 5.2 son casos en los que se genera una fem en un circuito cuando el campo magnético cambia con el tiempo. En esta sección, vamos a describir la **fem inducida por el movimiento**, en la que se induce una fem en un conductor que se mueve a través de un campo magnético. Ésta es la situación que describimos en la figura 5.1, al inicio de la sección 5.1.

Considere un conductor recto de longitud ℓ que se mueve con velocidad constante a través de un campo magnético uniforme dirigido hacia dentro de la página, como se ilustra en la figura 5.10. Para simplificar, supondremos que el conductor se mueve de forma perpendicular al campo. Los electrones en el conductor experimentan una fuerza a lo largo del mismo, con una magnitud $|\mathbf{F}_B| = |q\mathbf{v} \times \mathbf{B}| = qvB$. De acuerdo con la segunda ley de Newton, los electrones aceleran en respuesta a esta fuerza y se mueven a lo largo del alambre. Una vez que los electrones se mueven hasta el extremo inferior del alambre, se acumulan allí, dejando una carga positiva neta en el extremo superior. Como resultado de esta separación de cargas, se genera un campo eléctrico $\mathbf{E}$ dentro del conductor. La carga en los extremos del conductor aumenta hasta que la fuerza eléctrica equilibra la fuerza magnética qvB que actúa sobre un electrón del conductor, como se muestra en la figura 5.10. Llegados a este punto, la carga deja de fluir. En esta situación, la fuerza neta sobre un electrón nos permite relacionar el campo eléctrico con el campo magnético:

$$\sum \mathbf{F} = \mathbf{F}_e - \mathbf{F}_B = 0 \quad \longrightarrow \quad qE = qvB \quad \longrightarrow \quad E = vB$$

Como el campo eléctrico generado en el conductor es uniforme, está relacionado con la diferencia de potencial entre los extremos del conductor de acuerdo con la ecuación $\Delta V = E\ell$ (sección 2.2). Por tanto:

$$\Delta V = E\ell = B\ell v$$

donde el extremo superior tiene un potencial mayor que el extremo inferior. Así, **se mantendrá una diferencia de potencial mientras el conductor se mueva a través de un campo magnético. Si se invierte el movimiento, la polaridad de ΔV también se invierte.**

Si consideramos ahora lo que sucede cuando el conductor en movimiento forma parte de un circuito cerrado, vemos que ocurre una situación interesante. Considere un circuito formado por una barra conductora, con una longitud ℓ que se desliza por dos rieles fijos paralelos conductores, como se ilustra en la figura 5.11a. Para simplificar, supondremos que la barra tiene una resistencia eléctrica igual a cero y que la parte estática del circuito tiene una resistencia R. Se aplica un campo magnético constante y uniforme $\mathbf{B}$, perpendicular al plano del circuito.

A medida que la barra se desliza hacia la derecha con una velocidad $\mathbf{v}$, bajo la influencia de una fuerza aplicada $\mathbf{F}_{apl}$, las cargas libres en la barra experimentan una fuerza magnética dirigida según la longitud de la barra. Esta fuerza magnética establece una corriente inducida, ya que las cargas sobre las cuales actúa la fuerza son libres de moverse en el circuito. En este caso, el ritmo de cambio del flujo magnético que atraviesa la espira y la fem inducida correspondiente son proporcionales al cambio en el área de la espira a medida que la barra se mueve por el campo magnético.

Como el área del circuito en cualquier instante es ℓx, el flujo magnético externo que atraviesa el circuito es

$$\Phi_B = B\ell x$$

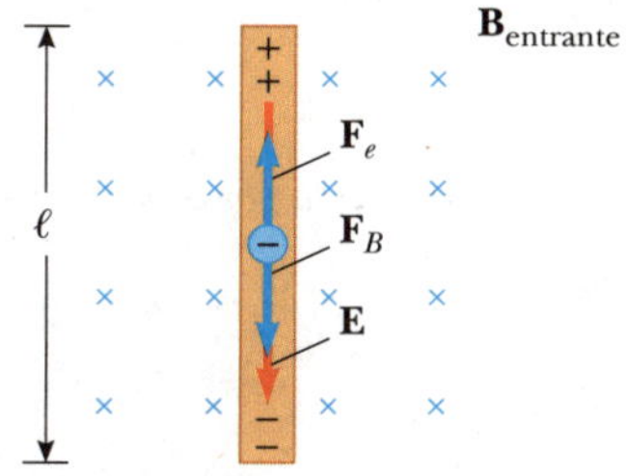

Figura 5.10

Un conductor se mueve a través de un campo magnético. Debido a la fuerza magnética sobre los electrones, los extremos del alambre se cargan de forma opuesta. Esto establece un campo eléctrico en el cable. En un estado estable, las fuerzas eléctrica y magnética sobre un electrón del alambre están equilibradas.

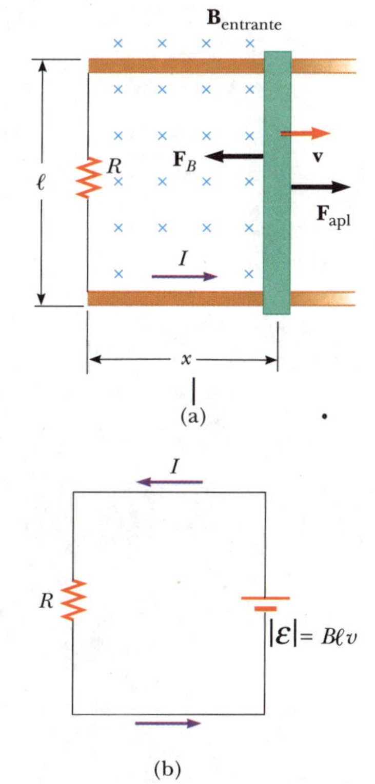

Figura 5.11

(a) Una barra conductora se desliza a una velocidad $\mathbf{v}$ por dos rieles conductores bajo la acción de una fuerza aplicada $\mathbf{F}_{apl}$. La fuerza magnética $\mathbf{F}_B$ se opone al movimiento, y en la espira se induce una corriente I de sentido inverso a las agujas del reloj. (b) Diagrama del circuito equivalente para el experimento mostrado en (a).

donde x es la anchura del circuito, un parámetro que cambia con el tiempo. Utilizando la ley de Faraday, hallamos que la fem inducida es

• *Fem inducida por el movimiento*

$$\mathcal{E} = -\frac{d\Phi_B}{dt} = -\frac{d}{dt}(B\ell x) = -B\ell\frac{dx}{dt} = -B\ell v \quad [5.5]$$

Como la resistencia del circuito es R, el valor de la corriente inducida es

$$I = \frac{|\mathcal{E}|}{R} = \frac{B\ell v}{R} \quad [5.6]$$

En la figura 5.11b se muestra el diagrama del circuito equivalente. La barra en movimiento se comporta como una batería, en el sentido de que es una fuente de fem mientras la barra continúe en movimiento.

Examinemos esta situación utilizando consideraciones de energía en el modelo del sistema no aislado, donde el sistema es todo el circuito. Como el circuito no tiene batería, uno se podría preguntar acerca del origen de la corriente inducida y de la energía entregada a la resistencia. La respuesta es evidente teniendo en cuenta que hay una fuerza externa que actúa sobre el conductor, desplazando las cargas a través de un campo magnético. Esto hace que las cargas se desplacen por el conductor con una cierta velocidad de arrastre, estableciéndose por tanto una corriente. Desde el punto de vista de la ecuación de conservación de la energía, el trabajo total que realiza la fuerza aplicada sobre el sistema mientras la barra se desplaza a velocidad constante debe ser igual al aumento de energía interna en la resistencia durante este intervalo de tiempo (esto supone que la energía permanece en la resistencia; en realidad, la energía abandona la resistencia por medio de calor y de radiación electromagnética).

A medida que el conductor de longitud ℓ se mueve a través del campo magnético uniforme $\mathbf{B}$, experimenta una fuerza magnética $\mathbf{F}_B$ de magnitud $I\ell B$ (ecuación 4.10), donde I es la corriente inducida debido a su movimiento. La dirección de esta fuerza es contraria al movimiento de la barra, hacia la izquierda en la figura 5.11a.

Para que la barra se mueva con velocidad *constante*, la fuerza aplicada $\mathbf{F}_{\text{apl}}$ debe tener igual magnitud que la fuerza magnética y dirección opuesta a ésta, o hacia la derecha en la figura 5.11a (si la fuerza magnética actuara en la dirección del movimiento, haría que la barra acelerase una vez que estuviera en movimiento, incrementando por tanto su velocidad; este estado de cosas representaría una violación del principio de conservación de la energía). Utilizando la ecuación 5.6 y el hecho de que $F_{\text{apl}} = F_B = I\ell B$, hallamos que la potencia suministrada por la fuerza aplicada es

$$\mathcal{P} = F_{\text{app}}v = (I\ell B)v = \frac{B^2\ell^2v^2}{R} = \left(\frac{B\ell v}{R}\right)^2 R = I^2R \quad [5.7]$$

Esta potencia es igual a la variación del suministro de energía a la resistencia, tal y como esperábamos. También es igual a la potencia $I\mathcal{E}$ suministrada por la fem inducida. Este ejemplo ilustra la conversión de energía mecánica de la barra en movimiento en energía interna de la resistencia.

Pregunta rápida 5.4

Deseamos introducir una espira rectangular de cable en una región con un campo magnético uniforme a una determinada velocidad, para inducir una fem en la espira. El plano de la espira debe permanecer perpendicular a las líneas de campo magnético. ¿Con qué orientación deberíamos sujetar la espira, mientras entra en la región del campo magnético, para generar la máxima fem? (a) Con el segmento largo de la espira paralelo al vector velocidad. (b) Con el segmento corto de la espira paralelo al vector velocidad. (c) De cualquier forma; la fem es la misma, independientemente de la orientación.

PIENSE EN LA FÍSICA 5.3

Mientras un avión vuela de Los Ángeles a Seattle (que está situada más al norte), atraviesa las líneas del campo magnético de la Tierra. Como resultado, aparece una fem entre los extremos de las alas del avión. ¿Qué extremo está positivamente cargado y cuál negativamente cargado? ¿Estarían los extremos cargados de igual forma en un avión que viajara de la Antártida hacia Australia?

Razonamiento. Las líneas magnéticas de la Tierra tienen una componente dirigida hacia abajo en el hemisferio norte. A medida que el avión vuela hacia el norte, la regla de la mano derecha indica que las cargas positivas experimentan una fuerza dirigida hacia el lado izquierdo del avión. Así, el extremo izquierdo del ala se carga positivamente y el extremo derecho se carga negativamente. En el hemisferio sur, las líneas de campo tienen una componente dirigida hacia arriba, por lo que la carga de los extremos de las alas sería de sentido opuesto.

Ejemplo 5.3 Fem inducida por el movimiento en una barra en rotación

Una barra conductora de longitud ℓ gira con una velocidad angular constante ω alrededor de un pivote situado en un extremo. Hay un campo magnético uniforme **B** dirigido perpendicularmente al plano de rotación, como se muestra en la figura 5.12. Hallar la fem inducida entre los extremos de la barra.

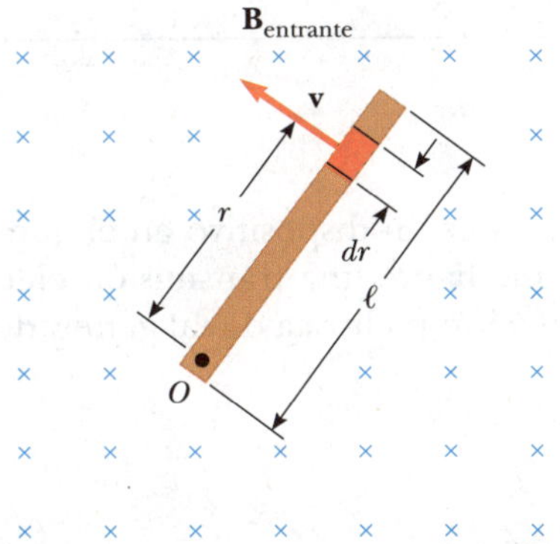

Figura 5.12

(Ejemplo 5.3) Una barra conductora que rota alrededor de un pivote situado en un extremo, en un campo magnético uniforme que es perpendicular al plano de rotación. Entre los extremos de la barra se induce una fem.

Solución. Considere un segmento de la barra de longitud dr, cuya velocidad es **v**. De acuerdo con la ecuación 5.5, la fem inducida en un conductor de longitud dr que se mueve perpendicularmente a un campo **B** es

$$(1) \quad d\mathcal{E} = Bv\,dr$$

Cada segmento de la barra se mueve perpendicularmente a **B**, por lo que se genera una fem en cada segmento, con un valor proporcionado por la ecuación (1). Sumando las fem inducidas en todos los elementos, tenemos la fem total entre los extremos de la barra:

$$\mathcal{E} = \int Bv\,dr$$

Para integrar esta expresión, observe que la velocidad lineal de un elemento está relacionada con la velocidad angular ω por medio de la relación $v = r\omega$ (ecuación 10.10 del volumen I). Como B y ω son constantes, tenemos por tanto

$$\mathcal{E} = B\int_0^\ell v\,dr = B\omega\int_0^\ell r\,dr = \tfrac{1}{2}B\omega\ell^2$$

Ejemplo 5.4 Barra deslizándose en un campo magnético

Una barra de masa m y longitud ℓ se mueve sobre dos rieles paralelos sin ninguna fricción, en presencia de un campo magnético uniforme dirigido hacia dentro de la página (figura 5.13). A la barra se le proporciona una velocidad inicial $\mathbf{v}_i$ hacia la derecha, y después se la deja libre. Hallar la velocidad de la barra en función del tiempo.

Solución. Observe, en primer lugar, que la corriente inducida circula en dirección contraria a las manecillas del reloj y que la fuerza magnética sobre la barra es $\mathbf{F}_B = -I\ell B\mathbf{i}$, donde el signo negativo significa que la fuerza está dirigida hacia la izquierda y retarda el movimiento. Ésta es la única fuerza horizontal que actúa sobre la barra. Por tanto, la segunda ley de Newton aplicada al movimiento en la dirección x nos da

$$F_x = ma_x \longrightarrow -I\ell B = m\frac{dv}{dt}$$

Como la fuerza depende de la corriente, y la corriente depende de la velocidad, la fuerza no es constante y la aceleración de la barra tampoco lo es. Como la corriente inducida viene dada por la ecuación 5.6, $I = B\ell v/R$, podemos escribir esta expresión como

$$m\frac{dv}{dt} = -\frac{B^2\ell^2}{R}v$$

Reordenando la ecuación, obtenemos

$$\frac{dv}{v} = -\left(\frac{B^2\ell^2}{mR}\right)dt$$

Integrando esta última ecuación utilizando la condición inicial $v = v_i$ cuando $t = 0$, hallamos

$$\int_{v_i}^{v}\frac{dv}{v} = \frac{-B^2\ell^2}{mR}\int_0^t dt$$

$$\ln\left(\frac{v}{v_i}\right) = -\left(\frac{B^2\ell^2}{mR}\right)t = -\frac{t}{\tau}$$

donde la constante $\tau = mR/B^2\ell^2$. A partir de esto, vemos que la velocidad de la barra se puede expresar en forma exponencial:

$$v = v_i e^{-t/\tau}$$

La velocidad de la barra disminuye por tanto de forma exponencial con el tiempo bajo la acción de la fuerza magnética retardante. Más aún, si sustituimos este resultado en la ecuación 5.6, hallamos que la fem inducida y la corriente inducida también disminuyen exponencialmente con el tiempo. Es decir,

$$I = \frac{B\ell v}{R} = \frac{B\ell v_i}{R}e^{-t/\tau}$$

$$\mathcal{E} = IR = B\ell v_i e^{-t/\tau}$$

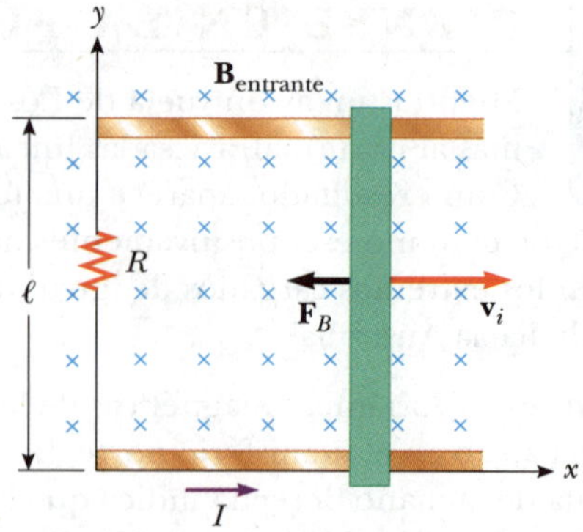

Figura 5.13

(Ejemplo 5.4) A una barra conductora de longitud ℓ que se desliza sobre dos rieles conductores fijos se le proporciona una velocidad inicial $\mathbf{v}_i$ en la dirección positiva x.

Generador de corriente alterna

El generador de corriente alterna (ca) es un dispositivo en el que la energía entra por medio de un trabajo y sale mediante una transmisión eléctrica. En la figura 5.14a se muestra una representación pictórica de tal generador. Consiste en

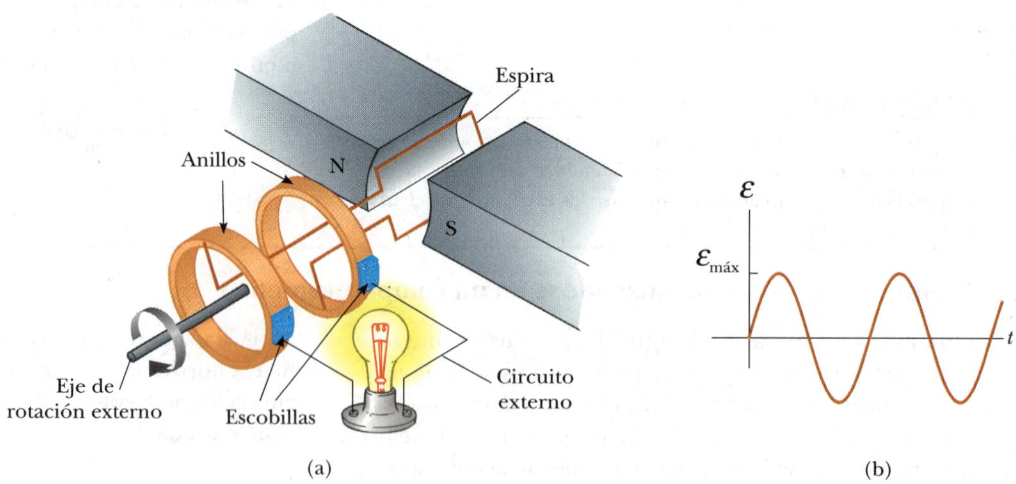

Figura 4.14

(a) Diagrama esquemático de un generador de ca. Se induce una fem en una espira que gira en un campo magnético. (b) Representación gráfica de la fem alterna inducida en la espira en función del tiempo.

una bobina de alambre a la que algún agente externo hace girar en un campo magnético; éste es el trabajo que entra. En las centrales eléctricas, la energía requerida para girar la espira se puede derivar de gran variedad de fuentes. Por ejemplo, en una planta hidroeléctrica, el agua que cae sobre las palas de una turbina produce el movimiento rotatorio; en una central térmica de carbón, la elevada temperatura producida por la combustión del carbón se utiliza para convertir agua en vapor, y este vapor se dirige contra las palas de una turbina. Al girar la espira, el flujo magnético que la atraviesa cambia con el tiempo, induciendo una fem y una corriente en un circuito conectado a la bobina.

Suponga que la bobina tiene N vueltas, todas con la misma área A, y suponga que la bobina gira con una velocidad angular constante ω sobre un eje perpendicular al campo magnético. Si θ es el ángulo entre el campo magnético y la dirección perpendicular al plano de la bobina, el flujo magnético que atraviesa una vuelta de alambre en cualquier momento t viene dado por

$$\Phi_B = BA\cos\theta = BA\cos\omega t$$

donde hemos utilizado la relación entre el desplazamiento angular y la velocidad angular, $\theta = \omega t$. Por tanto, la fem inducida en la bobina es

$$\mathcal{E} = -N\frac{d\Phi_B}{dt} = -NAB\frac{d}{dt}(\cos\omega t) = NAB\omega \operatorname{sen}\omega t \qquad [5.8]$$

Este resultado muestra que la fem varía de forma sinusoidal con el tiempo, como se muestra en la figura 5.14b. A partir de la ecuación 5.8, vemos que la fem máxima tiene un valor $\mathcal{E}_{\text{máx}} = NAB\omega$, lo que ocurre cuando $\omega t = 90°$ o 270º. En otras palabras, $\mathcal{E} = \mathcal{E}_{\text{máx}}$ cuando el campo magnético está dirigido según el plano de la bobina, momento en el que la razón de cambio del flujo alcanza un máximo. En esta posición, el vector velocidad de los alambres de la bobina es perpendicular al vector del campo magnético. Además, la fem es *cero* cuando $\omega t = 0$ o 180°, es decir, cuando **B** es perpendicular al plano de la bobina y la razón de cambio del flujo es cero. Con esta orientación, el vector velocidad de los cables de la bobina es paralelo al vector del campo magnético.

La fem que varía sinusoidalmente en la ecuación 5.8 es el origen de la *corriente alterna* que se entrega a los clientes de las compañías de distribución eléctrica. Se la denomina **voltaje alterno** para diferenciarla del voltaje continuo proveniente, por ejemplo, de una batería.

EJERCICIO. Se suelen utilizar bobinas que giran en un campo magnético para medir campos magnéticos no conocidos. Como ejemplo, considere una bobina de radio 1.0 cm con 50 vueltas, que gira sobre un eje perpendicular al campo a una frecuencia de 20 Hz. Si la fem inducida máxima en la bobina es de 3.0 V, hallar la magnitud del campo magnético.

Respuesta 1.5 T

5.3 • LEY DE LENZ

Vamos a dedicar ahora nuestra atención al signo negativo presente en la ley de Faraday. Cuando hay un cambio en el flujo magnético, la dirección de la fem inducida y de la corriente inducida pueden hallarse a partir de la **ley de Lenz:**

> La polaridad de la fem inducida en una espira es tal que genera una corriente cuyo campo magnético se opone al cambio en el flujo magnético que atraviesa la espira. Es decir, la corriente inducida tiene una dirección tal que el campo magnético inducido intenta mantener el flujo original a través de la espira.

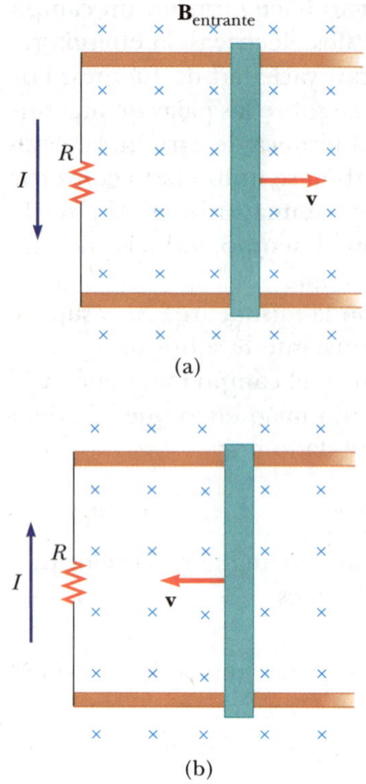

Figura 5.15

(a) A medida que la barra conductora se desliza por los dos rieles conductores fijos, el campo magnético dirigido hacia dentro en el área delimitada por la espira aumenta con el tiempo. A causa de la ley de Lenz, la corriente inducida debe ir en el sentido contrario a las manecillas del reloj, para generar un campo magnético neutralizador, dirigido hacia fuera de la página. (b) Cuando la barra se mueve hacia la izquierda, la corriente inducida debe ir en el sentido de las manecillas del reloj. ¿Por qué?

Observe que no hay ninguna ecuación relacionada con la ley de Lenz. Dicha ley sólo se expresa en palabras, y proporciona una manera de determinar la dirección de la corriente en un circuito cuando hay un cambio de carácter magnético.

Para conseguir un buen entendimiento de la ley de Lenz, volvamos al ejemplo de la barra que se mueve a la derecha sobre dos rieles conductores paralelos, en presencia de un campo magnético uniforme dirigido hacia dentro de la página (figura 5.15a). A medida que la barra se mueve hacia la derecha, el flujo magnético que atraviesa el circuito aumenta con el tiempo, debido a que el área de la espira aumenta. La ley de Lenz dice que la corriente inducida debe ir en una dirección tal que el campo magnético que *genera* se oponga al *cambio* en el flujo correspondiente al campo magnético externo. Como el flujo se debe a un campo magnético externo que *entra* en la página y va aumentando, la corriente inducida, si ha de oponerse al cambio, debe generar un campo magnético que atraviese el circuito *hacia fuera* de la página. Por ello, la corriente inducida debe ir en sentido contrario a las manecillas del reloj cuando la barra se mueve hacia la derecha, para generar un campo neutralizador hacia fuera de la página en la región interior de la espira (utilice la regla de la mano derecha para verificar esa dirección). Si la barra se mueve hacia la izquierda, como en la figura 5.15b, el flujo magnético que atraviesa la espira disminuye con el tiempo. Como el campo magnético está orientado hacia dentro de la página, la corriente inducida debe ir en el sentido de las manecillas del reloj, para generar un campo magnético dirigido hacia dentro de la página en el interior de la espira. En cualquier caso, la corriente inducida intenta mantener el flujo original que atraviesa el circuito.

Examinemos esta situación desde el punto de vista de las consideraciones energéticas. Suponga que se le da a la barra un ligero impulso hacia la derecha. En el análisis precedente, vimos que este movimiento conducía a una corriente en la espira en sentido contrario a las manecillas del reloj. ¿Qué sucede si suponemos de forma incorrecta que la corriente va en el sentido de las manecilas del reloj? Para una corriente I que tiene el sentido de las manecillas del reloj, la dirección de la fuerza magnética $I\ell B$ sobre la barra que se desliza sería hacia la derecha. De acuerdo con la segunda ley de Newton, esta fuerza aceleraría la barra

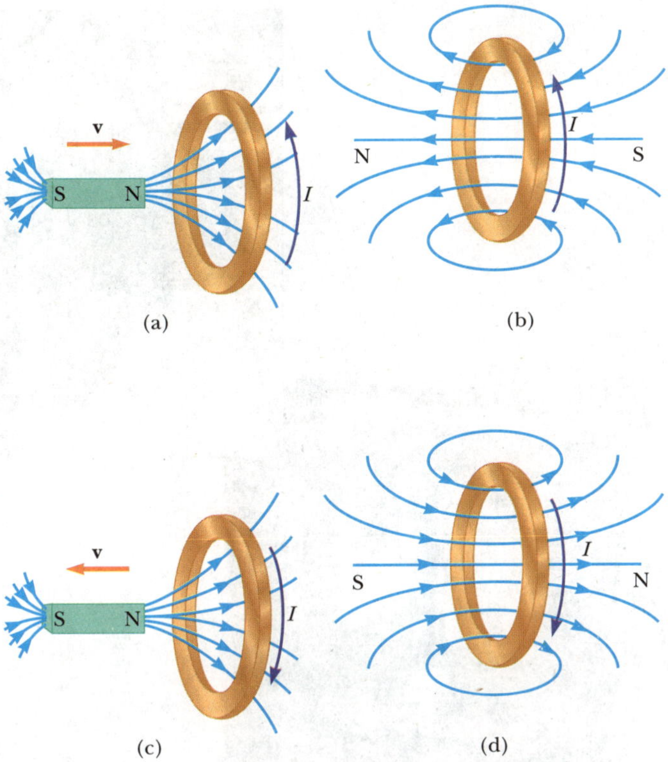

Figura 5.16

(a) Cuando se mueve el imán hacia la espira conductora en reposo, se induce una corriente en la dirección mostrada. (b) Esta corriente inducida genera su propio campo magnético, que se dirige a la izquierda dentro de la espira, para contrarrestar el incremento del flujo externo. (c) Cuando se aleja el imán de la espira conductora en reposo, se induce una corriente en la dirección mostrada. (d) Esta corriente inducida genera su propio campo magnético, que se dirige a la derecha dentro de la espira, para contrarrestar la disminución del flujo externo.

e incrementaría su velocidad, lo que a su vez haría que el área de la espira aumentara de forma más rápida. Esto aumentaría la corriente inducida, lo que aumentaría la fuerza, lo que aumentaría la corriente, lo que aumentaría... En efecto, el sistema ganaría energía sin ninguna aportación adicional de energía. Este resultado es claramente incoherente con la experiencia y con la ecuación de conservación de la energía. Así que nos vemos forzados a concluir que la corriente debe ir en el sentido contrario a las manecillas del reloj.

Considere otra situación, una en la que se mueve un imán hacia la derecha, en dirección a una espira en reposo, como en la figura 5.16a. A medida que el imán se acerca a la espira, el flujo magnético que atraviesa la espira aumenta con el tiempo. Para contrarrestar este incremento de flujo debido a un campo magnético que se dirige a la derecha, la corriente inducida genera un campo magnético hacia la izquierda, como en la figura 5.16b; por tanto, la corriente inducida va en la dirección mostrada. La cara izquierda de la espira portadora de corriente es por tanto un polo norte, y la cara derecha un polo sur.

Si se desplaza el imán hacia la izquierda, como en la figura 5.16c, el campo magnético que atraviesa la espira, que está orientado a la derecha, disminuye con el tiempo. Bajo estas circunstancias, la corriente inducida en la espira genera un campo magnético a través de la espira, de izquierda a derecha, en un esfuerzo por mantener un flujo constante. Por tanto, la dirección de la corriente inducida en la espira es la que se muestra en la figura 5.16d. En este caso, la cara izquierda de la espira es un polo sur, y la cara derecha es un polo norte.

Figura 5.17

(Pregunta rápida 5.5) En una balanza tradicional de dos brazos, una lámina de aluminio cuelga entre los polos de un imán. *(Fotos de John Jewett)*

Pregunta rápida 5.5

En algunas balanzas tradicionales de dos brazos de principios del siglo XX (figura 5.17), se puede observar en ocasiones que una lámina de aluminio cuelga de uno de los brazos y pasa entre los polos de un imán. ¿Por qué?

Ejemplo 5.5 Aplicación de la ley de Lenz

Una bobina de alambre está situada cerca de un electroimán, como se ilustra en la figura 5.18a. Encuentre la dirección de la corriente inducida en la bobina (a) en el momento en el que se cierra el interruptor, (b) después de haber estado el interruptor cerrado durante varios segundos y (c) cuando se abre el interruptor.

Razonamiento. (a) Cuando se cierra el interruptor, la situación cambia de una condición en la que no hay ningún flujo magnético atravesando la bobina, a otra en la que hay un flujo debido a un campo magnético en la dirección mostrada en la figura 5.18b. Para contrarrestar este incremento en el flujo magnético, la espira debe generar un campo que vaya de izquierda a derecha en la figura. Esto requiere que haya una corriente con la dirección mostrada en la figura 5.18b.

(b) Después de haber estado cerrado el interruptor durante varios segundos, el flujo magnético que atraviesa la espira será constante; por tanto, la corriente inducida es cero.

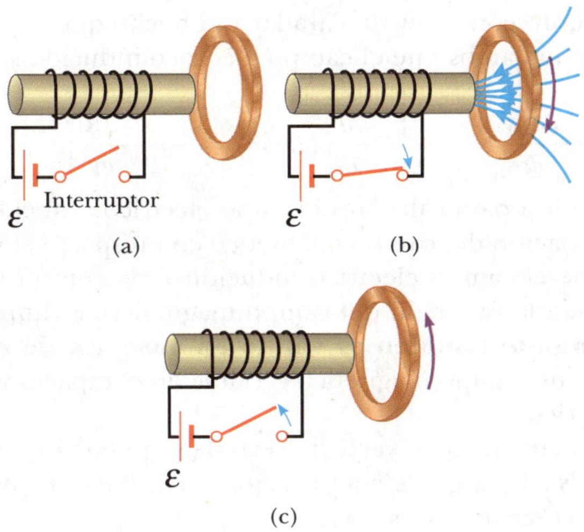

(c) La apertura del interruptor hace que el campo magnético cambie de una condición en la que las líneas de campo magnético atraviesan la bobina de derecha a izquierda, a otra condición con campo cero. La corriente inducida debe ser entonces como se muestra en la figura 5.18c, para que la espira genere su propio campo magnético de derecha a izquierda.

Figura 5.18

(Ejemplo 5.5)

5.4 • FEM INDUCIDA Y CAMPOS ELÉCTRICOS

Hemos visto que un flujo magnético variable induce una fem y una corriente en una espira conductora. También podemos interpretar esto desde otro punto de vista. Como el flujo normal de las cargas en un circuito se debe a la existencia de un campo eléctrico en los alambres, generado por una fuente, como una batería, podemos interpretar que el campo magnético variable crea un campo eléctrico inducido. Este campo eléctrico aplica una fuerza sobre las cargas que hace que se muevan. Con esta aproximación, vemos que **en el conductor se crea un campo eléctrico como resultado de la variación del flujo magnético.** De hecho, la ley de la inducción electromagnética se puede interpretar así: **un flujo magnético variable siempre genera un campo eléctrico,** incluso en el espacio libre, donde no hay cargas presentes. Sin embargo, este campo eléctrico inducido tiene propiedades completamente distintas a las del campo electrostático generado por cargas estacionarias.

Ilustremos este punto considerando una espira conductora de radio r colocada en un campo magnético uniforme que es perpendicular al plano de la espira, como se ilustra en la figura 5.19. Si el campo magnético cambia con el tiempo, la ley de Faraday nos dice que se induce una fem $\boldsymbol{\mathcal{E}} = -d\Phi_B/dt$ en la espira. Esta corriente inducida implica la presencia de un campo eléctrico inducido $\mathbf{E}$ que debe ser tangente a la espira, para proporcionar una fuerza eléctrica sobre las cargas existentes en la espira. El trabajo realizado por el campo eléctrico al mover una carga de prueba q una vez alrededor de la espira es igual a $q\boldsymbol{\mathcal{E}}$. Como la magnitud de la fuerza eléctrica sobre la carga es qE, el trabajo realizado por el campo eléctrico puede expresarse también como $qE(2\pi r)$, donde $2\pi r$ es la longitud de la espira. Estas dos expresiones para el trabajo deben ser iguales; por tanto, vemos que

$$q\boldsymbol{\mathcal{E}} = qE(2\pi r)$$

$$E = \frac{\boldsymbol{\mathcal{E}}}{2\pi r}$$

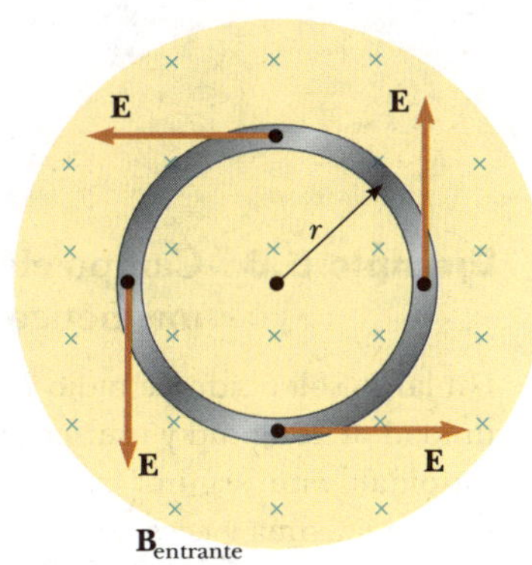

Figura 5.19

Una espira conductora de radio r dentro de un campo magnético uniforme perpendicular al plano de la espira. Si **B** cambia en el tiempo, se induce un campo eléctrico en dirección tangente a la espira.

Utilizando este resultado, junto con la ley de Faraday y el hecho que $\Phi_B = BA = B\pi r^2$ en una espira circular, hallamos que el campo eléctrico inducido se puede expresar como

$$E = -\frac{1}{2\pi r}\frac{d\Phi_B}{dt} = -\frac{1}{2\pi r}\frac{d}{dt}(B\pi r^2) = -\frac{r}{2}\frac{dB}{dt}$$

Se puede utilizar esta expresión para calcular el campo eléctrico inducido siempre que se especifique la variación del campo magnético con respecto al tiempo. El signo negativo indica que el campo eléctrico inducido **E** da como resultado una corriente que se opone a la variación del campo magnético. Es importante comprender que **este resultado también es válido en ausencia de un conductor de cargas**. Es decir, un campo magnético variable en el espacio vacío induce el mismo campo eléctrico.

En general, la fem para cualquier trayectoria cerrada se puede expresar como la integral lineal de $\mathbf{E}\cdot d\mathbf{s}$ a lo largo de esa trayectoria. Por tanto, la forma general de la ley de inducción de Faraday es

• *Ley de Faraday en su forma general*

$$\mathcal{E} = \oint \mathbf{E}\cdot d\mathbf{s} = -\frac{d\Phi_B}{dt} \qquad [5.9]$$

Es importante reconocer que **el campo eléctrico inducido E que aparece en la ecuación 5.9 es un campo no conservativo generado por un campo magnético variable.** Lo llamamos campo no conservativo porque el trabajo realizado para mover una carga alrededor de una trayectoria cerrada (la espira en la figura 5.19) no es cero. Este tipo de campo eléctrico es muy distinto de un campo electrostático.

PIENSE EN LA FÍSICA 5.4

Al estudiar los campos eléctricos, observamos que las líneas de campo eléctrico se inician en las cargas positivas y finalizan en las cargas negativas. ¿Comienzan y acaban en cargas *todas* las líneas de campo eléctrico?

Razonamiento. La afirmación de que las líneas de campo eléctrico comienzan y acaban en cargas es cierta únicamente para campos *electrostáticos:* campos eléctricos debidos a cargas estacionarias. Las líneas de campo eléctrico debidas a campos magnéticos variables forman bucles cerrados, sin inicio ni final, y son independientes de la presencia de cargas.

Ejemplo 5.6 Campo eléctrico inducido por un campo magnético variable en un solenoide

Un largo solenoide de radio R tiene n vueltas de cable por unidad de longitud y transporta una corriente que varía sinusoidalmente según $I = I_{\text{máx}} \cos \omega t$, donde $I_{\text{máx}}$ es la corriente máxima y ω es la frecuencia angular de la fuente de ca. (figura 5.20). (a) Determinar la magnitud del campo eléctrico inducido fuera del solenoide, a una distancia $r > R$ de su largo eje central.

Solución. En primer lugar, tomemos un punto externo y consideremos como trayectoria de nuestra integral lineal un círculo de radio r centrado en el solenoide, como se muestra en la figura 5.20. Por simetría, vemos que la magnitud de **E** es constante en esta trayectoria y que **E** es tangente a ella. El flujo magnético que atraviesa el área delimitada por la trayectoria es $\mathbf{B}\cdot\mathbf{A} = B\pi R^2$; por tanto, la ecuación 5.9 nos da

$$(1) \qquad \oint \mathbf{E}\cdot d\mathbf{s} = -\frac{d}{dt}(B\pi R^2) = -\pi R^2 \frac{dB}{dt}$$

Basándonos en la simetría de la situación:

$$(2) \qquad \oint \mathbf{E}\cdot d\mathbf{s} = \oint E\, ds = E\oint ds = E(2\pi r)$$

Igualando estas dos expresiones, hallamos

$$(3) \qquad E = -\frac{R^2}{2r}\frac{dB}{dt}$$

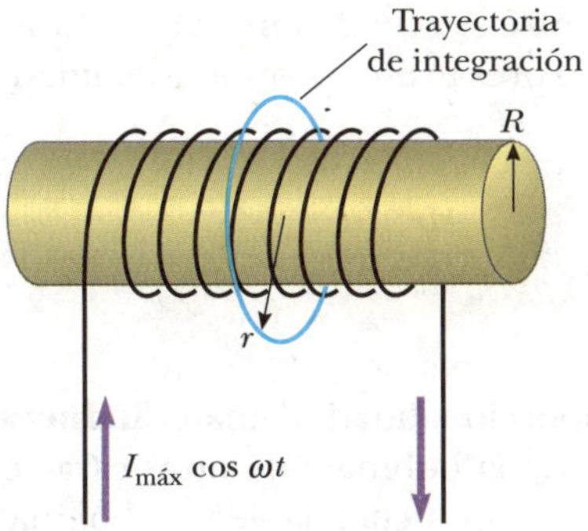

Figura 5.20

(Ejemplo 5.6) Solenoide largo recorrido por una corriente que varía con el tiempo, dada por $I = I_{máx} \cos \omega t$. Tanto dentro como fuera del solenoide se induce un campo eléctrico.

El campo magnético en el interior de un solenoide largo viene dado por la ecuación 4.32, $B = \mu_0 nI$. Cuando sustituimos $I = I_{máx} \cos \omega t$ en esta ecuación y luego sustituimos el resultado en la ecuación (3), hallamos que

$$E = -\frac{R^2}{2r}\frac{d}{dt}(\mu_0 n I_{máx} \cos \omega t)$$

$$= \frac{\mu_0 n I_{máx} \omega R^2}{2r} \operatorname{sen} \omega t \quad (\text{para } r > R)$$

Por tanto, el campo eléctrico varía sinusoidalmente con el tiempo, y su amplitud disminuye según $1/r$ fuera del solenoide.

(b) ¿Cuál es la magnitud del campo eléctrico inducido dentro del solenoide a una distancia r de su eje?

Para un punto interior ($r < R$), el flujo que atraviesa el área delimitada por una trayectoria de integración viene dado por $B\pi r^2$. Así, los análogos a las ecuaciones (1), (2) y (3) serán

$$(4) \qquad \oint \mathbf{E} \cdot d\mathbf{s} = -\frac{d}{dt}(B\pi r^2) = -\pi r^2 \frac{dB}{dt}$$

$$(5) \qquad \oint \mathbf{E} \cdot d\mathbf{s} = \oint E\, ds = E \oint ds = E(2\pi r)$$

$$(6) \qquad E = -\frac{r}{2}\frac{dB}{dt}$$

Sustituyendo la expresión para la corriente en la ecuación (6) tenemos

$$E = -\frac{r}{2}\frac{d}{dt}(\mu_0 n I_{máx} \cos \omega t)$$

$$= \frac{\mu_0 n I_{máx} \omega}{2} r \operatorname{sen} \omega t \quad (\text{para } r < R)$$

Esto demuestra que la amplitud del campo eléctrico inducido dentro del solenoide por el campo magnético variable es linealmente proporcional a r y varía sinusoidalmente con el tiempo.

5.5 • AUTOINDUCTANCIA

Considere un circuito aislado formado por un interruptor, una resistencia y una fuente de fem, como se ilustra en la figura 5.21. El diagrama del circuito se representa en perspectiva para que podamos ver las orientaciones de algunas de las líneas de campo magnético debidas a la corriente en el circuito. Cuando se cierra el interruptor, la corriente no pasa inmediatamente de cero a su valor máximo $\mathcal{E}/R$; la ley de la inducción electromagnética (ley de Faraday) describe el comportamiento real. A medida que la corriente aumenta con el tiempo, el flujo magnético debido a la corriente que atraviesa el bucle del propio circuito también aumenta con el tiempo. Este flujo magnético en aumento *provocado* por el circuito induce una fem *en* el circuito que se opone al cambio en el flujo magnético neto que atraviesa el bucle del circuito. Por la ley de Lenz, el campo eléctrico inducido en los alambres debe ser, por tanto, contrario a la dirección de la corriente, y la fem opuesta da como resultado un incremento *gradual* en la corriente. A este efecto se le llama *autoinducción*, porque el flujo magnético variable que atraviesa el circuito viene del propio circuito. A la fem que se genera en este caso se la denomina **fem autoinducida.**

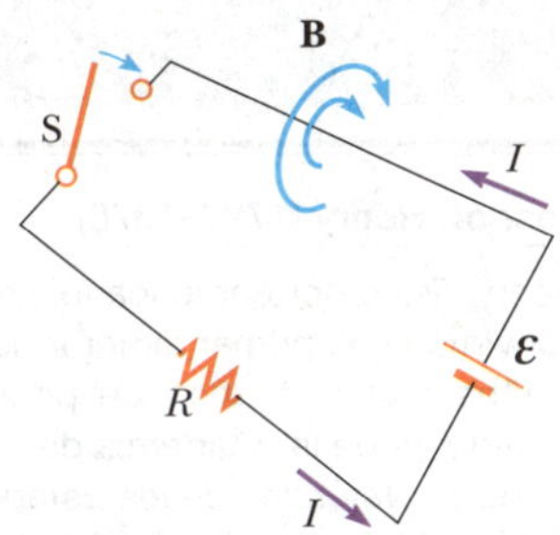

Figura 5.21

Después de cerrarse el interruptor, la corriente genera un flujo magnético que atraviesa el área delimitada por el bucle del circuito. A medida que aumenta la corriente hasta su valor final, este flujo magnético cambia con el tiempo e induce una fem en el bucle.

Para dar una descripción cuantitativa de la autoinducción, recordamos de la ley de Faraday que la fem inducida es igual a la derivada del flujo magnético, cambiada de signo. Este flujo magnético es proporcional al campo magnético, que a su vez es proporcional a la corriente en el circuito. Por tanto, **la fem autoinducida siempre es proporcional al ritmo de cambio de la corriente**. En una bobina de N vueltas muy próximas entre sí y de geometría fija (una bobina toroidal o un solenoide ideal), podemos expresar esta proporcionalidad como:

• *Fem autoinducida*

$$\mathcal{E}_L = -N\frac{d\Phi_B}{dt} = -L\frac{dI}{dt} \qquad [5.10]$$

donde L es una constante de proporcionalidad, llamada **inductancia** de la bobina, que depende de la geometría de la bobina y de otras características físicas. A partir de esta expresión, vemos que la inductancia de una bobina con N espiras es

• *Inductancia de una bobina de N espiras*

$$L = \frac{N\Phi_B}{I} \qquad [5.11]$$

donde se supone que pasa el mismo flujo magnético por cada espira. Más adelante utilizaremos esta ecuación para calcular la inductancia de algunos tipos concretos de bobinas.

A partir de la ecuación 5.10, también podemos escribir la inductancia como el cociente

• *Inductancia*

$$L = -\frac{\mathcal{E}_L}{dI/dt} \qquad [5.12]$$

Joseph Henry (1797-1878)

Henry, físico norteamericano, se convirtió en el primer director de la Smithsonian Institution y el primer presidente de la Academia de Ciencias Naturales de los Estados Unidos. Mejoró el diseño del electroimán y construyó uno de los primeros motores. También descubrió el fenómeno de la autoinducción, pero no publicó sus descubrimientos. La unidad de inductancia, el henry, se llama así en su honor. *(North Wind Picture Archives)*

Se suele tomar ésta como ecuación para definir la inductancia de cualquier bobina, independientemente de su forma, tamaño o características materiales. Si comparamos la ecuación 5.10 con la ecuación de la figura 3.23a, $\Delta V = -IR$, vemos que la resistencia mide la oposición a la corriente, mientras que la inductancia mide la oposición al *cambio* en la corriente.

La unidad del SI para la inductancia es el **henry (H)**, que es igual (a partir de la ecuación 5.12) a 1 voltio-segundo por amperio:

$$1\ \text{H} = 1\ \text{V}\cdot\text{s/A}$$

Como veremos, la **inductancia de una bobina depende de su geometría.** Como el cálculo de la inductancia puede ser bastante difícil para geometrías complicadas, los ejemplos que veremos son situaciones sencillas para las que se puede evaluar fácilmente la inductancia.

Pregunta rápida 5.6

Los extremos de una bobina con resistencia cero están etiquetados como a y b. El potencial en a es mayor que en b. ¿Cuál de las siguientes afirmaciones podría ser consistente con esta situación?: (a) La corriente es constante y se dirige de a a b. (b) La corriente es constante y se dirige de b a a. (c) La corriente aumenta y se dirige de a a b. (d) La corriente aumenta y se dirige de b a a. (e) La corriente disminuye y se dirige de a a b. (f) La corriente disminuye y se dirige de b a a.

PIENSE EN LA FÍSICA 5.5

En algunos circuitos, cuando se abre el interruptor salta una chispa entre los bornes del mismo. Sin embargo, cuando se cierra el interruptor de ese circuito, no hay ninguna chispa. ¿Por qué esta diferencia?

Razonamiento. De acuerdo con la ley de Lenz, las fem inducidas tienen una dirección tal que intentan mantener el flujo magnético original cuando hay un cambio. Cuando se abre el interruptor, la repentina caída del campo magnético del circuito induce una fem en una dirección que intenta mantener el flujo de corriente original. Esto puede causar una chispa cuando la corriente "salta" el hueco de aire que hay entre los bornes del interruptor. (La chispa es más probable en circuitos con una gran inductancia). La chispa no salta cuando se cierra el interruptor porque la corriente original es cero, y la fem inducida intenta mantenerla a cero.

PIENSE EN LA FÍSICA 5.6

Un transformador (figura 5.22) está compuesto por un par de bobinas devanadas a un núcleo de hierro. Cuando se aplica un voltaje de ca a un devanado, el *primario*, las líneas de campo magnético atraviesan el otro devanado, el *secundario*, e inducen una fem (ésta es la disposición del experimento de Faraday mostrado en la figura 5.3). Modificando el número de vueltas en cada bobina, se puede aumentar o disminuir el voltaje alterno en la secundaria respecto a la primaria. Desde luego, este dispositivo no puede funcionar con corriente continua. De hecho, si se aplica un voltaje continuo, la bobina primaria puede sobrecalentarse y quemarse. ¿Por qué?

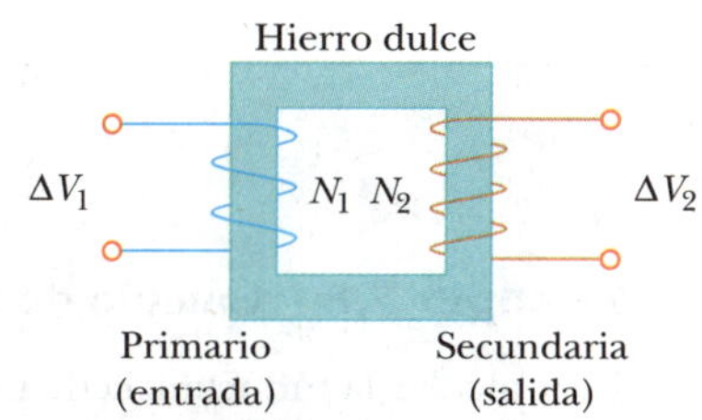

Figura 5.22

(Piense en la física 5.6) Un transformador ideal está formado por dos bobinas de alambre devanadas al mismo núcleo de hierro. Se aplica un voltaje alterno de ΔV_1 a la bobina primaria, y aparece un voltaje de salida ΔV_2 en la bobina secundaria.

Razonamiento. La bobina primaria del transformador tiene una cierta inductancia. Cuando se aplica un voltaje de ca, la fem neutralizadora debida a la ley de Lenz limita la corriente en la bobina. Si se aplica una tensión de cc, no hay ninguna fem que se oponga y la corriente puede crecer hasta alcanzar valores elevados. Esta mayor corriente hace que la temperatura de la bobina se incremente, hasta el punto de que puede llegar a quemarse el aislamiento del alambre.

PIENSE EN LA FÍSICA 5.7

Si dos bobinas (inductores) están conectadas en serie o en paralelo, las inductancias se combinan como si fueran resistencias: se suman si están en serie, y sus inversos se suman si están en paralelo. Esta afirmación es cierta para inductores toroidales que estén muy próximos en un circuito eléctrico, pero no para inductores solenoidales. ¿Por qué?

Razonamiento. La inductancia de una bobina es una *auto*inductancia: un efecto debido a que el campo magnético de un toroide o un solenoide atraviesa sus propias espiras. En un inductor toroidal ideal, el campo magnético está limitado al interior del toroide: fuera del toroide el campo es cero. Así, si se colocan inductores toroidales muy próximos entre sí, apenas hay interacción magnética entre los inductores. Sin embargo, los solenoides finitos tienen un campo magnético distinto de cero fuera del solenoide. Si se sitúan los solenoides muy próximos entre sí, el campo de un solenoide puede interactuar con las bobinas de los otros. Así, hay una inductancia *mutua* además de una autoinductancia, y no sirven las reglas simples de combinación de inductancias.

Ejemplo 5.7 Inductancia de un solenoide

Determinar la inductancia de un solenoide uniformemente devanado que tiene N vueltas y una longitud ℓ. Suponga que ℓ es larga comparada con el radio y que el núcleo del solenoide es aire.

Solución. Como ℓ es larga comparada con el radio, podemos considerar el solenoide como ideal. En este caso, el campo magnético interior es uniforme y viene dado por la ecuación 4.32:

$$B = \mu_0 n I = \mu_0 \frac{N}{\ell} I$$

donde $n = N/\ell$ es el número de vueltas por unidad de longitud. El flujo magnético que atraviesa cada vuelta es

$$\Phi_B = BA = \mu_0 \frac{NA}{\ell} I$$

donde A es el área transversal del solenoide. Utilizando esta expresión y la ecuación 5.11, hallamos que

$$L = \frac{N\Phi_B}{I} = \frac{\mu_0 N^2 A}{\ell}$$

Esto demuestra que L depende de la geometría y es proporcional al cuadrado del número de vueltas. Como $N = n\ell$ podemos también expresar el resultado de la siguiente forma:

$$L = \mu_0 \frac{(n\ell)^2}{\ell} A = \mu_0 n^2 A\ell = \mu_0 n^2 V$$

donde $V = A\ell$ es el volumen del solenoide.

Ejemplo 5.8 Cálculo de la inductancia y la fem

(a) Calcular la inductancia de un solenoide con 300 vueltas si la longitud del solenoide es de 25.0 cm y el área de su sección es de $4.00\ \text{cm}^2 = 4.00 \times 10^{-4}\ \text{m}^2$.

Solución. Utilizando la expresión para L hallada en el Ejemplo 5.7, vemos que

$$L = \frac{\mu_0 N^2 A}{\ell}$$

$$= (4\pi \times 10^{-7}\ \text{T}\cdot\text{m/A}) \frac{(300)^2(4.00 \times 10^{-4}\ \text{m}^2)}{25.0 \times 10^{-2}\ \text{m}}$$

$$= 1.81 \times 10^{-4}\ \text{T}\cdot\text{m}^2/\text{A} = 0.181\ \text{mH}$$

(b) Calcular la fem autoinducida en el solenoide descrito en (a) si la corriente que lo atraviesa disminuye a una razón de 50.0 A/s.

Solución. Utilizando la ecuación 5.10, y dado que $dI/dt =$ 50.0 A/s., tenemos que

$$\mathcal{E}_L = -L\frac{dI}{dt} = -(1.81 \times 10^{-4}\ \text{H})(-50.0\ \text{A/s}) = 9.05\ \text{mV}$$

EJERCICIO. Un inductor de 0.388 mH con forma de solenoide tiene una longitud igual a cuatro veces su diámetro. Si está devanado con 22 vueltas por centímetro, ¿qué longitud tiene?

Respuesta: 0.109 m

5.6 • CIRCUITOS *RL*

Un circuito que contenga una bobina, que puede ser un solenoide, tiene una autoinductancia que evita que la corriente aumente o disminuya instantáneamente. En un circuito, llamamos **inductor** a un tipo de elemento cuyo objetivo principal es proporcionar una inductancia. El símbolo de circuito para una inductancia es . Para simplificar, supondremos siempre que la autoinductancia del resto del circuito es despreciable en comparación con la del inductor.

Considere el circuito mostrado en la figura 5.23, formado por una resistencia, una inductancia, un interruptor y una batería. La resistencia interna de la batería se desprecia para simplificar aún más el modelo. Suponga que el interruptor S se cierra en el instante $t = 0$. La corriente empieza a aumentar, y debido a esa corriente en aumento, el inductor genera una fem (llamada en ocasiones *contra fem*) que se opone a la corriente. La contra fem generada por el inductor es

$$\mathcal{E}_L = -L\frac{dI}{dt}$$

Como la corriente aumenta, dI/dt es positiva; por tanto, $\mathcal{E}_L$ es negativa. Esto se corresponde con el hecho de que hay una caída de potencial entre a y b a través del inductor. Por esta razón, el punto a tiene mayor potencial que el punto b, como se muestra en la figura 5.23.

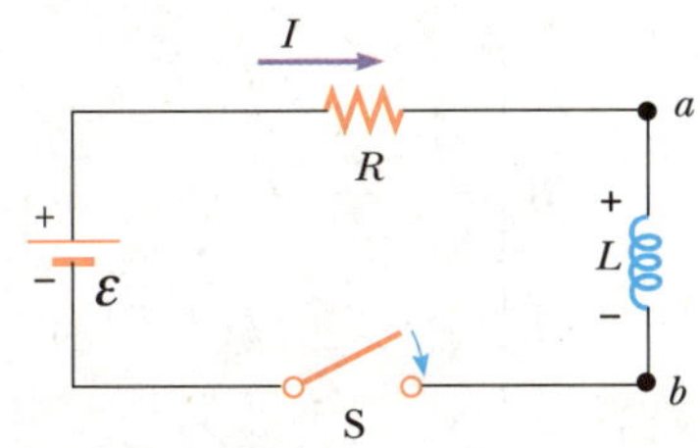

Figura 5.23

Circuito *RL* en serie. A medida que aumenta la corriente hasta su valor máximo, en el inductor se induce una fem que se opone al aumento de la corriente.

Teniendo esto en mente, podemos aplicar la regla de las mallas de Kirchhoff a este circuito. Si comenzamos por la batería y vamos en el sentido de las manecillas del reloj, tenemos

$$\mathcal{E} - IR - L\frac{dI}{dt} = 0 \qquad [5.13]$$

donde IR es el voltaje en la resistencia. La diferencia de potencial en el inductor tiene un signo negativo porque su fem tiene un sentido opuesto al de la batería. Ahora debemos buscar una solución a esta ecuación diferencial, que es una representación matemática del comportamiento del circuito *RL*. La ecuación 5.13 es similar a la ecuación 3.30 para el circuito *RC*.

Para obtener una solución matemática de la ecuación 5.13, es conveniente realizar un cambio de variable, definiendo $x = (\mathcal{E}/R) - I$, por lo que $dx = -dI$. Con estas sustituciones, la ecuación 5.13 se puede escribir:

$$\frac{\mathcal{E}}{R} - I - \frac{L}{R}\frac{dI}{dt} = x + \frac{L}{R}\frac{dx}{dt} = 0$$

$$\frac{dx}{x} = -\frac{R}{L}\,dt$$

Integrando esta última expresión desde un instante inicial hasta un determinado momento posterior t tenemos

$$\int_{x_i}^{x}\frac{dx}{x} = -\frac{R}{L}\int_0^t dt \longrightarrow \ln\frac{x}{x_i} = -\frac{R}{L}t$$

donde el valor de x cuando $t = 0$ se expresa como $x_i = \mathcal{E}/R$, porque $I = 0$ cuando $t = 0$. Tomando el antilogaritmo de esta expresión, vemos que

$$x = x_i e^{-Rt/L}$$

Por tanto, la expresión anterior es equivalente a

$$\frac{\mathcal{E}}{R} - I = \frac{\mathcal{E}}{R}e^{-Rt/L}$$

$$I = \frac{\mathcal{E}}{R}(1 - e^{-Rt/L})$$

Esta expresión representa la solución de la ecuación 5.13, la corriente en función del tiempo. También se puede escribir como

$$I(t) = \frac{\mathcal{E}}{R}(1 - e^{-t/\tau}) \qquad [5.14]$$

donde la constante τ es la **constante de tiempo** del circuito *RL*:

$$\tau = L/R \qquad [5.15]$$

• *Constante de tiempo de un circuito RL*

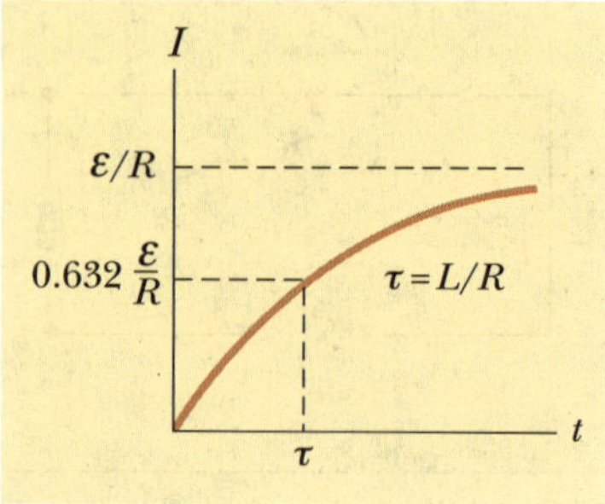

Figura 5.24

Gráfica de la corriente en función del tiempo para el circuito *RL* mostrado en la figura 5.23. El interruptor se cierra en $t = 0$, y la corriente aumenta hasta su valor máximo $\mathcal{E}/R$. La constante de tiempo τ es el tiempo que tarda I en llegar al 63.2% de su valor máximo.

Se deja como ejercicio demostrar que la dimensión de τ es el tiempo. Físicamente, τ es el tiempo que tarda la corriente en llegar a $(1 - e^{-1}) = 0.632$ de su valor final $\mathcal{E}/R$.

La figura 5.24 es una gráfica de la corriente en función del tiempo, donde $I = 0$ cuando $t = 0$. Observe que el estado estacionario de la corriente, que corresponde al límite $t \to \infty$, es $\mathcal{E}/R$. Se puede ver esto igualando dI/dt a cero en la ecuación 5.13 (en el estado estacionario, el cambio en la corriente es cero) y despejando la corriente. Así, vemos que la corriente aumenta inicialmente de forma muy rápida y luego se va aproximando gradualmente a su valor máximo $\mathcal{E}/R$ a medida que $t \to \infty$. Observe que la corriente final no está relacionada con L, porque el inductor no tiene efecto en el circuito si la corriente no varía (ignorando cualquier resistencia asociada a él).

Tomando la primera derivada en el tiempo de la ecuación 5.14, tenemos

$$\frac{dI}{dt} = \frac{\mathcal{E}}{L}\,e^{-t/\tau} \qquad [5.16]$$

A partir de esta ecuación vemos que la razón de aumento de la corriente dI/dt presenta un *máximo* (igual a $\mathcal{E}/L$) cuando $t = 0$ y disminuye exponencialmente hasta cero a medida que $t \to \infty$ (figura 5.25).

Ahora considere un circuito *RL* como se indica en la figura 5.26. El circuito contiene dos interruptores dispuestos de tal modo que, cuando uno está cerrado, el otro está abierto. Suponga que S_1 está cerrado durante un periodo lo bastante largo como para permitir que la corriente llegue a su valor estacionario $\mathcal{E}/R$. Si ahora se abre S_1 y se cierra S_2 cuando $t = 0$, tenemos un circuito sin batería ($\mathcal{E} = 0$). Aplicando la regla de las mallas de Kirchhoff a este circuito, se tiene que

$$IR + L\frac{dI}{dt} = 0 \qquad [5.17]$$

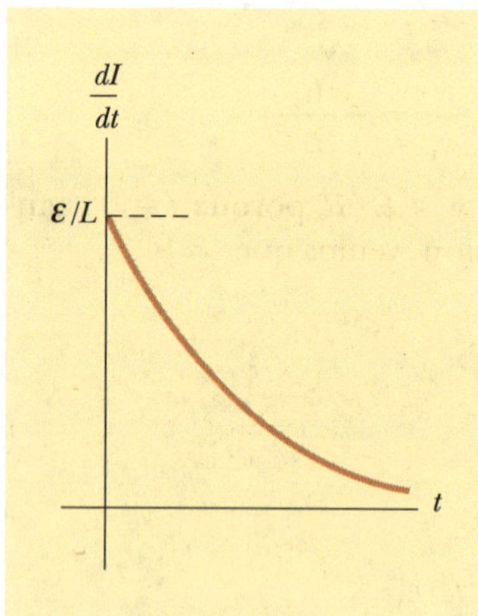

Figura 5.25

Gráfica de dI/dt en función del tiempo para el circuito *RL* mostrado en la figura 5.23. La razón de cambio de la corriente presenta un máximo cuando $t = 0$, que es el instante en el que se cierra el interruptor. La razón disminuye exponencialmente con el tiempo a medida que I aumenta hacia su valor máximo.

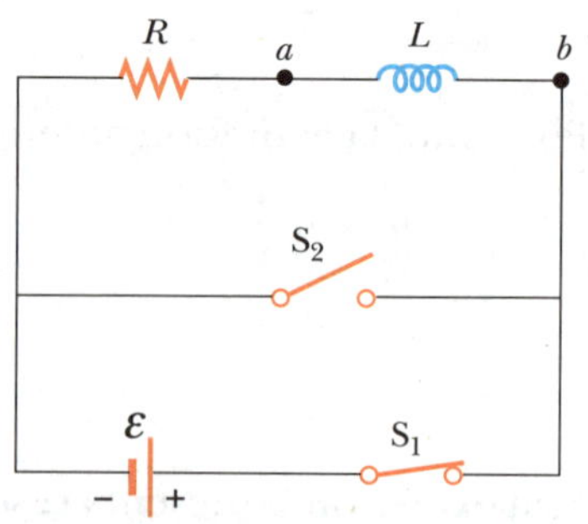

Figura 5.26

Circuito *RL* que contiene dos interruptores. Cuando S_1 está cerrado y S_2 abierto, tal y como se muestra, la batería forma parte del circuito. En el instante en el que se cierra S_2, S_1 se abre y la batería ya no forma parte del circuito.

Se deja para el problema 32 la demostración de que la solución de esta ecuación diferencial es

$$I(t) = \frac{\mathcal{E}}{R} e^{-t/\tau} = I_i e^{-t/\tau} \quad [5.18]$$

donde la corriente en $t = 0$ es $I_i = \mathcal{E}/R$ y $\tau = L/R$.

La gráfica de la corriente en función del tiempo (figura 5.27) para el circuito de la figura 5.26 muestra que la corriente disminuye continuamente con el tiempo, como era de esperar. Más aún, la pendiente dI/dt siempre es negativa y tiene su valor máximo cuando $t = 0$. La pendiente negativa significa que $\mathcal{E}_L = -L(dI/dt)$ es ahora *positivo;* es decir, el punto *a* en la figura 5.6 tiene un potencial menor que el punto *b*.

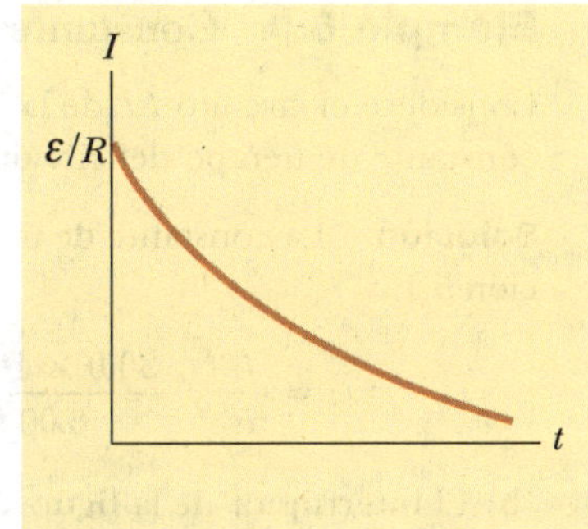

Figura 5.27

Corriente en función del tiempo para la malla superior del circuito mostrado en la figura 5.26. Para $t < 0$, S_1 está cerrado y S_2 está abierto. Cuando $t = 0$, S_2 se cierra, S_1 se abre y la corriente tiene su valor máximo $\mathcal{E}/R$. Para $t > 0$, la corriente disminuye de forma exponencial.

Pregunta rápida 5.7

El circuito de la figura 5.28 incluye una fuente de alimentación de ca para que el campo magnético del inductor esté cambiando constantemente. El inductor es un sencillo solenoide con núcleo de aire. El interruptor del circuito está cerrado y el foco brilla de forma fija. Se inserta una varilla de hierro es el interior del solenoide, lo que aumenta la magnitud del campo magnético del solenoide. ¿Qué sucede con el brillo del foco?

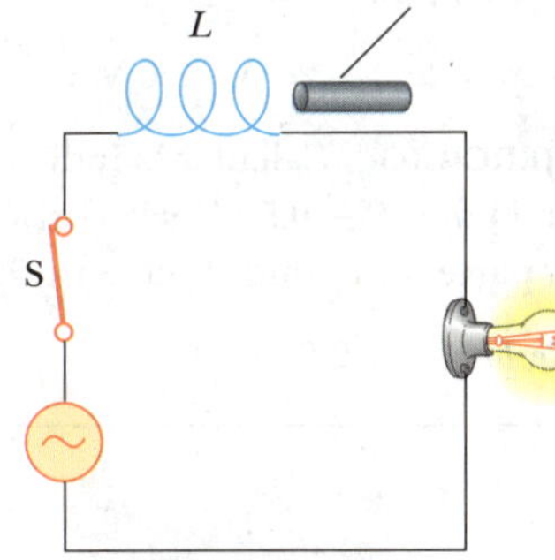

Figura 5.28

(Pregunta rápida 5.7) Un foco se alimenta a partir de una fuente de corriente alterna, con un inductor presente en el circuito. Cuando se inserta la barra de hierro en la bobina, ¿qué sucede con el brillo del foco?

Pregunta rápida 5.8

Dos circuitos como el mostrado en la figura 5.26 son idénticos, excepto por el valor de L. En el circuito A, la inductancia de la bobina es L_A, y en el circuito B es L_B. Se cierra el interruptor S_1 en $t = 0$, mientras que el interruptor S_2 permanece abierto. Cuando $t = 10$ s, el interruptor S_1 se abre y el interruptor S_2 se cierra. En la figura 5.29 se muestra la representación gráfica de la corriente resultante en función del tiempo. Suponiendo que la constante de tiempo de cada circuito es mucho menor que 10 s, ¿cuál de las siguientes afirmaciones es cierta? (a) $L_A > L_B$; (b) $L_A < L_B$; (c) no hay suficiente información para determinar los valores relativos.

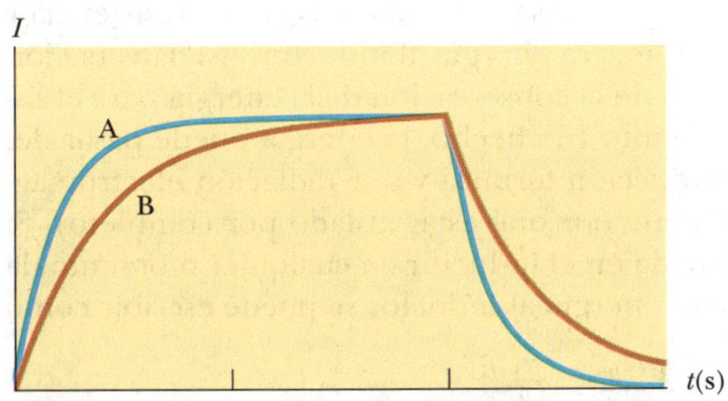

Figura 5.29

(Pregunta rápida 5.8)

Ejemplo 5.9 Constante de tiempo de un circuito *RL*

Considere el circuito *RL* de la figura 5.30a. (a) Calcule la constante de tiempo del circuito.

Solución. La constante de tiempo está dada por la ecuación 5.15:

$$\tau = \frac{L}{R} = \frac{30.0 \times 10^{-3}\ \text{H}}{6.00\ \Omega} = 5.00\ \text{ms}$$

(b) El interruptor de la figura 5.30a se cierra en $t = 0$. Calcular la corriente en el circuito para $t = 2.00$ ms.

Solución. Utilizando la ecuación 5.14 para calcular la corriente en función del tiempo (con t y τ en milisegundos), hallamos que, cuando $t = 2.00$ ms,

$$I = \frac{\mathcal{E}}{R}(1 - e^{-t/\tau}) = \frac{12.0\ \text{V}}{6.00\ \Omega}(1 - e^{-0.400}) = 0.659\ \text{A}$$

En la figura 5.30b se muestra una gráfica de la ecuación 5.14 para este circuito.

EJERCICIO. Calcular la corriente en el circuito y la tensión en la resistencia después que ha transcurrido una constante de tiempo.

Respuesta: 1.26 A, 7.56 V.

EJERCICIO. Calcular la inductancia en un circuito serie *RL* en el que $R = 0.50\ \Omega$ y la corriente aumenta hasta una cuarta parte de su valor final en 1.5 s.

Respuesta: 2.6 H

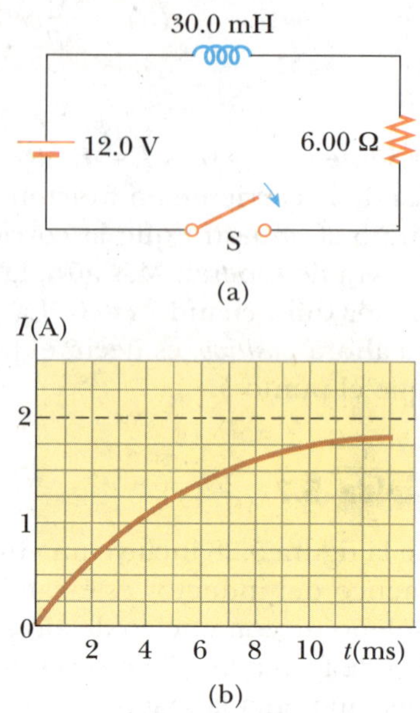

Figura 5.30

(Ejemplo 5.8) (a) El interruptor de este circuito *RL* se cierra en $t = 0$. (b) Gráfica de la corriente en función del tiempo para el circuito de la parte (a).

5.7 • ENERGÍA ALMACENADA EN UN CAMPO MAGNÉTICO

En la sección anterior encontramos que la fem inducida que genera una bobina evita que una batería establezca una corriente instantánea. Parte de la energía proporcionada por la batería se convierte en energía interna en la resistencia, y la energía restante se almacena en el inductor. Si multiplicamos los términos de la ecuación 5.13 por la corriente I y reordenamos la expresión, tenemos

$$I\mathcal{E} = I^2R + LI\frac{dI}{dt} \qquad [5.19]$$

Esta expresión nos dice que la razón $I\mathcal{E}$ al que la batería proporciona energía es igual a la suma de la razón I^2R a la que se entrega energía a la resistencia y a la razón $LI\,(dI/dt)$ a la que se suministra energía al inductor. Así, la ecuación 5.19 es sencillamente una expresión de la conservación de la energía para el sistema aislado constituido por el circuito (de hecho, la energía puede pasar del circuito al aire por medio de conducción térmica y por radiación electromagnética, por lo que el sistema no tiene por qué estar aislado por completo). Si llamamos U_B a la energía almacenada en el inductor en cualquier momento, la razón dU_B/dt a la que se transfiere energía al inductor se puede escribir como

$$\frac{dU_B}{dt} = LI\frac{dI}{dt}$$

Para hallar la energía total almacenada en el inductor en cualquier momento, podemos volver a escribir esta expresión como $dU_B = LI\,dI$ e integrar

$$U_B = \int_0^{U_B} dU_B = \int_0^I LI\,dI$$

$$U_B = \tfrac{1}{2}LI^2 \qquad [5.20]$$

• *Energía almacenada en un inductor*

donde L es constante y por eso se ha extraído de la integral. La ecuación 5.20 representa la energía almacenada en el campo magnético del inductor cuando la corriente es I.

La ecuación 5.20 es similar a la ecuación de la energía almacenada en el campo eléctrico de un condensador, $U_E = Q^2/2C$ (ecuación 2.29). En cualquier caso, vemos que se necesita energía de una batería para establecer un campo y que se almacena energía en el campo. En el caso del condensador, podemos relacionar la energía almacenada en el condensador con la energía potencia eléctrica asociada con las cargas existentes en las placas. Aunque, dado que no hemos presentado ninguna analogía magnética de la energía potencial eléctrica, el almacenamiento de energía en un inductor no es fácil de conceptualizar.

Para argumentar que la energía se almacena en un inductor, considere el circuito de la figura 5.31a, que es el mismo que el de la figura 5.26 con el añadido del interruptor S_3 en paralelo con la resistencia. Cuando se cierran los interruptores S_1 y S_3 como se muestra y se abre S_2, se establece una corriente en el inductor. Ahora suponga que se abre el interruptor S_1 y se cierra el interruptor S_2, como en la figura 5.31b. La corriente continúa circulando en este circuito sin resistencia (idealmente), formado sólo por el inductor y una ruta de conducción entre sus extremos. Como a través de la resistencia no hay corriente (porque el camino que pasa por S_3, situado en paralelo con ella, tiene resistencia cero), no se entrega energía a la resistencia. El siguiente paso es abrir el interruptor S_3 como se muestra en la figura 5.31c. Esto hace que la resistencia pase a formar parte del circuito. La corriente del circuito atraviesa ahora la resistencia, y se le suministra energía a ésta. ¿De dónde viene la energía? El único elemento presente en el

¡ADVERTENCIA! 5.2

Transferencia de energía hacia un condensador, una resistencia y un inductor

Acabamos de ver tres elementos de un circuito a los que se puede transferir energía. Recuerde la diferencia existente entre los distintos mecanismos de transferencia de energía. Un condensador almacena una determinada cantidad de energía para una carga determinada en sus placas. Al condensador se le proporciona más energía a medida que la corriente en los alambres conectados al condensador proporciona más carga a las placas. Un inductor almacena una determinada cantidad de energía si la corriente permanece constante. Al inductor se le entrega más energía aumentando la corriente. Una resistencia actúa de forma distinta, ya que la energía no se almacena como energía potencial, sino que se transforma en energía interna. Se suministra energía a la resistencia mientras haya una corriente que la atraviese.

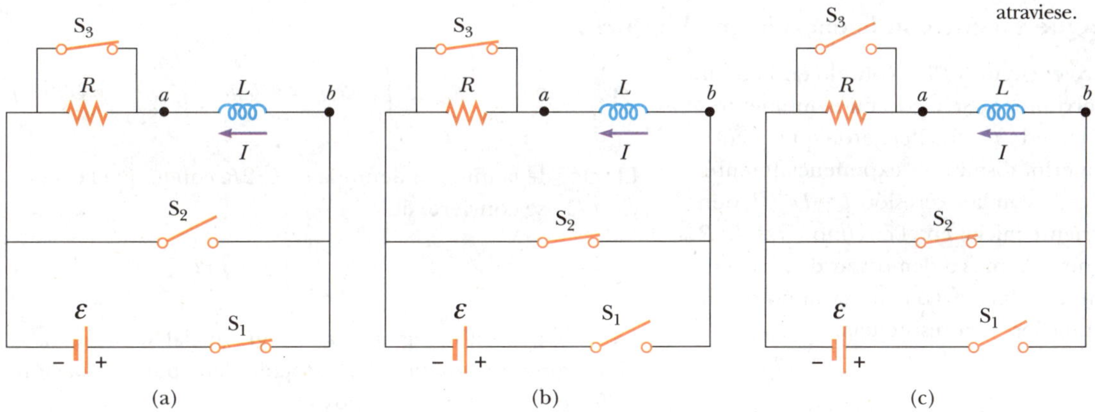

Figura 5.31

El circuito RL de la figura 5.26, con un interruptor adicional S_3, se utiliza para conceptualizar el almacenamiento de energía en un inductor. (a) Con los interruptores tal y como se muestran, la batería establece una corriente a través del inductor. (b) El interruptor S_1 se abre y S_2 se cierra. Como los extremos del inductor se hallan conectados a través de una ruta sin resistencia, la corriente continúa fluyendo por el inductor. (c) El interruptor S_3 se abre, con lo que se agrega la resistencia al circuito, y se suministra energía a la resistencia. La energía sólo puede estar almacenada en el inductor, ya que es el único otro elemento presente en el circuito.

circuito antes de abrir el interruptor S_3 es el inductor. Por tanto, la energía debe haberse almacenado en el inductor y ahora se entrega a la resistencia.

Ahora vamos a determinar la energía por unidad de volumen, o densidad de energía, almacenada en un campo magnético. Para simplificar, consideremos un solenoide cuya inductancia es $L = \mu_0 n^2 A\ell$ (véase el ejemplo 5.7). El campo magnético del solenoide es $B = \mu_0 nI$. Sustituyendo la expresión de L e $I = B/\mu_0 n$ en la ecuación 5.20, tenemos

$$U_B = \tfrac{1}{2} LI^2 = \tfrac{1}{2} \mu_0 n^2 A\ell \left(\frac{B}{\mu_0 n}\right)^2 = \frac{B^2}{2\mu_0} (A\ell) \qquad [5.21]$$

Como $A\ell$ es el volumen del solenoide, la energía almacenada por unidad de volumen en un campo magnético, en otras palabras, la *densidad de energía,* es

• *Densidad de energía magnética*

$$u_B = \frac{U_B}{A\ell} = \frac{B^2}{2\mu_0} \qquad [5.22]$$

Aunque la ecuación 5.22 se ha calculado para el caso especial de un solenoide, **es válida para cualquier región del espacio en la que haya un campo magnético**. Observe que es similar a la ecuación para la energía por unidad de volumen almacenada en un campo eléctrico, dada por $\frac{1}{2}\epsilon_0 E^2$ (ecuación 2.31). En ambos casos, la densidad de energía es proporcional al cuadrado de la magnitud del campo.

Pregunta rápida 5.9

Está realizando un experimento en el que necesita la mayor densidad de energía posible en el interior de un solenoide muy largo. ¿Cuál de las siguientes circunstancias aumentaría la densidad de energía? (a) Aumentar únicamente el número de vueltas por unidad de longitud en el solenoide. (b). Aumentar únicamente el área transversal del solenoide. (c) Aumentar únicamente la longitud del solenoide. (d) Aumentar únicamente la corriente que atraviesa los alambres del solenoide.

Ejemplo 5.10 ¿Qué sucede con la energía en el inductor?

Considere una vez más el circuito *RL* mostrado en la figura 5.26, en el que el interruptor S_2 se cierra en el momento en el que S_1 se abre (cuando $t = 0$). Recuerde que la corriente en la malla superior disminuye exponencialmente con el tiempo de acuerdo con la expresión $I = I_i e^{-t/\tau}$, donde $I_i = \mathcal{E}/R$ es la corriente inicial en el circuito y $\tau = L/R$ es la constante de tiempo. Vamos a demostrar de forma explícita que toda la energía almacenada en el campo magnético del inductor se transfiere a la resistencia.

Solución. La razón con la cual se transfiere energía a la resistencia es I^2R, donde I es la corriente instantánea. Utilizando la expresión de I dada por la ecuación 5.18:

$$\mathcal{P} = I^2R = (I_i e^{-Rt/L})^2 R = I_i^2 R e^{-2Rt/L}$$

Para hallar la energía total transferida a la resistencia, integramos esta expresión entre los límites $t = 0$ y $t = \infty$ (porque la corriente tarda un tiempo infinito en llegar a cero):

$$(1) \qquad E = \int_0^\infty \mathcal{P}\,dt = \int_0^\infty I_i^2 R e^{-2Rt/L}\,dt = I_i^2 R \int_0^\infty e^{-2Rt/L}\,dt$$

El valor de la integral definida es $L/2R$, con lo que la ecuación (1) se convierte en

$$E = I_i^2 R\left(\frac{L}{2R}\right) = \tfrac{1}{2} L I_i^2$$

Observe que esto es igual a la energía inicial almacenada en el campo magnético del inductor, dada por la ecuación 5.20, como queríamos demostrar.

EJERCICIO. Demostrar que la integral de la parte derecha de la ecuación (1) tiene el valor $L/2R$.

Ejemplo 5.11 El cable coaxial

Un largo cable coaxial está compuesto por dos conductores concéntricos cilíndricos de radios a y b y longitud ℓ como se ilustra en la figura 5.32. Se supone que el conductor interior es un cascarón cilíndrico muy delgado. Los dos conductores transportan una corriente I en direcciones opuestas. (a) Calcular la autoinductancia L de este cable.

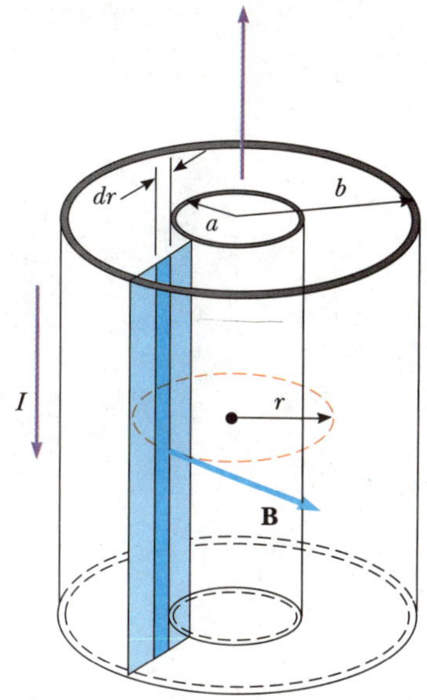

Figura 5.32

(Ejemplo 5.11) Sección de un largo cable coaxial. Los conductores externo e interno transportan igual corriente pero en sentidos opuestos.

Solución. Para obtener L, debemos conocer el flujo magnético que atraviesa una sección transversal cualquiera entre los dos conductores. Gracias a la ley de Ampère (ecuación 4.29) sabemos que el campo magnético entre los conductores es $B = \mu_0 I/2\pi r$. El campo magnético es cero fuera de los conductores ($r > b$) porque la corriente neta que atraviesa una trayectoria circular que rodee a ambos conductores es cero, y por tanto, a partir de la ley de Ampère, $\oint \mathbf{B} \cdot d\mathbf{s} = 0$. El campo magnético es cero dentro del conductor interior, ya que es hueco y no fluye ninguna corriente dentro de un radio $r < a$.

El campo magnético es perpendicular a la superficie rectangular de longitud ℓ y anchura $(b - a)$, la sección que nos interesa. Dividiendo este rectángulo en franjas de anchura dr, como la franja más oscura en la figura 5.32, vemos que el área de cada franja es $\ell\, dr$ y el flujo que atraviesa cada franja es $B\, dA = B\ell\, dr$. Por tanto, el flujo magnético total que atraviesa toda la sección es:

$$\Phi_B = \int B\, dA = \int_a^b \frac{\mu_0 I}{2\pi r}\, \ell\, dr = \frac{\mu_0 I \ell}{2\pi} \int_a^b \frac{dr}{r}$$

$$= \frac{\mu_0 I \ell}{2\pi} \ln\left(\frac{b}{a}\right)$$

Utilizando este resultado, hallamos que la autoinductancia del cable es

$$L = \frac{\Phi_B}{I} = \frac{\mu_0 \ell}{2\pi} \ln\left(\frac{b}{a}\right)$$

(b) Calcular la energía total almacenada en el campo magnético del cable.

Solución. Utilizando la ecuación 5.20 y los resultados de la parte (a) obtenemos

$$U_B = \tfrac{1}{2} L I^2 = \frac{\mu_0 \ell I^2}{4\pi} \ln\left(\frac{b}{a}\right)$$

EJERCICIO. Una batería de 10.0 V, una resistencia de 5.00 Ω y un inductor de 10.0 H se conectan en serie. Después que la corriente del circuito llegue a su valor máximo, calcular (a) la potencia entregada por la batería, (b) la potencia transferida a la resistencia, (c) la potencia transferida al inductor y (d) la energía almacenada en el campo magnético del inductor.

Respuesta: (a) 20.0 W (b) 20.0 W (c) 0 (d) 20.0 J

Relación con el contexto

5.8 • MODELO REPULSIVO PARA LA LEVITACIÓN MAGNÉTICA

En el capítulo anterior consideramos un modelo para la levitación magnética basado en la fuerza de atracción entre un imán y un riel hecho de material magnético. El segundo modelo básico para los vehículos de levitación magnética es el modelo EDS (*electrodynamic system, sistema electrodinámico*). El modelo EDS se utiliza

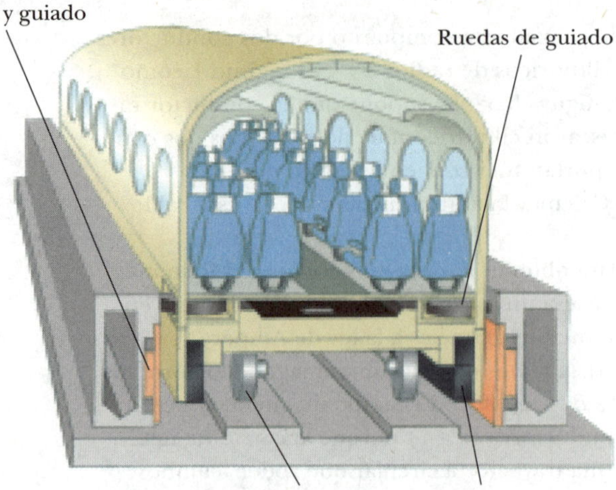

Figura 5.33

Diagrama esquemático del sistema de levitación de los vehículos de Japan Railways. Los imanes inducen corrientes en las bobinas situadas en los costados de la vía, de modo que, por la ley de Lenz, la fuerza repulsiva empuja al vehículo hacia arriba.

en el sistema de Japan Railways y en el Magneplane, desarrollado como respuesta a la Iniciativa Nacional Maglev por Magneplane International en Massachusetts.

En este modelo, apelamos a la ley de Lenz. En la forma más sencilla del modelo, el vehículo magnético lleva un imán. Cuando el imán pasa por encima de una placa de metal o unas bobinas de cable, se induce una corriente en la placa o las bobinas que tiende a oponerse al cambio original. Esto da como resultado una fuerza *repulsiva*, que eleva el vehículo.

Aunque la idea de inducir una corriente en una placa de metal es un concepto válido, representa un enorme gasto en cuanto a la cantidad de metal que se requiere para una vía muy larga. En el vehículo maglev de Japan Railways se utiliza otra técnica. En este vehículo, la corriente la inducen unos imanes que pasan al lado de unas bobinas situadas en los costados de la vía. En la figura 5.33 se muestra un diagrama esquemático de tal vehículo.

Una de las desventajas del modelo EMS discutido en el capítulo anterior es la inestabilidad de la fuerza atractiva, que necesita de una realimentación electrónica. Sin embargo, el modelo EDS tiene una característica estabilizadora, si el vehículo cae, la repulsión se hace mayor, y vuelve a empujar al vehículo hacia arriba. Si el vehículo sube, la fuerza disminuye y el vehículo desciende. Otra ventaja del sistema EDS es la mayor separación entre la vía y el vehículo, unos 10 cm, comparada con los 10 mm del modelo EMS.

Una desventaja del modelo EDS es que *sólo hay levitación cuando el vehículo está en movimiento,* ya que depende de la ley de Faraday: debe existir una *variación* magnética. Debido a esto, el vehículo ha de tener ruedas (un tren de aterrizaje) para arrancar y parar en las estaciones; se pueden ver estas ruedas en la figura 5.33.

WEB

Para más información de los vehículos de levitación magnética de Japan Railways, visite **www.rtri.or.jp/rd/maglev/html/english/maglev_frame_E.html**

Otra desventaja del sistema EDS es que las corrientes inducidas dan como resultado una fuerza de resistencia al avance, además de la de elevación. Ello requiere una mayor potencia de propulsión. La fuerza de resistencia es mayor que la de elevación a poca velocidad, pero esta fuerza de resistencia tiene un máximo a una determinada velocidad y luego comienza a disminuir. La fuerza de elevación continúa aumentando a medida que aumenta la velocidad. Así, viajar a altas velocidades tiene sus ventajas, pero se debe superar la importante fuerza de resistencia a bajas velocidades cada vez que el vehículo arranca.

Japan Railways ha realizado exhaustivas pruebas en cinco generaciones de vehículos maglev, comenzando por el ML100 de cuatro asientos, construido en 1972 para celebrar el centenario de Japan Railways. Las pruebas actuales se realizan sobre un vehículo de sexta generación, el MLX01, un tren multivagón que puede llevar más de 100 pasajeros en su versión comercial. En 1997 se abrió una línea de prueba de 43 km en la Prefectura Yamanashi, entre Sakaigawa y Akiyama. En 1999, un MLX01 de cinco vagones consiguió en esta línea una velocidad de 552 km/h, con personas a bordo. El gobierno japonés mantiene la línea de pruebas Yamanashi con la intención de confirmar finalmente la viabilidad de las técnicas de levitación magnética y comenzar la explotación comercial en la primera década del siglo XXI.

RESUMEN

La ley de inducción de Faraday dice que la fem inducida en un circuito es directamente proporcional a la variación del flujo magnético que atraviesa el circuito:

$$\mathcal{E} = -N\frac{d\Phi_B}{dt} \qquad [5.3]$$

donde N es el número de vueltas y Φ_B es el flujo magnético que atraviesa cada vuelta, dado por:

$$\Phi_B = \int \mathbf{B}\cdot d\mathbf{A} \qquad [5.1]$$

Cuando una barra conductora de longitud ℓ se mueve a través de un campo magnético **B** con una velocidad **v** tal que **v** es perpendicular a **B**, la fem inducida en la barra (llamada **fem inducida por el movimiento**) es

$$\mathcal{E} = -B\ell v \qquad [5.5]$$

La ley de Lenz dice que la corriente inducida y la fem inducida en un conductor tienen una dirección tal que se oponen al cambio que las produjo.

Una forma general de la **ley de inducción de Faraday** es

$$\mathcal{E} = \oint \mathbf{E}\cdot d\mathbf{s} = -\frac{d\Phi_B}{dt} \qquad [5.9]$$

donde **E** es un campo eléctrico no conservativo causado por el flujo magnético variable.

Cuando la corriente en una bobina varía con el tiempo, en la bobina se induce una fem de acuerdo con la ley de Faraday. La **fem autoinducida** se describe mediante la expresión

$$\mathcal{E}_L = -L\frac{dI}{dt} \qquad [5.10]$$

donde L es la *inductancia* de la bobina. La inductancia es una forma de medir la oposición de un dispositivo a las variaciones en la corriente. La inductancia tiene como unidad SI el **henry** (H), donde 1 H = 1 V·s/A.

La **inductancia** de una bobina es

$$L = \frac{N\Phi_B}{I} \qquad [5.11]$$

donde Φ_B es el flujo magnético que atraviesa la bobina y N es el número total de vueltas.

Si se conectan una resistencia y una inductancia en serie con una batería de fem $\mathcal{E}$, como se muestra en la figura 5.23, y se cierra en $t = 0$ un interruptor en el circuito, la corriente en el circuito varía con el tiempo de acuerdo con la expresión

$$I(t) = \frac{\mathcal{E}}{R}(1 - e^{-Rt/L}) = \frac{\mathcal{E}}{R}(1 - e^{-t/\tau}) \qquad [5.14]$$

donde $\tau = L/R$ es la **constante de tiempo** del circuito *RL*.

Si se quita la batería del circuito *RL* como se muestra en la figura 5.26 cuando S_1 está abierto y S_2 cerrado, la corriente disminuye exponencialmente con el tiempo de acuerdo con la expresión

$$I(t) = \frac{\mathcal{E}}{R}e^{-t/\tau} \qquad [5.18]$$

donde $\mathcal{E}/R$ es la corriente inicial en el circuito.

La **energía** almacenada en el campo magnético de un inductor recorrido por una corriente es

$$U_B = \tfrac{1}{2}LI^2 \qquad [5.20]$$

La **energía por unidad de volumen** (o densidad de energía) en un punto en el que el campo magnético es B, tiene el valor

$$u_B = \frac{B^2}{2\mu_0} \qquad [5.22]$$

PREGUNTAS

1. Se sitúa una espira de alambre en un campo magnético uniforme. ¿Para qué orientación de la espira es máximo el flujo magnético? ¿Para qué orientación es cero el flujo?
2. A medida que la barra conductora de la figura Q5.2 se mueve hacia la derecha, se establece un campo eléctrico dirigido hacia abajo. Si la barra se moviera hacia la izquierda, explicar por qué el campo eléctrico estaría dirigido hacia arriba.

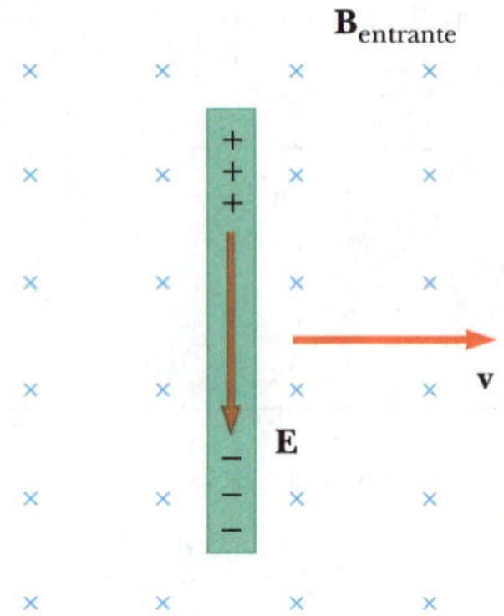

Figura Q5.2

3. A medida que la barra de la figura Q5.2 se mueve perpendicular al campo, ¿se necesita una fuerza externa para que se siga moviendo con velocidad constante?
4. Las tormentas magnéticas del Sol pueden ocasionar dificultades en las comunicaciones en la Tierra. ¿Por qué nos afectan así las manchas solares?
5. Llevar un brazalete de metal en una región con un potente campo magnético podría ser peligroso. Discuta.
6. ¿Como se genera la energía eléctrica en las presas (es decir, cómo la energía del movimiento del agua origina una corriente alterna)?
7. Se deja caer verticalmente una pieza de aluminio entre los polos de un electroimán. ¿Afecta el campo magnético a la velocidad del aluminio?
8. La barra de la figura Q5.8 se mueve por unos rieles hacia la derecha con una velocidad **v** y el campo magnético uniforme y constante está dirigido hacia fuera de la página. ¿Por qué la corriente inducida va en el sentido de las manecillas del reloj? Si la barra se moviera hacia la izquierda, ¿cuál sería la dirección de la corriente inducida?

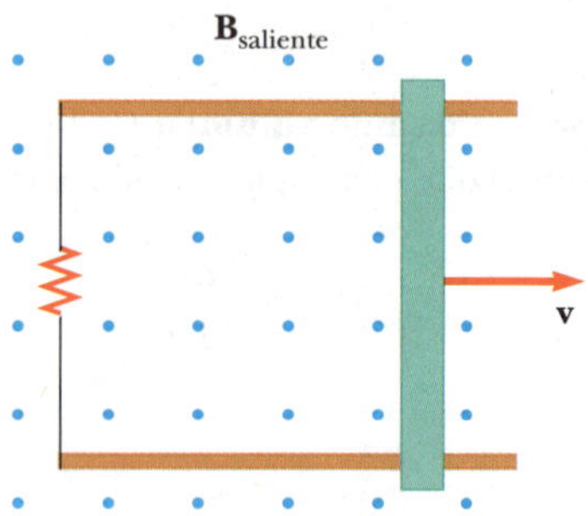

Figura Q5.8

9. En una balanza de fleje, en ocasiones se utiliza una placa de aluminio para amortiguar las oscilaciones del fleje cerca del punto de equilibrio. La placa se monta en el extremo del fleje y se mueve entre los polos de un pequeño imán de herradura unido a la estructura. ¿Por qué se amortiguan tanto las oscilaciones del fleje cerca del punto de equilibrio?
10. Cuando el interruptor de la figura Q5.10a se cierra, se establece una corriente en la bobina y el anillo de metal salta hacia arriba (figura. Q5.10b). Explicar este comportamiento.

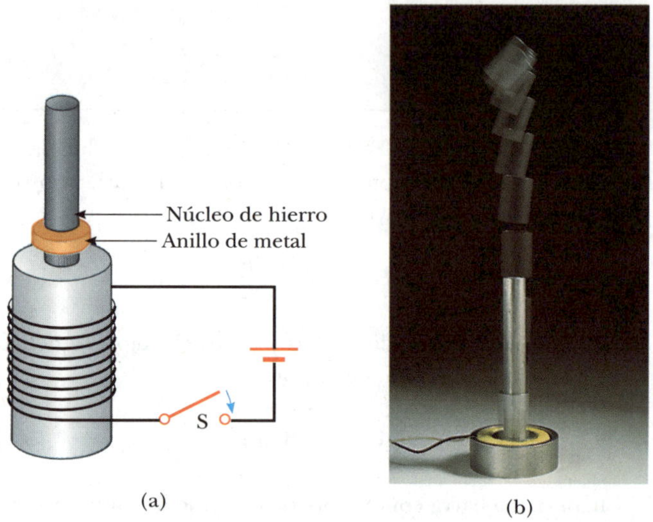

Figura Q5.10

11. Suponga que la batería de la figura Q5.10a se sustituye por una fuente de ca y se deja cerrado el interruptor. Si se lo mantiene en posición, el anillo de metal situado sobre el solenoide se calienta. ¿Por qué?
12. ¿Cuál es la inductancia de dos bobinas conectadas en serie?
13. Se sujeta un imán sobre una espira de cable en un plano horizontal, como se ilustra en la figura Q5.13. El extremo sur del imán está situado hacia la espira de cable. Se deja caer el imán hacia la espira. Hallar la dirección de la co-

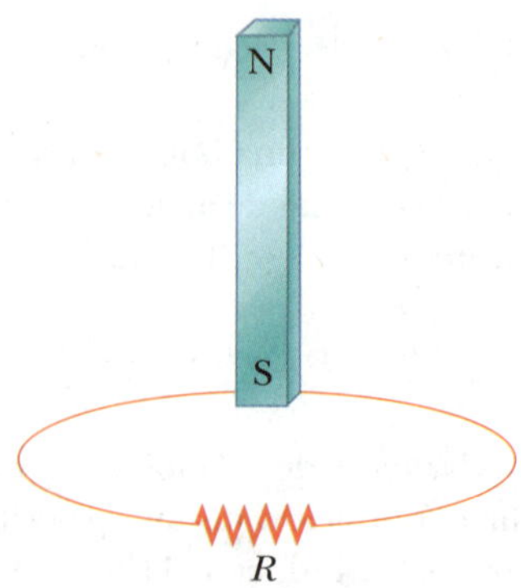

Figura Q5.13

rriente que atraviesa la resistencia (a) mientras el imán está cayendo hacia la espira y (b) después de que el imán ha atravesado la espira y se aleja de ella.

14. Encuentre la dirección de la corriente en la resistencia de la figura Q5.14 (a) en el instante en que se cierra el interruptor, (b) varios minutos después de haberse cerrado el interruptor y (c) en el instante en el que se abre el interruptor.

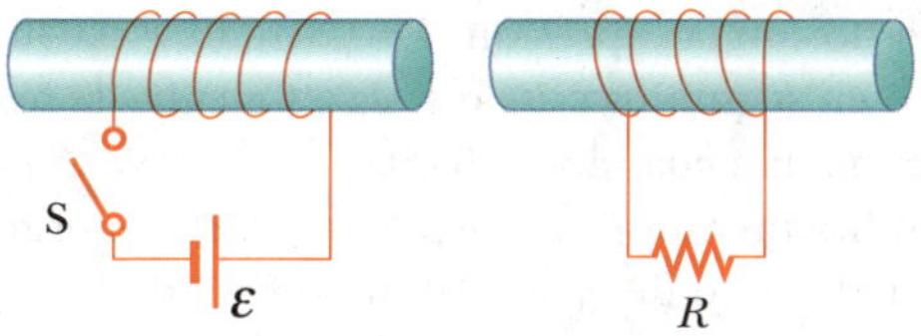

Figura Q5.14

15. Discutir las similitudes entre la energía almacenada en el campo eléctrico de un condensador cargado y la energía almacenada en el campo magnético de una bobina portadora de corriente.

16. Si se dobla la corriente de un inductor, ¿en qué factor cambia la energía almacenada?

17. Suponga que el interruptor de la figura 5.23 ha estado cerrado mucho tiempo y se abre de repente. ¿Cae la corriente hasta cero de forma instantánea? ¿Por qué aparece una chispa en los bornes del interruptor en el instante en que se abre?

18. En la sección Piense en la física 5.3 se describe la fem inducida entre los extremos de las alas de un avión a causa de su movimiento en el campo magnético de la Tierra. ¿Puede utilizarse esta fem para alimentar una lámpara situada en el compartimento de pasajeros? Explique su respuesta.

19. ¿Puede un objeto ejercer una fuerza sobre sí mismo? ¿Puede un circuito inducir una fem en él mismo? Explique las respuestas

20. Considere esta tesis: "Joseph Henry, el primer físico profesional norteamericano, fue el causante del último cambio profundo en la visión que el hombre tiene del Universo, cuando descubrió la autoinducción durante unas vacaciones escolares en la Albany Academy en 1830. Antes de eso, podía pensarse que el Universo estaba compuesto únicamente por materia. Sin embargo, ahora sabemos que la energía que mantiene temporalmente la corriente después que se desconecta una batería de una bobina, no es una energía perteneciente a ningún trozo de materia; es energía contenida en el campo magnético sin masa que rodea a la bobina. Gracias al descubrimiento de Henry, la Naturaleza nos obligó a admitir que el Universo está formado por campos, además de por materia". Argumente a favor o en contra de esta tesis. ¿De qué cree usted que está compuesto el Universo?

PROBLEMAS

1, 2, 3 = fácil, intermedio, difícil ☐ web = solución publicada en **http://www.harcourtcollege.com/physics/**

= se recomienda el uso de computadora para la resolución del problema

■ = problemas numérico/simbólico emparejados = aplicaciones biomédicas

Sección 5.1 Ley de inducción de Faraday

Sección 5.3 Ley de Lenz

1. Una espira plana de alambre formada por una sola vuelta con un área transversal de 8.00 cm^2 es perpendicular a un campo magnético que aumenta de magnitud uniformemente desde 0.500 T a 2.50 T en 1.00 s. ¿Cuál es la corriente inducida resultante, si la espira tiene una resistencia de 2.00 Ω?

2. Una bobina circular de alambre con 25 vueltas tiene un diámetro de 1.00 m. Si se coloca con su eje en la dirección del campo magnético de la Tierra, de 50.0 μT, y luego se la hace girar 180° en 0.200 s, ¿cuál es el valor de la fem promedio generada en la bobina?

3. web Un potente electroimán genera un campo magnético uniforme con una magnitud de 1.60 T sobre una superficie de 0.200 m^2. Se coloca una bobina con 200 vueltas y una resistencia total de 20.0 Ω alrededor del electroimán. La corriente disminuye entonces poco a poco en el electroimán hasta que llega a cero en 20.0 ms. ¿Cuál es la corriente inducida en la bobina?

4. Un anillo de aluminio de radio r_1 y resistencia R se coloca alrededor del extremo superior de un largo solenoide con núcleo de aire, con n vueltas por metro y un radio menor r_2, como se ilustra en la figura P5.4. Suponga que la componente axial del campo generado por el solenoide en el extremo del solenoide es la mitad que en el centro del solenoide. Suponga que el solenoide genera un campo despreciable fuera del área transversal. La corriente en el solenoide aumenta a un ritmo de $\Delta I/\Delta t$. (a) ¿Cuál es la corriente inducida en el anillo? (b) En el centro del anillo, ¿cuál es el campo magnético generado por la corriente inducida en el anillo? (c) ¿Cuál es la dirección de este campo?

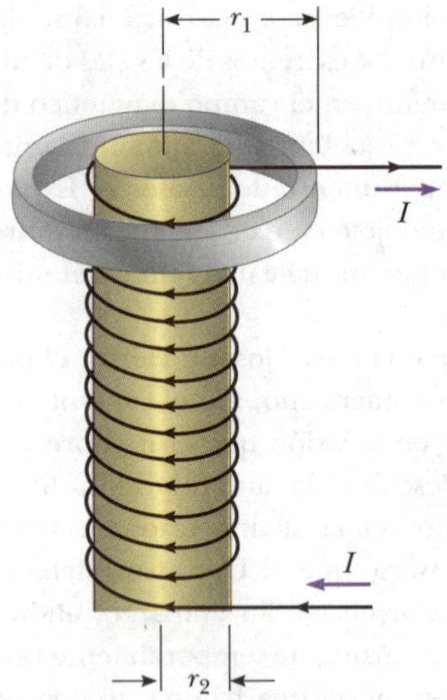

Figura P5.4

5. Una espira rectangular de área A se coloca en una región en la que el campo magnético es perpendicular al plano de la espira. Se permite que la magnitud del campo varíe con el tiempo de acuerdo con $B = B_{\text{máx}}e^{-t/\tau}$, donde $B_{\text{máx}}$ y τ son constantes. El campo tiene una magnitud constante $B_{\text{máx}}$ para $t < 0$. (a) Utilizar la ley de Faraday para demostrar que la fem inducida en la espira es

$$\mathcal{E} = \frac{AB_{\text{máx}}}{\tau}\,e^{-t/\tau}$$

(b) Obtener un valor numérico para $\mathcal{E}$ cuando $t = 4.00$ s, si $A = 0.160$ m^2, $B_{\text{máx}} = 0.350$ T, y $\tau = 2.00$ s. (c) Para los valores de A, $B_{\text{máx}}$ y τ dados en (b), ¿cuál es el valor máximo de $\mathcal{E}$?

6. (a) Una espira de alambre con forma de rectángulo de anchura w y longitud L y un cable largo y recto recorrido por una corriente I descansan sobre una mesa tal y como muestra la figura P5.6. (a) Calcular el flujo magnético que atraviesa la espira debido a la corriente I. (b) Suponga que la corriente cambia con el tiempo de acuerdo con $I = a + bt$, donde a y b son constantes. Calcular la fem inducida en la espira si $b = 10.0$ A/s, $h = 1.00$ cm, $w = 10.0$ cm, y $L = 100$ cm. ¿Cuál es la dirección de la corriente inducida en el rectángulo?

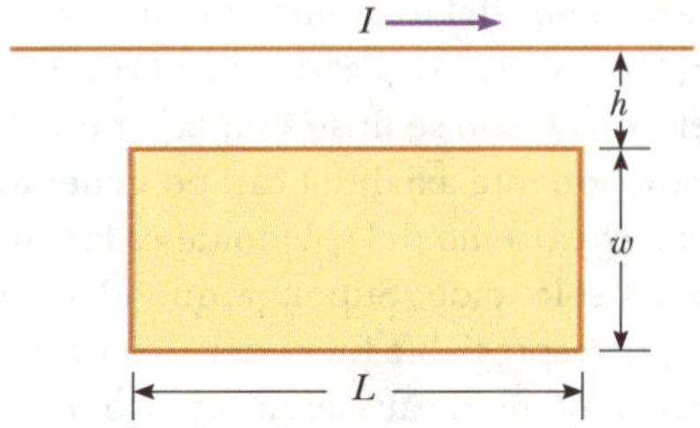

Figura P5.6 Problemas 6 y 55.

7. Una bobina circular de radio 4.00 cm y resistencia 1.00 Ω, y que tiene 30 vueltas, se coloca en un campo magnético dirigido perpendicularmente al plano de la bobina. La magnitud del campo magnético varía con el tiempo de acuerdo con la expresión $B = 0.010\,0t + 0.040\,0t^2$, donde t está en segundos y B en teslas. Calcular la fem inducida en la bobina cuando $t = 5.00$ s.

8. Se utiliza un *transformador* para trasladar energía de un circuito eléctrico de ca a otro, modificando la corriente y el voltaje en el proceso. Un determinado transformador está formado por una bobina de 15 vueltas y radio 10.0 cm que rodea un largo solenoide de radio 2.00 cm y 1.00×10^3 vueltas/m (figura P5.8). Si la corriente en el solenoide cambia según $I = (5.00\text{ A})\,\text{sen}\,(120\,t)$, hallar la fem inducida en la bobina de 15 vueltas en función del tiempo.

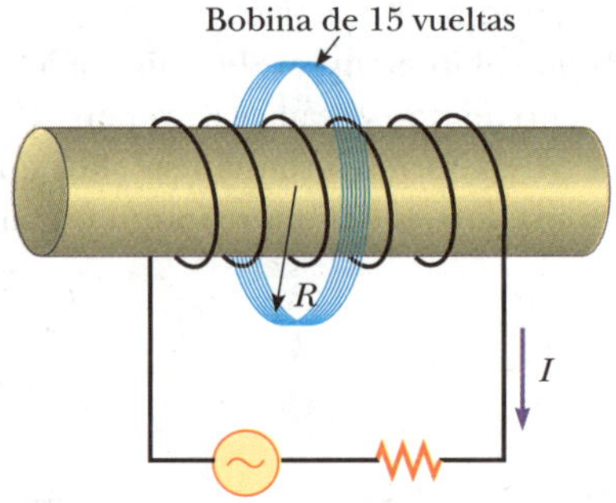

Figura P5.8

Sección 5.2 Fem inducida por el movimiento

Sección 5.3 Ley de Lenz

9. Utilice la ley de Lenz para contestar a las siguientes preguntas referentes a la dirección de las corrientes inducidas. (a) ¿Cuál es la dirección de la corriente inducida en la resistencia R en la figura P5.9 cuando el imán se mueve hacia la izquierda? (b) ¿Cuál es la dirección de la corriente inducida en la resistencia R inmediatamente después de cerrar el interruptor S en la figura P5.9b? (c) ¿Cuál es la dirección de la corriente inducida en R cuando la corriente I en la figura P5.9c disminuye rápidamente hasta cero? (d) Se desplaza una barra de cobre hacia la derecha mientras se mantiene su eje en una dirección perpendicular a un campo magnético, como se muestra en la figura P5.9d. Si el extremo superior de la barra es positivo respecto al inferior, ¿cuál es la dirección del campo magnético?

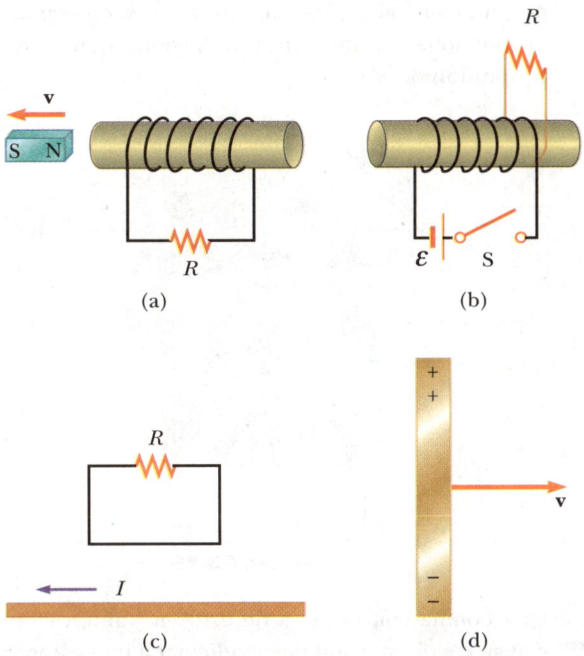

Figura P5.9

10. Considere el arreglo que se muestra en la figura P5.10. Suponga que $R = 6.00\ \Omega$, $\ell = 1.20$ m y que hay un campo magnético uniforme de 2.50 T dirigido hacia adentro de la página. ¿A qué velocidad debería moverse la barra para generar una corriente de 0.500 A en la resistencia?

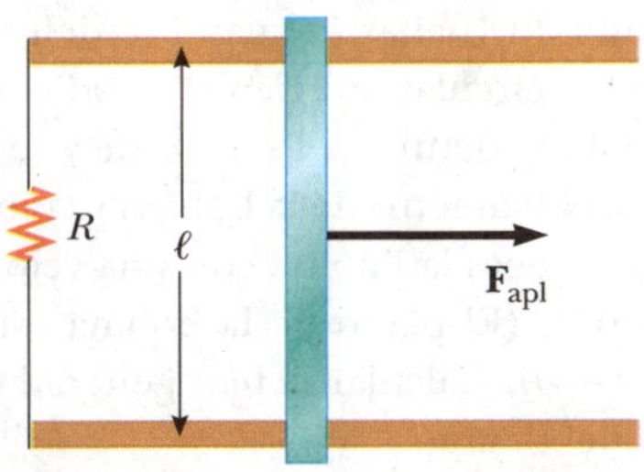

Figura P5.10 Problemas 10, 11, y 12.

11. La figura P5.10 muestra una vista superior de una barra que se puede deslizar sin fricción. La resistencia es de 6.00 Ω y hay un campo magnético de 2.50 T dirigido perpendicularmente hacia dentro del papel. Si $\ell = 1.20$ m. (a) calcular la fuerza aplicada necesaria para mover la barra hacia la derecha a una velocidad constante de 2.00 m/s. (b) ¿A qué ritmo se suministra energía a la resistencia?

12. Una varilla conductora de longitud ℓ se mueve sobre dos rieles horizontales sin fricción, como se muestra en la figura P5.10. Si una fuerza constante de 1.00 N mueve la barra a 2.00 m/s a través de un campo magnético **B** dirigido hacia dentro de la página, ¿cuál es la corriente en la resistencia R de 8.00 Ω ? (b) ¿A qué ritmo se entrega energía a la resistencia? (c) ¿Cuál es la potencia mecánica suministrada por la fuerza $\mathbf{F}_{apl}$?

13. Un automóvil tiene una antena de radio vertical de 1.20 m de longitud. El automóvil viaja a 65.0 km/h sobre una carretera horizontal en la que el campo magnético de la Tierra es de 50 μT dirigido hacia el norte y hacia abajo, formando un ángulo de 65.0° por debajo de la horizontal. (a) Especificar la dirección en la que debería moverse el automóvil para generar en la antena la máxima fem inducida por el movimiento, siendo el extremo superior de la antena positivo respecto del inferior. (b) Calcular el valor de esta fem inducida.

14. Un helicóptero tiene unas aspas con una longitud de 3.00 m, que se extienden hacia fuera a partir de un eje central y que giran a una velocidad de 2.00 rev/s. Si la componente vertical del campo magnético de la Tierra es de 50.0 μT, ¿cuál es la fem inducida entre el extremo de la aspa y el centro del eje?

15. Cuando un alambre transporta una corriente de ca con una frecuencia conocida, puede utilizarse una *bobina de Rogowski* para determinar la amplitud $I_{\text{máx}}$ de la corriente sin desconectar el alambre para hacer pasar la corriente por un medidor. La bobina de Rogowski, mostrada en la figura P5.15, simplemente se sujeta alrededor del alambre. Consiste en un conductor toroidal devanado a un alambre de retorno con forma circular. El toroide tiene n vueltas por unidad de distancia, su área transversal es A y la corriente que se va a medir viene dada por $I(t) = I_{\text{máx}} \operatorname{sen} \omega t$. (a) Demostrar que la amplitud de la fem inducida en la bobina es $\boldsymbol{\mathcal{E}}_{\text{máx}} = \mu_0 n A \omega I_{\text{máx}}$. (b) Explicar por qué el alambre recorrido por la corriente no necesita estar exactamente en el centro de la bobina de Rogowski y por qué la bobina no responderá a corrientes próximas a las que no rodee.

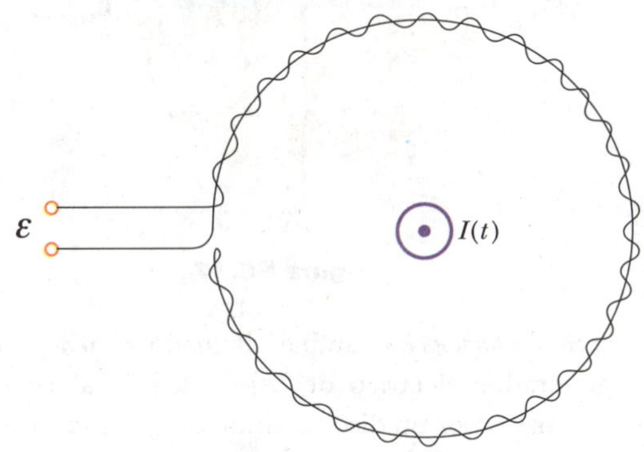

Figura P5.15

16. Una bobina rectangular con una resistencia R tiene N espiras, cada una de longitud ℓ y anchura w, como se muestra en la figura P5.16. La bobina se mueve dentro de un campo magnético uniforme **B** con velocidad constante **v**. ¿Cuáles son la magnitud y la dirección de la fuerza magnética total sobre la bobina (a) a medida que entra en el campo magnético, (b) cuando se mueve dentro del campo y (c) a medida que abandona el campo?

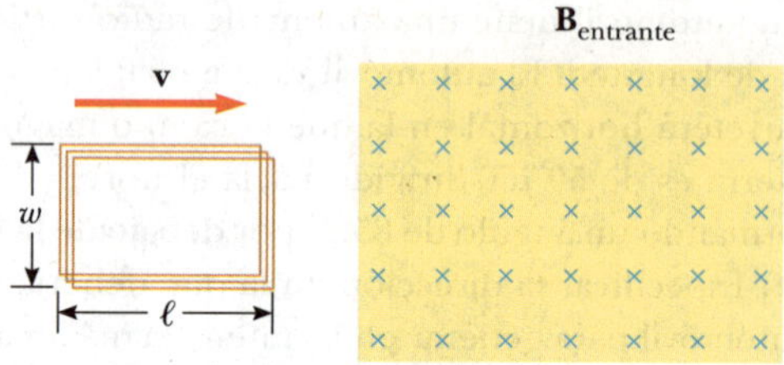

Figura P5.16

17. Una espira rectangular conductora de masa M, resistencia R y dimensiones w por ℓ cae desde el reposo dentro de un campo magnético **B** como se ilustra en la figura P5.17. Mientras sólo el borde inferior de la espira está dentro del campo, la espira se aproxima a su velocidad límite v_T. (a) Demostrar que

$$v_T = \frac{MgR}{B^2w^2}$$

(b) ¿Por qué es v_T proporcional a R? (c) ¿Por qué es inversamente proporcional a B^2?

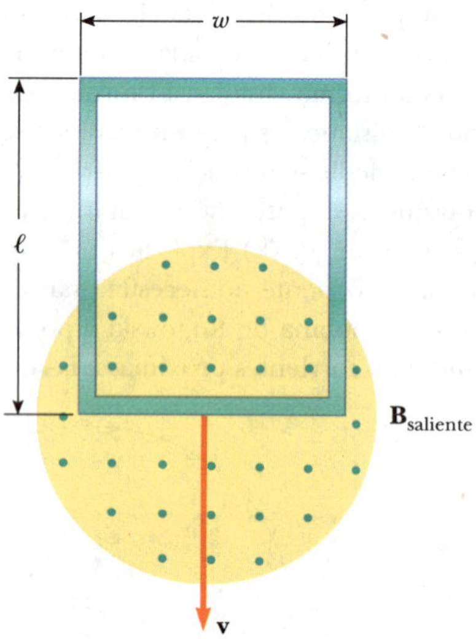

Figura P5.17

18. El *generador homopolar,* también llamado *disco de Faraday,* es un generador eléctrico de bajo voltaje y alta corriente. Está formado por un disco conductor que gira, con una escobilla fija (un contacto eléctrico deslizante) en su eje y otra en un punto de su circunferencia, como se ilustra en la figura P5.18. Se aplica un campo magnético perpendicular al plano del disco. Suponga que el campo es de 0.900 T, que la velocidad angular es de 3 200 rev/min y que el radio del disco es de 0.400 m. Hallar la fem generada entre las escobillas. Cuando se utilizan bobinas superconductoras para generar un gran campo magnético, un generador homopolar puede tener una potencia de salida de varios megawatts. Este tipo de generador resulta útil, por ejemplo, en la purificación de metales por electrólisis. Si se aplica un voltaje a las terminales de salida del generador, funciona al revés, como un *motor homopolar* capaz de proporcionar un momento de torsión grande, útil en la propulsión de barcos.

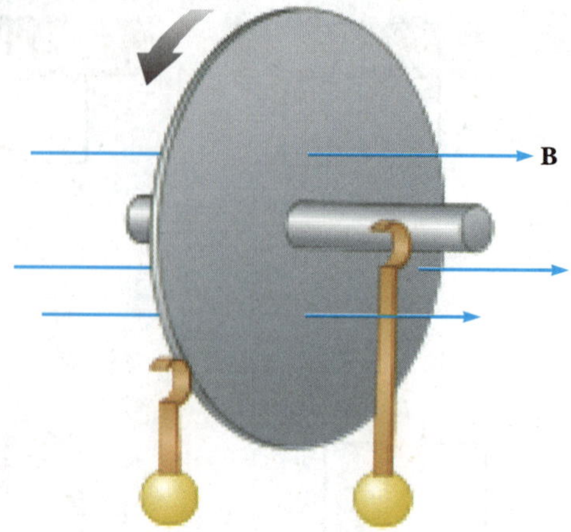

Figura P5.18

19. Una bobina con un área de 0.100 m^2 gira a 60.0 rev/s, con su eje de rotación perpendicular a un campo magnético de 0.200 T. (a) Si la bobina tiene 1 000 vueltas, ¿cuál es el máximo voltaje generado en ella? (b) ¿Cuál es la orientación de la bobina con respecto al campo magnético cuando el voltaje está en su máximo?

20. Un solenoide largo, con su eje orientado según el eje x, está formado por 200 vueltas/m de alambre y transporta una corriente estable de 15.0 A. Se construye una bobina enrollando 30 vueltas de alambre delgado alrededor de un armazón circular que tiene un radio de 8.00 cm. Se coloca la bobina dentro del solenoide y se monta en un eje que tiene el diámetro de la bobina y coincide con el eje y. Se gira entonces la bobina con una velocidad angular de 4.00π rad/s. (El plano de la bobina está en el plano yz cuando $t = 0$). Calcular la fem generada en la bobina en función del tiempo.

Sección 5.4 Fem inducida y campos elétricos

21. Un campo magnético dirigido hacia dentro de la página cambia con el tiempo de acuerdo con la expresión $B = (0.030\,0t^2 + 1.40)$ T, donde t está en segundos. El campo tiene una sección circular de radio $R = 2.50$ cm (figura P5.21). ¿Cuál es la magnitud y la dirección del campo eléctrico en el punto P_1 cuando $t = 3.00$ s y $r_1 = 0.020\,0$ m?

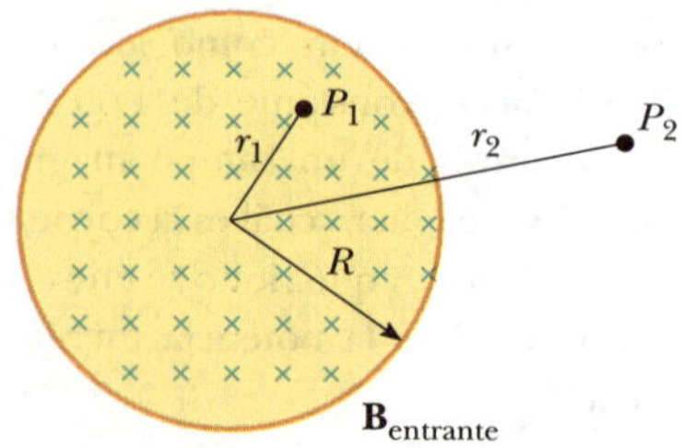

Figura P5.21 Problemas 21 y 22.

22. Para la situación mostrada en la figura P5.21, el campo magnético en la región circular cambia con el tiempo de acuerdo con la expresión $B = (2.00t^3 - 4.00t^2 + 0.800)$ T, y $r_2 = 2R = 5.00$ cm. (a) Calcular la magnitud y la dirección de la fuerza ejercida sobre un electrón situado en el punto P_2 cuando $t = 2.00$ s. (b) ¿En qué momento es esta fuerza igual a cero?

Sección 5.5 Autoinductancia

23. Una bobina tiene una inductancia de 3.00 mH, y la corriente que la atraviesa cambia de 0.200 A a 1.50 A en un tiempo de 0.200 s. Encontrar el valor de la fem inducida promedio en la bobina durante ese lapso.
24. Un cable de teléfono forma una espiral con 70 vueltas, tiene un diámetro de 1.30 cm y su longitud sin estirar es de 60.0 cm. Calcular la autoinductancia de un conductor del cable sin estirar.
25. web Un inductor de 10.0 mH transporta una corriente $I = I_{máx}$ sen ωt, con $I_{máx} = 5.00$ A y $\omega/2\pi = 60.0$ Hz. ¿Cuál es la contra fem en función del tiempo?
26. Por un inductor de 2.00 H existe una corriente estable de 0.500 A. Cuando el interruptor del circuito se abre, la corriente cae a cero después de 10.0 ms. ¿Cuál es la fem inducida promedio en el inductor durante ese lapso?
27. Se induce una fem de 24.0 mV en una bobina de 500 vueltas en un instante en el que la corriente es de 4.00 A y cambia a una razón de 10.0 A/s. ¿Cuál es el flujo magnético que atraviesa cada vuelta de la bobina?
28. La corriente en un inductor de 90.0 mH cambia con el tiempo según $I = t^2 - 6.00t$ (en unidades del SI). Encontrar el valor de la fem inducida cuando (a) $t = 1.00$ s y (b) $t = 4.00$ s. (c) ¿En qué momento la fem es cero?
29. Un toroide tiene un radio mayor R y un radio menor r y tiene N vueltas de cable muy próximas, como se muestra en la figura P5.29. Si $R \gg r$, el campo magnético dentro de la región del toro, cuya sección tiene un área $A = \pi r^2$, es básicamente la de un largo solenoide que se ha curvado hasta formar un ancho círculo de radio R. Si aproximamos el campo como el campo uniforme de un solenoide largo, demostrar que la autoinductancia de un toroide es, aproximadamente,

$$L \approx \frac{\mu_0 N^2 A}{2\pi R}$$

(En el problema 56 se deriva una expresión exacta de la inductancia de un toroide con sección rectangular.)

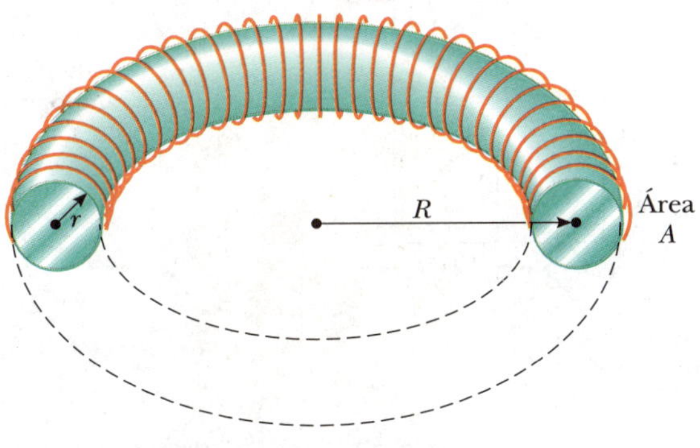

Figura P5.29

Sección 5.6 Circuitos *RL*

30. Calcular la resistencia en un circuito *RL* en el que la corriente aumenta hasta un 90.0% de su valor final en 3.00 s y $L = 2.50$ H.
31. Una batería de 12.0 V se conecta con un circuito en serie que tiene una resistencia de 10.0 Ω y una inductancia de 2.00 H. ¿Cuánto tiempo le costará a la corriente llegar al (a) 50% y (b) 90% de su valor final?
32. Demostrar que $I = I_i e^{-t/\tau}$ es una solución de la ecuación diferencial

$$IR + L\frac{dI}{dt} = 0$$

donde $\tau = L/R$ y I_i es la corriente cuando $t = 0$.

33. Considere el circuito de la figura P5.33, tomando $\mathcal{E}$ = 6.00 V, $L = 8.00$ mH y $R = 4.00$ Ω. (a) ¿Cuál es la constante de tiempo inductiva del circuito? (b) Calcular la corriente en el circuito 250 μs después que se cierre el interruptor. (c) ¿Cuál es el valor de la corriente estacionaria? (d) ¿Cuánto tiempo le cuesta a la corriente llegar al 80% de su valor máximo?

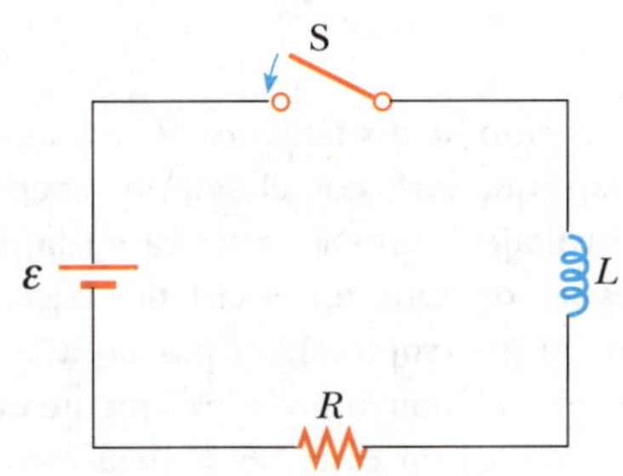

Figura P5.33 Problemas 33, 34 y 35

34. Cuando se cierra el interruptor de la figura P5.33, la corriente tarda 3.00 ms en alcanzar el 98% de su valor final. Si $R = 10.0$ Ω, ¿cuál es la inductancia?
35. Para el circuito *RL* mostrado en la figura P5.33, hacemos que la inductancia sea de 3.00 H, la resistencia 8.00 Ω, y la fem de la batería de 36.0 V. (a) Calcular el cociente entre la diferencia potencial en la resistencia y la de la inductancia cuando la corriente sea de 2.00 A. (b) Calcular la diferencia potencial en la inductancia cuando la corriente sea de 4.50 A.

36. El interruptor de la figura P5.36 se cierra en $t = 0$. Encuentre la corriente en el inductor y la corriente que atraviesa el interruptor en función del tiempo.

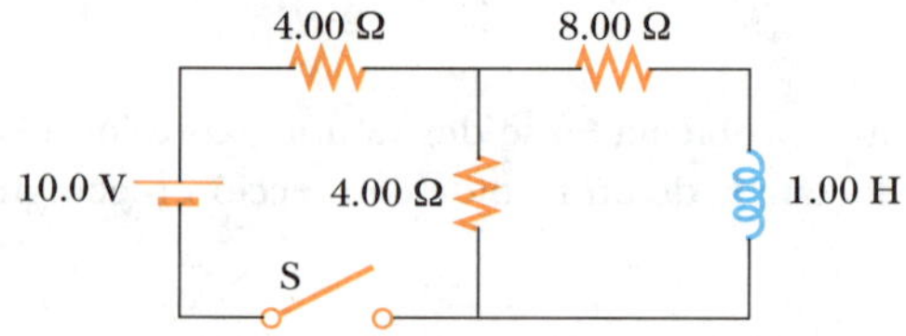

Figura P5.36

37. web Un inductor de 140 mH y una resistencia de 4.90 Ω se hallan conectados mediante un interruptor con una batería de 6.00 V, como se muestra en la figura P5.37. (a) Si el interruptor se gira a la izquierda (conectando la batería), ¿cuánto tiempo pasa antes que la corriente llegue a 220 mA? (b) ¿Cuál es la corriente en el inductor 10.0 s después que se cierra el interruptor? (c) Ahora se gira rápidamente el interruptor de A a B. ¿Cuánto tiempo pasa antes que la corriente descienda a 160 mA?

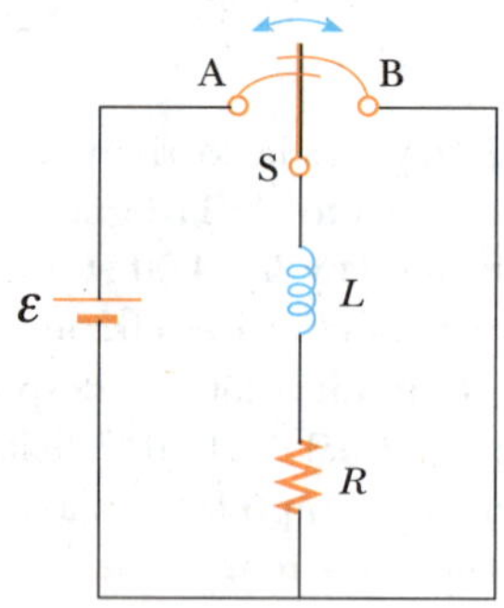

Figura P5.37

38. Una aplicación de los circuitos *RL* es la generación de un alto voltaje, que varía con el tiempo, a partir de una fuente de bajo voltaje, como se muestra en la figura P5.38. (a) ¿Cuál es la corriente en el circuito bastante tiempo después que el interruptor haya pasado a la posición A? (b) Ahora se gira el interruptor rápidamente de A a B. Calcular el voltaje inicial en cada resistencia y en la inductancia.

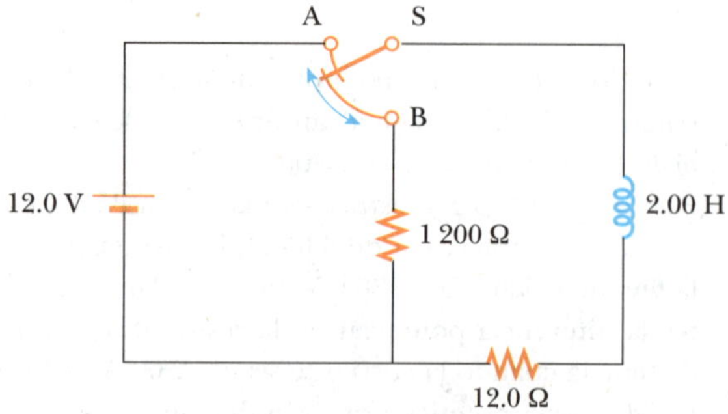

Figura P5.38

(c) ¿Cuánto tiempo pasa antes que el voltaje en el inductor caiga hasta los 12.0 V?

Sección 5.7 Energía almacenada en un campo magnético

39. Un solenoide con núcleo de aire y 68 vueltas tiene 8.00 cm de largo y un diámetro de 1.20 cm. ¿Cuánta energía se almacena en su campo magnético cuando transporta una corriente de 0.770 A?

40. El campo magnético dentro de un solenoide superconductor es de 4.50 T. El solenoide tiene un diámetro interior de 6.20 cm y una longitud de 26.0 cm. Calcular (a) la densidad de energía magnética en el campo y (b) la energía almacenada en el campo magnético dentro del solenoide.

41. En un día con buenas condiciones atmosféricas y en un cierto lugar, hay un campo eléctrico vertical de 100 V/m cerca de la superficie de la Tierra. En el mismo lugar, el campo magnético de la Tierra tiene una magnitud de 0.500×10^{-4} T. Calcular las densidades de energía de los dos campos.

42. Un circuito *RL* en el que $L = 4.00$ H y $R = 5.00\ \Omega$, se conecta a una batería de 22.0 V en $t = 0$. (a) ¿Qué energía está almacenada en el inductor cuando la corriente es de 0.500 A? (b) ¿A qué ritmo se almacena la energía en el inductor cuando $I = 1.00$ A? (c) ¿Qué potencia entrega la batería al circuito cuando $I = 0.500$ A?

Sección 5.8 Relación con el contexto. Modelo repulsivo para la levitación magnética

43. Lo que sigue representa un modelo simple para la levitación de un vehículo de transporte comercial utilizando la ley de Faraday. Suponga que se utilizan imanes para establecer regiones de campos magnéticos en las vías, como se ilustra en la figura P5.43. Se montan en el vehículo espiras rectangulares de cable, de forma que los 20 cm inferiores de cada espira atraviesan esas regiones con campo magnético. La porción superior de la espira contiene una resistencia de

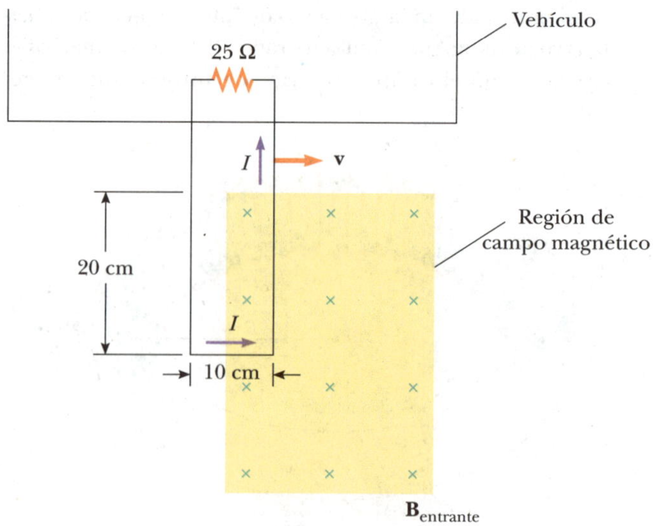

Figura P5.43

25 Ω. Cuando el borde delantero de una espira pasa por el campo magnético, se induce una corriente en la espira como se ilustra en la figura P5.43, y la fuerza magnética sobre esta corriente en el borde inferior de la espira, de longitud 10 cm, da como resultado una fuerza ascendente sobre el vehículo. (Por medio de circuitos electrónicos sofisticados, se abre un interruptor en la espira antes que su borde posterior entre en la región del campo magnético, por lo que no se induce una corriente en dirección opuesta que aplique una fuerza hacia abajo sobre el vehículo.) El vehículo tiene una masa de 5×10^4 kg y viaja a una velocidad de 400 km/h. Si el vehículo tiene 100 espiras portadoras de corriente en cualquier momento, ¿cuál es la magnitud aproximada del campo magnético necesario para levitar el vehículo? Suponga que la fuerza magnética actúa sobre todos los 10 cm de longitud del alambre horizontal. Su respuesta debería sugerir que este modelo simplificado no tendría éxito como medio de levitación magnética.

44. **Problema repaso.** *El efecto Meissner.* Compare este problema con el problema 66 del capítulo 2, sobre la fuerza que atrae a un dieléctrico perfecto hacia el interior de un campo eléctrico intenso. Una propiedad fundamental de un material superconductor de tipo I es el *diamagnetismo perfecto,* o exhibición del *efecto Meissner,* mostrado en la fotografía del imán levitante de la página 767 y descrito así: el material superconductor tiene un campo $\mathbf{B} = 0$ en todo su interior. Si una muestra del material se coloca en un campo magnético generado externamente, o si se refrigera para que se convierta en superconductor mientras se halla dentro de un campo magnético, aparecen corrientes eléctricas en la superficie de la muestra. Las corrientes tienen exactamente la magnitud y la orientación necesarias para hacer que el campo magnético total sea cero en todo el interior de la muestra. El siguiente problema le ayudará a comprender la fuerza magnética que puede actuar sobre la muestra de superconductor.

Un solenoide vertical con una longitud de 120 cm y un diámetro de 2.50 cm está compuesto por 1 400 vueltas de alambre de cobre y lleva una corriente en sentido contrario a las agujas del reloj de 2.00 A, como se ilustra en la figura P5.44a. (a) Encontrar el campo magnético en el vacío que existe dentro del solenoide. (b) Encontrar la densidad de energía del campo magnético (observe que las unidades de densidad de energía J/m^3, son las mismas que las unidades de presión $\text{N/m}^2 = \text{Pa}$). (c) Se inserta parcialmente una barra superconductora de 2.20 cm de diámetro en el solenoide. Su extremo superior está muy alejado del solenoide, en una posición donde el campo magnético es despreciable. El extremo inferior de la barra está muy dentro del solenoide. Identifique la dirección requerida para la corriente sobre la superficie curva de la barra, de manera que el campo magnético total sea cero dentro de la barra. El campo creado por las supercorrientes se muestra en la figura P5.44b, y el campo total en la figura P5.44c. (d) El campo en el solenoide ejerce una fuerza sobre la corriente en el superconductor. Identifique la dirección de la fuerza ejercida sobre la barra. (e) Calcule la magnitud de la fuerza multiplicando la densidad de energía del campo del solenoide por el área del extremo inferior de la barra superconductora.

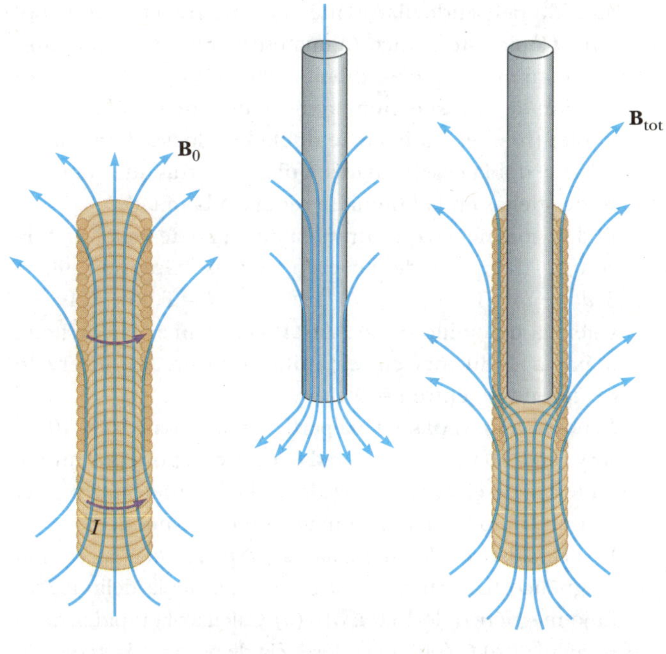

Figura P5.44

Problemas adicionales

45. Una cuerda de acero de una guitarra vibra (véase la figura 5.7). La componente del campo magnético perpendicular al área de una bobina de captación cercana viene dada por

$$B = 50.0 \text{ mT} + (3.20 \text{ mT}) \operatorname{sen}(2\pi\, 523t).$$

La bobina de captación circular tiene 30 vueltas y un radio de 2.70 mm. Hallar la fem inducida en la bobina en función del tiempo.

46. La figura P5.46 es una gráfica de la fem inducida en función del tiempo para una bobina de *N* vueltas que gira con una velocidad angular *w* en un campo magnético uniforme

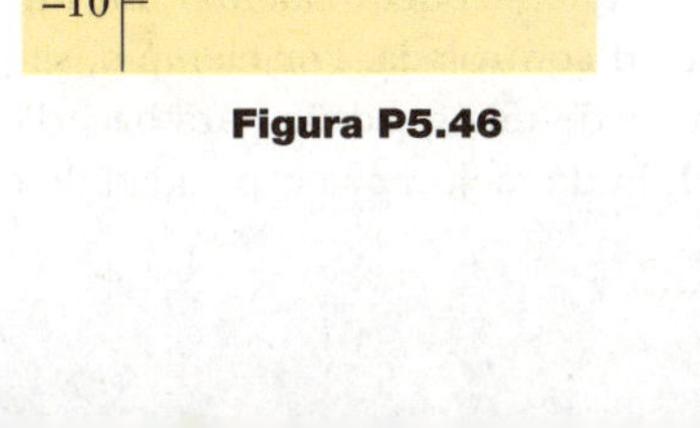

Figura P5.46

dirigido perpendicularmente al eje de rotación de la bobina. Copie este gráfico (a una escala mayor) y en el mismo conjunto de ejes dibuje el gráfico de la fem en función de t (a) si el número de vueltas de la bobina es el doble; (b) si en su lugar se dobla la velocidad angular, y (c) si se dobla la velocidad angular mientras que el número de vueltas en la bobina se reduce a la mitad.

47. El flujo magnético que atraviesa un anillo de metal cambia con el tiempo t de acuerdo con la expresión $\Phi_B = 3(at^3 - bt^2)$ T·m², con $a = 2.00\ \text{s}^{-3}$ y $b = 6.00\ \text{s}^{-2}$. La resistencia del anillo es de 3.00 Ω. Determinar la corriente máxima inducida en el anillo durante el intervalo comprendido entre $t = 0$ a $t = 2.00$ s.

48. **Problema de repaso.** Una partícula de masa 2.00×10^{-16} kg y carga 30.0 nC es acelerada desde el reposo por un potente campo eléctrico y lanzada hacia dentro de una región con un campo magnético uniforme constante de 0.600 T. La velocidad de la partícula es perpendicular al campo magnético. La órbita circular de la partícula delimita un flujo magnético de 15.0 μWb. (a) Calcular la rapidez de la partícula. (b) Calcular la diferencia de potencial a través de la cual aceleró la partícula durante su lanzamiento.

49. Una barra de masa m, longitud d y resistencia R se desliza sin fricción por un plano horizontal, moviéndose sobre rieles paralelos, como se muestra en la figura P5.49. Se conecta una batería entre los rieles que mantiene una fem $\mathcal{E}$ constante, y hay un campo magnético **B** dirigido perpendicularmente al plano de la página. Si la barra arranca desde el reposo cuando $t = 0$, demostrar que en el instante t se mueve con una rapidez

$$v = \frac{\mathcal{E}}{Bd}\left(1 - e^{-B^2d^2t/mR}\right)$$

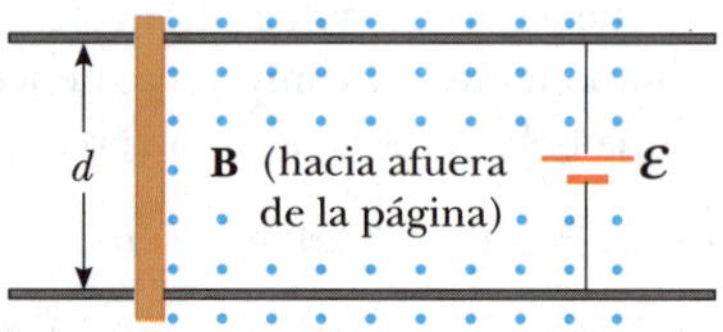

Figura P5.49

50. Un *horno de inducción* utiliza la inducción electromagnética para generar corrientes rotacionales en un conductor, lo que calienta a éste. Las unidades comerciales funcionan con frecuencias que van de los 60 Hz a 1 MHz y tienen una potencia comprendida entre unos pocos watts y varios megawatts. El calentamiento por inducción se puede utilizar para realizar soldaduras en una cámara de vacío, con el fin de evitar la oxidación o la contaminación del metal. A altas frecuencias, la corriente inducida aparece únicamente cerca de la superficie del conductor: a esto se le denomina "efecto de piel". Creando una corriente inducida durante un corto periodo a una frecuencia apropiadamente alta, se puede calentar una muestra hasta una profundidad controlada. Por ejemplo, se puede templar la superficie de una guadaña para hacerla dura y brillante, con el fin de mejorar su capacidad de corte, al mismo tiempo que mantiene el interior del metal suave y dúctil, para hacerlo resistente a las roturas.

Para explorar el calentamiento por inducción, considere un disco conductor plano de radio R, grosor b y resistividad ρ. Se aplica un campo magnético $B_{\text{máx}} \cos \omega t$ perpendicular al disco. Suponga que la frecuencia es tan baja que el efecto superficial no es importante. Suponga que las corrientes de Eddy fluyen en círculos que son concéntricos al disco. (a) Calcular la potencia promedio suministrada al disco. (b) ¿En qué factor cambia la potencia cuando la amplitud del campo se duplica? (c) ¿Y cuándo se duplica la frecuencia? (d) ¿Y cuándo se duplica el radio del disco?

51. El plano de una espira cuadrada de cable cuyo lado tiene una longitud $a = 0.200$ m es perpendicular al campo magnético de la Tierra en un punto en el que $B = 15.0\ \mu$T, como se ilustra en la figura P5.51. La resistencia total de la espira y de los alambres que la conectan al galvanómetro es de 0.500 Ω. Si, de repente, dos fuerzas horizontales colapsan la espira como se muestra en la figura, ¿qué carga total atraviesa el galvanómetro?

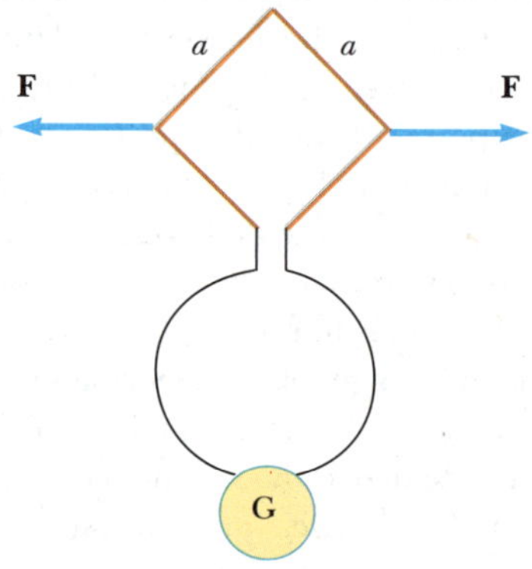

Figura P5.51

52. Para monitorizar la respiración de un paciente en un hospital, se rodea el pecho del paciente con un fino cinturón. El cinturón es una bobina de 200 vueltas. Cuando el paciente inspira, el área rodeada por el cinturón aumenta en 39.0 cm². La magnitud del campo magnético de la Tierra es de 50.0 μT y forma un ángulo de 28.0° con el plano de la bobina. Si al paciente le cuesta 1.80 s inspirar, hallar la fem inducida promedio en la bobina durante ese lapso.

53. Un solenoide devanado con 2 000 vueltas/m tiene una corriente que varía con el tiempo de acuerdo con la expresión $I = 4\ \text{sen}(120\pi t)$, donde I está en amperios y t está en segundos. Una pequeña bobina circular coaxial de 40 vueltas y radio $r = 5.00$ cm está colocada en el interior del solenoide, cerca de su centro. (a) Obtener una expresión que describa la forma en la que la fem en la pequeña bobina varía con el tiempo. (b) ¿A qué ritmo promedio se entrega energía a la pequeña bobina si los devanados tienen una resistencia total de 8.00 Ω

54. Un *betatron* acelera electrones hasta energías del orden de los MeV por medio de la inducción electromagnética. Los electrones están en una cámara de vacío, siguiendo una órbita circular gracias a un campo magnético perpendicu-

lar al plano orbital. Se aumenta poco a poco el campo magnético para inducir un campo eléctrico en la órbita. (a) Demostrar que el campo eléctrico tiene la dirección correcta para acelerar los electrones. (b) Suponiendo que el radio de la órbita permanece constante, demostrar que el campo magnético promedio en el área delimitada por la órbita debe ser dos veces mayor que el campo magnético en la circunferencia de la órbita.

55. Un alambre largo y recto transporta una corriente $I = I_{máx}$ sen$(\omega t + \phi)$ y descansa sobre el plano de una bobina rectangular de N vueltas, como se muestra en la figura P5.6. Las cantidades $I_{máx}$, ω y ϕ son constantes. Calcular la fem que induce en la bobina el campo magnético creado por la corriente que atraviesa el cable recto. Suponer $I_{máx} = 50.0$ A, $\omega = 200\pi\ \text{s}^{-1}$, $N = 100$, $h = w = 5.00$ cm, y $L = 20.0$ cm.

56. El toroide de la figura P5.56 está formado por N vueltas y tiene una sección rectangular. Sus radios interior y exterior son a y b respectivamente. (a) Demuestre que

$$L = \frac{\mu_0 N^2 h}{2\pi} \ln \frac{b}{a}$$

(b) Utilizando este resultado, calcule la autoinductancia de un toroide de 500 vueltas para el cual $a = 10.0$ cm, $b = 12.0$ cm y $h = 1.00$ cm. (c) En el problema 29, se dedujo una ecuación aproximada para la inductancia de un toroide con $R \gg r$. Para comprobar la exactitud de este resultado, utilice la expresión del problema 29 para calcular la inductancia aproximada del toroide descrito en la parte (b). Compare el resultado con la respuesta a la parte (b).

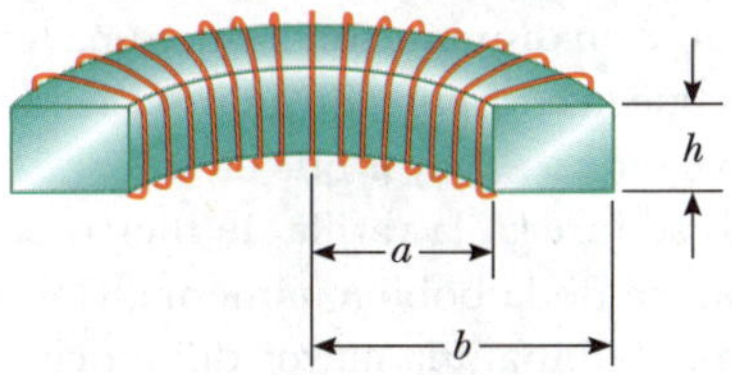

Figura P5.56

57. (a) Una bobina circular plana no genera en realidad un campo magnético uniforme en el área que delimita, pero intente estimar la autoinductancia de una bobina circular plana de radio R y N vueltas suponiendo que existe en ella un campo uniforme de módulo igual al del campo existente en su centro área. (b) Un circuito en una mesa de laboratorio está compuesto por una batería de 1.5 V, una resistencia de 270 Ω, un interruptor y tres alambres de 30 cm de longitud que los conectan. Suponga que se dispone el circuito de forma circular. Considere el circuito como una bobina plana con una sola espira. Calcule el orden de magnitud de su autoinductancia y (c) de la constante de tiempo que describe la rapidez con que aumenta la corriente cuando se cierra el interruptor.

58. Para evitar daños por culpa de los arcos eléctricos en los motores, se suele situar una resistencia de descarga en paralelo con la armadura. Si se desconecta de repente el motor mientras está en marcha, esta resistencia limita el voltaje que aparece entre los extremos de las bobinas de la armadura. Considere un motor de 12.0 V de cc con una armadura que tiene una resistencia de 7.50 Ω y una inductancia de 450 mH. Suponga que la contra fem en las bobinas de la armadura es de 10.0 V cuando el motor está operando a su velocidad normal. (En la figura P5.58 se muestra el circuito equivalente de la armadura). Calcule la resistencia máxima R que limita el voltaje en la armadura a 80.0 V cuando se desconecta el motor.

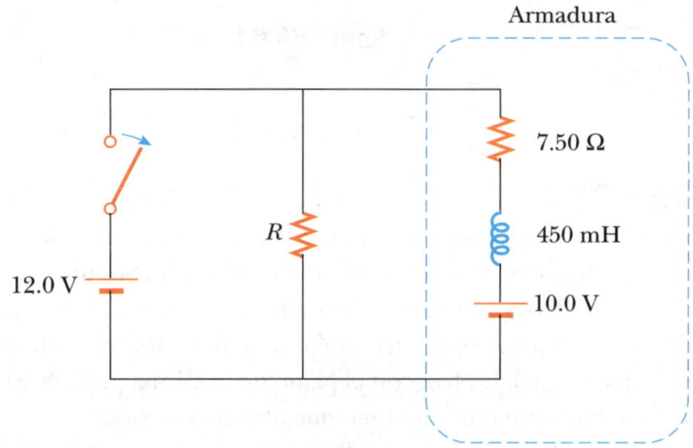

Figura P5.58

Problemas de repaso. Los problemas 59 al 61 aplican ideas de este capitulo y de capítulos anteriores a algunas propiedades de los superconductores, presentados en la sección 3.3.

59. *La resistencia de un superconductor.* En un experimento llevado a cabo por S. C. Collins entre 1955 y 1958, se mantuvo una corriente en un anillo de plomo superconductor durante 2.50 años sin apreciar ninguna pérdida. Si la inductancia del anillo era de 3.14×10^{-8} H y la sensibilidad del experimento era de 1 parte en 10^9, ¿cuál era la resistencia máxima del anillo? (*Sugerencia*: considere que es una corriente que se amortigua en un circuito RL, y recuerde que $e^{-x} \approx 1 - x$ para x pequeño.)

60. Se ha propuesto un método novedoso de almacenar energía. Se fabricaría una enorme bobina superconductora subterránea, de 1.00 km de diámetro. La bobina transportaría una corriente máxima de 50 kA a través de los devanados de un solenoide de Nb_3Sn de 150 vueltas. (a) Si la inductancia de esta enorme bobina fuera de 50.0 H, ¿cuál sería la energía total almacenada? (b) ¿Cuál sería la fuerza de compresión por cada metro de longitud que actuaría entre dos devanados separados 0.250 m?

61. *Transmisión de potencia por superconducción.* Se ha propuesto el uso de superconductores para las líneas de transmisión de potencia. Un único cable coaxial (figura P5.61) podría transportar 1.00×10^{3} MW (la potencia de salida de una gran central de energía) a 200 kV de corriente continua hasta una distancia de 1000 km sin ninguna pérdida. Un anillo interior de radio 2.00 cm, fabricado con Nb_3Sn superconductor, transporta la corriente I en una

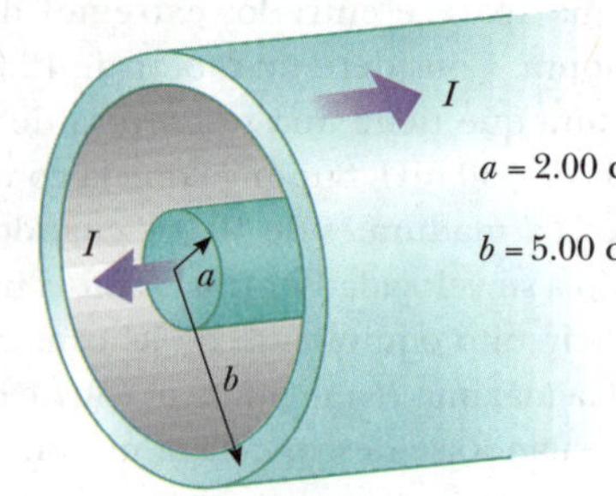

Figura P5.61

dirección. Lo rodea un cilindro superconductor de radio 5.00 cm, que transportaría la corriente I de retorno. En este sistema, ¿cuál es el campo magnético (a) en la superficie del conductor interior? (b) ¿Y en la superficie interna del conductor exterior? (c) ¿Cuánta energía podría almacenarse en el espacio entre los conductores en una línea superconductora de 1000 km? (d) ¿Cuál sería la presión ejercida sobre el conductor exterior?

RESPUESTAS A LAS PREGUNTAS RÁPIDAS

5.1 Las líneas de campo magnético que rodean el cable de transmisión son circulares, centradas en el cable. Si sitúa su espira alrededor del cable, ninguna línea atravesará la espira, por lo que no se induce ninguna fem. La espira se debe situar cerca del cable, con el plano de la misma paralelo al cable para maximizar el flujo que atraviesa la espira.

5.2 *c, d = e, b, a*. El valor de la fem es proporcional a la razón de variación del flujo magnético. Para la situación descrita, la variación del flujo magnético es proporcional a la variación del campo magnético, que corresponde a la pendiente de la gráfica en la figura 5.6. El valor de la pendiente es máximo en *c*. Los puntos *d* y *e* están en una línea recta, por lo que la pendiente es la misma en cada punto. El punto *b* representa un punto con una pendiente relativamente pequeña, pero *a* es un punto con una pendiente cero, porque la curva es horizontal en ese punto.

5.3 La bobina de captación se sitúa cerca de la cuerda de guitarra vibrante, hecha de un metal que puede magnetizarse. El imán permanente dentro de la bobina magnetiza el trozo de cuerda más cercano a la bobina. Cuando la cuerda de guitarra vibra a una determinada frecuencia, su segmento magnetizado genera un flujo magnético variable que atraviesa la bobina de captación. Este flujo variable induce un voltaje en la bobina y este voltaje se lleva a un amplificador. La salida del amplificador se envía a los altavoces, que producen las ondas sonoras que escuchamos.

5.4 (b). De acuerdo con la ecuación 5.5, como B y v son fijos, la fem depende únicamente de la longitud del cable que se mueve en el campo magnético. Así, el lado largo debe atravesar las líneas de campo magnético de modo que sea perpendicular al vector velocidad. El lado corto, por su parte, será paralelo al vector velocidad. Desde un punto de vista más conceptual, lo que queremos es que la tasa de variación del área comprendida en el campo magnético sea máxima, lo que se consigue introduciendo el lado largo en el campo.

5.5 Cuando la lámina de aluminio se mueve entre los polos del imán, se establecen unas corrientes en el aluminio llamadas corrientes de Eddy. De acuerdo con la ley de Lenz, estas corrientes tienen una dirección tal que se oponen al cambio original, que es el movimiento de la lámina de aluminio en el campo magnético. Así, el efecto de las corrientes de Eddy es la imposición de un *frenado magnético*, de forma que la oscilación de la balanza se amortigua y se puede tomar una lectura de la masa. En ausencia de tal frenado magnético, la oscilación podría continuar durante mucho tiempo, de forma que el experimentador tendría que esperar para tomar una lectura.

5.6 (d), (e). Para la corriente constante en (a) y (b), no existe ninguna diferencia de potencial entre los inductores sin resistencia. En (c), si la corriente aumenta, la fem inducida en la bobina tiene la dirección opuesta, de *b* a *a*, lo que hace que *b* tenga mayor potencial que *a*. De igual forma, en (f), la corriente en disminución induce una fem en la misma dirección que la corriente, de *b* a *a*, haciendo de nuevo que el potencial en *b* sea mayor que en *a*.

5.7 Cuando se inserta la varilla de hierro en el solenoide, la inductancia de la bobina aumenta. Como resultado, aparece en la bobina una mayor diferencia de potencial que antes. Consecuentemente, hay una menor diferencia de potencial en el foco y su brillo disminuye.

5.8 (b). La figura 5.29 muestra que el circuito B tiene la mayor constante de tiempo, porque en este circuito le cuesta más a la corriente alcanzar su valor máximo y luego volver a cero después de que se cierra el interruptor S_2. La ecuación 5.15 indica que, para resistencias iguales R_A y R_B, la condición $\tau_B > \tau_A$ implica que $L_A < L_B$.

5.9 (a), (d). Como la densidad de energía depende de la magnitud del campo magnético, para aumentar la densidad de energía, debemos incrementar el campo magnético. Para un solenoide, $B = \mu_0 n I$, donde n es el número de vueltas por unidad de longitud. En (a), aumentamos n para incrementar el campo magnético. En (b), el cambio en el área transversal no tiene ningún efecto sobre el campo magnético. En (c), el aumento de la longitud manteniendo fijo n no tiene ningún efecto sobre el campo magnético. Al aumentar la corriente en (d), el campo magnético en el solenoide aumenta.

Contexto 2 conclusión

Vehículos de levitación magnética

PROPULSIÓN Y FRENADO DEL VEHÍCULO

Ahora que hemos investigado los principios del electromagnetismo, respondamos a nuestra pregunta principal para el contexto *Vehículos de levitación magnética*:

> ***¿Cómo podemos elevar, propulsar y frenar un vehículo con fuerzas magnéticas?***

Hemos visto dos mecanismos para elevar el vehículo, uno en cada uno de los capítulos anteriores. Una vez que se suspende el vehículo por encima de la vía, debemos controlar su velocidad mediante propulsión y frenado. Discutiremos estos procesos en esta sección de Conclusión del Contexto.

Si tiene un automóvil de juguete hecho de hierro, puede imaginar cómo propulsarlo con un imán. Basta con sujetar el imán cerca de la parte delantera del auto para que ejerza una fuerza atractiva sobre éste, haciendo que se acelere desde el reposo. A medida que el auto se mueve, movemos el imán en la misma dirección, sin permitir que el imán y el auto se toquen. Básicamente, el auto "persigue" al imán en movimiento debido a la fuerza atractiva.

Podríamos incrementar la fuerza de propulsión sobre el auto montando un imán en él, con su polo norte cerca de la parte delantera del auto y el polo sur cerca de la parte trasera. Ahora, utilizaríamos otros dos imanes, uno con su polo sur delante del auto y otro con su polo sur cerca de la parte trasera del auto. El imán del auto se ve atraído hacia el imán delantero y repelido por el imán trasero. De esta forma, el auto experimenta una poderosa fuerza de propulsión.

Aunque es difícil mover ambos imanes junto con el auto sin permitir que ningún imán se toque, ésta es la idea fundamental que subyace a la propulsión magnética. Se montan electroimanes sobre el vehículo de levitación magnética y se colocan bobinas de propulsión en los costados de la vía, como se muestra en la figura 1. La polaridad de los imanes del vehículo permanece constante. Se pasa una señal eléctrica por las bobinas de forma que cada imán en el vehículo "ve" una bobina con polaridad opuesta delante de él y una bobina con la misma polaridad detrás de él. Como resultado, el vehículo experimenta una fuerza atractiva hacia la bobina situada delante suyo y una fuerza repulsiva con respecto a la bobina situada detrás, y ambas fuerzas empujan al vehículo hacia delante. A medida que la onda sinusoidal de la figura 1 se mueve por la vía, el vehículo la "persigue" debido a las fuerzas magnéticas.

El transporte electromagnético tiene el beneficio añadido de llevar implícito un mecanismo de frenado. La ley de Lenz nos dice que un cambio magnético induce una corriente que actúa oponiéndose al cambio original. Esto es un mecanismo natural de frenado. Por ejemplo, si se deja caer una placa de aluminio entre los polos de un imán muy potente, la placa cae con lentitud, ya que las corrientes que se establecen en la placa sienten una fuerza magnética que se opone a la caída.

En el caso de los vehículos de levitación magnética, imagine que se desactiva el sistema de propulsión de forma que el vehículo avanza libremente. El movimiento relativo de los imanes y bobinas del tren y de la vía inducen corrientes que frenan al tren, de acuerdo con la ley de Lenz. Se puede utilizar el sistema de propulsión en combinación con este frenado magnético para tener un control completo del proceso de detención.

Figura 1

Los imanes del vehículo se ven atraídos y repelidos por los polos electromagnéticos creados por una corriente sinusoidal que atraviesa las bobinas del lado de las vías. A medida que la onda de corriente se mueve por la vía, el vehículo se mueve con ella.

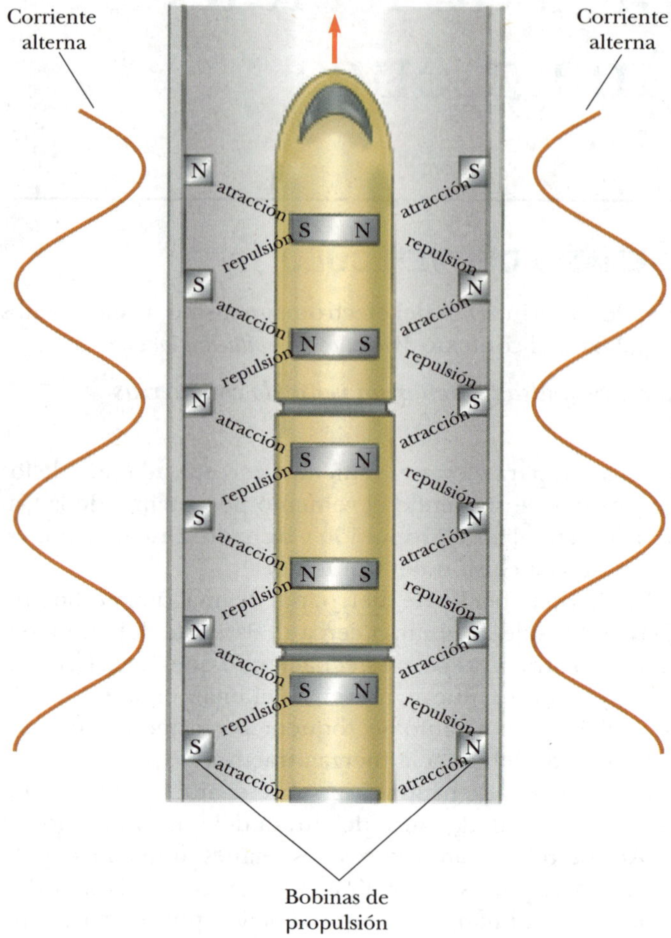

WEB

Para obtener más información sobre el sistema Inductrack, visite **www.llnl.gov/str/Post.html**

Este principio no es nuevo: los ferrocarriles que funcionaban en los Alpes a principios del siglo XX incluían mecanismos para conectar el motor eléctrico a una resistencia cuando el tren se movía cuesta abajo. Como el movimiento del tren hacía que el motor girara, el motor actuaba como un generador. El generador producía una corriente en la resistencia, lo que daba como resultado una contra fem que se oponía al cambio original (la rotación del motor) y controlaba el movimiento del tren cuesta abajo.

En los capítulos 4 y 5, discutimos modelos de levitación magnética que se hallan bajo estudio en Alemania y Japón, los cuales requieren potentes electroimanes. En el Lawrence Livermore Laboratory en California, los científicos están trabajando en un diseño de levitación magnética que implica la utilización de imanes permanentes. Al diseño se le llama *Inductrack.* Una de las características más atractivas de esta aproximación es que no se necesita energía eléctrica para alimentar los imanes, lo que da como resultado un ahorro de energía en el funcionamiento del sistema.

El sistema Inductrack utiliza una *matriz de Halbach* de imanes. La figura 2 muestra una matriz de Halbach unidimensional. Por debajo de la matriz, las líneas de campo magnético de los imanes con los polos orientados verticalmente se combinan con las líneas de los que tienen los polos orientados horizontalmente para crear un campo magnético muy potente. Por encima de la matriz, las líneas de campo magnético de los imanes orientados verticalmente tienen dirección opuesta a las de los imanes orientados horizontalmente, lo que da como resultado un campo magnético débil en esta región.

La matriz de Halbach, unida a la parte inferior del vehículo, pasa por encima de una serie de bobinas de alambre e induce corrientes en esas bobinas.

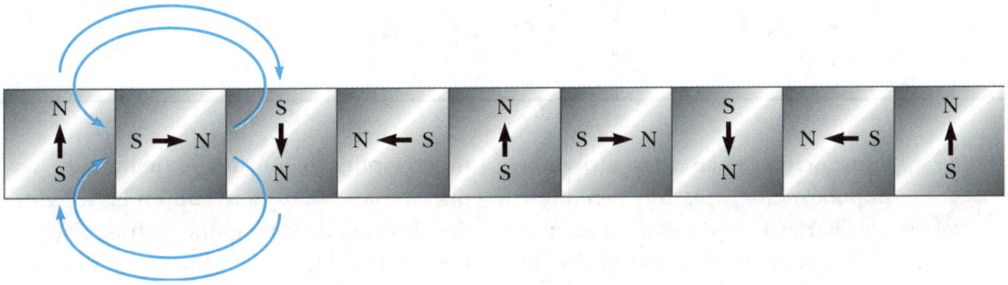

Figura 2

Una matriz Halbach de imanes. Una línea de campo desde el polo norte del imán más hacia la izquierda hasta el polo sur del tercer imán va en el sentido de las manecillas del reloj. La línea de campo de encima de la matriz que va desde el polo norte del segundo imán al polo sur del mismo imán va en sentido contrario a las manecillas del reloj. El resultado es un campo relativamente débil por encima de la matriz. Por debajo de la matriz, la línea de campo que va del polo norte del tercer imán al polo sur del imán más hacia la izquierda va en el sentido de las manecillas del reloj. La línea de campo de debajo de la matriz que parte del segundo imán también va en el sentido de las manecillas del reloj. La combinación de estas líneas de campo da como resultado un potente campo magnético debajo de la matriz.

Por la ley de Faraday, y de forma similar a la situación que se presentaba en el modelo electrodinámico de la sección 5.8, el campo magnético provocado por la corriente en las bobinas ejerce una fuerza repulsiva sobre los imanes, creando una fuerza de levitación en el vehículo. Se puede lograr una fuerza de levitación de 40 toneladas métricas por metro cuadrado utilizando imanes de aleación de alta calidad. Un modelo funcional del sistema Inductrack propulsó y levitó con éxito un vehículo de 22 kg en un carril de pruebas de 20 m. Estudios de viabilidad muestran que un vehículo Inductrack a escala completa costaría aproximadamente la mitad que su vehículo Transrapid equivalente, y aún tendría más ahorros significativos en los costos de funcionamiento.

¿Qué nos ofrecerá el futuro del transporte por levitación magnética? ¿Resultará elegido el sistema Inductrack, o serán los sistemas japonés o alemán? ¿O coexistirán los tres? En este momento, es algo imposible de predecir, y le invitamos a leer los periódicos en busca de futuros desarrollos.

PROBLEMAS

1. Suponga que el vehículo mostrado en la figura 1 se mueve a 400 km/h. La distancia entre los imanes adyacentes del vehículo es de 10.0 m. ¿Cuál es la frecuencia de la corriente alterna que se necesita aplicar a las bobinas en los lados de la vía para propulsar el vehículo?
2. La figura 3 representa un freno electromagnético que utiliza corrientes de Eddy. Un electroimán cuelga de un vagón de tren convencional cerca de un riel de acero. Para detener el vagón, se envía una potente corriente a través de las bobinas del electroimán. El electroimán en movimiento induce corrientes de Eddy en el riel, cuyos campos se oponen al cambio en el campo del electroimán. Los campos magnéticos de las corrientes rotacionales ejercen fuerzas sobre la corriente que atraviesa el electroimán, haciendo que el vagón frene. La dirección del movimiento del vagón y la dirección de la corriente en el electroimán se muestran correctamente en la imagen. Determine cuál de las corrientes rotacionales que se muestra en los rieles es correcta. Explique su respuesta.

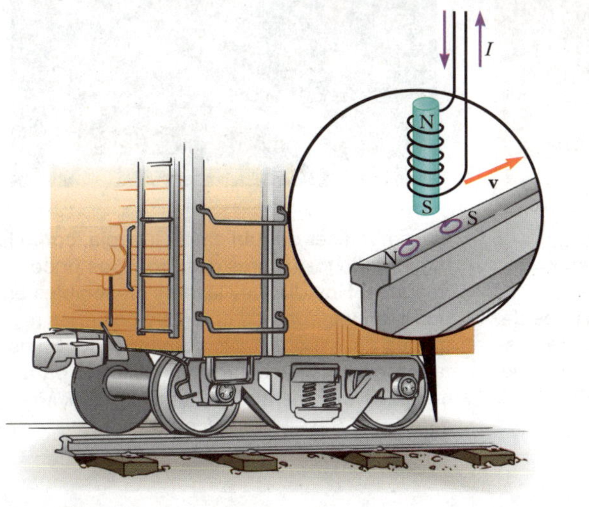

Figura 3

Los imanes en un vagón de tren en movimiento inducen pequeños bucles de corriente en los rieles, llamados corrientes de Eddy.

Contexto 3

Láseres

La invención del láser fue atribuida popularmente a Arthur Schawlow y a Charles H. Townes durante muchos años, después de su publicación de una propuesta de láser en un número de 1958 de *Physical Review.* Schawlow y Townes obtuvieron una patente para el dispositivo en 1959. En 1960, Theodore Maiman construyó y puso en marcha el primer láser. Este dispositivo utilizaba un cristal de rubí para crear la luz láser, la cual era emitida en pulsos desde el extremo del cilindro de rubí. Para excitar la acción del láser se utilizaba una lámpara de descarga.

En 1977, en lo que sería la primera victoria en una batalla legal que duraría 30 años, Gordon Gould, un estudiante en la Universidad de Columbia a finales de los años 50, obtuvo una patente por el invento del láser en 1957, así como por haber acuñado el término láser. Creyendo erróneamente que debía tener un prototipo que funcionase antes de solicitar la patente, no la solicitó hasta después de que lo hicieran en 1959 Schawlow y Townes. Las batallas legales de Gould finalizaron en 1987. Para entonces, la tecnología de Gould era ampliamente utilizada en la industria y la medicina. Su victoria final le dio el control sobre los derechos de patente de quizás 90% de los láseres utilizados y vendidos en los Estados Unidos.

Desde el desarrollo del primer dispositivo, la tecnología láser ha experimentado un crecimiento enorme. Actualmente, hay disponibles láseres que cubren las longitudes de onda de las regiones infrarroja, visible y ultravioleta. Los diferentes tipos de láseres utilizan sólidos, líquidos y gases como los medios activos. Aunque el láser original emitía luz sobre un rango muy estrecho en torno a una longitud de onda fija, ahora hay disponibles láseres en los que se puede ajustar la longitud de onda.

El láser es una herramienta tecnológica omnipresente en nuestra vida diaria. Sus aplicaciones incluyen “soldaduras” quirúrgicas para desprendimientos de retina, análisis de precisión, medida de longitudes, fuentes para inducir reacciones de fusión nuclear, corte preciso de metales y de otros materiales y comunicaciones telefónicas a través de fibra óptica.

También utilizamos los láseres para leer la información de los discos compactos para su uso en reproducción musical y aplicaciones informáticas. Los videodiscos digitales utilizan láseres para leer la información de vídeo. Los láseres se utilizan en los comercios para leer los precios y controlar las existencias mediante las etiquetas de los productos.

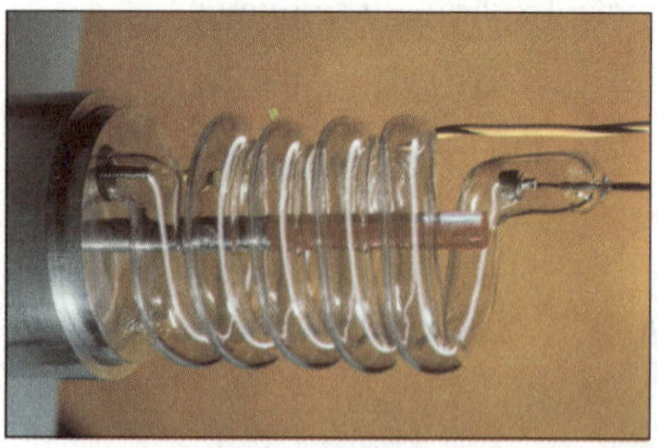

Fotografía de uno de los primeros láseres de rubí, en la que se muestra la lámpara de descarga (hélice de vidrio) rodeando la varilla de rubí (cilindro interior). *(Cortesía de HRL Laboratories LLC, Malibú, CA)*

El primer láser de rubí emitía luz roja, como la mayoría de los láseres desarrollados poco después. Hoy día, hay láseres disponibles en una gran variedad de colores y en varias regiones del espectro electromagnético. En esta fotografía, un láser azul es utilizado para realizar experimentos científicos. *(Hank Morgan/Photo Researchers. Inc.)*

Un láser es utilizado sobre un ojo humano para realizar una intervención quirúrgica. La palabra láser es un acrónimo que significa amplificación de luz por emisión estimulada de radiación (light amplification by stimulated emission of radiation). *(Will & Deni McIntyre/Photo Researchers, Inc.)*

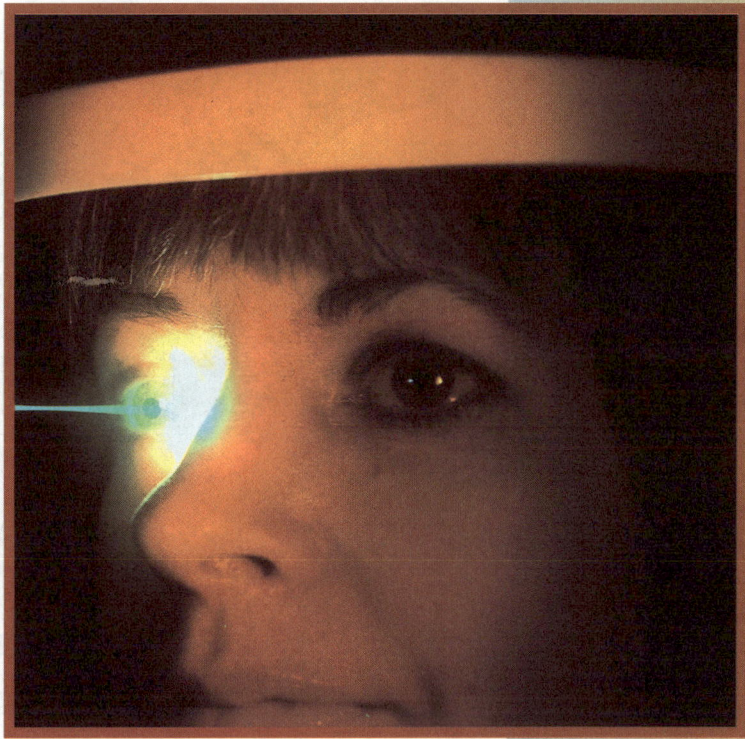

Este dispositivo robotizado porta unas tijeras láser que pueden cortar hasta 50 capas de tela de una vez. Éste es uno de los muchos usos de los láseres en nuestra sociedad.
(Philippe Plailly/SPL/Photo Researchers, Inc.)

Éstas y otras aplicaciones son posibles debido a las características únicas de la luz láser. Además de ser altamente monocromática, la luz láser es también altamente direccional y puede, por tanto, ser enfocada para formar haces muy finos, con el fin de producir regiones de extrema intensidad.

En este contexto, investigaremos la física de la radiación electromagnética y la óptica y aplicaremos sus principios para comprender el comportamiento de la luz láser y sus aplicaciones. El enfoque principal de nuestro estudio será la tecnología de fibra óptica y cómo puede ser utilizada en la industria y la medicina. Estudiaremos la naturaleza de la luz y responderemos a nuestra principal cuestión

¿Qué tiene de especial la luz láser y cómo se utiliza en las aplicaciones tecnológicas?

Un escáner de un supermercado utiliza la luz de un láser para identificar los productos comprados. Las reflexiones desde el código de barras del paquete son leídas e introducidas en la computadora para determinar el precio del artículo.
(Paul Shambroom/Photo Researchers, Inc.)

capítulo

6

Esta fotografía muestra dos clases de ondas electromagnéticas. Las ondas luminosas crean el arco iris, como explicaremos en el capítulo 7. Los radiotelescopios forman parte del VLA (Very Large Array) en Nuevo México. Los 27 telescopios están dispuestos en una gigantesca "Y" de 27 km de diámetro. El VLA es tan largo que las condiciones climatológicas son a veces diferentes en sus extremos. En este capítulo exploraremos ondas electromagnéticas de todos los tipos.

(Riccardo Giovanelli y Martha Haynes, Cornell University)

Ondas electromagnéticas

contenido del capítulo

Aunque no somos siempre conscientes de su presencia, las ondas electromagnéticas impregnan nuestro ambiente. En forma de luz visible, nos permiten ver el mundo que nos rodea con nuestros ojos; las ondas infrarrojas de la superficie de la Tierra calientan nuestro ambiente; las ondas de radiofrecuencia transmiten nuestras emisiones de radio favoritas; las microondas cocinan nuestros alimentos y son usadas en sistemas de comunicaciones por radar. La lista es interminable. Las ondas descritas en el capítulo 13 del volumen I son ondas mecánicas, las cuales requieren de un medio a través del cual propagarse. Las ondas electromagnéticas, en contraste, pueden propagarse a través del vacío. A pesar de esta diferencia entre ondas mecánicas y electromagnéticas, gran parte del comportamiento ondulatorio estudiado en los capítulos 13 y 14 del volumen I es similar para las ondas electromagnéticas.

El propósito de este capítulo es explorar las propiedades de las ondas electromagnéticas. Las leyes fundamentales de la electricidad y el magnetismo, las ecuaciones de Maxwell, constituyen la base de todos los fenómenos electromagnéticos. Una de estas ecuaciones predice que un campo eléctrico variable en el tiempo produce un campo magnético, de la misma forma que un campo magnético variable en el tiempo produce un campo eléctrico. A partir de esta generalización, Maxwell proporcionó el importante eslabón final de unión entre los campos eléctricos y magnéticos. La predicción más importante de estas ecuaciones es la existencia de ondas electromagnéticas que se propagan a través del espacio vacío a la rapidez de la luz. Este descubrimiento ha conducido a muchas aplicaciones prácticas, tales como la radio y la televisión, y a darse cuenta de que la luz es una forma de radiación electromagnética.

6.1 • LA CORRIENTE DE DESPLAZAMIENTO Y LA GENERALIZACIÓN DE LA LEY DE AMPÈRE

Hemos visto que las cargas en movimiento, o corrientes, producen campos magnéticos. Cuando un conductor que transporta una corriente tiene una simetría elevada, podemos calcular el campo magnético utilizando la ley de Ampère, dada por la ecuación 4.29:

$$\oint \mathbf{B} \cdot d\mathbf{s} = \mu_0 I \qquad [4.29]$$

donde **la integral curvilínea se realiza sobre cualquier trayectoria cerrada a través de la cual atraviese la corriente de conducción** y la corriente se define mediante $I = dQ/dt$.

En esta sección, utilizaremos el término *corriente de conducción* para referirnos a la corriente debida al movimiento de las partículas cargadas en un cable, para distinguirla de un tipo diferente de corriente que introduciremos en breve. **La ley de Ampère, en esta forma, es válida únicamente si la corriente de conducción es continua en el espacio**. Maxwell reconoció esta limitación y modificó la ley de Ampère para incluir todas las situaciones posibles.

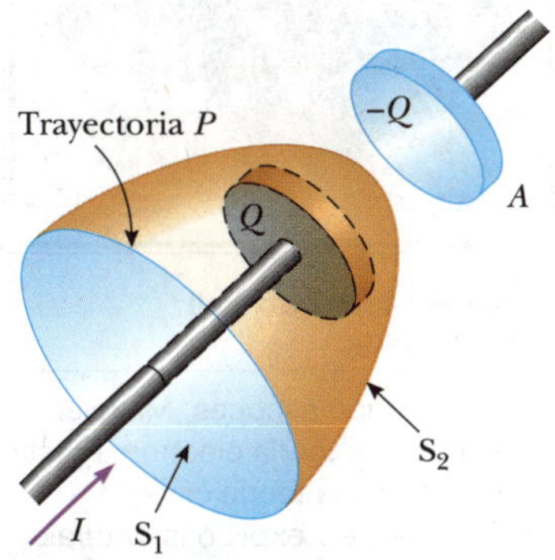

Figura 6.1

Las superficies S_1 y S_2 están limitadas por la misma trayectoria *P*. La corriente de conducción en el cable pasa únicamente a través de la superficie plana S_1. Esto conduce a una contradicción en la ley de Ampère que es resuelta únicamente si se postula una corriente de desplazamiento a través de S_2.

Este problema puede comprenderse considerando un condensador que se esté cargando como en la figura 6.1. Cuando existe una corriente de conducción en los cables, la carga sobre las placas cambia, pero **no hay corriente de conducción entre las placas**. Consideremos en la figura 6.1 las dos superficies, S_1 (un círculo) y S_2 (un paraboloide que pasa entre las placas), limitadas por la misma trayectoria ***P***. La ley de Ampère dice que la integral curvilínea de $\mathbf{B} \cdot d\mathbf{s}$ alrededor de esta trayectoria debe ser igual a $\mu_0 I$, donde I es la corriente total a través de *cualquier* superficie limitada por la trayectoria *P*.

Cuando consideramos que la trayectoria *P* limita a S_1, el resultado de la integral es $\mu_0 I$, ya que la corriente de conducción pasa a través de S_1 mientras el condensador se está cargando. Sin embargo, cuando la trayectoria limita a S_2, el resultado es cero, puesto que no pasa corriente de conducción a través de S_2. De esta manera, ¡aparece una situación contradictoria debido a la discontinuidad de la corriente! Maxwell resolvió este problema postulando un término adicional en el segundo miembro de la ecuación 4.29, denominado **corriente de desplazamiento** I_d, definida como

$$I_d \equiv \epsilon_0 \frac{d\Phi_E}{dt} \qquad [6.1]$$

• *Corriente de dezplazamiento*

Observe que Φ_E es el flujo del campo eléctrico, definido como $\Phi_E = \int \mathbf{E} \cdot d\mathbf{A}$.

A medida que el condensador se va cargando (o descargando), el campo eléctrico variable entre las placas puede considerarse equivalente a una corriente que actúa como continuación de la corriente de conducción del alambre. Cuando se añade la expresión para la corriente de desplazamiento dada en la ecuación 6.1 a la corriente de conducción del segundo miembro de la ley de Ampère, la dificultad representada en la figura 6.1 queda resuelta. No importa qué superficie limitada por la trayectoria *P* tomemos: habrá una corriente de conducción o una corriente de desplazamiento que la atraviesen. Con este nuevo concepto de corriente de desplazamiento, podemos expresar la forma general de la ley de Ampère (a menudo conocida como **ley de Ampère-Maxwell**) como*

$$\oint \mathbf{B} \cdot d\mathbf{s} = \mu_0 (I + I_d) = \mu_0 I + \mu_0 \epsilon_0 \frac{d\Phi_E}{dt} \qquad [6.2]$$

• *Ley de Ampère-Maxwell*

¡ADVERTENCIA! 6.1

La palabra *desplazamiento* se utiliza de modo diferente aquí

La palabra *desplazamiento* en la frase "corriente de desplazamiento" no tiene el mismo significado en electromagnetismo que en el capítulo 2 del volumen I. A pesar de la diferencia, el término está enraizado históricamente en el lenguaje de la física, por lo que continuaremos utilizándolo.

* Estrictamente hablando, esta expresión es válida únicamente en el vacío. Si está presente un material magnético, debe incluirse una corriente de magnetización en el segundo miembro de la ecuación 6.2 para hacer que la ley de Ampère sea completamente general.

James Clerk Maxwell
(1831-1879)

Físico teórico escocés, Maxwell desarrolló la teoría electromagnética de la luz, la teoría cinética de los gases y explicó la naturaleza de la visión en color y los anillos de Saturno. Su exitosa interpretación de los campos electromagnéticos dio lugar a las ecuaciones de campo que llevan su nombre. Su formidable capacidad matemática, combinada con una gran perspicacia, permitió a Maxwell marcar la dirección en el estudio del electromagnetismo y la teoría cinética. Falleció de cáncer antes de cumplir los 50 años. *(North Wind Picture Archives)*

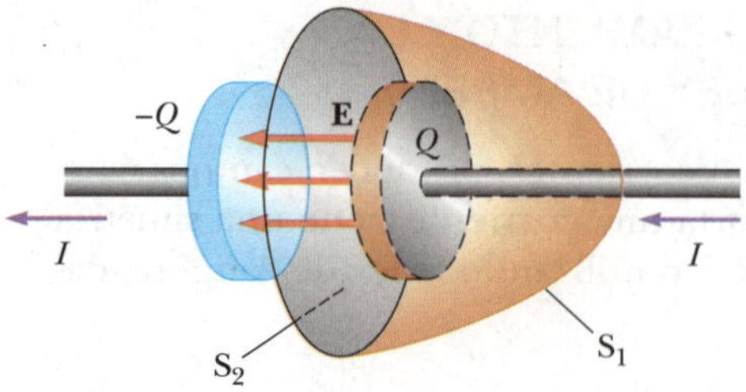

Figura 6.2 Como existe sólo en los alambres, la corriente de conducción $I = dQ/dt$ pasa a través de la superficie curvada S_1, pero no a través de la superficie plana S_2. Únicamente la corriente de desplazamiento $I_d = \epsilon_0\, d\Phi_E/dt$ pasa a través de S_2. Las dos corrientes deben ser iguales para que exista una continuidad.

El significado de esta expresión puede ser comprendido fijándonos en la figura 6.2. El flujo eléctrico a través de S_2 (un círculo situado entre las placas) es $\Phi_E = \int \mathbf{E}\cdot d\mathbf{A} = EA$, donde A es el área de las placas del condensador y E es la magnitud del campo eléctrico uniforme entre las placas. Si Q es la carga sobre las placas en cualquier instante, entonces $E = Q/\epsilon_0 A$ (sección 2.7). Por tanto, el flujo eléctrico a través de S_2 es simplemente

$$\Phi_E = EA = \frac{Q}{\epsilon_0}$$

De aquí, la corriente de desplazamiento I_d a través de S_2 es

$$I_d = \epsilon_0 \frac{d\Phi_E}{dt} = \frac{dQ}{dt} \qquad [6.3]$$

Esto es, ¡la corriente de desplazamiento a través de S_2 es precisamente igual a la corriente de conducción I a través de S_1! El concepto central de este formalismo es el hecho de que **tanto las corrientes de conducción como los campos eléctricos variables generan campos magnéticos**. Este resultado es un ejemplo notable del trabajo teórico de Maxwell y una de sus principales contribuciones al avance de la comprensión del electromagnetismo.

6.2 • ECUACIONES DE MAXWELL

En esta sección reuniremos cuatro ecuaciones de nuestros estudios en los capítulos anteriores, que pueden ser vistas conjuntamente como la base de todos los fenómenos eléctricos y magnéticos. Estas relaciones, conocidas como ecuaciones de Maxwell en honor de James Clerk Maxwell, son tan fundamentales para los fenómenos electromagnéticos como las leyes de Newton lo son para los fenómenos mecánicos. De hecho, la teoría desarrollada por Maxwell tuvo un alcance mucho mayor de lo que él hubiese imaginado nunca, ya que Einstein demostró en 1905 que estaban de acuerdo con la teoría especial de la relatividad. Como veremos, las ecuaciones de Maxwell representan leyes de la electricidad y el magnetismo que ya hemos analizado anteriormente. Sin embargo, las ecuaciones tienen importantes consecuencias adicionales, en el sentido de que predicen la existencia de ondas electromagnéticas (patrones en movimiento de campos eléctricos y magnéticos) que se propagan en el vacío con una rapidez $c = 1/\sqrt{\epsilon_0\mu_0} = 3.00 \times 10^8$ m/s, la rapidez de la luz. Más aún, las ecuaciones de Maxwell muestran que las ondas electromagnéticas son radiadas por cargas aceleradas, como discutimos en el capítulo 17 del volumen I, al hablar de la radiación térmica.

Por simplicidad, presentaremos las **ecuaciones de Maxwell** aplicadas al espacio vacío, es decir, en ausencia de cualquier material dieléctrico o magnético. Las cuatro ecuaciones son

$$\oint \mathbf{E}\cdot d\mathbf{A} = \frac{Q}{\epsilon_0} \qquad [6.4]$$

$$\oint \mathbf{B} \cdot d\mathbf{A} = 0 \qquad [6.5]$$

$$\oint \mathbf{E} \cdot d\mathbf{s} = -\frac{d\Phi_B}{dt} \qquad [6.6]$$

• *Ecuaciones de Maxwell*

$$\oint \mathbf{B} \cdot d\mathbf{s} = \mu_0 I + \epsilon_0 \mu_0 \frac{d\Phi_E}{dt} \qquad [6.7]$$

La ecuación 6.4 es la **ley de Gauss**, la cual enuncia que **el flujo eléctrico total a través de cualquier superficie cerrada es igual a la carga neta encerrada por esa superficie, dividida por ϵ_0** (capítulo 1). Esta ley describe cómo las cargas crean campos eléctricos en los que las líneas de campo se originan en las cargas positivas y terminan en las cargas negativas.

La ecuación 6.5, la cual puede ser considerada como la **ley de Gauss para el magnetismo**, dice que **el flujo magnético neto a través de cualquier superficie cerrada es cero**. Esto es, el número de líneas de campo magnético que entran en un volumen cerrado debe ser igual al número de líneas que salen de ese volumen. Esto implica que las líneas de campo magnético no pueden originarse ni finalizar en ningún punto. Si lo hicieran, significaría que existen monopolos magnéticos aislados en esos puntos. El hecho de que no haya sido observado ningún monopolo magnético aislado en la naturaleza puede ser considerado como la base de la ecuación 6.5.

La ecuación 6.6 es la **ley de inducción de Faraday** (ecuación 5.9), la cual describe cómo un campo magnético variable genera un campo eléctrico. Esta ley enuncia que **la integral curvilínea del campo eléctrico alrededor de cualquier trayectoria cerrada (lo cual es igual a la fem) es igual a la de variación del flujo magnético a través de cualquier superficie limitada por dicha trayectoria.**

La ecuación 6.7 es la generalización de la ley de Ampère y describe la forma en que tanto una corriente eléctrica como un campo eléctrico variable generan un campo magnético. Esto es, **la integral curvilínea del campo magnético alrededor de cualquier trayectoria cerrada está determinada por la corriente neta y por la variación del flujo eléctrico a través de cualquier superficie limitada por dicha trayectoria.**

Una vez que conocemos los campos eléctrico y magnético en un punto del espacio, la fuerza que estos campos ejercen sobre una partícula de carga q puede calcularse a partir de la expresión

$$\mathbf{F} = q\mathbf{E} + q\mathbf{v} \times \mathbf{B} \qquad [6.8]$$

• *Fuerza de Lorentz*

Esta fuerza se denomina **fuerza de Lorentz** (sección 4.4). Las ecuaciones de Maxwell y esta ley de la fuerza proporcionan una descripción completa de todas las interacciones electromagnéticas clásicas.

Observe la interesante simetría de las ecuaciones de Maxwell. Las ecuaciones 6.4 y 6.5 son simétricas, dejando aparte la ausencia de un término para el monopolo magnético en la ecuación 6.5. Más aún, las ecuaciones 6.6 y 6.7 son simétricas en el hecho de que las integrales de línea de **E** y **B** alrededor de una trayectoria cerrada están relacionadas con la tasa de cambio del flujo magnético y el flujo eléctrico, respectivamente.

6.3 • ONDAS ELECTROMAGNÉTICAS

Las leyes fundamentales que gobiernan el comportamiento de los campos eléctrico y magnético son las ecuaciones de Maxwell presentadas en la sección 6.2. En su teoría unificada del electromagnetismo, Maxwell mostró que los campos

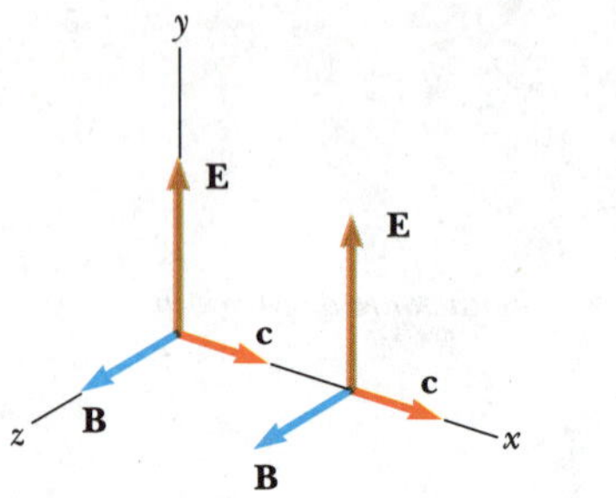

Figura 6.3

Una onda electromagnética viajando a rapidez **c** en la dirección x positiva. Se muestra la onda en dos instantes para los cuales el campo eléctrico apunta en la dirección y, con una magnitud máxima, y el campo magnético apunta en la dirección z, también con su magnitud máxima. Estos campos dependen sólo de x y de t.

eléctricos y magnéticos variables en el tiempo satisfacen una ecuación de onda (véase la sección 13.3 del volumen I). La consecuencia más significativa de esta teoría es la predicción de la existencia de ondas electromagnéticas.

Las ecuaciones de Maxwell predicen que una onda electromagnética está formada por campos eléctrico y magnético oscilantes. Los campos variables se crean uno a otro, para mantener la propagación de la onda: un campo eléctrico variable induce un campo magnético y un campo magnético variable induce un campo eléctrico. Los vectores **E** y **B** son perpendiculares entre sí y a la dirección de propagación, tal como se muestra en la figura 6.3. La dirección de propagación es la dirección del producto vectorial **E** × **B**, como veremos más a fondo en la sección 6.5.

Para entender la predicción de la existencia de ondas electromagnéticas, enfoquemos nuestra atención sobre una onda electromagnética que viaja en la dirección x. Para esta onda, el campo eléctrico **E** tiene la dirección y mientras que el campo magnético **B** tiene la dirección z, como en la figura 6.3. Las ondas en las cuales los campos eléctrico y magnético están restringidos a ser paralelos a ciertas direcciones se llaman **ondas linealmente polarizadas**.* Además, en la figura 6.3 suponemos que en cualquier punto del espacio, las magnitudes E y B de los campos dependen de x y t exclusivamente, y no de las coordenadas y o z.

Imaginemos que la fuente de las ondas electromagnéticas es tal que una onda emitida desde *cualquier* punto del plano yz (no justo desde el origen, como podría sugerir la figura 6.3) se propaga en la dirección x, y todas estas ondas son emitidas en fase. Si definimos un **rayo** como la línea a lo largo de la cual se propagan las ondas, entonces todos los rayos de estas ondas son paralelos. El conjunto de todas estas ondas se denomina a menudo **onda plana**. Una superficie que conecte puntos de igual fase en todas las ondas, a lo cual llamamos **frente de onda**, será un plano geométrico. En comparación, una fuente puntual de radiación emite ondas en todas direcciones. En este caso, una superficie que conectara puntos de igual fase sería una esfera, y por esta razón se denomina **onda esférica**.

Las propiedades de las ondas electromagnéticas se deducen de las ecuaciones de Maxwell. Empezaremos con la ley de Faraday, ecuación 6.6:

$$\oint \mathbf{E} \cdot d\mathbf{s} = -\frac{d\Phi_B}{dt}$$

Supongamos que una onda electromagnética plana viaja en la dirección x, con el campo eléctrico **E** en la dirección y positiva y el campo magnético **B** en la dirección z positiva.

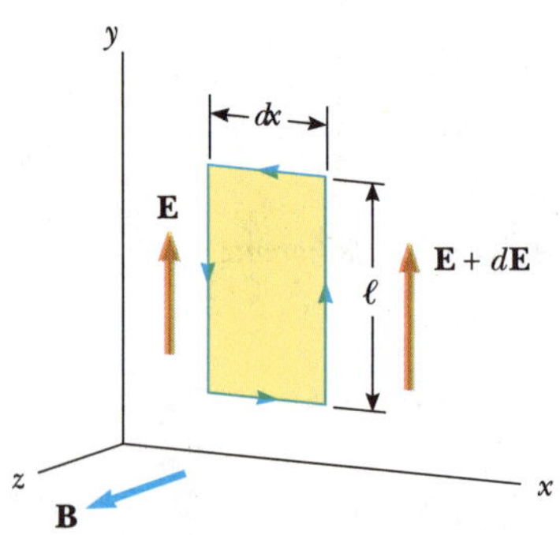

Figura 6.4

A medida que una onda plana propagándose en la dirección $+x$ pasa a través de una trayectoria rectangular de anchura dx que descansa sobre el plano xy, el campo eléctrico en la dirección y varía entre E y E + dE. Esta construcción nos permite evaluar la integral curvilínea de E a lo largo del perímetro del rectángulo.

Consideremos un rectángulo con anchura dx y altura ℓ que descansa sobre el plano xy, como en la figura 6.4. Para aplicar la ecuación 6.6, primero calculamos la integral curvilínea de $\mathbf{E} \cdot d\mathbf{s}$ a lo largo de este rectángulo. Las contribuciones de la parte superior y de la base del rectángulo son cero, porque **E** es perpendicular a d**s** en dichos segmentos. Podemos expresar el campo eléctrico en el lado derecho del rectángulo como[†]

$$E(x + dx, t) \approx E(x, t) + \left.\frac{dE}{dx}\right]_{t\ \text{constante}} dx = E(x, t) + \frac{\partial E}{\partial x}\, dx$$

mientras que el campo en el lado izquierdo es simplemente $E(x, t)$. La integral curvilínea a lo largo de este rectángulo es, por tanto, aproximadamente

$$\oint \mathbf{E} \cdot d\mathbf{s} = [E(x + dx, t)]\ell - [E(x, t)]\ell \approx \ell \left(\frac{\partial E}{\partial x}\right) dx \qquad \textbf{[6.9]}$$

* Ondas con otros patrones de vibración particulares de **E** y **B** incluyen a **las ondas circularmente polarizadas**. El patrón de polarización más general es el **elíptico**.

† Debido a que dE/dx en esta ecuación se expresa como la variación de E respecto a x en un instante dado dE/dx. es equivalente a la derivada parcial $\partial E/\partial x$. Del mismo modo, en breve usaremos dB/dt, que es la variación de B respecto al tiempo en una posición determinada x y podremos sustituir dB/dt por $\partial B/\partial t$.

Debido a que el campo magnético apunta en la dirección z, el flujo magnético a través del rectángulo de área $\ell\, dx$ es aproximadamente $\Phi_B = B\ell dx$. (Esto supone que dx es muy pequeño comparado con la longitud de onda de la onda). Tomando la derivada temporal del flujo magnético en la ubicación del rectángulo sobre el eje x:

$$\frac{d\Phi_B}{dt} = \ell\, dx \frac{dB}{dt}\bigg]_{x\,\text{constante}} = \ell \frac{\partial B}{\partial t}\, dx \qquad [6.10]$$

Sustituyendo las ecuaciones 6.9 y 6.10 en la ecuación 6.6, obtenemos

$$\ell\left(\frac{\partial E}{\partial x}\right)dx = -\ell\frac{\partial B}{\partial t}\,dx$$

$$\frac{\partial E}{\partial x} = -\frac{\partial B}{\partial t} \qquad [6.11]$$

Podemos obtener una segunda ecuación partiendo de la cuarta ecuación de Maxwell en el espacio vacío (ecuación 6.7). En este caso, evaluamos la integral de $\mathbf{B}\cdot d\mathbf{s}$ alrededor de un rectángulo de anchura dx y longitud ℓ que descansa sobre el plano xz, como se ilustra en la figura 6.5. Utilizando el sentido de integración mostrado y observando que el campo magnético varía desde $B(x, t)$ hasta $B(x + dx, t)$ a lo largo de la anchura dx, obtenemos

$$\oint \mathbf{B}\cdot d\mathbf{s} = [B(x,t)]\ell - [B(x+dx,t)]\ell = -\ell\left(\frac{\partial B}{\partial x}\right)dx \qquad [6.12]$$

El flujo eléctrico a través del rectángulo es $\Phi_E = E\ell\, dx$, que al derivarlo respecto al tiempo da

$$\frac{d\Phi_E}{dt} = \ell\left(\frac{\partial E}{\partial t}\right)dx \qquad [6.13]$$

Sustituyendo las ecuaciones 6.12 y 6.13 en la ecuación 6.7, obtenemos

$$-\ell\left(\frac{\partial B}{\partial x}\right)dx = \epsilon_0\mu_0\ell\left(\frac{\partial E}{\partial t}\right)dx$$

$$\frac{\partial B}{\partial x} = -\epsilon_0\mu_0\frac{\partial E}{\partial t} \qquad [6.14]$$

Tomando la derivada de la ecuación 6.11 respecto a x y combinando esto con la ecuación 6.14, tenemos que

$$\frac{\partial^2 E}{\partial x^2} = -\frac{\partial}{\partial x}\left(\frac{\partial B}{\partial t}\right) = -\frac{\partial}{\partial t}\left(\frac{\partial B}{\partial x}\right) = -\frac{\partial}{\partial t}\left(-\epsilon_0\mu_0\frac{\partial E}{\partial t}\right)$$

$$\frac{\partial^2 E}{\partial x^2} = \epsilon_0\mu_0\frac{\partial^2 E}{\partial t^2} \qquad [6.15]$$

• *Ecuación de onda del campo eléctrico para ondas electromagnéticas en el vacío*

De la misma forma, tomando la derivada de la ecuación 6.14 respecto a x y combinándola con la ecuación 6.11, obtenemos.

$$\frac{\partial^2 B}{\partial x^2} = \epsilon_0\mu_0\frac{\partial^2 B}{\partial t^2} \qquad [6.16]$$

• *Ecuación de onda del campo magnético para ondas electromagnéticas en el vacío*

Las ecuaciones 6.15 y 6.16 tienen la forma de una ecuación de onda lineal (ecuación 13.20 del volumen I). Como se indicó en el capítulo 13 del volumen I, tal ecuación es una representación matemática del modelo de onda viajera. En la

¡ADVERTENCIA! 6.2

¿Qué es "una" onda?

Una cuestión clave en este tipo de explicaciones es qué entendemos por "una" onda. Podemos definir estrictamente una onda como la perturbación emitida por una única partícula cargada; sin embargo, observe que la palabra *onda* ha sido utilizada en este apartado tanto para representar la emisión desde *un punto* en el plano yz ("onda emitida desde cualquier punto") como para representar el conjunto de ondas desde *todos los puntos* de una fuente ("onda plana"). Aunque esto es fuente de confusión, constituye una práctica común, por lo que el lector debería ser capaz de utilizar este término de ambas maneras y comprender su significado a partir del contexto cuando esté leyendo.

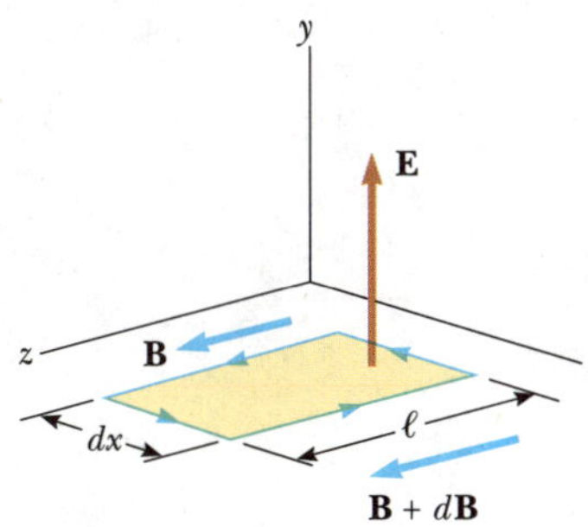

Figura 6.5

A medida que una onda plana propagándose en la dirección $+x$ pasa a través de una trayectoria rectangular de anchura dx que descansa sobre el plano xz, el campo magnético en la dirección z varía desde $\mathbf{B}$ hasta $\mathbf{B} + d\mathbf{B}$. Esta construcción nos permite evaluar la integral curvilínea de $\mathbf{B}$ a lo largo del perímetro del rectángulo.

presente explicación, esta ecuación representa ondas electromagnéticas viajeras. Estas ondas se propagan con una rapidez c igual a

• *Rapidez de las ondas electromagnéticas*

$$c = \frac{1}{\sqrt{\epsilon_0 \mu_0}} \qquad [6.17]$$

Sustituyendo $\epsilon_0 = 8.854\,18 \times 10^{-12}\ \text{C}^2/\text{N}\cdot\text{m}^2$ y $\mu_0 = 4\pi \times 10^{-7}\ \text{T}\cdot\text{m/A}$ en la ecuación 6.17, obtenemos que $c = 2.997\,92 \times 10^8$ m/s. Debido a que esta rapidez es precisamente igual a la rapidez de la luz en el vacío,* uno tiende a pensar (correctamente) que la **luz es una onda electromagnética**.

Puesto que las ondas electromagnéticas están descritas por el modelo de onda viajera, podemos adoptar otra representación matemática del modelo, vista anteriormente en la ecuación 13.11 del volumen I para las ondas mecánicas. Ésta es la relación entre la rapidez de la onda, la longitud de onda y la frecuencia, $v = \lambda f$, que puede escribirse como $c = \lambda f$ para las ondas electromagnéticas continuas.

Las ondas más simples que constituyen una solución de las ecuaciones 6.15 y 6.16 son aquellas en las que las amplitudes de E y B varían respecto a x y t de acuerdo con las expresiones

$$E = E_{\text{máx}} \cos(kx - \omega t) \qquad [6.18]$$

$$B = B_{\text{máx}} \cos(kx - \omega t) \qquad [6.19]$$

En estas expresiones, $E_{\text{máx}}$ y $B_{\text{máx}}$ son los valores máximos de los campos, y k es el número de onda $k = 2\pi/\lambda$, donde λ es la longitud de onda y la frecuencia angular $\omega = 2\pi f$, siendo f la frecuencia. La figura 6.6 muestra un instante de una onda senoidal, una onda electromagnética linealmente polarizada que se propaga en el sentido positivo de la dirección x.

Los campos eléctricos y magnéticos de una onda electromagnética plana son perpendiculares entre sí y a la dirección de propagación. Así, **las ondas electromagnéticas son ondas transversales**. Las ondas mecánicas transversales estudiadas en el capítulo 13 del volumen I mostraban desplazamientos de las partículas del medio que eran perpendiculares a la dirección de propagación de la onda. Las

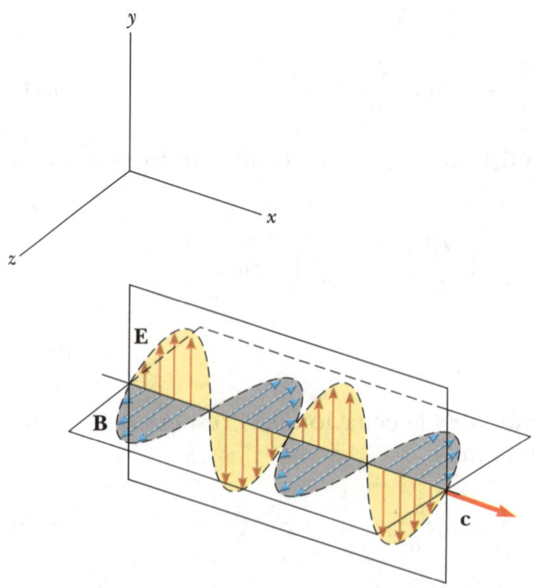

Figura 6.6

Representación de una onda senoidal electromagnética plana y polarizada propagándose en el sentido positivo de la dirección x con una rapidez c.

* Debido a la redefinición del metro en 1983, la rapidez de la luz es ahora una cantidad *definida* con un valor *exacto* de $c = 2.997\,924\,58 \times 10^8$ m/s.

ondas electromagnéticas no necesitan un medio para propagarse, por lo que no hay partículas que se desplacen. La naturaleza transversal de una onda electromagnética se refiere a la dirección de los vectores de campo respecto a la dirección de propagación.

Tomando las derivadas parciales de las ecuaciones 6.18 (respecto a x) y 6.19 (respecto a t), y sustituyendo en la ecuación 6.11, descubrimos que

$$\frac{E_{\text{máx}}}{B_{\text{máx}}} = c$$

Sustituyendo en las ecuaciones 6.18 y 6.19, se obtiene

$$\frac{E}{B} = c \qquad [6.20]$$

Esto es, **en cualquier instante, el cociente entre la magnitud del campo eléctrico y la del campo magnético de una onda electromagnética es igual a la rapidez de la luz.**

Finalmente, las ondas electromagnéticas cumplen el **principio de superposición**, ya que las ecuaciones diferenciales en las que aparecen E y B son ecuaciones lineales. Por ejemplo, la magnitud del campo eléctrico resultante de dos ondas que coincidan en el espacio con sus vectores **E** paralelos puede obtenerse simplemente sumando las expresiones individuales de E dadas en la ecuación 6.18.

Pregunta rápida 6.1

¿Cuál es la diferencia de fase entre las dos ondas senoidales que representan a **E** y **B** en la figura 6.6?

PIENSE EN LA FÍSICA 6.1

La luz experimenta el efecto Doppler, lo cual se ha demostrado en las observaciones astronómicas mediante el corrimiento hacia el rojo (en el espectro visible) de las líneas espectrales de las galaxias que se alejan de nosotros. La ecuación del efecto Doppler para la luz no es la misma que para el sonido. ¿Por qué debe ser la ecuación diferente?

Razonamiento. En general, para las ondas que necesitan un medio para propagarse, las rapidez de la fuente y del observador pueden ser medidas separadamente respecto a una tercera entidad: el medio. En el efecto Doppler para el sonido, estas dos rapideces son la de la fuente y la del observador respecto del aire. Debido a que la luz no necesita un medio para propagarse, no se requiere una tercera entidad. Así, no podemos identificar por separado las rapidez de la fuente y del observador: únicamente puede determinarse su rapidez relativa. Como resultado de esto, debe utilizarse una ecuación diferente,* una que contenga sólo esta única rapidez. Esta ecuación puede obtenerse a partir de las leyes de la relatividad.

* La ecuación apropiada para el efecto Doppler en la luz es

$$f' = f\sqrt{\frac{c+v}{c-v}}$$

donde v es la rapidez relativa entre la fuente y el observador, c es la rapidez de la luz, f' es la frecuencia de la luz detectada por el observador y f es la frecuencia emitida por la fuente.

Ejemplo 6.1 Una onda electromagnética

Una onda electromagnética senoidal de frecuencia 40.MHz se propaga en el espacio vacío en dirección *x*, como se muestra en la figura 6.7. En un punto y en un algún instante, el campo eléctrico tiene su valor máximo de 750 N/C y está dirigido a lo largo del eje *z*. (a) Determine la longitud de onda y el periodo de la onda.

Solución. Puesto que $c = \lambda f$ y conocemos que $f = 40.0$ MHz $= 4.00 \times 10^7$ Hz, tenemos que

$$\lambda = \frac{c}{f} = \frac{3.00 \times 10^8 \text{ m/s}}{4.00 \times 10^7 \text{ Hz}} = 7.50 \text{ m}$$

El periodo *T* de la onda es igual a la inversa de la frecuencia y, por tanto,

$$T = \frac{1}{f} = \frac{1}{4.00 \times 10^7 \text{ Hz}} = 2.50 \times 10^{-8} \text{ s}$$

(b) Calcule la magnitud y dirección del campo magnético cuando $\mathbf{E} = 750\mathbf{k}$ N/C.

Solución. A partir de la ecuación 6.20, obtenemos que

$$B_{\text{máx}} = \frac{E_{\text{máx}}}{c} = \frac{750 \text{ N/C}}{3.00 \times 10^8 \text{ m/s}} = 2.50 \times 10^{-6} \text{ T}$$

Debido a que **E** y **B** deben ser perpendiculares entre sí y $\mathbf{E} \times \mathbf{B}$ debe estar en la dirección de propagación de la onda (*x* en este caso), concluimos que **B** apunta en la dirección $-y$.

(c) Escriba las expresiones de la variación espacio-tiempo de las componentes de los campos eléctrico y magnético para esta onda.

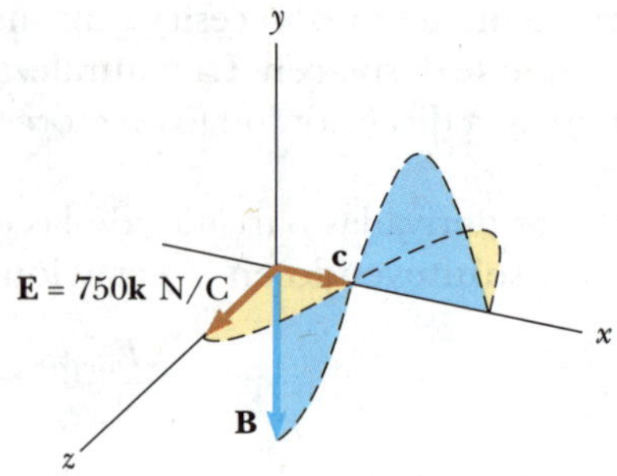

Figura 6.7

(Ejemplo 6.1) En algún instante, una onda electromagnética plana moviéndose en la dirección *x* tienen un campo eléctrico máximo de 750 N/C en la dirección *z* positiva. El campo magnético correspondiente en ese punto tiene una magnitud E/c y apunta en la dirección $-y$.

Solución. Podemos aplicar las ecuaciones 6.18 y 6.19 directamente:

$$E = E_{\text{máx}} \cos(kx - \omega t) = (750 \text{ N/C}) \cos(kx - \omega t)$$

$$B = B_{\text{máx}} \cos(kx - \omega t) = (2.50 \times 10^{-6} \text{ T}) \cos(kx - \omega t)$$

donde

$$\omega = 2\pi f = 2\pi(4.00 \times 10^7 \text{ Hz}) = 2.51 \times 10^8 \text{ rad/s}$$

$$k = \frac{2\pi}{\lambda} = \frac{2\pi}{7.50 \text{ m}} = 0.838 \text{ rad/m}$$

6.4 • DESCUBRIMIENTOS DE HERTZ

En 1888, Heinrich Hertz (1857-1894) fue el primero en generar y detectar ondas electromagnéticas en laboratorio. Para apreciar los detalles de su experimento, examinemos primero las propiedades de un circuito *LC*. En tal circuito, un condensador cargado es conectado a una bobina, como en la figura 6.8. Cuando se cierra el interruptor, tanto la corriente en el circuito como la carga en el condensador oscilan de una forma que está estrechamente relacionada con el modelo de movimiento armónico simple del capítulo 12 del volumen I. Si se ignora la resistencia, ninguna energía se transforma en energía interna y las oscilaciones continúan indefinidamente.

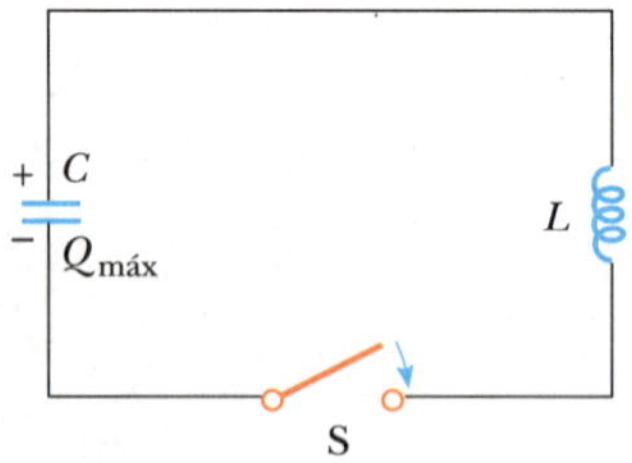

Figura 6.8

Un circuito *LC* simple. El condensador tiene una carga inicial $Q_{\text{máx}}$ y el interruptor se cierra en $t = 0$.

Analicemos estas oscilaciones de manera similar al análisis energético realizado para el movimiento armónico simple del capítulo 12 del volumen I. Supongamos que el condensador tiene una carga inicial $Q_{\text{máx}}$ y que el interruptor se cierra en $t = 0$. Cuando el condensador está completamente cargado, la energía total del circuito está almacenada en el campo eléctrico del condensador y es igual a $Q_{\text{máx}}^2/2C$. En este instante, la corriente es cero y, por tanto, no hay energía almacenada en la bobina. Cuando el condensador comienza a descargarse, la energía almacenada en su campo eléctrico disminuye. Al mismo tiempo, la corriente aumenta y una cantidad de energía igual a $\frac{1}{2}LI^2$ se almacena ahora en el campo magnético de la bobina. De este modo, la energía se transfiere desde el campo eléctrico del condensador al campo magnético de la bobina. Cuando el condensador está totalmente descargado, no almacena energía. En este instante, la corriente alcanza su máximo valor y toda la energía está almacenada en la bobina. Entonces el proceso se repite en la dirección contraria. La energía continúa transfiriéndose entre la bobina y el condensador, correspondiéndose con oscilaciones de la carga y la corriente.

En la figura 6.9 se muestra una representación de esta transferencia de energía. Como hemos mencionado, el comportamiento del circuito es análogo al sistema oscilatorio formado por un resorte y una partícula, que se estudió en el capítulo 12 del volumen I. La energía potencial $\frac{1}{2}kx^2$ almacenada en un resorte estirado es análoga a la energía potencial $Q^2_{\text{máx}}/2C$ almacenada en el condensador. La energía cinética $\frac{1}{2}mv^2$ de la partícula en movimiento es análoga a la energía magnética $\frac{1}{2}LI^2$ almacenada en la bobina, la cual requiere la presencia de cargas en movimiento. En la figura 6.9a, toda la energía está almacenada como energía potencial eléctrica en el condensador en $t = 0$ (porque $I = 0$), tal como toda la energía de un sistema resorte-partícula está inicialmente almacenada como energía potencial si el resorte está estirado y se suelta en $t = 0$. En la figura 6.9b, toda la energía está almacenada como energía magnética $\frac{1}{2}LI^2_{\text{máx}}$ en la bobina, donde $I_{\text{máx}}$ es la corriente máxima. Las figuras 6.9c a 6.9e muestran distintas instantáneas consecutivas separadas entre sí un cuarto de ciclo; en todas ellas, la energía es toda magnética o toda eléctrica. En los puntos intermedios, parte de la energía es magnética y parte eléctrica.

Heinrich Rudolf Hertz
(1857-1894)

Físico alemán, Hertz realizó su mayor descubrimiento, las ondas de radio, en 1887. Después de descubrir que la rapidez de una onda de radio es igual a la rapidez de la luz, demostró que las ondas de radio, igual que las ondas luminosas, pueden ser reflejadas, refractadas y difractadas. Hertz falleció de septicemia a la edad de 36 años. Durante su corta vida, realizó muchas contribuciones a la ciencia. El hertz, igual a una vibración completa o ciclo por segundo, tiene ese nombre en su honor. *(The Bettman Archive)*

Vamos a describir ahora otro punto de vista a la analogía entre el circuito LC y el sistema resorte-partícula del capítulo 12 del volumen I. Recordemos la ecuación 12.3, la cual es una ecuación diferencial que describe la posición de la partícula en el modelo de movimiento armónico simple:

$$\frac{d^2x}{dt^2} = -\frac{k}{m}x \qquad [12.3]$$

Aplicando la ley de las mallas de Kirchhoff al circuito de la figura 6.8, se obtiene

$$\frac{Q}{C} + L\frac{dI}{dt} = 0$$

Como $I = dQ/dt$, podemos rescribir esta ecuación como

$$\frac{Q}{C} = -L\frac{d}{dt}\left(\frac{dQ}{dt}\right) \longrightarrow \frac{d^2Q}{dt^2} = -\frac{1}{LC}Q$$

Esta ecuación tiene exactamente la misma forma matemática que la ecuación 12.3 del sistema resorte-partícula. De este modo, concluimos que la carga en el circuito oscilará de una manera análoga a la partícula del resorte.

En el capítulo 12 del volumen I, reconocíamos que el coeficiente de x en la ecuación 12.3 es el cuadrado de la frecuencia angular (ecuación 12.4):

$$\omega^2 = \frac{k}{m}$$

Debido a la forma matemática idéntica de la ecuación que describe el circuito LC, podemos identificar el coeficiente de Q como el cuadrado de la frecuencia angular:

$$\omega^2 = \frac{1}{LC}$$

De este modo, la frecuencia de las oscilaciones de un circuito LC, llamada *frecuencia de resonancia,* es

$$f_0 = \frac{1}{2\pi\sqrt{LC}} \qquad [6.21]$$

• *Frecuencia de resonancia de un circuito LC*

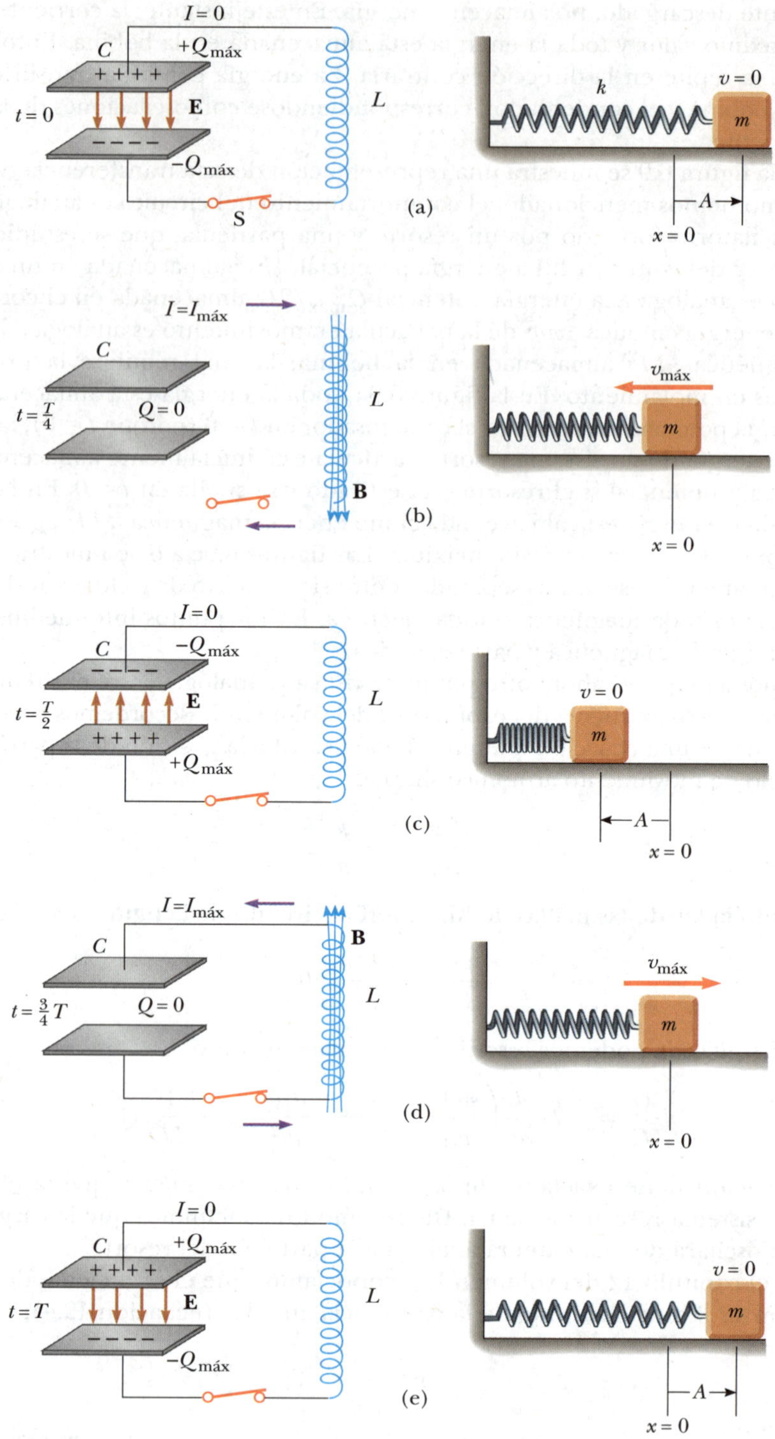

Figura 6.9

Transferencia de energía en un circuito LC sin resistencia. El condensador tiene una carga $Q_{\text{máx}}$ en $t = 0$ cuando se cierra el interruptor. La analogía mecánica de este circuito, el sistema resorte-partícula, se muestra a la derecha.

El circuito que Hertz usaba en sus investigaciones sobre las ondas electromagnéticas se muestra esquemáticamente en la figura 6.10. Una bobina de inducción (una gran bobina de alambre) se conecta a dos esferas de metal con un estrecho vacío entre ellas, para formar un condensador. Las oscilaciones se inician enviando pulsos cortos de voltaje de la bobina a las esferas, cargando a una positiva y a la otra negativamente. Como los valores de L y C son bastante pequeños en este circuito, la frecuencia de las oscilaciones es bastante alta, $f \approx 100$ MHz. Este circuito se denomina transmisor (o emisor), porque produce ondas electromagnéticas.

Hertz colocó un segundo circuito, el receptor, a varios metros del circuito transmisor. Este circuito receptor, que consistía en una única espira de alambre conectada a dos esferas, tiene su propia inductancia efectiva, su propia capacidad y su propia frecuencia natural de oscilación. Hertz descubrió que se enviaba energía desde el transmisor hacia el receptor cuando la frecuencia de resonancia del receptor se ajustaba a la del transmisor.* La transferencia de energía era detectada cuando el voltaje entre las esferas del circuito receptor era lo bastante alto como para ionizar las moléculas de aire, provocando la aparición de chispas en el espacio de separación entre las dos esferas. El experimento de Hertz es análogo al fenómeno mecánico en el que un diapasón responde a las vibraciones acústicas de un diapasón idéntico a él. En el caso del diapasón, la energía se transfiere de un diapasón al otro por medio del sonido, mientras que el mecanismo de transferencia en el aparato de Hertz es la radiación electromagnética.

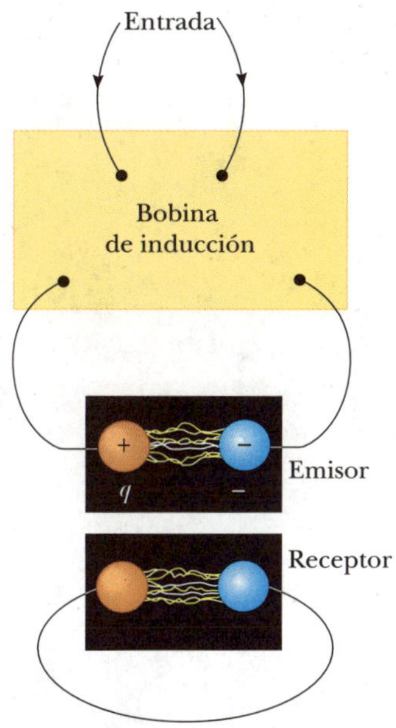

Figura 6.10

Diagrama esquemático del aparato de Hertz para generar y detectar ondas electromagnéticas. El emisor consistía en dos electrodos esféricos conectados a una bobina de inducción, la cual proporcionaba pulsos cortos de voltaje a las esferas, estableciendo oscilaciones durante la descarga. El receptor es una espira cercana que contiene una segunda separación donde también tienen lugar descargas.

Hertz supuso que la energía transferida desde el transmisor hasta el receptor era transportada en forma de ondas, las cuales sabemos ahora que eran ondas electromagnéticas. En una serie de experimentos, también mostró que la radiación generada en el transmisor exhibía las propiedades ondulatorias de interferencia, difracción, reflexión, refracción y polarización. Como veremos en breve, todas estas son también propiedades de la luz. Así, resultó evidente que las ondas observadas por Hertz tenían propiedades similares a las de la luz y diferían únicamente en la frecuencia y en la longitud de onda.

Posiblemente, el experimento de Hertz más convincente fue su medida de la rapidez de las ondas generadas por el transmisor. Una serie de ondas procedentes del transmisor y de frecuencia conocida fueron reflejadas sobre una lámina de metal, de manera que apareciese un patrón de nodos y antinodos, similar al patrón de una onda estacionaria en una cuerda tensa. Como vimos en nuestra explicación acerca de las ondas estacionarias (capítulo 14 del volumen I), la distancia entre los nodos es $\lambda/2$ y, de esta manera, Hertz fue capaz de determinar la longitud de onda λ. Utilizando la relación $v = f\lambda$, Hertz obtuvo que v era próxima a 3.00×10^8 m/s, la rapidez conocida de la luz visible. De esta manera, los experimentos de Hertz proporcionaron la primera evidencia para apoyar la teoría de Maxwell.

PIENSE EN LA FÍSICA 6.2

En las emisiones de radio, se utiliza una onda de radio como onda portadora y la onda de sonido se superpone sobre la onda portadora. En la modulación de amplitud (radio AM), la amplitud de la onda portadora varía de acuerdo con la onda de sonido. (La palabra *modulación* significa "modificación".) En la modulación de frecuencia (radio FM), la frecuencia de la onda portadora varía de acuerdo con la onda de sonido. A veces, los barcos utilizan destellos de luz para enviar código Morse a otros barcos próximos, un proceso similar al de la radiodifusión. ¿Se trata de AM o de FM?

* Siguiendo los descubrimientos de Hertz, Guglielmo Marconi logró desarrollar un sistema práctico de comunicación por radio de gran alcance. Este sistema todavía se utiliza actualmente.

¿Cuál es la frecuencia portadora? ¿Cuál es la frecuencia de señal? ¿Cuál es la antena receptora?

Razonamiento. El parpadeo de la luz de acuerdo con el código Morse es una modulación en amplitud drástica: la amplitud cambia desde un máximo hasta cero. En este sentido, es similar al código binario de unos y ceros utilizado en las computadoras y en los discos compactos. La frecuencia portadora es la de la luz visible, del orden de 10^{14} Hz. La frecuencia de la señal depende de la habilidad del operador, pero suele ser del orden de pocos hertz, a medida que la luz se enciende y se apaga. La antena transmisora de esta señal modulada es el filamento del foco que emite la señal. La antena receptora es el ojo.

6.5 • ENERGÍA TRANSPORTADA POR LAS ONDAS ELECTROMAGNÉTICAS

En la sección 13.6 del volumen I, descubrimos que las ondas mecánicas transportan energía. Las ondas electromagnéticas también transportan energía, y cuando se propagan a través del espacio, pueden transferir energía a los objetos que se encuentren en su camino. Esta noción fue introducida en el capítulo 6 del volumen I, cuando discutimos los mecanismos de transferencia en la ecuación de conservación de la energía y fue resaltada de nuevo en el capítulo 17 del volumen I, en la explicación sobre la radiación térmica. La razón de flujo de energía en una onda electromagnética está descrita por un vector **S**, llamado **vector de Poynting**, definido por la expresión

¡ADVERTENCIA! 6.3

Un valor instantáneo

El vector de Poynting dado en la ecuación 6.22 depende del tiempo. Su magnitud varía respecto al tiempo, alcanzando un valor máximo en el mismo instante en el que las magnitudes de **E** y **B** lo alcanzan. Calcularemos el valor promedio de transferencia de energía un poco más adelante.

$$\mathbf{S} \equiv \frac{1}{\mu_0}\mathbf{E} \times \mathbf{B} \qquad [6.22]$$

La magnitud del vector de Poynting representa la razón con la cual la energía fluye a través de una superficie de área unitaria perpendicular al flujo, y la dirección del vector de Poynting es la de propagación de la onda (figura 6.11). De esta manera, el vector de Poynting representa una *potencia por unidad de área.* Las unidades en el SI del vector de Poynting son $\text{J/s} \cdot \text{m}^2 = \text{W/m}^2$.

Como ejemplo, vamos a calcular la magnitud de **S** para una onda electromagnética plana. Tenemos que $|\mathbf{E} \times \mathbf{B}| = EB$, debido a que **E** y **B** son perpendiculares entre sí. En este caso,

$$S = \frac{EB}{\mu_0} \qquad [6.23]$$

Ya que $B = E/c$ podemos expresar esto como

$$S = \frac{E^2}{\mu_0 c} = \frac{cB^2}{\mu_0}$$

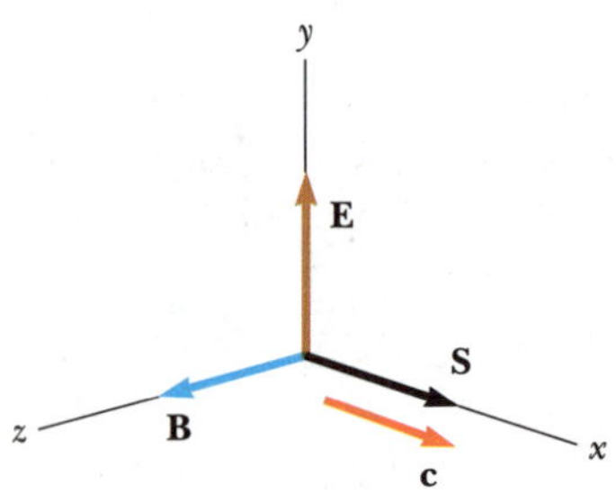

Figura 6.11

El vector de Poynting **S** para una onda electromagnética apunta a lo largo de la dirección de propagación de la onda.

Estas ecuaciones para S son válidas para cualquier instante.

Para una onda electromagnética senoidal, es más interesante el valor promedio respecto del tiempo de S a lo largo de uno o más ciclos, llamado la **intensidad *I***. Cuando se calcula este promedio, obtenemos una expresión en la que aparece el valor promedio de $\cos^2(kx - \omega t)$, que es igual a $\frac{1}{2}$. Por tanto, el valor promedio de S (o la intensidad de la onda) es

• *Intensidad*

$$I = S_{\text{prom}} = \frac{E_{\text{máx}} B_{\text{máx}}}{2\mu_0} = \frac{E_{\text{máx}}^2}{2\mu_0 c} = \frac{cB_{\text{máx}}^2}{2\mu_0} \qquad [6.24]$$

Recuerde que la energía por unidad de volumen u_E, que es la densidad de energía instantánea asociada con un campo eléctrico (sección 2.9) está dada por la ecuación 2.31:

$$u_E = \tfrac{1}{2}\epsilon_0 E^2 \qquad \textbf{[6.25]}$$

y que la densidad de energía instantánea u_B asociada con un campo magnético (sección 5.7) está dada por la ecuación 5.22:

$$u_B = \frac{B^2}{2\mu_0} \qquad \textbf{[6.26]}$$

Debido a que E y B varían respecto al tiempo en una onda electromagnética, las densidades de energía también varían respecto al tiempo. Utilizando las relaciones $B = E/c$ y $c = 1/\sqrt{\epsilon_0\mu_0}$, la ecuación 6.26 se convierte en

$$u_B = \frac{(E/c)^2}{2\mu_0} = \frac{\epsilon_0\mu_0}{2\mu_0}E^2 = \tfrac{1}{2}\epsilon_0 E^2$$

Comparando este resultado con la expresión para u_E, vemos que

$$u_B = u_E$$

Esto es, **para una onda electromagnética, la densidad de energía instantánea asociada con el campo magnético es igual a la densidad de energía instantánea asociada con el campo eléctrico**. Por tanto, en un volumen dado, la energía está repartida por igual entre los dos campos.

La **densidad de energía instantánea total** u es igual a la suma de las densidades de energía asociadas con los campos eléctrico y magnético:

$$u = u_E + u_B = \epsilon_0 E^2 = \frac{B^2}{\mu_0}$$

• *Densidad instantánea total de energía de una onda electromagnética*

Cuando promediamos esto a lo largo de uno o más periodos de una onda electromagnética, obtenemos de nuevo el factor $\frac{1}{2}$. Por tanto, la energía total promedio por unidad de volumen de una onda electromagnética es

$$u_{\text{prom}} = \epsilon_0 (E^2)_{\text{prom}} = \tfrac{1}{2}\epsilon_0 E^2_{\text{máx}} = \frac{B^2_{\text{máx}}}{2\mu_0} \qquad \textbf{[6.27]}$$

• *Densidad de energía promedio de una onda electromagnética*

Comparando este resultado con la ecuación 6.24 para el valor promedio de S, vemos que

$$I = S_{\text{prom}} = c\,u_{\text{prom}} \qquad \textbf{[6.28]}$$

En otras palabras, **la intensidad de una onda electromagnética es igual a la densidad promedio de energía multiplicada por la rapidez de la luz.**

Pregunta rápida 6.2

Una onda electromagnética transfiere energía a lo largo del eje z positivo. En un cierto instante, el vector del campo eléctrico está orientado en la dirección negativa de x. ¿En qué dirección apunta el vector del campo magnético en ese instante?

Ejemplo 6.2 Campos debidos a una fuente puntual

Una fuente puntual de radiación electromagnética tiene una potencia promedio de 800 W. Calcular los valores máximos de los campos eléctrico y magnético en un punto situado a 3.50 m de la fuente.

Solución. Para ondas que se propagan uniformemente desde una fuente puntual, la energía de la onda a una distancia *r* de la fuente se distribuye sobre el área de una esfera imaginaria de radio *r*. Así, la intensidad de la radiación en un punto de la esfera es

$$I = \frac{\mathcal{P}_{\text{prom}}}{4\pi r^2}$$

donde $\mathcal{P}_{\text{prom}}$ es la potencia promedio emitida por la fuente y $4\pi r^2$ es el área de la esfera centrada en la fuente. Debido a que la intensidad de una onda electromagnética puede escribirse también a partir de la ecuación 6.24, tenemos que

$$I = \frac{\mathcal{P}_{\text{prom}}}{4\pi r^2} = \frac{E_{\text{máx}}^2}{2\mu_0 c}$$

Despejando $E_{\text{máx}}$ obtenemos

$$E_{\text{máx}} = \sqrt{\frac{\mu_0 c \mathcal{P}_{\text{prom}}}{2\pi r^2}}$$

$$= \sqrt{\frac{(4\pi \times 10^{-7}\ \text{T}\cdot\text{m/A})(3.00 \times 10^8\ \text{m/s})(800\ \text{W})}{2\pi(3.50\ \text{m})^2}}$$

$$= 62.6\ \text{V/m}$$

Calculamos el valor máximo del campo magnético utilizando este resultado y la ecuación 6.20:

$$B_{\text{máx}} = \frac{E_{\text{máx}}}{c} = \frac{62.6\ \text{V/m}}{3.00 \times 10^8\ \text{m/s}} = 2.09 \times 10^{-7}\ \text{T}$$

EJERCICIO. Calcular la densidad de energía a 3.50 m de la fuente puntual.

Respuesta: $1.73 \times 10^{-8}\ \text{J/m}^3$

6.6 • MOMENTUM Y PRESIÓN DE RADIACIÓN

Las ondas electromagnéticas transportan momentum además de energía. De esto se deduce que, cuando una onda electromagnética incide sobre una superficie, ejerce una presión sobre ella. En lo que sigue, supondremos que la onda electromagnética transporta una energía total U hacia una superficie en un intervalo de tiempo Δt. Si la superficie absorbe toda la energía incidente U en este tiempo, Maxwell demostró que el momentum total **p** que adquiere esta superficie es

• *Momentum que adquiere una superficie perfectamente absorbente*

$$p = \frac{U}{c} \quad \text{(absorción completa)} \qquad [6.29]$$

Además, si la intensidad de la onda es I, la presión de radiación P (fuerza por unidad de área) ejercida sobre la superficie perfectamente absorbente es

• *Presión de radiación ejercida sobre una superficie perfectamente absorbente*

$$P = \frac{I}{c} \qquad [6.30]$$

Una superficie absorbente para la cual toda la energía incidente es absorbida (no se refleja nada) se denomina **cuerpo negro**. En el capítulo 10 se realizará una explicación más detallada sobre un cuerpo negro.

Si la superficie es un reflector perfecto, entonces el momentum que adquiere la superficie en un intervalo de tiempo Δt (para incidencia perpendicular) es el doble de la indicada en la ecuación 6.29, o $p = 2U/c$. Esto es, primero, un momentum U/c es cedida por la onda incidente, y luego otro momentum igual es cedida por la onda reflejada, en analogía con una bola que colisione elásticamente con una pared.* Finalmente, la presión de radiación ejercida sobre una superficie reflectora perfecta para incidencia perpendicular de una onda es el doble de la indicada en la ecuación 6.30, o $P = 2I/c$.

* Para incidencia *oblicua*, el momentum comunicado es $2U\cos\theta/c$ y la presión está dada por $P = 2S\cos^2\theta/c$, donde θ es el ángulo formado por la normal a la superficie y la dirección de propagación.

Aunque las presiones de radiación son muy pequeñas (del orden de 5×10^{-6} N/m^2 para la luz del Sol), han sido medidas utilizando balanzas de torsión como la mostrada en la figura 6.12. Se hace incidir la luz sobre un espejo o sobre un disco negro, ambos suspendidos de un hilo muy fino. La luz que incide sobre el disco negro es absorbida completamente, y así todo su momentum es transferido al disco. La luz que incide sobre el espejo (incidencia normal) es reflejada totalmente, por lo que el momentum transferido es el doble de la transferida al disco. La presión de radiación se determina midiendo el ángulo que gira la varilla que los une. El aparato debe someterse a un alto vacío, para eliminar los efectos de las corrientes de aire.

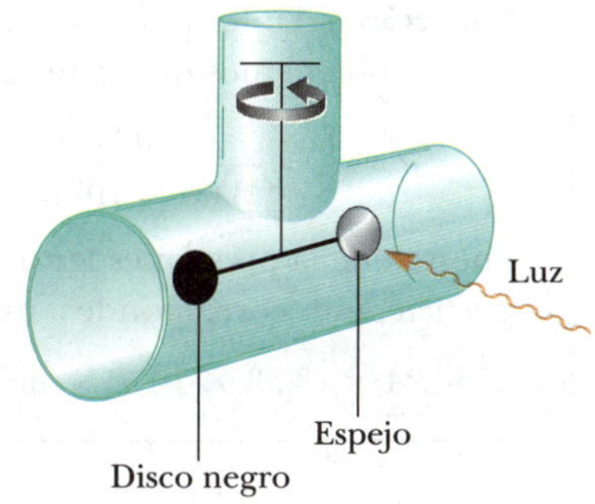

Figura 6.12 Un aparato para medir la presión ejercida por la luz. En la práctica, el sistema está sometido a un vacío profundo.

Pregunta rápida 6.3

En un aparato como el mostrado en la figura 6.12, suponga que el disco negro se remplaza por uno de radio igual a la mitad del primero. ¿Cuáles de las siguientes magnitudes cambian después de remplazar el disco? (a) Presión de radiación sobre el disco; (b) fuerza de radiación sobre el disco; (c) momentum comunicado al disco en un intervalo de tiempo dado.

PIENSE EN LA FÍSICA 6.3

En el espacio interplanetario del sistema solar hay una gran cantidad de polvo. Aunque este polvo puede tener teóricamente una gran variedad de tamaños, desde un tamaño molecular en adelante, muy poca cantidad es menor que 0.2 μm en nuestro sistema solar. ¿Por qué? (*Sugerencia:* El sistema solar contenía originalmente partículas de polvo de todos los tamaños.)

Razonamiento. Las partículas de polvo del sistema solar están sometidas a dos fuerzas: la fuerza gravitacional hacia el Sol y la fuerza debida a la presión de radiación, dirigida hacia fuera del Sol. La fuerza gravitacional es proporcional al cubo del radio de una partícula de polvo esférica, debido a que es proporcional a la masa de la partícula. La presión de radiación es proporcional al cuadrado del radio, debido a que depende de la sección transversal plana de la partícula. Para partículas grandes, la fuerza gravitacional es mayor que la fuerza de la presión de radiación. Para las partículas pequeñas, menores de 0.2 μm, la fuerza de la presión de radiación es mayor, y desplaza estas partículas hacia fuera del sistema solar.

Ejemplo 6.3 Energía solar

El Sol entrega alrededor de 1000 W/m^2 de energía a la superficie de la Tierra. (a) Calcular la potencia incidente total sobre un tejado de dimensiones 8.00 m × 20.0 m.

Solución. El vector de Poynting tiene un valor promedio $I = S_{\text{prom}} = 1\,000 \text{ W/m}^2$, lo cual representa la potencia por unidad de superficie. Suponiendo que la radiación incide normalmente sobre la azotea, podemos obtener la potencia sobre la azotea completa como:

$$\mathcal{P} = IA = (1\,000 \text{ W/m}^2)(8.00 \times 20.0 \text{ m}^2) = \boxed{1.60 \times 10^5 \text{ W}}$$

Si la energía solar pudiese convertirse completamente en energía eléctrica, podría proporcionar potencia más que suficiente para una vivienda promedio. Sin embargo, la energía solar no se puede almacenar fácilmente y las perspectivas para una conversión a gran escala no son tan brillantes como podría parecer a partir de este simple cálculo. Por ejemplo, la eficiencia de conversión de la energía solar en energía eléctrica es típicamente 10% para las células fotovoltaicas. Los sistemas de montaje para azotea que convierten energía solar en energía interna tienen una eficiencia aproximada de 50%; de cualquier manera, la energía solar presenta otros problemas prácticos que deben tenerse en cuenta, tal como los días nublados, la situación geográfica y el almacenamiento de la energía.

(b) Determinar la presión de radiación y la fuerza de radiación sobre el tejado suponiendo que el recubrimiento de la azotea es un absorbente perfecto.

Solución. Utilizando la ecuación 6.30 con $I = 1\,000$ W/m^2, obtenemos que la presión de radiación es

$$P = \frac{I}{c} = \frac{1\,000\ \text{W/m}^2}{3.00 \times 10^8\ \text{m/s}} = 3.33 \times 10^{-6}\ \text{N/m}^2$$

Puesto que la presión es igual a la fuerza por unidad de superficie, esto corresponde a una fuerza de radiación de

$$F = PA = (3.33 \times 10^{-6}\ \text{N/m}^2)(160\ \text{m}^2) = 5.33 \times 10^{-4}\ \text{N}$$

EJERCICIO. ¿Cuánta energía solar (en joules) incide sobre la azotea en 1.00 h?

Respuesta: 5.76×10^8 J.

Ejemplo 6.4 Presión debida a un puntero láser

Mucha gente que realiza presentaciones utiliza un puntero láser para dirigir la atención de la audiencia. Si un puntero de 3.0 mW crea un punto de 2.0 mm de diámetro, determinar la presión de radiación sobre una pantalla que refleja 70% de la luz que incide sobre ella. La potencia de 3.0 mW es la potencia promediada en el tiempo.

Solución. Ciertamente, no esperamos que la presión sea muy elevada. Antes de poder calcularla, vamos a determinar la intensidad del haz dividiendo la potencia promediada en el tiempo transportada por la onda electromagnética entre el área de la sección transversal del haz

$$I = \frac{\mathcal{P}}{A} = \frac{\mathcal{P}}{\pi r^2} = \frac{3.0 \times 10^{-3}\ \text{W}}{\pi\left(\dfrac{2.0 \times 10^{-3}\ \text{m}}{2}\right)^2} = 9.6 \times 10^2\ \text{W/m}^2$$

Esto es aproximadamente igual a la intensidad de la luz del Sol en la superficie de la Tierra. (Por eso, no es seguro dirigir el haz de un puntero láser hacia el ojo de una persona, igual que es peligroso mirar directamente al Sol.)

Vamos a calcular ahora la presión de radiación del haz de láser. Un haz completamente reflejado ejercería una presión $P = 2I/c$. Podemos representar el proceso de reflexión de un reflector perfecto como sigue. Imaginemos que la superficie absorbe el haz, resultando una presión $P = I/c$. Después, la superficie emite el haz, resultando una presión adicional $P = I/c$. Si la superficie emite solamente una fracción f del haz (o sea, f es la fracción del haz incidente que es reflejado), entonces la presión debida al haz emitido es $P = fI/c$. Así, la presión total sobre la superficie debida a la absorción y reemisión (reflexión) es

$$P = \frac{I}{c} + f\frac{I}{c} = (1 + f)\,\frac{I}{c}$$

Para un haz que es reflejado en un 70%, la presión sería

$$P = (1 + 0.70)\,\frac{9.6 \times 10^2\ \text{W/m}^2}{3.0 \times 10^8\ \text{m/s}} = 5.4 \times 10^{-6}\ \text{N/m}^2$$

Éste es un valor extremadamente pequeño, como esperábamos. (Recuerde, de la sección 15.1 del volumen I, que la presión atmosférica es aproximadamente 10^5 N/m^2.)

Navegación espacial

Cuando imaginamos un viaje a otro planeta, normalmente pensamos en un cohete tradicional que convierte la energía química del combustible contenido en la nave espacial en energía cinética de la nave espacial. Una alternativa interesante a esta aproximación es la **navegación espacial a vela**. Una nave espacial a vela incorpora una vela muy grande que refleja la luz. El movimiento de la nave espacial depende de la presión de la luz, es decir, de la fuerza ejercida sobre la vela por la reflexión de la luz del Sol. Los cálculos realizados (antes que los recortes en el presupuesto del gobierno de los Estados Unidos diesen temprano carpetazo a los proyectos de navegación espacial de este estilo) mostraban que una nave a vela podría viajar desde y hacia los planetas en tiempos similares a los de los cohetes tradicionales, pero con un costo menor.

Vamos a establecer la física del funcionamiento de una nave a vela y realizaremos algunos cálculos sobre las fuerzas y aceleraciones esperadas a partir del modelo fotónico de la luz (sección 9.7 del volumen I). Supondremos un modelo simplificado: la vela es perfectamente reflectora y está orientada perpendicularmente a los rayos del Sol. La nave a vela está en órbita alrededor de la Tierra. Un fotón que golpee la vela se reflejará hacia atrás, experimentando una variación en el momentum igual al doble de su el momentum inicial p. Así, de acuerdo con la segunda ley de Newton, la fuerza sobre la vela debido a la reflexión del fotón es

$$F = \frac{\Delta p}{\Delta t} = \frac{2p}{\Delta t}$$

Para un fotón, la relación entre el momentum y la energía es (ecuación 9.23 del volumen I)

$$p = \frac{E}{c}$$

Así, para un único fotón, la fuerza ejercida sobre la vela es

$$F = \frac{2E}{c\,\Delta t}$$

Si consideramos todos los fotones provenientes del Sol, podemos calcular la fuerza total sobre la vela a partir de ΔE, el flujo de energía radiante sobre la vela en el intervalo de tiempo Δt:

$$F_{\text{total}} = \frac{2}{c}\frac{\Delta E}{\Delta t} = \frac{2}{c}\mathcal{P}$$

donde $\mathcal{P}$ es la potencia asociada a la luz del Sol. La potencia está relacionada con la constate solar I_S, que es la intensidad de la luz del Sol en la posición de la Tierra. Utilizaremos esta relación para obtener la presión solar P sobre la vela:

$$P = \frac{F_{\text{total}}}{A} = \frac{2\mathcal{P}}{cA} = \frac{2I_S}{c}$$

Este resultado es el mismo que obtuvo Maxwell utilizando el modelo ondulatorio de la luz.

Vamos a calcular ahora la presión sobre una vela a una distancia del Sol igual al radio de la órbita de la Tierra., utilizando la constante solar $I_S = 1\,340\ \text{W/m}^2$:

$$P = \frac{2I_S}{c} = \frac{2(1\,340\ \text{W/m}^2)}{3.0 \times 10^8\ \text{m/s}} = 8.9 \times 10^{-6}\ \text{N/m}^2$$

Una vela más grande se verá sometida a una fuerza mayor, por lo que deberemos optar por una vela tan grande como sea posible. Sin embargo, una vela mayor tendrá más masa. En la navegación espacial a vela, se define un parámetro llamado *carga de vela* σ como la masa (de la vela y la carga) por unidad de superficie (de la vela):

$$\sigma = \frac{m_{\text{vela+carga}}}{A_{\text{vela}}}$$

Utilizando el parámetro de carga de vela y la segunda ley de Newton, podemos calcular la aceleración de la nave espacial a vela:

$$a_{\text{ideal}} = \frac{F}{m_{\text{vela+carga}}} = \frac{PA_{\text{vela}}}{m_{\text{vela+carga}}} = \frac{P}{\sigma} = \frac{8.9 \times 10^{-6}\ \text{N/m}^2}{\sigma}$$

Ésta es una aceleración ideal, ya que hemos supuesto que todo fotón se refleja en la vela. En la realidad, algunos fotones son absorbidos y otros pueden atravesar la vela. Actualmente se estima que se pueden fabricar materiales de tamaño suficiente para las velas en los que el coeficiente de reflexión es de 90%. Así, utilizando la técnica del ejemplo 6.4, la presión sobre la vela es 1.90 I_S/c en lugar de $2I_S/c$ y la aceleración esperada será

$$a_{\text{esperada}} = \frac{1.90}{2}\,a_{\text{ideal}} = \frac{8.5 \times 10^{-6}\ \text{N/m}^2}{\sigma}$$

¡ADVERTENCIA! 6.4

Demasiadas *p*

Tenga cuidado con esta explicación de la navegación espacial. Tenemos una p para el momentum, P para la presión y $\mathcal{P}$ para la potencia.

WEB

Para más información sobre la navegación solar a vela, visite **www.ugcs.caltech.edu/~diedrich/solarsails/**
Para ver un artículo de la NASA sobre navegación solar a vela visite **science.nasa.gov/headlines/ y2000/ast28jun_1m.htm**

Para velas de muy alta calidad, la carga de vela tiene un valor esperado de $\sigma = 1.4 \times 10^{-3}$ kg/m^2. Con este valor, podemos esperar una aceleración de

$$a_{\text{esperada}} = \frac{8.5 \times 10^{-6}\ \text{N/m}^2}{1.4 \times 10^{-3}\ \text{kg/m}^2} = 6.1 \times 10^{-3}\ \text{m/s}^2 = 6.1\ \text{mm/s}^2$$

Este cálculo supone que la única fuerza sobre la nave es la debida a la luz reflejada. Consideremos también la fuerza gravitacional ejercida sobre la nave por el Sol. En ausencia de cualquier fuerza debida a la luz del Sol, la aceleración de la nave hacia el Sol debida a la fuerza gravitacional deberá ser igual al valor del campo gravitacional debido al Sol en la posición de la nave:

$$g = G\frac{M_{\text{Sol}}}{r^2} = (6.67 \times 10^{-11}\ \text{N}\cdot\text{m}^2/\text{kg}^2)\frac{2.0 \times 10^{30}\ \text{kg}}{(1.5 \times 10^{11}\ \text{m})^2}$$
$$= 5.9 \times 10^{-3}\ \text{m/s}^2 = 5.9\ \text{mm/s}^2$$

¡Éste es, aproximadamente, el mismo valor de la aceleración sobre nuestra nave debida a la fuerza ejercida por la luz del Sol! Si estos dos valores son comparables, la nave puede considerarse como una partícula en equilibrio: la fuerza gravitacional atractiva del Sol compensa la fuerza hacia fuera del Sol ejercida por la luz solar. Si la nave tiene una rapidez inicial, alejándose del Sol en alguna dirección, se moverá en línea recta bajo la acción de estas dos fuerzas, sin necesidad de combustible. Una nave espacial tradicional con los cohetes apagados se iría frenando debido a la fuerza gravitacional del Sol que actúa sobre ella. Tanto la fuerza sobre la vela como la fuerza gravitatoria del Sol disminuyen con la inversa del cuadrado de la distancia entre el Sol y la nave espacial. De esta manera, en teoría, el movimiento en línea recta de la nave continuaría sin necesidad de combustible.

Antes de terminar la discusión de la navegación espacial a vela, mencionaremos un hipotético modo de enviar una nave espacial a vela a otra estrella. Utilizando simplemente el movimiento impartido por el Sol a la nave a vela, ésta podría alcanzar Alpha Centauri en aproximadamente 10 000 años. Este intervalo de tiempo puede ser reducido hasta 30 o 100 años utilizando un *sistema potenciador de haz*. En este tipo de sistema, la luz proveniente del Sol es capturada por un dispositivo en órbita alrededor de la Tierra, que la convierte en un haz láser o de microondas dirigido hacia la nave. La fuerza de este haz intenso de radiación aumenta la aceleración de la nave, de manera que el tiempo de tránsito se reduce significativamente. Los cálculos indican que la nave podría alcanzar rapidez teóricas de 20% de la rapidez de la luz utilizando esta técnica.

6.7 • ESPECTRO DE LAS ONDAS ELECTROMAGNÉTICAS

Hemos visto que todas las ondas electromagnéticas se propagan en el vacío a la rapidez de la luz, *c*. Estas ondas transportan energía y momentum desde una fuente. En 1888, Hertz generó y detectó con éxito las ondas electromagnéticas de radiofrecuencia predichas por Maxwell. El propio Maxwell había reconocido como ondas electromagnéticas tanto a la luz visible como a la radiación del infrarrojo cercano descubierta en 1800 por William Herschel. Ahora sabemos que existen otras formas de ondas electromagnéticas que se diferencian entre sí por su frecuencia y su longitud de onda.

Las ondas electromagnéticas se propagan a través del vacío con rapidez *c*, frecuencia f y longitud de onda λ. Los diferentes tipos de onda electromagnética, todas producidos por cargas aceleradas, se muestran en la figura 6.13. Observe el amplio rango de frecuencias y longitudes de onda. Por ejemplo, una onda de radio de frecuencia 94.7 MHz (un valor típico) tiene una longitud de onda

$$\lambda = \frac{c}{f} = \frac{3.00 \times 10^8\ \text{m/s}}{94.7 \times 10^6\ \text{Hz}} = 3.17\ \text{m}$$

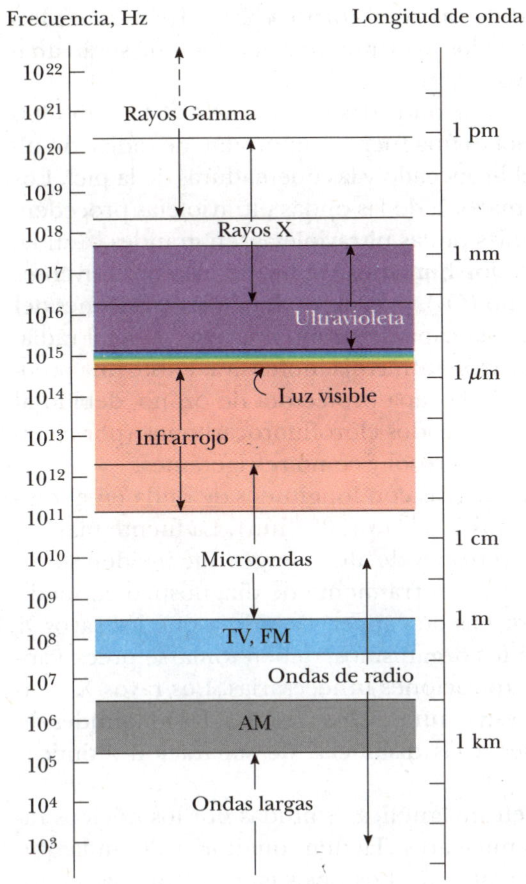

Figura 6.13

El espectro electromagnético. Observe el traslape entre los tipos de onda adyacentes.

Vamos a describir brevemente los tipos de ondas mostrados en la figura 6.13.

Las **ondas de radio** son el resultado de cargas aceleradas, por ejemplo, a través de hilos conductores en una antena de radio. Son generadas por dispositivos electrónicos tales como los osciladores *LC* y se utilizan en sistemas de comunicación como la radio y la televisión.

Las **microondas** (ondas de radio de longitud de onda corta) tienen longitudes de onda en un rango que va desde alrededor de 1 mm hasta 30 cm y son generadas también por dispositivos electrónicos. Debido a sus longitudes de onda corta, son muy útiles para los sistemas de radar utilizados en la navegación aérea y para el estudio de las propiedades atómicas y moleculares de la materia. Los hornos de microondas son una aplicación doméstica de estas ondas.

Las **ondas infrarrojas** tienen longitudes de onda que van desde alrededor de 1 mm hasta las longitudes de onda más largas de la luz visible, 7×10^{-7} m. Estas ondas, producidas por los objetos a temperatura ambiente y por las moléculas, son rápidamente absorbidas por la mayoría de los materiales. La radiación infrarroja tiene muchas aplicaciones prácticas y científicas, incluyendo la fisioterapia, la fotografía infrarroja y la espectroscopia vibracional. El control remoto de su televisión, videocasetera o DVD posiblemente utilice un haz infrarrojo para comunicarse con el correspondiente dispositivo.

La **luz visible**, la forma más familiar de las ondas electromagnéticas, es la parte del espectro que puede detectar el ojo humano. La luz es producida por objetos calientes tales como los filamentos de los focos o por la redistribución de los electrones en átomos y moléculas. Las longitudes de onda de la luz visible se clasifican por colores, abarcando desde el violeta ($\lambda \approx 4 \times 10^{-7}$ m) hasta el rojo ($\lambda \approx 7 \times 10^{-7}$ m). La sensibilidad del ojo es una función de la longitud de onda

¡ADVERTENCIA! 6.5

Rayos caloríficos

Los rayos infrarrojos son llamados a menudo "rayos caloríficos". Esto es un nombre inapropiado. Aunque la radiación infrarroja se utiliza para elevar o mantener la temperatura, como en el caso de un calentador de alimentos con "lámparas de calor" en un restaurante de comida rápida, todas las longitudes de onda de la radiación electromagnética llevan energía que puede hacer que aumente la temperatura de un sistema. Como ejemplo, considere la utilización de su horno microondas para asar una patata, cuya temperatura aumenta debido a las microondas.

WEB

Para obtener más información y más enlaces sobre el espectro electromagnético, visite **imagine.gsfc.nasa.gov/docs/introduction/emspectrum.html**

y tiene un máximo para una longitud de onda en torno a 5.5×10^{-7} (amarillo-verde). La luz es la base de la óptica y de los instrumentos ópticos, que serán analizados en los capítulos 7 a 9 de este volumen.

La **luz ultravioleta** cubre longitudes de onda desde cerca de 4×10^{-7} m (400 nm) hasta los 6×10^{-10} (0.6 nm). El Sol es una fuente importante de radiación ultravioleta, que es la causa principal del bronceado y las quemaduras de la piel. Los átomos de la estratosfera absorben la mayoría de las ondas ultravioletas procedentes del Sol. (Esto es una suerte, ya que las ondas ultravioletas, en grandes cantidades, tienen efectos perjudiciales sobre los humanos.) Uno de los constituyentes importantes de la estratosfera es el ozono (O_3), el cual resulta de las reacciones del oxígeno con la radiación ultravioleta. Esta capa de ozono convierte la letal radiación ultravioleta de alta energía en radiación infrarroja inofensiva. Existe una preocupación creciente por la destrucción de la capa protectora de ozono, debido al uso de una clase de productos químicos llamados clorofluorocarbonos (por ejemplo, el freón) en los atomizadores de tipo aerosol y como refrigerantes.

Los **rayos X** son ondas electromagnéticas con longitudes de onda en el rango situado entre los 10^{-8} m (10 nm) y los 10^{-13} m (10^{-4} nm). La fuente más común de rayos X es la aceleración de electrones de alta energía que inciden sobre un metal. Los rayos X son utilizados como herramienta de diagnóstico en medicina y como tratamiento de ciertas formas de cáncer. Debido a que los rayos X dañan o destruyen los tejidos vivos en los organismos, deben tomarse precauciones para evitar exposiciones o sobreexposiciones innecesarias. Los rayos X también son utilizados en el estudio de la estructura de los cristales: las longitudes de onda de los rayos X son comparables a las distancias de separación atómicas (≈ 0.1 nm) en los sólidos.

Los **rayos gamma** son ondas electromagnéticas emitidas por los núcleos radiactivos y durante ciertas reacciones nucleares. Tienen longitudes de onda que van desde los 10^{-10} m hasta menos de 10^{-14} m. Los rayos gamma son altamente penetrantes y producen un daño importante cuando son absorbidos por los tejidos vivos. Consecuentemente, aquellos que trabajan cerca de una radiación tan peligrosa deben estar protegidos con materiales altamente absorbentes, como por ejemplo capas de plomo.

Pregunta rápida 6.4

Como hemos mencionado en la sección Piense en la física 6.2, la *AM* de la radio significa *amplitud modulada* y *FM* significa *frecuencia modulada.* Si nuestros ojos pudiesen ver las ondas electromagnéticas provenientes de una antena de radio, ¿qué aspectos visuales asociados con las ondas (por ejemplo brillo, color) podríamos ver cambiar al pasar de una onda AM a una onda FM?

APLICACIÓN

Frecuencia de máxima sensibilidad del ojo

PIENSE EN LA FÍSICA 6.4

La frecuencia de máxima sensibilidad de nuestros ojos coincide con el centro de la distribución de longitudes de onda del Sol. ¿Es esto una increíble coincidencia?

Razonamiento. No se trata de una coincidencia, sino del resultado de la evolución biológica. Los humanos han evolucionado hasta ser visualmente más sensibles a las longitudes de onda que son más fuertes en el Sol. Es una conjetura interesante imaginar alienígenas de otros planetas, con un Sol con diferente temperatura, llegando a la Tierra. Sus ojos podrían tener su máximo de sensibilidad en una longitud de onda diferente que nosotros. ¿Cómo podría su visión de la Tierra compararse con la nuestra?

6.8 • POLARIZACIÓN

Como hemos visto en la sección 6.3, los vectores eléctrico y magnético asociados con una onda electromagnética son perpendiculares entre sí, y también lo son respecto a la dirección de propagación de la onda, como se muestra en la figura 6.6. El fenómeno de la polarización descrito en esta sección es una propiedad que está relacionada con la dirección de los campos eléctricos y magnéticos asociados con una onda electromagnética.

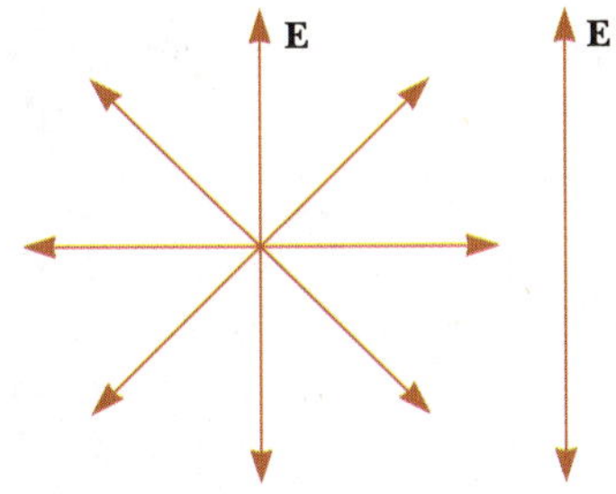

(a) (b)

Figura 6.14

(a) Un haz de luz no polarizado visto a lo largo de la dirección de propagación (perpendicular a la página). El vector de campo eléctrico variable en el tiempo puede tener cualquier dirección en el plano de la página, con igual probabilidad. (b) Un haz de luz linealmente polarizada, con el vector de campo eléctrico variable en el tiempo orientado en la dirección vertical.

Un haz normal de luz consiste en un gran número de ondas emitidas por los átomos o moléculas de la fuente luminosa. Cada átomo produce una onda con su propia orientación del campo eléctrico **E**, correspondiéndose ésta con la dirección de vibración atómica. La dirección de polarización de la onda electromagnética se define como la dirección en la cual **E** está vibrando. Sin embargo, debido a que todas las direcciones de vibración son posibles, el haz resultante de radiación electromagnética es una superposición de ondas producidas por fuentes atómicas individuales. El resultado es una onda de luz **no polarizada**, representada esquemáticamente en la figura 6.14a. La dirección de propagación de la onda en esta figura es perpendicular a la página. Observe que *todas* las direcciones del vector de campo eléctrico que están en un plano perpendicular a la dirección de propagación son igualmente probables.

Se dice que una onda está **polarizada linealmente** si la orientación de **E** en un determinado punto es la misma para todas las ondas individuales *en todos los instantes*, como en la figura 6.14b. (A veces, se dice que una onda tal posee una **polarización plana**). La onda descrita en la figura 6.6 es un ejemplo de onda polarizada linealmente a lo largo del eje y. El campo se propaga en la dirección x, **E** siempre está en la dirección y. El plano formado por **E** y la dirección de propagación se denomina **plano de polarización** de la onda. En la figura 6.6, el plano de polarización es el plano xy. Es posible obtener una onda linealmente polarizada a partir de una onda no polarizada, eliminando de ésta todas las componentes de los vectores de campo eléctrico salvo aquellas que descansan sobre un plano determinado.

La técnica más común para polarizar la luz es hacerla atravesar un material que sólo deje pasar las componentes de los vectores de campo eléctrico que sean paralelas a una dirección característica del material, denominada **dirección de polarización.**

¡ADVERTENCIA! 6.6

Un nuevo tipo de polarización

La polarización de la luz aquí descrita es diferente de la polarización de las moléculas descrita en los capítulos 1 y 2. Asegúrese de comprender la diferencia entre los dos significados del término polarización.

En 1938, E. H. Land descubrió un material, al que denominó **Polaroid**, que polarizaba la luz mediante la absorción selectiva de luz por moléculas orientadas. Este material se fabrica en láminas delgadas de hidrocarburos de cadena larga, que son estiradas durante la fabricación para que las moléculas se alineen. Después de sumergir una lámina en una solución que contiene yodo, las moléculas se convierten en buenas conductoras de la electricidad. Sin embargo, la conducción tiene lugar principalmente a lo largo de las cadenas de hidrocarburos, debido a que los electrones de valencia de las moléculas pueden moverse fácilmente a lo largo de las cadenas (los electrones de valencia son electrones "libres" que pueden moverse con facilidad a través del conductor). Como resultado, las moléculas *absorben* fácilmente la luz cuyo vector de campo eléctrico es paralelo a su longitud y *transmiten* la luz cuyo vector de campo eléctrico es perpendicular a su longitud. Es habitual referirse a la dirección perpendicular a las cadenas moleculares como el **eje de transmisión**. Un polarizador ideal deja pasar las componentes de los vectores eléctricos que son paralelas al eje de transmisión. Las componentes perpendiculares al eje de transmisión son absorbidas. Si la luz pasa a través de varios polarizadores, toda la luz transmitida tiene el plano de polarización paralelo a la dirección de polarización del último polarizador que atraviese.

Vamos a obtener ahora una expresión para la intensidad de la luz que pasa a través de un material polarizador. En la figura 6.15, un haz de luz no polarizada incide sobre una primera lámina polarizadora, llamada **polarizador**, donde el eje de transmisión es el indicado en la figura. La luz que sale de esta lámina

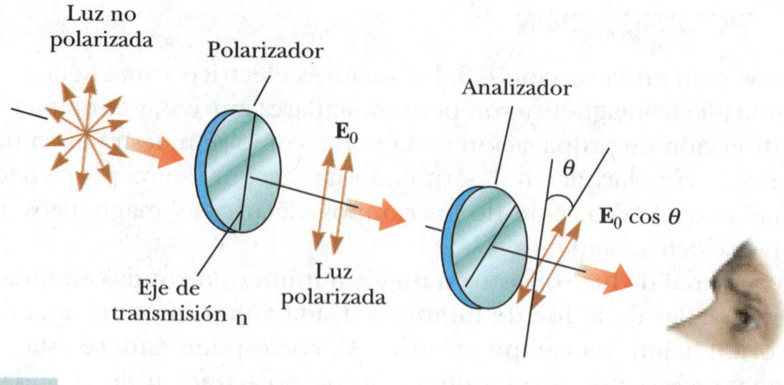

Figura 6.15

Dos láminas polarizadoras cuyos ejes de transmisión forman un ángulo θ entre sí. Sólo una fracción de la luz polarizada incidente sobre el analizador es transmitida a través de él.

está polarizada verticalmente, y el vector de campo eléctrico transmitido es $\mathbf{E}_0$. Una segunda lámina polarizadora, llamada **analizador**, con su eje de transmisión formando un ángulo θ respecto al eje del polarizador, intercepta este haz. La componente de $\mathbf{E}_0$ que es perpendicular al eje del analizador es completamente absorbida, y la componente paralela a ese eje es $E_0 \cos\theta$. Sabemos, por la ecuación 6.24, que la intensidad transmitida varía en función del cuadrado de la amplitud transmitida, y por eso concluimos que la intensidad de la luz transmitida (polarizada) varía según la fórmula

• *Ley de Malus*

$$I = I_0 \cos^2\theta \qquad [6.31]$$

donde I_0 es la intensidad de la onda polarizada que incide sobre el analizador. Esta expresión, conocida como **ley de Malus**, se aplica a aquellos materiales polarizadores cuyos ejes de transmisión forman un ángulo θ entre sí. De esta expresión hay que hacer notar que la intensidad transmitida es máxima cuando los ejes de transmisión son paralelos ($\theta = 0$ o $180°$), y cero (completa absorción por parte del analizador) cuando los ejes de transmisión son perpendiculares entre sí. Esta variación en la intensidad transmitida a través de un par de láminas polarizadoras se ilustra en la figura 6.16. A consecuencia de que el valor promedio de $\cos^2\theta$ es $\frac{1}{2}$, la intensidad de la luz inicial no polarizada se reduce a la mitad cuando la luz pasa a través de un único polarizador ideal.

PIENSE EN LA FÍSICA 6.5

Un polarizador para microondas puede construirse como una rejilla de alambres metálicos paralelos, con una separación aproximada de un centímetro. ¿El vector de campo eléctrico de las microondas es transmitido a través de este polarizador de forma paralela o perpendicular a los alambres metálicos?

Razonamiento. Los vectores de campo eléctrico paralelos a los alambres metálicos provocan que los electrones del metal oscilen en paralelo a los cables. Así, la energía de las ondas con estos vectores de campo eléctrico se transfiere al metal, acelerando estos electrones, y, con el tiempo, se transforma en energía interna por la resistencia del metal. Las ondas con vectores de campo eléctrico perpendiculares a los alambres metálicos no son capaces de acelerar los electrones y pasan a través de ellos. Por tanto, el campo eléctrico polarizado es perpendicular a los alambres metálicos.

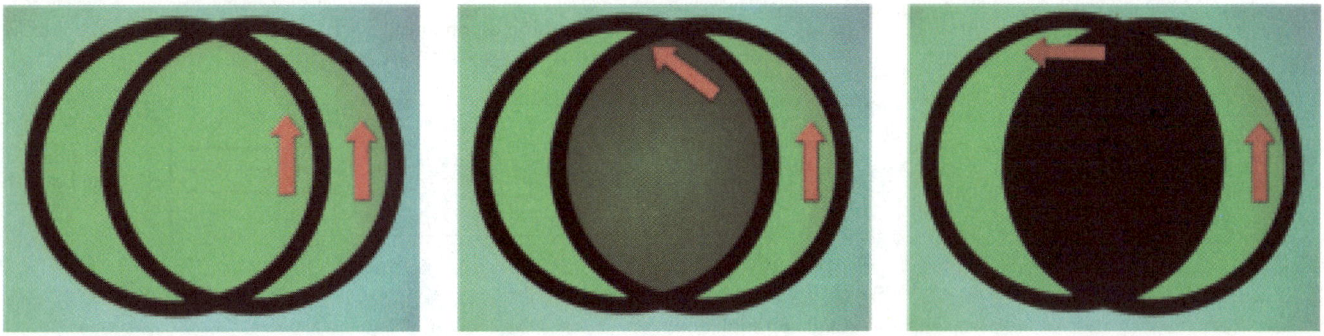

(a) (b) (c)

Figura 6.16

La intensidad de la luz transmitida a través de dos polarizadores depende de la orientación relativa de sus ejes de transmisión. (a) La luz transmitida tiene su máxima intensidad cuando los ejes de transmisión están alineados entre sí. (b) La intensidad de la luz transmitida disminuye cuando los ejes de transmisión forman un ángulo de 45° entre sí. (c) La intensidad de la luz transmitida es mínima cuando los ejes de transmisión forman un ángulo recto. *(Henry Leap y Jim Lehman)*

Relación con el contexto

6.9 • PROPIEDADES ESPECIALES DE LA LUZ LÁSER

En este capítulo y en los tres siguientes, exploraremos la naturaleza de la luz láser y la variedad de aplicaciones de los láseres en nuestra sociedad tecnológica. Las propiedades básicas de la luz láser que la hacen útil para estas aplicaciones son:

- La luz es coherente. Los rayos individuales de luz en un haz láser mantienen una relación de fase constante entre ellos, dando lugar a una interferencia no destructiva.
- La luz es monocromática. La luz láser tiene un rango muy pequeño de longitudes de onda.
- La luz tiene un ángulo pequeño de divergencia. El haz se dispersa muy poco, incluso para distancias grandes.

Para entender el origen de estas propiedades, combinemos nuestros conocimientos de los niveles de energía atómica del capítulo 11 del volumen I, con algunas propiedades especiales de los átomos que emiten luz láser.

Como vimos en el capítulo 11 del volumen I, la energía de un átomo está cuantizada: sólo están permitidas ciertas energías. En aquel capítulo utilizamos unas representaciones semigráficas llamadas *diagramas de niveles de energía* para ayudarnos a entender la cuantización de la energía en un átomo. La producción de luz láser depende fuertemente de las propiedades de los niveles de energía de los átomos que son la fuente de la luz láser.

La palabra *láser* es un acrónimo que significa "amplificación de la luz por emisión estimulada de radiación" (light amplification by stimulated emission of radiation). El nombre completo indica uno de los requisitos para la luz láser: debe ocurrir un proceso de **emisión estimulada** para obtener la luz láser.

Supongamos que un átomo se encuentra en el estado excitado E_2, como en la figura 6.17, y un fotón con energía $hf = E_2 - E_1$ incide sobre él. El fotón incidente puede estimular al átomo excitado para que vuelva al estado fundamental y emita un segundo fotón que tenga la misma energía hf y que viaje en la misma dirección. Observe que el fotón incidente no es absorbido; por tanto, después de la emisión estimulada, hay dos fotones idénticos: el fotón incidente y el fotón

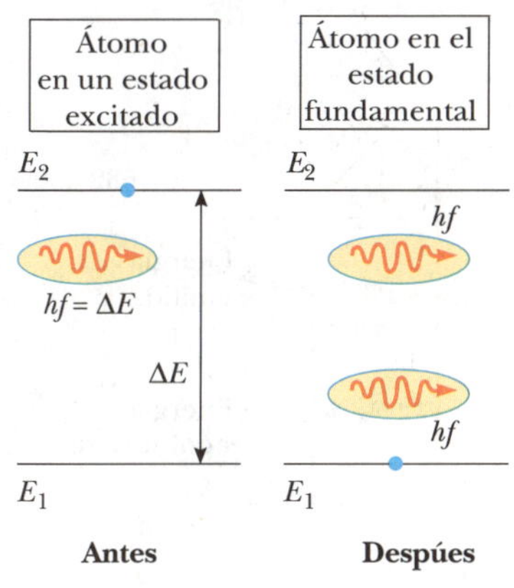

Figura 6.17

Emisión estimulada de un fotón por otro fotón incidente de energía hf. Inicialmente, el átomo está en el estado excitado. El fotón incidente estimula al átomo para que emita un segundo fotón de energía $hf = E_2 - E_1$.

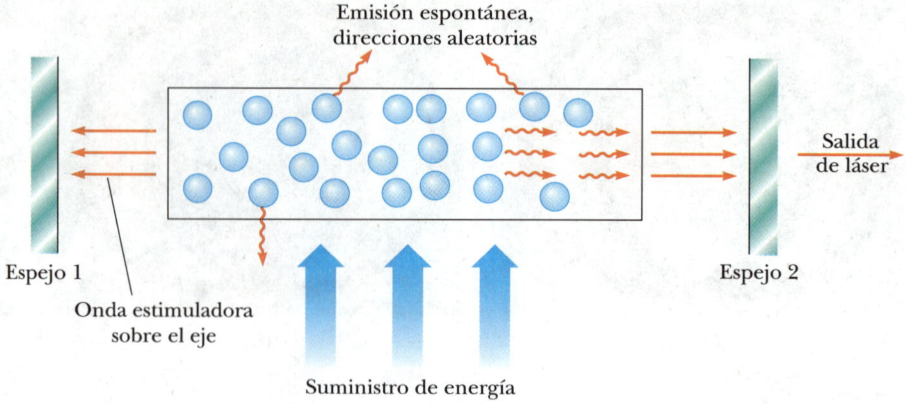

Figura 6.18

Esquema del diseño de un láser. El tubo contiene átomos, que representan el medio activo. Es necesaria una fuente externa de energía (óptica, eléctrica, etc.) para "bombear" los átomos hacia estados excitados. Los espejos paralelos de los extremos confinan los fotones en el tubo. El espejo 2 es ligeramente transparente, de manera que la luz láser puede salir del tubo a través de este espejo.

emitido. El fotón emitido está en fase con el fotón incidente. Estos fotones pueden estimular a otros átomos para que emitan fotones adicionales, en una cadena de procesos similares. Los muchos fotones producidos de esta manera son la fuente de la luz intensa y coherente en un láser.

Para que la emisión estimulada dé como resultado la luz láser, debe producirse una acumulación de fotones en el sistema. Las tres condiciones siguientes deben cumplirse para obtener dicha acumulación:

- El sistema debe estar en un estado de **inversión de población**, con más átomos en un estado excitado que en el estado fundamental. Esto debe cumplirse porque debemos tener más emisión de fotones que absorción de los mismos.
- El estado excitado del sistema debe ser un *estado metaestable*, lo que significa que su vida media debe ser grande comparada con la vida media normalmente corta de los estados excitados, que es del orden de 10^{-8} s. De este modo, es probable que la emisión estimulada ocurra antes que la emisión espontánea. La energía de un estado metaestable se indicada con un asterisco, E^*.
- Los fotones emitidos deben estar confinados en el sistema un tiempo suficiente para que puedan estimular nuevas emisiones en otros átomos excitados. Esto se obtiene utilizando espejos reflectores en los extremos del sistema. Un extremo es totalmente reflector y el otro es ligeramente transparente, para permitir al haz láser salir del sistema (figura 6.18).

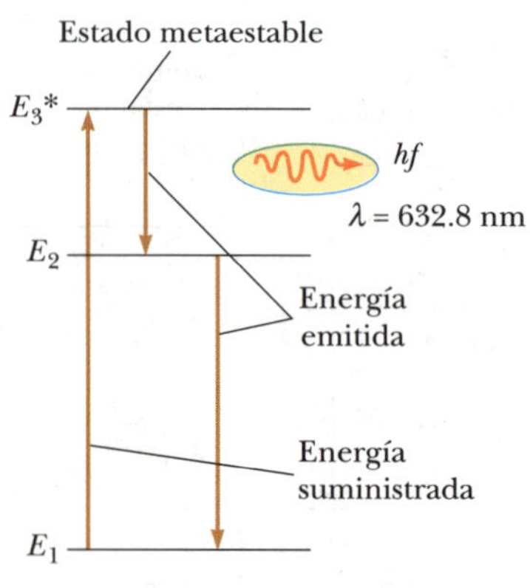

Figura 6.19

Diagrama de niveles de energía para el átomo de neón, el cual emite fotones con una longitud de onda de 632.8 nm mediante emisión estimulada. El fotón con esta longitud de onda proviene de la transición $E_3^* \rightarrow E_2$. Ésta es la fuente de luz coherente en el láser de gas helio-neón.

Un dispositivo que presenta emisión estimulada de radiación es el láser de gas helio-neón. La figura 6.19 es un diagrama de niveles de energía para el átomo de neón en este sistema. La mezcla de helio y neón está confinada en un tubo de vidrio que está sellado en los extremos mediante dos espejos. Un voltaje aplicado a lo largo del tubo provoca que los electrones se desplacen a través del tubo, colisionando con los átomos de los gases y llevándolos a estados excitados. Los átomos de neón son excitados al estado E_3* mediante este proceso y también como resultado de las colisiones con los átomos excitados de helio. La emisión estimulada tiene lugar cuando los átomos de neón realizan una transición al estado E_2 y los átomos excitados próximos son estimulados. Esto resulta en la producción de luz coherente, con una longitud de onda de 632.8 nm.

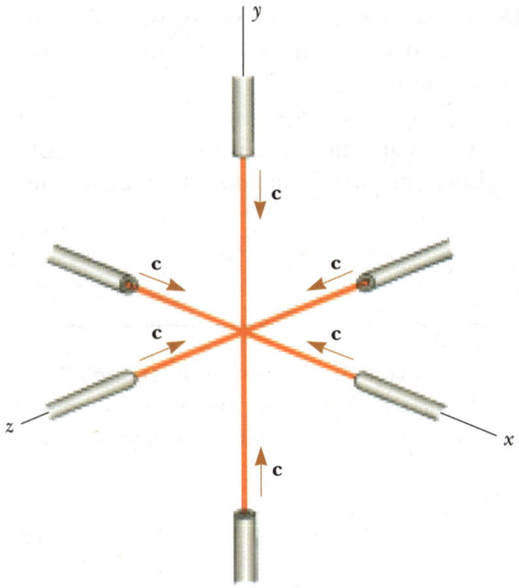

Figura 6.21

Puede construirse una trampa óptica para átomos en el punto de intersección de seis haces láser propagándose en sentidos contrarios a lo largo de tres ejes perpendiculares entre sí. La frecuencia de la luz láser se ajustada para que esté justo por debajo de la correspondiente a la absorción por parte de los átomos confinados. Si un átomo se aleja de la trampa, absorbe la luz láser desplazada por efecto Doppler y la cantidad de movimiento de la luz devuelve el átomo a la trampa.

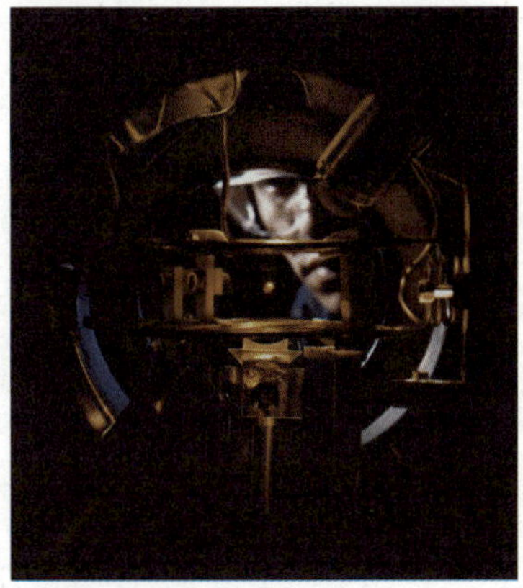

Figura 6.20

Un miembro del equipo del National Institute of Standards and Technology observa una muestra de átomos de sodio confinados (el pequeño punto en el centro de la cámara de vacío), enfriada hasta una temperatura inferior a 1 mK. *(Cortesía de Mark Helfer/National Institute of Standards and Technology)*

Un área excitante de investigación y aplicaciones tecnológicas comenzó en los años 90 con el desarrollo de *trampas láser* de átomos (figura 6.20). Uno de los posibles esquemas, llamado *optical molasses*, o melaza óptica, y desarrollado por Steven Chu y sus colegas en la Universidad de Stanford, incluye seis haces láser enfocados sobre una pequeña región en la que los átomos quedan confinados. Cada pareja de láseres está situada a lo largo de los ejes x, y y z, respectivamente, y los dos láseres de la pareja emiten luz en sentidos opuestos (figura 6.21). La frecuencia de la luz láser se ajusta para estar justo por debajo de la frecuencia de absorción del átomo en cuestión. Imagine un átomo que ha sido situado en la región de confinamiento y que se mueve a lo largo del eje x positivo hacia el láser que está emitiendo luz hacia él (el láser situado más a la derecha en la figura 6.21). Debido a que el átomo se mueve, la luz del láser aparece con una frecuencia superior en el sistema de referencia del átomo, debido al efecto Doppler. Esto hace que la frecuencia del láser modificada por el efecto Doppler se iguale con la frecuencia de absorción del átomo y que éste absorba el fotón.* El momentum comunicado por estos fotones provoca que el átomo sea devuelto al centro de la trampa. Utilizando seis láseres, los átomos son devueltos a la trampa independientemente de cuál sea la dirección en la que se muevan.

WEB

Para consultar un artículo aparecido en *Scientific American* sobre confinamiento por láser, escrito por Steven Chu, visite **www.sciam.com/0292issue/0292chu.html**

APLICACIÓN

Pinzas ópticas

En 1986, Chu desarrolló las *pinzas ópticas*, en las cuales un único haz láser finamente enfocado puede utilizarse para atrapar y manipular pequeñas partículas. En combinación con un microscopio, las pinzas ópticas pueden abrir muchas posibilidades nuevas a los biólogos. Las pinzas ópticas han sido utilizadas para manipular bacterias vivas sin dañarlas, mover cromosomas dentro del núcleo de una célula y medir las propiedades elásticas de una única molécula de ADN. Steven Chu compartió en 1997 el Premio Nobel de Física con Claude Cohen-Tannoudji (Collège de France) y William Phillips (National Institute of Standards and Technology) por el desarrollo de técnicas de confinamiento óptico.

WEB

Para obtener más información sobre enfriamiento por láser en el National Institute of Standards and Technology, visite **physlab.nist.gov/Divisions/Div842/Gp4/group4.html**

Una extensión del confinamiento por láser, el *enfriamiento por láser*, se basa en el hecho de que las velocidades normalmente elevadas de los átomos se reducen, debido a que están restringidos a la región de la trampa. Como resultado, la tem-

* La luz láser que viaja en la misma dirección que los átomos (desde el láser de la izquierda en la figura 6.21) tiene una frecuencia más baja por efecto Doppler y no resulta absorbido. Así, el átomo no es empujado fuera de la trampa por el láser diametralmente opuesto.

peratura de un grupo de átomos puede reducirse hasta unos pocos microkelvins. Este enfriamiento por láser permite a los científicos estudiar el comportamiento de los átomos a temperaturas extremadamente bajas.

En este capítulo, hemos explorado las propiedades generales de la luz láser. En la "Relación con el contexto" del siguiente capítulo, exploraremos la tecnología de fibra óptica, en la cual se utilizan láseres en una diversidad de aplicaciones.

RESUMEN

La **corriente de desplazamiento** I_d se define como

$$I_d \equiv \epsilon_0 \frac{d\Phi_E}{dt} \qquad [6.1]$$

y representa una corriente efectiva a través de una región del espacio en la que el campo eléctrico varía respecto al tiempo.

Cuando se utilizan con la ley de la fuerza de Lorentz ($\mathbf{F} = q\mathbf{E} + q\mathbf{v} \times \mathbf{B}$), las **ecuaciones de Maxwell** describen *todos* los fenómenos electromagnéticos:

$$\oint \mathbf{E} \cdot d\mathbf{A} = \frac{Q}{\epsilon_0} \qquad [6.4]$$

$$\oint \mathbf{B} \cdot d\mathbf{A} = 0 \qquad [6.5]$$

$$\oint \mathbf{E} \cdot d\mathbf{s} = -\frac{d\Phi_B}{dt} \qquad [6.6]$$

$$\oint \mathbf{B} \cdot d\mathbf{s} = \mu_0 I + \epsilon_0 \mu_0 \frac{d\Phi_E}{dt} \qquad [6.7]$$

Las **ondas electromagnéticas**, predichas por las ecuaciones de Maxwell, tienen las siguientes propiedades:

- Los campos eléctrico y magnético cumplen las siguientes ecuaciones de onda, que pueden obtenerse a partir de la tercera y cuarta ecuaciones de Maxwell:

$$\frac{\partial^2 E}{\partial x^2} = \epsilon_0 \mu_0 \frac{\partial^2 E}{\partial t^2} \qquad [6.15]$$

$$\frac{\partial^2 B}{\partial x^2} = \epsilon_0 \mu_0 \frac{\partial^2 B}{\partial t^2} \qquad [6.16]$$

- Las ondas electromagnéticas se propagan a través del vacío con la rapidez de la luz c, donde

$$c = \frac{1}{\sqrt{\epsilon_0 \mu_0}} = 3.00 \times 10^8 \text{ m/s} \qquad [6.17]$$

- Los campos eléctrico y magnético de una onda electromagnética son perpendiculares entre sí y perpendiculares a la dirección de propagación de la onda; por tanto, las ondas electromagnéticas son ondas transversales.
- Los valores instantáneos de **E** y **B** en una onda electromagnética están relacionados por la expresión

$$\frac{E}{B} = c \qquad [6.20]$$

- Las ondas electromagnéticas transportan energía. La variación del flujo de energía que atraviesa una unidad de superficie está dada por el **vector de Poynting S**, donde

$$\mathbf{S} \equiv \frac{1}{\mu_0} \mathbf{E} \times \mathbf{B} \qquad [6.22]$$

- Las ondas electromagnéticas tienen un momentum y, por tanto, pueden ejercer presión sobre las superficies. Si una onda electromagnética cuya intensidad I es completamente absorbida por una superficie sobre la cual incide perpendicularmente, la presión de radiación sobre dicha superficie es

$$P = \frac{I}{c} \quad \text{(absorción completa)} \qquad [6.30]$$

Si la superficie refleja totalmente una onda perpendicularmente incidente, la presión es el doble.

Los campos eléctrico y magnético de una onda eléctrica senoidal plana que se propaga en la dirección positiva del eje x pueden expresarse como

$$E = E_{\text{máx}} \cos(kx - \omega t) \qquad [6.18]$$

$$B = B_{\text{máx}} \cos(kx - \omega t) \qquad [6.19]$$

donde ω es la frecuencia angular de la onda y k es el número de onda. Estas ecuaciones constituyen soluciones especiales de las ecuaciones de onda para **E** y **B**.

El valor promedio del vector de Poynting para una onda electromagnética plana tiene como magnitud

$$I = S_{\text{promedio}} = \frac{E_{\text{máx}} B_{\text{máx}}}{2\mu_0} = \frac{E_{\text{máx}}^2}{2\mu_0 c} = \frac{cB_{\text{m}}^2}{2\mu} \qquad [6.24]$$

La potencia promedio por unidad de superficie (intensidad) de una onda electromagnética senoidal plana es igual al valor promedio del vector de Poynting a lo largo de uno o más ciclos.

El **espectro electromagnético** incluye ondas que cubren un amplio rango de frecuencias y longitudes de onda.

Cuando una luz polarizada de intensidad I_0 incide sobre una lámina polarizadora, la luz transmitida a través de la lámina tiene una intensidad igual a $I_0 \cos^2 \theta$, donde θ es el ángulo entre el eje de transmisión de la lámina polarizadora y el vector de campo eléctrico de la luz incidente.

PREGUNTAS

1. ¿Cuál es la principal fuente de radiación electromagnética?
2. ¿Puede emitir ondas electromagnéticas un alambre conectado a las terminales de una batería? Razone la respuesta.
3. Describa el significado físico del vector de Poynting.
4. Si una corriente de alta frecuencia pasa a través de un solenoide que contiene un núcleo metálico, el núcleo se calienta debido a la inducción. Explique por qué el núcleo se calienta en esta situación.
5. Ciertas orientaciones de las antenas receptoras de televisión provocan una mejor recepción que otras. Además, la orientación más idónea varía de una estación del año a otra. Explique esta situación
6. Si carga eléctricamente un peine durante el peinado y después acerca el peine a un imán, ¿constituyen una onda electromagnética los campos eléctricos y magnéticos producidos?
7. Al sacar un plato vacío de plástico o de vidrio de un horno de microondas, está frío al tacto. ¿Cómo es posible esto? (Suponga que no le han cortado la luz por falta de pago.)
8. Enumere todas las similitudes y diferencias que pueda entre las ondas sonoras y las ondas luminosas.
9. Cuando la luz (u otra forma de radiación electromagnética) se propaga a través de una región determinada, ¿qué es lo que se mueve?
10. Considere un alienígena de otro planeta cuyos ojos son sensibles a la radiación infrarroja. Describa qué es lo que vería dicho alienígena si se encontrase en la habitación en la que usted se encuentra ahora, es decir, ¿qué cosas serían brillantes y cuáles oscuras?
11. ¿Por qué una fotografía infrarroja de una persona es diferente de una fotografía tomada con luz visible?
12. Un soldador debe utilizar gafas protectoras y guantes para evitar daños en los ojos y quemaduras. ¿Qué nos dice esto acerca de la luz producida por la soldadura?
13. Las emisoras de radio anuncian a menudo "emisiones en directo". Si lo que quieren decir es que podremos oír el partido de fútbol o el concierto en el mismo instante en que se producen, ¿es su anuncio correcto? ¿Cuánto tiempo tardaría un mensaje de radio en recorrer Europa o los Estados Unidos de punta a punta, suponiendo que las ondas de radio puedan recorrer toda esa distancia y seguir siendo detectadas?
14. La luz procedente del Sol tarda aproximadamente $8\frac{1}{3}$ min en alcanzar la Tierra. Durante ese tiempo, la Tierra ha seguido moviéndose en su órbita alrededor del Sol. ¿Cuál es la separación entre la posición real del Sol y su imagen en el cielo?

PROBLEMAS

1, 2, 3 = fácil, intermedio, difícil   web = solución publicada en **http://www.harcourtcollege.com/physics/**

= se recomienda el uso de computadora para la resolución del problema

= problemas numérico/simbólico emparejados   = aplicaciones biomédicas

Sección 6.1 La corriente de desplazamiento y la generalización de la ley de Ampère

1. Considere la situación mostrada en la figura P6.1. Un campo eléctrico de 300 V/m está confinado en una superficie circular de 10.0 cm de diámetro y está dirigido perpendicularmente hacia fuera del plano de la figura. Si el campo aumenta a razón de 20.0 V/m · s, ¿cuál es la dirección y la magnitud del campo magnético en el punto *P*, situado a 15.0 cm del centro del círculo?

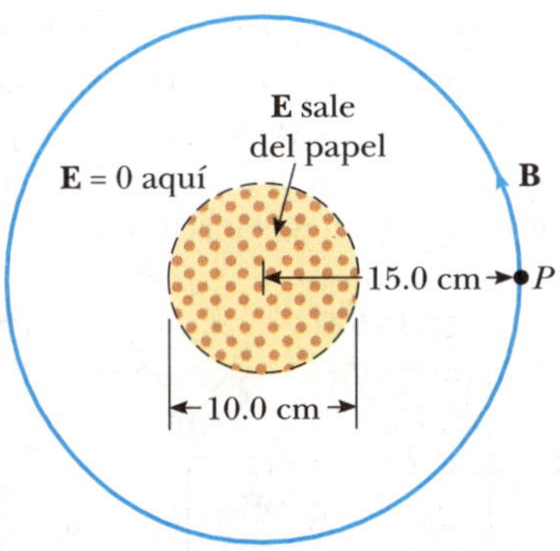

Figura P6.1

Sección 6.2 Ecuaciones de Maxwell

2. Una varilla delgada y muy larga, que descansa a lo largo del eje *x*, tiene una densidad de carga lineal de 35.0 nC/m. La varilla se mueve en la dirección *x* con una velocidad de 15.0 Mm/s. Calcule (a) el campo eléctrico que la varilla crea en el punto (0, 20.0 cm, 0), (b) el campo magnético creado en el mismo punto y (c) la fuerza ejercida sobre un electrón en ese punto cuando su rapidez es 240 **i** Mm/s.

Sección 6.3 Ondas electromagnéticas

Nota: considere que el medio de propagación es el vacío, a menos que se indique lo contrario.

3. (a) La distancia a la estrella polar es, aproximadamente, 6.44×10^{18} m. Si explotase hoy, ¿en qué año la veríamos desaparecer? (b) ¿Cuánto tiempo tarda la luz del Sol en alcanzar la Tierra? (c) ¿Cuánto tiempo tarda una señal de radar de microondas en viajar desde la Tierra hasta la Luna y volver? (d) ¿Cuánto tiempo tardaría una onda de radio en rodear la Tierra describiendo una circunferencia que estuviese próxima a la superficie del planeta? (e) ¿Cuánto tiempo tarda la luz en llegar hasta nosotros desde un rayo producido a una distancia de 10.0 km?

4. La rapidez de una onda electromagnética que se propaga a través de una sustancia transparente no magnética es $v = 1/\sqrt{\kappa\epsilon_0\mu_0}$, donde κ es la constante dieléctrica de la sustancia. Determine la rapidez de la luz en el agua, sabiendo que para las frecuencias ópticas tiene una constante dieléctrica igual a 1.78.

5. web La figura 6.6 muestra una onda electromagnética senoidal plana propagándose en la dirección *x*. Suponiendo que la longitud de onda es 50.0 m y que el campo eléctrico vibra en el plano *xy* con una amplitud de 22.0 V/m, calcule (a) la frecuencia de la onda y (b) la magnitud y dirección de **B** cuando el campo eléctrico tiene su valor máximo en la dirección negativa de *y*. (c) Escriba una expresión para *B* en la forma

$$B = B_{\text{máx}} \cos(kx - \omega t)$$

con valores numéricos para $B_{\text{máx}}$, k, y ω.

6. Una onda electromagnética en el vacío tiene un campo eléctrico de amplitud 220 V/m. Calcular la amplitud del correspondiente campo magnético.

7. En unidades SI, el campo eléctrico de una onda electromagnética está descrito por

$$E_y = 100 \operatorname{sen}(1.00 \times 10^7 x - \omega t)$$

Calcule (a) la amplitud de las correspondientes oscilaciones del campo magnético, (b) la longitud de onda λ y (c) la frecuencia *f*.

8. Verifique por sustitución que las siguientes expresiones constituyen soluciones de las ecuaciones 6.15 y 6.16, respectivamente:

$$E = E_{\text{máx}} \cos(kx - \omega t)$$

$$B = B_{\text{máx}} \cos(kx - \omega t)$$

9. Problema de repaso. Un patrón de interferencia de ondas estacionarias es producido por ondas de radio entre dos láminas de metal separadas entre sí 2.00 m. Ésta es la distancia mínima entre las dos placas que produce un patrón de ondas estacionarias. ¿Cuál es la frecuencia fundamental de las ondas?

10. Un horno de microondas es accionado por un tubo de electrones, llamado magnetrón, que genera ondas electromagnéticas de frecuencia 2.45 GHz. Las microondas entran en el horno y son reflejadas por las paredes. El patrón de ondas estacionarias producido en el horno puede cocinar los alimentos desigualmente, creando puntos calientes en la comida en los antinodos y puntos fríos en los nodos, por lo que a menudo se utiliza un plato giratorio para rotar la comida y distribuir la energía. Si un horno de microondas preparado para su uso con un plato giratorio se utiliza con un plato de comida en una posición fija, los antinodos aparecerán como quemaduras sobre alimentos tales como la zanahoria en tiras o el queso. Suponga que hacemos el experimento y que la distancia de separación entre las quemaduras se mide en 6 cm ± 5%. Con estos datos, calcule la rapidez de las microondas.

11. *El corrimiento al rojo.* Una fuente de luz se aleja de un observador con una rapidez v_{fuente}, que es pequeña comparada con *c*. (a) Demuestre que el corrimiento relativo en la longitud de onda medida está dado por la expresión aproximada

$$\frac{\Delta\lambda}{\lambda} \approx \frac{v_{\text{fuente}}}{c}$$

Este fenómeno se conoce como corrimiento al rojo, ya que la luz visible se desplaza hacia el rojo. (b) Las medidas espectroscópicas a una longitud $\lambda = 397$ nm correspondientes a una galaxia situada en la constelación de la Osa Mayor muestran un corrimiento al rojo de 20.0 nm. ¿Cuál es la rapidez de retroceso de la galaxia?

12. (a) Demuestre que el desplazamiento Doppler $\Delta\lambda$ en la longitud de onda de la luz está descrito por la expresión

$$\frac{\Delta\lambda}{\lambda} + 1 = \sqrt{\frac{c - v}{c + v}}$$

donde λ es la longitud de onda de la fuente y v es la rapidez relativa de aproximación entre la fuente y el observador. (b) ¿Cuál debería ser la rapidez de un motorista para que una luz roja pareciese verde? Considere 650 nm como una longitud de onda típica para la luz roja y 550 nm para la luz verde.

Sección 6.4 Descubrimientos de Hertz

13. Una inductancia fija de 1.05 μH se conecta en serie con un condensador variable en el sintonizador de una radio. ¿Qué capacidad permitiría sintonizar el circuito con la señal de una emisora de radio a 6.30 MHz?

14. Calcule la inductancia de un circuito *LC* que oscila a 120 Hz cuando la capacidad es de 8.00 μF.

15. El interruptor de la figura P6.15 se conecta al punto *a* durante un lapso grande. Después, el interruptor es llevado al punto *b*. ¿Cuáles son (a) la frecuencia de oscilación del circuito *LC*, (b) la carga máxima que aparece en el condensador, (c) la corriente máxima en la bobina y (d) la energía total que posee el circuito en $t = 3.00$ s?

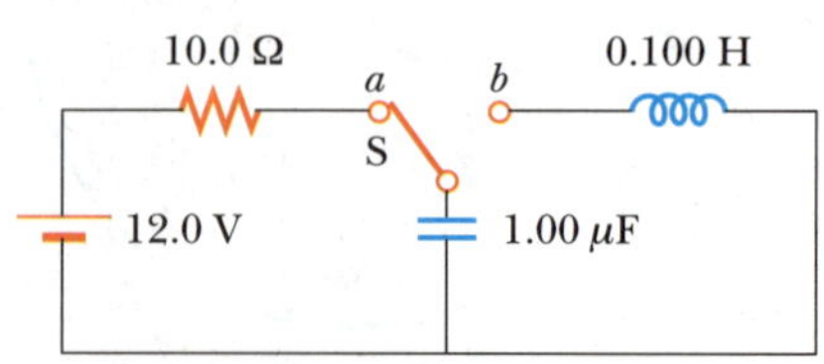

Figura P6.15

Sección 6.5 Energía transportada por las ondas electromagnéticas

16. ¿Cuánta energía electromagnética por metro cúbico contiene la luz del Sol, si la intensidad de la luz solar incidente en la superficie de la Tierra durante un día soleado es 1 000 W/m^2?

17. Una estación de radio AM emite isótropamente (igualmente en todas las direcciones) con una potencia promedio de 4.00 kW. Una antena dipolar receptora de 65.0 cm de largo está situada a 4.00 millas de la emisora. Calcule la amplitud de la fem inducida por la señal entre los extremos de la antena receptora.

18. ¿Cuál es la magnitud promedio del vector de Poynting a una distancia de 5.00 millas de un transmisor de radio que emite isótropamente con una potencia promedio de 250 kW?

19. web Una comunidad planea construir una instalación para convertir la radiación solar en potencia eléctrica. Necesitan 1.00 MW de potencia y el sistema que quieren instalar tiene una eficiencia de 30.0% (es decir, 30.0% de la energía solar incidente sobre la superficie se convierte en energía eléctrica). ¿Cuál debe ser el área efectiva de la superficie perfectamente absorbente utilizada en dicha instalación, suponiendo una intensidad constante de 1 000 W/m^2?

20. En una región del espacio vacío, el campo eléctrico en un instante determinado es $\mathbf{E} = (80.0\mathbf{i} + 32.0\mathbf{j} - 64.0\mathbf{k})$ N/C y el campo magnético es $\mathbf{B} = (0.200\mathbf{i} + 0.080\,0\mathbf{j} + 0.290\mathbf{k})$ μT. (a) Demuestre que los dos campos son perpendiculares entre sí. (b) Determine el vector de Poynting para estos campos.

21. web El filamento de una lámpara incandescente tiene una resistencia de 150 Ω y transporta una corriente de 1.00 A. El filamento tiene 8.00 cm de largo y 0.900 mm de radio. (a) Calcule el vector de Poynting en la superficie del filamento. (b) Calcule la magnitud de los campos eléctrico y magnético en la superficie del filamento.

22. ¿A qué distancia de una fuente puntual de ondas electromagnéticas de 100 W se tiene que $E_{\text{máx}} = 15.0$ V/m?

23. Una de las armas consideradas para un sistema antimisiles es un láser que puede utilizarse para destruir misiles balísticos. Cuando se utiliza un láser de alta potencia en la atmósfera de la Tierra, el campo eléctrico puede ionizar el aire, convirtiéndolo en un plasma conductor que refleja la luz láser. En aire seco a 0°C y 1 atm, la ionización del aire ocurre para campos con amplitudes del orden de 3.00 MV/m. ¿Qué intensidad del haz láser puede producir este campo?

Sección 6.6 Momentum y presión de radiación.

24. Una onda electromagnética plana de intensidad 6.00 W/m^2 golpea sobre un pequeño espejo de bolsillo, de área 40.0 cm^2, dispuesto perpendicularmente a la onda incidente. (a) ¿Cuál es el momentum comunicado por la onda al espejo cada segundo? (b) Calcule la fuerza que la onda ejerce sobre el espejo.

25. Una onda de radio transmite 25.0 W/m^2 de potencia por unidad de área. Una superficie plana de área A está colocada de forma perpendicular a la dirección de propagación de la onda. Calcule la presión de radiación sobre esta superficie, si ésta es un absorbente perfecto.

26. Un medio posible de realizar vuelos espaciales es situar una lámina recubierta de aluminio y perfectamente reflectora en órbita alrededor de la Tierra y emplear la luz del Sol para empujar esta "vela solar". Considere que una vela de área 6.00×10^5 m^2 y masa 6 000 kg es situada en órbita, orientada su superficie hacia el Sol. (a) ¿Qué fuerza será ejercida sobre la vela? (b) ¿Cuál será la aceleración de la vela? (c) ¿Cuánto tiempo tardaría la vela en alcanzar la Luna, a 3.84×10^8 m de distancia? Ignore todos los efectos gravitacionales en el apartado (b) permanece constante y considere una intensidad solar de 1 340 W/m^2.

27. web Un láser de helio-neón de 15.0 mW ($\lambda = 632.8$ nm) emite un haz de sección circular con un diámetro de 2.00 mm. (a) Calcule el campo eléctrico máximo del haz. (b) ¿Cuál es la energía total contenida en 1.00 m de longitud del haz? (c) Calcule la cantidad de movimiento comunicada por 1.00 m de longitud del haz.

28. Dado que la intensidad de la radiación solar incidente sobre la atmósfera superior de la Tierra es 1 340 W/m^2, determine (a) la intensidad de la radiación solar sobre Marte, (b) la potencia total incidente sobre Marte y (c) la fuerza de radiación que actúa sobre el planeta si absorbe prácticamente toda la luz incidente. (d) Compare esta fuerza con la atracción gravitacional entre Marte y el Sol (véase la tabla 11.1 del volumen I)

29. **Problema de repaso**. Las cargas aceleradas emiten ondas electromagnéticas. Calcule la longitud de onda de la radiación producida por un protón en un ciclotrón con un radio de 0.500 m y un campo magnético de 0.350 T.

Sección 6.7 Espectro de las ondas electromagnéticas.

30. Clasifique las ondas con frecuencias de 2 Hz, 2 kHz, 2MHz, 2 GHz, 2 THz, 2 PHz, 2 EHz, 2 ZHz y 2 YHz dentro del espectro electromagnético. Después clasifique las ondas con longitudes de onda de 2 km, 2 m, 2 mm, 2 μm, 2 nm, 2 pm, 2 fm, y 2 am.

31. Calcule un orden de magnitud para la frecuencia de una onda electromagnética con una longitud de onda igual a (a) la altura de una persona prmedio; (b) el espesor de esta hoja de papel. ¿Cómo se clasifica cada onda en el espectro electromagnético?

32. El ojo humano es más sensible a la luz con un longitud de onda de 5.50×10^{-7} m, que está en la región verde-amarillo del espectro electromagnético visible. ¿Cuál es la frecuencia de esta luz?

33. ¿Qué longitudes de onda corresponden a las ondas electromagnéticas en el espacio vacío con frecuencias de (a) 5.00×10^{19} Hz y (b) 4.00×10^9 Hz?

34. Suponga que está situado a 180 m de un transmisor de radio. (a) ¿A cuántas longitudes de onda de distancia se encuentra de la emisora, si ésta se identifica a sí misma como 1 150 AM? (La banda de frecuencias de AM se expresa en kilohertz.) (b) ¿Cuántas, si la emisora es 98.1 FM? (La banda de frecuencias de FM se expresa en megahertz.)

35. *¡Noticias de última hora!* Una noticia importante es transmitida vía radio a una persona situada junto a su receptor, a 100 km de la estación, y mediante ondas sonoras a otras personas situadas en el otro extremo de la habitación, a 3.00 m del presentador. ¿Quién recibe las noticias primero? Razone la respuesta. Tome una rapidez del sonido en el aire igual a 343 m/s.

36. Doce canales de televisión VHF (canales 2 a 13) se encuentran en el rango de frecuencias comprendido entre 54.0 MHz y 216 MHz. Cada canal tiene asignada una anchura de 6.0 MHz, con los dos intervalos 72.0-76.0 MHz y 88.0-174 MHz reservados para otros propósitos diferentes de la TV. (El canal 2, por ejemplo, utiliza el rango de frecuencias 54.0 y 60.0 MHz.). Calcule el rango de longitudes de onda para (a) el canal 4, (b) el canal 6 y (c) el canal 8.

Sección 6.8 Polarización

37. Un haz de luz plana polarizada incide sobre un único disco polarizador con la dirección de E_0 paralela a la dirección del eje de transmisión. ¿Qué ángulo debe ser girado el disco para que la intensidad del haz transmitido se reduzca en un factor (a) 3.00, (b) 5.00, (c) 10.0?

38. Luz no polarizada pasa a través de dos láminas polarizadoras. El eje de la primera es vertical y el de la segunda forma un ángulo de 30.0° con la vertical. ¿Qué fracción de la luz incidente es transmitida?

39. Dos láminas polarizadoras se sitúan juntas, con sus ejes de transmisión cruzados, de manera que no hay luz transmitida. Una tercera lámina se coloca entre ellas con su eje de transmisión formando un ángulo de 45.0° respecto a cada uno de los otros ejes. La combinación se muestra en la figura P6.39, considerando $\theta_1 = 0$, $\theta_2 = 45.0°$, y $\theta_3 = 90.0°$. Considere que cada lámina polarizadora es ideal. Calcule la fracción de la intensidad de la luz incidente no polarizada transmitida por la combinación de las tres láminas.

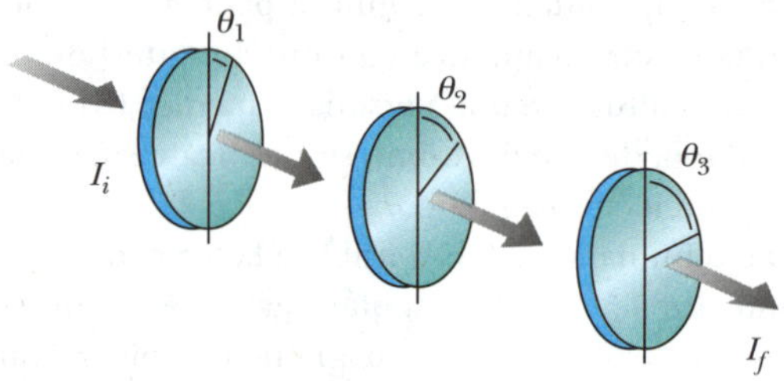

Figura P6.39 Problemas 39 y 41.

40. Deseamos girar 45.0° el plano de polarización de un haz de luz polarizado, con una disminución máxima de la intensidad de 10.0%. (a) ¿Cuántas láminas de polarizadores perfectos necesitaremos para conseguirlo? (b) ¿Cuál es el ángulo necesario entre polarizadores adyacentes?

41. En la figura P6.39, suponga que los ejes de transmisión de los discos polarizadores de la izquierda y la derecha son perpendiculares entre sí. También, suponga que el disco central gira alrededor del eje común con una rapidez angular ω. Demuestre que si incide luz no polarizada sobre el disco de la izquierda con una intensidad $I_{\text{máx}}$, la intensidad del haz emergente del disco derecho es

$$I = \frac{1}{16} I_{\text{máx}}(1 - \cos 4\omega t)$$

Esto significa que la intensidad del haz emergente está modulada a una frecuencia cuatro veces superior a la de rotación del disco central. [*Sugerencia:* Utilice las relaciones trigonométricas $\cos^2 \theta = (1 + \cos 2\theta)/2$ y $\text{sen}^2\theta = (1 - \cos 2\theta)/2$ y recuerde que $\theta = \omega t$.]

Sección 6.9 Relación con el contexto. Propiedades especiales de la luz láser

42. En algunas fábricas, se utilizan láseres de alta potencia para cortar telas y metales (figura P6.42). Uno de tales láseres tiene un diámetro de haz de 1.00 mm y genera un campo eléctrico que tiene una amplitud de 0.700 MV/m en el blanco. Calcule (a) la amplitud del campo magnético producido, (b) la intensidad del láser y (c) la potencia suministrada por el láser.

Figura P6.42 Un dispositivo de corte por láser montado sobre un brazo robotizado se utiliza para cortar una placa metálica. *(Philippe Plailly/SPL/Photo Researchers)*

43. El láser de dióxido de carbono es uno de los más potentes desarrollados hasta la fecha. La diferencia de energía entre los dos niveles del láser es de 0.117 eV. Determine la frecuencia y la longitud de onda de la radiación emitida por este láser. ¿En qué región del espectro electromagnético tiene lugar la radiación?

44. El número de átomos N en un estado particular se denomina población de dicho estado. Este número depende de la energía del estado y de la temperatura. En equilibrio

térmico, la población de átomos en un estado de energía E_n, está dado por la distribución de Boltzmann:

$$N = N_g e^{-(E_n - E_g)/k_B T}$$

donde T es la temperatura absoluta y N_g es la población del estado fundamental, de energía E_g. Para simplificar, supondremos que cada nivel tiene un único estado cuántico asociado. (a) Antes de conectar la alimentación del aparato, los átomos de neón en un láser están en equilibrio térmico a 27.0°C. Calcule la relación de equilibrio de las poblaciones de los estados E_3* y E_2 mostrados en la figura P6.19. Los láseres funcionan produciendo una "inversión artificial de la población" entre los estados energéticos superior e inferior del átomo implicados en la transición láser. Esto significa que hay más átomos en el estado superior excitado que en el inferior. Considere la transición del láser de helio-neón a 632.8 nm. Suponga que hay 2.00% más de átomos en el estado superior que en el inferior. (b) Para demostrar cómo de artificial es dicha situación, encuentre la temperatura para la cual la distribución de Boltzmann describe una inversión de población de 2.00%. (c) ¿Por qué tal situación no se produce naturalmente?

45. Un láser Nd:YAG utilizado en cirugía ocular emite un pulso de 3.00 mJ en 1.00 ns, enfocado sobre un punto de 30.0 μm de diámetro en la retina. (a) Calcule (en unidades SI) la potencia por unidad de superficie en la retina (esta cantidad se denomina irradiación). (b) ¿Qué energía es suministrada a una superficie de tamaño molecular, considerándola como una superficie circular de 0.600 nm de diámetro?

46. Un láser pulsante de rubí emite luz a 694.3 nm. Para un pulso de 14.0 ps que contiene 3.00 J de energía encuentre (a) la longitud física del pulso a medida que se propaga por el espacio y (b) el número de fotones contenidos en él. (c) Si el haz tiene una sección circular de 0.600 cm de diámetro, encuentre el número de fotones por milímetro cúbico.

47. La figura P6.47 muestra parte de los diagramas de niveles de energía de los átomos de helio y de neón. Una descarga eléctrica excita el átomo de He desde el estado fundamental hasta el estado excitado de 20.61 eV. El átomo de He excitado colisiona con un átomo de Ne en su estado fundamental y lo excita hasta el estado de 20.66 eV. La acción láser se produce por la transición desde E_3* hasta E_2 en los átomos de Ne. A partir de los datos de la figura, demuestre que la longitud de onda de la luz láser roja de He-Ne es, aproximadamente, de 633 nm.

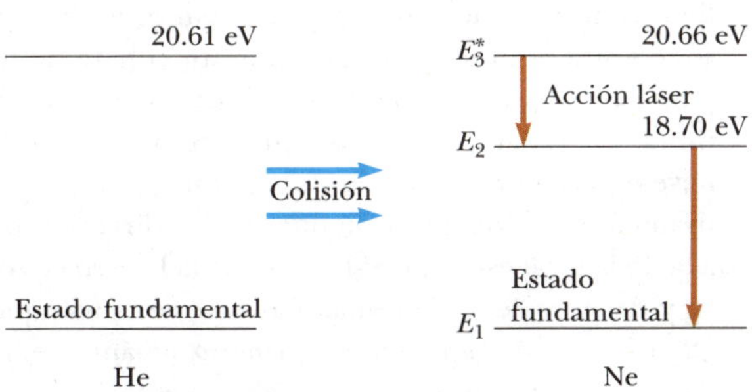

Figura P6.47

Problemas adicionales

48. Supongamos que la intensidad de la radiación solar que incide sobre la parte superior de las nubes de la Tierra es de 1 340 W/m^2. (a) Calcular la potencia radiada por el Sol, tomando la separación proemdio Tierra-Sol como 1.496×10^{11} m. (b) Determinar los valores máximos de los campos eléctrico y magnético de la luz solar en la posición de la Tierra.

49. La intensidad de la radiación solar sobre la parte superior de la atmósfera es de 1 340 W/m^2. Suponiendo que 60% de la radiación que llega alcanza la superficie de la Tierra y que una persona absorbe 50% de la energía incidente, estime el orden de magnitud de la cantidad de energía que una persona absorbe durante un baño de sol de 60 min.

50. Consideremos un partícula esférica pequeña, de radio r, situada en el espacio a un distancia R del Sol. (a) Demostrar que el cociente F_{rad}/F_{grav} es proporcional a $1/r$, donde F_{rad} es la fuerza ejercida por la radiación solar y F_{grav} es la fuerza de la atracción gravitacional. (b) El resultado del apartado (a) significa que, para un valor suficientemente pequeño de r, la fuerza ejercida sobre la partícula por la radiación solar excede la de la atracción gravitacional. Calcular el valor de r para el cual la partícula está en equilibrio bajo la acción de las dos fuerzas. (Suponer que la partícula tiene una superficie perfectamente absorbente y una densidad de masa de 1.50 g/cm^3. Considérese que la partícula está situada a 3.75×10^{11} m del Sol, y úsese 214 W/m^2 como el valor de la intensidad solar en ese punto.)

51. Los láseres han sido utilizados para suspender cuentas esféricas de cristal en el campo gravitacional de la Tierra. (a) Si una cuenta tiene una masa m y una densidad p, determínese la intensidad de radiación necesaria para sostener la cuenta. (b) Si la cuenta tiene un radio r, ¿cuál es la potencia necesaria para este láser?

52. Una antena parabólica que tiene un diámetro de 20.0 m recibe (a incidencia normal) una señal de radio de una fuente distante, como se muestra en la figura P6.52. La señal de radio es una onda senoidal continua de amplitud $E_{máx} = 0.200$ μV/m. Considere que la antena absorbe toda la radiación que recibe. (a) ¿Cuál es la amplitud del campo magnético de esta onda? (b) ¿Cuál es la intensidad de la radiación recibida por esta antena? (c) ¿Cuál es la potencia absorbida por la antena? (d) ¿Qué fuerza es ejercida sobre la antena por las ondas de radio?

Figura P6.52

53. En 1965, Arno Penzias y Robert Wilson descubrieron que la radiación cósmica de microondas era un residuo de la expansión del Universo como consecuencia del Big Bang. Supongamos que la densidad de energía de la radiación del fondo de microondas es 4.00×10^{-14} J/m^3. Determínese la correspondiente amplitud del campo eléctrico.

54. Un teléfono celular opera en la banda 860-900 MHz y tiene una potencia de salida de 0.600 W con una antena de 10.0 cm de longitud (figura P6.54). (a) Calcule el valor promedio de la magnitud del vector de Poynting a 4.00 cm de la antena, que es la posición típica de la cabeza de una persona. Suponga que la antena emite energía en frentes de onda cilíndricos. (El patrón que realmente tiene la radiación es mucho más complicado.) (b) La máxima exposición permitida por el estándar ANSI/IEEE C95.1–1991 es de 0.57 mW/cm^2 para personas que vivan cerca de las estaciones base de telefonía celular, quienes están continuamente expuestas a la radiación. Compare la respuesta del apartado (a) con este estándar.

Figura P6.54 *(© 1998 Adam Smith/FPG International)*

55. Una radiación de microondas linealmente polarizada y de longitud de onda 1.50 cm se propaga a lo largo del eje *x* positivo. El vector de campo eléctrico tiene un valor máximo de 175 V/m y vibra en el plano *xy*. (a) Suponiendo que el campo magnético de la onda puede expresarse en la forma $B = B_{\text{máx}} \operatorname{sen}(kx - \omega t)$, obtenga los valores para $B_{\text{máx}}$, *k*, y ω. Asimismo, determine en qué plano vibra el campo magnético. (b) Calcule el valor promedio del vector de Poynting para esta onda. (c) ¿Qué presión de radiación podría ejercer esta onda si incidiese normalmente sobre un lámina reflectora perfecta? (d) ¿Qué aceleración puede comunicar a una lámina de 500 g (perfectamente reflectora y a incidencia normal) con dimensiones $1.00 \text{ m} \times 0.750 \text{ m}$?

56. **Problema de repaso.** (a) Una pareja instala un calentador solar de agua en la azotea de su casa (figura P6.56). El colector de energía solar consiste en una caja plana cerrada con un aislamiento térmico extraordinariamente bueno. Su interior está pintado de negro y su cara superior está hecha de vidrio aislante. Suponga que su emisividad para la luz visible es 0.900 y su emisividad para la luz infrarroja es 0.700. Considere que la luz solar a mediodía incide normalmente sobre el vidrio con una intensidad de 1 000 W/m^2 y que no entra ni sale agua de la caja. Calcule la temperatura del interior de la caja en estado estacionario. (b) La pareja construye ahora una caja idéntica sin tubos de agua y sitúa la caja sobre el suelo, enfrente de la casa. La utilizan como invernadero, donde plantan semillas a principios de primavera. Si el mismo Sol a mediodía tiene un ángulo de elevación de 50.0°, encuentre la temperatura estacionaria del interior de esta caja, suponiendo que las ranuras de ventilación están completamente cerradas.

Figura P6.56 *(© Bill Banaszewski/Visual Unlimited)*

57. Un astronauta, flotando en el espacio a 10.0 m de su nave espacial y en reposo relativo a ésta, tiene una masa (incluyendo el equipamiento) de 110 kg. Debido a que dispone de una linterna de 100 W capaz de emitir un haz luminoso, considera utilizar el haz como un cohete de fotones para propulsarse a sí mismo hacia la nave de manera continua. (a) Calcule el tiempo que tardaría en alcanzar la nave espacial por este método. (b) Suponga que, alternativamente, decide lanzar la linterna en dirección opuesta a la de la nave espacial. Si la masa de la linterna es de 3.00 kg y, después de ser lanzada, se mueve con una rapidez de 12 m/s *relativa al astronauta en retroceso*, ¿cuánto tiempo tardará el astronauta en alcanzar la nave espacial?

58. La Tierra refleja, desde las nubes y la superficie, aproximadamente 38.0% de la luz solar incidente. (a) Dada la intensidad de la radiación solar como 1 340 W/m^2, ¿cuál es la presión de radiación sobre la Tierra, en pascales, cuando el Sol está encima de nuestras cabezas? (b) Compare esto con la presión atmosférica normal en la superficie de la Tierra, que es de 101 kPa.

59. **Problema de repaso**. En ausencia de una entrada de cable o de una antena parabólica, una televisión puede utilizar una antena receptora dipolar para los canales VHF y una antena de espira para los canales UHF (figura P6.59). La antena UHF produce una fem a partir del flujo magnético variable que atraviesa la malla. La estación de TV emite una señal con una frecuencia f y la señal tiene un campo eléctrico de amplitud $E_{\text{máx}}$ y un campo magnético de amplitud $B_{\text{máx}}$ en la posición de la antena receptora. (a) Utilizando la ley de Faraday, halle una expresión para la amplitud de la fem que se genera en una antena de espira circular de una sola vuelta que tiene radio r, el cual es pequeño comparado con la longitud de onda de la radiación. (b) Si el campo eléctrico de la señal apunta verticalmente, ¿qué orientación de la espira produce la mejor recepción?

web

Figura P6.59 *(George Semple)*

60. **Problema de repaso**. Un espejo de 1.00 m de diámetro enfoca los rayos del Sol sobre una placa absorbente de 2.00 cm de radio, que sostiene una lata con 1.00 L de agua a 20.0° C. (a) Si la intensidad solar es 1.00 kW/m^2, ¿cuál es la intensidad sobre la placa absorbente? (b) ¿Cuáles son los valores máximos de las magnitudes de los campos **E** y **B**? (c) Si 40.0% de la energía es absorbida, ¿en cuánto tiempo el agua alcanza su punto de ebullición?

61. La potencia electromagnética radiada por una carga puntual moviéndose de manera no relativista con una aceleración q es

$$\mathcal{P} = \frac{q^2 a^2}{6\pi\epsilon_0 c^3}$$

donde ϵ_0 es la permitividad del espacio vacío y c es la rapidez de la luz en el vacío. (a) Demuestre que el segundo miembro de esta ecuación está en watts. (b) Si un electrón es situado en un campo eléctrico constante de 100 N/C, determinar la aceleración del electrón y la potencia electromagnética radiada por este electrón. (c) Si un protón es situado en un ciclotrón con un radio de 0.500 m y un campo magnético de magnitud 0.350 T, ¿qué potencia electromagnética radía este protón?

RESPUESTAS A LAS PREGUNTAS RÁPIDAS

6.1 Cero. La figura 6.6 muestra que los vectores **B** y **E** alcanzan sus valores máximo y mínimo al mismo tiempo.

6.2 $-y$. Esto puede determinarse utilizando la regla de la mano derecha para el producto vectorial **E** × **B**.

6.3 (b). (c). La presión de radiación (a) no cambia, ya que la presión es la fuerza por unidad de superficie. En (b), el disco más pequeño absorbe menos radiación, resultando en una menor fuerza. Por la misma razón, la cantidad de movimiento en (c) se reduce.

6.4 La onda AM, debido a que tiene una amplitud variable, aparecería con brillo variable. La onda FM tendrá colores variables, ya que el color que percibimos está relacionado con la frecuencia de la luz.

capítulo 7

Esta fotografía muestra un arco iris secundario, bien definido, con los colores invertidos. La aparición del arco iris depende de los tres fenómenos ópticos analizados en este capítulo: la reflexión, la refracción y la dispersión.
(Mark D. Phillips/Photo Researcher, Inc.)

contenido del capítulo

Reflexión y refracción de la luz

El capítulo anterior sirve de puente entre el electromagnetismo y el área de la física llamada *óptica*. Ahora que hemos establecido la naturaleza ondulatoria de la radiación electromagnética, vamos a estudiar el comportamiento de la luz visible y aplicaremos lo que aprendamos a toda radiación electromagnética. En este capítulo haremos énfasis en el comportamiento de la luz cuando encuentra una interfase entre dos medios.

Hasta ahora, nos hemos centrado en la naturaleza ondulatoria de la luz y la hemos discutido en términos de nuestro modelo simplificado de onda. Sin embargo, cuando aprendamos más acerca del comportamiento de la luz, tendremos que volver a nuestro modelo simplificado de partícula, especialmente cuando incluyamos las nociones de física cuántica, que comienzan a partir del capítulo 10. Como veremos en la primera sección del presente capítulo, hubo un largo debate histórico entre los defensores de los modelos ondulatorio y corpuscular de la luz.

7.1 • NATURALEZA DE LA LUZ

Aunque la luz es una experiencia cotidiana para nosotros, su comportamiento es complejo. En capítulos anteriores hemos utilizado tanto al modelo de partícula (modelo corpuscular) como al modelo ondulatorio como modelos simplificados que nos ayudan a obtener una comprensión física. Ambos modelos han sido aplicados al comportamiento de la luz. Hasta principios del siglo XIX, la mayoría de los científicos pensaban que la luz era una corriente de partículas emitidas por una fuente de luz. De acuerdo con este modelo, las partículas de luz estimulaban el sentido de la vista al entrar en los ojos. El arquitecto en jefe de este modelo corpuscular de la luz fue Isaac Newton. El modelo proporcionaba una explicación sencilla de algunos hechos experimentales conocidos relacionados a la naturaleza de la luz, a saber, las leyes de la reflexión y la refracción, que discutiremos en este capítulo.

La mayoría de los científicos aceptaban el modelo corpuscular de la luz. Sin embargo, durante la vida de Newton, fue propuesto otro modelo, un modelo que veía a la luz con propiedades similares a las de las ondas. En 1678, un físico y astrónomo holandés, Christiaan Huygens (1629-1695), demostró que un modelo ondulatorio de la luz también podía explicar las leyes de la reflexión y refracción. El modelo ondulatorio no fue aceptado inmediatamente, por varias razones. Todas las ondas conocidas en esa época (sonido, ondas en el agua y similares) se propagaban a través de un medio, pero la luz solar podía viajar hacia la Tierra a través del espacio vacío. Más aún, se argumenta que si la luz estuviera basada en un movimiento ondulatorio, ésta sería capaz de desviarse alrededor de los obstáculos y, por tanto, podríamos ver a la vuelta de las esquinas. Ahora se sabe que la luz puede realmente desviarse en los bordes de los objetos. Este fenómeno, conocido como *difracción,* no es fácil de observar, debido a que las ondas luminosas tienen longitudes de onda muy cortas. (Analizaremos la difracción en el capítulo 9). Aunque la evidencia experimental de la difracción de la luz fue descubierta por Francesco Grimaldi (1618-1663) alrededor de 1660, la mayoría de los científicos rechazaron el modelo ondulatorio durante más de un siglo y se adhirieron al modelo corpuscular de Newton. Esto fue debido, en su mayor parte, a la gran reputación de Newton como científico.

La primera demostración clara de la naturaleza ondulatoria de la luz fue proporcionada en 1801 por Thomas Young (1773-1829), quien demostró que, bajo condiciones apropiadas, la luz exhibe un comportamiento de interferencia. Esto es, las ondas luminosas emitidas por una única fuente y que se propagan a lo largo de dos caminos diferentes pueden llegar al mismo punto, combinarse y cancelarse unas a otras por interferencia destructiva. Este comportamiento no podía ser explicado en ese tiempo por un modelo corpuscular, puesto que los científicos no podían imaginar cómo dos o más partículas pueden llegar a unirse y cancelarse una a otra. Varios años más tarde, un físico francés, Augustin Fresnel (1788-1827) realizaba una serie de experimentos de interferencia, creando una base más sólida para el modelo ondulatorio. En 1850, Jean Foucault (1819-1868) proporcionaba una evidencia más de lo inadecuado que era el modelo corpuscular, mostrando que la velocidad de la luz en los líquidos es menor que en el aire: de acuerdo con el modelo corpuscular, la velocidad de la luz debería ser más *alta* en el vidrio y en los líquidos que en el aire. Desarrollos posteriores durante el siglo XIX condujeron a la aceptación general del modelo ondulatorio para la luz.

Un suceso muy importante relacionado con la comprensión de la luz fue el trabajo de James Clerk Maxwell, quien en 1865 predijo matemáticamente que la luz es una forma de ondas electromagnéticas de alta frecuencia. Como vimos en el capítulo 6, Hertz proporcionó, en 1887, la confirmación experimental de la teoría de Maxwell, al producir y detectar otras ondas electromagnéticas. Además, Hertz y otros investigadores demostraron que estas ondas presentaban reflexión, refracción y todas las demás propiedades características de las ondas.

Aunque el modelo de onda electromagnética parecía estar bien establecido y podía explicar la mayor parte de las propiedades conocidas de la luz, algunos experimentos no podían ser explicados utilizando la hipótesis de que la luz era una onda. El más sorprendente de éstos fue el *efecto fotoeléctrico*, descubierto por Hertz, según el cual un metal emite electrones cuando su superficie es expuesta a la luz. Veremos este experimento con detalle en el capítulo 10.

En vista de estos descubrimientos, debemos considerar que la luz tiene una naturaleza dual: **en algunos casos, la luz actúa como una onda, y en otros actúa como una partícula**. El modelo de onda electromagnética clásico proporciona una explicación adecuada de la propagación de la luz y de la interferencia, mientras que el efecto fotoeléctrico y otros experimentos que implican la interacción de la luz con la materia son explicados mejor considerando que la luz es una partícula. Para estar seguros, la luz es luz. La pregunta "¿Es la luz una onda o una partícula?" resulta inapropiada; en algunos experimentos, medimos sus propiedades ondulatorias; en otros experimentos, medimos sus propiedades corpusculares. Esta curiosa naturaleza dual de la luz puede resultar extraña en este punto, pero se aclarará cuando introduzcamos la noción de *partícula cuántica*. El fotón, una partícula de luz, es nuestro primer ejemplo de partícula cuántica, partículas que veremos más detalladamente en el capítulo 10. Hasta entonces, centremos nuestra atención en las propiedades de la luz que pueden explicarse satisfactoriamente con el modelo ondulatorio.

7.2 • EL MODELO DE RAYOS EN LA ÓPTICA GEOMÉTRICA

Para iniciar nuestro estudio de la óptica, utilizaremos un modelo simplificado conocido como **modelo de rayos** o **aproximación de rayos**. Un **rayo** es una línea recta dibujada a lo largo de la dirección de propagación de una única onda, mostrando el camino de la onda al propagarse a través del espacio. El modelo de rayos implica modelos geométricos basados en estas líneas rectas. Los fenómenos explicados por el modelo de rayos no dependen explícitamente de la naturaleza ondulatoria de la luz, salvo por su propagación a lo largo de una línea recta.

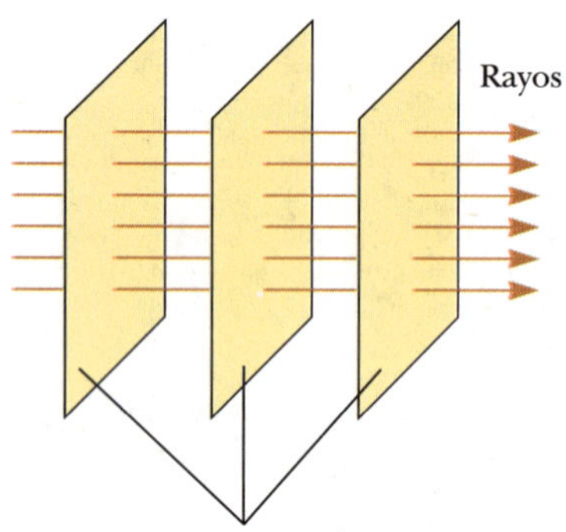

Figura 7.1

Onda plana propagándose hacia la derecha. Observe que los rayos, que siempre apuntan en la dirección del movimiento de la onda, son líneas rectas perpendiculares a los frentes de onda.

Un conjunto de ondas luminosas puede representarse por frentes de onda, tal como se ilustra en la figura 7.1 para una onda plana, tipo de onda que fue introducida en la sección 6.3. La definición de frente de onda requiere que los rayos sean perpendiculares al frente de onda en cada punto del espacio.

Si una onda plana encuentra una barrera que tiene una abertura circular cuyo diámetro sea grande comparado con la longitud de onda, como en la figura 7.2a, las ondas individuales que emergen por la abertura continúan moviéndose en línea recta (excepto por algunos pequeños efectos de borde); así pues, el mo-

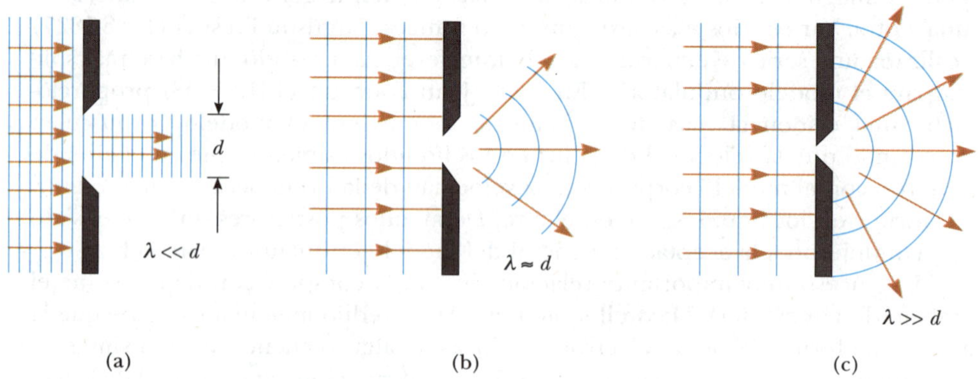

Figura 7.2

Una onda plana de longitud de onda λ incide sobre una barrera con una abertura de diámetro d. (a) Cuando $\lambda \ll d$, prácticamente no hay difracción observable y el modelo de rayos sigue siendo válido. (b) Cuando $\lambda \approx d$, la difracción llega a ser importante. (c) Cuando $\lambda \gg d$, la abertura se comporta como una fuente puntual, emitiendo ondas esféricas.

delo de rayos continúa siendo válido. Si el diámetro de la abertura es del orden de la longitud de onda, como en la figura 7.5b, las ondas (y, en consecuencia, los rayos que dibujamos) se dispersan desde la abertura en todas direcciones. Decimos que una onda plana incidente se difracta cuando pasa a través de una abertura. Si la abertura es pequeña comparada con la longitud de onda, la difracción es tan fuerte que la abertura puede ser considerada como una fuente puntual de ondas (figura 7.2c). Así pues, la difracción es más notoria a medida que el cociente d/λ se aproxima a cero.

El modelo de rayos supone que $\lambda \ll d$, de forma que no nos preocuparemos por los efectos de difracción, los cuales dependen de la naturaleza ondulatoria de la luz. Pospondremos el estudio de la difracción hasta el capítulo 9. El modelo de rayos será utilizada en el presente capítulo y en el capítulo 8. La materia de estos capítulos se denomina a menudo como *óptica geométrica.* La aproximación de rayos resulta muy adecuada en el estudio de espejos, lentes, prismas y los instrumentos ópticos asociados, tales como telescopios, cámaras y anteojos.

7.3 • REFLEXIÓN DE LAS ONDAS

En el capítulo 13 del volumen I presentamos la versión unidimensional de la reflexión de una onda en una cuerda. Cuando dicha onda encuentra una discontinuidad entre las cuerdas, lo que representa una diferencia en las velocidades de onda, parte de la energía se refleja y parte se transmite. En ese análisis, la onda estaba obligada a moverse a lo largo de una cuerda unidimensional. En nuestra discusión de la óptica, no estamos sujetos a esa restricción. Las ondas luminosas pueden moverse en tres dimensiones.

La figura 7.3 muestra varios rayos de luz incidiendo sobre una superficie. A menos que la superficie sea perfectamente absorbente, una porción de la luz será reflejada por la superficie. (La porción transmitida se analizará en la sección

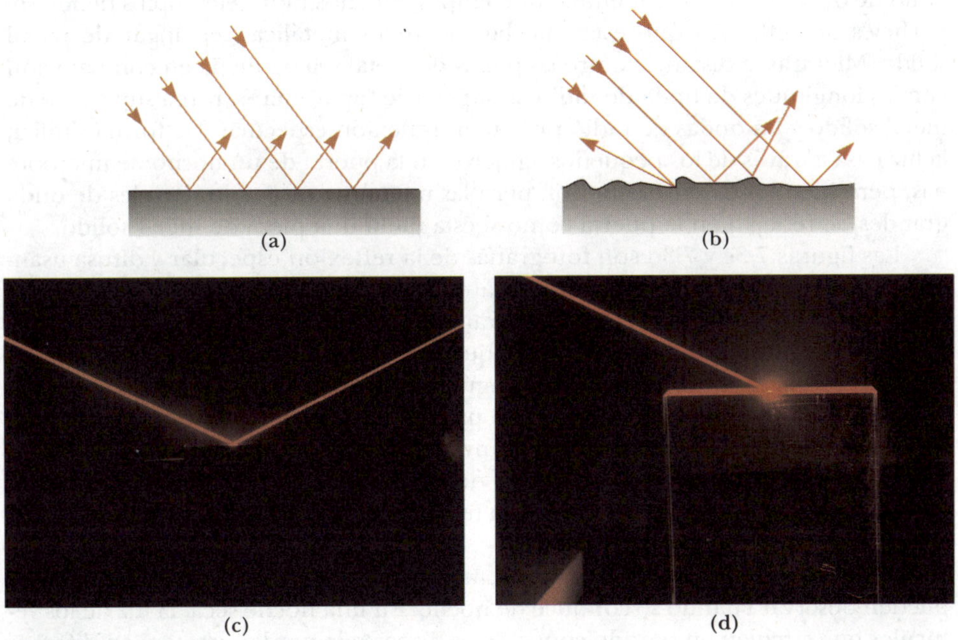

Figura 7.3

Representación esquemática de (a) la reflexión especular, en la cual los rayos reflejados son paralelos y (b) la reflexión difusa, en la cual los rayos reflejados viajan en direcciones dispersas. (c) y (d) Fotografías de las reflexiones especular y difusa usando luz láser. *(Fotografías cortesía de Henry Leap y Jim Lehman)*

Figura 7.4

Esta fotografía, tomada en Salamanca, España, muestra la reflexión de la Catedral Nueva en Río Tormes. Como el agua está tranquila, la reflexión es especular. *(David Parker/Photo Researchers, Inc.)*

7.4). Si la superficie es perfectamente lisa, los rayos reflejados son paralelos, como se indica en la figura 7.3a. La reflexión de la luz en tal superficie lisa se llama **reflexión especular**. Si la superficie de reflexión es rugosa, como en la figura 7.3b, los rayos se reflejan en varias direcciones. La reflexión en una superficie rugosa se conoce como **reflexión difusa**. Una superficie se comporta como una superficie lisa mientras las irregularidades de la misma sean pequeñas comparadas con la longitud de onda de la luz incidente. Por ejemplo, muchos radiotelescopios tienen superficies de reflexión que están hechas de redes metálicas, en lugar de metal sólido. Mientras la distancia entre las piezas de metal sea pequeña en comparación con las longitudes de onda de radio, la superficie "aparenta" ser una superficie de metal sólido y las ondas de radio presentan reflexión especular. De forma similar, la luz pasa a través de los pequeños agujeros en la puerta de un horno de microondas, permitiéndonos ver el interior, pero las microondas, con longitudes de onda grandes, se reflejan en la puerta como si ésta fuera una pieza de metal sólido.

Las figuras 7.3c y 7.3d son fotografías de la reflexión especular y difusa usando luz láser, que se hace visible gracias al polvo del aire, que dispersa la luz hacia la cámara. El haz láser reflejado es claramente visible en la figura 7.3c. En la figura 7.3d, la reflexión difusa ocasiona que el haz incidente sea reflejado en muchas direcciones; por tanto, no hay ningún haz saliente claramente visible.

La reflexión especular es necesaria para la formación de imágenes claras en superficies de reflexión, un tema que investigaremos en el capítulo 8. La figura 7.4 nos muestra una imagen resultante de la reflexión especular en una superficie de agua lisa. Si la superficie del agua fuese rugosa, tendría lugar una reflexión difusa, y la imagen no sería visible.

Ambos tipos de reflexión pueden ocurrir en la superficie de una carretera y se pueden observar cuando se conduce de noche. En una noche seca, la luz de los vehículos que circulan en sentido contrario es dispersada por la carretera en diferentes direcciones (reflexión difusa) y la carretera es bastante visible. En una noche lluviosa, las pequeñas irregularidades en la superficie de la carretera se rellenan con agua. Como la superficie del agua es lisa, la luz sufre reflexión especular y la luz reflejada provoca un deslumbramiento que hace la carretera menos visible.

Desarrollemos ahora la representación matemática para la reflexión de las ondas. Consideremos un rayo de luz que viaja a través del aire y que incide con un cierto ángulo sobre una superficie lisa plana como en la figura 7.5. Los rayos incidentes y reflejados forman ángulos θ_1 y θ_1', respectivamente, con una línea normal a la superficie en el punto donde el rayo incide en ésta. Los experimentos muestran que **el ángulo de reflexión es igual al ángulo de incidencia**:

$$\theta_1' = \theta_1 \qquad [7.1]$$

• *Ley de la reflexión*

Por convención, los ángulos de incidencia y de reflexión se miden con respecto a la normal a la superficie, en lugar de con respecto a la superficie misma.

En la reflexión difusa, el ángulo de incidencia y el ángulo de reflexión satisfacen la ecuación 7.1 *con respecto a la normal local.* Debido a la rugosidad de la superficie, la normal local varía significativamente de un punto a otro. En este libro nos ocuparemos únicamente de la reflexión especular y utilizaremos el término *reflexión* para referirnos a la reflexión especular.

Como puede verse en la ecuación 7.1 y en las figuras anteriores, los modelos geométricos se usan ampliamente en el estudio de la óptica. Cuando representamos situaciones físicas a través de construcciones geométricas, las relaciones matemáticas de los triángulos y los principios de trigonometría tienen muchas aplicaciones.

La trayectoria de un rayo es reversible. Por ejemplo, el rayo de la figura 7.5 se propaga desde la parte superior izquierda, se refleja en el espejo y se mueve hacia un punto situado en la parte superior derecha. Si ese rayo se originara en el mismo punto de la parte superior derecha, seguiría el mismo camino hasta llegar al mismo punto de la parte superior izquierda. Esta propiedad de reversibilidad será útil cuando realicemos construcciones geométricas para determinar las trayectorias de los rayos de luz.

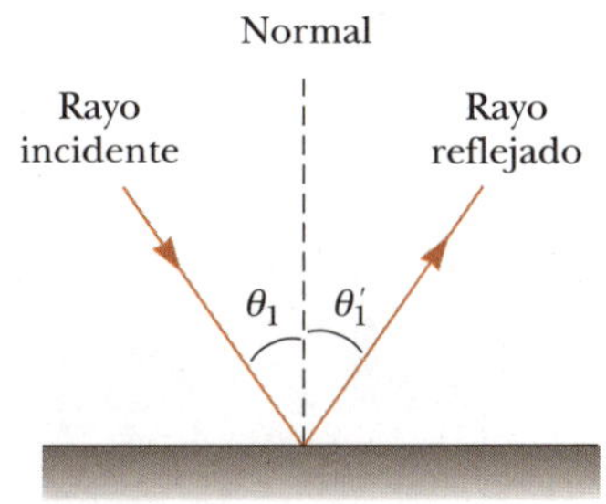

Figura 7.5

De acuerdo con la ley de la reflexión, $\theta_1 = \theta_1'$. El rayo incidente, el rayo reflejado y la normal están en el mismo plano.

¡ADVERTENCIA! 7.1

Notación de subíndices

Utilizaremos el subíndice 1 para referirnos a los parámetros de la luz en el medio inicial. Cuando la luz pase de un medio a otro, utilizaremos el subíndice 2 para los parámetros de la luz en el nuevo medio. En nuestro análisis actual, la luz permanece en el mismo medio, por lo que únicamente tenemos subíndices 1. Esto puede parecer innecesario en la ecuación 7.1, pero simplemente nos estamos preparando para explicaciones futuras, en las que la luz entra en un segundo medio.

Pregunta rápida 7.1

¿Qué parte de la figura 7.6, la (a) o la (b), muestra una reflexión especular de la luz en la carretera?

(a) (b)

Figura 7.6

(Pregunta rápida 7.1) Luz reflejándose en una carretera. ¿Dónde se produce reflexión especular y dónde reflexión difusa? *(Charles D. Winters)*

PIENSE EN LA FÍSICA 7.1

Un observador situado en la playa orientada al oeste de un gran lago está contemplando el inicio de la puesta de sol. La superficie del agua es muy lisa, salvo en algunas áreas con pequeñas olas. El observador nota que algunas áreas del agua parecen de color azul y otras de color rosa. ¿Por qué el agua presenta diferentes colores en diferentes zonas?

Razonamiento. Los diferentes colores son debidos a la reflexión especular y a la reflexión difusa. La superficie lisa del agua refleja la luz del oeste, la cual es de color rosa en la puesta de sol. La superficie con pequeñas olas refleja la luz de manera difusa. De esta manera, rayos luminosos procedentes de todas partes del cielo son reflejados hacia los ojos del observador. Como la mayor parte del cielo sigue siendo azul al comienzo de la puesta de sol, estas zonas parecen de color azul.

PIENSE EN LA FÍSICA 7.2

Cuando se mira por la noche a través del cristal de una ventana hacia el exterior, algunas veces vemos una imagen doble de nosotros mismos. ¿Por qué?

Razonamiento. La reflexión se produce siempre que la luz encuentra una interfase entre dos medios ópticos. Para el cristal de la ventana, existen dos interfases. La primera es la superficie interior del cristal y la segunda, la superficie exterior. Cada una de estas interfases da lugar a una imagen.

Ejemplo 7.1 El rayo de luz reflejado dos veces

Dos espejos forman un ángulo de 120° entre sí, como se muestra en la figura 7.7. Un rayo incide sobre el espejo M_1 formando un ángulo de 65° con la normal. Encuentre la dirección del rayo después que es reflejado por el espejo M_2.

Razonamiento y solución. De la ley de la reflexión, sabemos que el primer rayo reflejado también forma un ángulo de 65° con la normal. De este modo, este rayo forma un ángulo de $90° - 65° = 25°$ con la horizontal. Construimos el modelo geométrico mostrado en la figura 7.7, utilizando el triángulo formado por el primer rayo reflejado y los dos espejos. El primer rayo reflejado forma un ángulo de 35° con M_2 (ya que la suma de los ángulos interiores de un triángulo es 180°). Esto significa que este rayo forma un ángulo de 55° con la normal a M_2. Por tanto, a partir de la ley de la reflexión, el segundo rayo reflejado forma un ángulo de 55° con la normal a M_2.

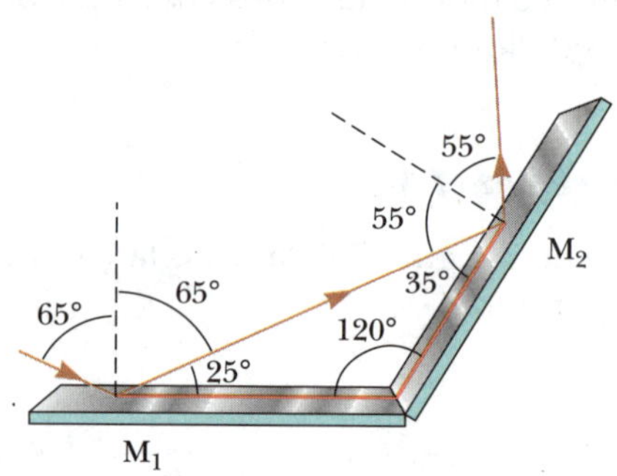

Figura 7.7

(Ejemplo 7.1) Espejos M_1 y M_2 que forman un ángulo de 120° entre sí.

7.4 • REFRACCIÓN DE LAS ONDAS

Volviendo de nuevo a la discusión de las ondas en una cuerda del capítulo 13 del volumen I, allí vimos que parte de la energía de la onda incidente sobre una discontinuidad en la cuerda se transmite a través de la discontinuidad. Ya que las ondas luminosas se propagan en tres dimensiones, el estudio de la luz transmitida implica nuevos principios, que analizaremos a continuación.

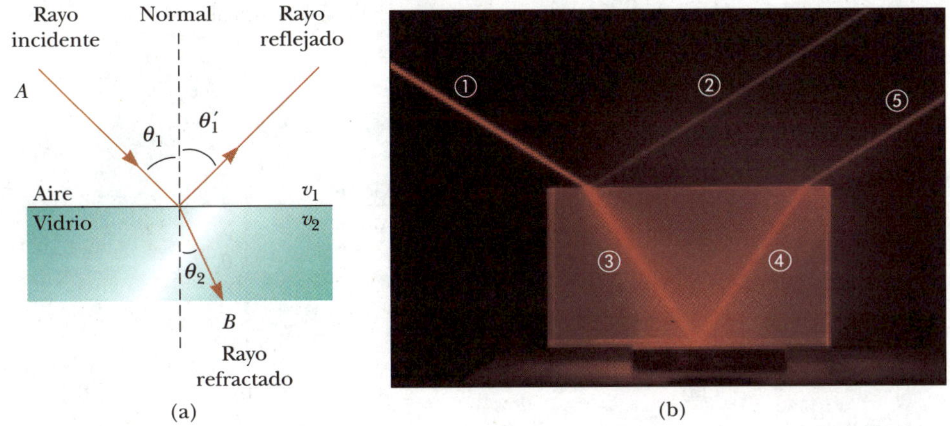

Figura 7.8

(a) Un rayo de luz incide oblicuamente sobre una interfase vidrio-aire. El rayo refractado se desvía hacia la normal, debido a que $v_2 < v_1$. Todos los rayos y la normal están en el mismo plano.
(b) (Pregunta rápida 7.2) De los rayos 2 a 5, ¿cuáles de ellos son reflejados y cuáles refractados?
(Henry Leap y Jim Lehman)

Cuando un rayo de luz que se propaga a través de un medio transparente incide oblicuamente sobre una frontera con otro medio transparente, como en la figura 7.8a, parte del rayo es reflejada, pero otra parte es transmitida hacia el segundo medio. El rayo que entra en el segundo medio cambia su dirección en la frontera entre los dos medios, y se dice que sufre una **refracción. El rayo incidente, el rayo reflejado y el rayo refractado están en el mismo plano. El ángulo de refracción** θ_2 en la figura 7.8a depende de las propiedades de los dos medios y del ángulo de incidencia, a través de la relación

$$\frac{\text{sen}\,\theta_2}{\text{sen}\,\theta_1} = \frac{v_2}{v_1} = \text{constante} \qquad [7.2]$$

donde v_1 es la rapidez de la luz en el medio 1 y v_2 es la rapidez de la luz en el medio 2. El descubrimiento experimental de esta relación es atribuido usualmente a Willebrord Snell (1591-1626) y se conoce, por tanto, como **ley de Snell**.* La ecuación 7.2 es una representación matemática de la refracción de las ondas, aunque veremos una forma más utilizada en la ecuación 7.7.

La trayectoria de la luz a través de una superficie refractora es reversible, como en el caso de la reflexión. Por ejemplo el rayo en la figura 7.8a viaja del punto *A* al punto *B*. Si el rayo se originara en *B*, seguiría el mismo camino para llegar al punto A. Sin embargo, en este último caso, el rayo reflejado estaría dentro del vidrio.

Pregunta rápida 7.2

Si el rayo ① es el haz incidente en la figura 7.8b, ¿cuáles de los otros cuatro rayos son reflejados y cuáles refractados?

Cuando la luz se mueve de un material en el cual su rapidez es alta hacia un material en el cual su rapidez es más baja, la ley de Snell muestra que el ángulo de refracción θ_2 es menor que el ángulo de incidencia. El rayo refractado, por

* La misma ley fue deducida a partir de la teoría corpuscular de la luz en 1637 por René Descartes (1596-1650) y por tanto en Francia es conocida como *Ley de Descartes*.

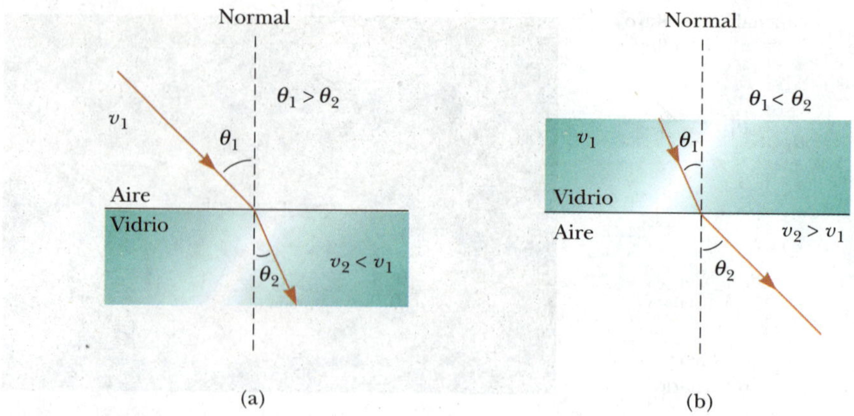

Figura 7.9

(a) Cuando el rayo de luz pasa del aire al vidrio, su trayectoria se desvía hacia la normal. (b) Cuando el rayo pasa del vidrio al aire, su trayectoria se aleja de la normal.

El lápiz parcialmente inmerso en agua parece torcido debido a que la luz de la parte inferior del lápiz se refracta cuando pasa a través de la frontera entre el agua y el aire. *(Jim Lehman).*

tanto, se desvía hacia la normal, como se muestra en la figura 7.9a. Si el rayo se mueve de un material en el que viaja más lentamente hacia un material en el que viaja más rápidamente, θ_2 es mayor que θ_1 y el rayo se aleja de la normal, como se muestra en la figura 7.9b. En ambos casos, el cambio en la dirección del rayo es el ángulo de desviación δ, dado por $\delta = |\theta_1 - \theta_2|$.

El comportamiento de la luz cuando pasa del aire a otra sustancia y después vuelve al aire a menudo confunde a los estudiantes. ¿Por qué es este comportamiento tan diferente de otras situaciones de nuestra vida cotidiana? Cuando la luz viaja a través del aire, su rapidez es de 3.0×10^8 m/s. Al entrar en un bloque de vidrio, su rapidez se reduce aproximadamente hasta 2.0×10^8 m/s. Cuando la luz vuelve a emerger al aire, su rapidez aumenta hasta su valor original de 3.0×10^8 m/s. Esto es muy diferente de lo que sucede, por ejemplo, cuando se dispara una bala a través de un bloque de madera. En este caso, la rapidez de la bala se reduce a medida que viaja a través de la madera, debido a que parte de su energía inicial se utiliza para separar las fibras de la madera. Cuando la bala vuelve al aire de nuevo, sale con la velocidad que tenía justo antes de dejar el bloque de madera.

Para ver por qué la luz se comporta de esta forma, consideremos la figura 7.10, que representa un haz de luz entrando en un trozo de vidrio por la izquierda. Una vez dentro del vidrio, la luz puede encontrarse un átomo, representado por el punto *A* en la figura. Suponiendo que el átomo absorbe la luz, éste oscilará (lo que se representa por las flechas bidireccionales del dibujo). El átomo oscilante radia (emite) el haz de luz hacia un átomo en el punto *B*, donde la luz es nuevamente absorbida. Los detalles de estas absorciones y emisiones son explicados mejor en términos de la física cuántica, un tema que estudiaremos en el capítulo 10. Por ahora, pensemos en el proceso como uno en el cual la luz pasa de un átomo a otro a través del vidrio. (Esta situación es análoga a una carrera de relevos en la cual la estafeta pasa entre los corredores del mismo equipo.) Aunque la luz viaja de un átomo a otro a través del espacio vacío entre los átomos con una rapidez de 3.0×10^8 m/s, las absorciones y emisiones de la luz por los átomos, que necesitan tiempo para producirse, provocan que la rapidez *promedio* de la luz a través del vidrio disminuya. Una vez que la luz emerge al aire, las absorciones y emisiones cesan y la rapidez promedio de la luz vuelve a su valor ori-

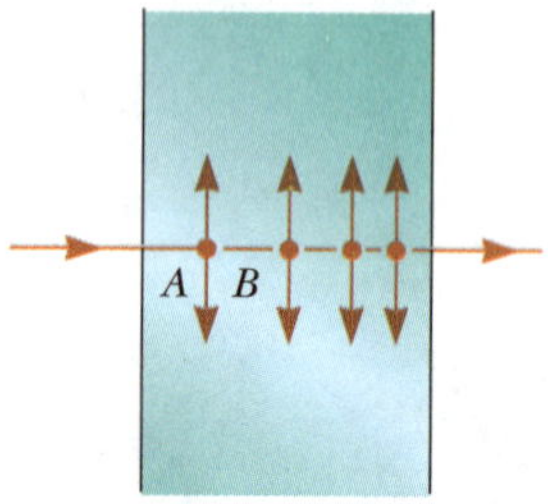

Figura 7.10

Luz pasando de un átomo a otro en un medio. Los puntos son los átomos y las flechas verticales representan sus oscilaciones.

ginal.* Así, tanto si la luz está dentro como fuera de un material, siempre se propaga en el vacío con la misma rapidez.

Cuando la luz pasa de un medio a otro se refracta debido a que la rapidez promedio de la luz es diferente en los dos medios. De hecho, **la luz viaja a su máxima rapidez en el vacío**. Es conveniente definir el **índice de refracción** n de un medio como el cociente

$$n \equiv \frac{\text{rapidez de la luz en el vacío}}{\text{rapidez promedio de la luz en el medio}} = \frac{c}{v} \qquad [7.3]$$

• *Índice de refracción*

A partir de esta definición, vemos que el índice de refracción es un número adimensional mayor o igual que la unidad, ya que v en cualquier medio es menor o igual que c. Además, n es igual a la unidad para el vacío. En la tabla 7.1 se indican los índices de refracción para diferentes sustancias.

Cuando una onda viaja de un medio a otro, su frecuencia no cambia. Consideremos primero este concepto para ondas que pasan de una cuerda ligera a una cuerda más pesada. Si las frecuencias de las ondas incidente y transmitida de las dos cuerdas en el punto de unión fuesen diferentes, las cuerdas no podrían permanecer unidas: ¡los extremos unidos de las dos cuerdas no se moverían hacia arriba y hacia abajo al unísono!

Para una onda luminosa que pasa de un medio a otro, la frecuencia también permanece constante. Para ver por qué esto es así, consideremos la figura 7.11. Frentes de ondas con cierta frecuencia llegan a un observador situado en el punto A del medio 1, e inciden sobre la frontera que separa al medio 1 del medio 2. La frecuencia con la cual pasan los frentes de onda junto a un observador situa-

¡ADVERTENCIA! 7.2

n no es un entero aquí

En el capítulo 11 del volumen I utilizamos n para denotar el número cuántico de una órbita de Bohr y en el capítulo 14 del volumen I para indicar el modo de una onda estacionaria en una cuerda o en una columna de aire. En esos casos, n era un entero. El índice de refracción n, sin embargo, *no* es un número entero.

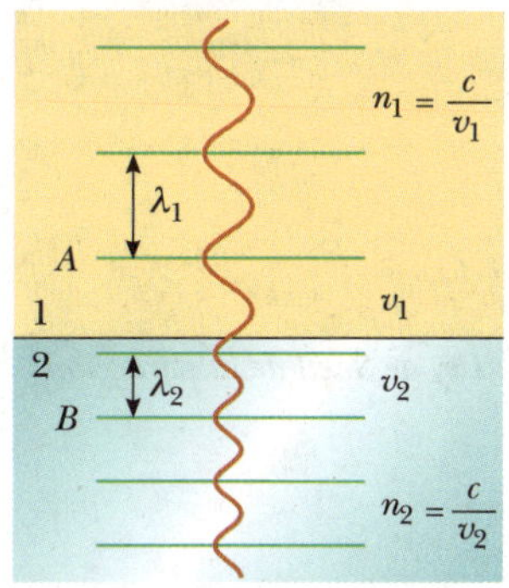

Figura 7.11

Cuando una onda pasa de un medio 1 a un medio 2, su longitud de onda cambia, pero su frecuencia se mantiene constante.

TABLA 7.1 **Índice de refracción de diferentes sustancias, medido con luz de longitud de onda en el vacío λ_0 = 589 nm**

Sustancia	Índice de refracción	Sustancia	Índice de refracción
Sólidos a 20°C		**Líquidos a 20°C**	
Circonita cúbica	2.21	Benzeno	1.501
Diamante (C)	2.419	Disulfuro de carbono	1.628
Fluorita (CaF_2)	1.434	Tetracloruro de carbono	1.461
Cuarzo fundido (SiO_2)	1.458	Alcohol etílico	1.361
Vidrio crown	1.52	Glicerina	1.473
Vidrio flint	1.66	Jarabe de maíz	2.21
Hielo (H_2O)	1.309	Agua	1.333
Poliestireno	1.49		
Cloruro de sodio (NaCl)	1.544	**Gases a 0°C, 1 atm**	
Zirconio	1.923	Aire	1.000293
		Dióxido de carbono	1.0045

* Como analogía, considere un tren entrando en una ciudad con rapidez constante v y parando en diferentes estaciones en el centro de la ciudad. Aunque el tren pueda alcanzar la rapidez instantánea v entre las estaciones, la rapidez *promedio* a través de la ciudad es menor que v. Una vez que el tren deja la ciudad y no realiza paradas, se mueve de nuevo con rapidez constante v. La analogía, como es el caso de muchas analogías, no es perfecta, ya que el tren necesita tiempo para acelerar hasta la rapidez v entre las estaciones, mientras que la luz alcanza la rapidez c inmediatamente cuando se propaga entre los átomos..

do en el punto *B* en el medio 2 debe ser igual a la frecuencia con la cual llegaron al punto *A*. Si éste no fuera el caso, los frentes de onda o se acumularían en la frontera, o serían creados o destruidos en la frontera. Como esto no ocurre, la frecuencia debe ser constante cuando un rayo de luz pasa de un medio a otro.

¡ADVERTENCIA! 7.3

Es preciso recalcarlo

Recuerde que la *frecuencia* de una onda no cambia cuando la onda pasa de un medio a otro. La rapidez de la onda y la longitud de onda *sí* cambian, pero la frecuencia permanece constante.

Por tanto, como la relación $v = f\lambda$ (ecuación 13.11 del volumen I) debe ser válida en ambos medios y puesto que $f_1 = f_2 = f$, vemos que

$$v_1 = f\lambda_1 \quad \text{y} \quad v_2 = f\lambda_2$$

Como $v_1 \neq v_2$, se sigue que $\lambda_1 \neq \lambda_2$. Se puede obtener una relación entre el índice de refracción y la longitud de onda dividiendo estas dos ecuaciones y haciendo uso de la definición del índice de refracción dada por la ecuación 7.3:

$$\frac{\lambda_1}{\lambda_2} = \frac{v_1}{v_2} = \frac{c/n_1}{c/n_2} = \frac{n_2}{n_1} \qquad [7.4]$$

lo cual da

$$\lambda_1 n_1 = \lambda_2 n_2 \qquad [7.5]$$

Se concluye de la ecuación 7.5 que el índice de refracción de cualquier medio puede expresarse por el cociente

$$n = \frac{\lambda_0}{\lambda_n} \qquad [7.6]$$

donde λ_0 es la longitud de onda de la luz en el vacío y λ_n es la longitud de onda en el medio cuyo índice de refracción es n.

Estamos ahora en situación de expresar la ley de Snell (véase la ecuación 7.2) de una forma alternativa. Si combinamos la ecuación 7.3 y la ecuación 7.2, encontramos que

• *Ley de Snell de la refracción*

$$n_1 \operatorname{sen}\theta_1 = n_2 \operatorname{sen}\theta_2 \qquad [7.7]$$

Ésta es la forma convencional de la ley de Snell que se usa en óptica, expresada en función de los valores de n, en lugar de en función de los de las velocidades, como en la ecuación 7.2.

¡ADVERTENCIA¡ 7.4

Una relación inversa

Téngase en cuenta que el índice de refracción es *inversamente* proporcional a la rapidez de la onda. A medida que la rapidez de la onda v disminuye, el índice de refracción n aumenta. Así, cuanto mayor es el índice de refracción de un material, más despacio viaja la luz respecto al vacío. Cuanto más despacio va la luz, más difiere θ_2 de θ_1 en la ecuación 7.7.

Pregunta rápida 7.3

¿Por qué las estrellas parecen parpadear en el cielo nocturno? (*Sugerencia*: Estamos mirando a través del aire, sometido a las turbulencias de la atmósfera.)

Pregunta rápida 7.4

Cuando la luz solar entra en la atmósfera, se refracta debido a la pequeña diferencia entre la rapidez de la luz en el aire y en el vacío. La longitud *óptica* del día se define como el intervalo de tiempo entre el instante en el cual la parte superior del Sol aparece sobre el horizonte y el instante en el cual la parte superior del Sol desaparece bajo el horizonte. La longitud *geométrica* del día se define como el intervalo de tiempo entre el instante en el que una línea recta geométrica dibujada desde un observador hasta la parte superior del Sol pasa sobre el horizonte y el instante en el cual esta línea se sumerge bajo el horizonte. ¿Cuál es más largo, el día óptico o el día geométrico?

PIENSE EN LA FÍSICA 7.3

¿Por qué hacen las gafas de buceo que la visión sea más clara bajo el agua? Las gafas de buceo incluyen una delgada pieza de cristal (las gafas de buceo no tienen lentes como los anteojos).

Razonamiento. La refracción necesaria para enfocar la imagen con los ojos se produce en la interfase aire-córnea. Las lentes de los ojos solamente realizan un ajuste fino de esta imagen, permitiendo acomodar la visión a objetos situados a varias distancias. Cuando el ojo está abierto bajo el agua, la interfase es agua-córnea, en vez de aire-córnea. De este modo, la luz de la escena no está enfocada sobre la retina y la escena es borrosa. Las gafas de buceo simplemente proporcionan una capa de aire delante de los ojos, de forma que la interfase aire-córnea se restablece y la refracción es la correcta para enfocar la luz sobre la retina.

APLICACIÓN

Visión bajo el agua

Ejemplo 7.2 Medición del índice de refracción

Un haz de luz de longitud de onda 550 nm que viaja a través del aire incide sobre un trozo de material transparente. El haz incidente forma un ángulo de 40.0° con la normal, y el refractado forma un ángulo de 26.0° con la normal. Encontrar el índice de refracción del material.

Solución. Como el índice de refracción del aire está tan cercano al del vacío, suponemos n_1 exactamente igual a 1.00. Con estos datos la ley de Snell de la refracción (véase la ecuación 7.7), nos lleva a que

$$n_1 \operatorname{sen} \theta_1 = n_2 \operatorname{sen} \theta_2$$

$$n_2 = n_1 \frac{\operatorname{sen} \theta_1}{\operatorname{sen} \theta_2} = (1.00) \frac{\operatorname{sen} 40.0°}{\operatorname{sen} 26.0°} = \frac{0.643}{0.438} = 1.47$$

EJERCICIO. ¿Cuál es la longitud de onda de la luz en el material?

Respuesta: 374 nm

Ejemplo 7.3 Rapidez de la luz en el sílice

Un de luz de longitud de onda igual a 589 nm en el vacío pasa a través de un trozo de sílice ($n = 1.458$).
(a) Calcule la rapidez de la luz en el sílice.

Solución. La rapidez de la luz en el sílice puede obtenerse fácilmente a partir de la ecuación 7.3:

$$v = \frac{c}{n} = \frac{3.00 \times 10^8 \text{ m/s}}{1.458} = 2.06 \times 10^8 \text{ m/s}$$

(b) ¿Cuál es la longitud de onda de este rayo de luz en el sílice?

Solución. Usamos la ecuación 7.6 para calcular la longitud de onda en el sílice, teniendo en cuenta que la longitud de onda en el vacío es $\lambda_0 = 589$ nm:

$$\lambda_n = \frac{\lambda_0}{n} = \frac{589 \text{ nm}}{1.458} = 404 \text{ nm}$$

EJERCICIO. Encontrar la frecuencia del rayo de luz.

Respuesta: 5.09×10^{14} Hz

Ejemplo 7.4 Un haz de luz que atraviesa una placa

Un haz de luz pasa de un medio 1 a un medio 2, siendo este último una gruesa placa cuyo índice de refracción es n_2 (figura 7.12). Demuestre que el haz emergente es paralelo al haz incidente.

Solución. En primer lugar, apliquemos la ley de Snell a la superficie superior:

$$\operatorname{sen}\theta_2 = \frac{n_1}{n_2}\operatorname{sen}\theta_1 \qquad \textbf{(1)}$$

Aplicando la ley de Snell a la superficie inferior, obtenemos

$$\operatorname{sen}\theta_3 = \frac{n_2}{n_1}\operatorname{sen}\theta_2 \qquad \textbf{(2)}$$

Sustituyendo la ecuación (1) en la (2), tenemos que

$$\operatorname{sen}\theta_3 = \frac{n_2}{n_1}\left(\frac{n_1}{n_2}\operatorname{sen}\theta_1\right) = \operatorname{sen}\theta_1$$

Así, $\theta_3 = \theta_1$ y, por tanto, la placa no altera la dirección del haz, como se muestra con la línea discontinua en la figura 7.12. Sin embargo, sí produce un desplazamiento lateral d del haz.

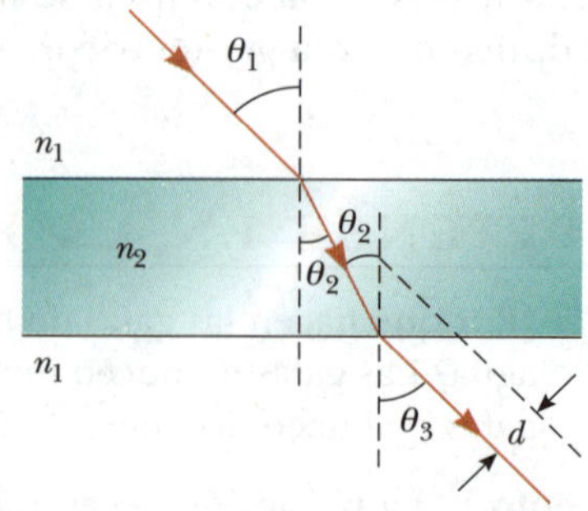

Figura 7.12

(Ejemplo 7.4) Cuando la luz pasa a través de una placa plana de material, el haz emergente es paralelo al haz incidente y, por tanto, $\theta_1 = \theta_3$. La línea discontinua representa la trayectoria de la luz si no existiese la placa.

7.5 • DISPERSIÓN Y PRISMAS

En la sección anterior hemos desarrollado la ley de Snell, la cual incorpora el índice de refracción de un material. En la tabla 7.1 presentamos los valores del índice de refracción para una serie de materiales. Sin embargo, si realizamos medidas precisas, encontramos que el valor del índice de refracción para cualquier medio, salvo para el vacío, depende de la longitud de onda de la luz. La dependencia del índice de refracción respecto a la longitud de onda, que proviene de la dependencia de la rapidez de la onda respecto a la longitud de onda, se denomina **dispersión**. La figura 7.13 es una representación gráfica de esta variación del índice de refracción respecto a la longitud de onda. Puesto que n es función de la longitud de onda, la ley de Snell indica que **el ángulo de refracción cuando la luz entra en un material depende de la longitud de onda de la luz**. Como vemos en la figura 7.13, el índice de refracción de un material generalmente disminuye a medida que aumenta la longitud de onda en el rango visible. Esto significa que la luz violeta ($\lambda \approx 400$ nm) se refracta más que la luz roja ($\lambda \approx 650$ nm) cuando pasa del aire a un material.

Para entender los efectos de la dispersión sobre la luz, analicemos lo que sucede cuando la luz incide sobre un prisma, como en la figura 7.14. Un rayo de luz monocromática que incide sobre el prisma por la izquierda, emergerá en una dirección que difiere de su dirección original en un ángulo de desviación δ. Supongamos ahora que un haz de luz blanca (una combinación de todas las longitudes de onda visibles) incide sobre un prisma. Debido a la dispersión, los diferentes colores se refractan con ángulos de desviación diferentes, y los rayos que emergen de la segunda cara del prisma se dispersan en una serie de colores conocidos como **espectro visible**, como se ilustra en la figura 7.15. Estos colores, en orden decreciente de longitud de onda, son el rojo, naranja, amarillo, verde, azul y violeta. La luz violeta es la que más se desvía, la luz roja la que menos y el resto de colores del espectro visible caen entre estos dos extremos.

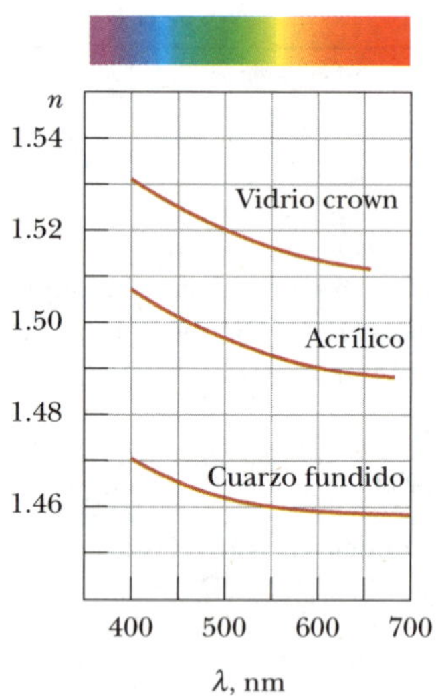

Figura 7.13

Variación del índice de refracción con la longitud de onda en el vacío para tres materiales.

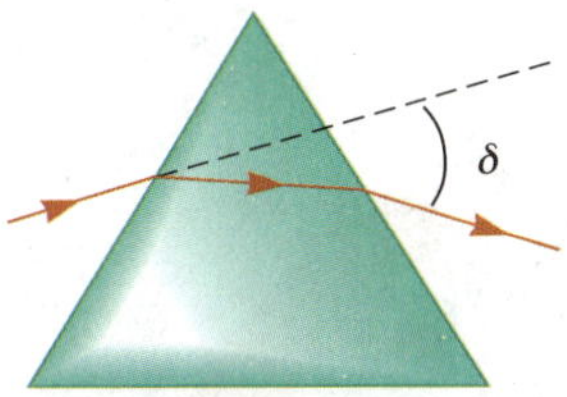

Figura 7.14

Un prisma refracta un rayo de luz de una única longitud de onda y lo desvía un ángulo δ.

Figura 7.15

Los diferentes colores son refractados con diferentes ángulos debido a que el índice de refracción del vidrio depende de la longitud de onda. La luz violeta es la que más se desvía y la luz roja la que menos se desvía. *(Fotografía cortesía de Bausch y Lomb)*

La dispersión de la luz en un espectro se ilustra de forma especialmente gráfica en la naturaleza con la formación del arco iris, que a menudo pueden ver los observadores situados entre el Sol y la zona donde está cayendo un aguacero. Para comprender cómo se forma un arco iris, consideremos la figura 7.16. Un rayo de luz incide desde la parte superior sobre una gota esférica de agua en la atmósfera y es refractado y reflejado de la siguiente manera: primero se refracta en la superficie frontal de la gota, siendo la luz violeta la que más se desvía y la luz roja la que menos. En la superficie trasera de la gota, la luz es reflejada y vuelve a la superficie frontal, donde de nuevo se refracta cuando pasa del agua al aire.

Debido a que la luz llega a la superficie frontal por todos sus puntos, hay un intervalo de ángulos de salida para la luz que sale de la gota después de reflejarse en la superficie trasera de la misma. Un análisis cuidadoso de la forma esférica de la gota de agua muestra que el ángulo de salida con una intensidad de luz mayor es 42° para la luz roja y 40° para la luz violeta. Así, la luz procedente de la gota vista por un observador es más brillante para esos ángulos y el observador ve un arco iris. La figura 7.17 muestra la geometría de la trayectoria de los haces de luz para el observador. Los colores del arco iris se ven en un intervalo que abarca de 40° a 42°, como si procedieran desde el punto opuesto al Sol, es decir, el punto situado a 180° con respecto al Sol. Si la luz roja proviene de una gota de agua a mucha altura en el cielo, la luz violeta de esta gota pasa por encima del observador y no se ve. De esta manera, la porción del arco iris en la vecindad de esta gota es roja. La porción violeta del arco iris vista por un observador es proporcionada por la gotas situadas a menos altura en el cielo, que envían luz violeta hacia los ojos del observador y luz roja por debajo de los ojos.

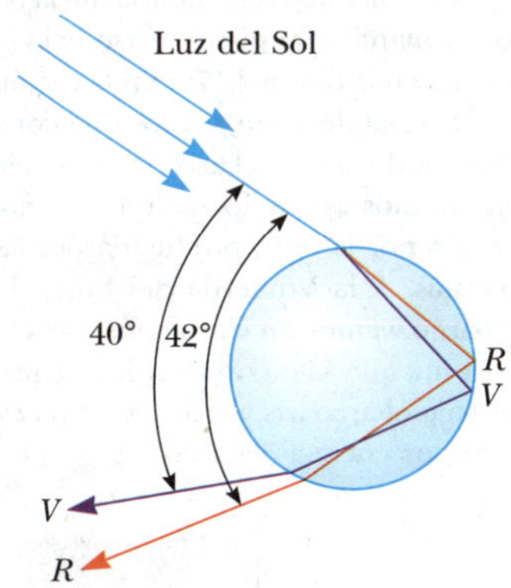

Figura 7.16

Refracción de la luz solar en una gota de lluvia esférica.

La fotografía con la cual inicia este capítulo muestra un *arco iris doble*. El arco iris secundario es más pálido que el arco iris primario, y los colores están invertidos. El arco iris secundario proviene de rayos de luz que sufren dos reflexiones en la superficie interior antes de salir de la gota de lluvia. En el laboratorio se han observado arcos iris en los que la luz realiza más de 30 reflexiones antes de salir de la gota. Ya que cada reflexión implica una cierta pérdida de intensidad, debido a la refracción hacia fuera de la gota de agua, la intensidad de estos arcos iris de orden más alto es muy pequeña.

WEB

Para ver una aplicación Java que permite variar la posición de entrada de un rayo de luz sobre una gota de lluvia y observar el efecto sobre el rayo saliente, visite **www.phy.ntnu.edu.tw/java/Rainbow/rainbow.html**

Pregunta rápida 7.5

En los materiales dispersores, el ángulo de refracción para un rayo de luz depende de la longitud de onda de la luz. ¿Depende de la longitud de onda el ángulo de reflexión sobre la superficie de estos materiales?

¡ADVERTENCIA! 7.5

Un arco iris formado por muchos rayos de luz.

Representaciones gráficas como la de la figura 7.16 pueden dar lugar a interpretaciones erróneas. La figura muestra un rayo de luz entrando en una gota de lluvia, sufriendo reflexión y refracción, y saliendo de la gota de lluvia en un intervalo de 40° a 42° respecto al rayo entrante. Esto *puede* interpretarse como que toda la luz que entra en la gota de lluvia sale en este pequeño intervalo angular. En realidad, la luz sale de la gota de lluvia con un intervalo angular mucho mayor, de 0° a 42°. Un análisis cuidadoso de la reflexión y la refracción dentro de la gota de lluvia esférica muestra que el intervalo de 40° a 42° es donde sale la *mayor* cantidad de luz de la gota de lluvia. La luz que sale en otros ángulos es, en buena medida, responsable de la región brillante que puede verse bajo el arco iris en la figura 7.17b. En la región a la derecha del bote, vemos una combinación de la luz del arco iris que sale con ángulos pequeños y de la luz dispersada por la brisa producida por las cataratas. A la izquierda del bote, sin embargo, vemos un claro contraste entre la luz que sale con ángulos pequeños bajo el arco iris y la ausencia de esta luz por encima del arco iris.

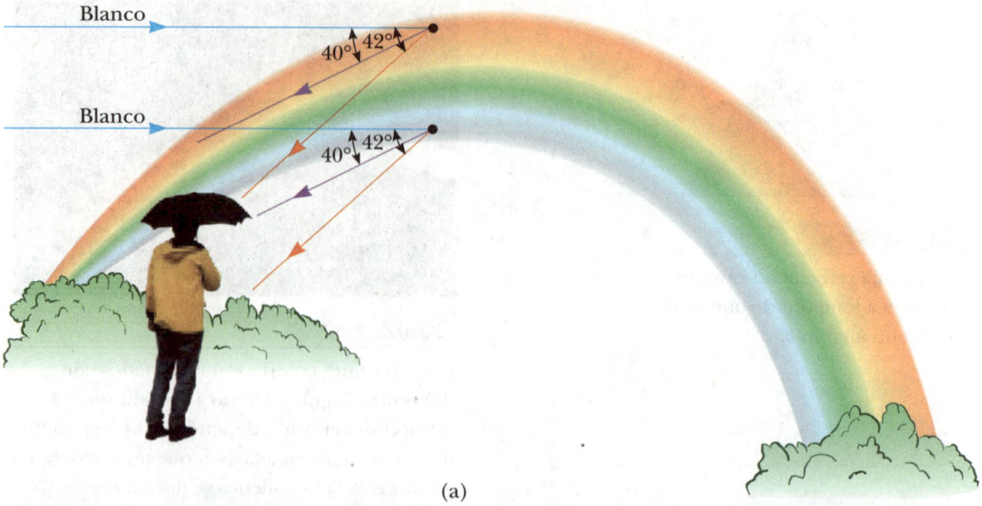

(a)

(b)

Figura 7.17

(a) La formación de un arco iris. (b) Un arco iris sobre las cataratas del Niágara, en Ontario, Canadá. *(b, John Edwards/Tony Stone Images)*

PIENSE EN LA FÍSICA 7.4

Cuando un haz de luz incide sobre un prisma de vidrio con lados no paralelos, el espectro de colores que sale del prisma es una prueba de la dispersión que ocurre en el vidrio. Supongamos un haz de luz que incide en una barra de material con lados *paralelos,* formando un ángulo respecto a la normal. Cuando el haz sale por el otro lado, viajando en la misma dirección que el haz incidente, ¿hay alguna evidencia de dispersión?

Razonamiento. Debido a la dispersión, la luz en el extremo violeta del espectro exhibe un mayor ángulo de refracción al entrar al vidrio que la luz en el extremo rojo. Todos los colores de la luz vuelven a la *dirección* original de propagación

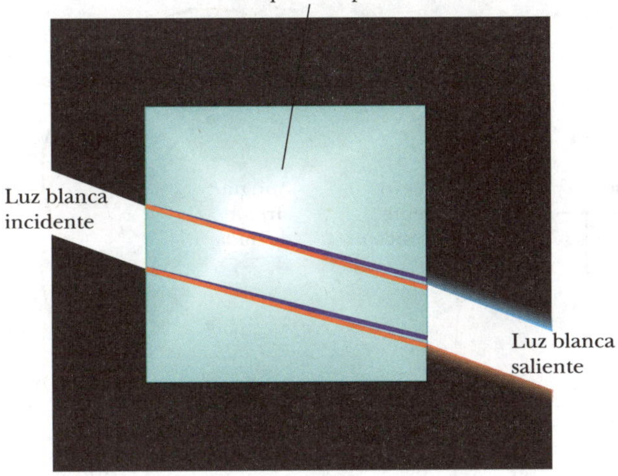

Figura 7.18

(Piense en la física 7.4)

al refractarse otra vez al salir al aire. Así, el haz saliente es blanco. Pero el desplazamiento lateral neto de *posición* sufrido por la luz violeta a lo largo del borde del haz es mayor que para la luz roja. De este modo, un borde del rayo saliente tiene una tonalidad azulada (parece azul más que violeta, porque el ojo no es muy sensible a la luz violeta), mientras que el otro borde tiene una tonalidad rojiza. Este efecto se indica en la figura 7.18. Los bordes coloreados del rayo saliente de luz blanca constituyen una evidencia de la dispersión.

7.6 • PRINCIPIO DE HUYGENS

En esta sección, presentaremos una construcción geométrica propuesta por Huygens en 1678. Huygens supuso que la luz estaba constituida por ondas, en lugar de estar compuesta por un haz de partículas. Él no tenía conocimiento de la naturaleza dual de la luz ni de su carácter electromagnético. Sin embargo, su modelo geométrico resulta adecuado para entender muchos aspectos prácticos de la propagación de la luz.

El principio de Huygens es un modelo geométrico que nos permite determinar la posición de un frente de onda a partir de un frente de onda anterior conocido. En el modelo de Huygens, todos los puntos de un frente de onda dado se toman como fuentes puntuales que producen ondas secundarias esféricas, que se propagan con la rapidez característica de las ondas en ese medio. Después de un intervalo de tiempo, la nueva posición del frente de onda es la superficie tangente a las ondas secundarias.

La figura 7.19 muestra dos ejemplos sencillos del principio de Huygens. Primero, consideremos una onda plana propagándose en el vacío como en la figura 7.19a. En $t = 0$, el frente de onda está indicado por el plano AA' Cada punto de este frente de onda es una fuente puntual de ondas secundarias. Mostrando tres de estos puntos, dibujamos círculos, cada uno de radio $c\,\Delta t$, donde c es la rapidez de la luz en el vacío y Δt es el intervalo de tiempo durante el que se propaga la onda. La superficie tangente a las ondas secundarias es el plano BB', que es paralelo al plano AA'. Éste es el nuevo frente de onda después del intervalo de tiempo Δt. De manera similar, la figura 7.19b muestra el modelo de Huygens para una onda esférica.

Christiaan Huygens (1629-1695)

Huygens, astrónomo y físico holandés, es bien conocido por sus contribuciones a la óptica y la dinámica. Para Huygens, la luz era un tipo de movimiento vibratorio, que se propaga y produce la sensación de la visión cuando llega al ojo. Sobre la base de esta teoría, dedujo las leyes de la reflexión y de la refracción.

(Cortesía de Rijksmuseum voor de Geschiedenis der Natuurwetenschappen. (Cortesía de AIP Niels Bohr Library)

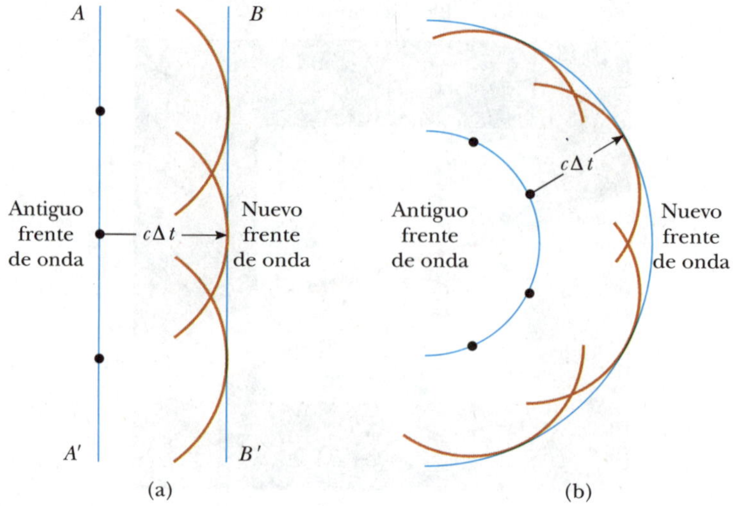

Figura 7.19

Construcción de Huygens para (a) una onda plana propagándose hacia la derecha y para (b) una onda esférica.

¡ADVERTENCIA! 7.6

El principio de Huygens es realmente útil

En este punto, la importancia del principio de Huygens puede no resultar evidente; predecir la posición de un frente de onda futuro puede parecer poco importante. Pero asegúrese de comprender el principio de Huygens, porque lo utilizaremos en el ejemplo 7.5 para proporcionar una base *teórica* para las leyes de la reflexión y la refracción. Recuerde que sólo las hemos presentado únicamente como resultados *experimentales.* También utilizaremos el principio de Huygens en capítulos posteriores para comprender otros fenómenos ondulatorios de la luz.

Una demostración convincente de la existencia de las ondas secundarias de Huygens se obtiene con ondas en el agua de un tanque poco profundo (llamado tanque de ondas), como se ilustra en la figura 7.20. Las ondas planas producidas por debajo de las rendijas salen de éstas como ondas circulares bidimensionales, propagándose hacia afuera. En la onda plana, cada punto del frente de ondas actúa como una fuente de ondas circulares sobre la superficie bidimensional del agua. En un instante posterior, la tangente de los frentes de onda circulares sigue siendo una línea recta. Sin embargo, cuando el frente de ondas encuentra una barrera, las ondas de todos los puntos del frente de onda son reflejadas, salvo aquellas que se encuentran con las aberturas. Para aberturas muy pequeñas, podemos modelar esto como si existiese únicamente una fuente de ondas secundarias de Huygens en cada una de las dos aberturas. Como resultado, las ondas secundarias de Huygens de estas aberturas individuales forman las ondas circulares de la parte superior de la figura 7.20. Este es un ejemplo extremo de la difracción que hemos mencionado en la primera sección de este capítulo, un fenómeno que estudiaremos con más detalle en el capítulo 9.

Figura 7.20

Ondas de agua en un tanque de ondas. Una demostración de la existencia de las ondas secundarias de Huygens. Una onda plana incide sobre una barrera con dos aberturas pequeñas. Las aberturas actúan como fuentes de ondas secundarias circulares. *(Erich Schrempp/Photo Researchers)*

Ejemplo 7.5 Derivación de las leyes de la reflexión y de la refracción

Utilice el principio de Huygens para deducir (a) la ley de la reflexión y (b) la ley de la refracción.

Solución. (a) Para deducir la ley de la reflexión, consideremos los rayos que se muestran en la figura 7.21a. La línea AA' representa un frente de onda de la luz incidente. Mientras el rayo 2 viaja de A' a C, el rayo 1 se refleja en A y produce una onda secundaria esférica de radio AD. Recordemos que el radio de una onda secundaria de Huygens es $c\,\Delta t$ (como las dos ondas secundarias de radio $A'C$ y AD están en el mismo medio, tienen la misma velocidad c); así pues $A'C = AD$

Del principio de Huygens se deduce que el frente de onda reflejado es CD, una línea tangente a las ondas secundarias esféricas salientes. Consideremos ahora los triángulos de la figura 7.21b. Los triángulos de la derecha ADC y $AA'C$ son congruentes, ya que tienen la misma hipotenusa AC y $AD = A'C$. De este modo, de la figura 7.21b se deduce que:

$$\operatorname{sen}\theta_1 = \frac{A'C}{AC} \qquad \text{y} \qquad \operatorname{sen}\theta_1' = \frac{AD}{AC}$$

Así pues,

$$\operatorname{sen}\theta_1 = \operatorname{sen}\theta_1'$$
$$\theta_1 = \theta_1'$$

la cual es la ley de la reflexión.

(b) Para la ley de la refracción, consideremos la construcción geométrica mostrada en la figura 7.22. En un

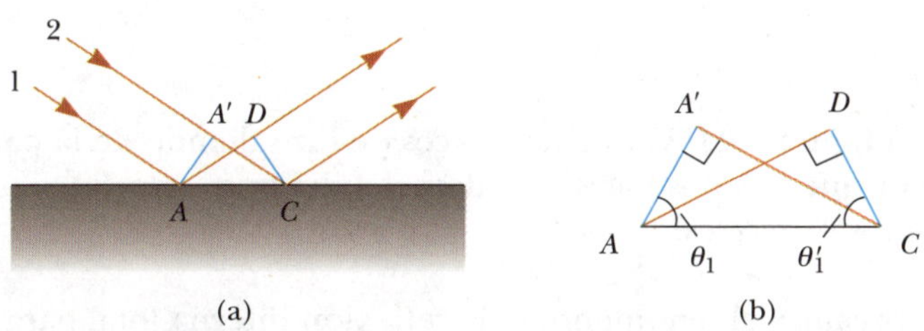

Figura 7.21

(Ejemplo 7.5) (a) Aplicación del principio de Huygens para demostrar la ley de la reflexión. (b) Triángulo ADC congruente con el triángulo $AA'C$.

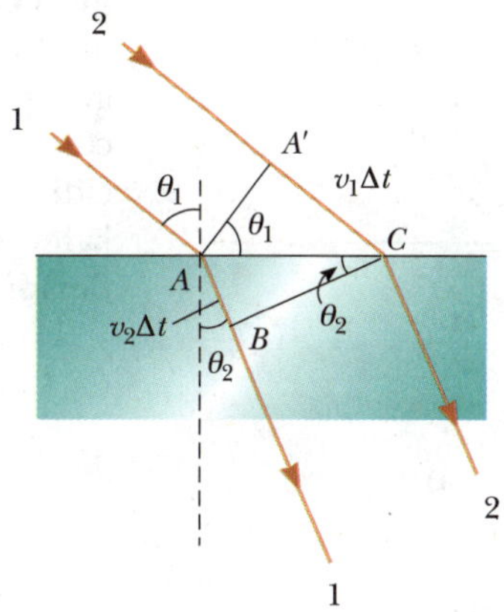

Figura 7.22

(Ejemplo 7.5) Modelo de Huygens para demostrar la ley de Snell de la refracción.

intervalo de tiempo Δt, el rayo 1 se mueve de A hasta B y el rayo 2 se mueve de A' hasta C. El radio de la onda secundaria esférica centrada en A es $AB = v_2\,\Delta t$. De igual forma, la distancia $A'C$ es igual a $v_1\,\Delta t$. La geometría nos indica que el ángulo $A'AC$ es igual a θ_1 y el ángulo ACB es igual a θ_2. Teniendo en cuenta que los triángulos $AA'C$ y ABC son rectángulos, encontramos que

$$\operatorname{sen}\theta_1 = \frac{v_1\,\Delta t}{AC} \qquad \text{y} \qquad \operatorname{sen}\theta_2 = \frac{v_2\,\Delta t}{AC}$$

Dividiendo la primera ecuación por la segunda obtenemos

$$\frac{\operatorname{sen}\theta_1}{\operatorname{sen}\theta_2} = \frac{v_1}{v_2}$$

Partiendo de la ecuación 7.3, sabemos que $v_1 = c/n_1$ y que $v_2 = c/n_2$. Por tanto,

$$\frac{\operatorname{sen}\theta_1}{\operatorname{sen}\theta_2} = \frac{c/n_1}{c/n_2} = \frac{n_2}{n_1}$$
$$n_1 \operatorname{sen}\theta_1 = n_2 \operatorname{sen}\theta_2$$

que es la ley de Snell de la refracción.

7.7 • REFLEXIÓN INTERNA TOTAL

Un efecto interesante, llamado **reflexión interna total**, puede ocurrir cuando la luz se propaga de un medio con un determinado índice de refracción hacia otro con un índice de refracción más bajo. Consideremos un rayo de luz que se propaga en un medio 1 y que encuentra la frontera entre los medios 1 y 2, siendo $n_1 > n_2$ (figura 7.23). Diferentes direcciones posibles del rayo están indicadas por los rayos 1 a 5. Los rayos refractados se separan de la normal debido a que $n_1 > n_2$. (Recuérdese que, cuando la luz se refracta en la interfase entre dos medios, también es parcialmente reflejada. Para simplificar, ignoraremos aquí estos rayos reflejados,

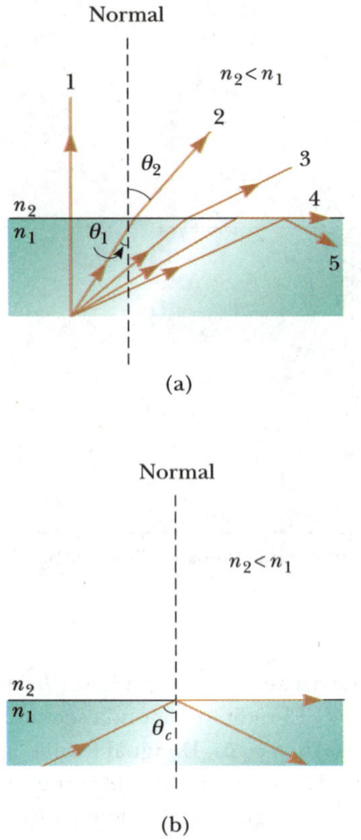

Figura 7.23

(a) Rayos viajando desde un medio de índice de refracción n_1 hacia un medio de índice de refracción n_2, donde $n_2 < n_1$. Cuando el ángulo de incidencia aumenta, el ángulo de refracción θ_2 crece hasta que θ_2 es 90° (rayo 4). Para ángulos de incidencia mayores, se produce una reflexión interna total (rayo 5); (b) El ángulo de incidencia que da lugar a un ángulo de refracción igual a 90° es el ángulo crítico θ_c.

salvo el rayo 5). Para un valor particular del ángulo de incidencia θ_c, llamado **ángulo crítico**, la luz refractada se mueve paralela a la frontera de los dos medios, de modo que $\theta_2 = 90°$ (figura 7.23b). Para ángulos de incidencia mayores que θ_c, ningún rayo se refracta y el rayo incidente es completamente reflejado en la frontera, como el rayo 5 en la figura 7.23a. Este rayo es reflejado en la frontera como si incidiese sobre una superficie reflectora perfecta. Naturalmente, dicho rayo cumple la ley de la reflexión, esto es, que el ángulo de incidencia es igual al ángulo de reflexión.

Podemos utilizar la ley de Snell para encontrar el ángulo crítico. Cuando $\theta_1 = \theta_c$, $\theta_2 = 90°$ de la ley de Snell (ecuación 7.7) se obtiene

$$n_1 \operatorname{sen} \theta_c = n_2 \operatorname{sen} 90° = n_2$$

$$\operatorname{sen} \theta_c = \frac{n_2}{n_1} \quad (\text{para } n_1 > n_2) \qquad [7.8]$$

Esta ecuación puede utilizarse sólo cuando n_1 es mayor que n_2. Esto es, **la reflexión interna total ocurre solamente cuando la luz pasa de un medio de mayor índice de refracción a un medio de índice de refracción menor**. De ahí la palabra *interna* en el nombre. La luz debe estar inicialmente *dentro* de un material de índice de refracción mayor que el índice de refracción del medio exterior al material. Si n_1 fuese menor que n_2, la ecuación 7.8 nos daría sen $\theta_c > 1$, lo cual carece de sentido, ya que el seno de un ángulo no puede ser nunca mayor que la unidad.

El ángulo crítico para la reflexión interna total es pequeño cuando n_1 es considerablemente mayor que n_2. Ejemplos de esta situación son el diamante ($n = 2.42$ y $\theta_c = 24°$) y el vidrio crown ($n = 1.52$ y $\theta_c = 41°$), donde los ángulos dados corresponden a la luz que se refracta del material hacia el aire. La reflexión interna total, combinada con una adecuada talla en facetas, hace que los diamantes y los cristales de vidrio produzcan centelleos cuando se observan a la luz.

Pregunta rápida 7.6

Observe atentamente la figura 7.24. Verá cinco haces de luz saliendo de la parte inferior del prisma. ¿Por qué hay dos haces a la derecha del grupo de cinco mucho más brillantes que los otros tres?

Puede utilizarse un prisma y el fenómeno de la reflexión interna total para alterar la dirección de propagación de un haz de luz. En la figura 7.25 se ilustran dos posibilidades. En un caso, el haz de luz se desvía 90° (figura 7.25a) y en el segundo caso la trayectoria del haz se invierte (figura 7.25b). Una aplicación co-

Figura 7.24

(Pregunta rápida 7.6)

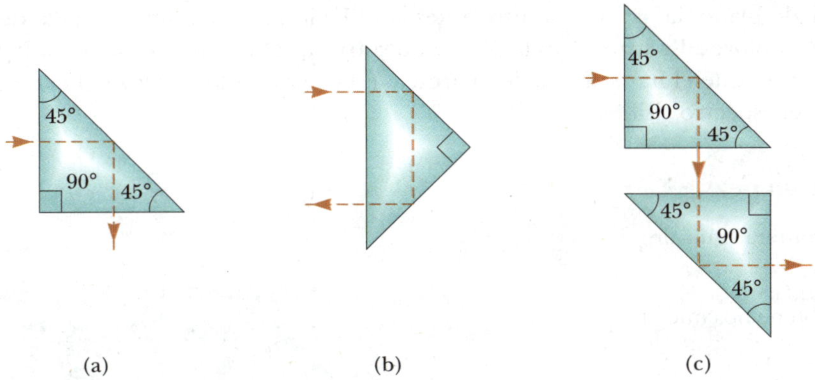

Figura 7.25

Reflexión interna en un prisma. (a) El rayo es desviado 90°. (b) La dirección del rayo se invierte. (c) Dos prismas utilizados como periscopio.

mún de la reflexión interna total es el periscopio de un submarino. En este dispositivo, se colocan dos prismas como en la figura 7.25c, de manera que un haz de luz incidente sigue la trayectoria mostrada y el usuario del periscopio es capaz de ver "detrás de las esquinas".

PIENSE EN LA FÍSICA 7.5

Un haz de luz blanca incide sobre el borde curvado de una pieza de vidrio semicircular, como se muestra en la figura 7.26. La luz entra en la superficie curvada en la dirección normal, por lo que no se refracta, tras de lo cual se encuentra con la cara plana en el centro de curvatura de la cara curvada y se refracta hacia el aire. Imagine ahora que desplazamos el haz incidente en el sentido de las agujas del reloj (por tanto, θ aumenta), de manera que siempre entre a lo largo de la normal a la superficie curvada e incida sobre la cara plana en el centro de curvatura de la cara curvada. A medida que el haz refractado se aproxima a la dirección paralela al lado plano, se vuelve más rojo. ¿Por qué?

Razonamiento. Cuando el haz saliente se aproxima a la dirección paralela al lado plano, el ángulo incidente se aproxima al ángulo crítico para la reflexión interna total. El índice de refracción de la luz en el extremo violeta del espectro visible es mayor que en el extremo rojo. Así, cuando el haz saliente se aproxima

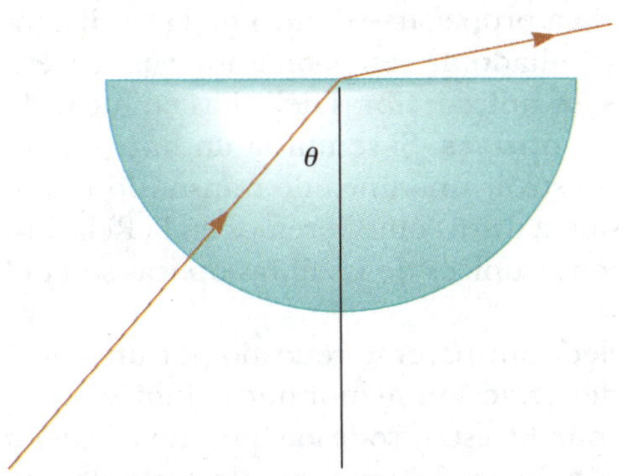

Figura 7.26

(Piense en la física 7.5)

al lado plano, la luz violeta sufre antes la reflexión interna total, seguida de los otros colores. La luz roja es la última en sufrir la reflexión interna total. Por tanto, antes que el haz saliente desaparezca, está compuesto por luz del extremo rojo del espectro visible.

Ejemplo 7.6 El mundo visto por un pez

(a) Encuentre el ángulo crítico para la frontera agua-aire si el índice de refracción del agua es 1.33.

Solución. Aplicando la ecuación 7.8, obtenemos que el ángulo crítico es

$$\text{sen}\ \theta_c = \frac{n_2}{n_1} = \frac{1}{1.33} = 0.752$$

$$\theta_c = 48.8°$$

(b) Utilice el resultado del inciso (a) para predecir lo que vería un pez cuando mirase hacia la superficie del agua formando un ángulo de 40°, 48.8°, y 60° (figura 7.27).

Figura 7.27
(Ejemplo 7.6)

Razonamiento. Examine la figura 7.23a. Observe que, debido a que la trayectoria de un rayo de luz es reversible, la luz que pase del medio 2 hacia el medio 1 sigue las trayectorias mostradas en la figura 7.23a, pero en el sentido *opuesto.* Esta situación está ilustrada en la figura 7.27 para el caso de un pez mirando hacia la superficie del agua. Un pez puede ver fuera del agua si mira hacia la superficie con un ángulo menor que el ángulo crítico. Así pues, a 40°, el pez puede ver fuera del agua. Con un ángulo de 48.8°, el ángulo crítico para el agua, la luz que llega al pez tiene que viajar paralela a la superficie del agua antes de ser refractada hacia los ojos del pez. En este ángulo, el pez puede ver en principio, todo el borde del estanque. Para ángulos mayores que el ángulo crítico, la luz que llega al pez proviene de la reflexión interna en la superficie. De esta manera, para 60°, el pez ve el reflejo de algún objeto situado en el fondo del estanque.

7.8 Relación con el contexto • FIBRAS ÓPTICAS

Una aplicación interesante de la reflexión interna total es el uso de varillas de vidrio o de plástico transparente para "guiar" la luz de un lugar a otro. En la industria de las comunicaciones, pulsos digitales de luz láser se mueven a lo largo de estos conductos de luz, las fibras ópticas, llevando información a velocidades extremadamente altas. En esta Relación con el contexto, investigaremos la física de este importante avance tecnológico.

La figura 7.28 muestra un rayo de luz propagándose dentro de una varilla delgada transparente. La luz está limitada a propagarse dentro de la varilla, incluso a lo largo de curvas suaves, como resultado de reflexiones internas sucesivas. Dicho conducto puede ser flexible si se utilizan fibras delgadas en lugar de varillas gruesas, denominándoseles **fibras ópticas**. Si se utiliza un haz (o conjunto) de fibras ópticas paralelas para construir una línea de transmisión óptica, pueden transferirse imágenes de un sitio a otro, como veremos en la Relación con el contexto del capítulo 8. Los diámetros típicos de las fibras ópticas son del orden de decenas de micras.

Una fibra óptica consiste en un núcleo transparente rodeado por un *revestimiento*, un material que tiene un índice de refracción menor que el índice de refracción del núcleo. La combinación puede estar rodeada por una *cubierta* plástica para prevenir daños mecánicos. La figura 7.29 muestra un corte de este

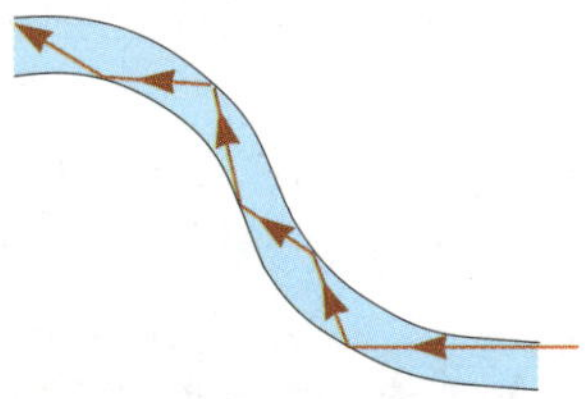

Figura 7.28

Luz propagándose mediante reflexiones internas múltiples a lo largo de una varilla transparente curvada.

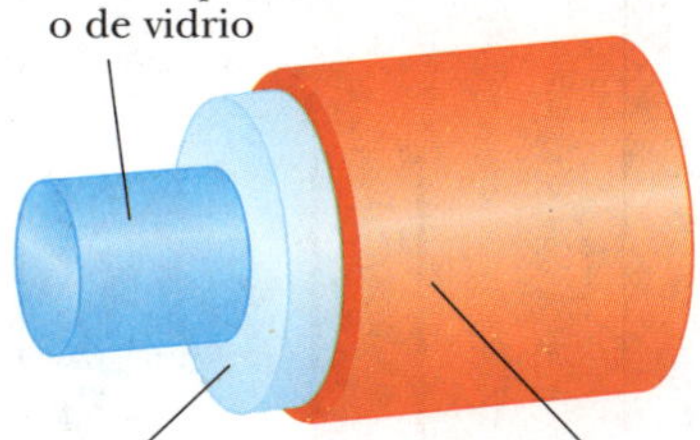

Figura 7.29

Diseño de una fibra óptica. La luz se propaga por el núcleo, que está rodeado por un *revestimiento* y una cubierta protectora.

Trenzas de fibras ópticas de vidrio o de plástico son utilizadas para transmitir señales de voz, video y datos en redes de telecomunicaciones. Las fibras típicas tienen un diámetro de 60 μm. *(Dennis O'Clair/Tony Stone Images)*

tipo de fibra. Debido a que el índice de refracción del *revestimiento* es menor que el del núcleo, la luz que se propaga por el núcleo sufre una reflexión interna total si llega a la interfase entre el núcleo y el *revestimiento* con un ángulo de incidencia que supere al ángulo crítico. En este caso, la luz "rebota" a lo largo del núcleo de la fibra óptica, perdiendo muy poca intensidad a medida que se propaga.

La figura 7.30 muestra un corte de un tipo sencillo de fibra óptica conocida como *fibra multimodo de índice escalonado.* El término *índice escalonado* hace referencia a la discontinuidad en el índice de refracción entre el núcleo y el *revestimiento,* y *multimodo* se refiere al hecho de que se transmite la luz que entra en la fibra en una gran variedad de ángulos. Este tipo de fibra es aceptable para transmitir señales a corta distancia, pero no para largas distancias, debido a que el pulso digital se dispersa con la distancia. Imaginemos que introducimos un pulso perfectamente rectangular de luz láser en el núcleo de la fibra óptica. La figura 7.31 muestra el comportamiento temporal ideal de la intensidad de la luz láser para el pulso de entrada. La intensidad de la luz láser aumenta instantáneamente hasta su valor máximo, permanece constante por toda la duración del pulso y entonces cae instantáneamente a cero. La luz del pulso que entre a lo largo del eje en la figura 7.30 viaja la distancia más corta y llega al otro extremo primero. Las otras trayectorias de la luz representan distancias más largas, debido a las reflexiones angulares. En consecuencia, la luz del pulso llega al otro extremo en un periodo más largo y

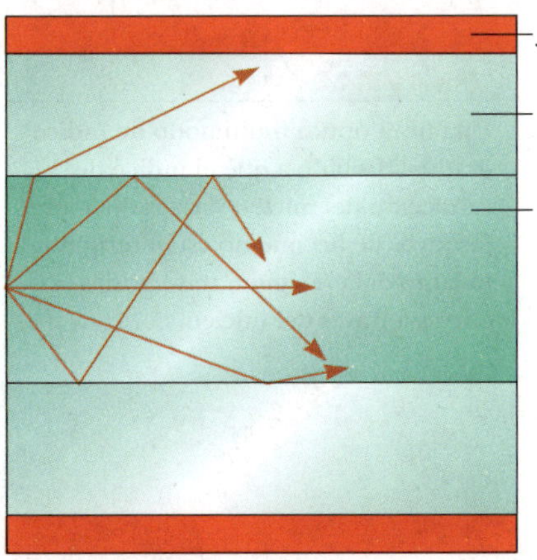

Figura 7.30

Fibra óptica multimodo de índice escalonado. Los rayos de luz que entran dentro de un amplio intervalo de ángulos pasan a través del núcleo. Los que forman un ángulo mayor con el eje tardan más tiempo en recorrer la longitud de la fibra que los que forman ángulos más pequeños.

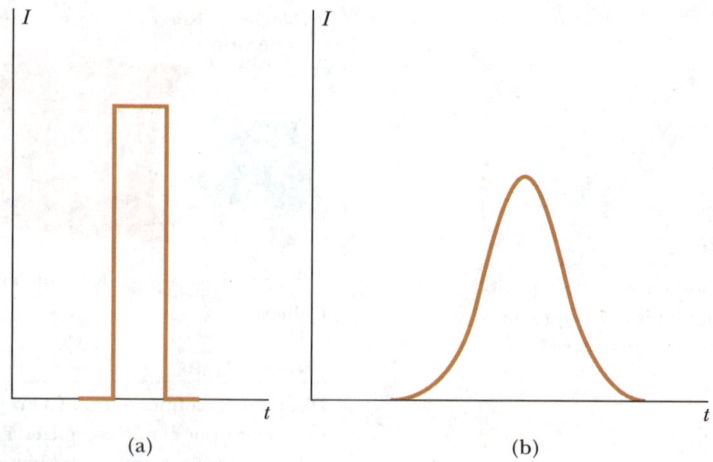

Figura 7.31

(a) Pulso rectangular de luz láser que va a ser enviado por una fibra óptica. (b) Pulso de luz saliente, el cual ha sido ensanchado debido a que la luz sigue diferentes trayectorias a través de la fibra.

el pulso aparece ensanchado, como en la figura 7.31b. Si los pulsos representan ceros y unos en una señal binaria, esto puede provocar un traslape de los pulsos o una reducción de la intensidad del pico por debajo del umbral de detección; ambas situaciones darán lugar a una pérdida de información.

Una forma de mejorar la transmisión óptica en esas situaciones es utilizar una *fibra multimodo de índice gradual.* Esta fibra tiene un núcleo cuyo índice de refracción es menor cuanto mayor es la distancia al centro, como se sugiere con el sombreado de la figura 7.32. Con un núcleo de índice gradual, los rayos de luz que no estén a lo largo del eje del núcleo experimentan una refracción de manera continua y se curvan gradualmente lejos de los bordes y vuelven hacia el centro, como se muestra en la trayectoria de la luz en la figura 7.32. Esto reduce el tiempo de tránsito a través de la fibra para los rayos que no están dirigidos a lo largo del eje y también reduce la distorsión del pulso. El tiempo de tránsito se reduce por dos motivos: (1) la longitud de la trayectoria se reduce y (2) la mayor parte del tiempo la onda viaja a través de la región de índice de refracción menor, donde la velocidad de la luz es mayor que en el centro.

El efecto de dispersión mostrado en la figura 7.31 puede reducirse aún más, y ser prácticamente eliminado, diseñando la fibra con dos cambios: (1) el núcleo se

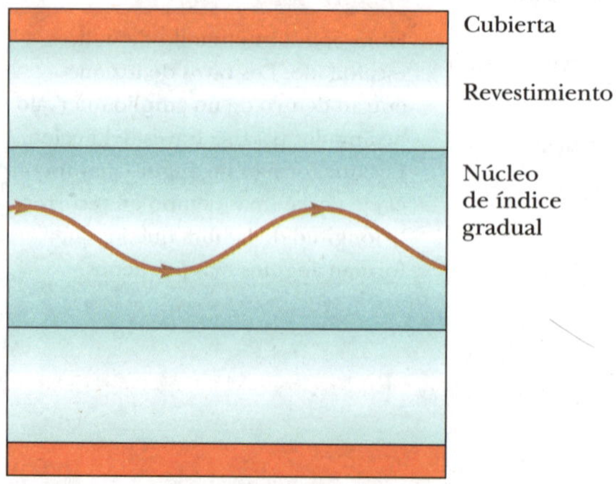

Figura 7.32

Una fibra óptica multimodo de índice gradual. Debido a que el índice de refracción del núcleo varía radialmente, los rayos de luz que no están dirigidos a lo largo del eje siguen trayectorias curvas a través del núcleo.

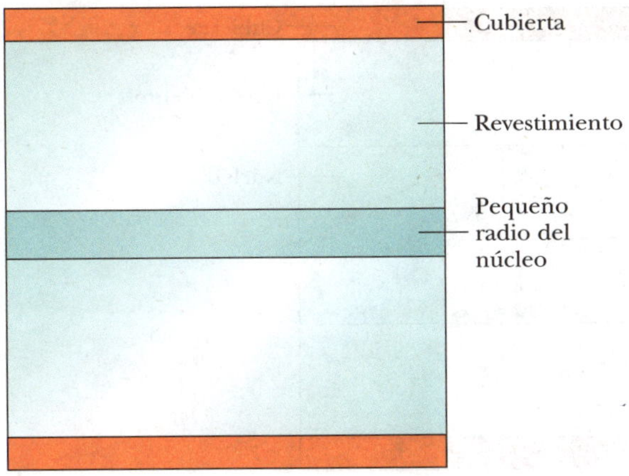

Figura 7.33

Una fibra óptica monomodo de índice escalonado. El pequeño radio del núcleo y la pequeña diferencia entre los índices de refracción del núcleo y del revestimiento reducen el ensanchamiento de los pulsos luminosos.

hace muy pequeño de modo que todas las trayectorias dentro de él tengan prácticamente la misma longitud y (2) la diferencia entre el índice de refracción del núcleo y del revestimiento se hace relativamente pequeña, de manera que los rayos que no están dirigidos a lo largo del eje entran en el revestimiento y son absorbidos. Esto se ilustra en la figura 7.33. Esta clase de fibra se denomina *fibra monomodo de índice escalonado.* Puede utilizarse para transmitir información con altas velocidades de bit, debido a que los pulsos sólo se ven alterados mínimamente.

En realidad, el material del núcleo no es perfectamente transparente. Siempre se produce algo de absorción y dispersión a medida que la luz se propaga por la fibra. La absorción transforma la energía luminosa en energía interna de la fibra. La dispersión provoca que la luz incida en la interfase núcleo-revestimiento con ángulos menores que el ángulo crítico para la reflexión interna, dando lugar a pérdidas en el revestimiento o en la cubierta. Incluso con estos problemas, las fibras ópticas pueden transmitir alrededor del 95% de la energía de entrada a distancias de un kilómetro. Estos problemas se minimizan utilizando una longitud de onda lo más elevada posible para la que el material del núcleo sea transparente. Los centros de dispersión y absorción son entonces lo más pequeños posible para las ondas y se minimiza la probabilidad de interacción. La mayoría de las fibras ópticas para comunicaciones trabajan con luz de láseres infrarrojos que tienen una longitud de onda de aproximadamente 1300 nm.

WEB

Para obtener información acerca de las fibras ópticas y otros aspectos de la comunicación óptica, explore *Telecom Glossary 2000,* que es una versión actualizada del Estándar federal de los EE.UU. 1037C, *Glossary of Telecommunication Terms,* visitando la dirección **ntia.its.bldrdoc.gov/projects/t1glossary2000/**

El campo de desarrollo de aplicaciones para las fibras ópticas se denomina **óptica de fibras**. Una aplicación común es el uso de fibras ópticas en telecomunicaciones, debido a que las fibras pueden transportar un volumen mucho mayor de llamadas telefónicas, u otras formas de comunicación, que los cables eléctricos. Las fibras ópticas también se utilizan en "edificios inteligentes". En esta aplicación, hay sensores localizados en diferentes puntos de un edificio y una fibra óptica lleva luz láser hasta el sensor, que la refleja de vuelta al sistema de control. Si se produce cualquier distorsión en el edificio debido a un terremoto u otras causas, la intensidad de la luz reflejada por el sensor varía y el sistema de control localiza el punto de distorsión identificando al sensor involucrado.

WEB

Hay disponible un curso en línea sobre fibras ópticas y láseres utilizados en comunicaciones por fibra, en la dirección **www.fotec.com/fiberu-online/fuonline.htm**

PIENSE EN LA FÍSICA 7.6

A la entrada del núcleo de la fibra óptica existe un cono que indica los ángulos admisibles, llamado *cono de aceptación.* La luz incidente con ángulos dentro de este cono es transmitida a través del núcleo y la luz que entra en el núcleo con ángulos fuera del cono incide sobre la superficie núcleo-revestimiento con un ángulo menor que el ángulo crítico, y penetra en el revestimiento. La figura 7.34 muestra un rayo de luz entrando en la fibra

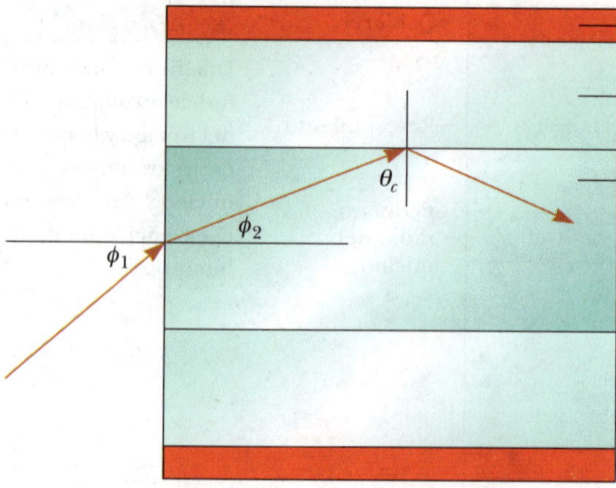

Figura 7.34

(Piense en la física 7.6)

justo dentro del cono de aceptación y experimentando reflexión interna total en la interfase entre el núcleo y el revestimiento. Si es tecnológicamente difícil producir luz que entre en la fibra con un intervalo pequeño de ángulos, ¿cómo podría ajustarse el índice de refracción del núcleo y del revestimiento para aumentar el tamaño del cono? ¿Los diseñaría lo más diferentes posible o, por el contrario, lo más parecidos posible?

Razonamiento. El cono de aceptación es mayor cuanto menor es el ángulo crítico (θ_c en la figura 7.34). Esto puede conseguirse reduciendo el índice de refracción del revestimiento, de manera que los índices de refracción del núcleo y el revestimiento sean lo más diferentes posible.

Una única fibra óptica puede llevar una señal digital, como ya hemos descrito. Si se desea que las fibras ópticas transporten una imagen de una escena, es necesario utilizar un haz de fibras ópticas. Un uso común de tales haces es su uso como *fibroscopios* en medicina. En la Relación con el contexto del capítulo 8 estudiaremos estos dispositivos.

RESUMEN

En óptica geométrica utilizamos el **modelo de rayos**, en el que suponemos que una onda se propaga a través de un medio en línea recta, en la dirección de los rayos de dicha onda. Ignoramos los efectos de difracción, lo que constituye una buena aproximación cuanto más corta sea la longitud de onda comparada con la dimensión de cualquier abertura existente.

El **índice de refracción** n de un material se define como

$$n \equiv \frac{c}{v} \qquad [7.3]$$

donde c es la rapidez de la luz en el vacío y v es la rapidez de la luz en el material. En general, n varía con la longitud de onda, fenómeno que se denomina **dispersión**.

La **ley de la reflexión** establece que parte de una onda incidente sobre una superficie se refleja desde la superficie de modo que el ángulo de reflexión θ_1' es igual al ángulo de incidencia θ_1.

Parte de una onda de luz incidente sobre una interfase entre dos medios es transmitida hacia el segundo medio y sufre un cambio en su dirección de propagación. La **ley de la refracción o ley de Snell**, establece que

$$n_1 \operatorname{sen} \theta_1 = n_2 \operatorname{sen} \theta_2 \qquad [7.7]$$

El principio de Huygens dice que todos los puntos de un frente de onda pueden considerarse como fuentes puntuales de ondas secundarias. En un instante posterior, la nueva posición del frente de onda es la superficie tangente a esas ondas secundarias.

La **reflexión interna total** tiene lugar cuando la luz pasa de un medio de índice de refracción alto a otro de índice de refracción menor. El **ángulo crítico** de incidencia θ_c para el cual se produce una reflexión interna total en una interfase es

$$\operatorname{sen} \theta_c = \frac{n_2}{n_1} \quad (\text{para } n_1 > n_2) \qquad [7.8]$$

PREGUNTAS

1. Podemos construir un reflector especial para esquinas (un reflector triédrico) situando tres espejos planos en la esquina de una habitación, en el punto en que las paredes tocan el techo. Demuestre que, independientemente del punto de la habitación en que estemos situados, siempre podremos vernos a nosotros mismos reflejados en los espejos, sólo que boca abajo.
2. Varios reflectores triédricos fueron depositados en el Mar de la Tranquilidad, en la Luna, por los astronautas del *Apolo 11.* ¿Cómo pueden los científicos utilizar un haz láser enviado desde la Tierra cada día para determinar la distancia exacta entre la Tierra y la Luna?
3. El acuario rectangular mostrado en la figura C7.3 contiene únicamente un pez dorado. Cuando el pez está cerca de una esquina del acuario y se mira a lo largo de una dirección que forma el mismo ángulo con las dos caras adyacentes, el observador ve dos peces enfrentados entre sí, como se muestra en la figura. Explique este hecho.

Figura Q7.3

4. Cuando la luz se propaga del vacío ($n = 1$) hacia un medio como el vidrio ($n > 1$), ¿cambia la longitud de onda de la luz? ¿Cambia la frecuencia? ¿Cambia la rapidez? Razone las respuestas.
5. Explique por qué un remo dentro del agua parece torcido.
6. Explique por qué un diamante pierde la mayor parte de su centelleo cuando se sumerge en disulfuro de carbono y por qué una imitación de diamante hecha de circonita cúbica pierde su centelleo en jarabe de maíz.
7. Un haz láser pasando a través de una solución no homogénea de azúcar sigue una trayectoria curva. Explicar por qué.
8. Luz de longitud de onda λ incide sobre una rendija de anchura d. ¿Bajo qué condiciones es válido el modelo de rayos? ¿Bajo qué circunstancias produce la rendija suficiente difracción como para invalidar el modelo de rayos?
9. El nivel de agua en un vaso transparente e incoloro se observa fácilmente a simple vista. El nivel de helio líquido en una vasija de vidrio transparente es extremadamente difícil de observar a simple vista. Explicar por qué.
10. Describa un experimento en el que se utilice la reflexión interna para determinar el índice de refracción de un medio.
11. ¿Por qué un diamante muestra destellos de colores cuando se observa bajo luz blanca?
12. Explique por qué un diamante brilla más que un vidrio de cristal del mismo tamaño y forma.
13. Rediseñe el periscopio de la figura 7.25c para que muestre una imagen situada detrás del observador. ¿Estará la imagen derecha o invertida?
14. Los escaparates de algunos grandes almacenes están inclinados ligeramente, de forma que su parte inferior está ligeramente desplazada hacia adentro. Esto se hace para disminuir el reflejo de las luces de la calle o del Sol, que podría dificultar el que los compradores viesen el escaparate. Dibuje un rayo de luz reflejándose en un escaparate de ese tipo y muestre cómo funciona esta técnica.
15. La figura 7.16 representa la luz solar incidiendo sobre una gota de agua en la atmósfera. Utilice las leyes de la refracción y la reflexión y el hecho de que la luz solar está compuesta por un amplio intervalo de longitudes de onda para explicar la formación del arco iris.
16. ¿Por qué el arco iris aparece con el rojo en la parte superior y el violeta en la parte inferior?
17. ¿Bajo qué condiciones se forma un espejismo? En un día caluroso, ¿qué es lo que vemos cuando apreciamos "agua sobre la carretera"?
18. Suponga que se envía a través de un prisma de vidrio un haz de luz compuesto únicamente por dos colores (X y Y) y que se observa que X se desvía más que Y. ¿Qué color viaja más lentamente por el prisma?

PROBLEMAS

1, 2, 3 = fácil, intermedio, difícil   web = solución publicada en **http://www.harcourtcollege.com/physics/**

= se recomienda el uso de computadora para la resolución del problema

= problemas numérico/simbólico emparejados   = aplicaciones biomédicas

Sección 7.2 El modelo de rayos en la óptica geométrica

Sección 7.3 Reflexión de las ondas

Sección 7.4 Refracción de las ondas

Nota: Si no se indica el valor del índice de refracción, utilícense los valores de la tabla 7.1

1. Un haz estrecho de luz amarilla de sodio, con longitud de onda en el vacío de 589 nm, incide desde el aire sobre una

superficie de agua lisa formando un ángulo $\theta_1 = 35.0°$. Determine el ángulo de refracción θ_2 y la longitud de onda en el agua.

2. La longitud de onda de la luz del láser helio-neón en el aire es 632.8 nm. (a) ¿Cuál es la frecuencia? (b) ¿Cuál es su longitud de onda en un vidrio que tiene un índice de refracción de 1.50? (c) ¿Cuál es la rapidez en el vidrio?

3. Un buzo bajo el agua ve el Sol con un ángulo aparente de 45.0° respecto a la vertical. ¿Cuál es la dirección real del Sol?

4. Un haz láser incide con un ángulo de 30.0° respecto a la vertical sobre una solución de jarabe de maíz en agua. Si el haz se refracta a 19.24° respecto a la vertical. (a) ¿Cuál es el índice de refracción de la solución de jarabe? Suponga que la luz es roja, con una longitud de onda en el vacío de 632.8 nm. Encuentre su (b) longitud de onda, (c) frecuencia y (d) rapidez en la solución.

5. Encuentre la rapidez de la luz en (a) vidrio flint, (b) agua y (c) circonita cúbica.

6. Un rayo de luz inicialmente en agua entra en una sustancia transparente con un ángulo de incidencia de 37.0° y el rayo transmitido se refracta con un ángulo de 25.0°. Calcule la rapidez de la luz en la sustancia transparente.

7. web Un rayo de luz incide sobre un bloque plano de vidrio ($n = 1.50$) de espesor 2.00 cm, con un ángulo de 30.0° respecto a la normal. Trace el rayo de luz a través del vidrio y encuentre los ángulos de incidencia y refracción en cada superficie.

8. Un tanque cilíndrico opaco abierto en su parte superior tiene un diámetro de 3.00 m y está completamente lleno con agua. Cuando el Sol en el ocaso forma un ángulo de 28.0° con el horizonte, la luz solar deja de iluminar el fondo del tanque. ¿Cuál es la profundidad del tanque?

9. El ángulo entre los dos espejos mostrados en la figura P7.9 es un ángulo recto. El haz de luz en el plano vertical P incide sobre el espejo 1 como se muestra en la figura. (a) Determine la distancia que el haz reflejado recorre antes de incidir sobre el espejo 2. (b) ¿En qué dirección viajará la luz después de ser reflejada por el espejo 2?

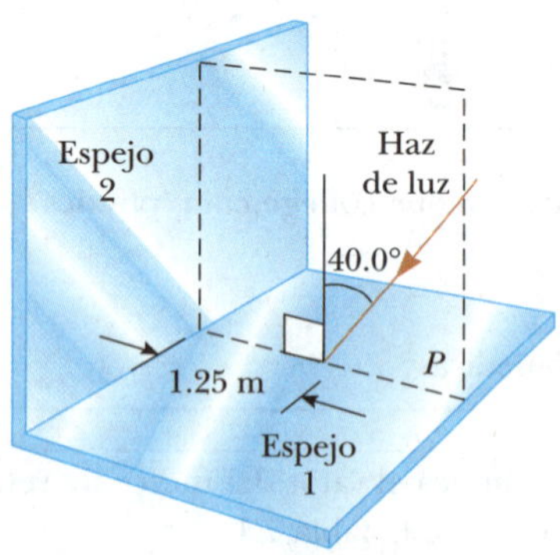

Figura P7.9

10. Dos espejos rectangulares planos, ambos perpendiculares a una hoja de papel, están colocados borde con borde con sus superficies reflectoras perpendiculares entre sí. (a) Un rayo de luz en el plano del papel incide sobre uno de los espejos con un ángulo de incidencia arbitrario θ_1. Demuestre que la dirección final del rayo, después de reflejarse en ambos espejos, es la opuesta a su dirección inicial. En una tienda de ropa, dicho par de espejos nos muestra una imagen de nosotros mismos, tal como nos ven los demás, sin inversión izquierda-derecha. (b) Suponga ahora que el papel es reemplazado por un tercer espejo, tocando los bordes con los otros dos y perpendicular a ambos. El conjunto de tres espejos se denomina reflector de esquina o reflector triédrico. Suponga que un rayo de luz incide en cualquier dirección dentro del octante del espacio limitado por las superficies reflectoras. Demuestre que el rayo se refleja una vez en cada espejo y que su dirección final es la opuesta a la dirección inicial. [Los astronautas del *Apolo 11* situaron un panel de retrorreflectores triédricos en la Luna. Un pulso de luz láser emitido desde la Tierra puede ser reflejado de este modo hacia la Tierra y su tiempo de tránsito se puede medir. Esta información se utiliza para determinar la distancia a la Luna, con una incertidumbre de 15 cm. El radio de la órbita de la Luna aumenta a una razón de 3.8 cm/año debido a la pérdida de energía mecánica a consecuencia de la fricción de las mareas.]

11. ¿Cuántas veces será reflejado el haz incidente mostrado en la figura P7.11 por cada uno de los espejos paralelos?

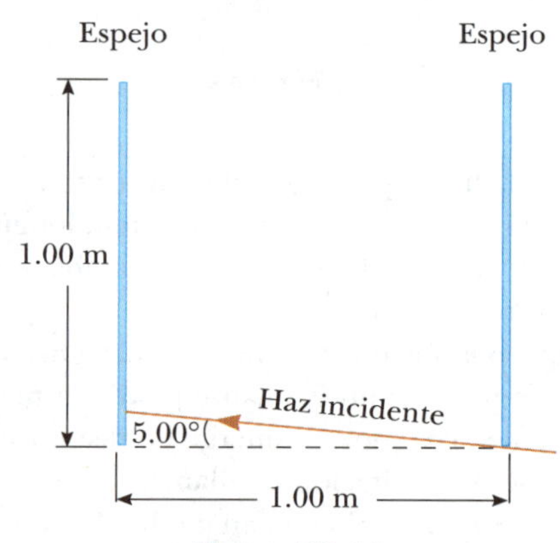

Figura P7.11

12. Luz no polarizada en el vacío incide sobre una lámina de vidrio de índice de refracción n. Los rayos reflejado y refractado son perpendiculares entre sí. Encuentre el ángulo de incidencia. Este ángulo se denomina ángulo de Brewster o ángulo de polarización. En esta situación, la luz reflejada está polarizada linealmente, con su campo eléctrico restringido a la dirección perpendicular al plano que contiene los rayos y la normal.

13. Cuando la luz mostrada en la figura P7.13 pasa a través del bloque de vidrio, es desplazada lateralmente una distancia d. Si $n = 1.50$, ¿cuál es el valor de d?

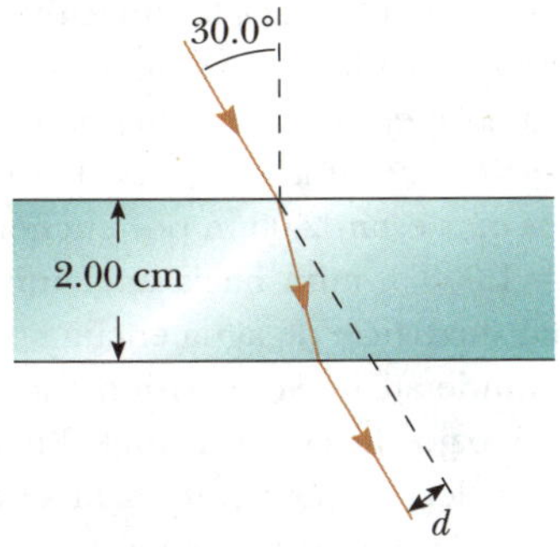

Figura P7.13 Problemas 13 y 14.

14. Encuentre el tiempo necesario para que la luz atraviese el bloque de vidrio descrito en el problema 13.

15. El haz de luz mostrado en la figura P7.15 forma un ángulo de 20.0° con la línea normal NN' dentro del aceite de linaza. Determine los ángulos θ y θ'. (El índice de refracción para el aceite de linaza es 1.48.)

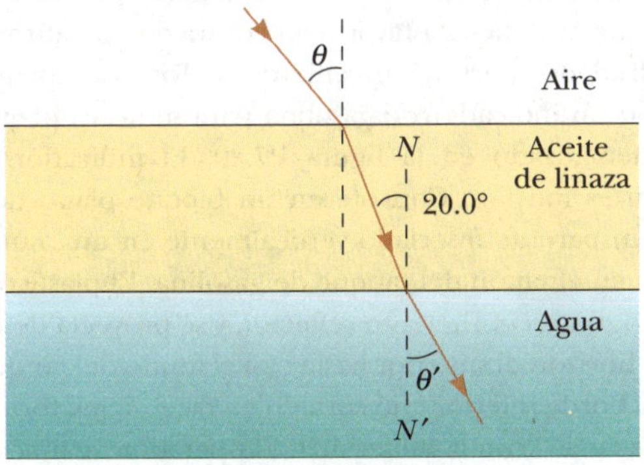

Figura P7.15

16. Cuando miramos a través de una ventana, ¿cuánto tiempo se retrasa la luz que vemos, por haber viajado por el vidrio en vez de por el aire? Obtenga una estimación del orden de magnitud sobre la base de los datos que especifique. ¿Cuántas longitudes de ondas estará retrasada?

17. Las superficies reflectoras de dos espejos planos que se cortan formando un ángulo θ ($0° < \theta < 90°$) se muestran en la figura P7.17. Si un rayo de luz incide sobre el espejo horizontal, demuestre que el rayo saliente cortará al rayo incidente con un ángulo $\beta = 180° - 2\theta$.

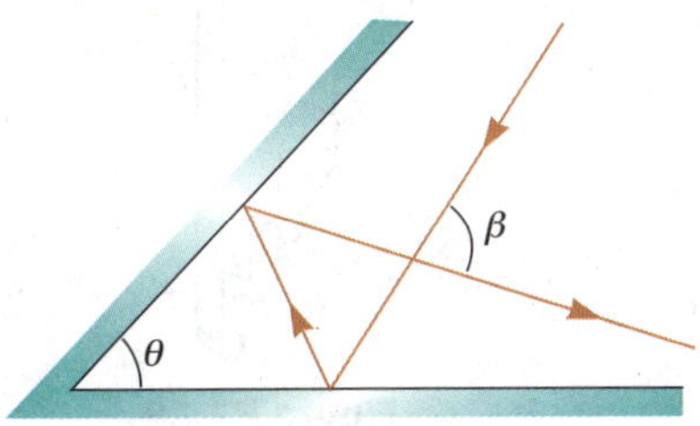

Figura P7.17

18. Un rayo de luz entra en la atmósfera de un planeta y desciende verticalmente una distancia h hacia la superficie. El índice de refracción en el punto en que la luz entra en la atmósfera es 1.000 y aumenta linealmente hacia la superficie, donde tiene un valor n. (a) ¿Cuánto tardará el rayo en recorrer este camino? (b) Compare esto con el tiempo que tardaría en ausencia de atmósfera.

Sección 7.5 Dispersión y prismas

19. Un haz estrecho de luz blanca incide sobre un bloque de cuarzo fundido con un ángulo de 30.0°. Encuentre la dispersión angular del haz de luz dentro del cuarzo.

20. Un rayo de luz incide sobre el punto medio de la cara de un prisma de vidrio equilátero ($n = 1.50$) con un ángulo de incidencia de 30.0°. Trace la trayectoria del rayo de luz a través del vidrio y encuentre los ángulos de incidencia y refracción en cada superficie.

21. web El índice de refracción para la luz violeta en un vidrio flint de sílice es 1.66 y para la luz roja es 1.62. Un prisma tiene un ángulo superior de 60.0°, medido entre la superficie por la que entra la luz en el prisma y la superficie por la que la luz sale del prisma. ¿Cuál es la dispersión angular de la luz visible que pasa a través del prisma si el ángulo de incidencia es de 50.0°? (véase la figura P7.21).

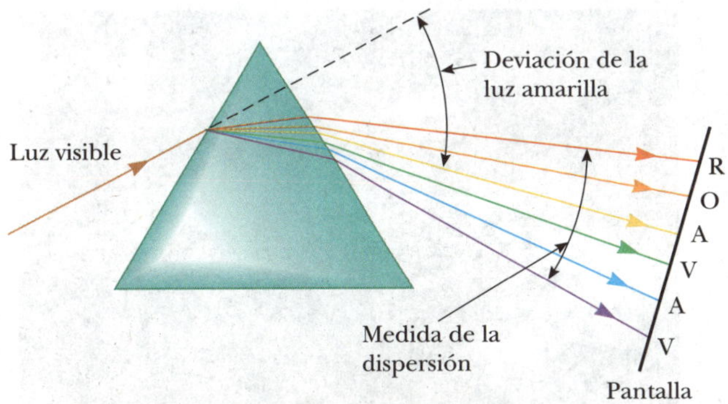

Figura P7.21

22. Un prisma triangular de vidrio con un ángulo superior de $\Phi = 60.0°$ tiene un índice de refracción $n = 1.50$ (figura P7.22). ¿Cuál es el menor ángulo de incidencia θ_1 para el que un rayo de luz puede salir por la otra cara?

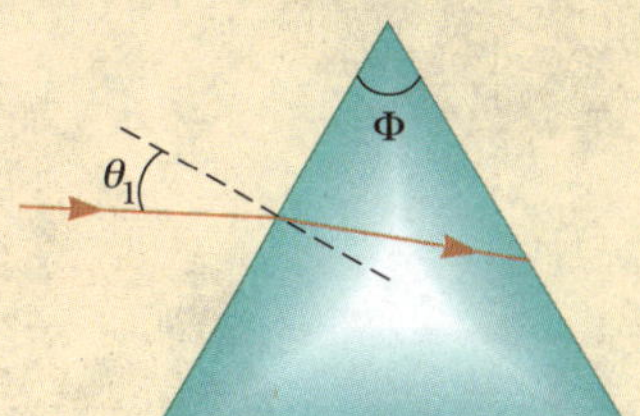

Figura P7.22 Problemas 22 y 23.

23. Un prisma triangular de vidrio con un ángulo superior Φ tiene un índice de refracción n (véase la figura P7.22). ¿Cuál es el menor ángulo de incidencia θ_1 para el que un rayo de luz puede salir por la otra cara?

Sección 7.6 Principio de Huygens

24. La rapidez de una ola de agua está descrita por $v = \sqrt{gd}$, donde d es la profundidad del agua, considerada pequeña comparada con la longitud de onda. Debido a que su rapidez depende de la profundidad, las olas de agua se refractan cuando se mueven hacia una región de diferente profundidad. Dibuje un mapa de una playa sobre la parte Este de una masa de tierra. Dibuje las líneas de contorno de profundidad constante bajo el agua, suponiendo una pendiente razonablemente uniforme. (a) Suponga que las olas se aproximan a la costa desde una zona de tormenta muy alejada hacia el Norte-Nordeste. Demuestre que las olas se mueven prácticamente perpendiculares a la línea de costa cuando alcanzan la playa. (b) Dibuje un mapa de una línea de costa con bahías y tierras altas alternantes, como se sugiere en la figura P7.24. Haga de nuevo una estimación razonable de la forma de las líneas de contorno de profundidad constante. Suponga que las olas se aproximan a la costa, transportando energía con una densidad uniforme a lo largo de frentes de onda inicialmente rectos. Demuestre que la energía que alcanza la costa se concentra en las tierras altas y tiene su intensidad más baja en las bahías.

Figura P7.24 *(Mark D. Phillips/Photo Researchers, Inc.)*

Sección 7.7 Reflexión interna total

25. Para luz de 589 nm, calcule el ángulo crítico para los siguientes materiales rodeados de aire: (a) diamante, (b) vidrio flint y (c) hielo.

26. Repita el problema 25 para la situación en la que los materiales estén rodeados por agua.

27. Considere un espejismo formado por aire sobrecalentado en la superficie de una autopista. Un conductor de camión cuyos ojos están 2.00 m por encima de la carretera, donde $n = 1.000\,3$, mira hacia adelante y percibe la ilusión de una superficie de agua encima de la carretera, en el punto donde su línea de visión forma un ángulo de 1.20° por debajo de la horizontal. Encuentre el índice de refracción del aire justo por encima de la superficie de la carretera. (*Sugerencia*: Considérelo como un problema de reflexión interna total.)

28. Una habitación contiene aire en el que la rapidez del sonido es 343 m/s. Las paredes de la habitación están hechas de hormigón, en el que la rapidez del sonido es 1 850 m/s. (a) Encuentre el ángulo crítico para la reflexión interna total del sonido en la frontera hormigón-aire. (b) ¿En qué medio debe propagarse el sonido para que sufra una reflexión interna total? (c) "Una pared desnuda de hormigón es un espejo altamente eficiente para el sonido". Proporcione evidencias a favor o en contra de esta afirmación.

29. Alrededor de 1965, ingenieros de Toro Company inventaron un indicador de gasolina para motores pequeños, esquematizado en la figura P7.29. El indicador no tiene partes móviles. Consiste en un bloque plano de plástico transparente insertado verticalmente en una ranura situada en el tapón del tanque de gasolina. El plástico no tiene ningún recubrimiento reflector, y se proyecta desde la parte horizontal superior hasta casi el fondo del tanque opaco. Su borde inferior está cortado en facetas que forman ángulos de 45° con la horizontal. El operador de una cortadora de césped mira hacia abajo, a través de la ranura, y ve que existe un límite entre una zona brillante y otra zona oscura en el indicador. La posición de este límite indica la cantidad de gasolina que queda en el tanque. Explique cómo funciona el indicador. Explique los requisitos de diseño, si los hay, con relación al índice de refracción del plástico.

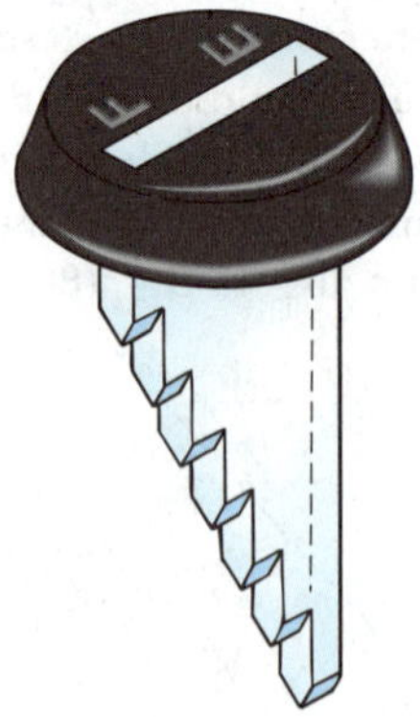

Figura P7.29

Sección 7.8 Relación con el contexto. Fibras ópticas

30. Determine el ángulo máximo θ para el que los rayos de luz incidentes sobre el extremo del conducto de la figura P7.30 están sujetos a reflexión interna total a lo largo de las paredes del conducto. Suponga que el conducto tiene un índice de refracción de 1.36 y que el medio exterior es aire.

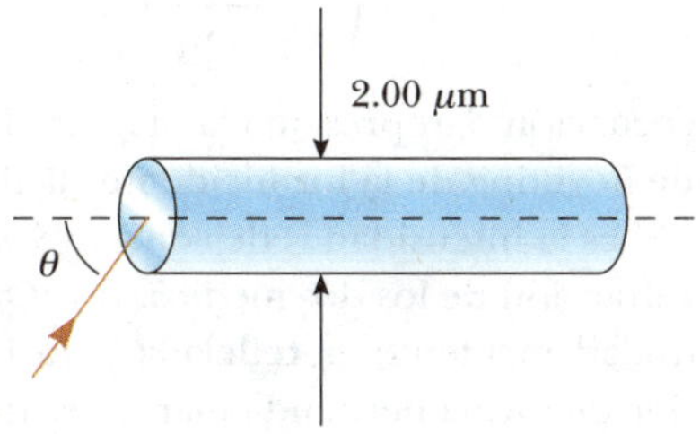

Figura P7.30

31. Un haz láser incide sobre el extremo de un bloque de material, como se muestra en la figura P7.31. El índice de refracción del bloque es 1.48. Determine el número de reflexiones internas del haz antes de que emerja por el extremo opuesto del bloque.

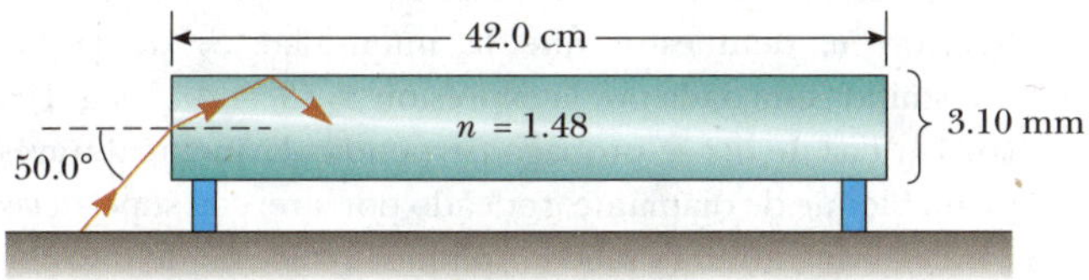

Figura P7.31

32. Una fibra de vidrio ($n = 1.50$) está sumergida en agua ($n = 1.33$). ¿Cuál es el ángulo crítico para que la luz permanezca dentro de la fibra óptica?

33. Una fibra óptica de índice de refracción n y diámetro d está rodeada por aire. Se envía luz hacia la fibra a lo largo de su eje como en la figura P7.33. (a) Encuentre el radio exterior R más pequeño permitido para una curvatura de la fibra si no debe escapar de ella ninguna luz. (b) El resultado del inciso (a), ¿predice un comportamiento razonable cuando d tiende a cero? ¿Y cuando n aumenta? ¿Y cuando n tiende a 1? (c) Evalúe R si la fibra tiene un diámetro de 100 μm y su índice de refracción es 1.40.

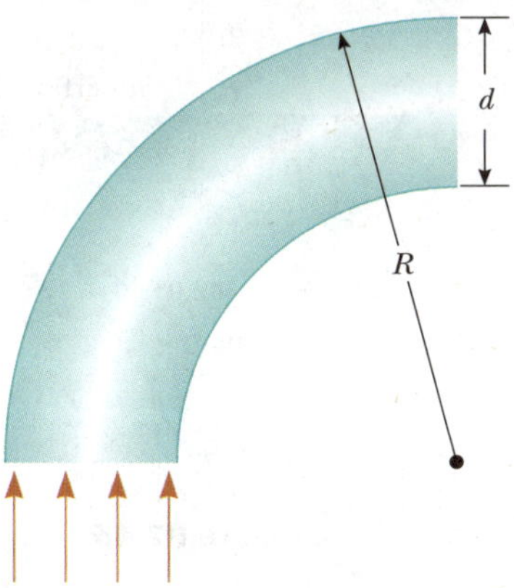

Figura P7.33

Problemas adicionales

34. (a) Considere una interfaz horizontal entre una capa superior de aire y una capa inferior de vidrio con índice de refracción 1.55. Dibuje un rayo de luz incidente desde el aire con un ángulo de incidencia de 30.0°. Determine los ángulos de los rayos reflejado y refractado y dibújelos en el diagrama. (b) Suponga ahora que el rayo de luz incide desde el vidrio con un ángulo de incidencia de 30.0°. Determine los ángulos de los rayos reflejado y refractado y dibújelos en un nuevo diagrama. (c) Para rayos incidentes desde el aire sobre la superficie aire-vidrio, determine y tabule los ángulos de reflexión y refracción para todos los ángulos de incidencia a intervalos de 10.0°, desde 0° hasta 90.0°. (d) Repita el inciso anterior para rayos de luz dirigiéndose a la interfaz desde el vidrio.

35. web Una pequeña lámpara submarina está situada a 1.00 m por debajo de la superficie de una piscina. La luz que sale del agua forma un círculo sobre la superficie del agua. ¿Cuál es el diámetro de este círculo?

36. Una técnica para medir el ángulo de un prisma se muestra en la figura P7.36. Un haz de rayos de luz paralelos se dirige sobre el ángulo de manera que el haz se refleje en caras opuestas. Demuestre que la separación angular de los dos haces está dada por $B = 2A$.

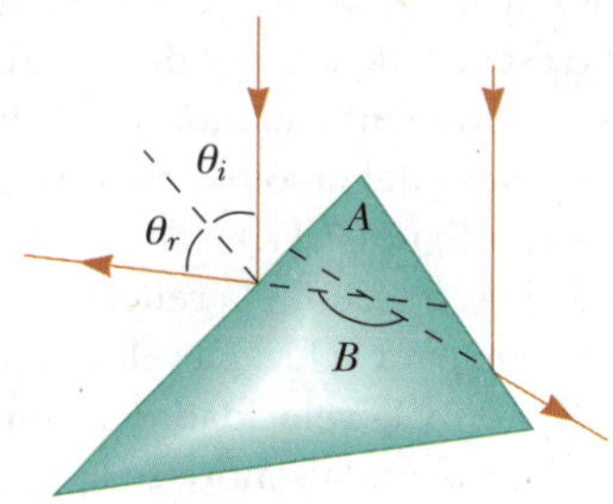

Figura P7.36

37. Las paredes de la celda de una prisión son perpendiculares a las direcciones de los cuatro puntos cardinales. El primer día de primavera, la luz entra durante la salida del Sol por una ventana rectangular situada en la pared Este. La luz viaja 2.37 m horizontalmente hasta incidir perpendicularmente sobre la pared opuesta a la ventana. Un joven prisionero observa la mancha de luz moviéndose a lo largo de la pared Oeste y por primera vez comprende la rotación de la Tierra. (a) ¿Con qué velocidad se mueve el rectángulo iluminado? (b) El prisionero mantiene un pequeño espejo plano cuadrado contra la pared, en una esquina del rectángulo luminoso. El espejo refleja la luz, formando una mancha luminosa en la pared Este, cerca de la ventana. ¿Con qué rapidez se mueve el pequeño cuadrado de luz por la pared? (c) Visto desde una latitud de 40.0° Norte, el Sol naciente se mueve por el cielo a lo largo de una línea que forma un ángulo de 50.0° con el horizonte Sudeste. ¿En qué dirección se mueve la mancha rectangular sobre la pared Oeste de la celda del prisionero? (d) ¿En qué dirección se mueve el cuadrado de luz más pequeño sobre la pared Este?

38. La figura P7.38 muestra una vista superior de un recinto cuadrado. Las superficies interiores son espejos planos.

Un rayo de luz entra por un pequeño orificio en el centro de uno de los espejos. (a) ¿Con qué ángulo θ debe entrar el rayo para salir por el orificio después de ser reflejado una vez en cada uno de los otros tres espejos? (b) ¿Puede el rayo salir después de múltiples reflexiones para otros valores de θ? Si es así, realice un esquema de una de las trayectorias del rayo.

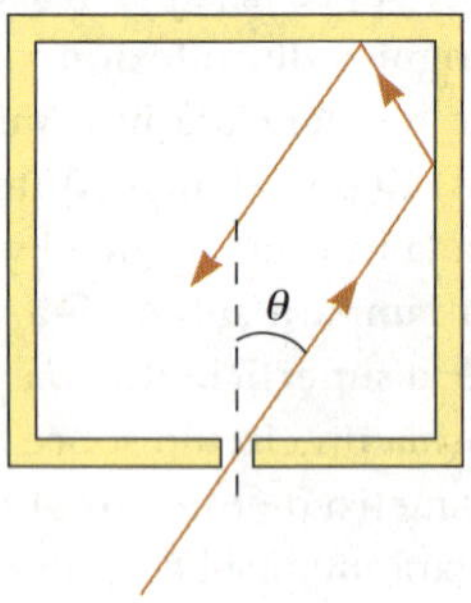

Figura P7.38

39. Un excursionista permanece sobre el pico aislado de una montaña cerca de la puesta de Sol y observa un arco iris causado por gotas de agua en el aire a 8.00 km de distancia. El valle está a 2.00 km por debajo del pico de la montaña y es enteramente plano. ¿Qué fracción del arco circular completo del arco iris es visible para el excursionista? (Véase la figura 7.17.)

40. Las leyes de la refracción y la reflexión son las mismas para el sonido que para la luz. La velocidad del sonido en aire es de 340 m/s y la velocidad del sonido en agua es de 1 510 m/s. Si una onda sonora se aproxima a una superficie de agua plana con un ángulo de incidencia de 12.0°, ¿cuál es el ángulo de refracción?

41. Un bloque de vidrio que tiene un índice de refracción de 1.52 y que está rodeado por aire mide 10.0 cm × 10.0 cm. La luz incide sobre una cara formando un ángulo de 45.0°, como se muestra en la figura P7.41. ¿Cuál es la máxima distancia x de modo que el rayo emerja por la cara opuesta?

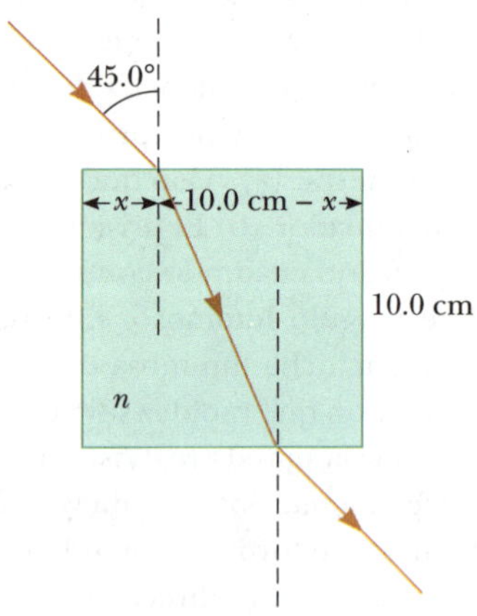

Figura P7.41

42. Cuando la luz incide normalmente sobre la interfaz entre dos medios ópticos transparentes, la intensidad de la luz reflejada está dada por la expresión

$$S_1' = \left(\frac{n_2 - n_1}{n_2 + n_1}\right)^2 S_1$$

En esta ecuación S_1 representa la magnitud promedio del vector de Poynting de la luz incidente (la intensidad incidente). S_1' es la intensidad reflejada y n_1 y n_2 son los índices de refracción de los dos medios. (a) ¿Qué fracción de la intensidad incidente es reflejada para luz de 589 nm que incide de forma perpendicular sobre una interfaz entre aire y vidrio crown? (b) En el inciso (a), ¿importa que la luz esté en el aire o en el vidrio cuando incide sobre la superficie?

43. Vea en el problema 42 la descripción acerca de la intensidad reflejada para un rayo luminoso que incide perpendicularmente sobre la interfaz entre dos medios transparentes. (a) Cuando la luz incide de forma perpendicular sobre una interfaz entre el vacío y un medio transparente de índice de refracción n, demuestre que la intensidad S_2 de la luz transmitida está dada por la expresión $S_2/S_1 = 4n/(n+1)^2$. (b) Un haz de luz se propaga perpendicularmente a través de un bloque de diamante, rodeado por aire, con superficies paralelas de entrada y salida. Aplique la fracción de transmisión del inciso (a) para encontrar el porcentaje total aproximado de transmisión a través del bloque de diamante. Ignore la luz reflejada repetidas veces dentro del bloque.

44. Este problema se basa en los resultados de los problemas 42 y 43. Un haz de luz se propaga perpendicularmente a través de un bloque de diamante, rodeado por aire, con superficies paralelas de entrada y salida. ¿Qué fracción de la intensidad incidente será transmitida? Incluya los efectos de la luz reflejada una y otra vez dentro del bloque.

45. El haz luminoso mostrado en la figura P7.45 incide sobre la superficie 2 con el ángulo crítico. Determine el ángulo de incidencia θ_1.

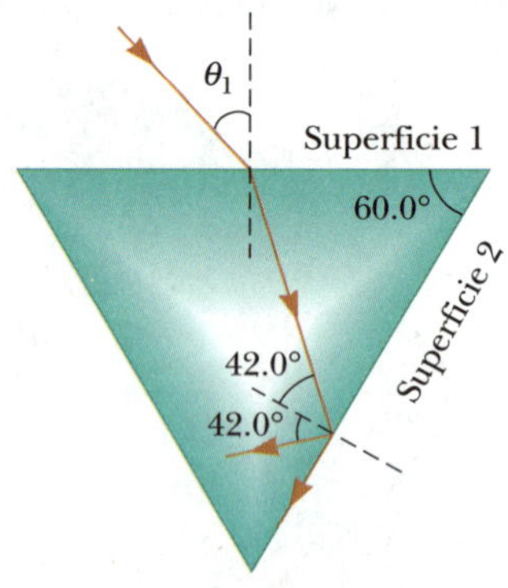

Figura P7.45

46. Un palo de 4.00 m de largo permanece verticalmente en un lago que tiene una profundidad de 2.00 m. Cuando el Sol está 40.0° por encima de la horizontal, calcule la longitud de la sombra del palo en el fondo del lago. Tome como índice de refracción para el agua 1.33.

47. Un rayo de luz de longitud de onda 589 nm incide con un ángulo θ sobre la superficie superior de un bloque de poliestireno, como se muestra en la figura P7.47. (a) Encuentre el valor máximo de θ para el cual el rayo refractado sufre reflexión interna total en la cara vertical izquierda del bloque. Repita el cálculo para el caso en el que el bloque de poliestireno esté inmerso en (b) agua y (c) disulfuro de carbono.

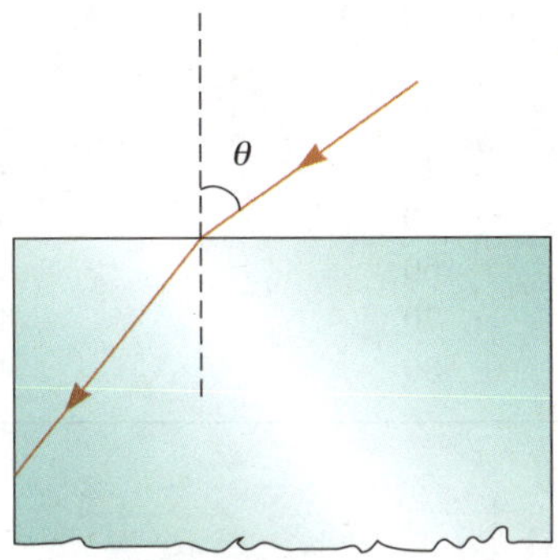

Figura P7.47

48. Los constructores utilizan un instrumento de nivelación en el que el haz de un láser helio-neón fijo se refleja en un plano horizontal desde un pequeño espejo plano montado sobre un eje vertical rotatorio. La luz es suficientemente brillante y la tasa de rotación suficientemente alta como para que la luz reflejada aparezca como una línea horizontal, dondequiera que sea que incida sobre la pared. (a) Suponga que el espejo está en el centro de un ascensor circular de radio R y que el espejo gira con velocidad angular constante ω_m; encuentre la velocidad de la mancha luminosa creada por la luz láser sobre la pared. (b) Suponga que el espejo giratorio está a una distancia perpendicular d del punto O, situado sobre una pared vertical plana. Cuando la mancha luminosa creada por la luz láser sobre la pared está a una distancia x del punto O, ¿cuál es su velocidad?

49. Un plato de cristal poco profundo tiene 4.00 cm de anchura en su parte inferior como se muestra en la figura P7.49. Cuando el ojo de un observador se sitúa como se muestra, el observador ve el borde de la parte inferior del plato vacío. Cuando el plato se llena con agua, el observador ve el centro de la parte inferior del plato. Calcule la altura del plato.

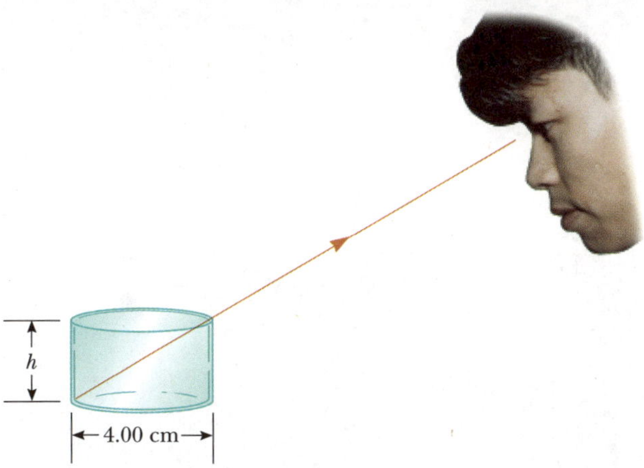

Figura P7.49

50. Un rayo de luz pasa desde el aire al agua. Si su ángulo de desviación $\delta = |\theta_1 - \theta_2|$ es 10.0°, ¿cuál debe ser el ángulo de incidencia?

51. Un material que tiene un índice de refracción n está rodeado por el vacío y tiene la forma de un cuarto de círculo de radio R (figura P7.51). Un rayo de luz paralelo a la base del material incide por la izquierda a una distancia L por encima de la base y sale del material con un ángulo θ. Determine una expresión que proporcione el valor de θ.

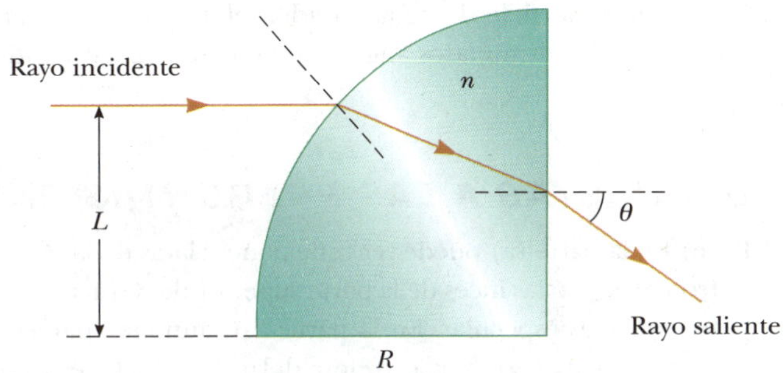

Figura P7.51

52. Un cilindro transparente de radio $R = 2.00$ m tiene una superficie como de espejo sobre su mitad derecha, como se muestra en la figura P7.52. Un rayo de luz propagándose a través del aire incide sobre la parte izquierda del cilindro. El rayo de luz incidente y el rayo de luz saliente son paralelos y $d = 2.00$ m. Determine el índice de refracción del material.

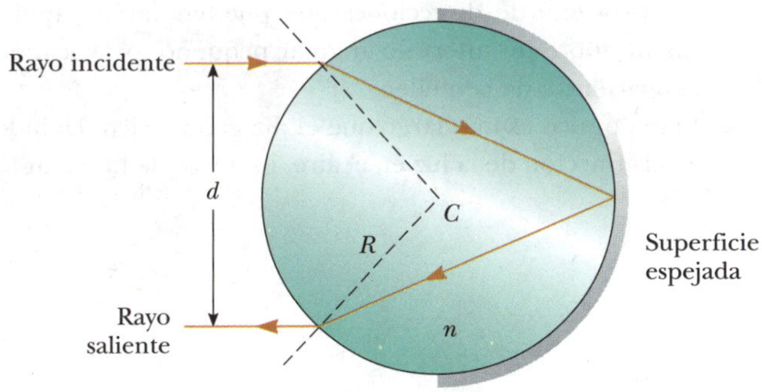

Figura P7.52

53. Un rayo de luz entra en un bloque rectangular de plástico con un ángulo $\theta_1 = 45.0°$ y sale con un ángulo $\theta_2 = 76.0°$, como se ilustra en la figura P7.53. (a) Determine el índice de refracción del plástico. (b) Si el rayo de luz entra en el plástico en un punto situado a una distancia $L = 50.0$ cm del borde inferior, ¿cuánto tarda el rayo de luz en atravesar el plástico?

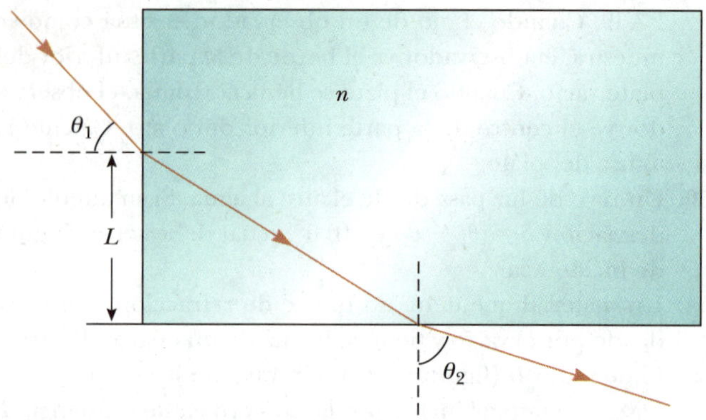

Figura P7.53

54. Unos estudiantes hacen incidir un haz fino de luz láser sobre una superficie de agua y miden el ángulo de refracción para determinados ángulos de incidencia, anotando los datos mostrados en la tabla adjunta. Utilice los datos para verificar la ley de Snell de la refracción, representando gráficamente el seno del ángulo de incidencia en función del seno del ángulo de refracción. Utilice la gráfica resultante para deducir el índice de refracción del agua.

Ángulo de incidencia (grados)	Ángulo de refracción (grados)
10	7.5
20	15.1
30	22.3
40	28.7
50	35.2
60	40.3
70	45.3
80	47.7

RESPUESTAS A LAS PREGUNTAS RÁPIDAS

7.1 (a) En la parte (a) puede ver reflexiones claras de las luces frontales y de las luces de la parte superior del vehículo. La reflexión es especular. En la parte (b), aunque aparecen áreas brillantes sobre la carretera delante de las luces frontales, la reflexión no es tan clara y no se distingue una reflexión separada de las luces de la parte superior del vehículo. La reflexión en la parte (b) es principalmente difusa.

7.2 Los haces ② y ④ son reflejados y los haces ③ y ⑤ son refractados.

7.3 El índice de refracción del aire depende de su densidad. Cuando la luz de una estrella pasa a través de aire turbulento, donde la densidad varía de un punto a otro, las refracciones continuas dan lugar a que la trayectoria de la luz esté ligeramente en zig-zag. Así, la luz que entra en el ojo proviene de direcciones que pueden variar rápidamente sobre un intervalo angular pequeño, provocando la apariencia de centelleo

7.4 El día óptico es más largo que el día geométrico. Debido a la refracción de la luz en el aire, los rayos de luz solar se desvían ligeramente hacia la superficie de la Tierra cuando la luz entra en la atmósfera. Así pues, por la mañana, los rayos de luz del borde superior del Sol llegan a nuestros ojos antes que la línea geométrica desde nuestros ojos al borde superior del Sol aparezca en el horizonte. Por la tarde, los rayos de la parte superior del Sol siguen llegando a nuestros ojos incluso después que la línea geométrica desde nuestros ojos hasta la parte superior del Sol desaparece por debajo del horizonte.

7.5 El ángulo de reflexión no depende de la longitud de onda, ya que la luz no entra en el material durante la reflexión, sino que se refleja desde la superficie. Así, las propiedades del material no afectan al ángulo de reflexión.

7.6 Los dos haces de la derecha son debidos a la reflexión interna total en la cara derecha del prisma. Puesto que toda la luz de estos haces es reflejada (en vez de parcialmente refractada), estos dos haces son los más brillantes. La luz de los otros tres haces se divide entre la parte reflejada y la parte refractada.

capítulo

8

Lupa utilizada para ver una imagen amplificada de una parte del mapa. La lupa es una lente simple. En este capítulo estudiaremos las imágenes formadas utilizando espejos y lentes. *(George Semple)*

Formación de imágenes por espejos y lentes

contenido del capítulo

Este capítulo trata de las imágenes que se forman cuando la luz interactúa con superficies planas y curvas. Como veremos, se pueden formar imágenes de un objeto por reflexión o por refracción, y los espejos y lentes funcionan gracias a estos fenómenos. En este capítulo se seguirá usando la *aproximación basada en rayos.* También veremos que algunas imágenes aparecen invertidas y que su tamaño respecto al objeto puede variar.

Las imágenes formadas por reflexión y refracción son utilizadas en muchos aparatos de uso cotidiano, entre ellos el espejo retrovisor del automóvil, los espejos empleados para afeitarse o maquillarse, las cámaras fotográficas, los anteojos y las lupas. Además, muchos aparatos de uso científico, como los microscopios y telescopios, aprovechan los principios de formación de imágenes discutidos en este capítulo.

Utilizaremos con frecuencia modelos geométricos basados en los principios de reflexión y refracción. Estas visualizaciones nos permiten desarrollar una representación matemática para determinar la localización de imágenes en varios tipos de espejos y lentes.

8.1 • IMÁGENES FORMADAS POR ESPEJOS PLANOS

Empezaremos nuestra investigación considerando el elemento óptico más sencillo: el espejo plano. Tomemos una fuente puntual de luz* situada en el punto O de la figura 8.1, a una distancia p del espejo plano llamada **distancia al objeto**. Los rayos divergen de la fuente de luz y son reflejados por el espejo. Después de la reflexión, los rayos siguen divergiendo. Si los rayos que llegan a los ojos del observador en la figura 8.1 se prolongan hacia atrás hasta su intersección, dichos rayos parecen provenir de un punto I situado detrás del espejo. Esta fuente aparente de rayos luminosos en el punto I se denomina **imagen** del objeto situado en O. El punto I se denomina **punto imagen**. Dado que los rayos de la figura 8.1 parecen salir de I, que está localizado a una distancia q detrás del espejo, ésta es la posición de la imagen.† La distancia q se denomina **distancia a la imagen**.

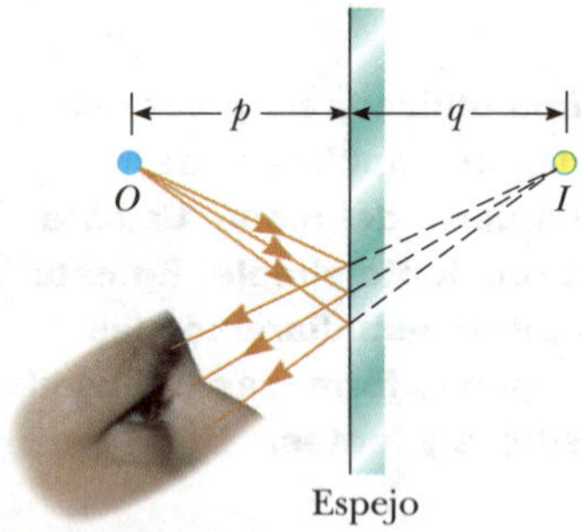

Figura 8.1

Imagen formada por reflexión en un espejo plano. El punto imagen I está situado detrás del espejo, a una distancia q que es igual a la distancia p entre el objeto y el espejo.

La figura 8.2 es un ejemplo de representación gráfica, llamada **diagrama de rayos**, que resulta muy útil en el estudio de espejos y lentes. En un diagrama de rayos, se dibujan unos cuantos rayos del haz que surge de la fuente de luz, y la posición de la imagen se obtiene aplicando las leyes de la reflexión (y de la refracción, en el caso de superficies de refracción y lentes) a esos rayos. Un diagrama de rayos construido correctamente permite también realizar un modelo geométrico, de forma que se pueden aplicar la geometría y la trigonometría para resolver los problemas matemáticamente.

Examinamos las propiedades de las imágenes formadas por espejos planos utilizando el sencillo diagrama de rayos de la figura 8.2. Para localizar el punto dónde se forma la imagen de la punta de la flecha situada a la izquierda, es preciso observar el comportamiento de al menos dos rayos de luz al reflejarse en el espejo. Uno de esos rayos sale del punto P, sigue la línea horizontal PQ hacia el espejo, y se refleja en la misma dirección. El segundo rayo sigue la línea PR y se refleja con el mismo ángulo respecto a la normal al espejo, siguiendo las leyes de la reflexión. Podemos prolongar los dos rayos hacia atrás, hasta el punto del que parecen divergir, el punto I o punto de la imagen. De la repetición de este proceso para otros puntos del objeto distintos de P surge una imagen a la derecha del espejo (dibujada también como una flecha). Estos rayos y su prolongación permiten construir un modelo geométrico para la formación de la imagen, basado en los triángulos PQR y $P'QR$. Como estos dos triángulos son idénticos, $PQ = P'Q$, o $p = |q|$. (Se utiliza la notación de valor absoluto debido a que, como se verá pronto, hay una convención de signos asociada a los valores de p y q). Por tanto, se puede concluir que **la imagen formada por un objeto situado frente a un espejo plano se encuentra localizada detrás del espejo a la misma distancia del espejo que el objeto original.**

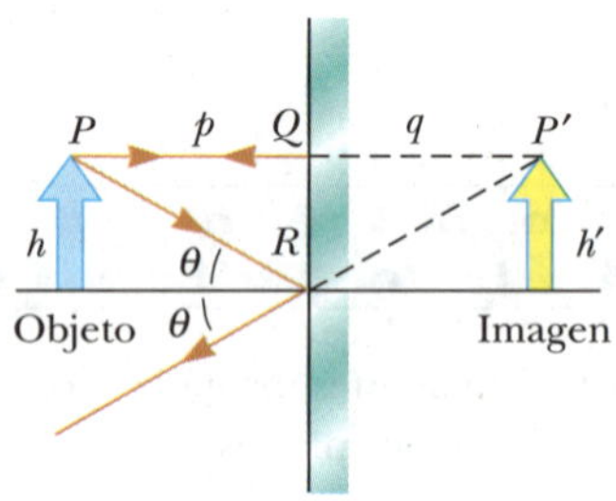

Figura 8.2

Construcción geométrica utilizada para localizar la imagen de un objeto situado frente a un espejo plano. Dado que los triángulos PQR y $P'QR$ son congruentes, $p = |q|$ y $h = h'$.

Nuestro modelo geométrico también muestra que la altura del objeto h, es igual a la de la imagen h'. Definimos el **aumento lateral** (o simplemente el **aumento**) M de una imagen de la siguiente forma

$$M \equiv \frac{\text{altura de la imagen}}{\text{altura del objeto}} = \frac{h'}{h} \qquad [8.1]$$

¡ADVERTENCIA! 8.1

***Seleccionamos* un pequeño número de rayos**

Tenga presente que de cada punto de un objeto sale un gran número de rayos (que pasan a través de cada punto de la imagen). Lo que hacemos es tomar sólo unos pocos rayos para dibujar diagramas de rayos que nos permitan localizar la imagen.

* Consideramos al objeto como una fuente puntual de luz. Éste puede ser realmente una fuente puntual, como un foco muy pequeño pero, con más frecuencia, es un punto de algún objeto que está iluminado por una fuente de luz externa. En este caso, la luz se refleja en el punto elegido del objeto como si el punto fuese una fuente de luz.

† Nuestros ojos y nuestro cerebro interpretan los rayos luminosos divergentes como si surgieran del punto del que divergen. Nuestro sistema ojos-cerebro solamente puede detectar los rayos *de la forma que llegan al ojo*, y no tiene información acerca de lo sucedido a los rayos antes de llegar a los ojos. Así pues, pese a que los rayos luminosos *en realidad no se originan* en el punto I, llegan al ojo como *si se originasen* en él. Por ello, I es el punto en el que el cerebro sitúa al objeto.

Ésta es una definición general del aumento para cualquier tipo de imagen formada por espejos o lentes. En el espejo plano, $M = 1$ ya que, en este caso, $h = h'$. Observamos también que la imagen está al **derecho**: la flecha imagen apunta en la misma dirección que la flecha objeto. Una imagen al derecho se caracteriza matemáticamente por un valor positivo del aumento. (Más adelante se discutirán situaciones en las que se forman imágenes *invertidas*.)

Por último, observamos que un espejo plano produce una imagen con una *aparente* inversión de derecha e izquierda. Esta inversión puede observarse situándonos frente a un espejo y alzando la mano derecha. La imagen que se ve es como si tuviésemos la mano izquierda levantada. De la misma forma, el pelo parece estar peinado del lado contrario, y un lunar en la mejilla derecha parece estar en la mejilla izquierda.

Esta inversión no es en realidad una *inversión* de derecha e izquierda. Imaginemos, por ejemplo, a una persona estirada en el suelo sobre su lado izquierdo con el cuerpo paralelo a la superficie del espejo. En esta situación, mirando al espejo, la cabeza está a la izquierda y los pies a la derecha. ¡Si mueve un pie, la imagen no mueve la cabeza! Sin embargo, si levanta la mano derecha, la imagen levanta la mano izquierda. De esta forma, aparece de nuevo una inversión de izquierda y derecha ¡pero en una dirección arriba-abajo!

La inversión aparente de izquierda y derecha es, en realidad, una inversión *delante-detrás* causada por los rayos de luz que van hacia el espejo y se reflejan en él. La figura 8.3 muestra la mano derecha de una persona y su imagen en un espejo plano. Observe que no hay ninguna inversión izquierda-derecha, ya que los pulgares de la mano real y de su imagen se hallan los dos a la izquierda. Es la inversión delante-detrás la que hace que la imagen de la mano derecha parezca la verdadera mano izquierda, situada en la parte izquierda de la fotografía.

Una experiencia interesante con la inversión delante-detrás la constituye el situarse frente a un espejo sosteniendo una transparencia, de forma que pueda leerse el texto de la transparencia. También podrá entonces leerse el texto en la imagen de la transparencia. Se produce un fenómeno parecido cuando se pega un adhesivo transparente en el cristal trasero de un automóvil. Si el adhesivo está situado de tal forma que puede leerse desde fuera del automóvil, también puede leerse mirando por el retrovisor desde el asiento delantero.

¡ADVERTENCIA! 8.2

Aumento no implica necesariamente un tamaño mayor

Para elementos ópticos distintos del espejo plano, el aumento definido en la ecuación 8.1 puede ser un número de magnitud mayor o menor que 1. Así pues, pese a que el uso habitual de la palabra *aumento* implique un *tamaño mayor*, la imagen puede ser más pequeña que el objeto. Veremos varios ejemplos de esta situación en este capítulo.

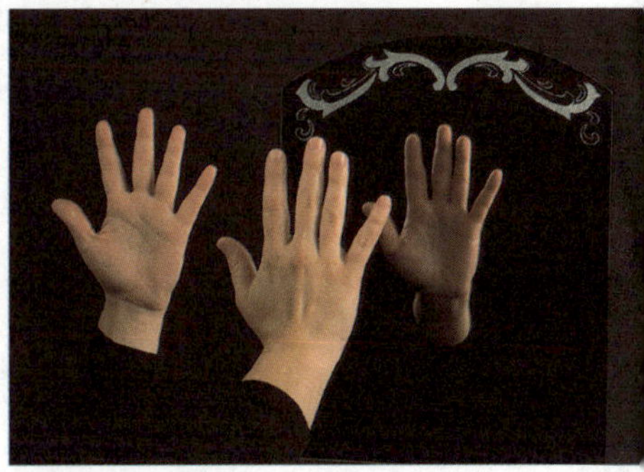

Figura 8.3

Imagen en el espejo de la mano derecha de una persona, en la que la parte delantera y la trasera están invertidas. Esto hace que la imagen parezca ser la de una mano izquierda. Observe que el pulgar está en el lado izquierdo de las dos manos reales y en el lado izquierdo de la imagen. Que el pulgar no esté en el lado derecho de la imagen indica que la inversión no es izquierda-derecha. *(George Semple)*

Pregunta rápida 8.1

Pegue una fotografía en un espejo de baño. Sitúese a un metro del espejo. ¿Puede enfocar *simultáneamente* su imagen en el espejo y la fotografía?

Pregunta rápida 8.2

En el cine, a veces puede verse a un actor mirando hacia un espejo y verse la cara del actor en el espejo. Durante la grabación de la escena ¿qué ve el actor en el espejo?

PIENSE EN LA FÍSICA 8.1

El profesor en la caja de la figura 8.4 parece estar balanceándose sobre sus dedos con los pies en el aire. El profesor puede mantener esta postura mucho tiempo, lo que parece desafiar a la gravedad. ¿Cómo cree que se ha creado esta ilusión óptica?

Razonamiento. Éste es un ejemplo de ilusión óptica, utilizada por magos, en el que se emplean espejos. La caja en la que el profesor está situado es un marco cúbico que contiene un espejo plano vertical situado en un plano diagonal de la

Figura 8.4

(Piense en la física 8.1) *(Cortesía de Henry Leap y Jim Lehman)*

caja. El profesor se sitúa de tal forma que el pie que se ve está situado delante del espejo, y el otro pie (que está apoyado en el suelo) está detrás del espejo, de forma que no pueda verse. Cuando levanta el pie que está frente al espejo, la reflexión de su pie también se levanta, y él parece flotar en el aire.

PIENSE EN LA FÍSICA 8.2

La mayoría de espejos retrovisores de los automóviles tienen una posición para el día y otra para la noche. La posición nocturna disminuye mucho la intensidad de la imagen, de modo que las luces de los vehículos no deslumbren al conductor. ¿Cómo funciona este espejo?

Razonamiento. La figura 8.5 muestra una sección transversal del espejo retrovisor para las dos posiciones. El espejo retrovisor es una pieza de vidrio con una superficie reflectora posterior. Cuando el espejo está en la posición diurna, como en la figura 8.5a, la luz de un objeto situado detrás del automóvil incide sobre el espejo en el punto 1. La mayor parte de la luz que entra en el vidrio, es refractada, y se refleja en la superficie posterior para volver a la cara frontal, donde es refractada de nuevo y vuelve al aire como lo hace el rayo *B* (de *brillante*). Además, una pequeña parte de la luz se refleja en la parte frontal del vidrio como se indica con el rayo *D* (de *débil*). Esta débil luz reflejada es la responsable de la imagen observada cuando el retrovisor está en la posición nocturna, como en la figura 8.5b. En este caso, el retrovisor se gira de forma que la trayectoria seguida por la luz brillante (el rayo *B*) no incida sobre el ojo. Por el contrario, el rayo débil reflejado por la superficie frontal llega al ojo y el brillo de las luces de los otros automóviles no deslumbra al conductor.

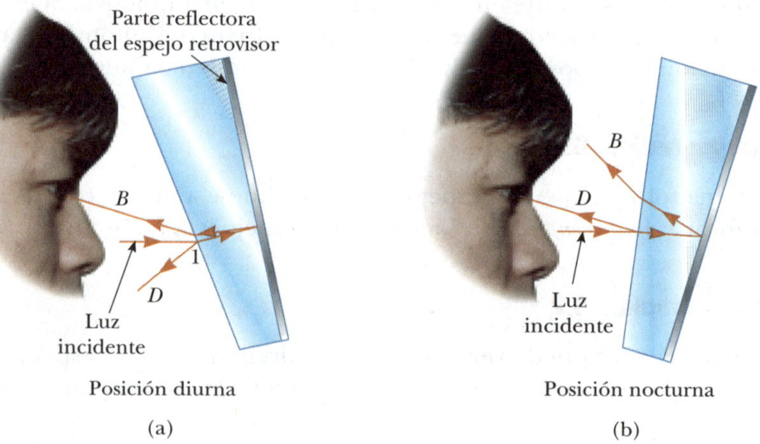

Figura 8.5

(Piense en la física 8.2)

Ejemplo 8.1 Imágenes múltiples formadas por dos espejos

Dos espejos planos están dispuestos en ángulo recto, como en la figura 8.6, y un objeto está colocado en el punto *O*. En esta situación, se forman imágenes múltiples; localícelas.

Razonamiento. La imagen del objeto está en I_1 en el espejo 1, y en I_2 en el espejo 2. Además, se forma una tercera imagen en I_3, que es la imagen de I_1 en el espejo 2 o, de forma análoga, la imagen de I_2 en el espejo 1. Es decir, la imagen en I_1 (o I_2) sirve de objeto para I_3. Observe que, para formar la imagen en I_3, los rayos de luz se reflejan dos veces después de salir del objeto en el punto *O*.

EJERCICIO. Trace los rayos correspondientes a la visualización de las imágenes situadas en I_1 e I_2 y muestre que la luz se refleja por única vez en ambos casos.

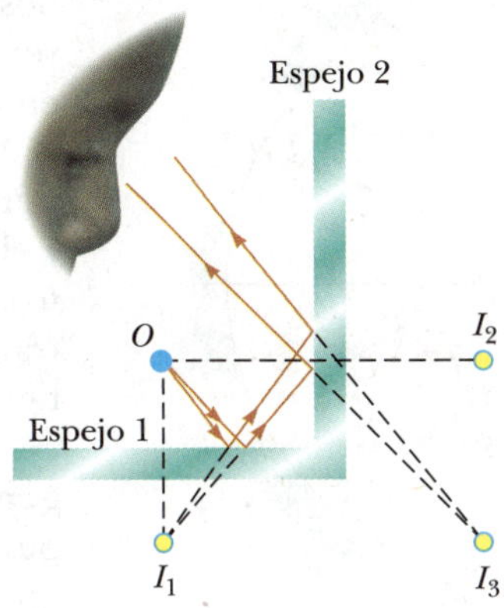

Figura 8.6

(Ejemplo 8.1) Cuando un objeto está situado frente a dos espejos perpendiculares, como en la figura, se forman tres imágenes.

8.2 • IMÁGENES FORMADAS POR ESPEJOS ESFÉRICOS

Espejos cóncavos

Un **espejo esférico**, como su nombre indica, tiene la forma de una porción de esfera. La figura 8.7a muestra una sección transversal de un espejo esférico en el que la luz se refleja en su superficie, representada por una línea curva gruesa. Un espejo de este tipo, en el que la luz se refleja en la superficie interna cóncava, se denomina **espejo cóncavo**. El radio de curvatura del espejo es *R*, y su centro de curvatura está en el punto *C*. El punto *V* es el centro de la porción de esfera, y la recta trazada de *C* a *V* es el **eje principal** del espejo.

Considere ahora una fuente puntual de luz ubicada en el punto *O* de la figura 8.7b, que se encuentra sobre el eje principal, más allá del punto *C*. Se muestran

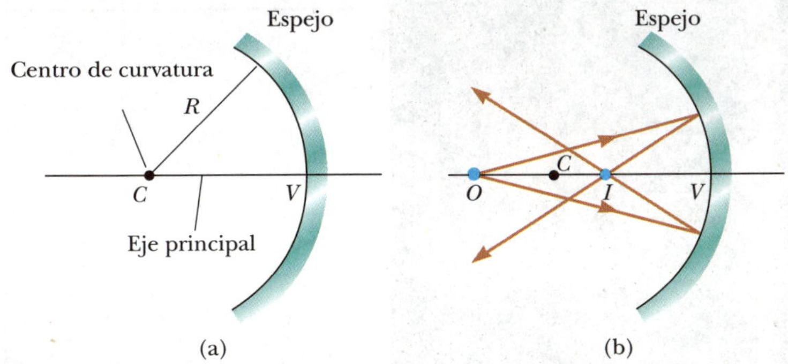

Figura 8.7

(a) Espejo cóncavo de radio *R*. El centro de curvatura, *C*, se localiza en el eje principal. (b) Un objeto puntual situado en *O* frente a un espejo esférico y cóncavo de radio *R*, donde *O* es cualquier punto sobre el eje principal a una distancia del espejo superior a *R*, dará lugar a una imagen real en *I*. Si los rayos divergen de *O* con ángulos pequeños, todos ellos se reflejan a través del mismo punto imagen.

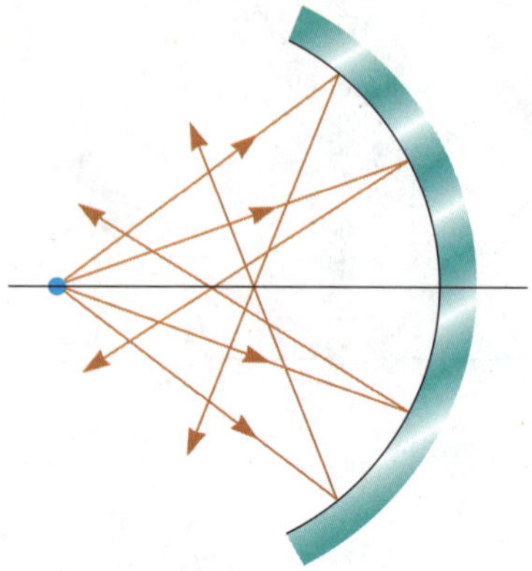

Figura 8.8

Los rayos que divergen de un objeto en ángulos grandes se reflejan en un espejo esférico cóncavo e intersectan el eje principal en diferentes puntos, dando lugar a una imagen borrosa.

dos rayos divergentes con origen en *O*. Tras reflejarse en el espejo, esos rayos convergen en *I*, el punto imagen. Después divergen de *I*, de forma que parece que en este punto se haya situada una fuente de luz.

Éste es el segundo ejemplo en el que se pueden ver rayos divergiendo de un punto imagen. Pero hay una diferencia entre el punto imagen de la sección 8.1 y el que se acaba de ver. En el espejo plano, los rayos parecían divergir del punto *I*, pero en realidad no pasaban por ese punto. En el espejo curvo, por el contrario, los rayos luminosos pasan por el punto *I*, como puede observarse en la figura 8.7.

Esta diferencia permite clasificar a las imágenes en dos categorías. Una **imagen real** es una imagen en la que la luz pasa por el punto imagen y diverge del punto imagen, como en la figura 8.7b; una **imagen virtual** es una imagen en la que la luz solamente parece divergir de ese punto, como en la figura 8.2. Las imágenes reales pueden mostrarse en una pantalla (como en una película), mientras que las imágenes virtuales no pueden verse en una pantalla. La imagen de un objeto real vista en un espejo plano es *siempre virtual*. (Se tratarán los *objetos virtuales* en la sección 8.4.)

En lo sucesivo adoptaremos un modelo simplificado, que presupone que todos los rayos que divergen de un objeto forman ángulos pequeños respecto al eje principal. Estos rayos, llamados **rayos paraxiales**, siempre se reflejan a través del punto imagen, como en la figura 8.7. Los rayos que forman ángulos grandes con el eje principal, como en la figura 8.8, cortan el eje principal en diferentes puntos, produciendo una imagen borrosa.

Se puede utilizar un modelo geométrico basado en el diagrama de rayos de la figura 8.9 para calcular la distancia a la que se forma la imagen q, si sabemos la distancia del objeto al espejo p, y el radio de curvatura R. Por convención, estas distancias se miden desde el punto V. La figura 8.9 muestra dos de los muchos rayos luminosos que salen de la punta del objeto. Uno pasa por el centro de curvatura del espejo C, incidiendo perpendicularmente en el espejo y reflejándose sobre sí mismo. El segundo rayo incide sobre el espejo en el punto central V y se refleja como muestra la figura, de acuerdo a las leyes de la reflexión. La imagen de la punta del objeto se localiza en la intersección de estos dos rayos reflejados.

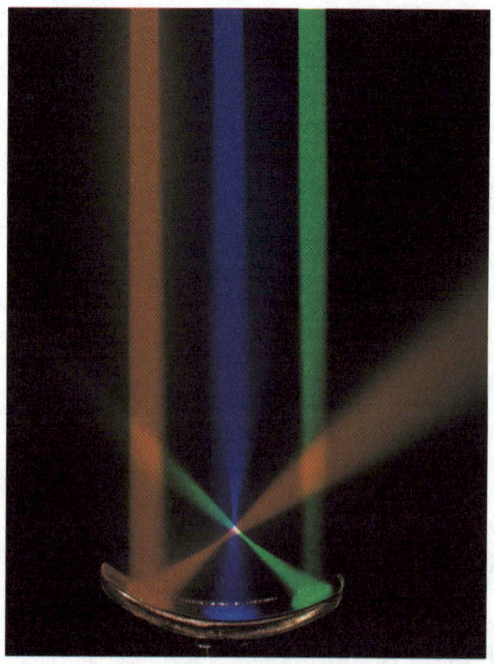

Rayos de luz de color rojo, azul y verde reflejados por un espejo parabólico. Observe que el punto focal donde los tres colores se intersectan es de color blanco. *(Ken Kay/Fundamental Photographs).*

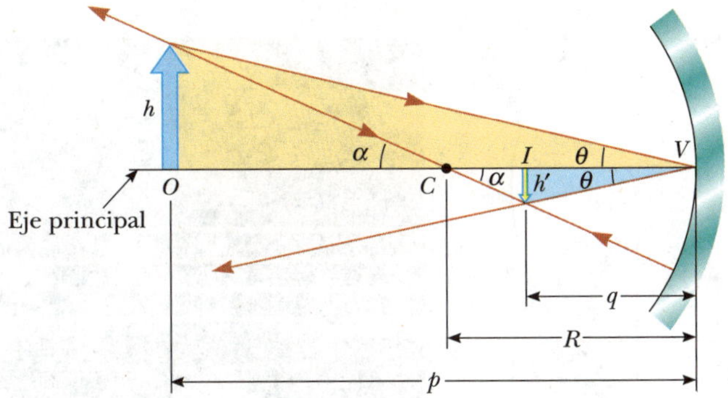

Figura 8.9

Imagen formada por un espejo esférico cóncavo cuando el objeto está más allá del centro de curvatura *C*.

Utilizando estos rayos, identificamos los dos triángulos rectángulos sombreados de la figura 8.9. Del triángulo superior se deduce que $\theta = h/p$, mientras que del triángulo inferior se deduce que $\theta = -h'/q$. El signo negativo indica que la imagen está invertida, por lo que h' es un número negativo. A partir de la ecuación 8.1 y de estos resultados se obtiene que el aumento de la imagen es

$$M = \frac{h'}{h} = -\frac{q}{p} \qquad [8.2]$$

En la figura podemos identificar otros dos triángulos rectángulos, con un punto común *C*, y con ángulo α. De estos triángulos obtenemos

$$\tan \alpha = \frac{h}{p - R} \quad \text{y} \quad \tan \alpha = -\frac{h'}{R - q}$$

de lo que deducimos que

$$\frac{h'}{h} = -\frac{R - q}{p - R} \qquad [8.3]$$

Si comparamos las ecuaciones 8.2 y 8.3 obtenemos

$$\frac{R - q}{p - R} = \frac{q}{p}$$

Simplificando, resulta

$$\frac{1}{p} + \frac{1}{q} = \frac{2}{R} \qquad [8.4]$$

• *Ecuación del espejo en función del radio de curvatura*

Esta expresión es llamada **ecuación del espejo**. Sólo es aplicable al modelo simplificado de rayos paraxiales.

Si el objeto está lejos del espejo (es decir, si la distancia p es grande comparada con R, de forma que pueda decirse que p tiende a infinito) entonces $1/p \rightarrow 0$, y, por la ecuación 8.4, obtenemos que $q \approx R/2$. En otras palabras, **cuando el objeto está muy lejos del espejo, el punto imagen está a mitad de camino entre el centro de curvatura y el centro del espejo**, como en la figura 8.10a. En esta figura podemos considerar que los rayos son paralelos, ya que sólo los que son paralelos al eje llegarán al espejo. Los rayos que no son paralelos al eje no llegan a incidir en el espejo. La figura 8.10b muestra una demostración experimental de

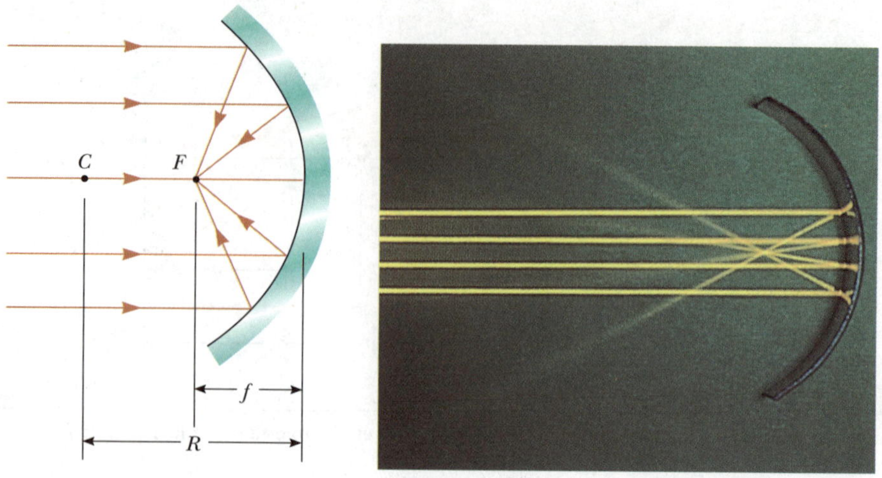

(a) (b)

Figura 8.10

(a) Los rayos luminosos de un objeto distante ($p \approx \infty$) se reflejan en un espejo cóncavo y convergen en el punto focal F. En este caso, la distancia de la imagen es $q \approx R/2 = f$, donde f es la distancia focal del espejo. (b) Reflexión de rayos paralelos en un espejo cóncavo. *(Henry Leap y Jim Lehman)*

¡ADVERTENCIA! 8.3

El punto *focal* no es el punto de *enfoque*

No hay que confundir el punto focal con el punto en el cual los rayos luminosos están enfocados y forman una imagen. El punto focal está determinado por la curvatura del espejo, no dependiendo de la localización del objeto. En general, la imagen se forma en un punto diferente del punto focal del espejo (o de la lente, como se verá en una sección posterior). La *única* excepción se produce cuando el objeto está situado a una distancia infinita del espejo. En esta situación, los rayos luminosos forman la imagen en el punto focal.

esta situación, en la que se puede ver la intersección de los rayos luminosos en un solo punto. El punto de intersección de los rayos paralelos después de la reflexión en el espejo es llamado el **punto focal** del espejo. El punto focal está a una distancia f del espejo, llamada **distancia focal**. La distancia focal es un parámetro asociado al espejo y viene dada por la fórmula

• *Distancia focal de un espejo*

$$f = \frac{R}{2} \qquad [8.5]$$

La ecuación del espejo puede ser expresada en función de la distancia focal:

• *Ecuación del espejo en función de la distancia focal*

$$\frac{1}{p} + \frac{1}{q} = \frac{1}{f} \qquad [8.6]$$

Esta ecuación del espejo, en función de la distancia focal en vez de en función del radio de curvatura (ecuación 8.4), es la más usual. Pronto se presentarán ejemplos que muestran cómo utilizarla.

Espejos convexos

La figura 8.11 muestra la formación de la imagen por un **espejo convexo**, un espejo esférico cuya superficie reflectora es la superficie exterior convexa. Los espejos convexos son llamados a veces **espejos divergentes**, porque los rayos que parten de un punto cualquiera del objeto divergen tras reflejarse, como si procediesen de algún punto situado detrás del espejo. La imagen en la figura 8.11 es una imagen virtual en vez de una imagen real, ya que se localiza atrás del espejo, en el punto del que los rayos reflejados parecen divergir. En general, como muestra la figura, la imagen formada por un espejo convexo es siempre derecha, virtual y más pequeña que el objeto.

Se puede construir un modelo geométrico para el espejo convexo usando el diagrama de rayos de la figura 8.11. Las ecuaciones desarrolladas para los

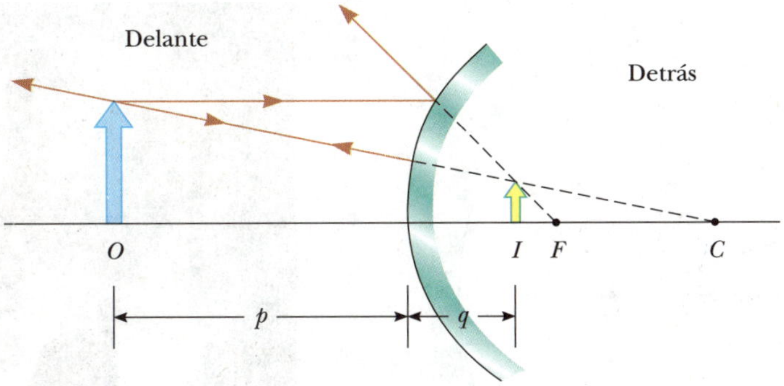

Figura 8.11

Formación de una imagen con un espejo esférico convexo. La imagen formada por un objeto real es virtual y derecha.

espejos cóncavos pueden ser utilizadas para los espejos convexos si aplicamos una convención apropiada para los signos. Llamemos *parte delantera* del espejo a la región en la cual se mueven los rayos luminosos, y llamemos *parte trasera* a la otra región, donde se forman las imágenes virtuales. Por ejemplo, en las figuras 8.9 y 8.11, la parte situada a la izquierda del espejo es la parte delantera, y la parte situada a la derecha del espejo es la parte trasera. La tabla 8.1 resume la convención de signos para todas las cantidades necesarias. Puede parecer extraño que se haya incluido la entrada "objeto virtual"; ésta sólo será necesaria cuando se combinen dos o más elementos ópticos, como se verá en la sección 8.4.

¡ADVERTENCIA! 8.4

Atención a los signos

Para tener éxito al resolver problemas con espejos (y también, en secciones posteriores, con lentes y superficies de refracción) es esencial no cometer errores con los signos al sustituir los valores en las ecuaciones. Para ello hay que adquirir práctica en utilizar las convenciones de signos. La mejor manera de hacerlo es resolver muchos problemas. Leerlos en un libro o ver cómo los hace el profesor no sustituye a la práctica.

Construcción de diagramas de rayos para espejos

Se han utilizado representaciones gráficas llamadas diagramas de rayos para situar las imágenes formadas por espejos planos y curvos. Ha llegado el momento de formalizar el procedimiento de construcción de estos diagramas. Para construir un diagrama, se debe conocer la posición del objeto y las posiciones del punto focal y del centro de curvatura del espejo. Se trazan tres rayos, como muestran los ejemplos de la figura 8.12. Las imágenes a la derecha muestran fotografías de las situaciones descritas en los diagramas de la izquierda. Los tres rayos parten del mismo punto del objeto, la punta de la flecha. Para los espejos cóncavos de la figura 8.12a y 8.12b, los rayos se dibujan de la siguiente forma:

- El rayo 1 se traza paralelo al eje principal y se refleja pasando por el punto focal F. (Éste sería el camino recorrido por un rayo de luz proveniente de un objeto situado a una distancia infinita del espejo.)

TABLA 8.1 **Convención de signos para los espejos**

p es **positivo** si el objeto está **delante** del espejo (objeto real).
p es **negativo** si el objeto está **detrás** del espejo (objeto virtual).
q es **positivo** si la imagen está **delante** del espejo (imagen real).
q es **negativo** si la imagen está **detrás** del espejo (imagen virtual).
Tanto f como R son **positivos** si el centro de curvatura está **delante** del espejo (espejo cóncavo).
Tanto f como R son **negativos** si el centro de curvatura está **detrás** del espejo (espejo convexo).
Si M es **positivo**, la imagen es **derecha**.
Si M es **negativo**, la imagen está **invertida**.

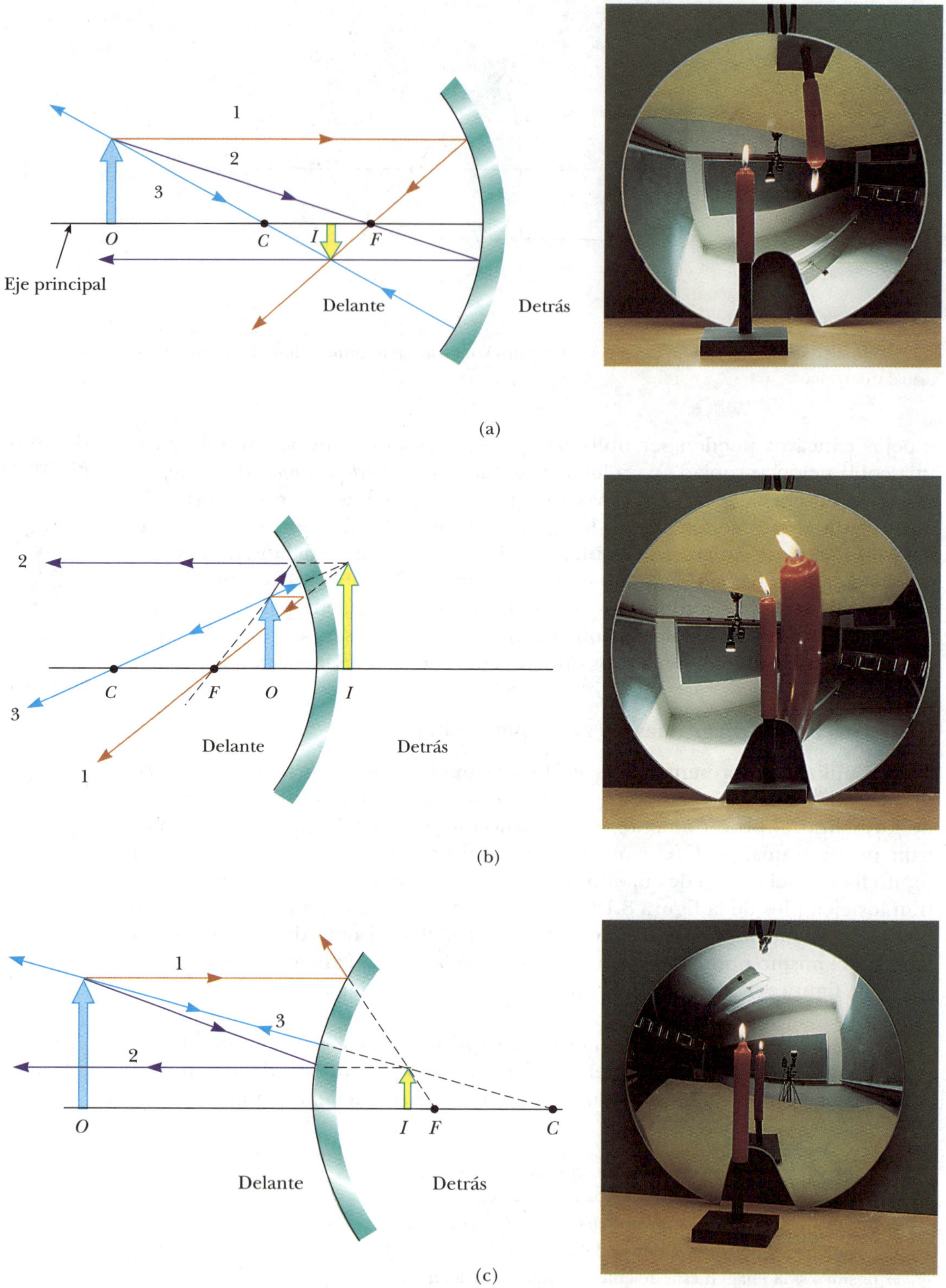

Figura 8.12

Diagramas de rayos para espejos esféricos, con las correspondientes fotografías con una vela como objeto. (a) Cuando el objeto se sitúa de forma que el centro de curvatura está situado entre el objeto y un espejo cóncavo, la imagen formada es real e invertida. (b) Cuando el objeto está localizado entre el punto focal y un espejo cóncavo, la imagen es virtual, derecha y ampliada. (c) Cuando el objeto está frente a un espejo esférico convexo, la imagen es virtual, derecha y reducida.

- El rayo 2 pasa a través del punto focal (o como si proviniera del punto focal si $p < f$, véase la figura 8.12b). De esta manera, es reflejado paralelo al eje principal. (Éste sería el camino recorrido por un rayo de luz proveniente de un objeto situado en el punto focal y es el inverso de un rayo que se aproxima al espejo desde un objeto situado a una distancia infinita.)
- El rayo 3 pasa por el centro de curvatura *C*, y se refleja sobre sí mismo. (Este rayo sigue las leyes de la reflexión para la luz que incide a lo largo de la normal a una superficie.)

Observe que bastan dos rayos para situar la imagen. El tercer rayo sirve para comprobar la construcción; los tres rayos deben pasar por el punto imagen. El punto imagen obtenido de este modo debe siempre concordar con el valor de q calculado utilizando la ecuación del espejo.

Analicemos qué ocurre en espejos cóncavos a medida que el objeto se acerca al espejo desde el infinito. La imagen real e invertida de la figura 8.12a se desplaza hacia la izquierda a medida que el objeto se aproxima al espejo. Cuando el objeto está en el centro de curvatura, el objeto y su imagen están a la misma distancia del espejo y son del mismo tamaño. (Éste es el caso de la fotografía de la figura 8.12a.) Cuando el objeto está situado en el punto focal, la imagen se encuentra a una distancia infinita hacia la izquierda. (¡Compruebe estas tres afirmaciones utilizando la ecuación del espejo!)

Cuando el objeto se localiza entre el punto focal y la superficie del espejo, como en la figura 8.12b, la imagen es virtual, derecha y está situada a la derecha del espejo. En este caso, la imagen es más grande que el objeto. Éste es el principio utilizado por los espejos empleados para maquillarse o afeitarse. La cara se sitúa más cerca del espejo que el punto focal, de forma que se ve una imagen ampliada (y al derecho) de la cara, para ayudar en el maquillaje o afeitado. Si tiene un espejo de este tipo, mírese en él y aleje su cara del espejo. Su cabeza pasará por un punto en el que la imagen desaparece y después reaparecerá al revés si sigue alejándose. La imagen desaparece cuando la cabeza pasa por el punto focal, ya que, cuando el objeto está en el punto focal, la imagen está a una distancia infinita del espejo.

Para un espejo convexo como el de la figura 8.12c, los rayos se dibujan de la siguiente manera:

- El rayo 1 se traza paralelo al eje principal y se refleja como si proviniera del punto focal *F*.
- El rayo 2 se dibuja dirigiéndolo hacia el punto focal, situado detrás del espejo. El rayo se refleja paralelo al eje principal.
- El rayo 3 se dibuja dirigiéndolo hacia el centro de curvatura *C*, situado detrás del espejo y se refleja sobre sí mismo.

La imagen de un objeto real en un espejo convexo es siempre virtual y derecha. A medida que la distancia al objeto aumenta, la imagen virtual se vuelve más pequeña y tiende a situarse en el punto focal cuando p tiende a infinito. El lector debería construir otros diagramas para comprobar cómo varía la posición de la imagen con la posición del objeto.

Los espejos convexos se utilizan a menudo en sistemas de seguridad de grandes almacenes, colgándolos del techo a gran altura. La superficie a observar, muy extensa, es reducida por el espejo convexo y, de esta forma, el personal encargado de la seguridad puede vigilar varios pasillos a la vez. Los retrovisores del lado derecho de los automóviles tienen frecuentemente una superficie convexa. Esto permite al conductor abarcar un mayor campo de visión que con un espejo plano. Sin embargo, estos espejos provocan una distorsión al presentar a los automóviles que están detrás del conductor más pequeños y, por tanto, den la sensación de que están más lejos de lo que en realidad están. Éste es el motivo por el que estos espejos a veces llevan (en algunos países) la inscripción: “los objetos que se ven en este espejo están más cerca de lo que parece”.

PIENSE EN LA FÍSICA 8.3

En un espejo cóncavo, la imagen virtual puede estar a cualquier distancia detrás del espejo. Sin embargo, en un espejo convexo hay una distancia máxima detrás del espejo a la cual puede estar situada la imagen. ¿Por qué?

Razonamiento. En primer lugar, consideremos un espejo cóncavo e imaginemos dos delgados rayos luminosos partiendo de un objeto diminuto e incidiendo en el espejo. Si el objeto está entre el punto focal y el espejo, pero infinitesimalmente cerca del punto focal, los rayos luminosos reflejados por el espejo son paralelos al eje principal. Esto puede interpretarse como la formación de una imagen virtual detrás del espejo a una distancia infinita de él. A medida que el objeto se acerca al espejo, los rayos luminosos divergen en ángulos cada vez mayores, dando lugar a que sus prolongaciones converjan cada vez más cerca de la parte trasera del espejo. Cuando el objeto está muy cerca del espejo comparado con la distancia focal, el espejo parece un espejo plano, de forma que la imagen virtual está detrás del espejo a la misma distancia del espejo que el objeto. Por tanto, la imagen pude estar a cualquier distancia detrás del espejo.

En un espejo convexo, un objeto en el infinito produce una imagen virtual situada en el parte focal. A medida que el objeto se acerca al espejo, los rayos reflejados divergen cada vez más y la imagen se acerca al espejo. Así, la posición de la imagen virtual está restringida a la región comprendida entre el espejo y el punto focal.

Ejemplo 8.2 La imagen formada por un espejo cóncavo

Suponga que un espejo cóncavo esférico tiene una distancia focal de 10.0 cm, encuentre la posición de la imagen para objetos situados a las siguientes distancias: (a) 25.0 cm.; (b) 10.0 cm.; (c) 5.0 cm. Descríbase la imagen en cada caso.

Solución. (a) Para una distancia al objeto de 25.0 cm, se calcula la distancia imagen utilizando la ecuación del espejo:

$$\frac{1}{p} + \frac{1}{q} = \frac{1}{f}$$

$$\frac{1}{25.0 \text{ cm}} + \frac{1}{q} = \frac{1}{10.0 \text{ cm}}$$

$$q = \boxed{16.7 \text{ cm}}$$

El aumento viene dado por la ecuación 8.2:

$$M = -\frac{q}{p} = -\frac{16.7 \text{ cm}}{25.0 \text{ cm}} = -0.668$$

La magnitud de M menor que la unidad revela que la imagen es más pequeña que el objeto. El signo negativo de M indica que la imagen está invertida. Por último, como q es positivo, la imagen está localizada delante del espejo y es real. Esta situación está representada en la figura 8.12a.

(b) Cuando la distancia al objeto es de 10.0 cm, el objeto está situado en el punto focal. Al sustituir en la ecuación del espejo los valores de $p = 10.0$ cm y $f = 10.0$ cm, obtenemos

$$\frac{1}{10.0 \text{ cm}} + \frac{1}{q} = \frac{1}{10.0 \text{ cm}}$$

$$q = \boxed{\infty}$$

Por tanto, los rayos luminosos procedentes de un objeto situado en el punto focal se reflejan de manera que la imagen se forma a una distancia infinita del espejo; es decir, los rayos reflejados son paralelos.

(c) Cuando un objeto está en la posición $p = 5.00$ cm, se encuentra situado entre el punto focal y el espejo. En este caso, de la ecuación del espejo obtenemos:

$$\frac{1}{5.00 \text{ cm}} + \frac{1}{q} = \frac{1}{10.0 \text{ cm}}$$

$$q = \boxed{-10.0 \text{ cm}}$$

El valor negativo de q indica que la imagen es virtual y está situada detrás del espejo. El aumento es:

$$M = -\frac{q}{p} = -\left(\frac{-10.0 \text{ cm}}{5.00 \text{ cm}}\right) = 2.00$$

De aquí se deduce que la imagen es mayor que el objeto por su factor de 2.00; y el signo positivo de M indica que la imagen es derecha (véase la figura 8.12b).

Observe las características de las imágenes formadas por un espejo esférico cóncavo. Cuando el objeto está más lejos del espejo que el punto focal, la imagen está invertida y es real; con el objeto en el punto focal, la imagen se forma en el infinito; con el objeto entre el punto focal y la superficie del espejo, la imagen es derecha y virtual.

EJERCICIO. Si la distancia al objeto es de 20.0 cm, calcular la distancia a la imagen y el aumento.

Respuesta: $q = 20.0$ cm, $M = -1.00$

Ejemplo 8.3 La imagen para espejo convexo

Un objeto de 3.00 cm de alto está situado a 20.0 cm de un espejo convexo de distancia focal de 8.00 cm. Hállense (a) la posición de la imagen final y (b) la altura de la imagen.

Solución. (a) Dado que el espejo es convexo, su distancia focal es negativa. Para encontrar la posición de la imagen se utiliza la ecuación del espejo:

$$\frac{1}{p} + \frac{1}{q} = \frac{1}{f} = \frac{1}{-8.00 \text{ cm}}$$

$$\frac{1}{q} = -\frac{1}{8.00 \text{ cm}} - \frac{1}{20.0 \text{ cm}}$$

$$q = -5.71 \text{ cm}$$

El signo negativo de q indica que la imagen es virtual, es decir, que está detrás del espejo, como en la figura 8.12c.

(b) El aumento es

$$M = -\frac{q}{p} = -\left(\frac{-5.71 \text{ cm}}{20.0 \text{ cm}}\right) = 0.286$$

La imagen está al derecho, puesto que M es positiva. Su altura es

$$h' = Mh = (0.286)(3.00 \text{ cm}) = 0.858 \text{ cm}$$

8.3 • IMÁGENES FORMADAS POR REFRACCIÓN

En esta sección describiremos cómo se forman imágenes por refracción de la luz en la superficie de un material transparente. Se aplicará la ley de la refracción y se utilizará el modelo simplificado en el que sólo se consideran los rayos paraxiales.

Consideremos dos medios transparentes con índices de refracción n_1 y n_2, donde la frontera entre los dos medios es una superficie esférica de radio de curvatura R (figura 8.13). Supondremos que el objeto está situado en un punto O, en el medio de índice de refracción n_1. Como se verá, todos los rayos paraxiales son refractados por la superficie esférica y convergen en un único punto I, el punto imagen.

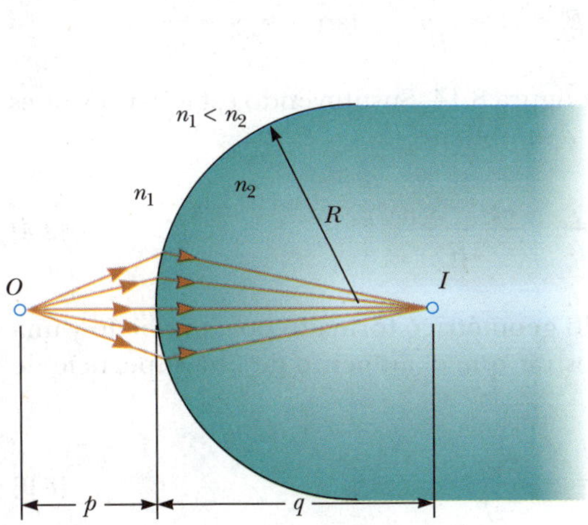

Figura 8.13

Imagen formada por refracción en una superficie esférica. Los rayos separados por ángulos pequeños del eje principal divergen del punto O y son refractados hacia el punto imagen I.

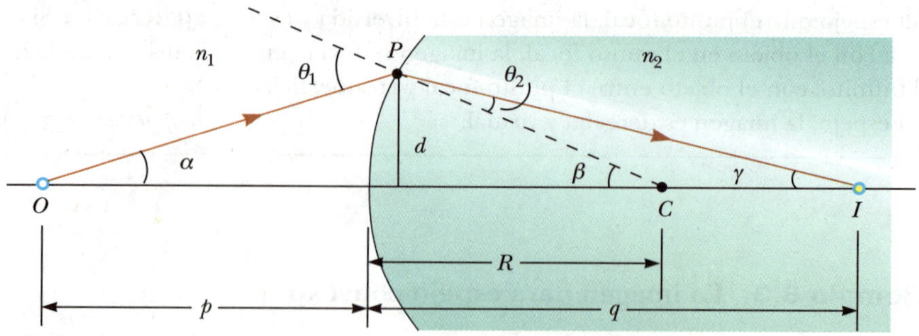

Figura 8.14

Construcción geométrica utilizada para deducir la ecuación 8.8.

Consideremos la construcción geométrica de la figura 8.14, que muestra un único rayo que parte del punto *O* y pasa por el punto *I*. La ley de Snell aplicada a este rayo refractado da

$$n_1 \operatorname{sen} \theta_1 = n_2 \operatorname{sen} \theta_2$$

Dado que para rayos paraxiales los ángulos θ_1 y θ_2 son pequeños, podemos utilizar la aproximación sen $\theta \approx \theta$ (ángulos en radianes). De esta forma, la ley de Snell se transforma en

$$n_1\theta_1 = n_2\theta_2$$

Ha llegado el momento de utilizar el modelo geométrico y recordar que el ángulo exterior de un triángulo es igual a la suma de los dos ángulos interiores opuestos. Aplicando esto a los triángulos *OPC* y *PIC* de la figura 8.14 se obtiene

$$\theta_1 = \alpha + \beta$$

$$\beta = \theta_2 + \gamma$$

Si combinamos las tres últimas ecuaciones y eliminamos θ_1 y θ_2, obtenemos

$$n_1\alpha + n_2\gamma = (n_2 - n_1)\beta \qquad \textbf{[8.7]}$$

Con la aproximación para ángulos pequeños, tan $\theta \approx \theta$, y podemos escribir las aproximaciones

$$\tan \alpha \approx \alpha \approx \frac{d}{p} \qquad \tan \beta \approx \beta \approx \frac{d}{R} \qquad \tan \gamma \approx \gamma \approx \frac{d}{q}$$

donde *d* es la distancia mostrada en la figura 8.14. Sustituyendo estas expresiones en la ecuación 8.7 y dividiendo entre *d* se obtiene

$$\frac{n_1}{p} + \frac{n_2}{q} = \frac{n_2 - n_1}{R} \qquad \textbf{[8.8]}$$

Con la construcción de un modelo geométrico formado por un objeto y una superficie de refracción, se puede mostrar que el aumento de una superficie de refracción es

$$M = -\frac{n_1 q}{n_2 p} \qquad \textbf{[8.9]}$$

TABLA 8.2 **Convención de signos para superficies de refracción.**

p es **positivo** si el objeto está **delante** de la superficie (objeto real).
p es **negativo** si el objeto está **detrás** de la superficie (objeto virtual).
q es **positivo** si la imagen está **detrás** de la superficie (imagen real).
q es **negativo** si la imagen está **delante** de la superficie (imagen virtual).
R es **positivo** si el centro de curvatura está **detrás** de la superficie.
R es **negativo** si el centro de curvatura está **delante** de la superficie.

Como con los espejos, debe utilizarse una convención de signos para aplicar las ecuaciones 8.8 y 8.9 a diferentes situaciones. Observe que las imágenes reales se forman en el lado de la superficie *opuesto* al lado del que proviene la luz. Esto es lo contrario de lo que sucede con los espejos, en los que las imágenes reales se forman en el lado del que proviene la luz. Por tanto, **la convención de signos para superficies de refracción esféricas es similar a la convención de signos para espejos, considerando el cambio de lado respecto a la superficie para imágenes reales y virtuales.** Por ejemplo, en la figura 8.14, p, q y R son positivos.

La tabla 8.2 resume las convenciones de signos para superficies de refracción esféricas. Las mismas convenciones se utilizarán para lentes delgadas, que analizaremos en la siguiente sección. Como con los espejos, suponemos que la parte delantera de la superficie de refracción es la parte por la que la luz se acerca a la superficie.

Superficies de refracción planas

Si la superficie de refracción es plana, R tiende a infinito y la ecuación 8.8 se transforma en:

$$\frac{n_1}{p} = -\frac{n_2}{q}$$

o en

$$q = -\frac{n_2}{n_1} p \qquad [8.10]$$

De la ecuación 8.10 se deduce que p y q tienen signos opuestos. De esta manera, **la imagen formada por una superficie de refracción plana está situada en el mismo lado de la superficie que el objeto.** Esto se ilustra en la figura 8.15 para el caso en el que n_1 es mayor que n_2, en el que una imagen virtual se forma entre el objeto y la superficie. Obsérvese que los rayos refractados se *alejan* de la normal, ya que $n_1 > n_2$.

El valor de q dado por la ecuación 8.10 es siempre menor en magnitud que p, cuando $n_1 > n_2$. Esto indica que la imagen de un objeto localizado en un medio con un índice de refracción mayor que el del medio desde el cual es visto, está siempre más cerca de la superficie de refracción plana que el objeto. Por este motivo, los cuerpos transparentes de agua, tales como los ríos y las piscinas parecen menos profundos de lo que realmente son: la imagen del fondo está más cerca de la superficie que el fondo (el objeto).

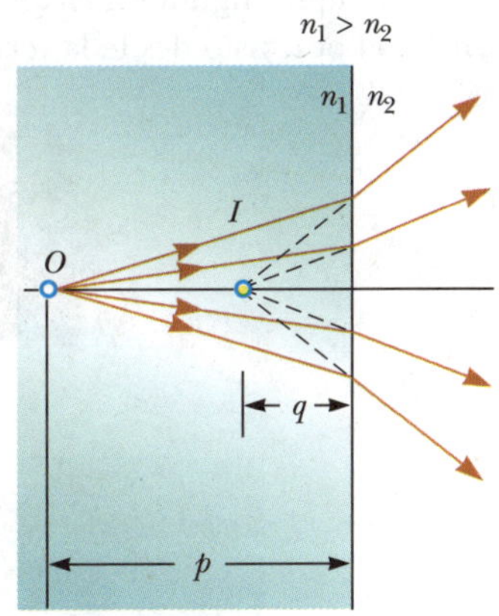

Figura 8.15
La imagen formada por una superficie de refracción plana es virtual; es decir, se forma en el mismo lado de la superficie de refracción en el que está el objeto. Se supone que todos los rayos son paraxiales.

Ejemplo 8.4 Mirando dentro de una bola de cristal

Una moneda de 2.00 cm de diámetro está situada en el interior de una bola maciza de cristal de radio de 30.0 cm (figura 8.16). El índice de refracción de la bola es $n_1 = 1.50$ y la moneda está a 20.0 cm de la superficie de la bola.

(a) Hallar la posición de la imagen.

Solución. Dado que $n_1 > n_2$ ($n_2 = 1.00$ es el índice de refracción del aire), los rayos procedentes del objeto se refractan alejándose de la normal a la superficie, y divergen. De esta manera, la imagen se forma dentro de la bola de cristal y es virtual. Aplicando la ecuación 8.8 se tiene que

$$\frac{n_1}{p} + \frac{n_2}{q} = \frac{n_2 - n_1}{R}$$

$$\frac{1.50}{20.0 \text{ cm}} + \frac{1.00}{q} = \frac{1.00 - 1.50}{-30.0 \text{ cm}}$$

donde el radio de curvatura es negativo ya que el centro de curvatura está delante de la superficie cóncava (véase tabla 8.2). Despejando q obtenemos

$$q = -17.1 \text{ cm}$$

El signo negativo de q indica que la imagen se forma en el medio en el que está el objeto (el medio en el que se propagan los rayos luminosos que inciden sobre la superficie), de acuerdo con el diagrama de rayos. Dado que los rayos luminosos no pasan por el punto imagen, la imagen es virtual.

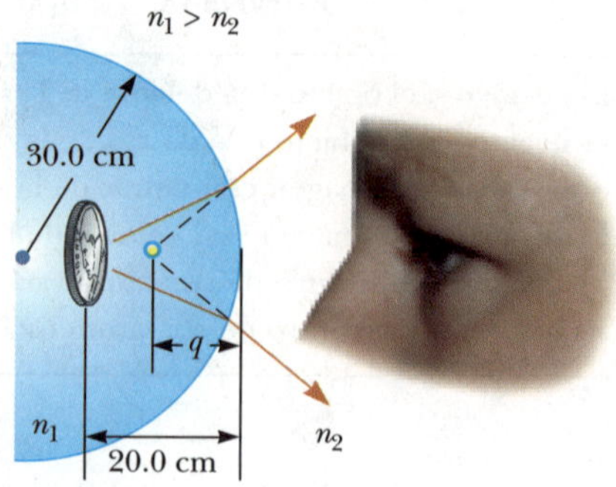

Figura 8.16

(Ejemplo 8.4) Una moneda en el interior de una bola de cristal forma una imagen virtual entre la moneda y la superficie del cristal. Se presupone que todos los rayos son paraxiales.

(b) ¿Cuál es el aumento de la imagen?

Solución. Empleando la ecuación 8.9, se tiene que

$$M = -\frac{n_1 q}{n_2 p} = -\frac{(1.50)(-17.1 \text{ cm})}{(1.00)(20.0 \text{ cm})} = 1.28$$

Así, la imagen parece 28% más grande que el objeto real.

Ejemplo 8.5 El que se escapó

Un pequeño pez nada a una distancia d de la superficie de un estanque (figura 8.17). ¿A qué profundidad aparente se halla el pez, visto desde la vertical?

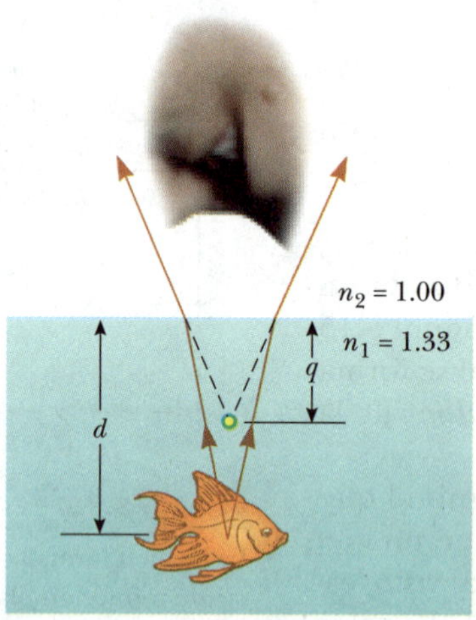

Figura 8.17

(Ejemplo 8.5) La profundidad q aparente del pez es menor que la real d. Se supone que todos los rayos son paraxiales.

Solución. En este ejemplo, la superficie de refracción es plana, por lo que R es infinito. Así se puede aplicar la ecuación 8.10 para determinar la posición de la imagen. Utilizando el hecho de que $n_1 = 1.33$ para el agua y que $p = d$, se obtiene

$$q = -\frac{n_2}{n_1} p = -\frac{1.00}{1.33} d = -0.752\, d$$

De nuevo, ya que q es negativo, la imagen es virtual, como se indica en la figura (8.17). La profundidad aparente es aproximadamente tres cuartas partes de la profundidad real.

8.4 • LENTES DELGADAS

Una **lente delgada** es usualmente un trozo de vidrio o plástico, pulido de forma que sus dos superficies sean porciones de esferas o planos. Las lentes se utilizan en instrumentos ópticos como cámaras fotográficas, telescopios y microscopios, para formar imágenes por refracción.

La figura 8.18 muestra algunas formas representativas de lentes. Las lentes se han dividido en dos grupos. Las de la figura 8.18a son más gruesas en el centro que en el borde, mientras que las de la figura 8.18b son más delgadas en el centro que en el borde. Las del primer grupo son ejemplos de **lentes convergentes**, y las del segundo son ejemplos de **lentes divergentes**. Pronto se verá el motivo de estos nombres.

Como con los espejos, es conveniente definir un punto llamado **punto focal** o **foco** para las lentes. Por ejemplo, en la parte izquierda de la figura 8.19a, un grupo de rayos paralelos al eje principal pasa por el **punto focal** F_2 tras converger por efecto de las lentes. La distancia del punto focal a la lente es también llamada **distancia focal** f. **La distancia focal es la distancia a la imagen que corresponde a un objeto situado en el infinito.**

Para evitar las complicaciones derivadas del grosor de las lentes, adoptaremos la simplificación llamada **aproximación de lentes delgadas: el grosor de las lentes se considera despreciable.** Como consecuencia, no hay diferencia entre medir la distancia focal como la distancia entre el **punto focal** y la superficie de la lente, o como la distancia entre el **punto focal** y el centro de la lente. La diferencia entre las dos medidas se considera despreciable. Una lente delgada tiene una distancia focal y *dos* puntos focales, como se ve en la figura 8.19, correspondientes a los rayos paralelos que se propagan desde la izquierda o desde la derecha.

Los rayos paralelos al eje divergen tras pasar a través de una lente de la forma de la que se muestra en la figura 8.19b. En este caso, el punto focal se define como el punto en el cual los rayos divergentes parecen tener su origen, el punto F_1 en la parte izquierda de la figura 8.19b. Las figuras 8.19a y 8.19b muestran el porqué de los nombres *convergentes* y *divergentes* aplicados a las lentes de la figura 8.18.

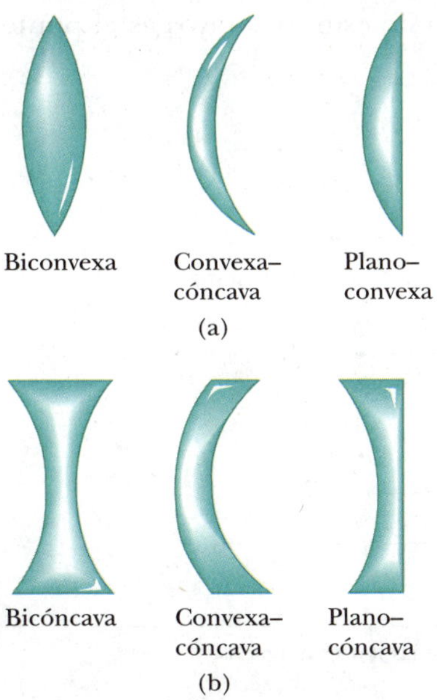

Figura 8.18

Lentes de varias formas: (a) Las lentes convergentes tienen distancia focal positiva y son más gruesas en el centro. (b) Las lentes divergentes tienen distancia focal negativa y son más gruesas en los extremos.

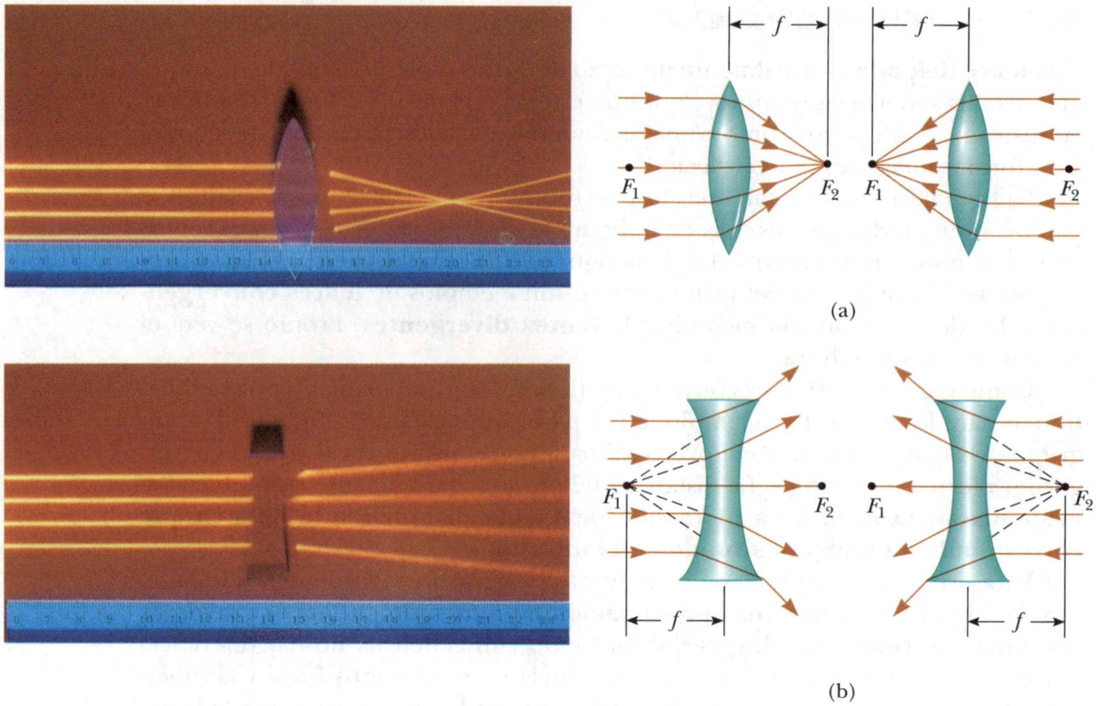

Figura 8.19

(Izquierda) Efectos de lentes convergentes *(arriba)* y divergentes *(abajo)* sobre un grupo de rayos paralelos. *(Henry Leap y Jim Lehman). (Derecha)* Puntos focales de (a) una lente convergente y (b) una lente divergente.

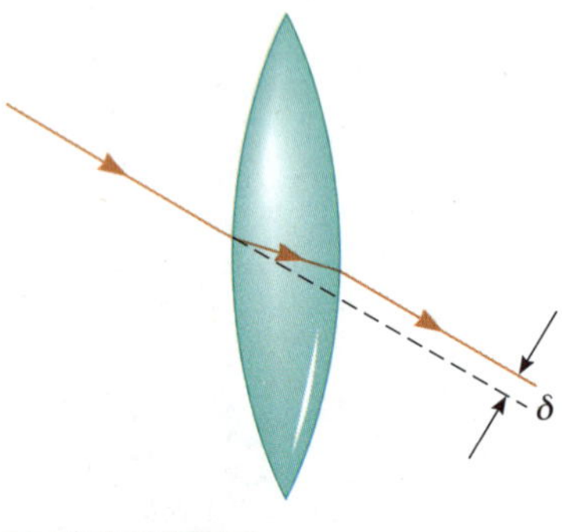

Figura 8.20

Rayo que pasa a través del centro de una lente y es desviado de su camino una distancia δ. Con la aproximación de lentes delgadas, esta desviación se ignora.

Suponga que un rayo de luz pasa a través del centro de una lente, como en la figura 8.20. Aplicando la ley de Snell a las dos superficies, se obtiene que el rayo es desviado una distancia δ de su trayectoria. En la simplificación de lentes delgadas, δ es despreciable y el rayo pasa por el centro de la lente sin desviarse.

Considérese ahora el diagrama de rayos de la figura 8.21. El rayo 1 pasa a través del centro de la lente. El rayo 2 es paralelo al eje principal de la lente (el eje horizontal que pasa por Q) y, como consecuencia de ello, pasa por el punto focal F tras ser refractado. El punto de la intersección de estos dos rayos es el punto imagen.

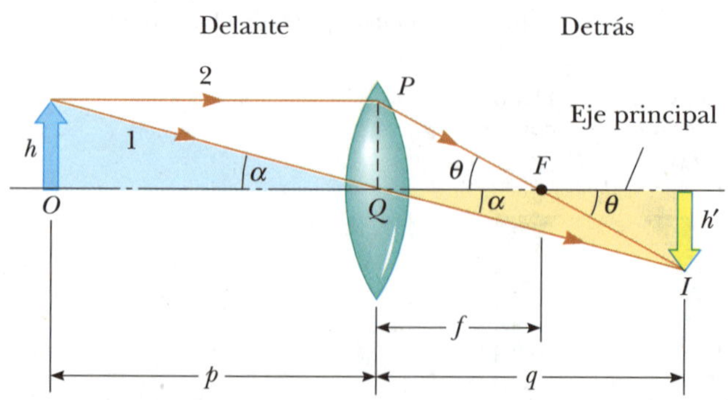

Figura 8.21

Construcción geométrica para la deducción de la ecuación de las lentes delgadas.

La tangente del ángulo α puede calcularse utilizando los dos triángulos sombreados de la figura 8.21:

$$\tan \alpha = \frac{h}{p} \qquad \text{y} \qquad \tan \alpha = -\frac{h'}{q}$$

de lo cual

$$M = \frac{h'}{h} = -\frac{q}{p} \qquad \textbf{[8.11]}$$

Por tanto, la ecuación del aumento de una lente es la misma que la ecuación del aumento de un espejo (ecuación 8.2). También observamos en la figura 8.21 que

$$\tan \theta = \frac{PQ}{f} \qquad \text{y} \qquad \tan \theta = -\frac{h'}{q-f}$$

Sin embargo, la altura PQ es igual a h. Así,

$$\frac{h}{f} = -\frac{h'}{q-f}$$

$$\frac{h'}{h} = -\frac{q-f}{f}$$

Combinando esta expresión con la ecuación 8.11 se obtiene

$$\frac{q}{p} = \frac{q-f}{f}$$

que se simplifica a

$$\frac{1}{p} + \frac{1}{q} = \frac{1}{f} \qquad \textbf{[8.12]}$$

• *Ecuación de la lente delgada*

Esta ecuación, llamada **ecuación de la lente delgada** (que es idéntica a la ecuación del espejo, ecuación 8.6), puede usarse tanto para lentes convergentes como para lentes divergentes, si adoptamos una convención de signos. La figura 8.22 resulta útil para obtener los signos de p y de q. (Como con los espejos, se llama parte *delantera* de la lente al lado del que proviene la luz.) La convención de signos para lentes se presenta en la tabla 8.3. Observe que, con esta convención, **una lente convergente tiene distancia focal positiva**, mientras que **una lente divergente tiene distancia focal negativa**. Así, a menudo se dan a estas lentes los nombres de lente *positiva* y *negativa*.

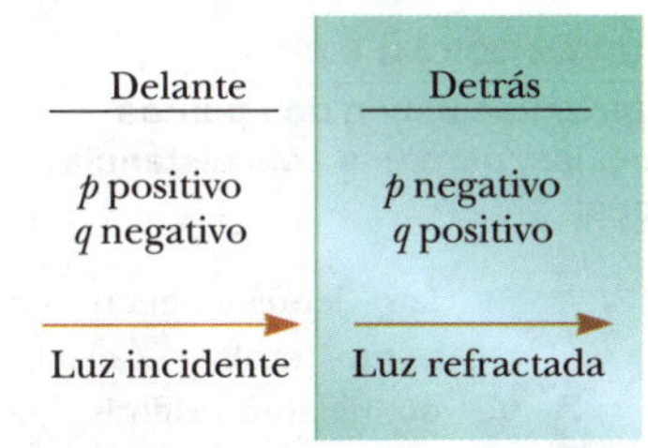

Figura 8.22

Diagrama para obtener los signos de p y de q para lentes delgadas o superficies de refracción.

TABLA 8.3 **Convención de signos para lentes delgadas**

p es **positivo** si el objeto está **delante** de la lente.
p es **negativo** si el objeto está **detrás** de la lente.
q es **positivo** si la imagen está **detrás** de la lente.
q es **negativo** si la imagen está **delante** de la lente.
R_1 y R_2 son **positivos** si el centro de curvatura está **detrás** de la lente.
R_1 y R_2 son **negativos** si el centro de curvatura está **delante** de la lente.
f es **positivo** si la lente es **convergente**.
f es **negativo** si la lente es **divergente**.

Pregunta rápida 8.3

Suponga que se toma una fotografía con una cámara que utiliza un sistema de ultrasonido para determinar la distancia al objeto. La cámara envía ondas ultrasónicas y mide el intervalo de tiempo entre la emisión de la onda y el momento en el que ésta vuelve a la cámara después de ser reflejada. Cuando se toma una fotografía de uno mismo en un espejo con una cámara de este tipo, la imagen probablemente salga desenfocada. ¿Por qué?

Pregunta rápida 8.4

Una imagen virtual es descrita usualmente como una imagen a través de la cual no pasan los rayos luminosos, lo contrario de lo que sucede con una imagen real. ¿Puede fotografiarse una imagen virtual?

Pregunta rápida 8.5

Suponga que quiere utilizarse una lente convergente para proyectar la imagen de dos árboles sobre una pantalla, como en la figura 8.23. Un árbol está a una distancia x de la lente, y el otro está a $2x$. Se ajusta la pantalla para que el árbol más cercano aparezca enfocado. Si ahora quiere mover la pantalla para que el árbol más alejado aparezca enfocado ¿debe acercarse la pantalla a la lente o alejarse?

La distancia focal de una lente en el aire está determinada por la curvatura de sus superficies y por el índice de refracción, n, del material de la lente, de acuerdo con la ecuación:

• *Ecuación del fabricante de lentes*

$$\frac{1}{f} = (n-1)\left(\frac{1}{R_1} - \frac{1}{R_2}\right) \qquad [8.13]$$

donde R_1 es el radio de curvatura de la superficie delantera y R_2 es el radio de curvatura de la superficie trasera. La ecuación 8.13 permite calcular la distancia focal a partir de propiedades conocidas de las lentes. Se la llama **ecuación del fabricante de lentes**. La tabla 8.3 incluye la convención de signos para determinar los signos de los radios R_1 y R_2.

¡ADVERTENCIA! 8.5

Las lentes tienen dos puntos focales, pero una sola distancia focal

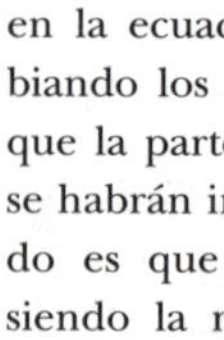

Las lentes tienen un punto focal en cada lado, delante y detrás. Como se vio en la figura 8.19, sólo existe una distancia focal: los dos puntos focales están a la misma distancia de la lente. Matemáticamente, esto puede verse intercambiando R_1 y R_2 en la ecuación 8.13 (así como cambiando los signos de los radios, porque la parte de delante y la de atrás se habrán intercambiado). El resultado es que la distancia focal sigue siendo la misma. Como consecuencia, una lente forma la imagen de un objeto a la misma distancia si se le da la vuelta. En la práctica, esto no puede verificarse experimentalmente, porque las lentes reales no son infinitesimalmente delgadas.

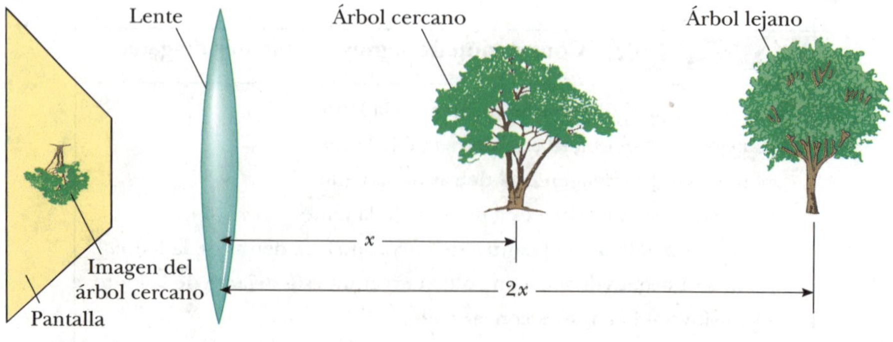

Figura 8.23

(Pregunta rápida 8.5)

Pregunta rápida 8.6

Para cada una de las formas de lentes de la figura 8.18, determinar el signo de los radios de curvatura y determinar si alguno de ellos es infinito, suponiendo que el lado izquierdo de cada lente es el lado delantero, R_1 es el radio de curvatura de la superficie izquierda de la lente, y R_2 es el radio de la superficie derecha.

Pregunta rápida 8.7

¿Por qué la distancia focal de una lente depende del material del que está hecha y, en cambio, la distancia focal de un espejo es independiente del material de éste?

Diagramas de rayos para lentes delgadas

Las representaciones gráficas que hemos utilizado, los diagramas de rayos, son también muy útiles para localizar las imágenes formadas por lentes delgadas y por sistemas de lentes. También nos ayudarán a aclarar la convención de signos presentado. La figura 8.24 ilustra este procedimiento para tres lentes simples. Para situar la imagen producida por una lente convergente (figuras 8.24a y 8.24b), se dibujan tres rayos partiendo de la parte superior del objeto:

- El rayo 1 se traza paralelo al eje principal. Tras ser refractado por la lente, pasa por el punto focal, situado detrás de la lente.
- El rayo 2 pasa por el centro de la lente y continúa su camino sin desviarse.
- El rayo 3 se traza de forma que pase por el punto focal que está frente a la lente (o como si se originara en él, si $p < f$, como en la figura 8.24b), y sale de la lente paralelo al eje principal.

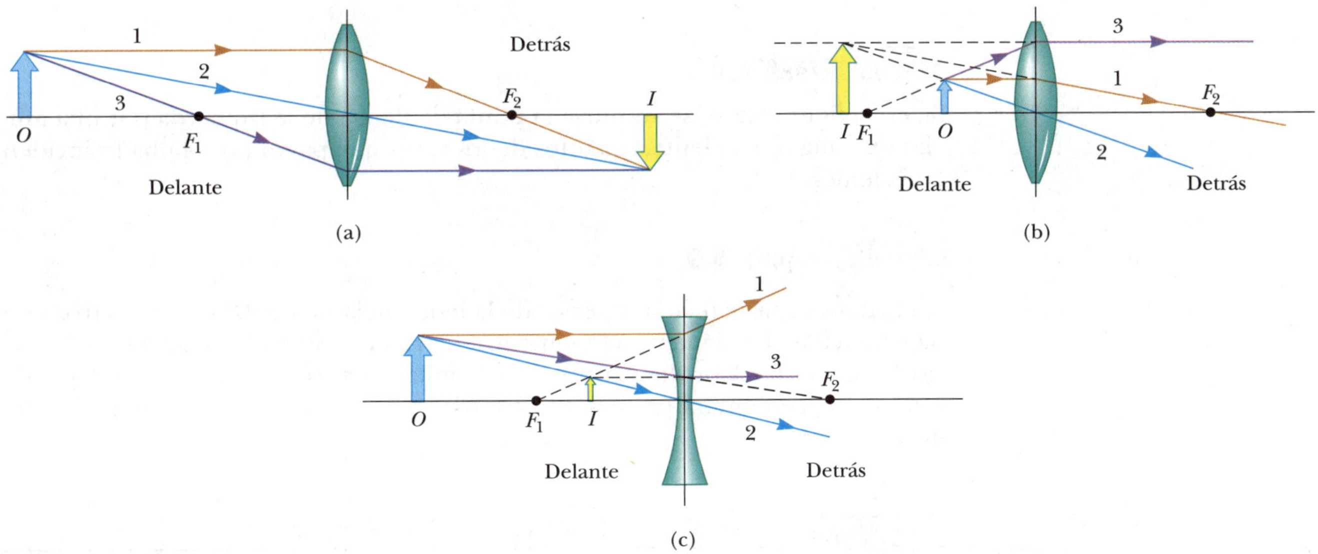

Figura 8.24

Diagrama de rayos para situar la imagen formada por una lente delgada. (a) Cuando el objeto está frente a la lente, y más allá del punto focal F_1 de una lente convergente, la imagen es real, invertida y se forma detrás de la lente. (b) Cuando el objeto está entre el punto focal F_1 y la lente convergente, la imagen es virtual, está al derecho, es más grande que el objeto y se forma delante de la lente (en el mismo lado en el que está el objeto). (c) Cuando un objeto está frente a una lente divergente, la imagen es virtual, está al derecho, es más pequeña que el objeto y se forma en la parte delantera de la lente.

Para localizar la imagen formada por una lente divergente (figura 8.24c), se dibujan tres rayos partiendo del extremo superior del objeto:

- El rayo 1 se traza paralelo al eje principal. Tras ser refractado por la lente, el rayo sale en dirección hacia el punto focal en la parte delantera de la lente y en sentido contrario (es decir, alejándose de él).
- El rayo 2 pasa por el centro de la lente y continúa su camino sin desviarse.
- El rayo 3 se traza de forma que pase por el punto focal que está detrás de la lente, y sale de la lente paralelo al eje principal.

En estos diagramas de rayos, la intersección de *dos rayos* cualesquiera basta para localizar la imagen. El tercer rayo se utiliza para comprobar el resultado.

Para lentes convergentes, si el objeto está más alejado de la lente que el punto focal ($p > f$), la imagen es real, invertida y se forma detrás de la lente. Este diagrama puede aplicarse a un proyector de cine, en el que la película es el objeto, la lente es el proyector y la imagen es proyectada en una gran pantalla. La película se coloca con la escena al revés en el proyector, de modo que la imagen invertida de ella esté al derecho para el espectador.

Cuando el objeto está entre el punto focal y la lente convergente ($p < f$), como en la figura 8.24b, la imagen es virtual y está al derecho. Utilizada de esta forma, la lente está actuando como una lupa y proporciona una imagen del objeto amplificada y al derecho para facilitar una observación detallada del mismo, como en la fotografía del principio de este capítulo. El objeto puede ser un sello, una huella dactilar o una página impresa para alguien con mala visión.

Para la lente divergente de la figura 8.24c, la imagen es virtual y está al derecho para cualquier ubicación del objeto. Las lentes divergentes se utilizan en las mirillas de las puertas, para proporcionar un mayor ángulo de visión. Las personas miopes utilizan lentes divergentes en sus anteojos o lentes de contacto. Otra aplicación la encontramos en los objetivos panorámicos de las cámaras fotográficas (aunque, un objetivo "sofisticado" de una cámara fotográfica está formado, de hecho, por la combinación de varias lentes). Usada de esta forma, una lente divergente crea una imagen reducida de un amplio campo de visión.

Pregunta rápida 8.8

Si, en la figura 8.24a, se sustituye la punta de flecha de la izquierda por una mucho más alta que la lente, ¿cuántos de los rayos que pasan por el objeto inciden en la lente?

Pregunta rápida 8.9

Si tapamos la parte media superior de la lente de la figura 8.24a con un trozo de papel ¿cuál de los siguientes fenómenos se presentarán en la imagen del objeto? (a) La mitad inferior desaparece, (b) la mitad superior desaparece, (c) puede verse la imagen entera pero más débil, (d) no hay cambios o (e) desaparece toda la imagen.

APLICACIÓN

Lentes correctivas en las máscaras de inmersión

PIENSE EN LA FÍSICA 8.4

Las máscaras de inmersión incorporan a menudo lentes en el cristal para personas con problemas de visión. Esto permite a la persona bucear sin sus anteojos, ya que los lentes en la máscara crean la refracción necesaria para proporcionarle una visión clara. Los anteojos normales tienen lentes que son curvas por sus dos caras. Las lentes de las máscaras de inmersión habitualmente sólo tienen superficie curva en la cara interior. ¿Por qué es adecuado este diseño?

Razonamiento. La principal razón para curvar solamente la superficie interna de la lente en las máscaras de inmersión es que, de esta forma, el buzo puede ver con nitidez los objetos que están delante suyo, tanto en el agua como en el aire. Consideremos los rayos luminosos que se aproximan a la máscara en la dirección normal al plano de la superficie externa de las gafas. Si las dos caras de la lente divergente fuesen curvas, los rayos se refractarían en ambas superficies. Los lentes pueden ser diseñadas de forma que estas dos refracciones produzcan una imagen nítida en el aire. No obstante, cuando el buzo esté bajo el agua, la primera refracción entre el agua y el cristal es diferente, porque el índice de refracción del agua es diferente del índice de refracción del aire. Por tanto, la visión no sería nítida bajo el agua.

Haciendo plana la superficie externa de la lente, la luz no se refracta cuando incide perpendicularmente sobre la cara externa de la lente, tanto si el buzo está *bajo el agua como si está fuera del agua*: la única refracción ocurre en la cara interna, que está siempre en contacto con el aire. Así, la corrección es la misma para el agua que para el aire, y el buzo puede ver nítidamente en los dos medios.

PIENSE EN LA FÍSICA 8.5

Consideremos una lente plano-convexa de vidrio, plana por un lado y convexa por el otro. Proyectemos tres rayos láser paralelos a través de ella, como en la figura 8.25a, y midamos la distancia focal f de la lente, es decir, la distancia de la lente al punto de la intersección de los tres rayos. Pongamos ahora el lado plano de la lente sobre la pared de un acuario lleno de agua, como muestra la figura 8.25b. Cuando proyectamos los rayos láser a través de la lente desde el exterior del acuario ¿los rayos se cruzan a la misma distancia de la lente que antes, más lejos o más cerca? ¿Qué sucede si proyectamos los rayos láser a través de la lente desde el otro lado del acuario, como en la figura 8.25c?

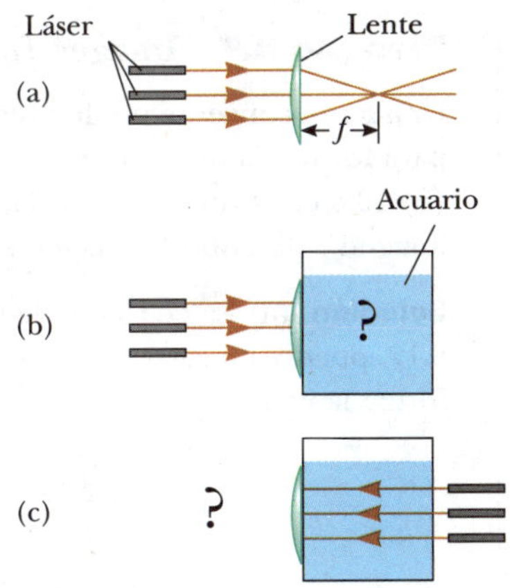

Figura 8.25

(Piense en la física 8.5)

Razonamiento. El rayo láser que pasa por el centro de la lente no es refractado en ninguno de los tres casos. Hay que ver qué pasa con los rayos exteriores. En la figura 8.25a, estos dos rayos láser se refractan al pasar del aire al vidrio de la lente, de forma que se acercan a la normal a la superficie de la lente. Así pues, se desvían *hacia* el rayo central. Al llegar al otro lado de la lente y pasar del vidrio al aire se desvían de la normal, provocando un acercamiento adicional al rayo central. A causa de ello, los tres rayos se cortan en el punto focal. Cuando la superficie plana de la lente se coloca sobre la pared de vidrio del acuario, como en la figura 8.25b, los rayos luminosos pasan a través del vidrio del acuario sin sufrir ninguna refracción adicional, pero entonces entran en el *agua*. El cambio en el índice de refracción al pasar del vidrio al agua es mucho menor que al pasar del vidrio al aire. De esta forma, la refracción es menor que en el caso anterior, y también lo es la desviación hacia el rayo central. A causa de ello, el punto de intersección de los tres rayos láser está más alejado de la lente. Cuando los rayos láser son proyectados a través del agua y luego a través de la lente, como muestra la figura 8.25c, debemos considerar dos factores. En primer lugar, la distancia focal de una lente es independiente de la dirección de propagación de la luz que la atraviesa. En segundo lugar, en la situación mostrada, el rayo láser no experimenta refracción alguna al entrar por el lado plano de la lente, ya que lo hace de forma perpendicular. Así pues, toda la refracción ocurre al pasar el rayo de la lente al aire por la superficie curva de la lente. El efecto es el mismo que el que se produce si el rayo incide sobre la superficie plana de la lente estando en el aire. El agua del acuario no tiene ningún efecto. Los rayos láser se cortan a la misma distancia de la lente que en el primer diagrama, sólo que en el otro lado de la lente. El tercer caso es similar al de la curvatura de la lente en las máscaras de inmersión, discutido en la sección Piense en la física 8.4.

Ejemplo 8.6 La ecuación del fabricante de lentes

La lente biconvexa de la figura 8.26 tiene un índice de refracción de 1.50. El radio de curvatura de la superficie frontal es de 10.0 cm, y el de la trasera es de 15.0 cm. Determinar la distancia focal de la lente.

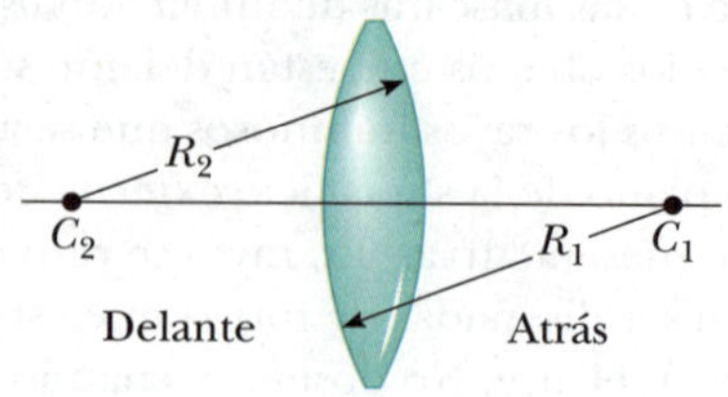

Figura 8.16

(Ejemplo 8.6) Lente con dos superficies curvas, de radios R_1 y R_2.

Solución. Utilizando la convención de signos de la tabla 8.3 tenemos que $R_1 = +10$ cm y $R_2 = -15$ cm. Así, aplicando la ecuación del fabricante de lentes, tenemos que

$$\frac{1}{f} = (n-1)\left(\frac{1}{R_1} - \frac{1}{R_2}\right)$$

$$= (1.50 - 1)\left(\frac{1}{10\text{ cm}} - \frac{1}{-15\text{ cm}}\right)$$

$$f = 12\text{ cm}$$

Ejemplo 8.7 Imagen formada por una lente convergente

Una lente convergente de distancia focal 10.0 cm se utiliza para formar la imagen de un objeto situado a (a) 30.0 cm, (b) 10.0 cm y (c) 5.0 cm de la lente. Encontrar la distancia imagen y describir la imagen en cada caso.

Solución. (a) La ecuación de la lente delgada, ecuación 8.12, puede utilizarse para encontrar la distancia a la que se forma la imagen:

$$\frac{1}{p} + \frac{1}{q} = \frac{1}{f}$$

$$\frac{1}{30.0\text{ cm}} + \frac{1}{q} = \frac{1}{10.0\text{ cm}}$$

$$q = 15.0\text{ cm}$$

El signo positivo nos indica que la imagen es real. El aumento es

$$M = -\frac{q}{p} = -\frac{15.0\text{ cm}}{30.0\text{ cm}} = -0.500$$

La imagen está reducida a la mitad del tamaño del objeto, y el signo negativo de M nos indica que está invertida. Cualitativamente, la situación es como la de la figura 8.24a.

(b) No hacen falta cálculos en este caso, porque sabemos que, si el objeto está situado en el punto focal, la imagen se forma en el infinito. Este resultado se verifica sustituyendo $p = 10.0$ cm en la ecuación de la lente.

(c) Nos trasladamos a la zona situada entre el punto focal y la lente, con el objeto a una distancia de 5.00 cm de ésta. En este caso, la ecuación de la lente delgada nos da

$$\frac{1}{5.00\text{ cm}} + \frac{1}{q} = \frac{1}{10.0\text{ cm}}$$

$$q = -10.0\text{ cm}$$

$$M = -\frac{q}{p} = -\left(\frac{-10.0\text{ cm}}{5.00\text{ cm}}\right) = 2.00$$

La distancia negativa de la imagen nos indica que la imagen es virtual. La imagen se agranda, y el signo positivo de M nos indica que está al derecho, como en la figura 8.24b.

Combinaciones de lentes delgadas

Si se utilizan dos lentes delgadas para obtener una imagen, el sistema puede tratarse de la siguiente forma. En primer lugar se calcula la imagen de la primera lente como si la segunda no existiera. Entonces, la luz se aproxima a la segunda lente *como si* originalmente proviniera de la imagen formada por la primera lente. La imagen de la primera lente hace el papel de objeto para la segunda lente. La imagen de la segunda lente es la imagen final del sistema. Si la imagen de la pri-

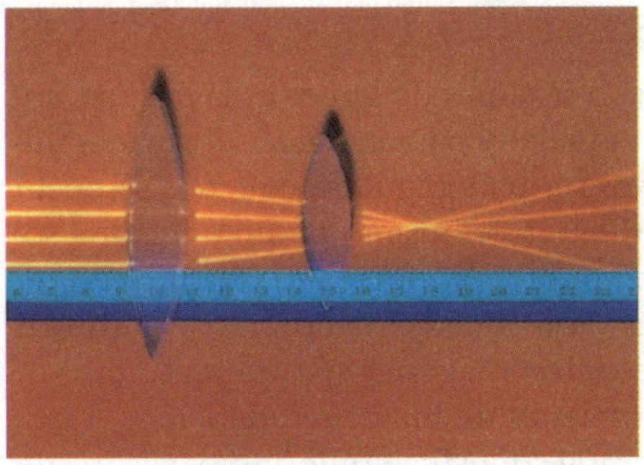

Luz de un objeto distante concentrada en el punto focal mediante dos lentes convergentes *(Henry Leap y Jim Lehman).*

mera lente se forma detrás de la segunda, entonces esta imagen es tratada como un *objeto virtual* para la segunda lente (es decir, p es negativa). El mismo procedimiento puede aplicarse para un sistema de tres o más lentes. El aumento total del sistema es el *producto* del aumento de cada una de las lentes.

Ejemplo 8.8 **¿Dónde está la imagen final?**

Dos lentes delgadas convergentes, de longitudes focales 10.0 cm y 20.0 cm, están separadas 20.0 cm, como se muestra en la figura 8.27. Si sitúa un objeto 15.0 cm a la izquierda de la primera lente. Calcular la posición y la amplificación de la imagen final.

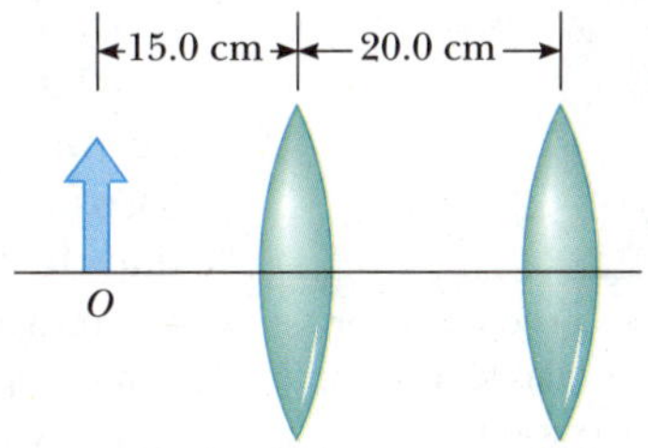

Figura 8.27

(Ejemplo 8.8) Combinación de dos lentes convergentes.

Solución. Primero hallemos la posición de la imagen para la primera lente, ignorando la presencia de la segunda:

$$\frac{1}{p_1} + \frac{1}{q_1} = \frac{1}{f} \longrightarrow \frac{1}{15.0 \text{ cm}} + \frac{1}{q_1} = \frac{1}{10.0 \text{ cm}}$$

$$q_1 = 30.0 \text{ cm}$$

donde q_1 está medido desde la primera lente.

Dado que q_1 es mayor que los 20.0 cm que separan las dos lentes, la imagen de la primera lente está a 10.0 cm a la derecha de la segunda lente. Esto quiere decir que la imagen de la primera lente es un objeto virtual para la segunda lente. De esta forma, aplicamos la ecuación de la lente delgada a la segunda lente con $p_2 = -10.0$ cm, y calculando las distancias desde la segunda lente, cuya distancia focal es 20.0 cm, tenemos:

$$\frac{1}{p_2} + \frac{1}{q_2} = \frac{1}{f_2} \longrightarrow \frac{1}{-10.0 \text{ cm}} + \frac{1}{q_2} = \frac{1}{20.0 \text{ cm}}$$

$$q_2 = 6.67 \text{ cm}$$

Así, la imagen final está 6.67 cm a la derecha de la segunda lente.

El aumento de cada lente viene dado por:

$$M_1 = -\frac{q_1}{p_1} = -\frac{30.0 \text{ cm}}{15.0 \text{ cm}} = -2.00$$

$$M_2 = -\frac{q_2}{p_2} = -\frac{6.67 \text{ cm}}{-10.0 \text{ cm}} = 0.667$$

La amplificación total M de las dos lentes es el producto

$$M = M_1M_2 = (-2.00)(0.667) = -1.33$$

Por tanto, la imagen final es real, invertida y más grande que el objeto.

8.5 • ABERRACIONES ÓPTICAS

Uno de los principales problemas de las lentes y sistemas de lentes es la calidad imperfecta de sus imágenes. El modelo de rayos paraxiales para imágenes formadas utilizando espejos y lentes presupone que los rayos forman ángulos pequeños respecto al eje principal, y que todos los rayos que provienen del mismo punto e inciden sobre la lente o el espejo convergen en un único punto, produciendo una imagen nítida. Obviamente, esto no siempre es cierto en la realidad. Cuando no se cumplen las simplificaciones adoptadas en este modelo, las imágenes son imperfectas.

Si queremos analizar con precisión la formación de imágenes, debemos trazar cada rayo y aplicarle la ley de la reflexión en cada superficie reflectante, y la ley de Snell en cada superficie de refracción. Este procedimiento muestra que no hay un único punto en el que se forma la imagen, sino que la imagen aparece *borrosa*. Las desviaciones de la imagen real (imperfecta) respecto de la imagen ideal predicha por el modelo se llaman **aberraciones**. Describiremos dos tipos de aberraciones.

Aberración esférica

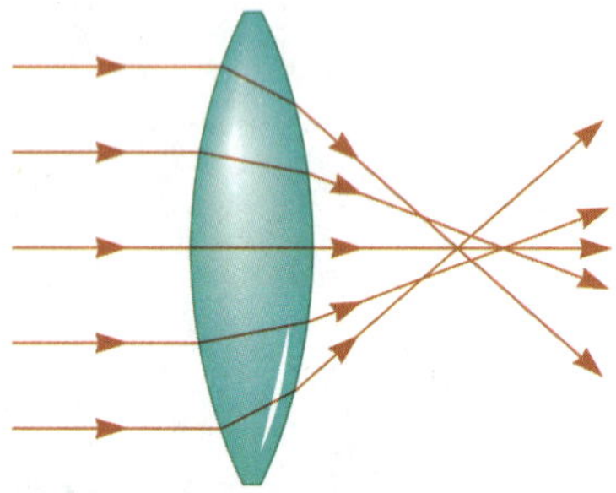

Figura 8.28

Aberración esférica producida por lentes convergentes. Las lentes divergentes ¿causan aberración esférica?

La **aberración esférica** se produce como resultado del hecho de que los puntos focales de los rayos luminosos alejados del eje principal de una lente (o espejo) esférica son diferentes de los puntos focales de los rayos de la misma longitud de onda que pasan cercanos al eje. La figura 8.28 ilustra la aberración esférica para rayos paralelos que pasan a través de una lente convergente. Los rayos cercanos al eje convergen más lejos que los rayos de los extremos. No hay, por tanto, una única distancia focal.

La mayoría de las cámaras están equipadas con un diafragma ajustable que permite controlar la intensidad de la luz y reducir la aberración esférica en los casos en los que es posible. (El diafragma es una apertura que controla la cantidad de luz que llega a la lente). Las imágenes más nítidas se producen cuando la apertura es pequeña, ya que en este caso sólo la parte central de la lente está expuesta a la luz incidente. Al reducir la apertura, pasa menos luz por la lente y, para compensar esta disminución, es preciso aumentar el tiempo de exposición.

En el caso de los espejos utilizados para reflejar objetos muy distantes, se puede minimizar o eliminar la aberración esférica empleando una superficie de sección parabólica en vez de una superficie esférica. Los rayos paralelos que inciden sobre una superficie de este tipo convergen en un único punto, independientemente de su distancia al eje principal. Sin embargo, estas superficies no son muy utilizadas debido a su elevado costo. Las superficies reflectantes parabólicas son utilizadas en muchos telescopios astronómicos para mejorar la calidad de la imagen. También se usan en los reflectores, porque con ellas se puede producir un haz de rayos paralelos a partir de una pequeña lámpara situada en el punto focal de la superficie reflectante.

Aberración cromática

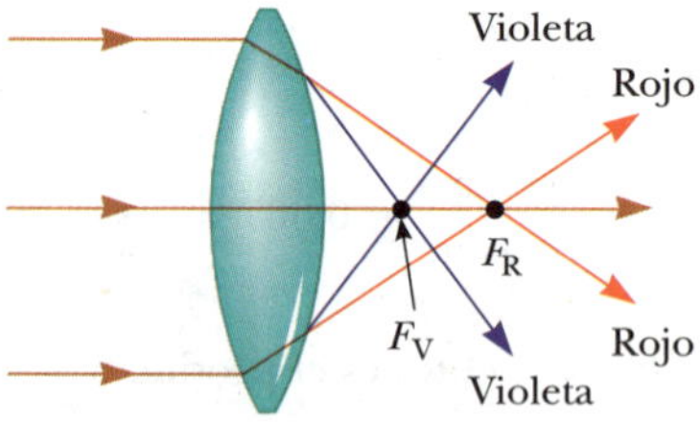

Figura 8.29

Aberración cromática producida por una lente convergente. Los rayos de diferentes longitudes de onda se encuentran en diferentes puntos.

En el estudio de las lentes, vimos que la distancia focal de una lente está determinada por la refracción de la luz que pasa por la lente. Sin embargo, como vimos en el capítulo 7, la refracción depende de la longitud de onda de la luz: éste es el fenómeno conocido como dispersión. Así, la distancia focal de una lente depende del color de la luz que pasa a través de ella. La distancia focal es mayor para la luz roja que para la luz violeta, como se muestra en la figura 8.29. Otras longitudes de onda (no mostradas en la figura 8.29) tendrán puntos focales intermedios. Si la luz blanca procedente de un objeto pasa a través de la lente, los rayos de cada color convergen para formar una imagen nítida en diferentes puntos. Este defecto de una lente es llamado **aberración cromática**. La aberración cromática de una lente divergente es opuesta a la de una lente convergente. Las aberraciones cromáticas pueden reducirse de forma importante utilizando combinaciones de lentes convergentes y divergentes, hechas con dos tipos de vidrio diferentes.

Relación con el contexto

8.6 • FIBROSCOPIOS MÉDICOS

La radiación electromagnética ha sido aplicada a la obtención de información en medicina durante décadas. De especial interés es su capacidad para obtener información de regiones del interior del cuerpo, inaccesibles sin el uso de técnicas invasivas como la cirugía. Uno de los primeros avances en este campo fue el uso de rayos X para crear imágenes de huesos y otras estructuras internas. En esta sección, trataremos de los avances realizados en el campo de la formación de imágenes utilizando fibras ópticas en los instrumentos médicos. Estos avances, a su vez, han favorecido nuevas aplicaciones del láser en medicina.

APLICACIÓN

La radiación electromagnética en medicina

Las primeras aplicaciones de las fibras ópticas a la medicina aparecieron con la invención del *fibroscopio* en 1957. La figura 8.30 muestra cómo está construido un fibroscopio. Éste consta de dos haces de fibra óptica. El *haz de iluminación* es un haz *no coherente*, es decir, en el que no se hace ningún esfuerzo por ajustar las posiciones relativas de las fibras en los dos extremos del haz. Este ajuste no es necesario, ya que la única función de este haz es iluminar la escena. Una lente (llamada *objetivo*) situada en un extremo del fibroscopio (el que queda en el interior a estudiar), se emplea para crear una imagen real de la escena iluminada en el extremo del *haz de visión*. La luz de la imagen se transmite a través de la fibra óptica hasta el ocular. Se utiliza una lente ocular en este punto para amplificar la imagen.

APLICACIÓN

Usos médicos del fibroscopio

El haz de visión es coherente, de forma que las fibras tienen las mismas relaciones relativas en los dos extremos del haz. Si el extremo de una de las fibras está en la parte superior del ocular, su otro extremo debe estar en la parte superior del otro extremo del haz. Esto debe ser así porque cada fibra del haz capta la luz de una parte de la imagen real formada por el objetivo, situado en el extremo de las fibras. Este fragmento de la imagen de la escena debe aparecer en el lugar adecuado, junto a los otros fragmentos de la escena, para que la imagen observada tenga sentido.

El diámetro de un fibroscopio de este tipo puede ser de tan sólo 1 mm, y aun así proporcionar una excelente imagen de la escena observada. Actualmente la

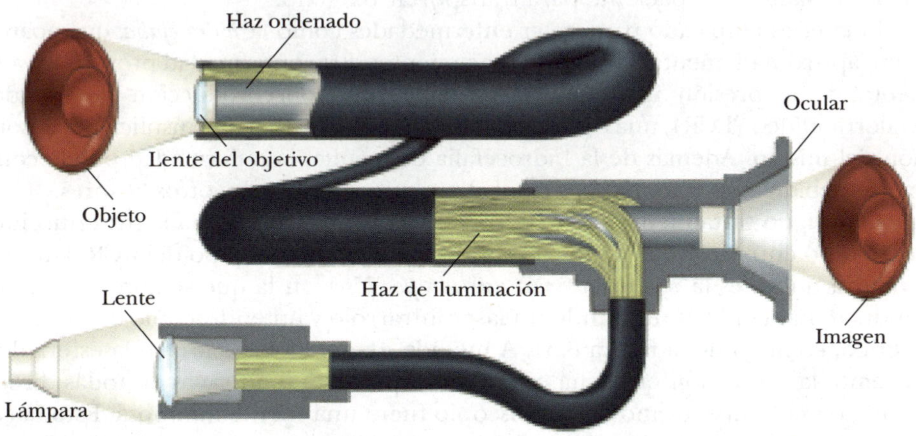

Figura 8.30

Esquema de la construcción de un fibroscopio para observar el interior del cuerpo. La lente del objetivo crea una imagen real de la escena en el extremo del haz de fibra óptica. La imagen es transportada al otro extremo del haz, donde se emplea una lente ocular para amplificar la imagen que ve el médico.

densidad de las fibras es de aproximadamente 10 000 fibras en un cable de 1 mm de diámetro. La resolución que puede conseguirse permite precisiones de hasta 70 μm. Por tanto, el fibroscopio puede ser introducido a través de pequeños orificios practicados en la piel y conducido por conductos tan estrechos como una arteria.

El fibroscopio puede también ser introducido por el esófago hasta el estómago, para permitir al médico el examen de úlceras. La imagen resultante puede ser observada directamente por el médico en el ocular, pero lo más común es que se muestre en una pantalla de televisión o en una película fotográfica.

APLICACIÓN

Empleo del endoscopio en medicina

Los *endoscopios* son fibroscopios con canales adicionales, además de las fibras de iluminación y visión. Estos canales se pueden utilizar para:

Drenado de fluidos.

Introducción de fluidos.

Succión por vacío.

Utilización de instrumentos.

Bisturís para el corte de tejidos.

Agujas para inyecciones.

Láser para aplicaciones quirúrgicas.

Estos canales adicionales requieren más espacio, por lo que los endoscopios suelen tener entre 2 y 15 mm de diámetro. Pese a este mayor tamaño, los endoscopios pueden ser utilizados en cirugía practicando en el cuerpo incisiones mucho menores que las necesarias en la cirugía convencional.

El láser se emplea junto con el endoscopio en muchos procedimientos de diagnóstico y tratamiento. Como ejemplo de diagnóstico, la dependencia respecto a la longitud de onda de la intensidad de luz reflejada en una superficie permite que el fibroscopio pueda medir directamente la cantidad de oxígeno en sangre. Utilizando dos fuentes de láser, se envía luz roja e infrarroja a la sangre por medio de la fibra óptica. La hemoglobina refleja una fracción conocida de luz infrarroja, independientemente del oxígeno que transporta. Así, la medición de la reflexión infrarroja permite conocer la cantidad total de hemoglobina. La luz roja se refleja más en la hemoglobina que transporta oxígeno que en la que no lo hace. Por tanto, la cantidad de luz roja reflejada permite medir la capacidad de la sangre del paciente para transportar oxígeno.

APLICACIÓN

Empleo del láser en el tratamiento de la hidrocefalia

El láser es empleado para tratar enfermedades como la *hidrocefalia*, que aparece en, aproximadamente 0.1% de los nacimientos. Esta enfermedad provoca un aumento de la presión intracraneal debida a una sobreproducción de líquido cefalorraquídeo (LCR), una obstrucción del flujo del LCR, o una insuficiente absorción del mismo. Además de la hidrocefalia congénita, la enfermedad puede contraerse debido a un traumatismo craneal, un tumor cerebral u otros factores.

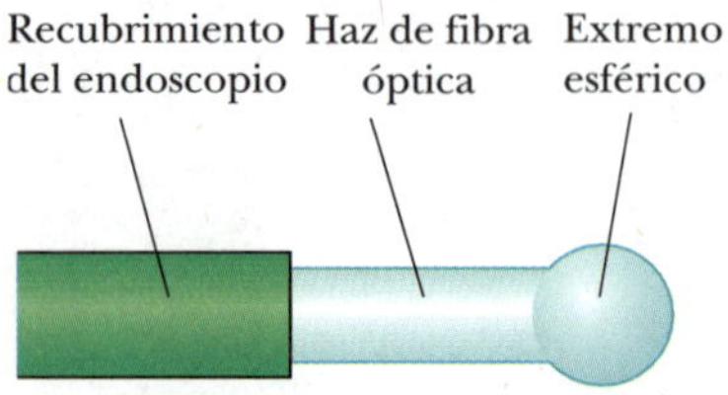

Figura 8.31

Una sonda endoscópica utilizada para abrir conductos para el líquido cefalorraquídeo en el tratamiento de la hidrocefalia. La luz del láser aumenta la temperatura de la esfera e irradia energía desde ella para cortar los tejidos y abrir así nuevos conductos.

El antiguo tratamiento de la hidrocefalia obstructiva incluía la introducción de un tubo entre los ventrículos cerebrales para facilitar el paso del LCR. Una alternativa nueva es la *ventriculotomía asistida por láser*, en la que se abre un nuevo conducto para el LCR utilizando un láser infrarrojo y un endoscopio de extremo esférico, como el de la figura 8.31. A medida que el láser incide en la esfera del extremo, la refracción en dicha esfera hace que se emitan rayos en todas direcciones, como si el extremo del endoscopio fuera una fuente luminosa. Esto hace que la intensidad decrezca rápidamente con la distancia a la esfera, evitando así daños en estructuras vitales del cerebro cercanas a la zona en la que debe practicarse la nueva abertura. La superficie del extremo esférico está cubierta de un material que absorbe la radiación infrarroja, de modo que la energía del láser incrementa la temperatura de la esfera. Si la esfera está situada en el lugar en el que se quiere practicar la abertura, la combinación de la elevada temperatura de la esfera y la radiación del láser abre un nuevo camino para el LCR. Este tratamiento precisa de un tiempo de recuperación y unos cuidados posoperatorios mucho menores que el antiguo.

En el próximo capítulo, investigaremos otra aplicación del láser que ha crecido mucho en los últimos años. Esta tecnología es la *holografía*, que permite registrar imágenes tridimensionales de objetos en una película.

WEB

Visite **archive.abcnews.go.com/sections/living/hightech1113/index.html** para hallar información sobre otro uso de láseres y fibroscopios en el campo de los problemas cardiacos (revascularización transmiocardial).

RESUMEN

Una **imagen** de un objeto es un punto desde el que la luz diverge o parece divergir tras interactuar con un espejo o con una lente. Si la luz pasa a través del punto imagen, la imagen es una **imagen real**. Si la luz sólo parece divergir del punto imagen, la imagen es una **imagen virtual.**

En el modelo simplificado de **rayos paraxiales**, la distancia del objeto al espejo p, y la distancia a la imagen q en un espejo esférico de radio R están relacionadas por la **ecuación del espejo**:

$$\frac{1}{p} + \frac{1}{q} = \frac{2}{R} = \frac{1}{f} \qquad \textbf{[8.4, 8.6]}$$

donde $f = R/2$ es la **distancia focal** del e spejo.

El **aumento** M de un espejo o lente se define como el cociente entre la altura de la imagen h' y la altura del objeto h:

$$M = \frac{h'}{h} = -\frac{q}{p} \qquad \textbf{[8.2, 8.11]}$$

Una imagen puede formarse por refracción a través de una superficie esférica de radio R. Las distancias al objeto y a la imagen para una superficie de este tipo están relacionadas por

$$\frac{n_1}{p} + \frac{n_2}{q} = \frac{n_2 - n_1}{R} \qquad \textbf{[8.8]}$$

donde la luz incide desde el medio de índice de refracción n_1 y es refractada en el medio de índice de refracción n_2.

Para una lente delgada, en el modelo simplificado de los rayos paraxiales, las distancias al objeto y a la imagen están relacionadas por la **ecuación de la lente delgada:**

$$\frac{1}{p} + \frac{1}{q} = \frac{1}{f} \qquad \textbf{[8.12]}$$

La **distancia focal** f de una lente delgada en el aire está relacionada con la curvatura de sus superficies y con el índice de refracción n del material de la lente:

$$\frac{1}{f} = (n-1)\left(\frac{1}{R_1} - \frac{1}{R_2}\right) \qquad \textbf{[8.13]}$$

Las **lentes convergentes** tienen longitudes focales positivas, y las **lentes divergentes** tienen longitudes focales negativas.

PREGUNTAS

1. ¿Por qué algunos vehículos de urgencias llevan AICNAJUBMA escrito en la parte delantera?
2. Los espejos laterales de los automóviles, en algunos países, advierten que los objetos pueden estar más cerca de lo que parece. ¿Qué tipo de espejos se emplean y por qué?
3. Consideremos un espejo cóncavo esférico y un objeto real. ¿Está siempre invertida la imagen? ¿Es siempre real la imagen? Determine las condiciones para sus respuestas.
4. ¿Se puede aplicar la ecuación del espejo a un espejo plano? ¿Qué relación hay entre p y q? ¿Se puede aplicar la ecuación del aumento a un espejo plano?
5. ¿Por qué un río de aguas claras parece siempre menos profundo de lo que realmente es?
6. Un arponero ve, desde un barco, un pez que está a 3 m de distancia del barco y a 1 m de profundidad. Para alcanzar al pez ¿debe apuntar por encima o por debajo de la imagen del pez?
7. Explique por qué un pez en una pecera esférica parece más grande de lo que realmente es.
8. Si un cilindro macizo de vidrio o plástico transparente se coloca frente a las palabras LEAD OXIDE, y es observado lateralmente, como en la figura Q8.8, la palabra LEAD aparece invertida pero OXIDE no. Explique el porqué.

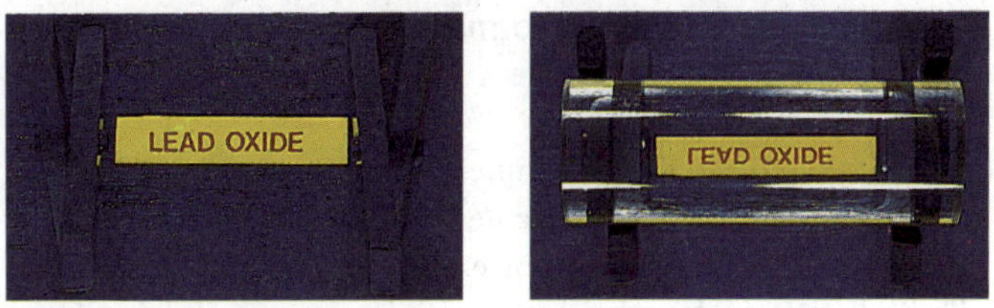

Figura Q8.8 (*Cortesía de Henry Leap y Jim Lehman*)

9. Se forma un espejismo cuando el aire se vuelve más frío a medida que la altura respecto al suelo aumenta. ¿Qué puede pasar si el aire se vuelve más cálido a medida que la altura respecto al suelo aumenta? Esto sucede a menudo sobre masas de agua o superficies cubiertas de nieve.

10. Las lentes empleadas en los anteojos, tanto si son convergentes como si son divergentes, están construidas de forma que la parte central se curva alejándose del ojo, como las lentes de la parte central de las figuras 8.18a y 8.18b. ¿Por qué?

11. Describa las lentes que pueden emplearse para encender un fuego.

12. Explique la siguiente afirmación: "El punto focal de una lente es la posición de la imagen de un objeto situado en el infinito." Discutir la noción de infinito en términos reales, tal como se aplicaría a las distancias al objeto. Basándose en esta afirmación ¿puede pensar en algún método rápido, aunque impreciso, para determinar la distancia focal de una lente positiva?

13. Consideremos la imagen formada por una lente delgada convergente. ¿Bajo qué condiciones la imagen es o está (a) invertida, (b) al derecho, (c) real, (d) virtual, (e) más grande que el objeto y (f) más pequeña que el objeto?

14. Explique cuál es la adecuada posición relativa de una diapositiva respecto a la lente de un proyector. ¿Qué tipo de lente debe tener el proyector?

15. Explique por qué las siguientes afirmaciones son verdaderas o falsas: (a) Una imagen virtual puede ser un objeto virtual. (b) Una imagen virtual puede ser un objeto real. (c) Una imagen real puede ser un objeto virtual. (d) Una imagen real puede ser un objeto real.

16. Explique el tipo de aberración óptica que presentan los siguientes casos: (a) Los extremos de la imagen aparecen enrojecidos. (b) No se puede enfocar nítidamente la parte central de la imagen. (c) No se puede enfocar nítidamente la parte exterior de la imagen. (d) La parte central de la imagen está ampliada con relación a la parte exterior.

17. En una novela de Julio Verne, se da forma a un trozo de hielo para construir una lente de aumento para concentrar la luz del Sol y encender un fuego. ¿Es esto posible?

18. Se puede construir un horno solar usando un espejo cóncavo para reflejar y concentrar la luz del Sol en la superficie del horno. ¿Qué elementos del diseño del espejo asegurarán la obtención de altas temperaturas?

19. Se puede construir una cámara oscura (o estenopeica) practicando un pequeño agujero en una caja de cartón. Si se recorta la cara opuesta de la caja y se coloca un papel de seda, la imagen de un objeto alejado se forma en el papel (la pantalla) a partir de la luz que pasa por el agujero. No se emplea ninguna lente. En efecto, el agujero reemplaza a la lente. Explique por qué se forma una imagen, y describa la naturaleza de la imagen.

20. Si se quiere observar detalladamente un objeto con una lupa de distancia focal 15.0 cm ¿dónde deberemos situar el objeto para ver su imagen aumentada?

21. Los grandes telescopios suelen funcionar por reflexión y no por refracción. Cite algunas razones para esta elección.

22. Un clásico de la ciencia ficción, "El hombre invisible", habla de una persona que se vuelve invisible cambiando el índice de refracción de su cuerpo por el del aire. Esta historia ha sido criticada por estudiantes que conocen cómo funciona el ojo; dicen que el hombre invisible sería ciego. Basándonos en lo que sabemos ¿podría ver el hombre invisible?

PROBLEMAS

1, 2, 3 = fácil, intermedio, difícil   web = solución publicada en **http://www.harcourtcollege.com/physics/**

= se recomienda el uso de computadora para la resolución del problema

= problemas numérico/simbólico emparejados   = aplicaciones biomédicas

Sección 8.1 Imágenes formadas por espejos planos

1. El espejo de su baño ¿le muestra más joven o más viejo de lo que realmente es? Calcule la diferencia de edad basándose en los datos que aporte.

2. En la galería del coro de una iglesia, dos paredes paralelas están a una distancia de 5.30 m. Los cantantes están frente a la pared norte, y la organista frente a la pared sur, a 0.800 m de ella. Para permitirle ver el coro, hay un espejo plano de 0.600 m de ancho frente a ella, sobre la pared sur. ¿ Qué ancho de la pared norte puede ver la organista? (*Sugerencia*: dibujar un diagrama visto desde arriba para justificar la respuesta.)

3. Determine la altura mínima de un espejo vertical en el que una persona de 5'10" puede ver su imagen completa. (Un diagrama de rayos puede resultarle útil.)

4. Durante un experimento de física en un laboratorio, se aplica un momento de torsión a un cable de pequeño diámetro suspendido verticalmente y sometido a una cierta tensión. Se mide el pequeño ángulo que gira el cable como consecuencia del momento de torsión aplicado, adhiriendo un pequeño espejo al cable y haciendo que un haz luminoso se refleje desde el espejo sobre una escala circular graduada. Este tipo de arreglo se conoce por el nombre de palanca óptica, y la figura P8.4 muestra una vista superior de la misma. Demuestre que, cuando el espejo gira un ángulo θ, el haz luminoso reflejado gira un ángulo 2θ.

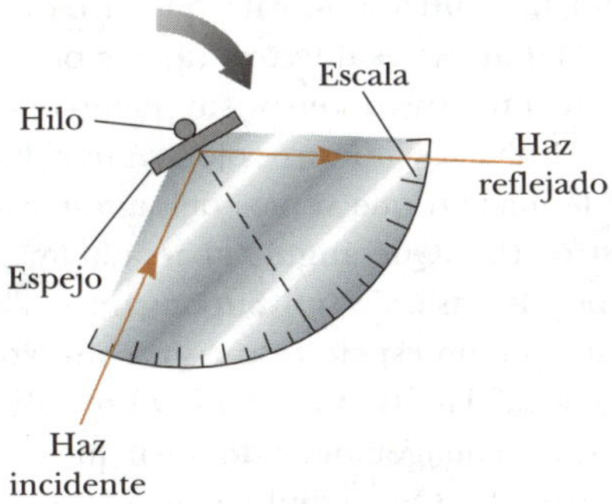

Figura P8.4

5. Dos espejos planos, con sus superficies reflectantes una frente a la otra, están en contacto por un extremo, formando un ángulo α. Cuando se sitúa un objeto entre los espejos, se forman varias imágenes. En general, si el ángulo α es tal que $n\alpha = 360°$, donde n es un número entero, el número de imágenes formadas es $n - 1$. Hallar gráficamente las posiciones de todas las imágenes para el caso $n = 6$, cuando hay un objeto entre los dos espejos (pero no sobre la bisectriz del ángulo).
6. Una persona camina por una habitación en la que hay dos espejos planos situados en paredes opuestas, lo que produce imágenes múltiples. Cuando la persona está a 5.00 pies del espejo izquierdo y a 10.0 pies del derecho, hallar las distancias de la persona a las tres primeras imágenes que se forman en el espejo de la izquierda.
7. Un periscopio (figura P8.7) resulta útil para observar objetos que no pueden ser vistos directamente. Se utiliza en submarinos, y para ver partidos de golf u otros eventos entre una multitud de gente. Supongamos que un objeto está a una distancia p_1 del espejo superior y que los dos espejos planos están separados por una distancia h. (a) ¿Cuál es la distancia de la imagen final al espejo inferior?

Figura P8.7

(b) ¿La imagen final es real o virtual? (c) ¿Está al derecho o invertida? (d) ¿Cuál es su aumento? (e) ¿Aparece una inversión derecha-izquierda?

Sección 8.2 Imágenes formadas por espejos esféricos

8. Un espejo cóncavo esférico tiene un radio de curvatura de 20.0 cm. Hallar la posición de la imagen para una distancia al objeto de (a) 40.0 cm, (b) 20.0 cm y (c) 10.0 cm. Para cada caso, determinar si la imagen es real o virtual, y si está al derecho o invertida. Hallar el aumento en cada caso.
9. Un espejo esférico cóncavo tiene un radio de curvatura de 60.0 cm. Calcular la posición de la imagen y el aumento para un objeto situado frente al espejo (a) a una distancia de 90.0 cm y (b) a una distancia de 20.0 cm. (c) En cada caso, dibujar un diagrama de rayos para obtener las características de la imagen.
10. Una iglesia grande tiene una capilla en una pared. En un plano de la planta de la iglesia, aparece como una cavidad semicircular de 2.50 m de radio. Uno de los fieles está situado en la línea central de la capilla, a 2.00 m de su punto más profundo y habla en voz baja hacia la pared. ¿en qué punto se concentra el sonido tras reflejarse en el muro de la capilla?
11. Un espejo esférico convexo (figura P8.11) tiene un radio de curvatura de 40.0 cm. Determínese la posición de la imagen virtual y el aumento (a) para un objeto a 30.0 cm de distancia y (b) para un objeto a 60.0 cm de distancia. (c) ¿Las imágenes están al derecho o invertidas?

web

Figura P8.11 Los espejos convexos, frecuentemente utilizados en la seguridad de almacenes, proporcionan un amplio ángulo de visión. *(© Paul Silverman 1990, Fundamental Photographs).*

12. La altura de la imagen real formada por un espejo cóncavo es cuatro veces mayor que la del objeto cuando éste se encuentra frente al espejo a una distancia de 30.0 cm. (a) ¿Cuál es el radio de curvatura del espejo? (b) Utilícese un diagrama de rayos para localizar la imagen.
13. (a) Un espejo cóncavo forma una imagen invertida cuatro veces mayor que el objeto. Hallar la distancia focal del espejo si la distancia entre el objeto y la imagen es de 0.600 m.

(b) Un espejo convexo forma una imagen virtual de la mitad del tamaño del objeto. Si la distancia entre la imagen y el objeto es de 20.0 cm, hallar el radio de curvatura del espejo.

14. Para adaptar los lentes de contacto al ojo del paciente puede utilizarse un *queratómetro* para medir la curvatura de la superficie exterior del ojo, la córnea. Este aparato sitúa un objeto iluminado de tamaño conocido a una distancia conocida de la córnea, p. La córnea refleja parte de la luz del objeto, formando una imagen del mismo. El aumento M de la imagen se mide empleando un pequeño telescopio que permite comparar la imagen formada por la córnea con una segunda imagen calibrada, proyectada en el campo de visión por un sistema de prismas. Determínese el radio de curvatura de la córnea para el caso $p = 30.0$ cm y $M = 0.013\ 0$.

15. Un espejo esférico es utilizado para formar, sobre una pantalla situada a 5.00 m del objeto, una imagen cinco veces más grande que el objeto. (a) Descríbase la clase de espejo necesaria. (b) ¿En qué posición debe colocarse el espejo respecto al objeto?

16. Un aficionado a los automóviles deportivos pule la cara interior y la exterior de un tapacubos que es una sección de una esfera. Cuando se mira en una de las caras del tapacubos, ve su imagen 30.0 cm detrás del tapacubos. Da la vuelta al tapacubos y ve otra imagen de su cara, esta vez 10.0 cm detrás del tapacubos. (a) ¿A qué distancia está su cara del tapacubos? (b) ¿Cuál es el radio de curvatura del tapacubos?

17. Inconscientemente estimamos la distancia a la que se encuentra un objeto a partir del ángulo que abarca en nuestro campo de visión. Este ángulo θ expresado en radianes, está relacionado con la altura del objeto h y la distancia d a la que se encuentra, a través de la fórmula $\theta = h/d$. Suponga que conducimos un automóvil y que otro de 1.50 m de altura está 24.0 m detrás nuestro. (a) Suponga que el automóvil tiene un espejo retrovisor plano en el lado del pasajero, a 1.55 m de nuestros ojos. ¿A qué distancia de los ojos está la imagen que vemos del automóvil situado detrás nuestro? (b) ¿Qué ángulo abarca la imagen en nuestro campo de visión? (c) Supongamos ahora que el automóvil tiene un espejo retrovisor convexo de radio de curvatura de 2.00 m. (figura P8.17) ¿A qué distancia de los ojos se forma la imagen del automóvil que está situado detrás nuestro? (d) ¿Qué ángulo abarca la imagen en nuestro campo de visión? (e) Basándonos en este ángulo, ¿a qué distancia parece estar el automóvil?

"EL LADO LEJANO" por Gary Larson

Figura P8.17 *("El lado lejano" © 1985 FARWORKS, INC. Con autorización. Todos los derechos reservados.)*

Sección 8.3 Imágenes formadas por refracción

18. Una placa de vidrio flint ($n = 1.66$) se encuentra en el fondo de un acuario. Su grosor es de 8.00 cm (dimensión vertical) y está cubierto por una capa de agua ($n = 1.33$) de 12.0 cm de profundidad. Calcular el grosor aparente de la placa, vista desde fuera del agua. (Suponga una incidencia casi perpendicular de la luz.)

19. Un bloque cúbico de hielo de 50.0 cm de lado está situado en un suelo completamente plano, sobre una mota de polvo. Hallar la posición de la imagen de la mota de polvo si el índice de refracción del hielo es de 1.309.

20. Puede proponerse un modelo simple del ojo humano en el que se ignora totalmente su lente. La mayor parte de la transformación que sufre la luz en el ojo tiene lugar en la córnea transparente. Supongamos que ésta tiene un radio de curvatura de 6.00 mm en su superficie externa, y supongamos que el interior del ojo contiene un único fluido de índice de refracción $n = 1.40$. Demostrar que un objeto muy lejano forma una imagen en la retina, situada 21.0 mm detrás de la córnea. Describir la imagen.

21. Una esfera de vidrio ($n = 1.50$) con un radio de 15.0 cm tiene una pequeña burbuja de aire 5.00 cm por encima del centro. Miramos la esfera desde arriba en la dirección del diámetro que contiene la burbuja. ¿A qué profundidad aparente por debajo de la superficie de la esfera se encuentra la burbuja?

22. Uno de los extremos de una varilla de vidrio ($n = 1.50$) tiene forma de una superficie convexa de radio 6.00 cm. Se coloca un objeto en el aire en un punto sobre el eje de la varilla. Determinar las posiciones de la imagen cuando el objeto se encuentra a: (a) 20.00 cm, (b) 10.00 cm y (c) 3.00 cm, del extremo de la varilla.

Sección 8.4 Lentes delgadas

23. web La cara izquierda de una lente biconvexa tiene un radio de curvatura de 12.0 cm, y la derecha tiene un radio de 18.0 cm. El índice de refracción del vidrio es 1.44. (a) Calcular la distancia focal de la lente. (b) Calcular la distancia focal si se intercambia el radio de curvatura de las dos caras de la lente.

24. Una lente de contacto está hecha de plástico con índice de refracción 1.50. La lente tiene un radio de curvatura exterior de + 2.00 cm y un radio de curvatura interior de 2.50 cm. ¿Cuál es su distancia focal?

25. Una lente convergente tiene una distancia focal de 20.0 cm. Localizar la imagen para las siguientes distancias al objeto: (a) 40.0 cm, (b) 20.0 cm y (c) 10.0 cm. Para cada caso, determínese si la imagen es real o virtual, y si está al derecho o invertida. Encontrar el aumento en cada caso.

26. Una lente delgada tiene una distancia focal de 25.0 cm. Localizar la imagen si el objeto está situado a (a) 26.0 cm y (b) 24.0 cm de distancia delante de la lente.

27. web La imagen de la moneda (figura P8.27) está situada a 2.84 cm de la lente, y tiene un diámetro que es el doble que el de la moneda. Determinar la distancia focal de la lente.

Figura P8.27

28. Un objeto colocado 32.0 cm delante de una lente forma una imagen en una pantalla situada 8.00 cm detrás de la lente. (a) Calcular la distancia focal de la lente. (b) Determinar el aumento. (c) Determinar si la lente es convergente o divergente.

29. Una lupa es una lente convergente de distancia focal 15.0 cm. ¿A qué distancia de un sello de correos debemos sostenerla para obtener un aumento de + 2.00?

30. Una transparencia fotográfica está situada frente a una lente convergente de distancia focal 2.44 cm. La lente forma una imagen de la transparencia a 12.9 cm de distancia de la transparencia. ¿A qué distancia está la lente de la transparencia si la imagen es (a) virtual y (b) real?

31. Supongamos que un objeto tiene un grosor dp, de forma que está situado entre la distancia al objeto, p y $p + dp$. Demostrar que el grosor de la imagen, dq, está dado por la expresión $(-q^2/p^2)\,dp$, de forma que el aumento longitudinal es $dq/dp = -M^2$, donde M es el aumento lateral.

32. La lente de un proyector de diapositivas es una lente simple. Una diapositiva de 24.0 mm de altura es proyectada de forma que la altura de su imagen en la pantalla es de 1.80 m. La distancia entre la diapositiva y la pantalla es de 3.00 m. (a) Determinar la distancia focal de la lente del proyector. (b) ¿A qué distancia de la diapositiva debe encontrarse la lente del proyector para proyectar la imagen en la pantalla?

33. Un objeto está situado 20.0 cm a la izquierda de una lente divergente de distancia focal $f = -32.0$ cm. Determínense (a) la posición y (b) el aumento de la imagen. (c) Constrúyase un diagrama de rayos para este caso.

34. La figura P8.34 muestra una lente delgada convergente de vidrio ($n = 1.50$) cuyos radios de curvatura son $R_1 = 15.0$ cm y $R_2 = -12.0$ cm. A la izquierda de la lente está situado un cubo con una superficie de 100 cm^2 por cara. La base del cubo descansa sobre el eje principal de la lente y su cara derecha está a 20.0 cm de la lente. (a) Determínese la distancia focal de la lente. (b) Dibujar la imagen de la cara cuadrada formada por la lente. ¿Qué figura geométrica es? (c) Determinar el área de la imagen.

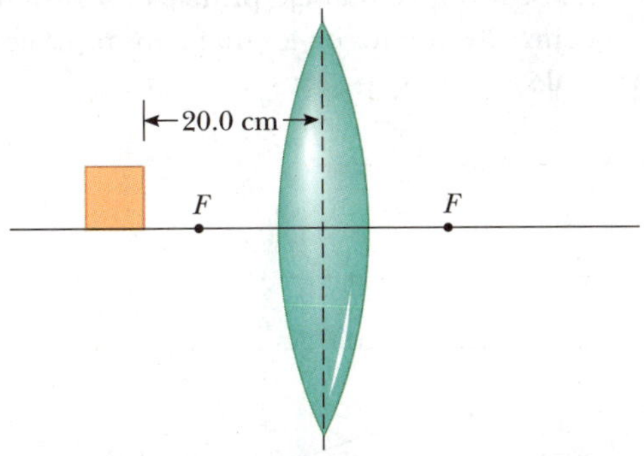

Figura P8.34

35. Un objeto está situado a una distancia d a la izquierda de una pantalla plana. Una lente convergente de distancia focal $f < d/4$ está situada entre el objeto y la pantalla. (a) Mostrar que hay dos posiciones de la lente que permiten formar una imagen sobre la pantalla y determinar las distancias al objeto de estas dos posiciones. (b) ¿Qué diferencias hay entre las dos imágenes?

36. La figura P8.36 muestra el diagrama de una sección transversal de una cámara. Tiene una lente simple de distancia focal 65.0 mm, que forma una imagen en la película, situada en la parte trasera de la cámara. Supongamos que la posición de la lente ha sido ajustada para enfocar un objeto lejano. ¿En qué dirección y a qué distancia deberemos desplazar la lente para formar una imagen nítida de un objeto situado a 2.00 m de distancia?

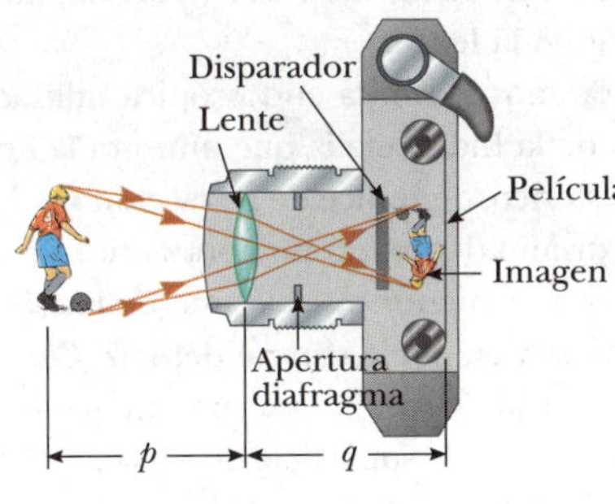

Figura P8.36

Sección 8.5 Aberraciones ópticas

37. Los radios de curvatura de una lente bicóncava son 32.5 cm y 42.5 cm. El vidrio tiene un índice de refracción de 1.53 para la luz violeta y de 1.51 para la luz roja. Para un objeto muy alejado, localizar y describir (a) la imagen formada por la luz violeta y (b) la imagen formada por la luz roja.

38. Dos rayos paralelos al eje principal inciden sobre una lente plano-convexa de gran tamaño que tiene un índice de refracción de 1.60 (figura P8.38). Si la cara convexa de la lente es esférica, un rayo cercano al extremo de la lente no pasa por el punto focal tras refractarse (se produce una aberración esférica). Si esa cara tiene una radio de curvatura de 20.0 cm y los dos rayos están a $h_1 = 0.500$ cm y $h_2 = 12.0$ cm respecto al eje principal, determinar la distancia entre los puntos en los que estos rayos cortan al eje principal.

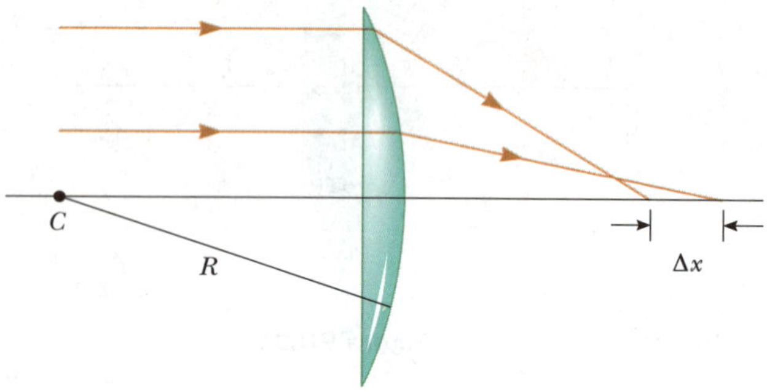

Figura P8.38

Sección 8.6 Relación con el contexto. Fibroscopios médicos

39. Estamos diseñando un endoscopio para utilizarlo dentro de una cavidad con aire en su interior. Una lente situada en el extremo del endoscopio formará una imagen que abarcará el extremo de un haz de fibra óptica. Esta imagen será transportada por la fibra óptica hasta el ocular situado en el otro extremo del fibroscopio. El diámetro del haz de fibra óptica es de 1.00 mm. La escena que queremos que aparezca en la imagen tiene un radio de 6.00 cm. La lente estará situada a 5.00 cm del tejido que queremos observar. (a) ¿A qué distancia debe situarse la lente del extremo del haz de fibra óptica? (b) ¿Cuál debe ser la distancia focal de la lente?

40. Consideremos la sonda endoscópica utilizada para el tratamiento de la hidrocefalia que muestra la figura 8.31. El extremo esférico, de índice de refracción $n = 1.50$, está situado en el extremo de un haz de fibra óptica de 1.00 mm de diámetro, que es menor que el radio de la esfera. El centro de la esfera está en el eje central del haz. Consideremos la luz láser que viaja de forma exactamente paralela al eje del haz y que se refracta la superficie de la esfera al aire. (a) En la figura 8.31, la luz que se refracta hacia afuera de la esfera y viaja hacia arriba ¿viene de la mitad superior o de la parte inferior de la esfera? (b) Si la luz láser que viaja justo por el borde de la fibra se refracta hacia el exterior de la esfera de forma tangente a la superficie ¿cuál es el radio de la esfera? (c) Determinar el ángulo de desviación del rayo considerado en el inciso (b), es decir, el ángulo del cambio de dirección al abandonar la superficie de la esfera. (d) Mostrar que el rayo considerado en el inciso (b) tiene un ángulo de desviación mayor que los demás. Mostrar que la luz de todas las partes de la fibra óptica no se refracta hacia el exterior de la esfera con simetría esférica, sino que forma un cono dirigido hacia adelante. Determinar el diámetro angular del cono. (e) En realidad, sin embargo, la luz láser puede divergir de la esfera con una simetría aproximadamente esférica. ¿Qué consideraciones que no hemos tenido en cuenta permitirían obtener esta simetría esférica aproximada en la práctica?

Problemas adicionales

41. Un telescopio astronómico utilizado para fotografía puede consistir en un único espejo con una película fotográfica en su punto focal. Un determinado telescopio está constituido por un espejo con un diámetro de apertura de 200 mm y una distancia focal de 2 000 mm. El telescopio captura la imagen de una nebulosa en una película fotográfica situada en su punto focal principal durante un tiempo de exposición de 1.50 min. Para conseguir la misma cantidad de luz por unidad de superficie, ¿cuál es el tiempo de exposición preciso para fotografiar la misma nebulosa con un telescopio más pequeño, cuya lente tiene una apertura de 60.0 mm y una distancia focal de 900 mm?

42. La distancia entre un objeto y su imagen (que está al derecho) es *d*. Si la amplificación es *M* ¿cuál es la distancia focal de la lente utilizada para formar la imagen?

43. La lente y el espejo de la figura P8.43 tienen distancias focales de +80.0 cm y −50.0 cm, respectivamente. Un objeto está situado a 1.00 m de la lente, como muestra la figura. Determinar la posición de la imagen final, formada por la luz que ha pasado a través de la lente dos veces. Determinar si la imagen está al derecho o invertida y la amplificación total.

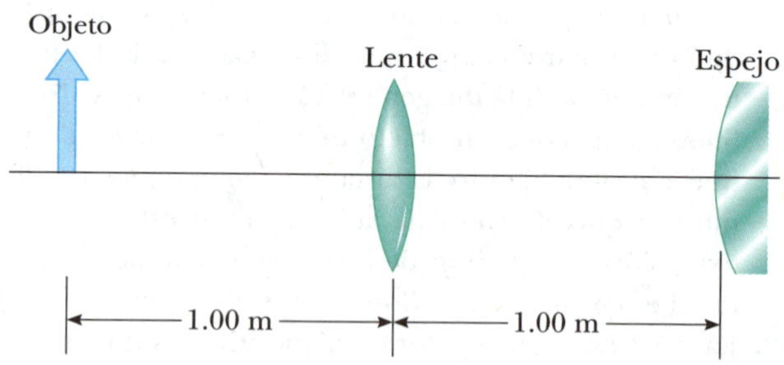

Figura P8.43

44. Un objeto real está situado en el punto 0 de una regla graduada. Un espejo cóncavo de gran tamaño está situado en el otro extremo, a 100 cm de distancia, y forma una imagen del objeto en el punto 70.0 cm. Un espejo convexo pequeño está situado en el punto 20.0 cm y produce una imagen final situada en el punto 10.0 cm. ¿Cuál es el radio de curvatura del espejo convexo?

45. Obtengamos la ecuación del fabricante de lentes de la siguiente forma: consideremos un objeto en el vacío a $p_1 = \infty$ de la primera superficie de refracción, cuyo radio de curvatura es R_1. Calcule la posición de su imagen. Utilice esta imagen como objeto para la segunda superficie de refracción, situada casi en la misma posición que la primera, ya que la lente es delgada. Localice la imagen final, demostrando ésta a una distancia q_2, imagen dada por

$$\frac{1}{q_2} = (n-1)\left(\frac{1}{R_1} - \frac{1}{R_2}\right)$$

46. El objeto de la figura P8.26 está situado en el punto medio entre la lente y el espejo. El radio de curvatura del espejo es de 20.0 cm, y la lente tiene una distancia focal de –16.7 cm. Considerando sólo la luz que proviene del objeto y viaja primero hacia el espejo, localice la imagen final formada por este sistema. ¿La imagen es real o virtual? ¿Está al derecho o invertida? ¿Cuál es la amplificación total?

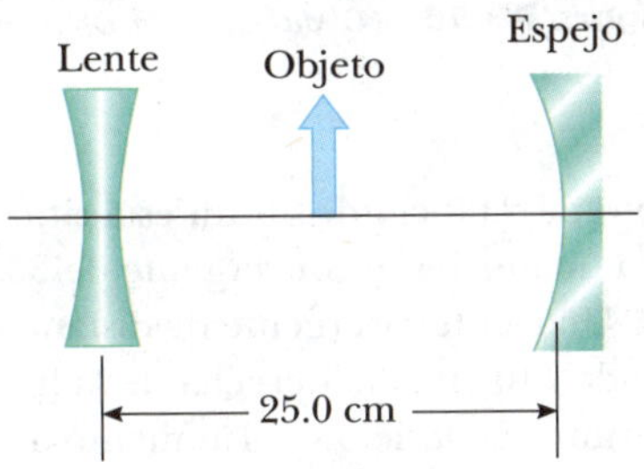

Figura P8.46

47. En muchas aplicaciones, es necesario aumentar o disminuir el tamaño de un haz de rayos luminosos paralelos. Este cambio puede efectuarse combinando una lente convergente y una lente divergente. Suponga que tenemos una lente convergente de distancia focal 21.0 cm y una lente divergente de distancia focal –12.0 cm. ¿Cómo debemos colocar estas lentes para aumentar el tamaño del haz de rayos paralelos? ¿Cuál será el factor de aumento del diámetro?

48. **Problema de repaso.** Un foco esférica de 3.20 cm de diámetro y de 4.50 W de potencia emite luz en todas direcciones por igual. (a) Calcule la intensidad luminosa en la superficie del foco. (b) Calcule la intensidad luminosa a 7.20 m de distancia del centro del foco. (c) A esta distancia de 7.20 m colocamos una lente cuyo eje principal apunta hacia el foco. La lente tiene una cara circular de 15.0 cm de diámetro y una distancia focal de 35.0 cm. Encuentre el diámetro de la imagen del foco. (d) Encuentre la intensidad de luz de la imagen.

49. web Un haz de rayos luminosos paralelos entra en una semiesfera de vidrio perpendicularmente al lado plano, como se muestra en al figura P8.49. El radio es de 6.00 cm, y el índice de refracción es n = 1.560. Determine el punto en que el haz converge. (Suponga rayos paraxiales.)

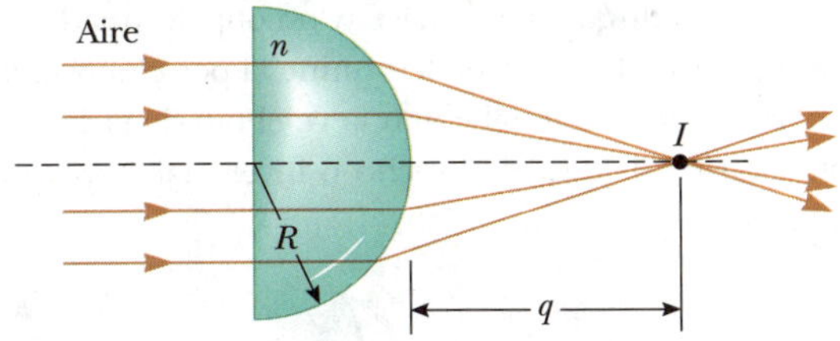

Figura P8.49

50. Supongamos que la intensidad de la luz solar es de 1.00 kW/m^2 en un lugar concreto. Un espejo cóncavo altamente reflectante se coloca orientado al sur para producir una potencia de, al menos, 350 W en la imagen. (a) Determine el radio, R_a, necesario para la cara circular del espejo. (b) Supongamos ahora que la intensidad de la luz debe ser, al menos, de 120 kW/m^2 en la imagen. Encontrar la relación entre R_a y el radio de curvatura R del espejo. El disco solar abarca un ángulo de 0.533° en el campo de visión desde la Tierra.

51. web El disco solar abarca un ángulo de 0.533° en el campo de visión desde la Tierra. Encuentre la posición y el diámetro de la imagen del Sol formada por un espejo cóncavo esférico con un radio de curvatura de 3.00 m.

52. Un observador situado a la derecha de la combinación de lente y espejo de la figura P8.52 ve en el mismo punto dos imágenes reales del mismo tamaño. Una de las imágenes está al derecho y la otra invertida. Las dos son 1.50 veces más grande que el objeto. La lente tiene una distancia focal de 10.0 cm. La distancia entre la lente y el espejo es de 40.0 cm. Encuentre la distancia focal del espejo. No suponga que la figura está dibujada a escala.

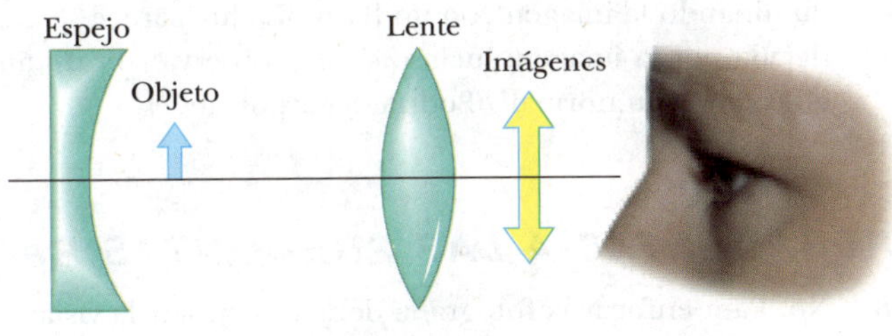

Figura P8.52

53. Un objeto está situado 12.0 cm a la izquierda de una lente divergente de distancia focal − 6.00 cm. Una lente convergente de distancia focal 12.0 cm está situada a una distancia d a la derecha de la lente divergente. Encuentre la distancia d que corresponde a una imagen final situada en el infinito. Construya un diagrama de rayos para este caso.

54. La figura P8.54 muestra una lente convergente delgada de radios de curvatura R_1 = 9.00 cm y R_2 = –11.0 cm. La lente está situada delante de un espejo cóncavo esférico de radio de curvatura R = 8.00 cm. (a) Si sus puntos focales F_1 y F_2 están a 5.00 cm de distancia del centro de la lente, determine el índice de refracción de la lente. (b) Si la lente

y el espejo distan 20.0 cm, y hay un objeto situado 8.00 cm a la izquierda de la lente, determine la posición y el aumento de la imagen final, tal como la ve el ojo de la figura. (c) La imagen final ¿está al derecho o invertida? Explique su respuesta.

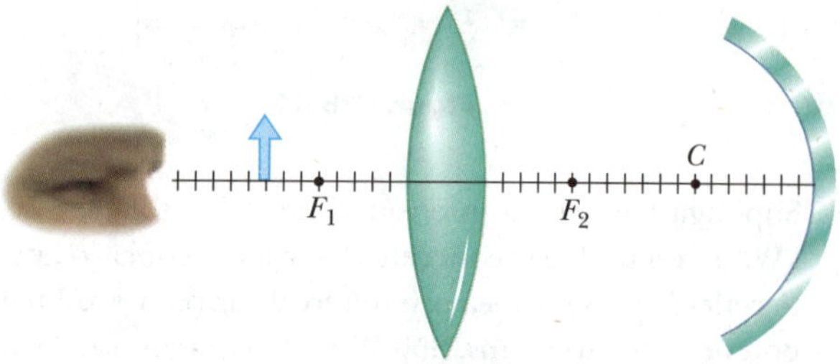

Figura P8.54

55. En una habitación oscura se sitúa una vela encendida a 1.50 m de distancia de una pared blanca. Entre la vela y la pared se coloca una lente que produce una imagen ampliada e invertida de la vela en la pared. Si se acerca la lente 90.0 cm hacia la pared, se forma otra imagen de la vela. Determine (a) las dos distancias al objeto que producen las imágenes descritas y (b) la distancia focal de la lente. (c) Describa las características de la segunda imagen.

56. El truco de la fresa flotante se consigue con dos espejos parabólicos, ambos de distancia focal 7.50 cm, colocados uno frente al otro de forma que sus centros disten 7.50 cm. (figura P8.56). Si se coloca la fresa en el espejo inferior, se forma una imagen de la fresa en la pequeña apertura practicada en el centro del espejo superior. Muestre que la imagen final se forma en ese punto, y describa sus características. (*Nota:* Se consigue un efecto sorprendente iluminando la imagen con un flash. ¡La luz parece ser reflejada por la imagen, incluso si se le observa con un ángulo de visión normal! ¿Podría decir por qué?)

Figura P8.56 *(© Michael Levin/Opti-Gone Associates)*

57. Un objeto de 2.00 cm de altura está situado 40.0 cm a la izquierda de una lente convergente de 30.0 cm de distancia focal. Una lente divergente de distancia focal –20.0 cm está situada 110 cm a la derecha de la lente convergente. (a) Determine la posición y el aumento de la imagen final. (b) La imagen ¿está al derecho o invertida? (c) Repita los incisos (a) y (b) para el caso en el que la segunda lente es una lente convergente de distancia focal + 20.0 cm.

RESPUESTAS A LAS PREGUNTAS RÁPIDAS

8.1 No. Para enfocar la fotografía debemos ajustar la vista de forma que un objeto a aproximadamente 1 m de distancia (la fotografía) esté enfocado. De esta forma, estamos enfocando la superficie del espejo. Pero su imagen está detrás del espejo, a la misma distancia del espejo que usted. Así pues, para ver su imagen enfocada debemos ajustar la vista dos veces más lejos que para enfocar la fotografía.

8.2 El actor verá la cámara de cine. La luz proveniente de la cara del actor se refleja en el espejo en la dirección de la cámara, de forma que la cámara grabe su cara. Si invertimos el camino de la luz, la luz de la cámara se refleja en el espejo e incide en los ojos del actor.

8.3 Midiendo el intervalo de tiempo entre la emisión y la recepción del ultrasonido, la cámara calcula la distancia del objeto y ajusta la lente para esta distancia. Cuando estamos frente al objeto, la señal ultrasónica se refleja en la superficie del espejo y la cámara enfoca la superficie del espejo. Pero la distancia a la que se encuentra la imagen en el espejo es el doble de la distancia a la que está el espejo. Por tanto nuestra imagen aparece borrosa en el espejo. ¡Lo que está enfocado es la superficie del espejo!

8.4 Sí. Pese a que los rayos luminosos no pasan por una imagen virtual, divergen como si vinieran de ese punto. Estos rayos pueden ser enfocados por la lente de una cámara fotográfica de manera que formen una imagen sobre la película, de la misma forma que la formarían los rayos luminosos que divergieran de un objeto. Por ejemplo, es posible fotografiar nuestra imagen virtual en el espejo del baño.

8.5 Consideremos los dos árboles como dos objetos independientes. El árbol más lejano es un objeto más alejado de la lente que el árbol más próximo. Así, la imagen del árbol más alejado se forma más cerca de la lente que la imagen del árbol más cercano. La pantalla debe acercarse a la lente para enfocar el árbol más alejado.

8.6 (a, *izquierda*): R_1 es positivo, R_2 es negativo: (a, *centro*) R_1 es positivo, R_2 es positivo: (a, *derecha*) R_1 es positivo, R_2 es infinito: (b, *izquierda*): R_1 es negativo, R_2 es positivo: (b, *centro*) R_1 es positivo, R_2 es positivo: (b, *derecha*) R_1 es negativo, R_2 es infinito.

8.7 La distancia focal de un espejo se determina aplicando la ley de la reflexión a su superficie. La ley de la reflexión es independiente del medio circundante y del material del que está fabricado el espejo. Por tanto, la distancia focal depende únicamente del radio de curvatura y no del material. La distancia focal de la lente depende de la ley de la refracción, y la refracción depende de los índices de refracción del material de la lente y del medio circundante. Por tanto, la distancia focal de una lente depende del material del que está constituida.

8.8 Un número infinito. En general, de cada punto de un objeto parte un número infinito de rayos, que viajan en todas direcciones. Los tres rayos principales que utilizamos para situar la imagen son un subconjunto de rayos elegido para la construcción del diagrama de rayos. Cuando un objeto es de mayor tamaño que la lente, se extiende el plano que contiene la lente, como en la figura QQ8.8

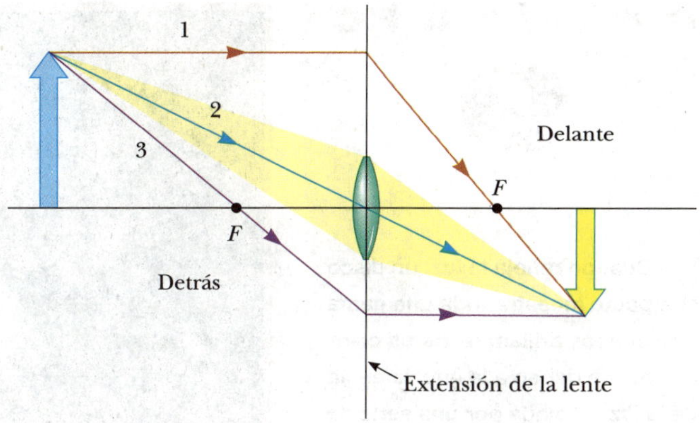

Figura QQ8.8

8.9 (c) Se puede ver la imagen completa, pero con la mitad de intensidad. Cada punto del objeto es una fuente de rayos luminosos que viajan en todas direcciones. Por tanto, la luz de todos los puntos del objeto llega a todos los puntos de la lente y forma una imagen. Si tapamos una parte de la lente, tapamos una parte de los rayos, pero los rayos restantes forman una imagen completa del objeto.

capítulo

9

Cuando refleja la luz, un disco compacto muestra toda una gama de colores brillantes. Estos colores se deben a la interferencia de la luz reflejada por una serie de regiones paralelas situadas sobre la superficie del disco, creadas por las pistas en las que se almacena la información. En este capítulo estudiaremos varios efectos de interferencia de la luz.

(© Kristen Brochmann 1991, Fundamental Photographs)

contenido del capítulo

Óptica ondulatoria

En los dos capítulos precedentes utilizamos la aproximación basada en rayos para examinar qué ocurre cuando la luz se refleja en una superficie o se refracta al entrar en un nuevo medio. Utilizamos el término general *óptica geométrica* para estas materias. Este capítulo trata de **óptica ondulatoria**, un área que analiza los fenómenos ópticos de interferencia y difracción. Estos fenómenos no pueden ser correctamente explicados con la aproximación basada en rayos. Debemos estudiar la naturaleza ondulatoria de la luz para ser capaces de comprender estos fenómenos.

En el capítulo 14 del volumen I introdujimos el concepto de interferencia de ondas para ondas unidimensionales. Este fenómeno se basa en el principio de superposición, que afirma que, cuando dos o más ondas mecánicas en movimiento se combinan en un punto dado, el desplazamiento resultante de las partículas del medio en ese punto es la suma de los desplazamientos producidos por cada una de las ondas.

Al aplicarlo a la luz, en este capítulo veremos todos los detalles del concepto de interferencia de ondas. En las ondas unidimensionales que se desplazaban a lo largo de una cuerda, como en las figuras 14.1 y 14.2, se presenta el fenómeno de interferencia. Al tratar las ondas luminosas deberemos introducir dos cambios importantes respecto al análisis realizado en el capítulo 14 del volumen I. En primer lugar, ya no nos restringiremos a ondas unidimensionales, por lo que deberemos construir modelos geométricos para analizar la situación en dos o tres dimensiones. En segundo lugar, estudiaremos ondas electromagnéticas y no ondas mecánicas. Por tanto, el principio de superposición debe ser formulado en términos de suma de campos, en vez de suma de desplazamientos de partículas.

9.1 • CONDICIONES PARA LA INTERFERENCIA

En el análisis de la interferencia de ondas mecánicas del capítulo 14 del volumen I, vimos que dos ondas pueden combinarse de forma constructiva o destructiva. En la interferencia constructiva entre ondas, la amplitud de la onda resultante es mayor que la de cualquiera de las ondas individuales, mientras que en la interferencia destructiva, la amplitud de la onda resultante es menor que la de cualquiera de las ondas individuales. Básicamente, toda interferencia asociada con ondas electromagnéticas surge de la combinación de los campos eléctrico y magnético de cada una de las ondas individuales.

En la figura 14.4 del capítulo 14 del volumen I, describimos un aparato que permite observar interferencias de ondas sonoras. Los efectos de la interferencia en las ondas electromagnéticas visibles no son tan fáciles de observar, a causa de su corta longitud de onda (aproximadamente entre 4×10^{-7} o 7×10^{-7} m). Para crear una interferencia se necesitan dos fuentes que produzcan dos ondas de la misma longitud de onda. Para producir un diagrama estable de interferencia, sin embargo, las ondas individuales deben presentar una relación de fase constante entre sí: deben ser **coherentes**. Por ejemplo, las ondas sonoras emitidas por dos altavoces, situados uno junto al otro y conectados al mismo amplificador, pueden producir interferencia, porque los dos altavoces responden al amplificador de la misma forma y al mismo tiempo.

Ahora bien, si situamos dos fuentes luminosas una junto a la otra, no se observa interferencia, porque las ondas luminosas de cada fuente son emitidas independientemente de la otra fuente; por tanto, las emisiones de las dos fuentes no mantienen una relación de fase constante entre sí durante el tiempo de observación. Una fuente luminosa ordinaria sufre cambios aleatorios cada 10^{-8} s, aproximadamente. Así, las condiciones para que se produzcan interferencias constructivas o destructivas sólo se mantienen durante periodos del orden de 10^{-8} s. El resultado es que no se observan efectos de interferencia, ya que el ojo no puede registrar cambios tan rápidos. Las fuentes luminosas de este tipo se llaman **incoherentes**.

Una forma usual de producir dos fuentes luminosas coherentes de igual longitud de onda consiste en utilizar una única fuente que emite luz de una sola longitud de onda, y proyectarla sobre una pantalla que tenga dos pequeñas rendijas. La luz que surge de las dos rendijas es coherente, ya que ha sido producida por el mismo rayo de luz, y los dos orificios sirven únicamente para separar ese rayo de luz en dos partes (lo mismo que se hizo antes con la señal sonora: la señal del amplificador es dividida y enviada a dos altavoces diferentes). Una variación aleatoria en la luz emitida por la fuente luminosa afecta a los dos rayos separados a la vez, y de esta forma se pueden observar los efectos de interferencia.

9.2 • EL EXPERIMENTO DE LA DOBLE RENDIJA DE YOUNG

La interferencia de las ondas luminosas que pasan a través de dos rendijas fue demostrada por primera vez por Thomas Young en 1801. La figura 9.1a muestra un diagrama esquemático del aparato utilizado en este experimento. (Young no utilizó rendijas, sino pequeños agujeros.) La luz incide sobre una pantalla con una pequeña rendija S_0. Las ondas luminosas salen de esta rendija y llegan a una segunda pantalla que contiene dos pequeñas rendijas S_1 y S_2. Estas dos rendijas

WEB

Para ver una versión animada de la figura 9.1a, con longitud de onda y separación entre rendijas ajustables, visite **www.phy.ntnu.edu.tw/java/doubleSlit/doubleSlit.html**

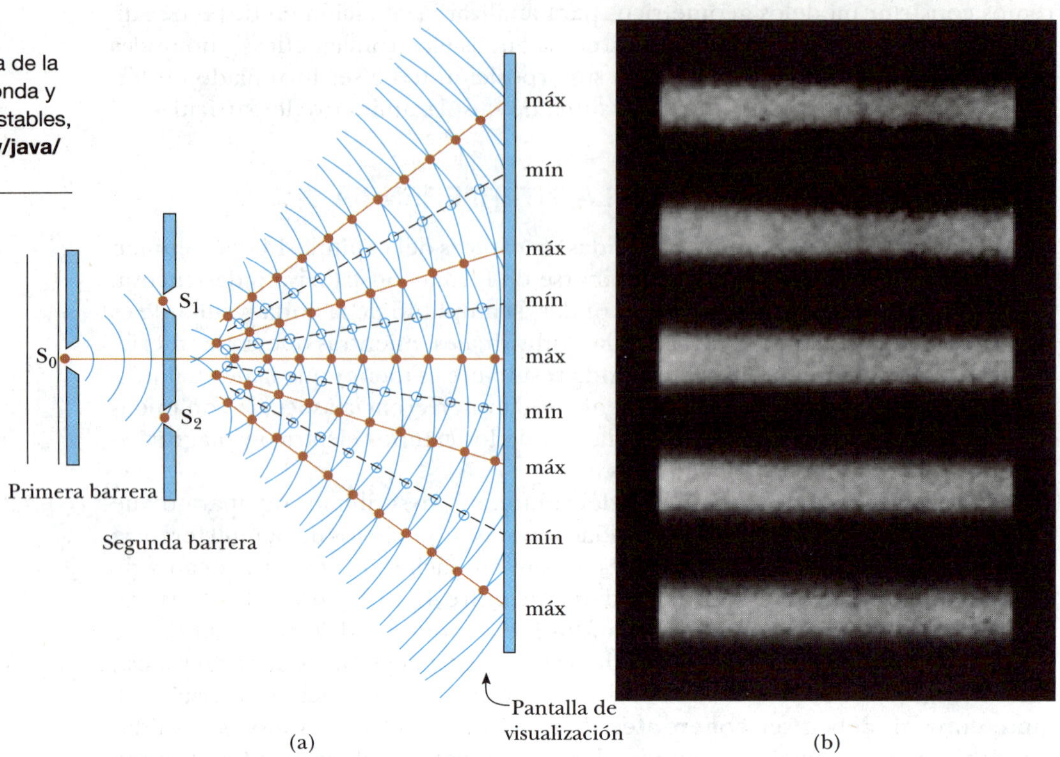

Figura 9.1

(a) Diagrama esquemático del experimento de la doble rendija de Young. Las rendijas S_1 y S_2 se comportan como fuentes coherentes de ondas luminosas que producen un diagrama de interferencia en la pantalla de observación (el dibujo no está a escala). (b) Una amplificación del centro del diagrama de franjas formado en la pantalla.

¡ADVERTENCIA! 9.1

Los patrones de interferencia no son ondas estacionarias

El patrón de interferencia de la figura 9.1b muestra zonas claras y oscuras, que podemos estar tentados de identificar como los nodos y antinodos de los patrones de una onda estacionaria sobre una cuerda, que estudiamos en la sección 14.4 del volumen I. Pese a que los dos patrones son producto del principio de superposición, hay grandes diferencias entre los dos. Por ejemplo, el patrón de la cuerda se produce en un sistema unidimensional, mientras que el de interferencia se produce en un sistema tridimensional. Otra diferencia es que en el patrón de la onda estacionaria no hay flujo de energía, mientras que en el patrón de interferencia hay un flujo de energía de las rendijas a la pantalla. Cuantitativamente, en experimentos prácticos, la distancia Δy entre los máximos de interferencia es mucho mayor que la distancia $\lambda/2$ entre los antinodos de una onda estacionaria.

juegan el papel de dos fuentes luminosas coherentes, ya que la luz que surge (y se difunde a causa de la *difracción*) de ellos se origina en la misma fuente S_0 y, por consiguiente, mantienen una relación de fase constante. La luz que sale por las dos rendijas produce un diagrama visible en la pantalla de observación; el diagrama consiste en una serie de bandas paralelas claras y oscuras, llamadas **franjas** (figura 9.1b). Cuando las ondas luminosas que salen de S_1 y de S_2 llegan a un punto de la pantalla en el que se produce una interferencia constructiva, aparece una franja brillante. Cuando las ondas luminosas que salen de las dos rendijas llegan a un punto de interferencia destructiva, el resultado es una franja oscura. En las zonas situadas entre el punto medio de una franja brillante y el punto medio de una oscura se produce lo que se denomina una *interferencia parcial*.

La figura 9.2 es un diagrama esquemático que nos permite desarrollar una descripción matemática, representando la interferencia como si las ondas se combinasen en la pantalla de observación.* En la figura 9.2a, dos ondas salen en fase de las rendijas e inciden sobre la pantalla en el punto central *P*. Dado que las ondas deben recorrer la misma distancia, llegan en fase a *P*. Como consecuencia de ello, en este punto se produce una interferencia constructiva y se observa una franja brillante. En la figura 9.2b, las dos ondas luminosas salen de nuevo en

* Hay interferencias en todos los puntos entre las rendijas y la pantalla, no sólo en la pantalla; consulte la nota Piense en la física 9.1. El modelo que hemos propuesto, sin embargo, nos proporciona un resultado correcto.

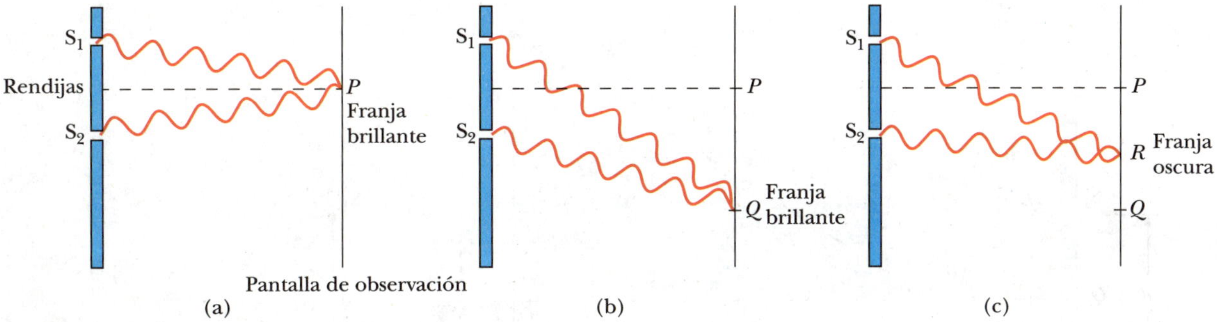

Figura 9.2

(a) En el punto *P* se produce una interferencia constructiva cuando las ondas se combinan. (b) También se produce una interferencia constructiva en el punto *Q*. (c) Se produce una interferencia destructiva en el punto *R*, porque la onda de la rendija superior llega con un desfase de media longitud de onda respecto a la de la rendija inferior. (Las figuras no están dibujadas a escala.)

fase, pero la onda superior debe recorrer una longitud de onda más para llegar al punto *Q* de la pantalla. Dado que la onda superior lleva un retraso respecto a la inferior de exactamente una longitud de onda, las dos llegan en fase a *Q*. Por tanto, una segunda franja brillante aparece en este punto. Consideremos ahora el punto *R*, situado entre *P* y *Q* en la figura 9.2c. En este punto, al llegar a la pantalla, la onda superior llega con un retraso de media longitud de onda respecto a la onda inferior. Esto quiere decir que el mínimo de la onda inferior se superpone a la cresta de la onda superior, dando lugar a una interferencia destructiva en *R*. Por este motivo se observa una franja oscura en este punto.

El experimento de la doble rendija de Young sirve como modelo para muchos efectos de interferencia. En la siguiente sección desarrollaremos una representación matemática para el fenómeno de interferencia luminosa.

9.3 • INTERFERENCIA DE ONDAS LUMINOSAS

Podemos obtener una descripción cuantitativa del experimento de Young con la ayuda del modelo geométrico construido en la figura 9.3a. La pantalla de observación está situada a una distancia L de las rendijas S_1 y S_2, que están separadas por una distancia d. Consideremos el punto P de la pantalla. El ángulo θ se mide entre la línea perpendicular a la pantalla que parte del punto medio entre las dos rendijas y la línea que va de P al punto medio entre las dos rendijas. Llamamos r_1 y r_2 a las distancias que las ondas recorren desde la rendija hasta la pantalla. Supongamos que la fuente luminosa es monocromática. Bajo estas condiciones, las ondas luminosas que salen de S_1 y S_2 tienen la misma longitud de onda y amplitud, y están en fase. La intensidad de luz en la pantalla en el punto P es el resultado de la superposición de la luz procedente de las dos rendijas. Tengamos en cuenta que, como se ve en el triángulo dorado de la figura 9.3a, la luz de la rendija inferior recorre un camino más largo que la luz de la rendija superior. Sea δ la diferencia entre las dos distancias. Esta distancia se denomina **diferencia de camino.**

Si L es mucho mayor que d, los dos caminos son casi paralelos. Adoptaremos el modelo simplificado en el que los dos caminos son paralelos. En este caso, a partir de la figura 9.3b, vemos que

$$\delta = r_2 - r_1 = d \operatorname{sen} \theta \qquad \textbf{[9.1]}$$

• *Diferencia de camino.*

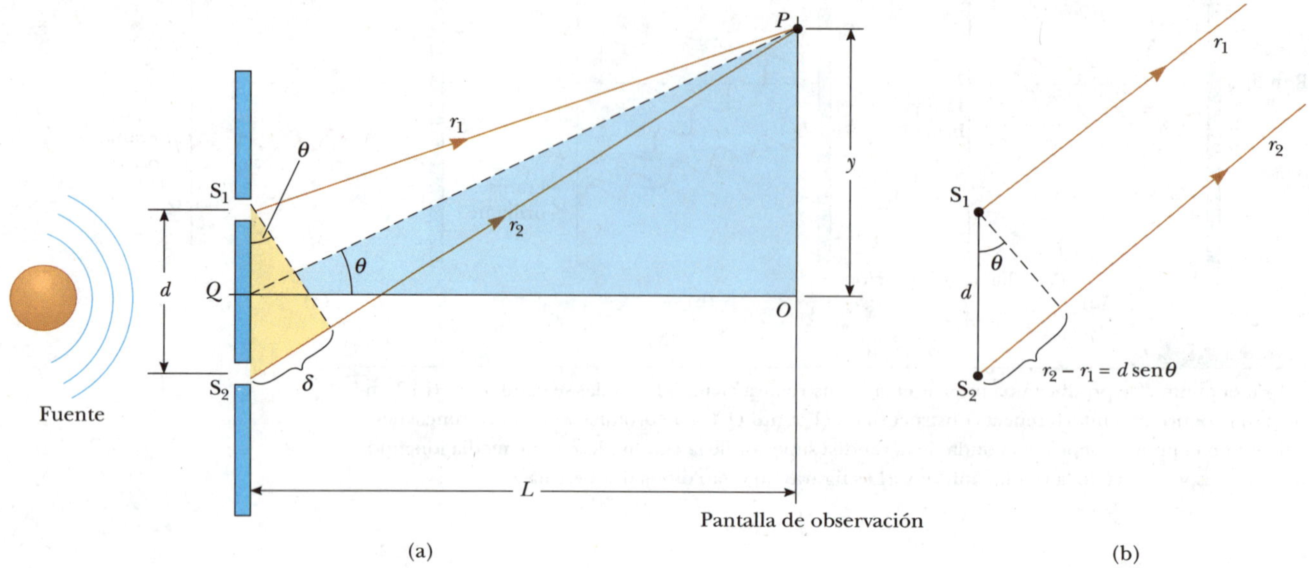

Figura 9.3

(a) Construcción geométrica para describir el experimento de la doble rendija de Young (no está dibujada a escala). (b) Si suponemos que los caminos r_1 y r_2 son paralelos, entonces la diferencia de camino entre los dos rayos es $\delta = r_2 - r_1 = d\,\text{sen}\,\theta$. Para que esta aproximación sea válida, es esencial que $L \gg d$.

En la figura 9.3a, no se satisface la condición $L \gg d$, porque la figura no está construida a escala; en la figura 9.3b, los rayos salen de las rendijas como si se cumpliera la condición. Como se ha señalado anteriormente, el valor de la diferencia de camino determina si las ondas están o no en fase cuando llegan a *P*. Si la diferencia entre las trayectorias es cero o un múltiplo entero de la longitud de onda, las dos ondas están en fase en *P* y se produce una **interferencia constructiva.** La condición para que se observe una franja brillante en *P* es, por tanto,

• *Condición para una interferencia constructiva con dos rendijas*

$$\delta = d\,\text{sen}\,\theta_{\text{brillante}} = m\lambda \quad (m = 0, \pm 1, \pm 2, \ldots) \qquad [9.2]$$

El número *m* es un entero, llamado **número de orden**. La franja brillante central en $\theta_{\text{brillante}} = 0$ $(m = 0)$ está asociada con el número de orden $m = 0$, y se llama **máximo de orden cero**. El primer máximo a cada lado, para los cuales $m = \pm 1$, es llamado **máximo de primer orden**, y así sucesivamente.

De forma parecida, cuando la diferencia entre las trayectorias es un múltiplo impar de $\lambda/2$, las dos ondas que llegan a *P* tienen un desfase de 180°, y dan lugar a una **interferencia destructiva**. Por tanto, la condición para que se observe una franja oscura en *P* es,

• *Condición para una interferencia destructiva con dos rendijas*

$$\delta = d\,\text{sen}\,\theta_{\text{oscuro}} = (m + \tfrac{1}{2})\lambda \quad (m = 0, \pm 1, \pm 2, \ldots) \qquad [9.3]$$

Estas ecuaciones proporcionan las posiciones *angulares* de las franjas; resulta útil obtener expresiones para las posiciones *lineales*, medidas a lo largo de la pantalla, de *O* a *P*. Además de la suposición $L \gg d$, vamos a realizar otra: $d \gg \lambda$; es decir, que la distancia entre las dos rendijas es mucho mayor que la longitud de onda. Esta situación se verifica en la práctica para la luz visible, ya que *L* es a menudo del orden de 1 m, mientras que d es una fracción de milímetro y λ es una fracción de micra. Bajo estas condiciones, θ es pequeño para las primeras franjas, de forma que podemos utilizar la aproximación para ángulos pequeños sen $\theta \approx$ tan θ. A partir del triángulo *OPQ* del modelo geométrico de la figura 9.3a, vemos que

$$\operatorname{sen}\theta \approx \tan\theta = \frac{y}{L} \qquad \textbf{[9.4]}$$

Empleando este resultado y sustituyendo sen $\theta = m\lambda/d$ (ecuación 9.2), vemos que las franjas brillantes medidas desde O se encuentran en

$$y_{\text{brillante}} = m\frac{\lambda L}{d} \qquad \textbf{[9.5]}$$

De la misma forma, utilizando las ecuaciones 9.3 y 9.4, vemos que las franjas oscuras medidas desde O se encuentran en

$$y_{\text{oscuro}} = (m + \tfrac{1}{2})\frac{\lambda L}{d} \qquad \textbf{[9.6]}$$

Las ecuaciones 9.1 a 9.6 son varias de las posibles representaciones matemáticas para los diagramas de interferencia de dos rendijas. Estas ecuaciones describen lo que sucede, de acuerdo con el principio de superposición, cuando dos ondas interfieren. La interferencia de ondas sucede frecuentemente en aplicaciones tecnológicas, por lo que resulta importante comprender este modelo de análisis.

Como demostraremos en el ejemplo 9.1, el experimento de la doble rendija de Young proporciona un método para medir la longitud de onda de la luz. De hecho, Young utilizó esta técnica para realizar la primera medición de la longitud de onda de los rayos luminosos. Además, el experimento proporcionó una gran credibilidad al modelo ondulatorio de la luz. Hoy en día aún utilizamos el fenómeno de interferencia para describir muchas observaciones relativas a comportamientos ondulatorios.

¡ADVERTENCIA! 9.2

Puede no ser verdad que θ es pequeño.

La aproximación para ángulos pequeños, sen $\theta \approx$ tan θ, es válida con una precisión de tres dígitos solamente para ángulos de menos de 4°, aproximadamente. Si consideramos franjas alejadas de la franja central, la identidad tan $\theta = y/L$ sigue siendo cierta, pero la aproximación para ángulos pequeños puede no ser válida. En este caso, no se pueden utilizar las ecuaciones 9.5, 9.6 y 9.9. También se puede resolver el problema cuando la aproximación para ángulos pequeños no es válida, pero en ese caso la geometría no es tan sencilla.

¡ADVERTENCIA! 9.3

Puede no ser verdad que $L \gg d$

Las ecuaciones 9.2, 9.3 y de la 9.5 a la 9.9 han sido obtenidas bajo el supuesto de que $L \gg d$. Ésta es una situación muy común al investigar el fenómeno de interferencia para la luz visible. Podemos, no obstante, encontrar situaciones en las que este supuesto no sea válido, especialmente si estamos analizando interferencias de radiaciones con mayor longitud de onda, como las microondas, para las cuales d puede ser grande. En estos casos, la construcción geométrica será más complicada, pero el enfoque general será similar al esbozado aquí.

PIENSE EN LA FÍSICA 9.1

Consideremos un experimento de doble rendija en el que un rayo láser pasa por dos rendijas muy cercanas y crea un claro diagrama de interferencia sobre una pantalla alejada. Suponga ahora que situamos partículas de humo entre la doble rendija y la pantalla. Con la presencia de las partículas de humo ¿veremos los efectos de interferencia en el espacio situado entre las rendijas y la pantalla, o solamente sobre la pantalla?

Razonamiento. También veremos los efectos en el área llena de humo. Aparecerán rayos luminosos brillantes dirigidos a las zonas brillantes de la pantalla, y áreas oscuras que apuntan hacia las zonas oscuras de la pantalla. La construcción geométrica que se muestra en la figura 9.3 es importante para desarrollar una descripción matemática del fenómeno de interferencia. Sin embargo, está sujeta a interpretaciones equivocadas, porque podría sugerir que la interferencia sólo se produce sobre la pantalla. Un diagrama más adecuado para esta situación es la figura 9.1a, que muestra los caminos de las interferencias constructivas y destructivas en la región comprendida entre las rendijas y la pantalla. Estas trayectorias se vuelven visibles gracias al humo.

Ejemplo 9.1 Medición de la longitud de onda de la luz de un láser

Utilizamos un láser para iluminar una doble rendija. La distancia entre las dos rendijas es de 0.030 mm. Una pantalla de observación está situada a 1.2 m de la doble rendija. La franja brillante de segundo orden ($m = 2$) está a 5.1 cm de la línea central. (a) Determinar la longitud de onda de la luz del láser.

Solución. Dado que la distancia entre la pantalla y las rendijas es mucho mayor que la distancia entre las rendijas, la ecuación 9.5 constituye una representación matemática válida para esta situación. Con $m = 2$, $y_2 = 5.1 \times 10^{-2}$ m, $L = 1.2$ m y $d = 3.0 \times 10^{-5}$ m, tenemos

$$\lambda = \frac{dy_2}{mL} = \frac{(3.0 \times 10^{-5}\text{ m})(5.1 \times 10^{-2}\text{ m})}{2(1.2\text{ m})}$$

$$= 6.4 \times 10^{-7}\text{ m} = \boxed{6.4 \times 10^{2}\text{ nm}}$$

(b) Calcular la distancia entre franjas brillantes contiguas.

Solución. A partir de la ecuación 9.5 y del resultado del inciso (a), tenemos

$$y_{m+1} - y_m = \frac{\lambda L(m+1)}{d} - \frac{\lambda L m}{d}$$

$$= \frac{\lambda L}{d} = \frac{(6.4 \times 10^{-7}\text{ m})(1.2\text{ m})}{3.0 \times 10^{-5}\text{ m}}$$

$$= 2.6 \times 10^{-2}\text{ m} = \boxed{2.6\text{ cm}}$$

Distribución de la intensidad en el diagrama de interferencia de doble rendija

Discutiremos ahora brevemente la distribución de la intensidad de luz I (la energía aportada por la luz por unidad de superficie y tiempo) asociada con el patrón de interferencia de la doble rendija. De nuevo, supongamos que dos rendijas actúan como dos fuentes coherentes de ondas senoidales. En este caso, las dos ondas tienen la misma frecuencia angular ω y una diferencia de fase constante ϕ. Pese a que las ondas están en fase en las rendijas, su diferencia de fase constante ϕ en P depende de la diferencia entre las trayectorias $\delta = r_2 - r_1 = d \operatorname{sen} \theta$. Dado que una diferencia igual a λ entre las trayectorias corresponde a una diferencia de fase de 2π radianes, podemos establecer la igualdad de los cocientes

$$\frac{\delta}{\phi} = \frac{\lambda}{2\pi}$$

• *Diferencia de fase*

$$\phi = \frac{2\pi}{\lambda}\delta = \frac{2\pi}{\lambda} d \operatorname{sen}\theta \qquad \textbf{[9.7]}$$

Esta ecuación indica cómo la diferencia de fase ϕ depende del ángulo θ.

Pese a que no lo demostraremos aquí, un análisis detallado de los campos eléctricos que llegan a la pantalla desde las dos pequeñas rendijas muestra que la intensidad luminosa promediada en el tiempo para un ángulo θ dado, es

• *Intensidad promedio de luz para el patrón de interferencia de la doble rendija*

$$I_{\text{av}} = I_{\text{máx}} \cos^2\left(\frac{\pi d \operatorname{sen}\theta}{\lambda}\right) \qquad \textbf{[9.8]}$$

donde $I_{\text{máx}}$ es la intensidad en el punto O de la figura 9.3, situado justo detrás del punto medio entre las dos rendijas. Alternativamente, ya que $\operatorname{sen}\theta \approx y/L$ para valores pequeños de θ, podemos escribir la ecuación 9.8 de la forma

$$I_{\text{av}} = I_{\text{máx}} \cos^2\left(\frac{\pi d}{\lambda L} y\right) \qquad \textbf{[9.9]}$$

La interferencia constructiva, que produce la máxima intensidad, se da cuando el valor de $(\pi d/\lambda L)$ es un múltiplo entero de π, que corresponde a $y = m(\lambda L/d)$. Esto es coherente con la ecuación 9.5. La figura 9.4 representa la gráfica de la intensidad en función de $d \operatorname{sen}\theta$.

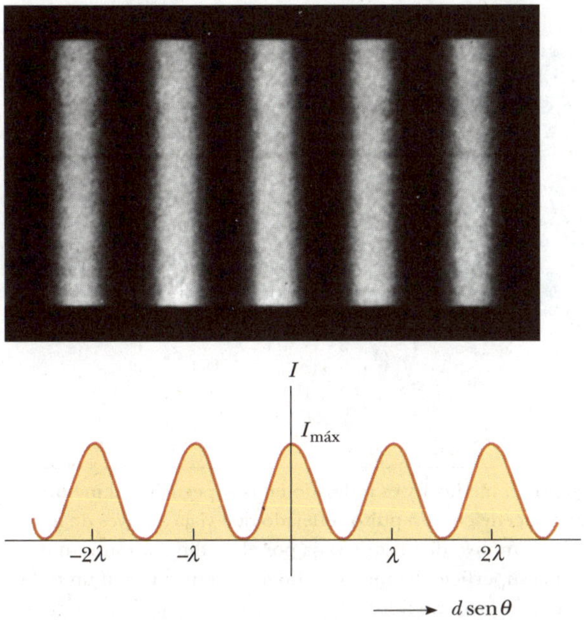

Figura 9.4

La intensidad en función de $d \operatorname{sen} \theta$ para el diagrama de interferencia de doble rendija cuando la pantalla está situada lejos de las rendijas ($L \gg d$). *(Fotografía de M. Cagnet, M. Francon y J. C. Thierr, Atlas of Optical Phenomena, Berlin, Springer-Verlag, 1962)*

Pregunta rápida 9.1

Consideremos una franja oscura en un patrón de interferencia de doble rendija, a la que casi no llega luz. Las ondas (y, por tanto, la energía) viajan desde las dos rendijas hasta este punto, pero las ondas se anulan. ¿Adónde va la energía?

9.4 • CAMBIO DE FASE DEBIDO A LA REFLEXIÓN

El método de Young para producir dos fuentes coherentes de luz ilumina dos rendijas con una única fuente luminosa. Otra construcción sencilla para producir un patrón de interferencia con una única fuente luminosa es el llamado *espejo de Lloyd.* Se sitúa una fuente luminosa en el punto S, cercano al espejo, como se ilustra en la figura 9.5. Las ondas pueden alcanzar el punto P tanto por el camino directo SP, como después de reflejarse en el espejo. Los rayos reflejados inciden sobre el espejo como si fuesen originados por una fuente situada en S', detrás del espejo.

En puntos alejados de la fuente, podríamos esperar la aparición de un patrón de interferencia causado por las ondas de S y S', de la misma forma que si existiesen dos fuentes coherentes reales en esos puntos. El resultado del experimento es que, de hecho, se observa un patrón de interferencia. Sin embargo, las posiciones de las franjas brillantes y oscuras están invertidas respecto al diagrama de dos fuentes reales coherentes (experimento de Young). Esto es debido a que las dos fuentes coherentes tienen una diferencia de fase de 180°. Esta diferencia de fase se produce en la reflexión.

Para ilustrarlo mejor, consideremos el punto P', donde el espejo toca a la pantalla. Este punto equidista de S y S'. Si la diferencia de camino fuese la única responsable de la diferencia de fase, esperaríamos observar una franja brillante en P' (ya que en este punto la diferencia entre las trayectorias es cero), que se correspondería a la franja central del diagrama de interferencia de dos rendijas. Sin embargo, observamos una franja *oscura* en P', a causa del cambio de fase de 180° producido en la reflexión. En general, **una onda electromagnética sufre un cambio de fase de 180° al reflejarse en un medio de mayor índice de refracción que aquel en el que se mueve**.

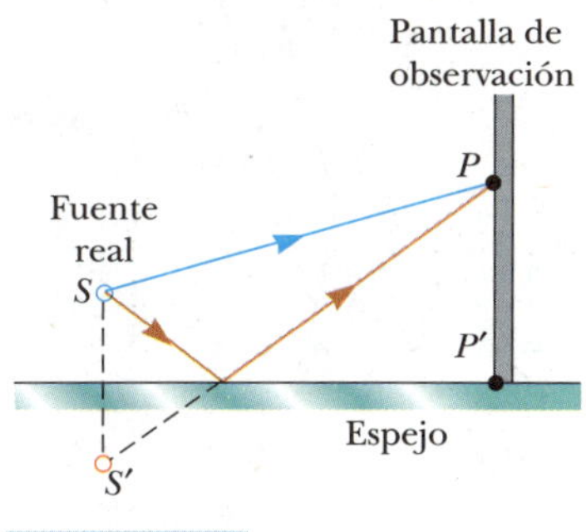

Figura 9.5

El espejo de Lloyd. Se produce un patrón de interferencia sobre una pantalla en el punto P, como resultado de la combinación del rayo de luz directo y el rayo de luz reflejado. El rayo reflejado sufre un cambio de fase de 180°.

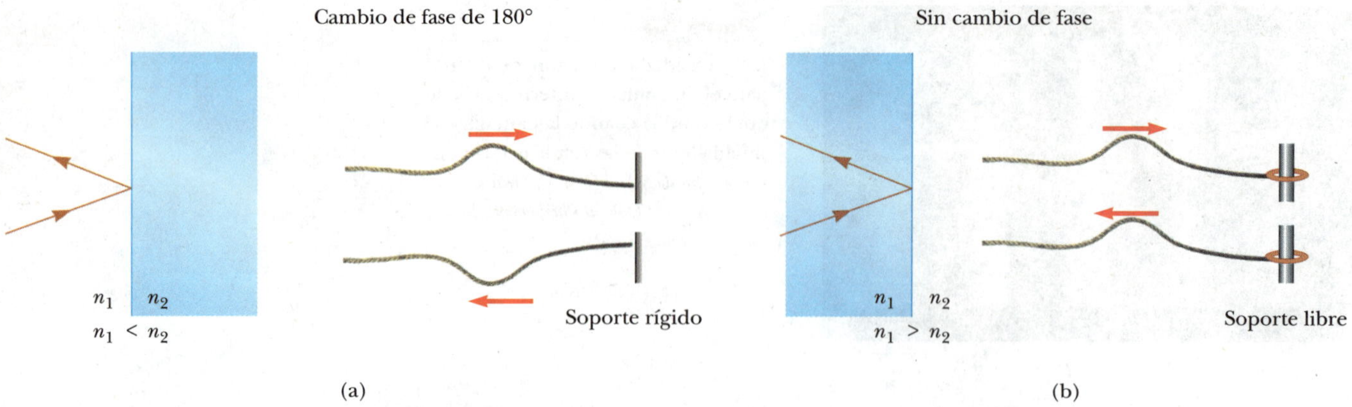

Figura 9.6

(a) Para $n_1 < n_2$, un rayo de luz que viaja por el medio 1 y es reflejado en la superficie del medio 2 sufre un cambio de fase de 180°. Lo mismo sucede con un pulso reflejado que viaja a través de una cuerda con el extremo fijo. (b) Para $n_1 > n_2$, un rayo de luz que viaja por el medio 1 no sufre ningún cambio de fase cuando es reflejado en la superficie del medio 2. Lo mismo sucede con un pulso reflejado que viaja a través de una cuerda con el extremo libre.

Resulta útil establecer una analogía entre las ondas luminosas reflejadas y las reflexiones de una onda transversal en una cuerda tensa cuando la onda alcanza un extremo de la cuerda (sección 13.5), como se muestra en la figura 9.6. El pulso reflejado en una cuerda sufre un cambio de fase de 180° cuando es reflejado por un extremo fijo, y no sufre ningún cambio de fase cuando es reflejado por un extremo libre. Si lo que hay es una frontera entre dos cuerdas, la onda transmitida no sufre cambio de fase alguno. De la misma forma, una onda electromagnética sufre un cambio de fase de 180° cuando es reflejada por la superficie de un medio con mayor índice de refracción que el medio por el que viaja. Sin embargo, no hay cambio de fase cuando el rayo es reflejado en la superficie de un medio de menor índice de refracción que aquel por el que viaja. En los dos casos, la onda transmitida no sufre cambio de fase alguno.

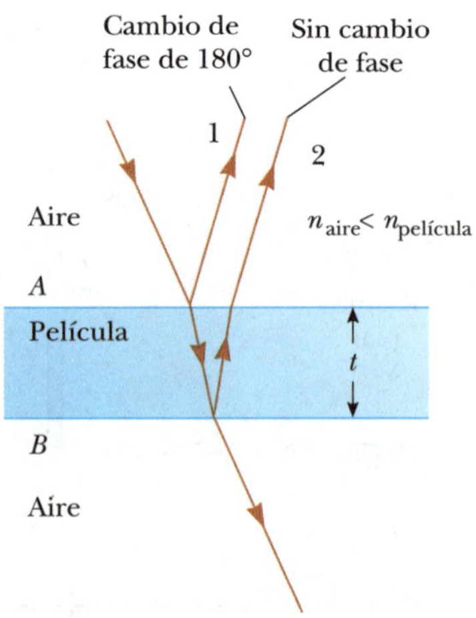

Figura 9.7

Interferencia en la luz reflejada en una película delgada, debido a la combinación de rayos reflejados por la superficie superior e inferior de la película.

9.5 • INTERFERENCIA EN PELÍCULAS DELGADAS

Se pueden observar efectos de interferencia en muchas situaciones en las cuales un rayo de luz es dividido y luego recombinado. Un ejemplo habitual es la aparición de bandas de colores en una película de aceite sobre el agua, o en una pompa de jabón iluminada con luz blanca. Los colores, en estos casos, son el resultado de la interferencia de las ondas reflejadas en las superficies opuestas de la película.

Consideremos una película de espesor uniforme t e índice de refracción n, como en la figura 9.7. Adoptaremos un modelo simplificado en el que el rayo de luz incide sobre la película desde arriba y en una dirección próxima a la normal a la superficie de la película. Ésta refleja dos rayos, uno desde la superficie superior y otro desde la inferior, después que el rayo refractado haya atravesado la película. Dado que la película es delgada y sus lados son paralelos, los rayos reflejados son también paralelos. Por tanto, los rayos reflejados por la superficie superior pueden interferir con los rayos reflejados por la superficie inferior. Para determinar si los rayos reflejados interfieren constructiva o destructivamente, debemos considerar, en primer lugar, los siguientes hechos:

- Una onda electromagnética que viaja de un medio de índice de refracción n_1 a un medio de índice de refracción n_2 sufre un cambio de fase de 180° en la reflexión. Cuando $n_2 > n_1$. Si $n_2 < n_1$, no hay cambio de fase en la onda reflejada.
- La longitud de onda λ_n de la luz en un medio de índice de refracción n es

$$\lambda_n = \frac{\lambda}{n} \qquad [9.10]$$

donde λ es la longitud de onda de la luz en el espacio vacío.

Interferencia en pompas de jabón. Los colores son debidos a la interferencia entre rayos de luz reflejados por la superficie delantera y trasera de la película delgada de jabón que forma la burbuja. El color depende del espesor de la capa, y va del negro, cuando la capa es muy delgada, al rojo cuando es más gruesa. *(Dr. Jeremy Burgess/Science Photo Library)*

Apliquemos estas reglas a la capa de la figura 9.7. Conforme a la primera regla, el rayo 1, que es reflejado por la superficie superior (A), experimenta un cambio de fase de 180° respecto a la onda incidente. Por tanto, ignorando por el momento la diferencia de camino, el rayo saliente 1 tiene una diferencia de fase de 180° respecto al rayo 2, una diferencia de fase que es equivalente a una diferencia de camino igual a $\lambda_n/2$. Si embargo, debemos tener en cuenta que el rayo 2 recorre una distancia extra de aproximadamente $2t$ antes que las ondas se recombinen. La diferencia de fase *total* se obtiene combinando la diferencia de camino con la diferencia de fase de la reflexión, que es de 180°. Por ejemplo, si $2t = \lambda_n/2$, los dos rayos se recombinan en fase y se produce una interferencia constructiva. Generalizando, la condición para que se dé una interferencia constructiva es

$$2t = (m + \tfrac{1}{2})\,\lambda_n \quad (m = 0, 1, 2, \ldots) \qquad [9.11]$$

Esta condición toma en cuenta dos factores: (a) la diferencia en la longitud de camino óptico entre los dos rayos (el término $m\lambda_n$) y (b) el cambio de fase de 180° en la reflexión (el término $\lambda_n/2$). Dado que $\lambda_n = \lambda/n$, podemos escribir la ecuación 9.11 de la forma:

$$2nt = (m + \tfrac{1}{2})\,\lambda \quad (m = 0, 1, 2, \ldots) \qquad [9.12]$$

- *Interferencia constructiva en películas delgadas*

Si la distancia extra $2t$, recorrida por el rayo 2, es un múltiplo de λ_n, las dos ondas se combinan desfasadas, y el resultado es una interferencia destructiva. La ecuación general para las interferencias destructivas es

$$2nt = m\lambda \quad (m = 0, 1, 2, \ldots) \qquad [9.13]$$

- *Interferencia destructiva en películas delgadas*

Las condiciones precedentes para interferencias constructivas y destructivas son válidas cuando el medio situado por encima de la superficie superior es el mismo que el medio situado por debajo de la superficie inferior. Este medio puede tener un índice de refracción mayor o menor que el de la película. En los dos casos, los rayos reflejados por las dos superficies tendrán una diferencia de fase de 180°. Las condiciones son también válidas si por encima y por debajo de la capa hay medios diferentes y los dos tienen un índice de refracción mayor que el de la película, o los dos tienen un índice de refracción menor que el de la película.

Si la película está situada entre dos medios diferentes, uno con $n < n_{\text{película}}$, y el otro con $n > n_{\text{película}}$, las condiciones para la producción de interferencias constructivas y destructivas se invierten. En este caso, o bien se produce un cambio de fase de 180° tanto para el rayo 1 al reflejarse en la superficie *A*, como para el rayo 2 al reflejarse en la superficie *B*, o bien no se produce cambio de fase para ninguno de los dos rayos; por tanto, el cambio de fase global debido a las reflexiones es cero.

¡ADVERTENCIA! 9.4

Tenga cuidado con las películas delgadas

Hay que asegurarse de incluir los dos efectos (longitud de camino óptico y cambio de fase) cuando se analiza el diagrama de interferencia de una película delgada. La necesidad de incluir el cambio de fase es una condición que no tuvimos en cuenta al estudiar la interferencia producida por una doble rendija.

Pregunta rápida 9.2

En un accidente en el laboratorio derramamos dos líquidos sobre agua, ninguno de los cuales se mezcla con ésta. Ambos forman una película delgada sobre la superficie del agua. Aunque las películas se vuelven más delgadas a medida que los líquidos se extienden, vemos que, al reflejar la luz, una de las capas se vuelve oscura y la otra brillante. Explique la observación.

Pregunta rápida 9.3

En la discusión de las interferencias producidas por una película delgada, nos centramos en la luz *reflejada* por la película delgada. Ahora consideremos la luz que *atraviesa* una película delgada con aire en ambos lados. En primer lugar, consideremos el rayo directo que atraviesa la capa sin reflejarse. Seguidamente consideremos el rayo que atraviesa la primera superficie, se refleja en la segunda para, a continuación, reflejarse en la primera y, finalmente, atravesar la segunda superficie de la película, paralelamente al rayo directo. Para incidencia perpendicular, ¿cuál debe ser el espesor de la película, en términos de longitud de onda, para que los rayos salientes interfieran destructivamente? ¿Es el mismo espesor que para que se produzca una interferencia destructiva con los rayos reflejados?

ESTRATEGIA PARA LA RESOLUCIÓN DE PROBLEMAS **Interferencias en películas delgadas**

Tenga en cuenta los siguientes puntos al resolver problemas de interferencia en películas delgadas:

- Identifique la película delgada que causa la interferencia.
- El tipo de interferencia que se produce está determinado por la relación de fase entre las ondas reflejadas por la superficie superior de la película y las ondas reflejadas por la superficie inferior de la película.
- Las diferencias de fase entre las dos partes de la onda tienen dos causas: (a) la diferencia en las distancias recorridas por las dos partes y (b) los cambios de fase sufridos por las ondas en la reflexión. *Ambas* causas deben ser tomadas en cuenta para determinar qué tipo de interferencia se produce.

Ejemplo 9.2 Interferencia en una película de jabón

Calcular el espesor mínimo de una película de jabón (n = 1.33) para que se produzca una interferencia constructiva en la luz reflejada por la película, si ésta es iluminada por luz con longitud de onda, en el espacio libre, de 600 nm.

Solución. El espesor mínimo para que se produzca una interferencia constructiva en la luz reflejada corresponde a $m = 0$ en la ecuación 9.13. Esto da $2nt = \lambda/2$, o

$$t = \frac{\lambda}{4n} = \frac{600 \text{ nm}}{4(1.33)} = 113 \text{ nm}$$

EJERCICIO. ¿Qué otros espesores producen interferencias constructivas?

Respuesta: 338 nm, 564 nm, 789 nm, . . . $(2m + 1)(113 \text{ nm})$

Ejemplo 9.3 Recubrimientos no reflectantes para celdas solares

Los semiconductores como el silicio se utilizan para fabricar celdas solares, dispositivos que absorben energía de la radiación electromagnética (por ejemplo, la luz solar), dando lugar a una diferencia de potencial, de forma que la celda puede transferir energía a otro aparato a través de una conexión eléctrica. Las celdas solares a menudo están recubiertas de una película delgada transparente, como el monóxido de silicio (SiO, $n = 1.45$), para minimizar las pérdidas por reflexión en la superficie. Supongamos que una celda solar de silicio ($n = 3.5$) está recubierta por una película delgada de monóxido de silicio para este fin (figura 9.8). Determinar el espesor mínimo de la película que produce la mínima reflexión para una longitud de onda de 550 nm, que es el centro del espectro visible.

Razonamiento. La luz reflejada es mínima cuando los rayos 1 y 2 de la figura 9.8 cumplen la condición necesaria para producir una interferencia destructiva. Tengamos en cuenta que ambos rayos sufren un cambio de fase de 180° al reflejarse, uno en la superficie superior y el otro en la inferior. Por tanto, el cambio de fase global causado por la reflexión es cero, y la condición para la mínima reflexión requiere que la diferencia de camino sea $\lambda_n/2$; por tanto, $2t = \lambda/2n$.

Solución. Dado que $2t = \lambda/2n$, el espesor necesario es

$$t = \frac{\lambda}{4n} = \frac{550 \text{ nm}}{4(1.45)} = 94.8 \text{ nm}$$

Habitualmente, estos recubrimientos antirreflectantes reducen las pérdidas por reflexión del 30% (sin recubrimiento) al 10% (con recubrimiento), aumentando de este modo la eficiencia de la celda solar, que dispone así de más energía.

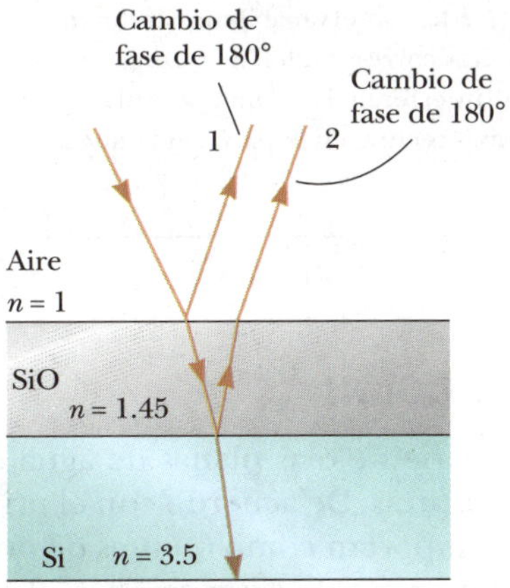

Figura 9.8

(Ejemplo 9.3) Las pérdidas por reflexión de una celda solar de silicio se minimizan recubriéndola con una película delgada de monóxido de silicio.

Figura 9.9

(Ejemplo 9.3) La lente de esta cámara tiene varios recubrimientos (de distintos espesores) para minimizar la reflexión de las ondas luminosas cuya longitud de onda está cercana al centro del espectro visible. Como resultado de ello, la poca luz que se refleja en la lente tiene una elevada proporción de ondas de los extremos del espectro visible, resultando así de color púrpura. *(Kristen Brochmann/Fundamental Photographs)*

En la práctica, el recubrimiento nunca es perfectamente antirreflectante para toda la luz incidente, ya que el espesor requerido depende de la longitud de onda y la luz incidente abarca un amplio rango de longitudes de onda.

Las lentes de vidrio utilizadas en cámaras y otros instrumentos ópticos suelen estar recubiertas con una película transparente, como fluoruro de magnesio (MgF_2), para reducir o eliminar la reflexión no deseada. Esto mejora la transmisión de luz a través de la lente. La figura 9.9 muestra la lente de una cámara con este recubrimiento. Observe que la luz reflejada por la lente es púrpura. El recubrimiento de la lente está diseñado con un espesor que minimiza la reflexión de la luz cerca del centro del espectro visible. La luz de los extremos del espectro es reflejada por el recubrimiento. La combinación de luz roja y violeta de los extremos del espectro forma la luz púrpura reflejada.

Ejemplo 9.4 Interferencia en una película con forma de cuña

Una película delgada con forma de cuña y con índice de refracción n se ilumina con luz monocromática de longitud de onda λ, como se ilustra en la figura 9.10a. Describir el patrón de interferencia observado en este caso.

Razonamiento y solución. El patrón de interferencia es el de una película delgada de espesor variable rodeada por aire. Por tanto, el patrón consistirá en una serie de bandas paralelas alternas, claras y oscuras. Una banda oscura, que corresponde a una interferencia destructiva, aparece el punto O (en el que la diferencia entre las distancias recorridas es cero), ya que el rayo superior reflejado sufre un cambio de fase de 180°, pero el inferior no. De acuerdo con la ecuación 9.13, aparecerá otra banda oscura cuando $2nt = m\lambda$, de forma que $t_1 = \lambda/2n$, $t_2 = \lambda/n$, $t_3 = 3\lambda/2n$, y así sucesivamente. De forma parecida, las bandas brillantes se observan cuando el espesor satisface la condición $2nt = (m + \frac{1}{2})\lambda_n$, que corresponde a los espesores $\lambda/4n$, $3\lambda/4n$, $5\lambda/4n$, y así sucesivamente. Si se utiliza luz blanca, se observan bandas de distintos colores en varios puntos, que corresponden a distintos longitudes de onda de la luz. Esto se muestra en la película de jabón de la figura 9.10b.

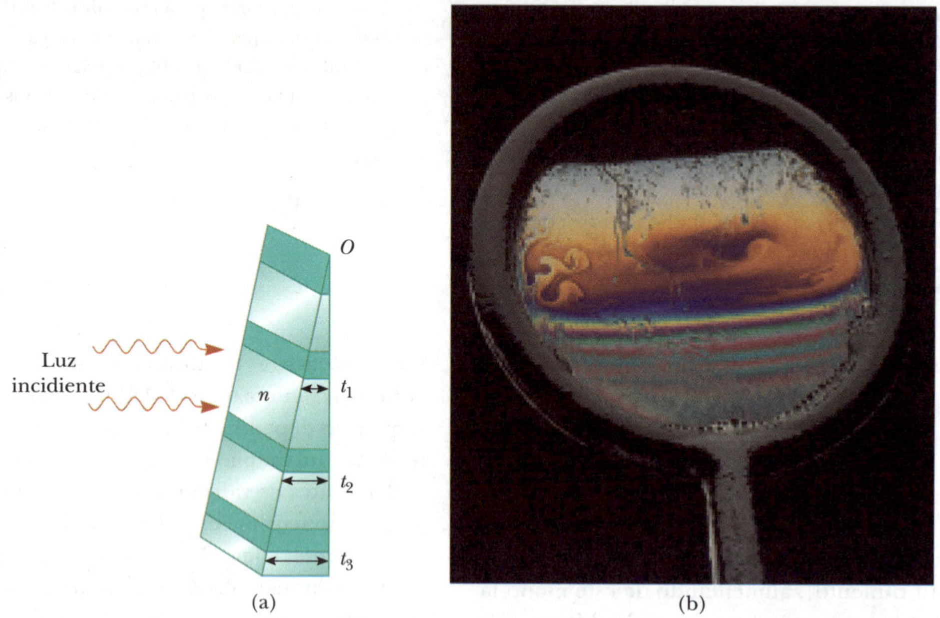

Figura 9.10

(Ejemplo 9.4) (a) Las bandas de interferencia en la luz reflejada pueden observarse iluminando una película con forma de cuña con luz monocromática. Las áreas oscuras corresponden a las zonas en las que los rayos se anulan debido a una interferencia destructiva. (b) Interferencia en una película vertical de espesor variable. La parte superior de la película se ve más oscura, en la parte en la que la película es más delgada. *(Richard Megna / Fundamental Photographs)*

9.6 • PATRONES DE DIFRACCIÓN

En la figura 7.20, mostrábamos una serie de olas planas de agua chocando contra una barrera con dos pequeñas aperturas. De acuerdo con el principio de Huygens (sección 7.6), las aperturas se comportan como fuentes de ondas circulares. A este comportamiento le dimos el nombre de **difracción**, y ahora investigaremos este fenómeno con más detalle para ondas luminosas.

Supongamos que un rayo de luz incide sobre dos rendijas, como en el experimento de Young. Si la luz viajara en línea recta después de pasar a través de las rendijas, como en la figura 9.11a, las ondas no se traslaparían y no se vería ningún diagrama de interferencia sobre la pantalla. Por el contrario, el principio de

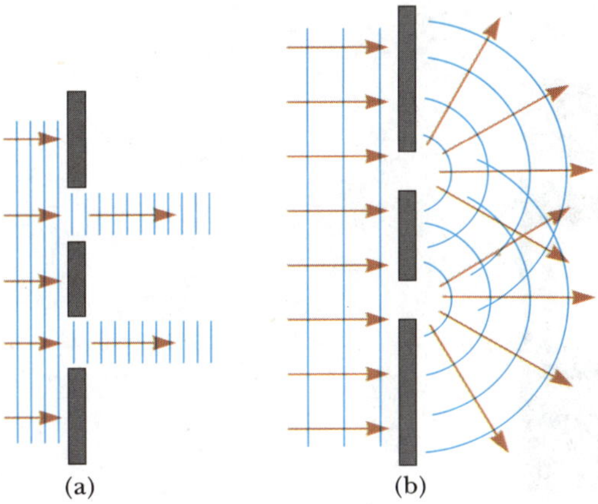

Figura 9.11

(a) Si las ondas luminosas no se difundiesen al salir de las rendijas, no se produciría ninguna interferencia. (b) Las ondas luminosas que salen de las dos rendijas se traslapan al difundirse, llenando de luz las zonas que de otra forma quedarían en penumbra y produciendo franjas de interferencia.

¡ADVERTENCIA! 9.5

Difracción frente a patrón de difracción

La palabra *difracción* se refiere, en general, al comportamiento de las ondas difundiéndose tras pasar por una rendija. Utilizamos la difracción para explicar la existencia de un patrón de interferencia. Un *patrón de difracción* es un término inapropiado pero muy arraigado en el lenguaje de la física. Describimos con él el diagrama que se ve en una pantalla cuando se ilumina una única rendija. De hecho, éste es otro diagrama de interferencia, que se produce cuando diferentes fracciones de la luz incidente iluminan diferentes regiones de la rendija.

Huygens exige que las ondas se expandan desde las rendijas, como en la figura 9.11b, con lo que aparecerá un diagrama de interferencia sobre la pantalla.

En general, se produce una difracción cuando las ondas pasan por pequeñas aperturas, alrededor de obstáculos o por los bordes afilados de un objeto. Podríamos esperar que la luz que pasa a través de una de estas pequeñas aperturas diese como resultado una ancha zona iluminada sobre la pantalla, debido a la difusión de la luz tras pasar por la apertura. Sin embargo, encontramos algo más interesante. Se observa un **patrón de difracción**, consistente en áreas iluminadas y oscuras, similar a los diagramas de interferencia discutidos antes. Por ejemplo, cuando se sitúa una pequeña rendija entre una fuente distante de luz (o un rayo láser) y una pantalla, la luz produce un diagrama de difracción como el de la figura 9.12. El diagrama consiste en una franja ancha central intensamente iluminada (llamada el **máximo central**), flanqueada por una serie de bandas más estrechas, iluminadas con menos intensidad (llamadas **máximos laterales**) y una serie de bandas oscuras (o **mínimos**).

La figura 9.13 muestra la sombra de una moneda, en la que pueden apreciarse los anillos brillantes y oscuros de un diagrama de difracción. La mancha brillante del centro (llamada *mancha brillante de Arago,* por su descubridor, Dominique Arago)

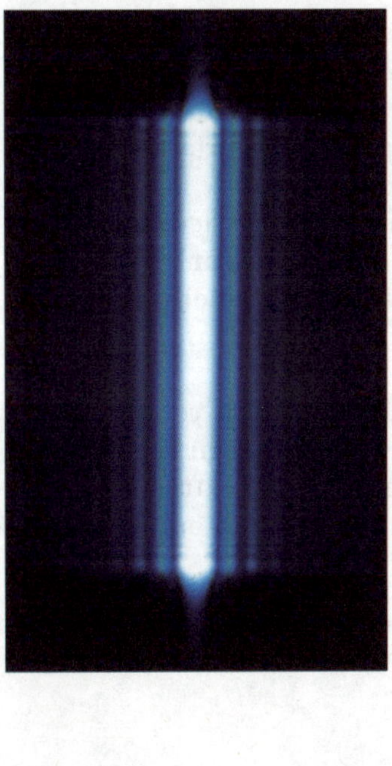

Figura 9.12

El diagrama de difracción que aparece en una pantalla cuando la luz pasa a través de una hendidura estrecha y vertical. El diagrama consiste en una banda central brillante y una serie de bandas menos intensas y más estrechas.

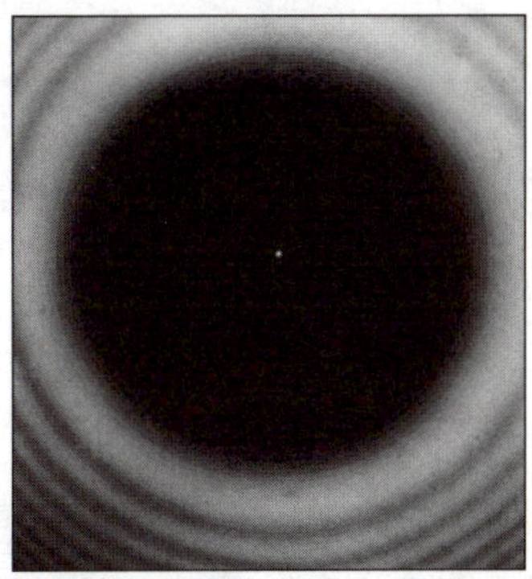

Figura 9.13

Diagrama de difracción de una moneda situada a medio camino entre la pantalla y la fuente. *(Cortesía de P. M. Rinard, de Am. J. Phys., 44:70, 1976)*

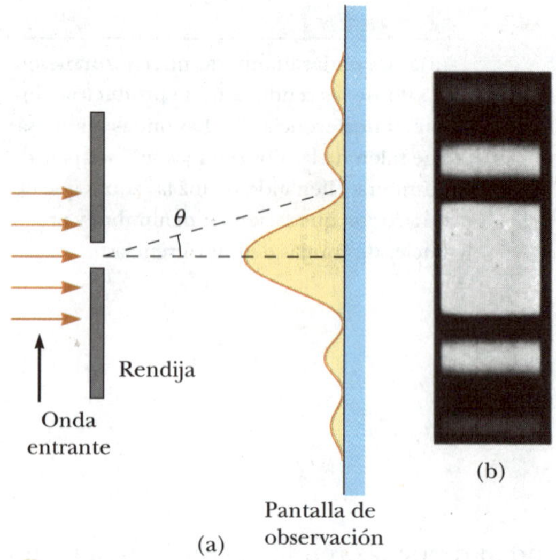

Figura 9.14

(a) Diagrama de difracción de Fraunhofer para una rendija simple. El diagrama consiste en una región central brillante, flanqueada por máximos mucho más débiles alternados con bandas oscuras (el dibujo no está a escala). (b) Fotografía de un diagrama de difracción de Fraunhofer de rendija simple. *(De M. Cagnet, M. Francon y J. C. Thierr, Atlas of Optical Phenomena, Berlin, Springer-Verlag, 1962, fotografía 18)*

WEB

Para ver una versión gráfica del fenómeno de la difracción, con longitud de onda y ancho de la rendija ajustable, visite **webphysics.ph.msstate.edu/javamirror/ipmj/java/slitdiffr/index.html**

puede ser explicada utilizando la teoría ondulatoria de la luz. Las ondas que se difractan en todos los puntos del canto de la moneda deben recorrer la misma distancia para llegar al punto central sobre la pantalla. Así, el punto central es una región de interferencia constructiva y aparece en él una mancha brillante. Por el contrario, desde el punto de vista de la óptica geométrica, la zona central debería estar totalmente tapada por la moneda. Por tanto, cualquier propuesta de explicación del fenómeno que no tenga en cuenta la naturaleza ondulatoria de la luz no puede predecir la mancha central brillante.

Consideremos una situación usual: luz que pasa a través de un pequeño orificio y se proyecta sobre una pantalla. Como simplificación, supondremos que la pantalla está alejada de la rendija y que los rayos que alcanzan la pantalla son aproximadamente paralelos. Esta situación se puede conseguir experimentalmente utilizando una lente convergente para enfocar los rayos paralelamente sobre una pantalla cercana. En este modelo, el diagrama creado sobre la pantalla se llama **patrón de difracción de Fraunhofer.***

La figura 9.14 muestra luz que entra por una rendija desde la izquierda y se difracta al propagarse hacia la pantalla. La figura 9.14b es una fotografía del diagrama de difracción de Fraunhofer para una rendija simple. Se observa una mancha brillante a lo largo del eje $\theta = 0$, con franjas brillantes y oscuras alternas a cada lado de la franja central.

Hasta ahora hemos supuesto que las rendijas actúan como fuentes puntuales de luz. En esta sección determinaremos cómo sus anchuras finitas son la base para comprender la naturaleza del diagrama de difracción de Fraunhofer producido por una rendija. Podemos deducir algunos aspectos importantes de este problema examinando las ondas que parten de diferentes zonas de la rendija, como se muestra en el modelo geométrico de la figura 9.15. De acuerdo con el principio de Huygens, **cada parte de la rendija se comporta como una fuente de ondas. Por tanto, la luz de una parte de la rendija puede interferir con la de otra parte,** y la intensidad resultante sobre la pantalla depende de la dirección θ.

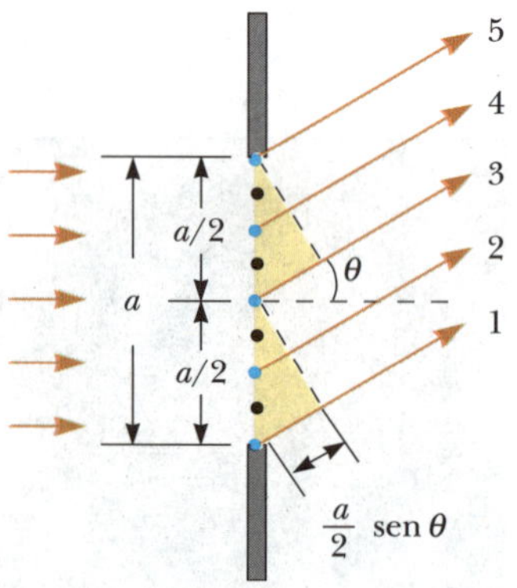

Figura 9.15

Difracción de la luz al pasar por una ranura de anchura a. Cada punto de la ranura actúa como una fuente puntual de ondas. La diferencia de camino entre los rayos 1 y 3, o entre los rayos 3 y 5, es $(a/2)$ sen θ (el dibujo no está a escala).

Para analizar el patrón de difracción, es conveniente dividir la rendija en dos mitades, como en la figura 9.15. Todas las ondas que se originan en la rendija están en fase. Consideremos las ondas 1 y 3, que se originan en el extremo inferior y el centro de la rendija, respectivamente. Para alcanzar el mismo punto sobre la

* Si se acerca la pantalla a la rendija (y no se usa una lente), el patrón que se observa corresponde a la difracción de *Fresnel.* El patrón de Fresnel es más difícil de analizar, por lo que restringiremos nuestro estudio a la difracción de Fraunhofer.

pantalla de observación, la onda 1 recorre más distancia que la onda 3, siendo la diferencia $(a/2)$ sen θ, donde a es la anchura de la rendija. De la misma forma, la diferencia entre las distancias recorridas por las ondas 3 y 5 es $(a/2)$ sen θ; en realidad, esto es cierto para cualquier par de ondas que se originen en puntos separados por la mitad de la anchura de la rendija $(a/2)$. Ahora, si la diferencia de camino de dos ondas es exactamente la mitad de su longitud de onda (lo que corresponde a una diferencia de fase de 180°), las dos ondas se anulan y se produce una interferencia destructiva. Por tanto, las ondas que se originan en la parte superior de la rendija interfieren *destructivamente* con las que se originan en la parte inferior cuando

$$\frac{a}{2}\,\text{sen}\,\theta = \frac{\lambda}{2}$$

o cuando

$$\text{sen}\,\theta = \frac{\lambda}{a}$$

Si dividimos la rendija en cuatro partes, en vez de dos, utilizando un razonamiento similar obtenemos que la pantalla también mostrará una zona oscura cuando

$$\text{sen}\,\theta = \frac{2\lambda}{a}$$

De la misma forma, podemos dividir la rendija en seis partes y ver que la pantalla también se oscurece cuando

$$\text{sen}\,\theta = \frac{3\lambda}{a}$$

Por tanto, la condición general para que se produzca una interferencia destructiva es

$$\text{sen}\,\theta_{\text{oscuro}} = m\frac{\lambda}{a} \quad (m = \pm 1, \pm 2, \pm 3, \ldots) \qquad [9.14]$$

Condición para interferencias destructivas en un patrón de difracción

La ecuación 9.14 da los valores de θ para los cuales el patrón de difracción tiene intensidad cero, es decir, se forma una franja oscura. Sin embargo, la ecuación 9.14 no nos dice nada acerca de la variación de la intensidad sobre la pantalla. Las características generales de la distribución de la intensidad de luz se muestran en la figura 9.16: una ancha franja central brillante flanqueada por franjas brillantes alternas más débiles. Las franjas oscuras (puntos de intensidad cero) aparecen en los valores de θ que satisfacen la ecuación 9.14. Los puntos de

¡ADVERTENCIA! 9.6

Ecuaciones parecidas

La ecuación 9.14 tiene exactamente la misma forma que la ecuación 9.2, con d, la separación entre las rendijas, en la ecuación 9.2, y a el ancho de la rendija en la ecuación 9.14. Recuerde, no obstante, que la ecuación 9.2 describe las regiones *brillantes* en el patrón de interferencia de una doble rendija, mientras que la ecuación 9.14 describe las regiones *oscuras* en un patrón de difracción de rendija simple. Además, $m = 0$ no representa una franja oscura en el patrón de difracción.

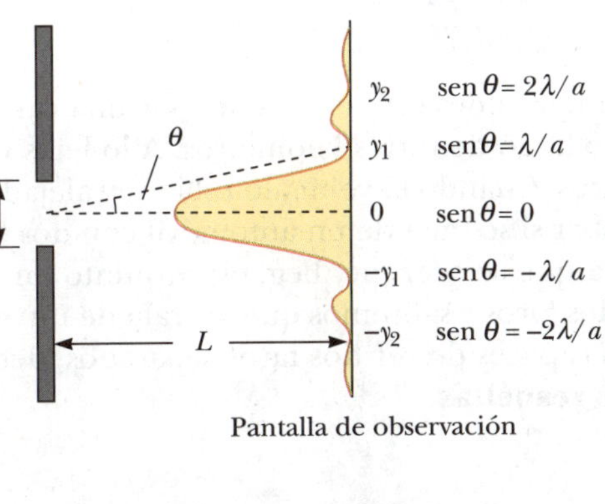

Figura 9.16

Distribución de la intensidad de luz para un diagrama de difracción de Fraunhofer de una rendija simple de anchura a. Están señaladas las posiciones de dos mínimos a cada lado del máximo central (el dibujo no está a escala).

interferencia constructiva están situados, aproximadamente, a medio camino entre las franjas oscuras. Señalemos que la franja central brillante es el doble de ancha que la que corresponde a un máximo secundario.

PIENSE EN LA FÍSICA 9.2

Si la puerta de un salón de clases está entreabierta, podemos oír sonidos del pasillo. Sin embargo, no podemos ver lo que pasa en el pasillo. ¿Cuál es la causa de esta diferencia?

Razonamiento. El hueco que deja la puerta entreabierta actúa como una rendija simple para las ondas. Las ondas de sonido tienen una longitud de onda mayor que la anchura de la apertura, de forma que el sonido se difracta en la apertura y se difunde por toda la habitación. La longitud de onda de la luz es mucho menor que la apertura de la puerta, por lo que prácticamente no se produce difracción de la luz. Debemos estar en línea recta (con la apertura y la fuente de ondas del pasillo) para detectar las ondas de luz.

Ejemplo 9.5 ¿Dónde están las franjas oscuras?

Luz con longitud de onda de 580 nm incide sobre una rendija de 0.300 mm de anchura. La pantalla de visualización está a 2.00 m de la rendija. Hallar las posiciones de las primeras franjas oscuras, y el ancho de la franja central brillante.

Solución. Las primeras franjas oscuras a los lados de la franja central brillante corresponden a $m = \pm 1$ en la ecuación 9.14. Por tanto, hallamos que

$$\text{sen}\,\theta_{\text{oscuro}} = \pm\frac{\lambda}{a} = \pm\frac{5.80 \times 10^{-7}\text{ m}}{0.300 \times 10^{-3}\text{ m}} = \pm 1.93 \times 10^{-3}$$

Del triángulo de la figura 9.16, vemos que $\tan\theta = y_1/L$. Dado que θ es muy pequeño, podemos utilizar la aproximación sen $\theta \approx \tan\theta$, de modo que sen $\theta \approx y_1/L$. Las posiciones de los primeros mínimos, medidas desde el eje central, vienen determinadas por

$$y_1 \approx L\,\text{sen}\,\theta_{\text{oscuro}} = (2.00\text{ m})(\pm 1.93 \times 10^{-3})$$
$$= \pm 3.86 \times 10^{-3}\text{ m}$$

Los signos positivo y negativo corresponden a las franjas oscuras situadas a cada lado de la franja central brillante. Por consiguiente, el ancho de la franja central brillante es igual a $2|y_1| = 7.72 \times 10^{-3}$ m $= 7.72$ mm. Observe que este valor es mucho mayor que el ancho de la rendija. A medida que incrementamos el ancho de la rendija, el patrón de difracción se vuelve más estrecho, correspondiendo a valores menores de θ. De hecho, para valores grandes de a, los máximos y mínimos están tan juntos que el único patrón observado es una gran área brillante de la misma forma que la rendija. Esto es de gran importancia en el diseño de las lentes utilizadas en telescopios, microscopios y otros instrumentos ópticos.

EJERCICIO. Determinar la anchura de la franja brillante de primer orden.

Respuesta: 3.86 mm

9.7 • PODER DE RESOLUCIÓN DE RENDIJAS SIMPLES Y APERTURAS CIRCULARES

Imaginemos que estamos conduciendo por el desierto de noche, por una carretera que es totalmente recta y plana a lo largo de varios kilómetros. A lo lejos vemos un vehículo que viene hacia nosotros. Cuando el vehículo está muy alejado, probablemente seamos incapaces de saber si se trata de un automóvil con dos faros, o de una moto con uno. A medida que se acerque, llegará un punto en el que seremos capaces de distinguir los dos faros y sabremos que se trata de un automóvil. En el momento en que somos capaces de ver dos faros separados, decimos que las fuentes luminosas han sido **resueltas**.

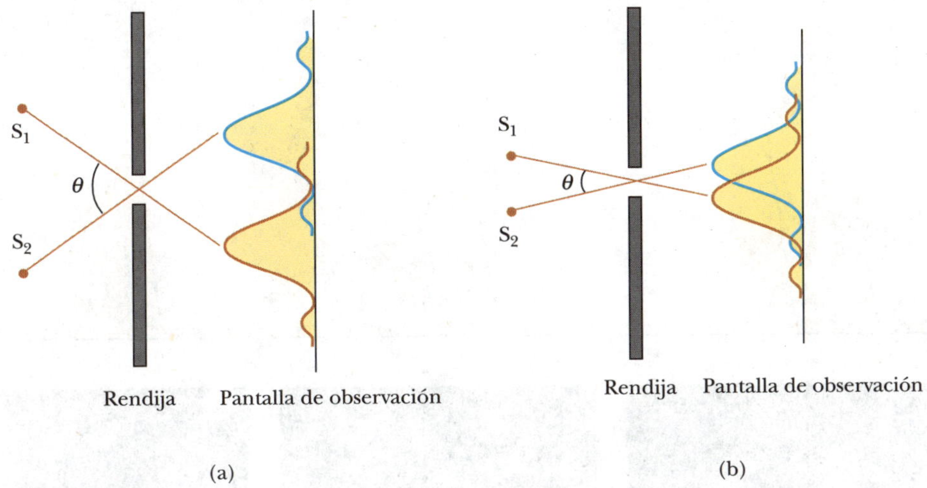

Figura 9.17

Cada una de las dos fuentes luminosas alejadas de una pequeña apertura producen un patrón de difracción. (a) El ángulo subtendido por las fuentes luminosas en la apertura es lo suficientemente grande como para que los patrones de difracción sean distinguibles. (b) El ángulo subtendido por las fuentes luminosas en la apertura es demasiado pequeño, los patrones de difracción se traslapan y las imágenes no están resueltas. (Los ángulos del dibujo son exagerados; el dibujo no está a escala.)

La capacidad de los sistemas ópticos para distinguir objetos muy cercanos entre sí es limitada, a causa de la naturaleza ondulatoria de la luz. Para comprender esta limitación, consideremos la figura 9.17, que muestra dos fuentes luminosas alejadas de una rendija estrecha. Las fuentes pueden ser consideradas como fuentes puntuales incoherentes, S_1 y S_2. Por ejemplo, podrían ser dos estrellas alejadas observadas a través de la apertura de un telescopio. Si no se produce difracción, podemos observar dos manchas (o imágenes) distintas y brillantes en la pantalla de la parte derecha de la figura. A causa de la difracción, cada fuente produce una imagen con una región central brillante rodeada de bandas más débiles, brillantes y oscuras. Lo que se observa en la pantalla es la suma de los dos patrones de difracción: uno de S_1 y el otro de S_2.

Si las dos fuentes están lo suficientemente separadas como para asegurar que sus máximos centrales no se traslapen, como en la figura 9.17a, sus imágenes pueden distinguirse y decimos que están resueltas. Si las fuentes están muy cerca una de la otra, como en la figura 9.17b, los dos máximos centrales pueden traslaparse y las fuentes no están resueltas. Para saber cuándo dos fuentes están resueltas, a menudo se utiliza la siguiente condición:

Cuando el máximo central del patrón de difracción de una de las fuentes coincide con el primer mínimo del patrón de difracción de la otra fuente, decimos que las fuentes han alcanzado el umbral de resolución. Esta condición límite es conocida con el nombre de **criterio de Rayleigh.**

• *Criterio de Rayleigh*

La figura 9.18 muestra los patrones de difracción de aperturas circulares en tres situaciones. Cuando los objetos están alejados se resuelven bien (figura 9.18a). El umbral de resolución se alcanza cuando sus ángulos de separación satisfacen el criterio de Rayleigh (figura 9.18b). Finalmente las fuentes no están resueltas en la figura 9.18c.

A partir del criterio de Rayleigh, podemos determinar la separación angular mínima $\theta_{\text{mín}}$ subtendida por las dos fuentes en la rendija en el umbral de resolu-

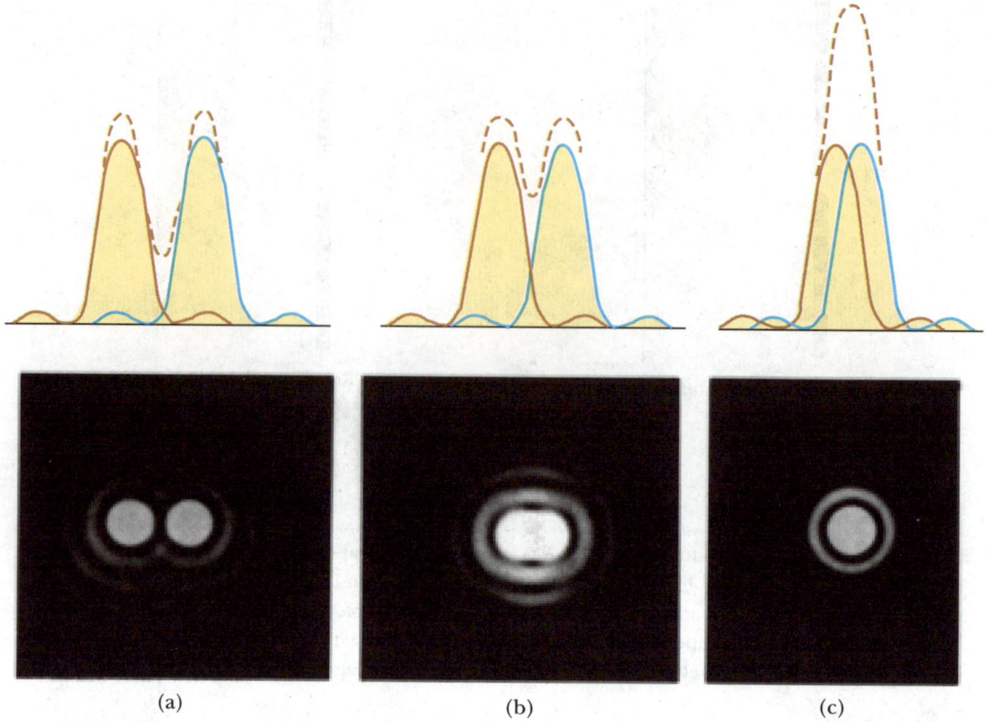

Figura 9.18

Patrones de difracción individual de dos fuentes puntuales (líneas continuas) y el patrón resultante (líneas punteadas), para varias separaciones angulares entre las fuentes. En cada caso, la curva punteada es la suma de las dos curvas continuas. (a) Las fuentes están muy alejadas y se resuelven bien. (b) Las fuentes están más cerca una de otra, de forma que el patrón satisface el criterio de Rayleigh, y las fuentes están en el umbral de resolución. (c) Las fuentes están tan cercanas que no están resueltas. *(De M.Cagnet, M. Francon y J. C. Thierr, Atlas of Optical Phenomena, Berlin, Springer-Verlag, 1962, Fotografía 16)*

ción. En la sección 9.4 vimos que el mínimo de primer orden en el patrón de difracción de una rendija simple se produce cuando el ángulo satisface la siguiente relación:

$$\operatorname{sen}\theta = \frac{\lambda}{a}$$

donde a es la anchura de la rendija. De acuerdo con el criterio de Rayleigh, esta expresión nos da la menor separación angular para la cual las dos fuentes se resuelven. Dado que $\lambda \ll a$ en la mayoría de situaciones, sen θ es pequeño y podemos utilizar la aproximación sen $\theta \approx \theta$. Por consiguiente, el ángulo umbral de resolución para una rendija de anchura a es

• *Ángulo umbral de resolución para una rendija*

$$\theta_{\text{mín}} = \frac{\lambda}{a} \qquad [9.15]$$

donde $\theta_{\text{mín}}$ está expresado en radianes. Por tanto, el ángulo formado por las dos fuentes desde la rendija debe ser *mayor* que λ/a para poder resolver las fuentes.

Muchos sistemas ópticos utilizan aberturas circulares en vez de rendijas. El patrón de difracción de una abertura circular, como se ha visto en la figura 9.18, consiste en un disco central brillante rodeado de anillos cada vez más débiles.

El análisis muestra que el ángulo umbral de resolución de una abertura circular es

$$\theta_{\text{mín}} = 1.22\,\frac{\lambda}{D} \qquad \textbf{[9.16]}$$

• *Ángulo umbral de resolución para una abertura circular.*

donde D es el diámetro de la abertura. Observe que la ecuación 9.16 es similar a la ecuación 9.15, excepto por el factor 1.22, que proviene del análisis matemático de la difracción en una abertura circular. Esta ecuación está relacionada con la dificultad que tenemos para ver los dos faros de un automóvil, comentada al principio de esta sección. Cuando observamos con el ojo, D en la ecuación 9.16 es el diámetro de la pupila. El patrón de difracción que se forma cuando la luz pasa a través de la pupila es la causa de la dificultad para resolver los faros.

Otro ejemplo del efecto de la difracción en el poder de resolución para aberturas circulares es el telescopio astronómico. El final del tubo a través del cual pasa la luz es circular, por lo que el poder de resolución del telescopio para estrellas muy próximas entre sí está limitado por el diámetro de su abertura.

Pregunta rápida 9.4

Suponga que estamos observando una estrella doble con un telescopio y tenemos dificultades en resolver las dos estrellas. Decidimos usar un filtro de color. ¿Deberemos elegir un filtro azul o un filtro rojo?

PIENSE EN LA FÍSICA 9.3

Las pupilas de los ojos de los gatos pueden tomar la forma de rendijas verticales. Por la noche ¿tienen los gatos más éxito para resolver los faros de un automóvil distante, o para resolver las luces, separadas verticalmente, de un mástil de un barco distante?

Razonamiento. La anchura efectiva de la rendija del ojo del gato en sentido vertical es mayor que en sentido horizontal. Por tanto, el ojo tiene mayor poder de resolución para luces separadas en dirección vertical y será más efectivo para resolver las luces del mástil del barco.

Ejemplo 9.6 Resolución de un telescopio

El telescopio Hale del Monte Palomar tiene un diámetro de 200 pulgadas. ¿Cuál es el ángulo umbral de resolución para luz de 600 nm?

Solución. Dado que D = 200 pulgadas = 5.08 m y $\lambda = 6.00 \times 10^{-7}$ m, la ecuación 9.16 nos da

$$\theta_{\text{mín}} = 1.22\,\frac{\lambda}{D} = 1.22\left(\frac{6.00 \times 10^{-7}\ \text{m}}{5.08\ \text{m}}\right)$$
$$= 1.44 \times 10^{-7}\ \text{rad} \approx 0.03\ \text{s de arco}$$

Por tanto, suponiendo condiciones atmosféricas ideales, dos estrellas que formen un ángulo mayor o igual a este valor podrán ser resueltas. El telescopio Hale nunca puede, en la práctica, llegar a este límite de difracción. Por el contrario, su ángulo mínimo de resolución siempre es mayor, porque los cambios atmosféricos disminuyen la visibilidad. El límite real es de aproximadamente 1 s de arco y nunca es menor que 0.1 s de arco. El telescopio espacial Hubble puede tomar fotografías de mayor calidad que los telescopios terrestres, porque no sufre las limitaciones atmosféricas.

EJERCICIO. El mayor radiotelescopio, situado en Arecibo, Puerto Rico, tiene un diámetro de 305 m y está diseñado para detectar ondas de radio de 0.75 m. Calcular el ángulo mínimo de resolución para este telescopio, y comparar la respuesta con el telescopio Hale.

Respuesta: 3.0×10^{-3} rad (10 minutos de arco), más de 10 000 veces el mínimo del telescopio Hale.

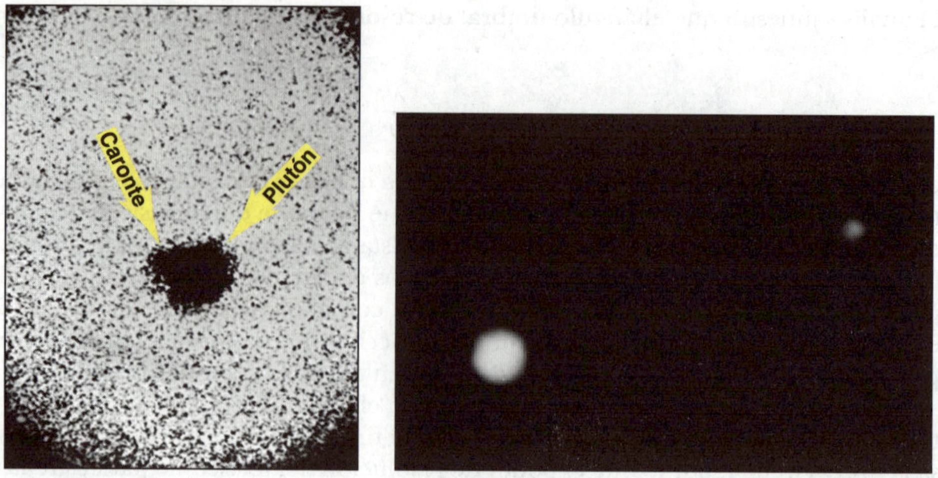

(a) (b)

Figura 9.19

(a) Fotografía con la que Caronte, la luna de Plutón, fue descubierta en 1978. Desde un telescopio terrestre, las turbulencias atmosféricas provocan que Caronte aparezca solamente como una pequeña protuberancia en el contorno de Plutón. (b) Una foto de Plutón y Caronte tomada por el telescopio espacial Hubble, que resuelve claramente los dos objetos. (*(a) U.S. Naval Observatory / James W. Christi, U.S. Navy Photograph; (b) fotografía cortesía del Observatorio Gemini*)

Como un ejemplo de los efectos de las turbulencias atmosféricas discutidas en el ejemplo 9.6, consideremos las imágenes telescópicas de Plutón y su luna, Caronte. La figura 9.19a muestra la imagen obtenida en 1978, que supuso el descubrimiento de Caronte. En esta fotografía, tomada por un telescopio terrestre, las turbulencias atmosféricas provocan que Caronte aparezca sólo como una pequeña protuberancia en el contorno de Plutón. Por el contrario, la figura 9.19b muestra una fotografía tomada por el telescopio espacial Hubble. Sin las limitaciones de las turbulencias atmosféricas, Plutón y su luna están claramente resueltas.

WEB

Para más información sobre Plutón y Caronte, visite **www.seds.org/billa/tnp/pluto.html**

9.8 • LA REJILLA DE DIFRACCIÓN

La **rejilla de difracción** es un instrumento útil para analizar fuentes luminosas, y consiste en un elevado número de rendijas paralelas y equidistantes. Se puede crear una red de este tipo practicando, de forma paralela y equidistante, ranuras en un cristal o placa de metal con un aparato de precisión. En una *rejilla de transmisión*, las líneas son transparentes a la luz y, por tanto, actúan como rendijas separadas. En una *rejilla de reflexión*, las líneas son altamente reflectantes. Las rejillas con líneas muy juntas pueden tener separaciones muy pequeñas entre rendijas. Por ejemplo, una rejilla con 5 000 líneas/cm tiene una separación entre las rendijas de $d = (1/5\,000)$ cm $= 2 \times 10^{-4}$ cm.

¡ADVERTENCIA! 9.7

Una red de difracción es una red de interferencia

Como con el término *patrón de difracción, red de difracción* es un término inapropiado pero muy arraigado. La rejilla de difracción depende de la difracción de la misma forma que la doble rendija: difundiendo la luz de forma que la luz de distintas rendijas interfiera. Sería más correcto llamar a este dispositivo *rejilla de interferencia*. No obstante, es improbable que oiga llamar a este instrumento de ninguna otra forma que *rejilla de difracción*.

La figura 9.20 muestra la representación gráfica de una sección de una rejilla de difracción plana. Una onda plana incide desde la izquierda en la dirección normal al plano de la rejilla. El patrón que se observa sobre la pantalla (alejada, a la derecha de la figura 9.20) es el resultado de los efectos combinados de interferencia y difracción. Cada rendija produce difracción, y los haces difractados interfieren entre sí para producir el patrón observado. Cada rendija actúa como una fuente de ondas, y todas las ondas parten en fase de las rendijas. Para una dirección arbitraria θ, medida desde la horizontal, las ondas deben recorrer diferentes longitudes de camino óptico hasta llegar a un punto dado de la pantalla. En la figura 9.20 observamos que la diferencia de camino entre las ondas proce-

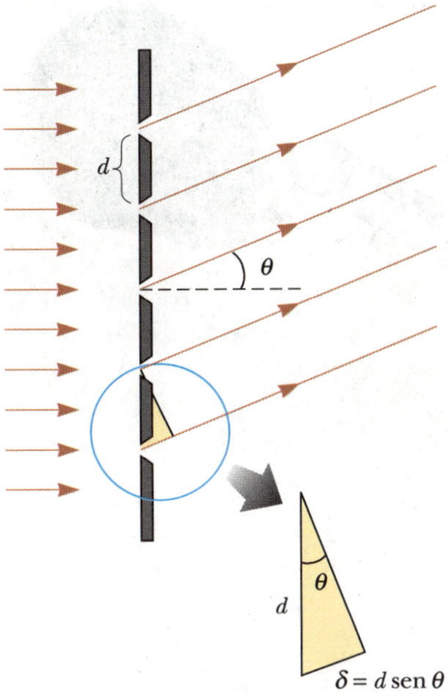

Figura 9.20

Vista lateral de una rejilla de difracción. La separación entre rendijas es d y la diferencia entre las distancias recorridas desde rendijas contiguas es $d \operatorname{sen} \theta$.

dentes de dos rendijas contiguas cualesquiera es igual a $d \operatorname{sen} \theta$. (Suponemos de nuevo que la distancia hasta la pantalla, L, es mucho mayor que d.) Si esta diferencia de camino es igual a la longitud de onda o a un múltiplo entero de la longitud de onda, las ondas procedentes de todas las rendijas estarán en fase en la pantalla y se observará una línea brillante. Cuando la luz incide perpendicularmente sobre el plano de la red de difracción, la condición para los *máximos* en el patrón de interferencia en función del ángulo θ es, por tanto *,

$$d \operatorname{sen} \theta_{\text{brillo}} = m\lambda \quad (m = 0, 1, 2, 3, \ldots) \qquad [9.17]$$

• *Condiciones para la interferencia constructiva en una rejilla de difracción*

Esta expresión se puede utilizar para calcular la longitud de onda si conocemos la separación entre las rendijas de la red d y el ángulo de desviación θ. Si la radiación incidente contiene varias longitudes de onda, el máximo de orden m-ésimo para cada longitud de onda se produce para el ángulo determinado por la ecuación 9.17. Todas las longitudes de onda se combinan en $\theta = 0$, que corresponde a $m = 0$.

La figura 9.21 muestra la distribución de la intensidad para una rejilla de difracción. Si la fuente contiene varias longitudes de onda, se observa un espectro de líneas en distintas posiciones para diferentes números de orden. Observe la forma aguda del máximo principal y la anchura de las zonas oscuras. Esto contrasta con las franjas anchas brillantes características del patrón de interferencia de dos rendijas (véase la figura 9.4).

En la figura 9.22 se muestra un dispositivo sencillo para medir la longitud de onda de la luz. Es un *espectrómetro de rejilla de difracción.* La luz que debe ser analizada pasa a través de una rendija† y un rayo paralelo de luz sale del colimador perpendicularmente a la red. La luz difractada sale de la rejilla y muestra interferencias constructivas en los ángulos que satisfacen la ecuación 9.17. Se utiliza

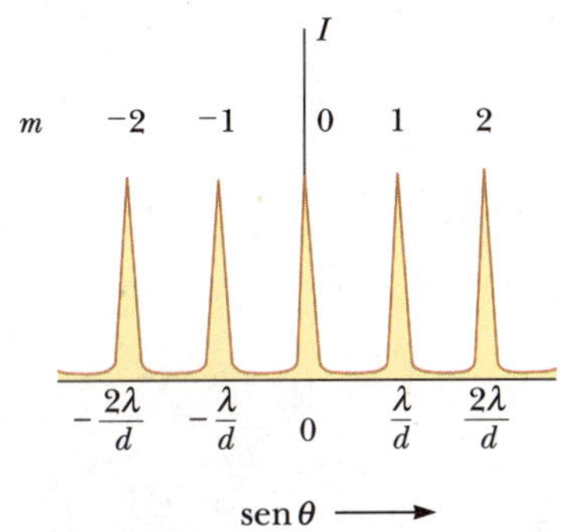

Figura 9.21

Intensidad en función de sen θ para una rejilla de difracción. Se muestran los máximos de orden 0, 1 y 2.

* Observe que esta ecuación es idéntica a la ecuación 9.2. Esta ecuación puede ser utilizada para dos o más rendijas. La distribución de la intensidad variará con el número de rendijas, pero las posiciones de los máximos serán las mismas.

† Una rendija larga y estrecha nos permite observar las *líneas* del espectro en la luz procedente de sistemas atómicos y moleculares, como se explicó en el capítulo 11.

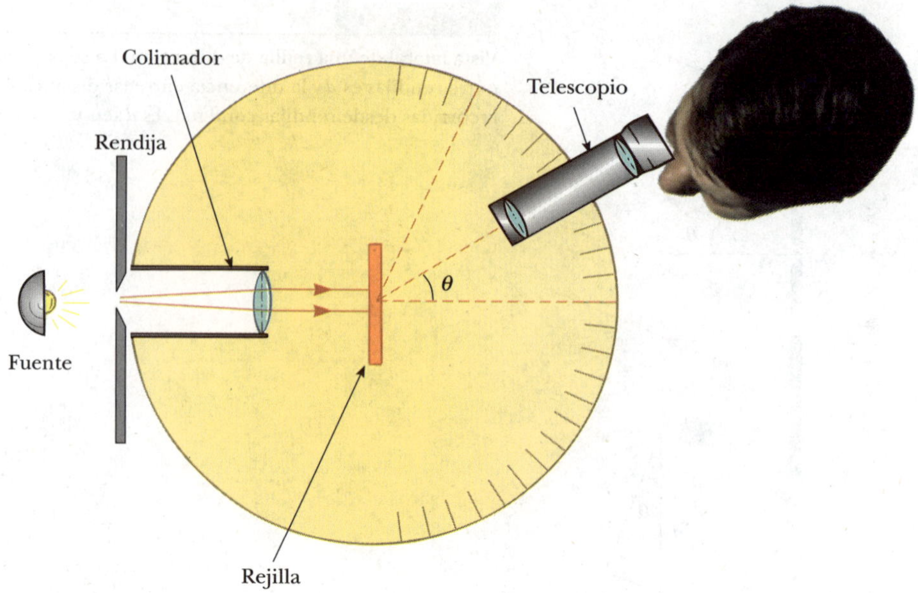

Figura 9.22

Diagrama de un espectrómetro de rejilla de difracción. El rayo colimado que incide sobre la red se difracta, según los diversos órdenes, con ángulos θ que satisfacen la ecuación $d \operatorname{sen} \theta = m\lambda$, en la que $m = 0, 1, 2, \ldots$.

un telescopio para ver la imagen de la rendija. La longitud de onda se puede determinar midiendo los ángulos exactos en los que aparecen las imágenes de la rendija en los diferentes órdenes.

Pregunta rápida 9.5

Si un rayo láser es reflejado en un disco de gramófono o un disco compacto, aparece un patrón de difracción. Esto ocurre porque ambos dispositivos contienen pistas paralelas de información que actúan como una red de difracción por reflexión. ¿Cuál de los dos produce máximos de difracción más separados?

PIENSE EN LA FÍSICA 9.4

La luz blanca reflejada por la superficie de un disco compacto tiene muchos colores, como se muestra en la fotografía del inicio de este capítulo. Además, la observación depende de la orientación relativa del disco respecto al ojo y a la fuente luminosa. Explique el porqué.

Razonamiento. La superficie de un disco compacto tiene una pista en espiral (con una separación de aproximadamente 1 μm) que actúa como una rejilla de reflexión. La luz esparcida por estas pistas tan juntas interfiere constructivamente en direcciones que dependen de la longitud de onda y de la dirección de la luz incidente. Cada parte del disco sirve de rejilla de difracción para la luz blanca, emitiendo rayos de interferencia constructiva de diferentes colores en distintas direcciones. Los diferentes colores que vemos cuando miramos una parte del disco cambian en la medida que la fuente luminosa, el disco o nosotros nos movemos, cambiando el ángulo de incidencia o de visión.

PIENSE EN LA FÍSICA 9.5

Una rejilla de difracción consiste en una serie de aperturas transparentes entre áreas opacas. Las persianas satisfacen esta definición. ¿Dará lugar una persiana a un patrón de difracción visible para las ondas luminosas? ¿Y para el sonido? ¿Y para las ondas de radio?

Razonamiento. Para que la radiación que atraviesa una rejilla de difracción forme un patrón de difracción, la longitud de onda de la radiación debe ser menor que la separación entre las rendijas. Las ondas de radio y las ondas de sonido audibles tienen longitudes de onda mayores que la separación usual entre las rendijas de una persiana. Por tanto, no se observarán efectos de difracción para ondas de radio o de sonido. Las ondas luminosas cumplen la condición (la longitud de onda es menor que la separación entre rendijas), pero las ondas luminosas son mucho menores en longitud de onda, tanto que los máximos de interferencia no son distinguibles. Un cálculo del orden de magnitud muestra que hay cientos de máximos de interferencia en un ángulo de 1° medido desde la línea central. Si se transmiten microondas a través de la persiana podemos esperar que se pueda detectar un patrón de difracción, ya que las longitudes de onda de las microondas y las rendijas de la persiana son del mismo orden de magnitud.

PIENSE EN LA FÍSICA 9.6

Por una abertura en una caja opaca entra luz blanca, la cual sale por una abertura situada en la cara opuesta de la caja. Se forma un espectro de colores sobre la pared ¿Cómo podemos determinar si la caja contiene un prisma o una rejilla de difracción?

Razonamiento. Se puede determinar observando el orden de los colores del espectro en relación con la dirección del rayo original de luz blanca. Para un prisma, en el cual la separación de la luz es resultado de la dispersión, la luz violeta se refractará más que la luz roja, de forma que el orden del espectro irá del rojo, el más cercano a la dirección original, al violeta. Para una rejilla de difracción, el ángulo de difracción se incrementa con la longitud de onda. Por tanto el espectro de una rejilla de difracción tendrá colores en el rango que va desde el violeta, el más cercano a la dirección del rayo original, al rojo.

Ejemplo 9.7 Los órdenes de una rejilla de difracción

Un haz láser monocromático de neón y helio ($\lambda = 632.8$ nm) incide perpendicularmente sobre una rejilla de difracción que contiene 6 000 líneas/cm. Encontrar los ángulos en los que se observan los máximos de primer, segundo y tercer orden.

Solución. En primer lugar, calculamos la separación entre rendijas, que es igual al inverso del número de líneas por cm:

$$d = (1/6\,000)\text{ cm} = 1.667 \times 10^{-4}\text{ cm} = 1\,667\text{ nm}$$

Para el máximo de primer orden ($m = 1$), tenemos

$$\text{sen}\,\theta_1 = \frac{\lambda}{d} = \frac{632.8\text{ nm}}{1\,667\text{ nm}} = 0.379\,7$$

$$\theta_1 = 22.31°$$

Para $m = 2$ tenemos

$$\text{sen}\,\theta_2 = \frac{2\lambda}{d} = \frac{2(632.8\text{ nm})}{1\,667\text{ nm}} = 0.759\,2$$

$$\theta_2 = 49.41°$$

Para $m = 3$, tenemos que sen $\theta_3 = 1.139$. Dado que sen θ no puede ser mayor que la unidad, esta solución no es real. Por tanto, para esta situación, sólo pueden observarse los máximos de orden 0, 1 y 2.

9.9 • DIFRACCIÓN DE RAYOS X EN CRISTALES

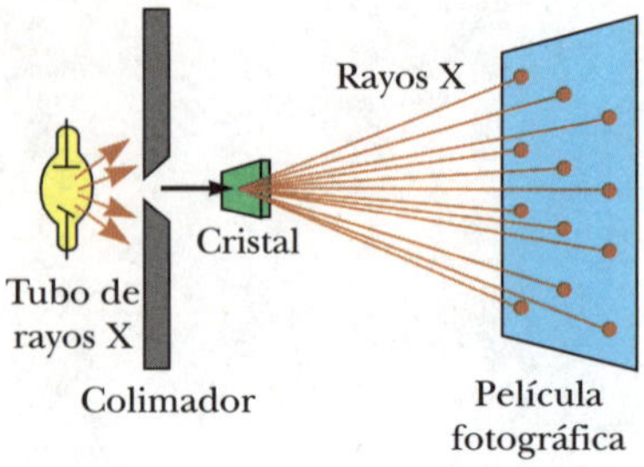

Figura 9.23

Diagrama esquemático de la técnica utilizada para observar la difracción de rayos X por un cristal. El arreglo de manchas que se forma en la película se llama *patrón de Laue.*

En principio, la longitud de onda de cualquier onda electromagnética puede ser determinada si disponemos de una rejilla con la separación adecuada (del orden de λ). Los **rayos X**, descubiertos en 1895 por Wilhelm Roentgen (1845-1923), son ondas electromagnéticas con longitud de onda muy corta (del orden de 10^{-10} m = 0.1 nm). En 1913, Max von Laue (1879-1960) sugirió que la disposición regular de átomos en un cristal, cuya separación es del orden de 10^{-10} m, podría actuar como una rejilla de difracción tridimensional para rayos X. Experimentos posteriores confirmaron su predicción. Los patrones de difracción observados son complicados, a causa de la naturaleza tridimensional del cristal. A pesar de ello, la difracción de rayos X es una técnica inestimable para estudiar estructuras cristalinas y para comprender la estructura de la materia.

La figura 9.23 muestra un dispositivo experimental para observar la difracción de rayos X en un cristal. Un haz colimado de rayos X con un rango continuo de longitudes de onda incide sobre un cristal. Los haces difractados son muy intensos en determinadas direcciones, que corresponden a las interferencias constructivas de las ondas reflejadas en las capas de átomos del cristal. Los haces difractados pueden ser registrados en una película fotográfica, y forman un arreglo de manchas conocido como *patrón de Laue.* Se puede deducir la estructura del cristal analizando las posiciones e intensidades de las diferentes manchas del patrón.

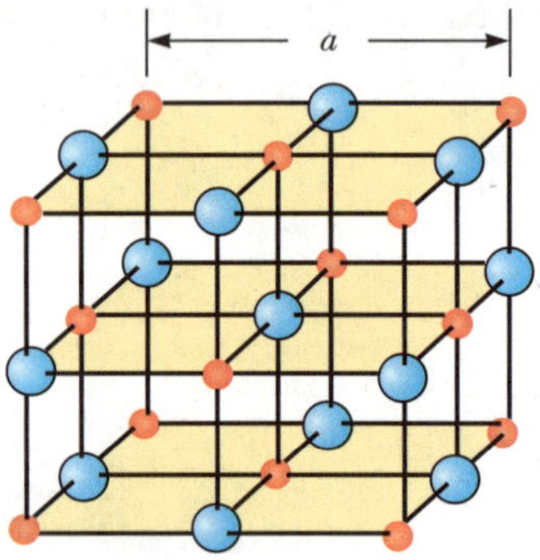

Figura 9.24

Estructura cristalina de cloruro de sodio (NaCl). Las esferas azules representan iones Cl^-, y las esferas rojas representan iones Na^+.

La figura 9.24 muestra el arreglo de los átomos en un cristal de NaCl. Las esferas rojas representan iones Na^+, y las esferas azules representan iones Cl^-. Cada celda unidad (la forma geométrica que se repite a lo largo del cristal) contiene cuatro iones Na^+ y cuatro iones Cl^-. La celda unidad es un cubo de arista *a.*

Los iones en un cristal están dispuestos en varios planos, como se muestra en la figura 9.25. Supongamos que un haz de rayos X incide con un ángulo θ sobre uno de los planos, como en la figura 9.25. El haz puede ser reflejado tanto por el plano superior como por el inferior; sin embargo, la construcción geométrica de la figura 9.25 muestra que el haz reflejado por el plano inferior recorre una distancia mayor que la del haz reflejado por el plano superior. La diferencia de camino efectivo entre los dos haces es $2d \operatorname{sen} \theta$, donde d es la distancia entre los planos. Los dos haces se refuerzan entre sí (interferencia constructiva) cuando la diferencia de camino es un múltiplo entero de la longitud de onda λ. Lo mismo es cierto para la reflexión en todos los planos paralelos del cristal. Por tanto, la condición para la interferencia constructiva (un máximo en la onda reflejada) es

• *Ley de Bragg*

$$2d \operatorname{sen} \theta = m\lambda \quad (m = 1, 2, 3, \ldots) \qquad [9.18]$$

Esta condición es conocida como la **ley de Bragg**, por W. Lawrence Bragg (1890-1971), quien fue el primero en obtenerla. Si se miden la longitud de onda y el ángulo de difracción, la ecuación 9.18 puede ser utilizada para calcular la distancia entre los planos de átomos.

¡ADVERTENCIA! 9.8

Ángulos diferentes

Note que en la figura 9.25 el ángulo θ se mide desde la superficie reflectante, y no desde la normal, como en el caso de la ley de reflexión del capítulo 7. Con las rendijas y rejillas de difracción, también medíamos el ángulo θ desde la normal. Por tradición, el ángulo se mide de forma distinta en la difracción de Bragg. No se debe olvidar esta diferencia.

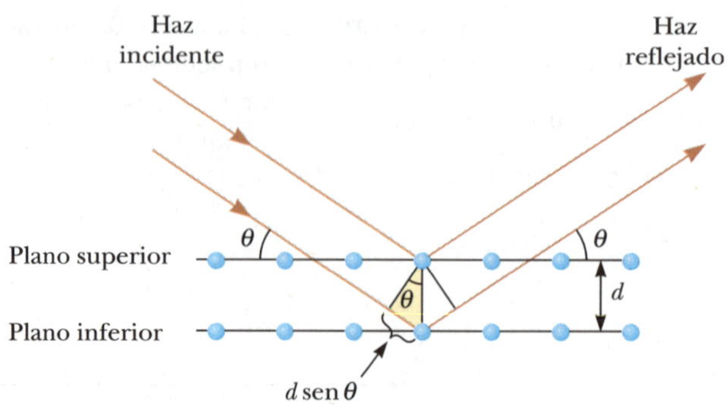

Figura 9.25

Descripción bidimensional de la reflexión de un haz de rayos X en dos planos paralelos de un cristal, separados por una distancia *d.* El haz reflejado en el plano inferior recorre una distancia mayor que el reflejado en el plano superior. La diferencia de camino es igual a $2d \operatorname{sen} \theta$.

Relación con el contexto

9.10 • HOLOGRAFÍA

Una aplicación interesante del láser es la **holografía**, la producción de imágenes tridimensionales de objetos. La física de la holografía fue desarrollada por Dennis Gabor en 1948, por lo cual recibió el Premio Nobel de física en 1971. No obstante, la necesidad de luz coherente retrasó la creación de imágenes holográficas desde el trabajo de Gabor hasta el desarrollo del láser en la década de 1960. La figura 9.26 muestra un holograma y el carácter tridimensional de su imagen.

La figura 9.27 muestra cómo se produce un holograma. La luz del láser es dividida en dos partes por un espejo semitransparente en *B*. Una parte del haz se refleja en el objeto que queremos fotografiar e incide en la película fotográfica. La otra mitad del haz pasa por la lente divergente L_2, se refleja en los espejos M_1 y M_2 y, finalmente, incide en la película. Los dos haces se superponen para formar sobre la película un patrón de interferencia extraordinariamente complicado. Un patrón de interferencia sólo puede ser producido si la relación de fase entre las dos ondas es constante a lo largo del tiempo de exposición de la película. Esta condición se consigue iluminando la escena con luz procedente de una rendija o con radiación láser coherente. El holograma graba no solamente la intensidad de luz esparcida por el objeto (como la fotografía convencional), sino también la diferencia de fase entre el haz original y el haz esparcido por el objeto. Esta diferencia de fase produce un patrón de interferencia que crea una imagen con perspectiva tridimensional completa.

WEB

Para obtener más información y acceder a actividades sobre holografía, incluyendo enlaces a otros sitios web relacionados, visite **www.holoworld.com/**

En una imagen fotográfica normal, se utiliza una lente para enfocar la imagen de forma que cada punto del objeto corresponda a un único punto sobre la película. Observe que no se utiliza ninguna lente en la figura 9.27 para enfocar la luz sobre la película. Por tanto, la luz de cada punto del objeto llega a *todos* los puntos de la película. Como consecuencia, cada parte de la película fotográfica en la que se registra el holograma contiene información sobre todos los puntos iluminados del objeto. Esto lleva a un importante resultado: si se corta una pequeña sección de la película del holograma, ¡se puede formar la imagen completa a partir del trozo cortado!

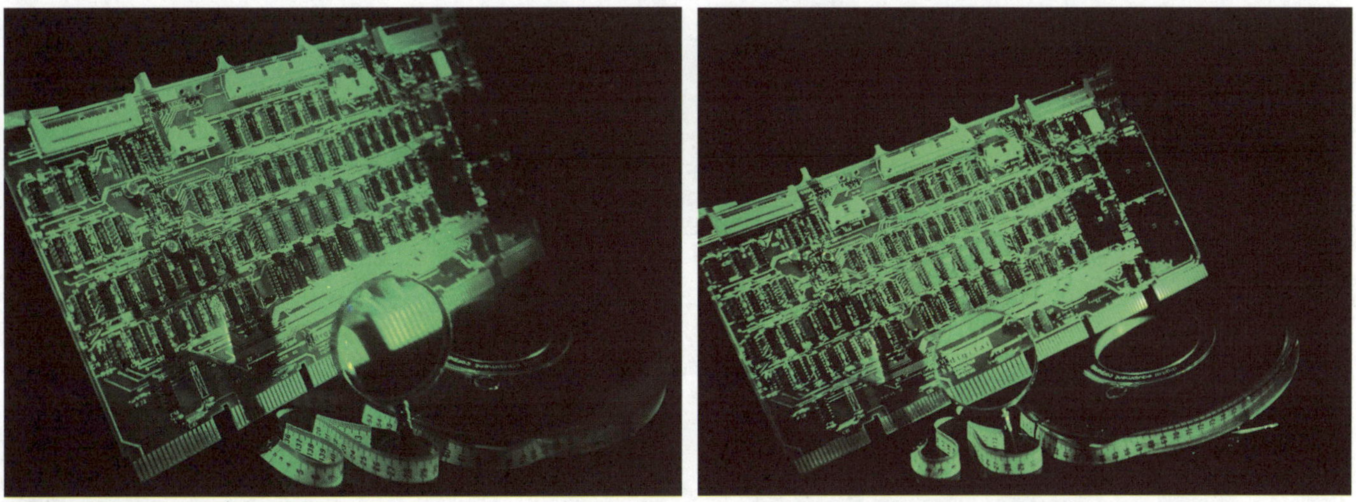

Figura 9.26

En este holograma se muestra un circuito desde dos perspectivas diferentes. Observe la diferencia en el aspecto de la cinta métrica y de lo que se ve a través de la lupa. *(Fotografía de Ronald R. Erickson; holograma de Nicklaus Phillips)*

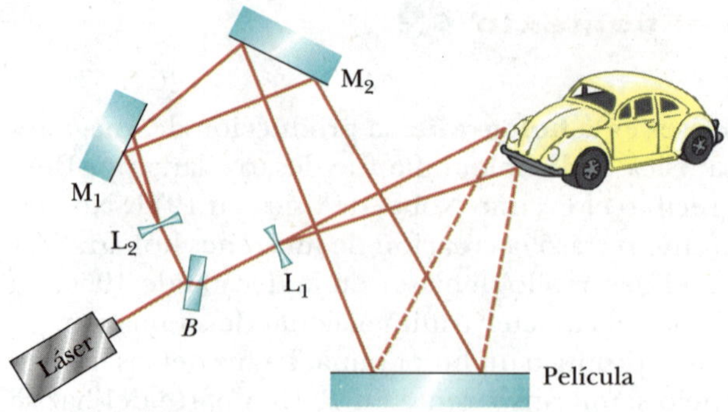

Figura 9.27

Dispositivo experimental para crear un holograma.

Un holograma se ve mejor permitiendo que luz coherente pase a través de la película revelada y mirando por atrás, a lo largo de la dirección del haz incidente. El patrón de interferencia de la película se comporta como una rejilla de difracción. La figura 9.28 muestra dos rayos de luz que inciden en la película y la atraviesan. Para cada rayo, los rayos $m = 0$ y $m = \pm 1$ en el patrón de difracción se muestran surgiendo del lado derecho de la película. Observe que los rayos $m = +1$ convergen para formar una imagen real de la escena, que no es la imagen que normalmente se ve. Extendiendo los rayos de luz correspondientes a $m = -1$ por detrás de la película, vemos que hay una imagen virtual situada allí, con la luz procediendo de ella exactamente de la misma forma que la luz procedía del objeto real cuando se tomó la fotografía. Ésta es la imagen que vemos al mirar la película holográfica.

Los hologramas tienen muchas aplicaciones en imágenes de visualización y en medidas de precisión. Hay hologramas en algunas tarjetas de crédito. Este tipo especial de holograma se llama *holograma de arco iris,* y está diseñado para ser visto con luz blanca.

Los hologramas suponen una forma de almacenar información visual utilizando láser. En la Conclusión del contexto, analizaremos formas de utilizar rayos láser para almacenar información digital que pueda ser convertida en ondas de sonido o imágenes de video.

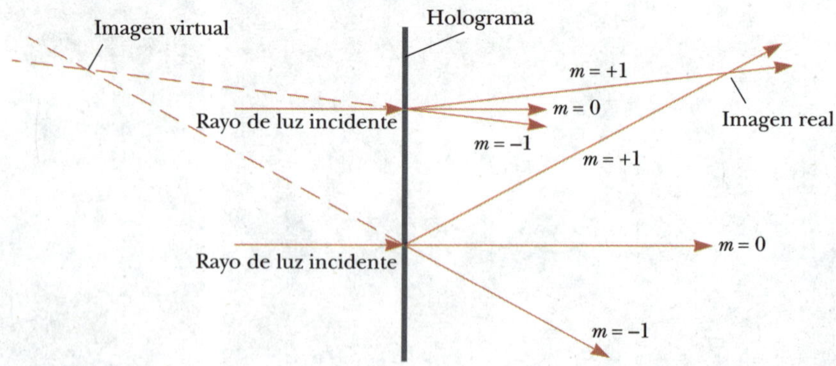

Figura 9.28

Dos rayos de luz inciden perpendicularmente sobre un holograma. Para cada rayo, se muestran los rayos salientes que corresponden a $m = 0$ y $m = \pm 1$. Si extendemos hacia atrás los rayos $m = -1$, vemos que en la parte delantera del holograma se forma una imagen virtual del objeto fotografiado.

RESUMEN

La interferencia de ondas luminosas es el resultado de la superposición lineal de dos o más ondas en un punto dado. Se puede observar un patrón de interferencia sostenido si (1) las fuentes tienen idéntica longitud de onda y (2) las fuentes son coherentes.

En el experimento de la doble rendija de Young, se iluminan con una fuente luminosa monocromática dos rendijas separadas por una distancia *d*. Sobre una pantalla situada a una distancia $L \gg d$ de las rendijas, se observa un diagrama de interferencia consistente en franjas brillantes y oscuras. La condición para la **interferencia constructiva** es

$$\delta = d \operatorname{sen} \theta_{\text{brillante}} = m\lambda \quad (m = 0, \pm 1, \pm 2, \ldots) \qquad [9.2]$$

La condición para la **interferencia destructiva** es

$$\delta = d \operatorname{sen} \theta_{\text{oscuro}} = (m + \tfrac{1}{2})\,\lambda \quad (m = 0, \pm 1, \pm 2, \ldots) \qquad [9.3]$$

El número *m* se llama **número de orden** de la franja.

La **intensidad promedio** del patrón de interferencia para una doble rendija es

$$I_{\text{av}} = I_{\text{máx}} \cos^2\left(\frac{\pi d \operatorname{sen}\theta}{\lambda}\right) \qquad [9.8]$$

donde $I_{\text{máx}}$ es la intensidad máxima sobre la pantalla.

Una onda electromagnética que pasa de un medio con índice de refracción n_1 a un medio con índice de refracción n_2, sufre un cambio de fase de 180° en la reflexión si $n_2 > n_1$. No ocurre ningún cambio de fase en la onda reflejada si $n_2 < n_1$.

La condición para las interferencias constructivas en una película delgada de espesor *t* e índice de refracción *n*, rodeada por el mismo medio a ambos lados de la capa, viene dada por

$$2nt = (m + \tfrac{1}{2})\,\lambda \quad (m = 0, 1, 2, \ldots) \qquad [9.12]$$

De la misma forma, la condición para las interferencias destructivas es

$$2nt = m\lambda \quad (m = 0, 1, 2, \ldots) \qquad [9.13]$$

La **difracción** es el esparcimiento de la luz respecto de una trayectoria rectilínea cuando la luz pasa a través de una abertura o alrededor de un obstáculo. Se puede analizar un **patrón de difracción** como la interferencia de un gran número de fuentes de ondas de Huygens coherentes esparcidas en la abertura.

El patrón de difracción producido por una rendija simple de ancho *a* sobre una pantalla distante consta de un máximo central brillante y bandas alternas claras y oscuras de menor intensidad. Los ángulos θ en los que el patrón de difracción tiene intensidad *cero* vienen dados por

$$\operatorname{sen} \theta_{\text{oscuro}} = m\frac{\lambda}{a} \quad (m = \pm 1, \pm 2, \pm 3, \ldots) \qquad [9.14]$$

El **criterio de Rayleigh**, que es una condición límite del poder de resolución, dice que dos imágenes formadas por una abertura se encuentran en el umbral de resolución si el máximo central del patrón de difracción de una de las imágenes coincide con el primer mínimo de la otra imagen. El ángulo umbral de resolución para una rendija de ancho *a* viene dado por $\theta_{\text{mín}} = \lambda/a$, y el ángulo umbral de resolución para una abertura circular de diámetro *D* viene dado por $\theta_{\text{mín}} = 1.22\lambda/D$.

Una **rejilla de difracción** consta de un gran número de rendijas idénticas y equidistantes. La condición para que se produzca una máxima intensidad en el patrón de interferencia de una rejilla de difracción para incidencia perpendicular es

$$d \operatorname{sen} \theta_{\text{brillante}} = m\lambda \quad (m = 0, 1, 2, 3, \ldots) \qquad [9.17]$$

donde *d* es la separación entre rendijas contiguas y *m* es el número de orden del máximo de difracción.

PREGUNTAS

1. ¿Cuál es la condición necesaria en la diferencia de longitud de camino óptico entre dos ondas que interfieren (a) constructivamente y (b) destructivamente?

2. Explique por qué dos linternas cercanas no producen un patrón de interferencia sobre una pantalla distante.

3. Si el experimento de la doble rendija de Young se realizara bajo el agua ¿cómo se vería afectado el patrón de interferencia?

4. En el experimento de la doble rendija de Young ¿por qué usamos luz monocromática? Si utilizásemos luz blanca ¿cómo cambiaría el patrón de interferencia?

5. A medida que una pompa de jabón se evapora, se vuelve de color negro justo antes de romperse. Explicar este fenómeno en términos de los cambios de fase que tienen lugar en la reflexión sobre las dos superficies de la película de jabón.

6. Una capa de aceite sobre el agua parece más brillante en las partes externas, donde es más delgada. A partir de esta información ¿qué podemos decir sobre el índice de refracción del aceite en relación al del agua?

7. Sostenemos en el aire una película de jabón formada en un alambre circular. La capa de jabón parece más oscura en las zonas más delgadas, cuando la observamos con luz reflejada, y muestra una gama de colores en las partes más gruesas, como en la figura 9.10b. Explique este fenomeno.

8. Una forma simple de observar un patrón de interferencia consiste en mirar una luz alejada a través de un pañuelo extendido o de un paraguas abierto. Explique por qué.

9. ¿Por qué una película delgada no debe ser muy gruesa (del orden de unas pocas longitudes de onda) para que se observe interferencia?

10. Una lente colocada sobre una placa plana de cristal tiene un radio exterior de curvatura *R* e índice de refracción *n*. Iluminamos el conjunto desde arriba con luz blanca. En el centro de la lente ¿aparecerá una mancha oscura o una mancha clara? ¿Qué significado tendría que los anillos observados no fuesen circulares?

11. ¿Por qué la lente de una cámara de buena calidad está recubierta por una película delgada?
12. ¿Sería posible colocar un recubrimiento antirreflectante sobre un avión para anular una serie de ondas de radar de longitud de onda 3 cm?
13. ¿Por qué es mucho más fácil realizar experimentos de interferencia con luz de láser que con una fuente ordinaria de luz?
14. Observe la sombra de este libro al sostenerlo unos centímetros por encima de una mesa, con una lámpara iluminándolo desde arriba a cierta distancia. ¿Por qué la sombra es algo borrosa en los bordes?
15. Pese a que podemos escuchar el sonido detrás de una esquina, no podemos ver detrás de ella. ¿Cómo se puede explicar este fenómeno, teniendo en cuenta que tanto el sonido como la luz son ondas?
16. Suponiendo que los faros de un automóvil son fuentes puntuales de luz, estimar la distancia máxima desde la que los faros son distinguibles entre sí.
17. Un rayo láser incide con un ángulo pequeño sobre una regla calibrada con precisión. Las marcas de la regla dan lugar a un patrón de difracción sobre una pantalla. Explique cómo podemos emplear esta técnica para obtener una medida de la longitud de onda del rayo láser.
18. Si interponemos un alambre en el trayecto recorrido por un rayo láser ¿es posible producir un diagrama de interferencia?
19. Una emisora típica de radio AM emite a 1 000 kHz. Una emisora de FM emite a una frecuencia del orden de 100 MHz. Explique por qué se pierde a menudo la señal de FM y no la de AM cuando pasamos por un túnel corto.
20. Describir el cambio en la anchura del máximo central de un patrón de difracción de rendija simple a medida que la anchura de la rendija disminuye.
21. Suponga que utilizamos luz blanca reflejada para observar un recubrimiento delgado y transparente sobre un cristal mientras éste es gradualmente depositado por evaporación. Describir los posibles cambios de color que pueden ocurrir mientras se forma la capa de recubrimiento.

Figura P9.22 Irisación en las plumas de pavo real. (*© Dyane Schiumo 1988, Fundamental Photographs)*

22. Los colores brillantes de las plumas del pavo real (figura Q9.22) se deben a un fenómeno conocido como irisación. Las fibras de melanina de las plumas actúan como una rejilla de transmisión natural. ¿Cómo podemos explicar los diferentes colores? ¿Por qué los colores cambian a menudo cuando el pájaro se mueve?
23. John William Strutt, Lord Rayleigh (1842-1919), ha sido considerado por algunos como "la última persona capaz de entender toda la física y todas las matemáticas". Fue el inventor de una versión mejorada de la sirena para barcos. Para advertir a los barcos de la cercanía de la costa, una sirena debe emitir sonido en un amplio plano horizontal sobre la superficie del mar. No debe malgastar energía emitiéndola hacia arriba, ni debe emitir sonido hacia abajo, porque el agua situada frente a la sirena lo reflejaría hacia arriba. La figura Q9.23 muestra la sirena-altavoz de Rayleigh. ¿Está instalada en la orientación correcta? Deduzca si la dimensión mayor de la apertura rectangular de la sirena debe ser la horizontal o la vertical y explique su decisión.

Figura P9.23

PROBLEMAS

1, 2, 3 = fácil, intermedio, difícil **web** = solución publicada en **http://www.harcourtcollege.com/physics/**

= se recomienda el uso de computadora para la resolución del problema

= problemas numérico/simbólico emparejados = aplicaciones biomédicas

Sección 9.1 Condiciones para la interferencia

Sección 9.2 El experimento de la doble rendija de Young

Sección 9.3 Interferencia de ondas luminosas

Los problemas 8, 9 y 41 del capítulo 14 del volumen I pueden resolverse junto con esta sección.

1. Efectuamos un experimento de interferencia de Young con luz monocromática. La separación entre las rendijas es de 0.500 m, y el patrón de interferencia en una pantalla a 3.30 m de las rendijas muestra el máximo de primer orden a 3.40 mm del centro del patrón. ¿Cuál es la longitud de onda?

2. En un lugar en el que la rapidez del sonido es de 354 m/s, una onda sonora de 2 000 Hz incide sobre dos rendijas separadas por 30.0 cm. (a) ¿En qué ángulo está situado el primer máximo? (b) Si la onda sonora es reemplazada por microondas de 3.00 cm, ¿qué separación entre las rendijas dará el mismo ángulo para el primer máximo? (c) Si la separación entre las rendijas es de 1.00 μm, ¿qué frecuencia de la luz da el mismo ángulo para el primer máximo?

3. Dos antenas de radio separadas 300 m, como en la figura P9.3, emiten simultáneamente señales idénticas en la misma longitud de onda. El radiorreceptor de un automóvil que viaja hacia el norte recibe las señales. (a) Si el automóvil está en la posición del segundo máximo ¿cuál es la longitud de onda de las señales? (b) ¿Cuánto debe desplazarse el automóvil hasta llegar al siguiente mínimo? (*Sugerencia*: en este problema no debe utilizarse la aproximación para ángulos pequeños.)

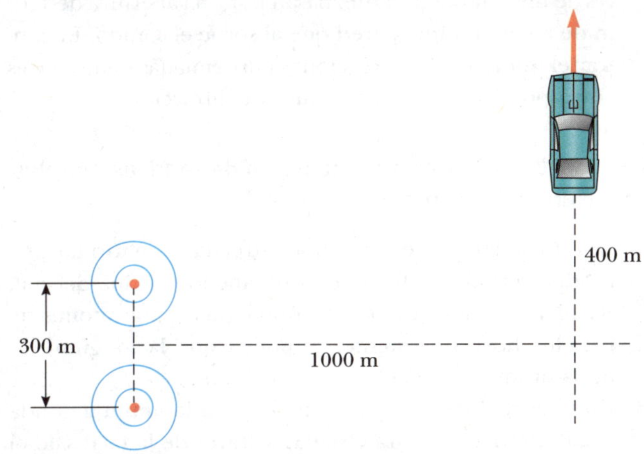

Figura P9.3

4. Los dos altavoces de un radiocasete están situados a 35.0 cm de distancia. Un oscilador simple los hace vibrar en fase a 2.00 kHz de frecuencia. ¿A qué ángulos, medidos desde la mediatriz del segmento que une los altavoces, oirá un observador distante la máxima intensidad de sonido? (Tome como rapidez del sonido 340 m/s.)

5. **web** Realizamos el experimento de la doble rendija de Young con luz de 589 nm y una distancia de 2.00 m entre la pantalla y las rendijas. El mínimo de orden 10 está situado a 7.26 mm del máximo central. Determinar la separación entre las rendijas.

6. Dos rendijas están separadas por 0.320 mm. Un rayo de luz de 500 nm incide sobre ellas, produciendo un patrón de interferencia. Determinar el número de máximos observados en el intervalo $-30.0° < \theta < 30.0°$.

7. El sistema ILS (*instrument landing system*, sistema de aterrizaje asistido) empleado para guiar a los aviones para aterrizar con seguridad cuando hay mala visibilidad se basa en el experimento de Young. Aunque los sistemas reales son más complicados que el ejemplo descrito aquí, se basan en los mismos principios. Un piloto trata de alinear su avión con una pista, como se sugiere en la figura P9.7a. Dos antenas de radio A_1 y A_2, separadas 40.0 m, están situadas junto a la pista. Las antenas emiten ondas de radio de 30.0 MHz sin modular. (a) Calcule la longitud de onda. El piloto "se engancha" a la fuerte señal radiada en un máximo de interferencia y guía el avión manteniendo al-

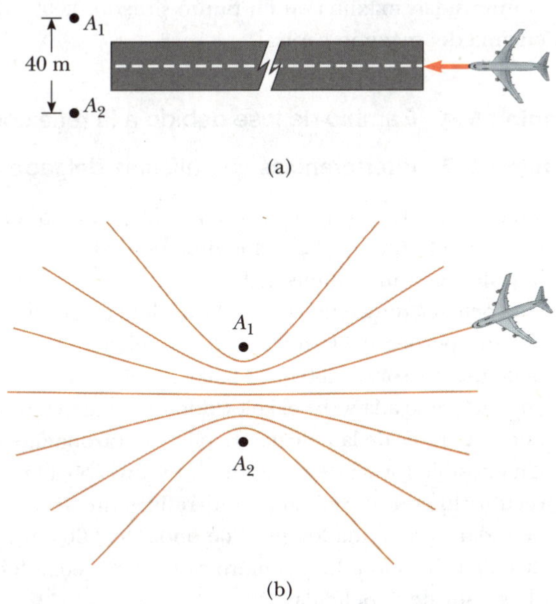

Figura P9.7

ta la señal recibida. Si detecta el máximo central, querrá decir que el avión está encarado adecuadamente para aterrizar cuando llegue a la pista. (b) Supongamos que el avión está volando por el primer máximo lateral (figura P9.7b). ¿A qué distancia del centro de la pista está el avión, si se encuentra a 2.00 km de distancia de las antenas? (c) ¿Es posible advertir al piloto que está en el máximo equivocado enviando dos señales desde cada antena y equipando el aparato con un receptor de dos canales? El cociente entre las dos frecuencias no debe ser un cociente de dos enteros pequeños (como 3/4). Explique por qué este sistema de dos frecuencias funcionaría, y por qué podría no funcionar si el cociente entre las dos frecuencias fuera igual al cociente de dos enteros.

8. En la figura 9.3, sea $L = 1.20$ m y $d = 0.120$ mm, y supongamos que las rendijas están iluminadas por luz monocromática de 500 nm. Calcular la diferencia de fase entre dos frentes de ondas que llegan al punto P cuando: (a) $\theta = 0.500°$ y (b) y = 5.00 mm. (c)¿Cuál es el valor de θ para el que la diferencia de fase es 0.333 rad? (d) ¿Cuál es el valor de θ para el que la diferencia entre las distancias recorridas es $\lambda/4$?

9. En la figura 9.3, sea $L = 120$ cm y $d = 0.250$ mm. Estas rendijas son iluminadas con luz coherente de 600 nm. Calcular la distancia y por encima del máximo central para la que la intensidad sobre la pantalla es el 75.0% del máximo.

10. La intensidad sobre una pantalla en un determinado punto de un patrón de interferencia de doble rendija es el 64.0% del valor máximo. (a) ¿Cuál es la mínima diferencia de fase (en radianes) entre las fuentes que produce este resultado? (b) Expresar esta diferencia de fase como una diferencia de camino para luz de 486.1 nm.

11. Dos rendijas están separadas por 0.180 mm. Se forma un patrón de interferencia en una pantalla situada a 80.0 cm de distancia con luz de 656.3 nm. Calcular la fracción de la intensidad máxima en un punto situado 0.600 cm por encima del máximo central.

Sección 9.4 Cambio de fase debido a la reflexión

Sección 9.5 Interferencias en películas delgadas

12. Una pompa de jabón ($n = 1.33$) flota en el aire. Si su espesor es de 115 nm ¿cuál es la longitud de onda de la luz que se refleja con más intensidad?

13. Una película de aceite ($n = 1.45$) que flota en el agua es iluminada perpendicularmente por luz blanca. La película tiene un espesor de 280 nm, Hallar (a) el color dominante en la luz reflejada y (b) el color dominante en la luz transmitida a través de la película. Explicar el razonamiento.

14. Una posible forma de hacer un avión invisible al radar es recubrirlo con un polímero antirreflectante. Si las ondas de radar tienen una longitud de onda de 3.00 cm y el índice de refracción del polímero es $n = 1.50$ ¿cuál debe ser el espesor de la película?

15. web Una cuña de aire se forma con dos placas de cristal separadas en un extremo por un alambre delgado, como en la figura P9.25. Cuando iluminamos la cuña desde arriba con luz de 600 nm, se observan 30 franjas oscuras. Calcular el radio del alambre.

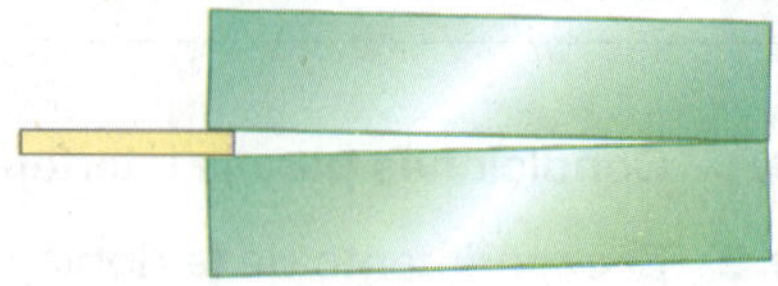

Figura P9.15

16. Un material de índice de refracción 1.30 se utiliza para recubrir una pieza de cristal ($n = 1.50$). ¿Cuál debe ser el espesor mínimo para minimizar la reflexión de la luz de 500 nm?

Sección 9.6 Patrones de difracción

17. Enviamos luz láser de helio y neón ($\lambda = 632.8$ nm) a través de una rendija de 0.300 mm. ¿Cuál es el ancho del máximo central en una pantalla situada a 1.00 m de la rendija?

18. Un haz láser de luz verde es difractado por una rendija de 0.550 mm de anchura. Se forma un patrón de difracción en una pantalla a 2.06 m de la rendija. La distancia entre los puntos de intensidad cero a ambos lados de la franja central brillante es 4.10 mm. Calcular la longitud de onda de la luz del láser.

19. web Se sitúa una pantalla a 50.0 cm de una rendija simple, que se ilumina con luz de 690 nm. Si la distancia entre el primer y el tercer mínimo en el patrón de difracción es de 3.00 mm ¿cuál es el ancho de la rendija?

20. Un haz de microondas coherentes con longitud de onda de 5.00 cm entran en un edificio por una ventana larga y estrecha. El resto del edificio es opaco a las microondas. Si la ventana tiene 36.0 cm de ancho ¿cuál es la distancia entre el máximo central y el mínimo de primer orden en una pared situada a 6.50 m de la ventana?.

21. Unas ondas sonoras con frecuencia de 650 Hz, provenientes de una fuente distante, pasan por una abertura de 1.10 m de ancho en una pared que absorbe el sonido. Encontrar el número y las direcciones aproximadas de los haces correspondientes a los máximos de difracción.

Sección 9.7 Poder de resolución de rendijas simples y aperturas circulares

22. La pupila del ojo de un gato se estrecha hasta formar una rendija vertical de 0.500 mm de ancho con luz del día. ¿Cuál es el poder de resolución angular para ratones separados horizontalmente? Suponga que la longitud de onda promedio de la luz es de 500 nm.

23. web Un láser de helio y neón emite luz con longitud de onda 632.8 nm. La abertura circular a través de la cual sale el

haz tiene un diámetro de 0.500 cm. Estimar del diámetro del haz a 10.0 km del láser.

24. Suponga que se encuentra de pie en una carretera recta y un automóvil pasa junto al punto en el que está usted situado, en el instante $t = 0$, alejándose a una rapidez v. El aire es perfectamente seco y no hace viento, y en el instante t las luces traseras parecen convertirse en una sola. Suponiendo que el diámetro de la pupila es d, estime el ancho del automóvil.

25. El pintor impresionista George Seurat pintaba cuadros con un gran número de gotas de pigmento puro, cada una de las cuales tenía aproximadamente 2.00 mm de diámetro. La intención era situar colores como el rojo y el verde cercanos para formar un efecto centelleante (figura P9.25). ¿A qué distancia es el observador incapaz de distinguir las gotas individuales de pintura sobre la tela? (Suponga que $\lambda = 500$ nm y que el diámetro de la pupila es de 4.00 mm.)

Figura P9.25 *Tarde de domingo en la isla de La Grande Jatte, de Georges Seurat (SuperStock).*

26. Una antena de radar circular en un barco guardacostas tiene un diámetro de 2.10 m y emite en una frecuencia de 15.0 GHz. Dos pequeños barcas están situadas a 9.00 km del barco. ¿Cuál es la distancia mínima a la que pueden estar las barcas entre sí para seguir siendo detectadas como dos objetos diferentes?

27. Suponga que el haz de un láser de rubí (con longitud de onda 694.3 nm) es enviado hacia el exterior por el tubo de un telescopio de 2.70 m de diámetro. ¿Cuál debe ser el diámetro de la gran mancha roja cuando el haz alcance la Luna, a 384 000 km de distancia? (Ignore la dispersión atmosférica.)

28. Un satélite espía consta de un espejo cóncavo de gran diámetro que forma una imagen en el objetivo de una cámara de televisión, y envía la imagen a la Tierra mediante ondas de radio. De hecho, es un telescopio astronómico en órbita, sólo que apuntando hacia abajo en vez de hacia arriba. ¿Puede un satélite espía leer la placa de un automóvil? ¿Puede leer la fecha en una moneda? Razone sus respuestas calculando el orden de magnitud y especificando las estimaciones de datos que realice.

Sección 9.8 La rejilla de difracción

En los siguientes problemas, suponga que la luz incide perpendicularmente sobre las rejillas.

29. La luz de un láser de argón incide sobre una rejilla de difracción que tiene 5 310 líneas/cm. El máximo central y el de primer orden están separados 0.488 m sobre una pared a 1.72 m de la rejilla. Determine la longitud de onda de la luz del láser.

30. Utilizamos un láser de helio y neón ($\lambda = 632.8$ nm) para calibrar una rejilla de difracción. Si el máximo de primer orden aparece a 20.5° ¿cuál es la separación entre rendijas contiguas de la red?

31. web El espectro del hidrógeno tiene una línea roja de 656 nm y una línea azul de 434 nm. ¿Cuál es la separación angular entre las dos líneas espectrales obtenidas con una rejilla de difracción de 4 500 líneas/cm?

32. Un haz luminoso con longitud de onda 500 nm incide perpendicularmente sobre una rejilla de difracción. Si el máximo de tercer orden del patrón de difracción se observa a 32.0°, (a) ¿cuál es el número de líneas/cm de la rejilla? (b) determinar el número total de máximos primarios que se pueden observar en esta situación.

33. Una rejilla de difracción tiene 800 líneas/mm. Un haz de luz que contiene longitudes de onda de 500 a 700 nm incide sobre la rejilla. ¿Se traslapan los espectros de diferentes órdenes? Explique su respuesta.

34. Dos ondas de longitudes de onda λ y $\lambda + \Delta\lambda$ (con $\Delta\lambda \ll \lambda$) inciden sobre una rejilla de difracción. Muestre que la separación angular entre las líneas espectrales de orden m-ésimo es

$$\Delta\theta = \frac{\Delta\lambda}{\sqrt{(d/m)^2 - \lambda^2}}$$

donde d es la separación entre rendijas y m es el número de orden.

35. Una rejilla de 250 líneas/mm es utilizada con una fuente luminosa incandescente. Suponga que el espectro visible abarca de 400 a 700 nm. ¿En cuántos órdenes podemos ver (a) el espectro visible entero y (b) la región de longitud de onda corta?

Sección 9.9 Difracción de rayos X en cristales

36. El yoduro de potasio (KI) tiene la misma estructura cristalina que el NaCl, con planos atómicos separados por 0.353 nm. Un rayo X monocromático muestra un máximo de difracción de primer orden cuando el ángulo de incidencia es 7.60°. Calcular la longitud de onda del rayo X.

37. Si el espacio interplanar de NaCl es 0.281 nm, ¿cuál es el ángulo en el que rayos X de 0.140 nm son difractados en un máximo de primer orden?

38. Un ancho muelle se sustenta sobre pilares en varias filas paralelas separadas por 2.80 m. La profundidad del agua es constante. Con un ángulo de 80.0° respecto a las filas

de postes, llegan olas con longitud de onda uniforme. Encontrar las tres longitudes de onda mayores de las olas que son fuertemente reflejadas por los postes.

Sección 9.10 Relación con el contexto. Holografía

39. Un ancho haz de luz láser de longitud de onda 632.8 nm pasa a través de varias rendijas estrechas paralelas separadas por 1.20 mm e incide sobre una película fotográfica a 1.40 m de distancia. Se elige el tiempo de exposición de forma que la película quede subexpuesta en todas partes excepto en la región central de cada franja brillante. (a) Encontrar la distancia entre estos máximos de interferencia. La película es revelada como una transparencia, es decir, es opaca en todas partes excepto en las líneas expuestas. A continuación, el mismo haz láser es dirigido a través de la transparencia hacia una pantalla situada a 1.40 m detrás de ella. (b) Argumente que aparecerán varias franjas estrechas y brillantes separadas por 1.20 mm sobre la pantalla, como las imágenes reales de las rendijas originales. Si se remueve la pantalla, la luz diverge de las imágenes de las rendijas con los mismos frentes de onda reconstruidos que produjeron las rendijas originales. (*Sugerencia:* es conveniente dibujar diagramas parecidos a los de la figura 9.2. Una idea parecida, durante un partido de fútbol, llevó a Dennis Gabor a la invención de la holografía.)

40. Un láser de neón y helio puede producir un haz láser verde en vez de rojo. Remitámonos a la figura 6.19, que omite algunos niveles de energía entre E_2 y E_1. Después de lograrse la inversión de población, los átomos de neón sufrirán una serie de transiciones, al decaer desde el estado E_3* hasta llegar, finalmente, al estado E_1. Los átomos emiten luz roja de longitud de onda 632.8 nm y luz verde de longitud de onda 543 nm, en una transición ulterior. Suponga que los átomos están situados en una cavidad entre espejos diseñados para reflejar la luz verde con una elevada eficiencia y que permite a la luz roja abandonar la cavidad inmediatamente. La emisión estimulada puede permitir crear un rayo colimado de luz verde entre los espejos, de mayor intensidad que la luz roja. El haz láser se forma cuando una pequeña fracción de la luz verde escapa atravesando uno de los espejos. Los espejos que forman la cavidad de resonancia están hechos de capas de dióxido de silicio y de dióxido de titanio. (a) ¿Qué espesor de una capa de dióxido de silicio, entre capas de dióxido de titanio, minimizaría la reflexión de luz roja? (b) ¿Cuál debe ser el espesor de una capa similar, aunque separada, de dióxido de silicio para maximizar la reflexión de la luz verde?

Problemas adicionales

41. Levante la mano y manténgala plana. Piense en el espacio entre su dedo índice y su dedo medio como una rendija, y piense en el espacio entre su dedo medio y el anular como otra rendija. (a) Considere la interferencia resultante de proyectar perpendicularmente luz coherente visible a través de estas aberturas. Estime el orden de magnitud para el ángulo entre zonas contiguas de interferencia constructiva. (b) Para que los ángulos en el patrón de interferencia sean fáciles de medir con un transportador de ángulos de plástico, ¿de qué orden de magnitud debe ser la frecuencia de las ondas electromagnéticas que debemos usar? ¿Cómo está clasificada esta onda en el espectro electromagnético?

42. **Problema de repaso.** Una pieza plana de cristal es sostenida horizontalmente, y de forma que no pueda moverse, sobre el extremo plano de una barra de metal vertical de 10.0 cm de largo, cuyo extremo inferior está fijo. La fina capa de aire entre la barra y el cristal se ve brillante por la luz reflejada al ser iluminada con luz de longitud de onda igual a 500 nm. A medida que se incrementa lentamente la temperatura en 25.0°C, la capa varía de clara a oscura y de nuevo a clara 200 veces. ¿Cuál es el coeficiente de dilatación lineal del metal?

43. En el punto P situado sobre una pantalla, se producen efectos de interferencia como resultado de los rayos directos procedentes de una fuente de 500 nm y de los rayos reflejados por un espejo, como en la figura P9.43. Suponga que la fuente luminosa está 100 m a la izquierda de la pantalla a 1.00 cm por encima del plano del espejo. Encontrar la distancia y a la primera banda oscura por encima del espejo.

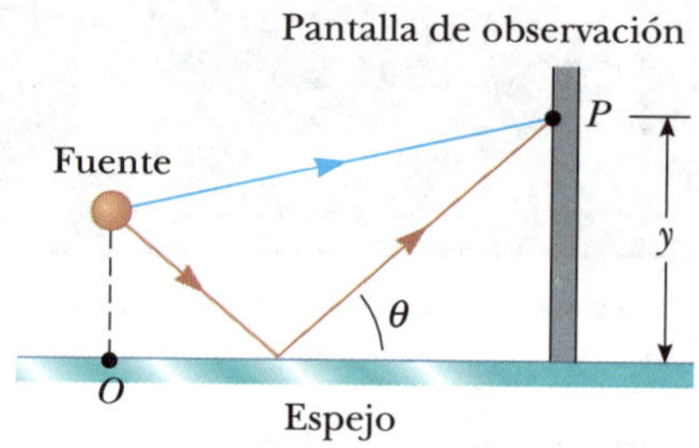

Figura P9.43

44. Las ondas de una emisora de radio pueden llegar a un receptor doméstico siguiendo dos caminos. El primero es una línea recta desde el transmisor hasta la casa y su longitud es de 30.0 km. El segundo camino es por reflexión en la ionosfera (una capa de moléculas de aire ionizadas situada en la parte superior de la atmósfera). Suponga que esta reflexión tiene lugar en el punto medio entre el transmisor y el receptor. La longitud de onda emitida es de 350 m. Hallar la altura mínima de la ionosfera que produce interferencia destructiva entre los rayos directos y los reflejados. (Suponga que no se produce ningún cambio de fase en la reflexión.)

45. Muchas células son transparentes e incoloras. Estructuras de gran interés para la biología y la medicina pueden ser casi invisibles para el microscopio ordinario. Un *microscopio de interferencia* revela las diferencias en los índices de refracción como un desplazamiento en las franjas de in-

terferencia, para indicar el tamaño y la forma de las estructuras celulares. El siguiente problema ejemplifica la idea: se forma una cuña de aire entre dos placas de cristal que están en contacto a lo largo de uno de sus bordes y ligeramente separadas en el borde opuesto. Cuando se iluminan las placas desde arriba con luz monocromática, la luz reflejada tiene 85 franjas oscuras. Calcular el número de franjas oscuras que aparecerán si el aire entre las placas se sustituye por agua ($n = 1.33$).

46. Los dos lados de una película delgada uniforme de índice de refracción n y espesor d están en contacto con el aire. Para una incidencia perpendicular de la luz, se observa un mínimo de intensidad en la luz reflejada en λ_2, y se observa un máximo de intensidad en λ_1, siendo $\lambda_1 > \lambda_2$. Si no hay un mínimo de intensidad entre λ_1 y λ_2, muestre que el número entero m de las ecuaciones 9.12 y 9.13 viene dado por $m = \lambda_1/2(\lambda_1 - \lambda_2)$. (b) Determinar el espesor de la película delgada si $n = 1.40$, $\lambda_1 = 500$ nm, y $\lambda_2 = 370$ nm.

47. En la sección 9.5 desarrollamos, suponiendo incidencia casi perpendicular, las condiciones para interferencias constructivas por reflexión en una película delgada situada en el aire. Muestre que, si la luz incide sobre la película con un ángulo ϕ_1 diferente de cero (respecto a la normal), entonces la condición para la interferencia constructiva es $2nt \cos\theta_2 = (m + \frac{1}{2})\lambda$, donde θ_2 es el ángulo de refracción.

48. Una película delgada de jabón ($n = 1.33$) se forma en un marco rectangular de alambre. Sostenemos el marco verticalmente de forma que parte del jabón baje y se forme una cuña de caras planas. El espesor de la película en la parte superior es prácticamente cero. Observamos la película con luz blanca reflejada con incidencia casi perpendicular, y la primera banda de interferencia color violeta ($\lambda = 420$ nm) se observa a 3.00 cm del extremo superior de la película. (a) Situar la primera banda de interferencia para el rojo ($\lambda = 680$ nm). (b) Determinar el grosor de la película en las posiciones de las bandas rojas y violetas. (c) ¿Cuál es el ángulo de la cuña formada por la película delgada?

49. La luz de un láser de helio y neón ($\lambda = 632.8$ nm) incide sobre una rendija simple. ¿Cuál es la anchura máxima para la cual no se observan mínimos de difracción?

50. La figura P9.50 muestra el uso de un megáfono. Desarrolle una descripción teórica acerca de cómo funciona un megáfono. Podemos suponer que el sonido de la voz se emite solamente a través de la boca. La mayoría de la información de la voz no es transportada en la frecuencia principal, sino en ruidos y armónicos con frecuencias de unos pocos miles de hertz. ¿Proporciona su teoría alguna predicción fácil de comprobar?

51. **Problema de repaso.** Un haz de luz de 541 nm incide sobre una rejilla de difracción que tiene 400 líneas/ mm. (a) Determinar el ángulo del rayo de segundo orden. (b) Si todo el aparato está sumergido en agua, ¿cuál es el nuevo ángulo de difracción de segundo orden? (c) Muestre que los rayos difractados de los apartados (a) y (b) están relacionados por la ley de la refracción.

52. El *Very Large Array* (VLA) es un conjunto de 27 radiotelescopios situado en los condados de Catón y Socorro, en Nuevo México, E.U. (figura P9.52). Las antenas pueden ser desplazadas a lo largo de unos rieles, y sus señales combinadas tienen un poder de resolución equivalente al de una sola apertura de 36.0 km de diámetro. (a) Si los detectores están sintonizados para una frecuencia de 1.40 GHz ¿cuál es la resolución angular del VLA? (b) Las nubes de hidrógeno emiten en esta frecuencia. ¿Cuál debe ser la separación entre dos nubes en el centro de la galaxia, a 26 000 años luz de distancia, si deben poder resolverse? (c) Mientras el telescopio apunta hacia arriba, un halcón que describe círculos alrededor del telescopio mira hacia abajo. Por comparación, hallar la resolución angular del ojo del halcón. Suponga que la luz a la que es más sensible es verde con una longitud de onda de 500 nm, y que el diámetro de la pupila del halcón es de 12.0 mm. (d) Un ratón está caminando por el suelo, 30.0 m más abajo. ¿Qué distancia debe separar los bigotes del ratón para que el halcón pueda resolverlos?

Figura P9.50 *(Sussan Allen Sigmond /Allsport USA).*

Figura P9.52 Un granjero en Nuevo México cabalga junto a uno de los 27 radiotelescopios que forman el *Very Large Array*, VLA. (*© Danny Lehman*)

53. Una *cámara oscura* (o cámara de agujero) tiene una pequeña abertura circular de diámetro D. La luz de los objetos alejados entra por la abertura de una caja opaca, y va a parar a una pantalla situada a una distancia L. Si D es demasiado grande, la imagen sobre la pantalla será borrosa, dado que un punto brillante del campo de visión se convertirá en un círculo de un diámetro ligeramente mayor que D sobre la pantalla. Por otra parte, si D es demasiado pequeña, la difracción volverá borrosa la imagen. La pantalla muestra una imagen razonablemente nítida si el diámetro del disco central del patrón de difracción en la pantalla, dado en la ecuación 9.16, es igual a D. (a) Mostrar que, para luz monocromática con frentes de onda planos y $L \gg D$, la condición para obtener una imagen nítida se cumple plenamente si $D^2 = 2.44\,\lambda L$. (b) Encontrar el diámetro óptimo de la abertura si se proyecta luz de 500 nm sobre una pantalla a 15.0 cm de distancia.

RESPUESTAS A LAS PREGUNTAS RÁPIDAS

9.1. El resultado de la doble rendija es redistribuir la energía que llega a la pantalla. Aunque no llega energía a las franjas oscuras, llega más energía a las franjas brillantes de la que llegaría sin la doble rendija. La cantidad total de energía que llega a la pantalla es la misma que la que llegaría sin las rendijas, como debe ser, de acuerdo con el principio de conservación de la energía.

9.2. Uno de los materiales tiene un índice de refracción mayor que el agua, y el otro menor. El material de mayor índice de refracción que el agua se ve negro a medida que se aproxima a un espesor cero. La luz reflejada por la superficie superior tiene un desfase de 180°, pero no se produce ningún cambio de fase en la superficie inferior, ya que el índice de refracción del otro lado es menor que el de la capa. Así, los dos reflejos están desfasados e interfieren destructivamente. El material de índice de refracción menor que el agua sufrirá un cambio de fase para la luz reflejada en ambas superficies, de forma que las reflexiones en la película de espesor cero estarán en fase, y la película aparecerá brillante.

9.3. Para una incidencia normal, la longitud de camino óptico extra que recorre el rayo reflejado es el doble del espesor de la película. Para que se produzca una interferencia destructiva, esta distancia debe ser la mitad de la longitud de onda de la luz en la película. Así, el espesor de la película debe ser una cuarta parte de la longitud de onda, que es el mismo que el necesario para la interferencia destructiva de la luz reflejada.

9.4. Queremos reducir la separación angular mínima para que dos objetos se puedan resolver, hasta situarla por debajo del ángulo formado por las dos estrellas. Podemos conseguirlo reduciendo la longitud de onda de la luz. Esto, en esencia, equivale a aumentar el diámetro de la abertura en relación a la longitud de onda, incrementando así el poder de resolución. Por tanto, deberemos elegir el filtro azul.

9.5. Las pistas de información de un disco compacto están mucho más cerca unas de otras que las de una grabación fonográfica. Por tanto, los máximos de difracción del disco compacto estarán más separados.

Láser

UTILIZACIÓN DE RAYOS LÁSER PARA ALMACENAR INFORMACIÓN

Ya hemos analizado los principios de la óptica y podemos responder a nuestra pregunta fundamental para el contexto dedicado a los rayos láser:

> ***¿Qué tiene de particular la luz láser y cómo se utiliza en aplicaciones tecnológicas?***

En Relación con el contexto de los capítulos 6 a 9 hemos estudiado dos aplicaciones primordiales del láser: la fibra óptica y la holografía. En esta Conclusión del contexto, analizaremos dos más del gran número de aplicaciones que tienen los rayos láser. Ambas están relacionadas con el almacenamiento y lectura de información mediante láser: discos compactos (y también CD-ROM y DVD) y la grabación magnetoóptica.

Discos compactos

El almacenamiento de información en un pequeño espacio es un objetivo por el que se ha trabajado durante décadas. En los inicios de la informática, la información se almacenaba en tarjetas perforadas. Esto parece ridículo hoy en día, especialmente porque el espacio necesario para almacenar una página de texto en estas tarjetas era mayor que el espacio que ocupaba esa misma página.

La técnica de grabación y almacenamiento en discos magnéticos se introdujo en la década de 1950, y permitió reducir el espacio de almacenamiento respecto a los datos originales.

En la década de 1970 se inició el almacenamiento óptico con la introducción de los videodiscos. Estos discos de plástico tenían marcas codificadas que representaban la información analógica asociada con una señal de video. Para leer los datos se utilizaba un láser, enfocado por lentes sobre una marca del diámetro de una micra. Cuando la luz del láser incide sobre la superficie plana del disco, se refleja y puede ser detectada. Cuando la luz encuentra una marca, una parte de ella es dispersada y la luz reflejada por la parte inferior de la marca interfiere destructivamente con la luz reflejada por la superficie, de forma que solamente una parte muy pequeña de la luz incidente vuelve al mecanismo de detección.

El siguiente paso en la historia del almacenamiento óptico fue la revolución digital, ejemplificada con la introducción del disco compacto o CD. La lectura del disco es similar a la del videodisco, pero la información es almacenada en formato *digital.* Los CD musicales fueron rápidamente aceptados por el público con mucho más entusiasmo que los videodiscos. Poco después de la introducción de los discos compactos, se anunció la intención de sacar al mercado un disco óptico para almacenar información para computadoras: el CD-ROM.

La figura 1 muestra el sistema de detección de un reproductor de CD. Los componentes ópticos se colocan sobre un brazo (no mostrado en la figura) que se mueve radialmente, de forma que el sistema pueda acceder a todas las regiones del disco. El láser está colocado cerca de la parte inferior de la figura y dirige su luz hacia arriba. La luz es colimada mediante una lente para formar un haz paralelo, que pasa por un divisor de haz. Este divisor no tiene utilidad en el camino ascendente de la luz, pero es importante en el camino de retorno. El rayo láser es enfocado entonces sobre una marca muy pequeña del disco por la lente del objetivo.

Si la luz encuentra una marca en el disco, es dispersada y muy poca luz vuelve por la trayectoria original. Si la luz encuentra una región plana del disco en la

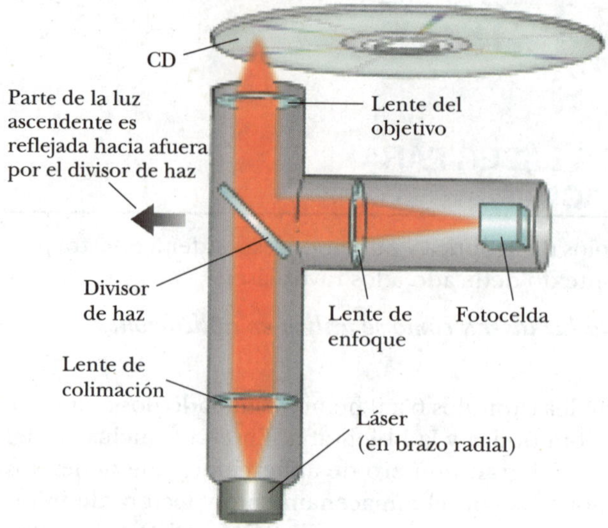

Figura 1

El sistema de detección de un reproductor de discos compactos. El láser (parte inferior) envía un haz de luz hacia arriba. La luz del láser se refleja en el disco y, tras ser reflejada hacia la derecha por el divisor de haz, llega a la fotocelda. La información digital que llega a la fotocelda en forma de pulsos de luz es convertida en información sonora.

que no se ha grabado una marca, se refleja a lo largo de la trayectoria original. Esta luz reflejada baja de nuevo (figura 1) y llega al divisor de haz, de forma que es parcialmente reflejada hacia la derecha. Una lente permite enfocar el rayo, que es detectado por la fotocelda.

La información digital es almacenada en el disco disponiendo adecuadamente las marcas (denominadas *pozos*) y las zonas sin marcar. El cambio de una marca a un punto sin marcar, o viceversa, es leído como un uno, y la ausencia de cambio es interpretada como un cero. El circuito electrónico de un reproductor de discos compactos convierte la serie de ceros y unos en una señal audible. Esta tecnología puede ser utilizada para almacenar imágenes de video en un disco, lo que ha llevado a la rápida expansión del DVD (disco de video digital o disco versátil digital) en los últimos años del siglo XX.

Almacenamiento magnetoóptico

El almacenamiento magnetoóptico es una interesante mezcla de nuestros contextos de termodinámica, magnetismo y óptica. Un disco magnetoóptico contiene material ferromagnético (sección 4.11), con su campo magnético dirigido perpendicularmente a la superficie (figura 2a). El ferromagnetismo es un estado de la materia, de forma similar, en algunos aspectos, a los estados conocidos: sólido, líquido y gas. Como estos estados, el estado ferromagnético puede cambiarse aumentando la temperatura. En el caso de un sólido, la temperatura para la cual el estado pasa de sólido a líquido es la temperatura de fusión. En el magnetismo, la temperatura para la cual el estado ferromagnético pasa a estado no ferromagnético se llama *temperatura de Curie.*

Una "marca" es grabada en un disco magnetoóptico enfocando un láser de alta potencia sobre un punto mientras un electroimán aplica un campo magnético *opuesto* a la dirección original, como muestra la figura 2b. El láser calienta el punto a una temperatura superior a la temperatura de Curie, en la cual puede cambiarse la magnetización del punto. Cuando se retira el láser, el punto se enfría y conserva la magnetización cambiada.

La lectura del disco depende del *efecto Kerr,* que es la conversión de luz polarizada linealmente en luz polarizada elípticamente al reflejarse en superficies ferromagnéticas. Un rayo láser de baja intensidad se refleja en el disco, como en la

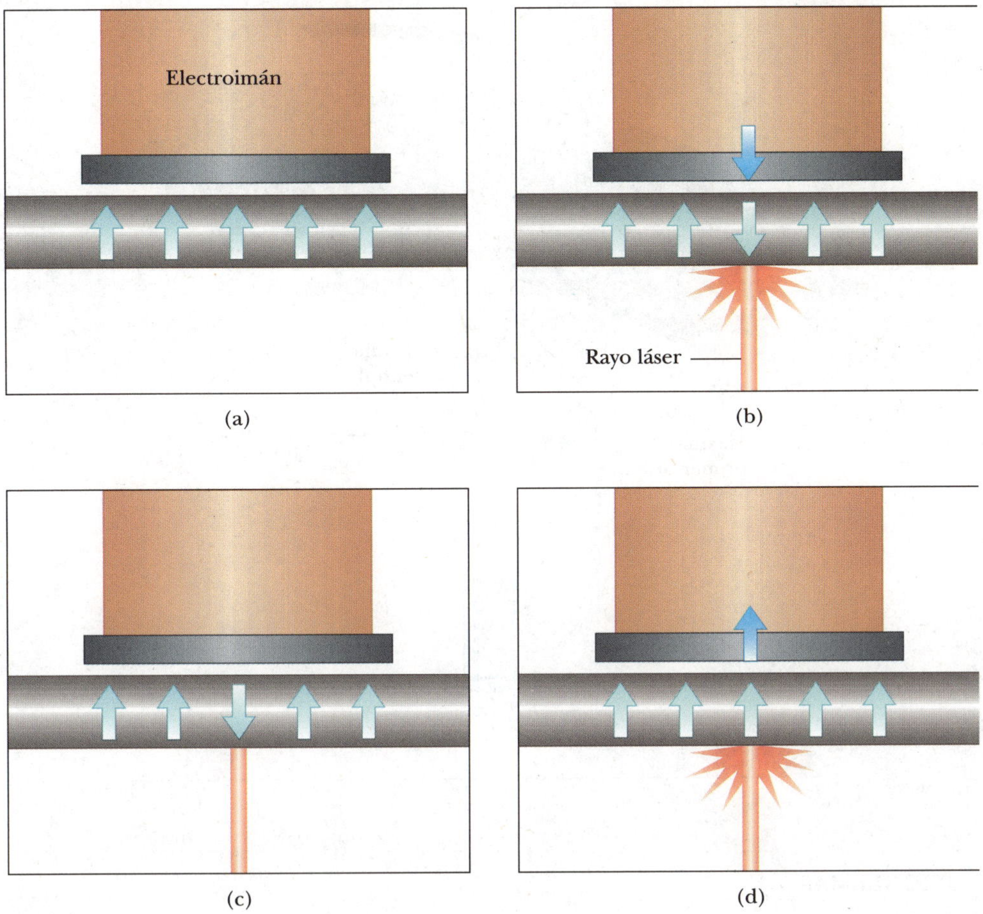

Figura 2

(a) Un disco magnetoóptico. Las flechas indican la dirección del campo magnético original. (b) Se utiliza un láser de alta potencia para calentar el material ferromagnético por encima de su temperatura de Curie, de forma que se establezca un campo magnético de dirección opuesta al original. (c) El disco grabado es leído reflejando un láser de baja potencia en su superficie. La reflexión correspondiente a las diferentes direcciones del campo magnético varía de acuerdo con el efecto Kerr. (d) Se borra el disco aplicando un campo magnético en la dirección original y empleando un láser para aumentar de nuevo la temperatura del material por encima de la temperatura de Curie.

figura 2c. Esto requiere un divisor de haz adicional en la óptica del aparato, que separa la luz que retorna según su polarización, y permite la detección del cambio que se produce cuando la luz se refleja en regiones de diferente magnetización.

Para borrar el disco, el electroimán aplica un campo magnético en la misma dirección que el campo original y el láser calienta todos los puntos del disco, restaurando su situación original, como en la figura 2d.

Con esta explicación concluimos el contexto dedicado a los *rayos láser.* No hemos podido explorar todas las aplicaciones tecnológicas de esta versátil fuente luminosa, pero hemos profundizado lo suficiente, creemos, como para convencer al lector del valor que tiene esta tecnología dentro de nuestra sociedad.

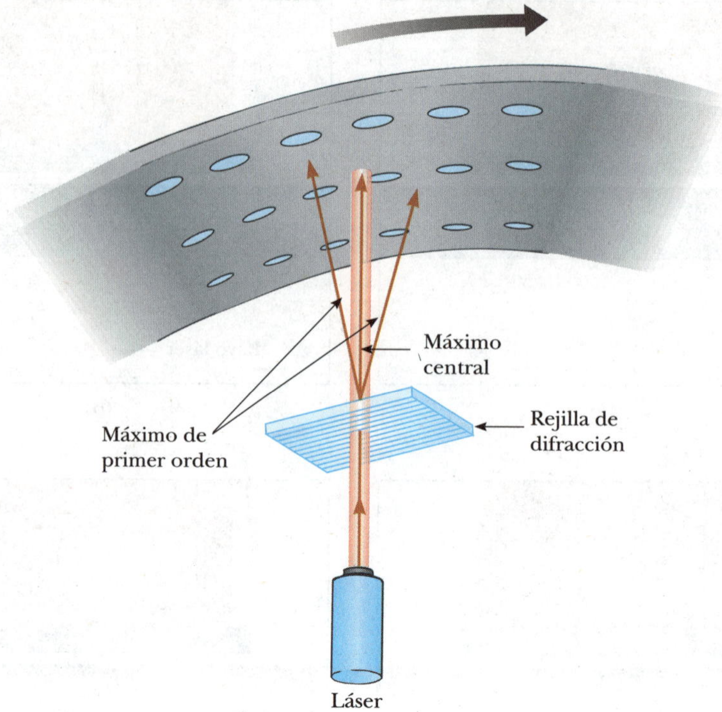

Figura 3

PROBLEMAS

1. Los reproductores de disco compacto y de video digital utilizan los fenómenos de interferencia para obtener una señal potente a partir de pequeñas marcas. Se elige la profundidad de la marca de forma que sea una cuarta parte de la longitud de onda del láser empleado para leer el disco. Así, la luz reflejada por la marca y la luz reflejada por la superficie sin marcar tienen una diferencia de fase de media longitud de onda, e interfieren destructivamente en el detector. A medida que el disco gira, la intensidad de luz disminuye significativamente cada vez que la luz es reflejada por el borde de una marca. Los intervalos de tiempo entre las variaciones de la intensidad luminosa son decodificados en una serie de ceros y unos que contiene la información almacenada. Suponga que en un reproductor de CD se utiliza luz infrarroja cuya longitud de onda en el espacio libre es de 780 nm. El disco está recubierto con una capa de plástico de índice de refracción 1.50. ¿Cuál debe ser la profundidad de cada marca? Un reproductor de DVD utiliza una longitud de onda más corta y, por tanto, el tamaño de las marcas es menor. Este factor tiene como consecuencia que la capacidad de almacenamiento de un DVD sea mayor que la de un CD.

2. El láser de un reproductor de CD debe seguir con precisión la pista en espiral. La distancia entre una vuelta de la espiral y la siguiente es de sólo 1.25 μm, aproximadamente. Un mecanismo de *retroalimentación* permite al reproductor saber si el láser se desvía de la pista, de forma que el reproductor pueda volver a situarlo. La figura 3 muestra cómo se utiliza una rejilla de difracción para obtener información para mantener el rayo sobre la pista. La luz del láser pasa a través de la rejilla de difracción justo antes de llegar al disco. Para leer la información de la pista, se utiliza el máximo central fuerte del patrón de difracción. Los dos máximos laterales de primer orden se utilizan para guiar el láser. La rejilla se diseña de forma que el máximo de primer orden esté situado en las superficies planas situadas a ambos lados de la pista. Estos dos haces laterales se reflejan hacia dos detectores. Mientras estos haces se reflejen en la superficie plana no marcada, son detectados con intensidad constante. Si el haz principal pierde la pista, entonces uno de los rayos laterales empezará a reflejarse en la pista marcada y la luz reflejada disminuirá. Esta variación es utilizada por un circuito electrónico para devolver el rayo a su lugar. Suponga que la luz del láser tiene una longitud de onda de 780 nm y que la rejilla de difracción está colocada a 6.90 μm del disco. Suponga que los haces de primer orden deben incidir sobre el disco a 0.400 μm de la pista que contiene la información. ¿Cuál debe ser el número de líneas por milímetro de la rejilla de difracción?

3. Consideremos el proceso de grabación de un disco magnetoóptico. Para grabar una marca, el punto de la capa ferromagnética en el que queremos grabarla debe ser calentado por encima de la temperatura de Curie. Imaginemos que la superficie se mueve a aproximadamente 1 m/s respecto al láser y que la marca es un cilindro de 1 μm de profundidad, con un radio de aproximadamente 1 μm. La temperatura de Curie del material ferromagnético es de 600° K. El calor específico del material ferromagnético es de 300 J/kg °C. La densidad del material ferromagnético es 2×10^3 kg/m^3. ¿Cuál es el orden de magnitud de la intensidad del haz láser necesario para calentar la marca por encima de la temperatura de Curie?

Contexto 4

La conexión cósmica

En este contexto, estudiaremos los principios incluidos en el área de la física comúnmente denominada *física moderna.* Esta área abarca la revolución en la física que comenzó a principios del siglo XX. Empezamos nuestro estudio de la física moderna en el capítulo 9 del volumen I, al estudiar la relatividad. Otros aspectos de la física moderna han aparecido en varios capítulos del libro. Por ejemplo, los espectros atómicos y el modelo del átomo de Bohr, la cuantización del momento angular y la energía y los agujeros negros en el capítulo 11 del volumen I, y el cuerpo negro y el estudio del fotón en el capítulo 6 del volumen II.

En este libro, hacemos un especial hincapié en la importancia que tienen los modelos en el estudio de los fenómenos físicos. Al comienzo del siglo XX, la física clásica se encontraba sólidamente establecida y proporcionaba muchos principios que servían de base para modelos que explicaban numerosos fenómenos. Sin embargo, muchas observaciones experimentales no podían ser explicadas con la teoría utilizando los modelos clásicos. Los intentos de aplicar la física clásica a los sistemas atómicos resultaron en fracaso tras fracaso al tratar de predecir el comportamiento de la materia a escala atómica. Diversos fenómenos, como la radiación de un cuerpo negro, el efecto fotoeléctrico y la emisión de líneas espectrales bien definidas por parte de los átomos en una descarga de gas no podían ser comprendidos en el marco de la física clásica. Sin embargo, entre 1900 y 1930 aparecieron nuevos modelos, denominados colectivamente *física cuántica* o *mecánica cuántica,* que resultaron muy eficaces al explicar el comportamiento de los átomos, moléculas y núcleos. Como la relatividad, la física cuántica requiere un cambio en nuestras ideas referentes al mundo físico. Por otro lado, la mecánica cuántica no contradice o invalida directamente la mecánica clásica. Como en el caso de la relatividad, las ecuaciones de la física cuántica se reducen a las ecuaciones de la física clásica en las condiciones adecuadas, es decir, cuando se utilizan para describir sistemas macroscópicos.

Un estudio intensivo de la física cuántica está fuera del alcance de este libro, y por tanto este contexto es simplemente una introducción a sus ideas fundamentales. Uno de los éxitos principales de la física cuántica es la conexión que establece entre los fenómenos microscópicos y la estructura y evolución del Universo. Irónicamente, el desarrollo reciente de la física a escalas más y más pequeñas nos permite entender mejor sistemas más y más grandes que ya conocíamos.

Por ejemplo, considere su experiencia con calculadoras o computadores. Los sucesos que observa son macroscópicos: la aparición de números en una pantalla de cristal líquido o una hoja de cálculo en el monitor de una computadora. Pero, ¿qué controla estos sucesos macroscópicos? Están controlados por un microprocesador situado en el interior de la calculadora o computadora El funcionamiento del microprocesador depende del comportamiento de los electrones dentro del material de estado sólido que forma el circuito integrado. No es posible entender el funcionamiento de una calculadora o computadora macroscópicos sin comprender este comportamiento microscópico.

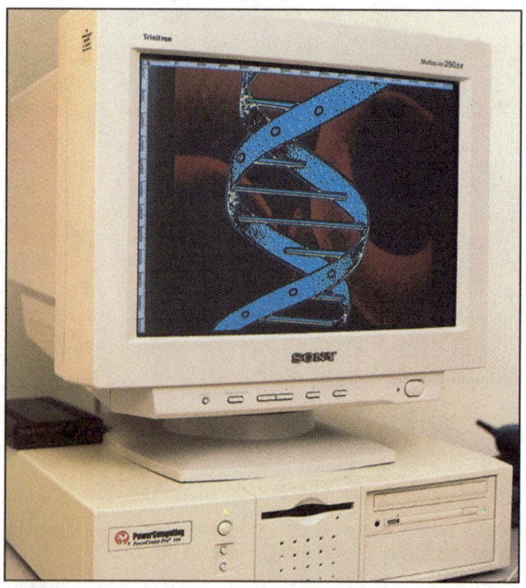

Un monitor de un equipo informático. La visualización en la pantalla es posible gracias al comportamiento microscópico de los electrones en los circuitos de la computadora. *(George Semple)*

Imagen tomada por el telescopio espacial Hubble de una región "típica" del cielo. Casi todos los objetos visibles en esta fotografía son galaxias lejanas, cada una de ellas compuesta por miles de millones de estrellas. Se estima que el telescopio espacial Hubble puede detectar unos cien mil millones de galaxias. También se estima que este número es una fracción muy pequeña de todas las galaxias existentes en el Universo. Para desarrollar una teoría del origen de este sistema enormemente grande, necesitamos entender los quarks, las partículas teóricas más fundamentales. *(Robert Williams y el Hubble Deep Field Team (STScI) y la NASA)*

(a)

(b)

Supernova 1987A. (a) La región de la nebulosa de la Tarántula (esquina inferior derecha) de la Gran Nube de Magallanes antes de la supernova. (b) La supernova aparece en la esquina superior izquierda el 24 de febrero de 1987. Puede encontrarse una explicación de esta explosión cósmica en la interacción de las partículas microscópicas dentro del núcleo. *(© 1987 Anglo-Australian Observatory, fotografía por David Malin)*

Como segundo ejemplo, la explosión de una supernova en la fotografía mostrada aquí es claramente un suceso macroscópico: una estrella con un radio del orden de millones de metros sufre un suceso violento. Hemos podido avanzar en la comprensión de estos sucesos estudiando el núcleo atómico, que tiene un tamaño del orden de 10^{-15} m.

Si estudiamos un sistema aún mayor que una estrella –el Universo entero– podemos avanzar en nuestra comprensión de su origen estudiando partículas aún más pequeñas que el núcleo. Considere los constituyentes de los protones y neutrones, denominados *quarks*. Los modelos basados en quarks llevan a una teoría del origen del Universo llamada teoría del *Big Bang* (teoría de la Gran Explosión). En este contexto, estudiaremos tanto los quarks como el Big Bang.

Parece que, cuanto mayor es el sistema que queremos investigar, ¡menores son las partículas cuyo comportamiento debemos entender! Estudiaremos esta relación y los principios de la física cuántica mientras respondemos a nuestra pregunta central:

¿Cómo podemos relacionar la física de partículas microscópicas con la física del Universo?

capítulo

10

El filamento de un foco alcanza una gran temperatura al conducir una corriente eléctrica. Como resultado, brilla de forma visible. La distribución de longitudes de onda de la radiación emitida por el filamento no puede explicarse en términos de la física clásica. Es necesaria la física cuántica para describir teóricamente dicha distribución

(George Semple)

contenido del capítulo

Física cuántica

En capítulos anteriores nos hemos centrado en la física de partículas. Asimismo, hemos estudiado sistemas de partículas y cuerpos rígidos. El modelo de partículas era un modelo simplificado que nos permitía ignorar los detalles innecesarios de un objeto físico al estudiar su comportamiento. En el capítulo 13 del volumen I introdujimos las ondas como otro modelo simplificado, y vimos que podemos entender el movimiento vibratorio de las cuerdas y las propiedades del sonido estudiando ondas simples. En los capítulos 6 al 9 comprobamos que el modelo ondulatorio de la luz nos permite comprender muchos fenómenos ópticos.

Esperamos que esto le haya proporcionado confianza en sus habilidades para analizar problemas en los dos muy diferentes mundos: el de las partículas y el de las ondas. Esa confianza puede haberse visto ligeramente afectada por los razonamientos incluidos al inicio del capítulo 7, en el cual se sugirió que la luz tiene comportamiento tanto ondulatorio como corpuscular.

En este capítulo volveremos a estudiar dicha dualidad en la naturaleza de la luz, y lo haremos en más detalle. Este estudio lleva a dos modelos adicionales de análisis: el modelo de partículas cuánticas y el modelo de partículas cuánticas con condiciones de frontera. El estudio de ambos modelos debería restablecer la confianza en su capacidad para entender las partículas y las ondas y mostrarle que no son tan diferentes como cabría pensar.

10.1 • RADIACIÓN DE CUERPO NEGRO Y LA TEORÍA DE PLANCK

Como estudiamos en el capítulo 17 del volumen I, un objeto a cualquier temperatura emite energía, denominada **radiación térmica.** Las características de esta radiación dependen de la temperatura y las propiedades del objeto. A temperatura ambiente, las longitudes de onda de la radiación térmica se encuentran principalmente en la región infrarroja y, por tanto, no son observables por el ojo humano. Cuando la temperatura del objeto aumenta, el objeto termina por brillar con color rojo. A temperaturas suficientemente altas, el objeto parece blanco, como el filamento de tungsteno incandescente de un foco. Un estudio cuidadoso de la radiación térmica muestra que es una distribución continua de longitudes de onda en todas las regiones del espectro.

Desde un punto de vista clásico, la radiación térmica tiene su origen en partículas cargadas aceleradas cerca de la superficie del objeto. Las cargas agitadas térmicamente tienen una distribución de aceleraciones, que constituyen el origen de la distribución continua de longitudes de onda del espectro de la radiación emitida por el objeto. A finales del siglo XIX, era evidente que esta explicación clásica de la radiación térmica era inadecuada. El problema fundamental consistía en entender la distribución de longitudes de onda observada en la radiación térmica emitida por un objeto ideal denominado cuerpo negro. Como se mencionó en el capítulo 6 del volumen I, un **cuerpo negro** es un sistema ideal que absorbe toda la radiación que incide sobre él. Una buena aproximación de cuerpo negro es un pequeño agujero que conduce al interior de un objeto hueco, como el mostrado en la figura 10.1. La naturaleza de la radiación emitida a través del agujero depende únicamente de la temperatura de las paredes de la cavidad.

La distribución de longitudes de onda de cavidades fue estudiada extensamente a finales del siglo XIX. En la figura 10.2 se muestran los datos experimentales de la distribución de la energía en la radiación de cuerpo negro a tres temperaturas distintas. La distribución de energía radiada varía con la longitud de onda y la temperatura. En estos experimentos se observaron las dos características siguientes

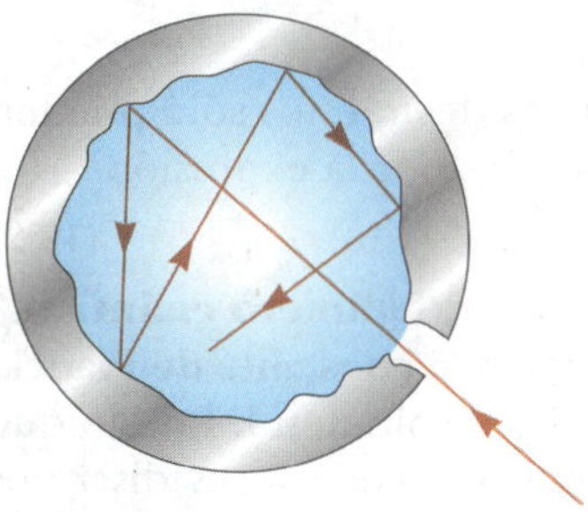

Figura 10.1

Un pequeño agujero abierto en un objeto hueco constituye una buena aproximación de un cuerpo negro. La luz que entra a través del agujero llega a la pared opuesta, donde parte es absorbida y parte es reflejada con un ángulo arbitrario. La luz sigue reflejándose y cada vez parte de ella es absorbida por las paredes interiores del objeto. Tras muchas reflexiones, prácticamente toda la energía incidente ha sido absorbida.

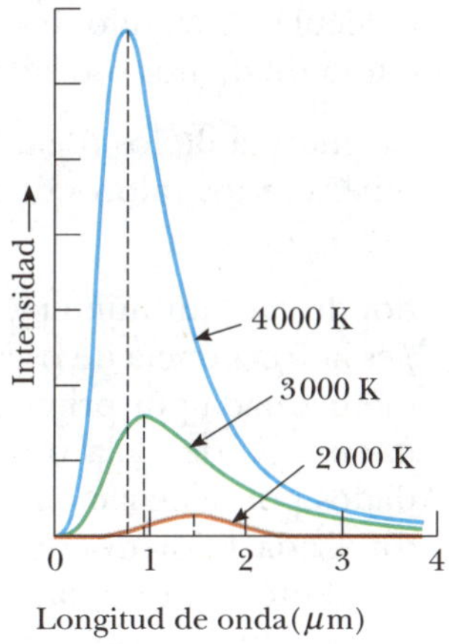

Figura 10.2

Intensidad de la radiación de cuerpo negro en función de la longitud de onda, representada para tres temperaturas. Observe que, cuando la temperatura aumenta, la cantidad de radiación emitida (el área bajo la curva) aumenta (ley de Stefan), mientras que el pico de la distribución se desplaza hacia longitudes de onda más cortas (ley de Wien).

¡ADVERTENCIA! 10.1

Prepárese a estar confundido

Las explicaciones que damos en los siguentes capítulos tratarán varios aspectos de la física cuántica, y es muy probable que le parezcan razonamientos extraños y confusos. La razón es que nuestra experiencia cotidiana tiene lugar en el mundo macroscópico, donde los efectos cuánticos no son evidentes. Cuando trate de entender estos capítulos, tenga en mente las palabras del premio Nobel de física Richard Feynman: "Nadie entiende la mecánica cuántica".

El brillo que sale por los espacios entre estas brasas de carbón es, en una buena aproximación, radiación de cuerpo negro. El color de la luz depende de la temperatura de las brasas. *(Corbis)*

Característica 1 ***La potencia total de radiación emitida aumenta con la temperatura.***

Estudiamos este hecho brevemente en el capítulo 17 del volumen I, donde enunciamos la **ley de Stefan**

• *Ley de Stefan*

$$\mathcal{P} = \sigma A e T^4 \qquad [17.35]$$

En el caso de un cuerpo negro, la emisividad es exactamente $e = 1$.

Característica 2 ***El máximo de la distribución de longitudes de onda se desplaza hacia longitudes de onda más cortas a medida que la temperatura aumenta.***

Se observó que este desplazamiento sigue la siguiente relación, denominada **ley del desplazamiento de Wien:**

• *Ley del desplazamiento de Wien*

$$\lambda_{\text{máx}} T = 2.898 \times 10^{-3} \text{ m} \cdot \text{K} \qquad [10.1]$$

donde $\lambda_{\text{máx}}$ es la longitud de onda que corresponde al pico de la curva, y T es la temperatura absoluta del objeto que emite la radiación.

Un modelo correcto para la radiación de cuerpo negro debe predecir la forma de la curva de la figura 10.2, la dependencia respecto a la temperatura expresada en la ley de Stefan y el desplazamiento del máximo de la curva en función de la temperatura expresado por la ley del desplazamiento de Wien. Los primeros intentos de explicar la forma de las curvas de la figura 10.2 haciendo uso de la física clásica fallaron. La figura 10.3 muestra la gráfica experimental del espectro de radiación de cuerpo negro junto con la curva predicha por la teoría clásica. Para grandes longitudes de onda, la teoría clásica proporciona resultados parecidos a los datos experimentales. Sin embargo, para longitudes de onda cortas aparece una gran diferencia entre la teoría clásica y el experimento. Esta diferencia suele llamarse la **catástrofe ultravioleta** (este nombre es algo confuso, puesto que la "catástrofe" —energía infinita— ocurre cuando la longitud de onda tiende a cero, no en la región de las longitudes de onda ultravioletas).

En 1900, Max Planck desarrolló un modelo estructural para la radiación de cuerpo negro que conduce a una ecuación teórica para la distribución de longitudes de onda que coincide completamente con los resultados experimentales para todas las longitudes de onda. En su modelo, Planck supuso la existencia de osciladores en la superficie del cuerpo negro, asociados a las cargas en el interior de las moléculas. Formuló dos suposiciones controvertidas y atrevidas respecto a la naturaleza de dichos osciladores:

Max Planck (1858-1947)

Planck introdujo el concepto de "cuanto de acción" (la constante de Planck, h), en un intento de explicar la distribución espectral de la radiación de cuerpo negro, con lo cual sentó las bases de la teoría cuántica. En 1918 se le otorgó el premio Nobel de Física por el descubrimiento de la naturaleza cuantizada de la energía. *(Fotografía cortesía de AIP Niels Bohr Library, W. F. Meggers Collection)*

- La energía de los osciladores está cuantizada, es decir, éstos sólo pueden tener ciertos valores discretos de energía E_n dados por la expresión

  $$E_n = nhf \qquad [10.2]$$

  donde n es un número entero positivo denominado **número cuántico**.* f es la frecuencia de oscilación del oscilador y h es la **constante de Planck**, mencionada por primera vez en el capítulo 11 del volumen I. Puesto que la energía de cada oscilador sólo puede tomar ciertos valores discretos dados por la ecuación 10.2, podemos decir que la energía está **cuantizada**. Cada valor discreto de energía corresponde a un **estado cuántico** diferente, representado por el número cuántico n. Cuando el oscilador se encuentra en el estado cuántico $n = 1$, su energía es hf; cuando se encuentra en el estado cuántico $n = 2$, su energía es $2hf$, etcétera
- Los osciladores emiten o absorben energía en cantidades discretas. Emiten o absorben dichas cantidades de energía realizando una transición desde un estado cuántico a otro, de manera similar a las transiciones estudiadas en el modelo atómico de Bohr en el capítulo 11 del volumen I.

* Mencionamos por primera vez el concepto de número cuántico para los sistemas microscópicos en el modelo de Bohr del átomo de hidrógeno. Volvemos a resaltarlo aquí por su importancia en el resto de capítulos del libro.

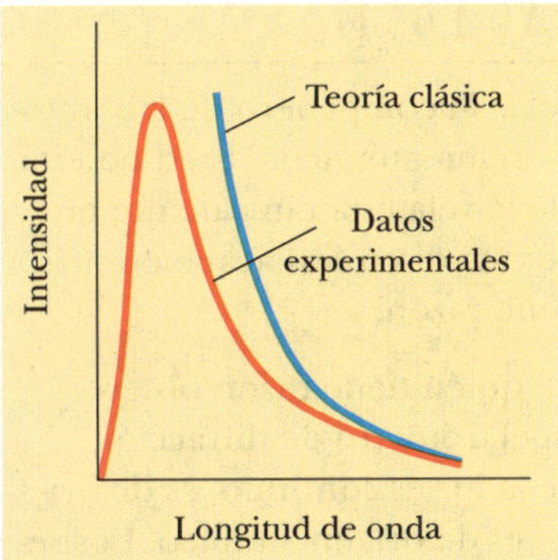

Figura 10.3

Comparación de los resultados experimentales con la curva predicha por la teoría clásica para la distribución de radiación de cuerpo negro.

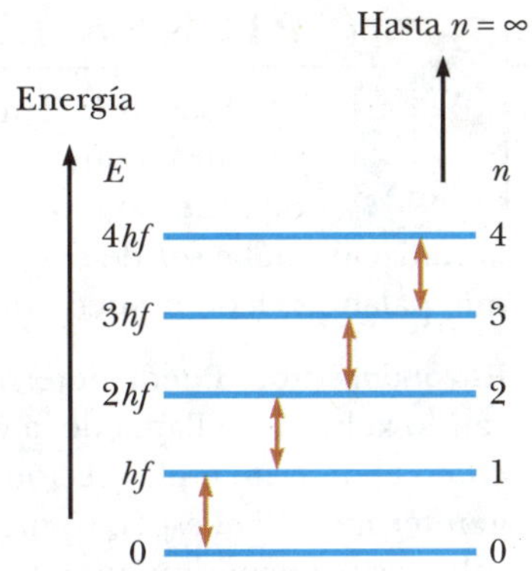

Figura 10.4

Niveles de energía permitidos para un oscilador de frecuencia natural f. Se indican las transiciones permitidas con flechas verticales.

¡ADVERTENCIA! 10.2

n es de nuevo un entero

En los capítulos anteriores sobre óptica, utilizamos la letra n para representar el índice de refracción, que no es necesariamente un entero. Ahora utilizamos n de nuevo de la manera en la que lo hicimos en el capítulo 11 del volumen I para indicar el estado cuántico de una órbita de Bohr, y en el capítulo 14 del volumen I para indicar el modo de una onda estacionaria en una cuerda o en una columna de aire. En física cuántica, suele utilizarse n como un número cuántico entero que identifica un estado cuántico determinado del sistema.

La diferencia total de energía entre el estado inicial y el final de la transición es emitida como un único cuanto de radiación. Si la transición es desde un estado a otro adyacente —por ejemplo, del estado $n = 3$ al estado $n = 2$— la ecuación 10.2 muestra que la energía radiada por el oscilador es

$$E = hf \qquad [10.3]$$

Un oscilador sólo emite o absorbe energía cuando cambia su estado cuántico. Si permanece en un estado cuántico determinado, no absorbe ni emite energía. La figura 10.4 muestra los niveles cuánticos de energía y las transiciones permitidas postuladas por Planck.

Estas suposiciones pueden no parecer atrevidas, puesto que las hemos estudiado ya en el modelo de Bohr del átomo de hidrógeno en el capítulo 11 del volumen I. Sin embargo, es importante tener en cuenta que el modelo de Bohr no fue propuesto sino hasta 1913, mientras que Planck formuló sus hipótesis en 1900. El punto clave en la hipótesis de Planck es la suposición radical de que existen estados de energía cuantizados. Este avance marcó el nacimiento de la teoría cuántica. Utilizando dichas suposiciones, Planck pudo crear una expresión teórica de la distribución de longitudes de onda que mostraba gran similitud con las curvas experimentales de la figura 10.2. Cuando Planck presentó su teoría, la mayor parte de los científicos (¡incluido el propio Planck!) no consideraron realista el concepto de cuanto. Se consideraba un truco matemático que, por alguna razón, predecía los resultados correctos. Por tanto, Planck y muchos otros continuaron tratando de buscar lo que para ellos sería una explicación más racional de la radiación de cuerpo negro. Sin embargo, el desarrollo posterior mostró que se necesitaba una teoría basada en el concepto de cuanto (en vez de los conceptos clásicos) para poder explicar otros fenómenos a nivel atómico.

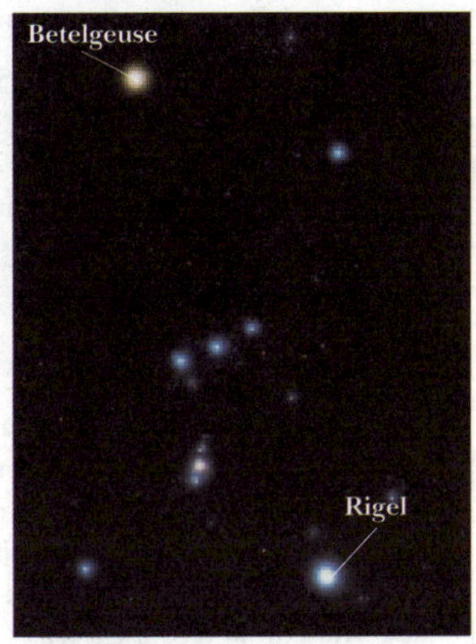

Las estrellas más brillantes de esta fotografía forman la constelación de Orión. Puesto que Rigel es más caliente que Betelgeuse, aparece azulada, mientras que Betelgeuse tiene color rojizo. *(John Chumack/Photo Researchers, Inc.)*

Pregunta rápida 10.1

¿Es un cuerpo negro realmente negro?

Pregunta rápida 10.2

Todos los objetos irradian energía. ¿Por qué entonces no podemos ver todos los objetos en una habitación oscura?

PIENSE EN LA FÍSICA 10.1

Al observar la llama amarilla de una vela, su compañero de laboratorio afirma que la luz de la llama es de origen atómico. Usted no está de acuerdo, apuntando que la llama de la vela está tan caliente que la radiación debe ser de origen térmico. Antes que esta discusión acabe en más que palabras, ¿cómo puede determinarse quién tiene razón?

Razonamiento. Puede determinarse sencillamente quién tiene razón observando la luz de la llama de la vela a través de un espectrómetro de difracción como el descrito en la sección 9.8. Si el espectro de la luz es continuo, es de origen térmico. Si el espectro muestra líneas discretas, es de origen atómico. Los resultados del experimento muestran que la luz es, de hecho, de origen térmico y se produce en las partículas incandescentes del pábilo en combustión.

Ejemplo 10.1 Radiación térmica del cuerpo humano

La temperatura de nuestra piel es de aproximadamente 35°C.
(a) ¿Cuál es la longitud de onda del máximo de radiación emitida?

Solución. De la ley del desplazamiento de Wien (ecuación 10.1) deducimos

$$\lambda_{\text{máx}} T = 2.898 \times 10^{-3}\ \text{m} \cdot \text{K}$$

Si despejamos $\lambda_{\text{máx}}$, teniendo en cuenta que 35°C corresponde a la temperatura absoluta de 308 K, obtenemos

$$\lambda_{\text{máx}} = \frac{2.898 \times 10^{-3}\ \text{m} \cdot \text{K}}{308\ \text{K}} = \boxed{9.41\ \mu\text{m}}$$

Esta radiación se encuentra en la región infrarroja del espectro.
(b) ¿Cuál es la potencia total emitida por nuestro cuerpo, suponiendo que emite como un cuerpo negro?

Solución. Hemos de realizar una estimación de la superficie de nuestra piel. Si suponemos que un cuerpo humano es un paralelepípedo rectangular de altura 2 m, anchura 0.3 m y profundidad 0.2 m, la superficie total es

$$A = 2(2\ \text{m})(0.3\ \text{m}) + 2(2\ \text{m})(0.2\ \text{m}) + 2(0.2\ \text{m})(0.3\ \text{m}) \approx 2\ \text{m}^2$$

Por tanto, de la ley de Stefan obtenemos

$$\mathcal{P} = \sigma A e T^4 \approx (5.7 \times 10^{-8}\ \text{W/m}^2 \cdot \text{K}^4)(2\ \text{m}^2)(1)(308\ \text{K})^4 \sim \boxed{10^3\ \text{W}}$$

(c) Basándose en la respuesta del inciso (b), ¿por qué el cuerpo humano no brilla como varios focos?

Solución. La respuesta del inciso (b) muestra que la piel radia aproximadamente la misma cantidad de energía que la suministrada a diez focos de 100 w por transmisión eléctrica. Sin embargo, dicha radiación no es visible, puesto que casi toda ella se encuentra en la región infrarroja del espectro, como hemos visto en el inciso (a), y nuestros ojos no son sensibles a dicha radiación.

Ejemplo 10.2 El oscilador cuántico

Un bloque de masa 2.0 kg se encuentra unido a un resorte de masa despreciable con constante de recuperación $k = 25$ N/m. Se comprime el resorte 0.40 m a partir de su posición de equilibrio y a continuación se suelta.
(a) Calcule la energía total y la frecuencia de oscilación de acuerdo con la teoría clásica.

Solución. A partir del modelo de movimiento armónico simple del capítulo 12 del volumen I, podemos utilizar la ecuación 12.21 para determinar la energía total de un oscilador armónico simple de amplitud A:

$$E = \tfrac{1}{2}kA^2 = \tfrac{1}{2}(25\ \text{N/m})(0.40\ \text{m})^2 = \boxed{2.0\ \text{J}}$$

La frecuencia de las oscilaciones es, de la ecuación 12.14,

$$f = \frac{1}{2\pi}\sqrt{\frac{k}{m}} = \frac{1}{2\pi}\sqrt{\frac{25\ \text{N/m}}{2.0\ \text{kg}}} = \boxed{0.56\ \text{Hz}}$$

(b) Suponga ahora que la energía está cuantizada, y calcule el número cuántico n del sistema.

Solución. Si la energía está cuantizada, tenemos $E_n = nhf$, y a partir del resultado del inciso (a), se obtiene

$$E_n = nhf = n(6.63 \times 10^{-34}\ \text{J} \cdot \text{s})(0.56\ \text{Hz}) = 2.0\ \text{J}$$

Por tanto,

$$n = \frac{2.0\ \text{J}}{(6.63 \times 10^{-34}\ \text{J}\cdot\text{s})(0.56\ \text{Hz})} = 5.4 \times 10^{33}$$

(c) ¿Qué energía se pierde cuando el oscilador realiza una transición al siguiente estado cuántico más bajo?

Solución. La diferencia de energía entre estados cuánticos contiguos es $\Delta E = hf$. Por tanto, la energía perdida es

$$E = hf = (6.63 \times 10^{-34}\ \text{J}\cdot\text{s})(0.56\ \text{Hz}) = 3.7 \times 10^{-34}\ \text{J}$$

La energía perdida en la transición entre niveles de energía adyacentes es una fracción tan pequeña de la energía total del oscilador (¡aproximadamente una parte en diez mil millones de billones de billones, 1:10[34]!), que no podemos esperar notar una variación como ésa en el sistema. Por tanto, incluso aunque la variación de energía de un sistema macroscópico como el del bloque y el resorte está cuantizada y se produce a saltos discretos, nuestros sentidos perciben dicha variación como continua. **Los efectos cuánticos se convierten en importantes y medibles únicamente en el nivel submicroscópico de átomos y moléculas.** Es más, los resultados cuánticos tienden suavemente a los resultados clásicos cuando el número cuántico se hace muy grande. Esta propiedad se conoce como **principio de correspondencia.**

10.2 • EFECTO FOTOELÉCTRICO

La radiación de cuerpo negro fue históricamente el primer fenómeno en ser explicado con un modelo cuántico. Hacia finales del siglo XIX, al mismo tiempo que se recopilaban datos acerca de la radiación térmica, otros experimentos demostraron que la luz incidente sobre ciertas superficies metálicas hace que dichas superficies emitan electrones. Como se mencionó en la sección 7.1, este fenómeno (descrito por primera vez por Hertz) se denomina **efecto fotoeléctrico.** Los electrones emitidos se denominan **fotoelectrones**.*

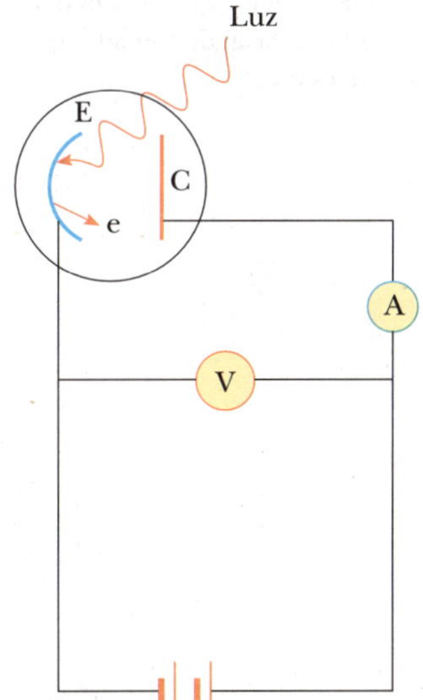

Figura 10.5

Diagrama de un circuito diseñado para observar el efecto fotoeléctrico. Cuando la luz incide sobre la placa E (emisor), los fotoelectrones son emitidos desde la placa. Los electrones que llegan a C (colector) constituyen la corriente del circuito.

La figura 10.5 es un diagrama esquemático de un aparato de efecto fotoeléctrico. Un tubo de vidrio en el que se ha hecho el vacío contiene una placa metálica E conectada al polo negativo de una batería. Otra placa de metálica C se mantiene a potencial positivo utilizando la batería. Cuando el tubo se encuentra en la oscuridad, el amperímetro registra cero, indicando que no circula corriente por el circuito. Sin embargo, cuando luz de longitud de onda apropiada incide sobre la placa E, el amperímetro registra corriente, indicando un flujo de carga a través del vacío entre E y C. Esta corriente procede de los electrones emitidos por la placa E (emisor) y recibidos por la placa positiva C (colector).

La figura 10.6 es una representación gráfica de los resultados de un experimento fotoeléctrico: una gráfica de la corriente fotoeléctrica en función de la diferencia de potencial ΔV existente entre E y C para dos intensidades de luz. Para valores positivos y grandes de ΔV, la corriente alcanza un valor máximo. Además, la intensidad de corriente aumenta cuando la intensidad de luz incidente aumenta, como es de esperar. Finalmente, cuando ΔV es negativo —es decir, cuando la polaridad de la batería se invierte de modo que E es positivo y C negativo— la corriente cae, puesto que muchos fotoelectrones emitidos por E son repelidos por la placa C cargada negativamente. Sólo los electrones que salen del metal con energía cinética mayor que $e|\Delta V|$ alcanzan C, donde e es el valor de la carga del electrón. Cuando ΔV es igual a ΔV_F, el **potencial de frenado,** ningún electrón llega a C y la intensidad de corriente es nula.

Consideremos a la combinación del campo eléctrico entre las placas y un electrón emitido desde la placa E con energía cinética máxima como un sistema aislado. Supongamos que dicho electrón se detiene exactamente al llegar a la

* Los fotoelectrones no son diferentes de otros electrones. Se les da este nombre simplemente porque son emitidos por el metal debido a los fotones, como consecuencia del efecto fotoeléctrico.

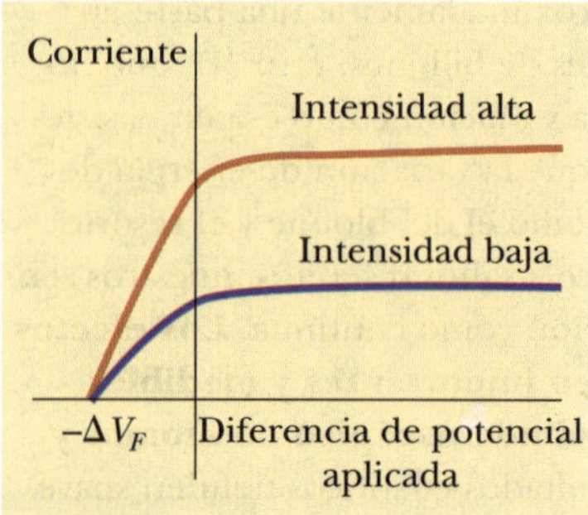

Figura 10.6

Gráfica de la corriente fotoeléctrica en función de la diferencia de potencial aplicada para dos intensidades de luz diferentes. La corriente aumenta con la intensidad de luz y para cada intensidad alcanza un valor de saturación para valores grandes de ΔV. Para voltajes menores o iguales que $-\Delta V_F$, el potencial de frenado, la corriente es nula.

placa C. Aplicando el modelo de sistema aislado, la energía total del sistema debe conservarse:

$$E_1 = E_2 \longrightarrow K_1 + U_1 = K_2 + U_2$$

donde el subíndice 1 se refiere al instante en el que el electrón sale del metal con la energía cinética máxima $K_{\text{máx}}$ y el subíndice 2 se refiere al momento en el que el electrón se detiene justo antes de alcanzar la placa C. Si definimos la energía potencial eléctrica del sistema como cero en la condición 1, tenemos

$$K_{\text{máx}} + 0 = 0 + (-e)(-\Delta V_F)$$

$$K_{\text{máx}} = e\,\Delta V_F \qquad [10.4]$$

Esta ecuación nos permite medir experimentalmente $K_{\text{máx}}$ al medir el voltaje para el que la corriente es nula.

A continuación se describen varias características del efecto fotoeléctrico en las que las predicciones realizadas por un enfoque clásico (utilizando el modelo ondulatorio de la luz) se comparan con los resultados experimentales. Observe las grandes diferencias entre las predicciones y los resultados.

Característica 1 *Dependencia de la energía cinética de los fotoelectrones respecto a la intensidad de la luz*

Predicción clásica: Los electrones deberían absorber energía de forma continua de las ondas electromagnéticas. Una luz más intensa debería transferir energía al metal más rápido, de modo que los electrones deberían salir de él con mayor energía cinética.

Resultado experimental: La energía cinética máxima de los fotoelectrones es *independiente* de la intensidad de la luz. Este hecho se muestra en la figura 10.6, donde se observa que ambas curvas caen a cero para el *mismo* voltaje negativo.

Característica 2 *Tiempo transcurrido entre la incidencia de la luz y la emisión de fotoelectrones*

Predicción clásica: Para una luz muy débil, debería transcurrir un periodo perceptible entre la incidencia de la luz y la emisión de un electrón. Este tiempo es el necesario para que el electrón absorba la radiación incidente suficiente para adquirir la energía requerida para escapar del metal.

Resultado experimental: Los electrones son emitidos por la superficie casi *instantáneamente* (menos de 10^{-9} después de la incidencia de luz), incluso para intensidades de luz muy bajas.

Característica 3 *Dependencia de la emisión de electrones respecto a la frecuencia de la luz*

Predicción clásica: Deberían emitirse electrones para cualquier frecuencia de la radiación incidente, mientras la intensidad de la luz sea suficientemente grande, puesto que la energía se transmite al metal independientemente de la frecuencia.

Resultado experimental: No se emiten electrones si la frecuencia de la luz incidente es menor que la denominada **frecuencia umbral** f_0, que es una característica del material iluminado. No se emiten electrones por debajo de dicha frecuencia umbral *independientemente* de la intensidad de la luz.

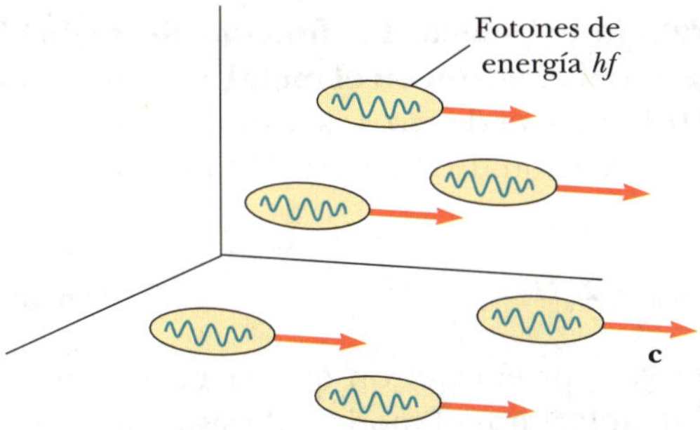

Figura 10.7

Representación de los cuantos de luz. Cada fotón tiene una energía discreta hf.

Característica 4 ***Dependencia de la energía cinética de los fotoelectrones respecto a la frecuencia de la luz***

Predicción clásica: No debería existir *ninguna* relación entre la frecuencia de la luz y la energía cinética de los electrones. La energía cinética debería estar relacionada con la intensidad de la luz.

Resultado experimental: La energía cinética máxima de los fotoelectrones aumenta con la frecuencia de la luz incidente.

Observe que *las cuatro* predicciones del modelo clásico son erróneas. Einstein propuso una explicación correcta del efecto fotoeléctrico en 1905, el mismo año en que publicó su teoría especial de la relatividad. Como parte de un artículo general sobre la radiación electromagnética, por el cual recibió el premio Nobel de Física en 1921, Einstein extendió el concepto de cuantización de Planck a las ondas electromagnéticas. Supuso que la luz (o cualquier otra onda electromagnética) de frecuencia f puede considerarse como un flujo de cuantos, independientemente de la fuente de radiación. Hoy en día denominamos a dichos cuantos **fotones.** Cada fotón tiene una energía E, que viene dada por la ecuación 10.3, $E = hf$. En la figura 10.7 se muestra una imagen, que no debe tomarse demasiado literalmente, de varios fotones. Cada fotón se mueve con velocidad **c** dirigida hacia la derecha en la figura 10.7. La magnitud de **c** es $c = 3.00 \times 10^8$ m/s.

Pregunta rápida 10.3

Mientras se encuentra en el exterior en una noche oscura, una persona está siendo alcanzada por los siguientes cuatro tipos de radiación electromagnética: luz amarilla de una farola de sodio de la calle, ondas de radio procedentes de una emisora AM cercana, ondas de radio procedentes de una emisora FM cercana, y microondas procedentes de una antena de comunicaciones cercana. Ordene dichos tipos de ondas en términos de la energía de los fotones de menor a mayor.

En el modelo de Einstein, un fotón de la luz incidente transfiere *toda* su energía hf a un *único* electrón del metal. Por tanto, la absorción de energía por parte de los electrones no es un proceso continuo como el predicho por la teoría clásica, sino un proceso discontinuo en el que la energía se transfiere a los electrones en paquetes. La transferencia de energía se realiza a través de sucesos en los que están involucrados un fotón y un electrón.

Los electrones emitidos por la superficie del metal poseen la máxima energía cinética $K_{\text{máx}}$. De acuerdo con Einstein, la energía cinética máxima de estos electrones liberados es

$$K_{\text{máx}} = hf - \phi \qquad [10.5]$$

• *Ecuación del efecto fotoeléctrico*

TABLA 10.1

Función de trabajo de varios metales

Metal	ϕ (eV)
Na	2.28
Al	4.08
Cu	4.70
Zn	4.31
Ag	4.73
Pt	6.35
Pb	4.14
Fe	4.50

donde ϕ se denomina **función de trabajo** del metal. **La función de trabajo representa la energía mínima de enlace del electrón en el metal** y es del orden de unos pocos electrón-volts. La tabla 10.1 muestra diversos valores seleccionados.

La ecuación 10.5 es una forma de la ecuación de conservación de la energía del capítulo 6 del volumen I:

$$\Delta E_{\text{sistema}} = \Sigma\, H \qquad \textbf{[I 6.20]}$$

Imaginemos que el sistema está compuesto por el electrón que va a ser emitido y por el resto del metal, y a continuación aplicamos el modelo de sistema no aislado para la energía. La energía se transfiere al sistema en forma de radiación electromagnética: el fotón. El sistema tiene dos tipos de energía, la energía potencial del sistema electrón-metal y la energía cinética del electrón. Por tanto, podemos escribir la ecuación de conservación como

$$\Delta K + \Delta U = H_{\text{RE}} \qquad \textbf{[10.6]}$$

La energía transferida es la del fotón, $H_{\text{RE}} = hf$. Durante el proceso, la energía cinética del electrón se incrementa de cero a su valor final, que suponemos que es el valor máximo posible $K_{\text{máx}}$. La energía potencial del sistema aumenta, puesto que el electrón se aleja del metal hacia el que es atraído. Definimos la energía potencial del sistema cuando el electrón se encuentra fuera del metal como cero. La energía potencial del sistema cuando el electrón está en el metal es $U = -\phi$, donde ϕ es la función de trabajo. Por tanto, el aumento de energía potencial cuando el electrón es emitido por el metal es la función de trabajo ϕ. Sustituyendo estas energías en la ecuación 10.6 obtenemos

$$K_{\text{máx}} + \phi = hf$$

que es igual a la ecuación 10.5. Si el electrón colisiona con otros electrones o iones del metal cuando es emitido, parte de la energía incidente se transfiere al metal y el electrón es emitido con una energía cinética menor que $K_{\text{máx}}$.

Con el modelo de fotones para la luz, pueden explicarse las características observadas del efecto fotoeléctrico que no pueden ser entendidas con el modelo clásico.

Característica 1 *Dependencia de la energía cinética de los fotoelectrones respecto a la intensidad de la luz*

Puede entenderse el hecho de que $K_{\text{máx}}$ es independiente de la intensidad de la luz con el siguiente argumento. La energía cinética máxima de un electrón determinado, que es igual a $hf - \phi$, depende únicamente de la frecuencia de la luz incidente y de la función de trabajo, no de la intensidad de la luz. Si la intensidad de la luz se duplica, el número de fotones que alcanzan el metal por segundo se duplica, de modo que se duplicará el número de fotoelectrones emitidos por segundo. Pero la energía cinética de cada uno de ellos no varía.

Característica 2 *Tiempo transcurrido entre la incidencia de la luz y la emisión de fotoelectrones*

El hecho de que los fotoelectrones sean emitidos casi instantáneamente es consistente con el modelo de fotones de la luz, en el que la energía incidente se transmite en paquetes discretos y la interacción entre electrones y fotones es uno a uno. Por tanto, si la intensidad de la luz incidente es muy pequeña, llegarán muy pocos fotones por unidad de tiempo, pero cada uno de ellos tendrá energía suficiente para arrancar un electrón del metal instantáneamente.

Característica 3 ***Dependencia de la emisión de electrones respecto a la frecuencia de la luz***

El hecho de que el efecto no se observe por debajo de una cierta frecuencia umbral se debe a que el fotón debe tener una energía mayor que la función de trabajo ϕ para arrancar un electrón. Si la energía del fotón incidente no satisface esta condición, no puede emitirse un electrón, independientemente de la intensidad de la luz incidente.

Característica 4 ***Dependencia de la energía cinética respecto a la frecuencia de la luz***

Puede entenderse que $K_{\text{máx}}$ aumente con la frecuencia a partir de la ecuación 10.5.

El resultado de Einstein (ecuación 10.5) predice una relación lineal entre la energía cinética máxima de los electrones $K_{\text{máx}}$ y la frecuencia de la luz f. La observación experimental de dicha relación lineal sería una confirmación de la teoría de Einstein. Y de hecho, dicha relación lineal se observa, como se muestra en la figura 10.8. La pendiente de cada curva para cualquier metal es h. El valor absoluto de la ordenada en la que cada recta corta el eje y es la función de trabajo ϕ, que varía de un metal a otro. La abscisa de corte con el eje x es la frecuencia umbral, que está relacionada con la función de trabajo a través de la relación $f_0 = \phi/h$. Esta frecuencia corresponde a una **longitud de onda umbral**

$$\lambda_0 = \frac{c}{f_0} = \frac{c}{\phi/h} = \frac{ho}{\phi} \qquad [10.7]$$

• *Longitud de onda umbral*

donde c es la rapidez de la luz. La luz con longitud de onda mayor que λ_0 que incida sobre un material con una función de trabajo ϕ no produce emisión de fotoelectrones.

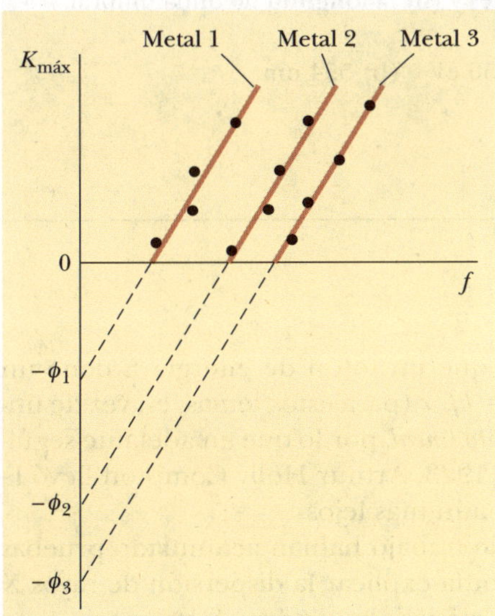

Figura 10.8

Representación gráfica de los valores de $K_{\text{máx}}$ de los fotoelectrones en función de la frecuencia de la luz incidente, en un experimento típico del efecto fotoeléctrico. Los fotones con frecuencia menor que la frecuencia umbral de un metal dado, no tienen energía suficiente para arrancar un electrón del metal.

La explicación del efecto fotoeléctrico con un modelo cuántico, junto con el modelo cuántico de Planck para la radiación de cuerpo negro estableció una base sólida para el desarrollo de la física cuántica. En la siguiente sección presentaremos un tercer resultado experimental que proporciona otra evidencia de la naturaleza cuántica de la luz.

Pregunta rápida 10.4

Un estudiante afirma que va a arrancar electrones de un trozo de metal situando una antena de transmisión de radio junto al metal y emitiendo una señal de radio AM muy intensa a través de la antena. ¿Funcionará?

Pregunta rápida 10.5

Suponga que los físicos clásicos hubieran querido predecir la gráfica de $K_{\text{máx}}$ en función de f, como en la figura 10.8. ¿Qué forma tendría la gráfica resultante, basada en el modelo ondulatorio de la luz?

Ejemplo 10.3 Efecto fotoeléctrico en el sodio

Se ilumina una superficie de sodio con luz de longitud de onda de 300 nm. La función de trabajo para el metal de sodio es de 2.46 eV. Calcule (a) la energía cinética máxima de los fotoelectrones emitidos por el metal y (b) la longitud de onda umbral para el sodio.

Solución. (a) La energía de los fotones de la luz incidente es

$$E = hf = \frac{hc}{\lambda} = \frac{(6.626 \times 10^{-34}\,\text{J}\cdot\text{s})(3.00 \times 10^{8}\,\text{m/s})}{300 \times 10^{-9}\,\text{m}}$$

$$= 6.63 \times 10^{-19}\,\text{J} = 4.14\,\text{eV}$$

Utilizando la ecuación 10.5 obtenemos

$$K_{\text{máx}} = hf - \phi = 4.14\,\text{eV} - 2.46\,\text{eV} = \boxed{1.68\,\text{eV}}$$

(b) La longitud de onda umbral puede calcularse a partir de la ecuación 10.7, después de convertir ϕ de electrón-volts a joules:

$$\phi = 2.46\,\text{eV}\left(\frac{1.60 \times 10^{-19}\,\text{J}}{1\,\text{eV}}\right) = 3.94 \times 10^{-19}\,\text{J}$$

$$\lambda_0 = \frac{hc}{\phi} = \frac{(6.626 \times 10^{-34}\,\text{J}\cdot\text{s})(3.00 \times 10^{8}\,\text{m/s})}{3.94 \times 10^{-19}\,\text{J}}$$

$$= 5.05 \times 10^{-7}\,\text{m} = \boxed{505\,\text{nm}}$$

Esta longitud de onda se encuentra en la región verde del espectro visible.

EJERCICIO. Calcule la rapidez máxima de los fotoelectrones emitidos en las condiciones del inciso (a).

Respuesta: 7.68×10^{5} m/s.

EJERCICIO. La función de trabajo para el potasio es de 2.24 eV. Si se ilumina metal de potasio con luz de longitud de onda de 480 nm, calcule (a) la energía cinética máxima de los fotoelectrones y (b) la longitud de onda umbral.

Respuesta: (a) 0.350 eV (b) 554 nm

10.3 • EFECTO COMPTON

En 1919, Einstein enunció la hipótesis de que un fotón de energía E tiene un momentum o momento lineal igual a $E/c = hf/c$ (para estos temas, en vez de utilizar el término *momentum* se prefiere *momento lineal*, por lo que en adelante seguirá apareciendo este último). Más tarde, en 1923, Arthur Holly Compton llevó la idea de Einstein del momento de un fotón aún más lejos.

Antes de 1922, Compton y su equipo de trabajo habían acumulado pruebas de que la teoría ondulatoria de la luz no podía explicar la dispersión de rayos X por electrones. De acuerdo con la teoría clásica, las ondas electromagnéticas incidentes de frecuencia f_0 deberían producir dos efectos: (1) los electrones deberían acelerarse en la dirección de propagación de los rayos X por la presión de radiación (vea la sección 6.6) y (2) el campo eléctrico oscilante debería hacer que los electrones oscilasen con la frecuencia aparente de la radiación detectada por el electrón en movimiento. Estos dos efectos se muestran en la figura 10.9a, que representa la predicción clásica. La frecuencia aparente detectada por el electrón es diferente de f_0 debido al efecto Doppler (vea la sección 13.8 del volumen I y la nota de Piense en la física 6.1) puesto que el electrón absorbe la radiación como una partícula en movimiento. A continuación, el electrón radia como una partícula en movimiento, con lo que aparece otro desplazamiento Doppler en la frecuencia de la radiación emitida.

Puesto que electrones diferentes se mueven a velocidades diferentes, dependiendo de la cantidad de energía absorbida de las ondas electromagnéticas incidentes, las frecuencias de las ondas dispersadas para un ángulo determinado deberían estar distribuidas mostrando un desplazamiento Doppler. Sin embargo, el experimento de Compton mostró que, para un ángulo determinado, sólo se observaba *una* frecuencia diferente de la de la radiación incidente. Compton y sus colaboradores comprendieron que la dispersión de los fotones de los rayos X por

Arthur Holly Compton
(1892-1962)

Compton midió experimentalmente y explicó el efecto que lleva su nombre en la Universidad de Chicago en 1923, y en 1927 compartió el premio Nobel. Más adelante, demostró que los rayos cósmicos son partículas cargadas y dirigió investigaciones orientadas a producir plutonio para crear armas nucleares.
(Cortesía de AIP Niels Bohr Library)

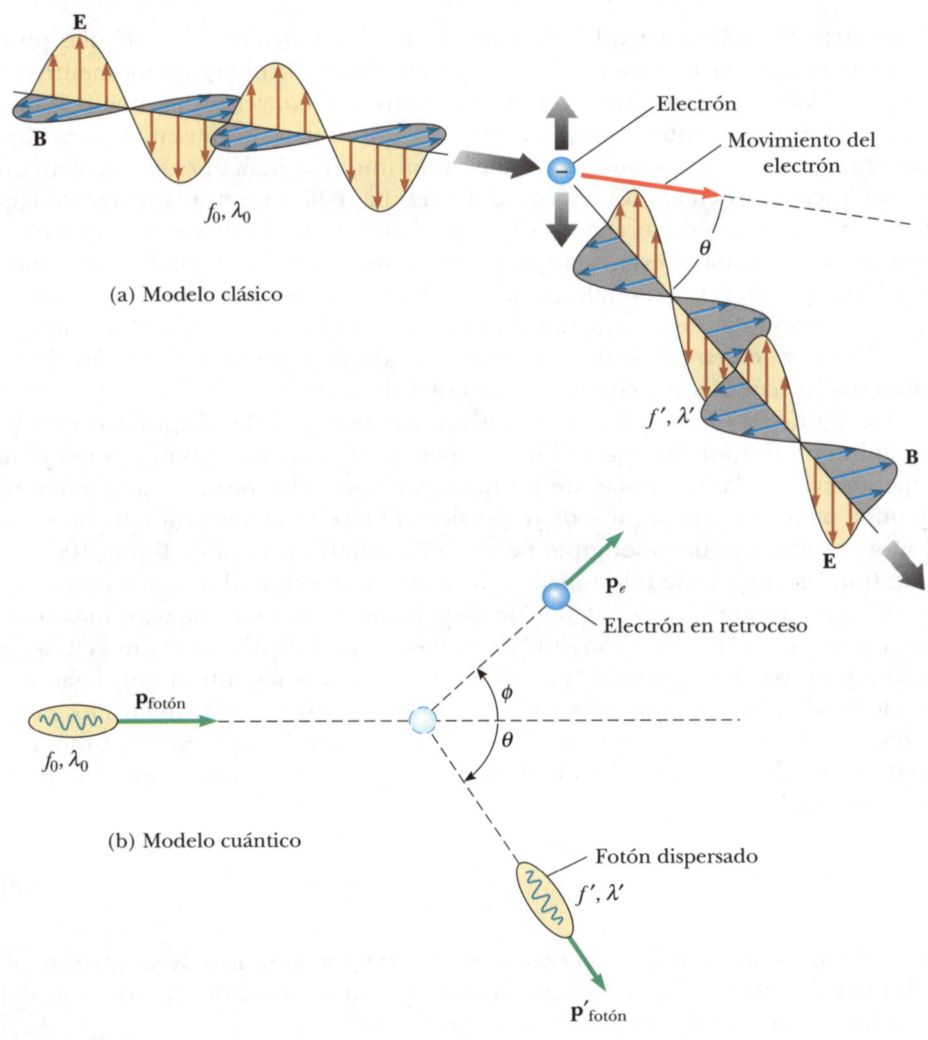

Figura 10.9

Dispersión de rayos X por un electrón: (a) modelo clásico y (b) modelo cuántico.

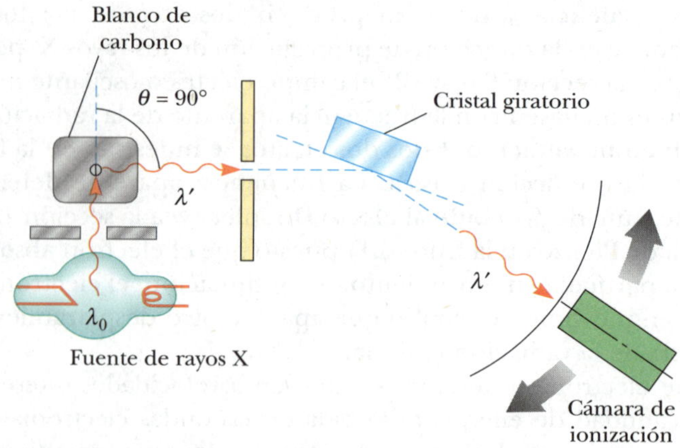

Figura 10.10

Diagrama esquemático del dispositivo experimental de Compton. Los fotones se dispersan 90° respecto al blanco de carbono. La longitud de onda se mide con un espectrómetro de cristal giratorio utilizando la ley de Bragg (sección 9.9).

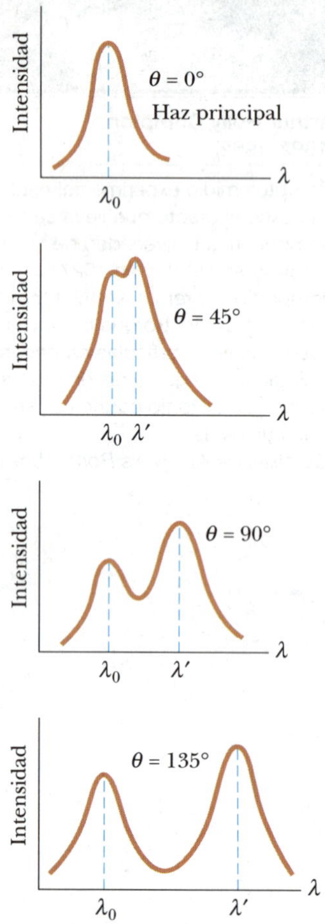

Figura 10.11

Intensidad de la luz dispersada en función de la longitud de onda en la dispersión de Compton para $\theta = 0°$, 45°, 90° y 135°.

los electrones podía ser explicada tratando a los fotones como partículas puntuales de energía hf y momento hf/c y suponiendo que la energía y momento del sistema aislado formado por el fotón y el electrón se conservan en una colisión. Haciendo esto, Compton estaba adoptando un modelo corpuscular para algo que era bien conocido como una onda, lo mismo que había hecho Einstein en su explicación del efecto fotoeléctrico. La figura 10.9b muestra la imagen cuántica del intercambio de momento y energía entre un fotón de rayos X y un electrón. Se observa una diferencia fundamental entre los modelos clásico y cuántico en la figura 10.9. En el modelo clásico, el electrón es empujado en la dirección de propagación del rayo X incidente por la presión de la radiación. En el modelo cuántico, el electrón es dispersado un ángulo ϕ respecto a dicha dirección, como si se tratase de una colisión entre bolas de billar.

La figura 10.10 es una representación esquemática del dispositivo experimental utilizado por Compton. En su experimento original, Compton midió la dependencia de la intensidad de los rayos X dispersados respecto a la longitud de onda para diversos ángulos de dispersión. El haz incidente constaba de rayos X monocromáticos de la longitud de onda $\lambda_0 = 0.071$ nm. En la figura 10.11 se muestran las gráficas de intensidad en función de la longitud de onda obtenidas por Compton para cuatro ángulos de dispersión. Éstas muestran dos máximos: uno en λ_0, y el otro en una longitud de onda más grande λ'. El máximo en λ_0 se debe a los rayos X dispersados por electrones que se encuentran muy ligados a los átomos del blanco, mientras que el máximo desplazado λ' se debe a los rayos X dispersados por los electrones libres en el blanco. En su análisis, Compton predijo que el máximo desplazado debe depender del ángulo de dispersión θ del siguiente modo:

• *Ecuación de desplazamiento de Compton*

$$\lambda' - \lambda_0 = \frac{h}{m_e c}(1 - \cos\theta) \qquad [10.8]$$

En esta expresión, denominada **ecuación del desplazamiento de Compton,** m_e es la masa del electrón; $h/m_e c$ se denomina **longitud de onda de Compton** λ_C del electrón y tiene un valor actualmente aceptado de

• *Longitud de onda de Compton*

$$\lambda_C = \frac{h}{m_e c} = 0.00243 \text{ nm} \qquad [10.9]$$

Los experimentos de Compton resultaron estar en gran concordancia con las predicciones de la ecuación 10.8. ¡Éstos fueron los primeros resultados experimentales que convencieron a la mayor parte de los físicos de la validez fundamental de la teoría cuántica!

El efecto Compton debe ser tomado en cuenta por los técnicos de rayos X que trabajan en hospitales y laboratorios radiológicos. Los rayos X dirigidos hacia el cuerpo del paciente sufren una dispersión de Compton por los electrones del cuerpo, en todas las direcciones. La ecuación 10.8 muestra que la longitud de onda dispersada sigue estando en la región de los rayos X, de modo que estos rayos X dispersados pueden dañar el tejido humano. En general, los técnicos utilizan la máquina de rayos X desde detrás de una pantalla de absorción para evitar la exposición a los rayos X dispersados. Además, cuando se toman rayos X dentales, se pone un delantal de plomo al paciente para reducir la absorción de rayos X dispersados por otras partes del cuerpo del paciente.

APLICACIÓN

El efecto Compton y los técnicos de rayos X

PIENSE EN LA FÍSICA 10.2

El efecto Compton produce un cambio en la longitud de onda de los fotones dispersados a diferentes ángulos. Suponga que iluminamos un fragmento de un material con un haz de luz, y a continuación observamos el material desde diferentes ángulos respecto al haz de luz incidente. ¿Veremos una *variación de color* correspondiente a un cambio en la longitud de onda de la luz dispersada?

Razonamiento. La luz visible que es dispersada por el material sufre un cambio en la longitud de onda, pero dicho cambio es demasiado pequeño para ser detectado como un cambio de color. La variación máxima posible de la longitud de onda, para 180°, es el doble de la longitud de onda de Compton, alrededor de 0.005 nm. Esto representa menos de un 0.001% de la longitud de onda de la luz roja. El efecto Compton sólo es detectable para longitudes de onda muy cortas, para las que la longitud de onda de Compton tiene un valor apreciable comparada con la longitud de onda de la luz incidente. Como resultado, la radiación en la que suele observarse el efecto Compton está en la región de rayos X del espectro electromagnético.

Ejemplo 10.4 Dispersión Compton a 45°

Se dispersan rayos X de longitud de onda $\lambda_0 = 0.200\,000$ nm en un bloque de material. Los rayos X dispersados se observan con un ángulo de 45.0° respecto al haz incidente. Calcule la longitud de onda de los rayos X dispersados a dicho ángulo.

Solución. El desplazamiento en la longitud de onda de los rayos X dispersados viene dado por la ecuación 10.8:

$$\Delta\lambda = \frac{h}{m_e c}(1 - \cos\theta)$$

$$= \frac{6.626 \times 10^{-34}\,\mathrm{J \cdot s}}{(9.11 \times 10^{-31}\,\mathrm{kg})(3.00 \times 10^{8}\,\mathrm{m/s})}(1 - \cos 45°)$$

$$= 7.10 \times 10^{-13}\,\mathrm{m} = 0.000\,710\,\mathrm{nm}$$

Por tanto, la longitud de onda de los rayos X dispersadas a este ángulo es

$$\lambda' = \Delta\lambda + \lambda_0 = 0.200\,710\,\mathrm{nm}$$

EJERCICIO. Calcule la fracción de energía perdida por el fotón en esta colisión.

Respuesta: $|\Delta E|/E = 0.003\,54$

EJERCICIO. Se dispersan rayos X de longitud de onda 0.200 00 nm en un blanco de carbono. Si la radiación dispersada se detecta a un ángulo de 60° respecto al haz incidente, calcule (a) el desplazamiento de Compton $\Delta\lambda$ y (b) la energía cinética transferida al electrón en retroceso.

Respuesta: (a) 0.001 21 nm (b) 37.4 eV

10.4 • FOTONES Y ONDAS ELECTROMAGNÉTICAS

La coincidencia entre las mediciones experimentales y las predicciones teóricas basadas en el modelo cuántico de fenómenos como el efecto fotoeléctrico y el efecto Compton proporcionan pruebas de que, cuando la luz y la materia interaccionan, la luz se comporta como si estuviera compuesta de partículas de energía hf y momento lineal h/λ. Una pregunta obvia al llegar a este punto es, "¿Cómo puede considerarse que la luz está compuesta de fotones cuando muestra propiedades ondulatorias?". Describimos a la luz en términos de fotones que tienen energía y momento: esto es el modelo corpuscular. Sin embargo, reconocemos que la luz y otras ondas electromagnéticas exhiben efectos de interferencia y difracción, que son consistentes únicamente con el modelo ondulatorio.

¿Cuál de los dos modelos es correcto? ¿Es la luz una onda o un corpúsculo? La respuesta depende del fenómeno que se observe. Algunos experimentos pueden explicarse mejor, o únicamente, con el modelo de fotones, mientras que otros se describen mejor, o únicamente, con el modelo ondulatorio. El resultado final es que **debemos aceptar ambos modelos y admitir que la verdadera naturaleza de la luz no es descriptible en términos de una imagen clásica única.** Por tanto, **la luz tiene una naturaleza dual: muestra características de onda y de corpúsculo.** Debemos entender, sin embargo, que el mismo haz de luz que arranca electrones de un metal puede además ser difractado por una rejilla. En otras palabras, **el modelo ondulatorio y el corpuscular se complementan.**

• *Naturaleza dual de la luz*

El éxito del modelo corpuscular al explicar el efecto fotoeléctrico y el efecto Compton plantea muchas otras preguntas. Si el fotón es una partícula, ¿qué significa hablar de su "frecuencia" o de su "longitud de onda", y cuál de ellas determina su energía y su momento? ¿Es la luz, de alguna manera, una onda y un corpúsculo simultáneamente? Aunque los fotones no tienen energía en reposo, ¿puede alguna expresión sencilla describir la masa efectiva de un fotón "en movimiento"? Si un fotón "en movimiento" tiene masa, ¿experimenta atracción gravitacional? ¿Cuál es el tamaño físico de un fotón, y cómo absorben o dispersan un fotón los electrones? Algunas de estas preguntas pueden responderse, pero otras exigen una visión de los procesos atómicos que es demasiado gráfica y literal. Además, muchas de estas preguntas surgen de analogías clásicas como las bolas de billar que chocan o las olas del mar rompiendo en la costa. La mecánica cuántica considera que la luz tiene una naturaleza más fluida y flexible, tratando al modelo corpuscular y al ondulatorio como necesarios y complementarios. Ninguno de los dos modelos pueden utilizarse aisladamente para describir todas las propiedades de la luz. Una comprensión completa del comportamiento observado de la luz sólo puede obtenerse si se utilizan ambos modelos de manera complementaria. Antes de describir esta combinación en más detalle, trasladaremos nuestra atención de las ondas electromagnéticas al comportamiento de las entidades que hasta ahora hemos llamado "partículas".

Louis de Broglie (1892-1987)

Físico francés, De Broglie obtuvo el premio Nobel de Física en 1929 por su predicción de la naturaleza ondulatoria de los electrones.
(AIP Niels Bohr Library)

10.5 • PROPIEDADES ONDULATORIAS DE LAS PARTÍCULAS

Cuando se expone la naturaleza dual de la luz a los estudiantes, el concepto les resulta muy difícil de aceptar. Reconsideremos ahora nuestra concepción de la materia. Nos sentimos muy cómodos al aceptar un modelo corpuscular de la materia, porque hemos estudiado conceptos como la conservación de la energía o del momento de las partículas, así como de los sólidos. ¡Por tanto, puede resultar aún más difícil aceptar que la *materia* también tiene una naturaleza dual!

En 1923, en su tesis doctoral, Louis Victor de Broglie postuló que **puesto que los fotones tienen características de onda y de partícula, tal vez todas las formas de materia tienen características ondulatorias y corpusculares.** Esta idea era revolucionaria, pues no poseía confirmación experimental en ese momento. De acuerdo con De Broglie, un electrón en movimiento muestra características de onda y de partícula. De Broglie explicó la razón de esa afirmación en su discurso de recepción del premio Nobel de 1929:

> Por un lado, no puede considerarse como satisfactoria la teoría cuántica de la luz, puesto que define la energía de un corpúsculo de luz como $E = hf$, que contiene la frecuencia f. Una teoría puramente corpuscular no contiene nada que nos permita definir una frecuencia; simplemente por esa razón, en el caso de la luz debemos introducir las ideas simultáneas de corpúsculo y de periodicidad. Por otro lado, la determinación del movimiento estable de los electrones en el átomo introduce números enteros, y hasta ahora los únicos fenómenos que involucraban números enteros en física eran los de interferencia y modos normales de vibración. Este hecho me sugirió la idea de que los electrones podían considerarse no sólo como corpúsculos, sino que debería asignarse a ellos una periodicidad.

En el capítulo 9 del volumen I vimos que la relación entre energía y momento de un fotón es $p = E/c$. Sabemos también, a partir de la ecuación 10.3, que la energía de un fotón es $E = hf = hc/\lambda$. Por tanto, el momento de un fotón puede expresarse como

$$p = \frac{E}{c} = \frac{hf}{c} = \frac{hc}{c\lambda} = \frac{h}{\lambda}$$

• *Momento de un fotón*

A partir de esta ecuación, vemos que la longitud de onda del fotón puede especificarse a partir de su momento lineal: $\lambda = h/p$. De Broglie sugirió que las partículas materiales de momento lineal p también deberían tener propiedades ondulatorias y una longitud de onda correspondiente. Puesto que el valor del momento lineal de una partícula no relativista de masa m y rapidez v es $p = mv$, la **longitud de onda de De Broglie** de la partícula es*

$$\lambda = \frac{h}{p} = \frac{h}{mv} \qquad [10.10]$$

• *Longitud de onda de De Broglie de una partícula*

Además, en analogía con los fotones, De Broglie propuso que las partículas obedecen la relación de Einstein $E = hf$, de modo que la frecuencia de una partícula es

$$f = \frac{E}{h} \qquad [10.11]$$

• *Frecuencia de una partícula*

La naturaleza dual de la materia es evidente en estas dos últimas ecuaciones, puesto que ambas contienen magnitudes corpusculares (p y E) y magnitudes ondulatorias (λ y f). El hecho de que estas relaciones se hayan establecido experimentalmente para los fotones hace a la hipótesis de De Broglie mucho más fácil de aceptar.

El experimento de Davisson-Germer

La hipótesis de De Broglie de que cualquier partícula muestra propiedades corpusculares y ondulatorias se consideró al principio como una simple especulación. Si partículas como los electrones tuvieran propiedades ondulatorias, en las condiciones adecuadas deberían sufrir efectos de difracción. En 1927, tres años después que De Broglie publicara su trabajo, C. J. Davisson y L. H. Germer, de los

* La longitud de onda de De Broglie de una partícula que se mueve a cualquier rapidez v es $\lambda = h/\gamma mv$, donde $\gamma = (1 - v^2/c^2)^{-1/2}$.

E.U., consiguieron medir la longitud de onda de los electrones. Este importante descubrimiento proporcionó la primera confirmación empírica de la naturaleza ondulatoria de las partículas propuesta por De Broglie.

Curiosamente, el objetivo inicial del experimento de Davisson-Germer no era confirmar la hipótesis de De Broglie. De hecho, su descubrimiento ocurrió accidentalmente (como ocurre a menudo). El experimento trataba sobre la dispersión de electrones de baja energía ($\approx$ 54 eV) proyectados hacia un blanco de níquel en el vacío. Durante un experimento, la superficie de níquel se encontraba muy oxidada debido a una pérdida accidental del sistema de vacío. Después que el níquel se calentara con un chorro de hidrógeno para retirar la capa de óxido, los electrones dispersados mostraban máximos y mínimos de intensidad en ángulos determinados. Los experimentadores se convencieron finalmente de que algunas regiones del níquel se habían cristalizado por el calor y que los planos de átomos espaciados regularmente funcionaban como una red de difracción (sección 9.8) para los electrones.

Poco después, Davisson y Germer realizaron experimentos más extensos para medir la difracción de electrones por monocristales. Sus resultados mostraron de manera concluyente la naturaleza ondulatoria de los electrones y confirmaron la relación de De Broglie $p = h/\lambda$. Un año después, en 1928, el escocés G. P. Thomson observó difracción de electrones haciendo pasar éstos a través de láminas de oro muy finas. Desde entonces se han observado fenómenos de difracción para átomos de helio, átomos de hidrógeno y neutrones. Por tanto, se ha establecido la naturaleza ondulatoria de las partículas de diversas maneras.

Pregunta rápida 10.6

Un electrón no relativista y un protón no relativista están en movimiento, y ambos tienen la misma longitud de onda de De Broglie. ¿Cuáles de las siguientes magnitudes son también iguales para ambas partículas? (a) la rapidez; (b) la energía cinética; (c) el momento; (d) la frecuencia.

Pregunta rápida 10.7

Hemos visto dos longitudes de onda asociadas al electrón: la longitud de onda de Compton y la longitud de onda de De Broglie. ¿Cuál de las dos es la longitud de onda *física* real del electrón? (a) la longitud de onda de Compton; (b) la longitud de onda de De Broglie; (c) ambas longitudes de onda; (d) ninguna de las dos longitudes de onda.

WEB

Para obtener información acerca del microscopio electrónico y ver varias imágenes obtenidas con él, visite **www.lifelong.com/programs/k12/science/sem/default.html**

PIENSE EN LA FÍSICA 10.3

Los microscopios electrónicos (figura 10.12) hacen uso de la naturaleza ondulatoria de las partículas. Se aceleran electrones a altas velocidades, de modo que tienen una longitud de onda de De Broglie pequeña. Suponga que un microscopio electrónico utiliza electrones con longitud de onda de De Broglie de 0.2 nm. ¿Por qué no diseñamos un microscopio que utilice *fotones* de longitud de onda de 0.2 nm para obtener el mismo resultado?

Razonamiento. Puesto que los electrones son partículas cargadas, interactúan eléctricamente con la muestra del microscopio y son dispersados de acuerdo con la forma y densidad de cada parte de la muestra, proporcionando una manera de ver la muestra. Los fotones de longitud de onda 0.2 nm son partículas neutras y en la región de rayos X del espectro. Dichos fotones tienen la tendencia a pasar a través de la muestra sin interactuar con ella.

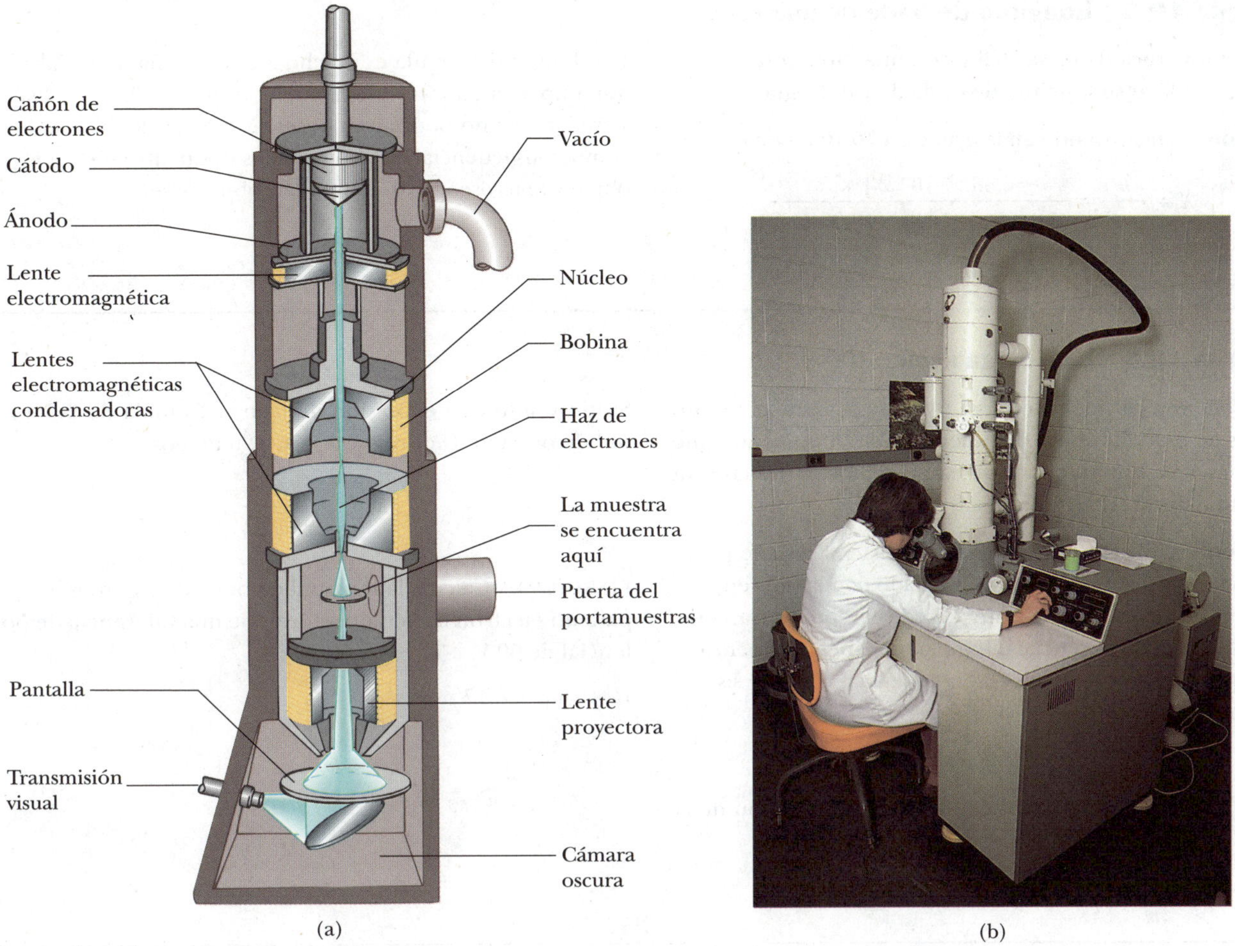

Figura 10.12

(Piense en la física 10.3) (a) Diagrama de un microscopio electrónico de transmisión diseñado para ver una muestra de sección muy fina. Las "lentes" que controlan el haz de electrones son bobinas de deflexión magnética. (b) Microscopio electrónico utilizado durante un análisis. *(b, W. Ormerod/Visuals Unlimited.)*

Ejemplo 10.5 Longitud de onda de un electrón

Calcule la longitud de onda de De Broglie de un electrón ($m_e = 9.11 \times 10^{-31}$ kg) que se mueve con rapdez 1.00×10^7 m/s.

Solución. Aplicando la ecuación 10.10,

$$\lambda = \frac{h}{m_e v} = \frac{6.626 \times 10^{-34}\,\mathrm{J \cdot s}}{(9.11 \times 10^{-31}\,\mathrm{kg})(1.00 \times 10^{7}\,\mathrm{m/s})}$$

$$= 7.28 \times 10^{-11}\,\mathrm{m}$$

Esta longitud de onda corresponde a rayos X.

EJERCICIO. Calcule la longitud de onda de De Broglie de un protón que se mueve con rapidez 1.00×10^7 m/s.

Respuesta: 3.97×10^{-14} m.

Ejemplo 10.6 Longitud de onda de una roca

Se lanza una roca de masa 50.0 g con una rapidez de 40 m/s. ¿Cuál es su longitud de onda de De Broglie?

Solución. Sustituyendo en la ecuación 10.10 tenemos

$$\lambda = \frac{h}{mv} = \frac{6.63 \times 10^{-34}\,\text{J}\cdot\text{s}}{(50.0 \times 10^{-3}\,\text{kg})(40.0\,\text{m/s})}$$

$$= 3.32 \times 10^{-34}\,\text{m}$$

Esta longitud de onda es mucho más pequeña que cualquier apertura a través de la que podría pasar la roca. Esto significa que no podríamos observar efectos de difracción y, como consecuencia, las propiedades ondulatorias de los objetos macroscópicos no pueden observarse.

Ejemplo 10.7 Una carga acelerada

Se acelera una partícula de carga q y masa m desde el reposo a través de una diferencia de potencial ΔV. Suponiendo que la partícula se mueve con rapidez no relativista, calcule su longitud de onda de De Broglie.

Solución. Utilizaremos el modelo de sistema aislado para la partícula y el campo eléctrico asociado con la diferencia de potencial. Al acelerar una carga desde el reposo a través de una diferencia de potencial ΔV, gana una energía cinética $\frac{1}{2}mv^2$ igual a la pérdida de energía potencial $q\,\Delta V$ del sistema carga-campo:

$$\tfrac{1}{2}mv^2 = q\,\Delta V$$

Puesto que $p = mv$, podemos expresar dicha ecuación de la forma

$$\frac{p^2}{2m} = q\,\Delta V \qquad \text{o} \qquad p = \sqrt{2mq\,\Delta V}$$

Sustituyendo esta expresión de p en la fórmula de la longitud de onda de De Broglie $\lambda = h/p$, tenemos

$$\lambda = \frac{h}{\sqrt{2mq\,\Delta V}}$$

EJERCICIO. Calcule la longitud de onda de De Broglie para un electrón acelerado a través de una diferencia de potencial de 50 V.

Respuesta: 0.17 nm

10.6 • LA PARTÍCULA CUÁNTICA

Los argumentos presentados en las secciones anteriores pueden resultar desconcertantes, puesto que en el pasado siempre hemos considerado los modelos de partícula y onda como diferentes. El concepto de que tanto la luz como las partículas materiales tienen propiedades corpusculares y ondulatorias no encaja con esa distinción. Sin embargo, tenemos evidencia experimental de que debemos aceptar ese hecho como algo demostrado. El reconocimiento de esta naturaleza dual conduce a un nuevo modelo simplificado, el modelo de **partícula cuántica.** En dicho modelo, las entidades tienen características corpusculares y ondulatorias, y debemos elegir uno de los dos comportamientos —onda o partícula— para entender un fenómeno determinado.

En esta sección estudiaremos un modelo que puede facilitar la comprensión de esta idea. Realizaremos este estudio demostrando que es posible, a partir de ondas, construir una entidad que muestra propiedades de partícula.

En primer lugar, recordemos las características de las partículas y ondas ideales. Una partícula ideal tiene tamaño nulo. Como se mencionó en la sección 13.2 del volumen I, una onda ideal tiene una única frecuencia y es infinitamente larga. Por tanto, una característica fundamental de una partícula es que está *localizada* en el espacio. Demostraremos que podemos construir una entidad localizada a partir de ondas infinitamente largas. Imaginemos que dibujamos una onda a lo largo del eje x, con una de las crestas situada en $x = 0$, como se muestra en la figura 10.13a. A continuación, dibujamos una segunda onda de la misma amplitud pero con una frecuencia diferente, con una de sus crestas también en $x = 0$. El resultado de la superposición de estas dos ondas es una *pulsación,* ya que

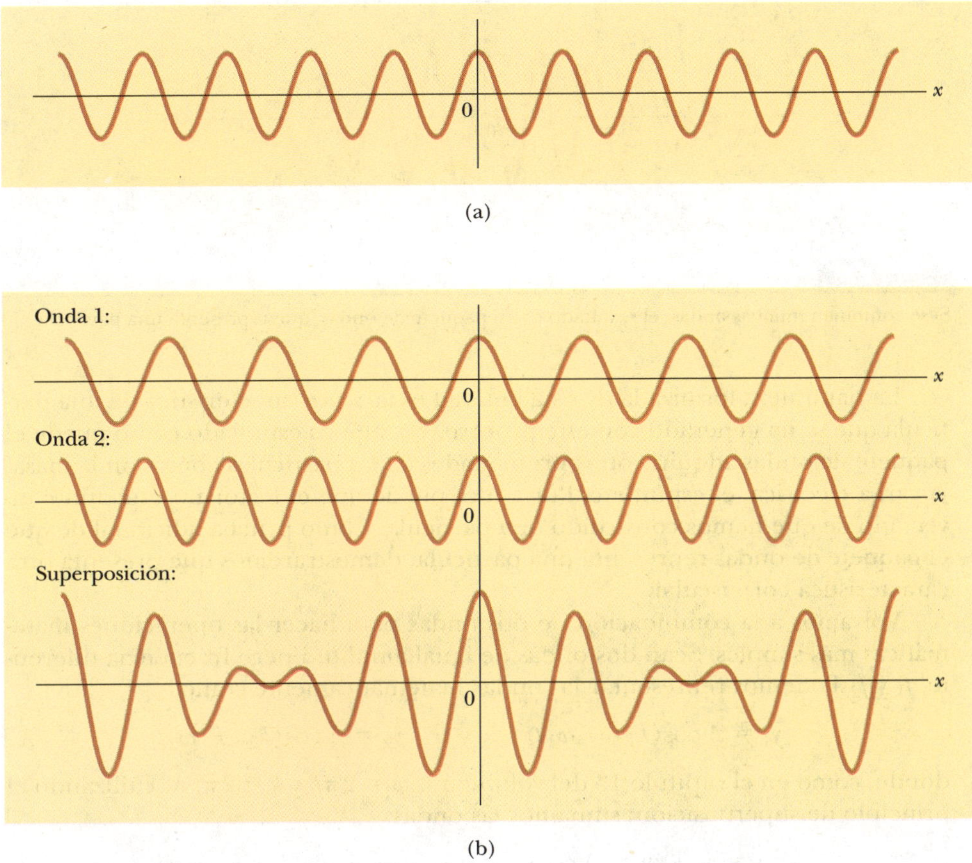

Figura 10.13

(a) Una onda ideal de una única frecuencia es uniforme en el espacio y el tiempo. (b) Si se superponen dos ondas ideales de frecuencias ligeramente diferentes, aparecen pulsaciones (sección 14.6 del volumen I). Las regiones del espacio en las que aparece interferencia constructiva son diferentes de las regiones en las que aparece interferencia destructiva.

las ondas se encuentran alternativamente en fase y fuera de fase. (*Las pulsaciones* se estudiaron en la sección 14.6 del volumen I). La figura 10.13b muestra el resultado de superponer ambas ondas.

Observe que ya hemos introducido algo de localización haciendo esto. Una única onda tiene la misma amplitud en cualquier punto del espacio: ningún punto del espacio es diferente de ningún otro. Sin embargo, al añadir una segunda onda, se introduce una diferencia entre los puntos en fase y los puntos fuera de fase.

Ahora suponga que añadimos más y más ondas a las dos originales, cada una de ellas con una frecuencia nueva. Cada onda añadida tiene una de sus crestas en $x = 0$. El resultado en $x = 0$ es que todas las ondas interfieren constructivamente. Cuando consideramos un gran número de ondas, la probabilidad de tener un valor positivo para una función de onda determinada en cualquier punto x es la misma que la probabilidad de tener un valor negativo, y habrá interferencia destructiva *en todas partes* excepto alrededor de $x = 0$, donde todas las ondas tienen una cresta. El resultado se muestra en la figura 10.14. La pequeña región de interferencia constructiva se denomina **paquete de ondas.** Este paquete de ondas es una región localizada del espacio que es diferente de cualquier otra. Podemos identificar el paquete de ondas como una partícula: ¡tiene la naturaleza localizada de lo que hemos reconocido siempre como una partícula!

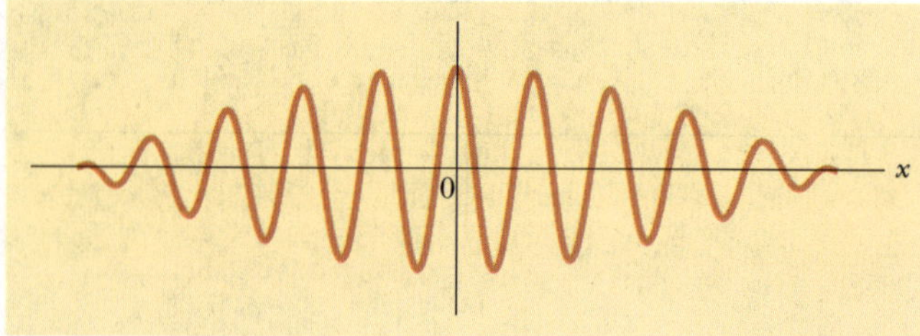

Figura 10.14

Si se combinan muchas ondas, el resultado es un paquete de ondas, que representa una partícula.

La naturaleza localizada de esta entidad es la *única* característica de una partícula que se ha generado con este proceso. No hemos estudiado cómo puede el paquete de ondas adquirir otras propiedades de las partículas como son la masa, la carga eléctrica, el espín, etc. Por tanto, puede que el lector no esté aún convencido de que hemos construido una partícula. Como prueba adicional de que el paquete de ondas representa una partícula, demostraremos que presenta otra característica corpuscular.

Volvamos a la combinación de dos ondas para hacer las operaciones matemáticas más simples. Sean dos ondas de igual amplitud pero frecuencia diferente, f_1 y f_2. Podemos representar las ondas matemáticamente como

$$y_1 = A\cos(k_1 x - \omega_1 t) \qquad \text{y} \qquad y_2 = A\cos(k_2 x - \omega_2 t)$$

donde, como en el capítulo 13 del volumen I, $\omega = 2\pi f$ y $k = 2\pi/\lambda$. Utilizando el principio de superposición, sumamos las ondas:

$$y = y_1 + y_2 = A\cos(k_1 x - \omega_1 t) + A\cos(k_2 x - \omega_2 t)$$

Es conveniente expresar esta ecuación de modo que utilice la identidad trigonométrica

$$\cos a + \cos b = 2\cos\left(\frac{a-b}{2}\right)\cos\left(\frac{a+b}{2}\right)$$

Haciendo $a = k_1 x - \omega_1 t$ y $b = k_2 x - \omega_2 t$, tenemos que

$$y = 2A\cos\left[\frac{(k_1 x - \omega_1 t) - (k_2 x - \omega_2 t)}{2}\right]\cos\left[\frac{(k_1 x - \omega_1 t) + (k_2 x - \omega_2 t)}{2}\right]$$

$$= \left[2A\cos\left(\frac{\Delta k}{2}x - \frac{\Delta\omega}{2}t\right)\right]\cos\left(\frac{k_1+k_2}{2}x - \frac{\omega_1+\omega_2}{2}t\right) \qquad \textbf{[10.12]}$$

El segundo factor coseno representa una onda de número de onda y frecuencia igual al promedio de los valores de las dos ondas individuales.

El factor entre corchetes representa la envolvente de la onda, como se muestra en la figura 10.15. Observe que dicho factor también tiene la forma matemática de una onda. **Esta envolvente de la suma de ambas ondas puede viajar en el espacio a velocidad diferente que la de las ondas individuales.** Como un ejemplo extremo de esta posibilidad, imagine que se combinan dos ondas idénticas que viajan en sentido contrario. Ambas se mueven a la misma rapidez, pero la envolvente tiene rapidez *cero*, puesto que hemos construido una onda estacionaria, como la estudiada en la sección 14.3 del volumen I.

Para una onda individual, la rapidez viene dada por la ecuación 13.10 del volumen I

• *Rapidez de fase de una onda*

$$v_{\text{fase}} = \frac{\omega}{k}$$

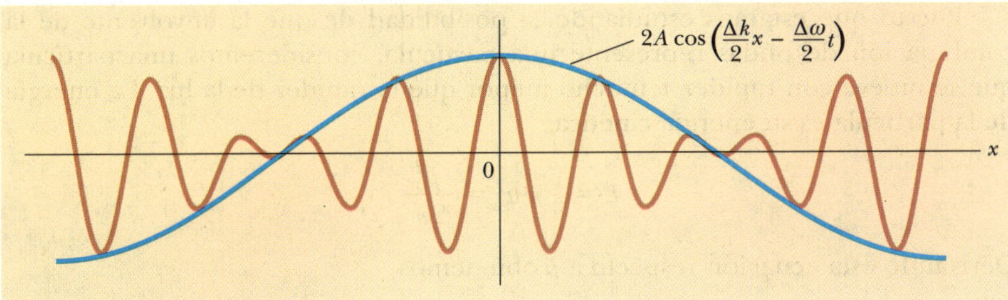

Figura 10.15

Pulsaciones de la figura 10.13b con la función envolvente superpuesta.

Se denomina **rapidez de fase** porque es la velocidad de avance de una cresta de una sola onda, es decir, un punto de fase fija. Esta ecuación puede interpretarse de la siguiente manera: la rapidez de fase de una onda es el cociente entre el coeficiente de la variable temporal t y el coeficiente de la variable espacial x en la ecuación de onda, $y = A\cos(kx - \omega t)$.

El factor entre corchetes en la ecuación 10.12 tiene la forma de una onda, de modo que se mueve con una rapidez dada por la misma relación:

$$v_g = \frac{\text{coeficiente de la variable temporal } t}{\text{coeficiente de la variable espacial } x} = \frac{(\Delta\omega/2)}{(\Delta k/2)} = \frac{\Delta\omega}{\Delta k}$$

El subíndice g en la rapidez indica que dicha rapidez suele denominarse **rapidez de grupo,** es decir, la rapidez del paquete de ondas (el *grupo* de ondas) que hemos construido. Hemos generado esta expresión simplemente sumando dos ondas. En el caso de la superposición de un gran número de ondas para crear un paquete de ondas, este cociente se convierte en una derivada:

$$v_g = \frac{d\omega}{dk} \quad [10.13]$$

Rapidez de grupo de un paquete de ondas

Si multiplicamos el numerador y el denominador por $\hbar$, donde $\hbar = h/2\pi$,

$$v_g = \frac{\hbar\, d\omega}{\hbar\, dk} = \frac{d(\hbar\omega)}{d(\hbar k)} \quad [10.14]$$

Estudiemos los términos entre paréntesis del numerador y el denominador separadamente. En el caso del numerador,

$$\hbar\omega = \frac{h}{2\pi}(2\pi f) = hf = E$$

Para el denominador,

$$\hbar k = \frac{h}{2\pi}\left(\frac{2\pi}{\lambda}\right) = \frac{h}{\lambda} = p$$

Por tanto, podemos escribir la ecuación 10.14 como

$$v_g = \frac{d(\hbar\omega)}{d(\hbar k)} = \frac{dE}{dp} \quad [10.15]$$

Puesto que estamos estudiando la posibilidad de que la envolvente de la combinación de ondas represente una partícula, consideremos una partícula que se mueve con rapidez u mucho menor que la rapidez de la luz. La energía de la partícula es su energía cinética:

$$E = \frac{1}{2}\, mu^2 = \frac{p^2}{2m}$$

Derivando esta ecuación respecto a p obtenemos

$$v_g = \frac{dE}{dp} = \frac{d}{dp}\left(\frac{p^2}{2m}\right) = \frac{1}{2m}\,(2p) = u \qquad [10.16]$$

Por tanto, ¡la velocidad de grupo del paquete de ondas es igual a la rapidez de la partícula que nuestro modelo trata de representar! Este hecho debería proporcionar una mayor confianza en el hecho de que el paquete de ondas es una forma razonable de construir una partícula.

10.7 • UNA REVISIÓN DEL EXPERIMENTO DE LA DOBLE RENDIJA

Una manera de cristalizar nuestras ideas sobre la dualidad onda-partícula del electrón es considerar un experimento hipotético en el que se disparan electrones hacia una doble rendija. Consideremos un haz paralelo de electrones de la misma energía que incide sobre una doble rendija, como la de la figura 10.16. Supondremos que la anchura de las rendijas es muy pequeña comparada con la longitud de onda de los electrones, de modo que no tenemos que preocuparnos

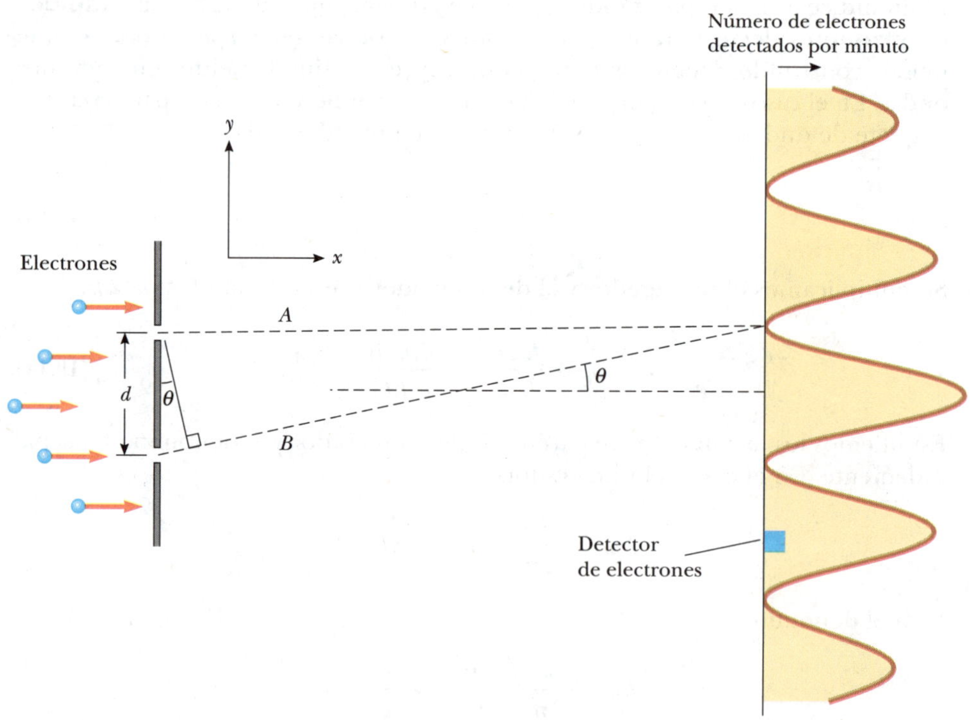

Figura 10.16

Difracción de electrones. La separación entre las rendijas d es mucho mayor que la anchura de cada rendija y mucho más pequeña que la distancia entre las rendijas y el detector. El detector de electrones puede moverse a lo largo de la dirección y del dibujo, y por tanto puede detectar electrones difractados a distintos valores de θ. El detector actúa como la pantalla del experimento de la doble rendija de Young para la luz, estudiado en el capítulo 9.

sobre los máximos y mínimos de difracción, como se hizo en el caso de la luz en la sección 9.6. Se sitúa un detector de electrones lejos de las rendijas, a una distancia mucho mayor que la separación entre dichas rendijas d. Si el detector colecta electrones durante un tiempo suficientemente largo, aparece un patrón típico de interferencia de ondas en el número de electrones detectados por minuto, es decir, en la probabilidad de detectar un electrón. Este patrón de interferencia no podría esperarse si los electrones se comportaran como partículas clásicas, así que constituye una prueba evidente de que los electrones están interfiriendo: un comportamiento claramente ondulatorio.

Si se realiza el experimento con intensidades menores del haz de electrones, la figura de interferencia sigue observándose si el tiempo de observación es suficientemente largo. Este hecho puede observarse en las simulaciones por computadora de la figura 10.17. Observe que el patrón de interferencia se hace más claro a medida que aumenta el número de electrones que han alcanzado la pantalla.

Si imaginamos que un solo electrón del haz produce "ondas" en fase al alcanzar una rendija, la teoría ondulatoria clásica puede utilizarse para calcular la separación angular θ entre el máximo central de la probabilidad y el mínimo adyacente. El mínimo aparece cuando la diferencia de camino entre A y B es igual a la mitad de la longitud de onda, es decir, cuando

$$d \operatorname{sen} \theta = \frac{\lambda}{2}$$

Puesto que la longitud de onda de un electrón viene dada por $\lambda = h/p_x$, vemos que, si θ es pequeño,

$$\operatorname{sen} \theta \approx \theta = \frac{h}{2p_x d}$$

Por tanto, en este experimento se observa la naturaleza dual del electrón: **Se detectan los electrones como partículas en una posición concreta en un instante concreto, pero la probabilidad de encontrarlos en dicha posición se determina calculando la intensidad de dos ondas que interfieren.**

Estudiemos ahora este experimento desde otro punto de vista. Si se cubre una de las dos rendijas durante el experimento, aparece una curva simétrica con un máximo centrado en la rendija abierta: el máximo central del patrón de difracción de una rendija. En la parte central de la figura 10.18 se muestran las gráficas del número de impactos por minuto (probabilidad de encontrar un electrón) con la rendija superior o la inferior tapadas.

Si se realiza a continuación un segundo experimento con la segunda rendija cerrada la mitad del tiempo y la rendija 1 cerrada la otra mitad del tiempo, el patrón acumulado de impactos por minuto, mostrado como una línea suave a la derecha en la figura 10.18, es completamente diferente del resultado obtenido cuando ambas rendijas están abiertas (línea con el área sombreada). Ya no existe un máximo de probabilidad de llegada de electrones en $\theta = 0$. De hecho, **se ha perdido el patrón de interferencia, y el resultado acumulado es simplemente la suma de los resultados individuales.** Cuando sólo se abre una rendija cada vez, observamos que la posición del electrón es única e indivisible tanto en las rendijas como en el detector, puesto que el electrón viaja claramente por la primera o la segunda rendija. Por tanto, el resultado total debe ser la suma de los electrones que atraviesan la primera rendija y los que atraviesan la segunda.

Cuando ambas rendijas están abiertas, es tentador suponer que el electrón atraviesa simplemente una de las dos rendijas, la primera o la segunda. Sin embargo, sabemos que los resultados experimentales indicados por el área sombreada en la figura 10.18 contradicen esta idea. Por tanto, nuestra intuición de

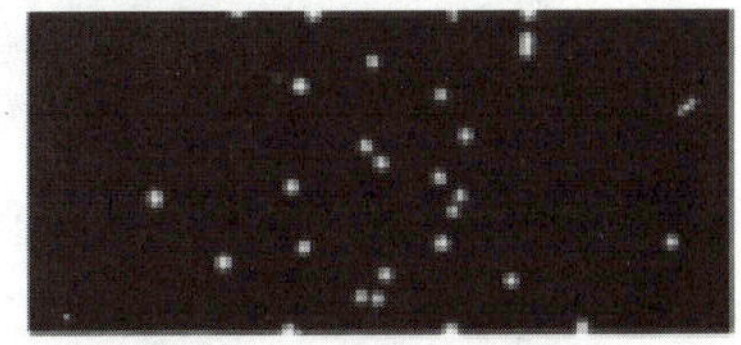

(a) Después de 28 electrones

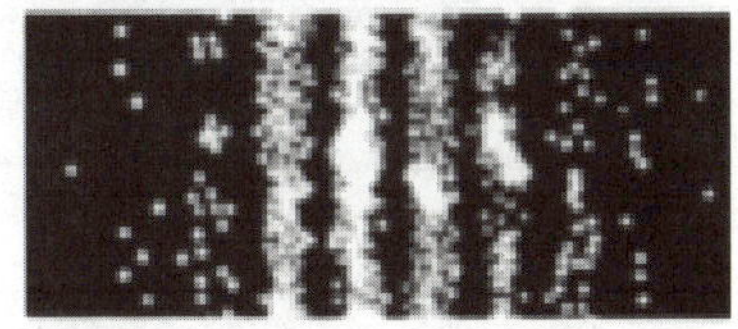

(b) Después de 1 000 electrones

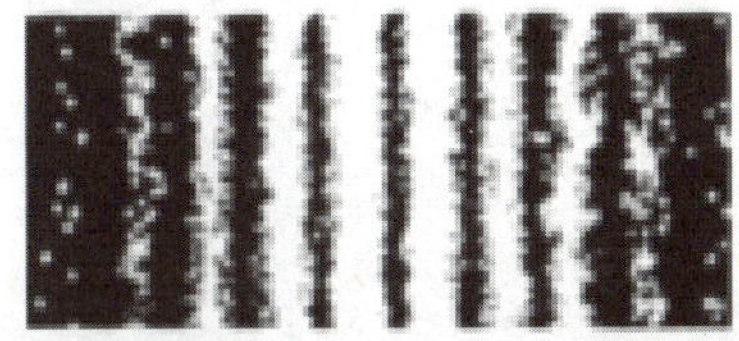

(c) Después de 10 000 electrones

(d) Patrón de interferencia de electrones por una doble rendija

Figura 10.17

((a, b, c) Patrones de interferencia simulados por computadora para un haz de electrones que incide sobre una doble rendija. *(De E.R. Huggins, Physics I, Nueva York, W.A. Benjamin, 1968)* (d) Fotografía de un patrón de interferencia de doble rendija producido por electrones. *(De C. Jönsson, Zeitschrift fur Physik 161:454,1961; utilizado con autorización)*

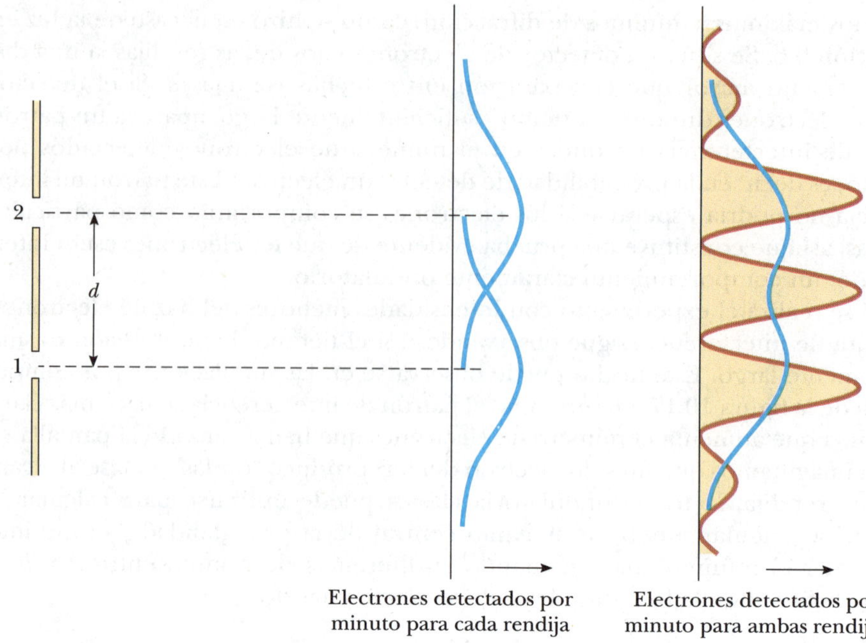

Figura 10.18

Resultados acumulados del experimento de difracción de electrones con dos rendijas en el caso de que sólo una rendija esté abierta cada vez. La línea cuya área está sombreada (en la parte de la derecha) representa el resultado obtenido al abrir ambas rendijas a la vez.

que el electrón está localizado y pasa a través de una sola rendija cuando ambas están abiertas debe estar equivocada (¡una conclusión difícil de aceptar!).

Para interpretar estos resultados, nos vemos obligados a aceptar que **un electrón interactúa con ambas rendijas a la vez.** Si tratamos de determinar experimentalmente cuál de las dos rendijas atraviesa el electrón, el acto de medición destruye el patrón de interferencia. No es posible detectar a través de qué rendija pasa el electrón. De hecho, **sólo podemos afirmar que el electrón pasa a través de ambas rendijas.** Podemos aplicar el mismo argumento a los fotones.

Si nos restringimos a un modelo corpuscular puro, el hecho de que el electrón pueda pasar a través de ambas rendijas a la vez resulta incómodo. Sin embargo, a partir del modelo de partícula cuántica, podemos considerar que la partícula está compuesta de ondas que tienen una cierta extensión espacial. Por tanto, las componentes ondulatorias del electrón están presentes en ambas rendijas al mismo tiempo, y el modelo conduce a una interpretación más natural de este experimento.

10.8 • PRINCIPIO DE INCERTIDUMBRE

Cuando se mide la posición o velocidad de una partícula en un instante determinado, aparecen incertidumbres experimentales en las medidas. De acuerdo con la mecánica clásica, no hay un límite que impida refinar los aparatos de medida o los procedimientos experimentales para alcanzar cualquier precisión deseada. En otras palabras, en principio sería posible realizar dichas medidas con un error arbitrariamente pequeño. La teoría cuántica, por el contrario, predice que **es imposible realizar mediciones simultáneas de la posición y momento lineal de una partícula con precisión infinita.**

En 1927, Werner Heisenberg propuso este principio, denominado principio de incertidumbre de Heisenberg:

> Si se realiza una medida de la posición de una partícula con incertidumbre Δx, y una medida simultánea de su momento lineal con incertidumbre Δp_x , el producto de ambas incertidumbres no puede ser más pequeño que $\hbar/2$
>
> $$\Delta x \, \Delta p_x \geq \frac{\hbar}{2} \qquad [10.17]$$

• *Principio de incertidumbre para la posición y el momento lineal*

Es decir, **es físicamente imposible medir simultáneamente la posición exacta y el momento lineal exacto de una partícula.** Heisenberg fue cuidadoso al hacer notar que las incertidumbres inevitables en Δx y Δp_x no se deben a imperfecciones en los instrumentos de medida. Por el contrario, **la incertidumbre se debe a la naturaleza cuántica de la materia.**

Para comprender el principio de incertidumbre, consideremos una partícula de la que conocemos *exactamente* el valor de su longitud de onda. De acuerdo con la ecuación de De Broglie $\lambda = h/p$, con lo que conocemos su momento lineal con absoluta precisión.

Werner Heisenberg (1901-1976)

Físico teórico alemán. Heisenberg realizó numerosas contribuciones a la física, incluyendo su famoso principio de incertidumbre, por el que recibió el premio Nobel de Física en 1932; el desarrollo de un modelo abstracto de la mecánica cuántica denominado mecánica matricial; la predicción de dos formas de hidrógeno molecular, así como modelos teóricos del núcleo. *(Cortesía de la Universidad de Hamburgo)*

En la realidad, como ya hemos mencionado, una onda de una sola longitud de onda existiría en todos los puntos del espacio. Cualquier región de dicha onda es igual a cualquier otra (figura 10.13a). Si nos preguntamos, "¿Dónde está la partícula representada por esta onda?", no habría ninguna región privilegiada del espacio en donde poder situar la partícula: todos los puntos de la onda son iguales. De modo que tenemos una incertidumbre *infinita* en la posición de la partícula: no sabemos nada acerca de dicha posición. El conocimiento absoluto del momento lineal tiene como costo el perder toda la información sobre la posición.

En comparación, estudiemos ahora una partícula con una cierta incertidumbre en su momento, de modo que es posible un intervalo de valores del momento lineal. De acuerdo con la ecuación de De Broglie, existe un intervalo de longitudes de onda que se corresponden a este intervalo de momentos. Por tanto, la partícula no está representada por una única longitud de onda, sino por una combinación de longitudes de onda dentro de este intervalo. Esta combinación forma un paquete de ondas, como mencionamos en la sección 10.6 y como aparece en la figura 10.14. Si ahora nos preguntamos por la posición de la partícula, sólo podemos decir que se encuentra dentro de la región definida por el paquete de ondas: puesto que existe una diferencia fundamental entre dicha región del espacio y el resto. Por tanto, aunque perdemos algo de información respecto al momento de la partícula, hemos ganado información acerca de su posición.

Si perdiéramos toda la información sobre el momento lineal, estaríamos sumando ondas de todas las longitudes de onda posibles. El resultado sería un paquete de ondas de longitud nula. Por tanto, si no tenemos ninguna información sobre el momento, conocemos la posición de la partícula con total exactitud.

La forma matemática del principio de incertidumbre afirma que el producto de las incertidumbres de la posición y el momento siempre será mayor o igual que un valor mínimo. Este valor puede calcularse a partir de argumentos como los esbozados en párrafos anteriores, resultando el valor $\hbar/2$ de la ecuación 10.17.

Estudiando de nuevo la figura 10.14 puede expresarse de manera alternativa el principio de incertidumbre. Imaginemos que el eje horizontal es el tiempo en vez de la posición x. Podemos aplicar los mismos argumentos que hemos mencionado anteriormente acerca del conocimiento de la longitud de onda y la posición, pero para la variable tiempo. Las variables correspondientes serían la frecuencia y el tiempo. Puesto que la frecuencia está relacionada con la energía de la partícula a través de la expresión $E = hf$, el principio de incertidumbre toma la forma

• *Principio de incertidumbre para la energía y el tiempo*

$$\Delta E\,\Delta t \geq \frac{\hbar}{2} \qquad [10.18]$$

Esta forma del principio de incertidumbre sugiere que podemos violar el principio de conservación de la energía hasta un valor ΔE, mientras lo hagamos durante un periodo Δt que cumpla la ecuación 10.18. Utilizaremos este concepto para estimar la energía de partículas en reposo en el capítulo 13.

Pregunta rápida 10.8

Se mide la posición de una partícula y se determina que es exactamente $x = 0$, con incertidumbre nula. ¿Cómo afecta este hecho a nuestra capacidad de medir la componente y de la velocidad de dicha partícula?

PIENSE EN LA FÍSICA 10.4

Una descripción común, pero errónea, del cero absoluto de temperatura es la de que es *la temperatura en la que cesa todo movimiento molecular.* ¿Cómo puede utilizarse el principio de incertidumbre para corregir esta descripción?

Razonamiento. Consideremos las moléculas de un fragmento finito de un material. Las moléculas están restringidas a dicho fragmento de material, de modo que existe una incertidumbre Δx en su posición a lo largo de un eje, que es la longitud del fragmento de material a lo largo de dicho eje. Si el movimiento molecular se detuviera completamente en el cero absoluto de temperatura, estaríamos en condiciones de afirmar que la velocidad de las moléculas es *cero,* con incertidumbre cero: $\Delta v = 0$. El producto de la incertidumbre no nula en la posición por la incertidumbre nula en el momento lineal será cero, lo cual viola el principio de incertidumbre. De modo que, incluso en el cero absoluto de temperatura, debe haber movimiento molecular.

Ejemplo 10.8 Localizando un electrón

Se mide la rapidez de un electrón, y resulta ser 5.00×10^3 m/s ± 0.003%. ¿Dentro de qué limites puede conocerse la posición de dicho electrón a lo largo de la dirección de su vector velocidad?

Solución. El momento lineal del electrón es

$$p = m_e v = (9.11 \times 10^{-31}\ \text{kg})(5.00 \times 10^3\ \text{m/s})$$
$$= 4.56 \times 10^{-27}\ \text{kg}\cdot\text{m/s}$$

Puesto que la incertidumbre es 0.003% de este valor, tenemos

$$\Delta p = 0.00003p = 1.37 \times 10^{-31}\ \text{kg}\cdot\text{m/s}$$

La incertidumbre mínima en la posición puede calcularse sustituyendo este valor de Δp en la ecuación 10.17:

$$\Delta x \geq \frac{\hbar}{2\,\Delta p} = \frac{1.05 \times 10^{-34}\ \text{J}\cdot\text{s}}{2(1.37 \times 10^{-31}\ \text{kg}\cdot\text{m/s})}$$
$$= 0.384 \times 10^{-3}\ \text{m} = 0.384\ \text{mm}$$

10.9 • UNA INTERPRETACIÓN DE LA MECÁNICA CUÁNTICA

En este capítulo hemos presentado varios conceptos nuevos y desconcertantes. Continuaremos ahora tratando de entender mejor la física cuántica, estudiando otro punto de conexión entre partículas y ondas. En primer lugar, pensemos en la radiación electromagnética desde un punto de vista corpuscular. La probabilidad por unidad de volumen de encontrar un fotón en una región determinada del espacio en un instante es proporcional al número de fotones por unidad de volumen en dicho instante:

$$\frac{\textit{probabilidad}}{V} \propto \frac{N}{V}$$

El número de fotones por unidad de volumen es proporcional a la intensidad de la radiación:

$$\frac{N}{V} \propto I$$

A continuación, realicemos la conexión con el modelo ondulatorio, recordando que la intensidad de la radiación electromagnética es proporcional al cuadrado de la amplitud del campo eléctrico de las ondas electromagnéticas (sección 6.5):

$$I \propto E^2$$

Igualando la primera y la última de estas ecuaciones de proporcionalidad, obtenemos

$$\frac{\textit{probabilidad}}{V} \propto E^2 \qquad [10.19]$$

Por tanto, en el caso de la radiación electromagnética, la probabilidad por unidad de volumen de encontrar una partícula asociada con dicho tipo de radiación (un fotón) es proporcional al cuadrado de la amplitud de la onda. Si aceptamos la dualidad onda-partícula de la radiación electromagnética y la materia, podemos suponer que existirá una proporcionalidad análoga para el caso de una partícula material. La probabilidad por unidad de volumen de encontrar a la partícula es proporcional al cuadrado de la amplitud de la onda que representa la partícula. Hasta ahora hemos hablado del hecho de que una partícula tiene una onda asociada, pero no hemos descrito dicha onda físicamente. La amplitud de la onda asociada a la partícula no es una magnitud medible, como lo era el campo eléctrico para una onda electromagnética. Por tanto, no podemos relacionar esta amplitud con algún comportamiento físico, como podemos hacer en el caso del campo eléctrico: la única conexión que tenemos es la ecuación análoga a la Ecuación 10.19 para el caso de la materia, que relaciona la amplitud de la onda con la probabilidad por unidad de volumen. Por esta razón, denominaremos simplemente a la amplitud de la onda asociada a la partícula **amplitud de probabilidad,** o **función de onda,** y la representaremos con la letra griega ψ. En general, la función de onda ψ es una función compleja. El cuadrado del valor absoluto $|\psi|^2 = \psi^*\psi$, donde ψ^* es el complejo conjugado de ψ, será siempre positivo y real, y es proporcional a la probabilidad por unidad de volumen de encontrar a la partícula en un punto determinado en un instante dado. La función de onda contiene toda la información que puede conocerse acerca de la partícula.

Esta interpretación probabilística de la función de onda fue sugerida por primera vez por Max Born (1882-1970) en 1928. En 1926, Erwin Schrödinger (1887-1961) propuso una ecuación de onda que describe el modo en el que la función de onda cambia en el espacio y en el tiempo. La *ecuación de onda de Schrödinger,* que estudiaremos en la sección 10.12, representa un concepto clave en la teoría de la mecánica cuántica.

Aunque los conceptos de la mecánica cuántica pueden parecer extraños, se desarrollaron a partir de conceptos clásicos. De hecho, cuando se aplican los conceptos cuánticos a sistemas macroscópicos, los resultados son idénticos a los de la física clásica. Esta aproximación entre ambas teorías se produce cuando la longitud de onda de De Broglie es muy pequeña comparada con las dimensiones del sistema. La situación es similar a la coincidencia que existe entre la mecánica relativista y la mecánica clásica cuando $v \ll c$.

La función de onda ψ que hemos introducido contiene únicamente información espacial acerca de la partícula. En general, una función de onda más completa Ψ depende de la posición de todas las partículas del sistema y del tiempo, y por tanto suele expresarse como $\Psi(x, y, z, t)$. Para la mayor parte de los sistemas de interés para nosotros, la función de onda completa Ψ puede escribirse como el producto de ψ por una función simple dependiente del tiempo, de modo que el conocimiento de ψ es una parte fundamental en el estudio de cualquier problema. Si se conoce ψ en un sistema, pueden describirse las características particulares de dicho sistema.

En la sección 10.5 vimos que la ecuación de De Broglie relaciona el momento lineal de una partícula con su longitud de onda a través de la relación $p = h/\lambda$. Si se conoce exactamente el momento lineal p_x de una partícula libre ideal, su función de onda es una onda senoidal de longitud de onda $\lambda = h/p_x$, y la partícula tiene igual probabilidad de encontrarse en cualquier punto del eje x. La función de onda de dicha partícula libre que se mueve sobre el eje x puede expresarse como

$$\psi(x) = A \operatorname{sen}\left(\frac{2\pi x}{\lambda}\right) = A \operatorname{sen}(kx) \qquad [10.20]$$

donde $k = 2\pi/\lambda$ es el número de onda y A es una amplitud constante.

• $|\psi|^2$ *es igual a la densidad de probabilidad*

Aunque no podemos medir ψ, podemos medir la cantidad $|\psi|^2$, que puede interpretarse de la siguiente manera. Si ψ representa una única partícula, entonces $|\psi|^2$ (denominada **densidad de probabilidad**) representa la probabilidad relativa por unidad de volumen de encontrar a la partícula en un punto en el interior de dicho volumen. Esta interpretación puede también enunciarse de la siguiente manera. Si dV es un pequeño elemento de volumen que rodea un punto, entonces la probabilidad de encontrar a la partícula en dicho elemento de volumen es $|\psi|^2\, dV$. En esta sección trataremos únicamente con sistemas unidimensionales, donde la partícula debe encontrarse sobre el eje x, y por tanto sustituiremos dV por dx. En este caso, la probabilidad $P(x)$ de que la partícula se encuentre en el intervalo infinitesimal dx alrededor de un punto x es

$$P(x)\, dx = |\psi|^2\, dx \qquad [10.21]$$

Puesto que la partícula debe encontrarse en algún punto sobre el eje x, la suma de la probabilidad para todos los puntos del eje debe ser 1:

• *Condición de normalización de* ψ

$$\int_{-\infty}^{\infty} |\psi|^2\, dx = 1 \qquad [10.22]$$

Cualquier función de onda que satisfaga la ecuación 10.22 se dice que está **normalizada.** La normalización es simplemente una garantía de que la partícula existe en algún punto en todo momento.

Aunque no es posible especificar la posición de la partícula con total exactitud, a través de $|\psi|^2$ es posible especificar la probabilidad de observar a la partícula en una pequeña región alrededor de un punto dado. **La probabilidad de encontrar a la partícula en un intervalo arbitrario $a \le x \le b$ es**

$$P_{ab} = \int_a^b |\psi|^2\, dx \qquad [10.23]$$

La probabilidad P_{ab} es el área bajo la curva de $|\psi|^2$ en función de x entre los puntos $x = a$ y $x = b$, como se observa en la figura 10.19.

Experimentalmente, la probabilidad de encontrar una partícula en un intervalo dado alrededor de un punto en un momento determinado es finita. El valor de dicha probabilidad debe encontrarse entre los límites 0 y 1. Por ejemplo, si la probabilidad es 0.3, hay un 30% de posibilidades de encontrar a la partícula en dicho intervalo.

La función de onda ψ satisface una ecuación de onda, del mismo modo que el campo eléctrico asociado con una onda electromagnética satisface una ecuación de onda que se deduce de las ecuaciones de Maxwell. La ecuación de onda satisfecha por ψ es la ecuación de Schrödinger (sección 10.12), y ψ puede calcularse a partir de ella. Aunque ψ no es una magnitud medible, todas las propiedades físicas de una partícula, como su energía o su momento lineal, pueden obtenerse a partir de ψ. Por ejemplo, una vez se conoce la función de onda de una partícula, es posible calcular la posición promedio en la que se encontraría la partícula después de muchas observaciones. La posición promedio se denomina **valor esperado** de x y se define por la ecuación

$$\langle x\rangle \equiv \int_{-\infty}^{\infty} \psi^* x \psi \, dx \qquad [10.24]$$

(Se utilizan los corchetes angulares $\langle \quad \rangle$ para denotar un valor esperado.) Además, puede conocerse el valor esperado de cualquier función $f(x)$ asociada con la partícula utilizando la siguiente ecuación:

$$\langle f(x)\rangle \equiv \int_{-\infty}^{\infty} \psi^* f(x) \psi \, dx \qquad [10.25]$$

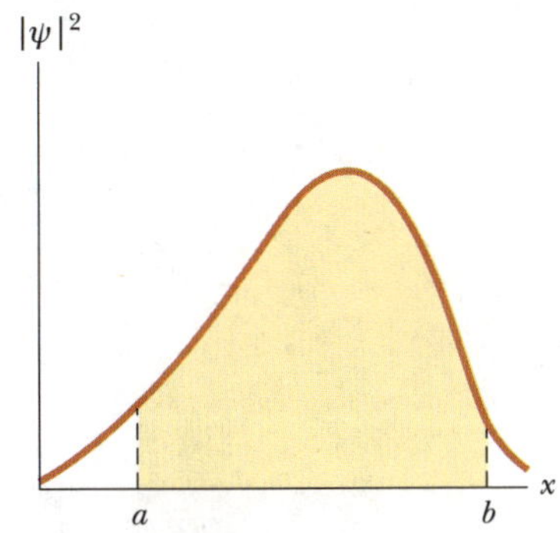

Figura 10.19

La probabilidad de que una partícula se encuentre en el intervalo $a \leq x \leq b$ está representada por el área bajo la curva de la densidad de probabilidad $|\psi(x)|^2$ desde a hasta b.

10.10 • PARTÍCULA EN UNA CAJA

En esta sección, utilizaremos algunas de las ideas que hemos desarrollado, en un ejemplo concreto. Estudiaremos un ejemplo sencillo: una partícula confinada en una región unidimensional del espacio, sistema normalmente denominado *partícula en una caja* (aunque la "caja" es unidimensional). Desde un punto de vista clásico, si una partícula está limitada a rebotar a uno y otro lado a lo largo del eje x entre dos barreras impenetrables, como se muestra en la figura 10.20a, su movimiento es fácil de describir. Si la rapidez de la partícula es v, la magnitud de su momento lineal mv permanece constante, al igual que su energía cinética. La física clásica no impone restricciones a los valores del momento lineal y la energía de la partícula. El estudio cuántico de este problema es bastante diferente, y requiere encontrar la función de onda adecuada que sea consistente con las condiciones de la situación.*

Puesto que las paredes son impenetrables, la probabilidad de encontrar a la partícula en el exterior de la caja es cero, de modo que la función de onda $\psi(x)$ debe ser cero en $x < 0$ y en $x > L$, donde L es la distancia entre las dos paredes. Una condición matemática para cualquier función de onda es que dicha función debe ser continua en el espacio.† Por tanto, si ψ es cero en el exterior de las paredes, debe ser cero también *en* las paredes; es decir, $\psi(0) = 0$ y $\psi(L) = 0$. Sólo estarán permitidas las funciones de onda que satisfagan esta condición.

La figura 10.20b muestra una representación gráfica del problema de la partícula en una caja, y muestra asimismo la gráfica de la energía potencial del sistema partícula-entorno en función de la posición de la partícula. Cuando la partícula se encuentra en el interior de la caja, la energía potencial del sistema

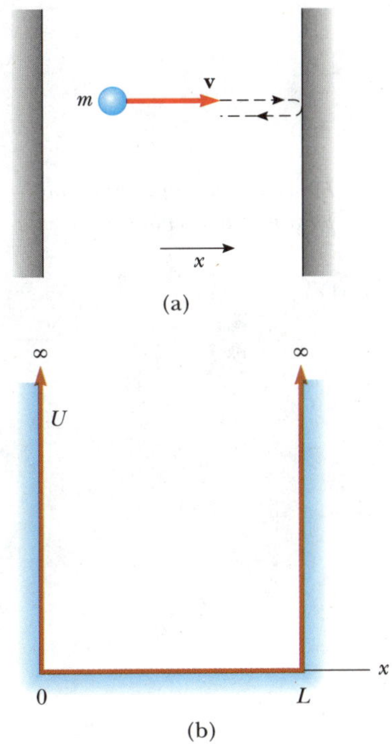

Figura 10.20

(a) Partícula de masa m y velocidad **v** confinada a rebotar entre dos paredes impenetrables. (b) Función de energía potencial del sistema.

* Antes de continuar, tal vez debería repasar las secciónes 14.3 y 14.4 del volumen I sobre las ondas mecánicas estacionarias.

† Si la función de onda no es continua en un punto, la derivada de la función de onda en dicho punto es infinita. Esto produce serios problemas en la ecuación de Schrödinger, para la cual la función de onda es una solución y que se describe en la sección 10.12.

no depende de la posición de la partícula y podemos elegir su valor como cero. Fuera de la caja, debemos asegurarnos de que la función de onda sea cero. Podemos hacer esto definiendo la energía potencial del sistema como infinita si la partícula estuviera fuera de la caja. Puesto que la energía cinética es siempre positiva, la única manera de que la partícula pudiera abandonar la caja sería si el sistema tuviera energía infinita.

Excepto por los límites impuestos por las paredes, la partícula es una partícula libre, de modo que podemos identificar la función de onda en el interior de la caja como una función senoidal (véase la ecuación 10.20):

$$\psi(x) = A \operatorname{sen}\left(\frac{2\pi x}{\lambda}\right) \qquad [10.26]$$

Esta función de onda debe satisfacer las condiciones de frontera en las paredes. La condición de frontera en $x = 0$ ya está satisfecha puesto que la función seno se anula en $x = 0$. En el caso de $x = L$, tenemos

$$\psi(L) = 0 = A \operatorname{sen}\left(\frac{2\pi L}{\lambda}\right)$$

que sólo puede cumplirse si

$$\frac{2\pi L}{\lambda} = n\pi \longrightarrow \lambda = \frac{2L}{n} \qquad [10.27]$$

donde $n = 1, 2, 3 \ldots$ Por tanto, ¡sólo están permitidas algunas longitudes de onda de la partícula! Cada una de las longitudes de onda permitidas corresponde a un estado cuántico del sistema, y n es el número cuántico. Si expresamos la función de onda en términos del número cuántico n, tenemos

• *Funciones de onda permitidas para una partícula en una caja*

$$\psi(x) = A \operatorname{sen}\left(\frac{2\pi x}{\lambda}\right) = A \operatorname{sen}\left(\frac{2\pi x}{2L/n}\right) = A \operatorname{sen}\left(\frac{n\pi x}{L}\right) \qquad [10.28]$$

Las figuras 10.21a y 10.21b son representaciones gráficas de ψ en función de x y de $|\psi|^2$ en función de x para $n = 1$, 2 y 3 en el caso de una partícula en una

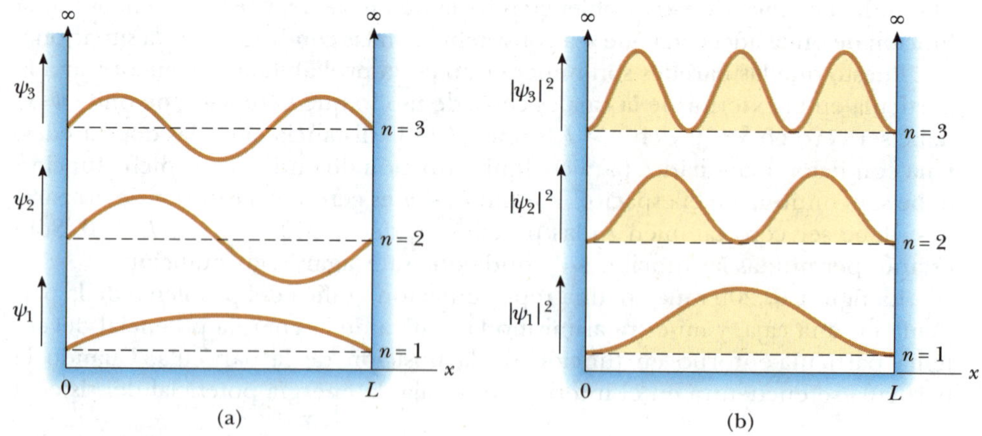

Figura 10.21

Los primeros tres estados estacionarios de una partícula confinada en una caja unidimensional. Cada función se representa en un eje horizontal diferente para poder distinguirlas más fácilmente. (a) Funciones de onda para $n = 1$, 2 y 3. (b) Gráficas de la densidad de probabilidad para $n = 1$, 2 y 3.

caja. Observe que, aunque ψ puede ser positiva o negativa, $|\psi|^2$ es siempre positiva. Puesto que $|\psi|^2$ representa una densidad de probabilidad, un valor negativo de $|\psi|^2$ no tendría sentido.

Si observamos más atentamente la figura 10.21b veremos que $|\psi|^2$ se anula en los bordes, lo cual satisface nuestra condición de contorno. Además, $|\psi|^2$ se anula en otros puntos, dependiendo del valor de n. Si $n = 2$, $|\psi|^2 = 0$ en $x = L/2$; si $n = 3$, $|\psi|^2 = 0$ en $x = L/3$ y $x = 2L/3$. El número de puntos en los que la función de onda se anula aumenta en uno cuando el número cuántico se incrementa en una unidad.

Puesto que las longitudes de onda de la partícula están restringidas por la condición $\lambda = 2L/n$, la magnitud del momento lineal de la partícula también está restringido a determinados valores que podemos encontrar a partir de la expresión de la longitud de onda de De Broglie, ecuación 10.10:

$$p = \frac{h}{\lambda} = \frac{h}{2L/n} = \frac{nh}{2L}$$

A partir de esta expresión, vemos que los valores permitidos de la energía, que es simplemente la energía cinética de la partícula, son

$$E_n = \tfrac{1}{2}mv^2 = \frac{p^2}{2m} = \frac{(nh/2L)^2}{2m}$$

$$= \left(\frac{h^2}{8mL^2}\right) n^2 \quad n = 1, 2, 3, \ldots \qquad [10.29]$$

• *Energías permitidas para una partícula en una caja*

Como observamos en esta expresión, **la energía de la partícula está cuantizada,** de modo similar a la cuantización de la energía del átomo de hidrógeno que se estudió en el capítulo 11 del volumen I. La energía mínima permitida corresponde a $n = 1$, $E_1 = h^2/8mL^2$. Puesto que $E_n = n^2E_1$, los estados excitados correspondientes a $n = 2, 3, 4, \ldots$ tienen energías $4E_1$, $9E_1$, $16E_1$ etcétera.

La figura 10.22 es un diagrama de niveles de energía* que describe los valores energéticos de los estados permitidos. Observe que el estado $n = 0$, en el que la energía sería nula, no está permitido. Esto significa que, de acuerdo con la mecánica cuántica, la partícula nunca puede estar en reposo. La energía más pequeña que puede tener, correspondiente a $n = 1$, se denomina **energía del punto cero.** Este resultado es claramente contradictorio con el punto de vista clásico, en el que $E = 0$ es un estado permitido, junto con cualquier valor positivo de E.

¡ADVERTENCIA! 10.3

Recuerde: La energía pertenece a un sistema

Decimos que la ecuación 10.29 representa la energía de la partícula: es el lenguaje usado normalmente en el problema de una partícula en una caja. En realidad, lo que analizamos es la energía del *sistema* formado por la partícula y el entorno, cualquiera que éste sea, que establece las paredes impenetrables. En el caso de una partícula en una caja, la única energía que existe es cinética y pertenece a la partícula, éste es el origen de la descripción normalmente usada. En general, las energías que calculamos en física cuántica están asociadas a un sistema de partículas que interactúan, como el electrón y el protón de un átomo de hidrógeno estudiado en el capítulo 11 del volumen I, e incluyen energía cinética y potencial.

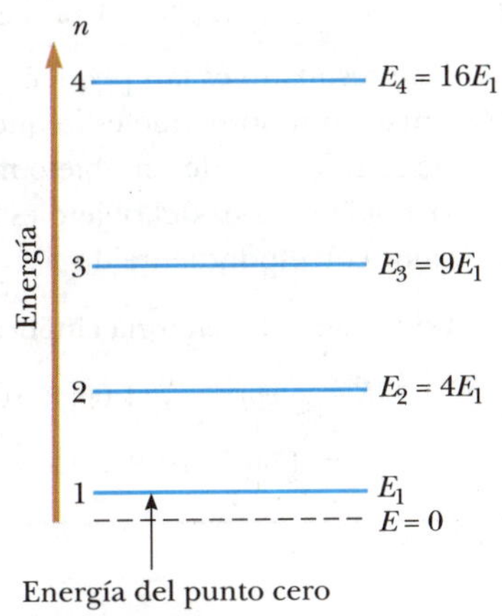

Figura 10.22

Diagrama de niveles de energía para una partícula confinada en un caja unidimensional de longitud L. La energía mínima permitida es E_1 y el valor es $E_1 = h^2/8mL^2$.

Pregunta rápida 10.9

Dibuje de nuevo la figura 10.21b, que representa la probabilidad de encontrar una partícula en una posición determinada en una caja, basándose en la física clásica en vez de en la física cuántica.

Pregunta rápida 10.10

Una partícula se encuentra en una caja de longitud L. De pronto, la longitud de la caja aumenta hasta $2L$. ¿Qué les sucede a los niveles de energía representados en la figura 10.22? (a) Nada, no son afectados por el cambio. (b) Se alejan. (c) Se acercan.

* Ya hemos presentado los diagramas de niveles de energía en el capítulo 11 del volumen I, como un tipo de representación semigráfica especializada.

Ejemplo 10.9 Un electrón confinado

Un electrón se encuentra confinado entre dos paredes impenetrables separadas 0.200 nm. Determine las energías permitidas de la partícula para los estados cuánticos definidos por $n = 1$, 2 y 3.

Solución. Utilizamos la ecuación 10.29, empleando $m_e = 9.11 \times 10^{-31}$ kg para el electrón. Si $n = 1$, tenemos

$$E_1 = \frac{h^2}{8m_eL^2} = \frac{(6.63 \times 10^{-34}\,\text{J}\cdot\text{s})^2}{8(9.11 \times 10^{-31}\,\text{kg})(2.00 \times 10^{-10}\,\text{m})^2}$$
$$= 1.51 \times 10^{-18}\,\text{J} = 9.42\,\text{eV}$$

Para $n = 2$ y $n = 3$, tenemos que $E_2 = 4E_1 = 37.7$ eV y $E_3 = 9E_1 = 84.8$ eV..

Ejemplo 10.10 Cuantización de la energía para un objeto macroscópico

Un objeto de 1.00 mg está confinado entre dos paredes rígidas separadas 1.00 cm. (a) Calcule su rapidez mínima.

Solución. La rapidez mínima corresponde al estado para el cual $n = 1$. Utilizando la ecuación 10.29 con $n = 1$, obtenemos la energía del punto cero:

$$E_1 = \frac{h^2}{8mL^2} = \frac{(6.63 \times 10^{-34}\,\text{J}\cdot\text{s})^2}{8(1.00 \times 10^{-6}\,\text{kg})(1.00 \times 10^{-2}\,\text{m})^2}$$
$$= 5.49 \times 10^{-58}\,\text{J}$$

Puesto que $E = K = \frac{1}{2}mv^2$, podemos obtener v de la siguiente manera:

$$\tfrac{1}{2}mv^2 = 5.49 \times 10^{-58}\,\text{J}$$

$$v = \left[\frac{2(5.49 \times 10^{-58}\,\text{J})}{1.00 \times 10^{-6}\,\text{kg}}\right]^{1/2} = 3.31 \times 10^{-26}\,\text{m/s}$$

Este resultado es tan pequeño que el objeto parece encontrarse en reposo, que es lo que cabría esperar de la rapidez del punto cero de un objeto macroscópico.

(b) Si la rapidez del objeto es 3.00×10^{-2} m/s, calcule el valor correspondiente de n .

Solución. La energía cinética del objeto es

$$K = \tfrac{1}{2}mv^2 = \tfrac{1}{2}(1.00 \times 10^{-6}\,\text{kg})(3.00 \times 10^{-2}\,\text{m/s})$$
$$= 4.50 \times 10^{-10}\,\text{J}$$

Puesto que $E_n = n^2E_1$ y $E_1 = 5.49 \times 10^{-58}$ J, tenemos

$$K = E_n = n^2E_1 = 4.50 \times 10^{-10}\,\text{J}$$
$$n = \left(\frac{4.50 \times 10^{-10}\,\text{J}}{E_1}\right)^{1/2} = \left(\frac{4.50 \times 10^{-10}\,\text{J}}{5.49 \times 10^{-58}\,\text{J}}\right)^{1/2}$$
$$= 9.05 \times 10^{23}$$

Este valor de n es tan grande que nunca podríamos distinguir la naturaleza cuántica de los niveles de energía. Es decir, la diferencia de energía entre los dos estados $n_1 = 9.05 \times 10^{23}$ y $n_2 = (9.05 \times 10^{23}) + 1$ es demasiado pequeña para ser detectada experimentalmente. Como el ejemplo 10.2, este ejemplo muestra la validez del principio de correspondencia: es decir, cuando m o L se hacen muy grandes, la descripción cuántica se aproxima a la descripción clásica.

EJERCICIO. Una partícula alfa en un núcleo puede aproximarse como una partícula en una caja de longitud 1.0×10^{-14} m (el diámetro aproximado de un núcleo). Utilizando este modelo, estime (a) la energía y (b) el momento lineal de una partícula alfa en su estado de energía más bajo. ($m_\alpha = 6.6 \times 10^{-27}$ kg).

Respuesta: (a) 0.52 MeV (b) 3.3×10^{-20} kg·m/s.

10.11 • PARTÍCULAS CUÁNTICAS BAJO CONDICIONES DE FRONTERA

El caso de la partícula en una caja descrito en la sección anterior es un ejemplo de cómo estudiar cualquier problema cuántico. Para entender este tipo de situaciones, observe la ecuación 10.27 y compárela con la ecuación 14.6 del volumen I. Las longitudes de onda permitidas para la partícula en una caja son idénticas a las longitudes de onda permitidas para las ondas mecánicas de una cuerda fija por los dos extremos. Tanto en el caso de la onda en la cuerda y la onda de la partícula, hemos aplicado **condiciones de frontera** para determinar los estados permitidos del sistema. En el caso de la cuerda fija por los dos extremos, la condición de frontera era que el desplazamiento de la cuerda en los extremos debía ser cero. En el caso de la partícula en la caja, la amplitud de probabilidad en los extremos es cero. En ambos casos, esto da lugar a longitudes de onda cuantizadas. En el caso de la cuerda que vibra, la longitud está relacionada con la frecuencia, de modo que tenemos un conjunto de armónicos o frecuencias cuantizadas, dadas por la ecuación 14.8 del volumen I. En el caso de la partícula en una caja, también tenemos frecuencias cuantizadas. Sin embargo, en este caso podemos ir más lejos, puesto que la frecuencia está relacionada con la energía a través de la expresión $E = hf$, de modo que podemos generar un conjunto de *energías* cuantizadas.

La cuantización de la energía, por tanto, no es más sorprendente que la cuantización de frecuencias en el caso de una cuerda de guitarra que vibra. La característica esencial del modelo de análisis de una partícula cuántica bajo condiciones de frontera es reconocer que **cualquier limitación al movimiento de las partículas en un sistema representa una o más condiciones de frontera, que producen una cuantización de la energía del sistema.** Por tanto, puesto que las partículas tienen características ondulatorias, los estados cuánticos de un sistema son aquellos en los que se cumplen las condiciones de frontera.

La única cuantización de la energía que hemos estudiado antes de este capítulo es la del átomo de hidrógeno estudiado en el capítulo 11 del volumen I. En aquel caso, la fuerza eléctrica entre el protón y el electrón crea una constricción que requiere que el electrón y el protón se mantengan cerca el uno del otro (suponiendo que no hemos suministrado al sistema energía suficiente como para ionizar el átomo). Esta limitación produce condiciones de frontera que limitan las energías del átomo a aquellas que se correspondan a las funciones de onda permitidas.

En general, las condiciones de frontera están relacionadas con las coordenadas que describen el problema. En el caso de la partícula en una caja, requerimos un valor nulo de la función de onda en dos valores de x. En el caso del átomo de hidrógeno, el problema se representa mejor en *coordenadas esféricas.* Éstas son una extensión de las coordenadas polares presentadas en el capítulo 1 y constan de una coordenada radial r y dos coordenadas angulares. Las condiciones de frontera de la función de onda relacionadas con r son que la parte radial de la función de onda debe tender a cero cuando r tiende a infinito (de modo que la función de onda pueda normalizarse) y que sea finita cuando r tiende a cero. Una condición de frontera de la función de onda relacionada con una coordenada angular es que al sumar 2π al ángulo, la función de onda debe tener el mismo valor, puesto que al sumar 2π se vuelve a la misma posición angular. La generación de la función de onda y la aplicación de las condiciones de frontera al átomo de hidrógeno se encuentran fuera del alcance de este libro. Sin embargo, estudiaremos el comportamiento de algunas de las funciones de onda en la sección 11.4.

¡ADVERTENCIA! 10.4

Los estados cuánticos no son necesariamente ondas estacionarias

Aunque la cuantización de estados de los sistemas cuánticos y la cuantización de frecuencias de las ondas en una cuerda tienen muchas similitudes (capítulo 14 del volumen I), tenga en cuenta que los estados cuánticos no son necesariamente ondas estacionarias. En general, no puede asociarse ningún "nodo" estacionario ni una forma senoidal a una función de onda cuántica bajo condiciones de frontera. El caso de la partícula en una caja tiene una función de onda inusual, porque es senoidal y tiene nodos estacionarios. Pero otros sistemas tendrán funciones de onda más complicadas, como veremos, y las condiciones de frontera de algunas variables de un sistema no conducirán a ceros de la función de onda en puntos fijos.

Erwin Schrödinger (1887-1961)

Físico teórico austriaco. Schrödinger es conocido principalmente como el creador de la mecánica cuántica. También realizó trabajos importantes en mecánica estadística, visión del color y relatividad general. Schrödinger hizo mucho por acelerar la aceptación general de la teoría cuántica al demostrar la equivalencia matemática entre su mecánica ondulatoria y la mecánica matricial más abstracta desarrollada por Heisenberg

(AIP Emilio Segré Visual Archives)

10.12 • ECUACIÓN DE SCHRÖDINGER

En la sección 6.3 estudiamos una ecuación de onda para la radiación electromagnética. Las ondas asociadas con partículas también satisfacen una ecuación de onda. Podemos suponer que dicha ecuación para las partículas materiales es diferente de la asociada a fotones, puesto que las partículas materiales tienen una energía en reposo diferente de cero. Esta ecuación de onda fue desarrollada por Schrödinger en 1926. Al analizar el comportamiento de una partícula cuántica, se trata de resolver dicha ecuación y a continuación aplicar las condiciones de frontera pertinentes a la solución. La solución proporciona las funciones de onda y niveles de energía permitidos para el sistema estudiado. La manipulación adecuada de la función de onda permite calcular cualquier característica medible del sistema.

La ecuación de Schrödinger, aplicada a una partícula de masa m limitada a moverse sobre el eje x e interactuando con el entorno a través de una función de energía potencial $U(x)$ es

• *Ecuación de Schrödinger independiente del tiempo*

$$-\frac{\hbar^2}{2m}\frac{d^2\psi}{dx^2} + U\psi = E\psi \qquad [10.30]$$

donde E es la energía total del sistema (partícula y entorno). Puesto que esta ecuación es independiente del tiempo, suele denominarse **ecuación de Schrödinger independiente del tiempo** (no trataremos la ecuación de Schrödinger dependiente del tiempo en este libro).

Esta ecuación es consistente con la versión energética del modelo de un sistema aislado. El sistema es la partícula más su entorno. El problema 42 muestra, tanto para una partícula libre como para una partícula en una caja, que el primer término de la ecuación de Schrödinger se puede reducir a la energía cinética de la partícula multiplicada por la función de onda. Observe que la ecuación 10.30 nos indica que la energía total es la suma de la energía cinética más la potencial y que la energía total es constante: $K + U = E =$ constante.

En principio, si se conoce la energía potencial del sistema, $U(x)$, puede resolverse la ecuación 10.30 y obtener las funciones de onda y energías de los estados permitidos del sistema. Puesto que U puede cambiar con la posición, puede ser necesario resolver la ecuación para cada región del espacio. En el proceso, las funciones de onda de cada región del espacio deben ser continuas en las fronteras entre las regiones, puesto que la función total $\psi(x)$ debe ser *continua.* Además, para que $\psi(x)$ cumpla la condición de normalización, debe cumplirse que $\psi(x)$ tienda a cero cuando x tiende a $\pm\infty$. Finalmente, $\psi(x)$ debe tener un *único valor* en cada punto, y $d\psi/dx$ debe ser también continua para valores finitos de $U(x)$*.

La tarea de resolver la ecuación de Schrödinger puede ser muy difícil, dependiendo de la forma de la función de energía potencial. En general, la ecuación de Schrödinger ha resultado muy eficaz al explicar el comportamiento de sistemas atómicos y nucleares, mientras que la física clásica ha fallado en este aspecto. Además, al aplicar la mecánica cuántica a objetos macroscópicos, los resultados coinciden con los de la física clásica, como requiere el principio de correspondencia.

¡ADVERTENCIA! 10.5

Una caja

Una caja como la representada en la figura 10.20 es una representación gráfica de la energía, no una representación de algo material, de modo que si se observara la situación a simple vista no se vería esa forma. Una partícula se mueve *sólo horizontalmente* en un diagrama de energía potencial, que representa la energía del sistema formado por la partícula y su entorno, a la que se le aplica el principio de conservación.

El problema de la partícula en una caja a través de la ecuación de Schrödinger

Para ver cómo se aplica la ecuación de Schrödinger a un problema, volvamos a la partícula encerrada en una caja de longitud L (figura 10.20) y analicemos el problema con la ecuación de Schrödinger. A través de la figura 10.20b hemos estudiado el diagrama de energía potencial que describe el problema. Un diagrama de energía potencial como éste puede resultar una representación muy útil para entender y resolver problemas con la ecuación de Schrödinger.

Debido a la forma de la curva de la figura 10.20b, suele decirse que la partícula en una caja está en un **pozo cuadrado**,† donde un **pozo** es una región tipo escalón de bajada de la curva en un diagrama de energía potencial. (Una región tipo escalón de subida se denomina una *barrera*, como veremos en la sección 10.13.)

* Si $d\psi/dx$ no fuera continua, no podríamos evaluar $d^2\psi/dx^2$ en la ecuación 10.30 en el punto de discontinuidad.

† Se denomina pozo cuadrado incluso aunque tiene forma rectangular en un diagrama de energía potencial.

En la región $0 < x < L$, donde $U = 0$, podemos expresar la ecuación de Schrödinger de la forma

$$\frac{d^2\psi}{dx^2} = -\frac{2mE}{\hbar^2}\psi = -k^2\psi \qquad \textbf{[10.31]}$$

donde

$$k = \frac{\sqrt{2mE}}{\hbar} \qquad \textbf{[10.32]}$$

La solución a la ecuación 10.31 es una función cuya segunda derivada es la misma función cambiada de signo y multiplicada por una constante k^2. Tanto la función seno como la función coseno cumplen este requisito. Por tanto, la solución más general de esta ecuación es una combinación lineal de ambas:

$$\psi(x) = A \operatorname{sen} kx + B \cos kx$$

donde A y B son constantes que vienen determinadas por las condiciones de frontera.

Nuestra primera condición de frontera era $\psi(0) = 0$:

$$\psi(0) = A \operatorname{sen} 0 + B \cos 0 = 0 + B = 0$$

Por tanto, la solución se reduce a

$$\psi(x) = A \operatorname{sen} kx$$

La segunda condición de frontera, $\psi(L) = 0$, aplicada a la solución reducida, conduce a

$$\psi(L) = A \operatorname{sen} kL = 0$$

Esta condición sólo se satisface si kL es un múltiplo entero de π, es decir, si $kL = n\pi$, donde n es un número entero. Puesto que $k = \sqrt{2mE}/\hbar$ tenemos que

$$kL = \frac{\sqrt{2mE}}{\hbar} L = n\pi$$

Para cada entero n, esta ecuación determina una energía cuantizada E_n. Si despejamos las energías permitidas E_n, obtenemos

$$E_n = \left(\frac{h^2}{8mL^2}\right) n^2 \qquad \textbf{[10.33]}$$

que son iguales a las energías obtenidas anteriormente en la ecuación 10.29.

Sustituyendo los valores de k en la función de onda, las funciones de onda permitidas $\psi_n(x)$ vienen dadas por

$$\psi_n(x) = A \operatorname{sen}\left(\frac{n\pi x}{L}\right) \qquad \textbf{[10.34]}$$

Esta función de onda coincide con la de la ecuación 10.28.

Al normalizar esta función de onda, obtenemos que $A = \sqrt{(2/L)}$ (vea el problema 38). Por tanto, la función de onda normalizada es

$$\psi(x) = \sqrt{\frac{2}{L}} \operatorname{sen}\left(\frac{n\pi x}{L}\right) \qquad \textbf{[10.35]}$$

Pregunta rápida 10.11

Suponga que se tiene una partícula confinada en una caja como el caso estudiado anteriormente. La caja tiene longitud L, pero su extremo izquierdo se encuentra en $x = -L/2$ y su extremo derecho en $x = +L/2$. ¿Cuál es la función de onda de la partícula en este caso? Es decir, ¿cuál es el equivalente a la ecuación 10.35? (*Sugerencia:* Encontrará funciones de onda diferentes para valores pares e impares de n.)

Ejemplo 10.11 Valores esperados para una partícula en una caja

Una partícula de masa m está confinada en una caja unidimensional entre $x = 0$ y $x = L$. Calcule el valor esperado de la posición x de la partícula en un estado cuántico n.

Solución. Utilizando la ecuación 10.24 y la función de onda de la ecuación 10.35, podemos calcular el valor esperado de x:

$$\langle x \rangle = \int_{-\infty}^{\infty} \psi^* x \psi \, dx = \int_0^L x \left(\sqrt{\frac{2}{L}} \operatorname{sen}\left(\frac{n\pi x}{L} \right) \right)^2 dx$$

$$= \frac{2}{L} \int_0^L x \operatorname{sen}^2 \left(\frac{n\pi x}{L} \right) dx$$

donde hemos reducido los límites de la integral desde 0 hasta L puesto que la función es cero fuera de ese intervalo. Si calculamos la integral, obtenemos

$$\langle x \rangle = \frac{2}{L} \left[\frac{x^2}{4} - \frac{x \operatorname{sen}\left(2 \dfrac{n\pi x}{L}\right)}{4 \dfrac{n\pi}{L}} - \frac{\cos\left(2 \dfrac{n\pi x}{L}\right)}{8 \left(\dfrac{n\pi}{L}\right)^2} \right]_0^L$$

$$= \frac{2}{L}\left(\frac{L^2}{4}\right) = \frac{L}{2}$$

Observe que el valor esperado es el punto medio de la caja, que es lo que cabría esperar considerando la simetría de la función de onda respecto al centro (figura 10.21b). Puesto que los cuadrados de todas las funciones de onda son simétricos respecto al punto medio, el valor esperado no depende de n.

10.13 • EFECTO TÚNEL A TRAVÉS DE UNA BARRERA DE ENERGÍA POTENCIAL

¡ADVERTENCIA! 10.6

La "altura" en un diagrama de energía

La palabra *altura* (por ejemplo, *altura de la barrera*) se refiere a una energía en el estudio de las barreras en diagramas de energía potencial. Por ejemplo, podemos decir que la altura de la barrera es de 10 eV. Por otro lado, la *anchura* de la barrera se refiere al significado normal de dicho término: es una medida de distancia física entre los puntos situados a ambos lados de la barrera.

Considere la función de energía potencial representada en la figura 10.23, en la que la energía potencial del sistema se anula en todos los puntos excepto en una región de anchura L en la que la energía potencial tiene un valor constante U. A esto se le llama una **barrera cuadrada,** y U es la **altura de la barrera.** Un fenómeno muy interesante y peculiar se produce cuando una partícula en movimiento

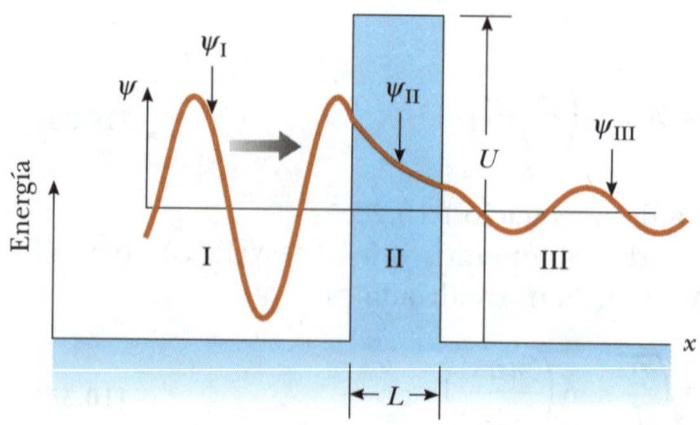

Figura 10.23

Función de onda de una partícula de energía E que incide desde la izquierda sobre la barrera de altura $U > E$. Observe que la función de onda es senoidal en las regiones I y III pero decae exponencialmente en la región II. La energía está representada verticalmente en función del eje x. La función de onda está representada verticalmente en función de un eje horizontal correspondiente a la energía de la partícula.

encuentra una barrera de este tipo, de altura y anchura finitas. Consideremos una partícula de energía $E < U$ que incide sobre la barrera desde la izquierda (figura 10.23). Desde un punto de vista clásico, la partícula rebotaría en la barrera. Si la partícula existiera en la región II, su energía cinética sería negativa, lo cual no está permitido clásicamente. Por tanto la región II y la región III están *prohibidas* clásicamente para la partícula incidente desde la izquierda. De acuerdo con la mecánica cuántica, **todas las regiones están permitidas para la partícula, independientemente de su energía.** (Aunque todas las regiones son accesibles, la probabilidad de que la partícula se encuentre en una región clásicamente prohibida es muy baja.) Desde el punto de vista del principio de incertidumbre, podemos aceptar una violación del principio de conservación de la energía mientras la partícula está en el interior de la barrera, siempre que el tiempo que permanezca en esa región sea corto y consistente con la ecuación 10.18. Si la barrera es relativamente estrecha, este tiempo corto puede permitir a la partícula cruzarla. Por tanto, es posible entender que la partícula puede cruzar la barrera con la ayuda del principio de incertidumbre.

Estudiemos esta situación con ayuda de una representación matemática. La ecuación de Schrödinger tiene soluciones válidas en las tres regiones, I, II y III. Las soluciones en las regiones I y III son senoidales, como la ecuación 10.20. En la región II, la solución es exponencial. Al aplicar las condiciones de frontera, que exigen que las funciones de onda deben ser continuas en los puntos de frontera entre regiones, vemos que puede calcularse una solución completa, como la representada en la curva de la figura 10.23. Por tanto, se satisfacen la ecuación de Schrödinger y las condiciones de frontera, de modo que matemáticamente es posible que el proceso ocurra de acuerdo con la teoría cuántica.

Puesto que la probabilidad de encontrar a la partícula es proporcional a $|\psi|^2$, podemos deducir que la probabilidad de encontrar la partícula en la región III al otro lado de la barrera es distinta de cero. Este resultado está en completo desacuerdo con la física clásica. El movimiento de la partícula a través de la barrera se denomina **efecto túnel.**

La probabilidad del efecto túnel puede describirse con un **coeficiente de transmisión** T, y con un **coeficiente de reflexión** R. **El coeficiente de transmisión representa la probabilidad de que la partícula atraviese la barrera hasta el otro lado, mientras que el coeficiente de reflexión representa la probabilidad de que la partícula sea reflejada por la barrera.** Puesto que la partícula debe cruzar la barrera o ser reflejada por ella, tenemos que $T + R = 1$. Una expresión aproximada del coeficiente de transmisión T, obtenida cuando $T \ll 1$ (una barrera muy ancha o muy alta, es decir, $U \gg E$) es

$$T \approx e^{-2CL} \qquad \textbf{[10.36]}$$

donde

$$C = \frac{\sqrt{2m(U-E)}}{\hbar} \qquad \textbf{[10.37]}$$

Observe que, desde un punto de vista clásico, $T = 0$ pero la ecuación 10.36 indica que T puede ser distinto de cero desde un punto de vista cuántico. El hecho de que se haya observado el efecto túnel experimentalmente proporciona una prueba adicional de la validez de la física cuántica.

Ejemplo 10.12 Coeficiente de transmisión para un electrón

Un electrón de energía 30 eV incide sobre una barrera cuadrada de altura 40 eV. ¿Cuál es la probabilidad de que el electrón atraviese la barrera si su anchura es de (a) 1.0 nm; (b) 0.10 nm?

Solución. Supongamos que la probabilidad de transmisión es pequeña, de modo que podemos utilizar la aproximación de la ecuación 10.36. Para la altura de barrera dada y la energía del electrón, la magnitud $U - E$ tiene el valor

$$U - E = (40\text{ eV} - 30\text{ eV}) = 10\text{ eV} = 1.6 \times 10^{-18}\text{ J}$$

(a) Utilizando la ecuación 10.37, la magnitud $2CL$ es

$$2CL = 2\frac{\sqrt{2(9.11 \times 10^{-31}\text{ kg})(1.6 \times 10^{-18}\text{ J})}}{1.054 \times 10^{-34}\text{ J}\cdot\text{s}}(1.0 \times 10^{-9}\text{ m})$$

$$= 32$$

Por tanto, la probabilidad de atravesar la barrera es

$$T \approx e^{-2CL} = e^{-32} = 1.3 \times 10^{-14}$$

Es decir, el electrón tiene únicamente una probabilidad entre 10^{14} de cruzar la barrera de anchura 1.0 nm.

(b) Si $L = 0.10$ nm, tenemos que $2CL = 3.2$ con lo que

$$T \approx e^{-2CL} = e^{-3.2} = 0.041$$

Este resultado muestra que el electrón tiene una probabilidad relativamente alta, del 4%, comparada con el 10^{-12}% del inciso (a), de atravesar la barrera de anchura 0.10 nm. Observe un comportamiento importante, que conduce a aplicaciones prácticas efectivas del efecto túnel: al reducir la anchura de la barrera un orden de magnitud, ¡la probabilidad de atravesarla aumenta unos 12 órdenes de magnitud!

Aplicaciones del efecto túnel

Como hemos visto, el efecto túnel es un fenómeno cuántico, un resultado de la naturaleza ondulatoria de la materia. Existen numerosas aplicaciones que sólo pueden entenderse a partir del efecto túnel:

- **Diodo túnel.** Un diodo túnel es un dispositivo semiconductor que consta de dos regiones con cargas opuestas separadas por una tercera región neutra muy estrecha, que representa la barrera. La corriente en este dispositivo se produce en gran parte por efecto túnel de electrones a través de la región neutra. La corriente, o magnitud del efecto túnel, puede controlarse variando el voltaje aplicado, que modifica la altura de la barrera.
- **Unión Josephson.** La unión Josephson consta de dos superconductores separados por una lámina muy fina de óxido aislante, de 1 o 2 nm de espesor. Bajo las condiciones adecuadas, los electrones en los superconductores se asocian en parejas y atraviesan la lámina de óxido de un superconductor a otro. Se han observado diversos efectos en este tipo de dispositivo. Por ejemplo, **se observa una corriente continua a través de la lámina en la ausencia de campos eléctricos y magnéticos.** Cuando se aplica un voltaje ΔV a través del dispositivo, se observa que la corriente oscila con frecuencia $f = 2e\,\Delta V/h$ donde e es la carga del electrón.
- **Decaimiento alfa.** Una forma de decaimiento radiactiva es la emisión de partículas alfa (núcleos de helio) por parte de núcleos inestables y pesados (capítulo 12). Para que una partícula alfa escape del núcleo, debe atravesar una barrera cuya altura es varias veces mayor que la energía del sistema partícula alfa-núcleo. La barrera se debe a una combinación de la fuerza nuclear (introducida en el capítulo 5 del volumen I y estudiada con mayor profundidad en el capítulo 13) y la repulsión de Coulomb (estudiada en detalle en el capítulo 1) entre la partícula alfa y el resto del núcleo. Ocasionalmente, una partícula alfa atraviesa la barrera, lo cual explica el mecanismo básico de este tipo de decaimiento y las grandes variaciones de la vida media de varios núcleos radiactivos.
- **Microscopio de barrido de efecto túnel.** El microscopio de barrido de efecto túnel o STM (siglas en inglés de *Scanning Tunneling Microscope*) es un dispositivo que utiliza el efecto túnel para crear imágenes de superficies con una resolución comparable al tamaño de un átomo. Una pequeña

Figura 10.24

Esta fotografía es un ejemplo de un "corral cuántico", formado por 48 átomos de hierro sobre una superficie de cobre. El diámetro del anillo es de 143 nm, y la fotografía fue obtenida utilizando un microscopio de barrido de efecto túnel de baja temperatura. Los corrales y otras estructuras son capaces de confinar las ondas electrónicas superficiales. El estudio de estas estructuras jugará un papel fundamental en el futuro de los aparatos electrónicos de pequeño tamaño. *(IBM Corporation Research Division)*

WEB

Para ver más imágenes obtenidas con un microscopio de efecto túnel, visite **www.physics.purdue.edu/nanophys/stm.html**

sonda con una punta muy fina se aproxima mucho a la superficie estudiada. Una corriente de efecto túnel se mantiene entre la sonda y la muestra; la corriente (que está relacionada con la probabilidad del efecto túnel) es muy sensible a la altura de la barrera (que está relacionada con la separación entre la punta y la muestra), como se vio en el ejemplo 10.12. Al mantener una corriente constante de efecto túnel se produce una señal de retroalimentación que se emplea para subir o bajar la sonda mientras se explora la muestra. Puesto que el movimiento vertical de la sonda sigue el contorno de la superficie de la muestra, se obtiene una imagen de dicha superficie.

La figura 10.24 muestra una imagen obtenida mediante un microscopio de efecto túnel.

Relación con el contexto

10.14 • LA TEMPERATURA CÓSMICA

Una vez que hemos presentado los conceptos de física cuántica para las partículas y los sistemas microscópicos, veamos cómo podemos conectar estos conceptos con los procesos que ocurren a escala cósmica. Para nuestra primera conexión, consideremos el Universo como un sistema. Se piensa que el Universo empezó con una explosión cataclísmica denominada la **Gran Explosión** o **Big Bang,** como se mencionó por primera vez en el capítulo 5 del volumen I. Debido a esta explosión, toda la materia del Universo se está separando continuamente. Esta expansión produce un desplazamiento Doppler en la radiación procedente de la Gran Explosión, de modo que la longitud de onda de la radiación se hace más grande (como se estudió en la sección 13.8 del volumen I para las ondas de sonido). En los años 40, Ralph Alpher, George Gamow y George Hermann desarrollaron un modelo estructural del Universo en el que predecían que la radiación térmica procedente de la Gran Explosión debería seguir presente, y que ahora debería tener una distribución de longitudes de onda comparable a la de un cuerpo negro a una temperatura de unos pocos grados Kelvin.

En 1965, Arno Penzias y Robert Wilson de Bell Telephone Laboratories se encontraban midiendo la radiación proveniente de la Vía Láctea utilizando una antena especial de siete metros como radiotelescopio. Observaron un "ruido" de radiación constante en la señal recibida en la antena. A pesar de sus esfuerzos para encontrar una explicación del ruido en términos de interferencia del Sol, fuentes desconocidas en la Vía Láctea, problemas estructurales en la antena o incluso la presencia de excremento de paloma en la antena, ninguna de sus hipótesis era suficiente para explicar el ruido.

Lo que Penzias y Wilson estaban detectando era la radiación térmica de la Gran Explosión. El que ésta fuera detectada por sus aparatos independientemente de la dirección de la antena coincide con el hecho de que la radiación se extiende por todo el Universo, como predice el modelo de la Gran Explosión. Una medida de la intensidad de la radiación mostró que la temperatura asociada era de aproximadamente 3 K, lo que concuerda con la predicción realizada por Alpher, Gamow y Hermann en los años 40. Aunque la medida coincidía con su predicción, ésta se había realizado para una única longitud de onda. El acuerdo completo con el modelo del Universo como un cuerpo negro sólo se obtendría si se realizaban medidas a otras longitudes de onda y se encontraba una distribución de longitudes de onda consistente con la figura 10.2.

En los años siguientes al descubrimiento de Penzias y Wilson, otros investigadores realizaron medidas a distintas longitudes de onda. En 1989, el satélite COBE (*CO*smic *B*ackground *E*xplorer, Explorador de la Radiación Cósmica de Fondo) fue lanzado por la NASA, y añadió medidas muy importantes a longitudes de onda por debajo de 0.1 cm. Los resultados de estas medidas se muestran en la figura 10.25. Las medidas realizadas a partir de 1965 son consistentes con la radiación térmica procedente de un cuerpo negro a una temperatura de 2.7 K. La historia completa sobre la temperatura cósmica es un ejemplo notable de cómo funciona la ciencia: construcción de un modelo, elaboración de una predicción, toma de medidas y comparación de dichas medidas con las predicciones del modelo.

En este primer capítulo de nuestro contexto en *La conexión cósmica*, hemos visto nuestro primer ejemplo de esta conexión. Al observar la radiación térmica de objetos microscópicos en vibración aprendemos algo acerca del origen del Universo. En el próximo capítulo veremos más ejemplos de esta conexión fascinante.

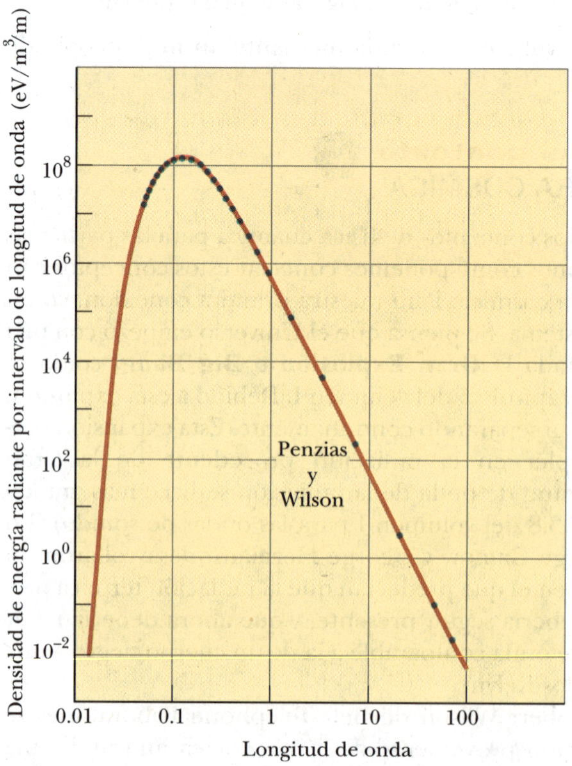

Figura 10.25

Distribución teórica de la densidad de energía radiante en función de la longitud de onda de un cuerpo negro (línea continua) y puntos experimentales medidos de la radiación procedente de la Gran Explosión. La mayor parte de los datos fueron recopilados por el satélite Explorador de Radiación Cósmica de Fondo (COBE). Se indica también el dato tomado inicialmente por Penzias y Wilson.

RESUMEN

Las características de la **radiación de cuerpo negro** no pueden ser explicadas mediante conceptos clásicos. Planck propuso el primer modelo de **física cuántica** al suponer que los osciladores atómicos responsables de esta radiación sólo se encuentran en **estados cuánticos** discretos.

En el efecto **fotoeléctrico,** una superficie metálica emite electrones cuando incide luz sobre ella. Einstein propuso una explicación exitosa de este efecto extendiendo la teoría cuántica de Planck al campo electromagnético. En su modelo, la luz se considera un haz de partículas denominadas **fotones,** cada uno de ellos con energía $E = hf$, donde f es la frecuencia y h es la **constante de Planck**. La energía cinética máxima del fotoelectrón emitido está dada por

$$K_{\text{máx}} = hf - \phi \qquad [10.5]$$

donde ϕ es la **función de trabajo** del metal.

Los rayos X que impactan sobre un blanco son dispersados a diversos ángulos por los electrones de dicho blanco. Se observa un desplazamiento en la longitud de onda de los rayos dispersados, y el fenómeno se conoce con el nombre de **efecto Compton.** La física clásica no es capaz de explicar correctamente los resultados experimentales de este efecto. Si se considera un fotón de rayos X, la aplicación de la conservación de la energía y el momento lineal al sistema aislado formado por el fotón y el electrón proporciona la siguiente expresión para el desplazamiento de Compton:

$$\lambda' - \lambda_0 = \frac{h}{m_e c}(1 - \cos\theta) \qquad [10.8]$$

donde m_e es la masa del electrón, c es la rapidez de la luz y θ es el ángulo de dispersión.

Cualquier objeto de masa m y momento lineal p tiene propiedades ondulatorias, con una **longitud de onda de De Broglie** dada por la expresión

$$\lambda = \frac{h}{p} = \frac{h}{mv} \qquad [10.10]$$

La dualidad onda-partícula es la base del **modelo de partículas cuánticas.** Puede interpretarse suponiendo que una partícula está formada por la combinación de un gran número de ondas. Estas ondas interfieren constructivamente en una pequeña región del espacio denominada **paquete de ondas.**

El **principio de incertidumbre** afirma que si se realiza una medición de la posición con una incertidumbre Δx y se realiza una medición *simultánea* del momento lineal con incertidumbre Δp_x, el producto de ambas incertidumbres no puede ser menor que una cantidad del orden de $\hbar$.

$$\Delta x \, \Delta p_x \geq \frac{\hbar}{2} \qquad [10.17]$$

El principio de incertidumbre es una consecuencia natural del modelo del paquete de ondas.

Las ondas de materia están representadas por la **función de onda** $\psi(x, y, z)$. La **densidad de probabilidad** de encontrar a una partícula en un punto determinado es $|\psi|^2$. Si la partícula está limitada a moverse sobre el eje x, la probabilidad de encontrarla en el intervalo dx viene dada por $|\psi|^2 \, dx$. Además, la función de onda debe estar **normalizada:**

$$\int_{-\infty}^{\infty} |\psi|^2 \, dx = 1 \qquad [10.22]$$

La posición medida de la partícula, promediada tras muchos experimentos, se denomina **valor esperado** de x y se define como

$$\langle x \rangle \equiv \int_{-\infty}^{\infty} \psi^* x \psi \, dx \qquad [10.24]$$

Si una partícula de masa m está confinada a moverse en un caja unidimensional de longitud L cuyas paredes son completamente rígidas, las funciones de onda permitidas para la partícula son

$$\psi(x) = A \operatorname{sen}\left(\frac{n\pi x}{L}\right) \quad n = 1, 2, 3, \ldots \qquad [10.28]$$

La partícula tiene una longitud de onda bien definida λ, cuyos valores son tales que la anchura de la caja L es igual a un número entero de semilongitudes de onda, es decir, $L = n\lambda/2$. Las energías de una partícula en una caja están cuantizadas y vienen dadas por la expresión

$$E_n = \left(\frac{h^2}{8mL^2}\right) n^2 \quad n = 1, 2, 3, \ldots \qquad [10.29]$$

Los sistemas cuánticos generalmente involucran una partícula bajo ciertas limitaciones impuestas por el entorno. Ésta es la base del **modelo de partícula cuántica bajo condiciones de frontera.** En este modelo, se calcula la función de onda del sistema y a continuación se aplican las condiciones de frontera para determinar las energías permitidas y las constantes desconocidas de la función de onda.

La función de onda debe satisfacer la **ecuación de Schrödinger.** La ecuación de Schrödinger independiente del tiempo para una partícula limitada a moverse sobre el eje x es

$$-\frac{\hbar^2}{2m}\frac{d^2\psi}{dx^2} + U\psi = E\psi \qquad [10.30]$$

donde E es la energía total del sistema y U es la energía potencial del sistema.

Cuando una partícula de energía E encuentra una barrera de altura U, donde $E < U$, la partícula tiene una probabilidad finita de atravesar la barrera. Este fenómeno, denominado **efecto túnel,** es el mecanismo básico que explica la operación de las uniones Josephson y el decaimiento alfa de ciertos núcleos radiactivos.

PREGUNTAS

1. ¿Por qué es imposible medir simultáneamente con precisión infinita la posición y la rapidez de una partícula a lo largo de una dirección determinada?
2. Si la materia tiene naturaleza ondulatoria, ¿por qué sus características ondulatorias no son visibles en nuestra experiencia cotidiana?
3. Se aceleran un electrón y un protón desde el reposo a través de la misma diferencia de potencial. ¿Cuál de las dos partículas tiene mayor longitud de onda?
4. Al describir el paso de electrones a través de una rendija y chocar contra una pantalla, el físico Richard Feynman afirmó que "los electrones llegan en bloques, como partículas, pero la probabilidad de llegada de dichos bloques está determinada como lo estaría la intensidad de las ondas. En este sentido, el electrón se comporta a veces como una partícula y a veces como una onda". Amplíe esta explicación con sus propias palabras. (Puede encontrar un estudio más extenso sobre este punto en R. Feynman, *The Character of Physical Law,* Cambridge, Mass., MIT Press, 1980, capítulo 6 del volumen I).
5. En el efecto fotoeléctrico, explique por qué la corriente depende de la intensidad de la fuente de luz pero no de su frecuencia.
6. ¿Por qué la existencia de una frecuencia umbral en el efecto fotoeléctrico favorece la teoría corpuscular de la luz sobre la ondulatoria?
7. Es la luz una onda o una partícula? Justifique su respuesta citando pruebas experimentales.
8. ¿Es un electrón una onda o una partícula? Justifique su respuesta citando pruebas experimentales.
9. Supongamos que se toma una fotografía de la cara de una persona utilizando sólo unos pocos fotones. ¿Sería el resultado una imagen débil de la cara? Explique la respuesta.
10. ¿Qué tiene mayor energía, un fotón ultravioleta o un fotón de luz amarilla?
11. La estrella más brillante de la constelación de Lira es la estrella azulada Vega, y la estrella más brillante de Bootes es la estrella rojiza Arturo. ¿Cómo puede explicarse la diferencia de coloración entre ambas estrellas?
12. Un fotón de rayos X es dispersado por un electrón. ¿Qué le sucede a la frecuencia del fotón dispersado respecto a la del fotón incidente?
13. Utilizando la ley del desplazamiento de Wien, estime la longitud de onda de mayor intensidad emitida por un cuerpo humano. Utilizando esta información, explique por qué un detector de infrarrojos sería una alarma efectiva.
14. ¿Por qué la difracción de electrones de Davisson-Germer constituyó un experimento fundamental?
15. ¿Cuál es el significado de la función de onda ψ?
16. En el caso de una partícula en una caja, la densidad de probabilidad en determinados puntos es cero (figura 10.21). ¿Quiere esto decir que la partícula no puede moverse a través de dichos puntos? Justifique la respuesta.
17. ¿Qué es la ecuación de Schrödinger? ¿Por qué resulta útil para describir fenómenos atómicos?
18. Si se observa el efecto fotoeléctrico para un metal, ¿puede deducirse que dicho efecto se observará también para otro metal bajo las mismas condiciones? Justifique su respuesta.

PROBLEMAS

1, 2, 3 = fácil, intermedio, difícil   web = solución publicada en **http://www.harcourtcollege.com/physics/**

= se recomienda el uso de computadora para la resolución del problema

= problemas numérico/simbólico emparejados   = aplicaciones biomédicas

Sección 10.1 Radiación de cuerpo negro y la teoría de Planck

1. (a) Suponiendo que el filamento de tungsteno de una lámpara es un cuerpo negro de temperatura 2 900 K, determine la longitud de onda a la que irradia con mayor intensidad. (b) ¿Por qué sugiere la respuesta del inciso (a) que la mayor parte de la energía de la lámpara se convierte en radiación infrarroja en vez de luz visible?
2. El radio del Sol es de 6.96×10^{8} m, y su potencia total emitida es de 3.77×10^{26} W. (a) Suponiendo que la superficie solar emite como un cuerpo negro, calcule la temperatura de dicha superficie. (b) Utilizando el resultado del inciso (a), calcule $\lambda_{\text{máx}}$ para el Sol.
3. Calcule la energía en electrón-volts de un fotón cuya frecuencia es (a) 620 THz, (b) 3.10 GHz, (c) 46.0 MHz. (d) Determine la longitud de onda correspondiente a cada uno de estos fotones, y la clasificación de cada uno de ellos en el espectro electromagnético.
4. El umbral promedio de visión nocturna (visión escotópica) es de 4.00×10^{-11} W/m^2 con una longitud de onda central de 500 nm. Si un haz de luz de esta intensidad y longitud de onda entra en el ojo y la pupila se encuentra abierta hasta su diámetro máximo de 8.50 mm, ¿cuántos fotones por segundo entran en el ojo?
5. Un transmisor de radio de FM tiene una potencia de emisión de 150 kW y funciona a una frecuencia de 99.7 MHz. ¿Cuántos fotones por segundo emite el transmisor?

6. Un péndulo simple tiene una longitud de 1.00 m y una masa de 1.00 kg. La amplitud de oscilación del péndulo es de 3.00 cm. Estime el número cuántico del péndulo.

Sección 10.2 Efecto fotoeléctrico

7. El molibdeno tiene una función de trabajo de 4.20 eV. (a) Calcule la longitud de onda umbral y la frecuencia de onda umbral para el efecto fotoeléctrico. (b) ¿Cuál es el potencial de frenado si la luz incidente tiene una longitud de onda de 180 nm?

8. Se emiten electrones desde una superficie metálica con velocidades de hasta 4.60×10^5 m/s cuando incide sobre la superficie un rayo luminoso de longitud de onda 625 nm. (a) ¿Cuál es la función de trabajo de la superficie? (b) ¿Cuál es la frecuencia umbral de la superficie?

9. Se utilizan dos fuentes luminosas en un experimento fotoeléctrico para determinar la función de trabajo de una superficie de metal determinada. Cuando se utiliza luz verde de una lámpara de mercurio ($\lambda = 546.1$ nm), un potencial de frenado de 0.376 V reduce la corriente de fotoelectrones a cero. (a) Basándose en esta medida, ¿cuál es la función de trabajo de este metal? (b) ¿Qué potencial de frenado es necesario cuando se usa luz amarilla procedente de una lámpara de descarga de helio ($\lambda = 587.5$ nm)?

10. A partir de la dispersión de la luz solar, Thomson calculó el valor del radio clásico del electrón, 2.82×10^{-15} m. Supongamos que luz solar de intensidad 500 W/m^2 incide sobre un disco de este radio. Calcule el tiempo necesario para acumular una energía de 1.00 eV. Suponga que la luz es una onda clásica y que es completamente absorbida por el disco. ¿Cómo se compara este resultado con la observación de que los fotoelectrones son emitidos rápidamente (en menos de 10^{-9} s)?

11. **Problema de repaso.** Una esfera aislada de cobre de radio 5.00 cm, inicialmente descargada, se ilumina con luz ultravioleta de longitud de onda 200 nm. ¿Qué carga inducirá el efecto fotoeléctrico en la esfera? La función de trabajo del cobre es de 4.70 eV.

Sección 10.3 Efecto Compton

12. Calcule la energía y momento lineal de un fotón de longitud de onda 700 nm.

13. Rayos X de energía 300 keV sufren dispersión de Compton por un blanco. Los rayos dispersados se detectan a 37.0° respecto a los rayos incidentes. Calcule (a) el desplazamiento Compton para este ángulo, (b) la energía de los rayos X dispersados y (c) la energía del electrón en retroceso.

14. Un fotón de longitud de onda de 0.110 nm choca con un electrón en repaso. Tras la colisión, el electrón se mueve hacia delante y el fotón retrocede siguiendo la misma trayectoria por la que llegó. Calcule el momento lineal y la energía cinética del electrón.

15. web Un fotón de longitud de onda de 0.001 60 nm es dispersado por un electrón libre. ¿Para qué valor del ángulo de dispersión del fotón tiene el electrón una energía cinética igual a la del fotón dispersado?

16. Después de que un fotón de rayos X de longitud de onda 0.800 nm es dispersado por un electrón libre, el electrón retrocede a 1.40×10^6 m/s. (a) ¿Cuál fue el desplazamiento Compton en la longitud de onda del fotón? (b) ¿Cuál fue el ángulo de dispersión del fotón?

Sección 10.4 Fotones y ondas electromagnéticas
Sección 10.5 Propiedades ondulatorias de las partículas

17. Calcule la longitud de onda de De Broglie de un protón que se mueve con rapidez 1.00×10^6 m/s.

18. (a) Un electrón tiene una energía cinética de 3.00 eV. Calcule su longitud de onda. (b) Un fotón tiene una energía cinética de 3.00 eV. Calcule su longitud de onda.

19. En el experimento de Davisson-Germer se difractaban electrones con energía de 54.0 eV utilizando un cristal de níquel. Si el primer máximo en el patrón de difracción se observó en $\phi = 50.0°$ (figura P10.19), ¿cuál es la separación a de la rejilla?

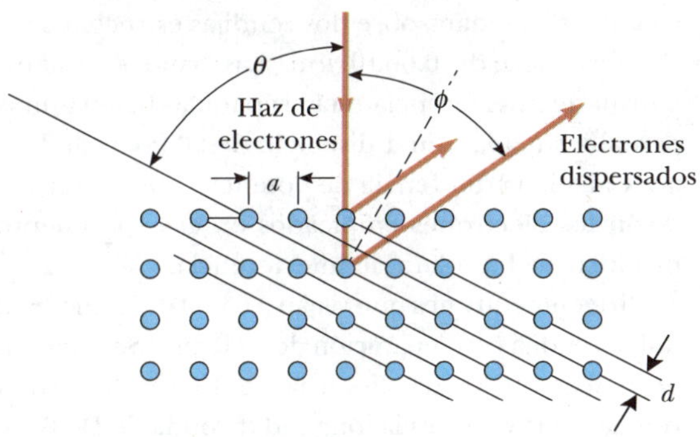

Figura P10.19

20. Después de oír hablar sobre la hipótesis de De Broglie acerca de que las partículas de momento p tienen características ondulatorias y longitud de onda $\lambda = h/p$, un estudiante se encuentra preocupado por la posibilidad de ser difractado al cruzar el umbral de una puerta de 75.0 cm de ancho. Suponga que se produce una difracción apreciable cuando la apertura tiene una anchura menor que 10.0 veces la longitud de onda de la onda difractada. (a) Calcule la rapidez máxima a la que puede el estudiante cruzar la puerta y ser difractado de forma apreciable. (b) Con esa rapidez, ¿cuánto tiempo llevaría al estudiante cruzar el umbral si éste tiene 15.0 cm de espesor? Compare este resultado con la edad actualmente aceptada para el Universo, de unos 4×10^{17} s. (c) ¿Debería este estudiante estar preocupado por la posibilidad de ser difractado?

21. web El núcleo de un átomo tiene un diámetro del orden de 10^{-14} m. Para que un electrón esté confinado en el interior de un núcleo, su longitud de onda de De Broglie tendría que ser de este orden de magnitud o menor. (a) ¿Cuál tendría que ser la energía cinética del electrón confinado en dicha región? (b) A partir de este resultado, ¿es plausible esperar encontrar un electrón en el interior de un núcleo? Justifique la respuesta.

22. Robert Hofstadter ganó el premio Nobel de Física en 1961 por su trabajo pionero sobre la dispersión de electrones de 20 GeV por núcleos. (a) ¿Cuál es el factor gamma de un electrón de 20.0 GeV, donde $\gamma = (1 - v^2/c^2)^{-1/2}$? (b) ¿Cuál es el momento lineal del electrón en kg · m/s? (c) ¿Cuál es la longitud de onda de un electrón de 20.0 GeV, y cómo es su tamaño comparado con el del núcleo?

Sección 10.6 La partícula cuántica

23. La energía total de una partícula cuántica que se mueve con rapidez v es $E = hf = \hbar\omega = \sqrt{p^2c^2 + m^2c^4}$ y el momento lineal es $p = h/\lambda = \hbar k = \gamma mv$. La rapidez de grupo de la función de onda que representa a la partícula es $v_g = d\omega/dk$. Demuestre que la rapidez de grupo de la función de onda es la misma que la rapidez de la partícula.

Sección 10.7 Una revisión del experimento de la doble rendija

24. Un osciloscopio modificado se utiliza para realizar un experimento de interferencia de electrones. Se hace que electrones incidan sobre dos rendijas estrechas separadas una distancia de 0.0600 μm. Las bandas brillantes del patrón de interferencia están separadas 0.400 mm en una pantalla situada a una distancia de 20.0 cm de las rendijas. Calcule la diferencia de potencial con la que se aceleraron los electrones empleados en el experimento para producir dicha figura de interferencia.

25. Se dirigen neutrones que viajan a 0.400 m/s a través de una doble rendija con separación de 1.00 mm. Se sitúa una serie de detectores a una distancia de 10.0 m a partir de las rendijas. (a) ¿Cuál es la longitud de onda de De Broglie de los neutrones? (b) ¿A qué distancia del eje está el primer punto de intensidad nula en los detectores? (c) Cuando un neutrón alcanza un detector, ¿podemos determinar a través de cuál de las dos rendijas pasó? Justifique la respuesta.

26. El poder de resolución de un microscopio depende de la longitud de onda empleada. Si se desea "ver" un átomo, se requiere una resolución de aproximadamente 1.00×10^{-11} m. (a) Si se utilizan electrones (en un microscopio electrónico), ¿cuál es la energía cinética mínima de los electrones? (b) Si se utilizan fotones, ¿cuál es la energía mínima de los fotones para obtener la misma resolución?

Sección 10.8 Principio de incertidumbre

27. Un electrón ($m_e = 9 \cdot 11{\times}10^{-31}$ kg) y una bala ($m = 0.0200$ kg) tienen ambos una velocidad de 500 m/s, con una precisión relativa del 0.0100%. ¿Dentro de qué límites podemos establecer la posición de cada objeto a lo largo de la dirección de la velocidad?

28. Supongamos que Fuzzy, un pato cuántico, vive en un mundo en el que $h = 2\pi$ J·s. Fuzzy tiene una masa de 2.00 kg y se conoce que, inicialmente, está nadando en una charca de 1.00 m de ancho. (a) ¿Cuál es la incertidumbre mínima en la componente de su velocidad paralela a la anchura de la charca? (b) Suponiendo que dicha incertidumbre en su velocidad se mantiene durante 5.00 s, calcule la incertidumbre en su posición a lo largo de la anchura de la charca transcurrido este tiempo.

29. Se utiliza un rifle de aire comprimido para disparar partículas de 1.00 g de masa a una velocidad de 100 m/s a través de un agujero de 2.00 mm de diámetro. ¿A qué distancia del rifle debe encontrarse un observador para ver el haz de partículas ocupando un diámetro de 1.00 cm debido al principio de incertidumbre? Compare el resultado con el diámetro del Universo visible (2×10^{26} m).

30. Un mesón π^0 es una partícula inestable producida en colisiones de partículas de alta energía. Su energía en reposo es de aproximadamente 135 MeV, y existe durante un tiempo promedio de sólo 8.70×10^{-17} s antes de desintegrarse en dos rayos gamma. Utilizando el principio de incertidumbre, calcule la incertidumbre relativa en su masa, $\Delta m/m$.

31. Una mujer sobre una escalera deja caer pequeñas esferas de plomo hacia un punto determinado del suelo. (a) Demuestre que, de acuerdo con el principio de incertidumbre, la distancia promedio por la que falla el objetivo debe ser al menos

$$\Delta x_f = (2\hbar/m)^{1/2}(2H/g)^{1/4}$$

donde H es la altura inicial de cada esfera sobre el suelo y m es la masa de cada esfera. Suponga que la distancia de separación de cada punto de impacto viene dada por $\Delta x_f = \Delta x_i + (\Delta v_x)t$. (b) Si $H = 2.00$ m y $m = 0.500$ g, ¿cuál es el valor de Δx_f?

Sección 10.9 Una interpretación de la mecánica cuántica

32. La función de onda de una partícula es

$$\psi(x) = \sqrt{\frac{a}{\pi(x^2 + a^2)}}$$

para $a > 0$ y $-\infty < x < +\infty$. Calcule la probabilidad de que la partícula se encuentre entre $x = -a$ y $x = +a$.

33. Un electrón libre tiene una función de onda

$$\psi(x) = A\,\text{sen}(5.00 \times 10^{10}\, x)$$

donde x está en metros. Calcule (a) la longitud de onda de De Broglie, (b) el momento lineal y (c) la energía cinética en electrón-volts.

Sección 10.10 Una partícula en una caja

Sección 10.11 Partículas cuánticas bajo condiciones de frontera

34. Un electrón de aproximadamente 6 eV de energía se mueve entre dos paredes rígidas separadas 1.00 nm. Calcule (a) el número cuántico n del nivel energético que ocupa el electrón y (b) la energía exacta del electrón.

35. web Un electrón se encuentra en el interior de una caja unidimensional de 0.100 nm de anchura. (a) Realice un diagrama de niveles de energía del electrón hasta el nivel $n = 4$. (b) Calcule las longitudes de onda de todos los foto-

nes que pueden ser emitidos por el electrón al realizar transiciones espontáneas que lo llevaran paso a paso desde el estado $n = 4$ hasta $n = 1$.

36. La energía potencial nuclear que mantiene a los neutrones y protones en el interior del núcleo suele aproximarse como un pozo cuadrado. Imagine un protón confinado en un pozo de potencial cuadrado infinito de 10.0 fm de anchura , el diámetro típico de un núcleo. Calcule la longitud de onda y la energía asociadas al fotón emitido cuando el protón pasa del estado $n = 2$ al estado base. ¿En qué región del espectro electromagnético se encuentra esta longitud de onda?

37. Una partícula en un pozo cuadrado infinito tiene una función de onda dada por la expresión

$$\psi_2(x) = \sqrt{\frac{2}{L}}\,\text{sen}\left(\frac{2\pi x}{L}\right)$$

para $0 \leq x \leq L$ y nula en el resto del espacio. (a) Calcule el valor esperado de x. (b) Calcule la probabilidad de encontrar la partícula cerca de $L/2$ calculando la probabilidad de que la partícula se encuentre en el intervalo $0.490\,L \leq x \leq 0.510\,L$. (c) Calcule la probabilidad de encontrar a la partícula cerca de $L/4$, calculando la probabilidad de que la partícula se encuentre en el intervalo $0.240\,L \leq x \leq 0.260\,L$. (d) Justifique razonadamente que no existe contradicción entre los resultados de los incisos (a) y (b).

38. La función de onda de una partícula confinada a moverse en el interior de una caja unidimensional es

$$\psi(x) = A\,\text{sen}\left(\frac{n\pi x}{L}\right)$$

Utilice la condición de normalización en y para demostrar que

$$A = \sqrt{\frac{2}{L}}$$

Sugerencia: Puesto que la caja tiene una anchura L, la función de onda es cero para $x < 0$ y $x > L$, de modo que la condición de normalización (ecuación 10.22) se reduce a

$$\int_0^L |\psi|^2\,dx = 1$$

39. La función de onda de un electrón es

$$\psi_2(x) = \sqrt{\frac{2}{L}}\,\text{sen}\left(\frac{2\pi x}{L}\right)$$

Calcule la probabilidad de encontrar el electrón entre $x = 0$ y $x = L/4$.

Sección 10.12 Ecuación de Schrödinger

40. La función de onda de una partícula viene dada por

$$\psi(x) = A\cos(kx) + B\,\text{sen}(kx)$$

donde A, B y C son constantes. Demuestre que ψ es una solución a la ecuación de Schrödinger (ecuación 10.30) suponiendo que se trata de una partícula libre ($U = 0$) y calcule la energía correspondiente E de la partícula.

41. Demuestre que la función de onda $\psi = Ae^{i(kx-\omega t)}$ es una solución de la ecuación de Schrödinger (ecuación 10.30), donde $k = 2\pi/\lambda$ y $U = 0$.

42. Demuestre que el primer término de la ecuación de Schrödinger, $-(\hbar^2/2m)(d^2\psi/dx^2)$ no es más que la energía cinética de la partícula multiplicada por la función de onda (a) para una partícula libre, con función de onda dada por la ecuación 10.20, y (b) para una partícula en una caja, con función de onda dada por la ecuación 10.28.

43. Una partícula de masa m se mueve en el interior de una caja de anchura $2L$. Su energía potencial es infinita para $x < -L$ y $x > +L$. Dentro de la región $-L < x < L$, su energía potencial viene dada por

$$U(x) = \frac{-\hbar^2 x^2}{mL^2(L^2 - x^2)}$$

Además, la partícula se encuentra en un estado estacionario descrito por la función de onda $\psi(x) = A(1 - x^2/L^2)$ entre $-L < x < +L$, y $\psi(x) = 0$ en el resto del eje x. (a) Calcule la energía de la partícula en términos de $\hbar$, m, y L. (*Sugerencia:* Utilice la ecuación de Schrödinger, ecuación 10.30). (b) Demuestre que $A = (15/16L)^{1/2}$. (c) Calcule la probabilidad de encontrar a la partícula entre $x = -L/3$ y $x = +L/3$.

Sección 10.13 Efecto túnel a través de una barrera de energía potencial

44. Un electrón de energía total $E = 4.50$ eV alcanza una barrera de energía cuadrada con $U = 5.00$ eV y $L = 950$ pm como se muestra en la figura P10.44. Clásicamente, el electrón no puede atravesar la barrera puesto que $E < U$. Sin embargo, en mecánica cuántica la probabilidad de que se produzca el efecto túnel es distinta de cero. Calcule dicha probabilidad, que es el coeficiente de transmisión.

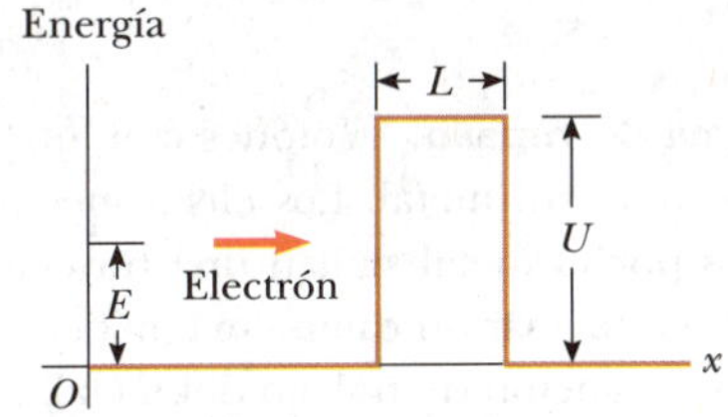

Figura P10.44 Problemas 44 y 45.

45. Un electrón con energía cinética $E = 5.00$ eV incide sobre una barrera de espesor $L = 0.200$ nm y altura $U = 10.0$ eV (figura P10.44). ¿Cuál es la probabilidad de que el electrón (a) atraviese la barrera, (b) sea reflejado?

Sección 10.14 Relación con el contexto. La temperatura cósmica

Los problemas 11, 12 y 53 del capítulo 6 pueden resolverse en esta sección.

46. **Problema de repaso.** Una estrella que se aleja de la Tierra con una velocidad $0.280c$ emite radiación de intensidad máxima alrededor de la longitud de onda 500 nm. Calcule la temperatura de la superficie de la estrella. (*Sugerencia:* Vea la sección 6.3 sobre el efecto Doppler para la luz.)

47. La radiación cósmica de fondo es una radiación de cuerpo negro de temperatura 2.73 K. (a) Calcule la longitud de onda para la que dicha radiación presenta intensidad máxima. (b) ¿En qué parte del espectro electromagnético se encuentra el máximo de dicha distribución?

48. Calcule la intensidad de la radiación cósmica de fondo emitida por la bola de fuego de la Gran Explosión a una temperatura de 2.73 K.

Problemas adicionales

49. La figura P10.49 muestra el potencial de frenado en función de la frecuencia de fotones incidentes para el efecto fotoeléctrico del sodio. Utilice la gráfica para calcular (a) la función de trabajo, (b) el cociente h/e y (c) la frecuencia umbral. Los datos han sido tomados de R. A. Millikan, *Phys. Rev.* **7**:362, 1916.

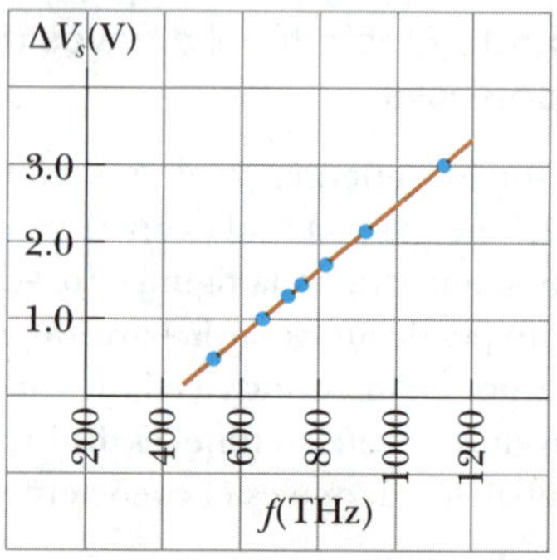

Figura P10.49

50. **Problema de repaso.** Fotones con longitud de onda λ inciden sobre un metal. Los electrones más energéticos emitidos por el metal siguen una trayectoria circular de radio R al atravesar un campo magnético de intensidad B. ¿Cuál es la función de trabajo del metal?

51. web La siguiente tabla muestra datos obtenidos en un experimento fotoeléctrico. (a) Utilizando estos datos, realice una gráfica similar a la figura 10.8 que tenga forma de línea recta. A partir de la gráfica, calcule (b) un valor experimental de la constante de Planck (en J · s) y (c) la función de trabajo de la superficie (en eV). (Son suficientes dos cifras significativas en cada respuesta.)

Longitud de onda (nm)	Energía cinética máxima de los fotoelectrones (eV)
588	0.67
505	0.98
445	1.35
399	1.63

52. Demuestre que la rapidez de una partícula con longitud de onda de De Broglie λ y longitud de onda de Compton $\lambda_C = h/(mc)$ es

$$v = \frac{c}{\sqrt{1 + (\lambda/\lambda_C)^2}}$$

53. El neutrón tiene una masa de 1.67×10^{-27} kg. Los neutrones emitidos en las reacciones nucleares pueden frenarse mediante colisiones con materia. Después que llegan al equilibrio térmico con su entorno, suelen denominarse neutrones térmicos. La energía cinética promedio $(3k_BT/2)$ de un neutrón térmico es de aproximadamente 0.04 eV. Calcule la longitud de onda de De Broglie de un neutrón con energía cinética 0.040 0 eV. ¿Cómo es, comparada con la distancia típica entre átomos en un cristal? ¿Esperaría que los neutrones térmicos sufran efectos de difracción al ser dispersados por un cristal?

54. Una partícula de 2.00×10^{-28} kg de masa está confinada en una caja unidimensional de 1.00×10^{-10} m de anchura . Para $n = 1$, ¿cuál es el valor de (a) la longitud de onda de la partícula y (b) la energía del estado base?

55. web Un electrón está representado por la función de onda independiente del tiempo

$$\psi(x) = \begin{cases} Ae^{-\alpha x} & \text{para } x > 0 \\ Ae^{+\alpha x} & \text{para } x < 0 \end{cases}$$

(a) Realice una gráfica aproximada de la función de onda en función de x. (b) Estime la probabilidad de encontrar al electrón entre x y $x + dx$. (c) Argumente razonadamente que esta función de onda es físicamente razonable. (d) Normalice la función de onda. (e) Determine la probabilidad de encontrar al electrón en el intervalo

$$x_1 = -\frac{1}{2\alpha} \quad \text{hasta} \quad x_2 = \frac{1}{2\alpha}$$

56. Se hacen incidir partículas procedentes de la izquierda sobre un escalón de energía potencial como el mostrado en la figura P10.56. El escalón tiene una altura U, y las partículas tienen energía $E > U$. Clásicamente, esperaríamos que todas las partículas atravesaran el escalón, si bien con rapidez más reducida. Sin embargo, de acuerdo con la mecánica cuántica, una fracción de las partículas serán reflejadas por el escalón. (a) Demuestre que el coeficiente de reflexión en este caso es

$$R = \frac{(k_1 - k_2)^2}{(k_1 + k_2)^2}$$

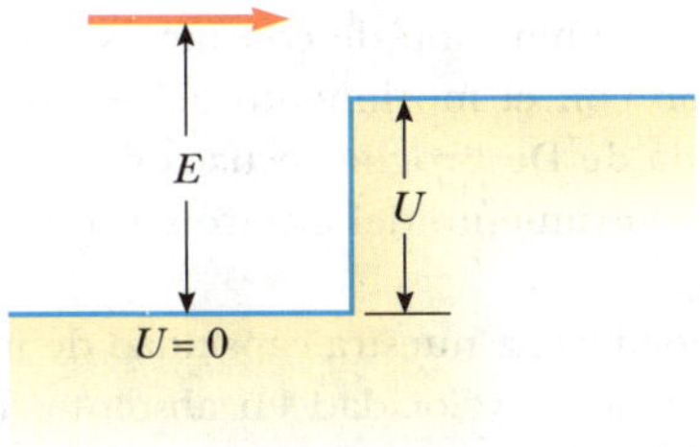

Figura P10.56

donde $k_1 = 2\pi/\lambda_1$ y $k_2 = 2\pi/\lambda_2$ son los números de onda de las partículas incidente y transmitida. Realice el siguiente proceso: Demuestre que la función de onda $\psi_{\text{I}} = A \cos k_1 x + B \cos(-k_1 x)$ satisface la ecuación de Schrödinger en la región 1 donde $x < 0$. En este caso, $A \cos k_1 x$ representa al haz incidente y $B \cos(-k_1 x)$ representa al haz reflejado. Demuestre que $\psi_{\text{II}} = C \cos k_2 x$ satisface la ecuación de Schrödinger en la región 2, para $x > 0$. Imponga las condiciones de frontera $\psi_1 = \psi_2$ y $d\psi_1/dx = d\psi_2/dx$ en $x = 0$, para encontrar la relación entre B y A. A continuación evalúe $R = B^2/A^2$. (b) Una partícula de energía cinética $E = 7.00$ eV incide desde una región en la que la energía potencial es cero sobre una región en la que $U = 5.00$ eV. Calcule la probabilidad de que la partícula sea reflejada y la probabilidad de que sea transmitida.

57. El truco favorito de Juanito Saltarín es saltar desde su ventana del piso 16 y caer 50.0 m hasta una piscina. Un reportero toma una fotografía de Johnny, de 75.0 kg, justo antes de caer en la piscina, utilizando un tiempo de exposición de 5.00 ms. Calcule (a) la longitud de onda de De Broglie de Johnny en ese momento, (b) la incertidumbre en la medida de su energía cinética durante dicho periodo y (c) el error relativo de dicha incertidumbre.

58. El valor esperado de una determinada magnitud física $f(x)$ asociado con una partícula de función de onda $\psi(x)$ se define como

$$\langle f(x) \rangle = \int_{-\infty}^{\infty} f(x) |\psi|^2 \, dx$$

En el caso de una partícula en una caja unidimensional que se extiende de $x = 0$ hasta $x = L$, demuestre que

$$\langle x^2 \rangle = \frac{L^2}{3} - \frac{L^2}{2n^2\pi^2}$$

59. Una partícula tiene como función de onda

$$\psi(x) = \begin{cases} \sqrt{\dfrac{2}{a}}\, e^{-x/a} & \text{para } x > 0 \\ 0 & \text{para } x < 0 \end{cases}$$

(a) Calcule y dibuje gráficamente la densidad de probabilidad. (b) Calcule la probabilidad de encontrar a la partícula en la región $x < 0$. (c) Demuestre que ψ está normalizada y calcule la probabilidad de encontrar la partícula entre $x = 0$ y $x = a$.

(*ROSE IS ROSE utilizado con autorización de United Feature Syndicate, Inc.*)

RESPUESTAS A LAS PREGUNTAS RÁPIDAS

10.1 No. La "negrura" de un cuerpo negro se refiere a su propiedad ideal de absorber toda la radiación que incide sobre él. Si un objeto a temperatura ambiente absorbe toda la radiación, decimos que es negro (en el espectro visible). Sin embargo, el color negro se debe al hecho de que nuestros ojos sólo son sensibles a la luz visible. Si pudiéramos detectar la radiación infrarroja con los ojos, veríamos que el objeto emite radiación. Si se eleva la temperatura de un cuerpo negro, la ley de Wien y la ley de Stefan indican que se emitirá suficiente radiación en la región visible del espectro para que el objeto brille visiblemente. Por tanto, el cuerpo negro podría tener color rojo, blanco o azul, dependiendo de su temperatura.

10.2 Todos los objetos irradian energía, pero a temperatura ambiente dicha energía se emite principalmente en la región infrarroja del espectro electromagnético, que nuestros ojos no pueden detectar. Algunas serpientes tienen una membrana sobre los ojos que es sensible a la radiación infrarroja. Por tanto, pueden encontrar a sus presas en lo que nosotros consideraríamos oscuridad total.

10.3 Radio AM, radio FM, microondas, luz de sodio. El orden de la energía de los fotones será el mismo que el orden de la frecuencia. Observe la figura 6.13, en la que se muestra una representación gráfica de la radiación electromagnética en orden de frecuencia.

10.4 No. La mayor parte de los metales tienen una frecuencia umbral en la región visible del espectro electromagnético. Los fotones de radio AM tienen una energía demasiado pequeña para poder arrancar electrones del metal.

10.5 La física clásica predice que la luz de suficiente intensidad arrancará electrones, independientemente de la frecuencia y sin la existencia de ninguna frecuencia umbral. Además, una mayor intensidad producirá una energía cinética máxima mayor de los electrones, y se producirá un retraso en la emisión de los electrones para intensidades pequeñas. Por tanto, la predicción clásica (que no concuerda con los experimentos) produce una gráfica de este tipo:

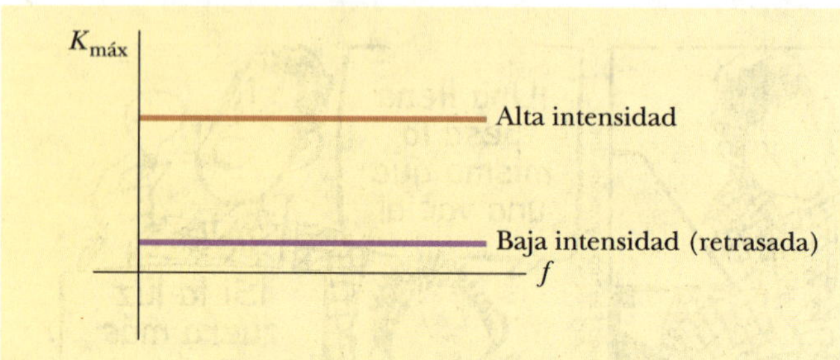

Figura RPR10.5

10.6 (c). De acuerdo con la ecuación 10.10, dos partículas con la misma longitud de onda de De Broglie tendrán el mismo momento lineal $p = mv$. Si el electrón y el protón tienen el mismo momento lineal, no pueden tener la misma rapidez (a) puesto que tienen masas diferentes. Por la misma razón, recordando que $K = p^2/2m$, no pueden tener la misma energía cinética (b). Puesto que la energía cinética es el único tipo de energía que puede tener una partícula y hemos demostrado que ambas tienen energías cinéticas distintas, la ecuación 10.11 indica que las partículas no tienen la misma frecuencia (d).

10.7 (b) La longitud de onda de Compton (ecuación 10.9) es una combinación de constantes y no tiene ninguna relación con el movimiento del electrón. La longitud de onda de De Broglie (ecuación 10.10) está asociada con el movimiento del electrón a través de su momento lineal.

10.8 Esto no afecta a nuestra capacidad de medir la componente y de su velocidad en absoluto. El principio de incertidumbre relaciona la incertidumbre en la medida de la posición y la velocidad sobre el mismo eje. La incertidumbre nula en la posición sobre el eje x produce una incertidumbre infinita en la componente x de su velocidad, pero no tiene relación con la componente y.

10.9 Clásicamente, esperaríamos que la partícula rebotara de un lado a otro entre ambas paredes a rapidez constante. Por tanto, la probabilidad de encontrar la partícula en cualquier punto es la misma. La gráfica de densidad de probabilidad en función de x sería por tanto una línea recta, con un área total bajo la curva igual a uno:

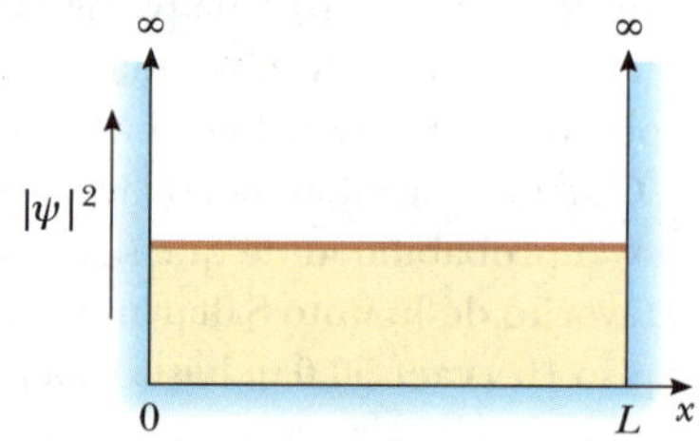

Figura RPR10.9

10.10 (c). De acuerdo con la ecuación 10.29, si la longitud L aumenta, todas las energías cuantizadas se harán más pequeñas. Por tanto, los niveles de energía se acercan unos a otros. Si L se hace macroscópica, los niveles de energía están tan próximos que no se observa un comportamiento cuantizado.

10.11 El movimiento del origen no afecta a la forma de las funciones de onda. La solución general de la ecuación 10.31 sigue siendo $\psi(x) = A \operatorname{sen} kx + B \cos kx$. En la figura 10.21a, considere las funciones de onda para $n = 1$, 2 y 3 con $x = 0$ en el punto medio. Si n es impar, la forma de la curva es una función coseno —tiene un máximo en $x = 0$. Si n es par, la función es un seno— tiene valor nulo en $x = 0$. Por tanto, el equivalente de la ecuación 10.35 es

$$\psi(x) = \begin{cases} \sqrt{\dfrac{2}{L}} \cos\left(\dfrac{n\pi x}{L}\right) & \text{(impar } n\text{)} \\ \sqrt{\dfrac{2}{L}} \operatorname{sen}\left(\dfrac{n\pi x}{L}\right) & \text{(par } n\text{)} \end{cases}$$

capítulo

11

Un profesor, dando clase con la ayuda de la tabla periódica, apunta hacia uno de los elementos. La tabla periódica es uno de los triunfos de la física cuántica aplicada a sistemas atómicos. *(Charles D. Winters)*

Física atómica

contenido del capítulo

En el capítulo 10 introdujimos algunos de los conceptos y técnicas básicos utilizados en la física cuántica, así como sus aplicaciones a varios sistemas simples. Este capítulo describe la aplicación de la física cuántica a modelos estructurales del átomo más complejos que los que hemos estudiado anteriormente.

Una gran parte de este capítulo se dedica al estudio del átomo de hidrógeno desde el punto de vista de la física cuántica. En el capítulo 11 del volumen I hemos estudiado el átomo de hidrógeno utilizando la aproximación semiclásica de Bohr. En este capítulo, analizaremos el átomo de hidrógeno con un modelo puramente cuántico. Aunque el átomo de hidrógeno es el sistema atómico más simple posible, es muy importante entenderlo, por varias razones:

- Mucho de lo que aprendamos sobre el átomo de hidrógeno, con su único electrón, puede aplicarse a los iones con sólo un electrón como el He^+ y Li^{2+}.
- El átomo de hidrógeno es un sistema ideal para la realización de comparaciones precisas de la teoría y el experimento, y para mejorar nuestro entendimiento global acerca de la estructura atómica.
- Los números cuánticos empleados para caracterizar los estados permitidos del hidrógeno pueden utilizarse para describir cualitativamente los estados permitidos de átomos más complejos. Esta caracterización nos permi-

te entender la tabla periódica de los elementos, que es uno de los grandes triunfos de la física cuántica.

- Las ideas básicas sobre la estructura atómica deben ser bien comprendidas antes de tratar las complejidades de las estructuras moleculares y la estructura electrónica de los sólidos.

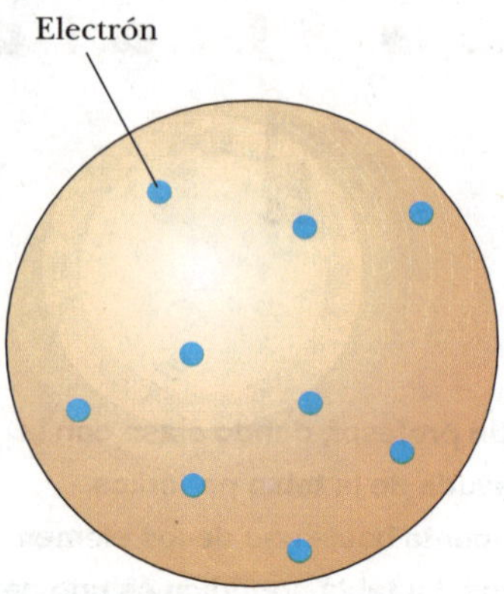

Figura 11.1

Modelo de Thomson del átomo, con los electrones dsitribuidos en el interior de la carga positiva como semillas dentro de una sandía.

11.1 • PRIMEROS MODELOS ESTRUCTURALES DEL ÁTOMO

El modelo estructural del átomo en tiempos de Newton describía el átomo simplemente como una esfera minúscula, dura e indestructible: un modelo corpuscular que negaba cualquier estructura interna del átomo. Aunque este modelo era una buena base para la teoría cinética de los gases (capítulo 16 del volumen I), se hizo necesario desarrollar nuevos modelos estructurales cuando los experimentos posteriores revelaron la naturaleza eléctrica de los átomos. J. J. Thomson sugirió un modelo estructural que describe al átomo como un volumen continuo de carga positiva, con electrones distribuidos en su interior, de forma parecida a las semillas de una sandía (figura 11.1).

En 1911, Ernest Rutherford y sus estudiantes Hans Geiger y Ernst Marsden realizaron un experimento crítico que demostró que el modelo de Thomson no podía ser correcto. En dicho experimento, bombardearon una fina lámina metálica con un haz de partículas alfa, de carga positiva, como se muestra en la figura 11.2a. La mayor parte de las partículas atravesaron la lámina como si ésta no estuviera allí, lo cual es consistente con el modelo de Thomson. Sin embargo, algunos de los resultados del experimento eran sorprendentes: muchas partículas alfa eran desviadas de su trayectoria original en ángulos muy grandes. Otras eran incluso reflejadas hacia atrás, invirtiendo su dirección de movimiento. Cuando Geiger informó a Rutherford de estos resultados, Rutherford escribió: "Era el suceso más increíble que ha ocurrido en mi vida. Era casi tan increíble como disparar una bala de cañon de 40 cm a un pañuelo de papel y que rebotase y te golpeara".

Estas grandes desviaciones no podían ser explicadas utilizando el modelo de Thomson, según el cual una partícula alfa cargada positivamente nunca se acercaría lo suficiente a una concentración suficientemente grande de carga positiva

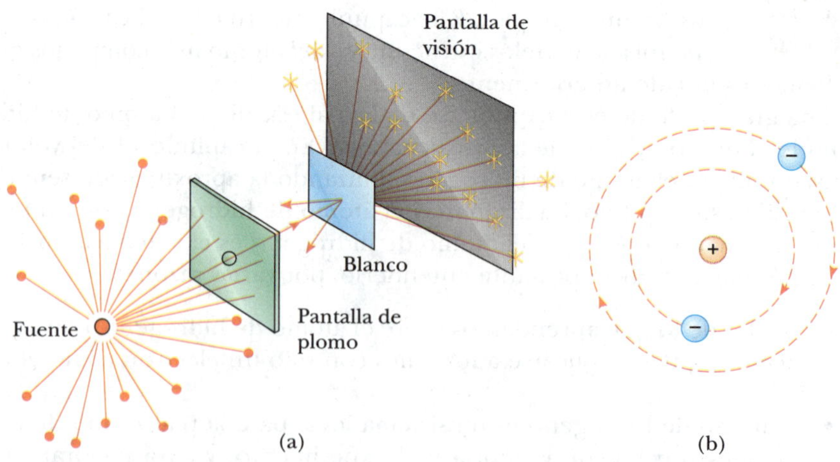

Figura 11.2

(a) Técnica de Rutherford para observar la dispersión de partículas alfa por una hoja metálica delgada. La fuente es una sustancia radiactiva natural, como el radio. (b) Modelo planetario del átomo de Rutherford.

como para producir desviaciones grandes. Rutherford explicó estos sorprendentes resultados con un nuevo modelo estructural: supuso que la carga positiva estaba concentrada en una región que era muy pequeña en comparación con el tamaño del átomo. A esta concentración de carga positiva le llamó el **núcleo** del átomo. Cualquiera de los electrones del átomo estaban en el exterior del núcleo. Para explicar por qué estos electrones no eran atraídos hacia el núcleo por la fuerza eléctrica atractiva, Rutherford supuso que los electrones se mueven en órbitas alrededor del núcleo de la misma manera que los planetas giran alrededor del Sol, como se observa en la figura 11.2b.

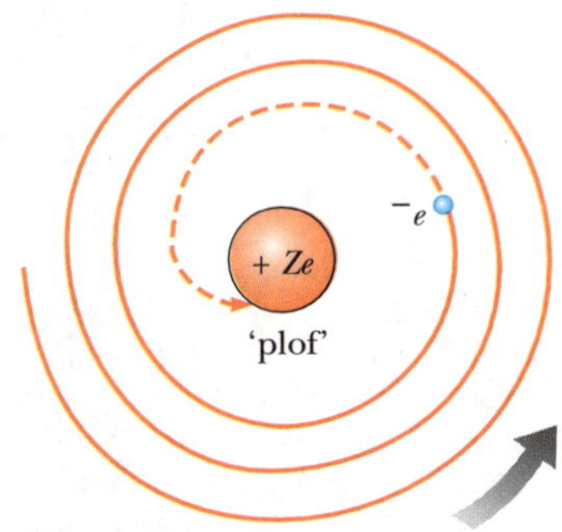

Figura 11.3

Predicción clásica de un átomo nuclear. Puesto que el electrón acelerado radia energía, la órbita se reduce hasta que el electrón cae en el núcleo.

Existen dos dificultades básicas con el modelo planetario de Rutherford. Como vimos en el capítulo 11 del volumen I, un átomo emite radiación electromagnética en ciertas frecuencias discretas características y no en otras; el modelo de Rutherford no es capaz de explicar este fenómeno. Una segunda dificultad es que los electrones de Rutherford experimentan una aceleración centrípeta. De acuerdo con las ecuaciones del electromagnetismo de Maxwell, una carga que gira con frecuencia f experimenta una aceleración centrípeta y por tanto debe emitir ondas electromagnéticas de frecuencia f. Desafortunadamente, este modelo clásico conduce al desastre al aplicarlo al átomo. Si el electrón radia energía del sistema electrón-protón, el radio de la órbita del electrón disminuye y su frecuencia aumenta. La energía se transfiere de forma continua hacia el exterior del sistema en forma de radiación electromagnética. Como resultado, la energía del sistema disminuye, lo que produce una disminución continua del radio de la órbita del electrón. Esta disminución de la energía total conduce a un aumento en la energía cinética del electrón,* un aumento continuo en la frecuencia de la radiación emitida y un rápido colapso del átomo cuando el electrón se precipita hacia el núcleo (figura 11.3).

¡El escenario estaba listo para Bohr! Para evitar las predicciones erróneas del átomo de Rutherford —los electrones precipitándose hacia el núcleo y la emisión continua de radiación de los elementos— Bohr postuló que la teoría clásica sobre la radiación no funciona para los sistemas de tamaño atómico. Superó el problema de un átomo que pierde energía continuamente aplicando las ideas de Planck sobre niveles de energía cuantizados para los electrones en sus órbitas. Así, como se estudió en la sección 11.5 del volumen I, Bohr supuso que los electrones de los átomos se encuentran generalmente restringidos a órbitas estables sin emisión de la radiación, denominadas estados estacionarios. Además, aplicó el concepto del fotón de Einstein para llegar a una expresión de la frecuencia de la radiación emitida cuando el átomo realiza una transición de un estado estacionario a otro.

Uno de los primeros indicios de que el modelo de Bohr necesitaba modificaciones apareció cuando se aplicaron técnicas espectroscópicas más sofisticadas para examinar las líneas espectrales del hidrógeno. Se observó que muchas de las líneas de las series de Balmer y otras no eran líneas únicas en absoluto. Al contrario, cada una era un grupo de líneas muy próximas. Apareció una dificultad adicional cuando se observó que, en algunas situaciones, algunas líneas espectrales únicas se dividían en tres líneas muy próximas cuando se situaba el átomo en un campo magnético intenso.

Los esfuerzos para explicar estas desviaciones del modelo de Bohr condujeron a mejoras en el modelo estructural del átomo. Uno de los cambios introducidos fue el concepto de que el electrón tiene un momento angular intrínseco denominado *espín*, que estudiamos en el capítulo 4 en donde consideramos la contribución del espín a las propiedades magnéticas de los materiales. Estudiaremos el espín con más detalle en este capítulo.

* Cuando un sistema orbital que interactúa a través de una fuerza que sigue la ley de la proporcionalidad respecto al inverso del cuadrado pierde energía, la energía cinética del objeto que gira aumenta, pero la energía potencial del sistema disminuye en una cantidad mayor, de modo que la variación de la energía total del sistema es negativa.

11.2 • UNA REVISIÓN DEL ÁTOMO DE HIDRÓGENO

Un tratamiento cuántico del átomo de hidrógeno requiere una solución a la ecuación de Schrödinger (ecuación 10.30), siendo U la energía potencial eléctrica del sistema electrón-protón. La solución analítica de la ecuación de Schrödinger aplicada al átomo de hidrógeno proporciona una descripción completa y hermosa de las propiedades del átomo. Sin embargo, los procedimientos matemáticos que proporcionan dicha solución están más allá del alcance de este libro, de modo que omitiremos los detalles. Se estudiarán las soluciones de algunos estados del átomo de hidrógeno, así como los números cuánticos utilizados para caracterizar los estados estacionarios permitidos. También discutiremos el significado físico de los números cuánticos.

Esbocemos los pasos necesarios para desarrollar un modelo estructural cuántico del átomo de hidrógeno. Aplicaremos el modelo de partícula cuántica bajo condiciones de frontera, resolviendo la ecuación de Schrödinger y aplicando a continuación las condiciones de frontera a la solución, para determinar las funciones de onda permitidas y las energías del átomo. En el caso de una partícula en una caja unidimensional del capítulo 10, vimos que la imposición de condiciones de frontera generaba la aparición de un número cuántico. Para el sistema tridimensional del átomo de hidrógeno, cada dimensión introduce un número cuántico, de modo que el modelo generará tres números cuánticos diferentes. También encontraremos la necesidad de introducir un cuarto número cuántico que representa el espín, el cual no puede obtenerse a partir de la ecuación de Schrödinger.

Para escribir la ecuación de Schrödinger, en primer lugar debemos especificar la función de energía potencial del sistema. En el caso del átomo de hidrógeno, esta función tiene la forma

$$U(r) = -k_e \frac{e^2}{r} \qquad [11.1]$$

¡ADVERTENCIA! 11.1

La energía depende únicamente de *n* en el átomo de hidrógeno

La afirmación que precede a la ecuación 11.2 de que la energía depende únicamente del número cuántico n sólo es válida para el átomo de hidrógeno. En el caso de átomos más complejos, usaremos los mismos números cuánticos que utilizamos en el del hidrógeno. Los niveles de energía de estos átomos dependerán principalmente de n, pero también dependerán en menor grado de otros números cuánticos, como veremos más adelante.

donde k_e es la constante de Coulomb y r es la distancia radial entre el protón (situado en $r = 0$) y el electrón.

El procedimiento formal para resolver el problema del átomo de hidrógeno es sustituir $U(r)$ en la ecuación de Schrödinger y calcular las soluciones correspondientes. Esto fue lo que hicimos en el caso de una partícula en una caja en la sección 10.12. Sin embargo, el problema que ahora nos atañe es más complicado, porque es tridimensional y porque U no es constante. Además, U depende de la coordenada radial r en vez de depender de una de las coordenadas cartesianas x, y, z. Esto requiere el uso de coordenadas esféricas. No intentaremos deducir las soluciones porque son muy complicadas. En cambio, describiremos sus propiedades y algunas de las implicaciones de dichas soluciones en lo que respecta a la estructura atómica.

Al aplicar las condiciones de frontera a las soluciones de la ecuación de Schrödinger, se encuentra que las energías de los estados permitidos del átomo de hidrógeno son

• *Energías permitidas del átomo de hidrógeno*

$$E_n = -\left(\frac{k_e e^2}{2a_0}\right)\frac{1}{n^2} = -\frac{13.606 \text{ eV}}{n^2} \qquad n = 1, 2, 3, \ldots \qquad [11.2]$$

Este resultado se encuentra en perfecto acuerdo con el modelo de Bohr y con las líneas espectrales observadas: un triunfo tanto para el modelo de Bohr como para la teoría cuántica. Observe que las energías permitidas de este modelo sólo dependen del número cuántico n, que se denomina **número cuántico principal.**

La imposición de condiciones de frontera también conduce a dos nuevos números cuánticos que no aparecen en el modelo de Bohr. El número cuántico ℓ se denomina **número cuántico orbital**, y m_ℓ se denomina **número cuántico**

TABLA 11.1 Los tres números cuánticos del átomo de hidrógeno

Número cuántico	Nombre	Valores permitidos	Número de valores permitidos
n	Número cuántico principal	$1, 2, 3, \ldots$	Cualquiera
ℓ	Número cuántico orbital	$0, 1, 2, \ldots, n-1$	n
m_ℓ	Número cuántico magnético	$-\ell, -\ell+1, \ldots, 0, \ldots, \ell-1, \ell$	$2\ell+1$

magnético. Aunque n está relacionado con la energía del átomo, ℓ y m_ℓ están relacionados con el momento angular del átomo, descrito posteriormente. A partir de la solución de la ecuación de Schrödinger, vemos que los valores permitidos de estos tres números cuánticos son:

- n es un entero que puede tomar valores desde 1 hasta ∞.

Para un determinado valor de n,

- ℓ es un entero que puede tomar valores desde 0 hasta $n - 1$.

Para un determinado valor de ℓ,

- m_ℓ es un entero que puede tomar valores desde $-\ell$ hasta ℓ.

La tabla 11.1 resume las reglas que determinan los valores permitidos de ℓ y m_ℓ para un valor de n dado.

Por razones históricas, se dice que todos los estados con el mismo número cuántico principal forman una **capa.** Las capas se identifican con las letras K, L, M, . . . , que designan a los estados en los que $n = 1, 2, 3, \ldots$ De igual modo, los estados con un valor dado de n y ℓ se dice que forman una **subcapa.** Basados en la frontera a la notación de la espectroscopia primitiva, se utilizan las letras *s, p, d, f, g, h,* . . . para denominar a las subcapas en las que $\ell = 0, 1, 2, 3, 4, 5, \ldots$ * Por ejemplo, la subcapa denominada $3p$ tiene números cuánticos $n = 3$ y $\ell = 1$; la subcapa $2s$ tiene números cuánticos $n = 2$ y $\ell = 0$. Se resume esta notación en la tabla 11.2.

TABLA 11.2 Notaciones de capa y subcapa atómicas

n	Símbolo de la capa	ℓ	Símbolo de la subcapa
1	K	0	*s*
2	L	1	*p*
3	M	2	*d*
4	N	3	*f*
5	O	4	*g*
6	P	5	*h*
. . .		. . .	

Los estados con números cuánticos que violan las reglas dadas por la tabla 11.1 no pueden existir: no satisfacen las condiciones de frontera para la función de onda del sistema. Por ejemplo, un estado $2d$, que tendría $n = 2$ y $\ell = 2$, no puede existir, porque el máximo valor permitido de ℓ es $n - 1$, en este caso 1. Por tanto, si $n = 2$, los estados $2s$ y $2p$ están permitidos, pero $2d$, $2f$, ... no lo están. Si $n = 3$, las subcapas permitidas son $3s$, $3p$ y $3d$.

Pregunta rápida 11.1

¿Cuántos estados orbitales posibles existen para el nivel (a) $n = 3$ del átomo de hidrógeno? (b) ¿Y para el nivel $n = 4$?

Pregunta rápida 11.2

Si el número cuántico principal es $n = 5$, ¿cuántos valores diferentes de (a) ℓ y (b) m_ℓ son posibles?

*Estas denominaciones de letras aparentemente extrañas proceden de las descripciones de líneas espectrales en los primeros pasos de la espectroscopia: *s* —sharp (afilada); *p* —principal; *d* —diffuse (difusa); *f*—fine (fina). Tras *s, p, d,* y *f* se continúa alfabéticamente a apartir *f.*

Pregunta rápida 11.3

En el átomo de hidrógeno, el número cuántico n puede aumentar sin límite. A consecuencia de ello, ¿puede la frecuencia de las líneas espectrales del hidrógeno aumentar sin límite?

Ejemplo 11.1 El nivel $n = 2$ del átomo de hidrógeno

Para un átomo de hidrógeno, calcule el número de estados orbitales que corresponden al número cuántico principal $n = 2$ y determine las energías de dichos estados.

Solución. Si $n = 2$, ℓ puede ser 0 o 1. Si $\ell = 0$, m_ℓ puede ser únicamente 0; si $\ell = 1$, m_ℓ puede ser -1, 0 o 1. Por tanto, tenemos un estado orbital $2s$ asociado con los números cuánticos $n = 2$, $\ell = 0$, $m_\ell = 0$, y tres estados orbitales $2p$ en los que los números cuánticos son $n = 2$, $\ell = 1$, $m_\ell = -1$; $n = 2$, $\ell = 1$, $m_\ell = 0$, y $n = 2$, $\ell = 1$, $m_\ell = 1$, con lo que hay un total de cuatro estados orbitales.

Puesto que todos estos estados tienen el mismo número cuántico principal, tienen la misma energía, que puede calcularse utilizando la ecuación 11.2, con $n = 2$:

$$E_2 = -\frac{13.606 \text{ eV}}{2^2} = -3.401 \text{ eV}$$

11.3 • NÚMERO CUÁNTICO DE ESPÍN

¡ADVERTENCIA! 11.2

El electrón no gira sobre sí mismo

Recuerde la ¡Advertencia! 4.3: el electrón no se encuentra girando alrededor de sí mismo físicamente. Aunque la analogía entre la rotación de la Tierra y el espín del electrón resulta útil conceptualmente, no debe tomarse de forma literal. El espín de la Tierra es una rotación física. El espín del electrón es un efecto puramente cuántico que proporciona momento angular al electrón como si se encontrase rotando físicamente.

El ejemplo 11.1 se ha incluido para familiarizarse con la manipulación de números cuánticos, pero, como veremos en esta sección, hay *ocho* estados electrónicos para $n = 2$ en vez de los cuatro calculados en el ejemplo. Estos estados adicionales pueden explicarse introduciendo un cuarto número cuántico para cada estado, el **número cuántico de espín** m_s.

La evidencia de la necesidad de incluir a este nuevo número cuántico surgió de las características inusuales del espectro de algunos gases, como el vapor de sodio. Al examinar cuidadosamente una de las líneas principales del sodio se observa que, de hecho, se trata de dos líneas muy próximas, denominadas *doblete*. Las longitudes de onda de estas dos líneas se encuentran en la región del amarillo, en 589.0 y 589.6 nm. En 1925, cuando se observó por primera vez este doblete, los modelos atómicos no podían explicarlo. Para resolver este dilema, Samuel Goudsmidt y George Uhlenbeck, siguiendo una sugerencia del físico austriaco Wolfgang Pauli, propusieron un cuarto número cuántico denominado número cuántico de espín.

Para describir el número cuántico de espín, es conveniente (¡pero incorrecto!) pensar en el electrón como si rotase alrededor de su eje mientras gira alrededor del núcleo en un modelo planetario, del mismo modo que la Tierra rota alrededor de su eje mientras gira alrededor del Sol. La dirección en la que el vector de momento angular de espín puede estar dirigido está cuantizada: sólo puede tener dos sentidos, como se muestra en la figura 11.4. Si la dirección del espín es la mostrada en la figura 11.4a, se dice que el electrón tiene "espín hacia arriba". Si la dirección del espín es la mostrada en la figura 11.4b, se dice que el electrón tiene "espín hacia abajo". En presencia de un campo magnético, la energía del sistema formado por el electrón y el campo magnético es ligeramente diferente para los dos sentidos del espín, y esta diferencia de energía es la responsable del doblete del sodio. Los números cuánticos asociados con el espín del electrón son $m_s = \frac{1}{2}$ para el estado de espín hacia arriba y $m_s = -\frac{1}{2}$ para el estado de espín hacia abajo. Como veremos en el ejemplo 11.2, este número cuántico adicional duplica el número de estados permitidos especificados por los números cuánticos n, ℓ, y m_ℓ.

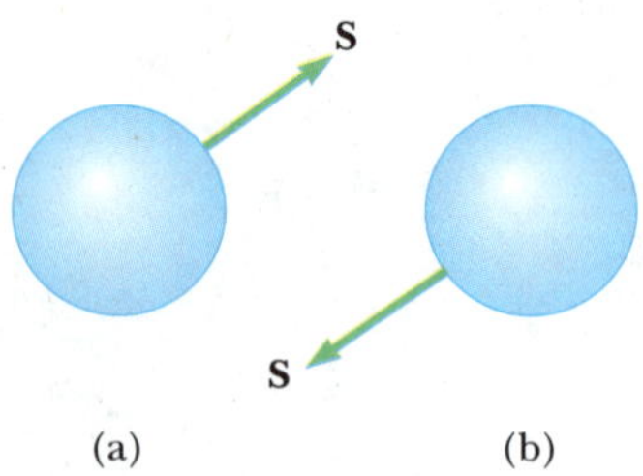

Figura 11.4

Puede describirse el espín del electrón como (a) espín hacia arriba o (b) espín hacia abajo.

No puede considerarse que el electrón se encuentra girando físicamente alrededor de sí mismo, pero, a pesar de esta dificultad conceptual, las pruebas experimentales apoyan el hecho de que el electrón tiene algún tipo de propiedad intrínseca que coincide con un momento angular y que puede ser descrita por el número cuántico de espín. Arnold Sommerfeld y Paul Dirac demostraron que el origen de este cuarto número cuántico se encuentra en las propiedades relativistas del electrón, requiriéndose cuatro números atómicos para describirlo en el espacio-tiempo tetradimensional.

Ejemplo 11.2 Incluyendo al espín en el átomo de hidrógeno

Para un átomo de hidrógeno, determine los números cuánticos asociados con los posibles estados que se corresponden al número cuántico principal $n = 2$.

Solución. A partir de los resultados del ejemplo 11.1 y la adición del número cuántico de espín, resultan las posibilidades descritas por la siguiente tabla. Por tanto, hay ocho estados posibles.

n	ℓ	m_ℓ	m_s	Subcapa	Capa	Número de estados en la subcapa
2	0	0	$\frac{1}{2}$	2*s*	L	2
2	0	0	$-\frac{1}{2}$			
2	1	1	$\frac{1}{2}$	2*p*	L	6
2	1	1	$-\frac{1}{2}$			
2	1	0	$\frac{1}{2}$			
2	1	0	$-\frac{1}{2}$			
2	1	−1	$\frac{1}{2}$			
2	1	−1	$-\frac{1}{2}$			

EJERCICIO. Demuestre que para $n = 3$ hay 18 estados posibles.

11.4 • FUNCIONES DE ONDA DEL ÁTOMO DE HIDRÓGENO

La energía potencial del átomo de hidrógeno depende únicamente de la distancia radial r entre el núcleo y el electrón. Por tanto, es de esperar que algunos de los estados permitidos de este átomo estén representados por funciones de onda que dependan únicamente de r; de hecho, así ocurre. (Existen otras funciones de onda que dependen de r y de las coordenadas angulares.) La función de onda más simple del átomo de hidrógeno describe al estado 1*s* y se denomina $\psi_{1s}(r)$:

$$\psi_{1s}(r) = \frac{1}{\sqrt{\pi a_0{}^3}}\, e^{-r/a_0} \qquad [11.3]$$

• *Función de onda del estado base del átomo de hidrógeno*

donde a_0 es el radio de Bohr. Esta función de onda satisface las condiciones de frontera mencionadas en la sección 10.11; es decir, ψ_{1s} tiende a cero cuando $r \to \infty$ y permanece finita cuando $r \to 0$. La función de la ecuación 11.3 está normalizada. Puesto que ψ_{1s} depende sólo de r, tiene simetría esférica. De hecho, **todos los estados *s* tienen simetría esférica.**

Recuerde que la probabilidad de encontrar al electrón en una región es igual a la integral de $|\psi|^2$ sobre la región, si ψ está normalizada. La densidad de probabilidad del estado 1*s* es

$$|\psi_{1s}|^2 = \left(\frac{1}{\pi a_0{}^3}\right) e^{-2r/a_0} \qquad [11.4]$$

La probabilidad de encontrar al electrón en un elemento de volumen dV es $|\psi|^2$ dV. Resulta conveniente definir la **función de densidad de probabilidad radial** $P(r)$ como la probabilidad por unidad de distancia radial de encontrar al elec-

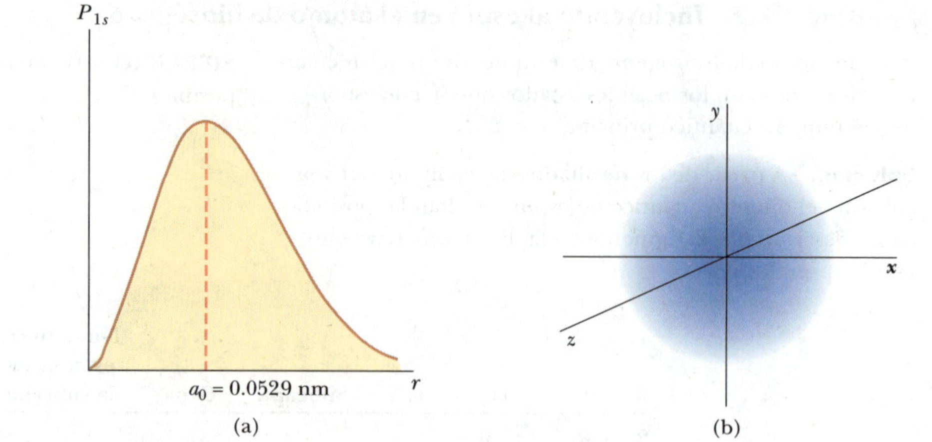

Figura 11.6

(a) Probabilidad de encontrar al electrón en función de la distancia al núcleo en el átomo de hidrógeno, para el estado base (1s). Observe que el máximo de probabilidad se da cuando r es igual al primer radio de Bohr, a_0 (ejemplo 11.3). (b) Distribución esférica de carga electrónica del átomo de hidrógeno para el estado 1s.

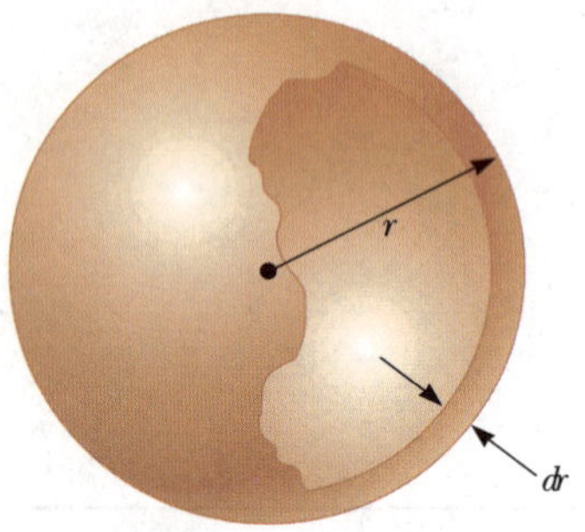

Figura 11.5

Casquete esférico de radio r y espesor dr, cuyo volumen es $4\pi r^2\ dr$.

trón en un casquete esférico de radio r y espesor dr. El volumen de dicho casquete esférico es igual a su superficie $4\pi r^2$ multiplicada por el espesor de la lámina dr (figura 11.5), de modo que

$$P(r)\,dr = |\psi|^2\,dV = |\psi|^2\,4\pi r^2\,dr \qquad \textbf{[11.5]}$$

$$P(r) = 4\pi r^2\,|\psi|^2 \qquad \textbf{[11.6]}$$

Sustituyendo la ecuación 11.4 en la ecuación 11.6, obtenemos la densidad de probabilidad radial para el átomo de hidrógeno en su estado base:

• *Densidad de probabilidad radial para el 1s estado de hidrógeno*

$$P_{1s}(r) = \left(\frac{4r^2}{a_0^{\,3}}\right) e^{-2r/a_0} \qquad \textbf{[11.7]}$$

En la figura 11.6a se presenta una gráfica de la función $P_{1s}(r)$ en función de r. El máximo de la curva corresponde al valor más probable de r en este estado en particular. La simetría esférica de la distribución se muestra en la figura 11.6b.

Ejemplo 11.3 El estado base del átomo de hidrógeno

Calcule el valor más probable de r para un átomo de hidrógeno en su estado base.

Solución. El valor más probable de r corresponde al máximo de la gráfica de $P(r)$ en función de r. La pendiente de la curva en dicho punto es cero, de modo que podemos calcular el valor más probable de r haciendo $dP/dr = 0$ y despejando r. Utilizando la ecuación 11.7, tenemos

$$\frac{dP_{1s}(r)}{dr} = \frac{d}{dr}\left[\left(\frac{4r^2}{a_0^{\,3}}\right) e^{-2r/a_0}\right] = 0$$

Derivando y simplificando el resultado, obtenemos

$$e^{-2r/a_0}\frac{d}{dr}(r^2) + r^2\frac{d}{dr}(e^{-2r/a_0}) = 0$$

$$2re^{-2r/a_0} + r^2\left(-\frac{2}{a_0}\right)e^{-2r/a_0} = 0$$

$$2r\left[1 - \left(\frac{r}{a_0}\right)\right]e^{-2r/a_0} = 0$$

Esta expresión se satisface si

$$1 - \left(\frac{r}{a_0}\right) = 0 \quad \longrightarrow \quad r = a_0$$

Observe que, aunque el modelo cuántico difiere del modelo de Bohr en que el electrón tiene una probabilidad distinta de cero de encontrarse a *cualquier* distancia del núcleo, ¡la distancia más probable es la misma que la del radio orbital del modelo de Bohr!

Ejemplo 11.4 Probabilidades para el electrón del átomo de hidrógeno

Calcule la probabilidad de que el electrón en el estado base del átomo de hidrógeno se encuentre más allá del radio de Bohr.

Solución. La probabilidad puede calcularse integrando la densidad de probabilidad radial $P_{1s}(r)$ de dicho estado, desde el radio de Bohr a_0 hasta el infinito. Utilizando la ecuación 11.7, tenemos

$$P = \int_{a_0}^{\infty} P_{1s}(r)\, dr = \frac{4}{a_0^3} \int_{a_0}^{\infty} r^2 e^{-2r/a_0}\, dr$$

Podemos hacer la integral adimensional si realizamos un cambio de variable de r a $z = 2r/a_0$. Tomando en cuenta que $z = 2$ cuando $r = a_0$, y que $dr = (a_0/2)\, dz$, obtenemos

$$P = \tfrac{1}{2} \int_{2}^{\infty} z^2 e^{-z}\, dz = -\tfrac{1}{2}\,(z^2 + 2z + 2)\, e^{-z} \Big|_{2}^{\infty}$$

$$P = 5e^{-2} = 0.677 \quad \text{or} \quad 67.7\%$$

o

Ejemplo 11.5 El sistema solar cuantizado

Considere la ecuación de Schrödinger para el sistema de dos partículas formado por la Tierra y el Sol, que interactúan a través de la fuerza gravitacional. ¿Cuál es el número cuántico del sistema con la Tierra en su órbita actual?

Razonamiento. La función de energía potencial del sistema es

$$U(r) = -G\frac{m_T m_S}{r}$$

donde m_T es la masa de la Tierra y m_S es la masa del Sol. Si comparamos esta función con la ecuación 11.1 para el átomo de hidrógeno, $U(r) = -k_e e^2/r$, vemos que tiene la misma forma matemática y que la constante $Gm_T m_S$ juega el papel de $k_e e^2$. Por tanto, las soluciones de la ecuación de Schrödinger para el sistema Tierra-Sol serán las mismas que las del átomo de hidrógeno, excepto por los cambios en las constantes.

Solución. Si realizamos la sustitución de las constantes en la ecuación 11.2, obtendremos las energías permitidas de los estados cuantizados del sistema Tierra-Sol:

$$E_n = -\left(\frac{Gm_T m_S}{2a_0}\right)\frac{1}{n^2} \qquad n = 1, 2, 3, \ldots$$

En la ecuación 11.21 podemos encontrar el radio de Bohr para el sistema Tierra-Sol.

$$a_0 = \frac{\hbar^2}{m_T(Gm_T m_S)} = \frac{\hbar^2}{Gm_T^2 m_S}$$

$$= \frac{1.055 \times 10^{-34}\,\text{J}\cdot\text{s}}{(6.67 \times 10^{-11}\,\text{N}\cdot\text{m}^2/\text{kg}^2)(5.98 \times 10^{24}\,\text{kg})^2(1.99 \times 10^{30}\,\text{kg})}$$

$$= 2.22 \times 10^{-104}\,\text{m}$$

Así pues, si evaluamos las energías permitidas del sistema obtenemos

$$E_n = -\left(\frac{Gm_T m_S}{2a_0}\right)\frac{1}{n^2}$$

$$= -\frac{(6.67 \times 10^{-11}\,\text{N}\cdot\text{m}^2/\text{kg}^2)(5.98 \times 10^{24}\,\text{kg})(1.99 \times 10^{30}\,\text{kg})}{2(2.22 \times 10^{-104}\,\text{m})}$$

$$= -\frac{1.79 \times 10^{148}\,\text{J}}{n^2} \qquad n = 1, 2, 3, \ldots$$

Podemos por tanto calcular la energía del sistema Tierra-Sol a partir de la ecuación 11.8, suponiendo una órbita circular:

$$E = -\frac{Gm_T m_S}{2r} = -\frac{(6.67 \times 10^{-11}\,\text{N}\cdot\text{m}^2/\text{kg}^2)(5.98 \times 10^{24}\,\text{kg})(1.99 \times 10^{30}\,\text{kg})}{2(1.50 \times 10^{11}\,\text{m})}$$

$$= -2.65 \times 10^{33}\,\text{J}$$

Finalmente, determinamos el número cuántico asociado con dicho estado:

$$E_n = -\frac{1.79 \times 10^{148}\,\text{J}}{n^2}$$

$$n = \sqrt{\frac{-1.79 \times 10^{148}\,\text{J}}{E}} = \sqrt{\frac{-1.79 \times 10^{148}\,\text{J}}{-2.65 \times 10^{33}\,\text{J}}} = 2.60 \times 10^{57}$$

Este número cuántico es gigantesco. De acuerdo con el principio de correspondencia, la mecánica clásica describe el comportamiento del sistema tan bien como lo hace la mecánica cuántica. Las energías de los estados cuánticos adyacentes al estudiado son tan próximas que no podemos observar la cuantización de la energía. Por ejemplo, si la Tierra realizase una transición al siguiente estado cuántico de energía mayor, los cálculos muestran que la distancia adicional al Sol sería del orden de 10^{-80} m. Incluso en la escala nuclear de 10^{-15} m, este valor es indetectable.

El ejemplo 11.3 muestra que el valor más probable de r para el estado base del átomo de hidrógeno es igual al radio de Bohr a_0. El valor promedio de r para el estado base del átomo de hidrógeno es $\frac{3}{2}\,a_0$, el cual es 50% mayor que el valor más probable de r (problema 41). La razón es la gran asimetría de la función de distribución radial de la figura 11.6a. De acuerdo con la mecánica cuántica, el átomo no tiene una frontera claramente definida. La distribución de probabilidad para el electrón puede imaginarse como una región difusa del espacio, denominada comúnmente **nube electrónica.** Esta imagen es bastante diferente al modelo de Bohr, que sitúa el electrón a una distancia fija del núcleo.

En el caso de un átomo en un estado cuántico que es una solución de la ecuación de Schrödinger, la estructura de la nube electrónica permanece constante, en promedio, a lo largo del tiempo. Por tanto *el átomo no radia energía cuando se encuentra en un estado cuántico determinado.* Este hecho evita el problema del modelo de Rutherford, en el que el átomo radiaba continuamente hasta que el electrón caía en espiral hacia el núcleo. Puesto que no hay ninguna variación en la nube electrónica, el átomo no radia energía. Sólo se produce radiación cuando se realiza una transición, de modo que la estructura de la nube electrónica cambia en el tiempo.

La siguiente función de onda más simple del átomo de hidrógeno es la correspondiente al estado $2s$ ($n = 2$, $\ell = 0$). La función de onda normalizada para este estado es

• *Función de onda del estado 2s del átomo de hidrógeno*

$$\psi_{2s}(r) = \frac{1}{4\sqrt{2\pi}}\left(\frac{1}{a_0}\right)^{3/2}\left[2 - \frac{r}{a_0}\right]e^{-r/2a_0} \qquad [11.8]$$

Al igual que la función ψ_{1s}, la función ψ_{2s} depende únicamente de r y tiene simetría esférica. La energía correspondiente a este estado es $E_2 = -(13.6\text{ eV}/4) = -3.4$ eV. Este nivel de energía representa al primer estado excitado del hidrógeno.

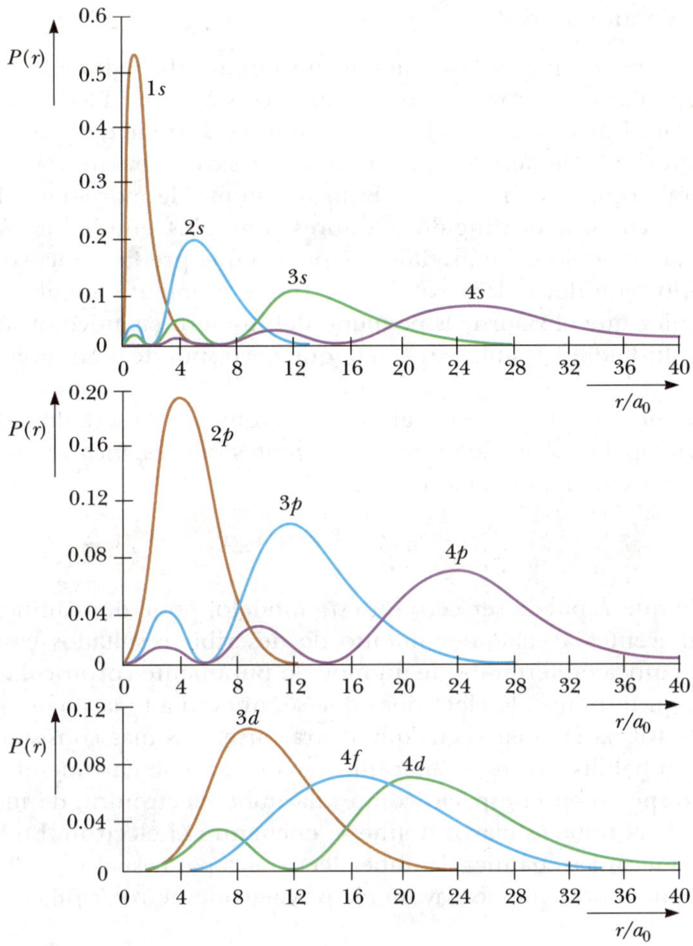

Figura 11.7

Función de densidad de probabilidad radial en función de r/a_0 para varios estados del átomo de hidrógeno. *(De E.U. Condon y G. H. Shortley, The Theory of Atomic Spectra, Cambride University Press, 1953; utilizado con autorización)*

En la figura 11.7 se muestran las gráficas de la función de densidad de probabilidad radial de este estado y otros estados del átomo de hidrógeno. La gráfica del estado $2s$ tiene dos máximos. En este caso, el valor más probable corresponde al valor de r para el cual P tiene su valor más grande $P(\approx 5a_0)$. Un electrón en un átomo en el estado $2s$ estaría mucho más lejos del núcleo (en promedio) que un electrón en un átomo en el estado $1s$. El valor promedio de r es aún mayor para los estados $3d$, $3p$, y $4d$.

11.5 • INTERPRETACIÓN FÍSICA DE LOS NÚMEROS CUÁNTICOS

Como se discutió en la sección 11.2, la energía de un estado determinado de nuestro modelo depende del número cuántico principal. Examinemos ahora qué aportan los otros tres números cuánticos a la naturaleza física del modelo estructural cuántico del átomo.

El número cuántico orbital

Si una partícula se mueve describiendo un círculo de radio r, el valor de su momento angular respecto al centro del círculo es $L = mvr$. La dirección de **L** es perpendicular al plano del círculo, y el sentido de **L** viene dado por la regla de la mano derecha.* De acuerdo con la física clásica, L puede tomar cualquier valor. Sin embargo, en el modelo de Bohr del átomo de hidrógeno el momento angular se encuentra restringido a valores múltiplos enteros de $\hbar$; es decir, $mvr = n\hbar$. Este modelo debe modificarse puesto que predice (incorrectamente) que el estado base del hidrógeno ($n = 1$) tiene momento angular. El modelo cuántico indica que el valor más pequeño del número cuántico orbital, relacionado con el momento angular, es $\ell = 0$, que corresponde a un momento angular nulo.

De acuerdo con el modelo cuántico, un átomo en un estado cuyo número cuántico principal es n puede tener los siguientes valores *discretos* para la magnitud del vector de momento angular:†

• *Valores permitidos de L*

$$|\mathbf{L}| = L = \sqrt{\ell(\ell + 1)}\hbar \quad \ell = 0, 1, 2, \ldots, n - 1 \qquad [11.9]$$

El hecho de que L pueda ser cero en este modelo, pone de manifiesto las dificultades inherentes a cualquier intento de describir resultados basados en la mecánica cuántica en términos de un modelo puramente corpuscular. No podemos pensar en términos de electrones que se mueven a lo largo de órbitas bien definidas de forma circular o cualquier otra forma. Es más consistente con los conceptos probabilísticos de la mecánica cuántica imaginar que el electrón se encuentra disperso en el espacio como una nube electrónica, de modo que la "densidad" de la nube es mayor donde se encuentra el electrón. En la interpretación de la mecánica cuántica, la nube electrónica para estado $L = 0$ tiene simetría esférica, de modo que no hay un eje privilegiado de rotación.

Ejemplo 11.6 Cálculo *L* para un estado *p*

Calcule el momento angular orbital de un estado p del átomo de hidrógeno.

Solución. Puesto que sabemos que $\hbar = 1.055 \times 10^{-34}\,\mathrm{J\cdot s}$, podemos utilizar la ecuación 11.9 para calcular L. Dado que $\ell = 1$ para un estado p, tenemos

$$L = \sqrt{\ell(\ell + 1)}\hbar = \sqrt{2}\hbar = 1.49 \times 10^{-34}\,\mathrm{J\cdot s}$$

Este valor es muy pequeño comparado con el momento angular orbital de un sistema macroscópico como la Tierra girando alrededor del Sol, que es de alrededor de $2.7 \times 10^{40}\,\mathrm{J\cdot s}$. El número cuántico que describe a L para sistemas macroscópicos, como la Tierra y el Sol, es tan grande que la separación entre estados adyacentes no puede medirse. No podemos observar la cuantización del momento angular en los sistemas macroscópicos. Una vez más, se cumple el principio de correspondencia.

El número cuántico orbital magnético

Hemos visto en la sección anterior que el valor del momento angular orbital está cuantizado. Puesto que el momento angular es un vector, también debe especificarse su dirección y su sentido. Un electrón orbitando alrededor del núcleo puede considerarse un pequeño circuito de corriente con su correspondiente momento magnético. Dicho momento, situado en un campo magnético **B**, interactuará con el campo.

* Revise las secciones 10.8 y 10.9 (capítulo 10 del volumen I) para repasar los conceptos relacionados con el momento angular.

† La ecuación 11.9 es un resultado directo de la solución matemática de la ecuación de Schrödinger y la aplicación de las condiciones de frontera. Sin embargo, la derivación de dicha solución se encuentra más allá de los objetivos de este libro, de modo que no se estudiará aquí.

Supongamos que se aplica un campo magnético débil a un átomo, y se define el eje z a lo largo de la dirección del campo. De acuerdo con la mecánica cuántica, encontramos un resultado sorprendente: ¡la *dirección* del vector de momento angular respecto al eje z está cuantizada! Una vez que se define un eje z, el vector de momento angular sólo puede tener ciertas direcciones respecto a dicho eje. El hecho de que la dirección de **L** esté cuantizada suele denominarse **cuantización espacial,** puesto que estamos cuantizando una *dirección* en vez de una *magnitud.*

La cuantización de la dirección de **L** se describe indicando las componentes z permitidas del vector. El número cuántico magnético orbital m_ℓ especifica los valores permitidos de L_z de acuerdo con la expresión

• *Valores permitidos de* L_z

$$L_z = m_\ell \hbar \qquad [11.10]$$

Estudiemos las orientaciones posibles de **L** para un valor de ℓ dado. Recuerde que m_ℓ puede tomar valores desde $-\ell$ hasta ℓ. Si $\ell = 0$, entonces $L = 0$ y no hay ningún vector del que estudiar la dirección. Si $\ell = 1$, los valores posibles de m_ℓ son -1, 0 y 1, de modo que L_z puede tomar los valores $-\hbar$ 0 o $\hbar$. Si $\ell = 2$, m_ℓ puede valer -2, -1, 0, 1, y 2, de modo que L_z puede tomar los valores $-2\hbar$, $-\hbar$, 0, $\hbar$, o $2\hbar$, etcétera

Una representación gráfica muy usada para visualizar la cuantización espacial es el denominado **modelo vectorial.** En la figura 11.8a se muestra un modelo vectorial para $\ell = 2$. Observe que **L nunca puede alinerase paralelo o antiparalelo al eje z** puesto que L_z debe ser menor que la magnitud del momento angular **L**. El vector **L** puede ser *perpendicular* al eje z, lo que ocurre cuando $m_\ell = 0$. Desde un punto de vista tridimensional, **L** está sobre la superficie de un cono que forma un ángulo θ con el eje z, como se muestra en la figura 11.8b. En la figura se observa que θ también está cuantizado, y que sus valores se especifican a través de una relación basada en un triángulo en el que **L** es la hipotenusa y la componente z es un cateto:

$$\cos\theta = \frac{L_z}{|\mathbf{L}|} = \frac{m_\ell}{\sqrt{\ell(\ell+1)}} \qquad [11.11]$$

Observe que m_ℓ no puede ser mayor que ℓ, y por tanto θ no puede anularse, lo cual es consistente con nuestra restricción de que **L** no puede ser paralelo al eje z.

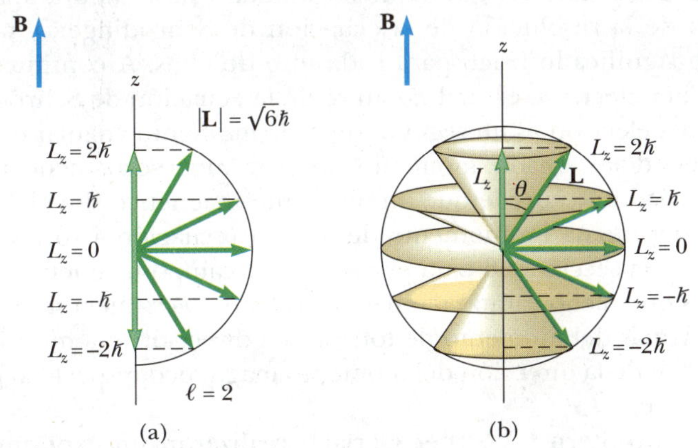

Figura 11.8

(a) Proyecciones permitidas del momento angular **L** para el caso $\ell = 2$. (b) El vector de momento angular orbital **L** se encuentra sobre la superficie de un cono y precesa alrededor del eje z cuando se aplica un campo magnético **B** en dicha dirección.

Debido al principio de incertidumbre, **L** no tiene una dirección determinada, sino que se encuentra sobre la superficie de un cono en el espacio. Si **L** tuviera una dirección definida, sus tres componentes L_x, L_y y L_z estarían determinadas exactamente. Por el momento, supongamos que es así, y supongamos que el electrón se mueve en el plano xy de modo que la incertidumbre $\Delta z = 0$. Puesto que el electrón se mueve en el plano xy, $p_z = 0$. Esto significa que se conoce p_z exactamente, de modo que $\Delta p_z = 0$. El producto de estas dos incertidumbres es $\Delta z.\ \Delta p_z = 0$, lo cual viola el principio de incertidumbre, que requiere que $\Delta z.\ \Delta p_z \geq \hbar/2$. En realidad, sólo la magnitud de **L** y una de sus componentes (que suele definirse por convención como L_z) pueden tener valores exactos al mismo tiempo. En otras palabras, la mecánica cuántica nos permite especificar L y L_z pero no L_x, L_y. Puesto que la dirección de **L** cambia constantemente al procesar alrededor del eje z, los valores promedio de L_x y L_y son cero y L_z mantiene su valor constante de $m_\ell\hbar$.

Pregunta rápida 11.4

Dibuje un diagrama vectorial (como el mostrado en la figura 11.8 para $\ell = 2$) para el caso $\ell = 1$.

Ejemplo 11.7 Cuantización espacial para el átomo de hidrógeno

Calcule la magnitud de **L** y los valores permitidos de L_z y θ para el átomo de hidrógeno en el estado $\ell = 3$.

Solución. Utilizamos la ecuación 11.9 con $\ell = 3$:

$$L = \sqrt{\ell(\ell + 1)}\ \hbar = \sqrt{3(3 + 1)}\ \hbar = 2\sqrt{3}\ \hbar$$

Los valores permitidos de L_z son $L_z = m_\ell\hbar$ donde $m_\ell = -3, -2, -1, 0, 1, 2$, y 3:

$$L_z = -3\hbar, -2\hbar, -\hbar, 0, \hbar, 2\hbar, 3\hbar$$

Finalmente, hacemos uso de la ecuación 11.11 para calcular los valores permitidos de θ. Puesto que $L = 2\sqrt{3}\ \hbar$, obtenemos

$$\cos\theta = \frac{m_\ell}{2\sqrt{3}}$$

Sustituyendo los valores permitidos de m_ℓ, resulta

$$\cos\theta = \pm 0.866, \pm 0.577, \pm 0.289, 0$$

$$\theta = 30.0°, 54.8°, 73.2°, 90.0°, 107°, 125°, 150°$$

Espín del electrón

Wolfgang Pauli y Niels Bohr observan un trompo girando. *(Cortesía de AIP Niels Bohr Library, Colección de Margarethe Bohr)*

Los tres números cuánticos que hemos estudiado hasta ahora aparecen como consecuencia de la resolución de la ecuación de Schrödinger, y podemos proporcionar un significado físico para cada uno de ellos. A continuación trataremos al espín del electrón, el cual *no* surge de la ecuación de Schrödinger.

El espín del electrón es un segundo tipo de momento angular en el átomo. El espín, también denominado momento angular intrínseco, tiene un momento magnético asociado. Recuerde que un momento magnético situado en un campo magnético experimenta un momento de torsión (ecuación 4.16). Si repetimos el experimento de la sección 4.6 para el caso de un campo magnético no uniforme, observaríamos que dicho campo también ejerce una *fuerza* neta sobre el momento magnético, además del momento de torsión. La dirección y la magnitud de dicha fuerza dependen de la dirección del momento magnético respecto al gradiente del campo magnético.

En 1921 Otto Stern y Walther Gerlach realizaron un experimento (figura 11.9) con el que detectaron el efecto de la fuerza sobre un momento magnético en un campo magnético no uniforme. El experimento demostró que el momento angular de un átomo está cuantizado. En dicho experimento se envió un haz de átomos neutros de plata a través de un campo magnético no uniforme. En

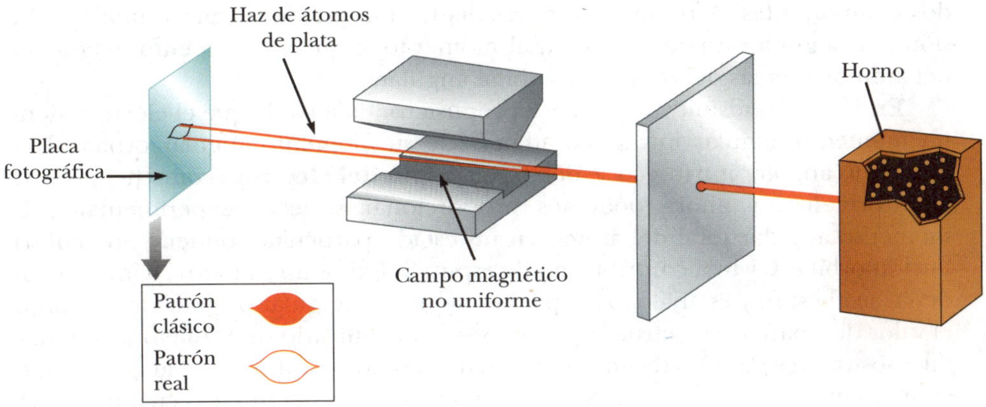

Figura 11.9

Dispositivo utilizado por Stern y Gerlach para comprobar la cuantización espacial. Se divide un haz de átomos neutros de plata en dos componentes utilizando un campo magnético no uniforme, como muestra la figura que aparece en el cuadro.

esta situación, los átomos experimentan una fuerza (en la dirección vertical en la figura 11.9) debida al momento magnético en presencia del campo. Clásicamente, esperaríamos que el haz se abriese, formando una distribución continua sobre la placa fotográfica de la figura 11.9, puesto que todas las direcciones del momento magnético atómico están permitidas. Sin embargo, Stern y Gerlach observaron que el haz se dividía en dos componentes *discretas*. El experimento se repitió utilizando otros átomos, y en todos los casos el haz se dividió en dos o más componentes discretas.

Estos resultados eran claramente contradictorios con la predicción del modelo clásico. Sin embargo, de acuerdo con el modelo cuántico, la dirección del momento angular total del átomo, y por tanto la dirección de su momento magnético, está cuantizada. De este modo, el haz incidente tiene un número entero de componentes discretas, y el número de componentes determina el número de valores posibles de μ_z. Puesto que el experimento de Stern-Gerlach mostró haces discretos, la cuantización espacial quedó demostrada, al menos de manera cualitativa.

Por el momento, supongamos que μ_z se debe al momento orbital angular.* Puesto que μ_z es proporcional a m_ℓ, el número de valores posibles de μ_z es $2\ell + 1$. Además, puesto que ℓ es un entero, el número de valores de μ_z es siempre impar. Esta predicción no concordaba con el experimento de Stern y Gerlach, quienes habían observado dos componentes en el haz desviado de átomos de plata. Por tanto, aunque el experimento de Stern-Gerlach demostró la cuantización espacial, el número de componentes no coincidía con el modelo cuántico desarrollado hasta ese momento.

En 1927, T. E. Phipps y J. B. Taylor repitieron el experimento de Stern-Gerlach utilizando un haz de átomos de hidrógeno. Este experimento es importante, porque trata con un átomo que sólo tiene un electrón en su estado base, para el cual el modelo cuántico proporciona predicciones fiables. A temperatura ambiente, prácticamente todos los átomos de hidrógeno se encuentran en el estado base. Recuerde que $\ell = 0$ para el hidrógeno en su estado base, de modo que $m_\ell = 0$. Por tanto, desde el punto de vista del momento angular orbital, no debería producirse una deflexión del haz por el campo, puesto que μ_z es cero. Sin embargo, el haz del experimento de Phipps-Taylor se dividió una vez más en

* El experimento de Stern-Gerlach se realizó en 1921, antes que se hubiera postulado la existencia del espín, de modo que el momento angular orbital era el único tipo de momento angular que en su momento se consideraba en el modelo cuántico.

dos componentes. A partir de este resultado sólo puede extraerse una conclusión: hay alguna otra contribución al momento angular y momento magnético del átomo, además del momento orbital angular.

En 1925, Goudsmit y Uhlenbeck propusieron la idea de que el electrón tiene un momento angular intrínseco además de su momento angular orbital. Este momento angular intrínseco se denomina **espín del electrón,** como hemos visto anteriormente, y ahora podemos proporcionar pruebas experimentales. El momento angular total del átomo en un estado particular contiene una contribución orbital **L** y una contribución de espín, **S.** Existe un número cuántico s que describe el espín y es análogo a ℓ para el momento angular orbital. Sin embargo, el valor de s para un electrón es *siempre* $s = \frac{1}{2}$, al contrario de ℓ, que puede tomar diversos valores para los distintos estados del átomo. Por otro lado, al igual que **L**, el momento angular de espín **S** debe seguir las reglas del modelo cuántico.

Análogamente a la ecuación 11.9, la magnitud del **momento angular de espín S** del electrón es

• *Momento angular de espín de un electrón*

$$S = \sqrt{s(s+1)}\hbar = \frac{\sqrt{3}}{2}\hbar \qquad [11.12]$$

Éste es el único valor permitido para la magnitud del vector de momento angular del espín para un electrón, de modo que normalmente no se incluye s en la lista de números cuánticos que describen el estado de un átomo. Sin embargo, al igual que el momento angular orbital, el momento angular de espín está cuantizado en el espacio, como se describe en la figura 11.10. Éste puede tener dos orientaciones, especificadas por el número cuántico magnético de espín m_s, el cual puede tomar dos valores posibles, $\pm\frac{1}{2}$. Al igual que en la ecuación 11.10, la componente z del momento angular de espín es

$$S_z = m_s\hbar = \pm\tfrac{1}{2}\hbar \qquad [11.13]$$

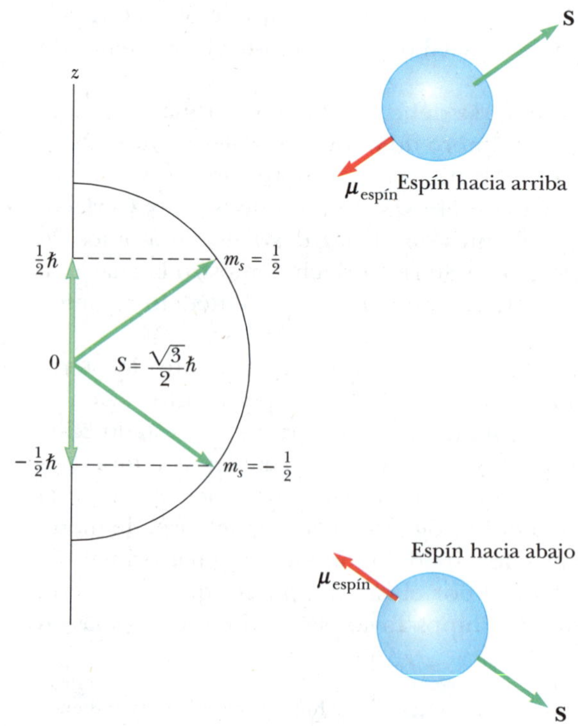

Figura 11.10

El momento angular de espín **S** está cuantizado espacialmente. Esta figura muestra las dos orientaciones posibles del vector de momento angular de espín **S** y el vector de momento magnético de espín $\boldsymbol{\mu}_{\text{espín}}$ para una partícula de espín $\frac{1}{2}$, como el electrón.

Los dos valores de S_z, $\pm\hbar/2$, corresponden a las dos posibles orientaciones de **S**, mostradas en la figura 11.10. Puesto que m_s tiene más de un valor, este número cuántico se incluye como el cuarto número cuántico que describe un estado determinado del átomo.

El momento magnético de espín $\boldsymbol{\mu}_s$ del electrón está relacionado con su momento angular **S** de espín mediante la expresión

$$\boldsymbol{\mu}_s = -\frac{e}{m_e}\mathbf{S} \qquad [11.14]$$

Puesto que $S_z = \pm\frac{1}{2}\hbar$, la componente z del momento magnético de espín puede tener los valores

$$\mu_{sz} = \pm\frac{e\hbar}{2m_e} \qquad [11.15]$$

La cantidad $e\hbar/2m_e$ llamada **magnetón de Bohr** μ_B, tiene el valor numérico 9.274×10^{-24} J/T.

Hoy en día, los físicos explican el resultado del experimento de Stern-Gerlach de la siguiente manera. Los momentos observados del hidrógeno y la plata se deben al momento angular de espín por sí solo, y no al momento angular orbital. (El átomo de hidrógeno en su estado base tiene $\ell = 0$; en el caso de la plata, utilizada en el experimento de Stern-Gerlach, el momento angular orbital neto es $|\mathbf{L}| = 0$.) Un átomo de un solo electrón como el hidrógeno posee un momento angular de espín cuantizado respecto al campo magnético, de modo que su componente z toma los valores $\frac{1}{2}\hbar$ o $-\frac{1}{2}\hbar$, correspondientes a $m_s = \pm\frac{1}{2}$. Los electrones de espín $+\frac{1}{2}$ son desviados en una dirección por el campo magnético no uniforme, y los de espín $-\frac{1}{2}$ son desviados en sentido opuesto.

El experimento de Stern-Gerlach proporcionó dos resultados importantes. En primer lugar, probó la existencia de la cuantización espacial. En segundo lugar, demostró que el momento angular de espín existe, incluso aunque esta propiedad no fue reconocida hasta mucho tiempo después de la realización del experimento.

PIENSE EN LA FÍSICA 11.1

¿Diferencia el experimento de Stern-Gerlach entre el momento angular orbital y el momento angular de espín?

Razonamiento. Aparece una fuerza magnética sobre el momento magnético debida tanto al momento angular orbital como al momento angular de espín. En este sentido, el experimento no diferencia entre los dos. Sin embargo, el número de líneas en la pantalla sí nos indica algo, debido al hecho de que el momento angular orbital depende de un número cuántico entero mientras el momento angular de espín depende de un número cuántico semientero. Si aparece un número de líneas impar, hay tres posibilidades: el átomo tiene únicamente momento angular orbital, un número par de electrones con momento angular de espín, o una combinación de momento angular orbital y un número par de electrones con momento angular de espín. Si aparece un número par de líneas en la pantalla, entonces hay al menos un momento angular de espín sin emparejar, probablemente en combinación con el momento angular orbital. Los únicos números de líneas para los que podemos especificar el tipo de momento angular son una línea (no hay momento orbital ni de espín) y dos líneas (espín). Si observamos más de dos líneas, surgen varias posibilidades. Por ejemplo, tres líneas podrían ser el resultado de dos espines electrónicos o de un electrón con momento angular orbital $\ell = 1$.

¡ADVERTENCIA! 11.3

Los números cuánticos describen un sistema

Lo más usual es asignar números cuánticos a un electrón. Sin embargo, recuerde que dichos números cuánticos proceden de la ecuación de Schrödinger, la cual incluye una función de energía potencial del sistema formado por el electrón y el núcleo. Por tanto, es más correcto asignar los números cuánticos al átomo, pero es más popular asignarlos al electrón. Seguiremos el segundo uso, puesto que es mucho más común, pero tenga en cuenta el concepto de sistema al usar así los números cuánticos.

Wolfgang Pauli (1900-1958)

Físico teórico austriaco de extraordinario talento, Pauli realizó importantes contribuciones en muchos aspectos de la física moderna. Pauli obtuvo el reconocimiento público a la edad de 21 años, al escribir un artículo introductorio magistral sobre la relatividad, que aún se considera una de las introducciones más elegantes y claras a ese tema. Otras de sus principales contribuciones fueron el descubrimiento del principio de exclusión, la explicación de la conexión entre el espín de las partículas y la estadística, la teoría de la electrodinámica cuántica, la hipótesis del neutrino y la hipótesis del espín nuclear.

(Fotografía tomada por S. A. Goudsmit, AIP Niels Bohr Library)

11.6 • EL PRINCIPIO DE EXCLUSIÓN Y LA TABLA PERIÓDICA

El modelo cuántico obtenido a partir de la ecuación de Schrödinger se basa en el átomo de hidrógeno: un sistema formado por un electrón y un protón. Tan pronto como estudiamos el siguiente átomo, el helio, aparecen factores que añaden complejidad al sistema. Los dos electrones del helio interactúan con el núcleo, de modo que podemos definir una función de energía potencial para dichas interacciones. Pero además interactúan el uno con el otro. La línea de acción de la interacción electrón-núcleo es la que une el electrón y el núcleo. La línea de acción de la interacción electrón-electrón es la que une ambos electrones, de modo que dicha línea está cambiando continuamente según se mueven los electrones. Este hecho hace que, en este caso, la ecuación de Schrödinger sea extraordinariamente difícil de resolver. Si estudiamos átomos con un número mayor de electrones, la posibilidad de una solución algebraica a la ecuación de Schrödinger se vuelve una utopía.

Sin embargo, a pesar de ser incapaces de resolver la ecuación de Schrödinger, **podemos utilizar los mismos cuatro números cuánticos definidos para el hidrógeno en el caso de átomos más pesados.**

No podemos calcular de manera sencilla los niveles de energía, pero podemos obtener información sobre dichos niveles a partir de modelos teóricos y medidas experimentales.

Puesto que un estado cuántico en cualquier átomo viene definido por cuatro números cuánticos, n, ℓ, m_ℓ, y m_s, surge una pregunta inmediata e importante: ¿cuántos electrones en un átomo pueden tener los mismos cuatro números cuánticos? Pauli propuso una respuesta en 1925 en la forma de un enunciado muy firme, conocido como **principio de exclusión:**

> Dos electrones en un mismo átomo no pueden encontrarse en el mismo estado cuántico; es decir, no es posible que existan dos electrones en un mismo átomo que tengan el mismo grupo de números cuánticos.

Es interesante el hecho de que, si este principio no fuera válido, todos los átomos emitirían energía en forma de fotones y acabarían con todos sus electrones en el nivel de energía más bajo. El comportamiento químico de los elementos cambiaría radicalmente, puesto que dicho comportamiento depende de la estructura electrónica de los átomos. ¡La Naturaleza dejaría de ser tal como la conocemos! Realmente, podemos considerar la estructura electrónica de los átomos complejos como una sucesión de niveles completos con energía creciente, donde los electrones más externos son los responsables principales de las propiedades químicas del elemento.

Imagine que construimos un átomo formando el núcleo y a continuación rellenamos con electrones los estados cuánticos permitidos, hasta que el átomo sea neutro. Utilizaremos el lenguaje común para decir que "los electrones pasan a los estados permitidos". Sin embargo, tenga en cuenta que los estados son los del *sistema* del átomo. Como regla general, el orden de llenado de las subcapas del átomo con electrones es del siguiente modo: una vez que se ha llenado una subcapa, el siguiente electrón pasa a la subcapa vacía de menor energía. Puede entenderse este principio comprendiendo que, si el átomo no se encontrase en el estado de energía más bajo permitido, radiaría energía hasta alcanzar dicho estado.

Antes de estudiar la configuración electrónica de algunos elementos, resulta conveniente definir un **orbital** como el estado de un electrón caracterizado por los números cuánticos n, ℓ y m_ℓ. Por el principio de exclusión, **como máximo puede haber dos electrones por orbital.** Uno de estos electrones tendrá $m_s = +\frac{1}{2}$, y el otro tendrá $m_s = -\frac{1}{2}$ Puesto que cada orbital se encuentra limitado a dos electrones, el número de electrones que puede ocupar una capa también está limitado.

La tabla 11.3 muestra los estados cuánticos permitidos para un átomo hasta $n = 3$. Cada cuadrado en la fila inferior de la tabla representa un orbital, donde las

TABLA 11.3 **Números cuánticos permitidos para un átomo, hasta $n = 3$**

n	1	2				3								
ℓ	0	0	1			0	1			2				
m_ℓ	0	0	1	0	−1	0	1	0	−1	2	1	0	−1	−2
m_s	↑↓	↑↓	↑↓	↑↓	↑↓	↑↓	↑↓	↑↓	↑↓	↑↓	↑↓	↑↓	↑↓	↑↓

flechas ↑ representan $m_s = +\frac{1}{2}$ y las flechas ↓ representan $m_s = -\frac{1}{2}$. La capa $n = 1$ puede albergar sólo dos electrones, puesto que sólo hay un orbital permitido, el de $m_\ell = 0$. La capa $n = 2$ tiene dos subcapas, las de $\ell = 0$ y $\ell = 1$. La subcapa $\ell = 0$ sólo puede albergar dos electrones puesto que $m_\ell = 0$. La subcapa $\ell = 1$ tiene tres orbitales permitidos, los correspondientes a $m_\ell = 1$, 0, y -1. Puesto que cada orbital puede albergar hasta dos electrones, la subcapa $\ell = 1$ puede tener seis electrones (y la capa $\ell = 1$ puede tener ocho). La capa $n = 3$ tiene tres subcapas y nueve orbitales y puede acomodar hasta 18 electrones. En el caso general, una capa puede albergar hasta $2n^2$ electrones.

¡ADVERTENCIA! 11.4

El principio de exclusión es más general

El principio de exclusión enunciado en el texto es una forma limitada del principio de exclusión más general, que afirma que no puede haber dos *fermiones*, partículas de espín $\frac{1}{2}$, que se encuentren en el mismo estado cuántico. El enunciado indicado en el texto es suficiente para nuestra discusión de la Física atómica, y estudiaremos la forma general más en detalle en el capítulo 13.

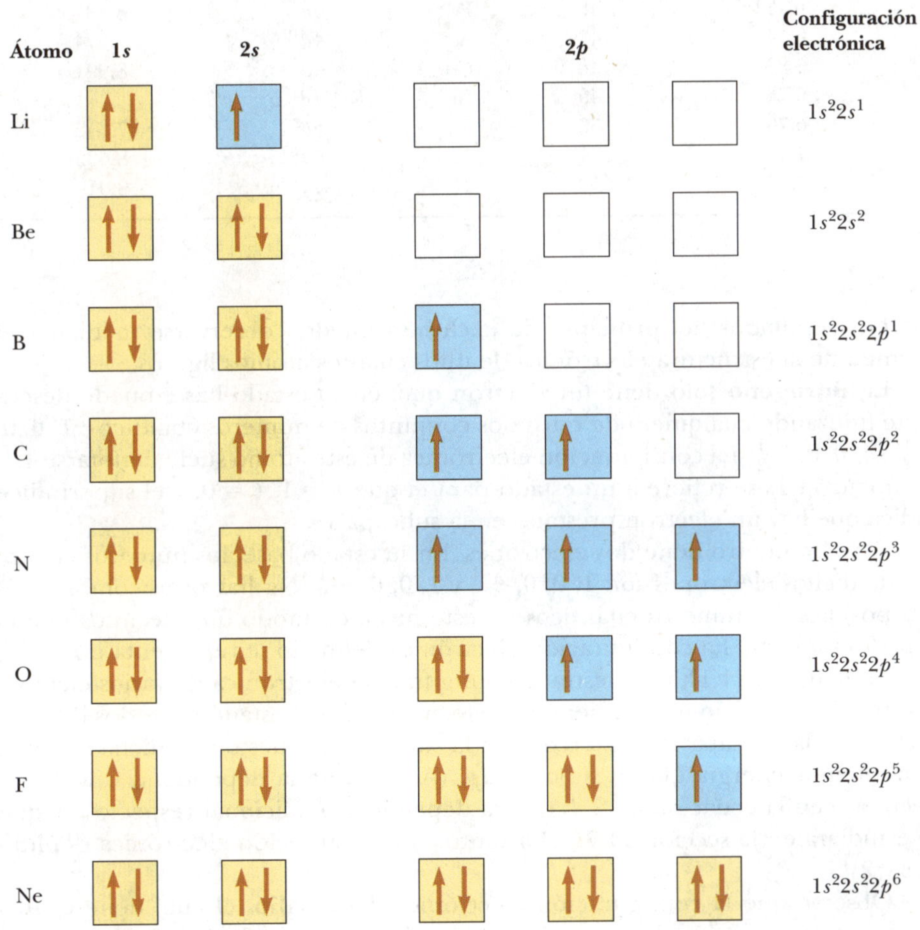

Figura 11.11

El llenado de los estados electrónicos obedece tanto el principio de exclusión de Pauli como a las reglas de Hund.

TABLA 11.4 **Configuración electrónica de los elementos**

Número átomico Z	Símbolo	Configuración del estado base	Energía de ionización (eV)	Número átomico Z	Símbolo	Configuración del estado base	Energía de ionización (eV)
1	H	$1s^1$	13.595	27	Co	$3d^74s^2$	7.86
2	He	$1s^2$	24.581	28	Ni	$3d^84s^2$	7.633
3	Li	[He] $2s^1$	5.39	29	Cu	$3d^{10}4s^1$	7.724
4	Be	$2s^2$	9.320	30	Zn	$3d^{10}4s^2$	9.391
5	B	$2s^22p^1$	8.296	31	Ga	$3d^{10}4s^24p^1$	6.00
6	C	$2s^22p^2$	11.256	32	Ge	$3d^{10}4s^24p^2$	7.88
7	N	$2s^22p^3$	14.545	33	As	$3d^{10}4s^24p^3$	9.81
8	O	$2s^22p^4$	13.614	34	Se	$3d^{10}4s^24p^4$	9.75
9	F	$2s^22p^5$	17.418	35	Br	$3d^{10}4s^24p^5$	11.84
10	Ne	$2s^22p^6$	21.559	36	Kr	$3d^{10}4s^24p^6$	13.996
11	Na	[Ne] $3s^1$	5.138	37	Rb	[Kr] $5s^1$	4.176
12	Mg	$3s^2$	7.644	38	Sr	$5s^2$	5.692
13	Al	$3s^23p^1$	5.984	39	Y	$4d^15s^2$	6.377
14	Si	$3s^23p^2$	8.149	40	Zr	$4d^25s^2$	
15	P	$3s^23p^3$	10.484	41	Nb	$4d^45s^1$	6.881
16	S	$3s^23p^4$	10.357	42	Mo	$4d^55s^1$	7.10
17	Cl	$3s^23p^5$	13.01	43	Tc	$4d^55s^2$	7.228
18	Ar	$3s^23p^6$	15.755	44	Ru	$4d^75s^1$	7.365
19	K	[Ar] $4s^1$	4.339	45	Rh	$4d^85s^1$	7.461
20	Ca	$4s^2$	6.111	46	Pd	$4d^{10}$	8.33
21	Sc	$3d^14s^2$	6.54	47	Ag	$4d^{10}5s^1$	7.574
22	Ti	$3d^24s^2$	6.83	48	Cd	$4d^{10}5s^2$	8.991
23	V	$3d^34s^2$	6.74	49	In	[Kr] $4d^{10}5s^25p^1$	
24	Cr	$3d^54s^1$	6.76	50	Sn	$5p^2$	7.342
25	Mn	$3d^54s^2$	7.432	51	Sb	$4d^{10}5s^25p^3$	8.639
26	Fe	$3d^64s^2$	7.87	52	Te	$4d^{10}5s^25p^4$	9.01

Los resultados del principio de exclusión pueden observarse mediante el examen de la estructura electrónica de unos cuantos átomos ligeros.

El **hidrógeno** sólo tiene un electrón que, en su estado base, puede describirse utilizando cualquiera de estos dos conjuntos de números cuánticos: 1, 0, 0, $+\frac{1}{2}$ o 1, 0, 0, $-\frac{1}{2}$. La configuración electrónica de este átomo suele denotarse $1s^1$. La notación $1s$ se refiere a un estado para el que $n = 1$, $\ell = 0$, y el superíndice indica que hay un electrón presente en la subcapa *s*.

El **helio** neutro tiene dos electrones. En su estado base, los números cuánticos de dichos electrones son 1, 0, 0, $+\frac{1}{2}$ y 1, 0, 0, $-\frac{1}{2}$. No hay otras combinaciones posibles de números cuánticos en este nivel, de modo que decimos que la capa K está llena. La configuración electrónica del helio se representa por $1s^2$.

En la figura 11.11 se muestra la configuración electrónica de varios elementos sucesivos. El **litio** neutro tiene tres electrones. En el estado base, dos de ellos estarán en la subcapa $1s$ y el tercero en la subcapa $2s$, puesto que dicha subcapa tiene menor energía que la subcapa $2p$. (Además de la dependencia de E respecto a n en la ecuación 11.2, hay otra dependencia adicional respecto a ℓ que se estudiará en la sección 11.7.) Por tanto, la configuración electrónica del litio es $1s^22s^1$.

Observe que la configuración electrónica del **berilio,** el cual tiene cuatro electrones, es $1s^22s^2$, y el **boro** tiene una configuración $1s^22s^22p^1$. El electrón $2p$ del boro puede describirse utilizando seis diferentes conjuntos de números cuánticos, que corresponden a seis estados de igual energía.

TABLA 11.4 **Configuración electrónica de los elementos** ***(Continúa)***

Número atómico Z	Símbolo	Configuración del estado base	Energía de ionización (eV)	Número atómico Z	Símbolo	Configuración del estado base	Energía de ionización (eV)
53	I	$4d^{10}5s^25p^5$	10.454	79	Au	[Xe, $4f^{14}5d^{10}$] $6s^1$	9.22
54	Xe	$4d^{10}5s^25p^6$	12.127	80	Hg	$6s^2$	10.434
55	Cs	[Xe] $6s^1$	3.893	81	Tl	$6s^26p^1$	6.106
56	Ba	$6s^2$	5.210	82	Pb	$6s^26p^2$	7.415
57	La	$5d^16s^2$	5.61	83	Bi	$6s^26p^3$	7.287
58	Ce	$4f^15d^16s^2$	6.54	84	Po	$6s^26p^4$	8.43
59	Pr	$4f^36s^2$	5.48	85	At	$6s^26p^5$	
60	Nd	$4f^46s^2$	5.51	86	Rn	$6s^26p^6$	10.745
61	Pm	$4f^56s^2$		87	Fr	[Rn] $7s^1$	
62	Fm	$4f^66s^2$	5.6	88	Ra	$7s^2$	5.277
63	Eu	$4f^76s^2$	5.67	89	Ac	$6d^17s^2$	6.9
64	Gd	$4f^75d^16s^2$	6.16	90	Th	$6d^27s^2$	
65	Tb	$4f^96s^2$	6.74	91	Pa	$5f^26d^17s^2$	
66	Dy	$4f^{10}6s^2$		92	U	$5f^36d^17s^2$	4.0
67	Ho	$4f^{11}6s^2$		93	Np	$5f^46d^17s^2$	
68	Er	$4f^{12}6s^2$		94	Pu	$5f^67s^2$	
69	Tm	$4f^{13}6s^2$		95	Am	$5f^77s^2$	
70	Yb	$4f^{14}6s^2$	6.22	96	Cm	$5f^76d^17s^2$	
71	Lu	$4f^{14}5d^16s^2$	6.15	97	Bk	$5f^86d^17s^2$	
72	Hf	$4f^{14}5d^26s^2$	7.0	98	Cf	$5f^{10}7s^2$	
73	Ta	$4f^{14}5d^36s^2$	7.88	99	Es	$5f^{11}7s^2$	
74	W	$4f^{14}5d^46s^2$	7.98	100	Fm	$5f^{12}7s^2$	
75	Re	$4f^{14}5d^56s^2$	7.87	101	Mv	$5f^{13}7s^2$	
76	Os	$4f^{14}5d^66s^2$	8.7	102	No	$5f^{14}7s^2$	
77	Ir	$4f^{14}5d^76s^2$	9.2	103	Lw	$5f^{14}6d^17s^2$	
78	Pt	$4f^{14}5d^86s^2$	8.88	104	Ku	$5f^{14}6d^27s^2$	

El **carbono** tiene seis electrones, de modo que aparece un dilema al asignar los dos electrones $2p$. ¿Se sitúan ambos en el mismo orbital con espines apareados (↑↓) o bien ocupan orbitales diferentes con espines desapareados (↑↑ o ↓↓)? Los datos experimentales muestran que el segundo caso, en el que los espines están desapareados, es el de menor energía. Por tanto, los dos electrones $2p$ del carbono y los tres electrones $2p$ del nitrógeno tienen electrones desapareados en el estado base (figura 11.11). Las reglas generales que resuelven este tipo de situaciones en la tabla periódica se denominan **reglas de Hund.** La regla que se aplica a elementos como el carbono es la que indica que **cuando un átomo tiene orbitales de igual energía, el orden en el que se llenan de electrones es tal que se tiene un número máximo de electrones con espines desapareados.** Existen algunas excepciones a esta regla en el caso de elementos que tienen subcapas casi llenas o semillenas.

En la tabla 11.4 se muestra una lista completa de configuraciones electrónicas. Uno de los primeros intentos de ordenar los elementos químicos fue realizado por el químico ruso Dimitri Mendeleev, en 1871, quien desarrolló una tabla de los elementos, que se ha convertido en una de las herramientas más conocidas e importantes de la ciencia. Mendeleev ordenó los elementos en una tabla (similar a la del apéndice C) de acuerdo con su masa atómica y propiedades químicas. Así nació la primera **tabla periódica de los elementos.** La primera tabla que propuso Mendeleev contenía muchos espacios vacíos, y Mendeleev sostenía que dichos espacios existían únicamente porque los elementos no habían

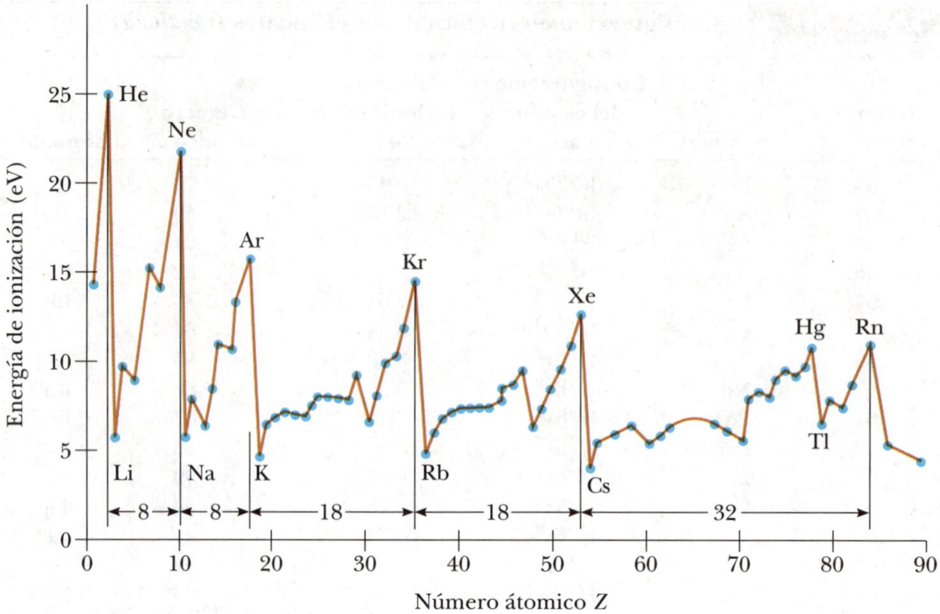

Figura 11.12

Energía de ionización de los elementos en función del número atómico Z. *(Adaptado de J. Orear, Physics, Nueva York, Macmillan, 1979)*

sido descubiertos aún. Observando las columnas en las que se encontraban los elementos faltantes, le fue posible predecir aproximadamente las propiedades químicas que tendrían. En los 20 años siguientes a la presentación de la tabla, se encontraron los elementos que faltaban. Esto es un excelente ejemplo del poder que proporciona al representar la información de maneras alternativas.

WEB

Para acceder a una tabla periódica interactiva con una gran cantidad de información sobre cada elemento, visite **www.webelements.com/webelements/scholar/index.html**

Los elementos de la tabla periódica están ordenados de manera que todos los de una columna tienen propiedades químicas similares. Por ejemplo, considere a los elementos de la última columna: He (helio), Ne (neón), Ar (argón), Kr (criptón), Xe (xenón) y Rn (radón). La característica fundamental de estos elementos es que normalmente no toman parte en las reacciones químicas —es decir, no se unen a otros átomos para formar moléculas— y por tanto se dice que son inertes. Por esta falta de apetencia por otros elementos, se denominan **gases inertes** o **gases nobles.**

Podemos comprender este comportamiento parcialmente al observar la configuración electrónica de la tabla 11.4. Esta tabla también muestra la energía de ionización de ciertos elementos. El helio tiene configuración electrónica $1s^2$: es decir, una capa llena. Además, se verifica que la energía de los electrones en dicha capa es mucho menor que la energía del siguiente nivel disponible, el nivel $2s$ (ya que la energía de ionización de éste es mucho menor). Ahora observe la configuración electrónica del neón, $1s^22s^22p^6$. Una vez más, la capa más externa está completa, y hay un escalón de energía entre el nivel $2p$ y el nivel $3s$. El argón tiene la configuración electrónica $1s^22s^22p^63s^23p^6$. Aquí, la capa $3p$ está completa, y hay un escalón de energía entre la subcapa $3p$ y la subcapa $3d$. Podríamos seguir este proceso para el resto de gases inertes; la tendencia es la misma. Un gas inerte se forma cuando la última capa o subcapa está llena, y hay un escalón de energía hasta el siguiente nivel de energía permitido.

Resulta interesante graficar la energía de ionización en función del número atómico Z, como se ha hecho en la figura 11.12. Observe el patrón que muestran las diferencias en el número atómico entre los máximos de la gráfica: 8, 8, 18, 18, 32. Este patrón es una consecuencia del principio de exclusión de Pauli y ayuda a explicar la razón de que los elementos repitan sus propiedades químicas por grupos. Por ejemplo, los máximos en $Z = 2$, 10, 18 y 36 corresponden a los elementos He, Ne, Ar y Kr, que tienen capas completas. Estos elementos tienen un comportamiento químico similar.

PIENSE EN LA FÍSICA 11.2

Al moverse de izquierda a derecha sobre una fila en la tabla periódica, el tamaño efectivo de los átomos primero disminuye y después aumenta. ¿Cuál es la razón de este comportamiento?

Razonamiento. Hay muchos factores que determinan el tamaño efectivo de un átomo. En un modelo simple, cuando se estudia la tabla de izquierda a derecha hasta el punto medio de la tabla, la carga nuclear aumenta. Como resultado, la atracción coulombiana entre el núcleo y los electrones aumenta, y éstos son atraídos a una posición promedio que es más cercana al núcleo. Una vez que se pasa el punto medio de la fila hacia la derecha, el número de electrones próximos unos a otros es muy grande, de modo que la repulsión entre ellos aumenta y se incrementa su distancia promedio y al núcleo, haciendo que el volumen atómico aumente.

11.7 • ESPECTROS ATÓMICOS: VISIBLE Y RAYOS X

En el capítulo 11 del volumen I estudiamos brevemente el origen de las líneas espectrales del hidrógeno y los iones hidrogenoides. Recuerde que un átomo en un estado excitado emitirá radiación electromagnética al realizar una transición a un estado de menor energía.

En la figura 11.13 se muestra el diagrama de niveles de energía del hidrógeno. Esta representación semigráfica es diferente de la de la figura 11.22 del volumen I en que los estados individuales que corresponden a diferentes valores de ℓ para un mismo valor de n se han separado horizontalmente. La figura 11.13 muestra sólo los estados hasta $\ell = 2$; las capas de $n = 4$ y superiores tendrían más conjuntos de estados hacia la derecha, que no se muestran.

Las líneas diagonales de la figura 11.13 representan las transiciones permitidas entre estados estacionarios. Cuando un átomo realiza una transición de un estado de mayor energía a uno de menor energía, se emite un fotón. La fre-

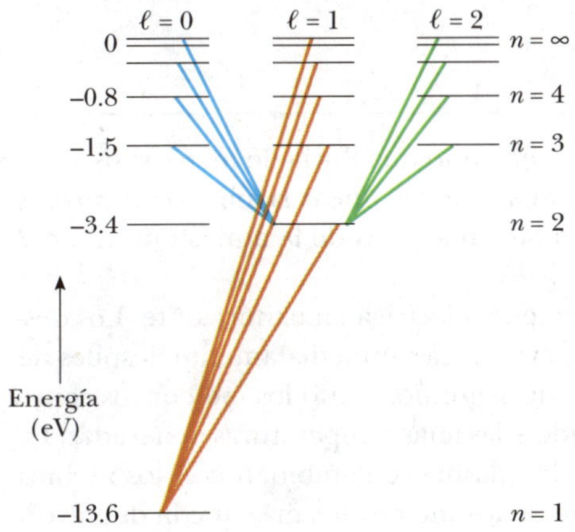

Figura 11.13

Algunas transiciones electrónicas permitidas para el hidrógeno, representadas por las líneas diagonales. Dichas transiciones deben seguir la regla de selección, $\Delta\ell = \pm 1$.

cuencia de dicho fotón es $f = \Delta E/h$, donde ΔE es la diferencia de energía entre los dos niveles, y h es la constante de Planck. Las **reglas de selección** de las transiciones permitidas son

• *Regla de selección para las transiciones atómicas permitidas*

$$\Delta \ell = \pm 1 \qquad \text{y} \qquad \Delta m_\ell = 0 \text{ o } \pm 1 \tag{11.16}$$

Las transiciones que no obedecen las reglas de selección anteriores se dice que están **prohibidas.** (Dichas transiciones pueden ocurrir, pero su probabilidad es despreciable respecto a la probabilidad de las transiciones permitidas.) Por ejemplo, cualquier transición representada por una línea vertical en la figura 11.13 está prohibida, puesto que el número cuántico ℓ no cambia.

Puesto que el momento angular orbital del átomo cambia al emitir o absorber un fotón (es decir, como resultado de una transición) y puesto que el momento angular del sistema aislado constituido por el átomo y el fotón debe conservarse, podemos deducir que **el fotón involucrado en el proceso debe poseer momento angular.** De hecho, el fotón tiene un momento angular intrínseco equivalente al de una partícula de espín $s = 1$, comparado con el del electrón, $s = 1/2$. Por tanto, **un fotón posee energía, momento lineal y momento angular.** Éste es el primer ejemplo que hemos estudiado de una partícula con espín *entero.*

La ecuación 11.2 proporciona las energías de los estados cuánticos permitidos para el hidrógeno. Podemos aplicar la ecuación de Schrödinger a otros sistemas con un solo electrón, como los iones He^+ y Li^{++}. La diferencia principal entre estos iones y el átomo de hidrógeno radica en el número de protones en el núcleo Z. El resultado es una generalización de la ecuación 11.2 para este tipo de sistemas de un electrón:

• *Energías permitidas para átomos con un solo electrón*

$$E_n = -\frac{(13.606 \text{ eV})\, Z^2}{n^2} \tag{11.17}$$

En el caso de los electrones exteriores en átomos multielectrónicos, la carga nuclear Ze es apantallada en gran medida por la carga negativa de los electrones internos. Por tanto, los electrones exteriores interactúan con una carga neta que se reduce respecto a la carga total del núcleo. (De acuerdo con la ley de Gauss, el campo eléctrico en la posición de un electrón exterior depende de la carga del núcleo y de los electrones más cercanos al núcleo.) La expresión para las energías permitidas para los átomos multielectrónicos tiene la misma forma que la ecuación 11.17, salvo que Z se remplaza por el número atómico efectivo Z_{ef}. Es decir

• *Energías permitidas para átomos multielectrónicos*

$$E_n = -\frac{(13.606 \text{ eV})\, Z_{ef}^2}{n^2} \tag{11.18}$$

donde Z_{ef} depende de n y de ℓ.

PIENSE EN LA FÍSICA 11.3

Una estudiante de física está observando una lluvia de meteoritos a primera hora de la mañana. Observa que las líneas luminosas formadas por los meteoritos al entrar en las capas altas de la atmósfera duran 2 o 3 segundos antes de disiparse.

Además, la estudiante observa una tormenta eléctrica en el horizonte. Los destellos de luz procedentes de los rayos desaparecen casi inmediatamente después de la descarga, en un tiempo mucho menor a un segundo. Tanto los meteoritos como los rayos convierten el aire en plasma debido a las altas temperaturas generadas. La luz se emite cuando los electrones libres del plasma se combinan con los átomos ionizados. ¿Por qué dura la luz procedente de los meteoritos más que la del rayo?

Razonamiento. La respuesta se encuentra en algunas palabras del enunciado, al describir los meteoritos: "... al entrar en las capas altas de la atmósfera ...". En las capas altas de la atmósfera, la presión es muy baja. La *densidad* es por tanto también muy baja, de modo que los átomos del gas se encuentran alejados unos de otros. Por tanto, una vez que el aire se ha ionizado por el meteorito, la probabilidad por unidad de tiempo de que los electrones libres encuentren un átomo ionizado al que unirse es relativamente baja. Como consecuencia, el proceso de recombinación de los electrones libres tiene una duración relativamente larga, medida en segundos.

Por otro lado, los rayos se producen en las capas bajas de la atmósfera (la troposfera) donde la presión y la densidad son relativamente altas. Después de la ionización producida por el rayo, los electrones libres y los átomos ionizados se encuentran mucho más cercanos que en las capas altas de la atmósfera. La probabilidad por unidad de tiempo de una recombinación es mucho más alta, de modo que el tiempo total de recombinación de todos los electrones e iones es mucho más corto.

El espectro de rayos X

Al bombardear metales con electrones altamente energéticos, se emiten rayos X. La ecuación de conservación de la energía (ecuación 6.20) de este proceso puede escribirse de la siguiente manera:

$$\Delta E_{\text{sistema}} = \sum H \longrightarrow \Delta E_{\text{entrada}} = H_{\text{MT}} + H_{\text{RE}}$$

El término de transferencia de materia en el lado derecho de la ecuación representa el proceso por el cual la energía entra en el sistema del blanco, ésta viaja con los electrones. El segundo término es negativo y representa la transferencia de energía hacia el exterior del sistema en forma de rayos X. El término de la izquierda indica un aumento total en la energía interna del blanco, que representa el hecho de que sólo una fracción de la energía incidente abandona el sistema como rayos X. Una parte considerable de la energía incidente produce un aumento de temperatura del metal.

El espectro de rayos X consta por lo general de una ancha banda continua y una serie de máximos bruscos que dependen del material empleado como blanco, como se muestra en la figura 11.14. En el capítulo 6 mencionamos el hecho de que una carga eléctrica acelerada emite radiación electromagnética. Los rayos X que observamos en la figura 11.14 son el resultado de la desaceleración de los electrones de alta energía cuando impactan en el blanco. Puede ser necesaria la interacción del electrón con más de un átomo del metal hasta que pierda toda su energía cinética. La cantidad de energía cinética perdida por electrón incidente en una interacción dada puede variar desde cero para el valor total de su energía cinética. Por tanto, la longitud de onda de la radiación procedente de estas interacciones caen en un intervalo continuo de valores desde algún valor mínimo hasta el infinito. Esta desaceleración general de los electrones es la que produce la curva continua de la figura 11.14, que muestra un corte en la emisión de rayos X por debajo del valor mínimo par la longitud de onda, el cual depende de la energía cinética de los electrones incidentes. Los rayos X generados por la desaceleración de los electrones se denominan **bremsstrahlung,** "radiación de frenado" en alemán.

Las líneas discretas de la figura 11.14 , denominadas **rayos X característicos** y descubiertas en 1908, tienen un origen diferente. Se desconocía su origen hasta que se comprendieron los detalles de la estructura atómica. El primer paso en la generación de rayos X característicos se produce cuando el electrón incidente colisiona con un átomo en el blanco. El electrón debe tener suficiente energía para arrancar un electrón interno del átomo. El hueco creado en esa capa se llena cuando un electrón de un nivel superior pasa al nivel del hueco. El tiempo necesario

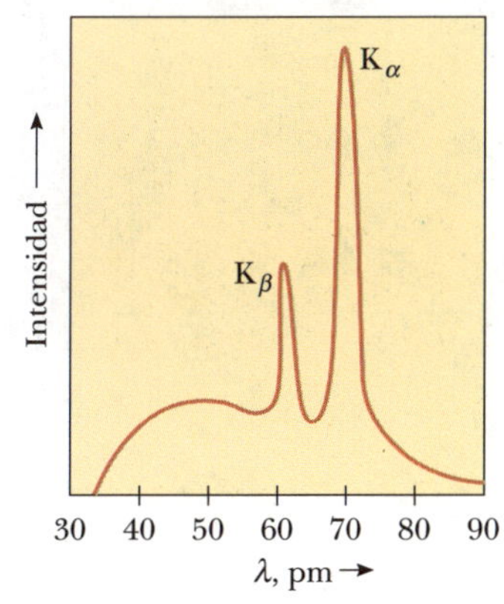

Figura 11.14

El espectro de rayos X de un blanco de metal consta de un espectro continuo (*bremsstrahlung*) y una serie de máximos abruptos, que se deben a los *rayos X característicos.* Los datos mostrados fueron obtenidos bombardeando un blanco de molibdeno con electrones de 37 keV.

para que esto ocurra es muy corto, menos de 10^{-9} s. Dicha transición es acompañada por la emisión de un fotón cuya energía es igual a la diferencia de energía entre los dos niveles. Generalmente la energía de este tipo de transición es más de 1 000 eV, de modo que los fotones de rayos X emitidos tienen longitudes de onda en el rango de 0.01 a 1 nm.

Supongamos que el electrón incidente ha arrancado un electrón atómico de la capa más interna, la capa K. Si el hueco es ocupado por un electrón procedente de la siguiente capa más alta, la capa L, el fotón emitido en el proceso tiene una energía que corresponde a la línea K_α de la gráfica de la figura 11.14. Si el hueco es llenado por un electrón procedente de la capa M, la línea producida es denominada línea K_β. En esta notación, la letra K representa la capa final a la que pasa el electrón, y el subíndice es una letra griega que corresponde al número de capa, por encima de la capa final, de la que procede el electrón. Por tanto, K_α indica que la capa final es la capa K y que la capa inicial es la primera capa sobre la capa K (puesto que α es la primera letra del alfabeto griego), que es la capa L.

WEB

Para observar los espectros de rayos X de varios elementos, visite **ie.lbl.gov/xray/mainpage.htm**

Se forman otras líneas de rayos X característicos cuando los electrones caen de niveles superiores a huecos situados en capas distintas de la capa K. Por ejemplo, las líneas L se forman cuando se llenan huecos de la capa L con electrones que proceden de capas superiores. Una línea L_α se produce cuando un electrón de la capa M pasa a la capa L, y una línea L_β se produce por una transición de la capa N a la capa L.

Pregunta rápida 11.5

¿Cuáles son las capas inicial y final de una línea M_β en un espectro de rayos X?

Aunque los átomos multielectrónicos no pueden ser analizados exactamente utilizando el modelo de Bohr o la ecuación de Schrödinger, podemos aplicar nuestro conocimiento de la ley de Gauss del capítulo 1 para realizar algunas estimaciones sorprendentemente precisas de las energías de los rayos X y sus longitudes de onda. Consideremos un átomo de número atómico Z en el que uno de los dos electrones de la capa K ha sido arrancado. Imaginemos que trazamos una superficie gaussiana esférica en el interior del radio más probable de los electrones de la capa L. El campo eléctrico en la posición de los electrones L es una combinación del campo generado por el núcleo, el electrón de la capa K, los otros electrones de la capa L, y los electrones externos. Las funciones de onda de los electrones externos son tales que lo más probable es que se encuentren más lejos del núcleo que los electrones L. Por tanto, es mucho más probable que se encuentren en el exterior de la superficie gaussiana que en el interior, y en promedio no contribuyen al campo eléctrico en la posición de los electrones L. La carga efectiva en el interior de la superficie gaussiana es la carga positiva del núcleo y una carga negativa debida al electrón de la capa K. Si ignoramos las interacciones entre los electrones L, un electrón de la capa L se comporta como si experimentara un campo eléctrico creado por una carga neta $(Z-1)e$ encerrada en la superficie gaussiana. La carga nuclear es apantallada por el electrón de la capa K, de modo que Z_{ef} en la ecuación 11.18 es $Z-1$. Para las capas de niveles superiores, la carga nuclear es apantallada por todos los electrones de las capas interiores.

Podemos utilizar la ecuación 11.18 para estimar la energía asociada a un electrón en la capa L:

$$E_{\text{L}} = -(Z-1)^2 \frac{13.6 \text{ eV}}{2^2}$$

El estado final del átomo después de realizar la transición es tal que hay dos electrones en la capa K. Podemos utilizar un argumento similar imaginando una superficie gaussiana justo en el interior del radio más probable de un electrón de la capa K. La energía asociada a uno de estos electrones es, aproximadamente, la de un átomo de un electrón con carga nuclear reducida por la carga negativa del otro electrón. Así,

$$E_K \approx -(Z-1)^2(13.6 \text{ eV}) \qquad \textbf{[11.19]}$$

Como se muestra en el ejemplo 11.8, la energía del átomo con un electrón en la capa M puede estimarse de manera análoga. Pueden entonces calcularse la energía y longitud de onda del fotón emitido a partir de la diferencia de energía entre los niveles inicial y final.

En 1914, Henry G. J. Moseley graficó los valores de Z para un número de elementos en función de $\sqrt{1/\lambda}$, donde λ es la longitud de onda de la línea K_α de cada elemento. Encontró que la gráfica es una línea recta, como se observa en la figura 11.15. Este hecho concuerda con los cálculos aproximados de los niveles de energía dados por la ecuación 11.19. A partir de dicha gráfica, Moseley pudo determinar los valores de Z para algunos elementos no conocidos, de modo que proporcionó una tabla periódica con un excelente acuerdo con las propiedades químicas conocidas de los elementos.

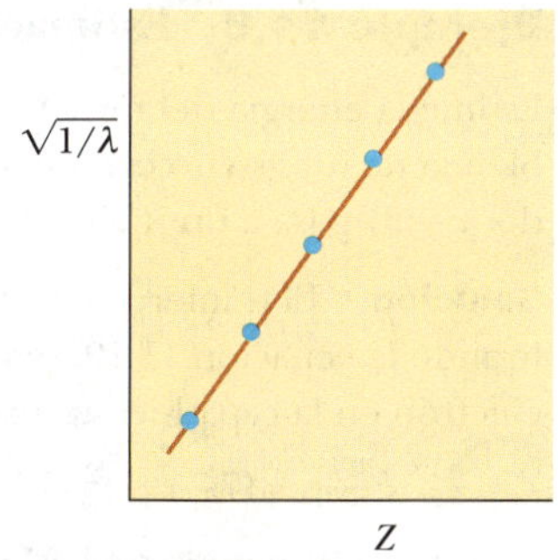

Figura 11.15

Gráfica de Moseley de $\sqrt{1/\lambda}$ en función de Z, donde λ es la longitud de onda de la línea K_α de rayos X del elemento con número atómico Z.

Pregunta rápida 11.6

En un tubo de rayos X, si la energía con la que los electrones alcanzan el metal aumenta, la longitud de onda de los rayos X característicos no varía. ¿Por qué?

Pregunta rápida 11.7

¿Es posible que un espectro de rayos X muestre el espectro continuo de rayos X sin la presencia de rayos X característicos?

PIENSE EN LA FÍSICA 11.4

El modelo de Bohr proporciona un buen acuerdo entre los valores teóricos y las frecuencias medidas experimentalmente de las líneas espectrales del átomo de hidrógeno, pero no logra predecir las frecuencias ópticas de átomos más pesados. Sin embargo, Moseley utilizó la teoría de Bohr para predecir las frecuencias de los rayos X característicos de átomos pesados. ¿Cómo puede el modelo de Bohr proporcionar buenas predicciones de rayos X pero no de fotones visibles?

Razonamiento. Consideremos un electrón arrancado de la capa K y las interacciones eléctricas resultantes de un electrón de la capa L con el resto de los electrones. Si observamos en primer lugar a los electrones de capas más altas que la L, vemos que dichos electrones pasan la mayor parte del tiempo más lejos del núcleo que los electrones de la capa L. Además, al promediarla en el tiempo, la distribución de carga de estos electrones exteriores es isotrópica: no hay una dirección privilegiada. Por tanto, los electrones L se encuentran *en el interior* de una distribución de carga casi perfectamente simétrica. De acuerdo con la ley de Gauss, **el electrón L apenas se encuentra afectado por los electrones exteriores:** el campo eléctrico promedio generado por dichos electrones es nulo. Lo que afecta a los electrones de la capa L es la carga nuclear, apantallada por el único electrón K restante. En consecuencia, el modelo de Bohr funciona bastante bien al describir la energía del electrón L. Sin embargo, el modelo no es perfecto, puesto que hemos ignorado los otros electrones de la capa L.

Por otro lado, los fotones visibles se producen en las transiciones asociadas con los electrones externos. Para estos electrones, las interacciones con los electrones restantes producen un efecto significativo, de modo que el modelo de Bohr no describe las frecuencias del espectro visible correctamente.

Ejemplo 11.8 Estimación de la energía de un rayo X

Estime la energía del rayo X característico emitido por un blanco de tungsteno cuando un electrón de la capa M (estado $n = 3$) pasa a un hueco de la capa K (estado $n = 1$).

Solución. El número atómico del tungsteno es $Z = 74$. Utilizando la ecuación 11.19, vemos que la energía asociada al electrón en la capa K es aproximadamente

$$E_K \approx -(74 - 1)^2 \,(13.6 \text{ eV}) = -7.2 \times 10^4 \text{ eV}$$

Un electrón en la capa M está sujeto a una carga nuclear efectiva que depende del número de electrones en los estados $n = 1$ y $n = 2$, que apantallan al núcleo. Puesto que hay ocho electrones en el estado $n = 2$ y un electrón en el estado $n = 1$, hay nueve electrones apantallando al núcleo, de modo que $Z_{ef} = Z - 9$ Por tanto, la energía de la capa M puede calcularse utilizando la ecuación 11.18 y es aproximadamente

$$E_3 \approx -\frac{(13.6 \text{ eV})(74 - 9)^2}{(3)^2} \approx -6.4 \times 10^3 \text{ eV}$$

El rayo X emitido tiene por tanto una energía igual a $E_3 - E_1 \approx -6.4 \times 10^3 \text{ eV} - (-7.2 \times 10^4 \text{ eV}) \approx 6.6 \times 10^4 \text{ eV} = 66 \text{ keV}$. Si consultamos en una tabla de rayos X, veremos que las energías de las transiciones M-K en el tungsteno varían desde 66.9 a 67.7 keV, donde el rango de energías se debe a las pequeñas diferencias de energía en estados con diferente valor de ℓ. Por tanto, nuestra estimación difiere del valor medio de este rango de energías medias experimentalmente en alrededor de 2%.

Relación con el contexto

11.8 • ÁTOMOS EN EL ESPACIO

Hemos estudiado el átomo de hidrógeno durante una parte considerable de este capítulo. Consideremos ahora los átomos de hidrógeno existentes en el espacio. Puesto que el hidrógeno es el elemento más abundante en el Universo, su papel en la astronomía y la cosmología es muy importante.

Empecemos por observar las imágenes de algunas nebulosas que puede haber visto en un texto de astronomía, como las que aparecen en la figura 11.16. Las fotografías tomadas con un tiempo largo de exposición, de estos objetos astronómicos muestran distintos colores. ¿Cuál es la razón de dichos colores en estas nubes de gas y partículas de polvo? Imaginemos una nube de átomos de hidrógeno en el espacio cerca de una estrella muy caliente. Los fotones de alta energía de la estrella pueden interactuar con los átomos de hidrógeno, elevándolos a un nivel de energía mayor o ionizándolos. Cuando los átomos vuelven a los estados de

(a) (b) (c)

Figura 11.16

Tipos de nebulosas. (a) La región central de la nebulosa de Orión representa una nebulosa de emisión, cuya luz de colores ha sido emitida por átomos. (b) Las Pléyades. Las nubes de luz que rodean a las estrellas representan nebulosas de reflexión, donde la luz es reflejada por partículas de polvo. (c) La nebulosa de la Laguna muestra los efectos de una nebulosa oscura, en la que nubes de polvo bloquean el paso de la luz, y aparecen como una silueta oscura frente a la luz de las estrellas más lejanas. *(a, C.R. O'Dell (Rice University) y NASA; b, © 1985 Royal Observatory Edinburgh/Fotografía del Anglo-Australian Observatory a partir de las placas originales de U. K. Schmidt por David Malin; c, A. Caulet (ST-ECF, ESA) y NASA)* energía más baja, muchos de ellos emiten en la serie de Balmer. Por tanto, dichos átomos proporcionan luz roja, verde, azul y violeta a la nebulosa, correspondiente a los colores vistos en el espectro del hidrógeno del capítulo 11.

En la práctica, las nebulosas se clasifican en tres tipos, dependiendo de las transiciones que se producen en los átomos de hidrógeno. Las **nebulosas de emisión** (figura 11.16a) se encuentran cerca de una estrella caliente, de modo que los átomos de hidrógeno son excitados por la luz de la estrella. Por tanto, la luz de una nebulosa de emisión está dominada por líneas espectrales discretas de emisión, y contiene colores. Las **nebulosas de reflexión** (figura 11.16b) se encuentran cerca de una estrella fría. En este caso, la mayor parte de la luz de la nebulosa es la luz de la estrella reflejada por las partículas de polvo más grandes de la nebulosa, y no proviene de átomos excitados. Por tanto, el espectro luminoso de la nebulosa es el mismo que el de la estrella: un espectro de absorción con líneas oscuras que corresponden a los átomos e iones situados en las regiones exteriores de la estrella. La luz de estas nebulosas suele ser blanca. Finalmente, las **nebulosas oscuras** (figura 11.16c) no se encuentran cerca de una estrella. Por tanto, no hay mucha radiación disponible para excitar átomos o ser reflejada por partículas de polvo. Como resultado, la materia de estas nebulosas apantalla la luz de las estrellas situadas detrás, de modo que aparecen como figuras oscuras contra el brillo de las estrellas más alejadas.

WEB

Para ver más fotografías de nebulosas, visite **www.seds.org/billa/twn/** y **www.ne.jp/asahi/stellar/scenes/english/**

Además del hidrógeno, hay otros átomos e iones en el espacio que son excitados a estados más energéticos por la radiación procedente de las estrellas, y emiten diversos colores. Algunos de los colores más prominentes son el violeta (373 nm) procedente del ión O^+ y el verde (496 nm y 501 nm) del ión O^{++}. El helio y el nitrógeno también proporcionan colores brillantes.

En nuestro estudio sobre los números cuánticos para el átomo de hidrógeno, afirmamos que hay dos estados posibles en la capa 1*s*, correspondientes al espín hacia arriba o hacia abajo, y que estos dos estados tienen la misma energía. Sin embargo, si modificamos nuestro modelo estructural de modo que incluya al espín del protón, veremos que los dos estados atómicos correspondientes a los dos espines del electrón no tienen la misma energía. El estado en el que el electrón y el protón tienen espines paralelos tiene una energía ligeramente mayor que el estado en el que son antiparalelos. La diferencia de energía es sólo de unos 5.9×10^{-6} eV. Puesto que ambos estados difieren en energía, es posible que el átomo realice una transición entre ellos. Si la transición es desde el estado paralelo al antiparalelo, se emite un fotón, cuya energía es igual a la diferencia de energía entre los dos estados. La longitud de onda de dicho fotón es

$$\lambda = \frac{c}{f} = \frac{hc}{hf} = \frac{hc}{E} = \frac{(6.63 \times 10^{-34}\,\text{J}\cdot\text{s})(3.00 \times 10^{8}\,\text{m/s})}{5.9 \times 10^{-6}\,\text{eV}}\left(\frac{1\,\text{eV}}{1.6 \times 10^{-19}\,\text{J}}\right)$$
$$= 0.21\,\text{m} = 21\,\text{cm}$$

Esta radiación llamada, por razones obvias, **radiación de 21 cm,** es radiación con una longitud de onda asociada al átomo de hidrógeno. Por tanto, si observamos esta radiación en el espacio, podemos detectar átomos de hidrógeno. Además, si la longitud de onda de la radiación observada no es igual a 21 cm, podemos deducir que ha sufrido desplazamiento Doppler debido al movimiento relativo entre la Tierra y la fuente. Este desplazamiento Doppler puede utilizarse para medir la rapidez relativa de la fuente, hacia la Tierra o alejándose de ella. Esta técnica ha sido empleada extensamente para estudiar la distribución del hidrógeno en la Vía Láctea y para detectar la presencia de brazos espirales en nuestra galaxia, similares a los brazos espirales de otras galaxias.

WEB

Para ver una imagen de la distribución del hidrógeno en nuestra galaxia, realizada a partir de la radiación de 21 cm, visite **www.astronomica.org/Gallery/multiwave/multiwave4.html**

Nuestro estudio de la física atómica nos permite entender una conexión importante entre el mundo microscópico de la física cuántica y el Universo macroscópico. Los átomos del Universo actúan como transmisores de información sobre las condiciones locales. En el siguiente capítulo, que trata sobre la física nuclear, veremos cómo la comprensión de los procesos microscópicos nos permite entender las condiciones locales en el centro de una estrella.

RESUMEN

Pueden aplicarse los métodos de la mecánica cuántica al átomo de hidrógeno, utilizando la función de energía potencial apropiada, $U(r) = -k_e e^2/r$ en la ecuación de Schrödinger. La solución de la ecuación proporciona las funciones de onda de los estados permitidos, y las energías permitidas vienen dadas por

$$E_n = -\left(\frac{k_e e^2}{2a_0}\right)\frac{1}{n^2} = -\frac{13.606 \text{ eV}}{n^2} \qquad n = 1, 2, 3, \ldots \quad \textbf{[11.2]}$$

Éste es precisamente el resultado obtenido por la teoría de Bohr. La energía permitida depende únicamente del **número cuántico principal** n. Las funciones de onda permitidas dependen de tres números cuánticos, n, ℓ, y m_ℓ, donde ℓ es el **número cuántico orbital** y m_ℓ es el **número cuántico magnético.** Las restricciones sobre los números cuánticos son las siguientes:

$$n = 1, 2, 3, \ldots$$
$$\ell = 0, 1, 2, \ldots, (n-1)$$
$$m_\ell = -\ell, -\ell + 1, \ldots, \ell - 1, \ell$$

Todos los estados con el mismo número cuántico principal n forman una **capa,** identificada por una letra K, L, M, . . . (correspondiente a $n = 1, 2, 3, \ldots$). Todos los estados con los mismos valores de n y ℓ forman una **subcapa,** designada por una letra *s, p, d, f*, . . . (correspondiente a $\ell = 0, 1, 2, 3, \ldots$).

Para describir completamente un estado cuántico del átomo de hidrógeno, es necesario incluir un cuarto número cuántico m_s, denominado **número cuántico de espín.** Este número cuántico puede tener únicamente dos valores, $\pm\frac{1}{2}$ y conduce a duplicar el número de estados posibles, respecto a los especificados por los números cuánticos n, ℓ, y m_ℓ.

Un átomo en un estado caracterizado por un n específico puede tener los siguientes valores del **momento angular orbital** L:

$$|\mathbf{L}| = L = \sqrt{\ell(\ell+1)}\hbar \qquad \ell = 0, 1, 2, \ldots, n-1 \quad \textbf{[11.9]}$$

Los valores permitidos de la proyección del vector momento angular **L** sobre el eje z vienen dados por:

$$L_z = m_\ell \hbar \quad \textbf{[11.10]}$$

donde m_ℓ está restringido a tomar valores enteros entre $-\ell$ y ℓ. Sólo están permitidos valores discretos de L_z, y vienen determinados por las restricciones de m_ℓ. Esta cuantización de L_z se denomina **cuantización espacial.**

El electrón tiene un momento angular intrínseco, denominado **momento angular de espín.** Es decir, el momento angular total del átomo puede tener dos contribuciones: una procedente del espín del electrón (**S**) y otra del movimiento orbital del electrón (**L**).

El espín electrónico puede describirse utilizando un número cuántico $s = \frac{1}{2}$. La magnitud del **momento angular de espín** es

$$S = \frac{\sqrt{3}}{2}\hbar \quad \textbf{[11.12]}$$

y la componente z de **S** es

$$S_z = m_s\hbar = \pm\tfrac{1}{2}\hbar \quad \textbf{[11.13]}$$

El momento magnético $\boldsymbol{\mu}_s$ asociado al momento angular de espín de un electrón es

$$\boldsymbol{\mu}_s = -\frac{e}{m_e}\mathbf{S} \quad \textbf{[11.14]}$$

La componente z de $\boldsymbol{\mu}_s$ puede tener los valores

$$\mu_{sz} = \pm\frac{e\hbar}{2m_e} \quad \textbf{[11.15]}$$

El **principio de exclusión** afirma que **no puede haber dos electrones en un átomo con el mismo conjunto de números cuánticos** n, ℓ, m_ℓ, y m_s. Utilizando este principio, puede determinarse la configuración electrónica de los elementos. Este conocimiento sirve como base para comprender la estructura atómica y las propiedades químicas de los elementos.

Las transiciones electrónicas permitidas entre dos niveles de energía en un átomo están gobernadas **por las reglas de selección**

$$\Delta\ell = \pm 1 \quad \text{y} \quad \Delta m_\ell = 0 \text{ o } \pm 1 \quad \textbf{[11.16]}$$

El **espectro de rayos X** de un metal consiste en un conjunto de líneas características sobrepuestas a un espectro continuo. Se denomina **bremsstrahlung** a los rayos X generados por el frenado de electrones de alta energía al alcanzar el metal. Los **rayos X característicos** son emitidos por los átomos cuando un electrón sufre una transición desde una capa externa a un hueco electrónico en una capa interna.

PREGUNTAS

1. ¿Es la luz emitida por una señal de neón un espectro continuo o una serie de colores discretos? Justifique la respuesta.
2. ¿Debe un átomo ionizarse antes de poder emitir luz?
3. Explique por qué se utiliza el término *nube electrónica* para describir la estructura electrónica del átomo desde el punto de vista de la mecánica cuántica.
4. En el texto se afirma que, si el principio de exclusión no fuera válido, cualquier electrón acabaría en el estado de menor energía del átomo y el comportamiento químico de los elementos variaría enormemente. Explique esta afirmación.
5. ¿Por qué se necesitan tres números cuánticos (ignorado al espín) para describir un estado de un átomo con un sólo electrón?

6. ¿Por qué se utiliza un campo magnético no uniforme en el experimento de Stern-Gerlach?
7. ¿Podría realizarse el experimento de Stern-Gerlach con iones en vez de átomos neutros? Explique por qué.
8. Describa algunos experimentos que apoyan la conclusión de que el número cuántico de espín de los electrones sólo puede tomar los valores $\pm\frac{1}{2}$.
9. Explique algunas de las consecuencias del principio de exclusión.
10. ¿Por qué el litio, el potasio y el sodio poseen propiedades químicas similares?
11. A partir de la tabla 11.4, vemos que las energías de ionización para el Li, Na, K, Rb y Cs son 5.390, 5.138, 4.339, 4.176 y 3.893 eV respectivamente. Explique a partir de las estructuras atómicas, por qué estos valores son de esperarse.
12. El espectro de emisión de un gas consiste de líneas que se hacen más anchas en energía a medida que aumenta la densidad del gas. ¿Por qué sucede esto?
13. ¿Cómo es posible que los electrones, que tienen una distribución de probabilidad alrededor de un núcleo, puedan existir en estados de energías definidas ($1s$, $2p$, $3d$, . . .)?
14. Es fácil entender cómo dos electrones (uno con espín hacia arriba, otro con espín hacia abajo) pueden llenar la capa $1s$ de un átomo de helio. ¿Cómo es posible que ocho electrones más puedan ocupar el nivel $2s$, $2p$ para completar la configuración $1s^22s^22p^6$ de un átomo de neón?
15. En 1916, Henry Moseley pudo definir el número atómico de un elemento a partir de su espectro de rayos X característicos. ¿Cómo fue posible? (*Sugerencia:* consulte las figuras 11.14 y 11.15.)

PROBLEMAS

1, 2, 3 = fácil, intermedio, difícil   web = solución publicada en **http://www.harcourtcollege.com/physics/**

= se recomienda el uso de computadora para la resolución del problema

= problemas numérico/simbólico emparejados   = aplicaciones biomédicas

Sección 11.1 Primeros modelos estructurales del átomo

1. **Problema de repaso.** En el experimento de dispersión de Rutherford, partículas alfa de 4.00 MeV (núcleos de ^{4}He con dos protones y dos neutrones) son dispersadas por núcleos de oro (con 79 protones y 118 neutrones). Suponga que una partícula alfa realiza un choque de frente con un núcleo de oro y es dispersada hacia atrás con un ángulo de 180°. Determine (a) la distancia de maximo acercamiento que alcanza la partícula alfa respecto al núcleo de oro, (b) la fuerza máxima ejercida sobre la partícula alfa. Suponga que el núcleo de oro permanece estático durante el proceso.

Sección 11.2 Una revisión del átomo de hidrógeno

2. La serie de Balmer para el átomo de hidrógeno corresponde a las transiciones electrónicas que acaban en el estado de número cuántico $n = 2$, como se muestra en la figura P11.2. (a) Considere el fotón de longitud de onda más larga; calcule su energía y longitud de onda. (b) Considere la línea espectral de la longitud de onda más corta; calcule la energía y longitud de onda del fotón.

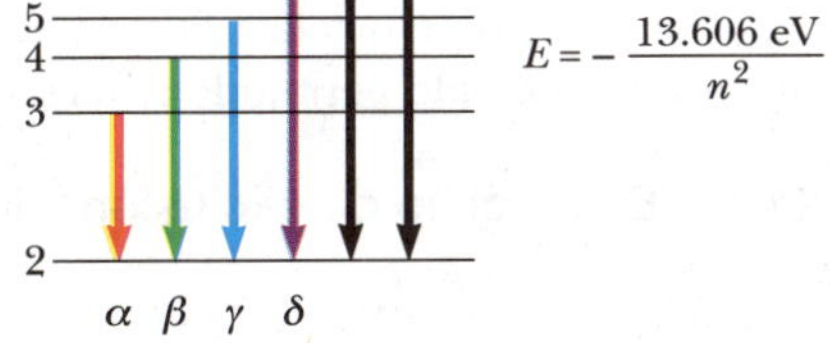

Figura P11.2 Diagrama de niveles de energía para el hidrógeno, mostrando la serie de Balmer (no está representada a escala).

3. Una expresión general para los niveles de energía de los átomos e iones de un solo electrón es

$$E_n = -\frac{\mu k_e^2 q_1^2 q_2^2}{2\hbar^2 n^2}$$

donde k_e es la constante de Coulomb, q_1 y q_2 son las cargas del electrón y el núcleo y μ es la masa reducida, dada por $\mu = m_1 m_2/(m_1 + m_2)$. En el problema 2 vimos que la longitud de onda de la transición de $n = 3$ a $n = 2$ en el átomo de hidrógeno es de 656.3 nm (luz roja visible). ¿Cuáles son las longitudes de onda de la misma transición en (a) el positronio, que consta de un electrón y un positrón y (b) helio iónico He^+? (*Nota:* Un positrón es un electrón con carga positiva).

4. El gas ordinario de hidrógeno es una mezcla de dos tipos de átomos (isótopos) que contienen núcleos de una o dos partículas. Estos isótopos son hidrógeno–1 con un núcleo formado por un protón, e hidrógeno–2, denominado deuterio, cuyo núcleo es un deuterón. Un deuterón está formado por un protón y un neutrón asociados. El hidrógeno–1 y el deuterio tienen propiedades químicas idénticas, pero pueden separarse utilizando una ultracentrifugadora u otros métodos. Sus espectros de emisión muestran líneas de los mismos colores, con longitudes de onda ligeramente diferentes. (a) Utilice la ecuación del problema 3 para demostrar que la diferencia de longitud

de onda entre el hidrógeno–1 y el deuterio para una transición electrónica determinada viene dada por

$$\lambda_H - \lambda_D = \left(1 - \frac{\mu_H}{\mu_D}\right)\lambda_H$$

(b) Calcule la diferencia entre las longitudes de onda de la línea alfa de la serie de Balmer para el hidrógeno, de longitud de onda 656.3 nm, emitida por un átomo que realiza una transición de un estado $n = 3$ a un estado $n = 2$. Esta diferencia de longitud de onda fue observada en 1931 por Harold Urey, para confirmar su descubrimiento del deuterio.

5. Un fotón con energía de 2.28 eV es apenas capaz de producir efecto fotoeléctrico cuando impacta en una placa de sodio. Supongamos que el fotón es absorbido por hidrógeno en vez de sodio. Calcule (a) el valor mínimo de n para que un átomo de hidrógeno sea ionizado por el fotón y (b) la rapidez del electrón arrancado a una gran distancia del núcleo.

Sección 11.3 Número cuántico de espín

6. Escriba la lista de conjuntos de números cuánticos posibles para los electrones de (a) la subcapa $3d$ y (b) la subcapa $3p$.

Sección 11.4 Funciones de onda del átomo de hidrógeno

7. La función de onda del estado base del electrón en un átomo de hidrógeno es

$$\psi_{1s}(r) = \frac{1}{\sqrt{\pi a_0^3}} e^{-r/a_0}$$

donde r es la coordenada radial del electrón y a_0 es el radio de Bohr. (a) Demuestre que la función de onda dada está normalizada. (b) Calcule la probabilidad de encontrar el electrón entre $r_1 = a_0/2$ y $r_2 = 3a_0/2$.

8. Grafique la función de onda $\psi_{1s}(r)$ (ecuación 11.3) y la función de densidad de probabilidad radial $P_{1s}(r)$ (ecuación 11.7) del hidrógeno. Hágalo para r comprendida entre 0 y $1.5a_0$, donde a_0 es el radio de Bohr.

9. web Para un estado con simetría esférica del átomo de hidrógeno, la ecuación de Schrödinger en coordenadas esféricas es

$$-\frac{\hbar^2}{2m}\left(\frac{d^2\psi}{dr^2} + \frac{2}{r}\frac{d\psi}{dr}\right) - \frac{k_e e^2}{r}\psi = E\psi$$

Demuestre que la función de onda $1s$ para un electrón en el átomo de hidrógeno,

$$\psi_{1s}(r) = \frac{1}{\sqrt{\pi a_0^3}} e^{-r/a_0}$$

satisface la ecuación de Schrödinger.

10. La función de onda de un electrón en el estado $2p$ del átomo de hidrógeno viene descrita por la expresión

$$\psi_{2p} = \frac{1}{\sqrt{3}(2a_0)^{3/2}} \frac{r}{a_0} e^{-r/2a_0}$$

¿Cuál es la distancia más probable, en el estado $2p$ entre el electrón y el núcleo? (figura 11.7).

11. Durante un periodo determinado, un electrón en el estado base del átomo de hidrógeno se "observa" 1 000 veces a una distancia $a_0 2$ del núcleo. ¿Cuántas veces se ha observado el electrón a una distancia $2a_0$ del núcleo durante el mismo periodo de observación?

Sección 11.5 Interpretación física de los números cuánticos

12. Calcule el momento angular de un electrón en (a) el estado $4d$ y (b) en el estado $6f$.

13. Si un electrón tiene momento angular orbital igual a 4.714×10^{-34} J · s, ¿cuál es el número cuántico orbital de dicho estado del electrón?

14. Un electrón se encuentra en la capa N. Calcule el valor máximo de la componente z de su momento angular.

15. Un átomo de hidrógeno se encuentra en el quinto estado excitado. El átomo emite un fotón de longitud de onda 1 090 nm. Calcule el momento angular orbital máximo del electrón tras la emisión.

16. Calcule todos los valores posibles de L, L_z, y θ de un electrón en el estado $3d$ del hidrógeno.

17. web ¿Cuántos conjuntos de números cuánticos son posibles para un electrón con (a) $n = 1$, (b) $n = 2$, (c) $n = 3$, (d) $n = 4$, y (e) $n = 5$? Compruebe los resultados, para verificar que cumplen la regla general de que el número total de conjuntos de números cuánticos de una capa es igual a $2n^2$.

18. (a) Calcule la densidad de masa de un protón, suponiendo que es una esfera sólida de radio 1.00×10^{-15} m. (b) Considere el modelo clásico de un electrón como una esfera sólida con la misma densidad del protón. Calcule su radio. (c) Imagine que dicho electrón posee un momento angular de espín $I\omega = \hbar/2$ debido a la rotación clásica alrededor del eje z. Calcule la rapidez de un punto situado en el ecuador del electrón y (d) compare dicha rapidez con la rapidez de la luz.

19. El mesón ρ tiene una carga igual a $-e$, un número cuántico de espín 1, y una masa igual a 1 507 veces la del electrón. Imagine que los electrones de los átomos fueran remplazados por mesones ρ. Escriba los conjuntos posibles de números cuánticos de los mesones ρ de la subcapa $3d$.

20. Todos los objetos, grandes y pequeños, cumplen las reglas de la mecánica cuántica. (a) Estime el número cuántico de la Tierra en su órbita alrededor del Sol. (b) ¿Qué variación de energía (en joules) se produciría si la Tierra realizara una transición a un estado permitido adyacente?

Sección 11.6 El principio de exclusión y la tabla periódica

21. (a) Escriba la configuración electrónica del estado base del oxígeno ($Z = 8$). (b) Escriba los valores del conjunto de números cuánticos n, ℓ, m_ℓ, y m_s de cada electrón del oxígeno.

22. Elabore una tabla similar a la de la figura 11.11 para átomos que contengan de 11 a 19 electrones. Utilice la regla de Hund y las estimaciones oportunas.

23. Según se avanza en la tabla periódica, ¿qué subcapa se completa primero, la $3d$ o la $4s$? ¿Qué configuración electrónica tiene menor energía, $[\mathrm{Ar}]3d^4 4s^2$ o $[\mathrm{Ar}]3d^5 4s^1$? ¿Cuál tiene mayor número de espines desapareados? Identifique el elemento y estudie la regla de Hund en este caso. (*Nota:* La notación [Ar] representa la configuración completa del argón.)

24. Dos electrones en el mismo átomo tienen $n = 3$ y $\ell = 1$. (a) Escriba los números cuánticos de los estados posibles del átomo. (b) ¿Cuántos estados serían posibles si no existiera el principio de exclusión?

25. Considere un átomo en el estado base, en el que los electrones externos llenan completamente la capa M. (a) Identifique el átomo. (b) Escriba el número de electrones en cada subcapa.

26. Cierto elemento tiene a su electrón más externo en el estado $3p$. Tiene valencia $+3$, puesto que tiene tres electrones más que cierto gas noble. ¿Qué elemento es?

27. web (a) Al recorrer la tabla 11.4 en orden de número atómico creciente, observe que los electrones llenan las subcapas de manera que las subcapas con los valores más pequeños de $n + \ell$ se completan primero. Si hay dos subcapas con el mismo valor de $n + \ell$, la subcapa con el valor más pequeño de n se llena primero. Utilizando estas dos reglas, escriba el orden en el que se llenan las subcapas hasta $n + \ell = 7$. (b) Prediga la valencia química de los elementos con números atómicos 15, 47 y 86, y compare el resultado con los valores reales de la valencia.

28. Para un átomo neutro del elemento 110, ¿cuál es la configuración del estado base más probable?

29. Para un electrón con momento magnético $\boldsymbol{\mu}_s$ en un campo magnético **B**, el resultado del problema 20 del capítulo 4 implica lo siguiente: el electrón puede encontrarse en un estado de energía mayor con la componente z del momento magnético opuesta al campo, o en un estado de energía menor con la componente z del momento magnético paralela al campo. La diferencia de energía entre ambos estados es $2\mu_B B$.

Al usar alta resolución, muchas líneas espectrales resultan ser duales. Los más famosos son las dos líneas amarillas del espectro del sodio (las líneas D), con longitudes de onda 588.995 nm y 589.592 nm. Su existencia fue explicada en 1925 por Goudsmit y Uhlenbeck, quienes postularon que el electrón tiene un momento angular intrínseco de espín. Cuando se excita un átomo de sodio con el electrón más externo en el estado $3p$, el movimiento orbital del electrón más externo crea un campo magnético. La energía del átomo es ligeramente diferente si el electrón tiene el espín hacia arriba o hacia abajo en dicho campo. Por tanto la energía del fotón emitido por el átomo cuando cae al estado base depende de la energía del estado excitado. Calcule la magnitud del campo magnético interno que produce este *acoplamiento espín-órbita.*

Sección 11.7 Espectros atómicos: visible y rayos X

30. (a) Determine los valores posibles de los números cuánticos ℓ y m_ℓ del ión He^+ en el estado correspondiente a $n = 3$, (b) ¿Cuál es la energía de dicho estado?

31. Si se desea producir rayos X de 10.0 nm en el laboratorio, ¿cuál es el voltaje mínimo que debe emplearse para acelerar a los electrones?

32. En la producción de rayos X, se aceleran los electrones a través de un alto voltaje ΔV y a continuación se desaceleran al hacerlos chocar con un blanco. Demuestre que la longitud de onda más corta posible del rayo X producido es

$$\lambda_{\text{mín}} = \frac{1\,240 \text{ nm}\cdot\text{V}}{\Delta V}$$

33. Utilice el método descrito en el ejemplo 11.8 para calcular la longitud de onda de los rayos X emitidos por un blanco de molibdeno ($Z = 42$) cuando un electrón pasa de la capa L ($n = 2$) a la capa K ($n = 1$).

34. La longitud de onda de los rayos X característicos correspondientes a la línea K_β es de 0.152 nm. Calcule el material blanco.

35. Se disparan electrones contra un blanco de bismuto, y como resultado se emiten rayos X. Calcule (a) la energía de la transición de la capa M a la capa L para el Bi y (b) la longitud de onda de los rayos X emitidos cuando un electrón pasa de la capa M a la capa L.

36. La serie K del espectro discreto del tungsteno contiene longitudes de onda de 0.018 5 nm, 0.020 9 nm y 0.021 5 nm. La energía de ionización de la capa K es de 69.5 keV. Calcule las energías de ionización de las capas L, M y N. Represente las transiciones.

Sección 11.8 Relación con el contexto. Átomos en el espacio

37. En el espacio interestelar, el hidrógeno atómico produce la línea espectral denominada radiación 21 cm, que es muy útil a los astrónomos para detectar nubes de hidrógeno entre las estrellas. Esta radiación resulta útil porque es la única señal emitida por el hidrógeno frío y porque el polvo interestelar que oscurece la luz visible es transparente a estas ondas de radio. La radiación no está generada por una transición electrónica entre estados energéticos caracterizados por diferentes valores de n. En cambio, en el estado base ($n = 1$), los espines del protón y el electrón pueden ser paralelos o antiparalelos, y la energía de ambos estados es ligeramente diferente. (a) ¿Cuál de los dos estados tiene mayor energía? (b) Para ser más precisos, la línea espectral tiene una longitud de onda de 21.11 cm. ¿Cuál es la diferencia de energía entre los dos estados? (c) La vida promedio en el estado excitado es de unos 10^7 años. Calcule la incertidumbre asociada a la energía del nivel excitado.

38. Problema de repaso. Repase la sección 6.3. Demuestre que el desplazamiento Doppler en la longitud de onda de las ondas electromagnéticas viene dado por

$$\lambda' = \lambda\sqrt{\frac{1 + v/c}{1 - v/c}}$$

donde λ' es la longitud de onda medida por un observador que se mueve con rapidez v alejándose de la fuente que emite ondas de longitud de onda λ.

39. web Un cuásar lejano se aleja de la Tierra a una rapidez tan alta que la línea azul H_γ de 434 nm del hidrógeno se observa a 510 nm, en la región verde del espectro (figura 11.39). (a) ¿A qué velocidad se aleja el cuásar? Puede utilizar el resultado del problema 38. (b) Edwin Hubble descubrió que todos los objetos fuera del grupo local de galaxias se alejan de nosotros, con velocidades proporcionales a sus distancias a la Tierra. La ley de Hubble se expresa como $v = HR$, donde la constante de Hubble tiene un valor aproximado de $H = 17 \times 10^{-3}$ m/s·al. Calcule la distancia entre la Tierra y el cuásar.

Problemas adicionales

40. Problema de repaso. (a) ¿Qué energía se requiere para hacer que un electrón del hidrógeno pase del estado $n = 1$ al estado $n = 2$? (b) Suponiendo que los electrones ganan esa energía a través de colisiones entre los átomos de hidrógeno a gran temperatura, ¿a qué temperatura sería la energía cinética atómica promedio $3k_BT/2$,

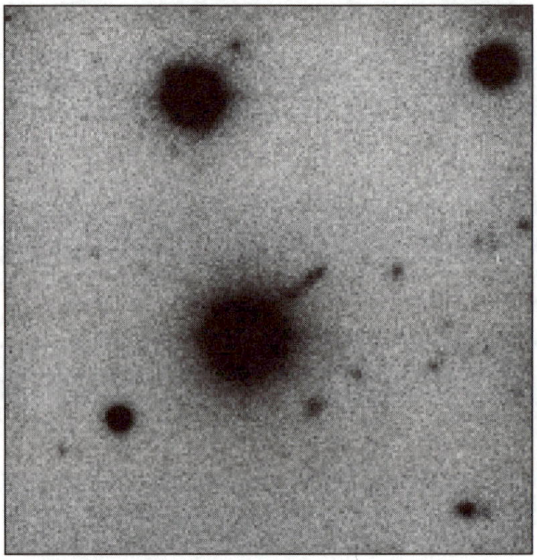

(a)

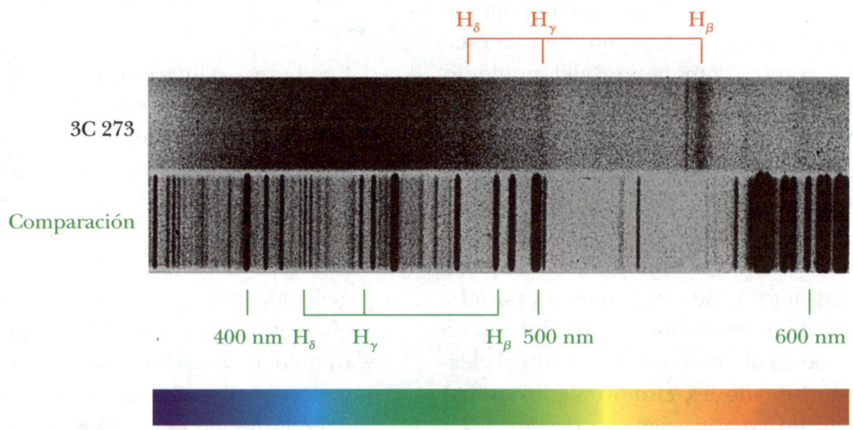

(b)

Figura P11.39 (a) Imagen del cuásar 3C273. (b) Espectro del cuásar sobre un espectro de comparación emitido por átomos estacionarios de hidrógeno y helio. Ambas partes de la figura se han representado en forma de negativos en blanco y negro para revelar más detalles. *(Fotografía de Maarten Schmidt/Palomar Observatory/California Institute of Technology)* donde k_B es la constante de Boltzmann, suficientemente grande para excitar los electrones?

41. Demuestre que el valor promedio de r para el estado $1s$ del átomo de hidrógeno es $3a_0/2$. (*Sugerencia*: utilice la ecuación 11.7.)

42. Suponga que tres partículas neutras de masa m y espín $\frac{1}{2}$ están contenidas en una caja unidimensional de longitud L. ¿Cuál es la energía del estado base de dicho sistema?

43. Suponga que un átomo de hidrógeno se encuentra en el estado $2s$. Tomando $r = a_0$, calcule los valores de (a) $\psi_{2s}(a_0)$, (b) $|\psi_{2s}(a_0)|^2$, y (c) $P_{2s}(a_0)$. (*Sugerencia*: utilice la ecuación 11.8.)

44. Los estados de la materia son sólido, líquido, gas y plasma. El plasma puede describirse como un gas de partículas cargadas, o un gas de átomos ionizados. La mayor parte de la materia del Sistema Solar es plasma (en el interior del Sol). De hecho, la mayor parte de la materia del Universo es plasma; también es plasma la llama de una vela. Utilice la información de la figura 11.12 para realizar una estimación del orden de magnitud de la temperatura necesaria para convertir un elemento químico típico en plasma ionizando la mayor parte de los átomos de la muestra. Explique su razonamiento.

45. (a) Demuestre que la posición radial más probable para un electrón en el estado $2s$ del átomo de hidrógeno es $r = 5.236a_0$. (b) Demuestre que la función de onda de la ecuación 11.8 está normalizada.

46. La fuerza sobre un momento magnético μ_z en un campo magnético no uniforme B_z viene dada por la expresión $F_z = \mu_z(dB_z/dz)$. Si un haz de átomos de plata viaja una distancia horizontal de 1.00 m a través de un campo de este tipo y cada átomo tiene una rapidez de 100 m/s, ¿cuál debe ser el gradiente del campo dB_z/dz para desviar el haz 1.00 mm?

47. Un electrón en un átomo de cromo pasa del estado $n = 2$ al estado $n = 1$ sin emitir un fotón. En vez de eso, la energía excedente se transfiere a un electrón externo (uno del estado $n = 4$), que es arrancado del átomo. (Este proceso se denomina proceso de Auger y el electrón arrancado se llama electrón de Auger.) Utilice la teoría de Bohr para calcular la energía cinética del electrón de Auger.

48. Suponga que la energía de ionización de un átomo es de 4.10 eV. En el espectro del mismo átomo observamos líneas de emisión de longitudes de onda de 310 nm, 400 nm y 1 377.8 nm. Utilice esta información para representar el diagrama de niveles de energía con el mínimo número de niveles. Suponga que los niveles superiores están más próximos.

49. Todos los átomos tienen el mismo orden de magnitud en lo que se refiere a su tamaño. (a) Para demostrar esta afirmación, estime el diámetro del aluminio (masa molar 27.0 g/mol y densidad 2.70 g/cm^3) y el uranio (masa molar 238 g/mol y densidad 18.9 g/cm^3). (b) ¿Qué nos dicen esos resultados sobre las funciones de onda de los electrones internos a medida que observamos átomos de masa atómica mayor? (*Sugerencia*: el volumen molar es aproximadamente D^3N_A, donde D es el diámetro atómico y N_A es el número de Avogadro.)

50. ¿Cuál es la probabilidad de encontrar el electrón a una distancia más grande de $2.50a_0$ del núcleo del átomo de hidrógeno en el estado $1s$?

51. web De acuerdo con la física clásica, una carga e que se mueve con aceleración a emite energía según la expresión

$$\frac{dE}{dt} = -\frac{1}{6\pi\epsilon_0}\frac{e^2a^2}{c^3}$$

(a) Demuestre que un electrón en un átomo de hidrógeno clásico (figura 11.3) cae al núcleo con velocidad

$$\frac{dr}{dt} = -\frac{e^4}{12\pi^2\epsilon_0{}^2r^2m_e{}^2c^3}$$

(b) Calcule el tiempo que tarda el electrón en alcanzar $r = 0$, si inicialmente se encuentra en $r_0 = 2.00 \times 10^{-10}$ m

52. En la técnica denominada resonancia de espín electrónico (ESR, electron spin resonance), se sitúa una muestra que contiene electrones desapareados de un campo magnético. Consideremos la situación más simple, en la que sólo hay un electrón presente y por tanto sólo son posibles dos estados de energía, los correspondientes a $m_s = \pm\frac{1}{2}$. En la ESR, la absorción de un fotón hace que el momento magnético de espín del electrón cambie del estado de menor energía al de mayor energía. De acuerdo con el resultado del problema 20 del capítulo 4, la variación de energía es $2\mu_BB$. (El estado de menor energía corresponde al caso en el que el momento magnético $M_{espín}$ está alineado con el campo magnético, y el estado de mayor energía corresponde al estado en el que $\boldsymbol{\mu}_{espín}$ tiene sentido opuesto al campo.) ¿Cuál es la frecuencia del fotón necesaria para excitar una transición ESR en un campo magnético de 0.350 T?

53. Demuestre que la función de onda de un electrón en el estado $2s$ del átomo de hidrógeno

$$\psi_{2s}(r) = \frac{1}{4\sqrt{2\pi}}\left(\frac{1}{a_0}\right)^{3/2}\left(2 - \frac{r}{a_0}\right)e^{-r/2a_0}$$

satisface la ecuación de Schrödinger con simetría esférica del problema 9.

54. **Problema de repaso.** Steven Chu, Claude Cohen Tannoudji y William Phillips recibieron el premio Nobel de Física de 1997 por "el desarrollo de métodos para enfriar y atrapar átomos con láser". Una parte de su trabajo se realizó con un haz de átomos (masa $\sim 10^{-25}$ kg) que se movían a una rapidez aproximada de 1 km/s, similar a la rapidez de las moléculas del aire a temperatura ambiente. Un haz intenso de rayos láser, sintonizado a una longitud de onda correspondiente a una transición atómica del espectro visible (suponga unos 500 nm) se dirige directamente contra el haz de átomos. Es decir, el haz de átomos y el haz de láser viajan en sentidos opuestos. Un átomo en el estado base absorbe inmediatamente un fotón. El momento total se

conserva en el proceso de absorción. Después de una vida promedio de unos 10^{-8} s, el átomo excitado emite radiación espontáneamente, teniendo igual probabilidad de emitir el fotón en cualquier dirección. Por tanto, el "retroceso" promedio del átomo es cero después de un gran número de procesos de absorción/emisión. (a) Calcule la desaceleración promedio del haz de átomos. (b) ¿Cuál es el orden de magnitud de la distancia en la que los átomos del haz se detendrán por completo?

55. Utilice los niveles de energía del átomo de hidrógeno para demostrar que, cuando el electrón pasa del estado n al estado n–1, la frecuencia de la radiación emitida es

$$f = \left(\frac{2\pi^2 m_e k_e^2 e^4}{h^3 n^2}\right)\frac{2n-1}{(n-1)^2}$$

56. Calcule la frecuencia de la luz que un átomo de hidrógeno debería emitir de acuerdo con la teoría clásica. Para hacerlo, tenga en cuenta que la frecuencia de giro del electrón es $v/2\pi r$, donde r es el radio de la órbita de Bohr. Demuestre que cuando n tiende a infinito en la ecuación del problema 55, la expresión varía como $1/n^3$ y se convierte en la de la frecuencia clásica en la que emitiría el átomo. Éste es un ejemplo del *principio de correspondencia*, que exige que los modelos clásico y cuántico estén de acuerdo para grandes valores de n.

57. **Leningrado, 1930**—Lev Davidovich Landau resolvió la ecuación de Schrödinger para una partícula cargada que se mueve en un campo magnético uniforme. Un electrón que se mueve perpendicularmente a un campo magnético **B** puede considerarse como un átomo sin núcleo. Landau demostró que su energía está cuantizada en escalones uniformes de valor $e\hbar B/m_e$.

Harvard, 1999—Gerald Gabrielse atrapa un único electrón en un recipiente de metal de un centímetro de tamaño enfriado a una temperatura de 80 mK en el que se ha hecho el vacío. En un campo magnético de intensidad 5.26 T, el electrón describe órbitas circulares durante horas en su estado de energía mínima, generando una señal medible al moverse. (a) Calcule el tamaño de un salto cuántico en la energía del electrón. (b) Para comparar, calcule $k_B T$ como una medida de la energía disponible para el electrón en forma de radiación de cuerpo negro de las paredes del recipiente. (c) Puede introducirse radiación de microondas para excitar al electrón. Calcule la frecuencia y longitud de onda del fotón que absorbe el electrón al saltar al segundo nivel de energía. Mediciones de la frecuencia de absorción de resonancia verifica la teoría, y permite una determinación precisa de las propiedades del electrón.

RESPUESTAS A LAS PREGUNTAS RÁPIDAS

11.1 (a) 9. Para $n = 3$, los valores permitidos de ℓ son 0, 1 y 2. El estado $\ell = 0$ tiene un único valor posible de m_ℓ Si $\ell = 1$ hay tres posibles valores de m_ℓ $(-1, 0, 1)$ y cinco posibles valores $(-2, -1, 0, 1, 2)$ si $\ell = 2$. (b) 16. Además de los nueve estados del inciso (a) para $\ell = 2$ añadimos los siete valores $(-3, -2, -1, 0, 1, 2, 3)$ de m_ℓ para $\ell = 3$.

11.2 Cinco valores (0, 1, 2, 3, 4) de ℓ y nueve valores diferentes $(-4, -3, -2, -1, 0, 1, 2, 3, 4)$ de m_ℓ, de la siguiente manera:

ℓ	m_ℓ
0	0
1	$-1, 0, 1$
2	$-2, -1, 0, 1, 2$
3	$-3, -2, -1, 0, 1, 2, 3$
4	$-4, -3, -2, -1, 0, 1, 2, 3, 4$

11.3 No. Si la energía del átomo de hidrógeno fuera proporcional a n (o cualquier potencia de n) la energía tendería a infinito cuando n tendiera a infinito. Pero la energía del átomo es inversamente proporcional a n^2. Por tanto, cuando n tiende a infinito la energía del átomo tiende a cero. Como resultado, la frecuencia máxima de la radiación emitida tiende a un valor determinado por la diferencia entre cero y el valor (negativo) de energía del estado base.

11.4 El modelo vectorial para $\ell = 1$ se muestra en la figura RPR11.4.

11.5 Final: M. Inicial: O (puesto que el subíndice β indica que la capa inicial es dos niveles más alta que la M).

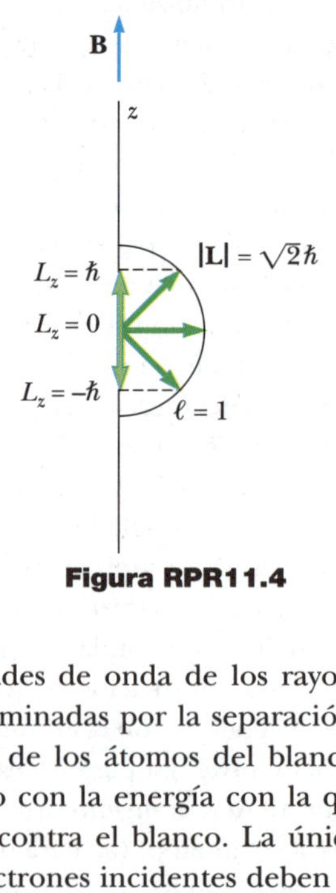

Figura RPR11.4

11.6 Las longitudes de onda de los rayos X característicos están determinadas por la separación entre los niveles de energía de los átomos del blanco, lo cual no está relacionado con la energía con la que se disparan los electrones contra el blanco. La única dependencia es que los electrones incidentes deben tener energía suficiente para arrancar un electrón de una capa interna.

11.7 Sí. Si los electrones alcanzan el blanco con una energía muy pequeña, los electrones del átomo no pueden ser arrancados, y no aparecen rayos X característicos. Puesto que los electrones incidentes experimentan una aceleración, el espectro continuo sí aparece.

capítulo

12

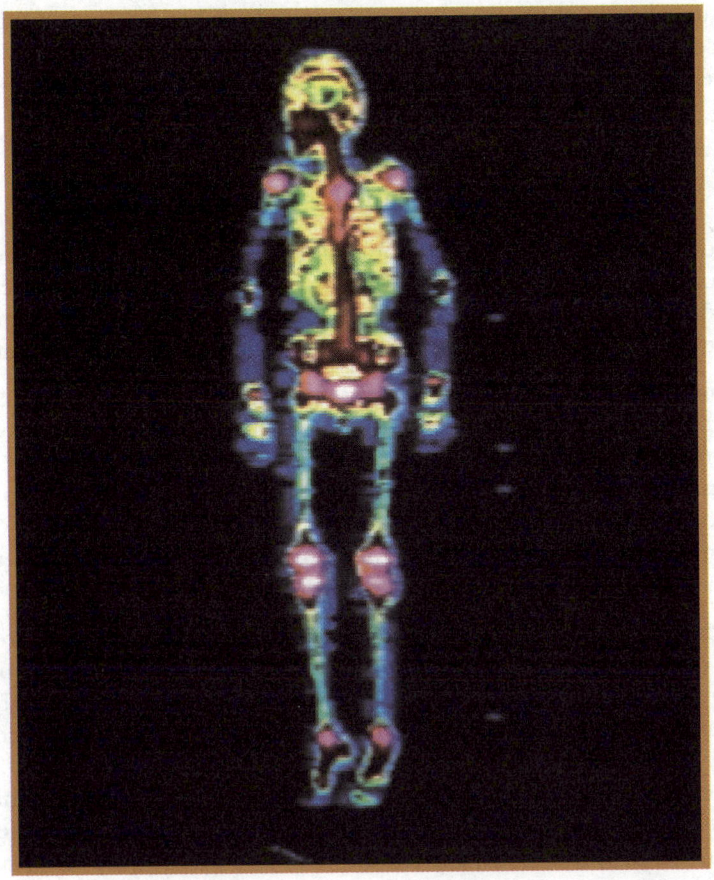

Mapeo del esqueleto obtenido inyectando un elemento radiactivo en el cuerpo y detectando los rayos gamma emitidos por la concentración del elemento en los huesos. Los rayos gamma son emitidos por núcleos que decaen radiactivamente. *(Alexander Tsiaris/ Science Source/Photo Researchers, Inc.)*

Física nuclear

contenido del capítulo

En 1896, el año que marcó el nacimiento de la física nuclear, Antoine Henri Becquerel (1852-1908) introdujo al mundo de la ciencia en la radiactividad de los compuestos de uranio, al descubrir accidentalmente que los cristales de sulfato potásico de uranio emitían una radiación invisible que podía oscurecer una placa fotográfica que estaba cubierta para protegerla de la luz. Después de una serie de experimentos, concluyó que la radiación emitida por los cristales era de un nuevo tipo, una radiación que no requería estimulación externa y que era tan penetrante que podía velar placas fotográficas protegidas e ionizar gases.

Una gran cantidad de investigaciones siguieron a este descubrimiento, en el intento por entender la radiación emitida por los núcleos radiactivos. El trabajo pionero de Rutherford, mostró que la radiación emitida era de tres tipos de radiación, a los que llamó rayos alfa, beta y gamma. Experimentos posteriores demostraron que los rayos alfa son núcleos de helio, los rayos beta son electrones o positrones y los rayos gamma son fotones de alta energía.

Como vimos en la sección 11.1, en 1911 los experimentos de Rutherford establecieron que el núcleo de un átomo tiene un volumen muy pequeño y que la mayor parte de la masa atómica está contenida en el núcleo. Además, estos estudios demostraron la existencia de un nuevo tipo de fuerza, la fuerza nuclear, que introdujimos por primera vez en la sección 5.6. Esta fuerza es predominante a distancias del orden de 10^{-15} m y prácticamente cero para distancias superiores.

En este capítulo analizaremos las propiedades y la estructura del núcleo atómico. Describiremos las propiedades básicas del núcleo, las fuerzas nucleares, la energía de enlace nuclear, el fenómeno de la radiactividad y las reacciones nucleares.

12.1 • ALGUNAS PROPIEDADES DEL NÚCLEO

En el modelo aceptado de la estructura del núcleo, todos los núcleos están compuestos por dos tipos de partículas: protones y neutrones. La única excepción es el núcleo ordinario de hidrógeno, el cual es un único protón y no tiene neutrones. En la descripción del núcleo atómico, utilizamos las siguientes cantidades enteras:

- El **número atómico** Z (introducido en el capítulo 11), que es igual al número de protones en el núcleo (el número atómico es llamado a veces número de carga).
- El **número de neutrones** N, que es el número de neutrones en el núcleo.
- El **número másico** A, que es igual al número de nucleones (neutrones más protones) en el núcleo. Es decir, $A = N + Z$.

¡ADVERTENCIA! 12.1

El número de masa no es la masa atómica

El número de masa no debe confundirse con la masa atómica, definida en la sección 1.2 del volumen I. El número de masa es un número entero asociado de un isótopo y no tiene unidades: es simplemente el número de nucleones. La masa atómica, en general, no es un entero, porque es un promedio de las masas de los isótopos naturales de un elemento dado, y tiene unidades de u.

Para describir al núcleo, resulta conveniente disponer de una representación simbólica que muestre cuántos protones y neutrones hay. El símbolo utilizado es $^{A}_{Z}\mathrm{X}$, donde X es el símbolo químico del elemento. Por ejemplo, $^{56}_{26}\mathrm{Fe}$ (hierro) tiene un número de masa de 56 y un número atómico de 26; por tanto, contiene 26 protones y 30 neutrones. Cuando no sea probable que haya confusión, omitimos el subíndice Z, ya que el símbolo químico puede utilizarse para determinar Z.

El núcleo de todos los átomos de un elemento determinado contiene el mismo número de protones pero, a menudo, contiene un número diferente de neutrones. Los núcleos que emplean esta relación (igual número de protones pero distinto número de neutrones) se llaman **isótopos. Los isótopos de un elemento tienen el mismo valor de *Z*, pero diferentes valores de *N* y *A*.** La abundancia natural de los isótopos puede variar sustancialmente. Por ejemplo, $^{11}_{6}\mathrm{C}$, $^{12}_{6}\mathrm{C}$, $^{13}_{6}\mathrm{C}$, y $^{14}_{6}\mathrm{C}$ son cuatro isótopos del carbono. La abundancia natural del isótopo $^{12}_{6}\mathrm{C}$ es de alrededor del 98.9%, mientras que la de $^{13}_{6}\mathrm{C}$, es de sólo el 1.1%, aproximadamente (de los isótopos $^{11}_{6}\mathrm{C}$ y $^{14}_{6}\mathrm{C}$ solamente hay cantidades muy pequeñas). Aun el elemento más sencillo, el hidrógeno, tiene isótopos: $^{1}_{1}\mathrm{H}$, el núcleo ordinario del hidrógeno, $^{2}_{1}\mathrm{H}$,, el deuterio y $^{3}_{1}\mathrm{H}$, el tritio. Algunos isótopos no existen de manera natural pero pueden ser producidos en el laboratorio mediante reacciones nucleares.

Carga y masa

El protón tiene una carga positiva $+e$, el electrón tiene una carga negativa $-e$, donde $e = 1.60 \times 10^{-19}$ C, y el neutrón no tiene carga y no interactúa eléctricamente con otras partículas, por lo que es difícil de detectar.

En el capítulo 1 del volumen I, definimos la unidad de masa atómica u de forma que la masa atómica del isótopo $^{12}_{6}\mathrm{C}$ fuese exactamente 12 u, por lo que 1 u = $1.660\,559 \times 10^{-27}$ kg. Tanto el protón como el electrón tienen una masa de aproximadamente 1 u y la masa del electrón es sólo una pequeña fracción de la unidad de masa atómica.

$$\text{Masa del protón} = 1.007\,276 \text{ u}$$

$$\text{Masa del neutrón} = 1.008\,665 \text{ u}$$

$$\text{Masa del electrón} = 0.000\,549 \text{ u}$$

TABLA 12.1 **Masa del protón, el neutrón y el electrón en varias unidades.**

	Masa		
Partícula	**kg**	**u**	**MeV/c^2**
Protón	1.6726×10^{-27}	1.007 276	938.28
Neutrón	1.6750×10^{-27}	1.008 665	939.57
Electrón	9.109×10^{-31}	5.486×10^{-4}	0.511

Dado que la energía en reposo de una partícula está dada por $E_R = mc^2$ (sección 9.7 del volumen I), a menudo es conveniente expresar la unidad de masa atómica en términos de su energía en reposo equivalente. Para una unidad de masa atómica, tenemos

$$E_R = mc^2 = (1.660\,559 \times 10^{-27}\text{ kg})(2.997\,92 \times 10^8\text{ m/s})^2$$
$$= 931.494\text{ MeV}$$

Empleando esta equivalencia, los físicos nucleares a menudo expresan la masa en términos de la unidad MeV/c^2, donde

$$1\text{ u} = 931.494\text{ MeV}/c^2$$

En la tabla 12.1 podemos encontrar la masa de varias partículas simples. Las masas y otras propiedades de algunos isótopos se dan en la tabla 12.3 y en la tabla A.3 del apéndice A.

El tamaño del núcleo

El tamaño y la estructura del núcleo fueron estudiados por primera vez en los experimentos de dispersión de Rutherford, discutidos en la sección 11.1. A partir del principio de conservación de la energía, Rutherford encontró una expresión para calcular la distancia mínima a la que una partícula α que se dirige directamente al núcleo puede acercarse, antes de ser desviada por la fuerza de repulsión de Coulomb.

Consideremos el sistema de la partícula α incidente y el núcleo, y apliquemos el modelo del sistema aislado. En una colisión de frente, la energía cinética de la partícula α incidente (que tomaremos como la energía cinética del sistema, ya que suponemos que el núcleo tiene más masa que la partícula α) se transforma completamente en energía potencial eléctrica del sistema cuando la partícula se detiene (figura 12.1). Igualando la energía cinética inicial de la partícula α ($Z = 2$ con la energía potencial eléctrica del sistema cuando la partícula α se detiene, tenemos.

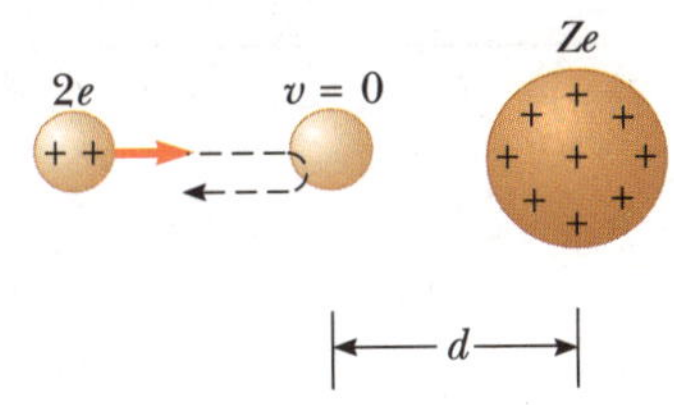

Figura 12.1 Una partícula α en una colisión frontal con un núcleo de carga *Ze*. A causa de la repulsión de Coulomb entre las cargas del mismo signo, la partícula se detiene momentáneamente a una distancia *d* del núcleo, llamada distancia de máxima aproximación.

$$\tfrac{1}{2}mv^2 = k_e \frac{q_1 q_2}{r} = k_e \frac{(2e)(Ze)}{d}$$

donde d es la distancia de máximo acercamiento, Z es el número atómico del núcleo, y hemos utilizado una expresión no relativista para la energía cinética ya que la rapidez de la partícula α emitida por desintegración radiactiva es pequeña respecto c. Despejando d, tenemos

$$d = \frac{4k_e Z e^2}{mv^2}$$

Figura 12.2

Un núcleo puede ser representado como una nube de esferas muy apretadas, cada una de las cuales es un nucleón.

A partir de esta expresión, Rutherford encontró que las partículas α se acercaban hasta una distancia de 3.2×10^{-14} m del núcleo, cuando la lámina de metal era de oro. Basándose en este cálculo y en el análisis de sus resultados para colisiones no frontales, Rutherford concluyó que el radio del núcleo del átomo de oro debía ser menor que este valor. Para átomos de plata, la distancia de máximo acercamiento es 2×10^{-14} m. De estos resultados, Rutherford llegó a la conclusión de que la carga positiva en el átomo está concentrada en una pequeña esfera llamada núcleo, cuyo radio no es mayor que, aproximadamente, 10^{-4} m. Observe que este radio es unas 10^{-4} veces el radio de Bohr, lo que corresponde a un volumen nuclear que es del orden de 10^{-12} veces el volumen del átomo de hidrógeno. El núcleo es una parte increíblemente pequeña del átomo. Dado que estas medidas tan pequeñas son comunes en la física nuclear, una unidad de medida conveniente es el *femtómetro* (fm), a veces llamado **fermi,** que se define por

$$1 \text{ fm} \equiv 10^{-15} \text{ m}$$

Desde la realización de los experimentos de dispersión de Rutherford, muchos otros experimentos han demostrado que la geometría del núcleo puede ser considerada como aproximadamente esférica, con un radio promedio de

• *Radio de un núcleo*

$$r = r_0 A^{1/3} \qquad [12.1]$$

donde A es el número de masa y r_0 es una constante igual a 1.2×10^{-15} m. Dado que el volumen de la esfera es proporcional al cubo del radio, se deduce de la ecuación 12.1 que el volumen del núcleo (suponiéndolo esférico) es directamente proporcional a A, el número de nucleones. Esto sugiere que **todos los núcleos tienen casi la misma densidad.** Los nucleones se combinan para formar un núcleo como si fuesen esferas empaquetadas (figura 12.2).

Ejemplo 12.1 **Volumen y densidad nuclear**

Encontrar (a) una expresión aproximada para la masa de un núcleo con número de masa A. (b) Una expresión para el volumen de este núcleo en términos del número de masa y (c) un valor numérico para su densidad.

Solución. (a) La masa del protón es aproximadamente igual a la del neutrón. Por tanto, si la masa de estas partículas es m, la masa del núcleo es aproximadamente Am.

(b) Suponiendo que el núcleo es esférico y utilizando la ecuación 12.1, su volumen es

$$V = \tfrac{4}{3}\pi r^3 = \tfrac{4}{3}\pi r_0{}^3 A$$

(c) La densidad del núcleo es

$$\rho_n = \frac{m_{\text{núcleo}}}{V} = \frac{Am}{\frac{4}{3}\pi r_0{}^3 A} = \frac{3m}{4\pi r_0{}^3}$$

$$= \frac{3(1.67 \times 10^{-27} \text{ kg})}{4\pi(1.2 \times 10^{-15} \text{ m})^3} = 2.3 \times 10^{17} \text{ kg/m}^3$$

Observe que la densidad del núcleo es ¡2.3×10^{14} veces mayor que la densidad del agua (10^3 kg/m^3)!

Estabilidad nuclear

Dado que el núcleo consta de un conjunto de protones y neutrones empaquetados, resulta sorprendente que pueda llegar siquiera a existir. La enorme fuerza de repulsión electrostática entre protones tan próximos debería hacer explotar el núcleo. Sin embargo, los núcleos son estables debido a la presencia de otra fuerza, la **fuerza nuclear** (véase la sección 5.6 del volumen I). Esta fuerza, que es de corto alcance (existe para separaciones entre partículas de menos de unos 2 fm), es una fuerza atractiva que actúa entre todas las partículas del núcleo. Los protones se atraen entre sí por la fuerza nuclear y al mismo tiempo se repelen entre sí

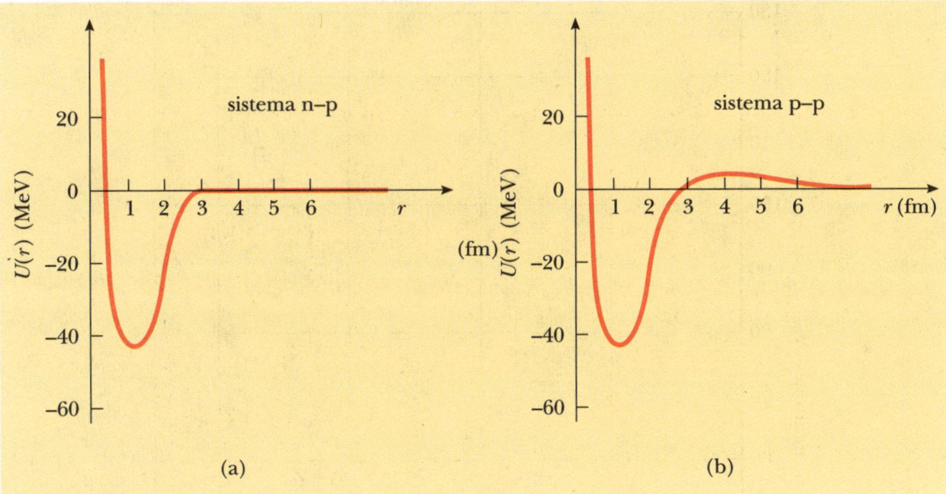

Figura 12.3

(a) Energía potencial en función de la distancia para el sistema neutrón-protón. (b) Energía potencial en función de la distancia para el sistema protón-protón. La diferencia entre las dos curvas se debe a la repulsión de Coulomb en el caso de la interacción protón-protón.

por la fuerza de Coulomb. La fuerza nuclear también actúa entre pares de neutrones y entre neutrones y protones.

Dentro del núcleo, la fuerza nuclear es mayor que la fuerza de Coulomb (para distancias cortas). Si no fuese así, no existirían núcleos estables. Además, la fuerza nuclear es independiente de la carga. En otras palabras, las fuerzas asociadas a las interacciones protón-protón, protón-neutrón y neutrón-neutrón son las mismas, dejando aparte la fuerza de repulsión adicional de Coulomb para la interacción protón-protón.

Las pruebas del rango de acción limitado de la fuerza nuclear provienen de los experimentos de dispersión y de los estudios de las energías nucleares de enlace, que trataremos a continuación. El corto alcance de la fuerza nuclear se muestra en la gráfica para la energía potencial de un par neutrón-protón (n-p) de la figura 12.3a, obtenida al dispersar neutrones utilizando un blanco que contiene hidrógeno. La profundidad del pozo de energía potencial de n-p es del orden de 40 a 50 MeV, y un fuerte componente repulsivo impide a los nucleones acercarse a más de 0.4 fm. Otra característica interesante de la fuerza nuclear es que su magnitud depende de las orientaciones relativas del *espín* de los nucleones, como se muestra en los experimentos de dispersión utilizando haces de partículas y blancos de espín polarizado.

La fuerza nuclear no afecta a los electrones, permitiendo utilizar electrones altamente energéticos para determinar la densidad de carga del núcleo. El hecho de que la fuerza nuclear sea independiente de la carga indica que la diferencia principal entre las interacciones n-p y p-p es que la energía potencial de la interacción p-p es la *superposición* de la interacción nuclear y la de Coulomb, como muestra la figura 12.3b. A distancias menores que 2 fm, tanto la energía potencial de un par p-p y la de un par n-p son casi idénticas, pero para distancias mayores que ésta el potencial de un par p-p tiene una barrera positiva de energía con un máximo en 4 fm.

Existen alrededor de 260 núcleos estables; se han observado cientos de núcleos más, pero son inestables. Una representación gráfica útil en física nuclear es la gráfica del número de neutrones N en función de Z para los núcleos estables, que se muestra en la figura 12.4. Observe que los núcleos ligeros son estables si

WEB

Para obtener a una versión detallada e interactiva de la figura 12.4, visite **www.dne.bnl.gov/CoN/**

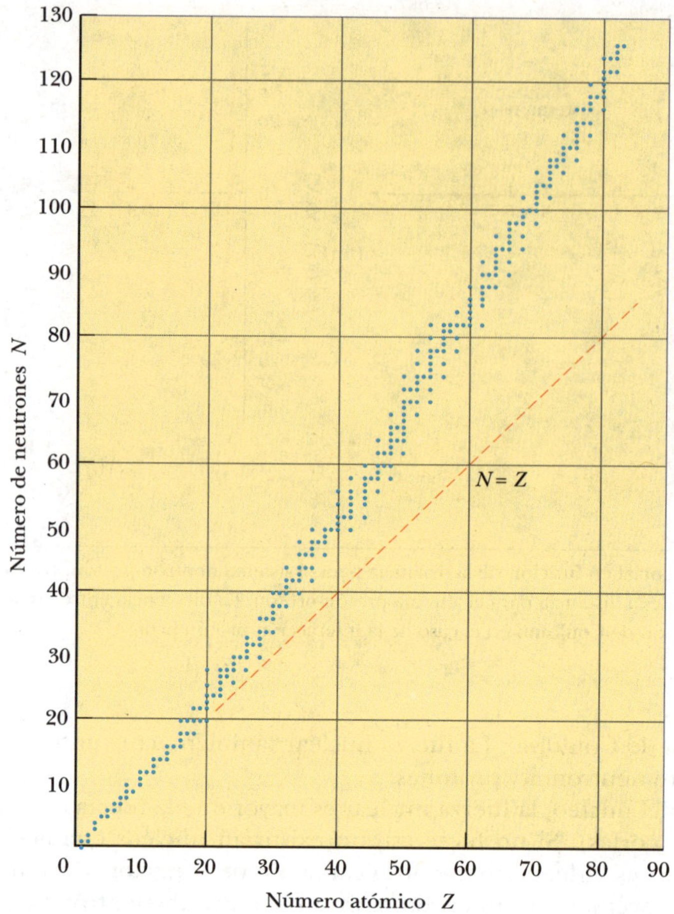

Figura 12.4

El número de neutrones N (puntos de la gráfica) en función del número atómico Z para núcleos estables. La línea discontinua corresponde a la condición $N = Z$.

contienen igual número de protones y neutrones —es decir, si $N = Z$—, pero los núcleos pesados son estables si $N > Z$. Esto puede entenderse, parcialmente, si consideramos que a medida que el número de protones aumenta, se incrementa la intensidad de la fuerza de Coulomb, que tiende a romper al núcleo. Como consecuencia, hacen falta más neutrones para mantener al núcleo estable, ya que los neutrones sólo experimentan las fuerzas nucleares atractivas. Eventualmente, cuando $Z = 83$, las fuerzas de repulsión entre los protones no pueden ser compensadas por la adición de más neutrones. Los elementos que contienen más de 83 protones no tienen núcleos estables.

Curiosamente, los núcleos más estables tienen valores pares de A. De hecho, ciertos valores de Z y N corresponden a núcleos con una estabilidad inusualmente alta. Estos valores de N y Z, conocidos como **números mágicos,** son

$$Z \text{ o } N = 2, 8, 20, 28, 50, 82, 126 \qquad [12.2]$$

Por ejemplo, el núcleo del helio (dos protones y dos neutrones), que tiene $Z = 2$ y $N = 2$, es muy estable. Esto recuerda a la estabilidad química de los gases inertes y sugiere la existencia de niveles de energía nuclear cuantizados, cosa que vimos que es cierta. Algunos modelos estructurales del núcleo predicen una estructura de capas similar a la del átomo.

Pregunta rápida 12.1

La figura 12.4 muestra muchos ejemplos de grupos verticales de varios puntos azules. ¿Cuál es la relación entre los núcleos de cada uno de los puntos de esos grupos?

Espín nuclear y momento magnético

En el capítulo 11 analizamos el hecho de que un electrón tiene un momento angular intrínseco que llamamos espín. Los núcleos, al igual que los electrones, también tienen un momento angular intrínseco neto, que proviene de los espines individuales de los protones y neutrones. Este momento angular debe obedecer a las mismas reglas cuánticas que los momentos angulares orbitales y el espín (sección 11.5). Por tanto, la magnitud del **momento angular nuclear** se debe la combinación de todos los nucleones y es igual a $\sqrt{I(I+1)}\hbar$, donde I es un número cuántico llamado el **espín nuclear** y puede ser un entero o un semientero. La componente máxima del momento angular nuclear proyectado sobre cualquier dirección es $I\hbar$. La figura 12.5 ilustra las posibles orientaciones del espín nuclear y sus proyecciones a lo largo del eje z en el caso en el que $I = \frac{3}{2}$.

El momento angular nuclear tiene un momento magnético nuclear asociado. El momento magnético de un núcleo se mide en términos del **magnetón nuclear** μ_n, una unidad de momento magnético que se define como

$$\mu_n \equiv \frac{e\hbar}{2m_p} = 5.05 \times 10^{-27}\,\mathrm{J/T} \qquad [12.3]$$

• *Magnetón nuclear*

Esta definición es análoga a la ecuación 11.15 para la componente z del momento magnético de espín de un electrón, que es el magnetón de Bohr μ_B. Observe que μ_n es aproximadamente 2 000 veces menor que μ_B, a causa de la gran diferencia entre las masas del protón y el electrón.

El momento magnético de un protón libre es 2.792 8 μ_n. Lamentablemente, no hay ninguna teoría general del magnetismo nuclear que explique este valor. Otro aspecto sorprendente es el hecho de que un neutrón, pese a no tener carga eléctrica, también tiene momento magnético, cuyo valor es $-1.913\,5\ \mu_n$. El signo negativo indica que el momento magnético del neutrón es opuesto a su momento angular de espín. Este momento magnético para una partícula neutra sugiere que necesitamos diseñar un modelo estructural para el neutrón que sea capaz de explicar una observación de este tipo. Este modelo estructural, el *modelo de quarks*, se abordará en el capítulo 13.

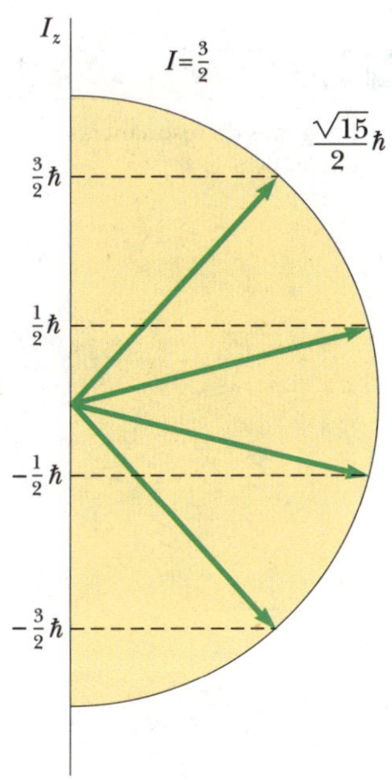

Figura 12.5

Orientaciones posibles del vector momento angular de espín del núcleo, y sus proyecciones a lo largo del eje z para el caso $I = \frac{3}{2}$.

Pregunta rápida 12.2

¿Cuáles de las siguientes cantidades experimentarán poca variación entre los diferentes isótopos de un elemento? (a) La masa atómica, (b) el momento magnético de espín del núcleo y (c) el comportamiento químico.

Resonancia magnética nuclear e imágenes por resonacia magnética

La energía potencial asociada al momento dipolar magnético en un campo magnético externo es $-\boldsymbol{\mu}\cdot\mathbf{B}$.. Cuando la dirección de $\boldsymbol{\mu}$ es la misma que la del campo, la energía potencial asociada al momento dipolar es $-\mu B$: éste es su valor mínimo. Cuando la dirección de $\boldsymbol{\mu}$ es opuesta a la del campo, la energía potencial tiene su máximo valor, μB. Dado que la dirección del momento magnético para una partícula está cuantizada, las energías del momento magnético en el campo también están cuantizadas. Además, como el vector de espín no puede alinearse exactamente en la dirección del campo magnético, los valores extremos de la energía son $\pm\,\mu_z B$, donde μ_z es la componente z del momento magnético. La figura 12.6 muestra estos dos estados de energía para un núcleo con espín $\frac{1}{2}$. Estos estados son denominados a menudo **estados de espín,** porque la diferencia entre sus energías es el resultado de la dirección del espín.

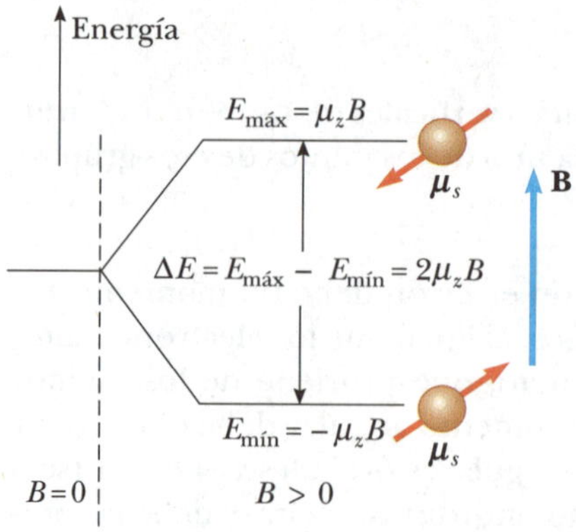

Figura 12.6

Un núcleo, cuyo espín es $\frac{1}{2}$, puede ocupar uno de dos estados de energía posibles cuando se coloca un campo magnético externo. El estado energético inferior $E_{mín}$ corresponde al caso en el que el vector de momento magnético de espín $\boldsymbol{\mu}_s$ apunta en la misma dirección que el campo magnético; el estado energético superior $E_{máx}$ corresponde al caso en el que apunta en dirección opuesta al campo.

Es posible observar la transición entre estos dos estados de espín en una muestra utilizando una técnica llamada **resonancia magnética nuclear** (RMN). Un campo magnético continuo cambia la energía asociada con los estados de espín, aumentando la separación entre ambos (figura 12.6). Además, se irradia la muestra con ondas electromagnéticas de radiofrecuencia. Cuando la frecuencia de las ondas de radio se ajusta de forma que la energía de los fotones sea igual a la diferencia de energía entre los estados de espín, un núcleo en el estado base absorbe al fotón y el sistema núcleo-campo magnético alcanza el estado energético superior de espín. Esto tiene como consecuencia una absorción neta de energía por parte del sistema, que es detectada por el sistema experimental de medición y control. La figura 12.7 muestra un diagrama del aparato empleado para detectar una señal RMN. La energía absorbida es proporcionada por el generador que produce las ondas de radio. La resonancia nuclear magnética y una técnica relacionada llamada resonancia de espín electrónico son métodos extremadamente importantes para el estudio de sistemas nucleares y atómicos, y del modo en que estos sistemas interactúan con su entorno. La figura 12.8 muestra un espectro típico de RMN.

APLICACIÓN

Imágenes de resonancia magnética

Las **imágenes de resonancia magnética, IRM,** son una técnica de diagnóstico médico que se basa en la resonancia nuclear magnética. En la técnica de IRM,

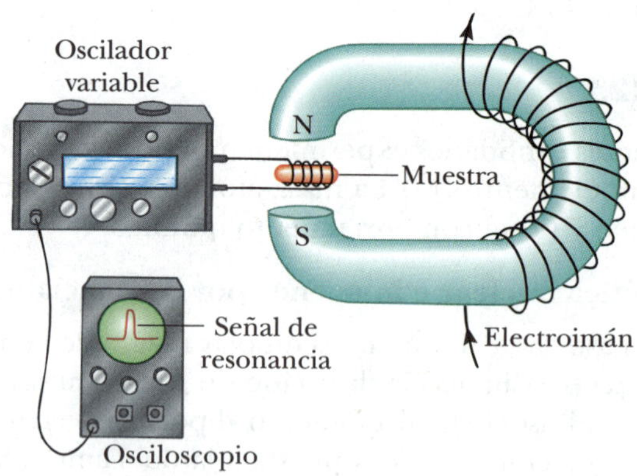

Figura 12.7

Dispositivo experimental para la resonancia magnética nuclear. El campo magnético de radiofrecuencia creado por la bobina que rodea la muestra, a partir del oscilador de frecuencia variable debe ser perpendicular al campo magnético constante creado por el electroimán. Cuando el núcleo atómico de la muestra alcanza la condición de resonancia, dicho núcleo absorbe energía del campo de radiofrecuencia de la bobina, lo que cambia las características del circuito del que la bobina forma parte.

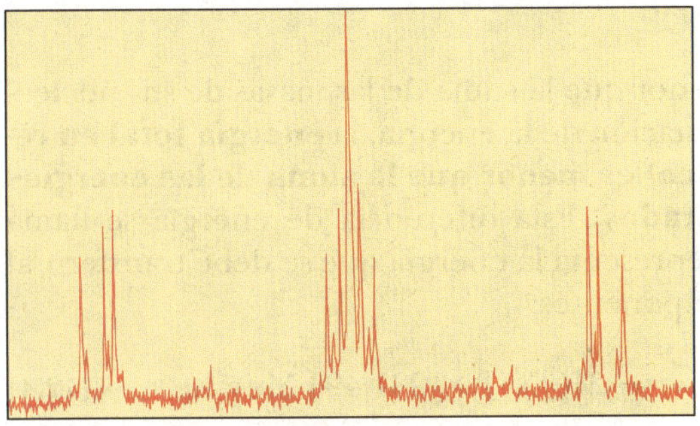

Figura 12.8

Espectro RNM de ^{31}P en un compuesto metálico que contiene platino. Las líneas que flanquean el máximo central son el resultado de la interacción entre ^{31}P y otros núcleos distantes de ^{31}P. Las líneas más alejadas se deben a la interacción entre ^{31}P y núcleos de platino cercanos. El espectro fue obtenido con un campo constante de aproximadamente 4 T y la frecuencia media era de 200 MHz.

el paciente se coloca en el interior de un gran solenoide que proporciona un campo magnético que varía en el espacio. A causa del gradiente del campo magnético, los protones de los átomos de hidrógeno en las moléculas de agua de diferentes partes del cuerpo tienen separaciones energéticas diferentes entre los dos estados de espín, de forma que la señal de resonancia puede ser utilizada para obtener información acerca de las posiciones de los protones. Se utiliza una computadora para analizar la información sobre las posiciones, a fin de obtener los datos para construir la imagen final. La figura 12.9 muestra una imagen IMR de una estructura interna del cuerpo, con un increíble nivel de detalle. La principal ventaja de la IMR sobre otras técnicas de obtención de imágenes en el diagnóstico médico es que no causa daño alguno a las estructuras celulares, como lo hacen los rayos X. Los fotones asociados con las señales de radiofrecuencia empleadas en la IMR tienen energías de solamente unos 10^{-7} eV. Dado que los enlaces moleculares son mucho más fuertes (del orden de 1 eV), la radiación de radiofrecuencia no causa daño celular. En comparación, los rayos X o los rayos γ tienen energías que van de 10^4 a 10^6 eV, y pueden causar importantes daños celulares. Por tanto, pese al miedo que en algunos despierta la palabra *nuclear* asociada con las imágenes de resonancia magnética, ¡la radiación de radiofrecuencia empleada es muchísimo más segura que los rayos X!

WEB

Para ver varias imágenes de IMR de un embrión humano visite **embryo.soad.umich.edu/animal/home.html**

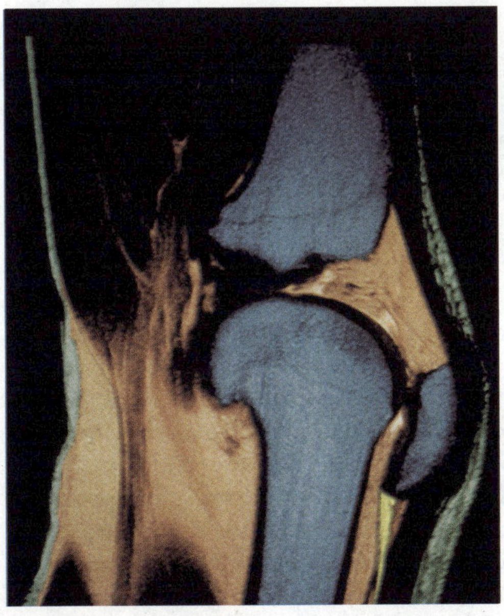

Figura 12.9

Imagen de resonancia magnética de una rodilla. *(Susie Leavines/Photo Researchers, Inc.)*

12.2 • ENERGÍA DE ENLACE

La masa de un núcleo es siempre menor que la suma de las masas de sus nucleones. Dado que la masa es una manifestación de la energía, la **energía total en reposo de un sistema ligado (el núcleo) es menor que la suma de las energías en reposo de los nucleones separados.** Esta diferencia de energía se llama **energía de enlace** E_b del núcleo, y representa la energía que se debe transferir al núcleo para desintegrarlo en sus componentes:

• *Energía de enlace de un núcleo*

$$E_b(\text{MeV}) = [ZM(\text{H}) + Nm_n - M(^A_Z\text{X})] \times 931.494\ \text{MeV/u} \qquad [12.4]$$

donde $M(\text{H})$ es la masa atómica del átomo neutro de hidrógeno, $M(^A_Z\text{X})$ representa la masa atómica del elemento ^A_ZX, y m_n es la masa del neutrón. Las masas están expresadas en unidades de masa atómica. Observe que la masa de los Z electrones que aparecen en el primer término de la ecuación 10.4 se cancela con la masa de los Z electrones que aparecen en el término $M(^A_Z\text{X})$, con una pequeña diferencia asociada a la energía atómica de enlace de los electrones. Dado que las energías de enlace atómicas suelen ser del orden de varios electrón-volts y las energías de enlace nucleares son del orden de varios mega electrón-volts, la diferencia es despreciable y adoptamos un modelo simplificado en el que se ignora esta diferencia.

Ejemplo 12.2 La energía de enlace del deuterón

Calcular la energía de enlace del deuterón (el núcleo de un átomo de deuterio), que consta de un protón y un neutrón, sabiendo que la masa atómica del deuterio es de 2.014 102 u.

Solución. En la tabla 12.1 vemos que la masa del átomo de hidrógeno, que sólo contiene un protón, es $M(\text{H}) = 1.007\,825$ u y la masa del neutrón $m_n = 1.008\,665$ u. Por tanto,

$$M(\text{H}) + m_n = 2.016\,490\ \text{u}$$

Para calcular la diferencia de masa, restamos a este valor la masa del deuterio.

$$\begin{aligned}\Delta m &= (M(\text{H}) + m_n) - M(^2_1\text{H}) \\ &= 2.016\,490\ \text{u} - 2.014\,102\ \text{u} \\ &= 0.002\,388\ \text{u}\end{aligned}$$

La energía de enlace es Δmc^2:

$$E_b = \Delta mc^2 = (0.002\,388\ \text{u})(931.494\ \text{MeV/u}) = 2.224\ \text{MeV}$$

Este resultado nos dice que para separar un deuterón en el protón y el neutrón que lo constituyen, es necesario aportar 2.224 MeV de energía al deuterón. Una forma de aportar esta energía al deuterón es bombardearlo con partículas energéticas.

La figura 12.10 muestra una gráfica de la energía de enlace por nucleón, E_b/A, en función del número de masa, para varios núcleos estables. Observe que la curva tiene la vecindad en la de $A = 60$, que corresponde a isótopos de hierro, cobalto y níquel. Es decir, los núcleos con números de masa mayores o menores que 60 no están tan fuertemente ligados como aquellos con $A \approx 60$.

La energía de enlace por nucleón de la figura 12.10 tiene un valor aproximadamente constante de 8 MeV para $A > 20$. En este caso, las fuerzas nucleares entre un nucleón específico y todos los demás nucleones del núcleo se dicen que están *saturadas*; es decir, un nucleón particular interactúa sólo con un número li-

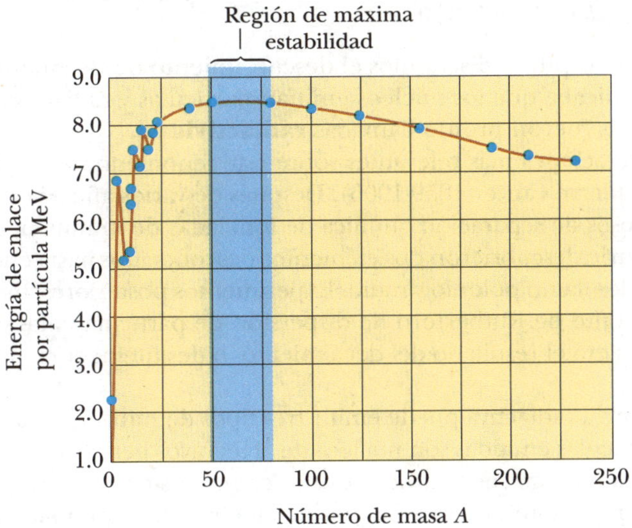

Figura 12.10

Energía de enlace por nucleón en función del número de masa para núcleos que caen en la línea de estabilidad de la figura 12.4

mitado de otros nucleones, debido al corto alcance de la fuerza nuclear. Estos otros nucleones con los que cada nucleón interactúa pueden verse como si fueran sus vecinos más cercanos en la estructura empaquetada de la figura 12.2.

PIENSE EN LA FÍSICA 12.1

La figura 12.10 muestra una gráfica de la cantidad de energía promedio necesaria para extraer un nucleón del núcleo. La figura 11.12 del capítulo anterior muestra la energía necesaria para extraer un electrón de un átomo. ¿Por qué la figura 12.10 muestra una cantidad de energía *prácticamente constante* para extraer un nucleón (a partir de aproximadamente $A = 20$), pero la figura 11.12 muestra cantidades de energía *muy variables* para extraer un electrón de un átomo?

Razonamiento. En el caso de la figura 12.10, el valor aproximadamente constante de la energía de enlace nuclear es consecuencia del corto alcance de la fuerza nuclear fuerte. Un nucleón dado interactúa sólo con algunos de sus vecinos más cercanos, más que con todos los nucleones del núcleo. Por tanto, independientemente de cuántos nucleones haya en el núcleo, sacar un nucleón supone separarlo sólo de sus vecinos más cercanos. La energía para hacerlo, por tanto, es aproximadamente independiente del número de nucleones.

Por otra parte, la fuerza eléctrica que retiene a los electrones alrededor del núcleo en un átomo es una fuerza de largo alcance. Un electrón en un átomo interactúa con todos los protones del núcleo. Cuando la carga nuclear aumenta, se produce una atracción mayor entre el núcleo y los electrones. Como consecuencia, a medida que la carga nuclear aumenta, es necesaria más energía para extraer un electrón. Esto queda demostrado por la tendencia creciente de la energía de ionización para cada periodo (figura 11.12).

12.3 • RADIACTIVIDAD

Al inicio de este capítulo discutimos el descubrimiento de Becquerel de la radiactividad, que indicaba que los núcleos emitían partículas y radiación. Estas emisiones espontáneas fueron pronto llamadas **radiactividad.**

Marie Curie (1867-1934)

Científica polaca, Marie Curie compartió el Premio Nobel de Física en 1903 con su marido Pierre y con Henry Becquerel, por su trabajo sobre la radiactividad espontánea y la radiación emitida por sustancias radiactivas. "Sigo creyendo que las ideas que nos guiaron son las únicas que pueden llevarnos a un verdadero progreso social. No podemos esperar construir un mundo mejor sin mejorar al individuo. Todos nosotros debemos trabajar para este fin, hacia el máximo desarrollo personal, aceptando al mismo tiempo nuestra parte de responsabilidad en la vida general de la Humanidad." *(FPG International)*

Las investigaciones más relevantes sobre este fenómeno fueron realizadas por Marie Curie y Pierre Curie (1859-1906). Después de varios años de cuidadosos y laboriosos procesos de separación química de toneladas de uraninita, un mineral radiactivo, los Curie descubrieron dos elementos desconocidos hasta esa fecha, ambos radiactivos: se les llamó polonio y radio. Experimentos posteriores, incluyendo el famoso experimento de Rutherford de dispersión de partículas alfa, sugirieron que la radiactividad era el resultado del decaimiento, o desintegración, de núcleos inestables.

Una sustancia radiactiva puede emitir tres tipos de radiación: rayos alfa (α), en los que las partículas emitidas son núcleos de ^{4}He; rayos beta (β), en los que las partículas emitidas pueden ser tanto electrones como positrones, y rayos gamma (γ), en los que los rayos emitidos son fotones de alta energía. Un **positrón** es una partícula similar al electrón en todos los aspectos, salvo porque tiene una carga $+e$ (se dice que el positrón es la **antipartícula** del electrón: trataremos las antipartículas en el capítulo 13). Se utiliza el símbolo e^- para designar al electrón y e^+ para designar al positrón.

Es posible distinguir entre estas tres formas de radiación utilizando el esquema que se ilustra en la figura 12.11. La radiación de diferentes muestras radiactivas es dirigida a una región con un campo magnético. Este campo magnético separa la radiación en tres componentes, dos enviadas en direcciones opuestas y la tercera que conserva la dirección original. A partir de esta simple observación, se puede concluir que la radiación del haz que no es desviado no tiene carga (el rayo gamma), la componente desviada hacia arriba corresponde a las partículas cargadas positivamente (partículas alfa) y la componente desviada hacia abajo corresponde a las partículas cargadas negativamente (e^-). Si el haz incluye positrones (e^+), éstos son desviados hacia arriba.

Los tres tipos de radiación tienen poderes de penetración muy diferentes. Las partículas alfa apenas atraviesan una hoja de papel, las partículas beta pueden atravesar unos cuantos milímetros de aluminio y las partículas gamma pueden atravesar varios centímetros de plomo.

¡ADVERTENCIA! 12.2

¿Rayos o partículas?

Al inicio de la historia de la física nuclear, el término *radiación* era utilizado para describir las emanaciones del núcleo *radiactivo.* Ahora sabemos que dos de los tres tipos, la radiación alfa y la radiación beta, implican la emisión de partículas. Aunque estas emisiones no son un ejemplo de radiación electromagnética, el uso del término *radiación* para los tres tipos está fuertemente arraigado en nuestro lenguaje. Utilizaremos este término a causa de su amplio uso entre los físicos.

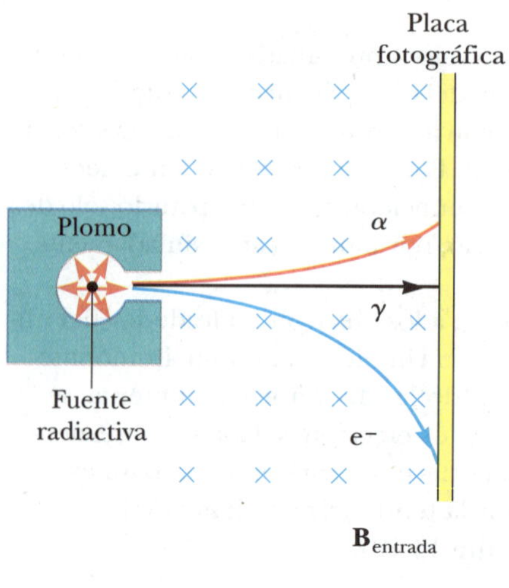

Figura 12.11 La radiación de fuentes radiactivas puede ser separada en tres componentes utilizando un campo magnético para desviar las partículas cargadas. La placa fotográfica de la derecha registra los acontecimientos. Los rayos gamma no son desviados por el campo magnético.

La razón a la cual un proceso de decaimiento ocurre en una muestra radiactiva es proporcional al número de núcleos radiactivos en la muestra (es decir, aquellos núcleos que todavía no han decaído). Este comportamiento es similar al del crecimiento de la población: la velocidad a la que nacen los niños es proporcional al número de personas vivas en ese momento. Si N es el número de núcleos radiactivos en una muestra en un instante dado, el la razón de cambio de N es

$$\frac{dN}{dt} = -\lambda N \qquad [12.5]$$

donde λ es llamada constante de decaimiento o **constante de desintegración** y tiene un valor diferente para distintos núcleos. El signo negativo indica que dN/dt es un número negativo; es decir, N decrece con el tiempo.

Si escribimos la ecuación 12.5 de la forma

$$\frac{dN}{N} = -\lambda\, dt$$

podemos integrar desde un instante inicial arbitrario $t = 0$ hasta un instante posterior t.

$$\int_{N_0}^{N} \frac{dN}{N} = -\lambda \int_0^t dt$$

$$\ln\left(\frac{N}{N_0}\right) = -\lambda t$$

$$N = N_0 e^{-\lambda t} \qquad [12.6]$$

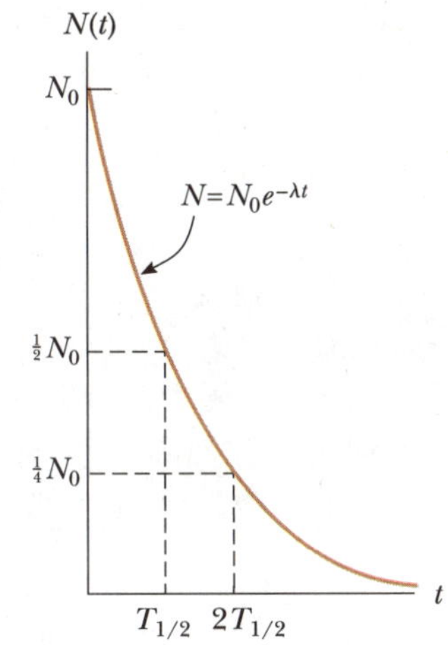

Figura 12.12

Gráfica de la ley exponencial de decaimiento de los núcleos radiactivos. El eje vertical representa el número de núcleos radiactivos presentes en el instante t, y el eje horizontal representa el tiempo. El tiempo $T_{1/2}$ es la vida media de la muestra.

La constante N_0 representa el número de núcleos radiactivos que no han decaído en $t = 0$. Hemos visto antes comportamientos exponenciales como, por ejemplo, la descarga de un condensador en la sección 3.9. Basándonos en estas experiencias, podemos identificar el inverso de la constante de decaimiento $1/\lambda$ como el tiempo necesario para que el número de núcleos no desintegrados descienda hasta $1/e$ de su valor original. Por tanto, $1/\lambda$ es una **constante de tiempo** para este decaimiento, similar a las constantes de tiempo que analizamos para la disminución de la corriente en un circuito *RC*, en la sección 3.9, y en un circuito *RL*, en la Sección 5.6.

La **razón de decaimiento** $R = |dN/dt|$ se obtiene derivando la ecuación 12.6 respecto al tiempo:

• *Razón de decaimiento de una muestra radiactiva*

$$R = \left|\frac{dN}{dt}\right| = N_0\lambda e^{-\lambda t} = R_0 e^{-\lambda t} \qquad [12.7]$$

donde $R = N\lambda$ y $R_0 = N_0\lambda$ es la razón de decaimiento en $t = 0$. A menudo nos referimos a la razón de decaimiento de una muestra denominándola **actividad.** Observe que tanto N como R decrecen exponencialmente con el tiempo. La gráfica de N en función de t de la figura 12.12 ilustra la ley exponencial de decaimiento.

Una unidad habitual para la actividad de una muestra radiactiva es el **curie** (Ci), definida por

• *El curie*

$$1 \text{ Ci} \equiv 3.7 \times 10^{10} \text{ decaimientos/s}$$

Esta unidad fue elegida como la unidad original de actividad porque es la actividad aproximada de un gramo de radio. La unidad de actividad del Sistema Internacional es el **becquerel** (Bq):

• *El becquerel*

$$1 \text{ Bq} \equiv 1 \text{ decaimientos/s}$$

Por tanto, 1 Ci = 3.7×10^{10} Bq. Las unidades más comúnmente utilizadas para la actividad son el milicurie (mCi) y el microcurie (μCi).

Un parámetro útil para caracterizar los decaimientos radiactivos es la **vida media** $T_{1/2}$. **La vida media de una sustancia radiactiva es el tiempo que tarda la mitad de un número dado de núcleos radiactivos en decaer.** Tomando $N = N_0/2$ y $t = T_{1/2}$, la ecuación 12.6 nos da

$$\frac{N_0}{2} = N_0 e^{-\lambda T_{1/2}}$$

Escribiendo esta expresión en la forma $e^{\lambda T_{1/2}} = 2$ y aplicando el logaritmo natural a ambos lados, tenemos:

• *Relación entre la vida media y la constante de decaimiento*

$$T_{1/2} = \frac{\ln 2}{\lambda} = \frac{0.693}{\lambda} \qquad [12.8]$$

Ésta es una expresión útil que relaciona la vida media con la constante de decaimiento. Observe que después de un periodo de una vida media, quedan $N_0/2$ núcleos radiactivos (por definición); después de dos vidas medias, la mitad de ellos han decaido y quedan $N_0/4$ núcleos radiactivos; después de tres vidas medias, quedan $N_0/8$; y así sucesivamente. Generalizando, después de n vidas medias, el número de núcleos radiactivos que quedan es $N_0/2^n$.

¡ADVERTENCIA! 12.3

Vida media

Asegúrese de que comprende claramente el concepto de vida media. En particular, tenga bien claro que no es verdad que todos los núcleos hayan decaído después de dos vidas medias.

Pregunta rápida 12.3

En el día de su cumpleaños mide la actividad de una muestra de ^{210}Bi, que tiene una vida media de 5.01 días. La actividad medida es 1.000 μCi. ¿Cuál es la actividad de la muestra el día de su próximo cumpleaños? (a) 1.000 μCi (b) 0 (c) ≈ 0.2 μCi, (d) ≈ 0.01 μCi, (e) $\approx 10^{-22}$ μCi.

PIENSE EN LA FÍSICA 12.2

El isótopo $^{14}_{6}$C es radiactivo y tiene una vida media de 5 730 años. Si tomamos una muestra con 1000 núcleos de carbono-14, ¿cuántos quedarán sin decaer después de 17 190 años?

Razonamiento. En 5 730 años, la mitad de la muestra habrá decaído, quedando 500 núcleos radiactivos de $^{14}_{6}$C. Después de 5 730 años más (es decir, después de 11 460 años), quedarán 250 núcleos. Después de 5 730 años más (en total, después de 17 190 años), quedarán 125.

Estos números representan circunstancias ideales. El decaimiento radiactivo es un promedio del comportamiento de un gran número de átomos y el resultado final depende de la estadística. Nuestra muestra original, por ejemplo, contenía sólo 1 000 átomos, un número que no puede ser considerado grande cuando tratamos de átomos, para los que medimos los números en muestras macroscópicas en términos del número de Avogadro (6022×10^{23}). Por tanto, si contásemos el número de átomos de la muestra que permanecen sin decaer después de una vida media, éste, probablemente, no sería exactamente 500.

Ejemplo 12.3 La actividad del radio

La vida media del núcleo radiactivo de $^{226}_{86}Ra$ es 1.6×10^3 años. Si una muestra contiene 3.0×10^{16} de estos núcleos en un instante *t*, determinar su actividad en ese instante.

Solución. En primer lugar, convirtamos la vida media a segundos:

$$T_{1/2} = (1.6 \times 10^3 \text{ años})(3.16 \times 10^7 \text{ s/años}) = 5.0 \times 10^{10} \text{ s}$$

Ahora podemos utilizar este valor en la ecuación 12.8 para determinar la constante de decaimiento:

$$\lambda = \frac{0.693}{T_{1/2}} = \frac{0.693}{5.0 \times 10^{10} \text{ s}} = 1.4 \times 10^{-11} \text{ s}^{-1}$$

Podemos calcular la actividad *R* de la muestra en el instante *t* utilizando $R = \lambda N$, donde *N* es el número de núcleos radiactivos presentes en ese instante:

$$R = \lambda N = (1.4 \times 10^{-11} \text{ s}^{-1})(3.0 \times 10^{16}) = 4.1 \times 10^5 \text{ Bq}$$

Dado que 1 Ci = 3.7×10^{10} Bq, la actividad o razón de decaimiento es

$$R = (4.1 \times 10^5 \text{ Bq})\left(\frac{1 \text{ Ci}}{3.7 \times 10^{10} \text{ Bq}}\right) = 11\ \mu\text{Ci}$$

Ejemplo 12.4 La actividad del carbono

Una muestra radiactiva contiene 3.50 μg de $^{11}_{6}C$, puro, cuya vida media es de 20.4 min. (a) Determinar el número de núcleos presentes en el inicio.

Solución. La masa atómica de $^{11}_{6}C$ es aproximadamente de 11.0 u, y, por tanto, 11.0 g contienen una cantidad de núcleos igual al número de Avogadro. Por tanto, 3.50 μg contienen N_0 núcleos, donde

$$\frac{N_0}{6.02 \times 10^{23} \text{ núcleo/mol}} = \frac{3.50 \times 10^{-6} \text{ g}}{11.0 \text{ g/mol}}$$

$$N_0 = 1.92 \times 10^{17} \text{ núcleo}$$

(b) ¿Cuál es la actividad inicial de la muestra y la actividad después de 8 h?

Solución. Dado que $T_{1/2} = 20.4$ min $= 1.22 \times 10^3$ s, la constante de decaimiento es

$$\lambda = \frac{0.693}{T_{1/2}} = \frac{0.693}{1.22 \times 10^3 \text{ s}} = 5.66 \times 10^{-4} \text{ s}^{-1}$$

Por tanto, la actividad inicial de la muestra es

$$R_0 = \lambda N_0 = (5.66 \times 10^{-4} \text{ s}^{-1})(1.92 \times 10^{17})$$
$$= 1.08 \times 10^{14} \text{ Bq}$$

Podemos emplear la ecuación 12.7 para calcular la actividad de la muestra en un instante *t* arbitrario. Para $t = 8.00$ h $= 2.88 \times 10^4$ s, tenemos que $\lambda t = 16.3$ y, por tanto,

$$R = R_0 e^{-\lambda t} = (1.08 \times 10^{14} \text{ Bq})e^{-16.3}$$
$$= 8.96 \times 10^6 \text{ Bq}$$

EJERCICIO. Calcular el número de núcleos radiactivos que quedan después de 8.00 h.

Respuesta: $N = 1.58 \times 10^{10}$ núcleos .

12.4 • EL PROCESO DE DECAIMIENTO RADIACTIVO

Cuando un núcleo se transforma en otro sin influencia externa, el proceso se llama **decaimiento espontáneo**. Como vimos en la sección anterior, un núcleo radiactivo que decae espontáneamente lo hace atrvés de tres procesos: decaimiento alfa, beta o gamma. Analicemos estos tres procesos más detalladamente.

Decaimiento alfa

Si un núcleo emite una partícula alfa (^4_2He) en un decaimiento espontáneo, pierde dos protones y dos neutrones. Por tanto, tanto *N* como *Z* disminuyen en dos unidades y *A* disminuye en cuatro unidades. Podemos describir el decaimiento con la siguiente representación simbólica:

$$^{A}_{Z}X \longrightarrow {}^{A-4}_{Z-2}Y + {}^{4}_{2}He \qquad [12.9]$$

• *Decaimiento alfa*

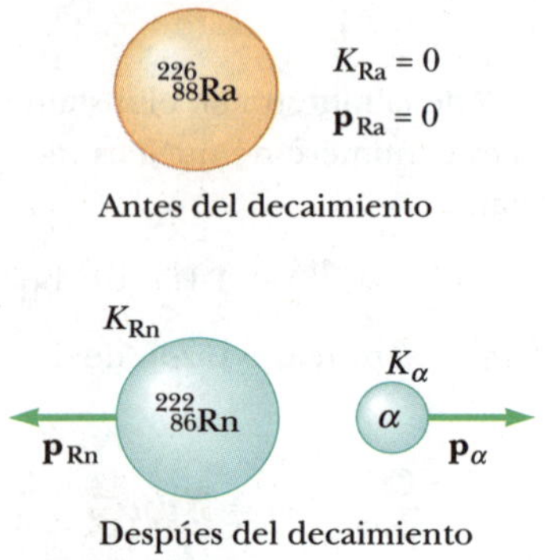

Figura 12.13

Decaimiento alfa del radio. El núcleo de radio está inicialmente en reposo. Después del decaimiento, el núcleo de radón tiene energía cinética K_{Rn} y momento $\mathbf{p}_{Rn}$ y la partícula alfa tiene energía cinética K_α y momento $\mathbf{p}_\alpha$

¡ADVERTENCIA! 12.4

Otra *Q*

Hemos visto el símbolo Q antes. Asegúrese de comprender que éste es un nuevo significado para este símbolo: la energía de desintegración. No representa calor ni carga, que son los usos que habíamos dado a Q anteriormente.

donde X es llamado el **núcleo padre** y Y el **núcleo hijo.** Por regla general, (1) la suma de los números de masa debe ser la misma en los dos lados de la representación simbólica y (2) la suma de los números atómicos debe ser la misma en ambos lados. Por ejemplo, ^{238}U y ^{226}Ra son dos emisores de partículas alfa y decaen según los siguientes esquemas

$$^{238}_{92}\text{U} \longrightarrow {}^{234}_{90}\text{Th} + {}^{4}_{2}\text{He} \quad [12.10]$$

$$^{226}_{88}\text{Ra} \longrightarrow {}^{222}_{86}\text{Rn} + {}^{4}_{2}\text{He} \quad [12.11]$$

La vida media para el decaimiento de ^{238}U es 4.47×10^9 años y la vida media para el decaimiento de ^{226}Ra es 1.60×10^3 años. Observe que, en ambos casos, el valor A del núcleo hijo es el valor A del núcleo padre menos 4. De la misma forma, Z disminuye en dos unidades.

La figura 12.13 muestra el proceso de decaimiento del ^{226}Ra. Además de las reglas para el número de masa y del número atómico, la energía total del sistema debe conservarse en el decaimiento. Si llamamos M_X a la masa del núcleo padre, M_Y a la masa del núcleo hijo y M_α a la masa de la partícula alfa, podemos definir la **energía de desintegración** Q:

$$Q \equiv (M_X - M_Y - M_\alpha)c^2 \quad [12.12]$$

Observe que el valor de Q estará expresado en joules si las masas están en kilogramos, y que $c = 3.00 \times 10^8$ m/s. Cuando las masas están expresadas en unidades de masa atómica, que es una unidad más adecuada, el valor de Q puede ser expresado en MeV aplicando la siguiente expresión:

$$Q = (M_X - M_Y - M_\alpha) \times 931.494\ \text{MeV/u} \quad [12.13]$$

La energía de desintegración Q representa la disminución de la energía de enlace del sistema y aparece en forma de energía cinética del núcleo hijo y la partícula alfa. Éste es un ejemplo nuclear del principio de conservación de la energía en el modelo de sistema aislado. No entra o sale energía del sistema. La energía del sistema simplemente se transforma: de masa a energía cinética, y la ecuación 12.13 nos da la cantidad de energía que se transforma en el proceso. Esta cantidad es a veces denominada **valor *Q*** de la reacción nuclear.

Además de la conservación de la energía, podemos aplicar al proceso de decaimiento el principio de conservación de la cantidad de movimiento en el modelo de sistema aislado. Dado que la cantidad de movimiento de un sistema aislado se conserva, la partícula alfa, más ligera, se mueve a una rapidez mucho mayor que la del núcleo hijo después del decaimiento. Como consecuencia, la mayor parte de la energía cinética del sistema está asociada a la partícula alfa. En general, las partículas ligeras transportan la mayor parte de la energía en los decaimiento nucleares.

La ecuación 12.13 sugiere que las partículas alfa son emitidas con una energía discreta; en el ejemplo 12.5 calcularemos esa energía. En la práctica, sin embargo, observamos que las partículas alfa son emitidas con un *conjunto* de energías discretas, con el valor *máximo* calculado como en el ejemplo 12.5. Esto ocurre porque la energía del núcleo está cuantizada, de forma similar a las energías cuantizadas del átomo. En la ecuación 12.13, suponemos que el núcleo hijo está en el estado base. Si el núcleo hijo queda en un estado excitado, queda menos energía para el decaimiento, y la partícula alfa es emitida con una energía inferior a la máxima. El hecho de que la partícula alfa tenga un conjunto discreto de energías posibles es una prueba directa de la cuantización de la energía en el núcleo. Esto es consistente con el modelo de una partícula cuántica bajo condiciones de frontera, porque los nucleones son partículas cuánticas y están sujetos a las restricciones impuestas por sus fuerzas mutuas.

Finalmente, es interesante observar que, si suponemos que ^{238}U (u otro emisor de partículas alfa) decae emitiendo neutrones y protones, la masa de los productos del decaimiento es mayor que la del núcleo padre, lo que corresponde a valores negativos de Q. Esto no puede ocurrir en un sistema aislado, por lo que no se producen decaimiento espontáneos de este tipo.

Pregunta rápida 12.4

Un estudiante afirma que una forma pesada del hidrógeno decae por emisión alfa. ¿Qué le contestaría?

Ejemplo 12.5 Energía liberada en el decaimiento del radio

El núcleo del ^{226}Ra sufre un decaimiento alfa de acuerdo con la ecuación 12.11. Calcular el valor de Q para este proceso:

Solución. Utilizando la ecuación 12.13 y los valores de la tabla A.3, vemos que:

$$\begin{aligned} Q &= [M(^{226}\text{Ra}) - M(^{222}\text{Rn}) - M(^{4}\text{He})] \times 931.494 \text{ MeV/u} \\ &= (226.025\,406 \text{ u} - 222.017\,574 \text{ u} - 4.002\,603 \text{ u}) \\ &\quad \times 931.494 \text{ MeV/u} \\ &= (0.005\,229 \text{ u}) \times (931.494 \text{ MeV/u}) = 4.87 \text{ MeV} \end{aligned}$$

En el problema 49, al final del capítulo, veremos que la energía cinética de la partícula alfa es de alrededor de 4.8 MeV, mientras que la del núcleo hijo es de sólo 0.1 MeV, aproximadamente.

Volvamos ahora al modelo estructural del mecanismo del decaimiento alfa, que nos permite una cierta comprensión del proceso de decaimiento. Imaginemos que se forma una partícula alfa dentro del núcleo padre, de modo que el núcleo padre es una combinación de la partícula alfa y el núcleo hijo. La figura 12.14 es una representación gráfica de la energía potencial de este sistema, formado por la partícula alfa y el núcleo hijo. El eje horizontal representa la distancia r entre el centro del núcleo hijo y el centro de la partícula alfa. La distancia R es el rango de alcance de la fuerza nuclear. La curva representa los efectos combinados de (1) la fuerza de repulsión de Coulomb, que es responsable del máximo positivo para $r > R$ y (2) la fuerza nuclear de atracción, que es la responsable de que la curva de energía sea negativa para $r < R$. Como vimos en el ejemplo 12.5, la energía típica de desintegración es del orden de unos pocos MeV, que es la energía cinética aproximada de la partícula alfa emitida, representada por la línea discontinua inferior de la figura 12.14. Según la física clásica, la partícula alfa está atrapada en el pozo de potencial. ¿Cómo puede, entonces, escapar del núcleo?

Gamow e, independientemente, Ronald Gurney y Edward Condon, aportaron en 1928 la respuesta a esta cuestión utilizando la mecánica cuántica. Según la mecánica cuántica, siempre existe alguna probabilidad de que la partícula atraviese la barrera, como vimos en la sección 10.13. Nuestro modelo de la curva de energía potencial, combinado con la posibilidad de atravesar la barrera, predice que la probabilidad de atravesarla aumenta con el incremento de energía de la partícula, debido a que para energías más altas la barrera se estrecha. Este incremento de probabilidad debe reflejarse en un incremento de la actividad y, como consecuencia, en una menor vida media. Los datos experimentales muestran esta relación: los núcleos con partículas alfa más energéticas tienen vidas medias más cortas. Si la curva de energía potencial de la figura 12.14 se dibujase como una serie de barreras cuadradas cuyas alturas variasen con la separación entre las partículas, de acuerdo con la curva, podríamos deducir una relación teórica entre la energía de las partículas y la vida media que concuerda perfectamente con los resultados experimentales. Esta aplicación particular del modelo del núcleo atómico y de la física cuántica es una demostración muy efectiva del poder de estos enfoques.

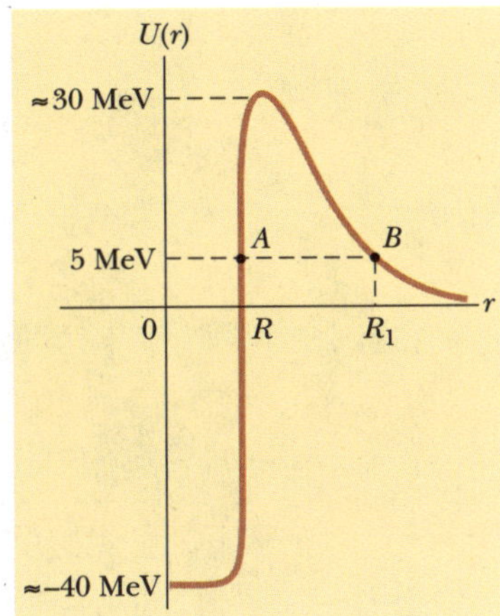

Figura 12.14

Energía potencial en función de la distancia de separación para un sistema formado por una partícula alfa y un núcleo hijo. Según la física clásica, la energía asociada a la partícula alfa no es lo suficientemente grande para superar la barrera de energía, y, por consiguiente, la partícula no debiera ser capaz de escapar del núcleo. En realidad, la partícula alfa escapa atravesando la barrera.

La figura 10.23 muestra la función de onda de una partícula que atraviesa una barrera unidimensional. Una función de onda similar con simetría esférica describe la penetración de la barrera por parte de una partícula alfa que sale del núcleo. La función de onda existe tanto en el interior como en el exterior del núcleo y su amplitud se mantiene constante en el tiempo. De esta forma, la función de onda describe correctamente la probabilidad (pequeña, pero constante) de que el núcleo decaiga. No se puede predecir el momento del decaimiento. En general, la mecánica cuántica supone que el futuro es indeterminado. (Esta característica contrasta con la mecánica clásica, en la que la trayectoria de un objeto puede ser calculada con una precisión tan alta como se quiera a partir del conocimiento preciso de su posición y velocidad iniciales, y de las fuerzas que actúan sobre él.) Debemos concluir que las leyes fundamentales de la Naturaleza son probabilísticas.

Se puede utilizar un detector de radiación para demostrar que un núcleo radiactivo decae emitiendo una partícula en un instante y en una dirección determinados. Para señalar el contraste entre este resultado experimental y la función de onda que lo describe, Schrödinger imaginó una caja que contiene un gato, una muestra radiactiva, un contador de radiación y un vial con veneno. Cuando un núcleo de la muestra decae, el contador induce la administración del veneno al gato. La mecánica cuántica predice correctamente la probabilidad de hallar al gato muerto cuando se abre la caja. Antes que se abra la caja ¿tiene el animal una función de onda que lo describa como un gato parcialmente muerto, con una cierta probabilidad de estar vivo?

Esta cuestión está siendo investigada actualmente, no con gatos, sino con experimentos de interferencia diseñados de forma parecida al experimento de la sección 10.7. ¿El hecho de realizar una medición hace pasar al sistema de un estado probabilístico a un estado definido? Cuando una partícula emitida por un núcleo radiactivo es detectada en un lugar concreto, la función de onda que describe a la partícula ¿se transforma instantáneamente en una función igual a cero en todos los demás puntos del Universo? (Einstein llamó a este cambio de estado una "acción a distancia fantasma".) ¿Existe una diferencia fundamental entre un sistema cuántico y un sistema macroscópico? Se desconoce la respuesta a estas preguntas.

Decaimiento beta

Cuando un núcleo radiactivo sufre decaimiento beta, el núcleo hijo tiene el mismo número de nucleones que el núcleo padre, pero el número atómico varía en una unidad:

$$^{A}_{Z}X \longrightarrow {}^{A}_{Z+1}Y + e^{-} \quad [12.14]$$

$$^{A}_{Z}X \longrightarrow {}^{A}_{Z-1}Y + e^{+} \quad [12.15]$$

Observe nuevamente que el número de nucleones y la carga total se conservan en estos decaimientos. Sin embargo, como veremos más adelante, estas expresiones no describen completamente estos procesos. En seguida abordaremos las razones de este hecho.

Es importante observar que el electrón o el positrón que participan en estos decaimientos son creados en el núcleo en una fase inicial del decaimiento. Por ejemplo, durante un decaimiento β^{-}, un neutrón en el núcleo se transforma en un protón y un electrón:

$$n \longrightarrow p + e^{-}$$

En un decaimiento β^{+}, un protón se transforma en un neutrón y un positrón:

$$p \longrightarrow n + e^{+}$$

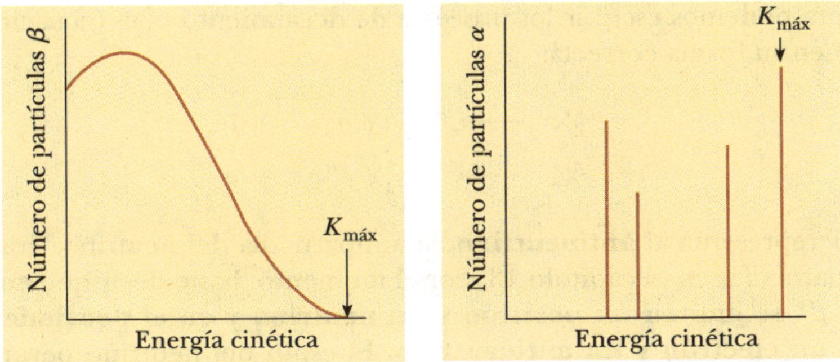

(a) (b)

Figura 12.15

(a) Distribución de la energía de las partículas beta en un decaimiento beta. Todas las energías observadas están por debajo de un valor máximo. (b) Por el contrario, las energías de las partículas alfa de un decaimiento alfa son discretas.

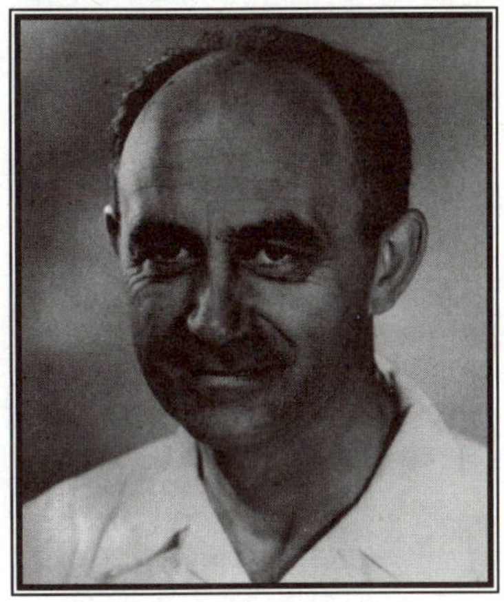

Enrico Fermi (1901-1954)

Físico italiano que emigró a los Estados Unidos para escapar de los fascistas; Fermi fue premiado con el Premio Nobel de Física en 1938 por producir elementos transuránicos mediante la irradiación con neutrones y por su descubrimiento de las reacciones nucleares provocadas por neutrones lentos. Fermi hizo muchas otras contribuciones importantes a la física, entre ellas su teoría del decaimiento beta, la teoría del electrón libre para los metales y el desarrollo del primer reactor de fisión en 1942. Fermi fue un físico teórico y experimental excepcionalmente dotado. También fue muy conocido por su capacidad de explicar la física de una forma clara y entusiasta. "Sea lo que sea lo que la Naturaleza guarde para la Humanidad, por desagradable que pueda ser, debemos aceptarlo, ya que la ignorancia nunca es mejor que el conocimiento." *(National Accelerator Laboratory)*

Fuera del núcleo, este proceso no ocurrirá, debido a que el neutrón y el electrón tienen una masa total superior a la del protón. Sin embargo, este proceso sí puede ocurrir en el núcleo, porque consideramos los cambios de masa-energía del sistema nuclear entero, y no solamente a las partículas individuales. En el decaimiento β^+, el proceso indicado más arriba produce una disminución de la masa del núcleo, de forma que el proceso ocurre espontáneamente. Después que se produzca uno de estos dos procesos dentro del núcleo, se emite el electrón o el positrón.

Como en el decaimiento alfa, la energía del sistema aislado, formado por el núcleo y la partícula emitida, también debe conservarse en el decaimiento beta. Experimentalmente, se observa que las partículas beta son emitidas con un rango continuo de energías (figura 12.15a), al contrario que las partículas alfa, que son emitidas con energías discretas (figura 12.15b). El incremento en la energía cinética del sistema debe ser compensado con la disminución de masa de dicho sistema; ambos valores serán iguales al valor Q. Dado que todos los núcleos que decaen tienen la misma masa inicial, **el valor Q debe ser el mismo para todos los decaimientos.** A la vista de esto ¿por qué los electrones emitidos presentan un rango de energías cinéticas? ¡El principio de conservación de la energía en el modelo de sistema aislado parece dar una predicción incorrecta! Experimentos posteriores mostraron que, de acuerdo con los procesos de decaimiento de las ecuaciones 12.14 y 12.15, los principios de conservación del momento angular (espín) y del momento lineal en el modelo del sistema aislado también fallaban: ¡no se conservan ni el momento angular ni el momento lineal del sistema!

Es evidente que el modelo estructural para el decaimiento beta debe ser diferente al del decaimiento alfa. En 1930, después de un gran trabajo experimental y teórico, Pauli propuso que una tercera partícula debía estar involucrada en el decaimiento para dar cuenta de la energía, el momento lineal y el momento angular que "faltaban". Enrico Fermi llamó más adelante a esta partícula **neutrino** (partícula pequeña neutra) porque debía ser eléctricamente neutra y su energía en reposo había de ser muy pequeña o nula. Aunque fue imposible detectarla durante muchos años, el neutrino (cuyo símbolo es ν, la letra griega *nu*) fue por fin detectado experimentalmente en 1956 por Frederick Reynes y Clyde Cowan. El neutrino tiene las siguientes propiedades:

- *Propiedades del neutrino*

- Carga eléctrica cero.
- Masa menor que la del electrón y posiblemente cero (experimentos recientes sugieren que la masa del neutrino es de menos de 7 eV/c^2.)
- Espín $\frac{1}{2}$.
- Una interacción muy débil con la materia, lo que lo hace muy difícil de detectar.

Ahora podemos escribir los procesos de decaimiento beta (ecuaciones 12.14 y 12.15) en su forma correcta:

• *Decaimiento beta*

$$^{A}_{Z}X \longrightarrow {}^{A}_{Z+1}Y + e^- + \bar{\nu} \qquad [12.16]$$

$$^{A}_{Z}X \longrightarrow {}^{A}_{Z-1}Y + e^+ + \nu \qquad [12.17]$$

donde $\bar{\nu}$ representa al **antineutrino,** la antipartícula del neutrino. Trataremos a las antipartículas en el capítulo 13. Por el momento, baste decir que **en el decaimiento β^+ se emiten un positrón y un neutrino y en el decaimiento α^- se emiten un electrón y un antineutrino.** El espín del neutrino permite que se conserve el momento angular en los procesos de decaimiento. A pesar de su pequeña masa, el neutrino tiene una cantidad de movimiento, lo que permite que se conserve el momento lineal total. Los decaimientos del neutrón y del protón en el núcleo se describen más correctamente como

$$n \longrightarrow p + e^- + \bar{\nu}$$

$$p \longrightarrow n + e^+ + \nu$$

¡ADVERTENCIA¡ 12.5

Número de masa del elctrón

El símbolo $_{-1}^{0}e$. es una notación alternativa para el electrón. Esto no quiere decir que el electrón tenga una energía en reposo igual a cero. La masa del electrón es mucho menor que la del nucleón más ligero, por lo que la aproximamos a cero en el contexto de las reacciones y decaimientos nucleares.

Como ejemplos de decaimiento beta, podemos escribir los esquemas de decaimiento del carbono 14 y del nitrógeno 12:

$$^{14}_{6}C \longrightarrow {}^{14}_{7}N + e^- + \bar{\nu} \qquad [12.18]$$

$$^{12}_{7}N \longrightarrow {}^{12}_{6}C + e^+ + \nu$$

En el decaimiento β^+, el sistema final consta del núcleo hijo, el positrón y el neutrino emitidos y el electrón expulsado del átomo para neutralizar el átomo hijo. En algunos casos, esto representa un incremento global de masa-energía, por lo que el proceso no puede realizarse. Existe un proceso alternativo que permite a algunos núcleos ricos en protones decaer y volverse más estables. Este proceso, llamado **captura electrónica,** sucede cuando un núcleo padre captura uno de sus propios electrones orbitales y emite un neutrino. El producto final del decaimiento es un núcleo cuya carga es $Z - 1$:

• *Proceso de captura electrónica*

$$^{A}_{Z}X + e^- \longrightarrow {}^{A}_{Z-1}Y + \nu \qquad [12.19]$$

En la mayoría de los casos, se captura un electrón de la capa interna K, en un proceso conocido como **captura K.** En este proceso, las únicas partículas emitidas son el neutrino y fotones de rayos X que se originan cuando electrones de capas más externas caen para ocupar el lugar dejado por el electrón capturado.

Fechamiento con carbono

APLICACIÓN

Fechamiento con carbono

El decaimiento beta del ^{14}C dado en la ecuación 12.18 se utiliza para fechar muestras orgánicas. Los rayos cósmicos (partículas de alta energía provenientes del espacio exterior) en las capas superiores de la atmósfera producen reacciones nucleares que crean ^{14}C. La razón entre el ^{14}C y el ^{12}C en las moléculas de dióxido de carbono de la atmósfera tiene un valor constante de 1.3×10^{-12}, aproximadamente. Todos los organismos vivos tienen la misma razón entre ^{14}C y ^{12}C ya que continuamente intercambian dióxido de carbono con sus alrededores. Sin embargo, cuando un organismo muere, ya no absorbe más ^{14}C de la atmósfera, de forma que la razón entre ^{14}C y ^{12}C decrece como resultado del decaimiento beta del ^{14}C, el cual tiene una vida media de 5 730 años. Por tanto, es posible determinar la edad de un material midiendo su actividad por unidad de masa debida al decaimiento del ^{14}C. Utilizando fechamiento con carbono se ha podido determinar la antigüedad de muestras de madera, carbón, huesos y conchas que vivieron entre hace 1 000 y 25 000 años.

Un ejemplo especialmente interesante es el fechamiento de los Rollos del Mar Muerto, un grupo de manuscritos descubiertos por un pastor en 1947 (figura 12.16). Estos documentos resultaron ser textos religiosos, entre ellos la mayoría de los libros del Antiguo Testamento. El fechamiento con carbono del material en el que estaban envueltos estableció que su edad era de aproximadamente 1 950 años.

(a)

(b)

Figura 12.16

(a) Un fragmento de los Pergaminos del Mar Muerto, que fueron descubiertos en las cuevas de la fotografía (b). El material que envolvía los rollos fue analizado utilizando el fechamiento con carbono 14 para determinar su edad. *(M. Milner/Corbis Sygma)*

Pregunta rápida 12.5

¿Puede el fechamiento con carbono 14 utilizarse para determinar la edad de una piedra?

PIENSE EN LA FÍSICA 12.3

En 1991, un turista alemán descubrió los restos bien conservados del Hombre de hielo, atrapados en un glaciar en los Alpes italianos (figura 12.17). El fechamiento radiactivo de una muestra del Hombre de hielo reveló que tenía una edad de 5 300 años. ¿Por qué los científicos fecharon la muestra utilizando el isótopo ^{14}C, en vez de ^{11}C, un emisor de radiación beta con una vida media de 20.4 min?

Razonamiento. El ^{14}C tiene una vida media larga, de 5 730 años, por lo que la fracción de núcleos de ^{14}C que permanecen tras una vida media es suficientemente alta como para medir con precisión cambios en la actividad de la muestra. El isótopo ^{11}C, que tiene una vida media muy corta, no resulta útil porque su actividad decrece hasta un valor infinitesimalmente pequeño después de 5 300 años, siendo imposible detectarlo.

Figura 12.17

El Hombre de hielo, descubierto en 1991 cuando un glaciar italiano se derritió lo suficiente como para que sus restos salieran a la luz. Sus posesiones, en especial sus herramientas, han arrojado luz sobre la forma en que vivía el hombre en la Edad del Bronce. El fechamiento con carbono 14 fue empleado para determinar cuándo vivió esta persona. *(Paul Hanny/Gamma Liaison)*

APLICACIÓN

Fechamiento con carbono 14 del Hombre de hielo

Si la muestra que debemos fechar no es muy antigua, digamos unos 50 años, entonces deberemos elegir el isótopo de otro elemento cuya vida media sea comparable con la antigüedad de la muestra. Por ejemplo, si la muestra tuviese hidrógeno, podríamos medir la actividad del ^{3}H (tritio), un emisor beta de vida media igual a 12.3 años. Como regla general, la edad esperada de la muestra debe ser suficientemente grande como para poder medir un cambio en la actividad, pero no tanto como para que su actividad no pueda ser detectada.

PIENSE EN LA FÍSICA 12.4

Se descubre un ataúd de madera que contiene un esqueleto que sostiene una escultura de oro. ¿Cuál de los tres objetos (ataúd, esqueleto y escultura de oro) puede ser fechado con carbono?

Razonamiento. Sólo el ataúd y el esqueleto pueden ser fechados con carbono. Estos dos elementos intercambiaron aire con su entorno mientras estaban vivos, dando como resultado una proporción fija entre carbono 14 y carbono 12. Una vez que la persona y el árbol con el que se fabricó el ataúd murieron, la cantidad de carbono 14 empezó a disminuir a causa del decaimiento radiactivo. El oro de la escultura nunca estuvo vivo y no respiró, por lo que no tiene carbono 14 que pueda ser detectado.

Ejemplo 12.6 Fechado radiactivo

Se halla un trozo de carbón de 25.0 g de masa en las ruinas de una ciudad antigua. La muestra tiene una actividad de ^{14}C ($T_{1/2}$ = 5 730 años) de 250 decaimientos/min. ¿Cuánto tiempo hace que murió el árbol a partir del cual se formó este carbón?

Solución. En primer lugar, calculemos la constante de decaimiento para el ^{14}C:

$$\lambda = \frac{0.693}{T_{1/2}} = \frac{0.693}{(5\,730 \text{ años})(3.16 \times 10^{7} \text{ s/años})} = 3.83 \times 10^{-12} \text{ s}^{-1}$$

El número de núcleos de ^{14}C puede calcularse en dos pasos. En primer lugar, el número de núcleos de ^{12}C en 25 g de carbón es

$$N(^{12}\text{C}) = \frac{6.02 \times 10^{23} \text{ núcleo/mol}}{12.0 \text{ g/mol}}(25.0 \text{ g}) = 1.25 \times 10^{24} \text{ núcleo}$$

Suponiendo que la razón entre ^{14}C y ^{12}C es 1.30×10^{-12}, vemos que el número de núcleos de ^{14}C en 25 g *antes* de la decaimiento es

$$N_0(^{14}\text{C}) = (1.30 \times 10^{-12})(1.25 \times 10^{24}) = 1.63 \times 10^{12} \text{ núcleo}$$

Por tanto, la actividad inicial de la muestra es

$$R_0 = \lambda N_0 = (3.83 \times 10^{-12} \text{ s}^{-1})(1.6 \times 10^{12} \text{ núcleo}) = 6.24 \text{ decaimientos/s} = 374 \text{ decaimientos/mín}$$

Ahora podemos calcular la edad del carbón utilizando la ecuación 12.7, que relaciona la actividad R en un instante t con la actividad inicial R_0:

$$R = R_0 e^{-\lambda t} \quad \text{o} \quad e^{-\lambda t} = \frac{R}{R_0}$$

Dado que sabemos que R = 250 decaimientos/min, y dado que hemos obtenido que R_0 = 374 decaimientos/min, podemos calcular t aplicando el logaritmo natural a ambos lados de la última ecuación.

$$-\lambda t = \ln\left(\frac{R}{R_0}\right) = \ln\left(\frac{250}{374}\right) = -0.403$$

$$t = \frac{0.403}{\lambda} = \frac{0.403}{3.83 \times 10^{-12} \text{ s}^{-1}} = 1.05 \times 10^{11} \text{ s} = 3.33 \times 10^{3} \text{ años}$$

Esta técnica de fechado con carbono radiactivo ha sido utilizada con éxito para medir la antigüedad de muchas muestras orgánicas de hasta 25 000 años de edad.

TABLA 12.2	Varias formas de decaimiento
Decaimiento alfa	${}^{A}_{Z}X \longrightarrow {}^{A-4}_{Z-2}Y + {}^{4}_{2}He$
Decaimiento beta (β^-)	${}^{A}_{Z}X \longrightarrow {}_{Z+1}^{A}Y + e^- + \bar{\nu}$
Decaimiento beta (β^+)	${}^{A}_{Z}X \longrightarrow {}_{Z-1}^{A}Y + e^+ + \nu$
Captura electrónica	${}^{A}_{Z}X + e^- \longrightarrow {}_{Z-1}^{A}Y + \nu$
Decaimiento gamma	${}^{A}_{Z}X^* \longrightarrow {}^{A}_{Z}X + \gamma$

Decaimiento gamma

Como se mencionó al tratar el decaimiento alfa, la energía de un núcleo está cuantizada de forma similar a la del átomo, aunque los estados de energía permitidos están separados por diferencias mayores, medidas en MeV. Muy a menudo, un núcleo que sufre un decaimiento radiactivo queda en un estado excitado de energía. Puede entonces sufrir un segundo decaimiento que lo lleve a un estado energético menor, quizás al estado base, emitiendo un fotón. Los fotones emitidos en este proceso de desexcitación se llaman **rayos gamma.** Estos fotones tienen una energía muy alta (~1 MeV) en comparación con la energía de la luz visible (del orden de unos pocos eV). Recordemos, del capítulo 11, que la energía de los fotones emitidos (o absorbidos) por un átomo es igual a la diferencia de energía entre los dos estados cuánticos (inicial y final) de la transición. De forma similar, un fotón de rayos gamma tiene una energía hf que es igual a la diferencia de energía ΔE entre los dos estados cuánticos nucleares. Cuando un núcleo decae emitiendo un rayo gamma, el núcleo no cambia salvo, el hecho de que pasa a un estado energético inferior. Podemos representar el decaimiento gamma como

$$ {}^{A}_{Z}X^* \longrightarrow {}^{A}_{Z}X + \gamma \qquad [12.20] $$

• *Decaimiento gamma*

donde X* indica un núcleo en un estado excitado.

Un núcleo puede alcanzar un estado excitado como consecuencia de una violenta colisión con otra partícula. Sin embargo, es más usual que un núcleo esté en un estado excitado después de sufrir un decaimiento alfa o beta. La siguiente secuencia de hechos representa una situación típica en la que se produce un decaimiento gamma:

$$ {}^{12}_{5}B \longrightarrow {}^{12}_{6}C^* + e^- + \bar{\nu} \qquad [12.21] $$

$$ {}^{12}_{6}C^* \longrightarrow {}^{12}_{6}C + \gamma \qquad [12.22] $$

La figura 12.18 muestra el esquema de decaimiento para el ${}^{12}B$, que sufre un decaimiento beta hasta uno de los dos estados energéticos de ${}^{12}C$. Tanto puede (1) decaer directamente hasta el estado base del ${}^{12}C$ emitiendo un electrón de 13.4 MeV, como (2) sufrir un decaimiento β^- hasta un estado excitado del ${}^{12}C^*$, seguido de un decaimiento gamma hasta el estado base. Este último proceso resulta en la emisión de un electrón de 9.0 MeV y de un fotón de 4.4 MeV.

La tabla 12.2 resume los tipos de decaimiento que puede sufrir un núcleo radiactivo.

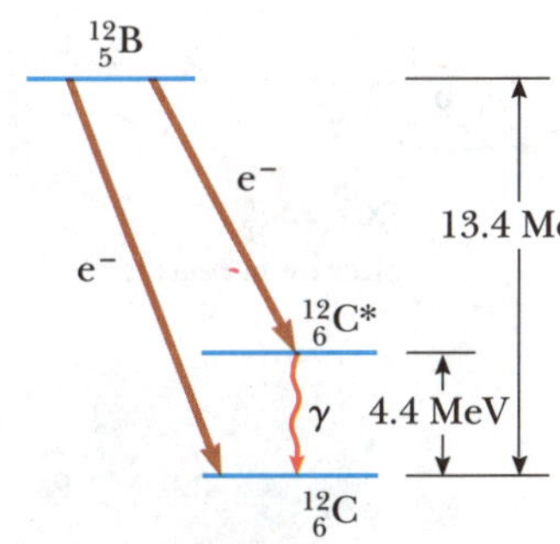

Figura 12.18

El núcleo de ${}^{12}B$ sufre un decaimiento beta hasta uno de los dos niveles del ${}^{12}C$: directamente hasta el estado base o hasta un estado excitado. Al decaimiento un estado excitado, ${}^{12}C^*$, le sigue un decaimiento gamma hasta el estado base.

12.5 • REACCIONES NUCLEARES

En la sección 12.4 analizamos los procesos por los cuales los núcleos podían *espontáneamente* convertirse en otro núcleo mediante un proceso de decaimiento radiactivo. También es posible cambiar las estructuras y propiedades de los núcleos bombardeándolos con partículas energéticas. Estos cambios son llamados **reacciones nucleares.** En 1919, Rutherford fue el primero en observar reacciones nucleares, utilizando fuentes radiactivas naturales para generar las partículas utilizadas en el bombardeo. Desde entonces, se han observado miles de reacciones nucleares a partir del desarrollo de los aceleradores de partículas cargadas en la década de 1930. Con la tecnología actual de aceleradores y detectores de partículas, es posible conseguir partículas de energía superior a 1 000 GeV = 1 TeV. Estas partículas de alta energía son utilizadas para crear nuevas partículas cuyas propiedades resultan útiles para esclarecer los misterios del núcleo.

Consideremos una reacción (figura 12.19) en la que un núcleo blanco X es bombardeado por una partícula a, dando lugar a un núcleo diferente Y, y a la emisión de una partícula b:

• *Reacción nuclear*

$$a + X \longrightarrow Y + b \qquad [12.23]$$

A veces se escribe esta reacción en su representación simbólica equivalente:

$$X(a, b)Y$$

En la sección anterior, el valor Q, o energía de desintegración, asociado con el decaimiento radiactivo se definía como el cambio en la energía en reposo, que es la cantidad de energía en reposo transformada en energía cinética durante el proceso de decaimiento. De forma similar, definimos la **energía de reacción** Q asociada con una reacción nuclear como el **cambio total de la energía en reposo que se produce en la reacción.**

• *Energía de reacción* Q

$$Q = (M_a + M_X - M_Y - M_b)c^2 \qquad [12.24]$$

Una reacción **exotérmica** es una reacción en la que Q es positiva. Después de la reacción, la energía en reposo transformada aparece como un incremento de la energía cinética de Y y b, respecto a la de a y X.

Una reacción en la que Q es negativa es una reacción **endotérmica,** y representa un incremento de la energía en reposo. Una reacción endotérmica no se producirá a no ser que la partícula con la que bombardeamos el núcleo tenga una energía cinética mayor que $|Q|$. La energía cinética mínima de la partícula incidente necesaria para que se produzca una reacción de este tipo se llama **umbral de energía.** El umbral de energía es mayor que $|Q|$, ya que también debe conservarse el momento lineal en el sistema aislado formado por las partículas iniciales y finales. Si una partícula incidente tiene exactamente energía $|Q|$, hay suficiente energía para incrementar la energía en reposo del sistema, pero no queda energía para la energía cinética de las partículas que resultan de la reacción: todo permanece inmóvil después de la reacción. Por tanto, la partícula incidente tiene una cantidad de movimiento antes de la reacción pero el sistema no tiene cantidad de movimiento después de la reacción: se viola la ley de conservación de la cantidad de movimiento.

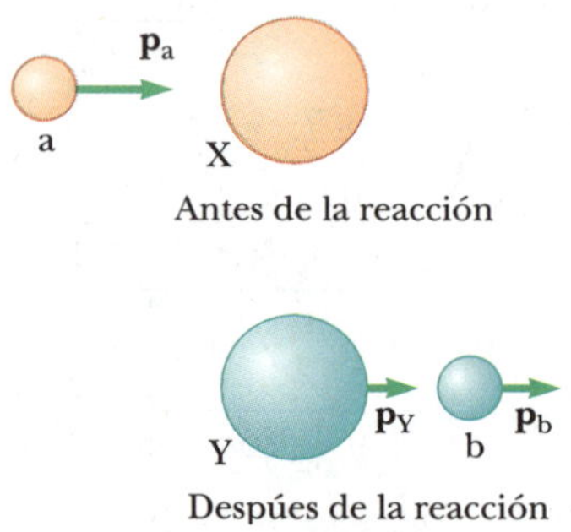

Figura 12.19

Una reacción nuclear. Antes de la reacción, una partícula incidente se dirige hacia el núcleo blanco X. Después de la reacción, el núcleo blanco se ha transformado en el núcleo Y, y se emite una partícula b que se aleja del lugar de la reacción.

Si se produce una reacción nuclear en la que las partículas a y b son idénticas, de forma que X y Y son necesariamente idénticos, la reacción se llama de **dispersión.** Si la energía cinética se conserva durante la dispersión (es decir, si $Q = 0$), la reacción se denomina **dispersión elástica.** Por otra parte, si $Q \neq 0$, la energía cinética no se conserva y se dice que la reacción es una **dispersión inelástica.** Por ejemplo, si el núcleo blanco queda en un estado excitado tras la reacción, su energía total es mayor que antes de la dispersión, y la energía cinética de las partículas finales es menor que en el caso elástico. Esta terminología es idéntica a la que utilizamos al estudiar las colisiones entre objetos macroscópicos (sección 8.3 del volumen I).

Además de la energía y el momento, la carga total y el número de nucleones deben conservarse en el sistema de partículas para una reacción nuclear. Por ejemplo, considere la reacción $^{19}F(p, \alpha)^{16}O$, que tiene un valor de Q igual a 8.124 MeV. Podemos mostrar esta reacción de forma más detallada como

$${}^{1}_{1}H + {}^{19}_{9}F \longrightarrow {}^{16}_{8}O + {}^{4}_{2}He$$

Observamos que el número total de nucleones antes de la reacción $(1 + 19 = 20)$ es igual al número total de nucleones después de la reacción $(16 + 4 = 20)$. Además, la carga total $(Z = 10)$ es la misma antes y después de la reacción.

Relación con el contexto

12.6 • EL MOTOR DE LAS ESTRELLAS

Uno de los aspectos importantes de las reacciones nucleares es que liberan mucha más energía (es decir, convierten masa en energía) que las reacciones químicas usuales, como la combustión de combustibles fósiles. Volvamos a examinar la curva de energía de enlace (véase figura 12.10) y consideremos dos importantes reacciones nucleares relacionadas con esta curva. Si un núcleo pesado a la derecha de la gráfica se divide en dos núcleos más ligeros, la energía total de enlace del sistema aumenta, representando energía liberada por el núcleo. Este tipo de reacción fue observada y descrita en 1939 por Otto Hahn y Fritz Strassman. Esta reacción es conocida como **fisión** y fue de un gran interés científico y político durante la Segunda Guerra Mundial, a causa del desarrollo de la primera bomba atómica.

En la reacción de fisión, un núcleo fisionable (el núcleo blanco X), que a menudo es ^{235}U, absorbe un neutrón lento (la partícula incidente a) y el núcleo se divide en dos núcleos más pequeños (los núcleos Y_1 y Y_2), liberando energía y más neutrones (varias partículas b). Estos neutrones pueden ser absorbidos por otros núcleos, causando otras fisiones. Si no hay medios de control, el resultado es una reacción en cadena, como se sugiere en la figura 12.20. Con el adecuado control, el proceso de fisión se utiliza en las centrales nucleares para generación de electricidad.

Examinando el otro extremo de la curva de la energía de enlace, vemos que también podemos incrementar la energía de enlace del sistema y liberar energía combinando dos núcleos ligeros. Éste es el proceso de **fusión** y es difícil de conseguir por el hecho de que los núcleos deben superar una fuerza de repulsión de

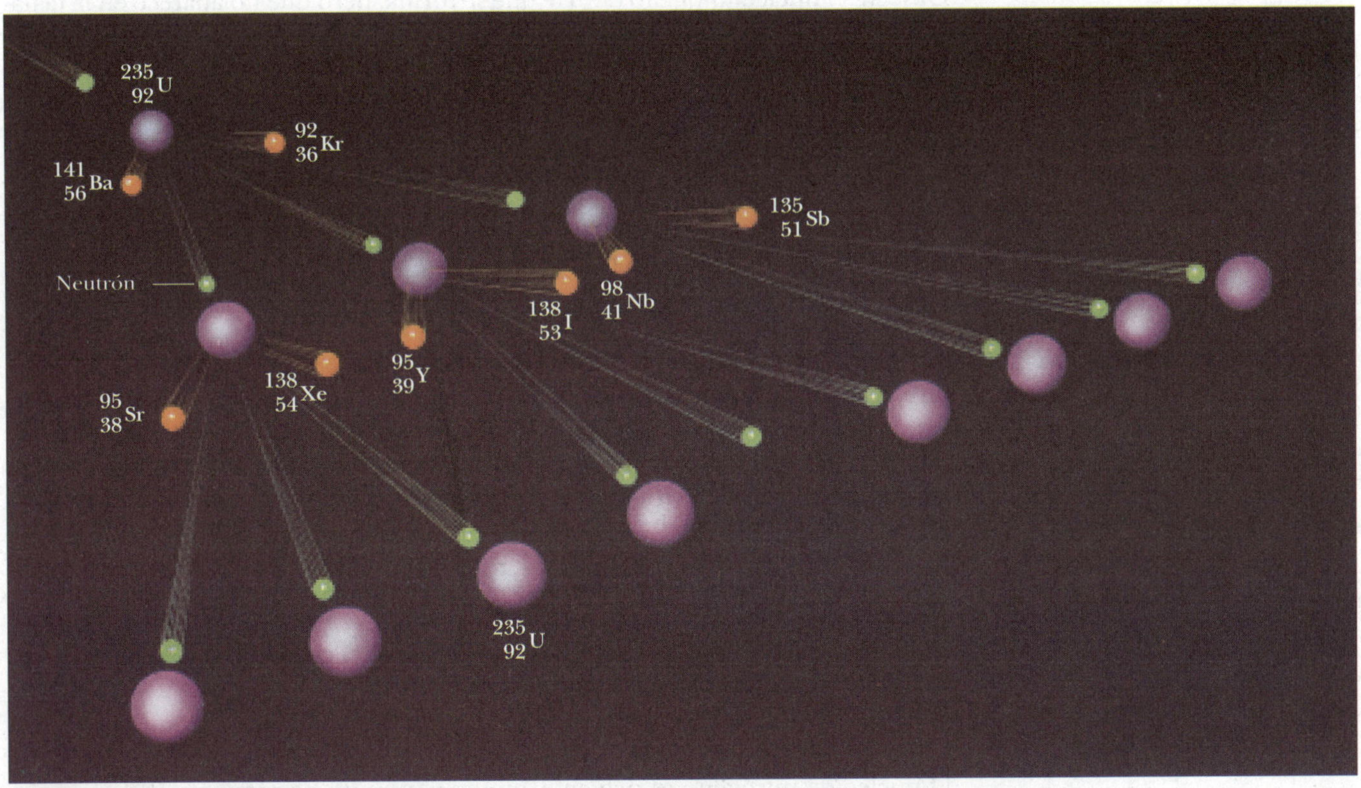

Figura 12.20

Reacción nuclear en cadena iniciada por la captura de un neutrón por parte de un núcleo de ^{235}U.

WEB

Para obtener información acerca de la fusión, proporcionada por National Fusion Energy Science Web Site, visite **www.fusionscience.org/**

Coulomb muy fuerte antes de estar suficientemente cerca como para fusionarse. Una forma de ayudar a los núcleos a superar esta fuerza de repulsión es conseguir que se muevan con una gran energía cinética, aumentando mucho la temperatura del conjunto de núcleos. Si la densidad de núcleos es alta, la probabilidad de colisión entre núcleos también será alta, y se puede producir la fusión. El problema tecnológico de conseguir temperaturas y densidades muy altas está deteniendo el progreso en el campo de la investigación de la fusión controlada en la Tierra.

En algunos lugares naturales (por ejemplo, el núcleo de las estrellas), ya existen las altas temperaturas y densidades necesarias. Consideremos un conjunto de gas y polvo situado en algún lugar del Universo como un sistema aislado. ¿Qué pasa cuando el sistema se colapsa bajo su fuerza de atracción gravitacional? La energía del sistema se conserva y la energía potencial gravitacional asociada a las partículas separadas disminuye, mientras aumenta la energía cinética de las partículas. Es como una pelota que cae: las partículas cósmicas "caen" hacia el centro de gravedad. A medida que las partículas que caen colisionan con las partículas que ya han caído en la región central de colapso, su energía cinética se distribuye a las otras partículas por colisiones: se convierte en energía interna, que está relacionada con la temperatura del conjunto de partículas.

Si el sistema tiene materia suficiente como para que la temperatura y la densidad del núcleo del sistema aumenten hasta el punto en el que se puede producir la fusión, el sistema se convierte en una estrella. El principal constituyente del Universo es el hidrógeno, de forma que las reacciones de fusión en el centro de una estrella combinan núcleos de hidrógeno —protones— para formar núcleos de helio. Un proceso habitual de reacción en estrellas con núcleos relativamente fríos ($T < 15 \times 10^6$ K) es el **ciclo protón-protón.** En el primer paso del proceso, se combinan dos protones para formar deuterio:

$$^1_1\text{H} + ^1_1\text{H} \longrightarrow ^2_1\text{H} + \text{e}^+ + \nu$$

Observe el núcleo implícito de $^2_2$He que se forma, pero que no aparece en la ecuación de la reacción. Este núcleo es muy inestable y decae rápidamente en un núcleo de deuterio, un positrón y un neutrino, en un decaimiento β^+.

En el siguiente paso, el núcleo de deuterio se fusiona con otro protón para formar un núcleo de helio-3:

$$^1_1\text{H} + ^2_1\text{H} \longrightarrow ^3_2\text{He} + \gamma$$

Por último, dos núcleos de helio-3 formados en estas reacciones pueden fusionarse para formar helio-4 y dos protones:

$$^3_2\text{He} + ^3_2\text{He} \longrightarrow ^4_2\text{He} + ^1_1\text{H} + ^1_1\text{H}$$

El resultado neto de este ciclo ha sido la unión de cuatro protones para formar un núcleo de helio-4, con la liberación de energía que abandona la estrella en forma de radiación electromagnética. Además, observe que la reacción libera neutrinos, que son una señal de que se producen decaimiento beta en el interior de la estrella. La observación de un incremento en el flujo de neutrinos de una supernova es una importante herramienta de análisis.

Para estrellas con núcleos más calientes ($T > 15 \times 10^6$ K), domina otro proceso, llamado el **ciclo del carbono.** Con temperaturas tan altas, los núcleos de hidrógeno pueden fusionarse para dar lugar a núcleos más pesados que el helio, como el carbono. En el primero de los seis pasos del ciclo, un núcleo de carbono se fusiona con un protón para formar nitrógeno:

$$^1_1\text{H} + ^{12}_6\text{C} \longrightarrow ^{13}_7\text{N}$$

El núcleo de nitrógeno es rico en protones y sufre un decaimineto β^+:

$$^{13}_7\text{N} \longrightarrow ^{13}_6\text{C} + \text{e}^+ + \nu$$

El núcleo resultante de carbono-13 se fusiona con otro protón y emite un rayo gamma:

$$ {}^{1}_{1}\mathrm{H} + {}^{13}_{6}\mathrm{C} \longrightarrow {}^{14}_{7}\mathrm{N} + \gamma $$

El nitrógeno-14 se fusiona con otro protón y emite otro rayo gamma:

$$ {}^{1}_{1}\mathrm{H} + {}^{14}_{7}\mathrm{N} \longrightarrow {}^{15}_{8}\mathrm{O} + \gamma $$

El núcleo de oxígeno sufre un decaimiento β^+:

$$ {}^{15}_{8}\mathrm{O} \longrightarrow {}^{15}_{7}\mathrm{N} + \mathrm{e}^+ + \nu $$

Y, finalmente, el nitrógeno–15 se fusiona con otro protón:

$$ {}^{1}_{1}\mathrm{H} + {}^{15}_{7}\mathrm{N} \longrightarrow {}^{12}_{6}\mathrm{C} + {}^{4}_{2}\mathrm{He} $$

Observe que el efecto neto de este proceso es combinar cuatro protones para formar un núcleo de helio, igual que en el ciclo protón-protón. El carbono-12 con el que empezó el ciclo vuelve a aparecer al final, de forma que sólo actúa como catalizador del proceso y no se consume.

Dependiendo de su masa, una estrella transforma energía en su núcleo con una potencia de entre 10^{23} y 10^{33} W. La energía liberada por el núcleo en el centro de la estrella se transfiere hacia el exterior a través de la envoltura por radiación y convección. Entonces la energía es irradiada desde la superficie de la esfera como luz infrarroja, visible y ultravioleta. El peso de la envoltura evita que el núcleo de la estrella explote. El sistema es estable mientras dure el suministro de hidrógeno en el núcleo.

En los capítulos anteriores, presentamos ejemplos de la aplicación de la física cuántica y atómica a procesos en el espacio. En este capítulo, hemos visto que los procesos nucleares también tienen un papel importante en el cosmos. La formación de estrellas es un proceso crítico en el desarrollo del Universo. La energía proporcionada por las estrellas es crucial para la vida en planetas como la Tierra. En nuestro próximo, y último capítulo, discutiremos los procesos que se producen a una escala aún menor, la escala de las *partículas elementales.* Volveremos a ver, asimismo, que los análisis a una escala menor nos permiten avanzar en nuestra comprensión del sistema más grande existente, el Universo.

RESUMEN

Un núcleo puede ser representado por ${}^{A}_{Z}\mathrm{X}$, donde A es el **número de masa,** el número total de nucleones, y Z es el **número atómico,** el número total de protones. El número total de neutrones en un núcleo es el **número de neutrones** N, donde $A = N + Z$. Los elementos con el mismo valor de Z pero diferentes valores de A y N se llaman **isótopos.**

Suponiendo que un núcleo es esférico, su radio es

$$ r = r_0 A^{1/3} \qquad \textbf{[12.1]} $$

donde $r_0 = 1.2$ fm.

Los núcleos son estables debido a la **fuerza nuclear** entre los nucleones. Esta fuerza de corto alcance domina a la fuerza de repulsión de Coulomb para distancias de menos de aproximadamente 2 fm, y es independiente de la carga.

Los núcleos ligeros son más estables cuando el número de protones es igual al número de neutrones. Los núcleos pesados son más estables cuando el número de neutrones es mayor que el número de protones. Además, muchos núcleos estables tienen valores pares de Z y N. En los núcleos de una estabilidad inusualmente alta, o Z o N son iguales a 2, 8, 20, 28, 50, 82, o 126 que son los llamados **números mágicos.**

El núcleo tiene un momento angular intrínseco de espín de magnitud $\sqrt{I(I+1)}\hbar$, donde I es el **número cuántico de espín del núcleo.** El momento magnético de un núcleo se mide en términos del **magnetón nuclear** μ_n, donde

$$ \mu_n \equiv \frac{e\hbar}{2m_p} = 5.05 \times 10^{-27}\ \mathrm{J/T} \qquad \textbf{[12.3]} $$

La diferencia de masa entre los nucleones separados y el núcleo que los contiene, multiplicada por c^2, nos da la **energía de enlace** E_b del núcleo: $E_b = \Delta mc^2$. Podemos calcular la energía de enlace de un núcleo cualquiera ${}^{A}_{Z}\mathrm{X}$ utilizando la expresión

$$ E_b(\mathrm{MeV}) = [ZM(\mathrm{H}) + Nm_n - M({}^{A}_{Z}X)] \times 931.494\ \mathrm{MeV/u} \qquad \textbf{[12.4]} $$

Los procesos radiactivos incluyen el decaimiento alfa, el decaimiento beta y el decaimiento gamma. Una partícula alfa es un núcleo de ^{4}He; una partícula beta puede ser tanto un electrón (e^-) como un positrón (e^+); una partícula gamma es un fotón de alta energía.

Si un material radiactivo contiene N_0 núcleos radiactivos en $t = 0$, el número N de núcleos que permanecen en el instante t es

$$N = N_0 e^{-\lambda t} \quad [12.6]$$

donde λ es la **constante de decaimiento.** La **actividad** o **razón de decaimiento** de una sustancia radiactiva viene dada por

$$R = \left|\frac{dN}{dt}\right| = N_0 \lambda e^{-\lambda t} = R_0 e^{-\lambda t} \quad [12.7]$$

donde $R_0 = N_0\lambda$ es la actividad en $t = 0$. La **vida media** $T_{1/2}$ se define como el tiempo que tarda la mitad del número de núcleos radiactivos en decaer, siendo

$$T_{1/2} = \frac{\ln 2}{\lambda} = \frac{0.693}{\lambda} \quad [12.8]$$

El **decaimiento alfa** puede producirse porque, de acuerdo con la mecánica cuántica, algunos núcleos tienen barreras de energía que pueden ser atravesadas por las partículas alfa (el efecto túnel). Este proceso es energéticamente más favorable para aquellos núcleos que tienen un gran exceso de neutrones. Un núcleo puede sufrir un **decaimiento beta** de dos formas: puede emitir un electrón (e^-) y un antineutrino ($\bar{\nu}$), o puede emitir un positrón (e^+) y un neutrino (ν). En el proceso de **captura electrónica,** el núcleo de un átomo absorbe uno de sus propios electrones (habitualmente de la capa K) y emite un neutrino. En el **decaimiento gamma,** un núcleo en un estado excitado de energía cae hasta su estado base y emite un rayo gamma.

Puede ocurrir una **reacción nuclear** cuando un núcleo blanco X es bombardeado por una partícula a, dando lugar a un núcleo Y y a una partícula emitida b:

$$\text{a} + \text{X} \longrightarrow \text{Y} + \text{b} \quad \text{o} \quad \text{X(a, b)Y} \quad [12.23]$$

La energía en reposo transformada en energía cinética en una reacción nuclear se llama **energía de reacción** Q y es

$$Q = (M_a + M_X - M_Y - M_b)c^2 \quad [12.24]$$

Una reacción en la que Q es positiva se llama **exotérmica,** y una reacción en la que Q es negativa se llama **endotérmica.** La energía cinética mínima de la partícula incidente necesaria para que se produzca una reacción de este tipo se llama **umbral de energía.**

PREGUNTAS

1. En el experimento de Rutherford, supongamos que una partícula alfa es dirigida directamente hacia el núcleo de un átomo. ¿Por qué la partícula alfa no hace contacto físcio con el núcleo?
2. Explique las diferencias principales entre los rayos alfa, beta y gamma.
3. ¿Por qué los elementos más pesados necesitan más neutrones para mantener la estabilidad?
4. El momento magnético de un protón tiene una frecuencia de precesión ω_p en presencia de un campo magnético. Si se duplica la intensidad del campo magnético ¿qué sucede con la frecuencia de precesión?
5. ¿Por qué casi todos los isótopos presentes en la Naturaleza están por encima de la línea $N = Z$ de la figura 12.4?
6. Si un núcleo tiene una vida media de un año ¿quiere esto decir que se habrá decaído completamente después de dos años? Explique su respuesta.
7. ¿Qué proporción de una muestra radiactiva se habrá decaído después de un tiempo igual a dos vidas medias?
8. Se preparan dos muestras del mismo núcleo radiactivo. La actividad inicial de la muestra A es el doble de la actividad inicial de la muestra B. ¿Cómo es la vida media de A comparada con la de B? Después que para ambas muestras hayan transcurrido cinco vidas medias ¿cuál será el cociente entre sus actividades?
9. Si no fuese a nacer ninguna persona más, la ley del crecimiento de la población se parecería mucho a la ley decaimiento radiactivo. Analice esta afirmación.
10. Si un núcleo captura un neutrón lento, el producto queda en un estado energético muy excitado, con una energía de aproximadamente 8.0 MeV por encima del estado base. Explique el origen de esta excitación energética.
11. Utilice la analogía de la bala y el rifle para explicar por qué el núcleo que retrocede sólo absorbe una pequeña parte de la energía de desintegración en un decaimiento α del núcleo.
12. Si un núcleo como el ^{226}Ra, que inicialmente está en reposo, experimenta un decaimiento alfa, ¿quién tendrá más energía después del decaimiento, la partícula alfa o el núcleo hijo?
13. Explique por qué muchos núcleos pesados sufren decaimientos alfa pero no emiten neutrones o protones espontáneamente.
14. Si una partícula alfa y un electrón tienen la misma energía cinética ¿cuál se desviará más al pasar por un campo magnético?
15. Si situamos una película fotográfica dentro de una caja de madera, las partículas alfa emitidas por una fuente radiactiva situada fuera de la caja no pueden velar la película, pero las partículas beta sí. Explique este fenómeno.
16. Supongamos que se pueda demostrar que la intensidad de rayos cósmicos en la superficie de la Tierra era mucho mayor hace 10 000 años. ¿Cómo afectaría esta diferencia a los valores aceptados como válidos para el fechado con carbono de muestras orgánicas antiguas?
17. El núcleo radiactivo de $^{226}_{88}$Ra tiene una vida media de alrededor de 1.6×10^3 años. Si la edad del Sistema Solar es

de cerca de 5 mil millones de años ¿por qué encontramos todavía este núcleo en la Naturaleza?

18. Identificar los cuatro núcleos estables de la tabla A.3 que tiene números mágicos tanto de Z como de N.

19. *También con misteriosa rapidez*
da vueltas la hermosura de la Tierra;
alterna claridad de paraíso
con honda noche, llena de terrores;
rompe el mar en espuma al estrellarse
en la honda base de las altas rocas,
y las rocas y el mar son arrastrados
en raudo, eterno giro de la esfera.
Y rugen tempestades rodeando
la porfía del mar contra la tierra,
y en su torno, con furia, van trenzando
una cadena del más hondo influjo.
Desolación de rayo inflama allí
la senda por delante de los truenos;
pero tus mensajeros, Señor, honran el caminar suave de tu día.

Johann Wolfgang von Goethe escribió esta canción de los arcángeles en *Fausto*, medio siglo antes que se estableciera la ley de conservación de la energía. A los estudiantes les resulta útil a menudo pensar en una lista de diferentes "formas de energía", desde la cinética hasta la nuclear. Discuta si estos versos hacen una referencia directa o indirecta a toda forma de energía y transferencia de energía.

PROBLEMAS

1, 2, 3 = fácil, intermedio, difícil   web = solución publicada en **http://www.harcourtcollege.com/physics/**

= se recomienda el uso de computadora para la resolución del problema

= aplicaciones biomédicas

Nota: La tabla 12.3 será útil para muchos de los problemas siguientes. La tabla A.3 del apéndice A presenta una lista más completa de masas atómicas.

TABLA 12.3 Algunas masas atómicas

Elemento (o partícula)	Masa atómica (u)	Elemento	Masa atómica (u)
(electrón)	0.000 549	$^{23}_{11}$Na	22.989 770
(neutrón)	1.008 665	$^{23}_{12}$Mg	22.994 124
$^{1}_{1}$H	1.007 825	$^{27}_{13}$Al	26.981 538
$^{2}_{1}$H	2.014 102	$^{30}_{15}$P	29.978 307
$^{4}_{2}$He	4.002 602	$^{40}_{20}$Ca	39.962 591
$^{7}_{3}$Li	7.016 003	$^{42}_{20}$Ca	41.958 618
$^{9}_{4}$Be	9.012 174	$^{43}_{20}$Ca	42.958 767
$^{10}_{5}$B	10.012 936	$^{56}_{26}$Fe	55.934 940
$^{12}_{6}$C	12.000 000	$^{64}_{30}$Zn	63.929 144
$^{13}_{6}$C	13.003 355	$^{64}_{29}$Cu	63.929 599
$^{14}_{7}$N	14.003 074	$^{93}_{41}$Nb	92.906 376
$^{15}_{7}$N	15.000 108	$^{197}_{79}$Au	196.966 543
$^{15}_{8}$O	15.003 065	$^{202}_{80}$Hg	201.970 617
$^{17}_{8}$O	16.999 132	$^{216}_{84}$Po	216.001 889
$^{18}_{8}$O	17.999 160	$^{220}_{86}$Rn	220.011 369
$^{18}_{9}$F	18.000 937	$^{234}_{90}$Th	234.043 593
$^{20}_{10}$Ne	19.992 435	$^{238}_{92}$U	238.050 784

Sección 12.1 Algunas propiedades del núcleo

1. ¿Cuál es el orden de magnitud del número de protones que hay en nuestro cuerpo? ¿Y el del número de neutrones? ¿Y el de electrones?

2. Hallar el radio de (a) un núcleo de $^{4}_{2}$He y (b) un núcleo de $^{238}_{92}$U.

3. ¿Cuánta energía (en MeV) debe tener un partícula α para alcanzar la superficie de un núcleo de oro ($Z = 79$, $A = 197$)? Suponga que el núcleo de oro permanece inmóvil.

4. **Problema de repaso.** ¿Cuál sería la fuerza gravitacional entre dos pelotas de golf (de 4.30 cm de diámetro), separadas por 1.00 m, si estuviesen hechas de materia nuclear?

5. Se supone que una estrella en el final de su vida que tenga una masa del doble de la de el Sol se colapsará, combinando sus protones y sus electrones para formar una estrella de neutrones. Podemos pensar en esta estrella como en un gigantesco núcleo atómico. Si una estrella de masa $2 \times 1.99 \times 10^{30}$ kg se colapsa en neutrones ($m_n = 1.67 \times 10^{-27}$ kg), ¿qué radio tendrá? (Suponga que $r = r_0 A^{1/3}$.)

6. Identifique en la tabla 12.3 los núcleos estables que corresponden a los números mágicos de la ecuación 12.2.

7. Construya un diagrama parecido al de la figura 12.5 para los casos en que I es igual a (a) $\frac{5}{2}$ y (b) 4.

8. La radiofrecuencia a la cual un núcleo presenta absorción por resonancia entre estados de espín se denomina frecuencia de precesión de Larmor y viene dada por

$$f = \frac{\Delta E}{h} = \frac{2\mu B}{h}$$

donde μ es el momento magnético del núcleo. Calcular la frecuencia de Larmor para (a) neutrones libres en un campo magnético de 1.00 T, (b) protones libres en un campo magnético de 1.00 T y (c) protones libres en el campo magnético de la Tierra, en un lugar en el que la magnitud del campo es de 50.0 μT.

Sección 12.2 Energía de enlace

9. Utilizando la gráfica de la figura 12.10, estimar cuánta energía se libera cuando un núcleo de número de masa 200 se fisiona en dos núcleos, cada uno de ellos de número de masa 100.

10. Calcular la energía de enlace por nucleón para (a) ^{2}H, (b) ^{4}He, (c) ^{56}Fe y (d) ^{238}U.

11. web Un par de núcleos para los cuales $Z_1 = N_2$ y $Z_2 = N_1$ se llaman *isóbaros especulares* (el número atómico y el número de neutrones están intercambiados). Las mediciones de la energía de enlace en estos núcleos pueden ser utilizadas para probar que las fuerzas nucleares son independientes de la carga (es decir, las fuerzas nucleares protón-protón, protón-neutrón y neutrón-neutrón son iguales). Calcular la diferencia en las energías de enlace para los dos isóbaros especulares $^{15}_{8}$O y $^{15}_{7}$N. La repulsión eléctrica entre ocho protones en vez de siete justifica la diferencia.

12. Los núcleos que tienen el mismo número de masa se llaman *isóbaros*. El isótopo $^{139}_{57}$La es estable. Uno isóbaro radiactivo $^{139}_{59}$Pr está situado por debajo de la línea de núcleos estables de la figura 12.4, y decae emitiendo un e$^+$. Otro isóbaro radiactivo de $^{139}_{57}$La, $^{139}_{55}$Cs, decae emitiendo un e$^-$, y está situado por debajo de la línea de núcleos estables de la figura 12.4. (a) ¿Cuál de estos tres isóbaros tiene un número mayor de neutrones por protón? (b) ¿Cuál tiene la mayor energía de enlace por nucleón? (c) ¿Cuál esperaría que fuera más pesado, ^{139}Pr o ^{139}Cs?

Sección 12.3 Radiactividad

13. Una muestra de material radiactivo contiene 1.00×10^{15} átomos y tiene una actividad de 6.00×10^{11} Bq. ¿Cuál es su vida media?

14. La vida media del ^{131}I es de 8.04 días. En un determinado día, la actividad de una muestra de yodo-131 es 6.40 mCi. ¿Cuál es su actividad 40.2 días más tarde?

15. web Una muestra recién preparada de un determinado isótopo radiactivo tiene una actividad de 10.0 mCi. Después de 4.00 h, su actividad es de 8.00 mCi. (a) determinar la constante de decaimiento y la vida media. (b) ¿Cuántos átomos del isótopo había en la muestra recién preparada? (c) ¿Cuál es la actividad de la muestra 30.0 h después de ser preparada?

16. ¿Cuánto tiempo transcurre antes que desaparezca el 90.0% de la radiactividad de una muestra de $^{72}_{33}$As, medida según su actividad? La vida media del $^{72}_{33}$As es de 26 h.

17. Un núcleo radiactivo tiene una vida media $T_{1/2}$. Una muestra de estos núcleos tiene una actividad inicial R_0. Calcular el número de núcleos que decaen en el intervalo comprendido entre los tiempos t_1 y t_2.

18. *Contaminación del aire en recintos cerrados.* El uranio se encuentra presente de forma natural en las rocas y en el suelo. Como un paso en su serie de decaimientos radiactivos, ^{238}U produce el gas químicamente inerte radón 222, que tiene una vida media de 3.82 días. El radón se filtra por el suelo hasta mezclarse con la atmósfera, produciendo una radiactividad en espacio abierto que usualmente es de 0.3 pCi/L. En el interior de las casas, el ^{222}Rn puede ser un contaminante importante, acumulándose hasta alcanzar actividades muy superiores en espacios cerrados. Si la radiactividad del radón supera 4 pCi/L, la Agencia de protección medioambiental de los E.U. sugiere que deben tomarse medidas para reducirla, disminuyendo la filtración desde el suelo hacia el aire. (a) Convierta la actividad 4 pCi/L a unidades de becquerel por metro cúbico. (b) ¿Cuántos átomos de ^{222}Rn hay en un metro cúbico de aire que tiene esta actividad? (c) ¿Qué fracción de la masa de aire constituye el radón?

19. Un edificio se ha contaminado accidentalmente con radiactividad. El material de mayor longevidad en el edificio es estroncio-90. (El $^{90}_{38}$Sr que tiene una masa atómica de 89.9077 u y su vida media es de 29.1 años. Es especialmente peligroso porque reemplaza al calcio en los huesos.) Supongamos que el edificio inicialmente contenía 5.00 kg de esta sustancia, uniformemente distribuidos por el edificio (una situación muy improbable) y que se define el nivel de seguridad cuando se tienen menos de 10.0 decaimientos/min (para que sea pequeño en comparación con la radiación de fondo). ¿Durante cuánto tiempo será inseguro el edificio?

Sección 12.4 El proceso de decaimiento radiactivo

20. Identifique el núcleo o partícula que falta (X):
(a) $X \rightarrow {}^{65}_{28}Ni + \gamma$
(b) ${}^{215}_{84}Po \rightarrow X + \alpha$
(c) $X \rightarrow {}^{55}_{26}Fe + e^+ + \nu$
(d) ${}^{109}_{48}Cd + X \rightarrow {}^{109}_{47}Ag + \nu$
(e) ${}^{14}_{7}N + {}^{4}_{2}He \rightarrow X + {}^{17}_{8}O$

21. Hallar la energía liberada en el decaimiento alfa

$$ {}^{238}_{92}U \longrightarrow {}^{234}_{90}Th + {}^{4}_{2}He $$

Utilice la tabla 12.3 para resolver el problema.

22. Un espécimen vivo en equilibrio con la atmósfera contiene un átomo de ^{14}C (vida media = 5 730 años) por cada 7.7×10^{11} átomos estables de carbono. Una muestra arqueológica de madera (celulosa, $C_{12}H_{22}O_{11}$) contiene 21.0 mg de carbono. Cuando se coloca la muestra en un contador beta con una eficiencia del 88.0%, se acumulan 837 cuentas en una semana. Suponiendo que el flujo de rayos cósmicos y la atmósfera terrestre no hayan cambiado apreciablemente desde que se formó la muestra, calcular la edad de la muestra.

23. **Problema de repaso.** Aceleramos carbono simplemente ionizado a través de una diferencia de potencial de 1 000 V y lo introducimos en un espectrómetro de masas para determinar los isótopos presentes (véase el capítulo 4). La magnitud del campo magnético del espectrómetro es 0.200 T. (a) Determinar el radio de la órbita para los isótopos ^{12}C

y ^{13}C cuando pasan por el campo. (b) Muestre que el cociente entre los radios puede ser escrito de la forma

$$\frac{r_1}{r_2} = \sqrt{\frac{m_1}{m_2}}$$

y verifique que los radios obtenidos en el inciso (a) cumplen esta condición.

24. Un núcleo de ^{3}H experimenta un decaimiento beta y se convierte en ^{3}He, creando un electrón y un antineutrino, de acuerdo con la reacción

$$^{3}_{1}H \longrightarrow {}^{3}_{2}He + e^- + \bar{\nu}$$

Los símbolos en esta reacción se refieren a los núcleos. Escriba la reacción referida a átomos neutros, añadiendo un electrón a ambos lados. Utilice entonces la tabla A.3 para determinar la energía total liberada en esta reacción.

25. El núcleo $^{15}_{8}O$ decae por captura electrónica. La reacción nuclear es

$$^{15}_{8}O + e^- \longrightarrow {}^{15}_{7}N + \nu$$

(a) Escriba el proceso sufrido por una partícula en el núcleo. (b) Escriba el proceso de decaimiento referido a átomos neutros. (c) Determine la energía del neutrino. Ignore el retroceso del núcleo hijo.

26. (a) ¿Por qué el decaimiento beta inverso $p \rightarrow n + e^+ + \nu$ es imposible para un protón libre? (b) ¿Por qué la misma reacción es posible si el protón está ligado a un núcleo? Por ejemplo, la siguiente reacción es perfectamente posible:

$$^{13}_{7}N \longrightarrow {}^{13}_{6}C + e^+ + \nu$$

(c) ¿Cuánta energía se libera en la reacción del inciso (b)? [*Sugerencia:* añada 7 electrones a ambos lados de la reacción para escribirla para átomos neutros. Puede utilizar las masas $m(e^+) = 0.000\ 549$ u, $M(^{13}C) = 13.003\ 355$ u, $M(^{13}N) = 13.005\ 739$ u.]

27. Introduzca el símbolo correcto de cada isótopo en cada uno de los cuadros de la figura P12.27, que muestra las secuencias de decaimiento en la serie natural radiactiva que empieza con el isótopo de larga vida uranio 235 y acaba con el núcleo estable plomo-207.

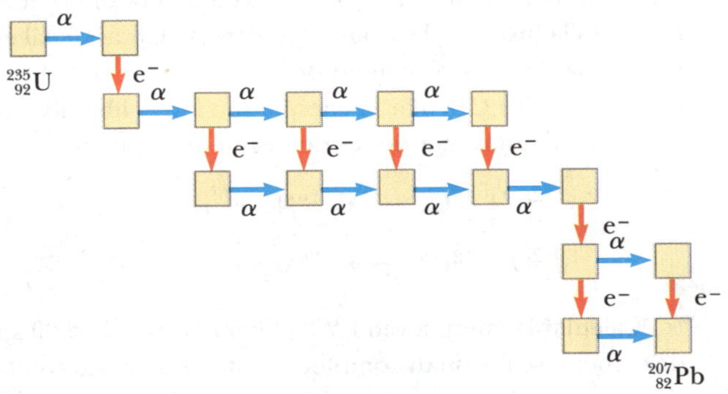

Figura P12.27

Sección 12.5 Reacciones nucleares

28. Identifique los núcleos X y partículas X′ que faltan en las siguientes reacciones nucleares:

(a) $X + {}^{4}_{2}He \rightarrow {}^{24}_{12}Mg + {}^{1}_{0}n$

(b) $^{235}_{92}U + {}^{1}_{0}n \rightarrow {}^{90}_{38}Sr + X + 2{}^{1}_{0}n$

(c) $2{}^{1}_{1}H \rightarrow {}^{2}_{1}H + X + X'$

29. web El oro sólo tiene un isótopo natural $^{197}_{79}Au$. Si irradiamos oro natural con un flujo de neutrones lentos, se emiten electrones. (a) Escribir la ecuación de la reacción. (b) Calcular la energía máxima de los electrones emitidos. La masa de $^{198}_{80}Hg$ es 197.966 743 u.

30. Un haz de protones de 6.61 MeV incide sobre un objetivo de $^{27}_{13}Al$. Los protones que colisionan producen la reacción

$$p + {}^{27}_{13}Al \longrightarrow {}^{27}_{14}Si + n$$

($^{27}_{14}Si$ tiene una masa de 26.986 721 u). Ignorando cualquier retroceso del núcleo producido, determinar la energía cinética de los neutrones emitidos.

31. (a) La siguiente reacción de fisión es un ejemplo típico de las reacciones que se producen en una central nuclear de generación eléctrica:

$$^{1}_{0}n + {}^{235}_{92}U \longrightarrow {}^{141}_{56}Ba + {}^{92}_{36}Kr + 3({}^{1}_{0}n)$$

Encuentre la energía liberada. Las masas que se necesitan son:

$$M({}^{1}_{0}n) = 1.008\ 665\ u$$
$$M({}^{235}_{92}U) = 235.043\ 915\ u$$
$$M({}^{141}_{56}Ba) = 140.913\ 9\ u$$
$$M({}^{92}_{36}Kr) = 91.897\ 3\ u$$

(b) ¿Qué fracción de la masa inicial del sistema se transforma?

32. La combustión de una tonelada de carbón puede producir 3.30×10^{10} J de energía. La fisión de un núcleo de uranio-235 proporciona una energía promedio de alrededor de 208 MeV. ¿Qué cantidad de uranio produce la misma energía que una tonelada de carbón?

33. **Problema de repaso.** Supongamos que se utiliza uranio enriquecido con un 3.40% del isótopo fisionable $^{235}_{92}U$ como combustible de un barco. La magnitud de la fuerza de fricción entre el agua y el barco es del orden de 1.00×10^5 N. ¿A qué distancia podría viajar el barco con un kilogramo de este combustible? Suponga que la energía liberada por la reacción de fisión es de 208 MeV y que la eficiencia del motor del barco es del 20.0%.

34. Un 0.030 la masa de todo el hidrógeno del mar es deuterio. El conjunto de los océanos tiene un volumen de 3.17 $\times 10^8$ millas^3. (a) Si la fusión nuclear fuese controlada y todo el deuterio de los mares fuese fusionado para formar $^{4}_{2}He$, ¿cuántos joules de energía se liberarían? (b) El consumo mundial de electricidad es del orden de joules 7.00×10^{12} W. Si el consumo fuese 100 veces mayor ¿cuántos años duraría la energía calculada en el inciso (a)?

35. web Se ha calculado que existen aproximadamente 10^9 toneladas de uranio natural en concentraciones superiores a 100 partes por millón, del cual el 0.7% es el isótopo fisionable ^{235}U. Supongamos que todas las necesidades energéticas mundiales (7×10^{12} J/s) se cubrieran con la fusión de ^{235}U en reactores nucleares convencionales, liberando 208 MeV por reacción. ¿Cuánto tiempo duraría este suministro? La cantidad estimada de uranio está tomada de K. S. Deffeyes e I. D. MacGregor, "World Uranium Resources" *Sci. Am.* **242(1):**66, 1980.

Sección 12.6 Relación con el contexto. El motor de las estrellas

36. El Sol irradia energía con una potencia de 3.77×10^{26} W. Supongamos que la reacción neta

$$4({}^1_1\text{H}) + 2(\text{e}^-) \longrightarrow {}^4_2\text{He} + 2\nu + \gamma$$

produce toda la energía liberada. Calcular el número de protones fusionados por segundo.

37. Considere las dos reacciones nucleares:

$$\text{(I)}\quad \text{A} + \text{B} \rightarrow \text{C} + \text{E}$$
$$\text{(II)}\quad \text{C} + \text{D} \rightarrow \text{F} + \text{G}$$

(a) Muestre que la energía neta de desintegración de estas dos reacciones ($Q_{\text{net}} = Q_{\text{I}} + Q_{\text{II}}$) es idéntica a la energía de desintegración de la reacción neta

$$\text{A} + \text{B} + \text{D} \longrightarrow \text{E} + \text{F} + \text{G}$$

(b) Una posible cadena de reacciones en el ciclo protón-protón del núcleo del Sol es

$${}^1_1\text{H} + {}^1_1\text{H} \longrightarrow {}^2_1\text{H} + \text{e}^+ + \nu$$
$$\text{e}^+ + \text{e}^- \longrightarrow 2\gamma$$
$${}^1_1\text{H} + {}^2_1\text{H} \longrightarrow {}^3_2\text{H} + \gamma$$
$${}^1_1\text{H} + {}^3_2\text{H} \longrightarrow {}^4_2\text{H} + \text{e}^+ + \nu$$
$$\text{e}^+ + \text{e}^- \longrightarrow 2\gamma$$

Basándose en el inciso (a) ¿cuál es el valor de Q_{net} para esta secuencia?

38. Además del ciclo protón-protón descrito en el problema anterior, el ciclo del carbono, propuesto por primera vez por Hans Bethe en 1939, es otro ciclo por el que las estrellas liberan energía convirtiendo hidrógeno en helio. El ciclo del carbono requiere temperaturas más altas que el ciclo protón-protón. La serie de reacciones es

$${}^{12}\text{C} + {}^1\text{H} \longrightarrow {}^{13}\text{N} + \gamma$$
$${}^{13}\text{N} \longrightarrow {}^{13}\text{C} + \text{e}^+ + \nu$$
$$\text{e}^+ + \text{e}^- \longrightarrow 2\,\gamma$$
$${}^{13}\text{C} + {}^1\text{H} \longrightarrow {}^{14}\text{N} + \gamma$$
$${}^{14}\text{N} + {}^1\text{H} \longrightarrow {}^{15}\text{O} + \gamma$$
$${}^{15}\text{O} \longrightarrow {}^{15}\text{N} + \text{e}^+ + \nu$$
$$\text{e}^+ + \text{e}^- \longrightarrow 2\,\gamma$$
$${}^{15}\text{N} + {}^1\text{H} \longrightarrow {}^{12}\text{C} + {}^4\text{He}$$

(a) Si el ciclo protón-protón requiere una temperatura de 1.5×10^7 K, estimar por proporción la temperatura que requiere el ciclo del carbono. (b) Calcular el valor Q para cada paso del ciclo del carbono y la energía total liberada. (c) ¿Cree que la energía transportada por los neutrinos se deposita en la estrella? Explique su respuesta.

39. Tras determinar que el Sol existe desde hace cientos de millones de años, pero antes de descubrir la física nuclear, los científicos no eran capaces de explicar por qué el Sol seguía ardiendo durante tanto tiempo. Por ejemplo, si fuese un fuego de carbón hubiera ardido durante alrededor de 3 000 años. Supongamos que el Sol, cuya masa es de 1.99×10^{30} kg, originalmente estaba formado solamente por hidrógeno y que su potencia es de 3.77×10^{26} W. (a) Si el mecanismo de generación de energía del Sol es la fusión de hidrógeno en helio por la reacción neta

$$4({}^1_1\text{H}) + 2(\text{e}^-) \longrightarrow {}^4_2\text{He} + 2\nu + \gamma$$

calcular la energía (en joules) liberada por esta reacción. (b) Determinar cuántos átomos de hidrógeno constituyen el Sol. Tome como masa del átomo de hidrógeno 1.67×10^{-27} kg. (c) Suponiendo que la potencia total del Sol permanece constante ¿cuánto tiempo tardará todo el hidrógeno del Sol en convertirse en helio, provocando la muerte del Sol? La predicción científica real sobre la vida del Sol es de alrededor de 10 000 millones de años, porque sólo está disponible como combustible el hidrógeno del núcleo, que es relativamente pequeño. Sólo en el núcleo se dan temperaturas y densidades suficientemente altas como para que la reacción de fusión nuclear se mantenga.

40. Las detonaciones de carbono son potentes reacciones nucleares que hacen estremecerse temporalmente los núcleos de las estrellas masivas en la última fase de sus vidas. Estas explosiones son producidas por la fusión del carbono, que requiere temperaturas de alrededor de 6×10^8 K para superar la fuerza de repulsión de Coulomb entre los núcleos de carbono. (a) Estimar la barrera energética de repulsión para la fusión, utilizando la temperatura requerida para la fusión del carbono (en otras palabras, ¿cuál es la energía cinética promedio de un núcleo de carbono a 6×10^8 K?) (b) Calcular la energía (en MeV) liberada en cada una de estas reacciones de fusión del carbono:

$${}^{12}\text{C} + {}^{12}\text{C} \longrightarrow {}^{20}\text{Ne} + {}^4\text{He}$$
$${}^{12}\text{C} + {}^{12}\text{C} \longrightarrow {}^{24}\text{Mg} + \gamma$$

(c) Calcular la energía (en KWh) liberada cuando 2.00 kg de carbono se fusionan completamente de acuerdo con la primera reacción.

41. Una teoría de astrofísica nuclear propone que todos los elementos más pesados que el hierro se forman en la explosiones de supernovas, al final de la vida de las estrellas masivas. Si suponemos que en el momento de la explosión las cantidades de ^{235}U y de ^{238}U eran iguales ¿cuánto tiempo hace que explotaron la estrella o estrellas que liberaron los elementos que forman la Tierra? El cociente actual ^{235}U/^{238}U es 0.007 25. Las vidas medias de ^{235}U y ^{238}U son 0.704×10^9 y 4.47×10^9 años.

Problemas adicionales

42. El polonio 210 ($^{210}_{84}$Po) es un emisor de partículas alfa y se utiliza como fuente de energía nuclear en naves espaciales (figura P12.42). Determinar la potencia eléctrica inicial de la fuente de energía. Suponga que contiene 0.155 kg de ^{210}Po y que la eficiencia de la conversión de la energía de decaimiento radiactivo en energía eléctrica es del 1.00%.

Figura P12.42 La nave espacial *Pioneer 10* abandona el sistema solar. Lleva fuentes de alimentación radiactivas en el extremo de sus dos brazos. Los paneles solares no funcionarían lejos del Sol. *(Cortesía de NASA Ames Home Page)*

43. (a) Hallar el radio del núcleo de $^{12}_{6}$C. (b) Hallar la fuerza de repulsión entre un protón en la superficie de un núcleo de $^{12}_{6}$C y los otros cinco protones. (c) ¿Cuánto trabajo (en MeV) debe realizarse para superar esta fuerza de repulsión electrostática y colocar el último protón en el núcleo? (d) Repita los incisos (a), (b) y (c) para el $^{238}_{92}$U.

44. Medimos la actividad de una muestra radiactiva durante 12 h, obteniendo las razones de conteo netos que se muestran en la tabla.

Tiempo (h)	Razón de conteo (recuentos/min)
1.00	3 100
2.00	2 450
4.00	1 480
6.00	910
8.00	545
10.0	330
12.0	200

(a) Grafique el logaritmo de la razón de conteo en función del tiempo. (b) Determinar la constante de desintegración y la vida media de la muestra. (c) ¿Qué razón de conteo de la muestra podemos esperar en $t = 0$? (d) Suponiendo que la eficiencia del contador sea del 10.0%, calcular el número de átomos radiactivos en la muestra en $t = 0$.

45. En un trozo de roca lunar, el contenido de ^{87}Rb es de 1.82×10^{10} átomos/g de material y el contenido de ^{87}Sr es de 1.07×10^9 átomos/g. (a) Calcular la edad de la roca. (b) ¿Puede el material de la roca ser en realidad mucho más antiguo? ¿Qué supuesto está implícito en el método de fechado radiactivo? (El decaimiento relevante es $^{87}\text{Rb} \rightarrow {}^{87}\text{Sr} + e^-$. La vida media del decaimiento es de 4.75×10^{10} años).

46. Cuando, después de una reacción o de una perturbación de cualquier tipo, un núcleo queda en un estado excitado, puede volver a su estado normal (base) emitiendo un fotón de rayos gamma (o varios fotones). La ecuación 12.20 ilustra este proceso. El núcleo emisor debe retroceder para que se conserven la energía y el momento. (a) Demuestre que la energía de retroceso del núcleo es

$$E_r = \frac{(\Delta E)^2}{2Mc^2}$$

donde ΔE es la diferencia de energía entre el estado excitado y la base de un núcleo de masa M. (b) Calcular la energía de retroceso de un núcleo de ^{57}Fe cuando sufre un decaimiento gamma desde el estado excitado de 14.4 keV. Para este cálculo, suponga que la masa es 57 u. (*Sugerencia:* Cuando escriba la ecuación de conservación de la energía, utilice $(Mv)^2/2M$ para la energía cinética de retroceso del núcleo. Además, suponga que $hf \ll Mc^2$ y use una expansión binomial.)

47. Después de una súbita emisión de radiactividad en el accidente del reactor nuclear de Chernobyl en 1986, la radiactividad de la leche en Polonia aumentó hasta 2000 Bq/L debido al consumo, por parte del ganado, de yodo-131 presente en la hierba. El yodo radiactivo, con una vida media de 8.04 días, es especialmente peligroso porque la glándula tiroides acumula yodo.

El accidente de Chernobyl provocó un incremento apreciable en el cáncer de tiroides entre los niños de Bielorrusia. (a) Para comparar, calcule la actividad de la leche debida al potasio. Suponga que 1 L de leche contiene 2.00 g de potasio, del cual un 0.0117% es el isótopo ^{40}K, que tiene una vida media de 1.28×10^9 años. (b) ¿Cuánto tiempo tardaría la actividad debida al yodo en caer hasta el nivel de la actividad debida al potasio?

48. El 4 de julio de 1054, apareció entre los cuernos del toro de la constelación de Tauro una luz brillante. Los europeos no dejaron ningún registro de la supernova, que se pudo ver con luz diurna durante algunos días. La estrella fue perdiendo intensidad, pero permaneció visible durante años, debilitándose de acuerdo con la vida media de 77.1 días del cobalto-56 radiactivo que se había creado en la explosión. (a) Los restos de la estrella forman ahora la nebulosa del Cangrejo. En ella ¿a qué proporción de su actividad original ha decrecido el cobalto-56? (b) Supongamos que un indio americano de la tribu de los Anasazi hubiera hecho un dibujo con carbón de la supernova. ¿A qué fracción de su actividad original habrá decaido el carbono-14 del dibujo?

49. web La ecuación 12.9 representa el decaimiento alfa de un núcleo inestable. La energía de desintegración Q de la Ecuación 12.12 debe ser compartida por la partícula alfa y el núcleo hijo, para que se conserven tanto la energía como la cantidad de movimiento en el proceso de decaimiento. (a) Muestre que Q y K_α, la energía cinética de la partícula alfa, están relacionados por la siguiente expresión:

$$Q = K_\alpha\left(1 + \frac{M_\alpha}{M}\right)$$

donde M es la masa del núcleo hijo. (b) Utilice el resultado del inciso (a) para encontrar la energía de la partícula alfa emitida en el decaimiento de ^{226}Ra. (Vea el ejemplo 12.5 para el cálculo de Q.)

50. Cuando la reacción nuclear descrita por la ecuación 12.23 es endotérmica, la energía de desintegración Q es negativa. Para que se produzca la reacción, la partícula incidente debe tener una energía mínima, llamada umbral de energía, E_{th}. Una parte de la energía de la partícula incidente se transfiere al núcleo compuesto para conservar la cantidad de movimiento. Por consiguiente, E_{th} debe ser mayor que Q. Demuestre que

$$E_{\text{th}} = -Q\left(1 + \frac{M_{\text{a}}}{M_{\text{X}}}\right)$$

(b) Calcule el umbral de energía de la partícula alfa incidente en la reacción

$${}^4_2\text{He} + {}^{14}_7\text{N} \longrightarrow {}^{17}_8\text{O} + {}^1_1\text{H}$$

51. *Determinación práctica de la vida media de* ^{137}Ba. El isótopo radiactivo del bario, ^{137}Ba, tiene una vida media relativamente corta y puede ser obtenido con facilidad a partir de una solución que contenga su precursor ^{137}Cs. El isótopo del bario se utiliza a menudo en ejercicios de laboratorio escolares y universitarios para demostrar la ley de decaimiento radiactivo. Suponga que unos estudiantes, con un modesto equipo experimental, obtienen los datos presentados en la figura P12.51. Determine la vida media para el decaimiento del ^{137}Ba utilizando estos datos.

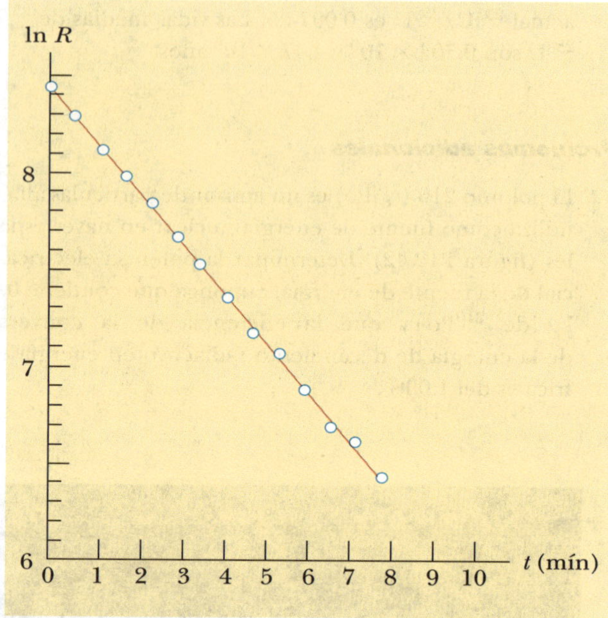

Figura P12.51

52. Durante la fabricación de un componente de un motor de acero, se introduce una masa de 0.200 kg de hierro radiactivo (^{59}Fe). Este componente se monta en un motor de prueba, siendo en ese momento la actividad debida a este isótopo de 20.0 μCi. Después de un periodo de prueba de 1000 h, se extrae una parte del aceite lubricante del motor y se comprueba que contiene suficiente ^{59}Fe para producir 800 decaimientos/min por cada litro de aceite. El volumen total de aceite en el motor es de 6.50 L. Calcular la masa del componente del motor consumida por hora de funcionamiento. (La vida media del ^{59}Fe es de 45.1 días).

53. *El análisis de activación neutrónica* es un método de análisis químico de nivel elemental. Cuando una muestra es irradiada con neutrones, se producen continuamente átomos radiactivos que, posteriormente, decaen de acuerdo con sus vidas medias. (a) Supongamos que uno de los tipos de núcleos radiactivos se produce a una velocidad constante R y que la ley convencional de decaimiento radiactivo describe correctamente su proceso de decaimiento. Mostrar que el número de átomos radiactivos acumulados después de un tiempo de irradiación t es

$$N = \frac{R}{\lambda}(1 - e^{-\lambda t})$$

(b) ¿Cuál es el número máximo de átomos radiactivos que se pueden producir?

54. La bomba atómica arrojada sobre Hiroshima el 6 de agosto de 1945 liberó 5×10^{13} J de energía, que equivalen a la energía de 12 000 toneladas de trinitrotolueno (TNT). La fisión de un núcleo de $^{235}_{92}$U libera una energía promedio de 208 MeV. Estimar (a) el número de núcleos fisionados y (b) la masa de $^{235}_{92}$U.

55. Problema de repaso. Una planta nuclear de generación eléctrica funciona utilizando la energía liberada en la fisión nuclear para convertir agua a 20°C en vapor a 400° C. ¿Cuánta agua se puede, en teoría, convertir en vapor por la fisión completa de 1.00 g de ^{235}U a 200 MeV/fisión?

56. Aproximadamente una de cada 3 300 moléculas de agua contiene un átomo de deuterio. (a) Si todos los núcleos de deuterio de 1 L de agua se fusionasen en parejas de acuerdo con la reacción $^2\text{H} + {}^2\text{H} \rightarrow {}^3\text{He} + \text{n} + 3.27$ MeV ¿cuánta energía en joules se liberaría? (b) La combustión de la gasolina produce alrededor de 3.40×10^7 J/L. Comparar la energía obtenida por la fusión del deuterio contenido en un litro de agua con la energía liberada en la combustión de un litro de gasolina.

57. Considere una muestra radiactiva. Determine el cociente del número de átomos que decaen durante la primera mitad de su vida media en proporción al número de átomos que decaen durante la segunda mitad de su vida media.

58. Problema de repaso. La primera bomba nuclear era una masa fisionable de plutonio-239 y explotó en la prueba realizada antes del amanecer del 16 de julio de 1945, en Alamogordo, Nuevo México (E.U.). Enrico Fermi estaba a 14 km de distancia, tumbado en el suelo y mirando en dirección contraria a la bomba. Después de que todo el cielo se iluminase con una claridad increíble, Fermi se levantó y empezó a tirar pequeños trozos de papel al suelo. Al principio, caían a sus pies, en el aire calmado y silencioso. Después, al pasar la onda expansiva, aproximadamente 40 s después de la explosión, los papeles que estaban cayendo saltaron 5 cm, alejándose del lugar de la explosión. (a) Suponga que la onda expansiva en el aire se propaga de la misma forma en todas las direcciones, sin absorción. Calcule el cambio de volumen de una esfera de radio 14 km cuando se expande 5 cm. (b) Determine el trabajo realizado $P\,\Delta V$ por el aire de esta esfera sobre la siguiente capa de aire en dirección contraria al centro de la esfera. (c) Suponga que la onda expansiva transmite aproximadamente una décima parte de la energía liberada en la explosión. Calcule el orden de magnitud de la energía liberada en la explosión de la bomba. (d) Una tonelada de TNT libera 4.2 GJ al explotar. ¿Cuál es el orden de magnitud de la energía liberada en la prueba atómica, en toneladas de TNT equivalentes? El amanecer permitió ver el hongo atómico. El cálculo inmediato que Fermi realizó de la energía liberada en la explosión de la bomba concordaba con el resultado que se determinó días después mediante el análisis de complejas mediciones.

59. (a) Calcular la energía (en KWh) liberada si 1.00 kg de ^{239}Pu sufren una fisión completa y la energía liberada por cada fisión nuclear es de 200 MeV. (b) Calcular la energía (en eV) liberada por la reacción de fusión deuterio-tritio

$$^2_1\text{H} + {}^3_1\text{H} \longrightarrow {}^4_2\text{He} + {}^1_0\text{n}$$

(c) Calcular la energía (en KWh) liberada si 1.00 kg de deuterio se fusiona siguiendo esta reacción. (d) Calcular la energía (en KWh) liberada por la combustión de 1.00 kg de carbón si cada reacción $C + O_2 \rightarrow CO_2$ libera 4.20 eV. (e) Enumere las ventajas y desventajas de cada uno de estos métodos de generación de energía.

RESPUESTAS A LAS PREGUNTAS RÁPIDAS

12.1 Dentro de un grupo vertical, los puntos representan núcleos que tienen el mismo número de protones, por lo que todos representan al mismo elemento: son isótopos. Dado que el número de neutrones varía dentro del mismo grupo, cada punto representa a un isótopo diferente del elemento.

12.2 Los isótopos de un determinado elemento corresponden a núcleos con diferente número de neutrones. Esto tiene como resultado diferentes masas de los átomos y diferentes momentos magnéticos, dado que el neutrón, pese a no tener carga, tiene momento magnético. Sin embargo, el comportamiento químico está determinado por los electrones. Todos los isótopos de un elemento tienen el mismo número de electrones y, por tanto, el mismo comportamiento químico.

12.3 (e) Un año de 365 días equivale a 365 d/5.01 d $\approx$ 73 vidas medias. Por tanto, después de un año, la actividad se reducirá a aproximadamente $(1/2)^{73}$ (1.000 μCi) $\sim 10^{-22}$ μCi.

12.4 Una partícula alfa contiene 2 protones y 2 neutrones. Dado que un núcleo de hidrógeno contiene sólo un protón, no puede emitir una partícula alfa.

12.5 No. La piedra no estaba viva ni respiraba aire que contenía carbono-14. Sólo la antigüedad de materiales que alguna vez estuvieron vivos se puede estimar utilizando el fechamiento con carbono.

capítulo

13

Un detector de partículas en el Fermi National Accelerator Laboratory (Fermilab) cerca de Chicago. Tales detectores son enormes, especialmente respecto a las partículas subatómicas, que están diseñados para detectar. La persona apoyada en la cerca, abajo a la derecha, da una idea de la escala. *(Cortesía de Fermi National Accelerator Laboratory)*

contenido del capítulo

Física de partículas

En los capítulos anteriores de este libro, analizamos el modelo de partícula, el cual considera un objeto como una partícula de tamaño cero y sin estructura. Sin embargo, no podemos usar el modelo de partícula en un átomo para explicar fenómenos tales como el espectro atómico. Además, en el capítulo 12, no podíamos ignorar la estructura del núcleo para entender comportamientos tales como la estabilidad nuclear y el decaimiento radiactivo. ¿Y qué pasa con los componentes del núcleo (protones y neutrones)? ¿Podemos aplicar el modelo de partícula a estas entidades? Como veremos, incluso estas entidades tienen estructura. Esto nos conduce a una pregunta enigmática: a medida que continuamos investigando la estructura de partículas cada vez más pequeñas, ¿alcanzaremos un nivel en el cual los bloques componentes sean verdaderamente descritos por el modelo de partícula?

En este último capítulo, exploraremos esta cuestión examinando las propiedades y clasificaciones de las variadas partículas subatómicas conocidas y las interacciones fundamentales que gobiernan su comportamiento. También analizaremos el modelo actual de partículas elementales, en el cual toda la materia se cree que está constituida por sólo dos familias de partículas: quarks y leptones.

La palabra *átomo* proviene del griego *atomos*, que significa "indivisible". En un tiempo, se pensaba que los átomos eran componentes indivisibles de la materia;

es decir, eran considerados partículas elementales. Desde 1932, los físicos pensaban que toda la materia se componía de sólo tres partículas constituyentes: electrones, protones y neutrones. Con excepción de los neutrones libres, estas partículas son muy estables. A partir de 1945, muchas nuevas partículas fueron descubiertas en experimentos que implicaban colisiones de alta energía entre partículas conocidas. Estas nuevas partículas son característicamente muy inestables y tienen una vida media muy corta , en un rango de entre 10^{-6}s y 10^{-23}s. Hasta ahora, se han catalogadas más de 300 de estas partículas inestables.

Durante los pasados 70 años, se han construido por todo el mundo muchos aceleradores de partículas, muy potentes, haciendo posible observar colisiones entre partículas de alta energía bajo condiciones de laboratorio controladas tales que revelan el mundo subatómico con detalle. Hasta los años 60, los físicos estaban perplejos ante el gran número y variedad de partículas subatómicas que estaban siendo descubiertas. Se preguntaban si las partículas eran como animales en un zoológico, que no tienen parentesco sistemático que los conecte entre sí, o si estaba surgiendo un modelo que nos proporcionaría un mejor entendimiento de la elaborada estructura del mundo subnuclear. Desde esa época, los físicos han avanzado enormemente en el conocimiento de la estructura de la materia, desarrollando modelos estructurales en los cuales la mayoría de las partículas en el eternamente creciente zoológico de partículas, están compuestas de partículas más pequeñas llamadas quarks. De este modo, los protones y los neutrones, por ejemplo, no son verdaderamente elementales, sino que son sistemas de quarks fuertemente ligados.

13.1 • FUERZAS FUNDAMENTALES EN LA NATURALEZA

Como vimos en el capítulo 5 del volumen I, todos los fenómenos naturales pueden ser descritos por cuatro fuerzas fundamentales que actúan sobre las partículas. En orden decreciente de intendidad son: la fuerza nuclear, la fuerza electromagnética, la fuerza débil y la fuerza gravitacional.

La fuerza nuclear, como mencionamos en el capítulo 12, mantiene al núcleo unido. Tiene un alcance muy corto y es despreciable para distancias mayores de 2 fm (más o menos el tamaño del núcleo). La fuerza electromagnética, la cual mantiene unidos átomos y moléculas para formar la materia ordinaria, es del orden de 10^{-2} veces la magnitud de la fuerza nuclear. Es una fuerza de largo alcance, que disminuye con la distancia al ser proporcional al inverso del cuadrado de la distancia entre las partículas que interactúan. La fuerza débil es una fuerza de corto alcance que tiende a producir inestabilidad en ciertos núcleos. Es responsable de los procesos de decaimiento radiactivo tales como el decaimiento beta, y su intensidad es sólo 10^{-5} veces la de la fuerza nuclear. Finalmente, la fuerza gravitacional es una fuerza de largo alcance cuya intensidad es sólo de 10^{-39} veces la de la fuerza nuclear. Aunque esta interacción tan familiar es la que mantiene unidos a los planetas, estrellas y galaxias, su efecto sobre las partículas elementales es despreciable.

En la física moderna, las interacciones entre las partículas se describen a menudo en términos de un modelo estructural que implica el intercambio de **partículas de campo**, o **cuantos.** En el caso de la conocida interacción electromagnética, por ejemplo, las partículas de campo son los fotones. En el lenguaje de la física moderna, decimos que la fuerza electromagnética está *mediada* por los fotones y que los fotones son los cuantos del campo electromagnético. Del mismo modo, la fuerza nuclear está mediada por partículas de campo llamadas **gluones,** la fuerza débil está mediada por partículas denominadas **bosones** W y Z (en general, todas las partículas con espín entero se denominan *bosones*) y la fuerza gravitacional está mediada por cuantos del campo gravitacional llamados **gravitones.** Estas interacciones, sus alcances y sus intensidades relativas están resumidas en la tabla 13.1

• *Partículas de campo*

TABLA 13.1 Interacciones entre partículas			
Interacción	**Intensidad relativa**	**Alcance de la fuerza**	**Partícula de campo mediadora**
Nuclear	1	Corto ($\sim$ 2 fm)	Gluón
Electromagnética	10^{-2}	∞	Fotón
Débil	10^{-5}	Corto ($\sim 10^{-3}$ fm)	$W^{\pm}$, y Z^0 Bosones
Gravitacional	10^{-39}	∞	Gravitón

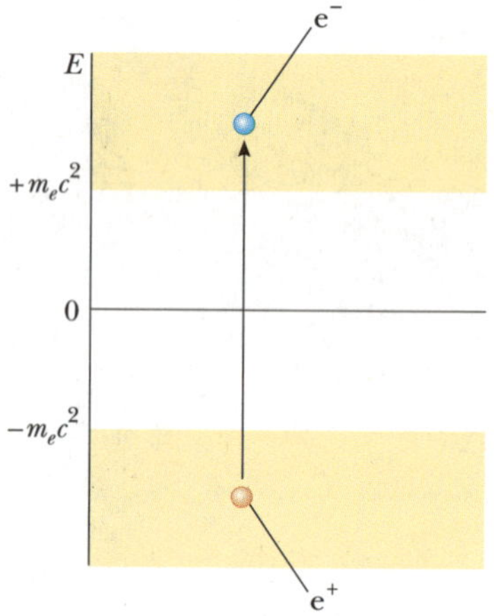

Figura 13.1

Modelo de Dirac para la existencia de antielectrones (positrones). Los estados de energía más bajos que $-m_ec^2$ están llenos con electrones (el mar de Dirac). Uno de estos electrones puede realizar una transición fuera de su estado sólo si se le proporciona una energía igual o mayor que 2 m_ec^2. Éste deja una vacante en el mar de Dirac, que puede comportarse como una partícula idéntica al electrón, excepto por su carga positiva.

13.2 • POSITRONES Y OTRAS ANTIPARTÍCULAS

En la década de 1920, el físico teórico Paul Adrien Maurice Dirac (1902-1984) desarrolló una versión de la mecánica cuántica que incorporaba la teoría de la relatividad especial. La teoría de Dirac explicaba el origen del espín del electrón y su momento magnético. Sin embargo, también presentaba una mayor dificultad. La ecuación de onda relativista de Dirac requería soluciones que corresponden a estados de energía negativa incluso para partículas libres. Pero si existen los estados de energía negativa, uno esperaría que un electrón en un estado de energía positiva realizara una rápida transición a uno de esos estados, emitiendo un fotón en el proceso. Dirac evitó esta dificultad postulando un modelo estructural en el que todos los estados de energía negativa están llenos. Los electrones que ocupan estos estados de energía negativa se denominan colectivamente *mar de Dirac.* Los electrones del mar de Dirac no son observables directamente, debido a que el principio de exclusión de Pauli no les permite reaccionar ante fuerzas externas: no hay estados disponibles a los que un electrón pueda realizar una transición como respuesta a una fuerza externa. Así, un electrón en tales estados actúa como un sistema aislado, a menos que una interacción con el entorno sea lo bastante fuerte como para excitar al electrón a un estado de energía positiva. Tal excitación ocasiona que un estado de energía negativa quede vacante, como en la figura 13.1, dejando un hueco en el mar de estados llenos. *El hueco puede reaccionar ante las fuerzas externas y se puede observar.* El hueco reacciona de manera similar al electrón, salvo porque tiene carga positiva: es la *antipartícula* del electrón.

La profunda implicación de este modelo es que *cada partícula tiene su correspondiente antipartícula.* La antipartícula tiene la misma masa que la partícula, pero carga opuesta. Por ejemplo, la antipartícula del electrón, llamada **positrón**, tiene una masa de 0.511 MeV/c^2 y una carga positiva de 1.60×10^{-19} C.

El positrón fue descubierto por Carl Anderson en 1932, quien en 1936 fue galardonado con el Premio Nobel de Física por este descubrimiento. Anderson descubrió al positrón mientras examinaba trazas creadas por partículas similares a los electrones, pero de carga positiva, en una cámara de niebla. (Estos primeros experimentos utilizaban a los rayos cósmicos, principalmente protones energéticos que viajan a través del espacio interestelar, para iniciar reacciones de alta energía en la atmósfera superior, lo que daba lugar a la producción de positrones a nivel del suelo.) Para distinguir entre las cargas positivas y las negativas, Anderson colocó la cámara de niebla en un campo magnético, provocando que las partículas cargadas en movimiento siguiesen trayectorias curvadas, como se vio en la sección 5.3. Algunas de las trayectorias similares a las de los electrones se deflectaban en una dirección que correspondía a partículas cargadas positivamente.

Desde el descubrimiento inicial de Anderson, el positrón ha sido observado en numerosos experimentos. Quizás el proceso más común para producir positrones sea **la producción de pares.** En este proceso, un fotón de rayos gamma con energía suficientemente alta interactúa con un núcleo, creándose un par electrón-positrón. En el modelo del mar de Dirac, un electrón en un estado de energía negativa es excitado a un estado de energía positiva, dando como resultado un

¡ADVERTENCIA! 13.1
Antipartículas

Una antipartícula no se identifica solamente en la base de la carga opuesta; incluso las partículas neutras tienen antipartícula, la cual se define en función de otras propiedades, tales como el espín.

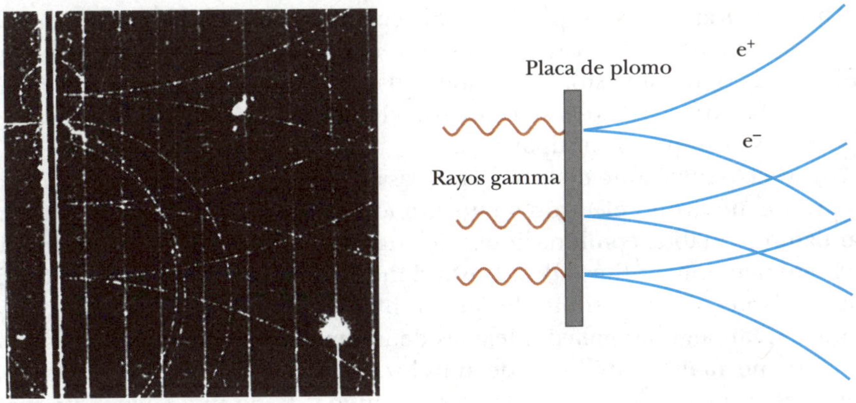

(a) (b)

Figura 13.2

(a) Traza de un par electrón-positrón en una cámara de niebla, producido por rayos gamma de 300 MeV incidiendo sobre una lámina de plomo. *(Cortesía de Lawrence Berkeley Laboratory, Universidad de California).* (b) Esquema de los eventos correspondientes a la producción de pares. Observe que los positrones se deflectan hacia arriba y los electrones hacia abajo cuando se aplica un campo magnético.

nuevo electrón observable y un hueco, que es el positrón. Debido a que la energía total en reposo del par electrón-positrón es $2m_ec^2 = 1.02$ MeV (donde m_e es la masa del electrón), el fotón debe tener al menos esta energía para crear un par electrón-positrón. Así, la energía electromagnética en la forma de radiación gamma se convierte en masa de acuerdo con la relación de Einstein $E_g = mc^2$. Podemos utilizar el modelo de sistema aislado para describir este proceso. La energía del sistema formado por el fotón y el núcleo se conserva y se transforma en masa-energía del electrón y el positrón, energía cinética de estas partículas y una pequeña cantidad de energía cinética asociada con el núcleo. La figura 13.2 muestra las trazas de pares electrón-positrón creados por rayos gamma de 300 MeV incidiendo sobre una lámina de plomo.

Paul Adrien Maurice Dirac
(1902-1984)

Físico británico, Dirac predijo la existencia del positrón y otras antipartículas. En 1933 ganó el Premio Nobel de Física. *(Cortesía de AIP Emilio Segrè Visual Archives)*

Pregunta rápida 13.1

¿Cuál es la dirección del campo magnético externo en la figura 13.2, hacia dentro o hacia fuera del plano de la página?

El proceso inverso también puede ocurrir. Bajo condiciones apropiadas, un electrón y un positrón pueden aniquilarse entre sí para producir dos fotones de rayos gamma (véase la sección Piense en la física 13.1) que tienen una energía combinada de 1.02 MeV, más la energía cinética inicial del electrón y el positrón:

$$e^- + e^+ \longrightarrow 2\gamma$$

De acuerdo con la teoría de Dirac, se esperaba que cada partícula tuviese su propia antipartícula, pero las partículas tales como el antiprotón o el antineutrón no habían sido detectadas experimentalmente. En 1955, un equipo dirigido por Emilio Segrè y Owen Chamberlain utilizaron el acelerador de partículas Bevatron en la Universidad de California, Berkeley, para producir antiprotones y antineutrones, estableciendo así con certeza la existencia de las antipartículas. Por este trabajo, Segrè y Chamberlain recibieron el Premio Nobel de Física en 1959.

Ahora está establecido que cada partícula tiene su propia antipartícula, con masa y espín iguales y con carga, momento magnético y extrañeza de igual magnitud pero de signo opuesto. (La propiedad de extrañeza será explicada en la sección 13.6.) Los únicos casos especiales son el fotón, el pión neutro y eta, cada uno de los cuales es su propia antipartícula.

Un aspecto intrigante de la teoría de las antipartículas es que, si remplazamos cada protón, neutrón y electrón en un átomo por su antipartícula, podemos crear un antiátomo estable: combinaciones de antiátomos podrían formar antimoléculas y eventualmente antimundos. Hasta donde sabemos, todo se comportaría de la misma forma en un antimundo que en nuestro mundo. En principio, es posible que existan algunas galaxias lejanas de antimateria, separadas de las galaxias de materia normal por millones de años-luz. Desafortunadamente, debido a que el fotón es su propia antipartícula, la luz emitida desde una galaxia de materia normal no es diferente de la luz emitida por una galaxia de antimateria y, por tanto, las observaciones astronómicas no pueden determinar si la galaxia está compuesta de materia o de antimateria. Aunque hasta ahora no hay evidencias de que existan galaxias de antimateria, resulta imponente imaginar el espectáculo cósmico que resultaría si galaxias de materia y de antimateria colisionaran: una erupción gigantesca de chorros de radiación de aniquilación, transformando la masa galáctica completa en neutrinos, antineutrinos y rayos gamma, todos escapando del punto de colisión.

APLICACIONES

Tomografía por emisión de positrones

La aniquilación electrón-positrón se utiliza en una técnica de diagnóstico médico llamado *tomografía por emisión de positrones* (PET, positron emission tomography). Al paciente se le inyecta una solución de glucosa que contiene una sustancia radiactiva que se desintegra mediante emisión de positrones, y el material es llevado por la sangre a través del cuerpo. Un positrón emitido durante una desintegración en uno de los núcleos radiactivos de la solución de glucosa se aniquila con un electrón en el tejido que lo rodea, dando lugar a dos fotones de radiación gamma emitidos en direcciones opuestas. Un detector gamma que rodea al paciente determina la fuente de fotones y, con la ayuda de una computadora, muestra una imagen de los sitios en los que se acumula la glucosa. (La glucosa es metabolizada rápidamente en los tumores cancerígenos y se acumula en estos sitios, proporcionando una señal fuerte en el sistema de detección PET.) Las imágenes de un escáner PET pueden indicar una gran variedad de desórdenes en el cerebro, incluyendo la enfermedad de Alzheimer (figura 13.3). Además, debido a que la glucosa se metaboliza más rápidamente en las áreas activas del cerebro, un escáner PET puede indicar qué áreas del cerebro están implicadas cuando el paciente está inmerso en actividades tales como el uso del lenguaje, la música o la visión.

WEB

La Sociedad de Medicina Nuclear tiene una base de datos con información acerca de la tomografía por emisión de positrones. Visite el sitio de la sociedad en **www.snm.org**

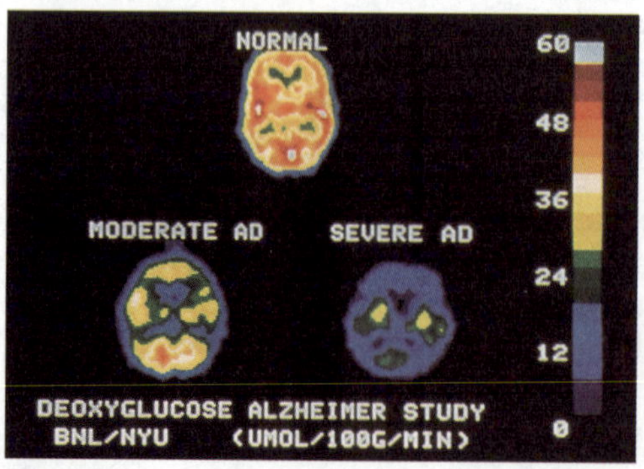

Figura 13.3

Imágenes PET del cerebro de una persona mayor sana y de pacientes que sufren la enfermedad de Alzheimer. Las regiones más brillantes contienen concentraciones más altas de glucosa radiactiva, indicando unas tasa de metabolización más altas y, por tanto, una actividad cerebral mayor. *(Dr. Monty de Leon/Instituto Nacional de la Vejez y Centro Médico de la Universidad de Nueva York)*

PIENSE EN LA FÍSICA 13.1

Cuando un electrón y un positrón se encuentran a baja rapidez en el vacío, ¿por qué se producen dos rayos gamma de 0.511 MeV, en lugar de un solo rayo gamma con una energía de 1.022.MeV?

Razonamiento. Los rayos gamma son fotones, y los fotones transportan cantidad de movimiento. Apliquemos el modelo de sistema aislado en su versión para cantidad de movimiento al sistema formado inicialmente por el electrón y el positrón. Si el sistema, considerado en reposo, se transformara en un único fotón, la cantidad de movimiento no se conservaría, debido a que la cantidad de movimiento total del sistema electrón-positrón es cero, mientras que un único fotón de energía 1.022 MeV tendría una cantidad de movimiento distinta de cero. Por otra parte, los dos fotones gamma viajan en direcciones *opuestas*, de manera que la cantidad de movimiento total del sistema final, los dos fotones, es cero, y la cantidad de movimiento se conserva.

13.3 • MESONES Y EL INICIO DE LA FÍSICA DE PARTÍCULAS

A mediados de la década de 1930, los físicos tenían una visión bastante simple de la estructura de la materia. Los bloques componentes eran el protón, el electrón y el neutrón. Otras tres partículas eran conocidas o habían sido postuladas en esa época: el fotón, el neutrino y el positrón. Estas seis partículas eran consideradas los constituyentes fundamentales de la materia. Sin embargo, con esta imagen maravillosamente simple del mundo, no se era capaz de responder a una importante pregunta: ya que muchos protones, cerca unos de otros en cualquier núcleo, deberían repelerse fuertemente entre sí debido a sus cargas del mismo signo, ¿cuál es la naturaleza de la fuerza que mantiene unido al núcleo? Los científicos reconocían que esta misteriosa fuerza, que ahora denominamos fuerza nuclear fuerte, debía ser mucho más fuerte que cualquier otra encontrada en la Naturaleza hasta entonces.

Hideki Yukawa (1907-1981)

Físico japonés, Yukawa fue galardonado con el Premio Nobel de Física en 1949 por predecir la existencia de los mesones. Esta fotografía de Yukawa trabajando fue tomada en 1950 en su oficina de la Universidad de Columbia. *(UPI/Corbis-Bettman)*

En 1935, el físico japonés Hideki Yukawa propuso la primera teoría para explicar con éxito la naturaleza de la fuerza nuclear, un esfuerzo que posteriormente le valdría ganar el Premio Nobel. Para comprender la teoría de Yukawa, conviene recordar primero que en el modelo estructural moderno de las interacciones electromagnéticas, las partículas cargadas interactúan mediante el intercambio de fotones. Yukawa utilizó esta idea para explicar la fuerza nuclear, proponiendo una nueva partícula cuyo intercambio entre los nucleones en el núcleo producía la fuerza nuclear. Además, estableció que el alcance de la fuerza era inversamente proporcional a la masa de esta partícula y predijo que la masa sería alrededor de 200 veces la masa del electrón. Debido a que la nueva partícula debería tener una masa entre la del electrón y la del protón, fue llamada **mesón** (del griego *meso*, que significa "medio").

En un esfuerzo por probar las predicciones de Yukawa, los físicos comenzaron una búsqueda experimental del mesón, estudiando los rayos cósmicos que entraban en la atmósfera. En 1937, Carl Anderson y sus colaboradores descubrieron una partícula de masa 106 MeV/c^2, alrededor de 207 veces la masa del electrón. Sin embargo, experimentos posteriores mostraron que la partícula interactuaba muy débilmente con la materia y por tanto no podía ser la portadora de la fuerza nuclear. Esta desconcertante situación inspiró a varios físicos teóricos a proponer que existían dos mesones con masas ligeramente diferentes. Esta idea fue confirmada por el descubrimiento en 1947 del **mesón pi** (π) o simplemente **pión,** por Cecil Frank Powel y Guiseppe P. S. Occhialini. La partícula descubierta por Anderson en 1937, la que pensaban que era el mesón de Yukawa, no es realmente un mesón. (Discutiremos los requisitos para que una partícula sea un mesón en la sección 13.4.) En su lugar, tomaba parte únicamente en las interacciones electromagnéti-

¡ADVERTENCIA! 13.2

La fuerza núclear y la fuerza fuerte

La fuerza nuclear que hemos visto en el capítulo 12 y que seguimos analizando aquí fue denominada originalmente *fuerza fuerte.* Sin embargo, una vez que la teoría de quarks (sección 13.9) fue establecida, la frase *fuerza fuerte* fue reservada para la fuerza que se ejerce entre quarks. Seguiremos esta convención: la *fuerza fuerte* tiene lugar entre quarks y la *fuerza nuclear* tiene lugar entre nucleones. La fuerza nuclear es un efecto secundario de la fuerza fuerte, como veremos en la sección 13.10. Debido a este desarrollo histórico de los nombres de estas fuerzas, otros libros pueden referirse a la fuerza nuclear como fuerza fuerte.

ca y débil y se denomina ahora **muón** (μ). Nos encontramos al muón por primera vez en la sección 9.4 del volumen I, al hablar de la dilatación temporal.

El pión, el portador de Yukawa de la fuerza nuclear, posee tres variedades correspondientes a los tres estados de carga: π^+, π^-, y π^0. Las partículas π^+ y π^- tienen masas de 139.6 MeV/c^2 y el π^0 tiene una masa de 135.0 MeV/c^2. Los piones y los muones son partículas muy inestables. Por ejemplo, el π^-, que tiene una vida media de 2.6×10^{-8} s, decae primero en un muón y un antineutrino. El muón, que tiene una vida media de 2.2 μs, decae después en un electrón, un neutrino y un antineutrino.

$$\pi^- \longrightarrow \mu^- + \bar{\nu} \qquad [13.1]$$

$$\mu^- \longrightarrow e^- + \nu + \bar{\nu}$$

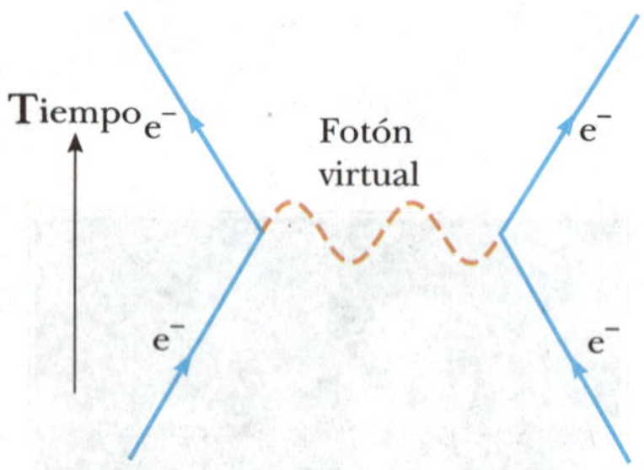

Figura 13.4

Diagrama de Feynman que representa a un fotón que transporta la fuerza electromagnética entre dos electrones.

Observe que para las partículas sin carga (y para algunas partículas cargadas como el protón), una barra sobre el símbolo indica la antipartícula.

La interacción entre dos partículas puede describirse mediante una representación gráfica sencilla, conocida como **diagrama de Feynman,** diagrama desarrollado por el físico americano Richard P. Feynman. La figura 13.4 es uno de dichos diagramas para la interacción electromagnética entre dos electrones acercándose entre sí. Un diagrama de Feynman es un gráfico cualitativo, que expresa el tiempo sobre el eje vertical y el espacio en el eje horizontal. Es cualitativo en el sentido de que los valores reales del tiempo y el espacio no son importantes: simplemente, el aspecto general del gráfico proporciona una representación del proceso. Puede conocerse cuál es la evolución temporal aproximada del proceso comenzando en la parte inferior del diagrama y desplazando la vista hacia arriba.

En el caso sencillo de la interacción electrón-electrón en la figura 13.4, un fotón es la partícula mediadora de la fuerza electromagnética que actúa entre los electrones. Observe que la interacción completa está representada en estos diagramas como si ocurriese en un único punto cada vez. Así, las trayectorias de los electrones parecen sufrir un cambio discontinuo de dirección en el momento de la interacción. Esta representación es correcta a nivel microscópico para un intervalo de tiempo que incluya el intercambio de un solo fotón, pero difiere bastante de las trayectorias producidas a lo largo de los intervalos de tiempo más largos durante los que observamos la interacción desde un punto de vista macroscópico. En este caso, las trayectorias serían curvadas (como en la figura 13.2) debido al intercambio continuo de un gran número de partículas de campo. Éste es otro aspecto de la naturaleza cualitativa de los diagramas de Feynman.

En la interacción electrón-electrón, el fotón, que transfiere la energía y la cantidad de movimiento de un electrón a otro, se denomina *fotón virtual,* debido a que desaparece durante la interacción sin ser detectado. Los fotones virtuales no violan la ley de conservación de la energía debido a que, por el principio de incertidumbre, tienen un tiempo de vida Δt corto, que hace que la incertidumbre en la energía $\Delta E \approx \hbar/2\Delta t$ del sistema de dos electrones y el fotón sea mayor que la energía del fotón.

Consideremos ahora un pión mediando en la fuerza nuclear ejercida entre un protón y un neutrón, como en el modelo de Yukawa (figura 13.5a). La energía en reposo ΔE_R necesaria para crear un pión de masa m_π está dada por la ecuación de Einstein $\Delta E_R = m_\pi c^2$. Como en el fotón de la figura 13.4, la existencia real del pión podría violar la ley de conservación de la energía si la partícula existiera durante un tiempo mayor que $\Delta t \approx \hbar/2\,\Delta E_R$ (por el principio de incertidumbre), donde Δt es el tiempo que tarda el pión en transferirse de un nucleón al otro. Por tanto,

$$\Delta t \approx \frac{\hbar}{2\,\Delta E_R} = \frac{\hbar}{2\,m_\pi c^2} \qquad [13.2]$$

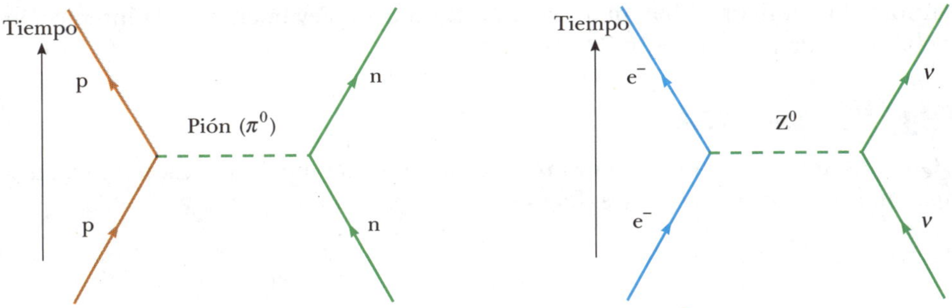

Figura 13.5

(a) Diagrama de Feynman que representa a un protón y un neutrón interaccionando a través de la fuerza nuclear, con un pión como intermediario de la fuerza. (b) Diagrama de Feynman para un electrón y un neutrino interaccionando a través de la fuerza débil, con un bosón Z^0 como intermediario de la fuerza.

Puesto que el pión no puede viajar más rápido que la rapidez de la luz, la distancia máxima d que puede recorrer en un tiempo Δt es $c\,\Delta t$. Así,

$$d = c\,\Delta t \approx \frac{\hbar}{2m_\pi c} \qquad [13.3]$$

Del capítulo 12, sabemos que el alcance de la fuerza nuclear es del orden de 10^{-15} fm. Utilizando este valor para d en la ecuación 13.3, podemos estimar la energía en reposo del pión como

$$m_\pi c^2 \approx \frac{\hbar c}{2d} = \frac{(1.055 \times 10^{-34}\,\text{J}\cdot\text{s})(3.00 \times 10^8\,\text{m/s})}{2(1 \times 10^{-15}\,\text{m})}$$
$$= 1.6 \times 10^{-11}\,\text{J} \approx 100\,\text{MeV}$$

Esta energía es del mismo orden de magnitud que las masas observadas de los piones, lo que da confianza en la validez del modelo de partículas de campo.

El concepto que acabamos de describir es bastante revolucionario. En la práctica, dice que un sistema de dos nucleones puede cambiar a dos nucleones más un pión, siempre que retorne a su estado original en un tiempo muy corto. (Recuerde que éste es el modelo histórico antiguo, que suponía que el pión es la partícula de campo para la fuerza nuclear.) Los físicos a menudo dicen que un nucleón sufre *fluctuaciones* cuando emite y absorbe piones. Como hemos visto, estas fluctuaciones son una consecuencia de una combinación de la mecánica cuántica (a través del principio de incertidumbre) y la relatividad especial (a través de la relación masa-energía de Einstein $E_R = mc^2$).

Richard Feynman (1918-1988)

El físico americano Feynman con su hijo, Carl, después de ganar el Premio Nobel de Física en 1965. Feynman compartió el premio con Julian Schwinger y Sin-Itiro Tomonaga. *(UPI Telephotos)*

Esta sección ha tratado sobre las partículas que actúan como mediadores para la fuerza nuclear, los piones, y los mediadores de la fuerza electromagnética, los fotones. Las ideas actuales indican que la fuerza nuclear se describe de forma más precisa como un promedio o un efecto residual de la fuerza existente entre los quarks, como se explicará en la sección 13.10. El gravitón, que es el mediador de la fuerza gravitacional, no ha sido observado aún. Las partículas $W^\pm$ y Z^0 que actúan como mediadores de la fuerza débil fueron descubiertas en 1983 por el físico italiano Carlo Rubbia y sus colaboradores, utilizando un colisionador protón-antiprotón. Rubbia y Simon van der Meer, ambos del CERN (Centro Europeo para la Investigación Nuclear), compartieron en 1984 el Premio Nobel de Física por el descubrimiento de las partículas $W^\pm$ y Z^0 y el desarrollo del colisionador protón-

WEB

Visite el sitio del Centro Europeo para la Investigación Nuclear en **cern.web.cern.ch/CERN/**

antiprotón. La figura 13.5b muestra un diagrama de Feynman para la interacción débil mediada por un bosón Z^0.

Pregunta rápida 13.2

¿Qué nos indican los alcances infinitos de las interacciones gravitacional y electromagnética acerca de las masas del fotón y del gravitón?

13.4 • CLASIFICACIÓN DE LAS PARTÍCULAS

Durante la década de 1960, los físicos clasificaron todas las partículas, excepto las partículas de campo, en dos categorías amplias, los hadrones y los leptones, de acuerdo con sus interacciones, como describiremos en las secciones siguientes. Los leptones eran percibidos como elementales, pero los hadrones no. Así, el modelo en esa época era un conjunto de parches confuso. La tabla 13.2 proporciona un resumen de las propiedades de algunas de estas partículas.

TABLA 13.2 Algunas partículas y sus propiedades

Categoría	Nombre de la partícula	Símbolo	Antipartícula	Masa (MeV/c^2)	B	L_e	L_μ	L_τ	S	Tiempo de vida (s)	Modos principales de decaimiento[a]
Leptones	Electrón	e^-	e^+	0.511	0	+1	0	0	0	Estable	
	Neutrino electrónico	ν_e	$\overline{\nu}_e$	$< 7 \times 10^{-6}$	0	+1	0	0	0	Estable	
	Muón	μ^-	μ^+	105.7	0	0	+1	0	0	2.20×10^{-6}	$e^-\overline{\nu}_e\nu_\mu$
	Neutrino muónico	ν_μ	$\overline{\nu}_\mu$	< 0.3	0	0	+1	0	0	Estable	
	Tau	τ^-	τ^+	1 784	0	0	0	+1	0	$< 4 \times 10^{-13}$	$\mu^-\overline{\nu}_\mu\nu_\tau$, $e^-\overline{\nu}_e\nu_\tau$
	Neutrino tau	ν_τ	$\overline{\nu}_\tau$	< 30	0	0	0	+1	0	Estable	
Hadrones											
Mesones	Pión	π^+	π^-	139.6	0	0	0	0	0	2.60×10^{-8}	$\mu^+\nu_\mu$
		π^0	Ella misma	135.0	0	0	0	0	0	0.83×10^{-16}	2γ
	Kaón	K^+	K^-	493.7	0	0	0	0	+1	1.24×10^{-8}	$\mu^+\nu_\mu$, $\pi^+\pi^0$
		$K_S{}^0$	$\overline{K}_S{}^0$	497.7	0	0	0	0	+1	0.89×10^{-10}	$\pi^+\pi^-$, $2\pi^0$
		$K_L{}^0$	$\overline{K}_L{}^0$	497.7	0	0	0	0	+1	5.2×10^{-8}	$\pi^\pm e^\mp\overline{\nu}_e$, $3\pi^0$ $\pi^\pm\mu^\mp\overline{\nu}_\mu$
	Eta	η	Ella misma	548.8	0	0	0	0	0	$< 10^{-18}$	2γ, 3π
		η'	Ella misma	958	0	0	0	0	0	2.2×10^{-21}	$\eta\pi^+\pi^-$
Bariones	Protón	p	$\overline{p}$	938.3	+1	0	0	0	0	Estable	
	Neutrón	n	$\overline{n}$	939.6	+1	0	0	0	0	920	$pe^-\overline{\nu}_e$
	Lambda	Λ^0	$\overline{\Lambda}^0$	1 115.6	+1	0	0	0	−1	2.6×10^{-10}	$p\pi^-$, $n\pi^0$
	Sigma	Σ^+	$\overline{\Sigma}^-$	1 189.4	+1	0	0	0	−1	0.80×10^{-10}	$p\pi^0$, $n\pi^+$
		Σ^0	$\overline{\Sigma}^0$	1 192.5	+1	0	0	0	−1	6×10^{-20}	$\Lambda^0\gamma$
		Σ^-	$\overline{\Sigma}^+$	1 197.3	+1	0	0	0	−1	1.5×10^{-10}	$n\pi^-$
	Xi	Ξ^0	$\overline{\Xi}^0$	1 315	+1	0	0	0	−2	2.9×10^{-10}	$\Lambda^0\pi^0$
		Ξ^-	Ξ^+	1 321	+1	0	0	0	−2	1.64×10^{-10}	$\Lambda^0\pi^-$
	Omega	Ω^-	Ω^+	1 672	+1	0	0	0	−3	0.82×10^{-10}	$\Xi^0\pi^0$, Λ^0K^-

[a] Las indicaciones en esta columna del tipo $p\pi^-$, $n\pi^0$ significan que hay dos modos de decaimientos posibles. En este caso, los dos decaimientos posibles son $\Lambda^0 \rightarrow p + \pi^-$ y $\Lambda^0 \rightarrow n + \pi^0$.

Hadrones

Las partículas que interactúan a través de la fuerza nuclear se denominan **hadrones,** y se dividen en dos clases, *mesones* y *bariones*, distinguidas por sus masas y espines.

Los **mesones** tienen espín cero o entero (0 o 1)*. Como se indicaba en la sección 13.3, el nombre proviene de la expectativa de que la masa del mesón propuesto por Yukawa estaría entre la masa del electrón y la masa del protón. La masa de varios mesones cae en este rango, aunque hay mesones más pesados que tienen masa superior a la del protón.

Se sabe que todos los mesones decaen en productos finales que incluyen electrones, positrones, neutrinos y fotones. Los piones son los mesones conocidos más ligeros: tienen masas de alrededor de 140 MeV/c^2 y todos tienen espín igual a cero.

Los **bariones,** la segunda clase de hadrones, tienen masas iguales o mayores que la masa del protón (el nombre *barión* significa "pesado" en griego), y su espín es siempre un número no entero ($\frac{1}{2}$ o $\frac{3}{2}$). Los protones y los neutrones son bariones, como muchas otras partículas. Con excepción de los protones, todos los bariones decaen de manera que el producto final incluye un protón. Por ejemplo, el barión conocido como hyperon Ξ (letra griega xi mayúscula) decae en el barión Λ^0 (letra griega lambda mayúscula) en alrededor de 10^{-10} s. El barión Λ^0 decae entonces en un protón y un π^- en aproximadamente 3×10^{-10} s.

Actualmente se piensa que los hadrones no son partículas elementales, sino que están compuestos de otras unidades más elementales llamadas quarks. Hablaremos de los quarks en la sección 13.9.

Leptones

Los **leptones** (del griego *leptos*, que significa "pequeño" o "ligero") son un grupo de partículas que participan en las interacciones débil y electromagnética (si están cargados). Aunque los hadrones tienen un tamaño y una estructura, parece ser que los leptones son verdaderas partículas elementales sin estructura.

A diferencia de los hadrones, el número de leptones conocidos es pequeño. Actualmente, los científicos creen que existen solamente seis leptones: el electrón, el muón, el tau y un neutrino asociado con cada uno de ellos:

$$\begin{pmatrix} e^- \\ \nu_e \end{pmatrix} \quad \begin{pmatrix} \mu^- \\ \nu_\mu \end{pmatrix} \quad \begin{pmatrix} \tau^- \\ \nu_\tau \end{pmatrix}$$

El leptón tau, descubierto en 1975, tiene una masa aproximadamente igual al doble de la del protón. Las evidencias experimentales directas del neutrino asociado con el tau fueron anunciadas por el Fermi National Accelerator Laboratory (Fermilab) en julio de 2000. Cada uno de estos seis leptones tiene una antipartícula.

Los estudios actuales indican que los neutrinos pueden tener una pequeña masa distinta de cero. Si tienen masa, no podrían viajar a la rapidez de la luz. Asimismo, existen tantos neutrinos que su masa combinada puede ser suficiente para hacer que toda la materia del Universo llegue a colapsarse eventualmente hasta alcanzar una densidad infinita y entonces explote, ¡creándose un Universo completamente nuevo! Discutiremos esto con más detalle en la sección 13.12.

* Esto es debido a que la partícula descubierta por Anderson en 1937, el muón, no es un mesón. El muón tiene espín $\frac{1}{2}$. Se trata de un *leptón*, de los que hablaremos en breve.

13.5 • LEYES DE CONSERVACIÓN

Hemos visto la importancia de las leyes de conservación para sistemas aislados en numerosas ocasiones durante los capítulos anteriores y hemos resuelto problemas utilizando las leyes de conservación de la energía, de la cantidad de movimiento, del momento angular y de la carga eléctrica. Las leyes de conservación son importantes para comprender por qué ocurren ciertos decaimientos y reacciones, pero otras no. En general, nuestras familiares leyes de conservación nos proporcionan un conjunto de reglas que todos los procesos deben seguir.

Ciertas nuevas leyes de conservación son importantes en el estudio de las partículas elementales. Un sistema aislado cambia de identidad durante el decaimiento o la reacción: definimos el sistema como formado por la(s) partícula(s) inicial(es) antes del decaimiento o la reacción, y por las partículas finales después. Estas nuevas leyes de conservación aquí descritas están apoyadas por numerosas evidencias experimentales.

Número bariónico

La conservación del número bariónico nos dice que siempre que se cree un barion en una reacción o en un decaimiento, se crea también un antibarión. Este principio puede ser cuantificado asignando un número bariónico $B = +1$ a todos los bariones, $B = -1$ a todos los antibariones y $B = 0$ para el resto de partículas. De esta manera, la **ley de conservación del número bariónico enuncia que siempre que se produce una reacción o un decaimiento, la suma de los números bariónicos del sistema antes del proceso debe ser igual a la suma de los números bariónicos después del proceso.** Un enunciado equivalente a éste es que el número neto de bariones permanece constante en cualquier proceso.

• *Conservación del número bariónico*

Si el número bariónico se conserva absolutamente, el protón debe ser absolutamente estable, ya que es el barión con masa más pequeña. Si no fuera por la ley de conservación del número bariónico, el protón podría decaer en un positrón y en un pión neutro. Tal decaimiento no ha sido observado nunca. Hasta el momento, podemos decir únicamente que el protón tiene una vida media de al menos 10^{33} años (la edad estimada del Universo es solamente de 10^{10} años).* De este modo, resulta extremadamente improbable que pueda verse a un protón decaer. Sin embargo, si observamos un inmenso número de protones, quizás podamos ver a *algún* protón del conjunto sufrir un decaimiento, como indicaremos en el ejemplo 13.2.

Ejemplo 13.1 Comprobación de los números bariónicos

Utilice la ley de conservación del número bariónico para determinar si se pueden producir las siguientes reacciones:

(a) $\mathrm{p} + \mathrm{n} \rightarrow \mathrm{p} + \mathrm{p} + \mathrm{n} + \overline{\mathrm{p}}$

(b) $\mathrm{p} + \mathrm{n} \rightarrow \mathrm{p} + \mathrm{p} + \overline{\mathrm{p}}$

Solución. (a) El lado izquierdo de la ecuación da un número bariónico total de $1 + 1 = 2$. El lado derecho da un número bariónico total de $1 + 1 + 1 + (-1) = 2$. Así, el número bariónico se conserva y la reacción puede producirse (siempre que el protón incidente tenga suficiente energía como para que se cumpla la ley de conservación de la energía).

(b) El lado izquierdo de la ecuación da un número bariónico de $1 + 1 = 2$, Sin embargo, el lado derecho da $1 + 1 + (-1) = 1$. Como el número bariónico no se conserva, la reacción no puede tener lugar.

* En una teoría reciente, los físicos predicen que el protón es inestable. De acuerdo con esta teoría, el número bariónico no se conserva completamente.

Ejemplo 13.2 Detección del decaimiento del protón

Las mediciones realizadas en la instalación para detección de neutrinos Super Kamiokande en Japón (figura 13.6) indican que la vida media de los protones es de al menos 10^{33} años. (a) Estime cuánto tiempo hay que estar observando, en promedio, para detectar el decaimiento de un protón en un vaso de agua.

Solución. Vamos a considerar que un vaso contiene aproximadamente un cuarto de litro, o 250 g de agua. El número de moléculas en un vaso de agua es aproximadamente

$$\frac{(250 \text{ g})(6.02 \times 10^{23} \text{ moléculas/mol})}{18 \text{ g/mol}} = 8.4 \times 10^{24} \text{ moléculas}$$

Cada molécula de agua contiene un protón en cada uno de sus dos átomos de hidrógeno, más ocho protones en su átomo de oxígeno, lo que hace un total de 10. Así, hay 8.4×10^{25} protones en un vaso de agua. La constante de decaimiento está dada por la ecuación 30.8:

$$\lambda = \frac{0.693}{T_{1/2}} = \frac{0.693}{10^{33} \text{ años}} = 6.9 \times 10^{-34} \text{ años}^{-1}$$

Ésta es la probabilidad de que cualquier protón decaiga en un año. La probabilidad de que algún protón en nuestro vaso de agua decaiga en un intervalo de 1 año es (ecuaciones 12.5 y 12.7)

$$R = (8.4 \times 10^{25})(6.9 \times 10^{-34} \text{ años}^{-1}) = 5.8 \times 10^{-8} \text{ años}^{-1}$$

Por lo que tendremos que observar nuestro vaso de agua durante $1/R \approx$ 17 millones de años

(b) La instalación de detección de neutrinos Super Kamiokande contiene 50 000 tons de agua. Estime el tiempo medio entre el decaimiento de protones detectados si la vida media del protón es de 10^{33} años.

Solución. Vamos primero a calcular la masa de agua en la instalación de detección de neutrinos:

$$m = 50\,000 \text{ ton}\left(\frac{2000 \text{ lb}}{1 \text{ ton}}\right)\left(\frac{2.2 \text{ kg}}{1 \text{ lb}}\right)\left(\frac{1\,000 \text{ g}}{1 \text{ kg}}\right) = 2.2 \times 10^{11} \text{ g}$$

El número de moléculas de agua es

$$\frac{(2.2 \times 10^{11} \text{ g})(6.02 \times 10^{23} \text{ moléculas/mol})}{18 \text{ g/mol}} = 7.4 \times 10^{33} \text{ moléculas}$$

Puesto que cada molécula de agua contiene diez protones, hay 7.4×10^{34} protones en el recinto. La probabilidad de que algún protón en el recinto decaiga en un intervalo de 1 año es

$$R = (7.4 \times 10^{34})(6.9 \times 10^{-34} \text{años}^{-1}) = 51 \text{ años}^{-1}$$

Por lo que deberemos observar la muestra en la instalación de detección de neutrinos Super Kamiokande durante $1/R \approx$ 0.02 años, es decir, aproximadamente una semana.

Figura 13.6

(Ejemplo 13.2) Esta instalación de detección de neutrinos Super Kamiokande en Japón se utiliza para estudiar los fotones y los neutrinos. Contiene 50 000 tons de agua altamente purificada y 13 000 fotomultiplicadores. La fotografía fue tomada mientras se estaba llenando el detector. Los técnicos utilizan una balsa para limpiar los fotodetectores antes que queden sumergidos. *(Cortesía de KRR [Instituto de investigación sobre rayos cósmicos], Universidad de Tokio)*

Número leptónico

- *Conservación del número leptónico electrónico*

Hay tres leyes de conservación relacionadas con los números leptónicos, una para cada variedad de leptones. La **ley de conservación del número leptónico electrónico enuncia que la suma de los números leptónicos electrónicos del sistema antes de una reacción o decaimiento debe ser igual a la suma de los números leptónicos electrónicos después de la reacción o el decaimiento.**

El electrón y el neutrino electrónico tienen asignado un número leptónico electrónico positivo, $L_e = +1$, los antileptones e^+ y $\overline{\nu}_e$ tienen asignado un número leptónico electrónico negativo, $L_e = -1$, y todos los demás tienen $L_e = 0$. Por ejemplo, consideremos el decaimiento del neutrón

$$n \longrightarrow p + e^- + \overline{\nu}_e$$

Antes del decaimiento, el número leptónico electrónico es $L_e = 0$; después del decaimiento es $0 + 1 + (-1) = 0$. Así pues, se conserva el número leptónico electrónico. Es importante tener en cuenta que el número bariónico también tiene que conservarse. Esto puede comprobarse fácilmente viendo que antes del decaimiento $B = +1$ y después del decaimiento B es $+1 + 0 + 0 = +1$.

De igual manera, cuando un decaimiento implica muones, el número leptónico de muones L_μ se conserva. El μ^- y el ν_μ tienen asignados números positivos, $L_\mu = +1$, los antimuones μ^+ y $\overline{\nu}_\mu$ tienen asignados números negativos, $L_\mu = -1$ y todos los demás tienen $L_\mu = 0$. Finalmente, el número leptónico tau L_T también se conserva, realizándose asignaciones similares para el leptón tau y su neutrino.

Pregunta rápida 13.3

Suponga que alguien dice que el decaimiento del neutrón está dado por $n \rightarrow p + e^-$. ¿Cuáles de las siguientes leyes de conservación se violan en esta propuesta de decaimiento? (a) Energía, (b) cantidad de movimiento, (c) momento angular, (d) carga eléctrica, (e) número leptónico y (f) número bariónico.

PIENSE EN LA FÍSICA 13.2

Un estudiante declara que ha observado un decaimiento de un electrón en dos neutrinos, viajando en direcciones opuestas. ¿Qué leyes de conservación se violarían en esto decaimiento?

Razonamiento. Se violan varias leyes de conservación. La conservación de la carga eléctrica se viola puesto que la carga negativa del electrón ha desaparecido. La conservación del momento angular se viola debido a que el momento angular inicial es el del electrón, con espín $\frac{1}{2}$, pero hay dos partículas con espín $\frac{1}{2}$, después del decaimiento. La conservación del número leptónico electrónico también se viola, ya que hay un leptón antes del decaimiento y dos después.

Otras leyes de conservación sí se cumplen en del decaimiento. La energía puede conservarse: la energía en reposo del electrón aparece como energía cinética (y posiblemente una pequeña energía en reposo) de los neutrinos. Las direcciones opuestas de las velocidades de los dos neutrinos permiten que se conserve la cantidad de movimiento. La conservación del número bariónico y de los otros números leptónicos también se satisfacen en este decaimiento.

Ejemplo 13.3 Comprobación de los números leptónicos

Utilice la ley de conservación del número leptónico electrónico para determinar cuáles de los siguientes esquemas de decaimiento pueden tener lugar:

(a) $\mu^- \rightarrow e^- + \overline{\nu}_e + \nu_\mu$ (b) $\pi^+ \rightarrow \mu^+ + \nu_\mu + \nu_e$

Solución. (a) Puesto que este decaimiento involucra a un muón y un electrón, L_μ y L_e deben conservarse. Antes del decaimiento $L_\mu = +1$ y $L_e = 0$. Después del decaimiento, $L_\mu = 0 + 0 + 1 = +1$ y $L = +1 + (-1) + 0 = 0$. Así, ambos números se conservan y sobre esta base el decaimiento es posible.

Antes del decaimiento, $L_\mu = 0$ y $L_e = 0$. Después del decaimiento, $L_\mu = -1 + 1 + 0 = 0$, pero $L_e = 0 + 0 + 1 = 1$. De este modo, el decaimiento no es posible, ya que el número leptónico electrónico no se conserva.

EJERCICIO: Determine si el decaimiento $\mu^- \rightarrow e^- + \overline{\nu}_e$ puede tener lugar.

Respuesta: No, ya que L_μ es +1 antes del decaimiento y 0 después.

13.6 • PARTÍCULAS EXTRAÑAS Y EXTRAÑEZA

Muchas de las partículas descubiertas en la década de 1950 se producían por la interacción nuclear de piones con protones y neutrones en la atmósfera. Un grupo de estas partículas, el kaón (K), lambda (Λ) y sigma (Σ), exhibían unas propiedades inusuales durante su producción y decaimiento y por esta razón se les denominó *partículas extrañas.*

Una propiedad inusual es que estas partículas siempre se producen en parejas. Por ejemplo, cuando un pión colisiona con un protón, se producen dos partículas extrañas con una probabilidad muy alta:

$$\pi^- + p^+ \longrightarrow \Lambda^0 + K^0$$

La reacción $\pi^- + p \rightarrow n^0 + K^0$ en la que únicamente una de las partículas finales es extraña no ocurre nunca, a pesar de que no se viola ninguna ley de conservación conocida y la energía del pión es suficiente para iniciar la reacción.

La segunda característica peculiar de las partículas extrañas es que, aunque son producidas rápidamente por la fuerza nuclear, no decaen rápidamente en partículas que interactúen por medio de la fuerza nuclear. En su lugar, decaen muy lentamente, lo cual es característico de la interacción débil, como se muestra en la tabla 13.1. Sus vidas medias están en el intervalo de 10^{-10} s a 10^{-8} s. La mayoría de las otras partículas que interactúan a través de fuerza nuclear tienen tiempos de vida muy cortos, del orden de 10^{-20} s o inferiores.

Observaciones como éstas indican la necesidad de realizar modificaciones en nuestro modelo. Para explicar las propiedades inusuales de las partículas extrañas, se introdujo un nuevo número cuántico S, llamado **extrañeza,** en nuestro modelo de partículas elementales, junto con una nueva ley de conservación. Los números de extrañeza para algunas partículas están dados en la tabla 13.2. La producción de partículas extrañas en parejas se explica asignando $S = +1$ a una de las partículas y $S = -1$ a la otra. Todas las partículas no extrañas tienen asignada una extrañeza $S = 0$. La **ley de conservación de la extrañeza dice que siempre que una reacción o decaimiento tiene lugar, la suma de los números de extrañeza del sistema antes del proceso debe ser igual a la suma de los números de extrañeza después del proceso.**

• *Conservación de la extrañeza*

El decaimiento lento de las partículas extrañas puede explicarse suponiendo que las interacciones nuclear y electromagnética satisfacen la ley de conservación de la extrañeza, pero la interacción débil no. Puesto que la reacción de decaimiento incluye la pérdida de una de las partículas extrañas, se viola la conservación de la extrañeza y por tanto, se produce lentamente por medio de la interacción débil.

Ejemplo 13.4 **¿Se conserva la extrañeza?**

(a) Determine si la siguiente reacción se puede producir sobre la base del principio de conservación de la extrañeza.

$$\pi^0 + \text{n} \longrightarrow \text{K}^+ + \Sigma^-$$

Solución. El estado inicial tiene extrañeza $S = 0 + 0 = 0$. Debido a que la extrañeza del K^+ es $S = +1$ y la extrañeza del Σ^- es $S = -1$, la extrañeza del estado final es $+1 - 1 = 0$. Así, la extrañeza se conserva y la reacción está permitida.

(b) Demuestre que en la siguiente reacción no se conserva la extrañeza.

$$\pi^- + \text{p} \longrightarrow \pi^- + \Sigma^+$$

Solución. El estado inicial tiene extrañeza $S = 0 + 0 = 0$ y el estado final tiene extrañeza $S = 0 + (-1) = -1$. De este modo, la extrañeza no se conserva.

EJERCICIO. Demuestre que la reacción $\pi^- + \text{p} \rightarrow \text{K}^0 + \Lambda^0$ cumple la ley de conservación de la extrañeza.

13.7 • PRODUCCIÓN DE PARTÍCULAS ELEMENTALES Y MEDICIÓN DE SUS PROPIEDADES

Al examinar la desconcertante lista de entradas en la tabla 13.2, sentimos la imperiosa necesidad de pisar tierra firme. Resulta natural asombrarse al ver una partícula que existe durante 10^{-20} s y que tiene una masa de 1 192.5 MeV/c^2. ¿Cómo es posible detectar una partícula que existe solamente durante 10^{-20} s? Más aún, ¿cómo es posible medir su masa? Si un atributo estándar de una partícula es algún tipo de permanencia o estabilidad, ¿en qué sentido es una partícula una entidad flotante que existe solamente durante 10^{-20} s? En esta sección intentaremos responder a estas preguntas y explicar cómo se producen las partículas y cómo se miden sus propiedades.

La mayoría de las partículas son inestables y sólo se crean en la Naturaleza en contadas ocasiones, en las lluvias de rayos cósmicos. Sin embargo, en el laboratorio puede crearse un gran número de estas partículas en colisiones controladas entre partículas de alta energía y blancos adecuados. Las partículas incidentes deben tener una energía muy alta y se necesita un tiempo considerable para que los campos electromagnéticos aceleren las partículas hasta altas energías. Así, el haz incidente suele estar formado por partículas cargadas estables, tales como electrones o protones. Además, los blancos deben ser sencillos y estables y el blanco más simple, el hidrógeno, sirve tanto como blanco (el protón) y como detector.

La figura 13.7 muestra un evento típico en el que el hidrógeno en una cámara de burbujas se utiliza, como blanco y como detector. Pueden verse muchas trayectorias paralelas de piones negativos entrando en la fotografía desde la parte inferior. Como indican las marcas en el diagrama, uno de los piones tiene un choque con un protón estacionario del hidrógeno, produciendo dos partículas extrañas, Λ^0 y K^0, de acuerdo con la reacción

$$\pi^- + \text{p} \longrightarrow \Lambda^0 + \text{K}^0$$

Ninguna partícula extraña neutra deja una trayectoria, pero sus decaimientos posteriores en partículas cargadas pueden ser vistos con claridad, como se indica en la figura 13.7. Un campo magnético dirigido sobre el plano de la fotografía provoca que la trayectoria de cada partícula cargada se curve y de la medida de la curvatura podemos determinar la carga de la partícula y su cantidad de movimiento. Si la masa y la cantidad de movimiento de la partícula incidente son conocidas, podemos calcular entonces la masa de la partícula producida, su energía cinética y su rapidez a partir de la conservación de la cantidad de movimiento y de la energía. Finalmente, combinando la rapidez de la partícula producida con la longitud de la trayectoria de decaimiento, podemos calcular la vida media de la partícula producida. La

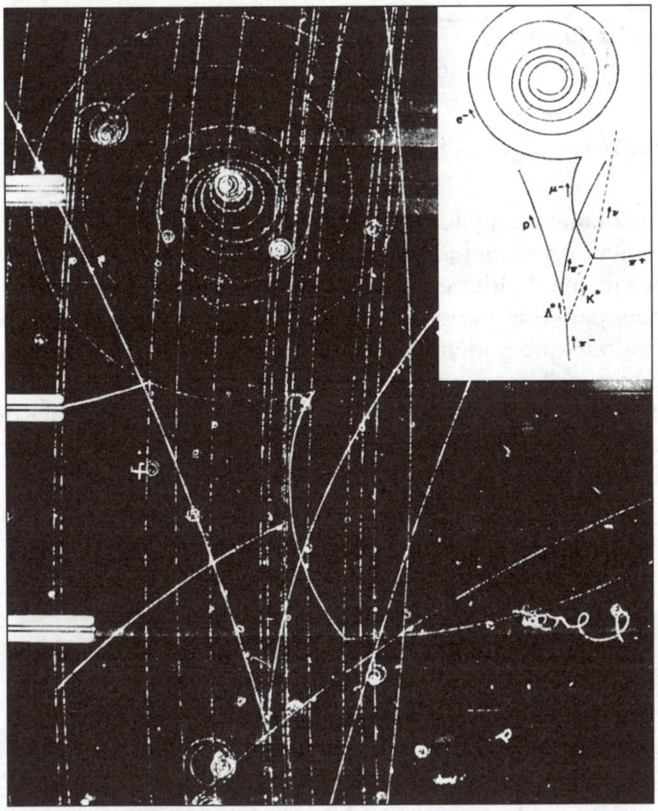

Figura 13.7

Esta fotografía de una cámara de burbujas muestra muchos eventos y el recuadro es un dibujo de las trayectorias identificadas. Las partículas extrañas Λ^0 y K^0 se forman en la parte inferior cuando el π^- interacciona con un protón de acuerdo con $\pi^- + p \rightarrow \Lambda^0 + K^0$. (Observe que las partículas neutras no dejan traza, como se indica con las líneas discontinuas.) El Λ^0 y K^0 decaen de acuerdo con $\Lambda^0 \rightarrow \pi^- + p$ y $K^0 \rightarrow \pi^0 + \mu^- + \overline{\nu}_\mu$. (*Cortesía de Lawrence Berkeley Laboratory, Universidad de California, Servicios fotográficos*).

figura 13.7 muestra que algunas veces podemos utilizar esta técnica de cálculo de la vida media incluso para una partícula neutra que no deja traza. Siempre que los puntos inicial y final de la traza inobservable sean conocidos, así como la rapidez de la partícula, podemos deducir la longitud de la traza inobservable y encontrar la vida media de la partícula neutra.

Partículas de resonancia

Mediante técnicas experimentales ingeniosas y mucho esfuerzo, pueden llegar a medirse trazas de decaimiento de longitudes tan cortas como 10^{-6} m. Esto significa que se pueden medir vidas de 10^{-16} s para partículas de alta energía viajando a velocidades cercanas a la de la luz. Llegamos a este resultado suponiendo que una partícula que participa en un proceso de decaimiento recorre 1 μm a una rapidez de $0.99c$ en el sistema de referencia del laboratorio, dando lugar a una vida de $\Delta t_{\text{lab}} = 1 \times 10^{-6}\ \text{m}/0.99c \approx 3.4 \times 10^{-15}$ s. Sin embargo, éste no es nuestro resultado final, ya que debemos tener en cuenta los efectos de la dilatación relativista del tiempo. Debido a que el tiempo de vida propio Δt_p, medido en el sistema de referencia de la partícula que decae, es menor que el valor en el sistema del laboratorio, Δt_{lab}, en un factor $\sqrt{1 - (v^2/c^2)}$ (véase la ecuación 9.6 del volumen I), podemos calcular el tiempo de vida propio como:

$$\Delta t_p = \Delta t_{\text{lab}}\sqrt{1 - \frac{v^2}{c^2}} = (3.4 \times 10^{-15}\text{ s})\sqrt{1 - \frac{(0.99c)^2}{c^2}} = 4.8 \times 10^{-16}\text{ s}$$

Desafortunadamente, incluso con la ayuda de Einstein, la mejor respuesta que podemos obtener con el método de la longitud de la traza está varios órdenes de magnitud por encima de los tiempos de vida del orden de 10^{-20} s. Como veremos dentro de poco, para esas partículas de vida corta, conocidas como **partículas de resonancia,** todo lo que podemos hacer es inferir sus masas, sus tiempos de vida y, de hecho, su existencia real a partir de los datos de sus productos de decaimiento.

Consideremos esto con más detalle examinando la partícula de resonancia llamada delta plus (Δ^+) que tiene una masa de 1 232 MeV/c^2 y un tiempo de vida de aproximadamente 10^{-23} s, más corto incluso que la partícula de vida más corta listada en la tabla 13.2. Esta partícula se produce en la reacción

$$e^- + p \longrightarrow e^- + \Delta^+ \qquad [13.4]$$

seguida 10^{-23} s después por el decaimiento

$$\Delta^+ \longrightarrow \pi^+ + n \qquad [13.5]$$

Debido a que la vida de Δ^+ es tan corta, la partícula no deja una traza que se pueda medir en una cámara de burbujas. Parecería de este modo imposible distinguir las reacciones dadas en las ecuaciones 13.4 y 13.5 de la reacción:

$$e^- + p \longrightarrow e^- + \pi^+ + n \qquad [13.6]$$

en la que las partículas originales de la ecuación 13.4 decaen directamente en e^-, π^+, y n sin ningún paso intermedio en el que se produzca una Δ^+. Sin embargo, distinguir entre estas dos posibilidades no es imposible. Si existe una partícula Δ^+, ésta tiene una energía en reposo característica que debe provenir de la energía cinética de las partículas incidentes. Si imaginamos que lanzamos electrones con energía cinética creciente sobre protones, eventualmente proporcionaremos bastante energía al sistema como para crear una partícula Δ^+. Esto es muy similar a lanzar fotones de energía creciente sobre un átomo, hasta que los lancemos con la suficiente energía como para excitar el átomo hasta un estado cuántico superior. De hecho, la partícula Δ^+ es un estado excitado del protón, lo que puede ser explicado por medio de la teoría de los quarks que veremos en la sección 13.9. Después que se forme la partícula Δ^+ y decaiga, su energía en reposo se transforma en energía del pión y del neutrón. La ecuación 9.22 del volumen I puede resolverse para obtener la energía en reposo de la partícula Δ^+:

$$(m_{\Delta^+}c^2)^2 = E_{\Delta^+}{}^2 - p_{\Delta^+}{}^2c^2 = E_{\Delta^+}{}^2 - (\mathbf{p}_{\Delta^+}\cdot\mathbf{p}_{\Delta^+})c^2$$

Cuando la partícula Δ^+ decae en un pión y un neutrón, la conservación de la energía y de la cantidad de movimiento requieren que

$$E_{\Delta^+} = E_{\pi^+} + E_n \qquad \mathbf{p}_{\Delta^+} = \mathbf{p}_{\pi^+} + \mathbf{p}_n$$

Así, la energía en reposo de la partícula Δ^+ puede expresarse en términos de las energías y cantidades de movimiento de las partículas salientes, que pueden ser medidas en la fotografía de la cámara de burbujas:

$$(m_{\Delta^+}c^2)^2 = (E_{\pi^+} + E_n)^2 - [(\mathbf{p}_{\pi^+} + \mathbf{p}_n)\cdot(\mathbf{p}_{\pi^+} + \mathbf{p}_n)]c^2$$

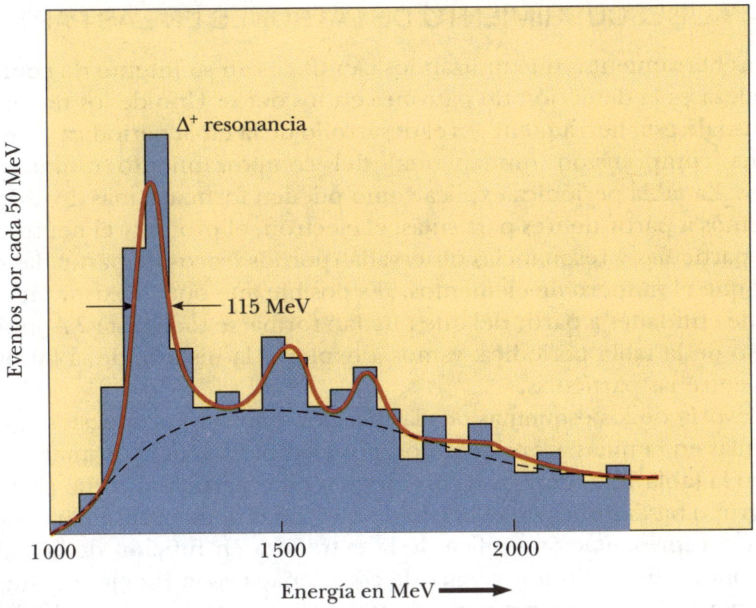

Figura 13.8

Evidencia experimental de la existencia de la partícula Δ^+. El pico a 1 232 MeV fue producido por los eventos en los que se formaba una partícula Δ^+ y decaía rápidamente en un π^+ y un neutrón.

Cualquier pión y neutrón que provenga del decaimiento de una partícula Δ^+ deben tener energía y cantidades de movimiento que se combinen en esta ecuación para dar la energía en reposo de la partícula Δ^+. Los piones y neutrones provenientes de la reacción de la ecuación 13.6 tendrán una variedad de energías y cantidades de movimiento, sin ningún patrón, debido a que la energía puede repartirse de muchas maneras entre las tres partículas producidas en esta reacción. Para el valor de energía con el que puede crearse la energía en reposo de la partícula Δ^+, pueden ocurrir muchas reacciones, evidenciadas por las correspondientes combinaciones de energía y cantidad de movimiento descritas anteriormente.

Para demostrar la existencia de la partícula Δ^+, uno analiza un gran número de eventos en los que se produzcan un π^+ y un neutrón. Entonces se representa en un gráfico el número de eventos en un rango de energía dado en función de la energía. Siguiendo este procedimiento, uno obtiene una curva que varía lentamente y que tiene un pico pronunciado superpuesto a la curva. El pico representa la energía del electrón incidente a la que se crea la energía de la partícula Δ^+, revelando la existencia de la partícula.

La figura 13.8 es una gráfica experimental para la partícula Δ^+. La curva de fondo (discontinua) está producida por eventos directos en los que no se crea una Δ^+ (ecuación 13.6). El pico definido a 1 232 MeV es producido por todos los eventos en los que se forma una Δ^+, la cual decae en un pión y un neutrón. De esta manera, la energía en reposo de la partícula Δ^+ es 1 232 MeV. También se observan en la figura 13.8 los picos correspondientes a dos partículas de resonancia que tienen masas mayores que la de la partícula Δ^+.

Gráficas similares a la figura 13.8 pueden indicarnos no solamente la masa de partículas de vida corta sino también su tiempo de vida. La anchura del pico de resonancia y el principio de incertidumbre $\Delta E\, \Delta t \approx \hbar/2$ se utilizan para deducir el tiempo de vida Δt de la partícula. La anchura medida de 115 MeV en la figura 13.8 conduce a un tiempo de vida de 5.7×10^{-24} s para la partícula Δ^+. Durante este increíblemente corto tiempo de vida, una partícula Δ^+ viajando a la rapidez más alta posible, c, recorre únicamente 10^{-15} m, que es del orden del diámetro de un núcleo.

13.8 • DESCUBRIMIENTO DE PATRONES EN LAS PARTÍCULAS

Una de las herramientas que utilizan los científicos en su intento de comprender la Naturaleza es la detección de patrones en los datos. Uno de los mejores ejemplos del uso de esta herramienta es el desarrollo de la tabla periódica, que proporciona una comprensión fundamental del comportamiento químico de los elementos. La tabla periódica explica cómo pueden formarse más de un centenar de elementos a partir de tres partículas: el electrón, el protón y el neutrón. El número de partículas y resonancias observadas por los físicos de partículas es incluso mayor que el número de elementos. ¿Es posible que pueda existir un pequeño número de entidades a partir del que puedan formarse todas éstas? Apoyándonos en el éxito de la tabla periódica, vamos a explorar la historia de la búsqueda de patrones entre las partículas.

La mayoría de los esquemas de clasificación han sido propuestos agrupando las partículas en familias. Consideremos, por ejemplo, los ocho primeros bariones listados en la tabla 13.2. Podemos considerar a estas partículas como pertenecientes a un grupo basándonos en el hecho de que todas tienen espín igual a $\frac{1}{2}$. Si realizamos una representación gráfica de la extrañeza en función de la carga para estos bariones, utilizando un sistema de coordenadas con los ejes en ángulo, como en la figura 13.9a, observamos un patrón fascinante: seis de los bariones forman un hexágono regular y los otros dos están en su centro.*

Como segundo ejemplo, consideremos los siguientes nueve mesones de espín cero listados en la tabla 13.2: π^+, π^0, π^-, K^+, K^0, K^-, η, η' y la antipartícula $\overline{K}^0$. La figura 13.9b es una gráfica de la extrañeza en función de la carga para esta familia. De nuevo surge un patrón hexagonal. En este caso, cada partícula del perímetro del hexágono aparece opuesta a su antipartícula y las tres restantes (que constituyen sus propias antipartículas) están en el centro. Estos y otros patrones simétricos relacionados fueron desarrollados independientemente en 1961 por Murray Gell-Mann y

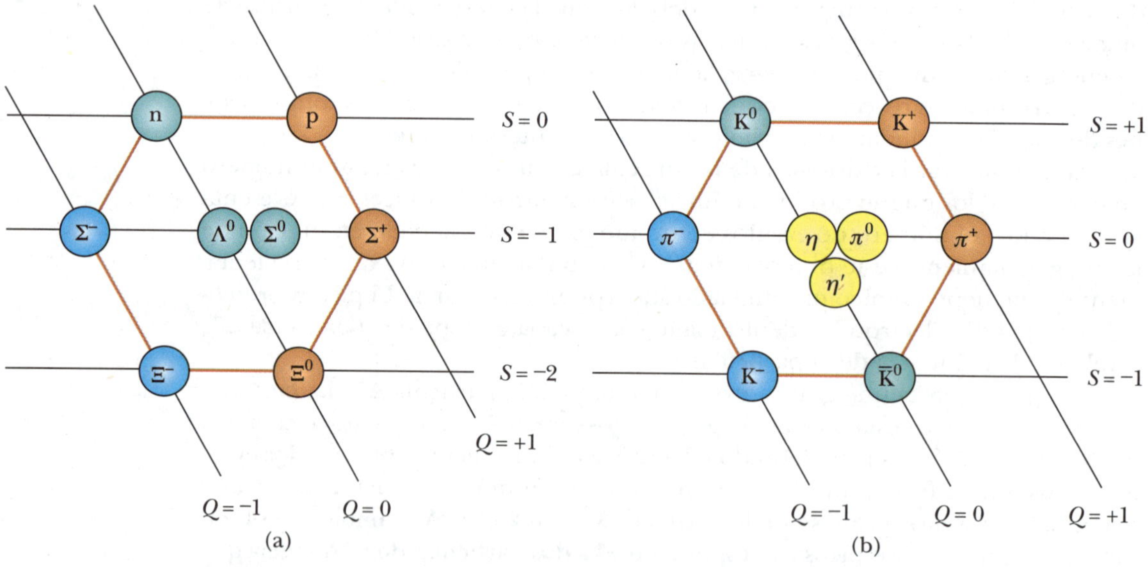

Figura 13.9

(a) Patrón hexagonal para los ocho bariones de espín $\frac{1}{2}$. Esta representación de la extrañeza en función de la carga utiliza un eje horizontal para los valores de la extrañeza S y un eje inclinado para el número de carga Q. (b) Patrón correspondiente a los nueve mesones de espín cero.

* La razón para utilizar un sistema de coordenadas inclinado es que se forma un hexágono *regular*, con los lados iguales. Si utilizamos un sistema de coordenadas ortogonal, aparece el patrón, pero la forma hexagonal no tiene los lados iguales. ¡Compruébelo!

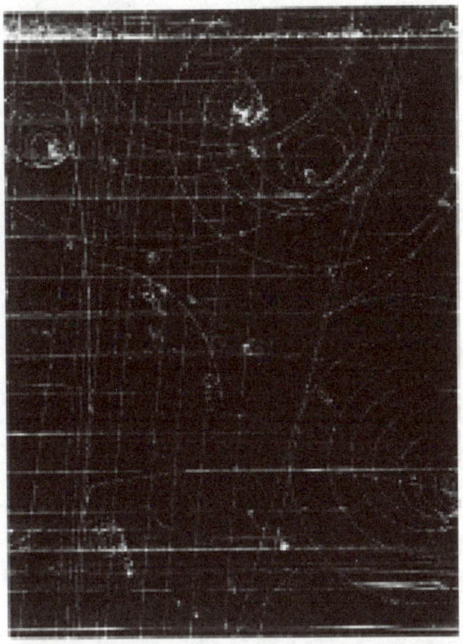

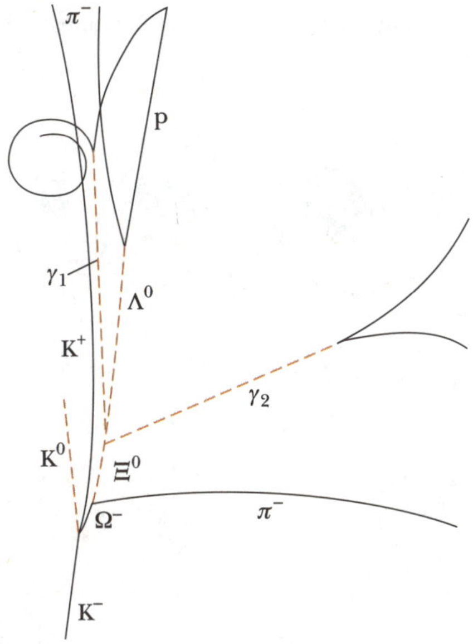

Figura 13.10

Descubrimiento de la partícula Ω^-. La partícula K^- en la parte superior de la fotografía colisiona con un protón para producir la primera partícula Ω^- detectada, más otras dos partículas. *(Cortesía de Brookhaven National Laboratory)*

Yuval Ne'eman. Gell-Mann denominó a los patrones el **camino óctuple,** por el camino óctuple que conduce al Nirvana en el budismo.

Los grupos de bariones y mesones pueden ser representados en muchos otros patrones simétricos dentro del marco del camino óctuple. Por ejemplo, la familia de los bariones de espín $\frac{3}{2}$ contiene diez partículas agrupadas en un patrón similar al arreglo de los pinos en el boliche (o los bolos). Después que este patrón fuese propuesto, emergía un hueco vacío en el patrón, hueco correspondiente a una partícula que nunca había sido observada. Gell-Mann predijo que la partícula desconocida, que llamó omega menos (Ω^-), debería tener espín $\frac{3}{2}$, carga –1, extrañeza –3 y energía en reposo de aproximadamente $\approx$ 1 680 MeV. Poco después, en 1964, los científicos del Brookhaven National Laboratory encontraron la partícula faltante a partir de análisis cuidadosos de fotografías de cámaras de burbuja (figura 13.10) y confirmaron todas las propiedades predichas.

La predicción de la partícula faltante a través de la técnica del camino óctuple tiene mucho en común con la predicción de los elementos desconocidos en la tabla periódica. Siempre que aparece una vacante en un patrón organizado de información, los físicos experimentales tienen una guía para sus investigaciones.

Murray Gell-Mann (b. 1929)

Físico americano, Gell-Mann fue galardonado con el Premio Nobel de Física en 1969 por sus estudios teóricos acerca de las partículas subatómicas. *(Cortesía de Michael R. Dressler)*

13.9 • QUARKS

Como hemos indicado, los leptones parecen ser verdaderas partículas elementales, ya que hay un número pequeño de clases, no tienen tamaño medible ni estructura interna y no parece que puedan dividirse en unidades más pequeñas. Los hadrones, por otra parte, son partículas complejas que tienen tamaño y estructura. La existencia de los patrones de extrañeza-carga de Gell-Mann sugiere que los hadrones tienen estructura interna. Además, sabemos que existen cientos de tipos de hadrones y que muchos de ellos decaen en otros hadrones.

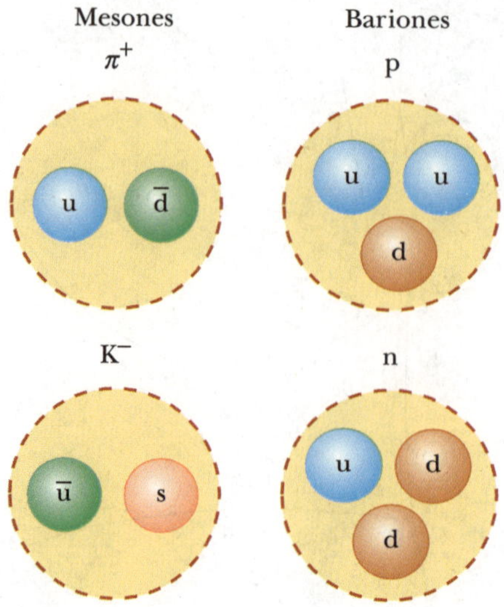

Figura 13.11

Composición en quarks de dos mesones y dos bariones.

El modelo original de quarks: un modelo estructural para los hadrones

En 1963, Gell-Mann y George Zweig propusieron de manera independiente que los hadrones tienen una estructura interna más elemental. De acuerdo con su modelo estructural, todos los hadrones son sistemas compuestos de dos o tres constituyentes fundamentales, denominados **quarks.** (Gell-Mann tomó prestada la palabra *quark* del pasaje "Tres quarks para Muster Mark", en la obra *Finnegan's Wake* de James Joyce.) El modelo proponía que existían tres tipos de quarks, designados por los símbolos u, d y s. Tenían asignados los nombres arbitrarios de **up, down** y **strange** (arriba, abajo y extraño). Los diferentes tipos de quarks se denominaron **sabores.** Los bariones consisten en tres quarks y los mesones están formados por un quark y un antiquark. La figura 13.11 es una representación gráfica de los quarks componentes de diversos hadrones.

Una propiedad inusual de los quarks es que tienen múltiplos fraccionarios de la carga del electrón *e*. Los quarks u, d y s tienen cargas $+\frac{2}{3}e$, $-\frac{1}{3}e$, y $-\frac{1}{3}e$ respectivamente. Éstas y otras propiedades de los quarks y antiquarks están indicadas en la tabla 13.3. Observe que los quarks tienen espín $\frac{1}{2}$, lo que significa que todos los quarks son *fermiones*, definidos como cualquier partícula que tiene espín semientero. Como muestra la tabla 13.3, asociado a cada quark hay un antiquark, de carga, número bariónico y extrañeza opuestos.

La composición de todos los hadrones conocidos cuando Gell-Mann y Zweig presentaron sus modelos puede especificarse completamente a partir de tres reglas sencillas:

- Un mesón está formado por un quark y un antiquark, dando un número bariónico igual a 0, como corresponde.
- Un barión está formado por tres quarks.
- Un antibarión está formado por tres antiquarks.

La tabla 13.4 lista la composición en quarks de diferentes mesones y bariones.

Pregunta rápida 13.4

Si electrones de alta energía, con longitudes de onda de De Broglie menores que el tamaño de los núcleos, son dispersados por los núcleos, el comportamiento de los electrones es consistente con la dispersión por estructuras muy masivas mucho menores en tamaño que los núcleos: los quarks. ¿Es esto similar a otro experimento clásico que permitió detectar estructuras pequeñas en un átomo?

TABLA 13.3 **Propiedades de los quarks y antiquarks**

Quarks								
Nombre	**Símbolo**	**Espín**	**Carga**	**Número bariónico**	**Extrañeza**	**Encanto**	**Profundidad**	**Altura**
Arriba	u	$\frac{1}{2}$	$+\frac{2}{3}e$	$\frac{1}{3}$	0	0	0	0
Abajo	d	$\frac{1}{2}$	$-\frac{1}{3}e$	$\frac{1}{3}$	0	0	0	0
Extraño	s	$\frac{1}{2}$	$-\frac{1}{3}e$	$\frac{1}{3}$	−1	0	0	0
Encantado	c	$\frac{1}{2}$	$+\frac{2}{3}e$	$\frac{1}{3}$	0	+1	0	0
Fondo	b	$\frac{1}{2}$	$-\frac{1}{3}e$	$\frac{1}{3}$	0	0	+1	0
Cima	t	$\frac{1}{2}$	$+\frac{2}{3}e$	$\frac{1}{3}$	0	0	0	+1

Antiquarks								
Nombre	**Símbolo**	**Espín**	**Carga**	**Número bariónico**	**Extrañeza**	**Encanto**	**Profundidad**	**Altura**
Antiarriba	$\bar{u}$	$\frac{1}{2}$	$-\frac{2}{3}e$	$-\frac{1}{3}$	0	0	0	0
Antiabajo	$\bar{d}$	$\frac{1}{2}$	$+\frac{1}{3}e$	$-\frac{1}{3}$	0	0	0	0
Antiextraño	$\bar{s}$	$\frac{1}{2}$	$+\frac{1}{3}e$	$-\frac{1}{3}$	+1	0	0	0
Antiencantado	$\bar{c}$	$\frac{1}{2}$	$-\frac{2}{3}e$	$-\frac{1}{3}$	0	−1	0	0
Antifondo	$\bar{b}$	$\frac{1}{2}$	$+\frac{1}{3}e$	$-\frac{1}{3}$	0	0	−1	0
Anticima	$\bar{t}$	$\frac{1}{2}$	$-\frac{2}{3}e$	$-\frac{1}{3}$	0	0	0	−1

Encanto y otros desarrollos

Aunque el modelo de quarks original tuvo un gran éxito al clasificar las partículas en familias, eran evidentes algunas discrepancias entre las predicciones del modelo y ciertas tasas de decaimiento experimentales. Era patente que el modelo estructural necesitaba ser modificado para eliminar estas discrepancias. Consecuentemente, un cuarto quark fue propuesto por varios físicos en 1967. Argumentaron que si existían cuatro leptones (era lo que se pensaba en esa época: el electrón, el muón y un neutrino asociado a cada uno de ellos), entonces debería haber cuatro quarks, debido a la simetría fundamental en la Naturaleza. El cuarto quark, designado mediante la letra *c*, fue asignado a una propiedad llamada **encanto.** Un quark *encantado* tenía una carga $+2e/3$, pero su encanto lo distinguía de los otros tres quarks. Esto introducía un nuevo número cuántico *C*, representando al encanto. El nuevo quark tiene un encanto $C = +1$, su antiquark tiene encanto $C = -1$ y los otros quarks tienen $C = 0$, como se indica en la tabla 13.3. El encanto, igual que la extrañeza, se conserva durante las interacciones fuerte y electromagnética, pero no en las interacciones débiles.

En 1974, un mesón pesado, llamado la partícula J/Ψ (o simplemente Ψ, la psi griega mayúscula) fue descubierto independientemente por dos grupos, uno dirigido por Burton Richter en el Stanford Linear Accelerator (SLAC) y otro dirigido por Samuel Ting en el Brookhaven National Laboratory. Richter y Ting fueron galardonados con el Premio Nobel de Física en 1976 por este trabajo. La partícula J/Ψ no se ajusta al modelo estructural de tres quarks; en lugar de ello, tiene propiedades que corresponden a una combinación del quark encantado y su antiquark ($c\bar{c}$) propuesto. Es mucho más pesada que los otros mesones conocidos ($\sim 3\,100$ MeV/c^2), y su tiempo de vida es mucho más largo que el tiempo de vida de partículas que decaen a través de la fuerza nuclear. Pronto se descubrieron mesones parecidos, correspondientes a combinaciones de quarks tales como $\bar{c}d$ y $c\bar{d}$, todos las cuales tienen grandes masas y tiempos de vida largos. La existencia

TABLA 13.4

Composición en quarks de diferentes hadrones.

Partícula	**Composición en quarks**
Mesones	
π^+	$u\bar{d}$
π^-	$\bar{u}d$
π^0	$d\bar{d}$
K^+	$u\bar{s}$
K^-	$\bar{u}s$
K^0	$d\bar{s}$
J/Ψ	$c\bar{c}$
Bariones	
p	uud
n	udd
Λ^0	uds
Σ^+	uus
Σ^0	uds
Σ^-	dds
Ξ^0	uss
Ξ^-	dss
Ω^-	sss

TABLA 13.5 Partículas fundamentales y algunas de sus propiedades

Partícula	Energía en reposo	Carga
Quarks		
u	360 MeV	$+\frac{2}{3}e$
d	360 MeV	$-\frac{1}{3}e$
c	1 500 MeV	$+\frac{2}{3}e$
s	540 MeV	$-\frac{1}{3}e$
t	173 GeV	$+\frac{2}{3}e$
b	5 GeV	$-\frac{1}{3}e$
Leptones		
e^-	511 keV	$-e$
μ^-	105.7 MeV	$-e$
τ^-	1 784 MeV	$-e$
ν_e	<7 eV	0
ν_μ	<0.3 MeV	0
ν_τ	<30 MeV	0

WEB

Visite el sitio del Stanford Linear Accelerator Center en **www.slac.stanford.edu/**

WEB

Visite el sitio del Brookhaven National Laboratory en **www.bnl.gov/**

WEB

Visite el sitio web del Fermi National Accelerator Laboratory en **www.fnal.gov/**

de estos nuevos mesones proporcionaba una evidencia firme para el cuarto sabor de quark.

En 1975, investigadores de la Universidad de Stanford informaron que habían obtenido evidencias de la existencia del leptón tau (τ), de masa 1784 MeV/c^2. Éste es el quinto tipo de leptón, lo que condujo a los físicos a proponer que tenía que haber más sabores de quarks, basándose en argumentos de simetría similares a los que condujeron a la predicción del quark encantado. Estas propuestas llevaron a modelos de quark más elaborados y a la predicción de dos nuevos quarks: **cima** (t, top) y **fondo** (b, bottom). Para distinguir estos quarks de los cuatro primeros, se les asignaron unos números cuánticos llamados *altura* (topness) y *profundidad* (bottomness), con valores permitidos +1, 0, y −1, a todos los quarks y antiquarks (tabla 13.3). En 1977, investigadores del Fermi National Laboratory, bajo la dirección de Leon Lederman, informaron del descubrimiento de un nuevo mesón muy masivo, Υ^-, cuya composición se considera que es $b\bar{b}$, proporcionando una evidencia para el quark fondo. En marzo de 1995, investigadores del Fermilab anunciaron el descubrimiento del quark cima (considerado el último de los quarks por descubrir), que tiene una masa de 173 GeV/c^2.

Probablemente se estará preguntando si estos descubrimientos no terminan nunca. ¿Cuántos "bloques componentes" de la materia existen realmente? Hoy día, los físicos creen que las partículas fundamentales en la Naturaleza son seis quarks y seis leptones (junto con sus antipartículas). La tabla 13.5 enumera algunas de las propiedades de estas partículas.

A pesar de un esfuerzo experimental extenso, no se ha podido observar ningún quark aislado. Los físicos creen ahora que los quarks están permanentemente confinados dentro de las partículas ordinarias, debido a una fuerza extraordinariamente intensa que evita que escapen. Esta fuerza, llamada **fuerza fuerte*** (discutida en la sección 13.10) aumenta con la distancia de separación (de forma similar a la fuerza de recuperación de un resorte).

* Como recordatorio, el significado original del término *fuerza fuerte* era la fuerza atractiva de corto alcance entre nucleones, lo que hemos llamado *fuerza nuclear*. Como explicamos en la sección 13.10, la fuerza nuclear entre nucleones es un efecto secundario de la fuerza fuerte existente entre quarks.

Pregunta rápida 13.5

Se sabe que existen bariones doblemente cargados, tal como el Δ^{++}. ¿Por qué no hay mesones doblemente cargados?

PIENSE EN LA FÍSICA 13.3

Hemos visto una ley de conservación del *número leptónico* y una ley de conservación del *número bariónico.* ¿Por qué no hay una ley de conservación del *número mesónico*?

Razonamiento. Podemos argumentar esto desde el punto de vista de la creación de pares partícula-antipartícula a partir de la energía disponible. Si la energía se convierte en energía en reposo de un par leptón-antileptón, entonces no hay ningún cambio neto en el número leptónico, debido a que el leptón tiene un número leptónico igual a $+1$ y el antileptón -1. La energía también puede transformarse en energía en reposo de un par barión-antibarión. El barión tiene número bariónico $+1$, el antibarión -1 y no hay cambio neto en el número bariónico.

Pero ahora, supongamos que la energía se transforma en energía en reposo de un par quark-antiquark. Por definición de la teoría de quarks, un par quark-antiquark es un *mesón.* Así, hemos creado un mesón a partir de energía, no habiendo ningún mesón antes. De este modo, el número mesónico no se conserva. Con más energía, podemos crear más mesones, sin ninguna restricción por parte de una ley de conservación que no sea la de la energía.

13.10 • QUARKS COLOREADOS

Poco después de que el concepto de quark fuese propuesto, los científicos reconocieron que ciertas partículas formadas por quarks violaban el principio de exclusión de Pauli. Como se indicó en la ¡Advertencia! 11.4, todos los fermiones obedecen el principio de exclusión de Pauli. Debido a que todos los quarks tienen espín $\frac{1}{2}$, y por tanto son fermiones, es de esperar que cumplan el principio de exclusión. Un ejemplo de partícula que parece violar el principio de exclusión es el barión Ω^- (sss), que contiene tres quarks *s* con espines paralelos, dando lugar a un espín total de $\frac{3}{2}$. Otros ejemplos de bariones que tienen quarks idénticos con espines paralelos son Δ^{++} (uuu) y Δ^- (ddd). Para resolver este problema, en 1965 Moo-Young Han y Yoichiro Nambu sugirieron una modificación en el modelo estructural de quarks, según la cual los quarks poseían una nueva propiedad denominada **color.** Esta propiedad es similar en muchos aspectos a la carga eléctrica, salvo que se produce en tres variedades llamadas **rojo, verde** y **azul.** Los antiquarks tienen colores **antirrojo, antiverde** y **antiazul.** Para satisfacer el principio de exclusión de Pauli, los tres quarks de un barión deben tener diferentes colores. Igual que una combinación de los colores actuales de la luz puede producir una luz blanca neutra, una combinación de tres quarks con diferentes colores también se describe como blanca, sin color. Un mesón consiste en un quark de un color y un antiquark del anticolor correspondiente. El resultado es que los bariones y los mesones nunca tienen color.

¡ADVERTENCIA! 13.3
El color no es realmente color

La descripción del color para un quark no tiene nada que ver con la sensación visual para la luz. Es simplemente un nombre adecuado para una propiedad análoga a la carga eléctrica, salvo que necesitamos combinar tres tipos de esta propiedad para obtener la neutralidad.

Aunque el concepto de color en el modelo de quark fue concebido originalmente para satisfacer el principio de exclusión, también proporciona una teoría mejor para explicar ciertos resultados experimentales. Por ejemplo, la teoría modificada predice correctamente el tiempo de vida de un mesón π^0. La teoría de cómo interactúan los quarks unos con otros se denomina **cromodinámica cuántica,** o QCD (quantum cromodynamics), de manera paralela a la electrodinámica cuántica (la teoría de la interacción entre cargas eléctricas). En la QCD, se dice que el quark lleva una **carga de color,** en analogía con la carga eléctrica. La fuerza fuerte entre los quarks se denomina a veces **fuerza de color.**

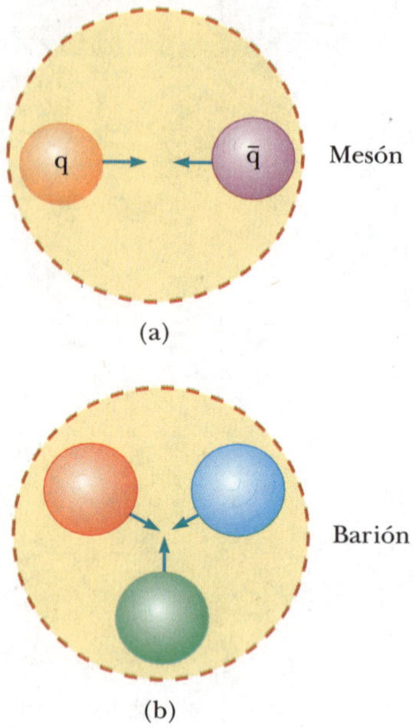

Figura 13.12

(a) Un quark rojo es atraído por un antiquark antirrojo para formar un mesón cuya estructura es $(q\bar{q})$. (b) Tres quarks de diferentes colores se atraen entre sí para formar un barión.

Como veremos posteriormente, la interacción nuclear entre hadrones es, de hecho, un efecto secundario de la fuerza fuerte ejercida entre los quarks. Los **gluones** son los mediadores de la fuerza fuerte. Investiguemos en primer lugar este efecto primario y veamos después cómo los gluones también participan en la fuerza nuclear. Cuando un quark emite o absorbe un gluón, su color puede cambiar. Por ejemplo, un quark azul que emite un gluón puede convertirse en un quark rojo y un quark rojo que absorbe este gluón se convierte en un quark azul.

La fuerza de color entre los quarks es análoga a la fuerza eléctrica entre las cargas: los colores iguales se repelen y los colores opuestos se atraen. Por tanto, dos quarks rojos se repelen entre sí, pero un quark rojo es atraído por un quark antirrojo. La atracción entre quarks de colores opuestos para formar un mesón $(q\bar{q})$ se ilustra en la figura 13.12a. Quarks de diferentes colores también se atraen unos a otros, pero con menos intensidad que los colores opuestos de un quark y un antiquark. Por ejemplo, un conjunto de quarks rojo, azul y verde se atraen entre sí para formar un barión, como se indica en la figura 13.12b. De esta manera, cada barión contiene tres quarks de tres colores diferentes.

Aunque la fuerza nuclear entre dos hadrones sin color es despreciable a grandes distancias, la fuerza fuerte entre sus quarks constituyentes no se cancela exactamente para distancias cortas. La fuerza fuerte residual es la fuerza nuclear que une los protones y neutrones para formar núcleos. Es similar a la fuerza entre dos dipolos eléctricos. Cada dipolo es eléctricamente neutro; sin embargo, un campo eléctrico rodea a los dipolos debido a la separación de las cargas positiva y negativa (véase la sección 1.5). Como resultado, existe una fuerza eléctrica entre dipolos, más débil que la fuerza existente entre cargas puntuales.

De acuerdo con la QCD, puede darse una explicación básica de la fuerza nuclear en términos de quarks y gluones. La figura 13.13a muestra la interacción mediante la fuerza nuclear entre un neutrón y un protón por medio del pión de Yukawa, en este caso un π^-. En la figura 13.13a, el pión cargado lleva carga de un nucleón al otro, de modo que los nucleones intercambian sus identidades: el protón se convierte en un neutrón y el neutrón se convierte en un protón. (Esto difiere de la figura 13.5, en la que la partícula de campo es un π^0, no habiendo transferencia de carga de un nucleón a otro.)

Veamos la misma interacción según el modelo de quarks mostrado en la figura 13.13b. El protón y el neutrón están representados en este diagrama de Feynman por sus quarks constituyentes. Cada quark en el neutrón y el protón está

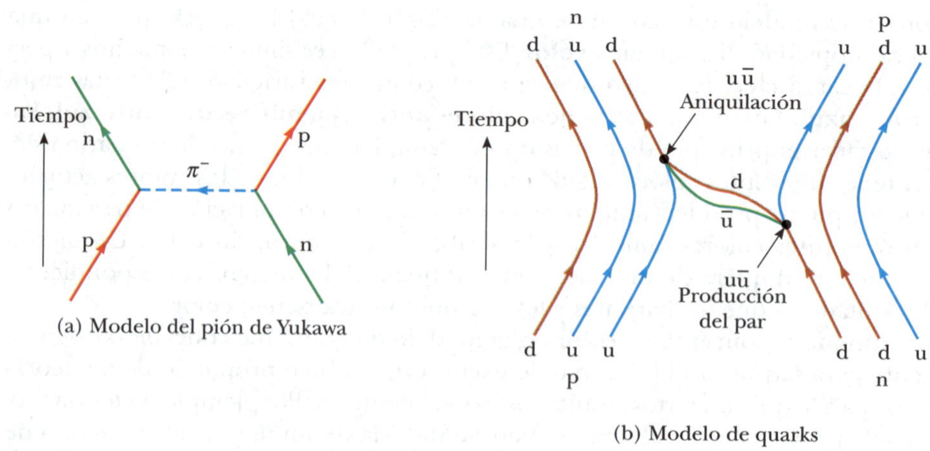

Figura 13.13

(a) Una interacción nuclear entre un protón y un neutrón, explicada en términos del modelo de intercambio del pión de Yukawa. (b) La misma interacción explicada en términos de quarks. Observe que el par de quarks $\bar{u}d$ intercambiado forma un mesón π^-.

continuamente emitiendo y absorbiendo gluones. La energía de un gluón puede dar lugar a la creación de pares quark-antiquark. Esto es similar a la creación de pares electrón-positrón que investigamos en la sección 13.2. Cuando el neutrón y el protón se aproximan a 1 – 2 fm uno del otro, estos gluones y quarks pueden ser intercambiados entre los dos nucleones, y tales intercambios producen la fuerza nuclear. La figura 13.13b describe una posibilidad para el proceso mostrado en la figura 13.13a. Un quark en el neutrón de la derecha emite un gluón. La energía del gluón se transforma en un par $u\bar{u}$. El quark u permanece dentro del nucleón (que ha cambiado a un protón) y el quark d de retroceso y el antiquark $\bar{u}$ son transmitidos al protón a la izquierda del diagrama. Aquí el antiquark $\bar{u}$ aniquila a un quark u dentro del protón y el d es capturado. Así, el efecto neto es el cambio de un quark u en un quark d, y el protón cambia a un neutrón.

A medida que el quark d y el antiquark $\bar{u}$ de la figura 13.13 se transfieren entre los nucleones, intercambian gluones entre sí y podemos considerar que están ligados entre sí por medio de la fuerza fuerte. Si miramos en la tabla 13.4, vemos que esta combinación es un π^- ¡la partícula de campo de Yukawa! Así, el modelo de intercambio de gluones para las interacciones entre nucleones se reduce al modelo de intercambio de piones cuando observamos la interacción en el nivel de los hadrones en lugar de hacerlo en el nivel de los quarks.

13.11 • MODELO ESTÁNDAR

Los científicos creen ahora que las partículas elementales pueden clasificarse en tres categorías: leptones, quarks y partículas de campo. Los quarks y leptones tienen espín $\frac{1}{2}$ y por tanto son fermiones, mientras que las partículas de campo tienen espín 1 o superior y son bosones.

Recuérdese de la sección 13.1 que se cree que la fuerza débil está mediada por los bosones W^+, W^- y Z^0. Se dice que estas partículas tienen *carga débil*, igual que los quarks tienen carga de color. Así, cada partícula elemental puede tener masa, carga eléctrica, carga de color y carga débil. Por supuesto, una o más de éstas puede ser cero.

En 1979, Sheldon Glashow, Abdus Salam y Steven Weinberg ganaron el Premio Nobel de Física por el desarrollo de una teoría que unificaba las interacciones electromagnética y débil. La **teoría electrodébil** postula que las interacciones electromagnética y débil tienen la misma intensidad para muy altas energías de las partículas. Así, las dos interacciones son vistas como dos manifestaciones diferentes de una única interacción unificada electrodébil. El fotón y los tres bosones pesados ($W^{\pm}$ y Z^0) juegan un papel clave en la teoría electrodébil. La teoría hace muchas predicciones concretas, pero quizá la más espectacular es la predicción de las masas de las partículas W y Z, de aproximadamente 82 GeV/c^2 y 93 GeV/c^2, respectivamente. El premio Nobel de Física de 1984 fue otorgado a Carlo Rubbia y Simon van der Meer por su trabajo que condujo al descubrimiento de estas partículas justamente a esas energías en el laboratorio del CERN en Ginebra, Suiza.

La combinación de la teoría electrodébil y la QCD para la interacción fuerte forma lo que en física de altas energías se conoce como **modelo estándar,** que es actualmente el modelo estructural más avanzado para las partículas elementales y sus interacciones. Aunque los detalles del modelo estándar son complicados, sus ingredientes esenciales pueden ser resumidos con la ayuda de la figura 13.14. (El modelo estándar no incluye hasta ahora a la fuerza gravitacional. Sin embargo, incluimos la gravedad en la figura 13.14 porque los físicos esperan incorporar esta fuerza en una teoría unificada.) Este diagrama muestra que los quarks participan en todas las fuerzas fundamentales y los leptones participan en todas, salvo en la fuerza fuerte.

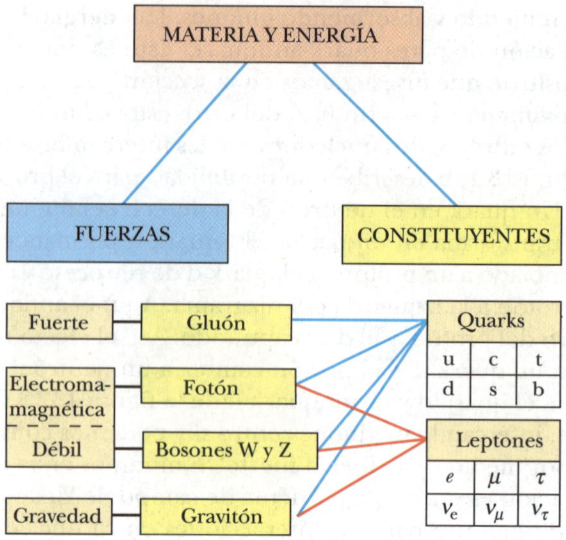

Figura 13.14

El modelo estándar de física de partículas.

El modelo estándar no responde a todas las preguntas. Una cuestión principal es por qué el fotón no tiene masa pero los bosones W y Z sí. Debido a esta diferencia de masas, las fuerzas electromagnética y débil son bastante diferentes a bajas energías, pero similares en su esencia a muy altas energías, en las que las energías en reposo de los bosones W y Z son fracciones insignificantes de sus energías totales. Los fotones y los bosones W y Z son indistinguibles a altas energías, pero muy diferentes a bajas energías, un proceso denominado **ruptura de simetría,** que deja abierta la cuestión del origen de la masa de las partículas. Para resolver este problema, ha sido propuesta una hipotética partícula llamada el **bosón de Higgs,** que proporciona un mecanismo para la ruptura de la simetría electrodébil. El modelo estándar, incluyendo el mecanismo de Higgs, proporciona una explicación lógicamente coherente de la naturaleza masiva de los bosones W y Z. Desafortunadamente, el bosón de Higgs no ha sido encontrado todavía, aunque en septiembre de 2000 una evidencia experimental retrasó el apagado final programado para el colisionador LEP (Large Electron-Positron) en el CERN. Los físicos predicen que su masa debería ser inferior a 1 TeV (10^{12} eV). Para determinar si el bosón de Higgs existe, dos quarks de al menos 1 TeV de energía deben colisionar, pero los cálculos muestran que esto requiere inyectar 40 TeV de energía dentro del volumen de un protón.

Los científicos están convencidos de que, debido a que la energía disponible en los aceleradores convencionales que emplean blancos fijos es demasiado limitada, es necesario construir aceleradores de colisión de haces, llamados **colisionadores.** El concepto de los colisionadores es sencillo: partículas de igual masa y energía cinética, viajando en direcciones opuestas en un anillo acelerador, colisionan frontalmente para provocar la reacción requerida y la formación de nuevas partículas. Debido a que la cantidad de movimiento del sistema aislado formado por las partículas que interaccionan es cero, toda su energía cinética está disponible para la reacción. El LEP del CERN (figura 13.15), cerca de Ginebra, Suiza, y el Stanford Li-

Figura 13.15

Una vista del interior del túnel del colisionador LEP (Large Electron-Positron), que tiene 27 km de circunferencia. *(Cortesía del CERN)*

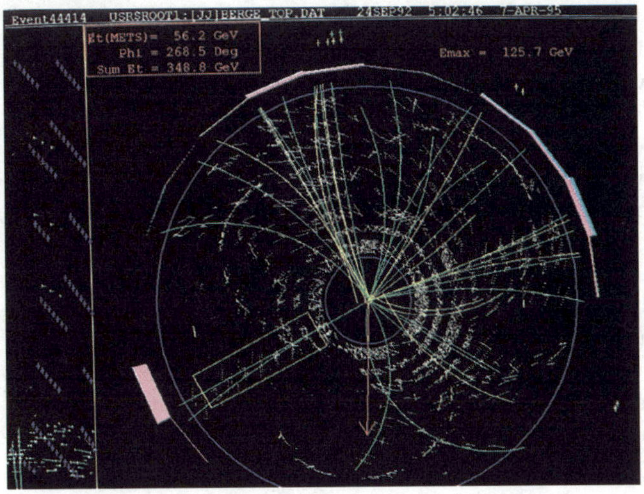

Figura 13.16 Las computadoras del Fermilab crean una representación gráfica como ésta de las trayectorias de las partículas después de una colisión. *(Cortesía del Fermi National Accelerator Laboratory)*

near Collider en California hacen colisionar electrones y positrones. El Super Proton Synchroton en el CERN acelera protones y antiprotones hasta energías de 270 GeV y el acelerador de protones de mayor energía, el Tevatron, situado en el Fermilab en Illinois (E.U.), produce protones de casi 1 000 GeV (o 1 TeV). El Superconducting Super Collider (SSC), que estaba siendo construido en Texas, era un acelerador diseñado para producir protones de 20 TeV en un anillo de 52 millas de circunferencia. Después de muchos debates en el Congreso de los E.U. y una inversión de cerca de 2 000 millones de dólares, el proyecto SSC fue cancelado por el Departamento de Energía de los Estados Unidos en octubre de 1993. El CERN espera que en 2005 se termine el Large Hadron Collider (LHC), un colisionador protón-protón que proporcionará una energía en el centro de masas de 14 TeV y permitirá la exploración de la física de los bosones de Higgs. El acelerador será construido en el mismo túnel circular de 27 km que el colisionador LEP del CERN y se espera que numerosos países participen en el proyecto.

Además del aumento de la energía en los aceleradores modernos, las técnicas de detección han llegado a ser muy sofisticadas. La fotografía que abre este capítulo muestra un detector de partículas en el colisionador protón-antiprotón del Fermilab. La figura 13.16 muestra la representación gráfica generada por computadora de las trayectorias de partículas después de una colisión en un detector de partículas moderno.

A raíz del éxito de la teoría electrodébil, los científicos intentaron combinarla con la QCD en una **teoría de gran unificación** (GUT, grand unification theory). En este modelo, la fuerza electrodébil se combina con la fuerza fuerte para formar una gran fuerza unificada. Una versión de la teoría considera a los leptones y quarks como miembros de la misma familia, que son capaces de transformarse unos en otros intercambiando una partícula de campo apropiada.

PIENSE EN LA FÍSICA 13.4

Considere un automóvil que choca frontalmente con un automóvil idéntico que se mueve en dirección opuesta a la misma rapidez. Compare esta colisión con una de dos automóviles en la que el segundo automóvil está en reposo. ¿En qué colisión es mayor la transformación de energía cinética en otras formas de energía? ¿Cómo se relaciona esto con los aceleradores de partículas?

Razonamiento. En la colisión frontal con ambos automóviles moviéndose, la conservación de la cantidad de movimiento para el sistema de los dos automóviles requiere que los automóviles queden en reposo después de la colisión. Así, *toda* la energía cinética original se transforma en otras formas de energía. En la colisión entre un automóvil moviéndose y otro automóvil en reposo, los automóviles continuarán moviéndose con rapidez reducida después de la colisión, en la dirección del automóvil que se movía inicialmente. Así, *sólo parte* de la energía cinética se transforma en otras formas de energía.

Esto indica la importancia hacer colisionar haces en un acelerador de partículas, en vez de hacer incidir un haz sobre un blanco estacionario. Cuando colisionan partículas que se mueven en direcciones opuestas, toda la energía cinética está disponible para su transformación en otras formas de energía: en este caso, la creación de nuevas partículas. Cuando un haz incide sobre un blanco estacionario, sólo parte de la energía está disponible para transformarse, de modo que no pueden crearse partículas de masas más altas.

Relación con el contexto

13.12 • INVESTIGACIÓN DE LOS SISTEMAS MÁS PEQUEÑOS PARA COMPRENDER LOS MÁS GRANDES

En esta sección describiremos con más detalle una de las más fascinantes teorías de toda la ciencia, la teoría del Big Bang o Gran Explosión que pretende explicar la creación del Universo, introducida en la Relación con el contexto del capítulo 10, y la prueba experimental que la apoya. Esta teoría de la cosmología afirma que el Universo tuvo un comienzo y, además, que el principio fue tan catastrófico que es imposible mirar más atrás. De acuerdo con esta teoría, el Universo surgió de una singularidad con densidad infinita hace 15 o 20 mil millones de años. Durante las primeras fracciones de segundo después de la Gran Explosión, hubo tal cantidad extrema de energía que se piensa que las cuatro fuerzas fundamentales de la física estaban unificadas.

La evolución de las cuatro fuerzas fundamentales desde la Gran Explosión hasta el presente se muestra en la figura 13.17. Durante los primeros 10^{-43} s (la

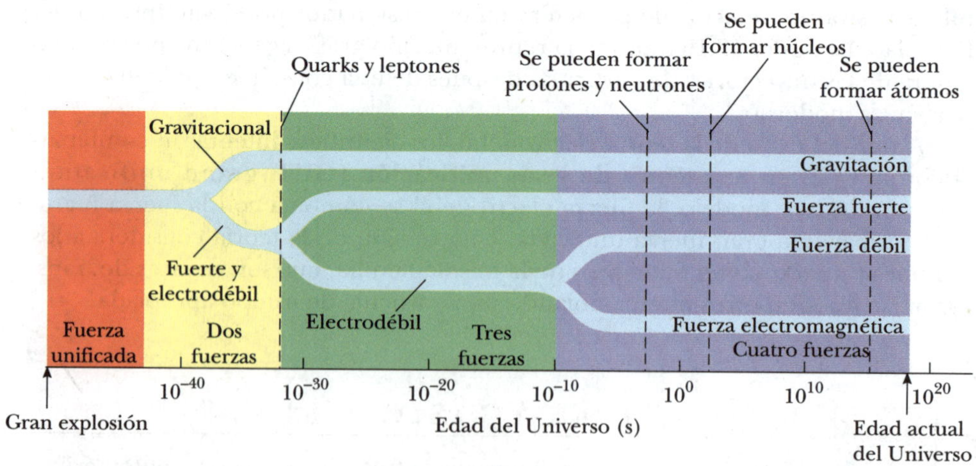

Figura 13.17

Una breve historia del Universo desde la Gran Explosión hasta el presente. Las cuatro fuerzas llegan a ser distinguibles durante el primer nanosegundo. Como resultado de esto, todos los quarks se combinaron para formar partículas que interactúan por medio de la fuerza nuclear. Los leptones permanecieron separados, sin embargo, y han continuado existiendo como partículas idividualmente observables hasta nuestros días.

época extremadamente caliente, $T \approx 10^{32}$ K), se presume que las fuerzas fuerte, electrodébil y gravitacional estaban unidas formando una fuerza completamente unificada. En los primeros 10^{-35} s siguientes a la Gran Explosión (la época caliente, $T \approx 10^{29}$ K), la gravedad rompe la unificación, mientras que las fuerzas fuerte y electrodébil permanecen como una, descritas por la teoría de la gran unificación. Éste fue un periodo en el que la energía de las partículas era tan grande ($> 10^{16}$ GeV) que existían partículas masivas además de quarks, leptones y sus antipartículas. Entonces, después de 10^{-35} s, el Universo se expandió y se enfrió rápidamente (la época templada, $T \approx 10^{29} - 10^{15}$ K), las fuerzas fuerte y electrodébil se separaron, y el esquema de la gran unificación se rompió. Mientras el Universo continuaba enfriándose, la fuerza electrodébil se dividió en la fuerza débil y la fuerza electromagnética alrededor de 10^{-10} s después de la Gran Explosión.

Después de unos cuantos minutos, los protones se condensaron fuera de la sopa caliente. Durante media hora, el Universo sufrió una detonación termonuclear, explotando como una bomba de hidrógeno y produciendo la mayoría de los núcleos de helio presentes hoy en día. El Universo continuó expandiéndose y su temperatura bajó. Hasta cerca de 700 000 años después de la Gran Explosión, el Universo estuvo dominado por la radiación. La radiación energética impedía que la materia formara cúmulos o aun simples átomos de hidrógeno, porque las colisiones ionizarían instantáneamente cualquier átomo que pudiera formarse. Los fotones experimentaban continuamante dispersiones Compton por el vasto número de electrones libres, dando como resultado un Universo que era opaco a la radiación. Cuando el Universo tenía alrededor de 700 000 años, se había expandido y enfriado hasta aproximadamente 3 000 K y los protones pudieron unirse a electrones para formar átomos de hidrógeno neutros. Debido a las energías cuantizadas de los átomos, había muchas más longitudes de onda de radiación que no eran absorbidas por los átomos que las que sí eran absorbidas, y de repente el Universo se volvió transparente para los fotones. La radiación nunca más dominó el Universo, y agrupaciones de materia neutra crecieron sin parar: primero átomos, seguidos de moléculas, nubes de gas, estrellas y finalmente galaxias.

Evidencia de la expansión del Universo

En el capítulo 10 discutimos la observación realizada por Penzias y Wilson de la radiación de cuerpo negro que representa al brillo remanente de la Gran Explosión. Vamos a hablar aquí de otras observaciones astronómicas relevantes. Vesto Melvin Slipher, un astrónomo americano, informó que la mayoría de las nebulosas se estaban alejando de la Tierra a velocidades de hasta varios millones de km por hora. Slipher fue uno de los primeros en utilizar el análisis del desplazamiento Doppler en las líneas espectrales para medir las velocidades de las galaxias.

A finales de la década de 1920, Edwin P. Hubble realizó la atrevida afirmación de que todo el Universo se está expandiendo. De 1928 a 1936, él y Milton Humason trabajaron duramente en el observatorio del Mount Wilson, en California, para demostrar esta afirmación, hasta que alcanzaron los límites de resolución de su telescopio de 100 pulgadas. El resultado de este trabajo y su continuación con un telescopio de 200 pulgadas en la década de 1940 mostró que las velocidades de las galaxias aumentan en proporción directa a su distancia R a nosotros (figura 13.18). Esta relación lineal, conocida como **ley de Hubble,** puede escribirse como

$$v = HR \tag{13.7}$$

donde H, llamada **constante de Hubble,** tiene un valor aproximado de

$$H = 17 \times 10^{-3} \text{ m/(s} \cdot \text{años-luz)}$$

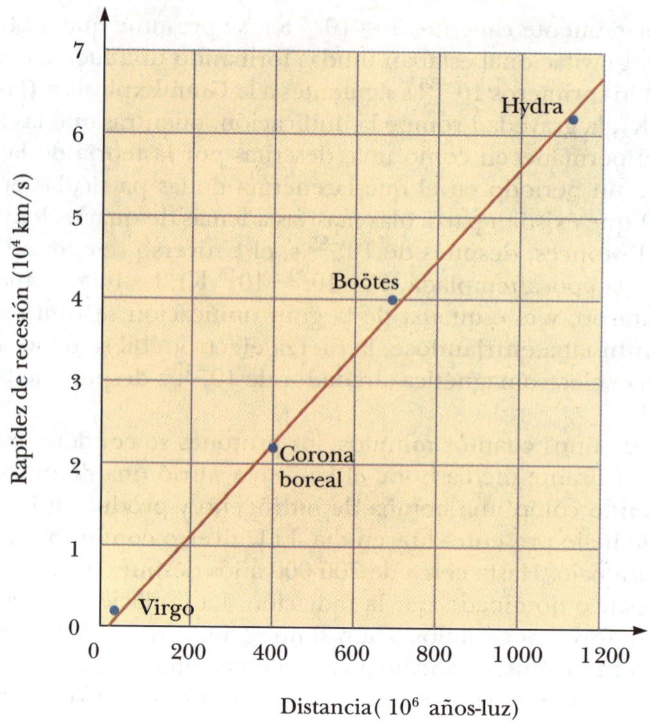

Figura 13.18

Ley de Hubble: la rapidez de recesión es directamente proporcional a la distancia. Aquí se muestran los puntos experimentales correspondientes a cuatro galaxias.

Ejemplo 13.5 **Alejamiento de un cuásar**

Un cuásar es un objeto extremadamente luminoso situado a gran distancia de la Tierra. Su rapidez puede medirse a partir del desplazamiento Doppler de la luz que emite. Cierto cuásar se aleja de la Tierra a una rapidez de $0.55c$. ¿A qué distancia se encuentra?

Solución. Podemos encontrar la distancia a partir de la ley de Hubble:

$$R = \frac{v}{H} = \frac{(0.55)(3.00 \times 10^8 \text{ m/s})}{17 \times 10^{-3} \text{ m/(s·años-luz)}} = 9.7 \times 10^9 \text{ años-luz}$$

EJERCICIO. Suponiendo que el cuásar se ha movido con una rapidez de $0.55c$ desde la Gran Explosión, estime la edad del Universo.

Respuesta: $t = R/v = 1/H \approx 18$ miles millones de años, lo que está bastante de acuerdo con otros resultados.

¿Se expandirá el Universo para siempre?

En las décadas de 1950 y 1960, Allan R. Sandage utilizó el telescopio de 200 pulgadas del observatorio del Monte Palomar, en California, para medir las velocidades de galaxias a distancias de hasta 6 000 millones de años luz. Estas mediciones mostraron que estas galaxias tan distantes se estaban moviendo 10 000 km/s más rápido de lo que la ley de Hubble predecía. De acuerdo con estos resultados, el Universo debía de haberse expandido más rápidamente hace 1 000 millones de años y, consecuentemente, la expansión se estaba frenando (figura 13.19). Hoy día, los astrónomos y físicos están intentando determinar la tasa de frenado. (Debe indicarse, respecto a la figura 13.19, que los datos para distancias grandes tienen gran-

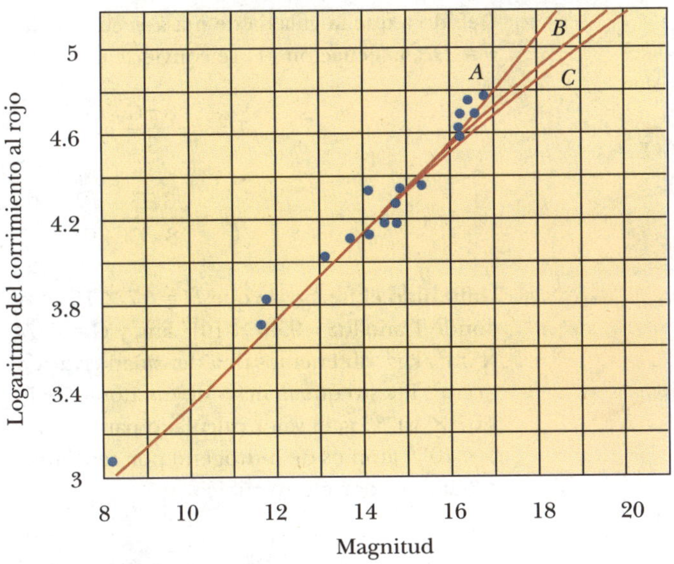

Figura 13.19

Corrimiento al rojo, o rapidez de recesión en función de la magnitud (que está relacionada con el brillo) de 18 cúmulos de galaxias poco visibles. La curva *A* es la tendencia sugerida por los seis cúmulos más débiles. La curva *C* corresponde a un Universo que tiene una velocidad de expansión constante. Si al tomar más datos, el conjunto completo de éstos sigue una curva que esté entre *B* y *C*, la expansión se frenará pero no se detendrá nunca. Si los datos caen a la izquierda de *B*, la expansión se detendrá y el Universo comenzará a contraerse.

des incertidumbres en la observación y pueden ser sistemáticamente erróneos debido a efectos tales como un brillo anormal en los cúmulos visibles más lejanos.)

Si la densidad promedio de átomos en el Universo es menor que una densidad crítica (aproximadamente 3 átomos/m^3), las galaxias se irán frenando, pero seguirán alejándose hasta el infinito. Si la densidad promedio excede el valor crítico, la expansión llegará a detenerse y comenzará una contracción, dando lugar posiblemente a un nuevo estado superdenso y a otra expansión: un **universo oscilante.**

Ejemplo 13.6 La densidad crítica del Universo

Estime la densidad de masa crítica ρ_c del Universo, utilizando consideraciones energéticas.

Razonamiento y solución. La figura 13.20 muestra una gran sección del Universo, de radio *R*, que contiene galaxias con una masa total *M*. Apliquemos el modelo de sistema aislado a una galaxia que se esté escapando y a la sección del Universo: una galaxia de masa *m* y rapidez *v* en *R* escapará hasta el infinito llegando con rapidez cero si la suma de su energía cinética y la energía potencial gravitacional del sistema es cero. El Universo puede ser infinito en extensión, pero un teorema como la versión gravitacional de la ley de Gauss implica que únicamente la masa dentro de la esfera contribuye a la energía potencial gravitacional del sistema de la esfera y la galaxia. Así,

$$E_{\text{total}} = 0 = K + U = \tfrac{1}{2}mv^2 - \frac{GmM}{R}$$

$$\tfrac{1}{2}mv^2 = \frac{Gm\frac{4}{3}\pi R^3 \rho_c}{R}$$

$$v^2 = \frac{8\pi G}{3} R^2 \rho_c \qquad (1)$$

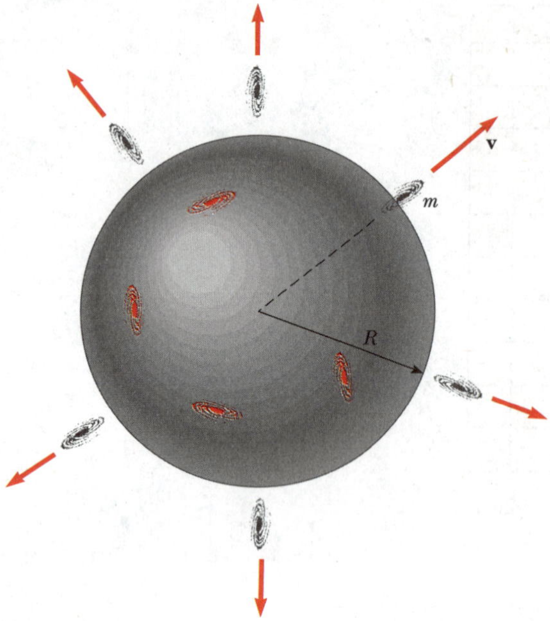

Figura 13.20

(Ejemplo 13.6) La galaxia indicada con la letra *m* está escapando de un gran cúmulo de galaxias contenido dentro de un volumen esférico de radio *R*. Únicamente la masa dentro de la esfera frena a la galaxia que escapa.

Debido a que la galaxia de masa *m* cumple la ley de Hubble, $v = HR$, la ecuación (1) se convierte en

$$H^2 = \frac{8\pi G}{3}\rho_c$$

$$\rho_c = \frac{3H^2}{8\pi G} \qquad \textbf{(2)}$$

Utilizando el hecho de que $H = 17 \times 10^{-3}$ m/(s·año-luz), donde 1 año-luz = 9.46×10^{12} km, y $G = 6.67 \times 10^{-11}$ $\text{N}\cdot\text{m}^2/\text{kg}^2$ obtenemos una densidad crítica $\rho_c = 6 \times 10^{-30}$ g/cm^3. Puesto que la masa de un átomo de hidrógeno es 1.67×10^{-24} g, el valor calculado para ρ_c corresponde a 3×10^{-6} átomos de hidrógeno por centímetro cúbico o 3 átomos por metro cúbico

¿Falta masa en el Universo?

La materia luminosa de las galaxias corresponde a una densidad promedio en el Universo de aproximadamente 5×10^{-33} g/cm^3. La radiación en el Universo tiene una masa equivalente de aproximadamente el 2% de la materia visible. La masa total de toda la materia no luminosa (como gas interestelar y agujeros negros) puede estimarse a partir de la rapidez de las galaxias que orbitan entre sí en un cúmulo. Cuanto mayor es la rapidez de las galaxias, mayor es la masa del cúmulo. Las mediciones al cúmulo de galaxias Coma indican que la cantidad de materia no luminosa es entre 20 y 30 veces la cantidad de materia luminosa presente en las estrellas y en las nubes de gas luminosas. Incluso con esta componente invisible tan grande de materia oscura, si extrapolamos al Universo completo, obtenemos una densidad de masa observada menor que ρ_c en un factor de 10. El déficit, llamado *masa perdida*, ha sido el tema de muchos trabajos teóricos y experimentales. Se han propuesto partículas exóticas como axiones, fotinos y supercuerdas como candidatas para dar cuenta de la masa perdida. Algunas propuestas más mundanas argumentan que la masa perdida está presente en ciertas galaxias en forma de neutrinos. De hecho, los neutrinos son tan abundantes que una pequeña energía en reposo del neutrino del orden de 20 eV podría suministrar toda la masa perdida y "cerrar" el Universo. Así, los experimentos actuales diseñados para medir la energía en reposo del neutrino afectarán a las predicciones sobre el futuro del Universo: ¡una conexión clara entre una de las partes más pequeñas del Universo y éste como un todo!

Aunque tenemos cierto grado de certeza acerca del comienzo del Universo, no tenemos ninguna acerca de su final. ¿Se expandirá el Universo eternamente, o se colapsará y repetirá su expansión en una serie de oscilaciones sin fin? Los resultados y respuestas a estas preguntas permanecen inconclusos y la excitante controversia continúa.

Pregunta rápida 13.6

Los átomos no aparecieron hasta cientos de miles de años después de la Gran Explosión. ¿Por qué?

Pregunta rápida 13.7

Las observaciones de otras galaxias muestran que se están alejando de nosotros. ¿Es correcto decir entonces que estamos en el centro del Universo?

RESUMEN

Hay cuatro fuerzas fundamentales en la Naturaleza: **fuerte, electromagnética, débil** y **gravitacional.** La fuerza fuerte es la fuerza ejercida entre quarks. Un efecto residual de la fuerza fuerte es la **fuerza nuclear** entre nucleones, que mantiene unidos a los núcleos. La fuerza débil es responsable del decaimiento beta. Las fuerzas electromagnética y débil son consideradas actualmente como manifestaciones de una única fuerza, llamada **fuerza electrodébil.** Cada interacción fundamental está mediada por el intercambio de **partículas de campo.** La interacción electromagnética está mediada por el fotón; la interacción débil está mediada por los **bosones $W^{\pm}$ y Z^0**; la interacción gravitacional está mediada por los **gravitones** y la interacción fuerte está mediada por los **gluones.**

Una **antipartícula** y una partícula tienen la misma masa, pero carga opuesta, y hay otras propiedades que pueden tener valores opuestos, como el número leptónico y el número bariónico. Es posible producir pares partícula-antipartícula en reacciones nucleares si la energía disponible es mayor que $2mc^2$, donde m es la masa de la partícula (o de la antipartícula).

Las partículas, dejando aparte a las partículas de campo, se clasifican en hadrones y leptones. Los **hadrones** interactúan a través de la fuerza fuerte; tienen tamaño y estructura y no son partículas elementales. Los hadrones se dividen en dos tipos: *bariones* y *mesones.* Los **mesones** tienen número bariónico cero y un espín que puede ser cero o un número entero.

Los **bariones,** que generalmente son las partículas más masivas, tienen número bariónico distinto de cero y un espín de $\frac{1}{2}$ o $\frac{3}{2}$. El neutrón y el protón son ejemplos de bariones.

Los **leptones** no tienen estructura ni tamaño y son considerados auténticas partículas elementales. Interactúan únicamente a través de las fuerzas electromagnética y débil. Los seis leptones son el electrón e^-, el muón μ^-, el tau τ^- y sus neutrinos: ν_e, ν_μ, y ν_τ.

En todas las reacciones o decaimientos, cantidades como la energía, la cantidad de movimiento, el momento angular, la carga eléctrica, el número bariónico y el número leptónico se conservan estrictamente. Ciertas partículas tienen propiedades llamadas **extrañeza** y **encanto.** Estas inusuales propiedades se conservan solamente en aquellas reacciones y decaimientos que tienen lugar por medio de la fuerza fuerte.

Las teorías en física de partículas elementales han postulado que todos los hadrones están compuestos de unidades más pequeñas conocidas como **quarks.** Los quarks tienen carga eléctrica fraccionaria y se dan en seis "sabores": **arriba** (u, up), **abajo** (d, down), **extraño** (s, strange), **encantado** (c, charmed), **cima** (t, top) y **fondo** (b, bottom). Cada barión está constituido por tres quarks y cada mesón está constituido por un quark y un antiquark.

De acuerdo con la teoría de la **cromodinámica cuántica,** los quarks tienen una propiedad llamada **color** y la fuerza fuerte entre los quarks es conocida como **fuerza de color.**

PREGUNTAS

1. Nombre las cuatro interacciones fundamentales y la partícula de campo que media cada una de ellas.
2. Describa el modelo de quarks para los hadrones, incluyendo las propiedades de los quarks.
3. ¿Qué diferencias hay entre los hadrones y los leptones?
4. Describa las propiedades de los bariones y los mesones y las diferencias importantes existentes entre ellos.
5. Las partículas conocidas como resonancias tienen tiempos de vida muy cortos, del orden de 10^{-23} s. A partir de esta información, ¿podría estimar si son hadrones y leptones? Razone su respuesta.
6. Todos los kaones decaen en estados finales que no contienen protones o neutrones. ¿Cuál es el número bariónico de los kaones?
7. La partícula Ξ^0 decae por la interacción débil de acuerdo con el modo de decaimiento $\Xi^0 \rightarrow \Lambda^0 + \pi^0$. ¿Es de esperar que este decaimiento sea rápido o lento? Explique su respuesta.
8. Identifique los decaimientos de las partículas de la tabla 13.2 que ocurren de la interacción débil. Justifique sus respuestas.
9. Identifique los decaimientos de partículas de la tabla 13.2 que ocurren por la interacción electromagnética. Justifique sus respuestas.
10. Dos protones en un núcleo interaccionan por medio de la interacción fuerte. ¿Están también sujetos a la interacción débil?

11. Explique las siguientes leyes de conservación: energía, cantidad de movimiento, momento angular, carga eléctrica, número bariónico, número leptónico y extrañeza. ¿Todas estas leyes están basadas en propiedades fundamentales de la Naturaleza? Explique su respuesta.
12. Un antibarión interacciona con un mesón. ¿Puede producirse un barión en dicha interacción? Explique su respuesta.
13. Describa las características esenciales del modelo estándar de física de partículas.
14. ¿Cuántos quarks hay en (a) un barión, (b) un antibarión, (c) un mesón y (d) un antimesón? ¿Cómo se explica que los bariones tengan espín semientero, pero los mesones tengan espín 0 o 1? (*Sugerencia:* Los quarks tienen espín $\frac{1}{2}$.)
15. En la teoría de la cromodinámica cuántica, los quarks se dividen en tres tipos. ¿Cómo podría justificar la afirmación de que "los bariones y los mesones no tienen color"?
16. ¿Cuál es el barión cuya existencia predijo en 1961 Murray Gell-Mann? ¿Cuál es la composición en quarks de esta partícula?
17. ¿Cuál es la composición en quarks de Ξ^-? (véase la tabla 13.4).
18. Los bosones W y Z fueron producidos por primera vez en el CERN en 1983 (haciendo colisionar un haz de protones y un haz de antiprotones de alta energía). ¿Por qué fue éste un descubrimiento importante?

PROBLEMAS

1, 2, 3 = fácil, intermedio, difícil   web = solución publicada en **http://www.harcourtcollege.com/physics/**

= se recomienda el uso de computadora para la resolución del problema

= problemas numérico/simbólico emparejados   = aplicaciones biomédicas

Sección 13.1 Fuerzas fundamentales en la Naturaleza

Sección 13.2 Positrones y otras antipartículas

1. Un fotón produce un par protón-antiprotón de acuerdo con la reacción $\gamma \rightarrow p + \overline{p}$. ¿Cuál es la frecuencia mínima posible del fotón? ¿Cuál es su longitud de onda?
2. Seguramente le hayan realizado o conozca a alguien a quien le hayan realizado un escáner PET. Este acrónimo identifica la técnica de la *tomografía por emisión de positrones.* En el procedimiento, un elemento radiactivo que experimenta decaimiento e^+ se introduce en el cuerpo. El aparato detecta los rayos gamma que se producen en la aniquilación de pares cuando el positrón emitido se encuentra con un electrón en los tejidos del cuerpo. Suponga que recibe una inyección de glucosa que contiene aproximadamente 10^{10} átomos de ^{14}O. Considere que el oxígeno está distribuido uniformemente en los 2 L de sangre después de 5 min. ¿Cuál será el orden de magnitud de la actividad de los átomos de oxígeno contenidos en 1 cm^{3}de sangre?
3. Un fotón con una energía $E_\gamma = 2.09$ GeV crea un par protón-antiprotón en el que el protón tiene una energía cinética de 95.0 MeV. ¿Cuál es la energía cinética del antiprotón? ($m_pc^2 = 938.3$ MeV).
4. Dos fotones se producen cuando un protón y un antiprotón se aniquilan entre sí. ¿Cuál es la frecuencia mínima y la correspondiente longitud de onda de cada fotón?

Sección 13.3 Mesones y el inicio de la física de partículas

5. (web) Uno de los mediadores de la interacción débil es el bosón Z^0, con masa de 93 GeV/c^2. Utilice esta información para encontrar el orden de magnitud del alcance de la interacción débil.
6. Ocasionalmente, muones de alta energía colisionan con electrones y producen dos neutrinos de acuerdo con la reacción $\mu^+ + e^- \rightarrow 2\nu$. ¿Qué clase de neutrinos son éstos?
7. Calcule el alcance de la fuerza que puede producirse por el intercambio virtual de un protón.
8. Cuando un protón o un pión de alta energía que viaja próximo a la rapidez de la luz colisionan con un núcleo, recorre una distancia promedio de 3×10^{-15} m antes de interaccionar. A partir de esta información, encuentre el orden de magnitud del tiempo durante el que se produce la interacción fuerte.
9. (web) Un pión neutro en reposo decae en dos fotones de acuerdo con

$$\pi^0 \longrightarrow \gamma + \gamma$$

Encuentre la energía, cantidad de movimiento y frecuencia de cada fotón.

10. Un neutrón libre sufre un decaimiento beta, generándose un protón, un electrón y un antineutrino, de acuerdo con la reacción $n \rightarrow p + e^- + \overline{\nu}$. Imagine que un neutrón libre decae creando un protón y un electrón de acuerdo con la reacción

$$n \longrightarrow p + e^-$$

y considere que el neutrón está inicialmente en reposo en el laboratorio. (a) Determine la energía liberada en esta reacción. (b) Determine las velocidades del protón y el electrón después de la reacción (la energía y la cantidad de movimiento se conservan en la reacción). (c) ¿Se está moviendo alguna de las partículas con velocidades relativistas? Explique su respuesta.

Sección 13.4 Clasificación de las partículas

11. Nombre un modo de decaimiento posible (véase tabla 13.2) para Ω^+, $\overline{K}_S{}^0$, $\overline{\Lambda}^0$, y $\overline{n}$.

12. Identifique la partícula que falta en la parte izquierda de la siguiente reacción:

$$? + p \longrightarrow n + \mu^+$$

Sección 13.5 Leyes de conservación

13. Cada una de las siguientes reacciones están prohibidas. Determine una ley de conservación que se viole para cada reacción.
(a) $p + \overline{p} \rightarrow \mu^+ + e^-$
(b) $\pi^- + p \rightarrow p + \pi^+$
(c) $p + p \rightarrow p + \pi^+$
(d) $p + p \rightarrow p + p + n$
(e) $\gamma + p \rightarrow n + \pi^0$

14. (a) Demuestre que el número bariónico y la carga se conservan en las siguientes reacciones entre un pión y un protón:

$$\pi^+ + p \longrightarrow K^+ + \Sigma^+ \quad (1)$$

$$\pi^+ + p \longrightarrow \pi^+ + \Sigma^+ \quad (2)$$

(b) La primera reacción sí se observa, pero la segunda no se produce nunca. Explique este fenómeno.

15. web Las siguientes reacciones o decaimientos incluyen uno o más neutrinos. En cada caso, añada el neutrino que corresponda (ν_e, ν_μ, o ν_τ).
(a) $\pi^- \rightarrow \mu^- + ?$
(b) $K^+ \rightarrow \mu^+ + ?$
(c) $? + p \rightarrow n + e^+$
(d) $? + n \rightarrow p + e^-$
(e) $? + n \rightarrow p + \mu^-$
(f) $\mu^- \rightarrow e^- + ? + ?$

16. La primera de las dos reacciones siguientes puede ocurrir, pero la segunda no. Explique por qué.

$$K_S{}^0 \longrightarrow \pi^+ + \pi^- \quad \text{(puede ocurrir)}$$

$$\Lambda^0 \longrightarrow \pi^+ + \pi^- \quad \text{(no puede ocurrir)}$$

17. web Determine cuál de las siguientes reacciones puede ocurrir. Para las que no, determine la ley o leyes de conservación que se violan:
(a) $p \rightarrow \pi^+ + \pi^0$
(b) $p + p \rightarrow p + p + \pi^0$
(c) $p + p \rightarrow p + \pi^+$
(d) $\pi^+ \rightarrow \mu^+ + \nu_\mu$
(e) $n \rightarrow p + e^- + \overline{\nu}_e$
(f) $\pi^+ \rightarrow \mu^+ + n$

18. Una partícula $K_S{}^0$ en reposo decae en un pión π^+ y un pión π^-. ¿Cuál será la rapidez de cada uno de los piones? La masa del $K_S{}^0$ es 497.7 MeV/c^2 y la masa de cada pión es 139.6 MeV/c^2.

19. Demuestre que la reacción de decaimiento del protón

$$p \longrightarrow e^+ + \gamma$$

no puede producirse porque viola la ley de conservación del número bariónico. (b) Imagine que esta reacción puede ocurrir y que el protón está inicialmente en reposo. Determine la energía y el momento del positrón y del fotón después de la reacción. (*Sugerencia*: Tome en cuenta que la energía y la cantidad de movimiento deben conservarse en la reacción.) (c) Determine la rapidez del positrón después de la reacción.

20. Determine el tipo de neutrino o antineutrino implicado en cada uno de los procesos siguientes:
(a) $\pi^+ \rightarrow \pi^0 + e^+ + ?$
(b) $? + p \rightarrow \mu^- + p + \pi^+$
(c) $\Lambda^0 \rightarrow p + \mu^- + ?$
(d) $\tau^+ \rightarrow \mu^+ + ? + ?$

Sección 13.6 Partículas extrañas y extrañeza

21. Determine si se conserva o no la extrañeza en las siguientes reacciones y decaimientos.
(a) $\Lambda^0 \rightarrow p + \pi^-$
(b) $\pi^- + p \rightarrow \Lambda^0 + K^0$
(c) $\overline{p} + p \rightarrow \overline{\Lambda}^0 + \Lambda^0$
(d) $\pi^- + p \rightarrow \pi^- + \Sigma^+$
(e) $\Xi^- \rightarrow \Lambda^0 + \pi^-$
(f) $\Xi^0 \rightarrow p + \pi^-$

22. El mesón neutro ρ^0 decae por la interacción fuerte en dos piones: $\rho^0 \rightarrow \pi^+ + \pi^-$, con una vida media de 10^{-23} s. El kaón neutro también decae en dos piones: $K_S{}^0 \rightarrow \pi^+ + \pi^-$, con una vida media de 10^{-10} s. ¿Cómo explicaría la diferencia en las vidas medias?

23. Para cada uno de los siguientes decaimientos prohibidos, determine qué ley de conservación se viola:
(a) $\mu^- \rightarrow e^- + \gamma$
(b) $n \rightarrow p + e^- + \nu_e$
(c) $\Lambda^0 \rightarrow p + \pi^0$
(d) $p \rightarrow e^+ + \pi^0$
(e) $\Xi^0 \rightarrow n + \pi^0$

24. ¿Cuáles de los siguientes procesos están permitidos por la interacción fuerte, la interacción electromagnética, la interacción débil o ninguna de ellas?
(a) $\pi^- + p \rightarrow 2\eta$
(b) $K^- + n \rightarrow \Lambda^0 + \pi^-$
(c) $K^- \rightarrow \pi^- + \pi^0$
(d) $\Omega^- \rightarrow \Xi^- + \pi^0$
(e) $\eta \rightarrow 2\gamma$

25. Identifique las cantidades que se conservan en los procesos siguientes:
(a) $\Xi^- \rightarrow \Lambda^0 + \mu^- + \nu_\mu$
(b) $K_S{}^0 \rightarrow 2\pi^0$
(c) $K^- + p \rightarrow \Sigma^0 + n$
(d) $\Sigma^0 \rightarrow \Lambda^0 + \gamma$
(e) $e^+ + e^- \rightarrow \mu^+ + \mu^-$
(f) $\overline{p} + n \rightarrow \overline{\Lambda}^0 + \Sigma^-$

26. Complete con la partícula que falta. Suponga que (a) se produce por medio de la interacción fuerte y (b) y (c) por medio de la interacción débil.
(a) $K^+ + p \rightarrow ? + p$
(b) $\Omega^- \rightarrow ? + \pi^-$
(c) $K^+ \rightarrow ? + \mu^+ + \nu_\mu$

Sección 13.7 Producción de partículas elementales y medición de sus propiedades

27. Si un mesón $K_S{}^0$ en reposo decae en 0.900×10^{-10} s, ¿qué distancia recorrerá si se está moviendo con una velocidad igual a 0.960 c en una cámara de burbujas?

Sección 13.8 Descubrimiento de patrones en las partículas

Sección 13.9 Quarks

Sección 13.10 Quarks coloreados

Sección 13.11 Modelo estándar

Nota: El problema 55 del capítulo 9 puede incluirse en esta sección.

28. La composición en quarks del protón es uud y la del neutrón es udd. Demuestre que en cada caso la carga, el número bariónico y la extrañeza de cada partícula es igual, respectivamente, a la suma de estos números para los quarks que la constituyen.

29. (a) Encuentre el número de electrones y el número de cada especie de quarks en 1 L de agua. (b) Haga una estimación del orden de magnitud del número de cada clase de partículas fundamentales en su cuerpo. Indique las hipótesis y las cantidades que tome como datos.

30. La composición en quarks de las partículas K^0 y Λ^0 son $\bar{s}d$ y uds, respectivamente. Demuestre que la carga, número bariónico y extrañeza de estas partículas es igual, respectivamente, a la suma de estos números para los quarks que las constituyen.

31. Imagine que las energías de enlace pueden ignorarse. Encuentre las masas de los quarks u y d a partir de las masas del protón y el neutrón.

32. El texto dice que la reacción $\pi^- + p \rightarrow K^0 + \Lambda^0$ ocurre con una probabilidad alta, mientras que la reacción $\pi^- + p \rightarrow K^0 + n$ no ocurre nunca. Analice estas reacciones a nivel de quark. Demuestre que en la primera reacción se conserva el número total de cada tipo de quarks y en la segunda no.

33. Analice cada reacción en términos de los quarks constituyentes:
(a) $\pi^- + p \rightarrow K^0 + \Lambda^0$
(b) $\pi^+ + p \rightarrow K^+ + \Sigma^+$
(c) $K^- + p \rightarrow K^+ + K^0 + \Omega^-$
(d) $p + p \rightarrow K^0 + p + \pi^+ + ?$
En la última reacción, añada la partícula que falta.

34. Una partícula Σ^0 viajando a través de un fragmento de materia choca con un protón, dando lugar a una Σ^+ y un rayo gamma, así como a una tercera partícula. Utilice el modelo de quarks de cada una de las partículas para determinar la identidad de la tercera partícula.

35. Identifique las partículas correspondientes a las combinaciones de quarks (a) suu, (b) $\bar{u}d$, (c) $\bar{s}d$, y (d) ssd.

36. ¿Cuál es la carga eléctrica de los bariones cuya composición en quarks es (a) $\overline{uud}$ y (b) $\overline{udd}$? ¿Cómo se llaman estos bariones?

Sección 13.12 Relación con el contexto. Investigación de los sistemas más pequeños para comprender los más grandes

Nota: Los problemas 38 y 39 del capítulo 11 y el problema 47 del capítulo 10 pueden incluirse en esta sección.

37. Utilizando la ley de Hubble, encuentre la longitud de onda de la línea de sodio de 590 nm emitida desde galaxias (a) a 2.00×10^6 años-luz de la Tierra, (b) a 2.00×10^8 años-luz de distancia y (c) a 2.00×10^9 años-luz de distancia. Puede utilizar el resultado del problema 38 del capítulo 11.

38. Varias líneas espectrales observadas en la luz procedente de un cuásar distante tienen longitudes de onda λ_n' mayores que las longitudes de onda λ_n medidas en la luz de una fuente estacionaria. La variación relativa en la longitud de onda hacia el rojo es la misma para todas las líneas espectrales. Esto es, el parámetro de corrimiento al rojo Z definido por

$$Z = (\lambda_n' - \lambda_n)/\lambda_n$$

es común para todas las líneas espectrales de un objeto. Determine en términos de Z (a) la rapidez de recesión del cuásar y (b) la distancia desde la Tierra hasta el cuásar. Utilice el resultado del problema 38 del capítulo 11 y la ley de Hubble.

39. Por culpa principalmente de nuestro compañero de habitación, algunos astrónomos curiosos han descubierto suficientes trastos y chatarra en nuestra habitación como para constituir la materia perdida necesaria para cerrar el Universo. Después de observar el suelo, el armario, la cama y los archivos informáticos, han calculado que la densidad promedio del Universo observable es $1.20\rho_c$ ¿Cuántas veces mayor llegará a ser el Universo antes que se comience a contraer? Es decir, ¿en qué factor aumentará la distancia entre galaxias remotas en el futuro?

40. El Universo primitivo era denso, con fotones de rayos gamma de energía $\sim k_B T$ y a una temperatura tan alta que se creaban protones y antiprotones en el proceso $\gamma \rightarrow p + \bar{p}$ tan rápidamente como se aniquilaban entre sí. Cuando el Universo se enfrió en una expansión adiabática, su temperatura descendió a un cierto valor y la producción de pares de protones se hizo rara. En ese tiempo había ligeramente más protones que antiprotones y esencialmente todos los protones en el Universo actual provienen de esa fecha. (a) Estime el orden de magnitud de la temperatura del Universo cuando los protones condensaron. (b) Estime el orden de magnitud de la temperatura del Universo cuando se condensaron los electrones.

41. Si la densidad promedio del Universo es pequeña comparada con la densidad crítica, la expansión del Universo descrita por la ley de Hubble se produce con velocidades que son prácticamente constantes en el tiempo. (a) Demuestre que, en este caso, la edad del Universo está dada por el inverso de la constante de Hubble. (b) Calcule $1/H$ y exprese la respuesta en años.

42. Suponga que la densidad promedio del Universo es igual a la densidad crítica. (a) Demuestre que la edad del Universo está dada por $2/3H$. (b) Calcule $2/3H$ y exprese la respuesta en años.

43. La ley de Hubble puede enunciarse de forma vectorial como $\mathbf{v} = H\mathbf{R}$, donde $\mathbf{R}$ es el vector de posición de la galaxia medido respecto a la Tierra. Fuera del grupo local de galaxias, todos los objetos se están alejando de nosotros con ve-

locidades proporcionales a su distancia a nosotros. De esta forma, parece como si nuestra posición en el Universo fuese especialmente privilegiada. Demuestre que la ley de Hubble será igualmente válida para un observador situado en cualquier otro lugar del Universo. Proceda como sigue: suponga que estamos en el origen de coordenadas, que un cúmulo de galaxias está en la posición $\mathbf{R}_1$ y tiene velocidad $\mathbf{v}_1 = H\mathbf{R}_1$ respecto a nosotros y que otro cúmulo de galaxias tiene un radio vector $\mathbf{R}_2$ y velocidad $\mathbf{v}_2 = H\mathbf{R}_2$. Suponga que las velocidades son no relativistas. Considere el sistema de referencia de un observador situado en el primero de estos cúmulos de galaxias. Demuestre que nuestra velocidad respecto a él, junto con el vector desplazamiento de nuestro cúmulo de galaxias respecto a él, cumple la ley de Hubble. Demuestre que el desplazamiento y la velocidad del cúmulo 2 relativos al cúmulo 1 cumplen la ley de Hubble.

Problemas adicionales

44. **Problema de repaso.** Se estima que la supernova 1987A, localizada aproximadamente a 170 000 años-luz de la Tierra, ha emitido un explosión de neutrinos con una energía $\sim 10^{46}$ J (figura P13.44). Suponga que la energía promedio de un neutrino fuese 6 MeV y que nuestro cuerpo presenta una sección transversal de 5 000 cm^2. Obtenga un orden de magnitud del número de neutrinos que nos atraviesan.

Antes

Después

Figura P13.44 (Problemas 44 y 45) Fotografías antes y después de la supernova 1987A en el Gran Cúmulo de Magallanes *(Anglo-australian Telescope Bowl)*

45. La supernova observable a simple vista más reciente fue la supernova 1987A (figura P13.44). Estaba a 170 000 años-luz de distancia en la galaxia más próxima a la nuestra, la Gran Nube de Magallanes. Aproximadamente 3 horas antes de observar el incremento en su brillo, dos experimentos de detección de neutrinos registraron simultáneamente los primeros neutrinos procedentes de una fuente identificada distinta del Sol. El experimento Irvine-Michigan-Brookhaven en una mina de sal en Ohio registró ocho neutrinos en un periodo de 6 s y el experimento Kamiokande II en una mina de zinc en Japón contó once neutrinos en 13 s. (Puesto que la supernova estaba en la parte sur del cielo, estos neutrinos llegaron a los detectores desde abajo. Pasaron a través de la Tierra antes de que fuesen absorbidos por los núcleos en los detectores.) Las energías de los neutrinos estaban comprendidas entre 8 MeV y 40 MeV. Si los neutrinos no tienen masa, entonces los neutrinos de cualquier energía viajan a la rapidez de la luz: los datos son consistentes con esta posibilidad. (Los tiempos de llegada serán diferentes únicamente porque los neutrinos se crearon en diferentes instantes a medida que el núcleo de la estrella colapsaba para formar una estrella de neutrones.) Si los neutrinos tienen masa distinta de cero, entonces los neutrinos de menor energía se moverán más lentamente. Los datos indican que un neutrino de 10 MeV necesita como mucho 10 s más que un fotón para viajar desde la supernova hasta nosotros. Encuentre el límite superior que esta observación establece sobre la masa del neutrino. (Otros resultados indican que dicho límite es aún menor.)

46. Nombre al menos una ley de conservación que impide cada una de las reacciones siguientes: (a) $\pi^- + p \rightarrow \Sigma^+ + \pi^0$ (b) $\mu^- \rightarrow \pi^- + \nu_e$ (c) $p \rightarrow \pi^+ + \pi^+ + \pi^-$

47. web El flujo de energía llevado por los neutrinos desde el Sol está estimado en un valor del orden de 0.4 W/m^2 sobre la superficie de la Tierra. Estime la pérdida de masa relativa del Sol en 10^9 años debido a la emisión de neutrinos. (La masa del Sol es 2×10^{30} kg. La distancia Tierra-Sol es 1.5×10^{11} m.)

48. Dos protones se aproximan frontalmente entre sí, cada uno con una energía cinética de 70.4 MeV, y producen una reacción en la que se crean un protón y un pión positivo en reposo. ¿Qué tercera partícula, obviamente sin carga y por tanto difícil de detectar, debe haberse creado?

49. Los neutrones libres tienen una vida media característica de 10.4 min. ¿Qué fracción de un grupo de neutrones térmicos libres con energía cinética de 0.040 eV decaerán antes de recorrer una distancia de 10.0 km?

50. La fuerza nuclear puede atribuirse al intercambio de una partícula elemental entre protones y neutrones si están suficientemente próximos entre sí. Considere el alcance de la fuerza nuclear como aproximadamente igual a 1.4×10^{-15}m. (a) Utilice el principio de incertidumbre $\Delta E\,\Delta t \geq$

$\hbar/2$ para estimar la masa de la partícula elemental. Suponga que se mueve a una rapidez prácticamente igual a la de la luz. (b) Utilizando la tabla 13.2, identifique la partícula.

51. Determine la energía cinética del protón y del pión resultantes del decaimiento de un Λ^0 en reposo:

$$\Lambda^0 \longrightarrow p + \pi^-$$

52. Un fotón de rayos gamma golpea a un electrón estacionario. Determine la energía mínima del rayo gamma para que se produzca la reacción:

$$\gamma + e^- \longrightarrow e^- + e^- + e^+$$

53. Una partícula inestable, inicialmente en reposo, decae en un protón (energía en reposo 938.3 MeV) y un pión negativo (energía en reposo 139.5 MeV). Hay un campo magnético uniforme de 0.250 T perpendicular a las velocidades de las partículas creadas. El radio de curvatura de cada trayectoria es de 1.33 m. ¿Cuál es la masa de la partícula inestable original?

54. Una partícula Σ^0 en reposo decae de acuerdo con

$$\Sigma^0 \longrightarrow \Lambda^0 + \gamma$$

Encuentre la energía del rayo gamma.

55. Dos protones se aproximan entre sí con velocidades iguales y opuestas. ¿Cuál es la energía cinética mínima de cada uno de los protones si deben producir un mesón π^+ en reposo en la reacción que a continuación se indica?

$$p + p \longrightarrow p + n + \pi^+$$

56. Un mesón π en reposo decae de acuerdo con $\pi^- \rightarrow \mu^- + \bar{\nu}_\mu$. ¿Cuál es la energía del neutrino? (Suponga que el neutrino no tiene masa y se aleja a la rapidez de la luz. $m_\pi c^2 = 139.5$ MeV, $m_\mu c^2 = 105.7$ MeV.)

57. **Problema de repaso.** Utilice la función de distribución de Boltzmann e^{-E/k_BT} para calcular la temperatura a la que el 1.00% de una población de fotones tendrá una energía mayor que 1.00 eV. La energía necesaria para excitar un átomo es del orden de 1 eV, de modo que cuando la temperatura del Universo cayó por debajo del valor calculado anteriormente, se pudieron formar átomos neutros a partir del plasma y el Universo se hizo transparente. La radiación cósmica de fondo representa nuestra visión muy desplazada al rojo de la bola de fuego opaca de la Gran Explosión en dicho instante y a dicha temperatura. Esa bola de fuego nos rodea a todos actualmente.

58. ¿Qué procesos están descritos por los diagramas de Feynman de la figura P13.58? ¿Cuál es la partícula intercambiada en cada proceso?

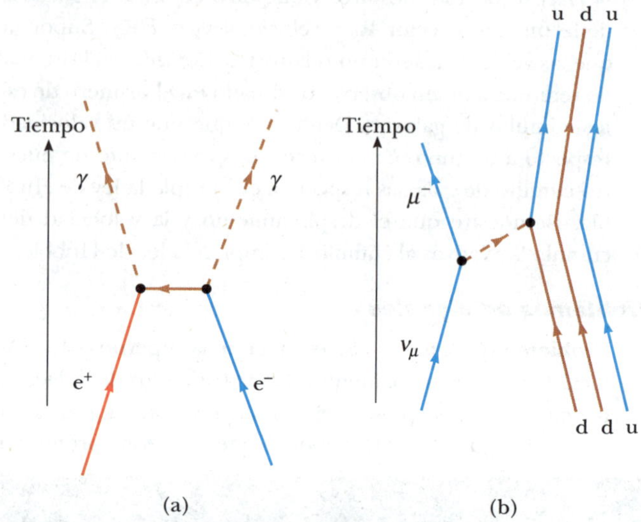

Figura P13.58

59. Identifique los mediadores para las dos interacciones descritas en los diagramas de Feynmann mostrados en la figura P13.59.

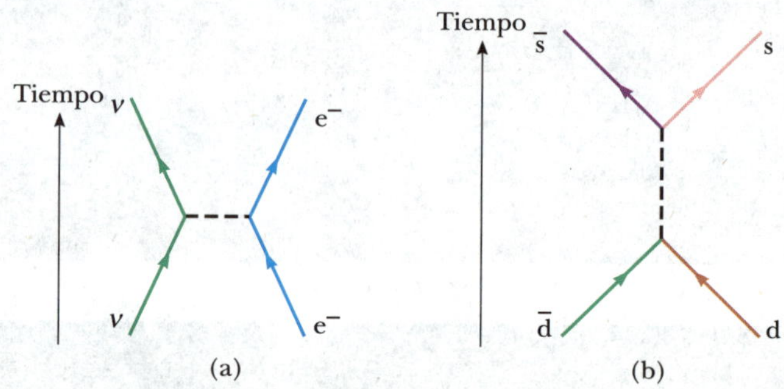

Figura P13.59

RESPUESTAS A LAS PREGUNTAS RÁPIDAS

13.1 Hacia dentro de la página. De acuerdo con la regla de la mano derecha, ésta es la dirección que dará como resultado una fuerza dirigida hacia arriba sobre una carga positiva que se mueva hacia la derecha de la página.

13.2 La ecuación 13.3 indica que las masas de ambas partículas de campo deben ser cero; de otro modo, *d* sería menor que infinito.

13.3 (c), (e). A partir de la representación del decaimiento únicamente, no tenemos información acerca de (a) la energía o (b) la cantidad de movimiento. El momento angular (c) no se conserva ya que partimos de una partícula con espín y finalizamos con dos. La carga eléctrica (d) se conserva ya que tenemos carga neta cero a ambos lados de la reacción. El número leptónico (e) no se conserva debido a que partimos sin ningún leptón pero finalizamos con un único electrón. Finalmente, se cumple la conservación del número bariónico ya que tenemos $B = +1$ a ambos lados de la reacción.

13.4 El experimento descrito es una analogía del experimento de dispersión de Rutherford descrito en la sección 11.1. En el experimento de Rutherford, partículas alfa eran dispersadas por átomos y la dispersión era consistente con la existencia en el átomo de una estructura pequeña que contenía la carga positiva.

13.5 La partícula Δ^{++} tiene tres quarks arriba, cada uno con carga $\frac{2}{3}e$, lo que da una carga total $+2e$. La carga más alta de un quark es $\frac{2}{3}e$, por lo que una combinación de solamente dos partículas, un quark y un antiquark, para formar un mesón no puede tener una carga eléctrica de $+2e$.

13.6 Hasta aproximadamente 700 000 años después de la Gran Explosión, la temperatura del Universo era suficientemente alta como para que cualquier átomo que se formara se ionizase de forma inmediata por la radiación ambiente. Una vez que la energía promedio de la radiación disminuyó por debajo de la energía de ionización del hidrógeno, de 13.6 eV, los átomos de hidrógeno pudieron formarse y permanecer como átomos neutros durante un periodo relativamente largo.

13.7 No. En cualquier punto del Universo parecerá que las otras galaxias se están alejando de dicho punto. Imagine que está cocinando un bizcocho con pasas y que las pasas representan las galaxias. Conforme el pan se expande al calentarse (simulando la expansión del Universo), un observador sobre una pasa verá a las demás alejándose de él.

Conclusión contexto 4

La conexión cósmica

PROBLEMAS Y PERSPECTIVAS

Hemos investigado los principios de la física cuántica y hemos visto muchas conexiones con nuestra pregunta principal del contexto dedicado a la *conexión cósmica:*

> ***¿Cómo podemos conectar la física de las partículas microscópicas con la física del Universo?***

Mientras los físicos de partículas han estado explorando el reino de lo muy pequeño, los cosmólogos han estado explorando la historia cósmica, volviendo al primer segundo de la Gran Explosión. Las observaciones de los eventos que ocurren cuando dos partículas colisionan en un acelerador son esenciales en la reconstrucción de los primeros momentos de la historia cósmica. La clave para entender el Universo primitivo es entender primero el mundo de las partículas elementales. Los cosmólogos y los físicos encuentran ahora que tienen muchas metas comunes y están uniendo sus esfuerzos para entender el mundo físico al nivel más fundamental.

Problemas

Hemos hecho grandes progresos en la comprensión del Universo y su estructura interna, pero una multitud de preguntas permanecen sin respuestas: ¿Por qué existe tan poca antimateria en el Universo? ¿Tienen los neutrinos una pequeña energía en reposo y, si es así, cómo contribuyen a la "materia perdida" del Universo? ¿Es posible unificar las fuerzas fuerte y electrodébil de una manera lógica y consistente? ¿Puede la gravedad unificarse con las otras fuerzas? ¿Por qué los quarks y los leptones forman tres familias similares, pero distintas? ¿Son los muones iguales a los electrones (aparte de su diferencia de masa), o tienen otras sutiles diferencias que no han sido detectadas? ¿Por qué algunas partículas tienen carga y otras son neutras? ¿Por qué los quarks tienen carga fraccionaria? ¿Qué determina las masas de los componentes fundamentales? ¿Pueden existir quarks aislados? ¿Tienen los leptones y los quarks una subestructura?

Teoría de cuerdas: una nueva perspectiva

Expongamos brevemente un esfuerzo actual para responder a algunas de estas preguntas, proponiendo una nueva perspectiva para las partículas. Repasando este texto, puede ver que hemos comenzado con el modelo de partícula y hemos progresado bastante con él en nuestro estudio de la física. En el contexto *Terremotos,* introdujimos el modelo ondulatorio y utilizamos más fenómenos físicos para investigar las propiedades de las ondas. Utilizamos un modelo ondulatorio para la luz en el contexto *Láseres.* Sin embargo, anteriormente en este contexto actual, vimos la necesidad de volver al modelo corpuscular para la luz. Además, encontramos que las partículas materiales tenían características ondulatorias. El modelo cuántico de partícula del capítulo 10 nos permitió construir partículas a partir de ondas, sugiriendo que la onda es la entidad fundamental. En el capítulo 13, sin embargo, tratamos a las partículas elementales como entidades fundamentales. ¡Parece como si no pudiéramos decidirnos! De alguna manera, esta afirmación es cierta (la dualidad onda-corpúsculo es aún un área de investigación activa). En esta última Conclusión del contexto, hablaremos de un esfuerzo actual de investigación que pretende construir partículas a partir de ondas y vibraciones.

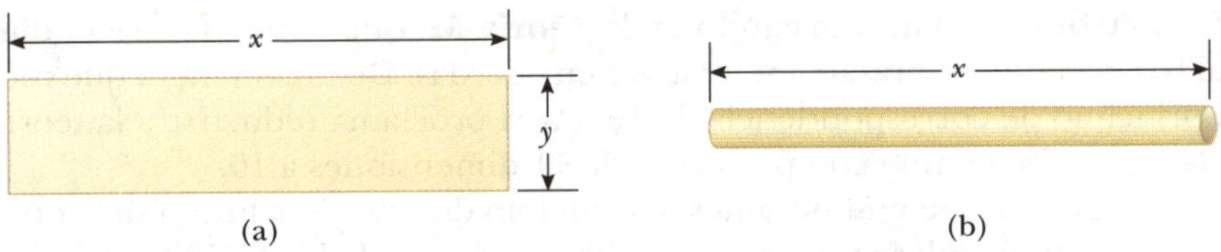

Figura 1

(a) Un trozo de papel cortado de forma rectangular. Como rectángulo, la forma tiene dos dimensiones. (b) El papel está enrollado en forma de tubo. Desde lejos parece unidimensional. La segunda dimensión del rollo no es visible cuando se observa desde una distancia grande comparada con el diámetro del tubo.

La teoría de cuerdas es un esfuerzo por unificar las cuatro fuerzas fundamentales a través de un modelo que considera a todas las partículas como distintos modos de vibración de una única entidad (una cuerda increíblemente pequeña). La longitud típica de tal cuerda es del orden de 10^{-35} m, llamada **longitud de Planck.** Hemos visto modelos cuantizados antes (las frecuencias de vibración de las cuerdas de una guitarra en el capítulo 14 del volumen I y los niveles cuantizados de energía de los átomos en el capítulo 11 del presente volumen). En la teoría de cuerdas, cada modo de vibración cuantizado de la cuerda corresponde a una partícula elemental distinta en el modelo estándar.

Uno de los factores que complican la teoría de cuerdas es que ésta necesita un espacio-tiempo de diez dimensiones. A pesar de las dificultades teóricas y conceptuales de tratar con diez dimensiones, la teoría de cuerdas ofrece la promesa de unificar la gravedad con las otras fuerzas. Cuatro de las diez dimensiones son visibles para nosotros (las tres dimensiones espaciales y la dimensión temporal) y las otras seis están *compactadas.* Esto se describe diciendo que las seis dimensiones están curvadas de forma tan apretada que no son visibles en el mundo macroscópico.

Como analogía, consideremos una superficie tubular. Podemos construir un tubo cortando un trozo rectangular de papel (figura 1a), que claramente tiene dos dimensiones, y enrollándolo (figura 1b). Desde lejos, el tubo parece una línea recta: la segunda dimensión ha sido curvada y no es visible. La teoría de cuerdas afirma que las seis dimensiones espacio-temporales adicionales están curvadas de una manera análoga, con una curvatura del tamaño de la longitud de Planck, y son imposibles de ver desde nuestro punto de vista.

Otro factor de complicación en la teoría de cuerdas es que es difícil para los teóricos de cuerdas guiar a los físicos experimentales en cómo y qué buscar en un experimento. La longitud de Planck es tan increíblemente pequeña que un experimento directo con las cuerdas es imposible. Hasta que la teoría haya sido más ampliamente desarrollada, los teóricos de cuerdas están restringidos a aplicar la teoría a resultados conocidos y comprobar su consistencia.

Una de las predicciones de la teoría de cuerdas se denomina **supersimetría** (SUSI). Sugiere que todas las partículas elementales tienen una superpareja que aún no ha sido observada. Se cree que la supersimetría es una simetría rota (como la simetría electrodébil rota en bajas energías) y la masa de las superparejas está cerca de nuestras actuales capacidades de detección de los aceleradores. Algunos de los teóricos declaran que la masa de las superparejas es la masa perdida mencionada en la Relación con el contexto del capítulo 13. Continuando con la extraña tendencia de asignar nombres a las partículas y a sus propiedades, que ya vimos en el capítulo 13, a las superparejas se les dan nombres tales como *squark* (la superpareja de un quark), *selectrón* (electrón) y *gluinos* (gluón).

Otros teóricos están trabajando en la **Teoría-M**, que es una teoría 11-dimensional basada en membranas, en lugar de en cuerdas. De una manera que recuerda al principio de correspondencia, la Teoría-M proclama reducirse a la teoría de cuerdas si se efectúa una compactación de 11 dimensiones a 10.

Las preguntas que enumeramos al principio de esta Conclusión del contexto continúan sustituyéndose unas a otras. A consecuencia de los rápidos avances y de los nuevos descubrimientos en el campo de la física de partículas, para cuando el lector lea este libro algunas de estas cuestiones estarán resueltas probablemente, y habrán surgido, probablemente, otras nuevas preguntas.

PREGUNTA

1. Una muchacha y su abuela muelen trigo mientras la mujer cuenta a la chica historias sobre cosas importantes. Un muchacho mantiene a los cuervos lejos del trigo maduro mientras su abuelo se sienta a la sombra y le explica qué es el Universo y cuál es su lugar en él. Lo que los chicos no entiendan este verano lo entenderán el próximo. Ahora póngase en el lugar de los adultos. Enuncie las verdades más generales, más universales y más fundamentales que conozca. Si tiene que repetir las ideas de otro, obtenga la mejor versión de tales ideas que pueda y diga cuál es su fuente. Si hay algo que no entienda, haga un plan para entenderlo mejor el próximo año.

PROBLEMA

1. La relatividad general clásica ve la estructura del espacio-tiempo como determinista y bien definida hasta distancias arbitrariamente pequeñas. Por otro lado, la relatividad general cuántica prohíbe distancias menores que la longitud de Planck, dada por $L = (\hbar G/c^3)^{1/2}$. (a) Calcule el valor de la longitud de Planck. Las limitaciones cuánticas sugieren que después de la Gran Explosión, cuando toda la parte actualmente observable del Universo era una singularidad, nada pudo observarse hasta que esa singularidad se hizo mayor que la longitud de Planck. Como el tamaño de la singularidad crecía a la rapidez de la luz, podemos deducir que ninguna observación fue posible durante el tiempo que tardó la luz en recorrer la longitud de Planck. (b) Calcule este tiempo, conocido como el tiempo de Planck T, y compárelo con la época extremadamente caliente mencionada en el texto. (c) ¿Sugiere esto que nunca podríamos conocer qué sucedió entre el instante $t = 0$ y el instante $t = T$?

El significado del éxito

Ganarse el respeto de las personas inteligentes y el cariño de los niños.
Apreciar la belleza de la Naturaleza y de todo lo que nos rodea.
Buscar y fomentar lo mejor de los demás.
Dar el regalo de ti mismo a otros sin pedir nada a cambio, porque es dando como recibimos.
Haber cumplido una tarea, como salvar un alma perdida, curar a un niño enfermo, escribir un libro o arriesgar tu vida por un amigo.
Haber celebrado y reído con gran entusiasmo y alegría y cantado con exaltación.
Tener esperanza incluso en tiempos de desesperación, porque mientras hay esperanza, hay vida.
Amar y ser amado.
Ser entendido y entender.
Saber que alguien ha sido un poco más feliz porque tú has vivido.
Éste es el significado del éxito.

Ralph Waldo Emerson, modificado por Ray Serway

Apéndice

A

Tablas

TABLA A.1 **Factores de conversión**

Longitud

	m	cm	km	pulg.	pie	milla
1 metro	1	10^{2}	10^{-3}	39.37	3.281	6.214×10^{-4}
1 centímetro	10^{-2}	1	10^{-5}	0.393 7	3.281×10^{-2}	6.214×10^{-6}
1 kilómetro	10^{3}	10^{5}	1	3.937×10^{4}	3.281×10^{3}	0.621 4
1 pulgada	2.540×10^{-2}	2.540	2.540×10^{-5}	1	8.333×10^{-2}	1.578×10^{-5}
1 pie	0.304 8	30.48	3.048×10^{-4}	12	1	1.894×10^{-4}
1 milla	1 609	1.609×10^{5}	1.609	6.336×10^{4}	5 280	1

Masa

	kg	g	slug	u
1 kilogramo	1	10^{3}	6.852×10^{-2}	6.024×10^{26}
1 gramo	10^{-3}	1	6.852×10^{-5}	6.024×10^{23}
1 slug	14.59	1.459×10^{4}	1	8.789×10^{27}
1 unidad de masa atómica	1.660×10^{-27}	1.660×10^{-24}	1.137×10^{-28}	1

Nota: 1 tonelada métrica = 1 000 kg.

Tiempo

	s	min	h	día	año
1 segundo	1	1.667×10^{-2}	2.778×10^{-4}	1.157×10^{-5}	3.169×10^{-8}
1 minuto	60	1	1.667×10^{-2}	6.994×10^{-4}	1.901×10^{-6}
1 hora	3 600	60	1	4.167×10^{-2}	1.141×10^{-4}
1 día	8.640×10^{4}	1 440	24	1	2.738×10^{-5}
1 año	3.156×10^{7}	5.259×10^{5}	8.766×10^{3}	365.2	1

Velocidad

	m/s	cm/s	pie/s	millas/h
1 metro/ segundo	1	10^{2}	3.281	2.237
1 centímetro/ segundo	10^{-2}	1	3.281×10^{-2}	2.237×10^{-2}
1 pie/ segundo	0.304 8	30.48	1	0.681 8
1 milla/ hora	0.447 0	44.70	1.467	1

Nota: 1 milla/min = 60 millas/hora = 88 pies/s.

continúa

TABLA A.1 *Continuación*

Fuerza

	N	lb
1 newton	1	0.224 8
1 libra	4.448	1

Trabajo, Energía, Calor

	J	pie · libra	eV
1 joule	1	0.737 6	6.242×10^{18}
1 pie · libra	1.356	1	8.464×10^{18}
1 eV	1.602×10^{-19}	1.182×10^{-19}	1
1 cal	4.186	3.087	2.613×10^{19}
1 Btu	1.055×10^{3}	7.779×10^{2}	6.585×10^{21}
1 kWh	3.600×10^{6}	2.655×10^{6}	2.247×10^{25}

	cal	Btu	kWh
1 joule	0.238 9	9.481×10^{-4}	2.778×10^{-7}
1 pie · libra	0.323 9	1.285×10^{-3}	3.766×10^{-7}
1 eV	3.827×10^{-20}	1.519×10^{-22}	4.450×10^{-26}
1 cal	1	3.968×10^{-3}	1.163×10^{-6}
1 Btu	2.520×10^{2}	1	2.930×10^{-4}
1 kWh	8.601×10^{5}	3.413×10^{2}	1

Presión

	Pa	atm
1 pascal	1	9.869×10^{-6}
1 atmósfera	1.013×10^{5}	1
1 centímetro de mercurio[a]	1.333×10^{3}	1.316×10^{-2}
1 libra/pulgada^2	6.895×10^{3}	6.805×10^{-2}
1 libra/pie^2	47.88	4.725×10^{-4}

	cm Hg	libra/pulg.^{2}	libra/pie^2
1 pascal	7.501×10^{-4}	1.450×10^{-4}	2.089×10^{-2}
1 atmósfera	76	14.70	2.116×10^{3}
1 centímetrode mercurio[a]	1	0.194 3	27.85
1 libra/pulgada^2	5.171	1	144
1 libra/pie^2	3.591×10^{-2}	6.944×10^{-3}	1

[a] A 0°C y en una ubicación donde la aceleración debida a la gravedad tenga su valor "estándar" de 9.806 65 m/s^2.

TABLA A.2 Símbolos, dimensiones y unidades de las magnitudes físicas.

Magnitud	Símbolo de uso habitual	Unidad[a]	Dimensiones[b]	Unidades en función de las unidades básicas de SI
Aceleración	**a**	m/s^2	L/T^2	m/s^2
Aceleración angular	α	rad/s^2	T^{-2}	s^{-2}
Ángulo	θ, ϕ	radian (rad)		
Área	A	m^2	L^2	m^2
Calor	Q	joule (J)	ML^2/T^2	kg·m^2/s^2
Calor específico	c	J/Kg·K	L^2/T^2·K	m^2/s^2·K
Calor específico molar	C	J/mol·K		kg·m^2/s^2·mol·K
Campo eléctrico	**E**	V/m	ML/QT^2	kg·m/A·s^3
Campo magnético	**B**	tesla (T) (= Wb/m^2)	M/QT	kg/A·s^2
Cantidad de sustancia	n	mol		mol
Capacitancia	C	farad (F)	Q^{2}T^2/ML^2	A^2·s^4/kg·m^2
Carga	q, Q, e	coulomb (C)	Q	A·s
Conductividad	σ	1/Ω·m	Q^{2}T/ML^3	A^2·s^3/kg·m^3
Constante dieléctrica	κ			
Corriente	I	AMPERE	Q/T	A
Densidad	ρ	kg/m^3	M/L^3	kg/m^3
Densidad de carga				
Lineal	λ	C/m	Q/L	A·s/m
Surperficial	σ	C/m^2	Q/L^2	A·s/m^2
Volumétrica	ρ	C/m^3	Q/L^3	A·s/m^3
Densidad de corriente	**J**	A/m^2	Q/T^2	A/m^2
Desplazamiento	**r, s**	METRO	L	m
Distancia	d, h			
Longitud	ℓ, L			
Energía	E, U, K	joule (J)	ML^2/T^2	kg·m^2/s^2
Entropía	S	J/K	ML^2/T^2·K	kg·m^2/s^2·K
Flujo eléctrico	Φ_E	V·m	ML^3/QT^3	kg·m^3/A·s^3
Flujo magnético	Φ_B	weber (Wb)	ML^2/QT	kg·m^2/A·s^2
Frecuencia	f	hertz (Hz)	T^{-1}	s^{-1}
Frecuencia angular	ω	rad/s	T^{-1}	s^{-1}
Fuerza	**F**	newton (N)	ML/T^2	kg·m/s^2
Fuerza electromotriz	ε	volt (V)	ML^2/QT^2	kg·m^2/A·s^3
Inductancia	L	henry (H)	ML^2/Q^2	kg·m^2/A^2·s^2
Longitud de onda	λ	m	L	m
Masa	m, M	KILOGRAMO	M	kg
Momentum	**p**	kg·m/s	ML/T	kg·m/s
Angular momentum	**L**	kg·m^2/s	ML^2/T	kg·m^2/s
Momento de inercia	I	kg·m^2	ML^2	kg·m^2
Momento de torsión	$\boldsymbol{\tau}$	N·m	ML^2/T^2	kg·m^2/s^2
Momento dipolar eléctrico	**p**	C·m	QL	A·s·m
Momento dipolar magnético	$\boldsymbol{\mu}$	N·m/T	QL^2/T	A·m^2
Número atómico	Z			
Periodo	T	s	T	s
Permeabilidad del espacio	μ_0	N/A^2(= H/m)	ML/Q^{2}T	kg·m/A^2·s^2
Permitividad del espacio	ϵ_0	C^2/N·m^2(= F/m)	Q^{2}T^2/ML^3	A^2·s^4/kg·m^3

continúa

TABLA A.2 *Continuación*

Magnitud	Símbolo de uso habitual	Unidad[a]	Dimensiones[b]	Unidades en función de las unidades básicas de SI
Potencia	$\mathcal{P}$	watt (W) (= J/s)	ML^2/T^3	$kg \cdot m^2/s^3$
Potencial	V	volt (V) (= J/C)	ML^2/QT^2	$kg \cdot m^2/A \cdot s^3$
Presión	P	pascal (Pa) = (N/m^2)	M/LT^2	$kg/m \cdot s^2$
Resistencia	R	ohm (Ω) (= V/A)	ML^2/Q^2T	$kg \cdot m^2/A^2 \cdot s^3$
Temperatura	T	KELVIN	K	K
Tiempo	t	SEGUNDO	T	s
Trabajo	W	joule (J) (= N · m)	ML^2/T^2	$kg \cdot m^2/s^2$
Velocidad	v	m/s	L/T	m/s
Velocidad angular	ω	rad/s	T^{-1}	s^{-1}
Volumen	V	m^3	L^3	m^3

[a] Las unidades básicas del sistema SI están dadas en letras mayúsculas.

[b] Los símbolos M, L, T, Q y K indican masa, longitud, tiempo, carga y temperatura, respectivamente.

TABLA A.3 **Tabla de masas atómicas[a]**

Número atómico Z	Elemento	Símbolo	Masa atómica química (u)	Número de masa (* indica radioactivo) *A*	Masa atómica (u)	Porcentaje de abundancia	Vida media (si es radioactivo) $T_{1/2}$
0	(Neutrón)	n		1*	1.008 665		10.4 min
1	Hidrógeno	H	1.007 9	1	1.007 825	99.985	
	Deuterio	D		2	2.014 102	0.015	
	Tritio	T		3*	3.016 049		12.33 años
2	Helio	He	4.002 60	3	3.016 029	0.000 14	
				4	4.002 602	99.999 86	
				6*	6.018 886		0.81 s
3	Litio	Li	6.941	6	6.015 121	7.5	
				7	7.016 003	92.5	
				8*	8.022 486		0.84 s
4	Berilio	Be	9.012 2	7*	7.016 928		53.3 días
				9	9.012 174	100	
				10*	10.013 534		1.5×10^6 años
5	Boro	B	10.81	10	10.012 936	19.9	
				11	11.009 305	80.1	
				12*	12.014 352		0.020 2 s
6	Carbono	C	12.011	10*	10.016 854		19.3 s
				11*	11.011 433		20.4 min
				12	12.000 000	98.90	
				13	13.003 355	1.10	
				14*	14.003 242		5 730 años
				15*	15.010 599		2.45 s
7	Nitrógeno	N	14.006 7	12*	12.018 613		0.011 0 s
				13*	13.005 738		9.96 min
				14	14.003 074	99.63	
				15	15.000 108	0.37	
				16*	16.006 100		7.13 s
				17*	17.008 450		4.17 s

continúa

TABLA A.3 *Continuación*

Número atómico Z	Elemento	Símbolo	Masa atómica química (u)	Número de masa (* indica radioactivo) A	Masa atómica (u)	Porcentaje de abundancia	Vida media (si es radioactivo) $T_{1/2}$
8	Oxígeno	O	15.999 4	14*	14.008 595		70.6 s
				15*	15.003 065		122 s
				16	15.994 915	99.761	
				17	16.999 132	0.039	
				18	17.999 160	0.20	
				19*	19.003 577		26.9 s
9	Flúor	F	18.998 40	17*	17.002 094		64.5 s
				18*	18.000 937		109.8 min
				19	18.998 404	100	
				20*	19.999 982		11.0 s
				21*	20.999 950		4.2 s
10	Neón	Ne	20.180	18*	18.005 710		1.67 s
				19*	19.001 880		17.2 s
				20	19.992 435	90.48	
				21	20.993 841	0.27	
				22	21.991 383	9.25	
				23*	22.994 465		37.2 s
11	Sodio	Na	22.989 87	21*	20.997 650		22.5 s
				22*	21.994 434		2.61 años
				23	22.989 770	100	
				24*	23.990 961		14.96 h
12	Magnesio	Mg	24.305	23*	22.994 124		11.3 s
				24	23.985 042	78.99	
				25	24.985 838	10.00	
				26	25.982 594	11.01	
				27*	26.984 341		9.46 min
13	Aluminio	Al	26.981 54	26*	25.986 892		7.4×10^5 años
				27	26.981 538	100	
				28*	27.981 910		2.24 min
14	Silicio	Si	28.086	28	27.976 927	92.23	
				29	28.976 495	4.67	
				30	29.973 770	3.10	
				31*	30.975 362		2.62 h
				32*	31.974 148		172 años
15	Fósforo	P	30.973 76	30*	29.978 307		2.50 min
				31	30.973 762	100	
				32*	31.973 908		14.26 días
				33*	32.971 725		25.3 días
16	Azufre	S	32.066	32	31.972 071	95.02	
				33	32.971 459	0.75	
				34	33.967 867	4.21	
				35*	34.969 033		87.5 días
				36	35.967 081	0.02	
17	Cloro	Cl	35.453	35	34.968 853	75.77	
				36*	35.968 307		3.0×10^5 años
				37	36.965 903	24.23	

continúa

TABLA A.3 *Continuación*

Número atómico Z	Elemento	Símbolo	Masa atómica química (u)	Número de masa (* indica radioactivo) A	Masa atómica (u)	Porcentaje de abundancia	Vida media (si es radioactivo) $T_{1/2}$
18	Argón	Ar	39.948	36	35.967 547	0.337	
				37*	36.966 776		35.04 días
				38	37.962 732	0.063	
				39*	38.964 314		269 años
				40	39.962 384	99.600	
				42*	41.963 049		33 años
19	Potasio	K	39.098 3	39	38.963 708	93.258 1	
				40*	39.964 000	0.011 7	1.28×10^9 años
				41	40.961 827	6.730 2	
20	Calcio	Ca	40.08	40	39.962 591	96.941	
				41*	40.962 279		1.0×10^5 años
				42	41.958 618	0.647	
				43	42.958 767	0.135	
				44	43.955 481	2.086	
				46	45.953 687	0.004	
				48	47.952 534	0.187	
21	Escandio	Sc	44.955 9	41*	40.969 250		0.596 s
				45	44.955 911	100	
22	Titanio	Ti	47.88	44*	43.959 691		49 años
				46	45.952 630	8.0	
				47	46.951 765	7.3	
				48	47.947 947	73.8	
				49	48.947 871	5.5	
				50	49.944 792	5.4	
23	Vanadio	V	50.941 5	48*	47.952 255		15.97 días
				50*	49.947 161	0.25	1.5×10^{17} años
				51	50.943 962	99.75	
24	Cromo	Cr	51.996	48*	47.954 033		21.6 h
				50	49.946 047	4.345	
				52	51.940 511	83.79	
				53	52.940 652	9.50	
				54	53.938 883	2.365	
25	Manganeso	Mn	54.938 05	54*	53.940 361		312.1 días
				55	54.938 048	100	
26	Hierro	Fe	55.847	54	53.939 613	5.9	
				55*	54.938 297		2.7 años
				56	55.934 940	91.72	
				57	56.935 396	2.1	
				58	57.933 278	0.28	
				60*	59.934 078		1.5×10^6 años
27	Cobalto	Co	58.933 20	59	58.933 198	100	
				60*	59.933 820		5.27 años
28	Níquel	Ni	58.693	58	57.935 346	68.077	
				59*	58.934 350		7.5×10^4 años
				60	59.930 789	26.223	
				61	60.931 058	1.140	
				62	61.928 346	3.634	
				63*	62.929 670		100 años
				64	63.927 967	0.926	

continúa

TABLA A.3 *Continuación*

Número atómico Z	Elemento	Símbolo	Masa atómica química (u)	Número de masa (* indica radioactivo) A	Masa atómica (u)	Porcentaje de abundancia	Vida media (si es radioactivo) $T_{1/2}$
29	Cobre	Cu	63.54	63	62.929 599	69.17	
				65	64.927 791	30.83	
30	Cinc	Zn	65.39	64	63.929 144	48.6	
				66	65.926 035	27.9	
				67	66.927 129	4.1	
				68	67.924 845	18.8	
				70	69.925 323	0.6	
31	Galio	Ga	69.723	69	68.925 580	60.108	
				71	70.924 703	39.892	
32	Germanio	Ge	72.61	70	69.924 250	21.23	
				72	71.922 079	27.66	
				73	72.923 462	7.73	
				74	73.921 177	35.94	
				76	75.921 402	7.44	
33	Arsénico	As	74.921 6	75	74.921 594	100	
34	Selenio	Se	78.96	74	73.922 474	0.89	
				76	75.919 212	9.36	
				77	76.919 913	7.63	
				78	77.917 307	23.78	
				79*	78.918 497		$\leqslant 6.5 \times 10^4$ años
				80	79.916 519	49.61	
				82*	81.916 697	8.73	1.4×10^{20} años
35	Bromo	Br	79.904	79	78.918 336	50.69	
				81	80.916 287	49.31	
36	Criptón	Kr	83.80	78	77.920 400	0.35	
				80	79.916 377	2.25	
				81*	80.916 589		2.1×10^5 años
				82	81.913 481	11.6	
				83	82.914 136	11.5	
				84	83.911 508	57.0	
				85*	84.912 531		10.76 años
				86	85.910 615	17.3	
37	Rubidio	Rb	85.468	85	84.911 793	72.17	
				87*	86.909 186	27.83	4.75×10^{10} años
38	Estroncio	Sr	87.62	84	83.913 428	0.56	
				86	85.909 266	9.86	
				87	86.908 883	7.00	
				88	87.905 618	82.58	
				90*	89.907 737		29.1 años
39	Itrio	Y	88.905 8	89	88.905 847	100	
40	Circonio	Zr	91.224	90	89.904 702	51.45	
				91	90.905 643	11.22	
				92	91.905 038	17.15	
				93*	92.906 473		1.5×10^6 años
				94	93.906 314	17.38	
				96	95.908 274	2.80	

continúa

TABLA A.3 *Continuación*

Número atómico Z	Elemento	Símbolo	Masa atómica química (u)	Número de masa (* indica radioactivo) A	Masa atómica (u)	Porcentaje de abundancia	Vida media (si es radioactivo) $T_{1/2}$
41	Niobio	Nb	92.906 4	91*	90.906 988		6.8×10^2 años
				92*	91.907 191		3.5×10^7 años
				93	92.906 376	100	
				94*	93.907 280		2×10^4 años
42	Molibdeno	Mo	95.94	92	91.906 807	14.84	
				93*	92.906 811		3.5×10^3 años
				94	93.905 085	9.25	
				95	94.905 841	15.92	
				96	95.904 678	16.68	
				97	96.906 020	9.55	
				98	97.905 407	24.13	
				100	99.907 476	9.63	
43	Tecnecio	Tc		97*	96.906 363		2.6×10^6 años
				98*	97.907 215		4.2×10^6 años
				99*	98.906 254		2.1×10^5 años
44	Rutenio	Ru	101.07	96	95.907 597	5.54	
				98	97.905 287	1.86	
				99	98.905 939	12.7	
				100	99.904 219	12.6	
				101	100.905 558	17.1	
				102	101.904 348	31.6	
				104	103.905 428	18.6	
45	Rodio	Rh	102.905 5	103	102.905 502	100	
46	Paladio	Pd	106.42	102	101.905 616	1.02	
				104	103.904 033	11.14	
				105	104.905 082	22.33	
				106	105.903 481	27.33	
				107*	106.905 126		6.5×10^6 años
				108	107.903 893	26.46	
				110	109.905 158	11.72	
47	Plata	Ag	107.868	107	106.905 091	51.84	
				109	108.904 754	48.16	
48	Cadmio	Cd	112.41	106	105.906 457	1.25	
				108	107.904 183	0.89	
				109*	108.904 984		462 días
				110	109.903 004	12.49	
				111	110.904 182	12.80	
				112	111.902 760	24.13	
				113*	112.904 401	12.22	9.3×10^{15} años
				114	113.903 359	28.73	
				116	115.904 755	7.49	
49	Indio	In	114.82	113	112.904 060	4.3	
				115*	114.903 876	95.7	4.4×10^{14} años
50	Estaño	Sn	118.71	112	111.904 822	0.97	
				114	113.902 780	0.65	
				115	114.903 345	0.36	
				116	115.901 743	14.53	
				117	116.902 953	7.68	

continúa

TABLA A.3 *Continuación*

Número atómico Z	Elemento	Símbolo	Masa atómica química (u)	Número de masa (* indica radioactivo) A	Masa atómica (u)	Porcentaje de abundancia	Vida media (si es radioactivo) $T_{1/2}$
(50)	(Tin)			118	117.901 605	24.22	
				119	118.903 308	8.58	
				120	119.902 197	32.59	
				121*	120.904 237		55 años
				122	121.903 439	4.63	
				124	123.905 274	5.79	
51	Antimonio	Sb	121.76	121	120.903 820	57.36	
				123	122.904 215	42.64	
				125*	124.905 251		2.7 años
52	Teluro	Te	127.60	120	119.904 040	0.095	
				122	121.903 052	2.59	
				123*	122.904 271	0.905	1.3×10^{13} años
				124	123.902 817	4.79	
				125	124.904 429	7.12	
				126	125.903 309	18.93	
				128*	127.904 463	31.70	$>8 \times 10^{24}$ años
				130*	129.906 228	33.87	$\leqslant 1.25 \times 10^{21}$ años
53	Yodo	I	126.904 5	127	126.904 474	100	
				129*	128.904 984		1.6×10^{7} años
54	Xenón	Xe	131.29	124	123.905 894	0.10	
				126	125.904 268	0.09	
				128	127.903 531	1.91	
				129	128.904 779	26.4	
				130	129.903 509	4.1	
				131	130.905 069	21.2	
				132	131.904 141	26.9	
				134	133.905 394	10.4	
				136*	135.907 215	8.9	$\geqslant 2.36 \times 10^{21}$ años
55	Cesio	Cs	132.905 4	133	132.905 436	100	
				134*	133.906 703		2.1 años
				135*	134.905 891		2×10^{6} años
				137*	136.907 078		30 años
56	Bario	Ba	137.33	130	129.906 289	0.106	
				132	131.905 048	0.101	
				133*	132.905 990		10.5 años
				134	133.904 492	2.42	
				135	134.905 671	6.593	
				136	135.904 559	7.85	
				137	136.905 816	11.23	
				138	137.905 236	21.70	
57	Lantano	La	138.905	137*	136.906 462		6×10^{4} años
				138*	137.907 105	0.090 2	1.05×10^{11} años
				139	138.906 346	99.909 8	
58	Cerio	Ce	140.12	136	135.907 139	0.19	
				138	137.905 986	0.25	
				140	139.905 434	88.43	
				142*	141.909 241	11.13	$>5 \times 10^{16}$ años
59	Praseodimio	Pr	140.907 6	141	140.907 647	100	

continúa

TABLA A.3 *Continuación*

Número atómico Z	Elemento	Símbolo	Masa atómica química (u)	Número de masa (* indica radioactivo) A	Masa atómica (u)	Porcentaje de abundancia	Vida media (si es radioactivo) $T_{1/2}$
60	Neodimio	Nd	144.24	142	141.907 718	27.13	
				143	142.909 809	12.18	
				144*	143.910 082	23.80	2.3×10^{15} años
				145	144.912 568	8.30	
				146	145.913 113	17.19	
				148	147.916 888	5.76	
				150*	149.920 887	5.64	$>1 \times 10^{18}$ años
61	Prometeo	Pm		143*	142.910 928		265 días
				145*	144.912 745		17.7 años
				146*	145.914 698		5.5 años
				147*	146.915 134		2.623 años
62	Samario	Sm	150.36	144	143.911 996	3.1	
				146*	145.913 043		1.0×10^{8} años
				147*	146.914 894	15.0	1.06×10^{11} años
				148*	147.914 819	11.3	7×10^{15} años
				149*	148.917 180	13.8	$>2 \times 10^{15}$ años
				150	149.917 273	7.4	
				151*	150.919 928		90 años
				152	151.919 728	26.7	
				154	153.922 206	22.7	
63	Europio	Eu	151.96	151	150.919 846	47.8	
				152*	151.921 740		13.5 años
				153	152.921 226	52.2	
				154*	153.922 975		8.59 años
				155*	154.922 888		4.7 años
64	Gadolinio	Gd	157.25	148*	147.918 112		75 años
				150*	149.918 657		1.8×10^{6} años
				152*	151.919 787	0.20	1.1×10^{14} años
				154	153.920 862	2.18	
				155	154.922 618	14.80	
				156	155.922 119	20.47	
				157	156.923 957	15.65	
				158	157.924 099	24.84	
				160	159.927 050	21.86	
65	Terbio	Tb	158.925 3	159	158.925 345	100	
66	Disprosio	Dy	162.50	156	155.924 277	0.06	
				158	157.924 403	0.10	
				160	159.925 193	2.34	
				161	160.926 930	18.9	
				162	161.926 796	25.5	
				163	162.928 729	24.9	
				164	163.929 172	28.2	
67	Holmio	Ho	164.930 3	165	164.930 316	100	
				166*	165.932 282		1.2×10^{3} años
68	Erbio	Er	167.26	162	161.928 775	0.14	
				164	163.929 198	1.61	
				166	165.930 292	33.6	

continúa

TABLA A.3 *Continuación*

Número atómico Z	Elemento	Símbolo	Masa atómica química (u)	Número de masa (* indica radioactivo) A	Masa atómica (u)	Porcentaje de abundancia	Vida media (si es radioactivo) $T_{1/2}$
(68)	(Erbio)			167	166.932 047	22.95	
				168	167.932 369	27.8	
				170	169.935 462	14.9	
69	Tulio	Tm	168.934 2	169	168.934 213	100	
				171*	170.936 428		1.92 años
70	Iterbio	Yb	173.04	168	167.933 897	0.13	
				170	169.934 761	3.05	
				171	170.936 324	14.3	
				172	171.936 380	21.9	
				173	172.938 209	16.12	
				174	173.938 861	31.8	
				176	175.942 564	12.7	
71	Lutecio	Lu	174.967	173*	172.938 930		1.37 años
				175	174.940 772	97.41	
				176*	175.942 679	2.59	3.78×10^{10} años
72	Hafnio	Hf	178.49	174*	173.940 042	0.162	2.0×10^{15} años
				176	175.941 404	5.206	
				177	176.943 218	18.606	
				178	177.943 697	27.297	
				179	178.945 813	13.629	
				180	179.946 547	35.100	
73	Tántalo	Ta	180.947 9	180	179.947 542	0.012	
				181	180.947 993	99.988	
74	Tungsteno (Wolframio)	W	183.85	180	179.946 702	0.12	
				182	181.948 202	26.3	
				183	182.950 221	14.28	
				184	183.950 929	30.7	
				186	185.954 358	28.6	
75	Renio	Re	186.207	185	184.952 951	37.40	
				187*	186.955 746	62.60	4.4×10^{10} años
76	Osmio	Os	190.2	184	183.952 486	0.02	
				186*	185.953 834	1.58	2.0×10^{15} años
				187	186.955 744	1.6	
				188	187.955 832	13.3	
				189	188.958 139	16.1	
				190	189.958 439	26.4	
				192	191.961 468	41.0	
				194*	193.965 172		6.0 años
77	Iridio	Ir	192.2	191	190.960 585	37.3	
				193	192.962 916	62.7	
78	Platino	Pt	195.08	190*	189.959 926	0.01	6.5×10^{11} años
				192	191.961 027	0.79	
				194	193.962 655	32.9	
				195	194.964 765	33.8	
				196	195.964 926	25.3	
				198	197.967 867	7.2	
79	Oro	Au	196.966 5	197	196.966 543	100	

continúa

TABLA A.3 *Continuación*

Número atómico Z	Elemento	Símbolo	Masa atómica química (u)	Número de masa (* indica radioactivo) A	Masa atómica (u)	Porcentaje de abundancia	Vida media (si es radioactivo) $T_{1/2}$
80	Mercurio	Hg	200.59	196	195.965 806	0.15	
				198	197.966 743	9.97	
				199	198.968 253	16.87	
				200	199.968 299	23.10	
				201	200.970 276	13.10	
				202	201.970 617	29.86	
				204	203.973 466	6.87	
81	Talio	Tl	204.383	203	202.972 320	29.524	
				204*	203.973 839		3.78 años
				205	204.974 400	70.476	
		(Ra E″)		206*	205.976 084		4.2 min
		(Ac C″)		207*	206.977 403		4.77 min
		(Th C″)		208*	207.981 992		3.053 min
		(Ra C″)		210*	209.990 057		1.30 min
82	Plomo	Pb	207.2	202*	201.972 134		5×10^4 años
				204*	203.973 020	1.4	$\geq 1.4 \times 10^{17}$ años
				205*	204.974 457		1.5×10^7 años
				206	205.974 440	24.1	
				207	206.975 871	22.1	
				208	207.976 627	52.4	
		(Ra D)		210*	209.984 163		22.3 años
		(Ac B)		211*	210.988 734		36.1 min
		(Th B)		212*	211.991 872		10.64 h
		(Ra B)		214*	213.999 798		26.8 min
83	Bismuto	Bi	208.980 3	207*	206.978 444		32.2 años
				208*	207.979 717		3.7×10^5 años
				209	208.980 374	100	
		(Ra E)		210*	209.984 096		5.01 días
		(Th C)		211*	210.987 254		2.14 min
				212*	211.991 259		60.6 min
		(Ra C)		214*	213.998 692		19.9 min
				215*	215.001 836		7.4 min
84	Polonio	Po		209*	208.982 405		102 años
		(Ra F)		210*	209.982 848		138.38 días
		(Ac C′)		211*	210.986 627		0.52 s
		(Th C′)		212*	211.988 842		0.30 μs
		(Ra C′)		214*	213.995 177		164 μs
		(Ac A)		215*	214.999 418		0.001 8 s
		(Th A)		216*	216.001 889		0.145 s
		(Ra A)		218*	218.008 965		3.10 min
85	Astato	At		215*	214.998 638		≈ 100 μs
				218*	218.008 685		1.6 s
				219*	219.011 294		0.9 min
86	Radón	Rn					
		(An)		219*	219.009 477		3.96 s
		(Tn)		220*	220.011 369		55.6 s
		(Rn)		222*	222.017 571		3.823 días
87	Francio	Fr					
		(Ac K)		223*	223.019 733		22 min

continúa

TABLA A.3 *Continuación*

Número atómico Z	Elemento	Símbolo	Masa atómica química (u)	Número de masa (* indica radioactivo) A	Masa atómica (u)	Porcentaje de abundancia	Vida media (si es radioactivo) $T_{1/2}$
88	Radio	Ra					
		(Ac X)		223*	223.018 499		11.43 días
		(Th X)		224*	224.020 187		3.66 días
		(Ra)		226*	226.025 402		1 600 años
		(Ms Th_1)		228*	228.031 064		5.75 años
89	Actinio	Ac		227*	227.027 749		21.77 años
		(Ms Th_2)		228*	228.031 015		6.15 h
90	Torio	Th	232.038 1				
		(Rd Ac)		227*	227.027 701		18.72 días
		(Rd Th)		228*	228.028 716		1.913 años
				229*	229.031 757		7 300 años
		(Io)		230*	230.033 127		75.000 años
		(UY)		231*	231.036 299		25.52 h
		(Th)		232*	232.038 051	100	1.40×10^{10} años
		(UX1)		234*	234.043 593		24.1 días
91	Protactinio	Pa		231*	231.035 880		32.760 años
		(Uz)		234*	234.043 300		6.7 h
92	Uranio	U	238.028 9	232*	232.037 131		69 años
				233*	233.039 630		1.59×10^5 años
				234*	234.040 946	0.005 5	2.45×10^5 años
		(Ac U)		235*	235.043 924	0.720	7.04×10^8 años
				236*	236.045 562		2.34×10^7 años
		(UI)		238*	238.050 784	99.274 5	4.47×10^9 años
93	Neptunio	Np		235*	235.044 057		396 días
				236*	236.046 560		1.15×10^5 años
				237*	237.048 168		2.14×10^6 años
94	Plutonio	Pu		236*	236.046 033		2.87 años
				238*	238.049 555		87.7 años
				239*	239.052 157		2.412×10^4 años
				240*	240.053 808		6 560 años
				241*	241.056 846		14.4 años
				242*	242.058 737		3.73×10^6 años
				244*	244.064 200		8.1×10^7 años

[a] Las masas indicadas en la sexta columna son las masas atómicas, las cuales incluyen la masa de Z electrones. Los datos se han tomado del Centro Nacional de Datos Nucleares de los EE.UU., Laboratorio Nacional de Brookhaven, y han sido preparados por Jagdish K. Tuli, en julio de 1990. Los datos están basados en resultados experimentales publicados en *Nuclear Data Sheets* y *Nuclear Physics*, y en datos de *Chart of the Nuclides*, 14ª edición. Las masas atómicas están basadas en las proporcionadas por A. H. Wapstra, G. Audi y R. Hoekstra. Las abundancias isotópicas están basadas en las proporcionadas por N. E. Holden.

Apéndice

B

Repaso de matemáticas

Este apéndice dedicado a las matemáticas es un breve resumen de operaciones y métodos. Antes de iniciar este curso, debería estar completamente familiarizado con las técnicas básicas del álgebra, la geometría analítica y la trigonometría. Las secciones dedicadas al cálculo diferencial e integral se abordan con mayor detalle y están dirigidas a aquellos estudiantes que tengan dificultades para aplicar conceptos de cálculo a las situaciones físicas.

B.1 • NOTACIÓN CIENTÍFICA

Muchas de las cantidades con las que tratan los científicos a menudo tienen, valores muy grandes o muy pequeños. Por ejemplo, la rapidez de la luz es aproximadamente 300 000 000 m/s y la tinta necesaria para poner un punto encima de una *i* en este libro de texto tiene una masa de unos 0.000 000 001 kg. Obviamente, es muy incómodo leer, escribir y recordar números de este tipo. Para evitar este problema se emplea un método basado en la utilización de las potencias de 10:

$$10^0 = 1$$

$$10^1 = 10$$

$$10^2 = 10 \times 10 = 100$$

$$10^3 = 10 \times 10 \times 10 = 1000$$

$$10^4 = 10 \times 10 \times 10 \times 10 = 10\,000$$

$$10^5 = 10 \times 10 \times 10 \times 10 \times 10 = 100\,000$$

y así sucesivamente. El número de ceros se corresponde con la potencia a la que se eleva 10, denominada **exponente.** Por ejemplo, la rapidez de la luz, 300 000 000 m/s, se puede expresar como 3×10^8 m/s.

En este método, los números menores que la unidad se representan como sigue

$$10^{-1} = \frac{1}{10} = 0.1$$

$$10^{-2} = \frac{1}{10 \times 10} = 0.01$$

$$10^{-3} = \frac{1}{10 \times 10 \times 10} = 0.001$$

$$10^{-4} = \frac{1}{10 \times 10 \times 10 \times 10} = 0.000\ 1$$

$$10^{-5} = \frac{1}{10 \times 10 \times 10 \times 10 \times 10} = 0.000\ 01$$

En estos casos, el número de posiciones que el punto decimal se encuentra a la izquierda del dígito 1 es igual al valor del exponente (negativo). Los números expresados como una potencia de 10 multiplicada por otro número comprendido entre 1 y 10 se dice que están expresados en **notación científica**. Por ejemplo, la notación científica para 5 943 000 000 es 5.943×10^9 y para 0.000 083 2 es 8.32×10^{-5}.

Cuando se multiplican números expresados en notación científica, una regla general muy útil es:

$$10^n \times 10^m = 10^{n+m} \tag{B.1}$$

donde n y m pueden ser *cualquier* número (no necesariamente un entero). Por ejemplo, $10^2 \times 10^5 = 10^7$. La regla también se aplica si uno de los exponentes es negativo, $10^3 \times 10^{-8} = 10^{-5}$.

Cuando se dividen números expresados en notación científica, se cumple

$$\frac{10^n}{10^m} = 10^n \times 10^{-m} = 10^{n-m} \tag{B.2}$$

EJERCICIOS

Con la ayuda de las reglas anteriores, verifique las respuestas siguientes:

1. $86\ 400 = 8.64 \times 10^4$
2. $9\ 816\ 762.5 = 9.816\ 762\ 5 \times 10^6$
3. $0.000\ 000\ 039\ 8 = 3.98 \times 10^{-8}$
4. $(4.0 \times 10^8)(9.0 \times 10^9) = 3.6 \times 10^{18}$
5. $(3.0 \times 10^7)(6.0 \times 10^{-12}) = 1.8 \times 10^{-4}$
6. $\dfrac{75 \times 10^{-11}}{5.0 \times 10^{-3}} = 1.5 \times 10^{-7}$
7. $\dfrac{(3 \times 10^6)(8 \times 10^{-2})}{(2 \times 10^{17})(6 \times 10^5)} = 2 \times 10^{-18}$

B.2 • ÁLGEBRA

Algunas reglas básicas

Cuando se realizan operaciones algebraicas, se aplican las leyes de la aritmética. Símbolos como x, y y z se emplean normalmente para representar cantidades no especificadas, denominadas **incógnitas.**

En primer lugar, considere la ecuación

$$8x = 32$$

Para despejar x, podemos dividir (o multiplicar) cada lado de la ecuación por el mismo factor sin romper la igualdad. En este caso, dividimos ambos lados de la ecuación entre 8, obteniendo

$$\frac{8x}{8} = \frac{32}{8}$$

$$x = 4$$

Considere ahora esta ecuación

$$x + 2 = 8$$

En este tipo de expresión, podemos sumar o restar la misma cantidad en cada lado de la ecuación. Si restamos 2 a cada lado de la ecuación, obtenemos

$$x + 2 - 2 = 8 - 2$$

$$x = 6$$

En general, si $x + a = b$, entonces $x = b - a$.

Considere ahora la siguiente ecuación

$$\frac{x}{5} = 9$$

Si multiplicamos cada lado de la ecuación por 5, nos queda la incógnita x en el lado izquierdo de la ecuación y 45 en el lado derecho:

$$\left(\frac{x}{5}\right)(5) = 9 \times 5$$

$$x = 45$$

En todos los casos, *cualquier operación que se efectúe en el lado izquierdo de la igualdad debe también efectuarse en el lado derecho.*

Debe tener presentes las siguientes reglas para multiplicar, dividir, sumar y restar fracciones, donde a, b y c son números:

	Regla	Ejemplo
Multiplicación	$\left(\frac{a}{b}\right)\left(\frac{c}{d}\right) = \frac{ac}{bd}$	$\left(\frac{2}{3}\right)\left(\frac{4}{5}\right) = \frac{8}{15}$
División	$\frac{(a/b)}{(c/d)} = \frac{ad}{bc}$	$\frac{2/3}{4/5} = \frac{(2)(5)}{(4)(3)} = \frac{10}{12}$
Suma	$\frac{a}{b} \pm \frac{c}{d} = \frac{ad \pm bc}{bd}$	$\frac{2}{3} - \frac{4}{5} = \frac{(2)(5) - (4)(3)}{(3)(5)} = -\frac{2}{15}$

EJERCICIOS

Despeje x en los siguientes ejercicios:

	Respuestas
1. $a = \dfrac{1}{1 + x}$	$x = \dfrac{1 - a}{a}$
2. $3x - 5 = 13$	$x = 6$
3. $ax - 5 = bx + 2$	$x = \dfrac{7}{a - b}$
4. $\dfrac{5}{2x + 6} = \dfrac{3}{4x + 8}$	$x = -\dfrac{11}{7}$

Potencias

Cuando se multiplican potencias de una misma cantidad x, se aplica la siguiente regla:

$$x^n x^m = x^{n+m} \tag{B.3}$$

Por ejemplo, $x^2 x^4 = x^{2+4} = x^6$.

Cuando se dividen potencias de una misma cantidad, la regla es

$$\frac{x^n}{x^m} = x^{n-m} \tag{B.4}$$

Por ejemplo, $x^8/x^2 = x^{8-2} = x^6$.

Una potencia fraccionaria, tal como $1/3$, se corresponde con una raíz:

$$x^{1/n} = \sqrt[n]{x} \tag{B.5}$$

Por ejemplo, $4^{1/3} = \sqrt[3]{4} = 1.5874$. (Una calculadora científica resulta muy útil para realizar estos cálculos.)

Por último, cualquier cantidad x^n elevada a la potencia m es

$$(x^n)^m = x^{nm} \tag{B.6}$$

La tabla B.1 resume las reglas aplicables a los exponentes.

TABLA B.1

Reglas para los exponentes
$x^0 = 1$
$x^1 = x$
$x^n x^m = x^{n+m}$
$x^n/x^m = x^{n-m}$
$x^{1/n} = \sqrt[n]{x}$
$(x^n)^m = x^{nm}$

EJERCICIOS

Verifique las siguientes igualdades:

1. $3^2 \times 3^3 = 243$
2. $x^5 x^{-8} = x^{-3}$
3. $x^{10}/x^{-5} = x^{15}$
4. $5^{1/3} = 1.709\,975$ (Use la factorización.)
5. $60^{1/4} = 2.783\,158$ (Use la factorización.)
6. $(x^4)^3 = x^{12}$

Factorización

Algunas fórmulas útiles para descomponer en factores una ecuación:

$$ax + ay + az = a(x + y + z) \qquad \text{Factor común}$$

$$a^2 + 2ab + b^2 = (a + b)^2 \qquad \text{Cuadrado perfecto}$$

$$a^2 - b^2 = (a + b)(a - b) \qquad \text{Diferencia de cuadrados}$$

Ecuaciones de segundo grado

La forma general de una ecuación de segundo grado es:

$$ax^2 + bx + c = 0 \tag{B.7}$$

donde x es la incógnita y a, b y c son factores numéricos denominados **coeficientes** de la ecuación. Esta ecuación tiene dos raíces, que se determinan mediante la expresión

$$x = \frac{-b \pm \sqrt{b^2 - 4ac}}{2a} \tag{B.8}$$

Si $b^2 \geq 4ac$, las raíces son reales.

Ejemplo 1 La ecuación $x^2 + 5x + 4 = 0$ tiene las dos soluciones siguientes, que se corresponden con los dos signos de la raíz cuadrada:

$$x = \frac{-5 \pm \sqrt{5^2 - (4)(1)(4)}}{2(1)} = \frac{-5 \pm \sqrt{9}}{2} = \frac{-5 \pm 3}{2}$$

$$x_+ = \frac{-5 + 3}{2} = -1 \qquad x_- = \frac{-5 - 3}{2} = -4$$

donde x_+ es la solución cuando se toma el signo positivo de la raíz cuadrada y x_- es la solución cuando se toma el signo negativo de la raíz cuadrada.

EJERCICIOS

Resuelva las siguientes ecuaciones de segundo grado:

	Respuestas	
1. $x^2 + 2x - 3 = 0$	$x_+ = 1$	$x_- = -3$
2. $2x^2 - 5x + 2 = 0$	$x_+ = 2$	$x_- = \frac{1}{2}$
3. $2x^2 - 4x - 9 = 0$	$x_+ = 1 + \sqrt{22}/2$	$x_- = 1 - \sqrt{22}/2$

Ecuaciones lineales

Una ecuación lineal tiene la forma general siguiente

$$y = mx + b \tag{B.9}$$

donde m y b son constantes. Esta ecuación se denomina ecuación lineal porque la gráfica de y en función de x es una línea recta, como se muestra en la figura B.1. La constante b que se llama coordenada al origen representa el valor de y en el que la línea recta corta al eje y. La constante m es igual a la **pendiente** de la línea recta y también es igual a la tangente del ángulo que forma la línea con el eje x. Si dos puntos cualesquiera de la recta se especifican mediante las coordenadas

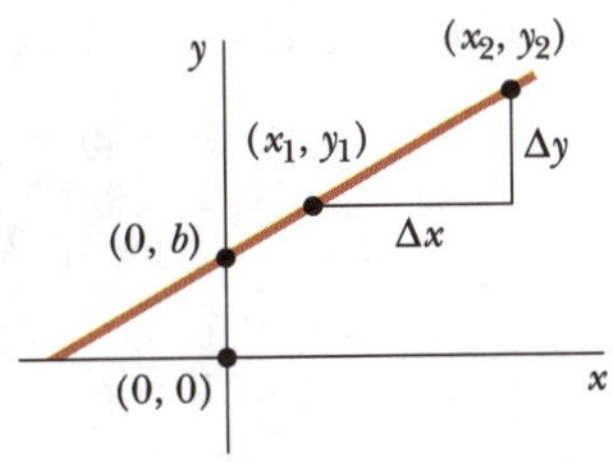

Figura B.1

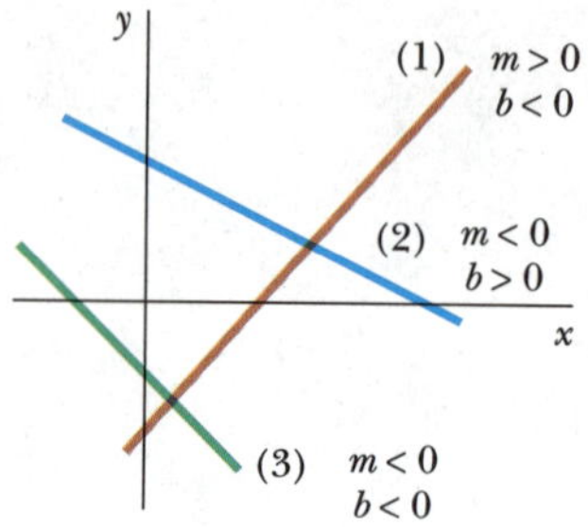

Figura B.2

(x_1, y_1) y (x_2, y_2), como se indica en la figura B.1, entonces la pendiente de la línea recta que pasa por los puntos se puede expresar como sigue:

$$\text{Pendiente} = \frac{y_2 - y_1}{x_2 - x_1} = \frac{\Delta y}{\Delta x} \tag{B.10}$$

Observe que m y b pueden tomar valores positivos o negativos. Si $m > 0$, la línea recta tiene una pendiente *positiva*, como en el caso de la figura B.1. Si $m < 0$, la línea recta tiene una pendiente *negativa*. En la figura B.1, tanto b como m son positivas. En la figura B.2 se muestran otras tres posibles situaciones

EJERCICIOS

1. Dibujar las gráficas de las siguientes líneas rectas:
   (a) $y = 5x + 3$ (b) $y = -2x + 4$ (c) $y = -3x - 6$
2. Calcular las pendientes de las líneas rectas descritas en el ejercicio 1.

Respuestas (a) 5 (b) -2 (c) -3

3. Calcular las pendientes de las líneas rectas que pasan por los siguientes conjuntos de puntos:
   (a) $(0, -4)$ y $(4, 2)$ (b) $(0, 0)$ y $(2, -5)$ (c) $(-5, 2)$ y $(4, -2)$

Respuestas (a) $3/2$ (b) $-5/2$ (c) $-4/9$

Resolución de sistemas de ecuaciones lineales

Considere la ecuación $3x + 5y = 15$, que tiene dos incógnitas, x y y una ecuación de este tipo no tiene una única solución. Por ejemplo, observe que $(x = 0, y = 3)$, $(x = 5, y = 0)$, y $(x = 2, y = 9/5)$ son soluciones de esta ecuación.

Si un problema tiene dos incógnitas, sólo es posible obtener una solución si se tienen *dos* ecuaciones. En general, si un problema tiene n incógnitas, su solución requiere n ecuaciones. Para resolver sistemas de dos ecuaciones que impliquen dos incógnitas, x y y, despejamos x en función de y en una de las ecuaciones y sustituimos dicha expresión en la otra ecuación.

Ejemplo 2 Resolver el siguiente sistema de dos ecuaciones:

$$(1) \quad 5x + y = -8$$

$$(2) \quad 2x - 2y = 4$$

Solución. A partir de la ecuación (2), obtenemos $x = y + 2$. Sustituimos esta expresión en la ecuación (1) y obtenemos

$$5(y + 2) + y = -8$$

$$6y = -18$$

$$y = -3$$

$$x = y + 2 = -1$$

Solución alternativa. Multiplicamos cada término de la ecuación (1) por 2 y la sumamos con la ecuación (2):

$$10x + 2y = -16$$

$$\underline{2x - 2y = 4}$$

$$12x = -12$$

$$x = -1$$

$$y = x - 2 = -3$$

Un sistema de dos ecuaciones lineales con dos incógnitas puede resolverse gráficamente. Si las líneas rectas correspondientes a las dos ecuaciones se dibujan en un sistema de coordenadas convencional, la intersección de las dos líneas representa la solución. Por ejemplo, considere las dos ecuaciones siguientes:

$$x - y = 2$$

$$x - 2y = -1$$

Ambas rectas se han dibujado en la figura B.3. La intersección de las dos líneas es el punto de coordenadas $x = 5$ y $y = 3$, que es la solución de este sistema de dos ecuaciones. Es aconsejable comprobar esta solución por el método analítico explicado anteriormente.

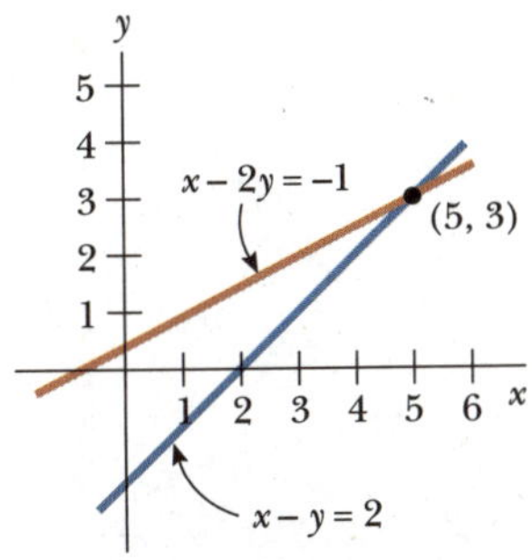

Figura B.3

EJERCICIOS

Resolver los siguientes sistemas de dos ecuaciones con dos incógnitas:

	Respuestas
1. $x + y = 8$ $x - y = 2$	$x = 5, y = 3$
2. $98 - T = 10a$ $T - 49 = 5a$	$T = 65, a = 3.27$
3. $6x + 2y = 6$ $8x - 4y = 28$	$x = 2, y = -3$

Logaritmos

Suponga que una cantidad x se expresa como una potencia de una cierta cantidad a.

$$x = a^y \quad \textbf{(B.11)}$$

El número a se denomina **base.** El **logaritmo** de x en base a es igual al exponente al que debe elevarse la base para satisfacer la expresión $x = a^y$:

$$y = \log_a x \quad \textbf{(B.12)}$$

Inversamente, el **antilogaritmo** de y es el número x:

$$x = \text{antilog}_a\, y \quad \textbf{(B.13)}$$

En la práctica, las dos bases empleadas con mayor frecuencia son 10, que es la base de los logaritmos decimales y el número $e = 2.718\ldots$, denominado constante de Euler o base de los logaritmos *naturales.* Cuando se emplean logaritmos decimales, tenemos

$$y = \log_{10} x \quad (\text{o } x = 10^y) \quad \textbf{(B.14)}$$

Y para el logaritmo natural,

$$y = \ln_{10} x \quad (\text{o } x = e^y) \quad \textbf{(B.15)}$$

Por ejemplo, $\log_{10} 52 = 1.716$, por lo que $\text{antilog}_{10}\, 1.716 = 10^{1.716} = 52$. Del mismo modo $\ln 52 = 3.951$, por lo que $\text{antiln}\, 3.951 = e^{3.951} = 52$.

En general, puede utilizar la siguiente igualdad para pasar de base 10 a base *e*:

$$\ln x = (2.302\,585)\log_{10} x \tag{B.16}$$

Por último, algunas propiedades útiles de los logaritmos son las siguientes:

$$\log(ab) = \log a + \log b$$
$$\log(a/b) = \log a - \log b$$
$$\log(a^n) = n \log a$$
$$\ln e = 1$$
$$\ln e^a = a$$
$$\ln\left(\frac{1}{a}\right) = -\ln a$$

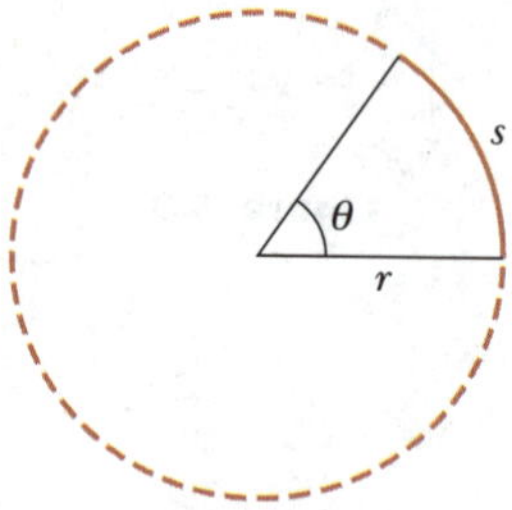

Figura B.4

B.3 • GEOMETRÍA

La **distancia** *d* entre dos puntos de coordenadas (x_1, y_1) y (x_2, y_2) es

$$d = \sqrt{(x_2 - x_1)^2 + (y_2 - y_1)^2} \tag{B.17}$$

Medida en radianes. La longitud de arco *s* de un arco circular (figura B.4) es proporcional al radio *r* según un valor fijo θ (en radianes):

$$s = r\theta$$
$$\theta = \frac{s}{r} \tag{B.18}$$

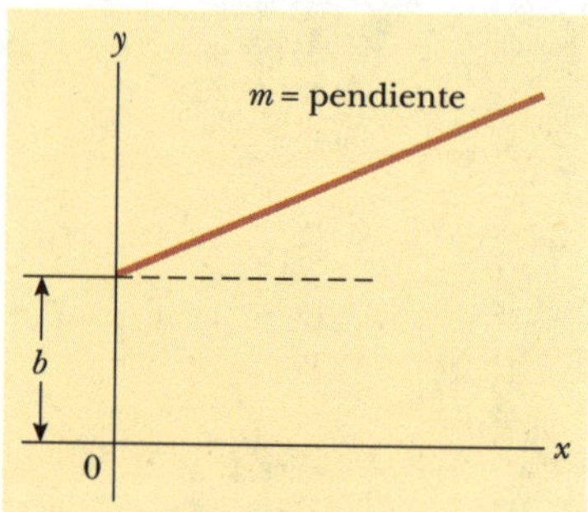

Figura B.5

La ecuación de una **línea recta** (figura B.5) es:

$$y = mx + b \tag{B.19}$$

donde *b* es la coordenada al origen *y* y *m* es la pendiente de la línea.

La ecuación de un **círculo** de radio *R* centrado en el origen es

$$x^2 + y^2 = R^2 \tag{B.20}$$

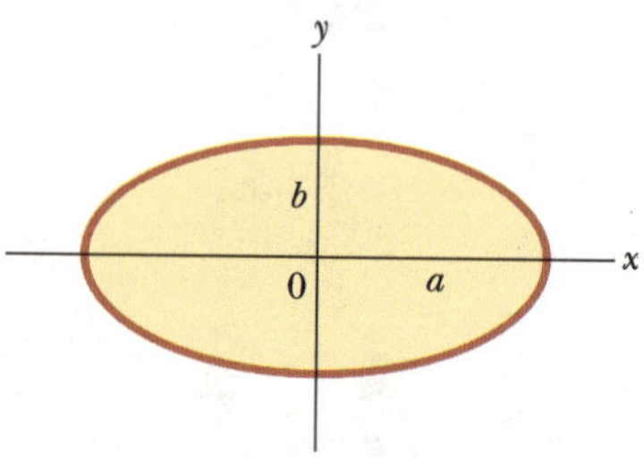

Figura B.6

La ecuación de una **elipse** que tiene el origen como centro (figura B.6) es:

$$\frac{x^2}{a^2} + \frac{y^2}{b^2} = 1 \tag{B.21}$$

donde *a* es la longitud del semieje mayor (el más largo) y *b* es la longitud del semieje menor (el más corto).

La ecuación de una **parábola** cuyo vértice se encuentra en $y = b$ (figura B.7) es:

$$y = ax^2 + b \tag{B.22}$$

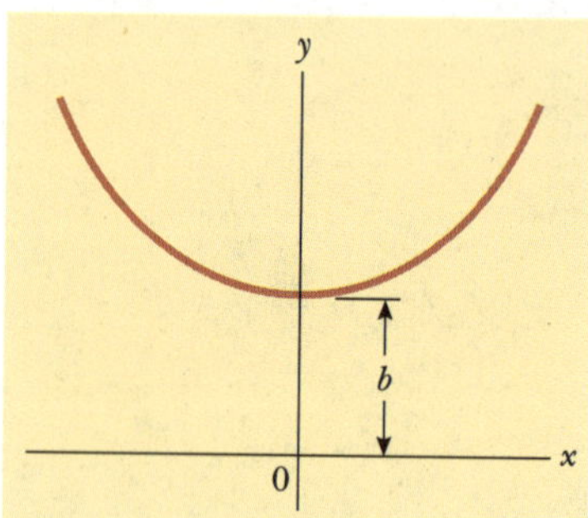

Figura B.7

La ecuación de una **hipérbola rectangular** (figura B.8) es:

$$xy = \text{constante} \tag{B.23}$$

TABLA B.2 **Información útil de geometría**

Forma	Área o volumen	Forma	Área o volumen
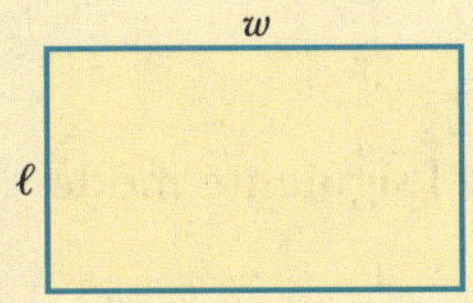 Rectángulo	Área = ℓw	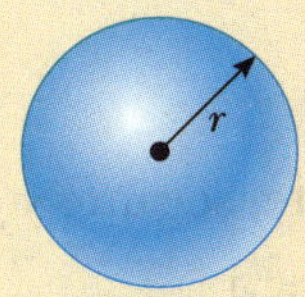 Esfera	Área de la superficie = $4\pi r^2$ Volumen = $\frac{4\pi r^3}{3}$
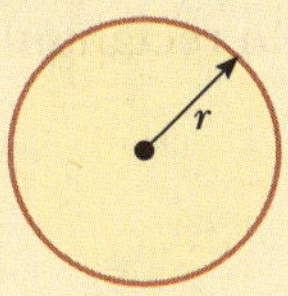 Círculo	Área = πr^2 Circunferencia = $2\pi r$	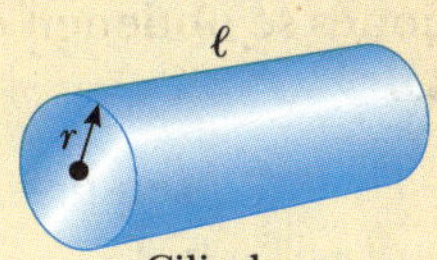 Cilindro	Área de la superficie lateral = $2\pi r\ell$ Volumen = $\pi r^2\ell$
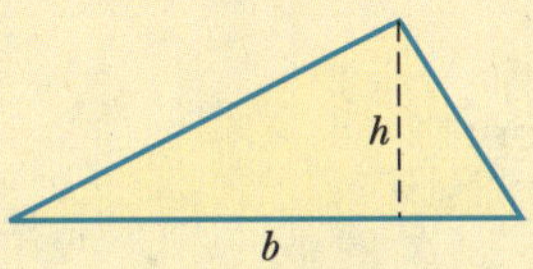 Triángulo	Área = $\frac{1}{2}bh$	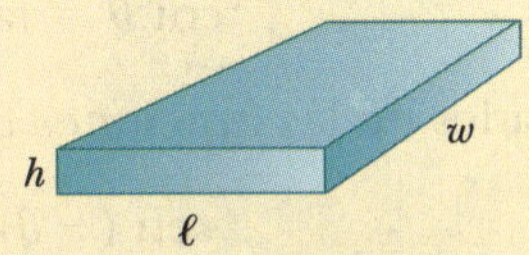 Prisma rectangular	Área de la superficie = $2(\ell h + \ell w + hw)$ Volumen = ℓwh

La tabla B.2 proporciona las áreas y volúmenes para distintas formas geométricas utilizadas en el libro.

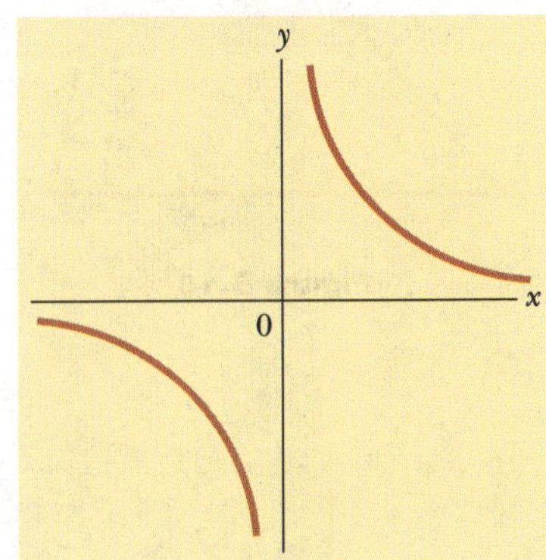

Figura B.8

B.4 • TRIGONOMETRÍA

La parte de las matemáticas que se basa en las propiedades especiales del triángulo rectángulo se denomina trigonometría. Por definición, un triángulo rectángulo es aquél que tiene un ángulo de 90°. Considere el triángulo rectángulo de la figura B.9, en el que el lado a es el opuesto al ángulo θ, el lado b es adyacente al ángulo θ y el lado c es la hipotenusa del triángulo. Las tres funciones trigonométricas básicas definidas por este triángulo son el seno (sen), el coseno (cos) y la tangente (tan). En función del ángulo θ, estas funciones se definen del siguiente modo:

$$\text{sen}\,\theta \equiv \frac{\text{lado opuesto a }\theta}{\text{hipotenusa}} = \frac{a}{c} \qquad \textbf{(B.24)}$$

$$\cos\theta \equiv \frac{\text{lado adyacente a }\theta}{\text{hipotenusa}} = \frac{b}{c} \qquad \textbf{(B.25)}$$

$$\tan\theta \equiv \frac{\text{lado opuesto a }\theta}{\text{lado adyacente a }\theta} = \frac{a}{b} \qquad \textbf{(B.26)}$$

El teorema de Pitágoras proporciona la siguiente relación entre los lados de un triángulo rectángulo:

$$c^2 = a^2 + b^2 \qquad \textbf{(B.27)}$$

a = lado opuesto
b = lado adyacente
c = hipotenusa

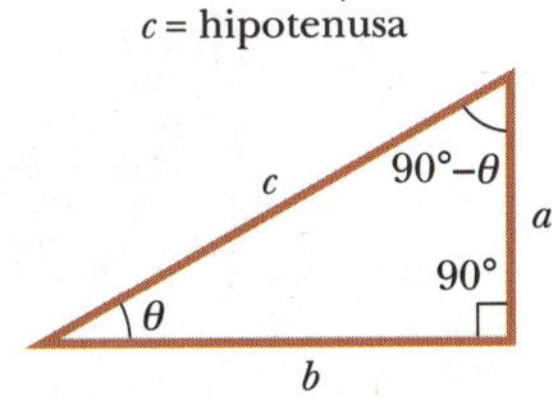

Figura B.9

A partir de las definiciones anteriores y del teorema de Pitágoras, se deduce que:

$$\operatorname{sen}^2\theta + \cos^2\theta = 1$$

$$\tan\theta = \frac{\operatorname{sen}\theta}{\cos\theta}$$

Las funciones cosecante, secante y cotangente se definen del siguiente modo

$$\csc\theta \equiv \frac{1}{\operatorname{sen}\theta} \qquad \sec\theta \equiv \frac{1}{\cos\theta} \qquad \cot\theta \equiv \frac{1}{\tan\theta}$$

Las siguientes relaciones se obtienen directamente del triángulo rectángulo mostrado en la figura B.9:

$$\operatorname{sen}\theta = \cos(90° - \theta)$$

$$\cos\theta = \operatorname{sen}(90° - \theta)$$

$$\cot\theta = \tan(90° - \theta)$$

Algunas propiedades de las funciones trigonométricas son:

$$\operatorname{sen}(-\theta) = -\operatorname{sen}\theta$$

$$\cos(-\theta) = \cos\theta$$

$$\tan(-\theta) = -\tan\theta$$

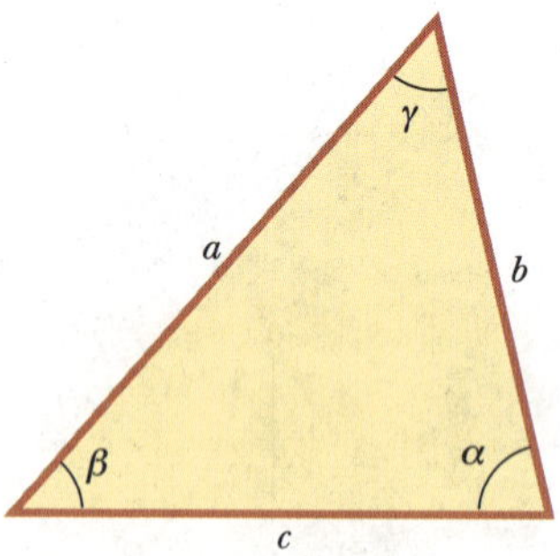

Figura B.10

Las siguientes relaciones se aplican a *cualquier* triángulo, como el mostrado en la figura B.10:

$$\alpha + \beta + \gamma = 180°$$

Ley de los cosenos

$$a^2 = b^2 + c^2 - 2bc\cos\alpha$$
$$b^2 = a^2 + c^2 - 2ac\cos\beta$$
$$c^2 = a^2 + b^2 - 2ab\cos\gamma$$

Ley de los senos $\quad \dfrac{a}{\operatorname{sen}\alpha} = \dfrac{b}{\operatorname{sen}\beta} = \dfrac{c}{\operatorname{sen}\gamma}$

La tabla B.3 enumera una serie de identidades trigonométricas útiles.

TABLA B.3 **Algunas identidades trigonométricas**

$\operatorname{sen}^2\theta + \cos^2\theta = 1$	$\csc^2\theta = 1 + \cot^2\theta$
$\sec^2\theta = 1 + \tan^2\theta$	$\operatorname{sen}^2\frac{\theta}{2} = \frac{1}{2}(1 - \cos\theta)$
$\operatorname{sen}2\theta = 2\operatorname{sen}\theta\cos\theta$	$\cos^2\frac{\theta}{2} = \frac{1}{2}(1 + \cos\theta)$
$\cos 2\theta = \cos^2\theta - \operatorname{sen}^2\theta$	$1 - \cos\theta = 2\operatorname{sen}^2\frac{\theta}{2}$
$\tan 2\theta = \dfrac{2\tan\theta}{1 - \tan^2\theta}$	$\tan\frac{\theta}{2} = \sqrt{\dfrac{1 - \cos\theta}{1 + \cos\theta}}$
$\operatorname{sen}(A \pm B) = \operatorname{sen}A\cos B \pm \cos A\operatorname{sen}B$	
$\cos(A \pm B) = \cos A\cos B \mp \operatorname{sen}A\operatorname{sen}B$	
$\operatorname{sen}A \pm \operatorname{sen}B = 2\operatorname{sen}[\frac{1}{2}(A \pm B)]\cos[\frac{1}{2}(A \mp B)]$	
$\cos A + \cos B = 2\cos[\frac{1}{2}(A + B)]\cos[\frac{1}{2}(A - B)]$	
$\cos A - \cos B = 2\operatorname{sen}[\frac{1}{2}(A + B)]\operatorname{sen}[\frac{1}{2}(B - A)]$	

Ejemplo 3 Considere el triángulo rectángulo de la figura B.11, en el que $a = 2.00$, $b = 5.00$, y c no se conoce. A partir del teorema de Pitágoras, tenemos

$$c^2 = a^2 + b^2 = 2.00^2 + 5.00^2 = 4.00 + 25.0 = 29.0$$

$$c = \sqrt{29.0} = 5.39$$

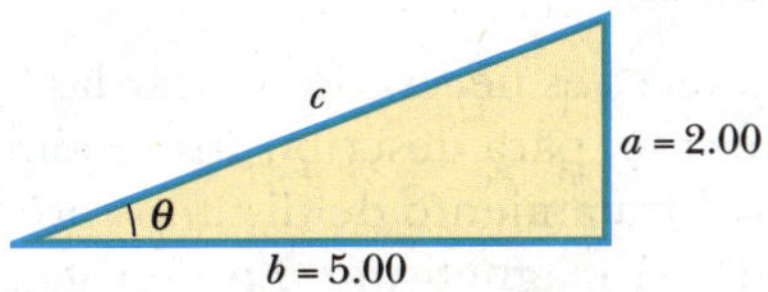

Figura B.11

Para calcular el ángulo θ, hacemos

$$\tan\theta = \frac{a}{b} = \frac{2.00}{5.00} = 0.400$$

Utilizando una tabla de funciones o una calculadora, obtenemos

$$\theta = \tan^{-1}(0.400) = 21.8°$$

donde $\tan^{-1}$ (0.400) se lee "ángulo cuya tangente es 0.400", lo que a veces se escribe como arctan(0.400).

EJERCICIOS

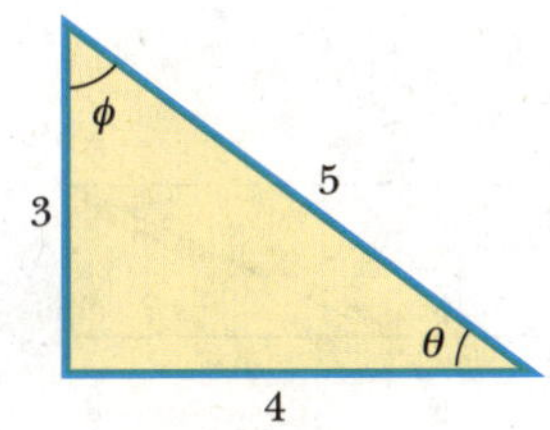

Figura B.12

1. En la figura B.12, identifique (a) el lado opuesto a θ y (b) el lado adyacente a ϕ, y luego calcule (c) $\cos\theta$, (d) $\text{sen}\,\phi$ y (e) $\tan\phi$.

Respuestas: (a) 3 (b) 3 (c) $\frac{4}{5}$ (d) $\frac{4}{5}$ (e) $\frac{4}{3}$

2. En un determinado triángulo rectángulo, los dos lados perpendiculares entre sí miden 5.00 m y 7.00 m de longitud. ¿Cuál es la longitud del tercer lado?

Respuestas: 8.60 m

3. Un triángulo rectángulo tiene una hipotenusa de 3.0 m de longitud y uno de sus ángulos mide 30°. ¿cuál es la longitud de (a) el lado opuesto al ángulo de 30° y (b) el lado adyacente al ángulo de 30°?

Respuestas: (a) 1.5 m (b) 2.60 m

B.5 • DESARROLLO EN SERIE

$$(a + b)^n = a^n + \frac{n}{1!}a^{n-1}b + \frac{n(n-1)}{2!}a^{n-2}b^2 + \cdots$$

$$(1 + x)^n = 1 + nx + \frac{n(n-1)}{2!}x^2 + \cdots$$

$$e^x = 1 + x + \frac{x^2}{2!} + \frac{x^3}{3!} + \cdots$$

$$\ln(1 \pm x) = \pm x - \tfrac{1}{2}x^2 \pm \tfrac{1}{3}x^3 - \cdots$$

$$\left.\begin{aligned} \text{sen}\,x &= x - \frac{x^3}{3!} + \frac{x^5}{5!} - \cdots \\ \cos x &= 1 - \frac{x^2}{2!} + \frac{x^4}{4!} - \cdots \\ \tan x &= x + \frac{x^3}{3} + \frac{2x^5}{15} + \cdots \qquad |x| < \pi/2 \end{aligned}\right\} x \text{ en radianes}$$

Para $x \ll 1$, se pueden utilizar las siguientes aproximaciones.*

$$(1 + x)^n \approx 1 + nx \qquad \operatorname{sen} x \approx x$$
$$e^x \approx 1 + x \qquad \cos x \approx 1$$
$$\ln(1 \pm x) \approx \pm x \qquad \tan x \approx x$$

B.6 • CÁLCULO DIFERENCIAL

En varias ramas de la ciencia, algunas veces es necesario utilizar las herramientas básicas del cálculo, inventado por Newton, para describir los fenómenos físicos. El uso del cálculo es fundamental en el tratamiento de distintos problemas de la mecánica newtoniana, la electricidad y el magnetismo. En esta sección, simplemente vamos a enunciar algunas propiedades básicas y reglas prácticas, como recordatorio para el estudiante.

En primer lugar, hay que especificar una **función** que describa cómo se relaciona una variable con otra (por ejemplo, una coordenada en función del tiempo). Suponga que llamamos a una de las variables y (la variable dependiente), y a la otra x (la variable independiente). Para estas dos variables, podríamos tener una relación funcional como la siguiente:

$$y(x) = ax^3 + bx^2 + cx + d$$

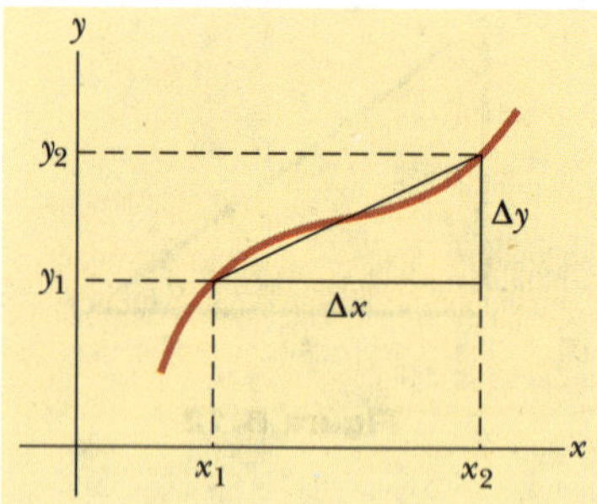

Figura B.13

Si a, b, c, y d son constantes especificadas, entonces se puede calcular y para cualquier valor de x. Normalmente, trabajaremos con funciones continuas, es decir, aquéllas para las que y varía "de forma suave" al variar x.

La **derivada** de y respecto de x se define como el límite, cuando Δx tiende a cero, de la pendiente de la cuerda dibujada entre dos puntos de la curva que representa y en función de x. Matemáticamente, escribimos esta definición del siguiente modo:

$$\frac{dy}{dx} = \lim_{\Delta x \to 0} \frac{\Delta y}{\Delta x} = \lim_{\Delta x \to 0} \frac{y(x + \Delta x) - y(x)}{\Delta x} \qquad \textbf{(B.28)}$$

donde Δy y Δx se definen como $\Delta x = x_2 - x_1$ y $\Delta y = y_2 - y_1$ (figura B.13). Es importante destacar que dy/dx *no* significa dy dividido entre dx, sino que simplemente se trata de la notación que se emplea para designar el proceso de cálculo del límite para obtener la derivada, definido en la ecuación B.28.

Una expresión útil que conviene recordar cuando $y(x) = ax^n$, donde a es una *constante* y n es *cualquier* número positivo o negativo (entero o fraccionario), es

$$\frac{dy}{dx} = nax^{n-1} \qquad \textbf{(B.29)}$$

Si $y(x)$ es un polinomio o función algebraica de x, aplicamos la ecuación B.29 a *cada* término del polinomio y tomamos $d[\text{constante}]/dx = 0$. En los ejemplos 4 a 7 se calculan las derivadas de varias funciones.

Ejemplo 4 Suponga que $y(x)$ (y en función de x) está dada por la expresión

$$y(x) = ax^3 + bx + c$$

donde a y b son constantes. Entonces, se deduce que:

$$y(x + \Delta x) = a(x + \Delta x)^3 + b(x + \Delta x) + c$$

$$y(x + \Delta x) = a(x^3 + 3x^2\Delta x + 3x\Delta x^2 + \Delta x^3) + b(x + \Delta x) + c$$

Por tanto,

$$\Delta y = y(x + \Delta x) - y(x) = a(3x^2\Delta x + 3x\Delta x^2 + \Delta x^3) + b\Delta x$$

Sustituyendo esto en la ecuación B.28, se obtiene

$$\frac{dy}{dx} = \lim_{\Delta x \to 0} \frac{\Delta y}{\Delta x} = \lim_{\Delta x \to 0} a[3x^2 + 3x\Delta x + \Delta x^2] + b$$

$$\frac{dy}{dx} = 3ax^2 + b$$

* Las aproximaciones para las funciones sen x, cos x y tan x son para $x \leq 0.1$ radianes.

Ejemplo 5 Calcular la derivada de

$$y(x) = 8x^5 + 4x^3 + 2x + 7$$

Solución. Aplicando independientemente la ecuación B.29 a cada término y teniendo en cuenta que d/dx (constante) = 0, obtenemos

$$\frac{dy}{dx} = 8(5)x^4 + 4(3)x^2 + 2(1)x^0 + 0$$

$$\frac{dy}{dx} = 40x^4 + 12x^2 + 2$$

Propiedades especiales de la derivada

A. Derivada del producto de dos funciones. Si una función $f(x)$ está dada por el producto de dos funciones, por ejemplo $g(x)$ y $h(x)$, entonces la derivada de $f(x)$ es

$$\frac{d}{dx}f(x) = \frac{d}{dx}[g(x)h(x)] = g\frac{dh}{dx} + h\frac{dg}{dx} \qquad \textbf{(B.30)}$$

B. Derivada de la suma de dos funciones. Si una función $f(x)$ es igual a la suma de dos funciones, entonces la derivada de la suma es igual a la suma de las derivadas:

$$\frac{d}{dx}f(x) = \frac{d}{dx}[g(x) + h(x)] = \frac{dg}{dx} + \frac{dh}{dx} \qquad \textbf{(B.31)}$$

C. Regla de la cadena del cálculo diferencial. Si $y = f(x)$ y $x = g(z)$, entonces dy/dz puede escribirse como el producto de dos derivadas:

$$\frac{dy}{dz} = \frac{dy}{dx}\frac{dx}{dz} \qquad \textbf{(B.32)}$$

D. La segunda derivada. La segunda derivada de y respecto de x se define como la derivada de la función dy/dx (la derivada de la derivada). Esto se expresa, normalmente, del siguiente modo

$$\frac{d^2y}{dx^2} = \frac{d}{dx}\left(\frac{dy}{dx}\right) \qquad \textbf{(B.33)}$$

Ejemplo 6 Calcular la derivada de $y(x) = x^3/(x+1)^2$ con respecto a x.

Solución. Podemos escribir esta expresión como $y(x) = x^3(x+1)^{-2}$ y aplicar la ecuación B.30:

$$\frac{dy}{dx} = (x+1)^{-2}\frac{d}{dx}(x^3) + x^3\frac{d}{dx}(x+1)^{-2}$$

$$= (x+1)^{-2}3x^2 + x^3(-2)(x+1)^{-3}$$

$$\frac{dy}{dx} = \frac{3x^2}{(x+1)^2} - \frac{2x^3}{(x+1)^3}$$

Ejemplo 7 Una fórmula muy útil que se deduce de la ecuación B.30 es la derivada del cociente de dos funciones. Vamos a demostrar que

$$\frac{d}{dx}\left[\frac{g(x)}{h(x)}\right] = \frac{h\frac{dg}{dx} - g\frac{dh}{dx}}{h^2}$$

Solución. Podemos escribir el cociente como gh^{-1} y luego aplicar las ecuaciones B.29 y B.30:

$$\frac{d}{dx}\left(\frac{g}{h}\right) = \frac{d}{dx}(gh^{-1}) = g\frac{d}{dx}(h^{-1}) + h^{-1}\frac{d}{dx}(g)$$

$$= -gh^{-2}\frac{dh}{dx} + h^{-1}\frac{dg}{dx}$$

$$= \frac{h\frac{dg}{dx} - g\frac{dh}{dx}}{h^2}$$

TABLA B.4

Derivadas de distintas funciones

$$\frac{d}{dx}(a) = 0$$

$$\frac{d}{dx}(ax^n) = nax^{n-1}$$

$$\frac{d}{dx}(e^{ax}) = ae^{ax}$$

$$\frac{d}{dx}(\text{sen } ax) = a \cos ax$$

$$\frac{d}{dx}(\cos ax) = -a \text{ sen } ax$$

$$\frac{d}{dx}(\tan ax) = a \sec^2 ax$$

$$\frac{d}{dx}(\cot ax) = -a \csc^2 ax$$

$$\frac{d}{dx}(\sec x) = \tan x \sec x$$

$$\frac{d}{dx}(\csc x) = -\cot x \csc x$$

$$\frac{d}{dx}(\ln ax) = \frac{1}{x}$$

Nota: Las letras a y n representan constantes.

En la tabla B.4 se enumeran algunas de las derivadas más comúnmente utilizadas.

B.7 • CÁLCULO INTEGRAL

La integración es la operación inversa de la diferenciación. Por ejemplo, considere la siguiente expresión:

$$f(x) = \frac{dy}{dx} = 3ax^2 + b \qquad \textbf{(B.34)}$$

la cual es el resultado de diferenciar la función

$$y(x) = ax^3 + bx + c$$

del ejemplo 4. Podemos escribir la ecuación B.34 como $dy = f(x)\, dx = (3ax^2 + b)\, dx$ y obtener $y(x)$ "sumando" todos los valores de x. Matemáticamente, escribimos esta operación inversa como sigue

$$y(x) = \int f(x)\, dx$$

Para la función $f(x)$ dada por la ecuación B.34, tenemos

$$y(x) = \int (3ax^2 + b)\, dx = ax^3 + bx + c$$

donde c es una constante de integración. Este tipo de integral se denomina *integral indefinida*, dado que su valor depende de la elección que se haga de c.

Una **integral indefinida** $I(x)$ se define, en general, como

$$I(x) = \int f(x)\, dx \qquad \textbf{(B.35)}$$

donde $f(x)$ se denomina *integrando* y $f(x) = dI(x)/dx$.

Para una función *continua* cualquiera $f(x)$, la integral se puede describir como el área bajo la curva limitada por $f(x)$ y el eje x, entre dos valores especificados de x, por ejemplo x_1 y x_2, como se muestra en la figura B.14.

El área del elemento en color azul es aproximadamente $f(x_i)\Delta x_i$. Si sumamos todos esos elementos desde x_1 hasta x_2 y calculamos el límite de esta suma cuando $\Delta x_i \rightarrow 0$, obtenemos el área *real* bajo la curva limitada por $f(x)$ y x, entre

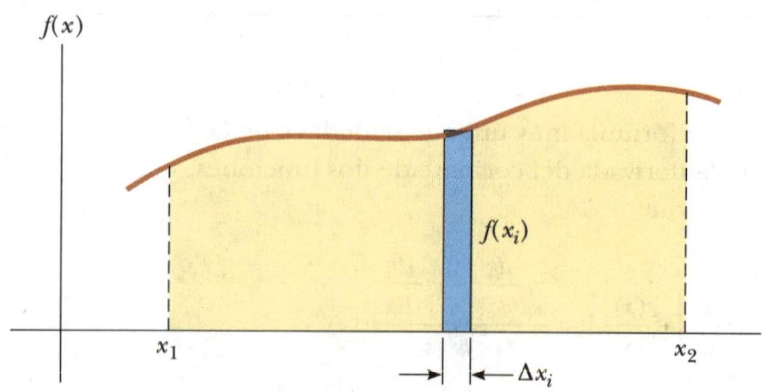

Figura B.14

los límites x_1 y x_2:

$$\text{Área} = \lim_{\Delta x_i \to 0} \sum_i f(x_i)\, \Delta x_i = \int_{x_1}^{x_2} f(x)\, dx \qquad \textbf{(B.36)}$$

Las integrales del tipo definido por la ecuación B.36 se denominan **integrales definidas.**

Una integral habitual que surge en situaciones prácticas es la siguiente

$$\int x^n\, dx = \frac{x^{n+1}}{n+1} + c \quad (n \neq -1) \qquad \textbf{(B.37)}$$

Este resultado es obvio, ya que la derivada del lado derecho de la ecuación con respecto a x es $f(x) = x^n$, como puede verificarse directamente. Si los límites de integración son conocidos, esta integral se convierte en una *integral definida* y se expresa como sigue

$$\int_{x_1}^{x_2} x^n\, dx = \frac{{x_2}^{n+1} - {x_1}^{n+1}}{n+1} \quad (n \neq -1) \qquad \textbf{(B.38)}$$

EJEMPLOS

1. $\displaystyle\int_0^a x^2\, dx = \frac{x^3}{3}\Big]_0^a = \frac{a^3}{3}$
2. $\displaystyle\int_0^b x^{3/2}\, dx = \frac{x^{5/2}}{5/2}\Big]_0^b = \tfrac{2}{5} b^{5/2}$
3. $\displaystyle\int_3^5 x\, dx = \frac{x^2}{2}\Big]_3^5 = \frac{5^2 - 3^2}{2} = 8$

Integración por partes

En ocasiones, resulta útil aplicar el método de la *integración por partes* para calcular ciertas integrales. El método utiliza la propiedad que establece que

$$\int u\, dv = uv - \int v\, du \qquad \textbf{(B.39)}$$

donde u y v se eligen *cuidadosamente* de modo que sea posible reducir una integral complicada a una integral más sencilla. En muchos casos, se realizan varias reducciones. Considere la función siguiente

$$I(x) = \int x^2 e^x\, dx$$

Esta integral se puede calcular integrando por partes dos veces. En la primera, si seleccionamos $u = x^2$, $v = e^x$, obtenemos

$$\int x^2 e^x\, dx = \int x^2\, d(e^x) = x^2 e^x - 2\int e^x x\, dx + c_1$$

Después, en segundo lugar, elegimos $u = x$, $v = e^x$, lo que da

$$\int x^2 e^x\, dx = x^2 e^x - 2x e^x + 2\int e^x\, dx + c_1$$

es decir

$$\int x^2 e^x\, dx = x^2 e^x - 2x e^x + 2e^x + c_2$$

Integración por sustitución

Otro útil método que debe recordar es la *integración por sustitución,* en la que se realiza un cambio de variable tal que el diferencial de la función es igual al diferencial de la variable independiente que aparece en el integrando. Por ejemplo, considere la siguiente integral

$$I(x) = \int \cos^2 x \operatorname{sen} x\, dx$$

TABLA B.5 **Algunas integrales indefinidas (debe añadirse una constante arbitraria a cada una de estas integrales)**

$$\int x^n\, dx = \frac{x^{n+1}}{n+1} \quad (\text{siempre que } n \neq -1)$$

$$\int \frac{dx}{x} = \int x^{-1}\, dx = \ln x$$

$$\int \frac{dx}{a+bx} = \frac{1}{b}\ln(a+bx)$$

$$\int \frac{x\,dx}{a+bx} = \frac{x}{b} - \frac{a}{b^2}\ln(a+bx)$$

$$\int \frac{dx}{x(x+a)} = -\frac{1}{a}\ln\frac{x+a}{x}$$

$$\int \frac{dx}{(a+bx)^2} = -\frac{1}{b(a+bx)}$$

$$\int \frac{dx}{a^2+x^2} = \frac{1}{a}\tan^{-1}\frac{x}{a}$$

$$\int \frac{dx}{a^2-x^2} = \frac{1}{2a}\ln\frac{a+x}{a-x} \quad (a^2-x^2>0)$$

$$\int \frac{dx}{x^2-a^2} = \frac{1}{2a}\ln\frac{x-a}{x+a} \quad (x^2-a^2>0)$$

$$\int \frac{x\,dx}{a^2\pm x^2} = \pm\tfrac{1}{2}\ln(a^2\pm x^2)$$

$$\int \frac{dx}{\sqrt{a^2-x^2}} = \operatorname{sen}^{-1}\frac{x}{a} = -\cos^{-1}\frac{x}{a} \quad (a^2-x^2>0)$$

$$\int \frac{dx}{\sqrt{x^2\pm a^2}} = \ln(x+\sqrt{x^2\pm a^2})$$

$$\int \frac{x\,dx}{\sqrt{a^2-x^2}} = -\sqrt{a^2-x^2}$$

$$\int \frac{x\,dx}{\sqrt{x^2\pm a^2}} = \sqrt{x^2\pm a^2}$$

$$\int \sqrt{a^2-x^2}\,dx = \tfrac{1}{2}\left(x\sqrt{a^2-x^2} + a^2\operatorname{sen}^{-1}\frac{x}{a}\right)$$

$$\int x\sqrt{a^2-x^2}\,dx = -\tfrac{1}{3}(a^2-x^2)^{3/2}$$

$$\int \sqrt{x^2\pm a^2}\,dx = \tfrac{1}{2}[x\sqrt{x^2\pm a^2} \pm a^2\ln(x+\sqrt{x^2\pm a^2})]$$

$$\int x(\sqrt{x^2\pm a^2})\,dx = \tfrac{1}{3}(x^2\pm a^2)^{3/2}$$

$$\int e^{ax}\,dx = \frac{1}{a}e^{ax}$$

$$\int \ln ax\,dx = (x\ln ax) - x$$

$$\int xe^{ax}\,dx = \frac{e^{ax}}{a^2}(ax-1)$$

$$\int \frac{dx}{a+be^{cx}} = \frac{x}{a} - \frac{1}{ac}\ln(a+be^{cx})$$

$$\int \operatorname{sen} ax\,dx = -\frac{1}{a}\cos ax$$

$$\int \cos ax\,dx = \frac{1}{a}\operatorname{sen} ax$$

$$\int \tan ax\,dx = -\frac{1}{a}\ln(\cos ax) = \frac{1}{a}\ln(\sec ax)$$

$$\int \cot ax\,dx = \frac{1}{a}\ln(\operatorname{sen} ax)$$

$$\int \sec ax\,dx = \frac{1}{a}\ln(\sec ax + \tan ax) = \frac{1}{a}\ln\left[\tan\left(\frac{ax}{2}+\frac{\pi}{4}\right)\right]$$

$$\int \csc ax\,dx = \frac{1}{a}\ln(\csc ax - \cot ax) = \frac{1}{a}\ln\left(\tan\frac{ax}{2}\right)$$

$$\int \operatorname{sen}^2 ax\,dx = \frac{x}{2} - \frac{\operatorname{sen} 2ax}{4a}$$

$$\int \cos^2 ax\,dx = \frac{x}{2} + \frac{\operatorname{sen} 2ax}{4a}$$

$$\int \frac{dx}{\operatorname{sen}^2 ax} = -\frac{1}{a}\cot ax$$

$$\int \frac{dx}{\cos^2 ax} = \frac{1}{a}\tan ax$$

$$\int \tan^2 ax\,dx = \frac{1}{a}(\tan ax) - x$$

$$\int \cot^2 ax\,dx = -\frac{1}{a}(\cot ax) - x$$

$$\int \operatorname{sen}^{-1} ax\,dx = x(\operatorname{sen}^{-1} ax) + \frac{\sqrt{1-a^2x^2}}{a}$$

$$\int \cos^{-1} ax\,dx = x(\cos^{-1} ax) - \frac{\sqrt{1-a^2x^2}}{a}$$

$$\int \frac{dx}{(x^2+a^2)^{3/2}} = \frac{x}{a^2\sqrt{x^2+a^2}}$$

$$\int \frac{x\,dx}{(x^2+a^2)^{3/2}} = -\frac{1}{\sqrt{x^2+a^2}}$$

TABLA B.6 **Integral de la distribución de probabilidad de Gauss y otras integrales definidas**

$$\int_0^\infty x^n e^{-ax}\,dx = \frac{n!}{a^{n+1}}$$

$$I_0 = \int_0^\infty e^{-ax^2}\,dx = \tfrac{1}{2}\sqrt{\frac{\pi}{a}} \qquad \text{(Integral de la distribución de probabilidad de Gauss)}$$

$$I_1 = \int_0^\infty xe^{-ax^2}\,dx = \frac{1}{2a}$$

$$I_2 = \int_0^\infty x^2e^{-ax^2}\,dx = -\frac{dI_0}{da} = \tfrac{1}{4}\sqrt{\frac{\pi}{a^3}}$$

$$I_3 = \int_0^\infty x^3e^{-ax^2}\,dx = -\frac{dI_1}{da} = \frac{1}{2a^2}$$

$$I_4 = \int_0^\infty x^4e^{-ax^2}\,dx = \frac{d^2I_0}{da^2} = \tfrac{3}{8}\sqrt{\frac{\pi}{a^5}}$$

$$I_5 = \int_0^\infty x^5e^{-ax^2}\,dx = \frac{d^2I_1}{da^2} = \frac{1}{a^3}$$

$$\vdots$$

$$I_{2n} = (-1)^n\frac{d^n}{da^n}I_0$$

$$I_{2n+1} = (-1)^n\frac{d^n}{da^n}I_1$$

Esta integral es fácil de calcular si expresamos el diferencial como $d(\cos x) = -\text{sen}\,x\,dx$. La integral queda entonces del siguiente modo

$$\int \cos^2 x\,\text{sen}\,x\,dx = -\int \cos^2 x\,d(\cos x)$$

Si ahora hacemos el cambio de variable $y = \cos x$, obtenemos

$$\int \cos^2 x\,\text{sen}\,x\,dx = -\int y^2dy = -\frac{y^3}{3} + c = -\frac{\cos^3 x}{3} + c$$

La tabla B.5 enumera algunas integrales indefinidas de útiles. La tabla B.6 proporciona la integral de la distribución de probabilidad de Gauss y otras integrales definidas. Puede encontrar listas más completas en muchos manuales como, por ejemplo, *The Handbook of Chemistry and Physics*, CRC Press.

Apéndice C

Tabla periódica de los elementos

Símbolo — **Ca** 20 — Número atómico
Masa atómica† — 40.08
$4s^2$ — Configuración electrónica

Grupo I	Grupo II	Elementos de transición						
H 1 1.008 0 $1s^1$								
Li 3 6.94 $2s^1$	**Be** 4 9.012 $2s^2$							
Na 11 22.99 $3s^1$	**Mg** 12 24.31 $3s^2$							
K 19 39.102 $4s^1$	**Ca** 20 40.08 $4s^2$	**Sc** 21 44.96 $3d^14s^2$	**Ti** 22 47.90 $3d^24s^2$	**V** 23 50.94 $3d^34s^2$	**Cr** 24 51.996 $3d^54s^1$	**Mn** 25 54.94 $3d^54s^2$	**Fe** 26 55.85 $3d^64s^2$	**Co** 27 58.93 $3d^74s^2$
Rb 37 85.47 $5s^1$	**Sr** 38 87.62 $5s^2$	**Y** 39 88.906 $4d^15s^2$	**Zr** 40 91.22 $4d^25s^2$	**Nb** 41 92.91 $4d^45s^1$	**Mo** 42 95.94 $4d^55s^1$	**Tc** 43 (99) $4d^55s^2$	**Ru** 44 101.1 $4d^75s^1$	**Rh** 45 102.91 $4d^85s^1$
Cs 55 132.91 $6s^1$	**Ba** 56 137.34 $6s^2$	57-71*	**Hf** 72 178.49 $5d^26s^2$	**Ta** 73 180.95 $5d^36s^2$	**W** 74 183.85 $5d^46s^2$	**Re** 75 186.2 $5d^56s^2$	**Os** 76 190.2 $5d^66s^2$	**Ir** 77 192.2 $5d^76s^2$
Fr 87 (223) $7s^1$	**Ra** 88 (226) $7s^2$	89-103**	**Rf** 104 (261) $6d^27s^2$	**Db** 105 (262) $6d^37s^2$	**Sg** 106 (263)	**Bh** 107 (262)	**Hs** 108 (265)	**Mt** 109 (266)

*Serie de los lantánidos	**La** 57 138.91 $5d^16s^2$	**Ce** 58 140.12 $5d^14f^16s^2$	**Pr** 59 140.91 $4f^36s^2$	**Nd** 60 144.24 $4f^46s^2$	**Pm** 61 (147) $4f^56s^2$	**Sm** 62 150.4 $4f^66s^2$
**Serie de los actínidos	**Ac** 89 (227) $6d^17s^2$	**Th** 90 (232) $6d^27s^2$	**Pa** 91 (231) $5f^26d^17s^2$	**U** 92 (238) $5f^36d^17s^2$	**Np** 93 (239) $5f^46d^17s^2$	**Pu** 94 (239) $5f^66d^07s^2$

WEB

Para ver una descripción de los datos atómicos, visite **physics.nist.gov/atomic**

† Los valores de masa atómica proporcionados son promedios efectuados para los distintos isótopos, en los porcentajes en que existen en la Naturaleza; para los elementos inestables, se especifica entre paréntesis el número de masa del isótopo más estable conocido.
†† Los elementos 110, 111, 112 y 114 no tienen todavía nombre.

			Grupo III	Grupo IV	Grupo V	Grupo VI	Grupo VII	Grupo 0
							H 1 1.008 0 $1s^1$	**He** 2 4.002 6 $1s^2$
			B 5 10.81 $2p^1$	**C** 6 12.011 $2p^2$	**N** 7 14.007 $2p^3$	**O** 8 15.999 $2p^4$	**F** 9 18.998 $2p^5$	**Ne** 10 20.18 $2p^6$
			Al 13 26.98 $3p^1$	**Si** 14 28.09 $3p^2$	**P** 15 30.97 $3p^3$	**S** 16 32.06 $3p^4$	**Cl** 17 35.453 $3p^5$	**Ar** 18 39.948 $3p^6$
Ni 28 58.71 $3d^84s^2$	**Cu** 29 63.54 $3d^{10}4s^1$	**Zn** 30 65.37 $3d^{10}4s^2$	**Ga** 31 69.72 $4p^1$	**Ge** 32 72.59 $4p^2$	**As** 33 74.92 $4p^3$	**Se** 34 78.96 $4p^4$	**Br** 35 79.91 $4p^5$	**Kr** 36 83.80 $4p^6$
Pd 46 106.4 $4d^{10}$	**Ag** 47 107.87 $4d^{10}5s^1$	**Cd** 48 112.40 $4d^{10}5s^2$	**In** 49 114.82 $5p^1$	**Sn** 50 118.69 $5p^2$	**Sb** 51 121.75 $5p^3$	**Te** 52 127.60 $5p^4$	**I** 53 126.90 $5p^5$	**Xe** 54 131.30 $5p^6$
Pt 78 195.09 $5d^96s^1$	**Au** 79 196.97 $5d^{10}6s^1$	**Hg** 80 200.59 $5d^{10}6s^2$	**Tl** 81 204.37 $6p^1$	**Pb** 82 207.2 $6p^2$	**Bi** 83 208.98 $6p^3$	**Po** 84 (210) $6p^4$	**At** 85 (218) $6p^5$	**Rn** 86 (222) $6p^6$
110†† (269)	111†† (272)	112†† (277)		114†† (289)				

Eu 63 152.0 $4f^76s^2$	**Gd** 64 157.25 $5d^14f^76s^2$	**Tb** 65 158.92 $5d^14f^86s^2$	**Dy** 66 162.50 $4f^{10}6s^2$	**Ho** 67 164.93 $4f^{11}6s^2$	**Er** 68 167.26 $4f^{12}6s^2$	**Tm** 69 168.93 $4f^{13}6s^2$	**Yb** 70 173.04 $4f^{14}6s^2$	**Lu** 71 174.97 $5d^14f^{14}6s^2$
Am 95 (243) $5f^76d^07s^2$	**Cm** 96 (245) $5f^76d^17s^2$	**Bk** 97 (247) $5f^86d^17s^2$	**Cf** 98 (249) $5f^{10}6d^07s^2$	**Es** 99 (254) $5f^{11}6d^07s^2$	**Fm** 100 (253) $5f^{12}6d^07s^2$	**Md** 101 (255) $5f^{13}6d^07s^2$	**No** 102 (255) $6d^07s^2$	**Lr** 103 (257) $6d^17s^2$

Apéndice D

Unidades del Sistema Internacional

TABLA D.1 **Unidades del SI**

Magnitud básica	Unidad básica del Sistema Internacional Nombre	Símbolo
Longitud	Metro	m
Masa	Kilogramo	kg
Tiempo	Segundo	s
Corriente eléctrica	Amperio	A
Temperatura	Kelvin	K
Cantidad de sustancia	Mol	mol
Intensidad luminosa	Candela	cd

TABLA D.2 **Algunas unidades derivadas del SI**

Magnitud	Nombre	Símbolo	Expresión en función de las unidades básicas	Expresión en función de otras unidades del SI
Ángulo plano	radián	rad	m/m	
Frecuencia	hertz	Hz	s^{-1}	
Fuerza	newton	N	$kg \cdot m/s^2$	J/m
Presión	pascal	Pa	$kg/m \cdot s^2$	N/m^2
Energía, trabajo	joule	J	$kg \cdot m^2/s^2$	$N \cdot m$
Potencia	watt	W	$kg \cdot m^2/s^3$	J/s
Carga elétrica	coulumb	C	$A \cdot s$	
Potencial eléctrico	voltio	V	$kg \cdot m^2/A \cdot s^3$	W/A
Capacitancia	farad	F	$A^2 \cdot s^4/kg \cdot m^2$	C/V
Resistencia eléctrica	ohm	Ω	$kg \cdot m^2/A^2 \cdot s^3$	V/A
Flujo magnético	weber	Wb	$kg \cdot m^2/A \cdot s^2$	$V \cdot s$
Campo magnético	tesla	T	$kg/A \cdot s^2$	
Inductancia	henry	H	$kg \cdot m^2/A^2 \cdot s^2$	$T \cdot m^2/A$

Apéndice

E

Premios Nobel

A continuación se proporciona una lista de todos los Premios Nobel en Física (marcados con una F), así como de algunos Premios Nobel en Química (Q) destacados. La tabla indica las fechas de algunos de los trabajos científicos, la cual es a veces muy anterior a la concesión del galardón.

1901 (F) *Wilhelm Roentgen*, por el descubrimiento de los rayos X (1895).

1902 (F) *Hendrik A. Lorentz*, por predecir el efecto Zeeman, y *Pieter Zeeman*, por el descubrimiento del efecto Zeeman, el desdoblamiento de las líneas espectrales en la presencia de campos magnéticos.

1903 (F) *Antoine-Henri Becquerel*, por el descubrimiento de la radiactividad (1896), y *Pierre* y *Marie Curie*, por sus estudios sobre la radiactividad.

1904 (F) *John William Strutt, Lord Rayleigh*, por el estudio de la densidad de los gases y el descubrimiento del argón.

(Q) *William Ramsay*, por el descubrimiento de los gases inertes helio, neón, xenón y criptón, y su ubicación en la tabla periódica.

1905 (F) *Philipp Lenard*, por el estudio de los rayos catódicos y de los electrones (1898–1899).

1906 (F) *J. J. Thomson*, por el estudio de las descargas eléctricas en gases y el descubrimiento del electrón (1897).

1907 (F) *Albert A. Michelson*, por el invento de instrumentos ópticos y por la medición de la rapidez de la luz (en la década de 1880).

1908 (F) *Gabriel Lippmann*, por la construcción de la primera placa fotográfica en color utilizando métodos de interferencia (1891).

(Q) *Ernest Rutherford*, por el descubrimiento de que se pueden romper los átomos usando rayos alfa y por sus estudios sobre la radiactividad.

1909 (F) *Guglielmo Marconi* y *Carl Ferdinand Braun*, por el desarrollo de la telegrafía inalámbrica.

1910 (F) *Johannes D. van der Waals*, por su estudio de la ecuación de estado de los gases y de los líquidos (1881).

1911 (F) *Wilhelm Wien*, por el descubrimiento de la ley de Wien, que determina el pico de emisión en el espectro de radiación de un cuerpo negro (1893).

(Q) *Marie Curie*, por el descubrimiento del radio y el polonio (1898) y por el aislamiento del radio.

1912 (F) *Nils Dalén*, por el invento de los reguladores automáticos de gas para lámparas caseras.

1913 (F) *Heike Kamerlingh-Onnes*, por el descubrimiento de la superconductividad y por la licuefacción del helio (1908).

1914 (F) *Max T. F. von Laue*, por sus estudios sobre la difracción de los rayos X en cristales, que demostraron que los rayos X son ondas electromagnéticas (1912).

(Q) *Theodore W. Richards*, por determinar los pesos atómicos de 60 elementos, indicando la existencia de isótopos.

1915 (F) *William Henry Bragg* y *William Lawrence Bragg*, su hijo, por el estudio de la difracción de los rayos X en cristales.

1917 (F) *Charles Barkla*, por el estudio de los átomos mediante la dispersión de rayos X (1906).

1918 (F) *Max Planck*, por el descubrimiento de los cuantos de energía (1900).

1919 (F) *Johannes Stark*, por el descubrimiento del efecto Stark, el desdoblamiento de las líneas espectrales en presencia de campos eléctricos (1913).

1920 (F) *Charles-Édouard Guillaume*, por el descubrimiento del invar, una aleación de níquel y acero con un bajo coeficiente de expansión.

(Q) *Walther Nernst*, por el estudio de los cambios de energía en las reacciones químicas y por la formulación de la tercera ley de la termodinámica (1918).

1921 (F) *Albert Einstein*, por la explicación del efecto fotoeléctrico y por sus servicios a la física teórica (1905).

(Q) *Frederick Soddy*, por el estudio de la química de las sustancias radiactivas y por el descubrimiento de isótopos (1912).

1922 (F) *Niels Bohr*, por su modelo del átomo y de la radiación atómica (1913).

(Q) *Francis W. Aston*, por la utilización del espectrógrafo de masas para estudiar los pesos atómicos, descubriendo así 212 de los 287 isótopos presentes en la Naturaleza.

1923 (F) *Robert A. Millikan*, por la medición de la carga del electrón (1911) y por los estudios experimentales del efecto fotoeléctrico (1914).

1924 (F) *Karl M. G. Siegbahn*, por sus trabajos en la espectroscopía de rayos X.

1925 (F) *James Franck* y *Gustav Hertz*, por el descubrimiento del efecto Franck-Hertz en las colisiones electrón-átomo.

1926 (F) *Jean-Baptiste Perrin*, por el estudio del movimiento browniano para validar la estructura discontinua de la materia y por medir el tamaño de los átomos.

1927 (F) *Arthur Holly Compton*, por el descubrimiento del efecto Compton en los rayos X, el cambio en su longitud de onda cuando colisionan con la materia (1922), y *Charles T. R. Wilson*, por inventar la cámara de niebla, usada para estudiar partículas cargadas (1906).

1928 (F) *Owen W. Richardson*, por el estudio del efecto termoiónico y de las emisiones de electrones por parte de los metales calientes (1911).

1929 (F) *Louis-Victor de Broglie*, por el descubrimiento de la naturaleza ondulatoria de los electrones (1923).

1930 (F) *Chandrasekhara Venkata Raman*, por el estudio de la dispersión de Raman, la dispersión de la luz por átomos y moléculas con un cambio en la longitud de onda (1928).

1932 (F) *Werner Heisenberg*, por la creación de la mecánica cuántica (1925).

1933 (F) *Erwin Schrödinger* y *Paul A. M. Dirac*, por el desarrollo de la mecánica ondulatoria (1925) y la mecánica cuántica relativista (1927).

1934 (F) *Harold Urey*, por el descubrimiento del hidrógeno pesado, el deuterio (1931).

1935 (F) *James Chadwick*, por el descubrimiento del neutrón (1932).

(Q) *Irène* y *Frédéric Joliot-Curie*, por la síntesis de nuevos elementos radiactivos.

1936 (F) *Carl D. Anderson*, por el descubrimiento del positrón en particular y de la antimateria en general (1932), y *Victor F. Hess*, por el descubrimiento de los rayos cósmicos.

(Q) *Peter J. W. Debye*, por el estudio de los momentos dipolares y la difracción de los rayos X y de los electrones en los gases.

1937 (F) *Clinton Davisson* y *George Thomson*, por el descubrimiento de la difracción de los electrones en cristales, con lo que se confirmó la hipótesis de De Broglie (1927).

1938 (F) *Enrico Fermi*, por la producción de elementos radiactivos transuránicos mediante la irradiación de neutrones (1934-1937).

1939 (F) *Ernest O. Lawrence*, por el invento del ciclotrón.

1943 (F) *Otto Stern*, por el desarrollo de estudios de haces moleculares (1923) y el uso de los mismos para descubrir el momento magnético del protón (1933).

1944 (F) *Isidor I. Rabi,* por el descubrimiento de la resonancia nuclear magnética en los haces atómicos y moleculares.

(Q) *Otto Hahn,* por el descubrimiento de la fisión nuclear (1938).

1945 (F) *Wolfgang Pauli,* por el descubrimiento del principio de exclusión (1924).

1946 (F) *Percy W. Bridgman,* por sus estudios en la física a altas presiones.

1947 (F) *Edward V. Appleton,* por sus estudios de la ionosfera.

1948 (F) *Patrick M. S. Blackett,* por sus estudios en la física nuclear con fotografías en cámara de niebla de las interacciones de rayos cósmicos.

1949 (F) *Hideki Yukawa,* por la predicción de la existencia de mesones (1935).

1950 (F) *Cecil F. Powell,* por el desarrollo del método para estudiar los rayos cósmicos mediante emulsiones fotográficas y por el descubrimiento de nuevos mesones.

1951 (F) *John D. Cockcroft* y *Ernest T. S. Walton,* por la transmutación de núcleos en un acelerador (1932).

(Q) *Edwin M. McMillan,* por la producción de neptunio (1940) y *Glenn T. Seaborg,* por la producción de plutonio (1941) y otros elementos transuránicos.

1952 (F) *Felix Bloch* y *Edward Mills Purcell,* por el descubrimiento de la resonancia magnética nuclear en líquidos y en gases (1946).

1953 (F) *Frits Zernike,* por el invento del microscopio de contraste de fase, que utiliza la interferencia para proporcionar un alto contraste.

1954 (F) *Max Born,* por interpretar la función de onda como una función de probabilidad (1926) y por otros descubrimientos en la mecánica cuántica, y *Walther Bothe,* por el desarrollo del método de coincidencia para el estudio de partículas subatómicas (1930-1931), produciendo, en particular, la partícula interpretada por Chadwick como el neutrón.

1955 (F) *Willis E. Lamb, Jr.,* por el descubrimiento del corrimiento de Lamb en espectro de hidrógeno (1947), y *Polykarp Kusch,* por determinar el momento magnético del electrón (1947).

1956 (F) *John Bardeen, Walter H. Brattain* y *William Shockley,* por inventar el transistor (1956).

1957 (F) *T.-D. Lee* y *C.-N. Yang,* por predecir que la paridad no se conserva en el decaimiento beta (1956).

1958 (F) *Pavel A. Cerenkov,* por el descubrimiento de la radiación Cerenkov (1935), e *Ilya M. Frank* e *Igor Tamm,* por interpretarla (1937).

1959 (F) *Emilio G. Segrè* y *Owen Chamberlain,* por el descubrimiento del antiprotón (1955).

1960 (F) *Donald A. Glaser,* por la invención de la cámara de burbujas para el estudio de partículas elementales (1952).

(Q) *Willard Libby,* por el desarrollo del fechamiento mediante carbono radiactivo (1947).

1961 (F) *Robert Hofstadter,* por el descubrimiento de la estructura interna de los protones y neutrones, y *Rudolf L. Mössbauer,* por el descubrimiento del efecto Mössbauer, la emisión de rayos gamma sin retroceso (1957).

1962 (F) *Lev Davidovich Landau,* por el estudio teórico del helio líquido y de la materia condensada.

1963 (P) *Eugene P. Wigner* por la aplicación de los principios de simetría a la teoría de las partículas elementales, y *Maria Goeppert-Mayer* y *J. Hans D. Jensen* por sus estudios sobre el modelo de capas de los núcleos (1947).

1964 (F) *Charles H. Townes, Nikolai G. Basov* y *Alexandr M. Prokhorov,* por el desarrollo de los máseres (1951-1952) y láseres.

1965 (F) *Sin-Itiro Tomonaga, Julian S. Schwinger* y *Richard P. Feynman,* por el desarrollo de la electrodinámica cuántica (1948).

1966 (F) *Alfred Kastler,* por sus métodos ópticos para el estudio de los niveles atómicos de energía.

1967 (F) *Hans Albrecht Bethe,* por el descubrimiento de las rutas de producción de energía en las estrellas (1939).

1968 (F) *Luis W. Alvarez*, por el descubrimiento de los estados de resonancia de las partículas elementales.

1969 (F) *Murray Gell-Mann*, por la clasificación de las partículas elementales (1963).

1970 (F) *Hannes Alfvén*, por el desarrollo de la teoría magnetohidrodinámica, y *Louis Eugène Félix Néel*, por el descubrimiento del antiferromagnetismo y el ferrimagnetismo (en la década de los 30).

1971 (F) *Dennis Gabor*, por el desarrollo de la holografía (1947).

(Q) *Gerhard Herzberg*, por el estudio espectroscópico de la estructura de las moléculas.

1972 (F) *John Bardeen, Leon N. Cooper* y *John Robet Schrieffer*, por su explicación de la superconductividad (1957).

1973 (F) *Leo Esaki*, por el descubrimiento del efecto túnel en los semiconductores, *Ivar Giaever*, por el descubrimiento del efecto túnel en los superconductores, y *Brian D. Josephson*, por predecir el efecto Josephson, que implica el efecto túnel de momentos de torsión de electrones (1958-1962).

1974 (F) *Anthony Hewish*, por el descubrimientos de los pulsares, y *Martin Ryle*, por el desarrollo de la radiointerferometría.

1975 (F) *Aage N. Bohr, Ben R. Mottelson* y *James Rainwater*, por descubrir por qué algunos núcleos adoptan formas asimétricas.

1976 (F) *Burton Richter* y *Samuel C. C. Ting*, por el descubrimiento de la partícula J/psi, la primera partícula encantada (1974).

1977 (F) *John H. Van Vleck, Nevill F. Mott* y *Philip W. Anderson*, por el estudio de los sólidos con la mecánica cuántica.

(Q) *Ilya Prigogine*, por extender la termodinámica para demostrar cómo podría surgir a pesar de la segunda ley.

1978 (F) *Arno A. Penzias* y *Robert W. Wilson*, por el descubrimiento de la radiación cósmica de fondo (1965), y *Pyotr Kapitsa*, por sus estudios sobre el helio líquido.

1979 (F) *Sheldon L. Glashow, Abdus Salam* y *Steven Weinberg*, por el desarrollo de la teoría que permitió unificar las fuerzas débil y electromagnética (1958-1971).

1980 (F) *Val Fitch* y *James W. Cronin*, por el descubrimiento de la violación de la carga-paridad (CP) (1964), que posiblemente explica el dominio de la materia sobre la antimateria a nivel cosmológico.

1981 (F) *Nicolaas Bloembergen* y *Arthur L. Schawlow*, por el desarrollo de la espectroscopía láser, y *Kai M. Siegbahn*, por el desarrollo de la espectroscopía electrónica de alta resolución (1958).

1982 (F) *Kenneth G. Wilson*, por el desarrollo de un método para construir teorías de transiciones de fase para analizar fenómenos críticos.

1983 (F) *William A. Fowler*, por sus estudios teóricos de la nucleosíntesis en astrofísica, y *Subramanyan Chandrasekhar*, por el estudio de procesos físicos importantes para la estructura y evolución de las estrellas, incluyendo la predicción de la existencia de estrellas enanas blancas (1930).

1984 (F) *Carlo Rubbia*, por el descubrimiento de las partículas W y Z con lo cual se verifica la unificación electrodébil, y *Simon van der Meer*, por el desarrollo del método de enfriamiento estocástico del haz del CERN, que permitió el descubrimiento (1982-1983).

1985 (F) *Klaus von Klitzing*, por el efecto Hall cuántico, relacionado con la conductividad en presencia de un campo magnético (1980).

1986 (F) *Ernst Ruska*, por el invento del microscopio electrónico (1931), y *Gerd Binnig* y *Heinrich Rohrer*, por el invento del microscopio electrónico de barrido (1981).

1987 (F) *J. Georg Bednorz* y *Karl Alex Müller*, por el descubrimiento de la superconductividad a alta temperatura (1986).

1988 (F) *Leon M. Lederman, Melvin Schwartz* y *Jack Steinberger*, por un experimento en colaboración que llevó al desarrollo de una nueva herramienta para el estudio de la fuerza nuclear débil, que ocasiona el decaimiento radiactivo de los átomos.

1989 (F) *Norman Ramsey*, por diversas técnicas aplicables a la física atómica, y *Hans Dehmelt* y *Wolfgang Paul*, por el desarrollo de técnicas para cofinar una sola partícula cargada de partículas aisladas de carga.

1990 (F) *Jerome Friedman, Henry Kendall* y *Richard Taylor*, por experimentos importantes para el desarrollo del modelo de quark.

1991 (F) *Pierre-Gilles de Gennes*, por descubrir que algunos métodos desarrollados para estudiar los fenómenos de orden en sistemas simples pueden ser generalizados para formas más complejas de materia, y en particular para cristales líquidos y polímeros.

1992 (F) *Georges Charpak*, por el desarrollo de detectores que siguen las trayectorias de partículas subatómicas evanescentes producidas en los aceleradores de partículas.

1993 (F) *Russell Hulse* y *Joseph Taylor*, por descubrir evidencias de la existencia de ondas gravitacionales.

1994 (F) *Bertram N. Brockhouse* y *Clifford G. Shull*, por su trabajo pionero en la dispersión de neutrones.

1995 (F) *Martin L. Perl* y *Frederick Reines*, por descubrir la partícula tau y el neutrino, respectivamente.

1996 (F) *David M. Lee, Douglas C. Osheroff* y *Robert C. Richardson*, por el desarrollo de un superfluido usando helio-3.

1997 (F) *Steven Chu, Claude Cohen-Tannoudji* y *William D. Phillips*, por desarrollar métodos para enfriar y atrapar átomos con láser.

1998 (F) *Robert B. Laughlin, Horst L. Störmer* y *Daniel C. Tsui*, por descubrir una nueva forma de fluido cuántico con excitaciones de carga fraccionaria.

1999 (F) *Gerardus 'T Hooft* y *Martinus J. G. Veltman*, por aclarar la estructura cuántica de las interacciones electrodébiles en la física.

2000 (F) *Zhores I. Alferov* y *Herbert Kroemer*, por el desarrollo de heteroestructuras semiconductoras usadas en electrónica y optoelectrónica de alta rapidez, y *Jack S. Kilby*, por su participación en el invento de los circuitos integrados.

Respuestas a problemas impares

Capítulo 1

1. (a) 2.62×10^{24} electrones (b) 2.38 electrones
3. La fuerza es $\sim 10^{26}$ N
5. 57.5 N
7. 0.872 N a 330°
9. 1.82 m a la izquierda de la carga negativa
11. (a) El campo es cero en el centro del triángulo.
(b) $1.73k_eq\mathbf{j}/a^2$
13. (a) $5.91k_eq/a^2$ a 58.8° (b) $5.91k_eq^2/a^2$ a 58.8°
17. $-21.6\mathbf{i}$ MN/C
21.

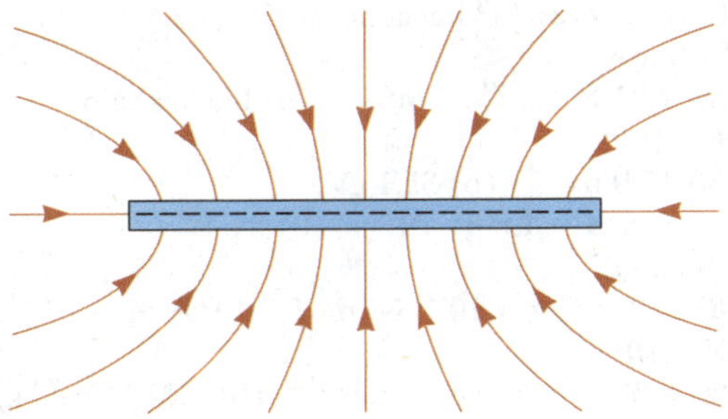

23. (a) 61.4 Gm/s^2 (b) 19.5 μs (c) 11.7 m (d) 1.20 fJ
25. (a) Hacia abajo (b) 3.43 μC
27. La partícula colisiona con la placa negativa después de describir una parábola con una altura de 0.181 mm y una anchura de 0.961 mm.
29. 4.14 MN/C
31. (a) -6.89 MN$\cdot$m^2/C
(b) El número de líneas entrantes es superior al número de líneas salientes según un factor de 2.91 o superior.
33. (a) $+Q/2\epsilon_0$ (b) $-Q/2\epsilon_0$
35. (a) 0 (b) 7.19 MN/C alejándose del centro.
37. $\mathbf{E} = \rho r/2\epsilon_0$ alejándose del eje.
39. 3.50 kN
41. (a) $+708$ nC/m^2 y -708 nC/m^2
(b) $+177$ nC y -177 nC
43. (a) 80.0 nC/m^2 en cada cara (b) $9.04\mathbf{k}$ kN/C
(c) $-9.04\mathbf{k}$ kN/C
45. (a) 0 (b) 79.9 MN/C radialmente hacia afuera (c) 0
(d) 7.34 MN/C radialmente hacia afuera.
47. positiva, 1.77×10^{-12} C/m^3
49. 5.25 μC
51. 26.7 μC
53. 40.9 N a 263°
55. (a) $\theta_1 = \theta_2$
57. (b) en la dirección $+z$
59. (a) $\rho r/3\epsilon_0$; $Q/4\pi\epsilon_0 r^2$; 0; $Q/4\pi\epsilon_0 r^2$, todos radialmente hacia afuera
(b) $-Q/4\pi b^2$ y $+Q/4\pi c^2$
61. (a) σ/ϵ_0 alejándose de ambas placas (b) 0
(c) σ/ϵ_0 alejándose de ambas placas

Capítulo 2

1. (a) 152 km/s (b) 6.49 Mm/s
3. 46.7 kV
5. (a) -600 μJ (b) -50.0 V
7. -38.9 V; el origen
9. (a) $2QE/k$ (b) QE/k (c) $2\pi\sqrt{m/k}$
(d) $2(QE - \mu_k mg)/k$
11. (a) $\mathbf{F} = 0$ (b) $\mathbf{E} = 0$ (c) 45.0 kV
13. -11.0 MV
15. 8.95 J
19. (a) 10.8 m/s y 1.55 m/s (b) Mayores
21. 27.4 fm
23. (a) 10.0 V, -11.0 V, -32.0 V
(b) 7.00 N/C en la dirección $+x$
25. $\mathbf{E} = (-5 + 6xy)\,\mathbf{i} + (3x^2 - 2z^2)\mathbf{j} - 4yz\mathbf{k}$; 7.07 N/C
27. (a) C/m^2 (b) $k_e\alpha[L - d\ln(1 + L/d)]$
29. -1.51 MV
31. (a) 0, 1.67 MV (b) 5.84 MN/C hacia afuera, 1.17 MV
(c) 11.9 MN/C hacia afuera, 1.67 MV
33. (a) 48.0 μC (b) 6.00 μC
35. (a) 11.1 kV/m hacia la placa negativa
(b) 98.3 nC/m^2 (c) 3.74 pF (d) 74.7 pC
37. $(2N-1)(\pi - \theta)R^2\epsilon_0/d$
39. $mgd\tan\theta/q$
41. (a) 17.0 μF (b) 9.00 V (c) 45.0 μC y 108 μC
43. (a) 5.96 μF
(b) 89.5 μC en el condensador de 20 μF, 63.2 μC en el condensador de 6 μF, 26.3 μC en los condensadores de 15 μF y 3 μF
45. 120 μC; 80.0 μC y 40.0 μC
47. $(\sqrt{3} - 1)C_0/2$
49. 4.47 kV
53. 2.51×10^{-3} m^3 = 2.51 L
55. (a) 13.3 nC (b) 272 nC
57. 0.188 m^2
59. (a) 450 kV (b) 7.51 μC
63. $k_eQ^2/2R$
65. (a) 40.0 μJ (b) 500 V
67. (a) $Q_0{}^2\, d(\ell - x)/(2\ell^3\epsilon_0)$
(b) $Q_0{}^2\, d/(2\ell^3\epsilon_0)$ hacia la derecha (c) $Q_0{}^2/(2\ell^4\epsilon_0)$
(d) $Q_0{}^2/(2\ell^4\epsilon_0)$
69. La gasolina tiene una energía interna específica 194 veces superior a la de la batería y 727 000 veces superior a la del condensador.
71. 8.00 kV
73. 579 V

75. 253 MeV
77. (a) La energía adicional proviene del trabajo eléctrico realizado por la batería para separar la carga adicional. (b) $Q/Q_0 = \kappa$

Capítulo 3

1. 7.50×10^{15} electrones
3. $q\omega/2\pi$
5. (a) $0.632 I_0 \tau$ (b) $0.999\,95 I_0 \tau$ (c) $I_0 \tau$
7. 500 mA
9. 6.43 A
11. (a) 31.5 nΩ·m (b) 6.35 MA/m^2 (c) 49.9 mA (d) 659 μm/s (e) 0.400 V
13. 0.181 V/m
15. 5.00 A; 24.0 Ω
17. 36.1%
19. (a) 184 W (b) 461°C
21. ~$1
23. (a) 6.73 Ω (b) 1.97 Ω
25. (a) 17.1 Ω
(b) 1.99 A para 4.00 Ω y 9.00 Ω, 1.17 A para 7.00 Ω, 0.818 A para 10.0 Ω
27. (a) 227 mA (b) 5.68 V
29. 14.2 W, 28.4 W, 1.33 W, 4.00 W
31. (a) Calefactor, 12.5 A; tostadora, 6.25 A; parrilla, 8.33 A
(b) No, ya que todos juntos requerirían 27.1 A
33. 846 mA hacia abajo a través de la resistencia de 8 Ω; 462 mA hacia abajo en la rama central; 1.31 A hacia arriba en la rama derecha
35. (a) − 222 J y 1.88 kJ
(b) 687 J, 128 J, 25.6 J, 616 J, 205 J (c) 1.66 kJ
37. Motor de arranque: 171 A; batería: 0.283 A
39. (a) 5.00 s (b) 150 μC (c) 4.06 μA
41. (a) 6.00 V (b) 8.29 μs
43. 6.00×10^{-15} (Ω·m)$^{-1}$
45. (a) 576 Ω, 144 Ω (b) 4.80 s (c) 0.040 0 s
(d) $1.26, energía a 1.94×10^{-8} $/J
47. (a) 8.00**i** V/m (b) 0.637 Ω (c) 6.28 A
(d) 200**i** MA/m^2
49. Resistividad exprimental = 1.47 μΩ·m ± 4%, de acuerdo con el valor de la tabla, que es 1.50 μΩ·m
51. (a) 667 A (b) 50.0 km
55. (a) $\ln(\mathcal{E}/\Delta V) = 0.011\,8t + 0.088\,2$ (b) 84.7 s, 8.47 μF
57. $(R_A + 2R_B)C \ln 2$
59. (a) Sea 3.84 Ω o 0.375 Ω
(b) Imposible: ninguna resistencia de carga puede extraer 21.2 W de esta batería

Conclusión del contexto 5

1. (a) 87.0 s (b) 261 s (c) $t \to \infty$
2. (a) 0.01 s (b) 7×10^6
3. (a) 3×10^6 (b) 9×10^6

Capítulo 4

1. (a) Hacia arriba (b) Saliendo del plano del papel
(c) No hay deflexión
(d) Entrando en el plano del papel
3. (a) 7.90 pN (b) Cero
5. 2.34 aN
7. 7.88 pT
9. 0.278 m
11. 70.1 mT
13. (− 2.88**j**) N
15. $2\pi r I B \operatorname{sen} \theta$ hacia arriba
17. 9.98 N·m en el sentido de las agujas del reloj, mirando desde arriba
19. (a) 3.97° (b) 3.39 mN·m
21. 12.5 T
23. 200 nT
25. $\mu_0 I/4\pi x$ entrante en el papel
27. (a) 53.3 μT (b) 20.0 μT (c) Cero
29. (a) A lo largo de la línea ($y = -0.420$ m, $z = 0$)
(b) − 34.7**j** mN (c) − 17.3**j** kN/C
31. − 27.0**i** μN
33. 20.0 μT hacia la parte inferior de la página
35. 200 μT hacia la parte superior de la página; 133 μT hacia la parte inferior de la página
37. (a) 6.34 mN/m hacia dentro (b) mayor
39. (a) 0 (b) $\mu_0 I/2\pi R$ tangente a la pared, en sentido contrario a las agujas del reloj
(c) $\mu_0 I^2/(2\pi R)^2$ hacia dentro
41. 31.8 mA
43. (a) 9.27×10^{-24} A·m^2 (b) hacia abajo
45. 4×10^{10}
49. (a) 17.9 ns (b) 35.1 eV
51. (a) (3.52**i** − 1.60**j**) aN (b) 24.4°
53. 39.2 mT
55. $B \sim 10^{-1}$ T, $\tau \sim 10^{-1}$ N·m, $I \sim 10^0$ A, $A \sim 10^{-3}$ m^2, $N \sim 10^3$
57. (a) 8.63×10^{45} electrones (b) 4.01×10^{20} kg
59. 20.0 μT
61. $\dfrac{\mu_0 q \omega}{2.5\pi R\sqrt{5}}$
63. 2.00 GA en dirección oeste
65. $\mu_0 I \mathbf{k} \ln(1 + w/b)/2\pi w$

Capítulo 5

1. 0.800 mA
3. 160 A
5. (b) 3.79 mV (c) 28.0 mV
7. 61.8 mV
9. (a) Hacia la derecha (b) Hacia la derecha
(c) Hacia la derecha (d) Hacia dentro del papel
11. (a) 3.00 N hacia la derecha (b) 6.00 W
13. (a) Hacia el este (b) 458 μV
15. (b) La fem inducida en la bobina es proporcional a la integral lineal del campo magnético alrededor del eje circular del toroide. Según la Ley de Ampère, esta integral lineal sólo depende de la corriente encerrada por el círculo.
17. (b) Un mayor valor de R hace que la corriente disminuya, por lo que la espira debe moverse más rápido para mantener el equilibrio entre la fuerza magnética y el peso. (c) La fuerza magnética es proporcional al producto del campo y la corriente, mientras que la corriente es proporcional al campo magnético. Si B se reduce a la mitad, la rapidez debe multiplicarse por cuatro para compensar.

19. (a) 7.54 kV (b) El plano de la bobina es paralelo a **B**
21. 1.80 mN/C hacia arriba y hacia la izquierda, en perpendicular a r_1
23. 19.5 mV
25. 18.8 V cos(377 *t*)
27. 19.2 $\mu T \cdot m^2$
31. (a) 0.139 s (b) 0.461 s
33. (a) 2.00 ms (b) 0.176 A (c) 1.50 A (d) 3.22 ms
35. (a) 0.800 (b) 0
37. (a) 5.66 ms (b) 1.22 A (c) 58.1 ms
39. 2.44 μJ
41. 44.2 nJ/m^3 para el campo **E** y 995 $\mu J/m^3$ para el campo **B**
43. 2×10^2 T
45. $(-7.22 \text{ mV}) \cos(2\pi\, 523t/\text{s})$
47. 6.00 A
51. 1.20 μC
53. (a) $(1.19 \text{ V}) \cos(120\pi t)$ (b) 88.5 mW
55. $(-87.1 \text{ mV}) \cos(200\pi t + \phi)$
57. (a) $L \approx (\pi/2)N^2\mu_0 R$ (b) ~100 nH (c) ~1 ns
59. $3.97 \times 10^{-25}\ \Omega$
61. (a) 50.0 mT (b) 20.0 mT (c) 2.29 MJ (d) 318 Pa

Conclusión del contexto 6

1. 5.56 Hz

Capítulo 6

1. 1.85 aT hacia arriba
3. (a) Sobre el año 2680 (b) 499 s (c) 2.56 s (d) 0.133 s (e) 33.3 μs
5. (a) 6.00 MHz (b) 73.3 nT (−**k**) (c) $\mathbf{B} = (-73.3\mathbf{k} \text{ nT}) \cos(0.126x - 3.77 \times 10^7 t)$
7. (a) 0.333 μT (b) 0.628 μm (c) 477 THz
9. 75.0 MHz
11. (b) 0.050 4*c*
13. 608 pF
15. (a) 503 Hz (b) 12.0 μC (c) 37.9 mA (d) 72.0 μJ
17. 49.5 mV
19. $3.33 \times 10^3\ m^2$
21. (a) 332 kW/m^2 radialmente hacia dentro (b) 1.88 kV/m y 222 μT
23. 11.9 GW/m^2
25. 83.3 nPa
27. (a) 1.90 kN/C (b) 50.0 pJ (c) 1.67×10^{-19} kg · m/s
29. 56.2 m
31. (a) ~ 10^8 Hz onda de radio (b) ~ 10^{13} Hz luz infrarroja
33. (a) 6.00 pm (b) 7.50 cm
35. Los radioyentes reciben la información 8.41 ms antes.
37. (a) 54.7° (b) 63.4° (c) 71.6°
39. $\frac{1}{8}$
43. 28.2 THz, 10.6 μm, infrarrojos
45. (a) 4.24 PW/m^2 (b) 1.20 pJ = 7.50 MeV
49. ~ 10^6 J
51. (a) $(4\rho gc/3)(3m/4\pi\rho)^{1/3}$ (b) $(4\pi\rho gcr^2/3)(3m/4\pi\rho)^{1/3}$
53. 95.1 mV/m
55. (a) $B_{máx}$ = 583 nT, *k* = 419 rad/m, ω = 12.6 Trad/s (b) S_{av} = 40.6 W/m^2 (c) 271 nPa (d) 406 nm/s^2
57. (a) 22.6 h (b) 30.6 s
59. (a) $2\pi^2 r^2 f B_{máx} \cos\theta$, donde θ es el ángulo que forman el campo magnético y la normal a la espira. (b) La espira debe descansar sobre el plano vertical que contiene la línea de visión hacia el transmisor.
61. (b) 17.6 Tm/s^2, 1.75×10^{-27} W (c) 1.80×10^{-24} W

Capítulo 7

1. 25.5°, 442 nm
3. 19.5° por encima del horizonte
5. (a) 181 Mm/s (b) 225 Mm/s (c) 136 Mm/s
7. 30.0° y 19.5° a la entrada; 19.5° y 30.0° a la salida
9. (a) 1.94 m (b) 50.0° por encima de la horizontal
11. Seis veces en el primer espejo y cinco en el segundo
13. 3.88 mm
15. 30.4° y 22.3°
19. 0.171°
21. 4.61°
23. $\text{sen}^{-1}\left(\sqrt{n^2 - 1}\ \text{sen}\,\Phi - \cos\Phi\right)$
25. (a) 24.4° (b) 37.0° (c) 49.8°
27. 1.000 08
29. La luz incidente desde arriba se desplaza hacia abajo por el plástico. Si el índice de refracción del plástico es mayor que 1.41, los rayos cuya dirección esté próxima a la vertical se reflejan totalmente en las dos paredes del indicador y en las dos caras situadas en la parte inferior del plástico, cuando éstas no están sumergidas en gasolina. Estos rayos luminosos vuelven hacia arriba por el plástico y hacen que éste parezca brillante. Allí donde el plástico está sumergido en gasolina, no puede producirse una reflexión interna total y la luz que se desplaza hacia abajo pasa del plástico a la gasolina. La cantidad de luz reflejada hacia arriba es pequeña y esa zona del medidor aparecerá oscura.
31. 82 reflexiones
33. (a) $dn/(n-1)$ (b) sí; sí; sí (c) 350 μm
35. 2.27 m
37. (a) 0.172 mm/s (b) 0.345 mm/s (c) Hacia el norte a 50.0° por debajo de la horizontal (d) Hacia el norte a 50.0° por debajo de la horizontal
39. 62.2%
41. 4.74 cm
43. (b) 68.5%
45. 27.5°
47. (a) Siempre sucede (b) 30.3° (c) No puede ocurrir
49. 2.37 cm
51. $\text{sen}^{-1}\left[\frac{L}{R^2}\left(\sqrt{n^2R^2 - L^2} - \sqrt{R^2 - L^2}\right)\right]$
53. (a) 1.20 (b) 3.40 ns

Capítulo 8

1. ~ 10^{-9} s más joven
3. 35.0 pulgadas

5.

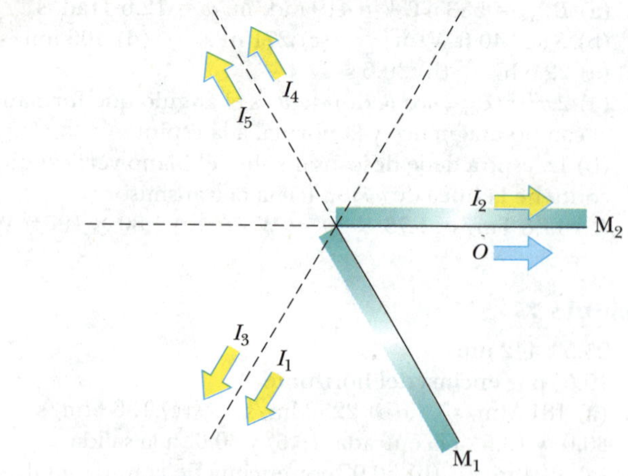

7. (a) $-(p_1 + h)$ (b) virtual (c) al derecho (d) 1.00 (e) no

9. (a) $q = 45.0$ cm $M = -0.500$ real, invertida, reducida (b) $q = -60.0$ cm $M = 3.00$ virtual, al derecho, aumentada (c)

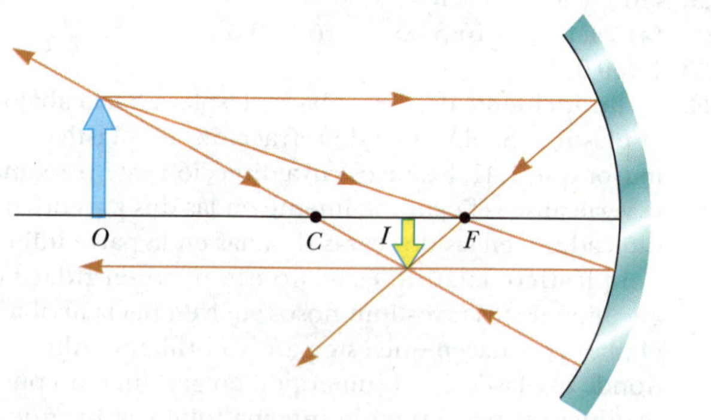

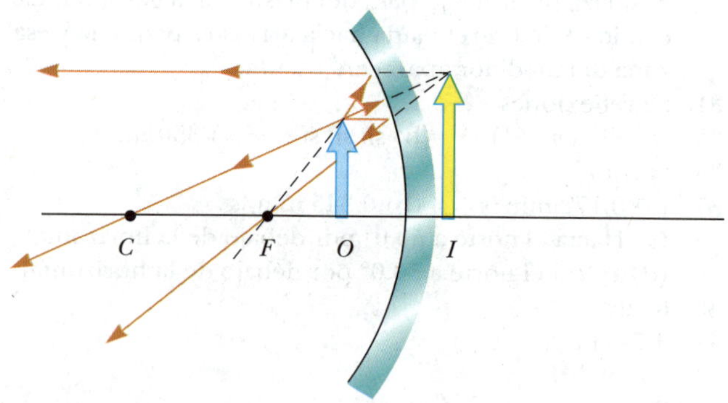

11. (a) -12.0 cm; 0.400 (b) -15.0 cm; 0.250 (c) al derecho

13. (a) 160 mm (b) -267 mm

15. (a) Un espejo cóncavo con un radio de curvatura de 2.08 m (b) 1.25 m del objeto

17. (a) 25.6 m (b) 0.058 7 rad (c) 2.51 m (d) 0.023 9 rad (e) 62.8 m de nuestros ojos

19. 38.2 cm por debajo de la superficie superior del hielo

21. 8.57 cm

23. (a) 16.4 cm (b) 16.4 cm

25. (a) $q = 40.0$ cm, $M = -1.00$, real e invertida (b) $q \to \infty$, no se forma ninguna imagen (c) $q = -20.0$ cm, $M = +2.00$, virtual y al derecho

27. 2.84 cm

29. 7.50 cm

33. (a) -12.3 cm, a la izquierda de la lente (b) 0.615 (c) Según la siguiente figura.

35. (a) $p = \frac{d}{9} \pm \sqrt{(d^2/4) - fd}$

(b) Ambas imágenes son reales y están invertidas. Una está ampliada y la otra reducida.

37. (a) $q = -34.7$ cm, virtual, al derecho y reducida (b) $q = -36.1$ cm, virtual, al derecho y reducida

39. (a) 833 μm (b) 820 μm

41. 3.38 min

43. 160 cm a la izquierda de la lente; invertida; $M = -0.800$

47. Hay que alinear las lentes sobre el mismo eje y separadas 9.00 cm. La luz debe pasar primero por la lente divergente y luego por la convergente. El diámetro se incrementa según un factor de 1.75.

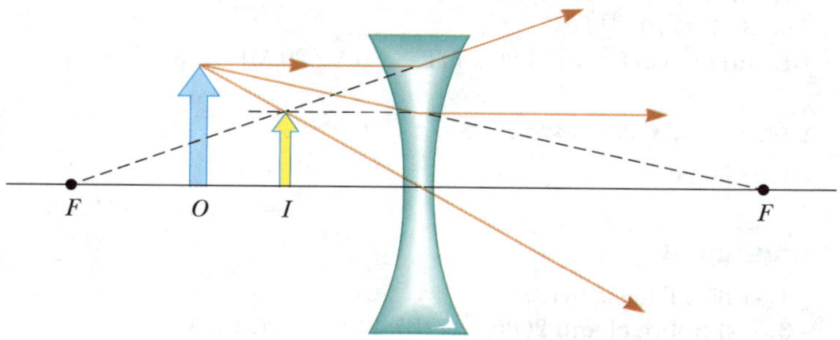

Capítulo 8, problema 33(c)

49. 0.107 m a la derecha del vértice de la cara semiesférica.

51. 1.50 m por delante del espejo; 1.40 cm (invertida)

53. 8.00 cm

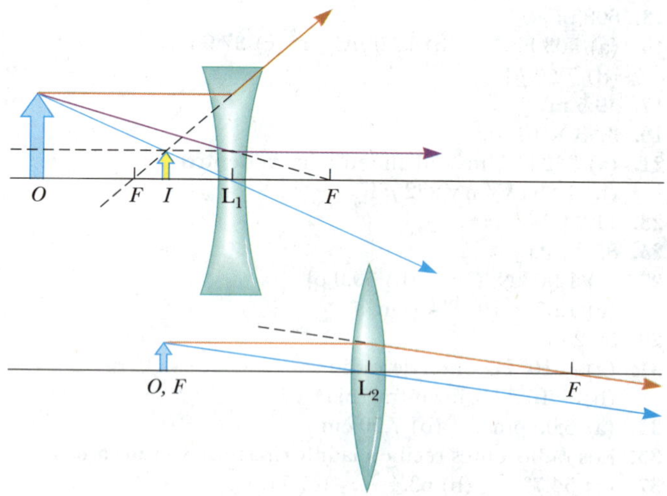

55. (a) 30.0 cm y 120 cm (b) 24.0 cm (c) real, invertida, reducida con $M = -0.250$

57. (a) 20.0 cm a la derecha de la segunda lente; $M = -6.00$ (b) invertida (c) 6.67 cm a la derecha de la segunda lente; $M = -2.00$, invertida

Capítulo 9

1. 515 nm
3. (a) 55.7 m (b) 124 m
5. 1.54 mm
7. (a) 10.0 m (b) 516 m (c) Sólo la línea central de la pista es un máximo para los patrones de interferencia de ambas frecuencias. Si las frecuencias estuvieran relacionadas entre sí mediante un cociente de dos enteros pequeños k/ℓ, el avión podría, por error, volar a lo largo del k-ésimo máximo lateral de una señal, que coincidiría con el ℓ-ésimo máximo lateral de la otra.
9. 48.0 μm
11. 0.987
13. (a) Verde (b) violeta
15. 4.35 μm
17. 4.22 mm
19. 0.230 mm
21. Tres máximos, a 0° y a unos 46° a izquierda y derecha.
23. 3.09 m
25. 13.1 m
27. 241 m
29. 514 nm
31. 5.91° para primer orden, 13.2° para segundo y, 26.5° para tercero
33. El espectro de primer orden está entre 23.6° y 34.1°. El de segundo orden comienza a 53.1°. No hay espectro de tercer orden. No se produce ningún solapamiento.
35. (a) Cinco órdenes
(b) diez órdenes en la región de onda corta
37. 14.4°
39. (a) 0.738 mm (b) Las ondas individuales de todas las zonas transparentes interfieren de forma constructiva en las imágenes de las rendijas. La ecuación de la rejilla d sen $\theta = m\lambda$ se satisface en las imágenes de las rendijas. En cualquier otro lugar de la pantalla, la interferencia destructiva evitará que la luz alcance la pantalla.
41. (a) $\sim 10^{-3}$ grados (b) $\sim 10^{11}$ Hz, microondas
43. 2.50 mm
45. 113 franjas oscuras
49. 632.8 nm
51. (a) 25.6° (b) 19.0°
53. (b) 0.428 mm

Conclusión del contexto 7

1. 130 nm
2. 74.2 tracks/mm
3. $\sim 10^8$ W/m^2

Capítulo 10

1. (a) 999 nm (b) La región infrarroja del espectro es mucho más ancha que la región de luz visible y la distribución espectral presenta un máximo en el infrarrojo.
3. (a) 2.57 eV (b) 12.8 μeV (c) 191 neV
(d) 484 nm (visible), 9.68 cm y 6.52 m (ondas de radio)
5. 2.27×10^{30} fotones/s
7. (a) 296 nm, 1.01 PHz (b) 2.71 V
9. (a) 1.90 eV (b) 0.216 V
11. 8.41 pC
13. (a) 488 fm (b) 268 keV (c) 31.5 keV
15. 70.0°
17. 397 fm
19. 0.218 nm
21. (a) ~100 MeV o más (b) No. Con una energía cinética muy superior a la magnitud de la energía potencial eléctrica negativa, el electrón escaparía inmediatamente.
25. (a) 992 nm (b) 4.96 mm (c) Si su detección forma parte de un patrón de interferencia, el neutrón tiene que haber pasado a través de ambas rendijas. Si decidimos hacer una prueba para ver a través de qué rendija pasa un neutrón concreto, éste no formará parte del patrón de interferencia.
27. Con una precisión de 1.16 mm para el electrón y de, 5.28×10^{-32} m para la bala.
29. 3.79×10^{28} m, 190 veces el diámetro del Universo.
31. (b) 519 am
33. (a) 126 pm (b) 5.27×10^{-24} kg · m/s (c) 95.5 eV
35. (a)

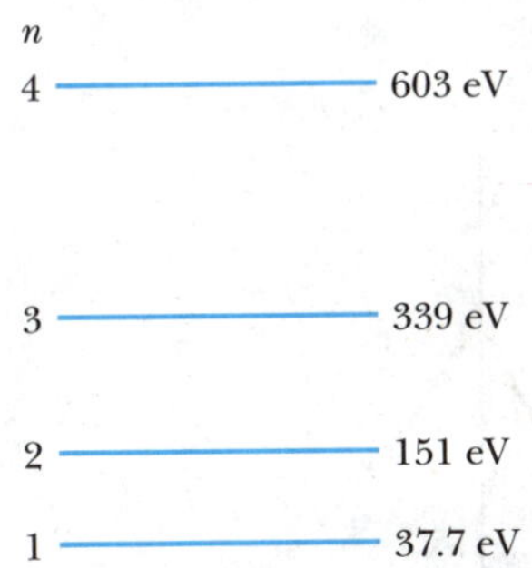

(b) 2.20 nm, 2.75 nm, 4.12 nm, 4.71 nm, 6.60 nm, 11.0 nm
37. (a) $L/2$ (b) 5.26×10^{-5} (c) 3.99×10^{-2}
(d) La densidad de probabilidad muestra picos alrededor de $L/4$ y $3L/4$, y un cero en $L/2$. Puesto que la densidad de probabilidad es simétrica alrededor de $L/2$, el valor experimental promedio tiene que ser $L/2$.
39. 0.250

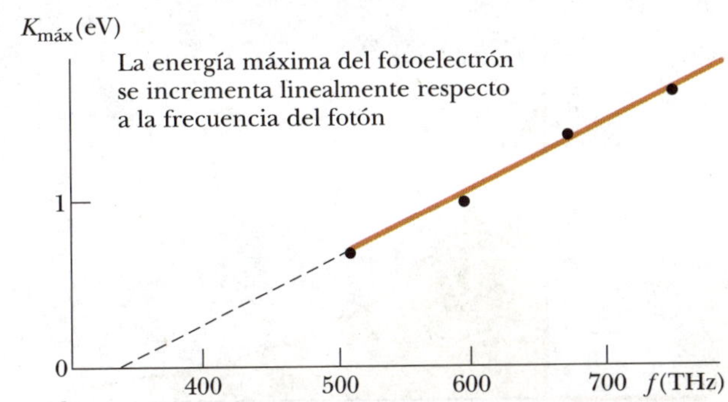

Capítulo 10, problema 51(a)

43. (a) $E = \hbar^2/mL^2$ (b) Imponiendo que $\int_{-L}^{L} A^2 (1 - x^2/L^2)^2\, dx = 1$ se obtiene que $A = (15/16L)^{1/2}$
(c) $47/81 = 0.580$

45. (a) 0.010 3 (b) 0.990

47. (a) 1.06 mm (b) microondas

49. (a) 1.7 eV (b) 4.2 fV·s (c) 730 nm

51. (a) Véase la figura.
(b) 6.4×10^{-34} J·s $\pm$ 8% (c) 1.4 eV

53. 0.143 nm. Deben aparecer efectos de difracción.

55.

(a)

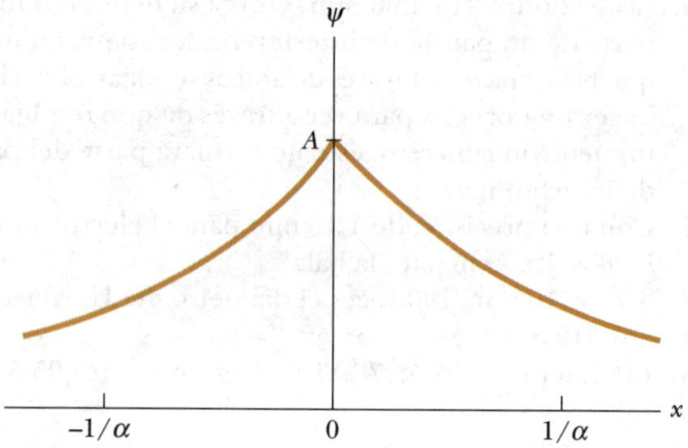

(b)

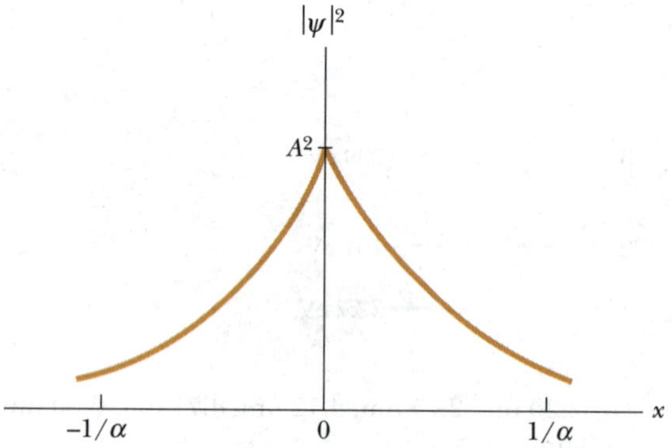

(c) La función de onda es continua. Muestra los efectos de localización aproximándose a cero a medida que $x \to \pm\infty$. En todos los demás puntos es finita y puede ser normalizada.
(d) $A = \sqrt{\alpha}$ (e) 0.632

57. (a) 2.82×10^{-37} m (b) 1.06×10^{-32} J
(c) 2.87×10^{-35} % o más

59. (a)

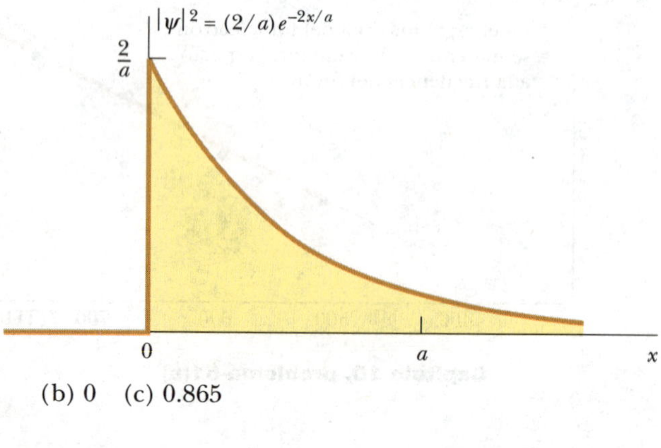

(b) 0 (c) 0.865

Capítulo 11

1. (a) 56.8 fm (b) 11.3 N

3. (a) 1.31 μm (b) 164 nm

5. (a) 3 (b) 520 km/s

7. (b) 0.497

9. En efecto, lo hace, con $E = -k_e e^2/2a_0$

11. 797 veces

13. $\ell = 4$

15. $\sqrt{6}\hbar$

17. (a) 2 (b) 8 (c) 18 (d) 32 (e) 50

19. $n = 3$; $\ell = 2$; $m_\ell = -2, -1, 0, 1$, o 2; $s = 1$; $m_s = -1, 0$, o 1, dando un total de 15 estados

21. (a) $1s^2\, 2s^2\, 2p^4$

(b)

n	ℓ	m_ℓ	m_s
1	0	0	$\frac{1}{2}$
1	0	0	$-\frac{1}{2}$
2	0	0	$\frac{1}{2}$
2	0	0	$-\frac{1}{2}$
2	1	1	$\frac{1}{2}$
2	1	0	$\frac{1}{2}$
2	1	−1	$\frac{1}{2}$
2	1	−1	$-\frac{1}{2}$

23. La subcapa 4*s* se rellena primero. Podríamos pensar que $[Ar]3d^4 4s^2$ debería tener menor energía, pero $[Ar]3d^5 4s^1$ tiene más espines desapareados y menor energía, como sugiere la regla de Hund. Se trata de la configuración correspondiente al estado fundamental del cromo.

25. (a) Zn o Cu (b) $1s^2 2s^2 2p^6 3s^2 3p^6 4s^2 3d^{10}$ o $1s^2 2s^2 2p^6 3s^2 3p^6 4s^1 3d^{10}$

27. (a) 1*s*, 2*s*, 2*p*, 3*s*, 3*p*, 4*s*, 3*d*, 4*p*, 5*s*, 4*d*, 5*p*, 6*s*, 4*f*, 5*d*, 6*p*, 7*s*
(b) El elemento 15 debería tener valencia +3 o −5, y en efecto es así. El elemento 47 debería tener valencia −1, pero tiene valencia +1. El elemento 86 debería ser inerte, y en efecto es así.

29. 18.4 T

31. 124 V

33. 0.072 5 nm

35. (a) 14 keV (b) 89 pm

37. (a) Espines paralelos, con momentos magnéticos antiparalelos (b) 5.89 μeV (c) 1.04×10^{-30} eV

39. (a) 0.160c (b) 2.82×10^9 años luz

43. (a) 1.57×10^{14} m$^{-3/2}$
(b) 2.47×10^{28} m^{-3}
(c) 8.69×10^8 m^{-1}

47. 5.39 keV

49. (a) Para Al, unos 0.255 nm ~ 0.1 nm. Para U, unos 0.276 nm ~ 0.1 nm. Para un electrón externo, la carga nuclear está apantallada por los electrones internos.
(b) Para un electrón de una capa interna, la carga nuclear no está apantallada. La escala de distancias de la función de onda, que representa el tamaño orbital, es proporcional a a_0/Z.

51. (b) 0.846 ns

57. (a) 609 μeV (b) 6.9 μeV (c) 147 GHz, 2.04 mm

Capítulo 12

1. $\sim 10^{28}$; $\sim 10^{28}$; $\sim 10^{28}$
3. 25.6 MeV
5. 16.0 km
7.

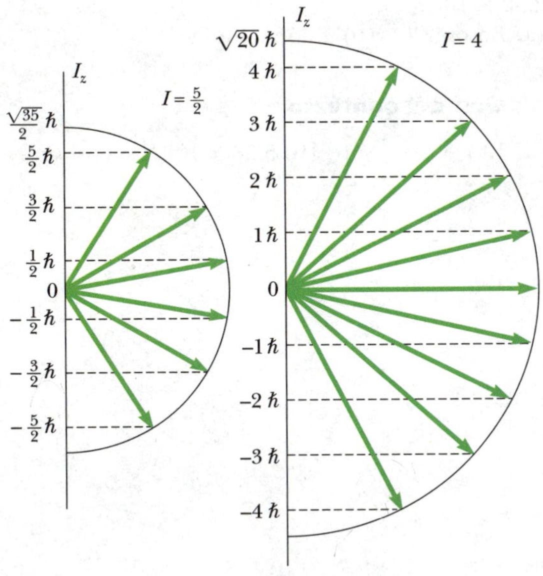

(a) (b)

9. 200 MeV
11. Es 3.54 MeV mayor para el N.
13. 1.16 ks
15. (a) 1.55×10^{-5}/s, 12.4 h (b) 2.39×10^{13} átomos (c) 1.87 mCi
17. $\dfrac{R_0 T_{1/2}}{\ln 2}\,(2^{-t_1/T_{1/2}} - 2^{-t_2/T_{1/2}})$
19. 1.66×10^3 años
21. 4.27 MeV
23. (a) 7.89 cm para ^{12}C, 8.21 cm para ^{13}C
25. (a) $e^- + p \rightarrow n + \nu$ (b) átomo $^{15}_{8}$O átomo $\rightarrow$ átomo $^{15}_{7}$N + ν (c) 2.75 MeV
27.

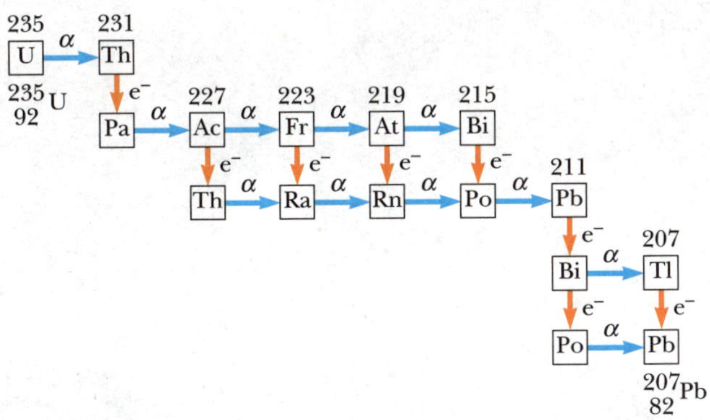

29. (a) $^{197}_{79}$Au + $^{1}_{0}$n $\rightarrow$ $^{198}_{80}$Hg + e^- + $\overline{\nu}$ (b) 7.89 MeV
31. (a) 201 MeV (b) 0.091 3%
33. 5.80 Mm
35. Unos 3 000 años
37. (b) 26.7 MeV
39. (a) 4.28 pJ (b) 1.19×10^{57} átomos (c) 107 Giga-años
41. 5.94 Giga-años
43. (a) 2.75 fm (b) 152 N (c) 2.62 MeV
(d) 7.44 fm, 379 N, 17.6 MeV
45. (a) 3.91 Giga-años
(b) No. Tenemos que hacer alguna suposición acerca de la cantidad original de material radiactivo. En la parte (a) hemos asumido que la piedra no contenía estroncio originalmente.
47. (a) 61.8 Bq (b) 40.3 d
49. (b) 4.78 MeV
51. 2.64 min
53. (b) R/λ
55. 2.56×10^4 kg
57. $\sqrt{2}$
59. (a) 2.24×10^7 kWh (b) 17.6 MeV
(c) 2.34×10^8 kWh (d) 9.36 kWh
(e) El carbón es barato en este momento de la historia de la Humanidad. Confiamos en que los problemas de seguridad y de eliminación de residuos que afectan a la energía nuclear se puedan resolver de modo que esta energía sea utilizable antes de que la escasez haga incrementarse el precio de los combustibles fósiles.

Capítulo 13

1. 453 ZHz; 662 am
3. 118 MeV
5. $\sim 10^{-18}$ m
7. $\sim 10^{-16}$ m
9. 67.5 MeV, 67.5 MeV/c, 16.3 ZHz
11. $\Omega^+ \rightarrow \overline{\Lambda}^0 + K^+$ $\overline{K_S}^0 \rightarrow \pi^+ + \pi^-$ $\overline{\Lambda}^0 \rightarrow \overline{p} + \pi^+$
$\overline{n} \rightarrow \overline{p} + e^+ + \nu_e$
13. (a) L_μ y L_e (b) carga (c) número bariónico
(d) número bariónico (e) carga
15. (a) $\overline{\nu}_\mu$ (b) ν_μ (c) $\overline{\nu_e}$ (d) ν_e (e) ν_μ (f) $\overline{\nu_e} + \nu_\mu$
17. (a), (c) y (f) violan la ley de conservación del número bariónico. (b), (d) y (e) pueden producirse.
(f) viola la ley de conservación del número leptónico de muones.
19. (b) $E_e = E_\gamma = 469$ MeV, $p_e = p_\gamma = 469$ MeV/c
(c) 0.999 999 4c
21. (b) y (c) conservan la extrañeza. (a), (d), (e) y (f) violan la ley de conservación de la extrañeza.
23. (a) Números leptónicos de electrones y muones
(b) Número leptónico de electrones (c) Carga y extrañeza (d) Número bariónico (e) Extrañeza
25. (a) Número bariónico, carga, L_e y L_τ
(b) Número bariónico, carga, L_e, L_μ y L_τ
(c) Extrañeza, carga, L_e, L_μ y L_τ
(d) Número bariónico, extrañeza, carga, L_e, L_μ y L_τ
(e) Número bariónico, extrañeza, carga, L_e, L_μ y L_τ
(f) Número bariónico, extrañeza, carga, L_e, L_μ y L_τ
27. 9.26 cm
29. (a) 3.34×10^{26} e^-, 9.36×10^{26} u, 8.70×10^{26} d
(b) $\sim 10^{28}$ e^-, $\sim 10^{29}$ u, $\sim 10^{29}$ d . La extrañeza, el encanto, la altura y la profundidad son cero.
31. $m_u = 312$ MeV/c^2 $m_d = 314$ MeV/c^2
33. (a) La reacción $\overline{u}$d + uud $\rightarrow$ $\overline{s}$d + uds tiene un total de 1 u, 2 d y 0 s quarks tanto al principio como al final.
(b) La reacción $\overline{d}$u + uud $\rightarrow$ $\overline{s}$u + uus tiene un saldo

neto de 3 u, 0 d y 0 s tanto al principio como al final.
(c) $\bar{u}s + uud \rightarrow \bar{s}u + \bar{s}d + sss$ conserva la cantidad de 1 u, 1 d y 1 s quarks.
(d) El proceso $uud + uud \rightarrow \bar{s}d + uud + \bar{d}u + uds$ tiene un saldo neto de 4 u, 2 d, 0 s tanto al principio como al final. La partícula que falta es a Λ^0 o a Σ^0.

35. (a) Σ^+ (b) π^- (c) K^0 (d) Ξ^-

37. (a) 590.07 nm (b) 597 nm (c) 661 nm

39. 6.00

41. (b) 17.6 Giga-años

45. 19 eV/c^2

47. Una parte en 50 000 000

49. 0.400%

51. 5.35 MeV y 32.3 MeV

53. 1 116 MeV/c^2

55. 70.4 MeV

57. 2.52×10^3 K

59. (a) Bosón Z^0 (b) gluón o fotón

Conclusión del contexto 8

1. (a) 1.61×10^{-35} m (b) 5.38×10^{-44} s (c) sí

Índice

Los números de página, en *cursiva* indican las figuras; los números de páginas seguido por "n" indican los pies de página y los números de página seguidos por "t" indican las tablas.